Gustav Karsten

Allgemeine Enzyklopädie der Physik

15. Band: Handbuch des Magnetismus

Gustav Karsten

Allgemeine Enzyklopädie der Physik

15. Band: Handbuch des Magnetismus

ISBN/EAN: 9783955623081

Auflage: 1

Erscheinungsjahr: 2013

Erscheinungsort: Bremen, Deutschland

@ Bremen-university-press in Access Verlag GmbH, Fahrenheitstr. 1, 28359 Bremen. Alle Rechte beim Verlag und bei den jeweiligen Lizenzgebern.

ALLGEMEINE ENCYKLOPÄDIE DER PHYSIK.

BEARBEITET

P. W. BRIX, G. DECHER, F. C. O. von FEILITZSCH, F. GRASHOF, F. HARMS,
H. HELMHOLTZ, G. KARSTEN, H. KARSTEN, C. KUHN, J. LAMONT,
J. PFEIFFER, E. E. SCHMID, F. SCHULZ, L. SEIDEL, G. WEYER, W. WUNDT.

HERAUSGEGEBEN

VON

GUSTAV KARSTEN.

XV. BAND.
HANDBUCH DES MAGNETISMUS.

LEIPZIG,
LEOPOLD VOSS.
1867.

HANDBUCH

DES

MAGNETISMUS.

BEARBEITET

VON

D<small>R</small>. J LAMONT,
<small>PROFESSOR AN DER UNIVERSITÄT UND CONSERVATOR DER K. STERNWARTE IN MÜNCHEN.</small>

MIT 281 IN DEN TEXT EINGEDRUCKTEN HOLZSCHNITTEN.

LEIPZIG,
LEOPOLD VOSS.
1867.

Inhaltsverzeichnis

Seite

Kapitel I. Natur des Magnetismus im Allgemeinen aus den einfachen   2
Erscheinungen abgeleitet; Bezeihungen zu anderen Kräften.

§ 1. Inhalt und Einteilung der Lehre des Magnetismus   2
§ 2. Älteste Idee von einem Magnet   3
§ 3. Entgegengesetzte Natur der Pole, Mitteilung durch Berührung   5
§ 4. Richtung einer freien Nadel durch die Erde   6
§ 5. Abstoßung gleichnamiger, Anziehung ungleichnamiger Pole   8
§ 6. Verteilung des Magnetismus in den beiden Hälften des Magnets   9
§ 7. Zwei magnetische Fluida, den Molekülen eigen   12
§ 8. Induktion und selbstständiger Magnetismus   18
§ 9. Substanzen, die Induktionsfähigkeit oder Retentionsfähigkeit haben   31
§ 10. Verschiedene Grade der Induktionsfähigkeit und Retentionsfähigkeit   39
§ 11. Verhältnis des Magnetismus zu anderen Naturkräften   49
§ 12. Magnetismus der Moleküle   56
§ 13. Magnetismus als Störung betrachtet   62
§ 14. Magtnetismus als der Oberfläche angehörend betrachtet   66
§ 15. Fernwirkung umgekehrt wie das Quadrat der Entfernung   67
§ 16. Magnetische Wirkung des galvanischen Stromes   77
§ 17. Galvanischer Strom durch Magnete erzeugt   81
§ 18. Benutzung des galvanischen Stromes in der Lehre des Magnetismus   84
§ 19. Beruhigung schwingender Magnete durch Flächenströme   99

Kapitel II. Üeber natürliche und künstliche Magnete und die Zusammensetzung magnetischer Instrumente — 103

§ 20. Natürliche und künstliche Magnete; ihre Form — 103
§ 21. Aufbewahrung von Magneten; Anker — 127
§ 22. Freie Nadeln; ihre Aufbewahrung und Richtungsangabe — 129
§ 23. Einfache und mikroskopische Ablesung — 140
§ 24. Spiegelablesung — 143
§ 25. Collimatorablesung — 152
§ 26. Verminderung der Direktionskraft — 155

Kapitel III. Versuche einer mathematischen Theorie des Magnetismus — 160

§ 27. Theorie von Biot — 160
§ 28. Theorie von Poisson, Grundbestimmung — 162
§ 29. Theorie von Poisson, Entwicklung — 167
§ 30. Theorie von Poisson, Anwendung — 173
§ 31. Hypothese einer Molekular-Induction — 177
§ 32. Verhältnisse der Moleküle — 180
§ 33. Mathematische Entwicklungen der Molekular-Induktion — 181
§ 34. Magnetismus einer gradlinigen Reihe von Molekülen — 187
§ 35. Magnetismus einer krummlinigen Reihe von Molekülen — 191
§ 36. Magnetismus zweier Reihen von Molekülen — 194
§ 37. Üebergang auf den Magnetismus eines Körpers von belibiger Form — 198

Kapitel IV. Normale Magnetisierung des Stahles durch Stahlmagnete, durch Elektromagnete und durch den galvanischen Strom, abnorme Magnetisierung — 219

§ 38. Prinzipien der Magnetisierung — 219
§ 39. Einfacher Strich — 224
§ 40. Doppelstrich — 225
§ 41. Anwendung von Hufeisenmagneten, primitive Erzeugung von Magneten — 232
§ 42. Verstärkungsmittel bei der Magnetisierung — 233

§ 43. Magnetisierung durch den galvanischen Strom 239
§ 44. Kritik der verschiedenen Magnetisierungsmethoden 242
§ 45. Vorteilhafteste Magnetisierungsverfahren 244
§ 46. Abnorme Magnetisierung 246

Kapitel V. Eigenschaften des Stahles und Eisens, die auf den Magnetismus Einfluss haben 249

§ 47. Härte, Homogenität, Feinkörnigkeit des Stahles 249
§ 48. Reinheit und Homogenität des Eisens 254
§ 49. Änderung der Induktionsfähigkeit mit der Zeit 257

Kapitel VI. Gleichgewicht und Bewegung bei einfachen Magneten, dann Magnetnadeln und Stäben 259

§ 50. Anziehung und Abstoßung magnetischer Moleküle 259
§ 51. Absolutes Maas des Magnetismus 264
§ 52. Einfache Magnete, ihre Anziehung und Abstoßung 267
§ 53. Messbare Wirkungen magnetischer Pole; einfache Fälle und Erklärungen 270
§ 54. Wirkungen eines feststehenden einfachen Magnets auf einen frei um seinen Mittelpunkt beweglichen Magnet 274
§ 55. Normale Ablenkung einfacher Magnete 279
§ 56. Schwingungen einfacher Magnete 282
§ 57. Schwingungen einfacher Magnete mit Widerstand 288
§ 58. Magnetstäbe, ihr Verhältnis zu einfachen Magneten, Pole 294
§ 59. Magnetstäbe als System von Magnetpolen betrachtet, danach alle Verhältnisse zu berechnen 298
§ 60. Magnetstäbe bei Ablenkungen 302
§ 61. Magnetstäbe bei Schwingungen 313

Kapitel VII. Messungen der Kraft an verschiedenen Punkten eines Magnets   319
und Methoden, wonach das Verteilungsgesetz des Magnetismus durch
Beobachtungen sich bestimmen lässt

                                                                                          319

§ 62. Die Tragkraft als Maas des Magnetismus

§ 63. Messung der magnetischen Kraft durch Abreißen eines Eisenstückchens   324

§ 64. Messung der magnetischen Kraft durch die Schwingungen eine kleinen Nadel   328

§ 65. Messung der magnetsichen Kraft durch Ablenkungen   332

§ 66. Messung der magnetischen Kraft durch Induktionsströme   339

Kapitel VIII. Anwendung der Drehwaage zur Messung des Magnetismus   344

§ 67. Verhältnis der magnetsichen Kraft zur Torsionskraft   344

§ 68. Benutzung der Torsionskraft eines elastischen Fadens   345

§ 69. Weitere Torsionsmittel, Bifilar-Suspension   348

Kapitel IX. Bestimmung der relativen und absoluten Größe des magnetischen   353
Moments

§ 70. Das magnetische Moment als Maas der magnetischen Kraft: Verhältnis zu den
        Dimensionen   353

§ 71. Relative Bestimmung des magnetischen Moments durch Ablenkung   357

§ 72. Relative Bestimmung des magnetischen Moments durch Schwingungen   359

§ 73. Absolute Bestimmung des magnetischen Moments   361

Kapitel X. Über die Inductionswirkungen, welche durch strake und schwache   363
magnetische Kräfte in Eisenstäben und Magneten entstehen

§ 74. Wirkungen der Induktion überhaupt bei Eisenstäben und Magneten   363

§ 75. Wirkungen schwacher Induktion bei weichen Eisenstäben   366

§ 76. Wirkungen schwacher Induktion bei Magneten   371

Kapitel XI. Momentane magnetische Kräfte und ihre Messung   373

§ 77. Messung momentaner magnetischer Kräfte durch Schwingungsweite und
      Ablenkung eine Nadel   373

Kapitel XII. Einfluss der Temperatur auf den Magnetismus; vorübergehende und bleibende Änderungen, welche ein vorübergehender Temperaturwechsel hervorbringt   377

§ 78. Untersuchung des Temperatureinflusses überhaupt   377

Das im gegenwärtigen Bande dargestellte System gestaltet sich ungefähr wie folgt: zuerst wird die Natur des Magnetismus im Allgemeinen erörtert und rücksichtlich der Magnete, wie sie in der Praxis vorkommen, das Wesentlichste mitgetheilt; alsdann folgt eine mathematische Theorie des Magnetismus oder vielmehr eine Zusammenstellung dessen, was die Physiker bisher zu diesem Zwecke beigetragen haben. Hieran reiht sich weiter die Lehre von der Magnetisirung des Stahls, vom Gleichgewichte und der Bewegung der Magnete, von der Messung der magnetischen Kraft unter verschiedenen Verhältnissen, von den äusseren Einflüssen, wodurch die Kraft der Magnete modificirt wird, alles, so weit es geschehen konnte, aus der Theorie als Folgerungen abgeleitet oder so nahe als möglich damit in Zusammenhang gebracht.

1. In den meisten mathematischen Disciplinen ist der Inhalt genau bestimmt, und wenn man verschiedene Lehrbücher miteinander vergleicht, so findet man in allen dieselben Lehrsätze, nur in anderer Form und Anordnung abgehandelt. Im Magnetismus verhält es sich anders. GILBERT [1], der mit Recht als der erste Gründer einer systematischen Lehre des Magnetismus betrachtet worden ist, theilt sein Werk in fünf Kapitel ab: I. Magnete, ihre Beschreibung und Eigenschaften. II. Magnetische Bewegungen, Anziehung und Abstossung. III. Directionskraft der Magnete. IV. Von der magnetischen Declination. V. Von der magnetischen Inclination. — MUSSCHENBROEK [2] handelt die Lehre vom Magnetismus in fünf Kapiteln ab: I. Gegenseitige Wirkung der natürlichen Magnete aufeinander. II. Anziehung des Eisens durch natürliche und durch künstliche Magnete. III. Directionskraft der natürlichen und künstlichen Magnete gegen gewisse Himmelsgegenden. IV. Gegenseitige Wirkung künstlicher Magnete auf einander und auf Eisen, und Modificationen, welche durch Biegung eintreten. V. Magnetismus des Eisens durch langes Verbleiben in derselben Lage. — BIOT [3] hat folgende Eintheilung: I. Allgemeine Erscheinungen der magnetischen Anziehung und Abstossung. II. Allgemeine Betrachtung über die Entwickelung des Magnetismus in Magnetstäben; Analogie mit der voltaischen Säule. III. Angabe und Messung der Directionskraft, welche die Erde auf Magnete ausübt. IV. Ueber die verschiedenen Magnetisirungsmethoden. V. Allgemeine Vertheilung des freien Magnetismus in Linearmagneten, welche durch den Doppelstrich magnetisirt worden sind. VI. Untersuchung der Stärke des freien Magnetismus in einer bis zur Sättigung mittelst des Doppelstriches magnetisirten Nadel. VII. Ueber die vortheilhafteste Form der Compassnadeln. VIII. Wirkung der Magnete auf alle in der Natur vorkommenden Körper. IX. Gesetze des Erdmagnetismus in verschiedenen Breiten. X. Praktische Vorschriften über die Bestimmung der magnetischen Constanten auf Reisen. XI. Magnetisirung durch den elektrischen Strom. — In EISENLOHR's [4] Lehrbuch ist die Lehre vom Magnetismus in folgende vier Kapitel eingetheilt: I. Vom Magnetismus überhaupt. II. Vom Erdmagnetismus. III. Erregung des Magnetismus. IV. Gesetze der magnetischen Anziehung und Abstossung. — OHM [5] hat folgende Abtheilungen: I. Natürliche Magnete, künstliche Magnete. II. Nähere Bestimmung der Art und Weise, wie das Eisen vom Magnete angezogen wird. III. Wie die magnetische Kraft durch andere Körper hindurch wirkt, und Bereitungsweisen der künstlichen Magnete. IV. Innere Beschaffenheit der Magnete. V. Erdmagnetismus. VI. Kleinere Aenderungen im Erdmagnetismus. VII. Von dem Gesetze, wonach die magnetischen Kräfte wirksam sind, und von der Bestimmung der Stärke dieser Kräfte. VIII. Gebrauch der vorstehenden Gleichungen zur Auffindung des Wirkungskreises von Pol zu Pol. —

Müller [6] nimmt folgende Eintheilung an: I. Von der gegenseitigen Wirkung der Magnete auf einander und auf magnetische Körper. II. Von der magnetischen Wirkung der Erde. III. Von den Gesetzen und der Theorie des Magnetismus. IV. Von den verschiedenen Methoden des Magnetisirens und den Ursachen, welche die Coercitivkraft modificiren.

2. Es ist wohl schwer einzusehen, nach welchem Princip diese Eintheilungen gemacht sind, und man möchte fast auf den Gedanken kommen, dass gar kein Princip sich aufstellen lasse. Gleichwohl existirt ein solches Princip, welches in der richtigen Entwickelung der mathematischen Naturlehre seine feste Begründung hat. Die mathematische Entwickelung der verschiedenen Zweige der Naturlehre erfordert [7], dass man von scharf definirten hypothetischen Gesetzen oder von einer theoretischen Grundlage ausgehend, alle Folgerungen mit mathematischer Schärfe und erschöpfend entwickle, alsdann die erhaltenen Folgerungen mit dem, was die Erfahrung lehrt, vergleiche: eine vollkommene Uebereinstimmung beweist die Richtigkeit der Theorie, die Abweichungen stellen die Mängel derselben dar. Es ist hiernach für's erste nothwendig, scharf definirte hypothetische Gesetze über die Natur und Wirkungsweise der Kräfte und ihr Verhältniss zur Materie aufzustellen. Diess ist allerdings eine schwer zu erfüllende Anforderung, und nicht selten hat man davon Umgang genommen unter dem Vorgeben, dass es besser sei, auf eine Theorie zu verzichten und sich mit der blossen Analyse der Thatsachen und ihrer Darstellung durch Interpolationsreihen zu begnügen, als eine unvollkommene Theorie zur Grundlage zu nehmen. Dieser Ansicht stimme ich nicht bei, vielmehr scheint es mir, dass man bereits in alle Theile der Naturlehre hinreichend tief eingedrungen ist, um eine Hypothese aufstellen zu können, die, wenn nicht allen Erscheinungen entsprechend, doch von wesentlichem Nutzen in der weitern Erforschung der Natur sein kann. Aus dieser Ueberzeugung ist die oben angegebene Eintheilung des gegenwärtigen Bandes hervorgegangen.

Die magnetisirende Wirkung des galvanischen Stromes, welche streng genommen nicht in den Bereich dieses Bandes gehört, musste gleichwohl berührt werden, weil sie bei der Bestätigung der Theorie und der Untersuchung der Kraft der Magnetstäbe nicht zu umgehen war; ich habe übrigens blos die speciellen Fälle, die zu obigem Zwecke erforderlich waren, dargestellt.

[1] Gilbert. De Magnete magneticisque corporibus et magno magnete Tellure, Physiologia nova. London 1600. 4.
[2] Musschenbroek. Dissertatio physica exper. de Magnete. Vien. 1754. 4.
[3] Biot. *Traité général de Physique expérimentale et mathématique.* Paris 1816. 4 Vol. 8.
[4] Eisenlohr. W. Lehrbuch der Physik zum Gebrauche bei Vorlesungen und zum Selbstunterrichte. Stuttgart 1860. 8.
[5] Ohm. Grundzüge der Physik, als Compendium zu seinen Vorlesungen. Nürnberg 1854.
[6] Müller, Joh. Lehrbuch der Physik und Meteorologie. Braunschweig 1856. 2 Bde. 8.
[7] Poisson. *Théorie mathématique de la chaleur.* Paris 1835. p. 5.

§. 2. Aelteste Idee von einem Magnet.

Im Alterthume kannte man den Magnetismus nur als eine Eigenthümlichkeit des Magneteisensteins, und als Prüfungsmittel zur Untersuchung desselben dienten Eisenfeilspähne oder überhaupt kleine Eisenpartikeln, welche sich an den Magnetsteinen jedoch in sehr ungleicher Anordnung anhängen. Einige Theile des Steines ziehen das Eisen mehr, einige weniger stark an: es gibt auch Theile, wo gar keine Anziehung sich zeigt.

Eine nähere Untersuchung hat ergeben, dass der Magnet zwei gegenüber liegende Theile hat, wo sich die Feilspähne vorzugsweise anlegen, während in der Mitte dazwischen die Kraft zu verschwinden scheint. Jene gegenüberliegenden Punkte grösster Anziehung nannte man die „Pole" und nahm an, dass in diesen allein die Kraft sich aufhalte, eine Auffassung, die sich gewissermaassen bis auf die neueste Zeit fortgepflanzt hat.

1. Der Name „Magnet" ist nach PLINIUS von der Stadt Magnesia abgeleitet; den Magnet hat man auch den heracleischen Stein genannt, da jener Stadt auch die Benennung Heraclea beigelegt wurde.

Den Forschern des Alterthums war der Magnetstein wohl bekannt und PLINIUS [1], SENECA, LUCRETIUS [2] berichten von den wunderbaren Eigenschaften desselben, auch wurden verschiedene Arten von Magneten unterschieden [3]. Was indessen im klassischen Alterthum sich vorfindet, bezieht sich auf das Anhängen der Eisenfeilspähne, und kann hier füglich übergangen werden, da es für die heutige Forschung keinen Anhaltspunkt liefert [4]. Ebenso wenig sind die zweifelhaften Kenntnisse der Chinesen [5] und Aegypter [6] zu benutzen.

Dass im 13. Jahrhunderte die Haupteigenschaften des Magnets und seine Anwendung zum Behufe der Schifffahrt bekannt waren, ersieht man aus einem satyrischen Gedichte von GUYOT DE PROVINS [7], welches im Jahre 1203 herauskam und unter dem Titel *Bible Guyot* bekannt war.

Das älteste wissenschaftlich gehaltene Document, in welchem die Lehre des Magnetismus dargestellt wird, ist eine Abhandlung von PETER ADSIGER [8], datirt vom 8. Aug. 1269. Darin findet man nach dem Berichte von CAVALLO, der die Abhandlung auf der Universitäts-Bibliothek zu Leiden sah, die Gesetze der magnetischen Anziehung, die Mittheilung des Magnetismus an das Eisen, die Eigenschaft des Magnets oder des damit bestrichenen Eisens, sich nach Norden zu richten, die Abweichung vom wahren Nordpunkte klar und bestimmt dargelegt. Ein weiteres Document bildet eine Schrift von FERD. COLUMBUS, Sohn des Admirals (Venedig 1571), wo die Abweichung der Magnetnadel erwähnt wird.

Der Angabe von BERZELIUS zufolge besteht der Magneteisenstein aus einer chemischen Verbindung von Eisenoxyd und Eisenoxydul, mit einem Uebergewichte der erstern Substanz. Künstlich kann der Magneteisenstein dargestellt werden dadurch, dass man die an einem Magnet hängenden Eisenfeilspähne abnimmt, mit den Fingern etwas zusammenpresst und mittelst des Löthrohres durchglüht.

Die Wirkung des Magnets auf Eisen wurde im Alterthume völlig missverstanden, indem man glaubte, dass der Magnet die Substanz des Eisens anziehe, eine Ansicht, die jetzt noch unter dem Volke allgemein verbreitet ist. Dass der Magnet im Eisen erst Magnetismus hervorrufe und dann den hervorgerufenen Magnetismus anziehe, hat SCORESBY, wenn nicht zuerst erkannt, doch zuerst mit besonderm Nachdrucke gelehrt [9].

Ein Magneteisenstein hat gewöhnlich nur zwei Pole, deren Verbindungslinie die Axe genannt wird; jedoch kommen Magneteisensteine mit mehreren Axen vor, wie v. YELIN [10] nachgewiesen hat.

[1] PLINIUS. Historia nat. L. XXXVI, c. 16.
[2] LUCRETIUS. Lib. VI, 910—946. 1040—1060.
[3] GILBERT. De magnete. Lib. I, Cap. II.
[4] GILBERT, MICHELL, MUSSCHENBROEK, BRUGMANS und die meisten anderen Schriftsteller, welche die Lehre des Magnetismus behandelt haben, fangen damit an, dass sie die Kenntnisse des Alterthums in dieser Beziehung aufzählen: eine kurze Uebersicht findet man auch in HALDAT: *Essai historique sur le magnétisme*. Nancy 1850 (eigens abgedruckt aus den Denkschriften des Stanislaus.-Akademie).
[5] v. SIEBOLD. Verhandl. d. naturhist. Vereins d. Rheinl. 1755 p. VII—IX.
[6] DUTEIL. Kenntniss der alten Aegypter vom Magnetismus. Pogg. Ann. LXXVI. 302.
[7] FAUCHET. *Les antiquités de la France.* — PERRAULT. *Parallèle des anciens et modernes.* T. III.

⁸ Thevenot. *Recueil de voyages.* Paris 1681.
⁹ Scoresby. Gilb. Ann. LXVIII. 262.
¹⁰ v. Yelin. Gilb. Ann. LXII. 100.

§. 3. Entgegengesetzte Natur der Pole, Mittheilung durch Berührung.

Beide Pole eines Magnets wurden im Alterthume nur als Anziehungspunkte betrachtet und in so ferne für **gleichbedeutend** gehalten; im Verlaufe der Zeit aber führte die Erfahrung zu der bedeutsamen Entdeckung, dass, wenn gleich der eine wie der andere Pol Eisen anzieht, sie dennoch sonst sehr verschieden wirken. Man gelangte hiezu durch Versuche mit Nähnadeln, die anstatt der Eisenfeilspähne gebraucht wurden.

Wenn das eine Ende einer Nähnadel *n s* Fig. 1 mit einem Magnetpol *N* in Berührung gebracht wird, so bleibt die Nadel an dem Pole hängen; will man später **dasselbe** Ende an den andern Pol *S* hinbringen, so findet keine Anziehung, sondern eine Abstossung statt: dagegen wird von dem Pole *S* das entgegengesetzte Ende *n* der Nadel angezogen.

Fig. 1.

Dieser einfache Versuch umfasst die wichtige Lehre, dass in einer Nähnadel durch einen Magnet ein eigenthümlicher und permanenter Zustand hervorgerufen wird, in Folge dessen die beiden Enden sich gegen Magnetpole verschieden verhalten.

Bringt man eine Nähnadel, nachdem sie in diesen Zustand versetzt worden, mit Eisenfeilspähnen in Berührung, so ziehen ihre beiden Enden die Eisenfeilspähne an, gerade wie diess von dem Magnetstein geschieht. Die weitere Untersuchung hat gezeigt, dass die Nadel sich sonst ganz wie der Magnetstein verhält, dass mithin der Magnetstein der Nadel den Magnetismus **mitgetheilt**, sie magnetisirt hat, und zwar ohne in ihrer Gestalt, in ihrer Grösse oder in ihrem Gewichte irgend eine Aenderung hervorzubringen.

1. Der Gebrauch eiserner Nähnadeln zu magnetischen Versuchen geht jedenfalls bis in das 11. Jahrhundert zurück. Wann die entgegengesetzte Natur der Pole eines Magnetsteins erkannt wurde, lässt sich nicht ermitteln; es ist indessen zu vermuthen, dass diese Kenntniss der Pole ungefähr ebenso alt ist, als der Gebrauch des Compasses, weil man den Magnetstein zum Bestreichen der Compassnadeln benutzt hat. Die richtige Bestimmung des Süd- und Nordpoles eines Magnetsteins ist aber wahrscheinlich erst von G. Hartmann[1], Vicar der St. Sebaldus-Kirche in Nürnberg, um das Jahr 1544 gelehrt worden; vor ihm nannte man denjenigen Pol, der in einer bestrichenen Nadel einen Nordpol erzeugte, den Nordpol des Magnetsteins.

Da die Nadeln, welche man vom 11. Jahrhunderte an zu magnetisiren pflegte, von Eisen waren, so konnte ihnen begreiflicher Weise nur ein schwacher Grad von Magnetismus mitgetheilt werden. Erst gegen das Ende des 16. Jahrhunderts wurden stählerne Magnetstäbe verfertigt, an denen die Anziehung gehörig nachgewiesen werden konnte, und Gilbert[2], dessen Werk im Jahre 1600 erschien, erklärt die Kraft, die im Magnetstein sich vorfindet und die im Eisen erzeugt wird, für identisch.

Michell[3] berührt ebenfalls die Frage über die Identität der Kraft, welche im Stahle erzeugt wird, und der Kraft, die im Magnetstein sich vorfindet, und bemerkt, dass von den Physikern insbesondere darüber Zweifel gehegt worden

seien, ob Nadeln, die mit dem Magnetsteine, und Nadeln, die mit künstlichen
Magneten bestrichen worden waren, dieselbe Richtung anzeigen, fügt aber hinzu,
dass die Erfahrung in allen Fällen für eine vollkommene Identität spreche. Hiermit
stimmen alle neueren Versuche überein, und es gilt gegenwärtig als Grundsatz,
dass nicht blos der Magnetismus, der durch den Magnetstein und durch künstliche
Magnete, sondern auch der Magnetismus, der durch den galvanischen Strom hervorgerufen wird, vollkommen identisch sind (vergl. §. 16).

2. Schon die Physiker des 16. und 17. Jahrhunderts beschäftigten sich mit
der Frage, ob nicht durch das Magnetisiren Aenderungen an den Nadeln vor
sich gingen: man hoffte, wie es scheint, aus solchen Aenderungen auf die Natur
des Magnetismus schliessen zu können. Vor Allem handelte es sich um Zu- oder
Abnahme des Gewichtes, da der Augenschein schon lehrte, dass leicht wahrnehmbare Aenderungen in den Dimensionen und in der Form nicht eintraten. NORMAN [4]
wog zwei oder drei längliche eiserne Drahtstücke vor und nach dem Magnetisiren
und fand das Gewicht unverändert, auch GASSENDI [5], MARSENNE und GILBERT [6]
konnten einen Unterschied des Gewichtes vor und nach dem Magnetisiren nicht
erkennen: WHISTON [7] dagegen will durch genaue Versuche gefunden haben, dass
ein Stück Stahl von $4584\frac{1}{2}$ Gran $2\frac{1}{2}$ Gran, und ein anderes Stück Stahl von
65926 Gran 14 Gran durch das Magnetisiren verloren habe. Diesem Resultate trat
MUSSCHENBROEK [8] auf das Entschiedenste entgegen und suchte, gestützt auf seine
eigenen, mit aller Umsicht angestellten Experimente nachzuweisen, dass bei
WHISTON'S Wägungen ein Versehen stattgefunden haben müsse. Seit MUSSCHEN-
BROEK betrachtet man den Lehrsatz, dass das Gewicht des Eisens oder Stahles
durch das Magnetisiren keine Aenderung erleide, als festgestellt, dagegen sind
die allerdings höchst schwierigen Fragen über Aenderungen der Dimensionen und
des Molecularzustandes in Folge der Magnetisirung noch keineswegs genügend entschieden. (Man vergl. §§. 11, 12.)

[1] DOVE. Repertorium der Physik. II. p. 434.
[2] GILBERT. De Magnete. Lib. I, Cap. XVI.
[3] MICHELL. *Treatise of artificial magnets.* p. 4.
[4] NORMAN. *New attractive.* Cap. 5.
[5] GASSENDI. Lib. X. Diog. Laert. p. 200.
GASSENDI. Opera omnia. II. 129.
[6] GILBERT. De Magnete. Lib III, Cap. III.
[7] WHISTON. *Treatise of the dipping needle.* p. 9.
[8] MUSSCHENBROEK. *Dissertatio de magnete, exper.* XXVI. p. 72.

§. 4. Richtung einer freien Nadel durch die Erde.

Die Physiker des Mittelalters pflegten, um zu zeigen, wie die Pole einer
magnetisirten Nadel von einem Magnetstein angezogen oder abgestossen werden,
die Nadel auf einer Wasserfläche (*Fig. 2*) schwimmen zu lassen, wobei das

Fig. 2.

Untersinken durch vorsichtiges Hinlegen oder durch kleine
Stückchen von einem Strohhalm oder auch durch Schiff-
chen von Holz oder Kork verhindert wurde. Auf solchem
Wege gelangte man aber zu einem neuen und wichtigen
Lehrsatze, dass, wenn kein Magnet in die Nähe gebracht
wird, die magnetische Nadel von selbst eine bestimmte
Richtung in Beziehung auf die Weltgegenden annimmt, so zwar,
dass das eine Ende nach Norden, das andere nach Süden zeigt: das erstere
Ende nannte man den Nordpol, das andere den Südpol. Aus dieser Richtung

der Nadel hat man später gefolgert, dass die Erde selbst ein Magnet ist, und nach und nach hat sich eine neue Disciplin, die Lehre vom Erdmagnetismus entwickelt, welche in der zweiten Abtheilung dieses Bandes behandelt werden soll. In der gegenwärtigen Abtheilung wird nur wenig daraus herbeigezogen, so dass wir uns darauf beschränken können, folgende Bezeichnungen zu erwähnen.

Die Richtung, welche eine horizontale frei bewegliche Nadel anzeigt, nennt man den magnetischen Meridian; der Winkel, welchen diese Richtung mit dem astronomischen Meridian macht, heisst die Declination oder Abweichung. Bringt man eine Nadel seitwärts von ihrer natürlichen Lage, so sucht sie wieder dahin zurückzukommen, und die Kraft, welche in diesem Falle wirksam ist, wird die horizontale Intensität genannt.

Eine im magnetischen Meridian befindliche Nadel bleibt horizontal nur, so lange sie durch die Aufhängungsweise, d. h. durch den Einfluss, den die Schwere ausübt, in dieser Lage erhalten wird: hat sie die Freiheit, sich um ihren Schwerpunkt mit der nöthigen Leichtigkeit zu bewegen, so senkt sich bei uns der Nordpol unter den Horizont. Der Winkel, den der Nordpol der Nadel mit dem Horizont macht, wird die Inclination oder Neigung genannt. Die wahre natürliche Richtung der Nadel ist diejenige, welche die Inclinations-Nadel annimmt, und in dieser Richtung ist die anziehende Kraft der Erde am grössten: man bezeichnet sie als totale Intensität. Wird eine Nadel durch Mitwirkung der Schwere in die verticale Lage gebracht, so dass der Nordpol abwärts zeigt, so hat sie auch hier eine Tendenz, sich in ihrer Richtung zu erhalten, und die Kraft, wodurch sie angezogen wird, nennt man die verticale Intensität.

1. Wann die Entdeckung gemacht worden ist, dass eine frei bewegliche Nadel eine bestimmte Richtung gegen die Himmelsgegenden annehme, lässt sich aus den vorhandenen geschichtlichen Documenten nicht entscheiden; sicher ist, dass der Gebrauch des Compasses zum Behufe der Schifffahrt bis in das 12. Jahrhundert zurückgeht. Nach Moser[1] soll G. Hartmann, Vicar an der St. Sebalduskirche in Nürnberg, der Erste gewesen sein, der (um das Jahr 1544) Nähnadeln auf eine Wasserfläche gelegt hat, um sie beweglich zu machen; früher, wird behauptet, habe man nur das Mittel gekannt, die Nadeln mit einem Hütchen zu versehen und sie auf eine Spitze zu stellen. Als Beweis hiefür wird ein Brief Hartmann's an Herzog Albrecht von Preussen angeführt, durch den jedoch Moser's Angabe keinesweges hinlänglich erwiesen wird; auch stehen damit andere Zeugnisse im Widerspruche; insbesondere erwähnt Guyot de Provins (1203) ausdrücklich einer Nadel, welche von den Schiffern mit einem dunkelfarbigen Steine bestrichen und auf Wasser gelegt werde, unterstützt durch Strohhalme.

Vielfache Anwendung hat noch im vorigen Jahrhundert die Bewegung auf einer Wasser- oder Quecksilberfläche gefunden, mehr jedoch um das Vorhandensein, als um die Grösse einer magnetischen Kraft zu ermitteln. Bei den Versuchen, welche Brugmans[2] angestellt hat, um das Verhalten der verschiedenen in der Natur vorkommenden Stoffe gegen den Magnetismus zu erkennen, hat er sich durchgängig dieses Hülfsmittels bedient, ebenso Musschenbroek[3], Cavallo[4] und Andere. Andere Flüssigkeiten können ebenfalls angewendet werden. (Vergl. §. 22.) Ganz feine Bewegung gibt übrigens nur Wasser; auch ist es für die Feinheit der Bewegung nachtheilig, wenn man der Nadel Unterlagen irgend einer Art gibt.

Eine leichte Nähnadel, ganz dünn mit Fett überzogen, lässt sich ohne alle Schwierigkeit mittelst eines gabelförmig gebogenen Drahtes auf eine Wasserfläche hinlegen, so dass sie schwimmt.

7. Eigentlich sollte in der Lehre des Magnetismus von dem Erdmagnetismus, der eine selbstständige Disciplin bildet, gar nicht die Rede sein, indessen erweist sich die Umgehung desselben als eine Unmöglichkeit, weil jeder freie Magnet dem Einflusse des Erdmagnetismus unterliegt und kaum eine Messung vorgenommen werden kann, wo der Erdmagnetismus nicht als Hauptkraft oder als untergeordnete Kraft erscheint und somit entweder zur Maassbestimmung dient oder Correctionen nothwendig macht. In der Regel hat man in der Disciplin, die hier behandelt werden soll, mit dem **horizontalen Erdmagnetismus** zu thun, dessen Intensität wir fernerhin stets mit X bezeichnen werden: die Richtung, welche eine Nadel vermöge dieser Kraft annimmt, werden wir einfach als die **natürliche Richtung der Nadel** bezeichnen. Diese natürliche Richtung wird uns als Ausgangspunkt dienen, und es wird darum sich handeln, zu bestimmen, wie weit hievon die Nadel unter der Einwirkung bestimmter Kräfte abweicht. Der Winkel, den die Nadel mit ihrer natürlichen Richtung macht, heisst die **Ablenkung** oder der **Ablenkungswinkel**; welchen Winkel die Nadel mit dem astronomischen Meridian macht, werden wir nirgends zu bestimmen nöthig haben. Der Erdmagnetismus hat einen grossen Vortheil für magnetische Messungen in so ferne, als er in **einem grössern Umkreise parallele Richtung und gleiche Stärke** hat, also an allen Punkten dieses Umkreises als constant betrachtet werden kann. Der Erdmagnetismus ändert sich übrigens mit der geographischen Länge und Breite und hat überdies seine jährlichen und täglichen Variationen, worauf bei feineren Messungen Rücksicht zu nehmen ist.

Bezeichnet man die Total-Intensität mit I, die verticale Intensität mit V und die Inclination mit i, so hat man folgende Beziehungen dazwischen

$$I \sin i = V, \quad I \cos i = X, \quad X \operatorname{tg} i = V.$$

§ 8. **Abstossung gleichnamiger, Anziehung ungleichnamiger Pole.**

Hat man zwei Nadeln, an welchen die Süd- und Nordpole bestimmt sind, und wird die eine auf eine Wasserfläche gelegt und ihrem Nordpole der Nordpol der anderen Nadel genähert, so findet eine Abstossung statt. Der Südpol der zweiten Nadel dagegen zieht den Nordpol der ersten an. Hieraus folgt der Lehrsatz:

„gleichnamige Pole stossen sich ab, ungleichnamige ziehen sich an".

Wir haben oben gesehen, dass, wenn das eine Ende einer unmagnetischen Nadel mit dem Pol eines Magnetstabes in Berührung gebracht wird, eine Anziehung stattfindet und die Nadel zugleich magnetisirt wird. Da aber nur ungleichnamige Pole sich anziehen, so muss das berührende Ende der Nadel den entgegengesetzten Magnetismus erhalten haben. Bei der Mittheilung des Magnetismus wird also ein Nordpol durch einen Südpol und ein Südpol durch einen Nordpol erregt.

Die Anziehung der ungleichnamigen und die Abstossung der gleichnamigen Pole wurde wahrscheinlich im 17. Jahrhundert entdeckt, u. dem in vorigen §.

bereits erwähnten Briefe von GEORG HARTMANN an den Herzog ALBRECHT von Preussen, vom 4. März 1544, wird hievon als von einer wichtigen und (wie man aus der ganzen Haltung des Briefes zu schliessen berechtigt ist) wenig bekannten, wenn nicht neu von ihm entdeckten Lehre Erwähnung gemacht.

HARTMANN knüpft daran die Folgerung, dass, wenn man den in der nördlichen Erdhalbkugel enthaltenen Magnetismus als **nördlich** betrachten will, derjenige Pol einer Nadel, welcher nach Norden sich wendet, als **Südpol** bezeichnet werden müsse. Diese richtige Bezeichnungsweise wurde auch von den Physikern jener Zeit angenommen und man findet sie bei GILBERT, SERVINGTON SAVERY, MICHELL [1] im Gebrauche, jedoch scheint sie nicht weit über die Mitte des 18. Jahrhunderts hinaus sich erhalten zu haben. Wahrscheinlich sind die Praktiker, deren Zahl immer die grössere war, von der ursprünglichen Benennung der Pole niemals abgegangen und diese hat auch zuletzt allgemeine Geltung erlangt.

Welche Vorstellungen man im 16. und 17. Jahrhunderte von der Anziehung und Abstossung der Pole hatte, oder ob man eine präcise Vorstellung davon hatte, ist nicht wohl aus den vorhandenen Schriften zu entnehmen: so wird von GILBERT [2] angegeben, dass bei der Erde die magnetische Kraft im Mittelpunkte und ebenso bei einem kugelförmig gearbeiteten Magnetstein (Terelle) die Kraft im Mittelpunkte sich aufhalte.

[1] MICHELL. *A treatise of artificial magnets* p. 20.
[2] GILBERT de Magnete. Lib. II, Cap. XXVII.

§. 6. Vertheilung des Magnetismus in den beiden Hälften des Magnets.

Bei weiterer Ausbildung der Lehre des Magnetismus wurde erkannt, dass nicht blos Nähnadeln, sondern überhaupt Stücke von Stahl, besonders wenn sie gehärtet sind, Magnetismus aufnehmen und behalten. Meistens hat man den Stahlstücken, welche zu solchen Versuchen verwendet wurden, die prismatische Form gegeben, und da Magnete von dieser Form für die Erforschung der Eigenthümlichkeiten des Magnetismus sehr geeignet sind, so wollen wir weiterhin den Magnetstein sowohl, als die Nähnadeln bei Seite lassen und uns blos mit prismatischen Stäben beschäftigen.

Zunächst wäre hinsichtlich der Pole Näheres festzusetzen.

Wenn man ein Stückchen Eisen A *Fig. 3* an einen Magnet NS anhängt, so findet man, dass die Kraft, womit das Eisen angezogen wird, in verschiedenen Entfernungen von der Mitte sehr verschieden ist. Im Eckpunkte a ist die Anziehung am stärksten; sie wird kleiner in b, noch kleiner in c und nimmt so allmählig ab bis zur Mitte C, wo sie ganz verschwindet. Ebenso findet von dem Endpunkte d an bis zur Mitte eine allmählige Abnahme nach gleichem Gesetze statt, was in der Figur durch die Stärke der Schattirung angedeutet ist.

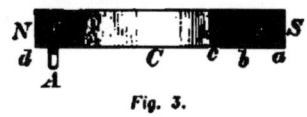

Fig. 3.

Untersucht man mittelst einer magnetisirten Nadel die Natur der Anziehung, so zeigt sich, dass die eine Hälfte von d bis gegen C den Südpol, die andere Hälfte von a bis gegen C den Nordpol anzieht. Die Kraft, die man sich ursprünglich von zwei Polen x und y ausgehend dachte, ist demnach über die **beiden Hälften** ausgebreitet, mit regelmässiger Abnahme von den Enden gegen die Mitte: den Punkt in der Mitte, wo der Uebergang vom nördlichen zum südlichen Magnetismus stattfindet und wo also gar keine Anziehung vorhanden ist, nennt man den **Indifferenzpunkt**.

Die einfachste Erklärung obiger Thatsachen würde darin bestehen, anzunehmen, dass die einzelnen Elemente der einen Hälfte nördlichen, die einzelnen Elemente der andern Hälfte südlichen Magnetismus enthalten, und zwar jedes Element je nach seiner Entfernung von der Mitte in verschiedenem Maasse.

Für die Anwendung des Calculs ist diese Hypothese vollkommen brauchbar und hat in der That auch bei den meisten mathematischen Untersuchungen zur Grundlage gedient. Als physikalische Hypothese hat sie den Uebelstand, dass sie für die Zunahme nach den beiden Enden hin keine Erklärung enthält.

1. Da GILBERT schon die Aufnahme der magnetischen Kraft in vorzüglichem Grade als eine Eigenschaft des Stahles erwähnt, so mussten Stahlmagnete schon vor dem Jahre 1600 bekannt gewesen sein, auch soll GALILEI am Anfange des 17. Jahrhunderts Stahlmagnete von beträchtlicher Kraft verfertigt haben [1]; aber erst ein Jahrhundert später sind sie in allgemeinen Gebrauch gekommen, insbesondere durch SERVINGTON SAVERY [2] (1730). Die Untersuchungen BAZIN's [3] (1753) beweisen, dass ihm die Ausbreitung des freien Magnetismus in den beiden Hälften bekannt war.

In allen jenen Problemen, wo der freie Magnetismus allein in Betracht kommt (und diese umfassen die ganze magnetische Praxis), wird jetzt noch die Berechnung so eingerichtet, dass man sich in der einen Hälfte des Stabes den positiven, in der andern Hälfte den negativen Magnetismus nach einem bestimmten Gesetze vertheilt denkt. Bezeichnet man mit dm die Masse eines in a Fig. 4 befindlichen,

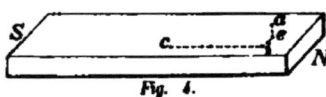

Fig. 4.

unendlich kleinen Theilchens von dem Magnet, und mit V die Stärke des Magnetismus in diesem Punkte, d. h. diejenige Quantität Magnetismus, welche in der Masse 1 enthalten ist, so hat man für den Magnetismus des Massentheilchens dm den Ausdruck

$$V dm.$$

Wird von der Mitte c ausgegangen und bezeichnet man mit $x = cb$, $y = be$, $z = ea$ die Coordinaten des Punktes a, so ist das Massentheilchen $dm = dx\, dy\, dz$, und V wird im Allgemeinen eine Function der drei Variabeln x, y, z sein. In der Praxis hat jedoch Niemand bisher versucht, eine Function dieser Art darzustellen, vielmehr beschränkt man die Untersuchung auf eine einzige Dimension, indem man den Magnet NS Fig. 5 durch Querschnitte senkrecht auf der Länge in unendlich viele

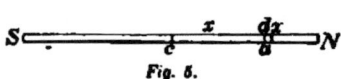

Fig. 5.

Theile zerlegt, so dass, wenn die Entfernung von der Mitte ac mit x, die Länge eines unendlich kleinen Theiles bei a mit dx bezeichnet wird, dem oben Gesagten zufolge der Magnetismus von dx

$$= V dx$$

zu setzen ist, wo V den der Längeneinheit bei a entsprechenden Magnetismus bedeutet und eine Function von x allein sein wird. Die einfachste Hypothese und diejenige, welche man überall anwendet, wo keine gar grosse Schärfe erforderlich ist, besteht darin, den Magnetismus als proportional mit der Entfernung x von der Mitte wachsend anzunehmen, d. h. $V = Ax$ zu setzen, wo A eine Constante bedeutet. Dieses Vertheilungsgesetz ist zuerst von TOB. MAYER [4], dann von LAMBERT [5] und zwar als streng begründet eingeführt worden. BRUGMANS [6] hat jedoch die Unzulänglichkeit desselben erkannt und dafür eine Vertheilung proportional mit dem Quadrate der Entfernung von der Mitte substituiren wollen.

HANSTEEN [7], ohne in Abrede zu stellen, dass die Vertheilung des Magnetismus eigentlich durch eine Exponentialfunction auszudrücken sei, geht doch in seiner umfassenden und sorgfältig durchgeführten Untersuchung von der Voraussetzung aus, dass die Zunahme der Kraft von der Mitte gegen die Pole einer Potenz der Entfernung von der Mitte proportional gesetzt werden könne, und den Exponenten dieser Potenz sucht er theils durch die Ablenkung, welche ein Magnet an einer Boussole in verschiedenen Entfernungen hervorbringt, theils durch die Kraft, womit zwei Magnete einander in verschiedenen Entfernungen anziehen (man vergl. §. 15), zu bestimmen, wobei er die Ueberzeugung erlangte, dass die zweite oder allenfalls noch die dritte Potenz der Wahrheit am nächsten kommt, wenn gleich mehrere Potenzen dem beobachteten Erfolge ziemlich nahe Genüge leisten. Zu ungefähr gleichem Resultate gelangten LENZ und JACOBI [8], indem sie den Magnetismus eines Elektromagneten an verschiedenen Punkten seiner Länge mittelst einer Inductionsspirale (§. 66) bestimmten: sie sprechen ihre Ansicht dahin aus, dass man eine Parabel als wahre Vertheilungscurve betrachten könne. Auch DUB, der theils Elektromagnete, theils Stahlmagnete benutzte und den Magnetismus durch das Abreissen eines kleinen Eisenstücks bestimmte, nimmt eine Art Parabel als wahre Vertheilungscurve an (§. 27). Wir werden übrigens im III. Kap. sehen, dass alle diese einfachen Vertheilungsgesetze nur als Approximation zu betrachten sind.

2. Dem Vorhergehenden zufolge sollte in der Mitte eines prismatischen Magnetstabes der Magnetismus gänzlich verschwinden, d. h. der magnetische Indifferenzpunkt sollte mit der Mitte der Figur zusammentreffen, und diess ist auch bei regelmässiger Magnetisirung immer der Fall, namentlich muss es der Fall sein, wo die inducirende Kraft der Erde oder der galvanische Strom in einer Spirale von grosser Länge den Magnetismus hervorruft, und wenn KUPFFER [9] bei einem vertical gestellten und durch die Erde magnetisirten Stahlstab den Indifferenzpunkt dem untern Ende um 20 Millim. näher fand, als dem obern, so kann diess nur als Folge irgend einer Unregelmässigkeit des Stahles betrachtet werden.

Wenn die Kräfte, wodurch der Magnetismus hervorgerufen wird, oder die Bedingungen, unter welchen sie wirken, von der Art sind, dass eine unsymmetrische Vertheilung entstehen muss, so offenbart sich diess insbesondere durch die Lage des Indifferenzpunktes, und die Untersuchung desselben würde ein geeignetes Mittel sein, um auf jene Kräfte und Bedingungen zurückzuschliessen, vorausgesetzt dass es praktisch möglich wäre, den Ort des Indifferenzpunktes genau zu bestimmen. Den praktischen Schwierigkeiten hat man es zuzuschreiben, dass in neuester Zeit die Untersuchung des Indifferenzpunktes gänzlich aufgegeben worden ist; im vorigen Jahrhunderte aber und in der ersten Hälfte des gegenwärtigen Jahrhunderts sind viele darauf bezügliche Messungen von AEPINUS [10], EULER, CHRISTIE [11], KUPFFER [12] geliefert worden. Auch auf die Aenderungen des Indifferenzpunktes, die mit der Zeit eintreten, haben die Physiker ihre Aufmerksamkeit gewendet. HELLER [13] stellte eine Eisenstange von 1½ Fuss Länge vertical und fand mittelst einer Probirnadel, dass jeden Tag der Indifferenzpunkt eine etwas verschiedene Stelle einnahm, was er einer unerklärten Einwirkung des Erdmagnetismus zuschrieb; ferner hat CHRISTIE [14] bei zwei Magnetstäben durch theilweise Bestreichung mit einem entgegengesetzten Magnetpol die regelmässige Vertheilung des Magnetismus gestört und sieben Monate hindurch von Zeit zu Zeit die Lage des Indifferenzpunktes untersucht.

Wenn man den einen Pol eines Magnets erwärmt, so erfolgt eine Schwächung des Magnetismus zunächst in der erwärmten Hälfte, und da ein Stab ebenso viel positiven als negativen Magnetismus enthalten muss, so stellt sich das Gleichgewicht dadurch her, dass der schwächere Magnetismus des erwärmten Poles auf einen grössern Raum sich ausbreitet, der stärkere Magnetismus des andern Poles aber sich zusammenzieht. Auf solche Weise kommt eine Verrückung des Indifferenzpunktes zu Stande, welche von KUPFFER [15] durch einen einfachen Versuch nachgewiesen worden ist, indem er einen Magnetstab seitwärts von einer Boussole und parallel mit der natürlichen Richtung der Nadel hinlegte, dann mittelst einer Lampe das nach Norden gerichtete Ende erwärmte. Durch den parallel gelegten Stab, es mochte der Nord- und Südpol mit denen der Nadel die gleiche oder entgegengesetzte Richtung haben, wurde die natürliche Einstellung der Nadel anfangs nicht geändert, sobald aber die Wärme zu wirken anfing, näherte sich der Nordpol der Nadel dem Stabe, wenn seine Pole mit der Nadel die gleiche, und entfernte sich davon, wenn seine Pole die entgegengesetzte Richtung hatten; im ersten Falle nämlich fand eine Abstossung statt, die im Norden durch die Erwärmung vermindert wurde, im zweiten Falle fand eine Anziehung statt, die ebenfalls im Norden durch die Wärme vermindert wurde. Wäre die Verminderung in beiden Polen in gleicher Weise eingetreten, so würde die Nadel ihre Lage nicht geändert haben.

Bei den Terellen oder rund gearbeiteten Magnetsteinen, welche im 17. Jahrhunderte in Gebrauch waren, nannte man den Kreis, der in der Mitte zwischen dem Nord- und Südpol herumging und den nördlichen freien Magnetismus vom südlichen trennte, den „Aequator." Dieselbe Bezeichnung wendet HANSTEEN [16] auch auf Stäbe an.

[1] V. MOLL. Bibl. Univ. 1830. MUNCKE, Gehl. phys. Wörterbuch. VI. 656.
[2] SERVINGTON SAVERY. *Phil. Trans.* N. 414. Abridge Vol. VI. 26.
[3] BAZIN. *Description des courans magnétiques.* Strassburg 1753. 4.
[4] AEPINUS. Examen theoriae magneticae. Nov. Com. Ac. sc. Petrop. XII. 327.
[5] LAMBERT. *Mém. de Berlin.* Th. 22, p. 72.
[6] BRUGMANS. Ueber die magnetische Materie (Uebersetzung von Eschenbach). S. 184.
[7] HANSTEEN. Untersuchungen über den Magnetismus der Erde. I. S. 257.
[8] LENZ und JACOBI. Pogg. Ann. LXI. 271. 448.
[9] KUPFFER. *Ann. de Chim. et de Phys.* XXXVI. 50.
[10] AEPINUS. Tentamen theoriae Electricitatis et Magnetismi. p. 176.
[11] CHRISTIE. *Phil. Trans.* 1828.
[12] KUPFFER. *Ann. de Chim. et de Phys.* XXXVI. 50.
[13] HELLER. Gilb. Ann. IV. 477 und LXXXIII. 7; ferner RITTER: Gehlen's Journ. für Chemie und Phys. VIII. 1809. p. 696; dann HANSTEEN. Magnetismus der Erde. I. S. 477.
[14] CHRISTIE. *Phil. Trans.* 1828.
[15] KUPFFER. *Ann. de Chim. et de Phys.* XXXVI. 65; Pogg. Ann. XII. 134.
[16] HANSTEEN. Magnetismus der Erde. I. S. 259.

§. 7. Zwei magnetische Fluida, den Moleculen eigen.

Die Unzulänglichkeit der im vorigen §. erklärten Anschauungsweise hat Veranlassung gegeben zu einer neuen Hypothese, der zufolge der Magnetismus aus einem nördlichen (positiven) und südlichen (negativen) Fluidum bestehe, die bei der Magnetisirung geschieden und nach den beiden Enden hingezogen oder hingedrängt werden. Die Anhäufung gegen die Endpunkte kann man durch eine Anziehung, welche von den Enden ausgeübt wird, oder durch ein Bestreben der Fluida, sich möglichst von einander zu entfernen, erklären.

Falls auf solche Weise eine Trennung der Fluida wirklich zu Stande käme, sollte man glauben, dass, wenn die Nadel in der Mitte abgebrochen würde, die eine Hälfte blos nördlichen, die andere blos südlichen Magnetismus zeigen müsste. Der Versuch stellt aber einen ganz andern Erfolg dar, indem der eine wie der andere Theil sich als einen vollkommenen Magnet erweist, mit einem Nordpol am einen und einem Südpol am andern Ende. Wird nämlich ein Magnet NS *Fig. 6* entzweigebrochen, so findet man in N nördlichen, in S südlichen Magnetismus wie zuvor, jedoch bedeutend geschwächt; was die Bruchenden n und s betrifft, wo zuvor wenig oder gar kein Magnetismus sich zeigte, so trifft man in s jetzt ebenso starken südlichen Magnetismus als in N nördlichen an. Aehnliche Bewandtniss hat es mit dem zweiten Stücke nS.

Fig. 6.

Wird jede Hälfte wieder in zwei Theile getheilt und diese Operation so lange fortgesetzt, bis der Magnet der Länge nach in seine kleinsten Elemente oder Molecule zerlegt ist, so hat jedes Molecul seinen Nordpol und seinen Südpol und stellt einen vollkommenen Magnet dar. Ein Magnet muss demnach betrachtet werden als zusammengesetzt aus unendlich vielen Elementarmagneten, wovon jeder seine Kraft eigenthümlich besitzt.

Um näher zu ermitteln, unter welchen Bedingungen die Vereinigung der Elemente stattfindet, wollen wir den entgegengesetzten Weg einschlagen und Magnete zusammensetzen. Man stelle zwei Magnete NS und $N'S'$ in der *Fig. 7* angegebenen Lage auf und halte den genäherten Polen N' und S gegenüber eine von einer Spitze getragene kleine Prüfungsnadel, so wird der Nordpol der Nadel von S angezogen, von N aber abgestossen. Sind beide Pole gleich stark, so hebt sich ihre Wirkung auf; sind sie ungleich, so wirkt blos der Unterschied.

Es tritt aber hiebei noch ein Umstand ein, der von wesentlicher Bedeutung ist. Wie man die Pole N' und S näher bringt, so nimmt die Stärke beider Pole zu, und in demselben Maasse nimmt zugleich die Stärke der zwei äussern Pole S' und N zu. Die hier angedeutete gegenseitige Einwirkung zweier Magnete aufeinander nennt man Induction, ein Begriff, dessen volle Bedeutung durch die verschiedenen, in den nächsten §§. zu entwickelnden Bestimmungen sich erst herausstellen wird. Bei dem eben beschriebenen Experimente wirken unmittelbar wohl nur die nahestehenden Pole aufeinander; dass die entfernteren Pole sich gleichzeitig ändern, ist als eine mittelbare Wirkung zu betrachten, bildet aber zugleich ein charakteristisches Gesetz in der Lehre des Magnetismus: jede Aenderung, die an einem Pole eintritt, hat augenblicklich am andern Pole eine correspondirende Aenderung zur Folge.

Fig. 7.

Wie ein in der Mitte abgebrochener Magnet zwei neue Magnete gibt, so bilden zwei gleich starke aneinander anstossende Magnete NS und $N'S'$ *Fig. 8* einen einzigen. In der Mitte bei S, N' ist ebenso viel nördlicher als südlicher Magnetismus vorhanden, deren Wirkungen aber einander entgegengesetzt sind und sich aufheben.

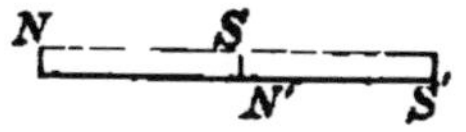

Fig. 8.

Werden die beiden Magnete getrennt, so verschwindet die bei ihrer Vereinigung entstandene Kraftvermehrung und sie haben wieder ihren ursprünglichen Magnetismus.

Hieraus sind folgende Sätze zu entnehmen:
1. Magnete mit ihren ungleichnamigen Polen vereinigt, haben mehr Kraft, als wenn sie isolirt sind;
2. bei vereinigten Magneten ist nur ein Theil der vorhandenen Kraft wirksam; ein Theil wird aufgehoben dadurch, dass entgegengesetzte Kräfte neben einander sich befinden.

Magnete, auf die obige Weise vereinigt, üben zwar Einfluss aufeinander aus, jedoch so, dass jeder seinen eigenen Magnetismus behält und ein Uebergang des magnetischen Fluidums von einem Magnet zum andern nicht stattfindet. Dieselbe Bedingung gilt nothwendig auch für die Elementarmagnete, aus denen man einen Magnetstab als zusammengesetzt betrachten kann, und wir gelangen so zu dem Lehrsatze, dass die magnetischen Fluida an die Molecule eines Körpers gebunden sind und über diese nicht hinaustreten können.

Praktisch ist man nicht im Stande, einen Körper in seine kleinsten Theile oder Molecule zu zerlegen, und somit bleibt es unmöglich, eine Untersuchung des in einem Molecul enthaltenen Magnetismus vorzunehmen; indessen lassen sich, wenn man die Körper in Pulverform verwandelt und durch Mischung mit unmagnetischen Stoffen die Theilchen so weit von einander entfernt, dass sie keine gegenseitige Induction hervorbringen, merkwürdige Bestimmungen erlangen. In solchem Falle ist der Magnetismus proportional der Anzahl der magnetischen Theilchen, d. h. proportional der Masse.

Man hat versucht, auf diesem Wege den relativen Magnetismus der Substanzen zu ermitteln; auch ist die magnetische Anziehung benutzt worden, um die in einem unmagnetischen Metalle enthaltene Eisenmenge zu messen.

1. Die Materie hat verschiedene Eigenschaften: sie füllt einen Raum aus, sie hat Schwere, sie hat Wärme, sie hat Magnetismus u. s. w. Das allereinfachste Verhältniss wäre es nun, wenn alle diese Eigenschaften mit einander in unveränderlichem Verhältnisse stünden, so dass eine Materie, die einen bestimmten Raum einnimmt, auch stets dieselbe Schwere, dieselbe Wärme u. s. w. haben müsste. Die Beobachtung belehrte aber schon die frühesten Forscher, dass diess nicht der Fall ist, und man sah sich genöthiget, Schwere und Wärme als etwas von der Raumerfüllung Verschiedenes anzunehmen. Zu gleichem Schlusse führte auch die Untersuchung des Magnetismus, und GILBERT bezeichnet diese Kraft als eine „virtus", welche im Eisen sich ausbreite und festsetze. Die späteren Physiker führten die Vorstellung von einer feinen Materie ein, welche im Eisen sich aufhalte, und diess ist die „materia magnetica" von MUSSCHENBROEK, BRUGMANS[1] u. A. Schon bei NEWTON[2] trifft man ähnliche Vorstellungen an. Man erkannte übrigens bald, dass diese „Materie" als eine „feine Flüssigkeit" betrachtet werden müsse, und gegen Ende des vorigen Jahrhunderts ist die Bezeichnung Materie allgemein durch Flüssigkeit ersetzt worden. Der magnetischen Flüssigkeit wird schon von BRUGMANS[3] Elasticität beigelegt, um ihre Ausbreitung zu erklären. Damit der Eintritt oder die Bewegung im Eisen stattfände, nahm man eine poröse oder, wie BRUGMANS[4] sich ausdrückt, eine schwammartige Beschaffenheit desselben an: diese Hypothese soll DALENCÉ[5] eingeführt haben.

2. Noch bis gegen das Ende des vorigen Jahrhunderts scheinen die Physiker eine durchgängige Analogie zwischen dem Magnetismus und der Elektricität ange-

nommen zu haben: BERAUD [6] lieferte (1748) in Folge einer Preisausschreibung der Akademie in Bordeaux eine weitläufige Untersuchung darüber, und später machte sich AEPINUS [7] 1760 zur besonderen Aufgabe, jene Analogie umständlich nachzuweisen; er behauptet sogar, dass der Magnetismus von einem Eisenstücke auf ein anderes übergehen würde, wie diess bei der Mittheilung der Elektricität der Fall ist, wenn nicht die Bewegung des magnetischen Fluidums in den Poren der Körper mit so grossen Hindernissen verbunden wäre [8].

Durch eine Preisausschreibung der bayerischen Akademie wurden drei weitere Schriften ähnlichen Inhaltes veranlasst, deren Verfasser VAN SWINDEN [9], STEIGLEHNER [10] und HÜBNER [11] mehr durch Argumente als durch neue Thatsachen und Versuche den Zusammenhang der elektrischen und magnetischen Erscheinungen darzuthun sich bemühten. Ihnen folgten mit Anwendung gleicher Methode RITTER und v. YELIN [12], und bei den meisten Physikern, welche in den ersten zwei Decennien dieses Jahrhunderts speciell mit Magnetismus sich befassten, worunter PRECHTL [13], POHL [14], PFAFF [15] u. A., leuchtet das Bestreben hervor, die magnetische Kraft auf die Elektricität zurückzuführen; auch war es wohl nur die Analogie des Magnetismus mit der Elektricität, wodurch BARLOW auf die Vorstellung geführt wurde, als liege es in der Natur des magnetischen Fluidums, sich an die Oberfläche zu drängen, woraus er weiter die Thatsache erklären wollte, dass eine, durch Induction magnetisirte Eisenkugel dieselbe Anziehung und Abstossung ausübe, sie möge hohl oder massiv sein [16] (§. 14, 2). In dieser Voraussetzung ist auch von Mittheilung, Leitung, Verbreitung des Magnetismus gesprochen worden [17].

Rücksichtlich der eben angeführten Behauptung BARLOW's, dass eine hohle und eine massive Kugel gleich viel Magnetismus annehme, muss übrigens bemerkt werden, dass sie nur für geringe inducirende Kräfte richtig ist, denn bei starker Induction nimmt die massive Kugel einen stärkeren Magnetismus an, was nicht blos aus theoretischen Gründen, sondern auch aus den Versuchen, welche v. FEILITZSCH [18] mit hohlen Cylindern angestellt hat, leicht abgeleitet werden kann.

3. Der eben entwickelte Lehrsatz, wonach der Magnetismus an die Molecule der Körper gebunden ist und nur innerhalb der Molecule sich bewegen kann, hebt die Analogie mit der Elektricität, in so ferne sie auf die Natur der Fluida ausgedehnt wurde, auf und lässt nur eine Analogie in gewissen Wirkungen zu. Wer zuerst für nothwendig erkannt hat, den Magnetismus als unzertrennlich von den Moleculen anzunehmen, dürfte schwer zu ermitteln sein; die Idee scheint sich allmählig ausgebildet zu haben. Gewöhnlich betrachtet man COULOMB [19] als den Ersten, der sie zu begründen suchte; aber auch KIRWAN scheint sie schon gehabt zu haben. Von BIOT [20] und POISSON [21] ist sie mit aller Präcision und Klarheit ausgesprochen worden. Den Versuch, der dazu führen musste, nämlich die Theilung eines Magnets, hat zuerst GILBERT [22] vorgenommen und zwar in der Weise, dass er einen Sägeschnitt durch den Aequator eines Magnetsteins machte, wobei sich ergab, dass zwei Magnete entstehen. Die Erklärung, welche er dafür gab, ist eine metaphysische.

4. Dass bei pulverisirten Stoffen die Induction der Theilchen aufhört und der Magnetismus in geradem Verhältnisse zur Masse steht, hat zuerst COULOMB [23], dessen Beobachtungsmethode wir weiter unten (§. 9, 4) erklären werden, nachgewiesen, indem er ein Gemisch von Eisenfeilspähnen und Wachs herstellte und daraus Parallelepipeda von verschiedener Grösse verfertigte, die zwischen zwei Magnetpolen aufgehängt wurden. Auch die Bestimmung des in Silber, Zinn u. s. w. enthaltenen Eisens durch den Magnetismus rührt von COULOMB her (vergl. §. 9, 4). In neuerer Zeit hat PLÜCKER [24] ein Uhrglas, mit Pulver von verschiedenen Stoffen gefüllt, an eine feine Waage angehängt und das Gewicht bestimmt, welches nöthig

KAP. I. NATUR DES MAGNETISMUS.

war, um das Uhrglas von dem Pole eines starken Elektromagneten abzureisse
Auf solchem Wege erhielt er bei gleichem Volumen folgende Relativzahlen für d
Magnetismus der angegebenen Substanzen, wobei das Eisen = 100000 geset
wurde:

Eisen	100000
Magneteisenstein	40227
Eisenoxyd I	500
Eisenoxyd II	286
Rotheisenstein	134
Eisenglanz	533
Eisenoxydhydrat	156
Brauneisenstein	71
Künstlicher Blutstein	151
Trocknes schwefelsaures Eisenoxyd	111
Eisenvitriol	78
Gesättigte Lösung von salpetersaurem Eisenoxyd	34
„ „ salzsaurem Eisenoxyd	98
„ „ schwefelsaurem Eisenoxyd	58
„ „ „ salzsaurem Eisenoxydul	84
Eisenvitriol in seiner Lösung	126
Schwefelsaures Eisenoxydul im Eisenvitriol	142
Salpetersaures Eisenoxyd in seiner Lösung	95
Salzsaures Eisenoxyd	224
Schwefelsaures Eisenoxyd	133
Salzsaures Eisenoxydul	190
Schwefelsaures Eisenoxydul	219
Eisenchlorid in der Lösung	254
Eisenchlorür	216
Eisenkies	150
Eisenoxydul in der salzsauren Lösung	381
„ „ schwefelsauren Lösung	462
Eisenoxyd im Hydrate	206
„ Blutstein	168
in der salpetersauren Lösung	286
salzsauren Lösung	516
„ „ schwefelsauren Lösung	332
Eisen im Magneteisenstein	55552
Oxyd I	714
Oxyd II	409
Rotheisenstein	191
Eisenglanz	761
Eisenoxydhydrat	296
Blutstein	240
„ „ Schwefelkies	321
Eisen im schwefelsauren Eisenoxyd	349
„ Eisenvitriol	385
in der Lösung von salpetersaurem Eisenoxyd	410
salzsaurem Eisenoxyd	737
schwefelsaurem Eisenoxyd	474
salzsaurem Eisenoxydul	490
schwefelsaurem Eisenoxydul	594

Nickeloxydul	35
Nickeloxydulhydrat	106
Salpetersaures Nickeloxydul in seiner Lösung	65
Salzsaures Nickeloxydul	100
Nickelchlorür in derselben	111
Nickeloxydul im Hydrat	112
Nickeloxydul in der salpetersauren Lösung	164
„ „ „ salzsauren Lösung	171
Nickel im Oxydul	45
„ Oxydulhydrat	180
in der salpetersauren Lösung	208
„ „ „ salzsauren Lösung	217
Magnanoxydhydrat	70
Magnanoxydoxydul	167
Magnanoxyd im Hydrat	78
Magnan im Oxydhydrat	112
Magnan im Oxydoxydul	232

PLÜCKER hat versucht, die Methode, welche oben erklärt worden ist, zu rechtfertigen, indem er Lösungen von verschiedenem Eisengehalte und gleicher Masse derselben magnetischen Kraft aussetzte. Dabei fand er stets die Anziehung dem Eisengehalte der Lösung vollkommen proportional; vielleicht würde es indessen zweckmässig gewesen sein, auch für **verschiedene Massen desselben Stoffes** die entsprechende Nachweisung zu liefern.

5. Was daran Ursache ist, dass derselbe Stoff beim Hinzutreten ganz unmagnetischer Substanzen mehr oder weniger Fähigkeit für die Aufnahme des Magnetismus zeigt, ist völlig unbekannt. Nur einen Umstand kennen wir, der diese Wirkung hervorzubringen im Stande wäre, nämlich die **Feinheit der Zertheilung**; denn aus dem, was weiter unten im III. Kapitel gesagt ist, lässt sich schliessen, dass bei gleicher Induction das magnetische Moment mit der Längendimension in **sehr raschem Verhältnisse** zunimmt, und somit könnte die von LÜCKER nachgewiesene Verschiedenheit der Anziehung von Eisenoxyd, Eisenoxydul u. s. w. in der Feinheit der Auflösung oder Zertheilung seinen Grund haben. Wenigstens erhalten wir hier eine sehr plausible Erklärung, so lange die Forschung nicht weiter vordringt. Damit ist zugleich ausgesprochen, dass auf obigem Wege zu normalen Bestimmungen kaum zu gelangen sei.

[1] BRUGMANS. Ueber die magnetische Materie (von Eschenbach). S. 4.
[2] NEWTON. Princip. philos. nat. D. VIII; dann Sect. IX; auch Optic. Lib. III. 31.
[3] BRUGMANS. Ueber die magnetische Materie (von Eschenbach). S. 3.
[4] BRUGMANS; ebendaselbst S. 15. 34.
[5] DALENCÉ. Traité de l'aimant. Amsterdam 1687. Man vergl. Brugmans über die magnet. Materie. S. 97.
[6] BERAUD. *Sur le rapport qui se trouve entre la cause des effets de l'aimant et celles des phénomènes de l'électricité. Prix de l'Acad. de Bordeaux.* 1748.
[7] AEPINUS. Ueber die Aehnlichkeit der elektrischen und magnetischen Kraft.
[8] AEPINUS. Tentamen theoriae Electricitatis et Magnetismi. p. 196.
[9] VAN SWINDEN. *Analogie de l'électricité et de du magnétisme.* La Haye 1785. Neue Abhdl. der Bayer. Akad. Bd. II. 1.
[10] STEIGLEHNER. Ueber die Analogie der magnetischen und elektrischen Kraft. Neue Abhdl. der Bayer. Akad. Bd. II. 227.
[11] HÜBNER. Ueber die Analogie der magnetischen und elektrischen Kraft. Neue Abhdl. der Bayer. Akad. Bd. II.
[12] V. YELIN. Ueber Magnetismus und Elektricität als identische Urkräfte. Oeffentliche Vorlesung in der Sitzung der Bayer. Akad. 13. Oct. 1818; ferner ein Aufsatz ähnlichen Inhaltes in Gilb. Ann. LXVII. 17.

[13] PRECHTL. Ueber den Magnetismus und dessen Ableitung aus der. Elektricität. Gilb. Ann. LXVII.
[14] POHL. Zusammenhang des Magnetismus mit der Elektricität und den Chemismus. Gilb. Ann. LXIX.
[15] PFAFF. Gilb. Ann. LXXIV. S. 249.
[16] BARLOW. Gilb. Ann. LXXIII. 422.
[17] BARLOW. Gilb. Ann. VI. 403. IX. 375.
[18] v. FEILITZSCH. Pogg. Ann. LXXX. 328.
[19] GREEN. *Essay on the application of mathematical analysis to the theories of electricity and magnetism.* Nottingham 1828, abgedruckt in Crelle Journ. Bd. 47. p. 495. VAN REES. Pogg. Ann. LXXX. 1.
[20] BIOT. *Traité général de physique.*
[21] POISSON. *Mémoire sur la théorie du magnétisme. Nouv. Mém. de l'Acad. d. sciences.* T. V. p. 250.
[22] GILBERT. De Magnete. Lib. I. Cap. V.
[23] BIOT. *Traité général de physique*, T. III. 117.
[24] PLÜCKER. Pogg. Ann. LXXIV. 321.

§. 8. Induction und selbstständiger Magnetismus.

Zu der im vorigen §. gegebenen Erklärung von Induction muss noch die weitere Bestimmung hinzugefügt werden, dass der durch Induction hervorgerufene Magnetismus als **unabhängig** von dem ursprünglichen oder selbstständigen Magnetismus zu betrachten ist: beide bestehen **neben einander** und ihre **Summe** wirkt nach Aussen.

Diese Betrachtungsweise ist auch für die Erklärung der sonst vorkommenden Umstände sehr geeignet. Bringt man die gleichnamigen Pole zweier Magnete A und B *Fig. 9* an einander, so entsteht, dem Obigen zufolge, durch den Magnet A ein südlicher Magnetismus in N' und nördlicher in S', und da der auf solche Weise neu entstandene Magnetismus dem bereits vorhandenen entgegengesetzt ist, so wird der Erfolg sein, dass, wenn beide Kräfte gleich sind, der Magnetismus von B ganz verschwindet, und wenn sie ungleich sind, blos die Differenz als wirksam übrig bleibt. Dasselbe gilt hinsichtlich des Magnets A, dessen Kraft in Folge der Induction von B nach Umständen geschwächt oder ganz aufgehoben wird.

Wenn der inducirte Magnetismus, welchen A in B hervorruft, grösser ist als der darin vorhandene, so wird N' ein **Südpol** und N und N' ziehen sich an, d. h. es findet zwischen gleichnamigen Polen eine Anziehung statt. Diese scheinbare Anomalie haben schon die ersten Physiker, welche mit den Gesetzen magnetischer Anziehung und Abstossung sich beschäftigten, bemerkt und haben zugleich erkannt, dass sie nur bei sehr grosser Annäherung der Pole eintritt; in grösserer Entfernung ist nämlich die Induction nie stark genug, um den ursprünglichen Magnetismus zu überwinden.

Der Entstehung nach gibt es, wie aus der obigen Erklärung hervorgeht, zweierlei Magnetismus: nämlich Magnetismus, der einem Körper eigenthümlich ist — **permanenter oder inhärirender Magnetismus** — und Magnetismus, der durch Nähe eines andern Magnets hervorgerufen wird — **inducirter Magnetismus**.

Legt man mehrere Magnete, wovon jeder eine bestimmte Quantität permanenten Magnetismus besitzt, mit den Enden an einander, so entsteht eine

Induction, wodurch der ursprüngliche Magnetismus vermehrt oder vermindert wird. Dieser inducirten Vermehrung oder Verminderung gegenüber werden wir den ursprünglichen Magnetismus als selbstständigen Magnetismus bezeichnen.

Die Eigenschaft, permanenten Magnetismus anzunehmen, wird **Coercitivkraft**, und die Eigenschaft, durch Induction Magnetismus anzunehmen, wird **Inductionsfähigkeit** genannt. Da man dem Worte Coercitivkraft verschiedene Bedeutungen beigelegt hat und das Wort selbst nicht bezeichnend genug ist, so werde ich anstatt desselben das Wort „**Retentionsfähigkeit**" gebrauchen.

Die verschiedenen Lehrsätze und Bestimmungen, welche bisher zusammengestellt worden sind, setzen uns in den Stand, im Allgemeinen anzugeben, wie der Magnetismus in den verschiedenen Theilen eines Magnets beschaffen sein wird; sehr einfach insbesondere zeigen sich die Verhältnisse, wo ein Magnet NS *Fig. 10* so geringen Querschnitt hat, dass man ihn als eine Reihe von Molecülen $A, B, C, D \ldots$ betrachten kann.

Wenn N der Nordpol und S der Südpol ist, so werden die einzelnen Molecüle ihre Nordpole in $0, 2, 4, 6, 8, 10, 12$ und ihre Südpole in $1, 3, 5, 7, 9, 11, 13$ haben; die Stärke des Magnetismus wird aber, auch wenn jedes Molecül, von den übrigen getrennt, gleiche selbstständige Kraft besässe, in Folge der Induction sehr verschieden sein und zwar ist leicht einzusehen, dass die Induction in den End-Molecülen am kleinsten, in der Mitte am grössten sein wird. Der Magnetismus der einzelnen Molecüle nimmt also zu von den Enden bis zur Mitte, wogegen die Stärke der Anziehung und Abstossung nach Aussen von den Enden bis zur Mitte abnimmt. Um letzteres Verhältniss einzusehen, ist es nur nöthig zu bedenken, dass, wenn man die zwei Endpunkte $0, 13$, die frei sind und ihre volle Kraft ausüben, ausnimmt, stets zwei entgegengesetzte Pole $1, 2 \ldots 3, 4$ $5, 6 \ldots$ an einander anliegen, also nur der Unterschied ihrer Kraft nach Aussen wirkt; zugleich begreift sich ohne Schwierigkeit, dass der Unterschied der anstossenden Pole von N bis D als ein Ueberschuss von nördlichem, von D bis S als ein Ueberschuss von südlichem Magnetismus sich erweisen wird. Nähere Bestimmungen kommen im III. Kapitel vor.

1. Sehr präcise und richtige Ansichten über die Induction bei dem weichen Eisen hat Horner[1] entwickelt. Minder genau war die Auffassung Barlow's und Christie's[2], die unter Anderm meinten, dass Eisen, wenn eine inducirende Kraft darauf wirke, nur eine magnetische Anziehung, nicht eine magnetische Abstossung ausübe, und dass ein Eisenstab, der Induction der Erde ausgesetzt, nicht im eigentlichen Sinne magnetisch werde, weil er unfähig bleibe, Eisenfeilspähne anzuziehen. Letzteres beruht auf einem Missverständnisse, da das Nichtanziehen der Eisenfeilspähne nur von der Schwäche des Magnetismus herrührt.

Barlow[3] hat die Magnetisirung von Eisenmassen durch die Erde zum Gegenstand einer Untersuchung gemacht, und insbesondere den Fall, wenn die Eisenmasse eine Voll- oder Hohlkugel bildet, theoretisch und praktisch entwickelt. Untersuchungen von ähnlicher Art haben Schmidt[4], Powell[5], Lecount[6] ausgeführt.

2. Der Satz, dass permanenter und inducirter Magnetismus neben einander bestehen können, war im 17. Jahrhundert noch unbekannt, und desshalb bildete

für die Physiker jener Zeit die Anziehung gleichnamiger Pole, wenn sie einander sehr nahe gebracht werden, ein unlösbares Räthsel. Insbesondere machte DALLA BELLA[7] auf dieses Verhältniss aufmerksam und suchte auch die Entfernung zu bestimmen, wo die Abstossung in Anziehung übergeht. Erst MICHELL[8] scheint die Bedingungen, die hier eintreten, richtig aufgefasst zu haben; in neuerer Zeit hat POGGENDORFF[9] eine erschöpfende Darstellung gegeben, und nach ihm ist von HÄCKER[10] eine Versuchsreihe angestellt worden, wobei er den Indifferenzpunkt, wo weder Abstossung noch Anziehung wahrgenommen wird, durch Beobachtung bestimmte; hiezu kommen endlich einige, auf denselben Gegenstand bezügliche Versuche von WOESTYN[11], welcher zugleich die Wahrnehmung gemacht hat, dass in einem schwachen Magnet durch die Annäherung an einen stärkern Folgepunkte entstehen können.

Da übrigens inducirter Magnetismus, so wie er eine gewisse Stärke erreicht, theilweise in permanenten Magnetismus übergeht, so wird sich für die Induction je nach der Beschaffenheit des Eisens oder Stahles immer ein bestimmter Grenzwerth angeben lassen, der nicht überschritten werden kann: hinsichtlich dieses Grenzwerthes und seines Verhältnisses zu der Stärke des zurückbleibenden permanenten Magnetismus ist bisher durch Versuche Näheres nicht festgestellt.

3. Ausser bei der Annäherung zweier gleichnamiger Magnetpole gibt es noch einen Fall, der für die Physiker Interesse hat und wo permanenter und inducirter Magnetismus neben einander bestehen. Dieser Fall tritt ein bei jedem Magnetstabe, der nicht einen rechten Winkel mit der Richtung des Erdmagnetismus macht. KUPFFER[12] hat zuerst mit diesem Verhältniss sich beschäftigt und das Vorhandensein eines Inductionseinflusses bei verticaler Stellung der Magnete, durch die Aenderung des Indifferenzpunktes (§. 6, 2), bei horizontaler Stellung durch die Schwingungen einer Compassnadel nachgewiesen.

In letzterm Falle wurde ein cylindrischer Magnet von $5\frac{1}{2}$ Lin. Durchmesser und 22 Zoll Länge in die verlängerte Richtung der Nadel gelegt, einmal mit seinem Nordpol nach Norden, dann mit seinem Nordpol nach Süden gerichtet. Wenn der Nordpol des Magnets nach Norden gerichtet war, so wirkten auf die Nadel der Erdmagnetismus X, dann der permanente Magnetismus des Stabes M und die Induction I in gleichem Sinne; wenn dagegen der Südpol nach Norden gerichtet war, so wirkte der permanente Magnetismus dem Erdmagnetismus und der Induction entgegen. Bezeichnet man die Schwingungsdauer der Nadel, wenn der Erdmagnetismus allein wirkte, mit T_1, wenn der Magnet seinen Nordpol nach Norden gerichtet hatte, mit T_2, und wenn er seinen Nordpol nach Süden gerichtet hatte, mit T_3, so ergibt sich nach §. 6 1:

$$X = \frac{A}{T_1^2}$$

$$M + X + I = \frac{A}{T_2^2}$$

$$M - X - I = \frac{A}{T_3^2}.$$

wo A eine Constante bedeutet, und hieraus folgt

$$M + I = A\left(\frac{1}{T_2^2} - \frac{1}{T_1^2}\right) = X\left(\frac{T_1^2}{T_2^2} - 1\right)$$

$$M - I = A\left(\frac{1}{T_3^2} + \frac{1}{T_1^2}\right) = X\left(\frac{T_1^2}{T_3^2} + 1\right).$$

Aus den Versuchen von KUPFFER geht nun allerdings hervor, dass $M+I$ grösser war als $M-I$, mithin I einen positiven Werth hatte; was aber die gefundenen Zahlen betrifft, so ist wenig Gewicht darauf zu legen, weil die Beobachtungsmethode viel zu ungenau ist, als dass damit die kleine Grösse, um die es sich hier handelt, richtig bestimmt werden könnte. Diesem Umstande hat man es ohne Zweifel zuzuschreiben, dass KUPFFER's Untersuchung wenig erwähnt worden ist, vielmehr die Physiker allgemein angenommen zu haben scheinen, dass die Induction des Erdmagnetismus bei Stahlstäben unmerklich sei, und BARLOW hat diess ausdrücklich auf Grund der von ihm vorgenommenen Versuche behauptet; erst im Jahre 1841 wurde ich durch meine Arbeiten über die Bestimmung der absoluten Intensität des Erdmagnetismus [13] veranlasst, das obige Verhältniss genauer zu untersuchen, und es ergab sich dabei, dass die Wirkung der Induction zwar sehr klein, aber doch, wenn zweckmässige Vorrichtungen angewendet werden, leicht messbar ist. Die nähere Auseinandersetzung dieses Gegenstandes muss in der Abtheilung Erdmagnetismus nachgesehen werden; hier wird es hinreichend sein zu bemerken, dass, wenn das magnetische Moment eines Stabes multiplicirt mit dem darauf wirkenden Theile des Erdmagnetismus als **Anziehung** bezeichnet wird, die Induction zwischen $\frac{1}{500}$ und $\frac{1}{2000}$ der Anziehung beträgt und um so kleiner ist, je härter und dünner die Magnete sind. Im Grunde bildet diese Induction des Erdmagnetismus nur einen speciellen Fall der weiter unten vorkommenden Untersuchung über die Wirkung einer inducirenden Kraft auf permanente Magnete.

4. Das Bestehen des permanenten und inducirten Magnetismus neben einander kann auf zweierlei Weise stattfinden, entweder so, dass beide von einander unabhängig sind, oder so, dass sie sich gegenseitig modificiren. Die Frage, um welche es sich hier handelt, lässt sich klarer darstellen, wenn man zwei Molecule A, B Fig. 11 betrachtet, wovon das erste an seinen Polen den permanenten Magnetismus $+\mu$ und $-\mu$, das zweite den permanenten Magnetismus $+\mu'$ und $-\mu'$ hat. Hier wird $+\mu$ an der zunächst liegenden Seite von B, da wo bereits der Magnetismus $+\mu'$ sich befindet, eine Quantität Magnetismus hervorrufen, die durch $-p\mu$ ausgedrückt werden kann; es fragt sich dabei jedoch, ob nicht zugleich der Magnetismus $+\mu'$ von $+\mu$ zurückgedrängt wird, wenigstens in der Weise, dass die **Vertheilung** und damit auch die

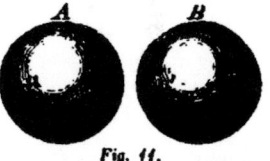

Fig. 11.

Anziehung sich **verschieden** gestaltet. In letzterem Falle würde bei Berechnung der Wirkungen $+q\mu'$ anstatt $+\mu'$ substituirt werden müssen, und wir hätten den ganzen Magnetismus $=+q\mu'-p\mu$, während, wenn $+\mu$ und $+\mu'$ aufeinander keinen Einfluss haben, der Magnetismus $=+\mu'-p\mu$ sich ergibt.

Hierüber hat die Erfahrung bisher nichts gelehrt, auch sind die Physiker darüber nicht einig, wie die Erscheinungen, bei welchen permanenter und inducirter Magnetismus neben einander auftreten, auszulegen seien, denn während einige der Ansicht sind, dass beim Hinzukommen einer inducirenden Kraft jedes Molecul dadurch in gleichem Maasse afficirt wird, halten es andere für angemessener, in den Körpern Molecule von **verschiedener Beschaffenheit** neben einander anzunehmen, und zwar solche, die grössere Retentionsfähigkeit haben und auf welche dann die inducirende Kraft nicht wirkt, dann solche, die grössere Inductionsfähigkeit haben, aber wenig oder keinen Magnetismus permanent behalten. Unzweifelhaft gibt es Eisen- und Stahlmassen, welche nicht homogen sind und der letztern Hypothese vollkommen entsprechen; ob aber bei homogenen Magneten, z. B. bei einem magnetisirten Abschnitte einer Uhrfeder, die Molecule, welche den permanenten Magnetismus enthalten, von denen, welche durch die Induction afficirt werden, verschieden sind, kann noch immer mit Grund bezweifelt werden. Die mannigfaltigen Fragen, auf welche man durch diese Untersuchung geführt wird, und welche sich auf das Verhältniss zwischen der Induction, dem vor der Induction vorhandenen permanenten Magnetismus und dem nach der Induction zurückbleibenden (remanenten) Magnetismus beziehen, haben mehrere Physiker, unter welchen besonders Lenz und Jacobi [14], Joule [15], Wiedemann [16], Marianini [17], Du Moncel [18], Dub [19] zu erwähnen sind, durch zahlreiche Experimente zu entscheiden gesucht; indessen halte ich es nicht für zweckmässig, hier auf das Detail einzugehen, einmal weil der Gegenstand mehr in das Gebiet des Elektromagnetismus gehört, dann auch, weil präcise Resultate — hauptsächlich wohl wegen der verschiedenen Beschaffenheit der angewendeten Eisen- und Stahlstücke — nicht erlangt worden sind, und begnüge mich damit, einige von mir veranstaltete Versuchsreihen anzuführen, wodurch speciell diejenigen Verhältnisse, die bei Magneten vorkommen und in der Theorie des Magnetismus zu berücksichtigen sind, festgestellt werden sollen. Bei den Versuchen benutzte ich eine Spirale von sehr grosser Länge, durch welche ein galvanischer Strom geleitet wurde, und deren Inductionskraft in absolutem Maasse nach §. 18, 4 berechnet werden konnte, dann ein absolutes Galvanometer und eine Ablenkungsvorrichtung (§. 18, 8 und 9). Zunächst sollte die Wirkung einer inducirenden Kraft auf permanente Magnete ermittelt werden.

I. Zwei Magnete A und B, mit dem §. 45 beschriebenen Magnetisirungsapparate bis zur Sättigung magnetisirt und in eine lange Spirale gebracht, durch welche ein galvanischer Strom geleitet wurde, gaben folgende Resultate:

Magnet A: Länge $66'''{,}5$, Breite $4'''{,}6$, Dicke $2'''{,}0$, inducirende Kraft des Stromes $47{,}29$, ursprüngliches magnetisches Moment $150{,}3$.

Stromrichtung	magnetisches Moment	Induction	bleibende Aenderung.
$+$	$154{,}87$	$+\,4{,}57$	
$-$	$143{,}67$	$-\,5{,}13$	$-\,1{,}50$
$+$	$153{,}22$	$+\,4{,}42$	
$-$	$143{,}63$	$-\,5{,}12$	$-\,0{,}05$
$+$	$153{,}17$	$+\,4{,}42$	
$-$	$143{,}53$	$-\,5{,}12$	$-\,0{,}10$

Betrag der Induction im Mittel $+\,4{,}47$ und $-\,5{,}12$, also für die Einheit der inducirenden Kraft $+\,0{,}000629$ und $-\,0{,}000720$ des ganzen magnetischen Momentes.

Magnet B, Länge $66'''{,}6$, Breite $3'''{,}8$, Dicke $1'''{,}6$, inducirende Kraft des Stromes $45{,}78$, ursprüngliches magnetisches Moment $104{,}4$.

Stromrichtung	magnetisches Moment	Induction	bleibende Aenderung.
$+$	$104{,}27$	$+\,2{,}87$	
$-$	$97{,}93$	$-\,2{,}87$	$-\,0{,}60$
$+$	$103{,}87$	$+\,2{,}97$	
$-$	$97{,}93$	$-\,2{,}97$	$+\,0{,}10$
$+$	$103{,}77$	$+\,2{,}87$	
$-$	$97{,}73$	$-\,3{,}07$	$-\,0{,}10$
$+$	$103{,}77$	$+\,2{,}97$	
$-$	$97{,}73$	$-\,2{,}97$	$-\,0{,}10$

Betrag der Induction im Mittel $+\,2{,}92$ und $-\,2{,}97$, also für die Einheit der inducirenden Kraft $+\,0{,}000629$ und $-\,0{,}000640$ des ganzen magnetischen Momentes.

§. 8.   INDUCTION UND SELBSTSTÄNDIGER MAGNETISMUS.

Bei der zweiten Versuchsreihe wurde nach jeder Stromanwendung der permanente Magnetismus neu bestimmt, bei der ersten Reihe war diess unterlassen worden, und die Berechnung der bleibenden Aenderung geschah in der Voraussetzung, dass nur dann eine bleibende Aenderung eintritt, wenn der Strom dem permanenten Magnetismus entgegenwirkt, eine Voraussetzung, welche durch die zweite Reihe bestätigt wird. Dass bei den bleibenden Aenderungen der zweiten Reihe einmal eine kleine Zunahme vorkommt, ist nur den unvermeidlichen Beobachtungsfehlern zuzuschreiben.

II. Ein kleiner Stahlstab C (Länge 81''',2, Breite und Dicke 1''',5), ungehärtet, wurde zuerst unmagnetisirt, dann magnetisirt in die lange Spirale gebracht und der Betrag der Induction bestimmt, alsdann wurde der Stab gehärtet und dieselben Beobachtungen wiederholt; die erhaltenen Resultate waren, wie folgt:

Stab ungehärtet, ursprünglicher Magnetismus — 0,1, inducirende Kraft des Stromes 35,94.

Stromrichtung	magnetisches Moment	Induction	bleibende Aenderung
+	+ 6,77	+ 3,37	+ 3,3
—	— 1,22	— 3,52	— 1,1
+	+ 6,47	+ 3,27	+ 0,9
—	— 1,00	— 3,30	— 0,9
+	+ 6,57	+ 3,37	+ 0,9
—	— 0,84	— 3,14	— 0,9

Betrag der Induction im Mittel + 3,34 und — 3,32, also für die Einheit der inducirenden Kraft + 0,0929 und — 0,0924.

Stab ungehärtet, ursprünglicher Magnetismus 63,95, inducirende Kraft des Stromes 37,08.

Stromrichtung	magnetisches Moment	Induction	bleibende Aenderung
+	67,34	+ 2,99	+ 0,40
—	52,95	— 3,15	— 8,30
+	60,18	+ 3,13	+ 1,00
—	52,48	— 3,17	— 1,40
+	59,59	+ 3,04	+ 0,90
—	52,21	— 3,14	— 1,20

Betrag der Induction im Mittel + 3,05 und — 3,15, also für die Einheit der inducirenden Kraft + 0,0823 und — 0,0850.

Stab gehärtet, unmagnetisirt, ursprünglicher Magnetismus — 0,5, inducirende Kraft des Stromes 36,32.

Stromrichtung	magnetisches Moment	Induction	bleibende Aenderung
+	+ 1,55	+ 1,80	+ 0,25
—	— 2,36	— 1,76	— 0,35
+	+ 1,40	+ 1,75	+ 0,25
—	— 2,34	— 1,84	— 0,15
+	+ 1,33	+ 1,68	+ 0,15
—	— 2,34	— 1,74	— 0,25

Betrag der Induction im Mittel + 1,74 und — 1,78, also für die Einheit der inducirenden Kraft + 0,0479 und — 0,0490.

Stab gehärtet, magnetisirt, ursprünglicher Magnetismus 49,1, inducirende Kraft des Stromes 37,08.

Stromrichtung	magnetisches Moment	Induction	bleibende Aenderung.
+	50,46	+ 1,41	— 0,05
—	47,08	— 1,32	— 0,65
+	49,83	+ 1,38	+ 0,05
—	46,90	— 1,30	— 0,25
+	49,71	+ 1,46	+ 0,05
—	46,78	— 1,42	— 0,05

Betrag der Induction im Mittel + 1,42 und — 1,35, also für die Einheit der inducirenden Kraft + 0,0383 und — 0,0364.

Einige Tage später, nachdem die Spirale der freien Nadel näher gerückt worden war, wurden folgende Resultate erhalten:

Stahlstab ganz hart . . . . . 142,9 (9,43 Mill. absolutes Maass)
Aenderung bei magnetisirender Kraft 81,5
   inducirt + 6,9 bleibend + 0,3
       — 7,0   — 3,9

Stahlstab blau angelassen . . . 192,15 (12,68 Mill. absolutes Maass),
Aenderung bei magnetisirender Kraft 85,5
   inducirt — 15,5 bleibend — 23,5
       + 15,3   + 3,0

Stahlstab ausgeglüht, nicht magnetisirt,
Aenderung bei magnetisirender Kraft 85,3
   inducirt ± 26,6 bleibend 18,6 und 26,3 *

Stahlstab ausgeglüht und magnetisirt 159,0 (10,49 Mill. absolutes Maass)
Aenderung bei magnetisirender Kraft 86,6
   inducirt — 28,05 bleibend — 59,5
       + 22,45   + 12,7.

III. Zwei gleich grosse Abschnitte einer Uhrfeder A und B (Länge $103''',3$, Breite $8''',0$, Dicke $0''',2$) wurden in dieselbe Spirale gebracht, und es ergab sich Folgendes:

Abschnitt A magnetisirt, ursprünglicher Magnetismus 142,0, inducirende Kraft des Stromes 68,10

Stromrichtung	magnetisches Moment	Induction	bleibende Aenderung.
+	150,14	+ 6,99	+ 1,15
—	134,10	— 7,30	— 1,75
+	149,67	+ 6,87	+ 1,40
—	133,85	— 7,35	— 1,60
+	149,52	+ 6,92	+ 1,40
—	133,74	— 7,41	— 1,45

Betrag der Induction im Mittel + 6,93 und — 7,35, also für die Einheit der inducirenden Kraft + 0,102 und — 0,108.

---

* Bei dem ersten Experiment, wo von einem neutralen Zustande ausgegangen wurde, betrug die bleibende Aenderung 18,6; nachdem aber durch das erste Experiment das Stäbchen Magnetismus gewonnen hatte, so wurde durch das zweite Experiment nicht blos ein neuer Magnetismus ertheilt, sondern auch die von der vorausgegangenen Magnetisirung übrig gebliebene Kraft aufgehoben, was zusammen 26,3 ausmachte.

§. 8. INDUCTION UND SELBSTSTÄNDIGER MAGNETISMUS.

Abschnitt B unmagnetisirt, ursprünglicher Magnetismus — 4,10, inducirende Kraft des Stromes 69,23.

Stromrichtung	magnetisches Moment	Induction	bleibende Aenderung
+	+ 15,43	+ 8,96	+ 2,37
—	— 6,15	— 9,09	— 3,53
+	+ 14,17	+ 8,86	+ 2,37
—	— 6,26	— 9,14	— 2,43
+	+ 14,13	+ 8,98	+ 2,27
—	— 6,12	— 9,04	— 2,23

Betrag der Induction im Mittel + 8,93 und — 9,05, also für die Einheit der inducirenden Kraft + 0,129 und — 0,131.

Abschnitt B magnetisirt, ursprünglicher Magnetismus 174,65; inducirende Kraft des Stromes 81,34.

Stromrichtung	magnetisches Moment	Induction	bleibende Aenderung
+	185,28	+ 9,03	+ 1,60
—	162,08	— 9,67	— 4,50
+	183,19	+ 9,14	+ 2,30
—	161,02	— 9,43	— 3,60
+	184,64	+ 9,06	+ 2,10
—	160,53	— 9,42	— 2,60

Betrag der Induction im Mittel + 9,08 und — 9,51, also für die Einheit der inducirenden Kraft + 0,112 und — 0,117.

Später ergab sich bei einer inducirenden Kraft des Stromes von 45,40 und dem ursprünglichen Magnetismus 172,02.

Stromrichtung	magnetisches Moment	Induction	bleibende Aenderung
+	177,56	+ 5,14	+ 0,40
—	166,59	— 5,03	— 0,80
+	177,42	+ 5,20	+ 0,60
—	166,59	— 5,15	— 0,70
+	177,37	+ 5,15	+ 0,70
—	166,54	— 5,28	— 0,70

Betrag der Induction im Mittel + 5,17 und — 5,15, also für die Einheit der inducirenden Kraft + 0,114 und — 0,113.

Es ist hieraus ersichtlich:
1. dass bei einem magnetisirten Stabe dieselbe inducirende Kraft eine etwas grössere Wirkung hat, wenn sie dem permanenten Magnetismus entgegengesetzt, als wenn sie damit übereinstimmend ist;
2. dass eine inducirende Kraft um so geringere Wirkung hat, je stärker der permanente Magnetismus ist.

Die Abnahme der Inductionsfähigkeit durch das Magnetisiren betrug:

bei der Uhrfeder	$\frac{1}{7}$
bei dem viereckigen Stahlstäbchen, ungehärtet	$\frac{1}{10}$
gehärtet	$\frac{1}{4,3}$

Bemerkenswerth ist, dass das Stahlstäbchen nach dem Härten um $\frac{1}{4,3}$ weniger Magnetismus annahm.

Mit der vorhergehenden Untersuchung steht noch in engstem Zusammenhange die Frage, ob, wenn der Magnetismus der Molecule aufgehoben wird, die ursprüngliche Inductionsfähigkeit wieder sich herstellt. Zur Entscheidung dieser Frage wurden mit zwei kleinen Magneten A und B (Länge 112,6, Breite 6,2, Dicke 1,1 Millim.) folgende Versuche angestellt, wobei ein Scalatheil 0,0478 Millionen in absolutem Maasse betrug.

A (vollkommen hart)

nicht magnetisirt, Induction.	2,52 Scalatheile
magnetisirt.	2,30
entmagnetisirt	2,60

B (nicht vollkommen hart)

nicht magnetisirt, Induction.	3,99
magnetisirt..	3,41
entmagnetisirt	3,70 ,,

Die Magnetisirung geschah mittelst 25 pfündiger Stäbe, und der Magnetismus betrug in absolutem Maasse:

bei A 2,57 Millionen
bei B 4,34 Millionen.

Bei der Aufhebung des Magnetismus blieb hievon ungefähr $1/30$ übrig; dabei ist aber nicht zu vergessen, dass das Verschwinden des magnetischen Moments ebenso gut durch entgegengesetzte Magnetisirung der einzelnen Molecule als durch die Wiedervereinigung der entgegengesetzten Fluida in denselben zu Stande kommen kann, und hierin mag der Grund zu suchen sein, warum die obigen Messungen minder genau übereinstimmen; im Ganzen aber lassen sie wohl keinen Zweifel übrig, dass bei dem Verschwinden des Magnetismus die ursprüngliche Inductionsfähigkeit sich wiederherstellt. Dieser Umstand ist in so ferne von Wichtigkeit, als daraus sich schliessen lässt, dass die Abnahme der Inductionsfähigkeit nur als eine Folge der Annäherung an die Magnetisirungsgrenze betrachtet werden muss. Das Vorhandensein einer Magnetisirungsgrenze fordert, dass die Wirkung einer magnetisirenden Kraft um so kleiner wird, je mehr der Magnetismus zunimmt.

Während dem Vorhergehenden zufolge bei dem Stahle dieselbe Kraft mehr inducirt, wenn sie gegen, als wenn sie mit dem permanenten Magnetismus wirkt, findet bei dem Eisen gerade das Gegentheil statt. Besonders auffallend stellt sich dieses heraus bei dünnen gewalzten Eisenplatten, wie aus folgenden Versuchen hervorgeht.

Eine Lamelle von $53''',7$ Länge, $9''',6$ Breite, $0''',2$ Dicke unausgeglüht in eine Spirale gebracht und einer magnetisirenden Kraft von 73,34 ausgesetzt, gab

inducirten Magnetismus	21,75
permanenten Magnetismus	8,05.

Der permanente Magnetismus stieg durch Bestreichen mit 25 pfündigen Stäben auf 13,15; als hierauf die Lamelle derselben magnetisirenden Kraft ausgesetzt wurde, ergab sich:

Strom mitwirkend. .	Induction 22,0
Strom entgegenwirkend	Induction 16,7.

Dieselbe Lamelle ausgeglüht und der magnetisirenden Kraft 72,04 ausgesetzt, gab

inducirten Magnetismus	22,75
permanenten Magnetismus	8,05.

Durch Bestreichung mit den 25 pfündigen Stäben stieg der permanente Magnetismus auf 14,5, und die Lamelle wurde wieder in die Spirale gebracht. Bezeichnet man diesen Magnetismus als +, und den Strom, der die Tendenz hatte,

§. 8.   INDUCTION UND SELBSTSTÄNDIGER MAGNETISMUS.

ihn zu vermehren, ebenfalls als +, so waren bei der oben schon angegebenen magnetisirenden Kraft die erhaltenen Zahlen wie folgt

Strom	inducirter Magnetismus	permanenter Magnetismus
+	+ 22,8	+ 17,7
+	+ 20,9	+ 18,0
+	+ 21,2	+ 18,1
+	+ 21,4	+ 17,8
—	— 16,70	— 0,05
—	— 17,25	— 2,00
—	— 16,80	— 2,55
(nach Bestreichung mit den 25 pfündigen Stäben)		— 13,2
—	— 22,0	— 17,6
—	— 21,0	— 17,9
+	+ 18,0	+ 1,75
+	+ 17,0	+ 2,55

Ein Abschnitt von Eisendraht, Länge $= 83'''{,}2$, Durchmesser $= 1'''{,}95$ unausgeglüht, einer magnetisirenden Kraft 73,92 ausgesetzt, gab

inducirten Magnetismus	47,6
permanenten Magnetismus	22,95

magnetisirt in gleichem Sinne mit den 25 pfündigen Stäben
$$53{,}35;$$
hiernach derselben magnetisirenden Kraft ausgesetzt

Strom	inducirter Magnetismus	permanenter Magnetismus
+	+ 49,7	+ 57,65
+	+ 49,2	+ 57,55
—	— 48,2	— 2,9
—	— 43,4	— 6,9
—	— 42,4	— 7,4
—	— 42,7	— 7,9

Derselbe Eisendraht ausgeglüht einer magnetisirenden Kraft $= 69,00$ ausgesetzt, gab

	inducirter Magnetismus	permanenter Magnetismus
bei Strom +	+ 104,0	+ 7,3
magnetisirt		+ 9,0
+	+ 106,2	+ 14,0
—	— 94,0	— 6,1
wieder magnetisirt		— 17,0
—	— 101,2	— 15,6
+	+ 91,6	+ 5,4

Da ich zweifelte, ob nicht bei der vorletzten Zahlenreihe ein Versehen stattgefunden habe, so wurde der Versuch mit einem zweiten Drahtstücke von gleicher Grösse bei derselben Stromstärke wiederholt, und das Resultat war

Strom +	inducirter Magnetismus	+ 49,9
	permanenter Magnetismus	+ 19,5
Strom —	inducirter Magnetismus	— 50,5
	permanenter Magnetismus	— 19,6

Nach Bestreichung mit den 25 pfündigen Stäben war der Magnetismus + 57,0, und die Wirkung der Magnetisirungsspirale zeigte sich wie folgt:

Strom	inducirter Magnetismus	permanenter Magnetismus
+	+ 50,2	+ 59,8
—	— 47,3	— 2,6
—	— 43,6	— 4,8
—	— 43,6	— 6,4

Aus den vorhergehenden Versuchen ersieht man, dass bei Anwendung schwacher Magnetisirungskräfte der im Eisen hervorgerufene permanente Magnetismus ungefähr die Hälfte des inducirten beträgt, während beim Stahl der permanente Magnetismus kaum mehr als $1/10$ des inducirten erreicht; man ersieht ferner, dass, wenn das Eisen einen stärkern permanenten Magnetismus erhält, die Inductionsfähigkeit im Sinne des permanenten Magnetismus nicht vermehrt, im entgegengesetzten Sinne aber beträchtlich vermindert wird.

Zu bemerken ist, dass bei allen vorhergehenden Versuchen, um den permanent zurückbleibenden Magnetismus zu messen, der Strom unterbrochen wurde, ohne dass vorher das Eisen aus der Spirale herausgezogen worden wäre. Da aber, wie spätere Versuche zeigten, in solchem Falle die Unterbrechung des Stromes eine Erschütterung hervorbringt, wodurch der permanente Magnetismus modificirt wird, so muss sich auch für die Induction, wie sie oben bestimmt wurde, ein nicht ganz genauer Werth ergeben. Ohne diesen Umstand würde der Unterschied der Induction bei entgegengesetzter Stromrichtung minder bedeutend ausgefallen sein.

5. In neuerer Zeit haben einige englische Physiker den Magnetismus in permanenten, subpermanenten und inducirten eingetheilt, und als subpermanenten Magnetismus denjenigen bezeichnet, welcher im Eisen nur so lange sich hält, als er durch eine Einwirkung von Aussen nicht aufgehoben wird. So z. B. nehmen die gewalzten Eisenplatten, aus welchen eiserne Schiffe gebaut werden, in der nördlichen Hemisphäre einen bestimmten Magnetismus an; kommen sie dann in die südliche Hemisphäre, so hebt sich nicht gleich, sondern allmählig dieser Magnetismus auf und es tritt ein ganz verschiedener magnetischer Zustand ein. Auch eine gewaltsame Biegung der Eisenplatten (z. B. bei einem Seesturme kann eine Aenderung des sonst constant bleibenden Magnetismus erzeugen, und diess rechnet AIRY ebenfalls zu den Erscheinungen des subpermanenten Magnetismus. Was die Bezeichnung „subpermanent" betrifft, so rührt sie von AIRY[20] her; SCORESBY[21] gebraucht die weniger verständliche Bezeichnung „Retentions-Magnetismus."

Nach der oben angegebenen Darstellung würde man sagen, dass die Eisenplatten der Schiffe permanenten Magnetismus annehmen, aber nur eine geringe Retentionsfähigkeit haben, und diese Auffassung ist so einfach und bringt die Erscheinung mit sonstigen Vorgängen in einen so natürlichen Zusammenhang, dass ich für zweckmässig gehalten habe, von dem subpermanenten Magnetismus ganz Umgang zu nehmen.

6. Bezüglich auf die Retentionsfähigkeit kommen Missverständnisse vor, indem Einige als permanenten Magnetismus die Kraft betrachten, welche nach der Magnetisirung (d. h. nach Entfernung der inducirenden Kraft) zurückbleibt, andere dagegen darunter den Magnetismus verstehen, der den Stab im Verlaufe der Zeit nicht mehr verlässt. Die richtige Auffassung der Verhältnisse erfordert, dass man die Retentionsfähigkeit nach der Quantität des Magnetismus beurtheile, die beim Magnetisiren unmittelbar zurückbleibt; der später mit der Zeit eintretende Kraftverlust ist eine Erscheinung, die für sich betrachtet werden muss und deren Zusammenhang mit der Retentionsfähigkeit erst zu ermitteln wäre.

7. PRECHTL[22] scheint der Erste gewesen zu sein, der einen Magnet aus Theilen zusammenzusetzen und die Stärke der einzelnen Theile zu bestimmen ge-

cht hat. Er legte auf einem Tische *Fig. 12* acht kleine Stahlstäbe aneinander
reiht, und nachdem er sie in dieser
ge bis zur Sättigung magnetisirt hatte,
festigte er eine feine Schnur an das
*te Stück, führte die Schnur über die
lle *R* und hing eine Waagschaale daran.
rch Einlegen von Gewichten fand er
n, dass das erste Stück bei einer Be-
tung von $1/2$ Pfund sich von den übrigen
nnte. Nachdem er das erste Stück
eder angelegt hatte wie zuvor, befestigte er die Schnur am zweiten Stücke und
d, dass die Trennung erst bei einer Belastung von 1 Pfund erfolgte; und so
rfuhr er bei allen übrigen Stücken. Eine Uebersicht der Resultate gibt folgende
sammenstellung

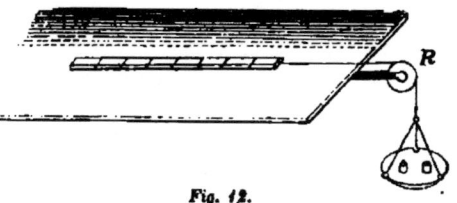

Fig. 12.

Stücke	Gewicht, welches zum Losreissen nöthig war.
1	$1/2$ Pfund
2	1
3	$1 1/2$
4	2
5	$1 1/2$
6	1
7	$1/2$

Es war hierdurch nachgewiesen, dass die magnetische Spannung von der
tte gegen die Enden abnimmt. Weit genauer kann das Verhältniss mittelst des
lvanischen Stromes ermittelt werden. (Vergl. §. 66.)

8. WATKINS [23], VAN REES [24] und POGGENDORFF [25] haben auf das Paradoxon
fmerksam gemacht, dass am Ende *A* eines Eisenstabes *AB Fig. 13*, dem Süd-
le *S* eines Magnets genähert, nördlicher Magnetismus nur so lange sich
ssert, als der Abstand noch einen wahrnehmbaren Betrag ausmacht.
bald der Abstand sehr klein wird, oder die Berührung erfolgt, so
igt das Ende des Eisenstabes denselben Magnetismus wie der Magnet-
l, was durch Annäherung einer kleinen Probirnadel oder eines
einen Compasses *C* sehr leicht nachgewiesen werden kann. Diesem Er-
hrungssatze scheint TYNDALL [26] eine eigenthümliche Bedeutsamkeit in
r Theorie des Magnetismus beilegen zu wollen; die Sache ist jedoch
hr einfach, und die Erklärung bietet keine Schwierigkeit dar, sobald
an den oben angegebenen Lehrsatz, dass die Anziehung und Abstossung
 der Ferne nur der Unterschied zweier zunächst aneinander gelegenen
le ist, gehörig berücksichtiget. Es wird nämlich der Nordpol der
obirnadel *C* von dem Pole *S* angezogen und von dem in *A* inducirten
agnetismus abgestossen, und wenn man die Intensitäten dieser Pole
it *S* und *A* bezeichnet, so erhält man als Ausdruck für die Gesammtwirkung

Fig. 13.

$$\frac{S}{(Sn)^2} - \frac{A}{(An)^2},$$

o (*Sn*) und (*An*) die Entfernungen der Pole *S* und *A* von dem Nordpole der
del *C* bedeuten. Da nun der inducirte Magnetismus in *A* immer kleiner als die
ducirende Kraft in *S* ist, so wird in dem eben gefundenen Ausdrucke das erste
ied stets überwiegend sein, so lange (*Sn*) und (*An*) wenig von einander ver-
hieden sind, d. h. so lange *S* und *A* einander nahe stehen, und nur wenn sie
trächtlich von einander entfernt werden, kann man der Probirnadel *C* eine

Lage geben, wo (An) so klein wird, dass das zweite Glied das Uebergewicht erhält. Es ist ferner leicht einzusehen, dass, sobald S und A sich berühren, die Molecule bei A stärker magnetisirt sein werden als bei B, somit von A bis B alle Nordpole grössere Intensität erhalten als die berührenden Südpole, so dass eine Probirnadel an allen Theilen des Eisenstabes einen nördlichen Magnetismus anzeigen wird.

Man ersieht hieraus, dass in dem Maasse, als man den Stab AB näher bringt, die einzelnen Molecule zwar ihre Polarität behalten, aber ihre Stärke ändern, und in Folge dessen eine ganz andere Vertheilung des freien Magnetismus zu Stande kommt.

Aehnliche Verhältnisse treten ein, wenn einem Hufeisenmagnet oder Elektromagnet NIS ein Hufeisen ABC von weichem Eisen genähert wird (*Fig. 14*). So lange A von N und C von S durch einen Zwischenraum getrennt bleiben, ist in A der südliche und in C der nördliche Magnetismus überwiegend, während in B die entgegengesetzten Pole sich das Gleichgewicht halten, mithin der freie Magnetismus verschwindet; sobald aber die Berührung der Pole erfolgt, und damit der Kreis geschlossen wird, so äussert sich auf der einen Seite von N bis I und von N bis B nördlicher, auf der andern Seite von S bis I und von S bis B südlicher Magnetismus und in I und B hat man Indifferenzpunkte wie vom Anfange. Diese Austheilung des Magnetismus bleibt sich im Allgemeinen immer gleich, die Stärke an einzelnen Punkten hängt aber in sehr beträchtlichem Maasse von der Inductionsfähigkeit des Magnets und des aufgesetzten Hufeisens ab. Eine vollständige Nachweisung des hier dargelegten Erfolges wird man in den theoretischen Entwickelungen des §. 36 finden.

Fig. 14.

1 Horner. Gilb. Ann. LXXIII. 5.
2 Christie. Gilb. Ann. LXXIII. 42. *Trans. Cambr. phil. Soc.*
3 Barlow. *Phil. Trans.* 1827.
4 Schmidt. Gilb. Ann. LXXIV. 225.
5 Powell. Gilb. Ann. LXXIII. 245.
6 Lecount. Gilb. Ann. LXXIII. 53.
7 Dalla Bella. *Mem. da Acad. Real de Lisboa.* T. I.
8 Michell. *Treatise of artificial magnets.* p. 18.
9 Poggendorff. Pogg. Ann. XLV. 375.
10 Häcker. Versuche über das Tragvermögen hufeisenförmiger Magnete. Pogg. Ann. LXX. 63. — Abhdl. der naturw. Gesellsch. zu Nürnberg. I. S. 1 und 135.
11 Woestyn. *Ann. de Chim. et de Phys.* XXVI. 520.
12 Kupffer. *Ann. de Chim. et de Phys.* XXXVI. p. 50.
13 Lamont. Ann. für Meteorol. und Erdmagnet. I. Heft 1842, S. 198. — Handbuch des Erdmagnet. S. 154.
14 Lenz und Jacobi. Pogg. Ann. XLVII. 238.
15 Joule. *Sturgeon Ann. of Electr.* V. p. 187 und 471. — *Proceed. of the Roy. Soc.* VIII. 488. *Phil. Mag.* (4.) XI. p. 77.
16 Wiedemann. Verhandl. der naturf. Gesellsch. in Basel. II. 1859. p. 169.
17 Marianini. *Raccolta fis. chim.* I. 1. — *Mem. de la Soc. Ital. in Mod.* XXIII. 247.
18 Du Moncel. *Compt. Rend.* XXXVI. p. 387.
19 Dub, Elektromagnetismus. S. 367.
20 Airy. *Phil. Trans.* 1856. 53.
21 Scoresby. *Rep. of the Brit. Assoc.* 1859. 49.
22 Prechtl. Gilb. Ann. LXVIII. 487.
23 Watkins. *Phil. Trans.* 1833. pt. II. 333; Pogg. Ann. XXXV. 108.
24 van Rees. Pogg. Ann. LXXIV. 226.
25 Poggendorff. Dessen Ann. LXXIV. 230.
26 Tyndall. *Phil. Mag.* (4.) I, 265; Pogg. Ann. LXXXIII. 1.

§. 9. Substanzen, die Inductionsfähigkeit oder Retentionsfähigkeit haben.

Wir müssen nun die Körper etwas näher betrachten, in welchen Magnetismus vorkommt.

Bereits haben wir zwei solche Körper kennen gelernt: **Magneteisenstein**, wo die Kraft schon ursprünglich sich befindet, und **Stahl**, dem die Kraft durch blose Berührung oder Reibung mit einem magnetischen Körper mitgetheilt werden kann. Es gibt aber noch mehrere Metalle (Nickel, Kobalt u. s. w.), die ebenso wie der Stahl, nur in geringerm Maasse, Magnetismus annehmen und behalten.

Ein eigenthümliches Verhalten dem Magnetismus gegenüber zeigt sich bei dem **weichen Eisen**. Ein Stück weiches Eisen ab (*Fig. 15*) in die Nähe eines Magnet NS gebracht, verwandelt sich in einen Magnet mit einem Nordpol in a und einem Südpol in b, und wird ab an das Ende von NS angelegt, so bildet es mit diesem einen Magnet. So weit ist der Erfolg bei dem Eisen derselbe wie bei dem Stahle, da hier eine Inductionswirkung, wie schon in §. 8 erklärt wurde, sich darstellt; anders gestaltet sich aber das Verhältniss, sobald man das Eisen vom Magnet NS entfernt, denn alsdann verschwindet der Magnetismus des Eisens, während ein Stahlstück magnetisch geblieben wäre. Der Unterschied zwischen weichem Eisen und Stahl besteht also darin, dass das Eisen keinen permanenten Magnetismus behält.

Es gibt mehrere Metalle, von denen angenommen werden kann, dass sie bis zu einem bestimmten Grade in diese Kategorie gehören, namentlich gilt diess vom Kupfer.

Die Untersuchung der Substanzen, welche wie Stahl Magnetismus behalten, oder wie weiches Eisen durch einen genäherten Magnet magnetisch werden, hat die Physiker wiederholt beschäftiget, die Resultate weichen aber häufig von einander ab, theils weil die untersuchten Substanzen nicht überall von gleicher Beschaffenheit waren, theils weil die Untersuchungsmittel verschiedenen Grad von Feinheit und Vollkommenheit hatten.

Die obigen Bestimmungen enthalten die Erklärung der in ältester Zeit unrichtig aufgefassten Anziehung von Eisenfeilspähnen durch einen Magnet. Nicht das Eisen selbst ist es, welches vom Magnet angezogen wird, sondern die Eisentheilchen werden durch die Induction des Magnets magnetisch gemacht, und vermöge ihres Magnetismus erhalten sie das Bestreben, dem Magnet sich zu nähern.

1. In Beziehung auf das Verhältniss der Körper zum Magnetismus waltet noch einige Unsicherheit ob. Die umfassendsten Arbeiten hierüber hat FARADAY [1] geliefert, und zwar beziehen sich seine Untersuchungen auf Eisen, Kobalt, Nickel, Cer, Chrom, Mangan, Titan, Palladium, Platin, Osmium, Blei, Arsenik, Iridium, Rhodium, Uran, Wolfram, Silber, Antimon, Wismuth, Metalle der Alkalien und Erden, Kohle, Silicium, Aluminium, Beryllium und die Verbindungen von Eisen, Nickel, Kobalt, Mangan, Cer, Chrom. Vor FARADAY hatte schon BRUGMANS [2] einige ähnliche Bestimmungen ausgeführt, und andere Physiker haben sich seither bemüht, die magnetischen und unmagnetischen Stoffe zu scheiden, wobei als Resultat im

Allgemeinen hervorging, dass unter die Körper, welche wie Eisen in der Nähe eines Magnets magnetisch werden, die meisten Metalle, sehr viele Steine, ausserdem auch Holzarten, Papier u. dgl. (letztere besonders in verbranntem Zustande) einzurechnen sind; indessen scheint es entschieden, dass in allen zu Versuchen angewendeten Substanzen letzterer Art eine Beimischung von Eisen vorhanden war. Kupfer scheint Inductions- und Retentionsfähigkeit, beide nur in geringerem Grade, zu besitzen [3].

Alle auf die Untersuchung des Magnetismus der Metalle bezügliche Arbeiten zu erwähnen, würde eine höchst weitläufige und wenig lohnende Aufgabe bilden. Wir begnügen uns daher, die Literatur mit Uebergehung dessen, was mehr in den Bereich des Erdmagnetismus gehört, unten folgen zu lassen [4].

Sehr merkwürdige Versuche hat Dove [5] angestellt, indem er als inducirende Kraft eine Spirale gebrauchte, in welcher durch einen elektrischen Funken ein Strom erzeugt wurde; entschieden magnetisch fand er Kupfer, in geringerm Grade Zinn, Quecksilber, Antimon und Wismuth, wogegen bei Zink und Blei nur schwache Spuren von Magnetismus nachgewiesen werden konnten.

Die Untersuchung der sonst als unmagnetisch betrachteten Stoffe zwischen den Polen eines starken Elektromagnets und die auf solche Versuche begründete Eintheilung derselben in paramagnetische und diamagnetische lassen wir hier unberührt, da sie nicht mehr zum Magnetismus nach der gewöhnlichen Begrenzung dieser Disciplin gerechnet werden können.

2. Sturgeon [6] hat Versuche über den Magnetismus der Legirungen angestellt und gefunden, dass man aus den Bestandtheilen nicht auf das magnetische Verhalten der Legirung selbst schliessen könne. Eine Legirung von 1 Theil Kupfer und 5 Theilen Silber wird vom Magnet sehr stark angezogen, dagegen verhält sich eine Legirung von 1 Theil Eisen und 7 Theilen Zinn ganz neutral. Schon viel früher hatte Mushet [7] erkannt, dass Eisen, mit einer grossen Menge Mangan legirt, die Eigenschaft verliere, vom Magnet angezogen zu werden.

Dessgleichen zeigte Hatchett [8], dass Kohlenstoff, Schwefel oder Phosphor in stärkerm Verhältnisse, jedoch innerhalb eines bestimmten Grenzwerthes, mit Eisen verbunden demselben Retentionsfähigkeit geben, die Retentionsfähigkeit aber aufhört, so wie jener Grenzwerth überschritten wird. Ferner ist durch die Versuche von Chevenix [9] festgestellt worden, dass Nickel durch Beigabe einer geringen Menge Arsenik unmagnetisch wird, und von Young [10] wird angegeben, dass eine ganz geringe Beimischung von Antimon hinreichend sei, um die Polarität des Eisens zu zerstören, was mit einem Versuche von Seebeck, der aus 1 Theil Eisen und 4 Theilen Antimon eine völlig unmagnetische Legirung hergestellt hat, übereinstimmt. Auch Faraday [11] und in neuester Zeit Cailleret [12] haben verschiedene Legirungen untersucht. Im Ganzen lässt sich aus den eben aufgeführten Thatsachen schliessen, dass durch Legirung unmagnetische Metalle magnetisch und magnetische Metalle unmagnetisch gemacht werden können. Ob feinere Zertheilung hier den Erfolg bedinge, wie man nach S. 17 vermuthen könnte, ist völlig ungewiss.

3. Im vorigen Jahrhunderte beschäftigte man sich eifrigst mit der Idee, dass Magnetismus und Elektricität identisch seien, und war geneigt, denjenigen Körpern, die für Elektricität empfänglich sind, eine nähere Beziehung zum Magnetismus zuzuschreiben; Ritter [13] glaubte sogar durch Versuche gefunden zu haben, dass man einen Magnet aus zwei Metallen von verschiedenem elektrischen Verhalten zusammensetzen könne, wobei das positiv elektrische Metall nach Norden, das negativ elektrische nach Süden sich richte, jedoch ist bereits von Erman [14] nachgewiesen worden, dass hier eine Täuschung zu Grunde lag.

§. 9. INDUCTIONSFÄHIGE UND RETENTIONSFÄHIGE SUBSTANZEN.

4. Eine ganz vorzügliche Methode zur Untersuchung des Magnetismus der Körper ist von Coulomb angewendet und von Biot [15] veröffentlicht worden. Ein Coconfaden trug ein leichtes Papierschiffchen, wo man den zu untersuchenden Körper ab Fig. 16 einlegen konnte. Indem man den Coconfaden herabliess, gelangte der Körper ab nach $a'b'$ zwischen die ungleichnamigen Pole N und S zweier starker Magnete. Die Schwingungen in der Lage ab gaben den Betrag der Torsion des Fadens und des im Körper enthaltenen permanenten Magnetismus, wogegen aus den Schwingungen in der Lage $a'b'$ der Betrag der Summe aus der Induction und den eben genannten Kräften berechnet werden konnte. Nennt man T_1 die Schwingungszeit in der höhern, T_2 die Schwingungszeit in der tiefern Lage und liegen

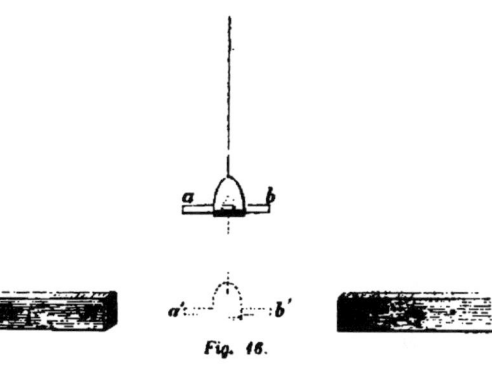

Fig. 16.

die Pole N und S im magnetischen Meridian (S in Norden und N in Süden), so erhält man (§. 56)

$$\gamma + (m + aX)X = \frac{n^2 K}{T_1^2} \qquad 1),$$

$$\gamma + (m + aX + aX')(X + X') = \frac{n^2 K}{T_2^2} \qquad 2),$$

wo γ die Torsionskraft des Fadens, X die Intensität des Erdmagnetismus, X' die Intensität der beiden Magnetpole, m das permanente, aX' und aX das durch die Kräfte X' und X inducirte magnetische Moment des Körpers ab und K dessen Trägheitsmoment bedeuten. Die beiden Gleichungen von einander abgezogen, geben

$$mX' + 2aXX' + aX'^2 = n^2 K \left(\frac{1}{T_2^2} - \frac{1}{T_1^2}\right).$$

Lässt man das Glied mX', welches in der Regel $= 0$ und in allen vorkommenden Fällen sehr klein ist, weg, so hat man

$$a \frac{X'^2 + 2XX'}{n^2 K} = \frac{1}{T_2^2} - \frac{1}{T_1^2} \qquad 3).$$

Da der Factor von a constant ist, so drückt die rechte Seite dieser Gleichung den relativen Werth der Inductionsfähigkeit aus, vorausgesetzt, dass den verschiedenen Körpern, die man vergleichen will, genau dieselbe Form gegeben wird.

Biot vernachlässigt in seiner Entwickelung gleich vom Anfange die kleinern Glieder der Gleichungen 1) und 2), und indem er, um das Verhältniss zur Schwere g zu erhalten, mit dieser Grösse dividirt, dann eine parallelepipedische Form der Körper mit sehr geringem Querschnitte und der Länge $2l$ voraussetzt, so dass (nach §. 61) $K = \frac{1}{3} l^2 p$ wird, gelangt er zu den beiden im Grunde mit 1) und 2) identischen Gleichungen

$$\gamma = \frac{n^2 P l^2}{3g T_1^2} \quad \text{und} \quad \gamma + Q = \frac{n^2 P l^2}{3g T_2^2},$$

wo Q das statische Moment der auf den Körper $a'b'$ wirkenden Kraft bedeutet; hieraus folgt

$$Q = \frac{n^2 P l^2}{3g}\left(\frac{1}{T_2^2} - \frac{1}{T_1^2}\right).$$

Coulomb stellte eine Versuchsreihe an mit gleich grossen Prismen von verschiedenen Metallen, wobei $l = 3,5$ Millim., $P = 40$ Milligr., $g = 9808,8$ Millim. war und fand

$$T_1 = 11'',$$
$$T_2 = 5,50$$

dann für Gold
Silber 5,00
Blei 4,50
Kupfer 5,50
Zinn 4,75.

Hieraus berechnet Biot
$$\gamma = 0,0013554,$$
dann

für Gold $Q = 0,0040653$
Silber 0,0052036
Blei 0,0067421
Kupfer 0,0040653
Zinn 0,0059122.

Finden sich in einem Körper, der selbst keine Inductionsfähigkeit hat, Eisentheile vor, so erhält man nach der obigen Methode, wie Coulomb gezeigt hat, einen Werth von Q, welcher der Menge des beigemischten Eisens genau proportional ist. Die Nachweisung geschah durch Prismen aus einem homogenen Gemische von Wachs und Eisenfeilspähnen, wobei die Eisenmenge sehr genau bestimmt wurde (vergl. S. 15). Da bei den Versuchen sich ergab, dass eine Eisenmenge, die durch keine chemische Analyse dargestellt werden kann, im Stande ist, die oben bei Gold, Silber u. s. w. beobachtete Wirkung hervorzubringen, so muss man es unentschieden lassen, ob jene Metalle an und für sich inductionsfähig sind oder ob die beobachtete Induction von einer durch chemische Hülfsmittel nicht erkennbaren Beimischung von Eisen herrührte. Coulomb hat übrigens nachgewiesen, dass diese Unsicherheit bei Nickel und Kobalt wegfällt, da in diesem Falle, um der Beobachtung zu genügen, eine Eisenmenge angenommen werden müsste, die auch bei ganz oberflächlicher Analyse nicht entgehen kann.

Eine sehr zweckmässige Einrichtung, um den Magnetismus des Kupfers, des Palladiums und anderer Metalle zu untersuchen, hat Kuhn [16] angewendet: sie bestand aus einem hölzernen Prisma ab Fig. 17 von 3 Zoll Länge, an einen Cocon-

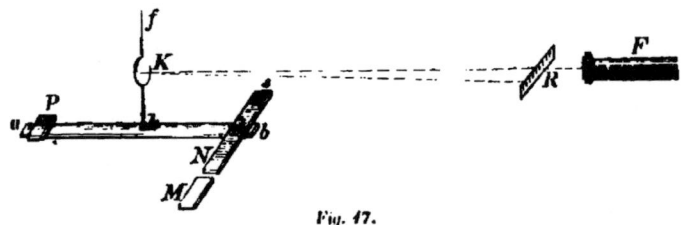

Fig. 17.

faden f aufgehängt, mit einem Spiegel K versehen, und beschwert am einen Ende mit dem Magnet Ns, am andern Ende mit einem Gegengewichte P. Das Ganze war in einem vor Luftbewegung schützenden Gehäuse eingeschlossen. In einer

Entfernung von etwas über 3 Fuss befand sich die Scala R und das Ablesungsfernrohr F. Nachdem die der Ruhelage entsprechende Ablesung n der Scala notirt war, wurde der zu untersuchende Körper M an den Magnetpol N gebracht und dann wiederum die Scalenablesung n' aufgezeichnet. Hierauf wurde ein Magnet in die Nähe gebracht, welcher bewirkte, dass der Magnetpol N an den Körper M sich anlegte, und hier wieder die Scala abgelesen. Wird diese letzte Scalenablesung mit n'', die Entfernung der Scala KR mit e, das magnetische Moment von Ns mit m, die Entfernung kc mit d, dann die Intensität des Erdmagnetismus mit X bezeichnet, so hat man:

$$\text{Entfernung des Körpers } M \text{ vom Pole } N = (n'' - n')\frac{d}{2e}$$

$$\text{Anziehung des Poles } N \text{ durch den Körper } M = \frac{n' - n}{2e} m X.$$

Die Grösse der Anziehung in verschiedenen Entfernungen konnte benutzt werden, um die Wirkung des permanenten Magnetismus und der Induction auszuscheiden.

5. Ueber den Magnetismus der Gesteine sind sehr viele Versuche meistens mit Boussolen, die weder eine feine Beobachtung noch eine eigentliche Maassbestimmung zuliessen, angestellt worden, wobei permanente Polarität und blosse Inductionsfähigkeit gewöhnlich nicht unterschieden wurden. Die Unterscheidung kann, wie Haüy [17] zuerst nachgewiesen hat, nur dann mit Sicherheit geschehen, wenn man ganz kleine und schwache Nadeln anwendet. Schon früher hatte Haüy [18], um feinere Bestimmungen zu erhalten, die Einrichtung getroffen, dass er den zu untersuchenden Körper näherte, wenn die Nadel, in Schwingung begriffen, nahe senkrecht gegen den Meridian stand.

Melloni [19] hat eine astatische Nadel (zusammengesetzt aus zwei langen und weit von einander entfernten Nadeln) zur Untersuchung des Eisengehaltes der Körper überhaupt und vorzugsweise der Gesteine benützt, ohne besondern Erfolg. Die Torsionswaage, welche Lebaillif [20] zu gleichen Zwecken anfertigte, Sideroskop von ihm genannt, und bestehend aus einem Strohhalme, der an einem Coconfaden aufgehängt war und am einen Ende eine magnetisirte Nähnadel, am andern ein kleines Gegengewicht trug, hat ebenfalls keine erheblichen Resultate geliefert. Wir lassen am Ende dieses §. die vollständige Literatur folgen [21].

6. Ein Experiment, welches zur Erläuterung einiger oben erwähnten Sätze gewöhnlich gemacht wird, besteht darin, an das Ende eines Magnetstabes einen Schlüssel oder ein Stückchen Eisen anzuhängen. Ist der Magnetpol kräftig genug, so inducirt er in dem Eisenstückchen einen so starken Magnetismus, dass dieses im Stande ist, ein zweites Eisenstückchen zu tragen. So kann man, wie in *Fig. 18* zu sehen ist, eine ganze Reihe von Eisenstückchen aneinander anhängen, die alle auseinanderfallen, sobald man das oberste abreisst. Auch ohne Berührung kann ein ähnlicher Erfolg hervorgebracht werden. Man halte einen Schlüssel *Fig. 19* einem sehr kräftigen Magnetpol gegenüber, so lässt sich ein Schlüssel anhängen und auf gleiche Weise können noch mehrere Schlüssel hinzugefügt werden. Wird der oberste Schlüssel langsam entfernt, so fällt von den angehängten Schlüsseln einer nach dem andern weg.

Fig. 18.

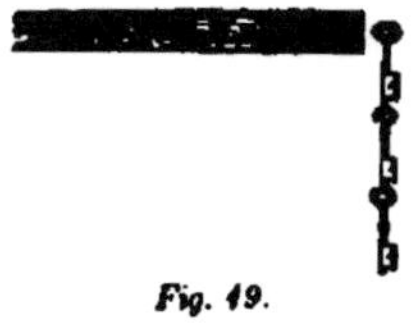

Fig. 19.

7. Poisson [22] hat die Hypothese aufgestellt, dass die Inductionsfähigkeit der Körper von der grössern oder geringern Entfernung abhänge, in welcher die inductionsfähigen Moleküle von einander abstehen: er knüpft daran die Vermuthung, dass in allen Körpern inductionsfähige

Molecule vorhanden sein möchten, wenn gleich in den meisten Fällen ihre Abstände zu gross sind, um eine merkliche Wirkung hervortreten zu lassen; möglicherweise könne man aber durch Erniedrigung der Temperatur die Abstände so weit vermindern, dass wahrnehmbare Wirkungen erhalten würden. Damit kann der Umstand in Zusammenhang gebracht werden, dass Stahl bei der Weissglühhitze, Nickel bei 350°, Mangan aber schon bei — 15° bis — 20° die Inductionsfähigkeit verlieren. Falls die Ansicht von POISSON begründet ist, dürfte durch Druck eher als durch Temperaturerniedrigung ein Beweis dafür geliefert werden können.

8. HALDAT [23] hat sich mit einer umständlichen Erörterung der Frage beschäftigt, ob der Magnetismus eine allgemeine Naturkraft sei wie die Gravitation, oder ob sie blos auf einige Körper sich beschränke. Er weist darauf hin, dass in sehr vielen Körpern im natürlichen Zustande Magnetismus bemerkt wird, dass durch feine Zertheilung oder sonstige Modification noch viele andere Körper dahin gebracht werden können, magnetische Kraft zu äussern, gelangt übrigens zu keinem für die Lehre des Magnetismus erheblichen Resultate.

9. Je weicher das Eisen ist und je leichter Magnetismus darin inducirt wird, desto weniger erweist es sich als geeignet, Magnetismus zu behalten. Von dieser Wahrnehmung ausgehend, scheinen die Physiker ziemlich allgemein den Schluss gezogen zu haben, dass je geringer die Inductionsfähigkeit ist, um so grösser die Retentionsfähigkeit sein müsse. Schon MICHELL [24] drückt sich so aus, als wenn er diese Vorstellung gehabt hätte, und meint, dass sehr hartes Eisenerz pulverisirt und dann durch irgend ein Bindemittel zu einer festen Masse vereinigt (§. 20) die dauerhaftesten Magnete geben müsse. In der Wirklichkeit besteht aber ein Verhältniss obiger Art nicht, sondern die beiden Eigenschaften kommen den Körpern je nach ihrer Beschaffenheit in verschiedenem Maasse zu, so zwar, dass die bisherige Forschung darüber keine allgemein gültigen Sätze hat aufstellen können.

Die Inductions- und Retentionsfähigkeit des Eisens sind nach der inneren Beschaffenheit des Metalles sehr verschieden. In der Regel wird die Retentionsfähigkeit mit der Zeit immer stärker; jedoch kommen auch Beispiele vor, wo gar keine Retentionsfähigkeit vorhanden zu sein schien. So berichtet BARLOW [25] von einem Anker eines Hufeisenmagnets, der 45 Jahre an dem Magnet sich befand, ohne einen wahrnehmbaren permanenten Magnetismus anzunehmen.

CHRISTIE [26] hat bezüglich auf die Induction eine Hypothese aufgestellt, wonach eine Masse weichen Eisens unter dem Einflusse des Erdmagnetismus auf eine Magnetnadel blos Anziehung, aber nicht Abstossung ausüben soll, wofür er mehrfache Beweise aus seinen eigenen, wie aus LECOUNT's [27] Versuchen beigebracht hat. Es ist jedoch leicht sich zu überzeugen, dass hier nur eine unrichtige Auslegung der Thatsachen zu Grunde liegt, wie schon §. 8 erwähnt worden ist.

10. Den oben entwickelten Grundsätzen zufolge, sollte ein vollkommen weiches Eisenstück, welches durch Induction magnetisch gemacht wird, den Magnetismus augenblicklich verlieren, sobald die inducirende Kraft aufhört. Wenn gewöhnlich etwas Weniges von dem Magnetismus übrig bleibt, so hat diess seinen Grund darin, dass man nicht im Stande ist, vollkommen weiches Eisen darzustellen, vielmehr alle vorkommenden Eisensorten härtere Theilchen enthalten, und zwar in um so grösserer Menge, je länger das Eisen der Einwirkung der Luft ausgesetzt war. Eine eigentliche Ausnahme von der obigen Regel kommt nur da vor, wo *** *** *** geschlossenen Kreis bildet. Wird ein Ring, bestehend aus zwei

Theilen ABC, $A'B'C'$ Fig. 20 durch Bestreichung mit einem Magnet oder durch den galvanischen Strom magnetisirt, so stellen sich die Pole der Molecule in dem ganzen Umkreise, wie durch die Pfeile gezeigt wird. Hört die inducirende Kraft auf, so erhalten sich die Pole gegenseitig und es bleibt eine beträchtliche Kraft zurück, welche dadurch sich äussert, dass die beiden Ringtheile fest aneinander anhängen. Trennt man aber die beiden Theile, so hört die Polarität der Molecule augenblicklich auf, und bei der Wiedervereinigung zeigt sich von Anziehung keine Spur. Dieses Verhältniss lässt sich mit dem labilen Gleichgewichte sehr passend vergleichen.

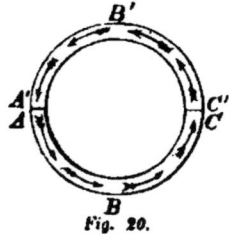

Fig. 20.

Die hier beschriebene Eigenthümlichkeit ist zuerst von DE LA BORNE[28] an Eisendrähten, die in Ringform gebogen waren, so dass die Enden sich berührten, bemerkt worden. Er fügt zugleich bei, dass ein solcher Ring keine Anziehung auf eine freie Nadel ausübe; wenn er jedoch weiter behauptet, dass bei Stahlscheiben, Cylindern u. s. w. die magnetische Anziehung erst hervortritt, sobald sie auseinander geschnitten werden, so ist diess nur unter besonderen Voraussetzungen als richtig anzunehmen. Die Beobachtungen von DE LA BORNE fielen bald in Vergessenheit, und so kam es, dass viel später die Eigenthümlichkeiten des Magnetismus geschlossener Kreise von WATKINS[29] wieder erkannt und als etwas sehr Beachtenswerthes näher untersucht wurden. Er legte einen Anker an einen Elektromagneten und fand, dass von der Tragkraft, die 120 Pfunde betrug, nach dem Aufhören des Stromes noch etwas mehr als die Hälfte übrig blieb, und auch nach mehreren Monaten sich nicht weiter vermindert hatte, aber augenblicklich verschwand, als der Anker abgerissen wurde. Selbst wenn der Anker die Pole des Elektromagneten nicht berührte, sondern durch ein oder mehrere Glimmerblättchen davon getrennt war, zeigte sich ein ähnlicher Erfolg, wobei natürlich die Tragkraft viel geringer ausfiel. Zu gleichen Resultaten führten die Versuche von DOVE[30] und RITCHIE[31]; letzterer suchte ausserdem nachzuweisen, dass die Grösse der Wirkung nicht blos von der Beschaffenheit des Eisens abhänge und um so geringer sei, je weicher das Eisen, sondern auch, dass die Länge des Eisenbogens entschiedenen Einfluss habe. So fand er, dass in einem Elektromagneten von 6 Zoll Länge fast gar keine Kraft zurückblieb, während bei einem Elektromagneten von 12 Zoll die Kraft schon beträchtlich und bei einem Elektromagneten von 48 Zoll sehr gross war. Alle drei Elektromagnete trugen übrigens, wenn der Strom durchging, ungefähr dasselbe Gewicht.

---

[1] FARADAY. *Phil. Mag.* Ser. III. Vol. VIII. 177, Ibid. Vol. IX. 65. Pogg. Ann. LXV, LXVII, LXIX, LXX.

[2] BRUGMANS. Magnetismus seu de affinitatibus magneticis (deutsch von Eschenbach).

[3] Bestimmungen über den Magnetismus verschiedener Metalle kommen in folgenden Schriften vor:
BERGMANN. Opuscula Phys. et Chem. Vol. II. 240 (Nickel), ferner III. 102.
CRELL. Neueste Entdeckungen. Th. VII. 39 (Kobalt).
KLAPROTH. Beiträge zur chemischen Kenntniss der Mineralkörper. Bd. II. 142 (Nickel).
Ann. de Chim. et de Phys. XXVIII. 99 (Kobalt).
S. I. MAYER. Samml. phys. Aufs. III. 388 (Kobalt u. Nickel).
SEIDL-SCHWEIGGER. Jahrb. d. Chem. und Phys. 1850. XII. 415 (Platin u. Erz).
COULOMB. *Mém. de l'Inst.* 1812.
GREN'S Journ. LXIV. 395 (mit Messungen), auch VII. 372.
CAVALLO. *Phil. Trans.* LXXVI.
Encyclop. Metropolitana Art. Magnetism 764 (Magnetismus des Messing).
Nouv. Mém. de l'Acad. des sciences. T. V. 252 (GAY-LUSSACS Versuche mit Nickel).
MUNCKE. Pogg. Ann. VI. 364 (Messing).
BENNET. *Phil. Trans.* 1792.

CHEVENIX. Nicholson's Journ. III. 287. — Derselb. Gilb. Ann. XI. 370 und XII. 628 (Nickel).
LEHMANN. De Cupro et orichalco magnetico. Nov. Comm. Petrop. XII. 368.
v. ARNIM. Gilb. Ann. III. 53, V. 384, VIII. 84 (Diamant, Smaragd, Rubin, Spinell, Glimmer).
HANSTEEN. Gilb. Ann. LXVIII. p. 272 (alle lothrecht stehenden Gegenstände polarisch).
RITTER. Gehlen neues Journ. V. 393 (Nickel, Kobalt, Chromium). Derselbe Gilb. Ann. IV, V, VI.
POHL. Gilb. Ann. LXIX.
AMPÈRE. Gilb. Ann. LXXII. 138.
HAÜY. Gilb. Ann. LXIII. 111.
In Gilb. Ann. noch nachzusehen X. 504. XI. 370. XII. 628. LXIII. 104. LXIV. 407. XXXVIII. 234.
LAUDRIANI. .MAYER's Samml. phys. Aufs. der Böhm. Gesellsch. III. 388 (magnetische Eigenschaft des Kobaltkönigs).
BACELLI und NOBILI. Bibl. Univ. XXXI.
WOLLASTON. Phil. Trans. 1803. p. 404 (Titanium).
DOVE. Untersuchungen aus dem Gebiete der Inductions-Elektricität. p. 22. 46.
MAYER. Böhm. Gesellsch. d. Wiss. 1788. 238 (krystallisirtes Eisensumpferz).
DÖBEREINER. Gilb. Ann. LXVII. 223.
HATCHETT. Gilb. Ann. XXV, XXVII.
LANE. Gilb. Ann. XXV. 87.
Pogg. Ann. LXV. 645 (nur Eisen, Kobalt und Nickel magnetisch).
SEEBECK. Gehlen Journ. VII. 208 (Kobalt und Nickel). Derselbe Pogg. Ann. X. 203.
GREISS. Pogg. Ann. XCVIII. 478 (Kobalt, Platin).
LAMONT. Ueber die an der Münchner Sternwarte angewendeten neuen Instr. u. Appar. S. 34 (Kupfer).
[5] DOVE. Pogg. Ann. LIV. 325.
[6] STURGEON. An experimental investigation of the magnetic characters of simple metals, metallic alloys and metallic salts. Edinb. Journ. XLII. 69.
[7] MUSHET. Gilb. Ann. LVIII. 169.
[8] HATCHETT. Phil. Trans. 1804. 315 (Schwefeleisen). Gilb. Ann. XXV. 58.
PELLETIER. Ann. de Chim. XIII (Phosphoreisen).
LANE. Monthly Mag. Dec. 1805, Pogg. Ann. XXV. 87.
[9] CHEVENIX. Nicholson's Journ. Vol. III. 287.
[10] YOUNG. Library of useful knowledge. Vol. II. Magnetism. p. 90.
[11] FARADAY. Experimental Researches. (Pogg. Ann. LXX. 27, 29.)
[12] GAILLETET. Compt. Rend. XLVIII. p. 1143.
[13] RITTER. Gilb. Ann. XXVI. 20.
[14] ERMAN. Gilb. Ann. XXVI und LXXI.
[15] BIOT. Traité général de phys. II. 117 (erste Ausgabe), auch Gilb. Ann. LXIV. 395.
[16] KUHN. Pogg. Ann. LXXI. 128: der Aufsatz enthält jedoch blos die Resultate der Beobachtungen, nicht die Beschreibung des Apparats.
[17] HAÜY. Gilb. Ann. III. 113.
[18] HAÜY. Gilb. Ann. LXIII. 104.
[19] M. MELLONI. Sur l'aimantation des roches volcaniques. Compt. Rend. XXXVII. 229—231.
M. MELLONI. Du magnétisme des roches. Compt. Rend. XXXIII, 966—968.
[20] BECQUEREL. Traité d'électricité et de magnétisme. II. 50.
[21] Untersuchungen über den Magnetismus der Gesteine findet man in folgenden Schriften:
HERMELIN. Ueber das Verhalten des Magnets in Gruben. Schwed. Abhdl. 1767. 329.
MAYER. Ueber die magnetische Kraft des Eisensumpferzes. Böhm. Gesellsch. d. Wiss. 1788. 238.
KLAPROTH. Beiträge zur chemischen Kenntniss der Mineralkörper. II. 142.
HAÜY. Gilb. Ann. LXIII. p. 114.
FOURNET. Aperçus sur le magnétisme des minerais et des roches. Ann. de la soc. d'agric., hist. nat. et arts util. de Lyon. 1848.
GMELIN. Ueber den Basaltberg in der Sibirischen Tartarei, in dessen Reise durch Sibirien 1752. IV. 344.
MUSSCHENBROEK. Phil. Trans. 1734. p. 297 (magnetischer Sand aus Indien).
BUTTERFIELD. Philos. Trans. 1698. p. 336 (magnetischer Sand).
WÄCHTER. Gilb. Ann. V. 376.
HAUSMANN. Crell's chem. Ann. 1803. II. 207.

v. Jordan. Gilb. Ann. XXVI. 256.
v. Zach. In Bode's astron. Abhdl. Supplbd. 1793. p. 263.
v. Freiersleben. Bemerkungen über den Harz. II. 46.
v. Arnim. Gilb. Ann. V. 384.
Schröder. In seiner Abhdlg. vom Brockengebirge 1790. p. 75.
Ladius. Beobachtungen über das Harzgebirge. 1. S. 86.
v. Humboldt. Allgem. Literaturzeit. 1786 169; 1797. 38. 68. 87.
Hardt. Gilb. Ann. XLIV. 89.
Bischoff u. Goldfuss. Schweigg. Journ. XVIII, 297.
Flurl. Ueber magnet. Wirkungen auf einen Serpentinrücken bei Kretschenreuth, in dessen Schrift über Gebirgsformationen in den dermaligen Kurpfalzbayerischen Staaten. 1805. 42.
Galbraith. Edinb. new philos. Journ. 1831. 287.
Zimmermann. Gilb. Ann. XXVIII. 483.
Bouguer. Figure de la terre. Voy. au Pérou. p. LXXXIII.
Schulze. Schweigg. Journ. LII. 221.
Reuss. Schweigg. Journ. LIII. 236.
Blesson. Gilb. Ann. LII. 272.
Zeune. Allg. Lit. Zeit. 1805. 169.
v. Schlottheim. Crell's chem. Ann. 1797. 105.
Nöggerath. Schweigg. Journ. LII, 221.
Gillet. Soc. phil. an 6. p. 54.
Saussure. Voyage dans les Alpes. II. 291.
Brugmans. Beobb. über die Verschiedenheiten des Magnets. (Aus dem Lat. von G. Eschenbach.)
Berzelius. Pogg. Ann. XXIII. 346.
v. Kobell. Pogg. Ann. XXIII. 347.
Durocher. Compt. Rend. XXV. 209.
Delesse. Ann. d. Mines. 4 Sér. XIV. 81.
Delesse. Compt. Rend. XXVII, 248.
Gilb. Ann. XVI. 464. 484. XXXV. 236; XXXII. 81; XLIV. 9.
Hansteen. Gilb. Ann. LXXV. 189.
Mushet. Gilb. Ann. LVIII. 169.
Serres. Sur l'intensité magnétique des laves. Marseille 1831.
Reich. Pogg. Ann. LXXVII. 32. Abhandl. d. Sächs. Ges. d. W. Bd. I, Nr. VI.
[22] Poisson. Mémoire sur la théorie du magnétisme. — Nouv. mém. de l'Acad. de Paris. T. V, p. 258.
[23] Haldat. Histoire du magnétisme dont les phénomènes sont rendus sensibles par le mouvement. Nancy 1845.
Haldat. Essai historique sur le magnétisme et l'universalité de son influence dans la nature. Nancy 1850.
[24] Michell. Treatise of artificial magnets. p. 76.
[25] Barlow. An essay on magnetic attractions.
[26] Christie. Trans. of Cambridge phil. Soc., im Auszug Edinb. philos. Journ. 1821, 4.; dann Gilb. Ann. LXXIII. 42.
[27] Lecount. Description of the changeable magnetic properties of iron.
[28] de la Borne. Gilb. Ann. LXXII. 16.
[29] Watkins. Phil. Trans. London for 1833.
[30] Dove. Pogg. Ann. XXIX. 462.
[31] Ritchie. Phil. Mag. Ser. III, Vol. III und Pogg. Ann. XXIX. 464.

§. 10. Verschiedene Grade der Inductionsfähigkeit und Retentionsfähigkeit.

Die Retentions- und die Inductionsfähigkeit haben verschiedene Grade und unterliegen verschiedenen Bedingungen, die wir näher untersuchen müssen. Zuerst wollen wir die Induction betrachten.

Inducirter Magnetismus wird hervorgebracht durch eine inducirende Kraft. Vollkommene Inductionsfähigkeit hätte derjenige Körper, in welchem der inducirte Magnetismus in demselben Verhältnisse zunimmt, wie die inducirende Kraft vermehrt wird, so zwar, dass eine doppelte Kraft den doppelten

Magnetismus, eine dreifache Kraft den dreifachen Magnetismus, und so ins Unendliche fort, hervorruft.

Solche Körper kommen in der Natur nicht vor, vielmehr hat es mit der Inductionsfähigkeit dieselbe Bewandtniss wie mit der Elasticität. Wenn man auf irgend einen, in der Natur vorkommenden elastischen Körper einen Druck ausübt, so bringt der Druck eine gewisse Aenderung der Figur, z. B. eine Biegung zu Stande. Der doppelte Druck bewirkt aber nicht eine doppelt so grosse und der dreifache Druck eine dreifach so grosse Biegung, sondern die Wirkung des Druckes bleibt gegen den Druck selbst im Verhältnisse zurück und zwar um so mehr, je grösser der Druck wird. Die Folge davon ist, dass der Druck zuletzt eine Grenze erreicht, wo eine Vermehrung desselben keinen weitern Erfolg hat. Ganz dasselbe kommt bei der Inductionsfähigkeit vor. Eine doppelte inducirende Kraft bringt immer weniger als den doppelten Magnetismus zu Stande, und wenn einmal der inducirte Magnetismus eine gewisse Grenze erreicht hat, so kann man die inducirende Kraft beliebig vermehren, ohne dass diese Vermehrung den inducirten Magnetismus weiter zu vergrössern im Stande wäre.

Die Inductionsfähigkeit hängt beim Eisen von der Beschaffenheit desselben und den Aenderungen, die mit der Zeit in der Lagerung der Molecule vorgehen, ab; je weicher das Eisen, desto grösser seine Inductionsfähigkeit.

Bei der Retentionsfähigkeit treffen wir ähnliche Bedingungen an. Wenn im Stahl durch einen Magnet oder überhaupt durch irgend eine magnetische Kraft Magnetismus inducirt wird, so bleibt nach Entfernung der inducirenden Kraft permanenter Magnetismus zurück. Würde der ganze inducirte Magnetismus zurückbleiben, so hätte der Stahl vollkommene Retentionsfähigkeit; ein solches Verhältniss kommt jedoch in der Natur ebenso wenig vor, wie vollkommene Inductionsfähigkeit, vielmehr verschwindet immer mehr oder weniger von dem Magnetismus, wenn die inducirende Kraft aufhört. Hiernach hat die Retentionsfähigkeit verschiedene Grade, die mit der Beschaffenheit des Stahls in Zusammenhang stehen.

Die Inductionsfähigkeit wie die Retentionsfähigkeit hängen in mehrfacher Beziehung mit der Zeit zusammen. Der Erfolg, der im ersten Augenblicke eintritt, verstärkt sich, wenn man die Kraft mehrere Stunden oder mehrere Tage wirken lässt, und gelangt zuletzt zu einem Maximum. Die zur Erreichung des Maximums erforderliche Zeit dauert um so länger, je schwächer die wirkende Kraft ist.

Hört die inducirende Kraft auf, so bleibt sogar im Eisen einiger Magnetismus permanent zurück, und zwar um so mehr, je länger die inducirende Kraft angedauert hat.

Als eine von der Zeit abhängende Modification der Retentionsfähigkeit darf man auch den allmähligen Kraftverlust betrachten, wovon weiter unten die Rede sein wird (§. 85).

1. Um die oben entwickelten Bedingungen mathematisch darzustellen, dürfte am einfachsten sein, anzunehmen, dass es für jeden in der Natur vorkommenden Körper eine bestimmte Grenze gebe, über welche die Induction nicht hinausgehe,

und dass bei stetig zunehmender Kraft die entsprechende Zunahme des inducirten Magnetismus um so geringer sein werde, je mehr man dieser Grenze sich nähert. Es sei die inducirende Kraft $= x$, der inducirte Magnetismus $= m$, das Maximum, bis zu welchem der inducirte Magnetismus steigen kann, $= M$, so hätte man den eben ausgesprochenen Grundsätzen zufolge

$$dm = k(M-m)dx \qquad 1),$$

wo k eine Constante ist. Die Integration gibt

$$M - m = Ce^{-kx}.$$

Für $x = 0$ muss auch $m = 0$ werden; hieraus ergibt sich die durch die Integration eingeführte Constante $C = M$, und man hat

$$m = M(1 - e^{-kx}) \qquad 2).$$

Löst man die Exponential-Grösse in eine Reihe auf, so hat man

$$m = Mkx\left(1 - \frac{kx}{1 \cdot 2} + \frac{k^2 x^2}{1 \cdot 2 \cdot 3} \cdots\right) \qquad 3).$$

Die Grösse, womit x multiplicirt wird, nämlich

$$Mk\left(1 - \frac{kx}{1 \cdot 2} + \frac{k^2 x^2}{1 \cdot 2 \cdot 3} \cdots\right) \qquad 4)$$

nennt man den Inductions-Coefficienten; wir bezeichnen ihn in der Folge mit a.

Für kleine Werthe von x kann man in 3) und 4) die höheren Glieder weglassen; alsdann ist der inducirte Magnetismus der inducirenden Kraft proportional, und es lässt sich durch Versuche mit geringen inducirenden Kräften der Werth von k bestimmen. Was die Grösse M betrifft, so muss sie direct beobachtet werden.

Ob diese theoretische Auffassung mit der Natur übereinstimme oder nicht, haben die bisherigen Versuche unentschieden gelassen.

Den obigen Grundsätzen würde auch im Allgemeinen die Gleichung

$$m = \frac{aMx}{M + ax} \qquad 5)$$

entsprechen, jedoch ist eine rationelle Begründung dafür wohl nicht anzugeben.

Bei der Unsicherheit, in welcher man rücksichtlich des Inductions-Coefficienten sich befindet, bleibt nichts übrig, als für die magnetisirende Kraft, die angewendet wird, den jedesmaligen Inductions-Coefficienten durch Versuche zu bestimmen; übrigens hat man sich bei den bisherigen Untersuchungen fast ausschliesslich auf kleine Kräfte beschränkt.

2. Die verschiedenen Grade von Inductionsfähigkeit äussern sich durch mehrfache Wirkungen. Zunächst wird ein Stab von bestimmter Länge, einer inducirenden Kraft ausgesetzt, um so stärkern Magnetismus erlangen, je grösser die Inductionsfähigkeit, und diesen Fall haben wir bei den vorhergehenden Entwickelungen im Auge gehabt; ferner wird in einem Stabe, wovon nur ein kleiner Theil von einer inducirenden Kraft afficirt wird, der Magnetismus um so weiter sich ausbreiten und um so stärker an verschiedenen Punkten sich äussern, je grösser die Inductionsfähigkeit. Es ist eine Frage, ob nicht Wirkungen letzterer Art zur Untersuchung der Induction geeigneter wären, als die Messung des ganzen magnetischen Moments. Versuche, die hierher gehören, haben Lenz und Jacobi[1], dann van Rees[2] ausgeführt; die ersteren bestimmten den Magnetismus, den ein galvanischer Strom, wenn er auf das eine Ende eines langen Stabes wirkt, im andern Ende erregt, und der letztere untersuchte den Magnetismus an verschiedenen Punkten eines 0,9 Meter langen Eisenstabes AB (*Fig. 21*), dessen Ende mit dem Pole N eines Magnets NS in Berührung stand.

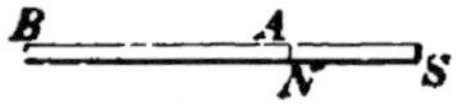

Fig. 21.

Dabei wurde nicht der freie Magnetismus, sondern mittelst Anwendung der §. 66 dargelegten Methode der ganze Magnetismus oder die magnetische Spannung der Querschnitte gemessen. Die Resultate waren:

Eisenstab AB.

Entfernung vom anliegenden Ende A.	Magnetismus.
Meter	
0,9	0,0142
0,8	0,0361
0,7	0,0584
0,6	0,0756
0,5	0,0982
0,4	0,1386
0,3	0,1996
0,25	0,2244
0,20	0,2540
0,15	0,2926
0,10	0,3357
0,05	0,3716
0,02	0,3923

Man sieht, dass der Magnetismus vom entferntern Ende B bis zum anliegenden Ende A ziemlich gleichmässig, jedoch mit einer kleinen Steigerung in der Mitte zunahm; der Eisenstab stellte also einen Magnet dar, dessen eine Pol um das 28 fache stärker war als der andere. Eine ähnliche Messung der magnetischen Spannung des Magnets NS vor und nach dem Anlegen des Eisenstabes zeigte, dass letzterer im Magnet eine beträchtliche Induction hervorgerufen hat; es ergab sich nämlich folgendes:

Magnet NS.

Entfernung von der Mitte	eigener Magnetismus	Induction durch den Eisenstab.
Meter		
0,24 Nordpol	0,1484	0,3108
0,20	0,3426	0,1846
0,16	0,4738	0,1196
0,12	0,5795	0,0877
0,08	0,6510	0,0511
0,04	0,6869	0,0343
0,00	0,7004	0,0083
0,04	0,6818	0,0154
0,08	0,6341	0,0094
0,12	0,5666	— 0,0043
0,16	0,4579	0,0023
0,20	0,3214	0,0069
0,24 Südpol	0,1325	— 0,0002

Im anliegenden Magnetpole war also die Induction wenig schwächer als im Eisenstabe, und nahm ziemlich gleichmässig ab bis zum entferntern Pole. Bei diesen Messungsresultaten wird übrigens vorausgesetzt, dass die Vertheilung des freien Magnetismus, wenn der Eisenstab angelegt war, durch die Biot'sche Exponential-Function (§. 27)

$$a\mu^x - b\mu^{l-x}$$

dargestellt werden könne, was allerdings eines näheren Nachweises bedurft hätte.

3. Das Zurückbleiben des permanenten Magnetismus ist mit der Biegung einer Metallfeder von unvollkommener Elasticität (etwa mit der Biegung einer weichen Messingfeder) zu vergleichen. So wie die auf eine solche Feder wirkende Kraft einen gewissen Betrag überschreitet, so kommt eine mit der Grösse der Kraft in bestimmtem Verhältnisse stehende, permanente Biegung zu Stande. Was das Verhältniss der Kraft zu dieser permanenten Biegung betrifft, so wissen wir nur so viel davon, dass es kein einfaches Verhältniss ist, denn bei gleichmässig zunehmender Kraft ist die Wirkung vom Anfange unmerklich und nimmt später mit Beschleunigung zu.

So verhält es sich auch bei dem Magnetismus; Maassbestimmungen sind übrigens bisher nicht erlangt worden und können auch wegen der complicirten Umstände, unter welchen die Beobachtung vorgenommen werden muss, nicht erlangt werden. Bringt man einen Stahlstab in eine Magnetisirungsspirale, so kann man allerdings bewirken, dass auf jedes Molecul gleiche Kraft wirke, allein zugleich mit der Wirkung dieser Kraft tritt eine gegenseitige Induction der Molecule ein, welche zur Folge hat, dass die magnetische Spannung in den verschiedenen Moleculen sehr verschieden ist, und könnte man auch angeben, wie gross der Magnetismus in jedem Punkte des Stabes ist, während er in der Spirale sich befindet, so wäre es nicht möglich zu bestimmen, wie viel in jedem Punkte zurückbleibt, da uns die Messung nur das magnetische Moment des ganzen Stabes gibt. Es sollen übrigens später (§. 38) einige Versuche, welche auf diesen Gegenstand Bezug haben, erwähnt werden. Am meisten Inductionsfähigkeit zeigt das Eisen, wenn es vollkommen weich ist; weich wird es aber durch Ausglühen in gewöhnlichem Holzfeuer oder durch länger andauernde gleichmässige und starke Erhitzung in den eigens hiezu eingerichteten Oefen auf Eisenwerken, wobei nach Cailletet's [3] Angabe das Eisen eine krystallinische Structur annimmt.

4. Die Retentionsfähigkeit scheint hauptsächlich von der Härte abzuhängen. Bei dem Eisen kann die Härte auf verschiedene Weise mitgetheilt und gesteigert werden. Compression (Hämmern, Walzen, Biegen, Brechen, Winden) vermehrt die Retentionsfähigkeit des Eisens, ebenso die Beimischung verschiedener Stoffe, wozu Kohlenstoff, Schwefel, Phosphor, Arsenik gehören [4]. Vorzüglich wichtig ist die Beimischung von Kohlenstoff, wodurch das Eisen in Stahl verwandelt wird, und welche in sehr verschiedenem Verhältnisse (nach Mushet's [5] Untersuchungen hat der geschmeidige Gussstahl $1/120$, der gewöhnliche Gussstahl $1/100$, härterer Stahl $1/90$ und brüchiger Stahl $1/60$ Kohlenstoff) geschehen kann. Bei dem Stahle selbst hängt wiederum die Retentionsfähigkeit von der durch Erwärmen und schnelles Ablöschen ertheilten Härte ab. (Vergl. §. 47.) Merkwürdig ist, dass chemisch reines Eisen (durch galvanischen Niederschlag aus Eisenchlorür oder schwefelsaurem Eisenoxydul erhalten) an Härte und Sprödigkeit dem gehärteten Stahle fast gleich kommt und bedeutende Retentionsfähigkeit hat [6].

5. Zwischen dem Magnetismus, welchen gleiche Prismen aus verschiedenen Eisen- und Stahlsorten unter Einwirkung derselben inducirenden Kraft annehmen, haben mehrere Physiker Verhältnisszahlen zu ermitteln gesucht, und diese Verhältnisszahlen specifischen Magnetismus genannt, analog mit der specifischen Schwere. Unter Anderen hat Barlow [7] gleiche Eisen- und Stahlstäbe in die Richtung des Erdmagnetismus gelegt, so dass durch diesen ein magnetisches Moment inducirt wurde, dessen Grösse mittelst der Ablenkung einer dem untern Ende der Stäbe gegenüber gestellten Compassnadel gemessen werden konnte; dabei hat er,

indem er das magnetische Moment des weichen Schmiedeeisens $= 100$ setzte, folgende Relativzahlen erhalten:

Schmiedeeisen	100
Gussstahl weich	74
gemeiner Stahl weich	67
Shearstahl weich	66
gemeiner Stahl gehärtet	53
Shearstahl gehärtet	53
Gussstahl gehärtet	49
Gusseisen gehärtet	48.

BARLOW hat übrigens die Bezeichnung „specifischer Magnetismus" nicht angewendet und den obigen Zahlen auch die Bedeutung nicht beigelegt, welche ihnen später durch andere Physiker, namentlich durch BECQUEREL[3], beigelegt wurde. Um das richtige Sachverhältniss einzusehen, ist es nothwendig, die weiter unten in Kap. III vorkommenden Entwickelungen zu berücksichtigen, woraus hervorgeht, dass der Magnetismus, der unter den oben bezeichneten Umständen entsteht, eine sehr complicirte Function ist, und insbesondere die Verhältnisszahlen verschieden ausfallen müssen je nach der Länge, welche man den Prismen gibt.

Um zu zeigen, wie weit die Verschiedenheit geht, habe ich folgende Versuche angestellt. Ich liess drei runde Stäbchen von Stahl (Längen 1 Par. Zoll, 2 Par. Zoll, 3 Par. Zoll, Durchmesser 1,1 Par. Linien) und drei gleiche (nur um $0'''\!,03$ im Durchmesser schwächere) Stäbchen von Eisen anfertigen, wovon eines nach dem andern in eine lange Spirale gebracht wurde, so dass die Distanz des entfernteren Endes von der freien Nadel jedesmal 117,4 Par. Lin. betrug. Die absolute magnetisirende Kraft der Spirale war 87,97, und es ergaben sich folgende Ablenkungen:

1 zöllige Stäbchen	Eisen	1,567
	Stahl	1,203
2 zöllige Stäbchen	Eisen	8,64
	Stahl	5,21
3 zöllige Stäbchen	Eisen	24,50
	Stahl	11,55.

Wird das Eisen als Einheit angenommen, so findet man den specifischen Magnetismus des Stahles

nach den 1 zölligen Stäbchen	0,768
2 zölligen Stäbchen	0,603
3 zölligen Stäbchen	0,471.

Bei diesen Versuchen blieben die Stahlstäbchen ungehärtet, aber auch unausgeglüht, d. h. in dem Zustande, in welchem sie von der Fabrication herkamen; es wurden alsdann die Stahlstäbchen gehärtet und die Eisenstäbchen wiederholt ausgeglüht und die Beobachtung, wie oben bei einer magnetisirenden Kraft von 88,53 angestellt, gab:

1 zöllige Stäbchen	Eisen	1,720
	Stahl	0,521
2 zöllige Stäbchen	Eisen	11,60
	Stahl	1,80
3 zöllige Stäbchen	Eisen	37,50
	Stahl	3,50.

GRADE DER INDUCTIONS- UND RETENTIONSFÄHIGKEIT. 45

:en Messungen zufolge wäre der specifische Magnetismus des gehärteten

> nach dem 1 zölligen Stäbchen 0,303
> 2 zölligen Stäbchen 0,155
> 3 zölligen Stäbchen 0,093.

:h, wenn Stäbe von grösserm und Stäbe von kleinerm Durchmesser mit verglichen werden, verschiedene Verhältnisszahlen sich ergeben müssen, ı sowohl aus der Theorie, als auch aus den weiter unten (§. 20) vor- len Versuchen ableiten. Hiemit wäre das oben Gesagte vollständig nach- ı, und wir gelangen zu dem Schlusse, dass der „specifische Magnetismus" iff ist, den man in der Theorie nicht anwenden kann; anstatt desselben n den Inductions-Coefficienten a (§. 33) oder die damit zusammenhängenden q, K, k (§. 34), für welche absolute Bestimmungen erhalten werden einführen. Bestimmungen dieser Art sind übrigens bisher nicht zu Stande worden und würden mit grossen Schwierigkeiten verbunden sein (§. 65). Versuche über das Verhältniss der Inductionsfähigkeit des weichen Eisens cirenden Kraft haben zuerst LENZ und JACOBI [9] unternommen und sind zu ıultate gelangt, dass das Eisen vollkommene Inductionsfähigkeit besitze. stimmen die später von MÜLLER [10] ausgeführten Versuche nicht überein. magnetisirte mittelst des galvanischen Stromes runde Stäbe von 560 Millim. ıd den Durchmessern 9, 12, 15, 44 Millim., wobei sich sogleich zeigte, Magnetismus nicht proportional mit der inducirenden Kraft fortschreitet, immer mehr zurückbleibt, je stärker die inducirende Kraft wird. Als Bei-)en wir die mit dem Stab von 15 Millim. Durchmesser angestellten Beob- n heraus.

Relative Stärke der Induction	Verhältniss des Magnetismus zur Induction.
3,89	0,924
1,46	1,040
1,17	1,024
1,00	1,000
10,08	0,596
3,59	0,929
1,56	0,965
10,86	0,574
9,52	0,623
6,66	0,795
5,43	0,884
3,37	0,983
2,29	0,993
1,29	1,012

ıt, dass, wie die Induction auf das Zehnfache stieg, der Magnetismus betrug von dem, was er betragen haben würde, wenn er proportional mit rction zugenommen hätte, und da alle Versuche miteinander hinreichend timmen, so kann es keinem Zweifel unterliegen, dass der Magnetismus ıehr gegen die inducirende Kraft zurückbleiben wird, bis zuletzt eine Grenze wo eine Vermehrung der inducirenden Kraft keine weitere Vermehrung des mus erzeugt. Es gibt also für das weiche Eisen eine Grenze der isirung, d. h. ein absolutes Maximum des Magnetismus, über welches nicht gangen werden kann, wie weit man auch die Kraft vermehren mag.

LLER hat es versucht, nicht auf theoretischem, sondern auf empirischem ne Formel herzustellen, wodurch das Verhältniss zwischen der inducirenden

Kraft i, dem Magnetismus m und dem Durchmesser d ausgedrückt würde, und findet, dass die Formel

$$i = 220 \sqrt{d^5} \, \text{tg.} \, \frac{m}{0{,}00005 \, d^2} \qquad 6)$$

den sämmtlichen Beobachtungen hinreichend genau entspricht; sie gilt natürlich nur für Stäbe von der oben angegebenen Länge. Für $i = \infty$ gibt sie

$$\frac{m}{0{,}00005 \, d^2} = \frac{1}{2} \pi \qquad 7)$$

und diess ist die Gleichung des Maximums. So lange der Bogen

$$\frac{m}{0{,}00005 \, d^2}$$

klein ist, kann man ihn selbst anstatt der Tangente substituiren und erhält alsdann

$$i = \frac{a \, m}{\sqrt{d}} \quad \text{oder} \quad m = \frac{i \sqrt{d}}{a} \qquad 7),$$

wo a eine Constante ist. Die Gleichung zeigt, dass bei gleicher magnetisirender Kraft die magnetischen Momente verschieden dicker und gleich langer Cylinder wie die Quadratwurzeln der Durchmesser sich verhalten werden. (Man vergleiche §. 37, wo abweichende Resultate anderer Beobachter erwähnt sind.)

Obwohl die Gleichung 6), wie schon oben erwähnt wurde, das beobachtete Abhängigkeitsverhältniss der Grössen i und m sehr genau darstellt, so bedarf sie doch noch einer kleinen Modification, wenn sie den sonst gegebenen Bedingungen entsprechen soll. Stellen wir uns vor, dass alle Molecule eines Stabes das absolute Maximum des Magnetismus erreicht haben, also alle gleich starken Magnetismus besitzen, so wird der freie Magnetismus, welcher der Differenz der anstossenden Molecule gleich ist, in der ganzen Länge des Stabes verschwinden und nur noch an den Endflächen vorhanden sein. Das magnetische Moment hat man demnach der Grösse der Endflächen, d. h. dem Quadrate des Durchmessers proportional zu setzen und dieses Verhältniss wird auch ganz richtig durch die Gleichung 7) ausgedrückt; allein, wenn man aus dieser Gleichung den Werth von m, d. h. das Maximum des Magnetismus, selbst berechnen will, so erhält man ganz unstatthafte Zahlen und man überzeugt sich leicht, dass es nöthig ist, die Factoren 0,00005 und 220 bedeutend (ungefähr um das 15 fache) zu vermehren. Zu erinnern wäre noch, dass die Werthe von m durch die Ablenkung einer Nadel bestimmt worden sind, also das magnetische Moment und nicht die Stärke des Magnetismus darstellen. Diese beiden Grössen als gleichbedeutend zu betrachten, ist streng genommen nicht zulässig, da das magnetische Moment nicht blos von der Stärke, sondern auch von der Vertheilung der Kraft abhängt.

Buff und Zaminer [11] sind durch Müller's Arbeit veranlasst worden, eine Reihe von Versuchen anzustellen, die mit den angeführten Lehrsätzen in Widerspruche stehen und eine Bestätigung des oben erwähnten Resultats von Lenz und Jacobi liefern. Müller [12] seinerseits wiederholte hierauf seine Versuche, ohne irgend etwas zu finden, was mit seiner früheren Schlussfolgerung nicht in Uebereinstimmung wäre. An diese Arbeiten reihen sich die Versuche von v. Feilitzsch [13] und Weber [14] an, wodurch das Vorhandensein einer Magnetisirungsgrenze festgestellt wird. Die früher unternommenen, aber weniger bekannt gewordenen

Untersuchungen von JOULE [15] führten ebenfalls auf die Nothwendigkeit, eine Magnetisirungsgrenze anzunehmen.

7. Da die oben angeführte Formel von MÜLLER nicht wohl mit der Theorie in Zusammenhang zu bringen sein dürfte, so habe ich versucht, von theoretischen Betrachtungen ausgehend, das Verhältniss zwischen inducirender Kraft und Magnetismus auszudrücken und bin zu einem sehr einfachen Resultate gelangt. Es ist bereits erwähnt worden, dass bei allmähliger Vermehrung der inducirenden Kraft der Magnetismus einem Finalzustande sich nähert, und es liegt in der Natur dieses Verhältnisses, dass die Annäherung an den Finalzustand um so langsamer erfolgt, je näher man dem Finalzustande kommt, wie diess sonst öfters im Magnetismus, z. B. bei dem allmähligen Kraftverluste der Magnete (§. 85), bei der Induction des Erdmagnetismus (§. 49,2) u. s. w. angetroffen wird. Bezeichnen wir demnach wie oben mit i die inducirende Kraft, mit m den eben vorhandenen und mit M den am Ende zu erreichenden Magnetismus, so drückt $M-m$ die Entfernung vom Finalzustande und $\frac{dm}{di}$ die Schnelligkeit aus, womit der Magnetismus dem Finalzustande sich nähert, und wir haben analog mit der obigen Gleichung 1)

$$\frac{dm}{di} = k(M-m) \qquad 8).$$

wo k eine Constante bedeutet.

Wird diese Gleichung integrirt wie oben (S. 41) und die Constante bestimmt durch die Bedingung, dass für $i=0$ auch $m=0$ werden muss, so erhält man

$$m = M(1-e^{-ki}) \qquad 9).$$

Wir wollen diese Formel mit der Versuchsreihe, welche WEBER [16] angestellt hat, vergleichen und dabei je zwei Beobachtungen, die eine bei zunehmendem, die andere bei abnehmendem Strome gemacht, zu einem Resultate vereinigen. Für diesen speciellen Fall gestaltet sich unsere Formel wie folgt

$$m = 1808{,}2 \left(1 - \frac{1}{1{,}001113^i}\right).$$

und die beobachteten und berechneten Zahlen sind:

Stromstärke	magnetisches Moment beobachtet	berechnet	Differenz.
664,6	931,5	944,7	— 13,2
1256,3	1376,3	1361,0	+ 15,3
1671,6	1518,4	1526,5	— 8,1
2034,8	1605,7	1620,1	— 14,4
2332,4	1667,3	1673,1	— 5,8
2701,3	1715,3	1718,6	— 3,3
3138,2	1777,5	1753,1	+ 24,4

Die Uebereinstimmung ist so gross, als nur immer erwartet werden konnte, und darf, wie ich glaube, als ein gewichtiges Argument für die Zulässigkeit der Hypothese, auf welcher die Rechnung sich gründet, betrachtet werden. WEBER [17] hat übrigens aus der Hypothese, dass die Magnetisirung des Eisens durch eine Drehung der Axen der Molecule zu Stande komme, eine Formel abgeleitet, wodurch die obige Beobachtungsreihe fast ebenso genau dargestellt wird.

8. Es wird nicht unzweckmässig sein, hier daran zu erinnern, dass die Magnetisirungsgrenze nicht mit dem Sättigungsgrade zu verwechseln ist.

Wenn ein Stahlstab bis zur Grenze magnetisirt ist, so wird der Magnetismus durch eine neu hinzukommende inducirende Kraft nicht weiter vermehrt, während derselbe Stahlstab, bis zur Sättigung magnetisirt, noch beträchtlich an Kraft zunimmt, sobald man ihn einer inducirenden Kraft aussetzt, wie die Versuche (S. 22) zeigen; aus denselben ergibt sich nämlich, dass eine inducirende Kraft $= 50$ bei den bis zur Sättigung magnetisirten Stäben A und B das magnetische Moment nahe um $1/30$ vermehrt hat.

9. PLÜCKER [18] hat die Inductionsfähigkeit dadurch zu bestimmen gesucht, dass er verschiedene Metalle zu Pulver reducirte, dann gleiche Mengen hiervon an den Pol eines starken Elektromagneten brachte und durch eine Waage abreissen liess, wie bereits oben S. 16 umständlich angegeben worden ist. Im Verlaufe derselben Untersuchung substituirte er anstatt des metallischen Pulvers gleich grosse Knöpfe von Eisen und Stahl, verschieden stark gehärtet, und berechnete die Resultate mittelst der empirischen Formel

$$m = \lambda p (1 - \mu \lambda^2 p^2),$$

wo m die Anziehung, p die inducirende Kraft des Magnetpols, λ den Inductions-Coefficienten und μ den Widerstands-Coefficienten bezeichnet; da jedoch diese Formel nicht hinreichend zu entsprechen schien, so ging er später auf die Formel

$$m = k \, \text{arc.} \left(tg = \frac{p}{c} \right)$$

über, wo ebenfalls zwei den obigen analoge Constanten k und c vorkommen.

Wir lassen hier die Resultate der Beobachtungen mit einem Knopf von glashartem, einem Knopfe von gelb angelassenem, einem Knopfe von blau angelassenem Stahle und einem Knopfe von weichem Eisen folgen. Die inducirende Kraft (d. h. die Stärke des anziehenden Magnetpoles) wurde bei jedem folgenden Versuche vermehrt; eine Maassbestimmung könnte allenfalls abgeleitet werden aus der absoluten Anziehung des glasharten Stahles, die desshalb hier vorangesetzt ist, während die übrigen Zahlen relative Werthe (den glasharten Stahl als Einheit angenommen) darstellen.

Absolute Anziehung des glasharten Stahles	Relative Anziehung			
	des glasharten Stahles	des gelb angel. Stahles	des blau angel. Stahles	des weichen Eisens.
0,12	1	2,18	2,78	3,31
1,1	1	1,72	2,21	2,62
18,3	1	1,35	1,63	1,93
23,3	1	1,12	1,28	1,42
114,9	1	1,084	1,25	1,37

Weitere Erörterungen bezüglich auf die Messungsmethode, welche PLÜCKER angewendet hat, werden später (§. 63) vorkommen, und dabei wird man angedeutet finden, dass es in diesem Falle um einen ziemlich complicirten Vorgang sich handelt. Hier wäre auch das in Betracht zu ziehen, was oben S. 44 über specifischen Magnetismus gesagt wurde.

[1] LENZ und JACOBI. Pogg. Ann. LXI. 462.
[2] VAN REES. Pogg. Ann. LXXIV. 243.
[3] CAILLETET. Compt. Rend. XLVIII. 1113.
[4] v. ARNIM. Gilb. Ann. III. 48.

[5] BERZELIUS. Chemie III. 389.
[6] MATHIESSEN. Phil. Mag. (4.) XV. 80.
[7] BARLOW. Gilb. Ann. LXXIII. 229.
[8] BECQUEREL. Traité d'électricité et de magnét. T. III. Cap. III.
[9] LENZ und JACOBI. Pogg. Ann. XLVII. 244.
[10] MÜLLER. Bericht über die neuesten Fortschr. d. Phys. S. 494.
[11] BUFF und ZAMINER. Ueber die Magnetisirung von Eisenstäben durch den galvanischen Strom. LIEB. u. WÖHLER Ann. LXXV. 83.
[12] MÜLLER. Pogg. Ann. LXXXII. 187.
[13] v. FEILITZSCH. Pogg. Ann. LXXX. 324.
[14] WEBER. Elektrodynamische Maassbestimmungen. 569.
[15] JOULE. Account of experiments demonstrating a limit to the magnetizability of iron. Phil. Mag. (4.) II. 306. STURGEON's Annals of Electricity. V. 472.
[16] WEBER. Elektrodynamische Maassbestimmungen. p. 569.
[17] WEBER. Ebendaselbst. p. 574.
[18] PLÜCKER. Pogg. Ann. XCI. S. 4.

§. 11. Verhältniss des Magnetismus zu anderen Naturkräften.

Bisher haben wir uns blos damit beschäftiget zu zeigen, wie der Magnetismus eines Körpers zu dem Magnetismus eines andern sich verhält, und wie der Magnetismus von der Beschaffenheit der Körper, in denen er erzeugt wird, abhängt. Für die tiefere Ergründung dieser Kraft ist es aber von grösster Wichtigkeit, uns umzusehen, welche sonst in der Natur vorkommenden Kräfte und Agentien damit in Zusammenhang stehen und welche äussere Einflüsse darauf einwirken können.

Hier gelangen wir nun zu dem charakteristischen Resultate, dass der Magnetismus eine sehr isolirte Kraft bildet und mit anderen Kräften so viel wie gar keinen Zusammenhang hat.

Zwar treffen wir mit Elektricität und Galvanismus enge Beziehungen an, welche weiter unten speciell erörtert werden sollen; es stellt sich aber bei tieferer Untersuchung als sehr wahrscheinlich heraus, dass hier nicht verschiedene Kräfte anzunehmen sind, sondern dieselbe Kraft unter verschiedenen Formen auftritt.

Was die sonstigen Kräfte und Agentien — Gravitation, Licht, Wärme — betrifft, so wirken sie auf den Magnetismus nicht ein. Zwar sind viele Versuche in den ersten Decennien dieses Jahrhunderts angestellt worden, um zu beweisen, dass durch das Sonnenlicht Magnetismus in Nähnadeln hervorgebracht werden könne; allein es hat sich zuletzt erwiesen, dass die erhaltenen Erfolge anderen Einflüssen zugeschrieben werden müssen. Auch die von Einigen vermutheten oder als nachgewiesen betrachteten Beziehungen des Magnetismus zu chemischen Processen, die leichtere Oxydirung des Südpols, die Zersetzung des Wassers durch Magnete, die Einwirkung des Magnets auf die Bildung des Dianenbaums, haben sich nicht bestätigt.

Die Unabhängigkeit des Magnetismus von sonstigen Einflüssen erweist sich auch darin, dass die magnetische Kraft durch die Dazwischenkunft irgend welcher Substanzen weder aufgehalten noch in ihren Wirkungen modificirt wird.

Dass die Wärme die magnetischen Erscheinungen modificirt — den permanenten Magnetismus vermindert und den inducirten vermehrt —, ist sicherlich nicht als eine Einwirkung auf den Magnetismus selbst, sondern als eine Folge der in den Dimensionen und der Beschaffenheit der Körper eintretenden Aenderungen zu betrachten. Gleiches gilt von der Wärme, welche nach GROVE's Versuchen beim Magnetisiren in einem Stahlstabe hervorgerufen wird.

Ebenso wenig treffen wir sonst äussere Einflüsse in der Natur an, die auf den Magnetismus einzuwirken im Stande wären; denn die Einflüsse, die etwa noch hierher gerechnet werden könnten — die Ab- oder Zunahme der magnetischen Kraft, die mit der Zeit oder durch Erschütterung irgend einer Art eintreten —, beziehen sich ebenso wie die Entwickelung der Wärme blos auf die Beschaffenheit der Körper.

1. Ueber den Zusammenhang des Magnetismus mit dem galvanischen Strom werden §. 16—18 die näheren Bestimmungen dargelegt werden; was den Zusammenhang mit der Electricität betrifft, so hat man durch elektrische Entladungen Nähnadeln magnetisch gemacht, auch liegen Beispiele vor, dass durch Blitzschläge Eisenstangen magnetisirt worden sind; da man jedoch nicht im Stande ist, für die Stärke und Dauer elektrischer Entladungen eine genaue Maassbestimmung anzugeben, so haben die obigen Thatsachen in der Theorie des Magnetismus eine weitere Benutzung nicht gefunden, wesshalb im gegenwärtigen Bande von dem Verhältnisse des Magnetismus zur Reibungs-Electricität fernerhin nicht die Rede sein wird.

2. Wäre die im Alterthum und im Mittelalter angenommene und sogar heutzutage noch ausserhalb des Kreises der Fachgelehrten allgemein geltende Vorstellung, dass der Magnet Eisenfeilspähne anziehe (vergl. §. 8), in der Wirklichkeit begründet, so hätten wir einen Stoff, worauf die magnetische Kraft wirkt. Die eben erwähnte Vorstellung beruht jedoch auf einem Missverständnisse, indem der Magnetismus, der im Stahl oder im Magnetstein sich befindet, erst in den Eisenfeilspähnen magnetische Polarität erzeugt und dann den erzeugten Magnetismus anzieht. Die magnetische Kraft wirkt auf keinen Stoff, sie wirkt blos wieder auf magnetische Kraft, und wenn einzelne Forscher, zu denen wir sogar HANSTEEN[1] rechnen können, nicht geneigt sind, eine so grosse Beschränkung des Magnetismus anzunehmen, so dienen dabei nur theoretische Betrachtungen als Grundlage.

3. Was die Wärme betrifft, so hat sich bisher kein Umstand herausgestellt, der uns berechtigte, einen unmittelbaren Zusammenhang mit dem Magnetismus zu vermuthen, dagegen hat die Wärme auf die Körper, welche Magnetismus enthalten, sehr entschiedenen Einfluss, und es ist leicht begreiflich, wie hierdurch vorübergehende Modificationen der magnetischen Kraft, d. h. solche Modificationen, die bei Wiederherstellung der ursprünglichen Temperatur gänzlich verschwinden, entstehen können.

Der Einfluss der Wärme auf die Körper ist von zweierlei Art, sie bewirkt eine Ausdehnung der Dimensionen und eine Aenderung des Molecularzustandes. Die letztere Wirkung ist bisher wenig beachtet worden, ausser bei hohen Temperaturen, wo bekanntlich die Weichheit des Metalls und die innere Structur, wie sie an den Bruchflächen sich äussern, dauernd modificirt werden; es kann aber keinem Zweifel unterliegen, dass bei gewöhnlichen Temperaturänderungen ähnliche Erfolge in geringerm Grade eintreten.

Wie die Ausdehnung der Molecule und die Aenderung des Molecularzustandes den Magnetismus modificiren, haben die bisherigen Versuche nicht zu erkennen gegeben; sie haben blos den oben bereits erwähnten Erfolg gezeigt, dass der permanente Magnetismus durch die Wärme eine Verminderung und der inducirte eine Vermehrung erhält. Man hat ursprünglich die Vorstellung gehabt, dass, da die Ausdehnung der Körper bei mittleren Temperaturen einfach der Wärme proportional sei, dasselbe Verhältniss bei dem Magnetismus sich herausstellen müsse.

Diess hat sich indessen nur in so weit bestätiget, als einfache Proportionalität bei kleinen Temperaturänderungen angenommen werden kann; wird dagegen die Temperatur auf 20° oder 30° erhöht, dann zeigen die Versuche übereinstimmend, dass die Temperatur-Coefficienten zunehmen, wenn gleich der Betrag in verschiedenen Fällen sehr verschieden gefunden wird. Diesem zufolge ist es nöthig, im Allgemeinen die Abhängigkeit des permanenten und inducirten Magnetismus von der Temperatur durch Ausdrücke darzustellen, welche ausser der ersten, Potenz auch das Quadrat der Temperatur enthalten, wie weiter unten (§. 78) umständlich nachgewiesen werden wird.

Eine Betrachtung verdient hier noch erwähnt zu werden. Bei dem gehärteten Stahle wie beim weichen Eisen nimmt die Induction durch die Wärme zu, und würde der selbstständige Magnetismus der Molecule unverändert bleiben, so müsste in Folge dieses Umstandes bei Magneten die Wärme eine Vermehrung des magnetischen Moments erzeugen; wenn dessenungeachtet am Ende eine Verminderung sich herausstellt, so liegt hierin der Beweis, dass die Verminderung des selbstständigen Magnetismus der Molecule sehr beträchtlich sein muss. Ueberhaupt scheint es, dass die Einwirkung der Wärme auf den Magnetismus als eine sehr complicirte Erscheinung zu betrachten ist und der Erfolg theilweise von Umständen abhängt, die bisher fast gänzlich unbeachtet geblieben sind. So wird man weiter unten (§. 49, 2.) sehen, dass der Wärme-Ausdehnungs-Coefficient des Eisens im Verlaufe der Zeit immerfort abnimmt, und hiermit wird sicherlich eine Aenderung des Temperatur-Coefficienten verbunden sein. Auch von der Stärke des Magnetismus und von den Aenderungen, welche nach und nach in der Vertheilung desselben wahrscheinlich eintreten, wird der Betrag des Temperatur-Coefficienten abhängen. So fand ich bei zwei Magneten am 30. Mai 1845 die Temperatur-Coefficienten ^{2}

$$0,0003057 \text{ und } 0,0003556$$

und am 23. Nov. 1852, nachdem sie ungefähr die Hälfte ihres Magnetismus verloren hatten,

$$0,0002587 \text{ und } 0,0003309.$$

Es unterliegt hiernach wohl keinem Zweifel, dass die Temperatur-Coefficienten mit dem magnetischen Momente abnehmen; jedoch sind hierüber wie über andere hierher gehörige Verhältnisse keine näheren Bestimmungen festgestellt worden.

4. Es soll wiederholt sich ereignet haben, dass nach längerm Aufenthalte in den nördlichen Polargegenden die Schiffscompasse ihre Kraft verlieren, und namentlich hat diess KATER [3] bezüglich der ersten Nordpolexpedition von PARRY erwähnt. Dieselbe Behauptung war von LUCAS FOX [4] und Cap. MIDDLETON [5] früher aufgestellt und durch Beobachtungen in Hudsons-Bay zu begründen gesucht worden, auch die Wahrnehmungen von Cap. ROSS [6] und HANSTEEN [7] deuten auf einen schwächenden Einfluss der Kälte, wogegen CHRISTIE [8] gezeigt hat, dass bei der grössten Kälte, die auf künstlichem Wege im luftverdünnten Raume erzeugt werden kann, Magnete stets an Kraft gewinnen. Hiernach ist man kaum berechtigt anzunehmen, dass das Klima der Polargegenden auf den Magnetismus einen schwächenden Einfluss ausübe; wie aber die beobachteten Thatsachen zu erklären sind, muss vorläufig unentschieden gelassen werden.

5. Für einen unmittelbaren Zusammenhang des Magnetismus mit dem Lichte glaubten viele Physiker in den ersten Decennien dieses Jahrhunderts den Beweis gefunden zu haben in Versuchen, welche anzudeuten schienen, dass Nähnadeln

durch das Sonnenlicht, und zwar durch die violetten Strahlen magnetisirt werden. Dominico Morichini [9] in Rom, durch theoretische Ansichten geleitet, fand im Jahre 1812, dass, wenn er die eine Hälfte einer Nadel dem violetten Ende des Spectrums aussetzte, sie magnetisch wurde mit einem Nordpol an dem Ende, welches dem Lichte ausgesetzt war. Durch weitere Versuche erkannte er, dass concentrirtes violettes Licht stärker wirke, und Barlocci verbesserte das Verfahren, indem er concentrirtes violettes Licht von der Mitte der Nadel gegen das Ende hinausführte, wie es beim gewöhnlichen Magnetisiren mit dem Pole eines Magnets zu geschehen pflegt. Moscati [10] in Mailand konnte den Erfolg nicht zu Stande bringen, und auch der berühmte Volta zweifelte an der Richtigkeit der gemachten Voraussetzungen, wodurch Morichini veranlasst wurde, seine Experimente mit verschiedenen Modificationen zu wiederholen [11]. Dabei bestätigte er seine früheren Sätze und erklärte die Wirkung als von den chemischen Strahlen bedingt, da sie gegen das rothe Ende des Spectrums ganz verschwinde; auch gab er an, dass die Mondstrahlen bei lange fortgesetzter Einwirkung denselben Erfolg haben, wie die Sonnenstrahlen.

Die Sätze Morichini's wurden von Configliachi [12] bestritten und für Täuschung erklärt; auch Bérard fand sie nicht bestätiget, wogegen Ridolfi und Carpi mit Erfolg die Versuche wiederholten, was von Humphry Davy und Playfair bezeugt wurde.

v. Yelin glaubte erkannt zu haben, dass auch das Flammenlicht Magnetismus hervorrufe, behauptete aber, nicht die violetten Strahlen, sondern die Wärme bringe den Erfolg zu Stande [13].

Lady Sommerville und Baumgartner [14] führten ebenfalls zahlreiche Versuchsreihen aus, wovon der Erfolg günstig war, Zantedeschi [15] dagegen gelangte durch seine Versuche zu einem entgegengesetzten Resultate. Dessgleichen konnte auch Pouillet [16] durch Sonnenlicht eine Magnetisirung nicht bewirken.

Als letzte Arbeit in dieser Richtung sind die Versuche von Pet. Riess und Ludw. Moser [17] anzuführen, wodurch die Unwirksamkeit des Sonnenlichtes entschieden nachgewiesen worden ist. In solcher Weise sind die Schwankungen, welche 16 Jahre hindurch fortgedauert hatten, beendigt und die Ueberzeugung festgestellt worden, dass eine Magnetisirung durch das Sonnenlicht nicht zu Stande komme.

Noch ist in der obigen Beziehung zu erwähnen, dass Christie [18], indem er Nadeln im Schatten und im Sonnenlichte schwingen liess, eine schnellere Abnahme des Schwingungsbogens im letztern Falle und eine Verminderung der Schwingungszeit, also eine Verstärkung des Magnetismus erhalten hat. Im Widerspruche hiermit wurde jedoch von Baumgartner [19] gezeigt, dass, wenn man eine schwingende Nadel der Sonne aussetzt, in Folge der Luftströmung, welche die Wärme hervorruft, eine Verminderung des Schwingungsbogens eintrete, ohne dass die Kraft eine besondere Aenderung erleide.

6. Boyle und Musschenbroek [20] haben sich bemüht, chemische Verbindungen des Magnetismus mit anderen Stoffen zu Stande zu bringen, und Letzterer meinte sogar, die magnetische Kraft als flüchtigen Stoff mit Quecksilber oder Arsenik übertreiben zu können. v. Arnim [21] suchte, von theoretischen Ansichten ausgehend, eine leichtere Oxydation des Südpols im Wasser nachzuweisen, was ihm nur unvollständig gelang. Ritter [22] nahm die Idee auf und unterstützte sie durch neue Versuche, wogegen Erman [23] die Unhaltbarkeit derselben nachwies. Lüdicke [24] construirte eine magnetische Batterie, um Wasser zu zersetzen, überzeugte sich aber selbst von der illusorischen Beschaffenheit seiner ersten mit günstigem Erfolg begleiteten Versuche; zu gleichem Resultate gelangte auch Steinhäuser [25].

Einiges Aufsehen erregte die Beobachtung von MASCHMANN [26], dass salpetersaures Silber, in eine heberförmige Röhre über Quecksilber zur Bildung eines Dianenbaumes gegossen, im nördlichen Schenkel sich rascher ansetzte als im südlichen. Der Einfluss der Himmelsgegenden und die Beziehung zum magnetischen Meridian wurde von HANSTEEN bestätigt und mehrere Physiker, namentlich SCHWEIGGER [27], DÖBEREINER [28], MÜLLER [29], KASTNER [30], LÜDICKE [31], DULK [32], Abbé RENOU [33] nahmen an den hierher gehörigen Untersuchungen Theil, wobei nur Wenige die Richtigkeit der Sache in Abrede stellten; auch auf andere Krystallisations-Phänomene sollte der Magnet Einfluss haben. Gleichwohl wies ERDMANN [34] in entscheidender Weise die Unhaltbarkeit aller dargestellten Resultate nach, so zwar, dass eine weitere Discussion seither nicht stattgefunden hat.

Wenn nun gleich die im vorigen Jahrhunderte schon als vage Vermuthung ausgesprochene Idée von einem Zusammenhang der Krystallisation und des Magnetismus bei dem Dianenbaum als unhaltbar sich erwies, so ist doch in neuester Zeit in mehr als einem Falle ihre vollkommene Begründung anerkannt worden, in so ferne nur ein hinreichend starker Magnet angewendet wird.

FARADAY [35] hat entdeckt, dass die Richtung, in welche sich gewisse krystallisirte Substanzen gegen die Pole eines starken Elektromagneten einstellen, von den Spaltungsflächen oder Krystallaxen abhängt, und PLÜCKER [36] hat diess nicht blos bestätigt, sondern auch gezeigt, dass, wenn man geschmolzenes Wismuth zwischen den zwei Polen eines Elektromagneten erstarren lässt, die Spaltungsflächen eine bestimmte Lage erhalten.

In neuester Zeit hat HUNT [37] Beobachtungen angestellt über die Wirkungen, welche die Pole eines starken Elektromagneten auf die Krystallisation hervorbringen; er gelangt durch mehrfache Wahrnehmungen zu dem Schlusse, dass der Magnetismus auf die Molecule verschiedener Stoffe Einfluss hat und ihre Lagerung bedingt. Aus den oben erwähnten Thatsachen hat BRUNNER [38] den Schluss gezogen, dass ein starker Magnetpol auf die Cohäsion der Flüssigkeiten Einfluss äussern müsse, und dass diess am leichtesten an der Capillar-Attraction zu erkennen sein würde. Der Versuch hat indessen gezeigt, dass die Flüssigkeiten in Capillarröhren gleiche Höhe erlangen, es mögen dieselben in dem Wirkungskreise eines Magnetpoles sich befinden oder nicht.

Auch DUTROCHET's [39] Versuche, einen Einfluss auf die Saftbewegung der Pflanzen zu erkennen, lieferten ein negatives Resultat.

Es ist behauptet worden, dass chemische Einwirkung und Temperaturerhöhung Magnetismus hervorrufen [40], insbesondere war es v. YELIN, der, wie oben bereits erwähnt wurde, diesem Gegenstande seine Aufmerksamkeit zugewendet hat [41], jedoch ist der Erfolg nicht von der Art gewesen, dass eine weitere Ausführung der hieher gehörigen Versuche dadurch wäre veranlasst worden.

7. Wie Licht und Wärme beim Durchgange durch verschiedene Körper modificirt werden, so wäre es auch denkbar, dass bei dem Magnetismus ein ähnliches Verhalten eintreten könnte; zu einer solchen Annahme hat übrigens die Erfahrung bisher keine Grundlage dargeboten, und die dessfalls von BAUMGARTNER [42] ausgesprochenen Ansichten sind von anderen Physikern nicht weiter verfolgt worden.

In wie ferne die magnetische Kraft die verschiedenen Substanzen Holz, Steine, Metalle, Glas, Flüssigkeiten ohne Schwächung durchdringe, gehört zu denjenigen Untersuchungen, womit die Forscher früherer Zeit sich eifrigst beschäftiget haben. GILBERT [43], KIRCHER [44], SCHOTT [45], GASSENDI [46], die florentiner Physiker [47] haben nähere Bestimmungen bezüglich auf feste und flüssige Substanzen geliefert; sehr umständliche Untersuchungen stellte MUSSCHENBROEK [48] an, wobei er insbesondere zeigte, dass die Kraft in directer Linie und nicht durch Umwege wirkt. Auch von BRUGMANS [49], LOEWENHOECK [50] und CHR. WOLF [51] wurden Versuche ausgeführt. Viel feinere Versuche in neuerer Zeit von SNOW-HARRIS [52] und SCORESBY [53] haben ebenfalls keinen Einfluss der dazwischenliegenden Substanzen auf die Fortpflanzung des Magnetismus gezeigt.

Hierher gehören ferner die Versuche von HALDAT [54], der verschiedene Körper zwischen einen Magnet und eine durch denselben abgelenkte Nadel eingeschaltet hat, ohne irgend eine Wirkung wahrzunehmen; nicht einmal durch Eisenplatten wurde eine Modification der Ablenkung bewirkt. Er bemerkt ferner, dass er die Hoffnung habe aufgeben müssen, eine Spiegelung, Brechung oder Beugung des Magnetismus hervorzubringen. (Man vergl. §. 15.)

8. Das eben angeführte Resultat, wornach Eisen vom Magnetismus ohne Kraft- oder Zeitverlust durchdrungen wird, stimmt mit den neuesten Erfahrungen vollkommen überein; in früherer Zeit dagegen herrschte eine entgegengesetzte Ansicht und es gab sogar Physiker, welche annahmen, dass Eisenplatten die Eigenschaft hätten, die von einem Magnetpol ausgehende Kraft zu modificiren, derselben den Durchgang zu erschweren oder sie gänzlich aufzuheben [55]. Insbesondere wurde diese Ansicht gegründet auf den Umstand, dass eine Declinationsnadel, unmittelbar über eine Eisenscheibe aufgehängt, keine Tendenz mehr zeigt, in den magnetischen Meridian sich zu stellen, vielmehr in jeder beliebigen Lage stehen bleibt. Diess wird jedoch nicht durch eine Isolirung, sondern durch die Induction bewirkt, welche der Magnet in der Eisenplatte hervorruft. Unter dem Magnet SN (*Fig. 22*) entsteht nämlich ein inducirter Magnet $N'S'$, der weit stärker ist, als der Erdmagnetismus, und die Nadel in ihrer Lage festhält (§. 48, 3.). Diese Verhältnisse scheint schon MICHELL [56] theilweise richtig erkannt zu haben. Ob nicht eine momentane Wirkung durch Dazwischenkunft verschiedener Körper hervorgebracht werden könne, wird weiter unten erwähnt werden (§. 15).

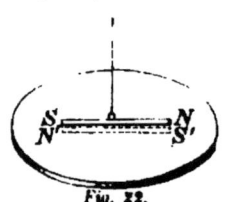
Fig. 22.

9. Ueber die Wärme, welche durch das Magnetisiren hervorgerufen wird, sind von VAN BREDA [57] und GROVE [58] Versuche angestellt worden; ersterer brachte einen hohlen mit Wasser gefüllten Eisencylinder in eine Spirale und fand, dass, wenn der Strom continuirlich durch die Spirale ging, keine Wärme erzeugt wurde, wogegen eine Temperaturerhöhung sogleich eintrat durch fortwährend aufeinander folgende Unterbrechungen des Stromes; letzterer legte einen hohlen mit Wasser gefüllten Eisencylinder als Anker an einen Elektromagnet und erhielt nach oft und schnell wiederholter Umkehrung des Stromes eine beträchtliche Erhöhung der Temperatur; auch ein vor dem hohlen Cylinder rotirender Hufeisenmagnet, der bei jeder Umdrehung eine Umkehrung der Pole des Cylinders bewirkte, brachte eine gleiche Wirkung zu Stande. Eine Glasröhre, mit Eisenoxyd gefüllt, an die Stelle des Eisencylinders gesetzt, zeigte ebenfalls eine Temperaturerhöhung.

JOULE [59] hat nachgewiesen, dass ein Eisenstab, welcher durch eine umgebende Spirale magnetisirt wird, sich verlängert und die Verlängerung augenblicklich eintritt, sobald man den Strom durch die Spirale gehen lässt. In wie ferne diese Erscheinung mit den obigen Versuchen von GROVE und VAN BREDA zusammenzustellen ist, wage ich nicht zu entscheiden.

10. Im vorigen Jahrhunderte hat man die Idee gehabt, dass die Kraft einer Nadel von den Jahreszeiten abhängen könnte, ohne übrigens den möglicherweise bestehenden Zusammenhang näher zu erklären [60]. Eine andere, ebenso wenig begründete Vorstellung war, dass man alle festen und flüssigen Substanzen als Leiter des Magnetismus zu betrachten habe [61]; dadurch sollte die Thatsache erklärt werden,

dass Magnetismus beim Durchgang durch feste Körper und durch Flüssigkeiten nicht angesammelt werden kann.

Nach Constatirung des Zusammenhanges zwischen Elektricität und Magnetismus scheint ziemlich allgemein die Idee sich Geltung verschafft zu haben, dass die Elektricität durch magnetisirte Körper besser geleitet werde, als durch unmagnetische, und ABRAHAM [62] hat diess sogar durch Versuche zu bestätigen sich bemüht. Hieraus leitete er die praktische Folgerung ab, dass man bei Blitzableitern magnetisirte Auffangstangen anwenden müsse.

Einige Physiker haben Beziehungen der magnetischen Anziehung mit der chemischen und einen innigen Zusammenhang des Magnetismus mit Cohäsion, Adhäsion, Zähigkeit angenommen [63]; letztern Zusammenhang hat RITTER für die einzelnen Metalle nachzuweisen gesucht [64]. Auch mit der Krystallisation glaubte KIRWAN [65] eine Analogie herstellen zu können. Verschiedenartige Ansichten wurden von SPINDLER [66] und DELUC [67], POHL [68], HORNER [69] ausgesprochen, auf deren nähere Würdigung es unnöthig scheint, hier einzugehen. Gleiches gilt von den Speculationen BARLOW's [70], der die Wirkungsweise des Magnetismus näher bestimmen wollte und Zweifel über die früheren Theorien, insbesondere über die Voraussetzungen COULOMB's ausgesprochen hat.

Dass ein Zusammenhang des Magnetismus mit der Lage der Spaltungsflächen der Krystalle besteht, haben, wie oben schon erwähnt wurde, FARADAY [71], PLÜCKER [72], KNOBLAUCH und TYNDALL [73] nachgewiesen, jedoch gehören diese Untersuchungen mehr in das Gebiet des Diamagnetismus.

[1] HANSTEEN. Magnetismus der Erde. I. p. 13.
[2] LAMONT. Magnetische Ortsbestimmungen im Königreiche Bayern. I. Th. p. 9.
[3] KATER. *Phil. Trans.* 1821. p. 104.
[4] FORSTER. Geschichte der Entdeckungen und Schifffahrten im hohen Norden 1784. p. 417.
[5] MIDDLETON. *Phil. Trans.* 1738. Vol. XL. p. 310; dann *Phil. Trans.* 1742. p. 157.
[6] ROSS. *Voyage to Raffin's Bay.* London 1819. 4. Appendix p. XIV. XVII, XXIX.
[7] HANSTEEN. Untersuchungen über den Magnetismus der Erde.
[8] CHRISTIE. *Phil. Trans.* 1825. p. 62. Man vergl. *Ann. de Chim. et de Phys.* XXI. 439.
[9] DOMINICO MORICHINI. *Bibl. Brit.* T. 52 und Gilb. Ann. XLIII. 212.
[10] MOSCATI. Brief an Dr. ODIER in Genf. *Bibl. Brit.* 1813. 195, Schwegg. Journ. VIII. 352.
[11] DOMINICO MORICHINI. Schweigg. Journ. XX. 16.
[12] CONFIGLIACHI. *Journ. de Phys.* Sept. 1813.
[13] v. YELIN. Gilb. Ann. LXX. 100; LXXIII. 416.
[14] BAUMGARTNER. Zeitschr. für Phys. u. Mathem. I. 268.
[15] ZANTEDESCHI. *Bibl. Univ.* XLI. 64; Pogg. Ann. XVI, 186.
[16] POUILLET. *Elemens de Physique.* I. 2. p. 527.
[17] L. MOSER. Pogg. Ann. XVI. 563.
[18] CHRISTIE. *Phil. Trans.* 1826; — Baumgartner's Zeitschr. für Phys. Mathem. III. 96.
[19] BAUMGARTNER. Zeitschr. für Phys. und Mathem. III. 157.
[20] MUSSCHENBROEK. Dissertatio de Magnete. exp. XXX. 83.
[21] v. ARNIM. Gilb. Ann. III. 1799.
[22] RITTER. Beiträge zur nähern Kenntniss des Galvanismus. II. Bd. S. 55.
[23] ERMAN. Gilb. Ann. XXVI. 139.
[24] LÜDICKE. Gilb. Ann. IX. 375, XI. 147.
[25] STEINHÄUSER. Gilb. Ann. XIV. 125.
[26] MASCHMANN. Gilb. Ann. LXX. 234.
[27] SCHWEIGGER. Jahrb. XIV. p. 34.
[28] DÖBEREINER. Ebendaselbst.
[29] MÜLLER. Kastner's Archiv. VI.
[30] KASTNER. Ebendaselbst.
[31] LÜDICKE. Gilb. Ann. LXVIII. 76.
[32] DULK. Kastner's Archiv. VI. 457.
[33] Abbé RENOU. *Ann. de Chim. et de Phys.* XXXVIII. 196.
[34] ERDMANN. Schweigg. Jahrb. XXVI. 24.-

[35] FARADAY. *Phil. Mag.* 1849. Jan. p. 75.
[36] PLÜCKER. Pogg. Ann. LXXVI. 576.
[37] HUNT. *Phil. Mag.* XXVIII. 1.
[38] BRUNNER. Pogg. Ann. LXXIX. 444.
[39] DUTROCHET. *Compt. Rend.* T. XXII. 621; Pogg. Ann. LXIX. 80.
[40] Gilb. Ann. III. 52.
[41] v. YELIN. Gilb. Ann. LXXIII. 424.
[42] BAUMGARTNER. Dessen Zeitschr. III. 73.
[43] GILBERT. De Magnete. Lib. II. Cap. 16.
[44] KIRCHER. Magia naturalis. Lib. I, prop. 2, Theor. 7.
[45] SCHOTT. Ars magnetica. Cap. III, §. 1, p. 245.
[46] GASSENDI. Lib. X. Diog. Laert. p. 497.
[47] *Exp. Acad. del Cimento.* p. 217.
[48] MUSSCHENBROEK. Dissertat. de magnete. 64.
[49] BRUGMANS. Tent. de materia magnetica. p. 95.
[50] LOEWENHOECK. *Phil. Trans.* N. 226. 227.
[51] WOLF. Vernünftige Gedanken. Th. III.
[52] SNOW-HARRIS. *Journ. of the Roy. Inst.* III. 550.
[53] SCORESBY. *Edinb. new phil. Journ.* by Jamieson. 1832. N. 24. 349.
[54] HALDAT. *Compt. Rend.* XXII. 873.
[55] LE MONNIER. *Mém. de l'Acad. de Paris* 1733. p. 13. — Gilb. Ann. LXXI. 37 (SCORESBY). — VAN SWINDEN. *Analogie de l'électricité et du magnétisme.* T. I, p. 128.
[56] MICHELL. *On artificial magnets.* p. 17.
[57] VAN BREDA. *Compt. Rend. de l'Acad. de Paris.* XXI. 961 (1845).
[58] GROVE. *Phil. Mag.* XXV. 153. — Pogg. Ann. LXVIII. 567; hierauf Bezügliches findet man auch in dem Aufsatze desselb. Verf. *On the heating effects of Electricity and Magnet. Phil. Mag.* (4.) III. 314.
[59] JOULE. *Phil. Mag.* XXX. 76. 225.
[60] HELLER. Gilb. Ann. IV. 478. — HORNER. Gilb. Ann. LXXIII. 7.
[61] Gilb. Ann. IX. 375.
[62] ABRAHAM. *Phil. Trans.* Pogg. Ann. L. 357.
[63] v. ARNIM. Gilb. Ann. III und VIII. — PRECHTL LXIII, LXVIII. — HAUGHTON. *Phil. Mag.* XXX. 437. 502.
[64] RITTER. Gilb. Ann. IV. 1, VI. 405
[65] KIRWAN. *Thoughts on magnetism. Trans. Roy. Irish Acad.* VI. — Gilb. Ann. VI und VIII.
[66] SPINDLER. Gilb. Ann. XXXIII.
[67] DELUC. Gilb. Ann. XLI.
[68] POHL. Gilb. Ann. LXIX, LXXV.
[69] HORNER. Gilb. Ann. LXXIII, 6.
[70] BARLOW. Gilb. Ann. LXXIII. 14.
[71] FARADAY. *Phil. Trans.* 1849. — Pogg. Ann. LXXVI. 144.
[72] PLÜCKER. Pogg. Ann. LXXVI. 576; LXXVII. 447; LXXVIII. 421; LXXXI. 115; LXXXII. 42.
[73] KNOBLAUCH und TYNDALL. Pogg. Ann. LXXIX. 233 und LXXXI. 481.

§. 12. Magnetismus der Molecule.

So weit bisher von magnetischer Anziehung und Abstossung die Rede gewesen ist, wurde im Allgemeinen eine Analogie mit der Gravitation vorausgesetzt, ohne näher zu bestimmen, worin die Kraft bestehe, oder wie sie mit den körperlichen Atomen verbunden sei. Da die Erfahrung hierüber bisher keine bestimmten Anhaltspunkte geliefert hat, so kann nur die Frage sein, welche Vorstellungen am meisten geeignet sind, um als Grundlage einer mathematischen Theorie zu dienen. Die gewöhnlichste und wohl auch die natürlichste Hypothese besteht darin, zwei magnetische Fluida — ein nördliches, positives und ein südliches, negatives — anzunehmen, welche in unbestimmter Quantität in jedem Molecul vorhanden sind und deren Wirkung nach Aussen erst beginnt, wenn sie getrennt gehalten werden. Es wird ferner angenommen, dass, wenn durch

Einwirkung irgend einer Kraft die Trennung eintritt, der gehärtete Stahl der Wiedervereinigung einen Widerstand entgegenstellt und die Fluida getrennt erhält, während im weichen Eisen die Wiedervereinigung augenblicklich zu Stande kommt, sobald die einwirkende Kraft aufhört.

Weniger entsprechend im Allgemeinen, wenn gleich zur Erklärung einiger Erscheinungen sehr geeignet, ist die Hypothese, dass in den für Magnetismus empfänglichen Körpern die Molecule nicht magnetisch gemacht werden, sondern vom Anfange schon magnetisch seien, jedoch mit verschiedener Richtung der Pole, und die Wirkung einer magnetisirenden Kraft blos darin bestehe, sie zu drehen, so dass die Pole gleiche Richtung annehmen und die Axen parallel werden.

Eine sehr wichtige Klasse von Phänomenen gibt es, welche weder durch die eine, noch durch die andere Hypothese in einfacher Weise erklärt werden können, nämlich diejenigen, welche durch den gegenseitigen Einfluss des Magnetismus und des galvanischen Stromes zu Stande kommen. AMPÈRE hat die Schwierigkeiten, die sich hier darbieten, dadurch gehoben, dass er den Magnetismus als eigenthümliche Kraft ganz beseitigte und durch galvanische Ströme ersetzte. Seiner Vorstellung zufolge ist ein Magnet aus einer unendlichen Menge von Molecülen zusammengesetzt, welche sämmtlich von parallelen Strömen umkreist sind, etwa so, dass um den Aequator eines jeden Moleculs ein geschlossener in sich zurückkehrender Strom herumgeht. Da zwei galvanische Ströme aufeinander eine Anziehung und Abstossung in ähnlicher Weise, wie man es bisher beim Magnetismus angenommen hat, ausüben, so lässt sich leicht erklären, wie ein Magnet, als ein System von parallelen Kreisströmen betrachtet, auf einen andern, und wie ein galvanischer Strom auf einen Magnet wirkt. Der Hypothese von AMPÈRE wird von den Theoretikern allgemein vor allen andern der Vorzug gegeben, obwohl nicht geleugnet werden kann, dass die Annahme galvanischer Ströme, welche durch die Beobachtung nicht nachgewiesen werden, und unter Bedingungen, wie sie sonst in der Natur gar nicht vorkommen, geeignet ist, Bedenken zu erregen. Was die mathematische Entwickelung betrifft, so bleibt sie sich vollkommen gleich, ob man Molecularströme oder magnetische Molecule annimmt; in dieser Beziehung gewährt also AMPÈRE's Hypothese keinen Vortheil, und da sie ausserdem eine minder einfache Ausdrucksweise erfordert, so wird weiterhin in diesem Bande keine Anwendung davon gemacht werden.

Welche Hypothese übrigens auch immer angenommen werden mag, so findet stets die Bedingung statt, dass ein Molecul ebenso viel anziehende als abstossende Kraft besitzt, oder, wie es gewöhnlich mit Beziehung auf die Hypothese magnetischer Molecule ausgedrückt wird, dass ein Molecul ebenso viel positiven als negativen Magnetismus enthält, und diess bildet einen Fundamentalsatz in der Lehre des Magnetismus (man vergl. §. 7). Aus diesem Satze folgt unmittelbar, dass, da ein Körper als ein Conglomerat von Moleculen betrachtet werden muss, auch in jedem magnetischen Körper gleichviel positiver und negativer Magnetismus enthalten ist. In einem magnetischen Körper liegen die Molecule mit entgegengesetzten Polen aneinander, und nur die Differenz der anliegenden Pole, d. h. der freie Magnetismus, wirkt in der Ferne. Da nun die Summe der in den positiven und negativen Polen enthaltenen Kraft gleich ist, so werden die positiven und negativen Differenzen im Ganzen einander gleich sein müssen, oder mit andern Worten: jeder magnetische Körper enthält freien positiven und freien negativen Magnetismus in gleicher Menge.

1. Die Hypothese scheidbarer Fluida, ursprünglich von WILCKE und BRUGMANS aufgestellt und später von COULOMB weiter ausgebildet, haben POISSON [1] und GAUSS [2] mit grosser Präcision und Einfachheit dargelegt. Eine weitere Ausführung dieser Hypothese wird im III. Kap. gegeben werden.

Was die Hypothese ursprünglich und permanent magnetischer Molecule betrifft, deren Pole im Körper gedreht werden können, so kommt sie schon bei KIRWAN [3] vor, wurde aber erst von OHM [4] weiter ausgebildet; sehr entschieden wird sie von WEBER [5] und WIEDEMANN [6] vertreten. Sie erklärt sehr einfach die Magnetisirungsgrenze (§. 10), welche dann eintreten würde, wenn die Pole gleich gerichtet und die magnetischen Axen der Molecule vollkommen parallel gemacht wären; wie aber die Drehung der Molecule bewerkstelliget werden soll, ohne die Cohäsion zu ändern, ist nicht wohl einzusehen; auch liegt keine Beobachtung vor, welche anzudeuten schiene, dass durch den Magnetismus die Lage der Molecule eine Aenderung erlitte; gleichwohl möchte hier zu erinnern sein, dass DE LA RIVE [7] von verschiedenen Substanzen, während sie von galvanischer Elektricität durchströmt wurden, Töne erhielt, wenn er einen starken Magnet denselben näherte, welche nicht hervorzubringen waren, sobald der Magnet entfernt wurde. Diess scheint wenigstens unter gewissen Bedingungen einen Einfluss des Magnetismus auf die Elasticität, also auch auf den Molecularzustand der Körper anzudeuten.

2. Während nach der Theorie scheidbarer magnetischer Flüssigkeiten ein Linearmagnet aus einer Reihe von magnetischen Molecülen bestehen würde, die mit ihren Polen aneinander anliegen, stellt sich AMPÈRE [8] vor, dass um den Aequator eines jeden Moleculs ein in sich zurückkehrender Strom sich bewegt, wogegen die Molecule selbst zur magnetischen Wirkung gar keine Beziehung haben. AMPÈRE hat gezeigt, dass, wenn ein System von parallelen Kreisströmen aneinander gereiht, frei beweglich wie eine Nadel an einem Faden aufgehängt wäre, sie ebenso wie eine Magnetnadel durch den Erdmagnetismus gerichtet würde; er hat ferner gezeigt, dass, wenn ein zweites System von gleicher Art in die Nähe gebracht würde, Anziehung und Abstossung erfolgen müsste in gleicher Weise, wie zwischen einem Magnet und einer freien Nadel; hiernach hielt er es für angemessen, den Magnetismus durch galvanische Ströme zu ersetzen.

Durch die Substitution galvanischer Ströme anstatt der magnetischen Fluida wird allerdings der Vortheil erlangt, dass mehrere Erscheinungen auf dasselbe Princip bezogen, also die Gesetze der Physik vereinfacht werden; dagegen fehlt bei der AMPÈRE'schen Hypothese die physikalische Begründung ganz und gar. Galvanische Ströme, wie wir sie bisher kennen gelernt haben, müssen von einer Erregungsquelle ausgehen und dauern nur so lange fort, als die Erregungsquelle thätig ist. Die AMPÈRE'schen Ströme sind demnach von ganz anderer Art als die gewöhnliche Elektricität.

Ferner hat DOVE [9] darauf aufmerksam gemacht, dass, wenn die Elementarströme eines weichen Eisenkernes durch einen gewöhnlichen galvanischen Strom parallel gemacht werden (darin besteht nämlich nach AMPÈRE's Theorie die Magnetisirung des weichen Eisens), sie nach dem Aufhören des galvanischen Stromes parallel bleiben sollen, da die Theorie keine Bedingung enthält, wodurch sie veranlasst sein könnten, ihre einmal eingenommene Lage wieder zu ändern. In Folge dieses Umstandes müsste das weiche Eisen, einmal magnetisirt, auch **magnetisch bleiben**. Hier bedarf also die Theorie noch einer Ergänzung. Uebrigens kann bei gegenwärtiger Gelegenheit gar nicht die Rede davon sein, auf eine nähere Würdigung der AMPÈRE'schen Hypothese einzugehen, da die Wirkung galvanischer Ströme aufeinander einer ganz andern Abtheilung der Physik angehört und hier nicht abgehandelt werden soll. Nur so viel will ich erwähnen, dass, wenn man in Lehrbüchern ausgesprochen findet, dass ein Magnet durch einen einfachen spiralförmig gewundenen Leitungsdraht AB Fig. 23, wovon das eine Ende a mit dem einen, das andere Ende b (zurückgehend durch die Axe der Spirale) mit dem andern Pole einer galvanischen Batterie verbunden wäre oder durch eine in der gewöhnlichen Weise dicht aufgewundene Drahtrolle ersetzt werden könne, diess auf einer ganz unrichtigen Auffassung beruht. Eine

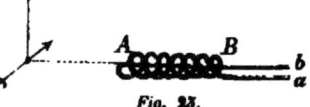

Fig. 23.

Reihe von Drahtwindungen, wovon die eine auf die andere keinen Einfluss hat, **kann nicht dieselbe Wirkung haben** wie eine Reihe von magnetischen Moleculen, welche eine mächtige Induction aufeinander ausüben, und wenn gleich ein Kreisstrom auf einen in seiner Axe gelegenen Punkt eben so wirkt, wie ein freien Magnetismus enthaltendes Element, so gestaltet sich doch für beide, wenn man einen seitwärts befindlichen Punkt betrachtet, die Wirkung ganz anders, da ein magnetisches Element nach allen Richtungen gleiche Kraft äussert, die Kraft eines Kreisstromes aber von dem Winkel, den die Richtung mit der Axe macht, abhängt.

Am meisten Analogie zwischen der Wirkung einer Spirale und eines Magnets trifft man da an, wenn, wie in der obigen Figur dargestellt ist, eine freie Nadel durch eine horizontal gelegte Spirale AB abgelenkt wird in der Weise, dass die verlängerte Axe der Spirale durch die Mitte der freien Nadel geht und auf der natürlichen Richtung der Nadel senkrecht steht. Bezeichnet man mit a die Entfernung zweier Windungen von einander (von Mitte zu Mitte gerechnet), mit g die Stromstärke, mit r den Halbmesser der Spirale, mit u die Entfernung einer Windung von der Mitte der Nadel, und substituirt man anstatt der Spirale eine unendliche Anzahl von Elementarwindungen oder Elementarringen (§. 18), so beträgt die Stärke des Stromes, der durch einen Elementarring von der Dicke du sich bewegt, $\dfrac{g}{a} du$, und die Kraft, die ein solcher Elementarring im Mittelpunkte der Nadel ausübt, ist nach §. 18

$$= \frac{2\pi g r^2 du}{a (u^2 + r^2)^{\frac{3}{2}}}.$$

Man setze nun die Entfernung der Mitte der Spirale von der Mitte der Nadel $= e$, die Länge der Spirale $= 2l$, so erhält man die Kraft der ganzen Spirale, wenn man den eben gefundenen Differentialausdruck von $u = e - l$ bis $u = e + l$ integrirt. Das Integral ist:

$$\frac{2\pi g}{a} \left(\frac{e+l}{\sqrt{(e+l)^2 + r^2}} - \frac{e+l}{\sqrt{(e-l)^2 + r^2}} \right)$$

oder wenn wir r als sehr klein voraussetzen und die höheren Potenzen vernachlässigen

$$\frac{4\pi g r^2 e l}{a (e^2 - l^2)^2}$$

1).

Diese Kraft gilt streng genommen nur für die Mitte der Nadel, aber auch für alle übrigen Punkte kann man, wenn die Länge der Nadel im Verhältniss zur Entfernung e klein ist, dieselbe Kraft annehmen; da ferner die Kraft ganz analog ist mit der Kraft, welche ein Magnet, anstatt der Spirale hingelegt, ausüben würde, so hat man (§. 55) für die Ablenkung ψ die Gleichung

$$X \text{ tg. } \psi = \frac{4\pi g r^2 e l}{a(e^2 - l^2)^2} \qquad 2).$$

Daraus folgt, wenn man anstatt $\frac{2l}{a}$ die Anzahl der Windungen n einführt

$$g = \frac{X \text{ tg. } \psi (e^2 - l^2)^2}{2\pi r^2 n e}. \qquad 3).$$

Ich habe einen Stahldraht von 1,2 Millim. Halbmesser und 188,2 Millim. Länge magnetisirt und gefunden, dass, wenn die Mitte desselben 549,9 Millim. von der Nadel entfernt war, die Ablenkung 1° 57′,53 betrug. Würde man anstatt des cylindrischen Magnets eine Spirale von demselben Halbmesser und derselben Länge, und einer Drahtdicke von 1 Millim. substituiren und einen Strom hindurchleiten, der dieselbe Ablenkung hervorzubringen hätte, so müsste der eben angeführten Gleichung zufolge die absolute Stärke dieses Stromes 34150 betragen, eine Stärke, die nach WEBER [10] hinreichen würde, um einen Platindraht von $5\frac{1}{2}$ Millim. Durchmesser hellglühend zu erhalten.

Mit der vorhergehenden Erörterung soll nur so viel dargethan werden, dass, wenn man die Erscheinungen des Magnetismus auf galvanische Ströme zurückführen will, ein einfacher und natürlicher Zusammenhang nicht hergestellt werden kann, vielmehr Bedingungen angenommen werden müssen, denen kein in der Wirklichkeit vorhandener galvanischer Strom entspricht. Zugleich muss erinnert werden, dass die AMPÈRE'sche Hypothese für die Anwendung des Calculs keine Erleichterung oder Vereinfachung darbietet [11]. Noch wäre hier zu erwähnen, dass POGGENDORFF [12] ein einfaches Experiment angegeben hat, wodurch man sich überzeugen kann, dass ein hohler Magnet und eine elektrodynamische Spirale wesentlich von einander verschieden sind. (Man vergl. §. 16, 2.)

3. Wer zuerst erkannt hat, dass man in den magnetischen Molecülen die Menge des positiven und des negativen Magnetismus als gleich gross annehmen müsse, lässt sich nicht mit Sicherheit mehr ermitteln; so viel ist aber gewiss, dass es unter den Physikern des vorigen Jahrhunderts mehrere gab, die wohl keine richtigen Vorstellungen in dieser Beziehung gehabt haben können, da angenommen wurde, dass der eine Pol eines Magnets den andern an Stärke weit übertreffen könne. Der Lehrsatz, dass die Summe des freien Magnetismus in jedem magnetischen Körper $= 0$ ist, findet in der mathematischen Theorie des Magnetismus die häufigste Anwendung und wird, wenn dm den Magnetismus eines Elements bezeichnet, so ausgedrückt

$$\int dm = 0 \qquad 4).$$

Eines Beweises bedarf der Satz nicht, da er aus der bezüglich auf die Molecule aufgestellten Hypothese unmittelbar hervorgeht; indessen wird es nicht überflüssig sein, in einem Falle zu zeigen, wie der Satz sich bestätigt. Der Linearmagnet ns Fig. 24 bestehe aus n Molecülen ab, bc, cd .... deren Pole den Magnetismus μ_1, μ_2, μ_3 enthalten, so hat man den freien Magnetismus in $a = + \mu_1$, in $b = \mu_2 - \mu_1$, in $c = \mu_3 - \mu_2$

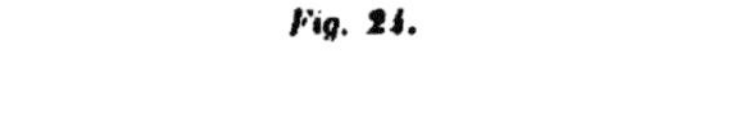

Fig. 24.

im letzten Molecul $= -\mu_n$, im vorletzten $\mu_n - \mu_{n-1}$ u. s. w. Die Summe dieser Grössen ist

$$\mu_1 + (\mu_2 - \mu_1) + (\mu_3 - \mu_2) + \ldots + (\mu_{n-1} - \mu_{n-2}) + (\mu_n - \mu_{n-1}) - \mu_n \qquad 5).$$

Der blosse Anblick zeigt, dass jede Grösse einmal positiv und einmal negativ vorkommt, und der Ausdruck selbst demnach identisch $= 0$ ist.

4. Die älteren Theorien von LE SAGE [13] und PRÉVOST [14], so wie die neueren Speculationen von NORTON [15], welche den Magnetismus auf ein höheres Princip zurückführen und mit anderen Kräften, insbesondere mit der Gravitation, der Cohäsion, dem Lichte, der Wärme u. s. w. in Zusammenhang bringen wollten, haben keine weitere Ausbildung oder Anwendung gefunden; es fehlte dabei die nöthige Erfahrungsgrundlage.

5. POISSON [16] hat die Frage erörtert, ob der Magnetismus der verschiedenen Körper von gleicher Beschaffenheit sei. Da die Elektricität, die in einer Substanz erregt wird, auf andere Substanzen übergeht und unter gleichen Verhältnissen stets gleiche Wirkungen hervorbringt, so sind wir berechtigt, die Elektricität als eine für sich bestehende und von dem Träger unabhängige Kraft zu betrachten. Der Magnetismus geht aber nicht von einem Körper auf den andern über, und demnach könnte der Magnetismus verschiedener Körper, z. B. der Magnetismus des Stahles und des Nickels, von verschiedener Beschaffenheit sein, während sie im Allgemeinen in so ferne übereinstimmen, als sie Anziehung und Abstossung ausüben. POISSON führt zur Erläuterung einen Versuch an, welchen GAY-LUSSAC mit einer Nickel- und einer Stahlnadel ausgeführt hatte; es ist jedoch leicht nachzuweisen, dass auf solchem Wege die Frage nicht zur Entscheidung gebracht werden kann. Seit POISSON's Zeit hat sich Niemand mit dieser Untersuchung beschäftigt, wohl nur aus dem Grunde, weil keine Wahrnehmung bisher gemacht worden ist, aus welcher auch nur vermuthet werden könnte, dass eine Verschiedenheit in der Natur des Magnetismus verschiedener Körper bestehe. Bekanntlich ist hinsichtlich der Gravitation eine analoge Frage angeregt und von BESSEL [17] dahin entschieden worden, dass die Gravitation aller Substanzen als eine und dieselbe Kraft betrachtet werden müsse.

[1] POISSON. *1er Mém. sur la théorie du Magnétisme*, Einleitung. *Mém. de Paris.* V.
[2] GAUSS. Pogg. Ann. XXVIII. 248.
[3] KIRWAN. *Trans. Roy. Irish Acad.* VI; Gilb. Ann. VI. 391.
[4] OHM. Beiträge zur Molecular-Physik. Nürnberg 1840.
[5] WEBER. Abhdl. der Leipz. Gesellsch. I. 485.
[6] WIEDEMANN. Verhandl. der naturf. Gesellsch. in Basel. II. Heft. 2.
[7] DE LA RIVE. *Phil. Trans.* 1847. Pogg. Ann. LXXVI. 270; damit in Zusammenhang stehend die Arbeiten über Tonerregung durch den galvanischen Strom von GUILLEMIN. *Compt. Rend.* XXII. 264, 432. WERTHEIM daselbst p. 366; 544. DE LA RIVE daselbst p. 428; WARTMANN daselbst p. 544 und *Phil. Mag.* XXVIII. 544, BEATSON. *Arch. d. Sc. phys.* II. 113.
[8] AMPÈRE. *Théorie des phénomènes électrodynamiques uniquement déduite de l'expérience.* Paris 1826.
[9] DOVE. Untersuchungen im Gebiete der Inductions-Electricität. S. 53.
[10] WEBER. Absolute Messung starker galvanischer Ströme. Result. d. magnet. Ver. 1840. p. 89.
[11] GAUSS. Intensitas vis magneticae. p. 44.
[12] POGGENDORFF. Pogg. Ann. XX. 386.
[13] LE SAGE. *Loi qui comprend toutes les attractions et répulsions. Journ. des Savans.* 1764.
[14] PRÉVOST. *Sur l'origine des forces magnétiques.* Genève 1788.
[15] NORTON. *Silliman's Journ. of science.* 1847. IV; hiermit stehen noch mehrere spätere in demselben Journal abgedruckte Aufsätze in Zusammenhang.
[16] POISSON. *Nouv. Mém. de l'Acad. des sciences.* T. 5, p. 252, 254.

[17] BESSEL. Versuche über die Kraft, mit welcher die Erde Körper von verschiedener Beschaffenheit anzieht. Astr. Nachr. X. 1832.

§. 13. Der Magnetismus als Strömung betrachtet.

Die Anordnung der Eisenfeilspähne an den Polen eines Magnets hat zuerst bei den Physikern die Vorstellung einer Strömung, welche von den Polen ausgehe, hervorgerufen. Die im vorigen Jahrhunderte dessfalls ausgeführten Untersuchungen, ebenso wie einige neuere Arbeiten haben zu keinem eigentlichen Resultate geführt; gleichwohl dürfte die Hypothese mit den nöthigen Modificationen in so ferne zu beachten sein, als sie in der mathematischen Entwickelung der magnetischen Erscheinungen mit Vortheil angewendet werden kann.

Zu diesem Behufe muss die magnetische Strömung als ein Austausch zweier Fluida oder zweier fliessender Aether gedacht werden, welche, ohne sich gegenseitig zu influenziren, nach entgegengesetzten Richtungen in gleicher Stärke sich bewegen und die Eigenthümlichkeit haben, dass das eine Fluidum nur einen Nordpol, das andere nur einen Südpol mit sich fortträgt.

In *Fig. 25* ist eine solche geradlinige Strömung durch parallele Linien versinnlicht.

Fig. 25.

Bringt man eine um einen festen Mittelpunkt c bewegliche Nadel hinein, etwa in der Lage ns, und ist die Strömung von der Art, dass sie einen Nordpol in der Richtung von c gegen n' und einen Südpol in der Richtung von c gegen s' fortführt, so wird die Nadel gedreht werden und die Lage $n's'$, der Strömung parallel, annehmen.

Will man die Anziehung und Abstossung magnetischer Pole auf diese Weise erklären, so muss man annehmen, dass von jedem Pole das eine Fluidum continuirlich ausströmt und das andere einströmt in Curven, wie durch die Anordnung der Eisenfeilspähne in den zunächst folgenden Figuren 26, 27, 28 angedeutet wird. Die Strömung gelangt in solchen Curven von einem Pole zum andern, jedoch so, dass die Stärke der Stromeswirkung an verschiedenen Punkten verschieden ist.

Möglicherweise kann die Stärke bedingt sein entweder durch die Geschwindigkeit des Stromes, oder durch die Dichtigkeit des strömenden Aethers; wir könnten demnach die Geschwindigkeit oder die Dichtigkeit, oder beide zugleich als veränderlich annehmen. Will man auf Einfachheit, wie es billig ist, Gewicht legen, so erscheint von diesen Hypothesen nur eine als zulässig: man muss nämlich die Geschwindigkeit als constant und die Dichtigkeit als veränderlich annehmen.

Die Anwendung der Hypothese auf die von Magnetpolen ausgehende Kraft ist übrigens von wenig Nutzen, denn wenn es sich um die Anziehung oder Abstossung zweier Magnetpole handelt, so wird der Erfolg durch eine der Gravitation analoge Wirkungsweise so klar und naturgemäss dargestellt, dass es ganz unzweckmässig erscheinen muss, hier den Begriff eines strömenden Aethers einführen zu wollen. Anders verhält es sich da, wo an irgend einem Punkte des Raumes eine magnetische Wirkung beobachtet wird, deren Quelle gar nicht bekannt ist oder nicht in Betracht kommt, ein Fall, der z. B. bei dem Erdmagnetismus eintritt. Wir finden, dass auf einem Punkte der Erdoberfläche der eine Magnetpol nach Norden, der andere nach Süden gezogen wird; wo ist aber die Quelle dieser Kraft? Sollen wir einen Magnet irgendwo im Raume fingiren, der die Wirkung hervorbringt? Offenbar ist es weit einfacher, die Kraft auf den Punkt des Raumes, wo sie stattfindet, zu beziehen und an diesem Punkte eine magnetische Strömung von bestimmter Stärke und Richtung anzunehmen.

Einen weiteren Fall, wo eine magnetische Strömung den beobachteten Erfolg sehr wohl darstellt, treffen wir bei dem galvanischen Strom an, worüber später eine nähere Auseinandersetzung folgen wird (§. 16). Uebrigens scheint es, wie schon oben bemerkt wurde, nach dem jetzigen Stande unserer Erfahrung weder nothwendig noch zweckmässig, die Vorstellung einer magnetischen Strömung einzuführen, und wir beschränken uns desshalb auf die allgemeinen Andeutungen, die im Vorhergehenden enthalten sind.

1. Mit Versuchen über die Anordnung von Eisenfeilspähnen um die Pole eines Magnets haben sich LA HIRE[1], MUSSCHENBROEK[2], BAZIN[3] beschäftigt. Letzterer hat die erhaltenen Erscheinungen in dreissig Figuren dargestellt. Die Erscheinungen können in's Unendliche modificirt werden, je nachdem man die Eisenfeilspähne mit dem Magnet in Berührung bringt oder sie auf Glas, Papier u. s. w. streut und ihnen einen einzigen Magnetpol oder mehrere Magnetpole von unten oder von oben oder von der Seite nähert. Eine Vorstellung von der Anordnung der Feilspähne an den Polen eines natürlichen Magnets geben *Figg*. 26 und 27, wovon die erstere die Seitenansicht, die letztere die Ansicht von oben (bei aufwärts gekehrten Polen) darstellt. In *Fig.* 28 sieht man die Curven, welche ent-

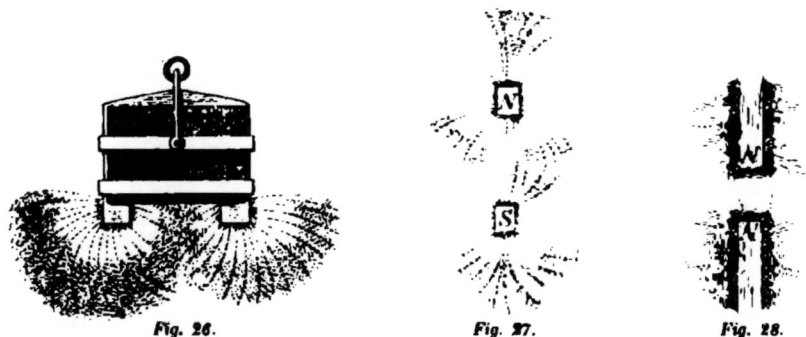

Fig. 26. *Fig. 27.* *Fig. 28.*

stehen, wenn man die gleichnamigen Pole N und N zweier Magnetstäbe einander nähert und sie mit Eisenfeilspähnen bestreut. Zu einer richtigen Erklärung ist bereits MUSSCHENBROEK gelangt, indem er jedes Eisentheilchen als eine kleine Magnetnadel betrachtete, welche unter dem Einflusse aller Elemente des Magnets die Gleichgewichtslage annimmt. Die Curve, zu welcher die Richtung solcher kleiner Magnete überall die Tangente bildet, heisst die magnetische Curve. Folgende Rechnung wird die Natur und Construction derselben erläutern. Es sei ns *Fig*. 29 ein Magnetstab und, um möglichst einfache Verhältnisse einzuführen, N und S zwei Punkte

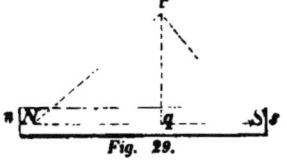

Fig. 29.

an den Enden, wo man den ganzen Magnetismus concentrirt annehmen kann. Man setze $NS = a$, $Nq = x$, $qp = y$, $Np = \varrho = \sqrt{x^2 + y^2}$ $Sp = \varrho' = \sqrt{(a-x)^2 + y^2}$ und bezeichne den Magnetismus der Punkte N und S mit diesen Buchstaben selbst. Die nach den Richtungen pN und pS wirkenden Kräfte zerlege man nun nach pq und senkrecht darauf, bezeichne die erstere mit Y, die letztere mit X, so erhält man die Ausdrücke

$$X = N\frac{x}{\varrho^3} + S\frac{a-x}{\varrho'^3}$$

$$Y = N\frac{y}{\varrho^3} - S\frac{y}{\varrho'^3},$$

denen leicht eine einfachere Form gegeben werden kann, da $N = S$ sein wird.

Bringt man ein Eisentheilchen nach p, so nimmt es die Richtung der aus den Kräften X und Y hervorgehenden Resultate an und macht mit pq einen Winkel, dessen Tangente

$$= \frac{X}{Y}$$

ist. Das Eisentheilchen stellt aber ein Element der durch p gezogenen magnetischen Curve dar, und man kann hiernach die Curve bestimmen, wie diess umständlich von MUNCKE an der weiter unten citirten Stelle dargelegt worden ist. Sehr verwickelt wird aber das Problem, sobald man eine grosse Menge Eisentheilchen neben einander hat und ihre Schwere und gegenseitige Abstossung sowohl, als die Vertheilung des Magnetismus im Stabe und den Einfluss des Erdmagnetismus berücksichtigen will. Die erste ziemlich vollständige Auflösung des Problems wurde von LAMBERT [4] ausgeführt. In neuerer Zeit beschäftigten sich damit HANSTEEN [5], ROBISON und PLAYFAIR [6], LESLIE [7], ROGET [8] (der zugleich ein eigenthümliches System von Linealen angegeben hat, um die Curven zu verzeichnen), DIENGER [9], auch MUNCKE [10] hat Beobachtungen und theoretische Bestimmungen geliefert. KOHN [11] hat vorgeschlagen, die Linien dadurch zu fixiren, dass man das Papier oder Glas, worauf die Feilspähne gelegt werden, mit einer dünnen Wachsschichte überzieht, welche, wenn sich die Feilspähne geordnet haben, erwärmt wird und beim Erkalten die Feilspähne festhält. Wir begnügen uns diese Arbeiten blos vorübergehend zu erwähnen, da schon längst anerkannt ist, dass auf solchem Wege keine zu näherer Erforschung des Magnetismus brauchbaren Resultate erzielt werden können.

HALDAT [12] hat auf einer Stahlplatte einen Magnetpol nach einer vorher entworfenen Zeichnung herumgeführt und dadurch eine Polarität hervorgerufen, die hinreichend war, um Eisenfeilspähnen, wenn sie aufgestreut wurden, eine der Zeichnung entsprechende Anordnung und Richtung zu geben.

2. Im Wesentlichen gleichbedeutend mit den magnetischen Curven sind die sogenannten Magnetkraftlinien (*lines of magnetic force*), welche FARADAY [13] eingeführt hat und die er sich nicht blos um den Magnet, wie eine adhärirende Atmosphäre, sondern auch im Innern verzeichnet denkt. Die Kraft, welche ein Magnet in irgend einem Punkte ausübt, die Richtung, welche eine Nadel annimmt, die Bewegung eines Magnetpoles können nach diesen Linien bestimmt werden. Die Linien repräsentiren für den Nichtmathematiker und ersetzen gewissermaassen den Calcul, allerdings in einer sehr unvollständigen Weise, wesshalb FARADAY's Vorstellungen bei den Physikern keinen Eingang gefunden haben. Die Unzulässigkeit derselben hat VAN REES [14] umständlich nachgewiesen.

3. Eine vollständige und zusammenhängende Theorie der Aetherströmung ist wohl nie hergestellt worden, sondern man hat sich meistens mit mehr

oder weniger ausführlichen Andeutungen begnügt. GILBERT[15] scheint sich vorgestellt zu haben, dass in dem Raume, der einen Magnetpol umgibt, ein gewisses Agens ausgebreitet sei, dessen Natur er nicht näher bestimmt hat; jenen Raum nannte er den Kraftumkreis des Poles (*orbis virtutis*, ganz analog mit FARADAY's *field of force*).

LE MONNIER[16], BRUGMANS[17] und andere Physiker haben von einem Ausströmen der Kraft aus den Enden eines Magnets und von einer Atmosphäre, welche ruhend oder in Bewegung die Magnete umgeben soll, gesprochen und auch über die Richtung der Strömung Bestimmungen zu erlangen gesucht.

Eigenthümliche Ansichten über eine Analogie des Magnetismus mit der Wellenbewegung des Lichtes und der Wärme hat BAUMGARTNER[18] geäussert, ohne jedoch eine genügende Begründung zu geben.

4. In der ersten Hälfte des vorigen Jahrhunderts war das Bestreben der Physiker besonders darauf gerichtet, die Gesetze des Magnetismus aus der Wirbeltheorie von DESCARTES abzuleiten oder sie mit dieser Theorie in Uebereinstimmung zu bringen. Hierher gehörende Arbeiten haben DUFAY[19], EULER[20], DUTOUR[21], DAN. und JOH. BERNOULLI[22] geliefert. Alle nahmen Poren oder Kanäle in den Magneten an, durch welche ein strömendes Fluidum sich bewege; durch die Beschaffenheit der Kanäle oder Poren wurde die Richtung der Strömung bedingt. Beispielsweise wollen wir erwähnen, dass DUTOUR die Poren durch feine Haare besetzt sein liess, die alle etwa wie auf der Haut glatthaariger Thiere nach gleicher Richtung lagen und so beschaffen waren, dass das Fluidum nach der Richtung der Haare frei durchfliessen, gegen die Richtung der Haare aber gar nicht in die Poren eintreten konnte.

5. Ein Experiment, auf welches man durch die oben erwähnte Anordnung der Feilspähne geführt worden ist, wird von AEPINUS[23] und später von CAVALLO[24] unter dem Namen des „magnetischen Paradoxon" erwähnt und besteht darin, dass ein kleines Eisenstückchen a, auf einen Tisch AB gelegt, sich durch wiederholtes Klopfen dem Punkte C nähert, wenn ein Nordpol N über (*Fig. 30*), und sich vom Punkte C entfernt, wenn ein Südpol S unter dem Tische (*Fig. 31*) gehalten wird. Der Erfolg ist dadurch zu erklären, dass das Eisenstückchen a durch die Schwere beträchtlich geneigt wird, so oft es aber in die Höhe springt, die wahre magnetische Gleichgewichtslage, wie sie in unseren Gegenden durch die

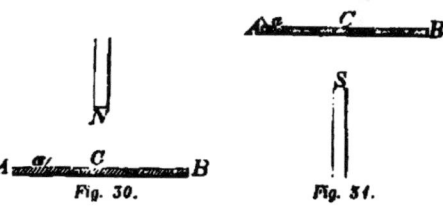

Fig. 30.   Fig. 31.

Neigung der erdmagnetischen Kraft gefordert wird, anzunehmen sucht und desshalb um seine Mitte sich zu drehen anfängt; eine kleine Drehung, wie sie hier theils in verticalem, theils in horizontalem Sinne stattfinden muss, vermindert aber die Entfernung zwischen C und a, wenn das untere (aufliegende) Ende ein Nordpol ist, und vermehrt die Entfernung, wenn es ein Südpol ist. Dabei wird vorausgesetzt, dass die Anziehung des Magnetpoles eine progressive Bewegung des Eisenstückchens, während es in der Luft schwebt, nicht hervorbringt.

Was von einem Eisentheilchen gesagt worden ist, gilt ebenso gut von einer grossen Anzahl derselben, und so kommt es, dass, wenn man Eisenfeilspähne auf den Tisch ausstreut, sie durch Klopfen zusammengezogen werden, wenn ein Nordpol über, und weiter auseinander geführt werden, wenn ein Südpol unter dem Tische sich befindet.

---

[1] LA HIRE. *Remarques sur l'aimant. Mém. de l'Acad. de Paris 1717.*
[2] MUSSCHENBROEK. *Dissertatio de magnete.*
[3] (BAZIN.) *Description des courans magnétiques dessinés d'après nature par B. Strassbourg 1753.*

4 Lambert. *Mém. de l'Acad. de Berlin 1766.* p. 49.
5 Hansteen. Magnetismus der Erde. 202.
6 Playfair. Encyclopedia Britannica. Art. Magnetism.
7 Leslie. Geometrical Analysis.
8 Roget. *Journ. of the Roy. Inst.* 1831. N. 2. 311. — *Library of useful knowledge.* Vol. II. Magnetism. p. 19. 20.
9 Dienger. Grunert's Archiv. XII. 307.
10 Munckk. Gehler's phys. Wörterb. neu bearb. VI. 824.
11 Kohn. Dingler's Journ. CXXIV. p. 466.
12 Haldat. *Journ. de Chim. et de Phys.* XLII. 33.
13 Faraday. *Phil. Trans.* 1852, p. 25. 137. — *Phil. Mag.* (4.) III. p. 401; Pogg. Ann., Ergänzungsb. III. 535. — *Rep. of the Brit. Assoc.* 1852. p. 48.
14 van Rees. Pogg. Ann. XC. p. 445.
15 Gilbert. De magnete.
16 Le Monnier. *Mém. de l'Acad. de Paris 1733.* p. 43.
17 Brugmans. Ueber die magnetische Materie, übers. von Eschenbach. 83.
18 Baumgartner. Zeitschr. für Phys. u. verwandte Wissensch. III. 66.
19 Dufay. *Mém. de l'Acad. des sc. de Paris 1728—1730.*
20 Euler. Dissertatio de Magnete. *Pièces de prix de l'Acad. de Paris 1744.*
21 Dutour. *Discours sur l'aiman. Pièces de prix de l'Acad. de Paris 1744.*
22 Dan. und Joh. Bernoulli. *Nouveaux principes tendant à expliquer la nature de l'aiman. Pièces de prix de l'Acad. de Paris 1744.*
23 Aepinus. Tentamen theoriae electricitatis et magnetismi. p. 377.
24 Cavallo. Lehre vom Magnet. p. 459.

§. 14. Magnetismus als der Oberfläche angehörend betrachtet.

Bei unseren bisherigen Erörterungen lag die Voraussetzung zu Grunde, dass jedes Molecul eines magnetisirten Körpers seinen Magnetismus besitze, also der Magnetismus gewissermaassen die ganze Masse durchdringe. Diese Voraussetzung ist jedoch keine nothwendig durch die Erscheinungen geforderte, vielmehr liessen sich alle wahrgenommenen Wirkungen durch eine an der Oberfläche verbreitete Kraft erklären. Hierauf ist man zuerst durch die Spannungselektricität geleitet worden, welche vielerlei Analogie mit dem Magnetismus hat und die nachweisbar blos an' der Oberfläche sich aufhält. Wird das Problem mathematisch aufgefasst, so ergibt sich, dass man in allen Fällen, wie auch immer die Kraft ausgebreitet sein mag, eine Vertheilung an der Oberfläche angeben kann, welche den wahrgenommenen Wirkungen vollständig entspricht.

Hierdurch sind Einige auf die Vorstellung geführt worden, als könne man gar nicht bestimmen, ob der Magnetismus an der Oberfläche oder im Innern der Körper vertheilt sei. Diess beruht jedoch auf einem Missverständnisse. Die Aufgabe der mathematischen Naturlehre erfordert, wie bereits in §. 1 dargelegt worden ist, dass man von einer Hypothese, als Grundlage, ausgehe, dass man alle Folgerungen der Hypothese mit mathematischer Strenge entwickele und die so entwickelten Folgerungen mit der Erfahrung vergleiche. Findet eine vollständige Uebereinstimmung statt, so ist die Hypothese als Wahrheit zu betrachten. Gelingt es uns demnach, von einem Magnetismus der Molecule ausgehend, mittelst einer einfachen und naturgemässen Hypothese die beobachteten Wirkungen mathematisch darzustellen, so sind wir genöthigt, die Kraft als im Innern der Körper vertheilt zu betrachten, und der Umstand, dass man für jeden einzelnen Fall einen der Wirkung entsprechenden Interpolationsausdruck finden kann, der eine andere Vertheilung voraussetzt, ist für die Theorie des Magnetismus völlig gleichgültig.

Was insbesondere die Analogie des Magnetismus mit der Elektricität, welche, wie oben bemerkt, blos an der Oberfläche sich aufhält, betrifft, so treten mehrere so wesentliche Divergenzpunkte zwischen beiden hervor, dass die hierauf begründeten Schlüsse ihr Gewicht völlig verlieren.

1. Eine umständliche Nachweisung, dass für jede Vertheilung einer Kraft im Innern des Körpers eine Vertheilung auf der Oberfläche substituirt werden könne, so dass an jedem ausserhalb des Körpers befindlichen Punkte die Wirkung der einen und andern Vertheilung identisch sei, hat GAUSS [1] gegeben. Früher schon hatte POISSON [2] eine solche Substitution angewendet, und in neuester Zeit ist von THOMSON [3] bei seinen magnetischen Untersuchungen auf gleiche Weise verfahren worden. Der Satz gehört zu denjenigen, welche nicht eines eigentlichen Beweises, sondern nur einer genauen Erklärung und Erläuterung bedürfen, in welcher Beziehung man das Erforderliche weiter unten (§. 29) finden wird. Unter denjenigen, welche aus diesem theoretischen Lehrsatze geschlossen haben, dass die wahre Vertheilung des Magnetismus gar nicht ermittelt werden könne, mögen hier WEBER [4] und VAN REES [5] erwähnt werden.

2. Als Beweis für eine wirkliche Vertheilung des Magnetismus an der Oberfläche hat man den Umstand angeführt, dass, so wie mehrere Lamellen mit der flachen Seite zusammengelegt werden, ein Theil der Kraft verschwindet. (Man vergl. die Versuche von COULOMB §. 20.) Daraus geht jedoch nichts weiter hervor, als dass der gleichnamige Magnetismus sich zurückdrängt oder zerstört. Sehr entschieden sucht BARLOW [6] die Hypothese, dass der Magnetismus nur der Oberfläche angehöre, aufrecht zu erhalten, indem er zuerst auf die Analogie mit der Elektricität hinweist, dann aber die von ihm durch Versuche nachgewiesene Thatsache anführt, dass in einer hohlen und in einer massiven Kugel von gleichem Durchmesser durch die Induction der Erde gleich starker Magnetismus erzeugt wird. Dieses letztere Argument hat jedoch seine Beweiskraft verloren, seitdem die Erfahrung gelehrt hat, dass massive und hohle Körper nur bei ganz schwacher, nicht aber bei stärkerer Induction gleich stark magnetisch werden. (Man vergl. oben S. 15.)

[1] GAUSS. Result. aus den Beob. des magnet. Vereins. 1839. S. 1.
[2] POISSON. Nouv. Mém. de l'Académie des scienc. V. 295.
[3] THOMSON. Phil. Trans. for 1852. II. 243.
[4] WEBER. Elektrodynamische Maassbestimmungen. Pogg. Ann. LXXXVII. 146.
[5] VAN REES. Pogg. Ann. LXX. 13.
[6] BARLOW. Gilb. Ann. LXXIII. 4. 22.

§. 15. **Fernwirkung umgekehrt wie das Quadrat der Entfernung.**

Die Anziehung oder Abstossung zweier Magnete nimmt sehr schnell ab, so wie die Entfernung grösser wird. Die Bestimmung des Gesetzes, nach welchem diese Abnahme stattfindet, bildet eine der wichtigsten Aufgaben in der Lehre des Magnetismus und es ist anfangs deren Lösung auf directem Wege versucht worden. Die Versuche führten auf eine „Abnahme umgekehrt wie die Quadrate der Entfernung", gerade so, wie es bei der Gravitation der Fall ist; ein ganz befriedigender experimenteller Beweis konnte indessen nicht geliefert werden, da die Verhältnisse, unter welchen die Beobachtung stattfinden musste, zu complicirt waren. Heutzutage gilt das Gesetz als vollkommen constatirt; der Beweis dafür liegt aber nicht etwa in einem speciellen Versuche, sondern darin, dass die jetzt bereits unter den verschiedenartigsten Verhältnissen vorgenommene Anwendung desselben zu Resultaten geführt hat, welche mit der Erfahrung übereinstimmten.

Zwischen der magnetischen Wirkung in der Ferne und der Gravitation herrscht demnach eine vollkommene Analogie, nicht blos rücksichtlich der mathematischen Form des Gesetzes, sondern auch rücksichtlich der Begründung desselben. Die Analogie erstreckt sich aber auch noch weiter, indem der Magnetismus ebenso wenig wie die Gravitation Zeit braucht, um sich in die Ferne fortzupflanzen, oder durch die dazwischenliegenden Substanzen aufgehalten oder modificirt wird.

Betrachtet man in einem gegebenen Raum $abcd$ Fig. 32 die Wirkung eines magnetischen Poles F, so ist in jedem Punkte dieses Raumes die Stärke der Anziehung und die Richtung der Anziehung verschieden;

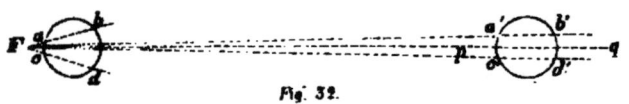

Fig. 32.

und diesem Umstande theilweise ist es zuzuschreiben, dass die magnetischen Probleme so verwickelt sind. Es leuchtet wohl von selbst ein, dass die eben erwähnte Verschiedenheit, mithin auch die Verwickelung um so grösser sein muss, je kleiner die Entfernung vom Pole F ist; wird aber die Entfernung sehr gross genommen, wie bei dem Raume $a'b'c'd'$, so weichen die Richtungslinien kaum merklich vom Parallelismus ab und die Stärke der Anziehung kann innerhalb dieses Raumes als gleich gross angenommen werden. Soll eine Wirkung im Raume $abcd$ berechnet werden, so muss die Lage und Stärke des Poles F gegeben sein; in einem unendlich entfernten Raume $a'b'c'd'$ dagegen braucht man weder die Lage noch die Stärke des Poles F zu kennen; vielmehr reicht es aus, zu wissen, dass in diesem Raume eine gewisse Anziehung, deren Grösse wir mit X bezeichnen wollen, nach einer bestimmten, überall parallelen Richtung stattfindet. Dieses Verhältniss werden wir fernerhin so ausdrücken, dass wir sagen, es wirke im Raume $a'b'c'd'$ eine magnetische Parallelkraft X nach der Richtung pq.

4. Die erste Methode, deren man sich bedient hat, um die Abnahme der Kraft in der Ferne zu untersuchen, bestand darin, die Grösse der Ablenkung zu messen, welche an einer frei beweglichen Compassnadel durch einen seitwärts hingelegten Magnetstab hervorgebracht wurde. HAWKSBEE [1] führte den Magnetstab Fig. 33 im Kreise um die Mitte der Nadel herum und wählte auch verschiedene Entfernungen, gelangte jedoch zu keinem befriedigenden Resultate. Dr. BROOK TAYLOR [2]

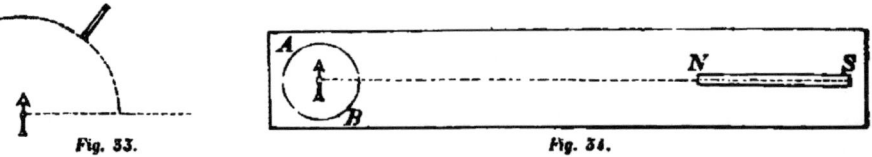

Fig. 33. Fig. 34.

legte ganz zweckmässig den ablenkenden Magnetstab NS Fig. 34 in verschiedenen Distanzen auf die Linie, welche senkrecht gegen den magnetischen Meridian steht; dagegen wusste er die Wirkung der Pole auf einander nicht gehörig in Rechnung zu bringen, und der Zweck wurde nicht erreicht. Einen ebenso wenig günstigen Erfolg hatten die Bemühungen Whiston's [3], der aus seinen Beobachtungen eine Abnahme nach der $3/2$ten Potenz der Entfernungen abgeleitet hat. Newton [4], der sehr richtig die Analogie und die Unterschiede zwischen der magnetischen Kraft und der Schwere hervorhebt, nimmt, wie er sagt, auf Grund einiger „rohen Versuche" eine Abnahme nach der dritten Potenz der Entfernungen an, was bei gleichzeitiger Einwirkung der beiden Pole eines Magnets auf die beiden Pole einer Nadel für grössere Entfernungen vollkommen richtig ist. (Vergl. §. 55.)

2. Musschenbroek [5] wählte eine andere, bereits von Hooke eingeführte Methode und suchte mittelst einer Waage, welche am einen Arme einen kleinen Magnet n (*Fig. 35*) trug, das Gewicht zu bestimmen, womit dieser von einem andern darunter befestigten Magnet M in verschiedenen Distanzen angezogen wurde. Seine Beobachtungen schienen anzudeuten, dass die Kraft ungefähr umgekehrt wie die Entfernungen abnahm, jedoch betrachtete er selbst das Ergebniss als unsicher. Auch die Abstossung der gleichnamigen Pole bestimmte er durch dasselbe Hülfsmittel, und fand die Kraft am grössten bei einem Abstande von $1/2$ Zoll; von hier an nahm sie ab bei kleineren sowohl als bei grösseren Distanzen, ohne dass übrigens ein Gesetz sich herausstellte. (Vergl. oben S. 20.)

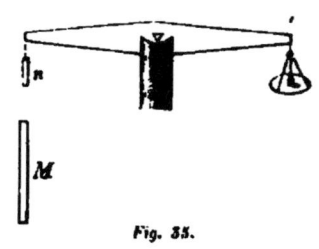

Fig. 35.

3. Nachdem T. Mayer [6] im Jahre 1760, wie es scheint mit Erfolg, hierauf bezügliche Untersuchungen ausgeführt und in einer Arbeit, welche nicht veröffentlicht wurde, das richtige Gesetz der magnetischen Anziehung erkannt hatte, nahm Lambert [7] im Jahre 1765 den Gegenstand auf und suchte vor Allem klare Begriffe einzuführen: er unterschied zwischen directem und schiefem Zuge, zwischen der Anziehung des Eisens und der Anziehung eines Magnets, und erklärte ferner, wie es nothwendig sei, auf die gleichzeitige Einwirkung des Erdmagnetismus bei den Experimenten Rücksicht zu nehmen. Seine Versuche richtete er ungefähr so ein wie Hawksbee, und erkannte zuerst, dass, wenn die Richtung des Zuges mit der magnetischen Axe der freien Nadel einen Winkel macht, die Kraft dem Sinus dieses Winkels proportional ist; die Beobachtungen in verschiedenen Entfernungen lieferten dann das Ergebniss, dass die Abnahme der Anziehungskraft im umgekehrten Verhältnisse der Quadrate der Entfernungen steht. Lambert hat auch die Kraftmessung durch Schwingungen als ausführbar bezeichnet, aber praktisch weniger genau gefunden, insbesondere wegen der Reibung der Nadel auf der Spitze, denn Fadensuspension wendete er nicht an.

4. Eine sehr ausführliche und methodisch angestellte Versuchsreihe brachte (1768—1783) Antonio Dalla Bella [8] in Lissabon zu Stande, wobei er übereinstimmend mit dem Verfahren, welches Musschenbroek angewendet hatte, die Anziehung zwischen einer Terelle oder einem kleinen Magnete und dem Pole eines grossen Magnetstabes mittelst einer Waage bestimmte. Bei Ableitung der Resultate erkannte er, dass als Entfernung nicht der Zwischenraum zwischen den Enden der Magnete, sondern der Zwischenraum zwischen den Polen, d. h. zwischen denjenigen Punkten, in welchen die ganze Kraft als concentrirt gedacht werden kann, zu nehmen sei. Nachdem er nun den Abstand der Pole von den Endpunkten bestimmt hatte, fand er bis 3 Zoll hinaus die Anziehung umgekehrt wie die Quadrate der Entfernungen; bei grösseren Entfernungen konnte der Beobachtung durch gar kein einfaches Gesetz Genüge geleistet werden. Auch die Anziehung von eisernen

Cylindern, theils mit flachem, theils mit conisch zulaufendem Ende wurde gemessen, und es ergab sich dasselbe Gesetz der Anziehung wie bei Magneten.

Rücksichtlich der Abstossung stimmen DALLA BELLA's Resultate mit den oben angegebenen von MUSSCHENBROEK bei kleinen Entfernungen überein; bei grösseren Entfernungen sind die Abstossungen ziemlich nahe den Anziehungen an Intensität gleich, während MUSSCHENBROEK die ersteren viel kleiner fand.

5. Ungeachtet der schwankenden Resultate der verschiedenen Forscher scheint sich doch immer mehr die Ueberzeugung ausgebildet zu haben, dass, wie bei der Schwere, die Kraft mit dem Quadrate der Entfernungen abnehme; zugleich hat man sich aber nicht darüber zu wundern, wenn namhafte Gelehrte, unter denen insbesondere AEPINUS [9] zu erwähnen ist, an der Richtigkeit dieses Gesetzes zweifelten, bis COULOMB [10] auf einem neuen und sichern Wege zu einer Entscheidung gelangte. Er unternahm die Gesetze der magnetischen Anziehung und Abstossung mittelst der Drehwaage (§. 67) zu bestimmen, wobei er als Waagbalken einen zwei Fuss langen dünnen Magnet, d. h. einen magnetisirten Stabldraht gebrauchte und denselben durch den Pol eines vertical stehenden Magnets von gleicher Grösse ablenkte. Bei dieser ganz zweckmässigen Disposition des Versuches, wo nur die genäherten Pole aufeinander wirkten, gelangte er ohne Schwierigkeit zu dem richtigen Resultate; auch durch Messungen nach der von LAMBERT bereits angedeuteten Methode der Schwingungen fand er das Ergebniss der Drehwaage bestätiget.

BIDONE [11] ersetzte die Drehwaage von COULOMB durch einen auf eine Spitze aufgestellten Waagbalken *Fig. 56*, welchen ein von *c* herabhängendes Pendel in seine Ruhelage zurückzuführen suchte, wenn eine Drehung stattfand, und mass auf solche Weise die Anziehung zwischen einer auf dem Waagbalken angebrachten Nadel *ns* und einem feststehenden Magnet *NS*. Obwohl dieses Messungsmittel weit hinter der Drehwaage zurückbleibt, so fielen doch die Versuche ziemlich übereinstimmend aus und gaben das richtige Gesetz der Anziehung.

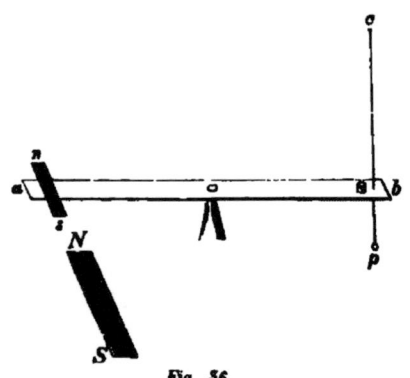

Fig. 56.

6. Der Letzte in der Reihe derjenigen, welche das Gesetz der magnetischen Anziehung zu bestimmen gesucht haben, ist HANSTEEN [12]. Er lenkte, übereinstimmend mit der oben angegebenen Methode von BROOK TAYLOR, die Nadel einer kleinen Boussole *AB Fig. 34* mittelst eines senkrecht auf dem magnetischen Meridian stehenden Magnets *NS* bei verschiedener Entfernung ab und stellte mit weit grösserer Vollständigkeit, als es von irgend einem Physiker vor ihm geschehen war, eine mathematische Entwickelung des Problems her unter der Voraussetzung, dass zwei magnetische Elemente sich umgekehrt wie die n^{te} Potenz ihrer Entfernung anziehen, und dass der freie Magnetismus von der Mitte des Magnets aus nach beiden Enden direct wie die r^{te} Potenz des Abstandes zunehme. Die Anwendung dieser Hypothese führte ihn auf das (aus §. 53 leicht abzuleitende) Resultat, dass ein Magnet einen in der Verlängerung seiner Axe gelegenen und in dem Abstande *a* von seiner Mitte entfernten Punkt mit der Kraft

$$mm'\left(\int\frac{x^r dx}{(a-x)^n} - \int\frac{x^r dx}{(a+x)^n}\right) = Km'$$

anziehe, wo x die Entfernung eines anziehenden Elements von der Mitte des Magnets und m seine Stärke, dann m' die Stärke des angezogenen Punktes bedeuten, und das erste Integral auf die nähere, das zweite auf die entferntere Hälfte des Magnets ausgedehnt werden muss. Die Integrale können entweder in geschlossener Form oder durch Reihen dargestellt werden, und zwar erhält man einfache Ausdrücke, wenn man die halbe Länge des Magnets als Einheit annimmt, also von $x = 0$ bis $x = 1$ integrirt.

So hat man z. B. wenn $n = 2$ gesetzt wird

$$\text{für } r = 1 \quad K = m\left(\frac{2a}{a^2 - 1} - \log\frac{a+1}{a-1}\right)$$

$$r = 2 \ldots K = m\left(\frac{2a}{a^2 - 1} - 2a\log\frac{a^2}{a^2-1}\right)$$

$$r = 3 \quad K = m\left(4a + \frac{2a^3}{a^2-1} - 3a^2\log\frac{a+1}{a-1}\right)$$

u. s. w.,

oder allgemein durch Reihenentwickelung

$$K = 4m\left(\frac{1}{r+2}\cdot\frac{1}{a^3} + \frac{2}{r+4}\cdot\frac{1}{a^5} + \frac{3}{r+6}\cdot\frac{1}{a^7} + \ldots\right).$$

Nachdem HANSTEEN die Ablenkung w gemessen hatte, welche ein Magnetstab, wie oben angegeben ist, in verschiedenen Entfernungen hervorbrachte, bestimmte er die Abhängigkeit des Winkels w von der Kraft Km' durch die Betrachtung, dass in der Mitte der freien Nadel die Anziehung Km' des Magnets und die Anziehung Xm' des Erdmagnetismus einen rechten Winkel miteinander machen, während die freie Nadel die Richtung der Resultante annimmt, mithin

$$Xm' \sin w = Km' \cos w$$

oder

$$\text{tg. } w = \frac{K}{X}$$

sein wird, was mit der vollständigern Auflösung des Problems §. 60 unter der Voraussetzung, dass man die höheren Glieder vernachlässige, übereinstimmt. Indem er nun K nach verschiedenen Hypothesen berechnete und die Resultate mit der Beobachtung verglich, suchte er diejenigen Werthe von r und n zu ermitteln, welche mit der Beobachtung am genauesten übereinstimmten, und erkannte, dass $n = 2$ gesetzt werden müsse, während verschiedene Werthe von r gleich gut die Beobachtungen darstellten. Auch lenkte er eine Compassnadel in der Weise ab, dass er den ablenkenden Magnet nördlich oder südlich davon und senkrecht auf den magnetischen Meridian hinlegte (§. 55), und fand, nachdem er die mathematische Entwickelung vorgenommen und die Formeln mit der Beobachtung verglichen hatte, ein mit dem Vorhergehenden übereinstimmendes Resultat. HANSTEEN [13] hat noch ferner zu gleichem Zwecke die Methode von MUSSCHENBROEK (oben S. 69) angewendet und hierzu einen eigenen Apparat Fig. 37 construirt, bestehend in einer feinen englischen Goldwaage mit einem kleinen Magnet unter der Waagschale N, und Gewichten auf der Waagschale M, dann einer verschiebbaren als Maassstab eingerichteten Latte CD, auf

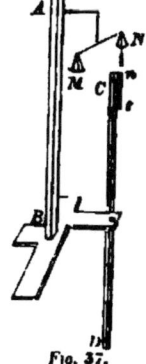

Fig. 37.

welcher der anziehende Magnetstab *ns* befestiget war. Auch die mit diesem Apparate angestellten Beobachtungen (wobei allerdings die Anziehung der ungleichnamigen und die Abstossung der gleichnamigen Pole nicht unbeträchtlich von einander abwichen) haben im Ganzen ein gleiches Resultat geliefert wie die Ablenkungen der Boussole.

Bei den von STEINHÄUSER [14], dann von SCORESBY [15] ausgeführten Versuchen ist die von HANSTEEN erreichte Genauigkeit nicht übertroffen, wohl aber die Richtigkeit seiner Resultate bestätigt worden.

Was die Genauigkeit betrifft, so muss überhaupt bemerkt werden, dass bei allen bisher erwähnten Untersuchungen, wenn man Theorie und Beobachtung vergleicht, nur ein mässiger Grad von Uebereinstimmung angetroffen wird, und darüber hat man sich auch nicht zu wundern, denn einmal waren die angewendeten Hülfsmittel zu ganz genauen Messungen nicht geeignet, dann aber ist der wesentliche Umstand unbeachtet geblieben, dass, wenn man zwei Magnete einander nähert, der eine in dem andern Magnetismus inducirt, also die Kraft der Magnete von ihrer gegenseitigen Stellung abhängt. Handelt es sich um die Abstossung der Pole, so ist der Einfluss dieses Umstandes immer beträchtlich und bewirkt, dass die Abstossung um so mehr vermindert wird, je mehr man die Pole nähert, ja sogar in Anziehung übergehen kann; aber auch sonst wird dadurch das Resultat in allen Fällen mehr oder weniger modificirt. (Vergl. §. 8.)

7. Ganz verwickelte Verhältnisse treten ein, wenn Polflächen von grösseren Dimensionen einander genähert werden, oder eine Masse weichen Eisens an eine Polfläche gebracht wird. Theoretisch ist es hier kaum möglich, zu einem Resultate zu gelangen, da weder die Vertheilung des Magnetismus, noch die Wirkung der Induction genau zu berechnen sind; jedoch ist in einzelnen Fällen auf praktischem Wege versucht worden, ein Gesetz aufzustellen. So hat TYNDALL [16] gefunden, dass durch einen starken Magnetpol eine Kugel von weichem Eisen (die durch Induction magnetisch gemacht, aber bei der grossen Stärke des Magnetpols in den grössern, wie in den kleinern Entfernungen bis zum Maximum magnetisirt war, also immer gleichen Magnetismus hatte) umgekehrt wie die Entfernung angezogen wird. Versuche ähnlicher Art waren schon früher von CRAMER [17] mit Hufeisenmagneten, deren ungleichnamige Pole er einander näherte, angestellt worden, ohne dass er selbst ein befriedigendes Resultat herausgebracht hätte, obwohl nach TYNDALL's [18] Angabe die Zahlen, die er mittheilt, bei geeigneter Behandlung mit dem eben erwähntem Gesetze ziemlich gut übereinstimmen.

Bei diesen Untersuchungen ist sowohl von TYNDALL als von CRAMER vorausgesetzt worden, dass die Anziehung sich wie die erste oder zweite Potenz der Entfernung verhalten solle, was unzulässig ist, da in solchem Falle bei der Berührung die Anziehung unendlich gross werden müsste.

Wie die Sache in Wahrheit sich verhält, werden folgende Betrachtungen lehren. Wenn *A* und *B Fig. 38* zwei Magnetpole sind, die einander entgegengehalten werden, so kann man sich den einen wie den andern Pol in unendlich viele parallele Schichten, wie in der Figur angezeigt ist, abgetheilt denken, die alle sich wechselseitig anziehen. Will man anstatt der vielen Schichten eine einzige fingirte Schichte oder Ebene, in welcher die ganze Kraft vereinigt gedacht werden kann, oder einen einzigen Punkt in dieser Ebene — analog mit dem Schwerpunkte — substituiren, so wird diese Schichte oder dieser Punkt nicht mit der Polfläche zusammenfallen, sondern innerhalb der Magnete etwa auf die Linien *ab* und *cd* treffen, und die Entfernung dieser zwei Linien ist es, die in die Rechnung eingesetzt werden

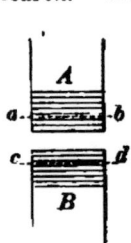

Fig. 38.

muss. Was die Frage betrifft, ob die Anziehung umgekehrt wie die erste oder zweite Potenz sich verhalte, so scheint aus den vorliegenden Beobachtungen unzweideutig hervorzugehen, dass zwei Flächen, welche eine unveränderliche Quantität Magnetismus enthalten, sich umgekehrt wie die erste Potenz der Entfernung anziehen oder abstossen. Bezeichnet man demnach den Magnetismus der Pole A und B mit M und M', die Entfernung der Polflächen mit x und die Grössen, um welche die Ebenen ab und cd von den Polflächen abstehen, mit α und β, so wird die Anziehung ausgedrückt durch

$$\frac{MM'}{\alpha + \beta + x}$$

Findet eine Induction statt, so ist sie der Anziehung proportional und man hat folgende Fälle zu unterscheiden:

1) wenn A ein Magnetpol, B aber ein Anker von weichem Eisen ist, so muss man

$$M' = \cdot \frac{a}{\alpha + \beta + x}$$

setzen, und erhält demnach die Anziehung

$$= \frac{Ma}{(\alpha + \beta + x)^2};$$

2) wenn die Magnetpole A und B eine gegenseitige Induction erzeugen, so hat man

$$M = m\left(1 + \frac{a}{\alpha + \beta + x}\right), \quad M' = m\left(1 + \frac{b}{\alpha + \beta + x}\right)$$

und die Anziehung ist

$$= \frac{mm'}{\alpha + \beta + x} + \frac{mm'(a+b)}{(\alpha + \beta + x)^2} + \frac{mm'ab}{(\alpha + \beta + x)^3}.$$

Es folgt hieraus, dass die Anziehung zwischen permanenten Magnetpolen sich auf viel grössere Entfernungen erstreckt, als die Anziehung zwischen einem Magnetpole und einem Anker; ferner lässt sich schliessen, dass, wenn man bei Magnetpolen die Induction berücksichtigen will, diess nur bei sehr kleinen Distanzen nöthig ist.

Hierbei sind übrigens nur die wichtigsten Bedingungen in Rechnung genommen, und es bleiben noch viele Umstände in Rechnung zu nehmen übrig, unter denen besonders der Umstand zu erwähnen wäre, dass α und β nicht constant bleiben, sondern beständig zunehmen in dem Maasse, als die Entfernung x wächst.

Zu näherer Nachweisung füge ich hier eine der oben erwähnten Versuchsreihen von Tyndall an, wobei mittelst einer feinen Waage das Gewicht bestimmt wurde, welches nöthig war, um eine kleine Eisenkugel von dem Pole eines grossen Hufeisenmagnets wegzuziehen. In den verschiedenen vorkommenden Distanzen blieb sich, wie oben bereits erwähnt worden ist, der Magnetismus der Kugel gleich, und somit ist die Anziehung der ersten Potenz der Entfernung umgekehrt proportional

Entfernung in Papierdicken	Anziehung beobachtet	berechnet	Diff.
2	150 Grm.	150	0,0
3	110	111,1	— 1,1
4	87	88,3	— 1,3
5	75	73,2	+ 1,8
8	50	48,4	+ 1,6
12	34	33,4	+ 0,6
16	24,5	25,4	+ 0,1
20	20,2	20,6	— 0,4
30	13,5	13,9	— 0,4.

Die Berechnung geschah mittelst der Formel

$$\frac{4{,}29}{0{,}86 + x}$$

und die Uebereinstimmung der beobachteten und berechneten Werthe ist sehr befriedigend. Man sieht, dass die magnetischen Schwerpunkte sehr nahe an den Oberflächen gelegen waren, etwa eine halbe Papierdicke davon entfernt. Eine Papierdicke betrug nur $1/1000$ Zoll.

Als zweites Beispiel nehme ich die erste Reihe von CRAMER, der zwei Hufeisenmagnete anwendete, übrigens seine Beobachtungen in ganz ähnlicher Weise eingerichtet hat.

Entfernung in Papierdicken	Anziehung beobachtet	berechnet	Diff.
0	104 Lth.	104,0	0,0
1	44	39,0	+ 5,0
2	24	24,0	0,0
3	16	17,3	— 1,3
4	11	13,6	— 2,6
7	5,6	8,2	— 2,6
10	3,5	5,9	— 2,4
15	2	4,0	— 2,0.

Die Berechnung ist hier mittelst der Formel

$$\frac{62{,}4}{0{,}6 + x}$$

ausgeführt; die Vernachlässigung der Induction äussert sich aber deutlich darin, dass bei kleinen Distanzen die Anziehung verhältnissmässig stärker sich zeigt. Die Entfernung der magnetischen Schwerpunkte von den Oberflächen betrug nur $1/5$ Papierdicke, wovon $46 = 1/10$ Zoll waren. Wo die Anziehung sehr gross ist, tritt die Wirkung der Induction noch stärker hervor, wie folgende von CRAMER veranstaltete Versuche zeigen:

Entfernung in Papierdicken	Anziehung beobachtet	berechnet	Diff.
0	680	680,0	0,0
1	475	453,3	+ 21,7
2	355	340,0	+ 15,0
3	267	272,0	— 5,0
6	152	170,0	— 18,0
12	76	97,1	— 21,1
18	47,2	68,0	— 20,8
46	13,5	28,3	— 14,8.

Die zur Berechnung angewendete Formel ist
$$\frac{1360}{2+x}$$
und die Constanten sind so bestimmt, dass sie den kleinern Distanzen nahe entsprechen.

8. Wenn gleich durch Ausdrücke der obigen Form nur innerhalb gewisser Grenzen der Beobachtung genügt werden kann, so bleibt doch im Ganzen kein Zweifel übrig, dass, wenn die Abstände zweier Magnetpole in arithmetischer Progression zunehmen, die Anziehung ebenfalls in arithmetischer Progression sich ändert, und dieses Resultat ist um so merkwürdiger, als es mit der Theorie in entschiedenem Widerspruche steht, wie aus folgender Entwickelung entnommen werden kann.

Es sei $abcd$ Fig. 39 die Fläche eines Magnetpoles, g die Mitte der Fläche und senkrecht darüber in h befinde sich ein angezogener Punkt. Um die Kraft zu bestimmen, womit dieser Punkt von einem in f befindlichen magnetischen Element dm angezogen wird, setze man $gk = x$, $kf = y$, $gh = e$, $hf = \varrho$, so hat man die Anziehung nach der Richtung hf
$$= \frac{dm}{\varrho^2},$$
und senkrecht auf die Fläche, d. h. nach der Richtung yh
$$= \frac{dm}{\varrho^2}\cdot\frac{e}{\varrho}.$$

Ist der Magnetismus gleichmässig auf der Fläche vertheilt, so dass auf die Einheit der Fläche der Magnetismus M trifft, so hat man
$$dm = M\,dx\,dy, \quad \text{ferner} \quad \varrho^2 = e^2 + x^2 + y^2,$$
mithin die Anziehung
$$= \frac{M e\,dx\,dy}{(e^2 + x^2 + y^2)^{\frac{3}{2}}}.$$

Die Integration bezüglich auf x gibt
$$\frac{M e x\,dy}{(e^2 + y^2)\sqrt{e^2 + x^2 + y^2}}.$$

Den Werth dieses Integrals wollen wir zuerst für den Raum $gpcs$, wo x und y positiv sind, bestimmen und haben demnach als Grenzen $x = 0$ und $x = gp$ zu nehmen; wenn jedoch die Ausdehnung der Fläche im Verhältnisse zu der Entfernung e sehr gross ist, so wird es gestattet sein, das Integral zwischen den Grenzen 0 und $+\infty$ zu nehmen, und alsdann erhält man das Integral bezüglich auf x
$$= \frac{M e\,dy}{e^2 + y^2}.$$

Wird dieser Ausdruck bezüglich auf y integrirt, so ergibt sich
$$M \text{ arc.}\left(tg = \frac{y}{e}\right),$$

und wenn hier wieder als Grenzen $y = 0$ und $y = +\infty$ genommen werden, so findet man die Anziehung

$$= \frac{1}{2} M n.$$

Da der Raum $gpcs$ den vierten Theil der ganzen Fläche beträgt, so hat man die Anziehung der ganzen Fläche

$$= 2 M n.$$

Unter der Voraussetzung also, dass die Entfernung e im Verhältnisse zur Ausdehnung der Fläche sehr klein und die magnetische Kraft auf der Fläche gleichmässig ausgetheilt sei, erhält man als Resultat, dass die Anziehung von der Entfernung unabhängig ist und für grössere wie für kleinere Entfernungen sich gleich bleibt.

Wenn in der Entfernung gh nicht ein isolirter Punkt, sondern eine zweite magnetische Fläche sich befindet, so gilt für jeden Punkt dieser Fläche, was oben für den Punkt h gefunden worden ist, und demnach müssen sich zwei flache Magnetpole, wenn sie einander sehr nahe gebracht werden, mit gleicher Stärke anziehen, so lange die Entfernung nicht über gewisse Grenzwerthe hinausgeht.

Den Widerspruch dieser theoretischen Resultate mit der Erfahrung wird erst die weitere Forschung aufklären müssen.

9. Es gibt Kräfte, deren Wirkung nach allen Richtungen mit gleicher Intensität sich ausbreitet, und Kräfte, deren Wirkung von der Richtung abhängt. Zu den letzteren gehört der galvanische Strom; was den Magnetismus betrifft, so hat man ihn stets zu der ersteren Kategorie gezählt, und es ist bisher nichts beobachtet worden, was Veranlassung gegeben hätte, an der vollen Berechtigung dieser Annahme zu zweifeln.

Es ist oben angedeutet worden, dass der Magnetismus keine Zeit braucht, um sich im Raum auszubreiten. Alle Forscher sind dessfalls zu übereinstimmenden Ergebnissen gelangt mit Ausnahme von Musschenbroek, welcher gefunden zu haben glaubte, dass zum Durchdringen des Eisens Zeit erforderlich wird; hierbei liegen jedoch Missverständnisse zu Grunde, wie diess auch von Brugmans [19] erkannt wurde. Indem wir übrigens den Magnetismus in obiger Beziehung mit der Schwere in gleiche Kategorie stellen, soll damit eigentlich blos gesagt sein, dass, wenn eine Zeitdauer wirklich erfordert wird, diese zu kurz ist, als dass sie mit unseren Hülfsmitteln gemessen werden könnte.

10. Es ist oben schon erwähnt worden (§. 11), wie der Magnetismus ohne Kraftverlust alle Substanzen durchdringt. Ob übrigens nicht verschiedene Körper in dem Augenblicke, wo sie zwischen einen Magnet und einen angezogenen Punkt gebracht werden, die Anziehung momentan modificiren, ist noch nicht mit hinreichender Sicherheit durch Experimente entschieden worden. Versuche, die ich angestellt habe in der Weise, dass Platten von Glas, Messing, Kupfer zwischen einen Magnet und eine kleine, durch denselben abgelenkte Nadel hineingeschoben wurden, haben keine Einwirkung zu erkennen gegeben.

Nicht unmöglich wäre es, dass, wenn die magnetische Kraft einen Körper durchdringt, wo sie eine Arbeit zu verrichten (z. B. einen galvanischen Strom zu erregen) hat, eine Modification stattfände. Um eine Entscheidung dessfalls zu erhalten, würde es ausreichen, eine Nadel ns Fig. 40 durch einen Magnet NS rechtwinkelig (§. 55) abzulenken und zu beobachten, ob, wenn die dazwischen befindliche Kupferplatte K um einen

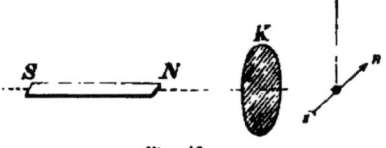

Fig. 40.

kleinen Betrag, etwa um einen halben Zoll, der Nadel schnell genähert oder schnell davon entfernt wird, eine Bewegung an der Nadel sich offenbart. Die Wirkung der in der Platte erregten galvanischen Ströme auf die Nadel könnte in Rechnung gebracht oder, noch besser, durch eine grössere Entfernung unmerklich gemacht werden.

11. Aus dem Gesetze der Anziehung umgekehrt wie die Quadrate der Entfernung würde folgen, dass die Anziehung unendlich gross werden müsste, sobald die Entfernung $= 0$ wird, d. h. sobald sich die Magnete berühren. In §. 33 wird man aber sehen, dass das obige Gesetz nur für Entfernungen gilt, die beträchtlich grösser sind, als die Dimensionen der magnetischen Molecule, und ein ganz anderes Verhältniss der Anziehung bei sehr kleinen Entfernungen und bei der Berührung eintritt.

[1] HAWKSBEE. *Phil. Trans.* Nr. 335, p. 506; S. *Bremond expériences phys.-mécaniques de M.* HAWKSBEE. Bd. II, p. 482.
[2] BROOK TAYLOR. *Phil. Trans.* 1715. p. 294.
[3] WHISTON. De acus magneticae inclinatione.
[4] NEWTON. Principia Phil. natur. lib. III. prop. 6, Coroll. 5.
[5] MUSSCHENBROEK. Dissertatio phys.-experimentalis de Magnete.
[6] T. MAYER. Göttinger Gel. Anz. 1760.
[7] LAMBERT. *Histoire de l'Acad. Roy. de Berlin 1765.* p. 22.
[8] DALLA BELLA. *Mem. da Acad. Real das Sc. de Lisboa*, T. I. Pogg. Ann. 1828. XV.
[9] AEPINUS. Examen theoriae magneticae. — Nov. Com. Ac. Sc. Petrop. XII. 327.
[10] COULOMB. *Mém. de l'Acad. Roy. de Paris 1785.* p. 606.
[11] BIDONE. Gren's Journ. LXIV, Ib. XVIII. 1811.
[12] HANSTEEN. Untersuchungen über den Magnetismus der Erde. p. 119.
[13] HANSTEEN. Ebendas. p. 159.
[14] STEINHÄUSER. De Magnetismo tellurin, comment math. phys.
[15] SCORESBY. *Jameson's new. Edinb. phil. Journ.* Nr. 24 u. 25.
[16] TYNDALL. *Phil. Mag.* (4.) 265. — Pogg. Ann. LXXXIII. 1.
[17] CRAMER. Pogg. Ann. LII. 298.
[18] TYNDALL. Pogg. Ann. LXXXIII. 23.
[19] BRUGMANS. Ueber die magnetische Materie, von Eschenbach. p. 27.

§. 16. Magnetische Wirkung des galvanischen Stromes.

Es ist oben schon von den Beziehungen des Magnetismus zum galvanischen Strom die Rede gewesen; wir müssen nun etwas specieller auf diesen Gegenstand eingehen.

Obwohl die magnetischen Wirkungen des galvanischen Stromes eine eigene Abtheilung der Physik bilden, so sehe ich mich doch genöthiget, einiges davon hier hereinzuziehen, weil mehr als ein Problem in der Lehre vom Magnetismus nur unvollständig entwickelt werden könnte, wollte ich von dem galvanischen Strom Umgang nehmen. Da ich aber nur einige Eigenthümlichkeiten des galvanischen Stroms zu berücksichtigen habe, nehme ich behufs der Erklärung die gleich nach der Entdeckung der magnetischen Wirkungen des Stromes von einigen Physikern ausgesprochene Vorstellung zu Hülfe, als wenn um jeden galvanischen Leiter eine magnetische Strömung (§. 13) herumginge, welche die Tendenz hätte, die darin befindlichen magnetischen Molecule im Kreise herumzuführen. Ich betrachte übrigens und benütze diese Vorstellung nicht eigentlich als eine physikalische Hypothese, sondern nur als ein Mittel, die Wirkungen kürzer auszudrücken und dem Gedächtnisse leichter einzuprägen.

Einen einfachen galvanischen Leiter muss man sich vorstellen als aus einer Reihe von kugelförmigen Moleculen (*Fig. 41*) zusammengesetzt, welche durch

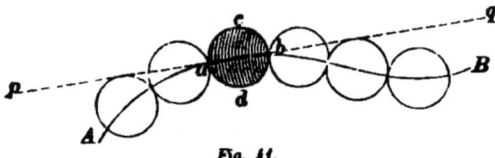

Fig. 41.

den galvanischen Strom eine gewisse Polarität erhalten, und zwar liegen die Pole in der Richtung des Stromes, d. h. die Punkte, wo sich die Molecule berühren, sind zugleich ihre Pole. So sind die Punkte a und b die Pole des Moleculs $abcd$, und wenn man durch diese beiden Punkte die Axe qp zieht, so bildet sie eine Tangente der Leitungscurve.

Jedes Molecul hat seine eigene, dem Einflusse der übrigen Molecule in keiner Weise unterworfene magnetische Strömung, von der es wie von einer kugelförmigen rotirenden Atmosphäre umgeben ist. Da diese Atmosphäre wie die Atmosphäre der Erde an Dichtigkeit abnimmt, je weiter man von dem Molecul sich entfernt, so kann man sich dieselbe als aus unendlich vielen concentrischen Schichten zusammengesetzt denken. Eine solche zur Atmosphäre des Moleculs $abcd$ gehörige und um die Axe pq rotirende Schichte wird dargestellt in *Fig. 42* durch $pAqB$. Nehmen wir an, dass das galvanische Fluidum

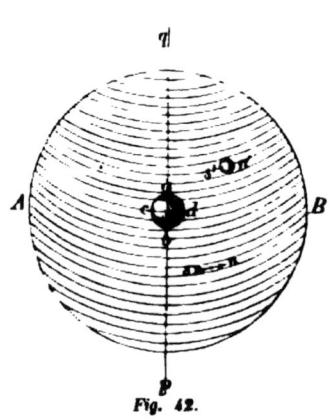

Fig. 42.

im Molecul von a nach b, also in der Richtung qp sich bewegt, so geht die Strömung so vor sich, dass ein Nordpol nach der rechten, ein Südpol nach der linken Seite fortgetragen wird, und eine in der Schichte befindliche freie Nadel ns die Richtung der Strömung annimmt, wie bereits in §. 13 erklärt worden ist. Bringt man ein Eisenmolecul $n's'$ in die Strömung, so wird der nördliche Magnetismus nach n', der südliche nach s' fortgeführt und so eine Trennung der Fluida, d. h. eine Induction zu Stande gebracht. So wie bei der Erdkugel die Rotationsbewegung am Aequator am grössten ist und abnimmt gegen die Pole, wo sie ganz verschwindet, so treffen wir bei der Strömung,

welche um die Axe eines Moleculs stattfindet, ein ganz analoges Verhältniss an: von der Mitte einer Kugelschichte nimmt die Wirkung gegen die Pole ab und in der Axe pq übt der galvanische Strom gar keine Wirkung aus.

Wird die hier angedeutete Wirkungsweise weiter entwickelt, so erhalten wir für die Kraft, welche ein Molecul eines Stromleiters auf ein magnetisches Element übt, wenn eine Verbindungslinie von der Mitte des Moleculs zu dem Element gezogen wird, folgende Regeln:

   a. die Richtung der Kraft steht senkrecht auf der Axe des Moleculs und senkrecht auf der Verbindungslinie;

   b. die Stärke der Kraft verhält sich umgekehrt wie das Quadrat der Entfernung (d. h. der Verbindungslinie), dann direct wie die Intensität des Stromes und wie der Sinus des Winkels, den die Verbindungslinie mit der Axe des Moleculs macht.

Die Gesetze des galvanischen Stromes beziehen sich auf die einzelnen Molecule des Leiters, der Strom selbst kann jedoch in einzelnen Molecülen nicht hervorgerufen werden oder bestehen, sondern nur in einer geschlossenen Kette, d. h. in einem in sich zurückkehrenden Leiter; die Elektromotoren oder Vorrichtungen, welche den Strom hervorrufen (bei magnetischen Versuchen werden am zweckmässigsten DANIELL'sche Elemente angewendet), bilden selbst einen Theil der Kette.

Ein Leiter, der, wie oben angenommen wurde, aus einer Reihe von Molecülen besteht, heisst ein Elementarleiter; die gewöhnlich als Leiter angewendeten Drähte müssen als Bündel von Elementarleitern betrachtet werden. Bei einem solchen Bündel findet ein gegenseitiger Einfluss der Molecule aufeinander nicht statt, und die Totalwirkung ist einfach der Summe der Wirkungen aller Molecule gleich.

Wir haben im Vorhergehenden den Leiter als feststehend und den Magnetpol als beweglich angenommen; ist umgekehrt der Magnetpol unbeweglich und der Leiter einer Bewegung fähig, so wird der Leiter seine Stellung ändern müssen nach Gesetzen, die von selbst aus der obigen Darstellung sich ergeben.

1. Während man die Erscheinungen des Lichtes und der Wärme durch Wellenbewegung erklärt und überhaupt alle physikalischen Vorgänge auf eine einfache Vorstellung zurückgeführt hat, ist es bisher nicht gelungen, eine klare und einfache Vorstellung für die Erscheinungen des galvanischen Stromes aufzufinden. Die oben auseinandergesetzte, übrigens nur bei einzelnen Erscheinungen des galvanischen Stromes anwendbare Hypothese einer Rotation der magnetischen Fluida um die Axe der Molecule des Leiters ist gleich nach der Entdeckung der Wirkung des galvanischen Stromes auf die Magnetnadel von einigen Physikern ausgesprochen worden; dabei setzte man aber voraus, dass gleichzeitig eine Bewegung nach der Länge des Leitungsdrahtes stattfinde, also im Ganzen eine spiralförmige Bewegung zu Stande komme, und hierdurch wurde man auf die Anwendung spiralförmig gewundener Leitungsdrähte geführt. Die Vorstellung ist aber niemals weiter ausgebildet worden, theils weil sie ohne Analogie ist, theils weil AMPÈRE gezeigt hat, dass alle Erscheinungen auf geradlinige Anziehung und Abstossung sich zurückführen lassen, sobald man die magnetischen Molecule als von permanenten galvanischen Strömen umkreist denkt. Wollte man die im Haupttexte ausgesprochene Rotationshypothese mathematisch ausdrücken, so würde sie ungefähr so lauten: die Kraft, womit ein Magnetpol vorwärts geführt wird, ist proportional der Dichtigkeit des Fluidums $\varDelta$ und der Geschwindigkeit v, also proportional dem Producte $v\varDelta$. Die Geschwindigkeit ist proportional der Intensität des Stromes und der Entfernung von der Axe des Moleculs; die Dichtigkeit dagegen verhält sich umgekehrt wie der Kubus der Entfernung von der Mitte des Moleculs. Wird demnach die Intensität des Stromes mit g, die Entfernung des Magnetpoles von der Mitte des Moleculs mit ϱ, dann der Winkel, welchen die Linie ϱ mit der Axe des Moleculs macht, mit φ bezeichnet, so hat man $v = g\varrho \sin\varphi$ und $\varDelta = \dfrac{1}{\varrho^3}$, mithin $v\varDelta = \dfrac{g \sin\varphi}{\varrho^2}$. Die Richtung fällt zusammen mit dem Parallelkreise, welcher der Poldistanz φ und dem Halbmesser ϱ entspricht.

Wenn man die Wirkung eines Stromelements auf einen gegebenen Punkt

mathematisch darstellen will, so ist es am zweckmässigsten, rechtwinkelige Coordinaten einzuführen. Es seien demnach die rechtwinkeligen Coordinaten
des positiven Poles des Stromelements x, y, z,
des negativen Poles „ „ $x+dx$, $y+dy$, $z+dz$,
des Punktes, auf welchen das Stromelement wirkt x', y', z',
es sei ferner $ds = \sqrt{dx^2 + dy^2 + dz^2}$ der Durchmesser des Moleculs, und gds seine Kraft in der Entfernung 1, so kann man anstatt der Kraft gds die drei Kräfte gdx, gdy, gdz substituiren. Bezeichnet man dann die Kraft des Stromelements in dem Punkte x', y', z' nach der Richtung der x mit dX, nach der Richtung der y mit dY, nach der Richtung der z mit dZ, so ergibt sich

$$dX = \frac{g}{\varrho^3}[(y-y')dz - (z-z')dy]$$

$$dY = \frac{g}{\varrho^3}[(z-z')dx - (x-x')dz]$$

$$dZ = \frac{g}{\varrho^3}[(x-x')dy - (y-y')dx].$$

Die Grössen dX, dY, dZ bezeichnen nicht blos die Kräfte, womit ein Magnetpol fortbewegt würde, sondern auch die Grösse der Induction, welche der Strom gds nach den bezeichneten Richtungen hervorruft.

2. Denkbar wäre es, dass, während der galvanische Strom einen Magnetpol bewegt oder im weichen Eisen die magnetischen Fluida scheidet, diese Wirkungen mit speciellen Bedingungen verknüpft wären, so zwar, dass die Bewegung eines Magnetpoles oder die Magnetisirung eines Eisenmoleculs verschiedenen Erfolg hätte, je nachdem der galvanische Strom oder die Induction eines Magnetstabes als wirkende Kraft gebraucht würde.

Es scheint, dass mehrere Physiker in dieser Hinsicht Zweifel und Bedenken gehabt haben, und unter Anderm ist darauf hingewiesen worden, dass an einen Elektromagnet im Verhältnisse zu seiner Kraft sehr wenige Eisenfeilspähne sich anhängen; auch hat POGGENDORFF [1] den Umstand hervorgehoben, dass, während ein spiralförmig gewundener Draht, wenn der Strom durchgeht, Anziehung und Abstossung wie ein hohler Magnet ausübt, dennoch bei senkrechter Stellung desselben eine Nähnadel bis in die Mitte hineinfällt, während sie bei einem hohlen Magnet an der Oeffnung schwebend erhalten wird; ferner haben MAGNUS [2] und MOSER [3] auf die geringe Anziehungskraft einzelner Pole eines Elektromagnets im Verhältnisse zu einem Stahlmagnet von gleicher Tragkraft aufmerksam gemacht. Der Unterschied erklärt sich aber einfach dadurch, dass bei dem Magnet blos der im Stahle vorhandene ruhende Magnetismus, bei dem Elektromagnete aber die bewegende Kraft des Stromes (§. 18) eine Wirkung äussert und die Wirkung der Induction, wenn eine Schliessung gebildet wird, beim Eisen ungleich stärker ist, als beim Stahle (§. 35).

Nach den bisher erlangten Resultaten ist kein Grund vorhanden, zwischen der Magnetisirung durch den galvanischen Strom und durch magnetische Kräfte einen Unterschied zu machen; wir werden desshalb in der Folge beide Wirkungen als gleichbedeutend betrachten und alle Erfolge, welche durch Elektromagnetismus erlangt werden, als allgemein für Magnete gültig annehmen.

[1] POGGENDORFF. Pogg. Ann. LII. 386.
[2] MAGNUS.. Pogg. Ann. XXXVIII. 435.
[3] MOSER. Dove Repert. II. 115.

§. 17. Galvanischer Strom durch Magnete erzeugt.

Zwischen dem galvanischen Strom und der dadurch hervorgebrachten Bewegung eines Magnetpols besteht überall eine vollkommene Wechselwirkung, so dass, wie die Bewegung des Pols durch den galvanischen Strom, ebenso der galvanische Strom durch die Bewegung des Magnetpols, jedoch in entgegengesetzter Richtung hervorgerufen wird. Dabei findet begreiflicherweise die Bedingung statt, dass der Strom nur so lange andauert, als die ihn erzeugende Bewegung vor sich geht.

Das Hervorbringen galvanischer Ströme durch Magnete hat eine vollständige Analogie mit dem Entstehen einer magnetischen Polarität im weichen Eisen, wesshalb auch die Benennung „galvanische Induction" analog mit magnetischer Induction von den Physikern sehr allgemein gebraucht wird.

Was von einem Magnetpol bisher gesagt wurde, gilt auch von einer magnetischen Parallelkraft, wenn solche in dem Raume vorhanden ist, wo sich der Leiter befindet. Unter dem Einflusse einer Parallelkraft, z. B. des Erdmagnetismus, nimmt ein frei aufgehängter Leiter, wenn ein galvanischer Strom durchgeht, eine bestimmte Richtung an, und wenn ein geschlossener Leiter bewegt wird, so entsteht darin ein galvanischer Strom.

1. Wir werden blos mit solchen Inductionsströmen zu thun haben, die plötzlich erregt werden und in wenigen Augenblicken wieder aufhören; als Maassbestimmung gebrauchen wir dabei den Ausschlag, den der Impuls des Stromes an einer frei beweglichen Nadel hervorbringt. Die Intensität des Stromes und mithin die Stärke des Impulses wird direct dem wirkenden Magnetismus μ, der Geschwindigkeit c und der Zeit dt proportional sein, mithin durch

$$\mu c\, dt \qquad 1)$$

dargestellt werden können; da aber das Product der Geschwindigkeit und Zeit dem zurückgelegten Raume, den wir mit ds bezeichnen wollen, gleich ist, so können wir anstatt des eben gefundenen Ausdruckes

$$\mu\, ds \qquad 2)$$

substituiren. Um allgemeine Ausdrücke zu erlangen, wollen wir die Coordinaten des magnetischen Elements μ mit x', y', z', die Coordinaten des Anfangspunktes des Leiterelements mit x, y, z, die Coordinaten des Endpunktes mit $x+dx$, $y+dy$, $z+dz$ bezeichnen. Berechnen wir dann analog mit dem im vorigen §. befolgten Wege die Wirkung der Projectionen dx', dy', dz' auf dx, dy, dz, so erhalten wir folgende Stromstärken

nach der Axe der
$$x \quad \frac{\mu\, dx}{\varrho^3}[(y-y')\, dz' - (z-z')\, dy']$$
$$y \quad \frac{\mu\, dy}{\varrho^3}[(z-z')\, dx' - (x-x')\, dz'] \qquad 3).$$
$$z \quad \frac{\mu\, dz}{\varrho^3}[(x-x')\, dy' - (y-y')\, dx']$$

Durch Integrirung dieser Ausdrücke kann man die Summe der Impulse bestimmen, welche der inducirte Strom während der Bewegung des magnetischen Moleculs μ einer frei beweglichen Nadel ertheilt hat, und von der Summe der

Impulse, in so ferne die Dauer der Bewegung viel kürzer ist, als die Schwingungsdauer der Nadel, hängt der Ausschlag der Nadel ab (§. 77).

2. Die zur Hervorbringung des Stromes erforderliche Ortsveränderung des Magnetismus μ kann in zweifacher Weise geschehen, indem entweder das materielle Molecul, welches als Träger des Magnetismus dient, sich bewegt, oder bei unveränderter Lage des Moleculs der Magnetismus in demselben sich bewegt. Hinsichtlich der erstern Bewegung wird eine nähere Erläuterung nicht erforderlich sein; nur den charakteristischen Umstand wollen wir hervorheben, dass die Stromerregung erfolgt, wenn die Molecule bezüglich auf den Leiter eine andere Lage annehmen, gleichviel ob die gesammte magnetische Anziehung, welche auf den Leiter ausgeübt wird, sich ändert oder nicht. Es sei NS Fig. 43 ein

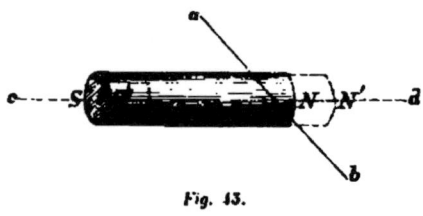

Fig. 43.

cylindrischer Magnet mit vollkommen symmetrischer Vertheilung des Magnetismus, und man bewege ihn parallel mit sich selbst, so dass er in die Lage $N'S'$ kommt, so ist nicht blos die Lage der Molecule, sondern auch die Gesammtanziehung derselben auf den Leiter ab eine ganz andere geworden: dreht man dagegen den Cylinder um seine Axe, so ändert sich zwar die Lage der einzelnen Molecule gegen den Leitungsdraht ab, allein die Gesammtanziehung derselben bleibt bei der symmetrischen Form des Körpers und der Vertheilung des Magnetismus völlig ungeändert. In letzterm Falle nun ist die Wirkung eines Moleculs *caeteris paribus* ebenso gross wie im erstern. FARADAY [1], WEBER [2] und PLÜCKER [3] haben über die Stromerregung durch bewegte Magnetpole mehr oder weniger complicirte Versuche angestellt und den beobachteten Erfolg erklärt, gleichwohl dürfte es wünschenswerth sein, dass die Gesetze wie die experimentelle Darstellung derselben auf grössere Einfachheit zurückgeführt würden.

3. Was die Bewegung des Magnetismus in ruhenden Moleculen betrifft, so stellt sich ein solches Verhältniss nur bei Elektromagneten in dem Augenblicke dar, wo der Strom anfängt oder aufhört oder commutirt wird. Um den Vorgang zu verdeutlichen, wollen wir bei den Moleculen eine cubische Form voraussetzen und uns die Scheidung der magnetischen Fluida in der Weise vorstellen, dass das nördliche Fluidum des Moleculs in den Raum $aefc$ Fig. 44, das südliche in den

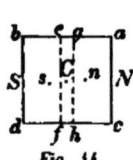

Fig. 44.

Raum $bghd$ zusammengedrängt wird. Auf solche Weise kommen die Schwerpunkte, wo wir uns den ganzen nördlichen und südlichen Magnetismus vereinigt denken können, nach n und s. Hört plötzlich die inducirende Kraft auf, so dehnen sich die Fluida auf den ganzen Raum des Moleculs aus und die Schwerpunkte bewegen sich von n und s nach dem Mittelpunkte C. Bezeichnen wir den ganzen nördlichen Magnetismus des Moleculs mit $+m$ und den ganzen südlichen Magnetismus mit $-m$, und bedenken wir ferner, dass, da die Bewegungen von $+m$ und $-m$ entgegengesetzt sind, die dadurch erzeugten Inductionsströme gleiche Richtung haben und mithin sich summiren werden, so ergibt sich, dass in diesem Falle der oben für die inducirte Stromintensität gefundene Ausdruck 2) aus zwei Theilen $m \cdot nC + m \cdot sC$ bestehen wird. Setzen wir $ae = bg = 2x$, dann $ab = 2\varepsilon$ und demnach $nC = sC = \varepsilon - x$, so erhalten wir

$$\mu ds = 2m(\varepsilon - x). \qquad 4).$$

Wir müssen nun noch das Verhältniss bestimmen zwischen dem ganzen Magnetismus m und den ausgeschiedenen Theilen $aghc = befd = m \cdot \dfrac{\varepsilon - x}{x}$, welche allein wahrgenommen werden können, da in dem Raum $egfh$ beide Magnetismen sich neutralisiren. Die Wirkung eines Moleculs wird bestimmt durch sein magnetisches Moment (§. 53), d. h. durch die darin ausgeschiedenen magnetischen Quantitäten multiplicirt mit den Entfernungen ihrer Schwerpunkte von der Mitte, also hier durch die Grösse $aghc \, (NC - \frac{1}{2} ag) + bedf (SC - \frac{1}{2} be)$, oder weil die beiden Theile gleich sind, durch die Grösse $2 aghc \, (NC - \frac{1}{2} ag)$. Substituirt man hier den oben gefundenen Werth von $aghc$ und wird ε für NC und $\varepsilon - x$ für $\frac{1}{2} ag$ gesetzt, so ergibt sich zuletzt das magnetische Moment $= 2m \, (\varepsilon - x)$. Gewöhnlich stellt man sich aber vor, als wenn der ganze wirksame Magnetismus μ' in den Endpunkten sich befinde, also das magnetische Moment $= 2\mu'\varepsilon$ sei. Wir haben demnach

$$2\mu'\varepsilon = 2m \, (\varepsilon - x),$$

mithin

$$m = \frac{\mu'\varepsilon}{\varepsilon - x},$$

und daraus folgt

$$\mu \, ds = 2\mu'\varepsilon \qquad \qquad 5).$$

4. Will man den durch die Bewegung eines Magnetpoles erzeugten Inductionsstrom an die im vorigen §. erwähnte Vorstellung eines rotirenden Aethers anschliessen, so muss man berücksichtigen, dass die Axe des Moleculs oder vielmehr die Axe der mit dem Molecul concentrischen Aetherkugel in Rotation zu bringen ist, also das Drehungsmoment, welches durch den Magnetpol ausgeübt wird, in Betracht kommt. Von der Mitte des Moleculs ziehe man zu dem Magnetpol μ den Radius Vector r und bezeichne den Winkel, den r mit dem Aequator des Moleculs macht, mit ψ, und den Winkel, welchen die durch die Axe und durch r gehende Ebene mit einer als fest angenommenen und durch die Axe gelegten Ebene macht, mit φ, so dass im geographischen Sinne φ die Länge und ψ die Breite des Magnetpoles bedeuten, so ist offenbar, dass eine Bewegung des Magnetpoles, wodurch r oder ψ geändert würden, keine Rotation des Aethers um die Axe des Moleculs erzeugen wird, und nur durch eine Aenderung von φ eine solche Wirkung entstehen kann. Wäre das Molecul vollkommen frei, so würde die Wirkung des Magnetpoles darin bestehen, eine Rotation des Aethers zu erzeugen, welche

1) der wirkenden Kraft $\frac{\mu}{r^2}$ multiplicirt mit dem Hebelarm r,

2) der Schnelligkeit der Bewegung $\frac{d\varphi}{dt} \cos \psi$,

3) der Dauer der Wirkung dt

proportional wäre, und zwar um eine auf r und auf der Richtung der Bewegung senkrecht stehende Axe. Eine solche Bewegung kann aber nicht zu Stande kommen, sondern die Rotationsaxe wird bestimmt durch die anstossenden Molecule und macht mit der eben bezeichneten Axe einen Winkel von $90^0 - \psi$. In Folge dieses Umstandes hat man die Rotation, welche in der Atmosphäre des Moleculs an und für sich entstanden wäre, mit $\cos \psi$ zu multipliciren. Bezeichnet demnach dz eine Anzahl von Molecülen, welche in gerader Linie liegen, d. h. ein

Element des Leitungsdrahtes, so wird darin durch die oben angegebene Bewegung eines Magnetpoles μ die elektromotorische Kraft

$$\mu \frac{dz}{r} \cos^2 \psi \, d\varphi \qquad 6).$$

erzeugt. Es ist leicht sich zu überzeugen, dass dieser Ausdruck mit den Formeln 3) übereinstimmt und letztere Formeln daraus abgeleitet werden können.

[1] FARADAY. *Experimental researches.* II. Series.
[2] WEBER. Resultate des magnet. Vereins 1839. p. 63.
[3] PLÜCKER. Pogg. Ann. LXXXVII. 352.

§. 18. Benützung des galvanischen Stromes in der Lehre des Magnetismus.

Wir müssen nun die Anwendung der in den beiden letzten §§. erklärten Grundsätze auf diejenigen Fälle, die in der Lehre des Magnetismus vorkommen, weiter betrachten. Wir entwickeln zuerst die Kraft, welche ein Kreisstrom ABC *Fig. 45* im Mittelpunkte c des Kreises hervorbringt. Da der Mittelpunkt c des Kreises in dem Aequator jedes einzelnen Moleculs a, b, liegt, so werden alle Molecule eine für die Entfernung möglichst starke und alle eine gleich grosse Kraft hervorbringen; die Richtung der Kraft steht senkrecht auf der Kreisfläche. In so ferne man nun einen ganz kleinen Raum um den Mittelpunkt betrachtet, kann man in allen Punkten dieselbe Stärke und Richtung der Kraft annehmen, wie im Mittelpunkt selbst. Wird demnach ein Draht cde

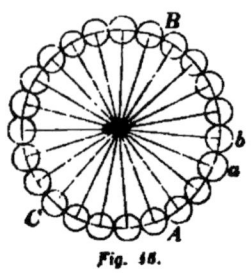

Fig. 45.

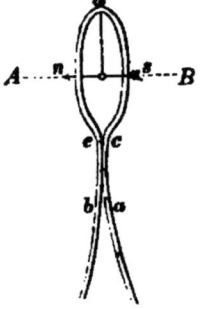

Fig. 46.

Fig. 46 kreisförmig gebogen, dann ein galvanischer Strom hindurchgeleitet, bei a eingehend, bei b ausgehend, und eine kleine Nadel ns in der Mitte aufgehängt, so wird letztere sich senkrecht gegen die Kreisfläche stellen oder das Bestreben haben, sich in diese Richtung zu stellen, falls sie durch irgend eine Kraft seitwärts gehalten wäre.

Ein Viereck, ein Vieleck, ein geschlossener Leiter von beliebiger Figur hat, wenn ein galvanischer Strom hindurchgeht, eine ähnliche Wirkung.

Aus dem Gesagten folgt, dass der Nordpol n gegen A, der Südpol s gegen B hingetrieben wird, und wenn sie frei wären, nach diesen Richtungen sich bewegen würden. Aber nicht blos in n und s sind die angedeuteten Kräfte vorhanden, sondern in jedem Punkte der auf der Kreisfläche senkrechten Linie AB, und wenn ein Nordpol oder Südpol frei beweglich in irgend einem Punkte dieser Linie sich befände, so würde ersterer gegen A, letzterer gegen B fortgetragen werden. Die Wirkung des galvanischen Stromes ist also vollkommen gleichbedeutend mit einer nach der Richtung AB wirkenden magnetischen Kraft.

Die Kraft, welche der Strom im Mittelpunkt c *Fig. 45* ausübt, wirkt mit einiger Modification in jedem andern Punkte der Kreisfläche, und zwar nimmt die Intensität beständig zu, je mehr man von der Mitte aus dem Umkreise sich nähert.

§. 48. BENÜTZUNG DES GALVANISCHEN STROMES IN DER LEHRE DES MAGNETISMUS.

So wie der galvanische Strom in *Fig. 46* einen Nordpol gegen A und einen Südpol gegen B bewegt, so muss in Folge der Wechselwirkung, welche nach dem vorhergehenden §. stattfindet, ein Magnetpol oder überhaupt ein Molecul, welches freien Magnetismus besitzt, in der Linie AB bewegt, in dem Kreise cde einen galvanischen Strom hervorrufen, und so kommt es, dass, sobald man den Magnet NS Fig. 47 im Kreise abc ein wenig aufwärts oder abwärts bewegt, in dem Galvanometer G, mit welchem die Enden des Drahtes abc verbunden sind, ein momentaner Strom sich zeigt.

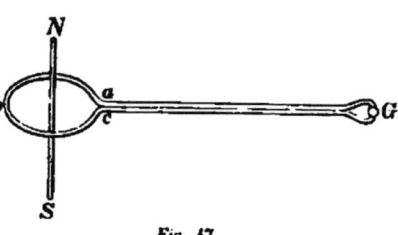

Fig. 47.

Aus dem oben angegebenen Umstande, dass ein Kreisstrom gleichbedeutend ist mit einer magnetischen Kraft, folgt ferner, dass, wenn innerhalb eines Kreisstroms ein Molecul weiches Eisen oder Stahl sich befindet, die beiden magnetischen Fluida sich trennen werden und das Molecul in einen Magnet sich verwandeln wird, dessen Axe auf der Kreisfläche senkrecht steht. Diese Eigenthümlichkeit wird insbesondere benützt, um Stahlstäbe zu magnetisiren (§. 43).

Es ist übrigens erforderlich, in den zuletzt beschriebenen Fällen, wenn ein entsprechender Erfolg erlangt werden soll, nicht eine einfache Kreisleitung, sondern viele Kreisleitungen neben und übereinander, d. h. eine Drahtrolle zu gebrauchen.

Bisher haben wir gezeigt, dass der galvanische Strom magnetische Wirkungen ausübt, und dass die Grösse dieser Wirkungen von der Stärke des Stromes abhängt. Es bleibt uns noch übrig anzugeben, wie die Stärke des Stromes zu bestimmen ist. Jede Kraft wird gemessen durch die Wirkungen, die sie hervorbringt, und somit kann jede Wirkung des Stromes zur Maassbestimmung gebraucht werden; dabei ist es zweckmässig, die einfachsten Wirkungen zu wählen. Unter den Wirkungen des galvanischen Stromes gibt es aber keine, die einfacher und genauer zu bestimmen wäre, als die Ablenkung der Magnetnadel, wobei die Stärke des Stromes mit der magnetischen Kraft verglichen wird und natürlich in denselben Einheiten (§. 51) ausgedrückt werden muss. Die Messung geschieht mittelst der Galvanometer, wovon es verschiedene Arten gibt.

1. Man habe den Kreisstrom $bmnd$ *Fig. 48*, und errichte von dem Mittelpunkte c des Kreises aus die Linie ca senkrecht auf der Kreisebene. Es sei nun die Kraft zu bestimmen, welche das Stromelement mn auf den Punkt e nach der Richtung ac ausübt. Setzt man die Stromstärke, d. h. die in der Längeneinheit enthaltene galvanische Kraft $= g$, den Winkel $bm = \varphi$, $mn = d\varphi$, den Halbmesser cb des Kreises $= r$, so ist im Element mn die Kraft

$$g \cdot mn = g r d\varphi$$

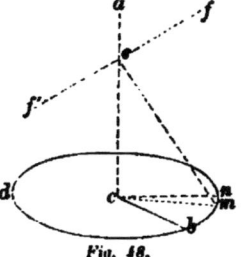

Fig. 48.

enthalten, und wenn der Strom in der Richtung von b gegen n geht, so wird die dadurch in e hervorgebrachte

Wirkung darin bestehen, dass ein Nordpol gegen f und ein Südpol gegen f' bewegt wird mit einer Kraft

$$\frac{g\,r\,d\varphi}{\varrho^2},$$

wo ϱ die Entfernung em bedeutet. Um die Wirkung dieser Kraft nach der Richtung ea zu erhalten, muss man sie mit $\cos aef$ multipliciren, und da mef ein rechter Winkel ist, so wird $aef = cme$ sein. Diesem zufolge wirkt das Element mn nach der Richtung ca mit der Kraft

$$\frac{g\,r\,d\varphi}{\varrho^2}\,\frac{mc}{me} = \frac{g\,r^2\,d\varphi}{\varrho^3},$$

und man erhält die Wirkung des ganzen Kreisstromes, wenn man von $\varphi = 0$ bis $\varphi = 2\pi$ integrirt. Das Integral ist

$$\frac{2\pi g r^2}{\varrho^3} \quad \text{oder} \quad \frac{2\pi g r^2}{(r^2 + u^2)^{\frac{3}{2}}} \qquad 1),$$

wenn die Entfernung ce mit u bezeichnet wird. Im Punkte e hat man $u = 0$, mithin die Kraft des Stromes

$$= \frac{2\pi g}{r} \qquad 2).$$

2. Soll die Kraft gefunden werden, welche der Kreisstrom auf den Punkt p Fig. 49 ausserhalb der Axe und nach der Richtung der Axe ausübt, so gelangt man dazu am einfachsten durch Anwendung der in §. 16 gegebenen Ausdrücke. Man ziehe cb parallel mit ep, setze $ec = u$, $ep = s$, $bc = r$, $bcm = \varphi$, $mcn = d\varphi$ und nehme ac als Axe der x, cb als Axe der z an, so braucht man, um die gesuchte Kraft zu finden, nur in dem ersten Ausdrucke die erforderlichen Substitutionen vorzunehmen und das erhaltene Resultat zu integriren. Was die Substitution betrifft, so hat man

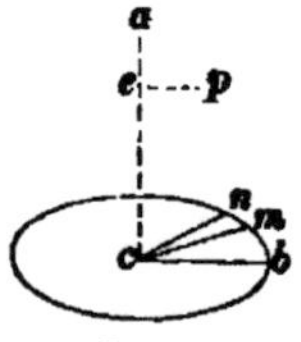

Fig. 49.

$$\begin{aligned} x &= 0 & x' &= u \\ y &= -r\sin\varphi & y' &= 0 \\ z &= r\cos\varphi & z' &= s, \end{aligned}$$

und werden diese Werthe eingesetzt, so ergibt sich

$$\begin{aligned} dX &= \frac{g}{\varrho^3}(r^2 - rs\cos\varphi)\,d\varphi \\ &= g\,r\,d\varphi\,\frac{r - s\cos\varphi}{(r^2 + u^2 + s^2 - 2rs\cos\varphi)^{\frac{3}{2}}}. \qquad 3). \end{aligned}$$

Die Integration kann nur durch Reihen bewerkstelliget werden. Setzt man $\frac{rs}{r^2 + u^2 + s^2} = \alpha$, so erhält man

$$dX = \frac{g\,r\,d\varphi}{(r^2 + u^2 + s^2)^{\frac{3}{2}}}\,\frac{r - s\cos\varphi}{(1 - 2\alpha\cos\varphi)^{\frac{3}{2}}}$$

und

$$X = \frac{2\pi g r}{(r^2+u^2+s^2)^{\frac{3}{2}}}\left[r+\frac{3}{2}u\left(\frac{5}{2}ru-s\right)\right.$$
$$\left.+\frac{105}{16}u^3\left(\frac{9}{4}ru-s\right)+\frac{3465}{128}u^5\left(\frac{13}{6}ru-s\right)+\ldots\right] \qquad 4).$$

Wo diese Reihe nicht bequem und convergirend ist, lässt sich die Berechnung so einrichten [1], dass man

$$\frac{1}{\sqrt{r^2+u^2+s^2-2rs\cos\varphi}} = V$$

setzt, und dann die Function V in eine Reihe von der Form

$$V = A_0 + A_1 \cos\varphi + A_2 \cos 2\varphi + \ldots$$

verwandelt. Die Substitution von V in der obigen Gleichung 3) gibt:

$$dX = -g r d\varphi \frac{dV}{dr} = -g r d\varphi\left(\frac{dA_0}{dr}+\frac{dA_1}{dr}\cos\varphi+\frac{dA_2}{dr}\cos 2\varphi+\ldots\right)$$

und wenn diese Gleichung zwischen den Grenzen $\varphi = 0$ und $\varphi = 2\pi$ integrirt wird, so erhält man

$$X = -2\pi g r \frac{dA_0}{dr} \qquad 5).$$

Um A_0 zu berechnen, ist es am zweckmässigsten, anstatt r, s und u zwei neue Grössen a und b einzuführen, so dass man hat

$$r^2+u^2+s^2-2rs\cos\varphi = a^2+b^2-2ab\cos\varphi,$$

mithin
$$2a = \sqrt{(r+s)^2+u^2}+\sqrt{(r-s)^2+u^2}$$
$$2b = \sqrt{(r+s)^2+u^2}-\sqrt{(r-s)^2+u^2}.$$

Substituirt man anstatt $\cos\varphi$ seinen Exponentialwerth

$$\frac{1}{2}e^{\varphi\sqrt{-1}}+\frac{1}{2}e^{-\varphi\sqrt{-1}},$$

so erhält man

$$a^2+b^2-2ab\cos\varphi = a^2+b^2-ab\left(e^{\varphi\sqrt{-1}}+e^{-\varphi\sqrt{-1}}\right)$$
$$= a^2\left(1-\frac{b}{a}e^{\varphi\sqrt{-1}}\right)\left(1-\frac{b}{a}e^{-\varphi\sqrt{-1}}\right).$$

Wird $\frac{b}{a} = q$ gesetzt, so lässt sich mit Hülfe dieses Ausdruckes die obige Gleichung für V umgestalten, wie folgt

$$V = \frac{1}{a}\frac{1}{\sqrt{1-qe^{\varphi\sqrt{-1}}}}\frac{1}{\sqrt{1-qe^{-\varphi\sqrt{-1}}}}$$

und wenn die beiden Wurzelgrössen nach der gewöhnlichen Weise in Reihen entwickelt und die Reihen miteinander multiplicirt werden, so ist der von φ unabhängige Theil des Productes $= A_0$. Das Resultat ist

$$A_0 = \frac{1}{a}\left[1 + \left(\frac{1}{2}q\right)^2 + \left(\frac{3}{8}q^2\right)^2 + \left(\frac{5}{16}q^3\right)^2 + \left(\frac{35}{128}q^4\right)^2 + \ldots\right].$$

Nun hat man

$$\frac{dA_0}{dr} = \frac{dA_0}{du}\frac{du}{dr} + \frac{dA_0}{dq}\frac{dq}{dr}$$

und daraus folgt nach den erforderlichen Reductionen

$$X = \frac{2\pi g r}{a^3}\frac{r-qs}{1-q^2}\left[1 + \left(\frac{1}{2}q\right)^2 + \left(\frac{3}{8}q^2\right)^2 + \left(\frac{5}{16}q^3\right)^2 + \cdot\right]$$

$$+ \frac{2\pi g r}{a^3}\frac{q}{1-q^2}\left[s(1+q^2) - 2qr\right]\left[\frac{1}{2} + 4\left(\frac{3}{8}q\right)^2\right.$$

$$\left. + 6\left(\frac{5}{16}q^2\right)^2 + 8\left(\frac{35}{128}q^3\right)^2 + \ldots\right]. \qquad 6).$$

3. Soll die Kraft einer aus vielen Windungen über einander und neben einander bestehenden Drahtrolle AB Fig. 50 in einem Punkte b, der sich in der Axe ae und am Ende der Rolle befindet, bestimmt werden, so muss man, um den Calcul anwenden zu können, von den Zwischenräumen der Drahtwindungen abstrahiren und die Drahtrolle in eine unendliche Anzahl von Elementarringen zerlegt denken. Nennt man, wie oben, r den Halbmesser eines solchen Ringes, und u die Entfernung seines Mittelpunktes von dem Punkte b, so hat man seinen Querschnitt $= du\,dr$, und wenn eine Windung mit Einrechnung der Zwischenräume den Querschnitt a^2 einnimmt und die Stärke des Stroms mit g bezeichnet wird, so ist die Stromstärke in dem Elementarringe

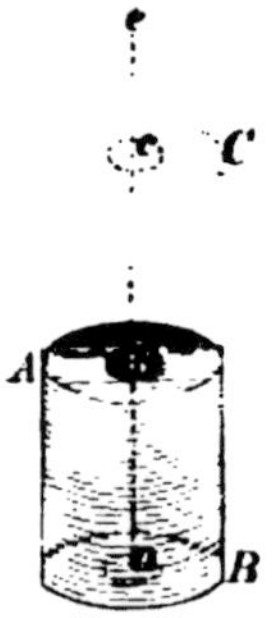

$$= \frac{g\,du\,dr}{a^2}.$$

Fig. 50.

Wird diese Grösse im obigen Ausdrucke 1) anstatt g substituirt, so erhält man die Kraft, welche ein Elementarring im Punkte b nach der Richtung der Axe ausübt

$$= \frac{2\pi g r^2\,du\,dr}{a^2(r^2+u^2)^{\frac{3}{2}}}$$

Das Integral hiervon, d. h. die ganze Kraft, die nach der Richtung der Axe in b wirkt, wollen wir, wie oben, mit X bezeichnen, und erhalten demnach

$$X = \text{Const.} + \frac{2\pi g}{a^2} u \log(r + \sqrt{r^2+u^2}) \qquad 7).$$

Den oben eingeführten Bezeichnungen zufolge nimmt jede Windung nach der Länge der Rolle einen Raum a und nach der Dicke der Rolle einen gleich grossen Raum ein; hat die Rolle demnach k Windungen neben einander (d. h. nach der Länge der Rolle) und m Windungen über einander, und ist der Halbmesser der innersten Windungen $= R$, so erhält man die Wirkung der ganzen Rolle, wenn man das obige Integral zwischen den Grenzen $u = 0$ und $u = ku$, dann $r = R$ und $r = R + mu$ nimmt. Das Resultat ist

$$X = \frac{2\pi g k}{u} \log \frac{R + mu + \sqrt{(R + mu)^2 + k^2 u^2}}{R + \sqrt{R^2 + k^2 u^2}}. \qquad 8).$$

Am bequemsten ist es, u als Einheit anzunehmen; wird alsdann $\frac{m}{R}$ mit h und $\frac{k}{R}$ mit λ bezeichnet, so ergibt sich

$$X = 2\pi g R \cdot F(h, \lambda) \qquad 9),$$

wenn

$$F(h, \lambda) = \lambda \log \frac{1 + h + \sqrt{(1 + h^2) + \lambda^2}}{1 + \sqrt{1 + \lambda^2}} \qquad 10)$$

gesetzt wird.

Dehnt sich die Rolle von B bis C aus, so dass der Punkt b, für welchen die Wirkung gesucht wird, innerhalb der Rolle sich befindet, so hat man nach der eben erhaltenen Gleichung zuerst die Wirkung von AB, dann von AC zu berechnen und sie zu addiren. Auf solche Weise findet man, wenn die ganze Anzahl der Windungen neben einander von a bis $c = n$, die Anzahl von b bis $c = k$, ferner $\frac{m}{R} = l$ gesetzt wird

$$X = 2\pi g R [F(h, \lambda) + F(h, l - \lambda)].$$

Wäre der Theil AC nicht vorhanden, und hätte man die Wirkung der Rolle AB im Punkte c zu bestimmen, so würde diess auf ganz ähnliche Weise geschehen können; man hätte nämlich zuerst für die ganze Rolle BC die Wirkung zu berechnen, dann davon die Wirkung des Theiles AC abzuziehen. Das Resultat wäre, wenn man die Anzahl der Windungen neben einander von a bis $c = n$, die Anzahl von b bis $c = k$ setzt

$$X = 2\pi g R [F(h, \lambda) - F(h, \lambda - l)].$$

Für die Function $F(h, \lambda)$ habe ich eine Tabelle berechnet [2].

4. Wenn eine Spirale, aus einer Reihe von Windungen bestehend, eine beträchtliche Länge hat, so nähert sich der Werth von X in 8) einer constanten Grösse und es ist ziemlich gleichgültig, ob man in der Rechnung die wirkliche Länge einsetzt oder, ob man dafür ∞ substituirt. Letztere Substitution vereinfacht aber nicht blos die Gleichung 8), sondern macht es auch möglich, für irgend einen Punkt in der Endfläche der Spirale, gleichviel ob er innerhalb oder ausserhalb der Windungen liegt, die Wirkung zu berechnen. Dazu gelangt man am leichtesten durch Benützung der obigen Gleichung 3). Denkt man sich eine lange aus einer Reihe von Windungen bestehende Spirale, wie oben, in Elementarringe zerlegt, in welchen die Stromstärke $= \frac{g\,du}{u}$ ist, so erhält man die ganze Wirkung auf einen Punkt der Endfläche, der in der Entfernung s von der Axe liegt, durch Integrirung des Ausdruckes

$$\frac{g r\,du\,d\varphi}{u} \cdot \frac{r - s \cos \varphi}{(r^2 + u^2 + s^2 - 2rs \cos \varphi)^{\frac{3}{2}}} \qquad 11).$$

Integrirt man zuerst bezüglich auf u und zwar von $u = 0$ bis $u = \infty$, so ergibt sich die Wirkung

$$= \frac{g r d\varphi (r - s \cos \varphi)}{a (r^2 + s^2 - 2rs \cos \varphi)} = \frac{1}{2} \frac{g d\varphi}{a} \left(1 + \frac{r^2 - s^2}{r^2 + s^2 - 2rs \cos \varphi} \right).$$

Setzt man, um bezüglich auf φ integriren zu können, im zweiten Gliede $tg \frac{1}{2} \varphi = \frac{1}{z}$, so erhält man das Integral

$$= \frac{1}{2} \frac{g}{a} \left[\varphi - 2 \operatorname{arc} \left(tg = \frac{r-s}{r+s} z \right) \right].$$

Dieses Integral muss in zwei Theile zerlegt und von $\varphi = 0$ bis $\varphi = \pi$, dann von $\varphi = \pi$ bis $\varphi = 2\pi$ genommen werden; da jedoch die beiden Theile gleich sind, so braucht man blos den ersten Theil doppelt zu nehmen. Hiernach hat man in Bezug auf z die Grenzen $z = \infty$ und $z = 0$, und das Resultat ist:

für r grösser als s, d. h. für einen Punkt innerhalb der Windungen $\quad \dfrac{2 \pi g}{a}$

für r kleiner als s, d. h. für einen Punkt ausserhalb der Windungen. $\quad 0.$

Aus diesem für die Endfläche gültigen Resultate kann man unmittelbar die Wirkung bestimmen für einen Punkt, der zwischen den beiden Enden liegt und von beiden unendlich weit (d. h. hinreichend weit) entfernt ist. In diesem Falle nämlich braucht man nur eine Durchschnittsfläche senkrecht gegen die Axe der Spirale durch den gegebenen Punkt zu legen, so wird dadurch die Spirale in zwei unendlich lange Spiralen getheilt, so dass der gegebene Punkt in der Endfläche von beiden liegt, und da sich ihre Wirkungen summiren, so hat man

für einen Punkt innerhalb der Spirale $\quad \dfrac{4 \pi g}{a}$

für einen Punkt ausserhalb der Spirale $\quad 0.$

Hat eine sehr lange Drahtrolle mehrere Lagen von Windungen über einander, so gilt das Obige für jede einzelne Lage, und um die Gesammtwirkung zu erhalten, muss man mit der Anzahl der Lagen multipliciren. Um diess durch ein Beispiel zu erläutern, gebe ich hier Zahlenwerthe für die zwei bei meinen Versuchen angewendeten Spiralen. Die Spirale I (Halbmesser $R = 12$ Millim.) hatte vier Lagen über einander, jede zu 195 Windungen; jede Windung nahm einen Raum $a = 2{,}080$ Millim. ein. Die Spirale II (Halbmesser $R = 22$ Millim.) hatte zwei Lagen, jede zu 347 Windungen, und jede Windung nahm einen Raum $a = 1{,}3575$ Millim. ein. Die Wirkung oder, was gleichbedeutend ist, die magnetisirende Kraft war demnach für einen innern von beiden Enden hinreichend entfernten Punkt

für Spirale I. $\qquad 24{,}17 \cdot g$
für Spirale II. $\qquad 18{,}60 \; g.$

Für einen Punkt, der nicht weit vom Ende entfernt ist, sind diese Bestimmungen zu gross, und zwar beträgt der Fehler, wenn der Punkt in der Axe liegt, nach Gleichung 8)

für Spirale I bei $20{,}8$ Millim. vom Ende $\qquad \dfrac{1}{10}.$

$\qquad\qquad\qquad 11{,}6 \qquad\qquad\qquad\qquad \dfrac{1}{31}$

für Spirale I bei	62,4 Millim. vom Ende	$\frac{1}{63}$
	83,2	$\frac{1}{100}$
für Spirale II bei	27,1 Millim. vom Ende	$\frac{1}{4}$
	54,3	$\frac{1}{13}$
	81,4	$\frac{1}{25}$
	108,6	$\frac{1}{43}$.

ezüglich auf sehr lange Drahtrollen geht im Ganzen aus obiger Entwickelung :

dass für einen Punkt ausserhalb der Spirale die Wirkung des Stromes immer $= 0$ ist;

dass gegen die beiden Enden hin die Wirkung auf die Hälfte sich vermindert;

dass die Wirkung von dem Durchmesser der Spirale unabhängig ist.

Will man den Inductionsstrom bestimmen, der in der Drahtwindung AB durch die Verschiebung des Magnets NS nach seiner Länge erzeugt wird, angt man zu Ausdrücken von ähnlicher Form wie die eben enen, und zwar am einfachsten mit Hülfe der Formeln 3) S. 81 gende Weise. In der Entfernung $Cc = u$ von der Draht- ig denke man sich senkrecht auf der Axe des Magnets, den s rund annehmen wollen, eine Durchschnittsfläche ab, und len Halbmesser cb, der als Axe der ⊕ angenommen werden Wird ferner angenommen, dass die y' in der Durchschnitts- liegen, die z' aber senkrecht darauf stehen und in entgegen- tem Sinne von u, d. h. von c gegen C gerechnet werden, so wir die Bewegungsgrössen $dz' = -du$, $dy' = 0$, $dx' = 0$ zen. Was die Drahtwindung betrifft, so wollen wir voraus-

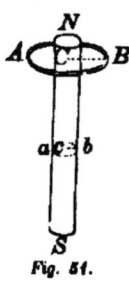

Fig. 51.

, dass sie mit dem Magnet concentrisch sei, und wenn wir dann den sser $CB = R$ als Axe der x, parallel mit cb, ziehen und für das in B be- e Element der Drahtwindung die Stromstärke zu berechnen haben, so ist ichbedeutend mit der Länge dieses Elements, während $dx = 0$ und $dz = 0$ t werden müssen. Substituirt man die Werthe von dx, dy, dz, dx', dy', den Ausdrücken S. 81, so werden alle Stromcomponenten $= 0$ mit Aus- einer einzigen, welche die Intensität des Stromes nach der Richtung von h. nach der Richtung der Drahtwindung darstellt und

$$= \frac{(x-x')\mu\, du\, dy}{\varrho^3}$$

en wird. Werden Polarcoordinaten eingeführt und

$$\begin{aligned} x &= R\cos\psi & x' &= r\cos\varphi \\ y &= R\sin\psi & y' &= r\sin\varphi \end{aligned}$$

gesetzt, so hat man $\psi = 0$ und $dy = Rd\psi$, und alsdann erhält man die Stromstärke im Element $Rd\psi$ der Drahtwindung

$$= \frac{(R - r\cos\varphi)Rd\psi\mu du}{\varrho^3},$$

wobei zu bemerken ist, dass, wenn es sich um die Anwendung der Formel handelt, anstatt des magnetischen Elements μ der Magnetismus der Flächeneinheit multiplicirt mit dem Flächenelemente $dx'dy' = rd\varphi\, dr$ substituirt werden muss.

Was den Werth von ϱ betrifft, so hat man $\varrho^2 = u^2 + R^2 + r^2 - 2Rr\cos\varphi$. Ist der Magnetismus symmetrisch um den Mittelpunkt c vertheilt, so wird in jedem Elemente der Drahtwindung ein gleich starker Strom inducirt, und man hat alsdann für den ganzen Umfang die Stromstärke

$$\frac{2R\pi\mu(R - r\cos\varphi)du}{\varrho^3}.$$

Handelt es sich um einen Linearmagnet, der in der Axe der Drahtwindung sich befindet, so wird $r = 0$, und dieser Ausdruck verwandelt sich in

$$\frac{2R^2\pi\mu\, du}{(R^2 + u^2)^{\frac{3}{2}}}.$$

Es befinde sich in der Axe einer Drahtrolle A ein Linearmagnet ns, Fig. 52, dessen Mitte in C ist, und von diesem Punkte aus gerechnet sei die Entfernung der Mitte der Rolle $= x$, so muss man in dem eben gefundenen Ausdrucke zunächst die Bewegung du durch dx ersetzen. Wenn ferner, von der Mitte der Rolle aus gerechnet, die Distanz des magnetischen Elements μ mit y, und die Distanz einer beliebigen Drahtwindung mit z berechnet wird, so hat man $z - y$ anstatt u zu substituiren. Was das magnetische Element μ betrifft, so wollen wir dafür μdy setzen, wo μ eine neue Bedeutung erhält und den Magnetismus der Längeneinheit bezeichnet; auch ist zu berücksichtigen, dass nach S. 88 die Drahtrolle durch eine unendliche Anzahl von Elementarringen von dem Querschnitte dz ersetzt werden muss, und da der Strom diesem Querschnitte proportional ist, so hat man für einen einzelnen Querschnitt die inducirte Stromstärke

Fig. 52.

$$= \frac{2R^2\pi\mu\, dx\, dy\, dz}{[R^2 + (z - y)^2]^{\frac{3}{2}}}.$$

Um die Totalwirkung zu erhalten, muss zuerst in Beziehung auf z, dann in Beziehung auf y, und endlich in Beziehung auf x integrirt werden, welche Operationen um so schwieriger sind, da μ eine Function von $x + y$ sein wird.

Ganz dieselben Formeln gelten für den Fall, dass die Rolle unbeweglich bleibt und der Magnetismus des Stabes NS plötzlich verschwindet oder plötzlich hervorgerufen wird, nur muss man nach S. 83 $\mu'\varepsilon$ anstatt μdx überall substituiren. Was das Verhältniss des freien Magnetismus μ zu dem ganzen am Ende eines Elements befindlichen Magnetismus μ' betrifft, so hat man (nach §. 37)

$$\mu = \frac{d\mu'}{dx}.$$

Eine Anwendung dieser Formeln wird man in §. 66 finden.

6. Zu relativer Messung der Stärke galvanischer Ströme kann jede Drahtleitung, welche in der Nähe einer freien Nadel vorübergeführt wird, gebraucht werden; nur selten genügt aber bei magnetischen Untersuchungen eine relative

Bestimmung, vielmehr ist es nothwendig, **absolute Bestimmungen** herzustellen. Zu letzterm Behufe muss man dem Leitungsdrahte eine solche Gestaltung und Lage geben, dass die Wirkung desselben auf die freie Nadel durch den Calcul genau dargestellt werden kann.

Die einfachste Einrichtung besteht darin, den Leitungsdraht AB Fig. 53 unter der Nadel ns und parallel mit derselben in gerader Linie aufzuspannen [3]. Um die Wirkung eines beliebigen Punktes b dieses Leitungsdrahtes auf die Nadel zu berechnen, wollen wir $ab = x$, $sc = e$, $cn = cs = \lambda$ setzen und annehmen, dass der Magnetismus der Nadel $\ldots + \mu$ und $-\mu \ldots$ in den Polen n und s concentrirt sei. Das in b befindliche Drahtelement dx wird, wenn wir die Stromstärke mit g bezeichnen, die absolute

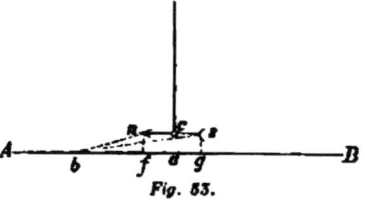

Fig. 53.

Kraft gdx haben, und das Drehungsmoment, welches diese Kraft auf den Pol n ausübt, würde

$$= \frac{\mu g dx}{(bn)^2} \cdot \frac{fn}{bn} \lambda = \frac{\mu g e \lambda dx}{[(x-\lambda)^2 + e^2]^{\frac{3}{2}}}$$

sein, wenn die Nadel im Meridian bliebe; nachdem aber die Nadel durch den Strom seitwärts, wir wollen sagen um den Winkel ψ, abgelenkt wird, so muss dieses Drehungsmoment mit $\cos \psi$ multiplicirt werden. Dasselbe Stromelement gdx übt in gleichem Sinne ein Drehungsmoment auf den Pol s aus, welches nach den eben angewendeten Regeln berechnet werden kann und welches von dem obigen Ausdrucke nur darin verschieden ist, dass $x + \lambda$ an die Stelle von $x - \lambda$ zu stehen kommt. Die Summe der durch alle Drahtelemente ausgeübten Drehungsmomente muss dem Drehungsmomente des Erdmagnetismus $2\lambda \mu X \sin \psi$ das Gleichgewicht halten, und wir haben demnach:

$$2\lambda \mu X \sin \psi = \mu e \lambda g \cos \psi \int \left\{ \frac{1}{[(x-\lambda)^2 + e^2]^{\frac{3}{2}}} + \frac{1}{[(x+\lambda)^2 + e^2]^{\frac{3}{2}}} \right\} dx.$$

Das Integral ist

$$X tg \psi = \frac{1}{2} \frac{g}{e} \left[\frac{x - \lambda}{\sqrt{(x+\lambda)^2 + e^2}} + \frac{x + \lambda}{\sqrt{(x+\lambda)^2 + e^2}} \right]$$

Bezeichnet man $Aa = Ba$ mit l, so hat man dieses Integral von $x = 0$ bis $x = l$ zu nehmen, und ist l beträchtlich grösser als λ und e, so können die Wurzelgrössen in Reihen aufgelöst werden. Man erhält dann

$$X tg \psi = \frac{g}{e} \left[\frac{l - \lambda}{\sqrt{(l-\lambda)^2 + e^2}} + \frac{l + \lambda}{\sqrt{(l+\lambda)^2 + e^2}} \right]$$

$$= \frac{g}{e} \left[2 - \frac{e^2(l^2 + \lambda^2)}{(l^2 - \lambda^2)^2} + \cdots \right].$$

In den praktisch vorkommenden Fällen wird man die Länge des Leitungsdrahtes so gross machen können, dass $\frac{e^2}{l^2}$ und $\frac{\lambda^2}{l^2}$ vernachlässiget werden dürfen, und dann hat man

$$g = \frac{1}{2} e X tg \psi.$$

7. Weber[4] hat zu absoluten Messungen starker Ströme eine Kreisleitung $abde$ Fig. 54 angewendet, in deren Mitte eine auf eine Spitze gestellte freie Nadel sich

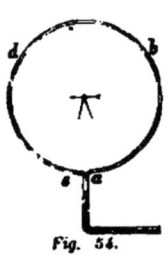

Fig. 54.

befand. Ist die Kreisleitung vertical und im magnetischen Meridian aufgestellt, und setzt man den Halbmesser des Kreises $= r$, die halbe Länge der Nadel $= \lambda$, so erhält man die Kraft, welche der Strom an einem Pole der Nadel ausübt, wenn man in den Ausdrücken 3) und 4) S. 86 λ anstatt s substituirt und $u = 0$ setzt, und um hieraus das Drehungsmoment zu erhalten, hat man die Kraft mit λ zu multipliciren. Diess gilt nur für den Fall, dass die Nadel in der Ebene des Kreises sich befindet; ist aber die Nadel seitwärts abgelenkt um den kleinen Winkel ψ, so bleibt zwar die Kraft dieselbe, wirkt aber nicht mehr senkrecht auf die Nadel, und um den Theil, der senkrecht wirkt, zu erhalten, muss man mit $\cos \psi$ multipliciren. Hiernach hat man, da in der Ruhelage der Nadel das Drehungsmoment des Stromes dem Drehungsmomente des Erdmagnetismus gleich sein wird

$$2\lambda \mu X \sin \psi = 2\mu\lambda \cos \psi \frac{2\pi g r}{(r^2+\lambda^2)^{\frac{3}{2}}} \left[r - \frac{3}{2} \frac{r\lambda^2}{r^2+\lambda^2} + \frac{15}{4} \frac{r^3\lambda^3}{(r^2+\lambda^2)^2} - \cdots \right]$$

oder wenn $\frac{\lambda}{r}$ ein kleiner Bruch ist, mit hinreichender Annäherung,

$$y = X tg\psi \frac{(r^2+\lambda^2)^{\frac{3}{2}}}{2\pi r^2} \left(1 + \frac{3}{2} \frac{\lambda^2}{r^2}\right) = X tg\psi \frac{r}{2\pi} \left(1 + \frac{3}{2} \frac{\lambda^2}{r^2}\right)^2.$$

Als Kreisleitung hat Weber einen starken kupfernen Ring von nahe 200 Millim. Durchmesser benutzt, und eine gewöhnliche Boussole in die Mitte des Ringes gestellt. Gegen den geraden Leitungsdraht hat diese sonst bequeme Einrichtung den Nachtheil, dass nur Ströme, deren Stärke innerhalb bestimmter Grenzen eingeschlossen ist, gemessen werden können, während der gerade Leitungsdraht der Nadel genähert und somit die Empfindlichkeit der Vorrichtung vermehrt werden kann.

8. Ein bequemes Galvanometer zur absoluten Messung stärkerer und schwächerer Ströme habe ich construirt[5] und zu verschiedenen Untersuchungen angewendet. Die Einrichtung ist im Wesentlichen wie folgt: in dem Gehäuse m Fig. 55 hängt eine kleine Nadel von ungefähr 6 Linien Länge. Die Nadel trägt einen ganz leichten runden Spiegel, der in der Zeichnung im oberen Theile des Gehäuses zu sehen ist, und hängt an einem sehr feinen Coconfaden. Mittelst des kleinen Fernrohrs F sieht man im Magnetspiegel das Bild der Glasscala ab, wobei die Beleuchtung der Scala durch den Spiegel S gegeben wird. An den

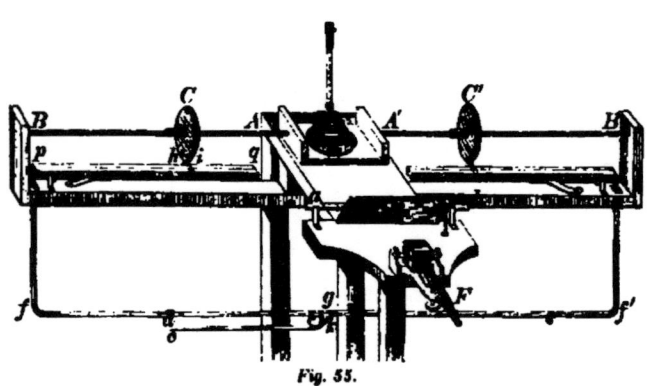

Fig. 55.

beiden Röhren AB, $A'B'$, welche senkrecht auf dem magnetischen Meridian stehen, und deren Axen in einer geraden, durch die Mitte der Nadel gezogenen Linie liegen, lassen sich die beiden gleich grossen Messingscheiben C, C' hin- und her-

§. 48. BENÜTZUNG DES GALVANISCHEN STROMES IN DER LEHRE DES MAGNETISMUS. 95

schieben; eine Theilung befindet sich auf den Röhren, wonach man die Entfernung der Scheiben von der Nadel ablesen kann.

Um die Peripherie der Scheibe C geht ein isolirter Draht, dessen beide Enden h, i unten heraustreten und mit zwei durch Papier und Siegellack von einander isolirten Messingschienen pq in Berührung stehen, so zwar, dass beim Hin- und Herschieben der Rolle die Berührung immer mit hinreichend starkem und gleichem Drucke stattfindet, was durch eine unten angebrachte Messingfeder bewirkt wird. Ganz gleiche Einrichtungen sind bei der Scheibe C' getroffen. Von den Enden der Schienen pq gehen Leitungsdrähte herab bis f und f' und einwärts bis g, und zwar ist die Verbindung dieser Leitungsdrähte in der Weise hergestellt, dass der Strom bei d hineinkommt, zuerst zu der Scheibe C geführt wird, von da über g zu der Scheibe C' gelangt und über f', k, c wieder zurückkehrt; hierbei werden die Scheiben C und C' in entgegengesetzter Richtung umkreist, so dass beide Kreisströme mit der Summe ihrer Momente die Nadel nach derselben Richtung aus dem magnetischen Meridian abzulenken suchen, während der horizontale Erdmagnetismus dieselbe in den Meridian zurückzieht.

Bezeichnet man mit r', r'' den Halbmesser der Kreisströme C und C', mit e' und e'' ihre Entfernungen von der Nadel, mit λ die halbe Länge der Nadel, mit ψ die durch den Strom erzeugte Ablenkung, mit ϱ'^2 und ϱ''^2 die Grössen $r'^2 + e'^2 + \lambda^2$ und $r''^2 + e''^2 + \lambda^2$, so hat man nach S. 86 und mit Berücksichtigung derselben Umstände, welche oben schon S. 94 erwähnt worden sind*

$$2\lambda\mu X \sin\psi = 2\lambda\mu \cos\psi \frac{2\pi g r'}{\varrho'^3}\left(r'^2 - \frac{3}{2}\frac{r'\lambda^2}{\varrho'^2} + \ldots\right)$$
$$+ 2\lambda\mu \cdot \frac{2\pi g r''}{\varrho''^3} \cos\psi \left(r''^2 - \frac{3}{2}\frac{r''\lambda^2}{\varrho''^2} + \ldots\right).$$

Da bei der Construction des Galvanometers gesucht wird e' und e'', dann r' und r'' gleich zu machen, so wird man $e' = e + \alpha$ und $e'' = e - \alpha$, dann $r' = r + \beta$ und $r'' = r - \beta$ setzen können, wobei α und β als sehr kleine Grössen zu betrachten sein werden. Es genügt demnach die erste Potenz von α und β und diese nur in den Hauptgliedern zu berücksichtigen, und alsdann findet man (was leicht a priori als nothwendig nachgewiesen werden kann), dass α und β ganz hinausfallen und nur übrig bleibt

$$X \,\mathrm{tg}.\,\psi = 4\pi g \frac{r^2}{\varrho^3}\left(1 - \frac{3}{2}\frac{\lambda^2}{\varrho^2}\right)$$

wo $\varrho^2 = r^2 + e^2 + \lambda^2$ ist.

Hieraus ergibt sich

$$g = \frac{X \,\mathrm{tg}.\,\psi}{4\pi r^2}(e^2 + r^2)^{\frac{3}{2}}\left(1 + \frac{3}{2}\frac{\lambda^2}{e^2 + r^2}\right)$$

Mittelst dieser Gleichung kann man den absoluten Werth von g berechnen, sobald e und r in absolutem Maasse (also nach §. 51 in Millim.) angegeben sind. Hierin liegt aber die Schwierigkeit. Zwar lässt sich die Theilung auf den Röhren mit aller Genauigkeit ausführen, und auch der Index genau auf die Theilstriche der Röhren einstellen, allein ob der Index genau mit dem Kreisstrome correspondirt,

---

* Der Einfachheit wegen ist hier vorausgesetzt, dass der ganze Magnetismus in den Endpunkten der freien Nadel concentrirt sei, desshalb ist der Factor von λ^2 von dem in Pogg. Ann. LXXXVIII S. 234 vorkommenden Factor verschieden; letzterer wurde gefunden unter der Voraussetzung, dass der Magnetismus gleichmässig von der Mitte nach den Enden zunehme. Der Unterschied dazwischen ist praktisch ohne Bedeutung.

d. h. ob nicht ein Collimationsfehler vorhanden ist, kann direct nicht ermittelt werden. Ebenso ist es nicht möglich, mit der Genauigkeit, die erforderlich wäre den Halbmesser des Kreisstromes zu messen. Man muss desshalb in der obigen Gleichung $e + \delta e$ anstatt e, und $r + \delta r$ anstatt r substituiren, wobei δe und δr die Correctionen bezeichnen, welche zu den durch Messung erhaltenen Näherungswerthen von e und r hinzuzufügen sind; alsdann ergibt sich, wenn die Gleichung logarithmisirt wird,

$$\log g = \log C + \log h + \log \mathrm{tg}.\,\psi + A\lambda^2 + p\delta e + q\delta r,$$

wo

$$C = \frac{rX}{4\pi} \quad \text{und} \quad h = \left(1 + \frac{e^2}{r^2}\right)^{\frac{3}{2}}$$

gesetzt ist.

Was zunächst die Correction δe betrifft, so kann sie ganz einfach dadurch ermittelt werden, dass man bei unverändertem Strome zuerst die eine, dann die andere Scheibe vom Rohre wegnimmt und umgekehrt wieder ansteckt. Die durch die Umkehrung sich ergebende Aenderung ist der doppelten Wirkung des Collimationsfehlers gleich, und hieraus lässt sich δe ableiten. Nach Substitution des Werthes von δe bleibt nur mehr δr zu bestimmen übrig, und diess geschieht dadurch, dass man bei unveränderter Stromstärke die Scheiben auf verschiedene Entfernungen einstellt und die Ablenkung ψ beobachtet. Auf solche Weise erhält man ebenso viele Gleichungen, als Entfernungen eingestellt wurden, und es lässt sich der Werth der unbekannten Grösse δr daraus mittelst der Methode der kleinsten Quadrate ableiten.

Dem Obigen zufolge wird gefordert, dass man zur Bestimmung von δe und δr wiederholte Beobachtungen bei gleicher Stromstärke vornehme. Praktisch wird dieser Bedingung dadurch genügt, dass man neben dem zu untersuchenden Galvanometer ein Hülfsgalvanometer aufstellt und gleichzeitig durch beide denselben Strom gehen lässt. Das Hülfsgalvanometer gibt die Aenderungen des Stromes an, und somit wird es möglich, sämmtliche Beobachtungen des Hauptgalvanometers auf gleiche Stromstärke zu reduciren.

Da bei dem Galvanometer Spiegelablesung gebraucht wird, so lässt sich die in den obigen Ausdrücken vorkommende Tangente der Ablenkung sogleich nach §. 24 berechnen durch die Gleichung

$$\mathrm{tg}.\,\psi = \frac{n}{2E},$$

wo n die Ablesung der Scala, von der natürlichen Richtung der Nadel an gerechnet, und E die Entfernung der Scala vom Spiegel bedeuten. Die Bestimmung der natürlichen Richtung der Nadel wird gewöhnlich überflüssig gemacht durch Commutation der Stromrichtung, wobei die Nadel nach der entgegengesetzten Seite abgelenkt und mithin der Betrag der doppelten Ablenkung unabhängig vom Nullpunkte erhalten wird.

Behufs der Rechnung ist es nöthig, sich eine Tabelle zu entwerfen, die den Werth eines Scalatheils in absolutem Maasse für die verschiedenen Einstellungen der Scheiben angibt; so habe ich für das von mir angewendete Galvanometer gefunden:

Einstellung der Scheiben	absoluter Werth eines Scalatheils.
20	0,1566
30	0,4417
40	0,9780
50	1,8487
60	3,1373

Da die Scala Ablenkungen bis auf 50 Theilstriche zu beobachten gestattet, so kann man (ohne die im nächstfolgenden Absatze beschriebenen Hülfsmagnete) Ströme von der absoluten Stärke 0,2 bis zur absoluten Stärke 150 beobachten. Will man schwächere Ströme nach absolutem Maasse bestimmen, so kann man entweder anstatt der einzelnen Drahtwindungen, wodurch die Ablenkung der Nadel hervorgebracht wird, Drahtrollen mit vielen Windungen substituiren, wie ich diess in der oben bereits erwähnten Beschreibung des Galvanometers umständlich entwickelt habe, oder man kann das Galvanometer auf einen horizontalen, getheilten Kreis aufstellen und dann durch einen Magnet die Nadel um einen am Kreise zu messenden Winkel φ ablenken, wodurch eine beliebige Verminderung der Directionskraft und Vermehrung der Empfindlichkeit sich erzielen lässt. Die oben entwickelten Formeln erhalten in diesem Falle keine weitere Aenderung, als dass $X \cos \varphi$ anstatt X substituirt werden muss.

9. Zur Erforschung der Gesetze des Magnetismus ist die Anwendung des galvanischen Stromes unbedingt erforderlich, weil es kein anderes Mittel gibt, um eine zu Versuchen brauchbare magnetisirende Kraft, d. h. eine Kraft von beliebiger Stärke und von gleicher Stärke in allen Punkten eines gegebenen Raumes hervorzurufen. Aus diesem Grunde wird es zweckmässig sein, die Einrichtungen zu erwähnen, wodurch die magnetisirenden Wirkungen des Stromes leicht und genau gemessen werden können. Im Allgemeinen bestehen diese Einrichtungen darin, dass der galvanische Strom zuerst von der Batterie zu einem Galvanometer und von da in die Magnetisirungsspirale geleitet wird, welche letztere eine solche Lage erhalten muss, dass der darin befindliche und zu untersuchende Eisenkern eine in der Nähe aufgestellte freie Magnetnadel ablenkt. Je nach Umständen können der Spirale verschiedene Lagen gegeben werden; am zweckmässigsten wird man es aber immer finden, die Spirale so zu stellen, dass der Eisenkern senkrecht auf den magnetischen Meridian stehe und gegen die Mitte der freien Nadel gerichtet sei. Als freie Nadel kann man eine Boussole gebrauchen, wie diess von MÜLLER [6] geschehen ist, oder eine an einem Coconfaden hängende kleine Nadel, in welchem letztern Falle die Ablenkung der Nadel durch Spiegelablesung am zweckmässigsten bestimmt wird. Die genaue Berechnung der Beobachtungen erfordert verschiedene Rücksichten, insbesondere hat man an den Ablesungen des Galvanometers wegen des Einflusses des Eisenkerns und der Magnetisirungsspirale, dann an den Ablenkungen der freien Nadel wegen des Einflusses der Leitungsdrähte und der Magnetisirungsspirale die erforderlichen Correctionen anzubringen.

Die wichtigste Correction bleibt immer die letzterwähnte. Zwar haben die neueren Beobachter gewöhnlich auf der entgegengesetzten Seite der Nadel eine kreisförmig gebogene Leitung oder eine Drahtrolle angebracht, welche der Strom ebenfalls zu durchlaufen hatte, und welche eine solche Stellung erhielt, dass der Einfluss der Magnetisirungsspirale und der Leitungsdrähte aufgehoben werden sollte; aber auch in diesem Falle entgeht man noch nicht der Nothwendigkeit, Correctionen anzuwenden, weil die Aufhebung des vom Strome ausgehenden Einflusses streng genommen nur für eine bestimmte Stellung der Nadel möglich ist. Diess soll an folgender Vorrichtung, welche ich zu meinen Versuchen angewendet habe, näher erläutert werden.

AB Fig. 56 (S. 98) ist ein starkes senkrecht auf den magnetischen Meridian befestigtes Brett von 8 Fuss Länge und 4 Fuss Breite, mit einem Vorsprunge CD versehen, worauf das Ablesungsfernrohr, die Scala und der Beleuchtungsspiegel (in der Zeichnung ist nur das Fernrohr und die Scala angedeutet) nach §. 24 aufgestellt werden. In der Mitte des Brettes steht auf einem Bügel von Messing das Magnetgehäuse K mit einer kleinen Nadel von blos 8 Linien Länge. Unter dem

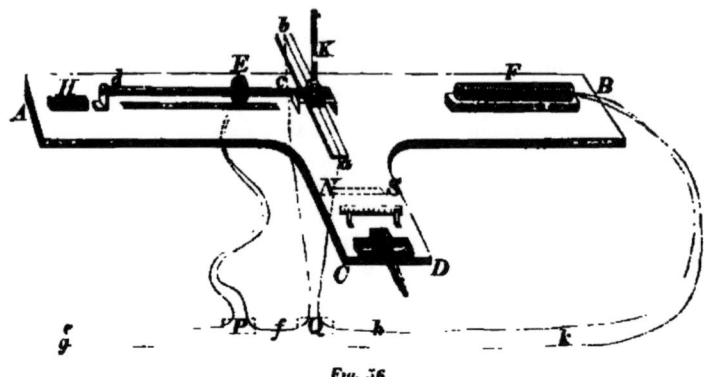

Fig. 36.

Magnetgehäuse befindet sich eine hölzerne Schiene, auf Schrauben ruhend, so dass sie höher oder tiefer gestellt werden kann. Von dem Bügel, auf dem das Magnetgehäuse festgemacht ist, geht links ein Messingrohr cd aus, in gleicher Höhe mit der Nadel, und trägt die darauf verschiebbare Drahtrolle E; gegenüber liegt die Magnetisirungsspirale F, ebenfalls in gleicher Höhe mit der Nadel. Die Batterie befindet sich in beträchtlicher Entfernung links, und der Strom gelangt zuerst zu dem S. 94 beschriebenen Galvanometer, von da durch den Leitungsdraht e in die Drahtrolle E, dann über f, b, a, h in die Magnetisirungsspirale, und kommt durch den Leitungsdraht kg zurück. Diess ist der gewöhnliche aber nicht der nothwendig einzuhaltende Weg des Stromes, denn in P und Q befinden sich Commutatoren (in der Zeichnung blos angedeutet), wodurch die Richtung des Stromes in der Rolle E und dem geraden Leitungsdrahte ab umgekehrt, oder die gänzliche Ausschaltung dieser Theile bewerkstelligt werden kann.

Die Rolle E und der gerade Leitungsdraht ab haben zunächst den Zweck, den Einfluss der Magnetisirungsspirale F auf die Nadel aufzuheben, und wenn der Leitungsdraht ab genau unter der Nadel und im Meridian läge, dann die Axen der Rolle E und der Spirale F durch die Mitte der Nadel gingen und senkrecht auf den Meridian stünden, so könnte die Aufhebung vollkommen zu Stande gebracht werden; da aber die erwähnten Bedingungen nur annäherungsweise zu erfüllen sind, so bleiben immer Correctionen übrig, die man dadurch bestimmt, dass man bei verschiedenen Ständen der Nadel die Wirkung des Stromes beobachtet. Um der Nadel verschiedene Stände zu geben, hat man nur einen kleinen Hülfsmagnet NS hinzulegen. Zur Erläuterung dient folgendes Beispiel:

		Ablesung der Scala
ohne Hülfsmagnet,	Stromrichtung positiv	88,0
	negativ.	88,15
mit Hülfsmagnet,	positiv	129,0
	negativ.	128,55
Hülfsmagnet umgelegt,	positiv	47,6
	„ negativ.	48,4

Stromstärke 35,5 (Galvanometer-Theilstriche).

Hieraus folgt:

Stände der Nadel	48,0	88,07	128,77
Correctionen für Strom +	+ 0,40	+ 0,07	− 0,22

Bezeichnet man den Stand der Nadel mit N und die Stromstärke mit s, so ist die Correction für positive Stromrichtung

$$+ [0{,}40 - 0{,}0076\,(N - 48)]\cdot\frac{s}{35{,}5}.$$

Bei negativer Stromrichtung erhält die Correction das entgegengesetzte Zeichen. In diesem Falle wirkte blos die Drahtrolle E, während der gerade Leitungsdraht ausgeschaltet war; hat man aber an der Stelle von F eine Magnetisirungsspirale von grossem Durchmesser, oder wird die Magnetisirungsspirale der Nadel sehr nahe gebracht, so reicht die Drahtrolle E nicht mehr aus, und man muss auch den geraden Leitungsdraht ab einschalten, wobei gewöhnlich die Correctionen viel beträchtlicher als in dem angeführten Beispiele ausfallen.

Mit einer Vorrichtung der eben beschriebenen Art kann man das durch den galvanischen Strom in einem Eisenkerne hervorgerufene magnetische Moment bis auf $1/1000$ genau bestimmen: die Genauigkeit lässt sich übrigens durch Anwendung von Hülfsmagneten vermehren, die nach §. 24, 7 an die Stelle von NS gebracht oder auf die Unterlage hingelegt werden.

[1] Man vergleiche LAPLACE Traité de mécanique céleste. Tom. I, 267.
[2] LAMONT. Jahresbericht der Münchner Sternwarte 1854, S. 56.
[3] Man vergleiche GAUSS und WEBER Resultate des magn. Vereins 1840. S. 48.
[4] WEBER. Result. des magnet. Ver. 1840. S. 83.
[5] LAMONT. Pogg. Ann. LXXXVIII. 230.
[6] MÜLLER. Bericht über die neuesten Fortschritte der Physik. S. 494.

§. 19. Beruhigung schwingender Magnete durch Flächenströme.

Nicht blos in einem Leiter von der bisher angenommenen Beschaffenheit, sondern auch in einer Platte wird durch die Bewegung eines Magnets ein galvanischer Strom oder wenigstens ein Zustand, welcher der Wirkung nach mit einem galvanischen Strome gleichbedeutend ist, erzeugt. Die hierher gehörigen Erscheinungen hat man ursprünglich mit dem Namen Rotationsmagnetismus bezeichnet, ohne über die Natur der wirkenden Kraft etwas festzusetzen; nachdem aber später FARADAY gezeigt hatte, dass, wenn von der Mitte und von der Peripherie einer vor einem Magnetpole rotirenden Kupferscheibe Drähte zu einem Galvanometer geführt werden, ein galvanischer Strom entsteht, so wurde allgemein angenommen, dass diess derselbe Strom sei, der, wenn er nicht aus der Scheibe abgeleitet werde, sich darin vertheile und die Phänomene des Rotationsmagnetismus hervorbringe. Hiernach wäre der Rotationsmagnetismus nichts weiter als eine einfache Inductionserscheinung. Es lässt sich indessen leicht nachweisen, dass die obige Auslegung des von FARADAY angestellten Experiments unrichtig ist, und somit bleibt es jetzt noch unerwiesen, ob die Kraft, welche in einer Kupferscheibe hervorgerufen wird, als gleichbedeutend mit einem gewöhnlichen galvanischen Strome betrachtet werden darf. Da aber jedenfalls in der Wirkungsweise so grosse Aehnlichkeit mit einem galvanischen Strome sich offenbart, so werde ich im Folgenden die Bezeichnung „Flächenstrom" gebrauchen. Das Gesetz der Flächenströme lässt sich in folgender Weise ausdrücken: „wenn ein Magnetpol und eine Kupferscheibe ihre relative Lage in irgend einer Weise ändern, so entsteht in jedem Theile der Scheibe ein Flächenstrom, welcher der Schnelligkeit, womit sich die Distanz ändert, direct proportional ist und abstossend wirkt, wenn die Distanz abnimmt, anziehend, wenn sie zunimmt". Ein ähnlicher Erfolg kommt bei Scheiben von Messing, Zink, Zinn und anderen unmagnetischen Metallen zu Stande, jedoch zeigen sich hier die Flächenströme weit schwächer als bei Kupfer.

Bewegt sich dem oben Gesagten zufolge ein Magnetpol gegen eine Kupferfläche hin, so wird die Bewegung durch den abstossenden Flächenstrom aufgehalten, und bewegt sich ein Magnetpol von einer Kupferfläche weg, so wird die Bewegung wiederum durch den anziehenden Flächenstrom aufgehalten. Lässt man demnach eine Nadel über einer Kupferscheibe schwingen, und bewegt sich z. B. der Nordpol von links nach rechts, so entfernt er sich von dem Theile der Scheibe, der links sich befindet, und nähert sich dem Theile, der rechts sich befindet; auf beiden Seiten entstehen also Flächenströme, welche die Bewegung der Nadel aufhalten.

Diesen Umstand benützt man, um die für die Beobachtung störenden Schwingungen einer Nadel aufzuheben, und zwar kann man dazu nicht blos Kupferscheiben, sondern auch Kupfermassen von verschiedenartigster Form benützen. Solche Vorrichtungen nennt man Dämpfer.

1. Da der Rotationsmagnetismus in einer andern Abtheilung der Physik (Bd. XIX dieser Encyklop. S. 374) ausführlich behandelt wird, so beschränke ich mich hier auf das, was zur Theorie der Dämpfer speciell gehört.

Das Experiment von FARADAY lässt sich in folgender Weise darstellen. In einer Kupferscheibe AB Fig. 57 wird die Axe abc festgeschraubt, dann auf Lager gelegt und mit der nöthigen Maschinerie versehen, damit man eine schnelle Rotation der Scheibe bewirken kann. Von dem Punkte d des Umfanges der Scheibe und vom Ende a der Rotationsaxe führt man dann die Leitungsdrähte dG und aG zu dem Galvanometer G, und gibt dem Punkte h gegenüber dem Magnet Ns eine feste Stellung. Sowie nun die Scheibe AB in schnelle Rotation versetzt wird, so offenbart sich sogleich das Vorhandensein eines galvanischen Stromes durch die Ablenkung der Nadel im Galvanometer G.

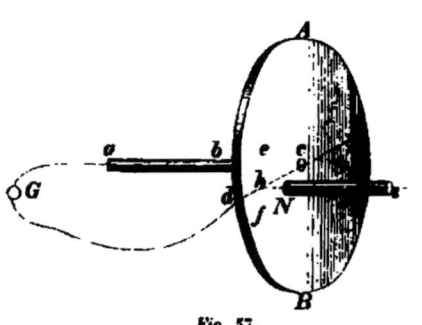

Fig. 57.

Diesen Strom hat man bisher als einen Flächenstrom betrachtet, welcher durch die Drahtleitung aus der Scheibe dem Galvanometer zugeführt wird. Die Sache verhält sich aber ganz anders. Führt man von d nach c die punktirte Linie dc, so hat man einen geschlossenen Leiter $dcbaGd$, wovon der Theil dc in Bewegung ist, und da die Bewegung eines Leiters einem Magnetpole gegenüber einen Inductionsstrom erzeugt, so muss im gegenwärtigen Falle durch den Pol N ein Strom entstehen. Der Unterschied zwischen diesem Falle und den gewöhnlichen Inductionsvorrichtungen besteht darin, dass der in Bewegung befindliche Theil dc des Leiters in jedem Augenblicke durch andere Molecule der Scheibe gebildet wird. Bei Erzeugung des Stromes ist nicht die Scheibe als solche wirksam, sondern der Erfolg wird durch die zwischen d und c befindlichen Molecule bedingt. Diess kann man sowohl dadurch, dass man dem Pole N verschiedene Stellungen gibt, als auch dadurch, dass man Segmente aus der Scheibe herausschneidet, unzweideutig nachweisen, wenn gleich in dem Verhältnisse eine beträchtliche Compliation herbeigeführt wird, theils dadurch, dass nicht allein die in gerader Linie zwischen d und c liegenden, sondern auch die zunächst darüber und darunter befindlichen Molecule zu berücksichtigen sind, theils dadurch, dass die magnetische Kraft des Poles N nicht in einem Punkte vereinigt, sondern auf einen grössern Raum vertheilt ist. Am zweckmässigsten stellt man die Versuche so an, dass man die Scheibe nicht in andauernde Rotation versetzt, sondern einen Mechanismus einrichtet, welcher bewirkt, dass die Scheibe schnell eine ganze oder eine halbe Umdrehung zurücklegt und auf diese Weise die Nadel des Galvanometers G einen plötzlichen Impuls erhält, dessen Grösse durch den Ausschlag gemessen wird. Nimmt man eine halbe Umdrehung, so kann man aus der andern Hälfte der Scheibe einen beliebig grossen Sector herausschneiden und sich überzeugen, dass diess auf die Stärke des hervorgerufenen Stromes keinen Einfluss hat.

Dass es nicht die Flächenströme sind, welche in das Galvanometer G bei dem Experimente von FARADAY geleitet werden, geht noch aus einer andern Betrachtung hervor. Wenn die Scheibe AB, während die Verbindung bei d unterbrochen ist, vor dem Magnetpol N rotirt, so entstehen die Flächenströme in denjenigen Theilen der Scheibe, welche sich dem Pole nähern oder sich davon entfernen, und sind am stärksten in den Punkten, welche dem Pole am schnellsten sich nähern und am schnellsten davon sich entfernen, also bei e oberhalb h und bei f unterhalb h, während sie in der Linie dc, die sich weder nähert noch entfernt, ganz verschwinden; gerade in dieser Linie aber entsteht hauptsächlich der Strom, der bei FARADAY's Experiment im Galvanometer wahrgenommen wird.

2. In allen Lehrbüchern findet man die Curven verzeichnet, welche die vermeintlichen, durch die Schwingungen eines Magnets über einer Kupferplatte erzeugten galvanischen Ströme von einem Pole zum andern zurücklegen sollen, um sich auszugleichen; dass aber solche Ströme in der Wirklichkeit gar nicht existiren, habe ich im Jahre 1841 bei Einrichtung des magnetischen Observatoriums in München dadurch, dass ich die Platte in der Mitte durchschneiden liess, erkannt und später mit verschiedenen anderen darauf bezüglichen Untersuchungen veröffentlicht [1]. Dabei habe ich die Wirkung, welche bei dem Rotationsmagnetismus beobachtet wird, auf die einfachste Form zurückgeführt, nämlich auf eine Abstossung, wenn ein Magnetpol einer Kupferscheibe sich nähert, und eine Anziehung, wenn der Magnetpol sich entfernt, was zugleich durch directe Experimente nachgewiesen wurde.

3. In so ferne die in Kupferplatten erzeugten Ströme zur Beruhigung von Magnetnadeln benützt werden, gelten folgende Bestimmungen:

1) Jeder Pol einer schwingenden Nadel ns Fig. 58 bringt in einer darunter befindlichen Platte ABC oder in einer darüber befindlichen Platte $DEFG$ Flächenströme hervor, welche eine Verminderung der Schwingungsweite bewirken.

2) Die Flächenströme nehmen bis zu einer gewissen Grenze an Stärke mit der Ausdehnung und der Dicke der Platte zu; über diese Grenze hinaus ist eine Vermehrung der Dimensionen ohne weitere Wirkung.

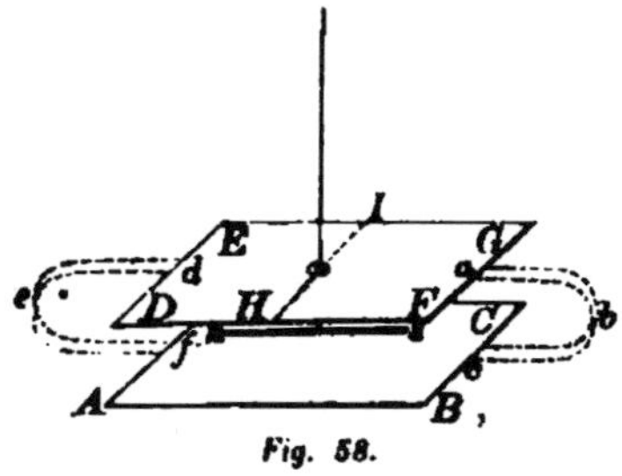

3) Die Ströme des Nordpoles und jene des Südpoles sind von einander unabhängig, und es ist gleichgültig, ob man eine ganze Platte $DEFG$ oder zwei getrennte Platten $IEDH$ und $FHIG$ zur Beruhigung anwendet.

Fig. 58.

4) Werden zwei ganze Platten ABC und $DEGF$ durch zwei Streifen abc, def

miteinander verbunden, so entsteht ausser den **Flächenströmen** auch ein **Schliessungsstrom** (analog mit den Kreisströmen §. 18), der in gleichem Sinne wie die Flächenströme wirkt, mithin auch zur schnellern Beruhigung beiträgt.

Will man Flächenströme zur Beruhigung gebrauchen, so muss man die Kupferplatten der Nadel sehr nahe bringen, was als nachtheilig betrachtet werden muss, in so ferne das Kupfer, selbst wenn es eisenfrei ist, nicht blos Inductionsfähigkeit, sondern auch einen gewissen Grad von Retentionsfähigkeit hat (S. 32). Aus diesem Grunde ist die Beruhigung durch einen Schliessungsbogen von der Form *Fig.* 59 immer vorzuziehen, da bei gleich intensiver Wirkung die Entfernung von der Nadel weit grösser genommen werden darf.

Fig. 59.

4. Um das Verhältniss der Flächenströme zum Schliessungsstrome zu untersuchen, liess ich eine zu Schwingungsbeobachtungen eingerichtete Nadel (aus drei gleichen Abschnitten einer Uhrfeder bestehend, Länge 35''', Breite 7''', Dicke 0''',15) so aufhängen, dass eine Kupferplatte darüber und eine Kupferplatte darunter sich befanden, ungefähr wie in *Fig.* 59 dargestellt ist. Die Kupferplatten waren von gleicher Grösse (Länge 64''', Breite 60''', Dicke 0''',3), und es wurde zuerst ihre Wirkung bestimmt, während keine Verbindung dazwischen bestand; hierbei fand sich das logarithmische Decrement (§. 57)

$$= 0,01940.$$

Hierauf wurden die Platten, da wo in *Fig.* 59 die Bügel angezeigt sind, durch einen Messingdraht von ungefähr 1''' Dicke mit einander verbunden, und es fand sich das logarithmische Decrement

$$= 0,02119.$$

Alsdann wurde die Verbindung durch drei solche Drähte hergestellt, und es ergab sich das logarithmische Decrement

$$= 0,02199.$$

Endlich wurden zur Verbindung Kupferstreifen angewendet, und das logarithmische Decrement fand sich

$$= 0,02220.$$

Hierbei standen die Kupferstreifen so weit von der Nadel ab, dass sie nur zur Leitung der Ströme dienten; bei grösserer Annäherung würden sie zugleich zur Entstehung der Ströme beigetragen und so die Gesammtwirkung beträchtlich vermehrt haben.

5. Die Verwendung des Kupfers zur Beruhigung einer Nadel kann in der mannigfaltigsten Weise geschehen. LLOYD [2] hat einen massiven kupfernen Bügel gebraucht; WEBER [3] hat das Magnetgehäuse selbst aus Kupfer so verfertigen lassen, dass es zugleich als Dämpfer diente; GAUSS [4] benützte zur Dämpfung einen Multiplicator, in welchem sich die Nadel befand, und zwar ist dieses letztere Mittel bei weitem das wirksamste, wie aus folgendem Versuche hervorgeht. Ich liess eine Nadel von einem ganz einfachen, ohne metallische Hülse construirten, blos aus 16 Windungen bestehenden Multiplicator umgeben, so dass die Entfernung der Nadel von den Drahtwindungen ungefähr ebenso gross war, wie bei den oben angeführten Experimenten mit den Kupferplatten, und fand, wenn die Drahtenden des

[m]ultiplicators nicht verbunden waren, also nur die Masse der Drahtwindungen [w]irkte, das logarithmische Decrement

$$= 0{,}01347;$$

[al]s aber die Drahtenden verbunden wurden, ergab sich das logarithmische Decrement

$$= 0{,}05311.$$

[E]s lässt sich hieraus leicht entnehmen, dass bei gleicher Entfernung dieselbe Masse [be]i weitem am stärksten wirkt, wenn sie als Multiplicator verwendet wird.

Versuche über Rotationsmagnetismus, welche mit der Beruhigung einer Nadel [im] Zusammenhang stehen, sind von SEEBECK [5], BABBAGE und HERSCHEL [6], CHRISTIE [7], BACELLI und NOBILI [8], BAUMGARTNER [9], SNOW-HARRIS [10] angestellt worden.

[1] Jahresbericht der Münchener Sternwarte 1852. S. 131.
[2] LLOYD. *Magnetical Observatory of Dublin*. p. 21.
[3] WEBER. Result. des magnet. Ver. 1838. S. 73.
[4] GAUSS. Result. des magnet. Ver. 1837. S. 18.
[5] SEEBECK. Pogg. Ann. 7, 203 (1826).
[6] BABBAGE und HERSCHEL. *Phil. Trans.* 1825, 467.
[7] CHRISTIE. *Phil. Trans.* 1825. p. 497.
[8] BACELLI und NOBILI. *Nobili Memorie*. I. p. 15.
[9] BAUMGARTNER. Baumgartner u. Ettinghausen Zeitschr. I. 146 (1826), dann II. 419.
[10] SNOW-HARRIS. *Phil. Trans.* 1830. p. 67.

Kapitel II.
Ueber natürliche und künstliche Magnete, und die Zusammensetzung magnetischer Instrumente.

§. 20. Natürliche und künstliche Magnete; ihre Form.

Man pflegt zwei Klassen von Magneten zu unterscheiden, **natürliche** und **künstliche**.

Natürliche Magnete, bestehend aus zugerichteten Stücken von Magneteisen[st]ein, kommen heutzutage nur mehr in physikalischen Kabineten vor und [rühr]en fast alle aus älterer Zeit her; eine eigentliche Anwendung erhalten sie [jet]zt wohl nirgends. Natürliche Magnete haben grösstentheils die Gestalt eines [P]risma, wobei die Axe des Prisma mit der magnetischen Axe zusammenfallen [so]ll; jedoch kommt auch die eiförmige und Kugelgestalt vor. Den kugelförmig [zu]gerichteten Magneten haben die alten Physiker den Namen: TERRELLEN (Di[mi]nitivum von terra, griechisch Microgea, kleine Erdkugel) gegeben: es wurden [d]arauf die Pole und der Aequator gezeichnet und man betrachtete sie, wie der [N]ame andeutet, als eine für die Ergründung des Magnetismus brauchbare Nach[b]ildung der Erde im Kleinen.

Um die Kraft der natürlichen Magnete zu verstärken, pflegte man ihnen [di]e sogenannte „Armirung" zu geben, bestehend aus flachen Eisenstücken, [w]omit die Pole bedeckt wurden; dadurch entstand eine Verlängerung des [M]agnets, und wenn ein Anker angelegt wurde, so konnte er sich an das

Eisen viel vollkommener als an die Steinfläche anlegen. *Fig. 60* zeigt eine Armirung für Anziehung und Abstossung in der Ferne; *Figg. 61* und *62* stellen

Fig. 60.

Fig. 61.

Fig. 62.

Armirungen zum Anhängen eines Ankers an **einem** und an **zwei** Polen vor, von welchen beiden Einrichtungen die letztere bei weitem die wirksamere ist.

Je nach der Beschaffenheit und Armirung eines Magnets ist die Tragkraft sehr verschieden: grosse Magnete können das Zehnfache, kleine das Fünfzigfache ihres eigenen Gewichtes und bisweilen weit darüber tragen.

Künstliche Magnete, die heutzutage blos aus gehärtetem Stahle verfertiget zu werden pflegen, zerfallen in drei Klassen: **Hufeisenmagnete**, **Magnetnadeln**, **Magnetstäbe**. Die Form der Hufeisenmagnete bezeichnet schon das Wort; die beiden Schenkel können entweder gerade und parallel wie *Fig. 63*, oder einwärts gebogen und gerade wie *Fig. 64*, oder einwärts gebogen und gekrümmt sein wie in *Fig. 65*; in allen Fällen aber müssen die End-

Fig. 63.

Fig. 64.

Fig. 65.

flächen in einer Ebene liegen. Die Schenkel pflegt man ihrer ganzen Länge nach von gleichem Querschnitte zu verfertigen; der Querschnitt ist gewöhnlich flach rechteckig *Fig. 66* oder flach abgerundet *Fig. 67*, selten rund; die Endflächen können die ganze Breite des Querschnittes haben, oder durch Abfeilen der scharfen Kanten etwas schmäler gemacht werden *Fig. 68*.

Fig. 66.

Fig. 67.

Fig. 68.

Ein Hufeisenmagnet ist stets mit einem Anker von möglichst weichem Eisen zu versehen, an dem man ein Gewicht *Fig. 69* (S. 105) oder eine Waagschale mit Gewichten in der *Fig. 70* (S. 105) angezeigten Weise anzubringen pflegt; weit zweckmässiger aber ist die Einrichtung *Fig. 71* (S. 105), wo um den Anker ein Bügel, *AB*, unten mit einem Haken *b* zum Anhängen des Gewichtes oder einer Waagschale versehen, herumgeht und der Druck mittelst der

 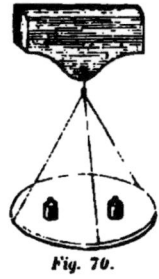 

Fig. 69. *Fig. 70.* *Fig. 71.*

Spitze a, die in eine kleine Vertiefung hineingeht, auf die am Magnet anliegende Ankerfläche ausgeübt wird, mithin das Gewicht keine Hebelwirkung ausübt. Die anliegende Fläche des Ankers kann entweder ganz eben (*Figg. 69* und *71*), oder etwas erhaben gewölbt sein (*Fig. 70*). Ob man dem Anker durchaus gleiche Breite gibt oder die Breite in der Mitte grösser macht, ist ziemlich gleichgültig. Der Querschnitt des Ankers, da wo er an den Polflächen anliegt, soll nicht kleiner sein als der Querschnitt des Hufeisenmagnets. Dem Anker einen grössern Querschnitt zu geben, ist zwecklos; ebenso gewinnt man nichts dadurch, dass man dem Anker eine grössere Länge gibt, als nöthig ist, um die beiden Polflächen zu bedecken.

Will man einem Hufeisenmagnet grössere Stärke geben, so ist es zweckmässig, ihn nach *Fig. 72* aus einer ungeraden Anzahl gleicher Lamellen zusammenzusetzen, die aneinander festgeschraubt sind. Die Endflächen der mittlern Lamelle müssen über die auf beiden Seiten befindlichen etwas hervorragen, und an diese Endflächen legt man den Anker an.

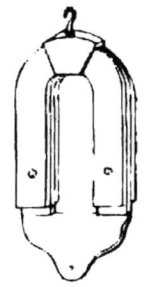

Fig. 72.

Magnetnadeln und Magnetstäbe unterscheiden sich bezüglich auf Form und Dimensionen. Man setzt voraus, dass eine Magnetnadel eine geringe Dicke und höchstens nur einige Zoll in der Länge habe und an den Enden zugespitzt sei, da sie zum Zeigen der Richtung benützt und desshalb mit freier Bewegung aufgestellt wird. Magnetisirte Nähnadeln und magnetisirte Abschnitte von Stahldraht werden ebenfalls als Nadeln bezeichnet. Grössern Magnetstäben von 1 Pfund bis 40 Pfund im Gewichte gibt man die Form eines vierseitigen flachen Prisma und eine Länge von 1 Fuss bis 6 Fuss; kleinere Magnetstäbe haben meistens eine flachprismatische Form *Fig. 73* wie die grossen Stäbe, seltener bildet der Durchschnitt ein Quadrat *Fig. 74*. Runde Stäbchen *Fig. 75* sind besonders von HANSTEEN gebraucht worden. Hohlen cylindrischen Magneten *Fig. 76* pflegt man (wohl nicht mit Recht) eine

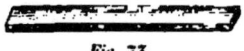  

Fig. 73. *Fig. 74.* *Fig. 75.* *Fig. 76.*

grosse Directionskraft zuzuschreiben, wesshalb sie nicht selten zur Bestimmung der magnetischen Declination benützt worden sind.

Flache zugespitzte Magnetnadeln, wovon die drei gewöhnlichsten Formen in *Figg. 77, 78, 79* (S. 106) dargestellt sind, werden zu Boussolen, Declinatorien, dann

Fig. 77. Fig. 78. Fig. 79.

zu Schwingungsbeobachtungen auf Reisen verwendet; häufiger indessen hat man zu letzterm Zwecke cylindrische Nadeln gebraucht. Nähnadeln werden jetzt noch immer zur Herstellung sogenannter „astatischer Nadeln" verbunden, obwohl hierzu flache Nadeln (Abschnitte von feinen Uhrfedern) weit vortheilhafter wären. Für besondere Zwecke kann es geeignet erscheinen, den Magneten eine von der oben bezeichneten abweichende Gestalt zu geben. So z. B. wird durch die Form *Fig.* 80 eine grosse Directionskraft erzielt; die Formen *Figg.* 81, 82, 83

Fig. 80. Fig. 81. Fig. 82. Fig. 83.

gestatten eine sehr genäherte Bestimmung des magnetischen Moments ganz unabhängig von der Kenntniss der Vertheilung des Magnetismus in der Nadel zu erlangen, und sind insbesondere zu Versuchen, wo es darauf ankommt, eine Kraft nur auf einen Pol wirken zu lassen, anwendbar.

Magnetstäbe dienen zum Magnetisiren, zu Ablenkungsversuchen und verschiedenen anderen Zwecken; die durch Gauss eingeführte Suspension sehr grosser Stäbe zur Messung der magnetischen Richtung ist heutzutage selten geworden. Wenn Magnetstäbe zum Magnetisiren benützt werden, so ist es zweckmässig, eine grössere Anzahl derselben (und zwar eine ungerade Anzahl) zu einem sogenannten Magazin zu vereinigen, wobei das Ende des mittlern Stabes über die seitwärts angebrachten Stäbe hervorsteht, wie oben bei dem Hufeisenmagnet *Fig.* 72. Das Armiren mehrerer gleicher Stäbe durch Anlegung einer eisernen Kappe von der Form *Fig.* 84 ist als eine minder vortheilhafte Einrichtung zu betrachten.

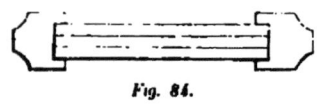

Fig. 84.

1. Magneteisenstein, ein dunkelgraues Erz von 4,2 bis 4,9 specifischem Gewichte [1], kommt in grosser Menge in Schweden und Norwegen, aber auch an vielen andern Punkten von Europa vor; in Asien kennt man ebenfalls viele Lagerstätten dieses Erzes. Erst wenn es ausgebrochen und zu Tage gefördert wird, zeigt es magnetische Polarität; wenigstens wird diess allgemein angenommen. Die Sagen von der ausserordentlichen Wirkung gewisser, an Magneteisenstein besonders reichhaltigen Striche der norwegischen Küste auf die Schiffscompasse sind wahrscheinlich unbegründet, obwohl unter den Seeleuten der Glaube daran sehr allgemein angetroffen wird, ausgestattet mit mancherlei Angaben, die sicherlich in das Reich der Fabeln gehören. Von Broun in Trevandrum habe ich erfahren, dass die von ihm untersuchten magnetischen Berge in Ostindien aus einzelnen Stücken bestanden, deren Pole verschiedene Richtungen hatten, sodass die Gesammtwirkung sehr gering sich zeigte. Greiss [2] gibt an, dass unter den vielen Magneteisensteinen, welche aus den Nassauischen Gruben gefördert werden, nur wenige vorkommen, die Polarität besitzen.

2. Die Grundsätze, worauf die Armirung beruht und worüber in älterer Zeit

viele Versuche, namentlich von MUSSCHENBROEK [3] angestellt worden sind, können als bedeutungslos für den gegenwärtigen Stand der Wissenschaft hier übergangen werden; dagegen wollen wir einige Angaben über die Tragkraft beifügen. WOLF [4] und DU FAY [5] führen Beispiele an, wo die Tragkraft durch Armirung sehr beträchtlich vermehrt wurde, und geben das Verhältniss der Tragkraft zum Gewichte der Magnete an. NEWTON besass einen kleinen Magnet von 3 Gran, der 746 Gran trug [6]. Im physikalischen Kabinete der Universität Dorpat befindet sich ein Magnet, der ohne Armatur 30 Pfund wiegt und 76 Pfund zu tragen im Stande ist [7]. Den grössten Magnet (eigenes Gewicht, mit Armatur 307 Pfund) besitzt das TEYLER'sche Museum in Harlem; dem Anker kann man 230 Pfund anhängen, ohne dass er abgerissen wird. Einer der berühmtesten Magnete befindet sich in Lissabon und wurde von dem Kaiser von China dem König JOHANN V. von Portugal zum Geschenke gemacht [8].

GILBERT [9] behauptet, dass die Fernwirkung der Magnete durch Armirung nicht vergrössert wird, was jedoch nur unter Beschränkungen richtig sein kann.

3. Während Compassnadeln wenigstens vom 11. Jahunderte an in Gebrauch waren, ist erst viel später versucht worden, Magnetstäbe von grösseren Dimensionen herzustellen. Zwar soll GALILEI [10] einen starken Magnetstab angefertigt haben und GILBERT [11] wusste Eisenstücke durch Bestreichen mit einem Magnetstein magnetisch zu machen, indessen scheint Niemand vor dem Anfange des 18. Jahrhunderts mit der Kunst, Magnetstäbe zu verfertigen, und mit den Grundsätzen, worauf die Verfertigung beruht, ernstlich und mit besonderem Erfolge sich befasst zu haben. Als Erfinder der Magnetisirungskunst kann SERVINGTON SAVERY [12] bezeichnet werden, der seine Methode im Jahre 1730 veröffentlicht hat. Die stärksten Magnete im 18. Jahrhunderte verfertigte GODWIN KNIGHT.

Wer zuerst den gehärteten Stahl zu Magneten gebraucht hat, ist unbekannt: nur so viel lässt sich ermitteln, dass die Vorzüglichkeit dieses Materials von CLAIRAULT [13] im Jahre 1723 in klarer Weise entwickelt und begründet wurde. GILBERT [14] kannte den Stahl und erwähnt auch das Härten, scheint aber von den Eigenschaften des Stahles nur sehr unbestimmte Begriffe gehabt zu haben, denn er bezeichnet ihn als „das beste Eisen".

4. Oben wird der gehärtete Stahl als das einzige brauchbare Material zu Magneten bezeichnet; es sind aber auch aus anderen Materialien Magnete schon verfertigt worden. Schmiedeisen, wenn es lange gelegen ist, und ein krystallinisches Gefüge hat, kommt dem Stahle ziemlich nahe und Gusseisen [15], besonders wenn es in eiserne Modelle gegossen und auf solche Weise schnell abgekühlt wird, soll dem Stahle fast gleich kommen; beide sind aber empfindlicher gegen den Einfluss der Wärme. Durch Einsetzen wird Eisen vollkommen hart an der Oberfläche, ohne dass ein Verziehen stattfände, was beim Härten des Stahles immer vorkommt. Diesen Umstand wollte ich benützen, um sehr dünne und gerade Nadeln herzustellen; es zeigte sich jedoch, dass das durch Einsetzen gehärtete Eisen nur einen sehr schwachen Magnetismus annahm. Ein ganz hiermit übereinstimmendes Resultat scheint MICHELL [16] erhalten zu haben, denn er schlägt den Magnetismus als Mittel vor, um zu unterscheiden, ob gehärtete Werkzeuge von Stahl gemacht oder blos eingesetzt seien.

KUPFFER hat Magnetstäbe aus russischem Bulatstahl anfertigen lassen und dabei zwar den Vortheil erlangt, dass die Temperatur auf die Kraft derselben keinen Einfluss hatte (§. 83), dagegen war es nicht möglich, ihnen ein starkes magnetisches Moment zu ertheilen. Der Bulatstahl besteht aus Schichten von Stahl und Eisen, und wir werden weiter unten (Versuchsreihe III) sehen, dass ein Magnet, mit einem flachen Eisenprisma von gleicher Grösse zusammengelegt, in Folge der Induction einen beträchtlichen Theil seiner Kraft verliert.

Ein Gemisch von Wachs mit Stahl- oder Eisenfeilspähnen oder Eisenmohr oder Hammerschlacke ist wiederholt zur Anfertigung von Magneten für specielle Zwecke in Vorschlag gebracht worden [17]; anstatt Wachs könnte sehr gut Gyps angewendet werden; auch Thon und Leinöl oder Käse und lebendiger Kalk sind empfohlen worden.

5. Für die Theorie des Magnetismus sind Hufeisenmagnete ziemlich nutzlos und sie würden, wie die Theorie in den Vordergrund trat, nach und nach verdrängt worden sein, wenn nicht ihre Wichtigkeit bezüglich der Erregung galvanischer Ströme sie gerettet und die Aufmerksamkeit der theoretischen, wie der technischen Physiker aufs Neue darauf gelenkt hätte. So kommt es, dass die Aufgabe, möglichst starke Hufeisenmagnete zu erzeugen, mehrfache zum Theil erfolgreiche Leistungen hervorrief, unter denen jene von Häcker in Nürnberg lange Zeit für die vorzüglichsten galten, bis er von Logeman und Wetteren [18] in Harlem noch übertroffen wurde. Häcker bewirkte, dass ein Hufeisenmagnet von 1 Pfund, nach seiner Methode verfertigt und magnetisirt, ein Gewicht von 12 bis 17 Pfund zu tragen im Stande war, wogegen gleich grosse Magnete von Logeman und Wetteren 25 bis 26 Pfund tragen.

Wie weit Logeman hinsichtlich der Grösse und Tragkraft seiner Hufeisenmagnete fortgeschritten ist, lässt sich aus folgender Zusammenstellung seiner grössten Hufeisenmagnete entnehmen.

Gewicht	Zahl der Lamellen	Tragkraft.
64 Kilogr.	7	275 Kilogr.
45	5	208
43	5	200
30	5	150

Was das Gewicht betrifft, so ist übrigens Logeman gegen Willward [19] zurückgeblieben, der für seine magnetoelektrische Maschine vier Hufeisenmagnete, jeden zu 240 Pfund angefertigt hat.

6. Dünnere Magnete können weit stärker magnetisirt werden, als dickere; desshalb ist es vortheilhaft, da, wo grössere Kraft erzielt werden soll, magnetische Magazine zu bilden, d. h. mehrere Lamellen mit Schrauben zusammenzufügen, so dass die flachen Seiten aneinander anliegen und die gleichnamigen Pole zusammentreffen. Diess gilt von geraden, wie von hufeisenförmigen Magneten. Ein Nachtheil ist es allerdings, dass bei dieser Einrichtung durch das Zusammenbringen der gleichnamigen Pole jede einzelne Lamelle einen Theil ihrer Kraft verliert (vergl. §§. 8, 37), was durch alle praktischen Regeln, wie sie von Godwin Knight, Steinhäuser [20] und anderen Physikern aus Versuchen abgeleitet worden sind, nicht umgangen werden kann.

Um von der Grösse des Verlustes eine Vorstellung zu geben, lassen wir hier den Versuch folgen, welchen Coulomb mit geradlinigen Stahllamellen (6 Zoll Länge, 9,5 Linien Breite, 382 Gran Gewicht) angestellt hat. Nachdem sie sämmtlich ausgeglüht und in gleicher Weise magnetisirt worden waren, band er sie zu 2, 4, 6, 8, 12, 16 zusammen, so dass die flachen Seiten aneinander anlagen. Die Ergebnisse der Messung mit der Drehwaage waren:

Zahl der Lamellen	Verlust.
1	0,00
2	0,24
4	0,54

Zahl der Lamellen	Verlust.
6	0,65
8	0,72
12	0,79
16	0,82

Bei 16 Lamellen wird 0,82 oder $\frac{4}{5}$ von der Summe der Kräfte durch das Zusammenlegen unwirksam gemacht, und nur $\frac{1}{5}$ der Wirkung bleibt übrig. COULOMB überzeugte sich später, dass der Verlust der einzelnen Lamellen theils permanent, theils vorübergehend war; so betrug die Kraft von vier aneinander gebundenen Lamellen (durch die Drehung des Suspensionsdrahtes der Drehwaage ausgedrückt) 150°, und nachdem die Lamellen auseinander genommen wurden, so zeigte sich die Kraft der einzelnen wie folgt:

erste Lamelle	70°
zweite	44
dritte	44
vierte	60.

Die Summe dieser Kräfte ist 218°, so dass der vorübergehende Verlust 68°, d. h. sehr nahe ein Drittheil des ganzen Betrages ausmachte. Wie zu erwarten stand, war bei den mittleren Lamellen der Verlust stärker, als bei den äusseren.

7. Ich habe ebenfalls versucht, die Kraftverminderung, welche eintritt, wenn man Magnete mit gleich gerichteten Polen aneinander anlegt oder sie einander sehr nahe bringt, durch folgende Experimente näher zu ermitteln.

I. Zwei Abschnitte von einer starken Uhrfeder (Länge 103,1, Breite 8,0, Dicke 0,2 Par. Linien) wurden mit einem 25 pfündigen Stabe magnetisirt und es fand sich das magnetische Moment

von A	34,7
von B	32,7;

übereinander gelegt mit einem Zwischenraume von 3,81 Par. Lin., gaben sie:

magnetisches Moment 63,4, Verlust 1,0 oder $\frac{1}{64}$;

mit einem Zwischenraum von 2,54 Par. Lin.

magnetisches Moment 63,05; Verlust 1,35 oder $\frac{1}{48}$;

mit einem Zwischenraume von 1,27 Par. Lin.

magnetisches Moment 62,70, Verlust 1,70 oder $\frac{1}{38}$.

Diese Verluste sind nur der vorübergehenden Wirkung der Induction zuzuschreiben, einen permanenten Verlust hatten die Magnete nicht erlitten.

Die beiden Abschnitte wurden hierauf neu magnetisirt und gaben, einzeln untersucht, folgende Momente:

A	34,55
B	33,95.

Als sie aufeinander gelegt wurden, fand sich:

magnetisches Moment 62,1, Verlust 6,4.

Von diesem Verluste ist ein Theil permanent, ein Theil nur der vorübergehenden Wirkung der Induction zuzuschreiben; um beide zu trennen, wurden die Magnete einzeln untersucht und gaben:

magnetisches Moment A 32,4; permanenter Verlust 2,15 oder $\frac{1}{16}$
B 32,0; 1,95 oder $\frac{1}{17}$.

Durch unmittelbare Berührung trat also ein permanenter Kraftverlust von $1/t$ und eine durch Induction erzeugte temporäre Verminderung des magnetisch Moments von $1/28$ ein.

Berücksichtigt man blos die temporäre Verminderung, und wird die Entfernu in Pariser Linien ausgedrückt, so lassen sich die obigen Versuche sehr genau du die Formel

$$\frac{1}{28{,}00 + 8{,}27\,x}$$

darstellen, d. h. diese Formel gibt an, um den wie vielsten Theil ihres ganz Betrages die Wirkung der beiden Magnete durch Induction vermindert worden l Die Vergleichung der Formel mit der Beobachtung gibt

Zwischenraum	beobachteter Verlust	berechneter Verlust	Differenz.
0,0	2,30	2,30	0,00
1,27	1,70	1,67	+ 0,03
2,54	1,35	1,31	+ 0,04
3,80	1,00	1,08	− 0,08

II. Weitere Versuche wurden mit zwei flachen Eisenprismen A und (Länge $43'''{,}2$, Breite $5'''{,}3$, Dicke $0'''{,}4$ Par. Maass) gemacht, welche einzeln d aneinander anliegend und durch mehrere Zwischenlagen getrennt, in eine sehr lan Magnetisirungsspirale gebracht wurden. Die Resultate, auf die absolute induciren Kraft 91,76 reducirt, waren wie folgt:

A allein	37,88	
B allein	38,10	
aneinander anliegend	44,25;	Verlust durch Induction 31,73
mit Zwischenraum von $0'''{,}93$	48,15;	27,83
1,86	50,90;	25,08
2,79	53,75;	22,23.

Hier war also die in Folge der Induction entstehende Verminderung d magnetischen Moments sehr bedeutend, und durch die Rechnung überzeugt m sich sogleich, dass zwischen der Verminderung des Magnetismus und der Entf nung der Platten ein ähnliches Verhältniss besteht wie im vorhergehenden Fa Für dieses Verhältniss findet man eine geeignete Ausdrucksweise durch folge Betrachtungen. Bezeichnet man den wirklichen Magnetismus zweier Lamellen und B, die einander nahe gebracht werden, mit m' und m'', den Magnetismus, d sie haben würden, wenn keine gegenseitige Induction stattfände, mit M' und M so ist m' nur desshalb kleiner als M', weil der Magnetismus m'' der Lamelle B in einen entgegengesetzten Magnetismus

$$\frac{m''}{a + bx}$$

inducirt, wo a und b constante Grössen und x die Entfernung der Lamellen be deuten. Man hat demnach

$$m' = M' - \frac{m''}{a + bx}$$

und analog hiermit

$$m'' = M'' - \frac{m'}{a + bx}$$

§. 20. NATÜRLICHE UND KÜNSTLICHE MAGNETE; IHRE FORM.

Addirt man die beiden Gleichungen 2) und 3) und wird das beobachtete magnetische Moment $m' + m'' = m$ und das Moment, welches ohne Induction vorhanden wäre, $M' + M'' = M$ gesetzt, so ergibt sich

$$m = M - \frac{m}{a + bx} \qquad 4)$$

oder da $M - m$ die Verminderung oder den Verlust an Kraft bedeutet, so ist der Verlust

$$= \frac{1}{a + bx}$$

des beobachteten magnetischen Moments. Für die oben angeführte Versuchsreihe findet man

$$\frac{1}{a + bx} = \frac{1}{1{,}394 + 0{,}360\,x},$$

wo x in Linien ausgedrückt ist, und die Vergleichung der Rechnung mit der Beobachtung zeigt folgende Zusammenstellung:

Zwischenraum	beobachteter Verlust	berechneter Verlust	Differenz
0,00 Lin.	31,73	31,74	— 0,01
0,93	27,83	27,85	— 0,02
1,86	25,08	24,67	+ 0,41
2,79	22,23	22,41	— 0,18

Es unterliegt hiernach keinem Zweifel, dass man den Verlust allgemein durch die Formel

$$\frac{1}{a + bx} \qquad 5)$$

ausdrücken könne, wobei a und b von der Länge, Breite und Inductionsfähigkeit abhängen werden. Es kommt nun darauf an, Näheres hierüber festzustellen.

III. Um den Erfolg, der, wie eben gezeigt worden ist, bei dem weichen Eisen zu Stande kommt, mit der Induction eines Magnets zu vergleichen, wurden zwei Abschnitte einer Uhrfeder hergestellt, genau von gleicher Länge und Breite wie eines der obigen flachen Eisenprismen, aber von geringerer Dicke; das Verhältniss der Dicken lässt sich daraus ableiten, dass ein flaches Eisenprisma 7,78, ein Abschnitt der Uhrfeder 3,62 Grammen wog. Zuerst wurde die Inductionsfähigkeit bestimmt, und es ergab sich bei der absoluten inducirenden Kraft 98,37 der inducirte Magnetismus

eines flachen Eisenprisma	33,07
eines Abschnittes der Uhrfeder	6,00.

Hierauf wurden die Abschnitte der Uhrfeder magnetisirt und auf einen derselben ein flaches Eisenprisma zuerst unmittelbar, dann mit verschiedenen Zwischenräumen gelegt, wobei folgende Ergebnisse erhalten wurden:

	magnetisches Moment
Uhrfeder magnetisirt	17,7
Uhrfeder und Eisenprisma in Berührung	4,3
Uhrfeder allein	17,25
Eisenprisma allein	— 1,80
beide übereinander gelegt mit einem Zwischenraume von 1,06 Par. Lin.	7,75
2,12	9,42
3,18	10,70.

Bezeichnet man den Verlust durch Induction für die Uhrfeder und die Eisenlamelle durch $\frac{1}{u}$ und $\frac{1}{u'}$, so hat man analog mit 2) und 3)

$$m' = M' - \frac{m''}{u}$$
$$m'' = M'' - \frac{m'}{u'}$$

und daraus

$$m = M - \frac{M'}{u} - \frac{M - \frac{m}{u}}{u'} \qquad 6).$$

Setzt man (nach dem aus dem nächstfolgenden Experimente hervorgehenden Resultate) $u = 9{,}70 + 4{,}24\,x$, so ergibt sich für den Verlust der Eisenlamelle

$$\frac{1}{u'} = \frac{1}{1{,}48 + 0{,}612\,x}$$

und wenn darnach der Verlust für die verschiedenen Werthe von x berechnet wird, so zeigt sich zwischen Rechnung und Beobachtung eine sehr genaue Uebereinstimmung.

Die beiden Abschnitte der Uhrfeder einer ähnlichen Procedur unterworfen, gaben folgende magnetische Momente:

bei der Berührung		58,70
bei Entfernung 0,93 Par. Lin.		60,35
,, ,, 1,86 ,,		61,25
,, ,, 2,79 ,,		61,75
Abschnitte für sich allein		
	erster	32,00
	zweiter	32,75.

Mit diesen Zahlen ergibt sich die durch Induction eintretende Verminderung nach der oben erklärten Bedeutung

$$\frac{1}{9{,}70 + 4{,}24\,x}.$$

Vermöge des oben gefundenen Verhältnisses der Inductionsfähigkeit sollte dieser Ausdruck nahe $\frac{1}{5{,}5}$ von dem vorhergehenden sein, was jedoch keineswegs mit der zu erwartenden Genauigkeit zutrifft; ich wurde hierdurch auf die Vermuthung geführt, dass bei Stahl- und Eisenlamellen der Erfolg der Induction nicht in ganz gleicher Weise hervortrete, und um hierüber Näheres zu ermitteln, wurden die Versuche in folgender Weise modificirt.

IV. Zu den beiden eben erwähnten Uhrfeder-Abschnitten wurden noch zwei Paare gemacht, das eine von grösserer, das andere von kleinerer Breite, aber alle von 43,2 Par. Lin. Länge. Die Breiten waren wie folgt:

Abschnitte	
A	2,25
B	5,25
C	8,05.

Sie wurden zuerst unmittelbar auf einander gelegt, dann ein Glas von $1'''{,}06$ dazwischengebracht, dann einzeln untersucht. Die Ergebnisse, ganz den obigen analog, waren:

	magnetisches Moment.
Abschnitte A anliegend	50,45
Glas dazwischen	51,45
einzeln	26,6 und 26,65
Verminderung durch Induction	$\dfrac{1}{18,02 + 9,96 x}$
Abschnitte B anliegend	87,5
Glas dazwischen	90,05
einzeln	48,65 und 48,00
Verminderung durch Induction	$\dfrac{1}{9,56 + 3,85 x}$
Abschnitte C anliegend	116,55
Glas dazwischen	119,90
einzeln	67,40 und 65,50
Verminderung durch Induction	$\dfrac{1}{7,14 + 1,96 x}$.

Der Verlust ist demnach um so grösser, je breiter die Magnete sind.

Es ist leicht zu erkennen, dass die Werthe von a näherungsweise sich verhalten wie die Quadratwurzeln der Breite, was ohne Zweifel mit dem Umstande zusammenhängt, dass das magnetische Moment flacher Prismen sehr nahe der Quadratwurzel der Breite proportional ist (§. 37). Was die Grösse b betrifft, so scheint sie von complicirteren Verhältnissen abzuhängen; beide Werthe nehmen übrigens asymptotisch mit der Breite ab und werden zuletzt umgekehrt der Breite proportional sein.

Um den Einfluss der Länge zu bestimmen, wurden Abschnitte einer Uhrfeder, die von gleicher Breite $= 7,1$ Par. Lin., und den Längen 70,6 und 35,8 Par. Lin. magnetisirt und gaben folgende Resultate:

	magnetisches Moment.
die kürzeren Abschnitte aufeinander liegend	38,76
einzeln	22,15 und 22,00
die längeren Abschnitte aufeinander liegend	109,55
einzeln	58,55 und 57,25

Hieraus ergibt sich der durch Induction entstandene Verlust

für die kürzeren Abschnitte	$\dfrac{1}{7,19}$
für die längeren Abschnitte	$\dfrac{1}{17,53}$.

Der Verlust ist demnach um so grösser, je kürzer die Magnete sind.

V. Aus einer Tafel von Eisenblech, deren Dicke 0,385 Par. Lin. betrug, wurden Abschnitte von drei verschiedenen Breiten und Längen angefertigt, und zwar verhielten sich die Längen wie 1 2 3, und die Breiten auch nahe wie 1 : 2 : 3. Ich werde sie desshalb so bezeichnen, dass ich die Längen und Breiten in Klammern einschliesse und z. B. (3, 1) einen Abschnitt von der Länge 3 und der Breite 1, (1, 3) einen Abschnitt von der Länge 1 und der Breite 3 u. s. w. bedeuten soll. Um die auf solche Weise angegebenen relativen Dimensionen in absolute zu verwandeln, dienen folgende Bestimmungen:

Längen 3 = 60   Par. Lin.
,,   2 = 40
,,   1 = 20
Breiten 3 = 8,2
,,   2 = 5,25
,,   1 = 2,9

Zuerst ward der Einfluss der Länge untersucht, und dabei wurden nach vorgenommener Reduction auf gleiche Stromstärke folgende magnetische Momente gefunden.

Abschnitte (1, 3)
unmittelbar aufeinander liegend   15,98
mit Zwischenraum 0,925   17,61
einzeln   14,15 und 13,70

Verminderung durch Induction
$$\frac{1}{1,35 + 0,40\,x}$$

Abschnitte (2, 3)
unmittelbar aufeinander liegend   59,9
mit Zwischenraum 0,925   64,8
einzeln   51,8 und 52,5

Verminderung durch Induction
$$\frac{1}{1,35 + 0,31\,x}$$

Abschnitte (3, 3)
unmittelbar aufeinander liegend   64,9
mit Zwischenraum 0,925   68,8
einzeln   54,0 und 56,15

Verminderung durch Induction
$$\frac{1}{1,45 + 0,25\,x}$$

Abschnitte (1, 2)
unmittelbar aufeinander liegend   11,71
mit Zwischenraum 0,925   13,39
einzeln   10,20 und 10,26

Verminderung durch Induction
$$\frac{1}{1,34 + 0,59\,x}$$

Abschnitte (2, 2)
unmittelbar aufeinander liegend   46,17
mit Zwischenraum 0,925   50,66
einzeln   40,65 und 40,00

Verminderung durch Induction
$$\frac{1}{1,34 + 0,58\,x}$$

Abschnitte (3, 2)
unmittelbar aufeinander liegend   52,08
mit Zwischenraum 0,925   55,63
einzeln   43,32 und 42,00

Verminderung durch Induction

$$\frac{1}{1{,}57 + 0{,}32\,x}.$$

nt hieraus hervorzugehen, dass mit der Länge der Werth von a zu-
Werth von b aber abnimmt. Um hinsichtlich des Einflusses der Breite
idung zu erhalten, wurden folgende Versuche vorgenommen, wobei
inz beibehalten wurde.

Abschnitte (2, 1)
unmittelbar aufeinander liegend   5,76
mit Zwischenraum 1''',333   6,75
einzeln   4,80 und 4,80

Verminderung durch Induction

$$\frac{1}{1{,}50 + 0{,}65\,x}$$

Abschnitte (2, 2)
unmittelbar aufeinander liegend   7,60
mit Zwischenraum 1''',333   8,69
einzeln   6,68 und 6,81

Verminderung durch Induction

$$\frac{1}{1{,}29 + 0{,}59\,x}$$

Abschnitte (2, 3)
unmittelbar aufeinander liegend   9,82
mit Zwischenraum 1''',333   11,04
einzeln   8,68 und 8,72

Verminderung durch Induction

$$\frac{1}{1{,}50 + 0{,}26\,x}.$$

lere Versuchsreihen mit den längeren Abschnitten gaben

$$(3, 3) \quad \frac{1}{1{,}28 + 0{,}26\,x}$$

$$(3, 2) \quad \frac{1}{1{,}42 + 0{,}35\,x}$$

$$(3, 1) \quad \frac{1}{1{,}76 + 0{,}47\,x}$$

sen Versuchen sowohl, als aus den später (§. 37) vorkommenden
hliessen, dass die Werthe von a und b asymptotisch mit der Ab-
reite zunehmen, so dass sie zuletzt mit den Breiten umgekehrt pro-
 werden.

116 KAP. II. MAGNETE, ZUSAMMENSETZUNG MAGNETISCHER INSTRUMENTE. §. 20.

Die Vergleichung dieses Resultats mit dem oben für Stahl gefundenen zeigt, dass zwischen beiden wesentliche Unterschiede eintreten.

Die Ursache hiervon kann man entweder darin suchen, dass der Stahl durch Streichen, das Eisen durch den galvanischen Strom magnetisirt war, oder darin, dass der Stahl geringere, das Eisen grössere Inductionsfähigkeit besass. Folgende Versuche geben hierüber die erforderliche Auskunft.

VI. Von einer Uhrfeder (Breite 7,0, Dicke 0,15 Par. Lin.) wurden zwei gleiche Abschnitte C und D von 45,5 Par. Lin. Länge genommen, und unmagnetisirt der Einwirkung des galvanischen Stromes ausgesetzt, wobei folgende magnetische Momente sich ergaben:

längere Abschnitte in Berührung	58,20
mit Zwischenraum von 0,925	58,70
einzeln	32,05 und 31,35

Verminderung durch Induction
$$\frac{1}{11{,}19 + 1{,}40\,x}$$

kürzere Abschnitte in Berührung	30,44
mit Zwischenraum von 0,925	30,69
einzeln	16,75 und 17,29

Verminderung durch Induction
$$\frac{1}{8{,}46 + 0{,}75\,x}$$

Durch den Strom hatte jeder von den Abschnitten das magnetische Moment 4,2 permanent gewonnen. Hierauf wurden die Abschnitte durch Bestreichen mit einem kleinen Magnete schwach magnetisirt und gaben:

längere Abschnitte in Berührung	70,8
mit Zwischenraum von 0,925	72,0
einzeln	35,75 und 40,60

Verminderung durch Induction
$$\frac{1}{12{,}76 + 4{,}09\,x}$$

kürzere Abschnitte in Berührung	45,65
mit Zwischenraum von 0,925	46,40
einzeln	24,85 und 25,45

Verminderung durch Induction
$$\frac{1}{9{,}82 + 2{,}25\,x}$$

Dann wurden die Abschnitte mittelst 25 pfündiger Stäbe magnetisirt und gaben:

längere Abschnitte in Berührung	111,85
mit Zwischenraum von 0,925	112,90
einzeln	59,40 und 59,55

Verminderung durch Induction
$$\frac{1}{15{,}75 + 3{,}44\,x}$$

kürzere Abschnitte in Berührung   59,60
mit Zwischenraum von 0,925   60,80
einzeln   33,85 und 31,80

Verminderung durch Induction

$$\frac{1}{9{,}85 + 2{,}91\,x}.$$

Gleichzeitig muss jedoch bemerkt werden, dass bei wiederholten Versuchen den kürzeren Abschnitten, nachdem sie jedesmal neu magnetisirt worden ren, ziemlich abweichende Resultate erhalten wurden.

Die magnetisirende Kraft des Stromes war 97,24, und wenn man die Magnerung mittelst der 25 pfündigen Stäbe als Sättigung betrachtet und der Einheit ich setzt, so war der Magnetismus in den drei oben angeführten Versuchsreihen : folgt:

	längere Abschnitte	kürzere Abschnitte
erste Versuchsréihe (galv. Strom)	0,201	0,225
zweite Versuchsreihe	0,560	0,577
dritte Versuchsreihe	1,000	1,000

Aus den letzten Versuchsreihen folgt, dass der durch Induction eintretende ftverlust in gleicher Weise von den Dimensionen abhängt, man mag die inirende Kraft des galvanischen Stromes oder permanenten Magnetismus anwenden, l somit hat man den oben hervorgehobenen Unterschied zwischen dem weichen en und dem Stahle einzig der verschiedenen Inductionsfähigkeit zuzuschreiben.

8. Die Sätze, zu welchen wir am Ende gelangen, lauten wie folgt:
1) wenn man zwei Lamellen zusammenlegt, so dass sie sich berühren oder ein kleiner Zwischenraum vorhanden ist, so entsteht durch Induction eine Verminderung des Magnetismus, dessen Betrag durch

$$\frac{1}{a + bx}$$

dargestellt werden kann, wo a und b Constanten sind, und x die Grösse des Zwischenraumes bezeichnet.

2) die Constanten a und b sind bei vollkommen inductionsfähigen Eisenlamellen in geringerm Maasse von den Dimensionen abhängig, ändern sich aber bei dem weniger inductionsfähigen Stahle mit den Dimensionen und mit der Stärke des Magnetismus, und zwar an Grösse zunehmend, je geringer die Inductionsfähigkeit und je stärker der Magnetismus wird.

Diese Sätze lassen sich auf eine beliebige Anzahl von Lamellen ausdehnen. imt man z. B. an, dass die Lamellen aneinander anliegen, und bezeichnet man ihren ursprünglichen Magnetismus (bei allen gleich) mit M, ihren Magnetismus in der Verbindung mit m_1, m_2, m_3 ihre Dicke mit x und die Grössen $a + bx$, $a + 2bx$, $a + 3bx$ u. s. w. mit a_1, a_2, a_3,
hat man

$$M - m_1 = \frac{m_2}{a} + \frac{m_3}{a_1} + \frac{m_4}{a_2} + \frac{m_5}{a_3}$$

$$M - m_2 = \frac{m_1}{a} + \frac{m_3}{a} + \frac{m_4}{a_1} + \frac{m_5}{a_2}$$

$$M - m_3 = \frac{m_1}{a_1} + \frac{m_2}{a} + \frac{m_4}{a} + \frac{m_5}{a_1}$$

Aus diesen Gleichungen lassen sich die Werthe von m_1, m_2, m_3 ... und die Summe $m_1 + m_2 + m_3 + \ldots = Sm$, d. h. das magnetische Moment der Combination ableiten.

9. Bei den vorhergehenden Versuchen könnte sich das Bedenken darbieten, ob nicht, wenn zwei Lamellen miteinander magnetisirt werden, in jeder einzelnen Lamelle die Quantität und die Vertheilung des Magnetismus eine andere sei, als wenn die Lamellen einzeln magnetisirt und dann zusammengelegt werden. In wieferne diess bei stärkern Lamellen der Fall sein mag, habe ich nicht untersucht: bezüglich auf schwächere Lamellen dagegen habe ich folgendes gefunden.

Zwei gleiche Abschnitte einer Uhrfeder (Länge $38''',4$, Breite $7''',0$) fest zusammengebunden und magnetisirt mit den 25 pfündigen Stäben gaben

42,3.

Als sie hierauf von einander getrennt wurden, waren die Momente

23,65 und 24,4,

also Betrag der Induction

5,75.

Dieselben Abschnitte wurden einzeln magnetisirt und gaben

zusammengelegt 43,00
einzeln 23,80 und 24,70,

also Betrag der Induction

5,50.

Es scheint hiernach gleichgültig zu sein, ob man Lamellen miteinander oder einzeln magnetisirt.

Als eine auffallende Anomalie den im Vorhergehenden aufgeführten Thatsachen gegenüber ist die Angabe von HEARDER [21] zu betrachten, dass er aus Gusseisen 24 Hufeisen habe herstellen lassen, welche in ein Magazin zusammengefügt, 80 Pfund trugen, während die Summe der Tragkräfte der einzelnen Hufeisen blos 11 Pfund ausmachte.

10. SINSTEDEN [22] hat sich mit der Frage befasst, wie die Lamellen, welche man zu einem Hufeisenmagnet für Rotationsapparate anwenden will, am zweckmässigsten magnetisirt und zusammengesetzt werden sollen; dabei hat er viele Regeln und Ausnahmen von den Regeln angeführt, deren Grund nicht näher ermittelt wurde, so dass zuletzt ein entscheidendes Resultat nicht zu Stande kam; gleiches gilt von den Bemerkungen, welche STÖHRER [23] gegen SINSTEDEN's Angaben vorgebracht hat, dann von WILLWARD's [24] Mittheilungen, welcher, wie oben bereits bemerkt worden ist, Hufeisenmagnete von den grössten Dimensionen herstellte. Die Angabe von STÖHRER, dass es vortheilhaft sei, wenn die Lamellen eines Hufeisenmagnets nur an den Polen und nicht der ganzen Länge nach sich berühren, halte ich nicht für begründet, wenigstens stimmt sie mit folgendem von mir veranstalteten Versuche nicht überein. Zwei Abschnitte einer Uhrfeder wurden magnetisirt und mit gleich gerichteten Polen an den äussersten Enden fest zusammengebunden. Während die Enden zusammengebunden blieben, konnte man vermöge der Elasticität der Federn sie in der Mitte durch hineingeschobene Glas- oder Messingstücke in beliebiger Entfernung von einander getrennt halten. Die Beobachtung gab nun

Federabschnitte ganz aneinander anliegend	44,85
in der Mitte getrennt, Zwischenraum $0''',35$	44,85
" " " " 1,4	44,80
" " " " 1,5	44,80
Federabschnitte einzeln, erster Abschnitt	21,50
zweiter Abschnitt	22,00

Der Verlust betrug $\frac{1}{25,6}$ und war gleich, es mochten die Federabschnitte in der Mitte aneinander anliegen oder getrennt sein, denn der Unterschied von 0,05 ist wohl als Beobachtungsfehler zu betrachten. Dieselben Versuche, in anderer Weise angestellt, gaben ähnliche Resultate; zugleich habe ich mich versichert, dass die bei den Versuchen vorkommende kleine Biegung der Federabschnitte auf den Magnetismus keinen Einfluss hatte.

11. Bringt man viele Lamellen in Berührung, so muss denselben um so weniger Magnetismus mitgetheilt werden, je grösser ihre Anzahl ist, weil sonst nicht blos eine Schwächung, sondern auch theilweise eine Umkehrung der Pole stattfindet, wie Nobili's Versuche (§. 37) erweisen.

Will man sehr starke Magnetpole erhalten, so ist es am zweckmässigsten, Elektromagnete zu Hülfe zu nehmen. Zwar hat Babinet [25] vorgeschlagen, einen weichen Eisenstab durch die Induction mehrerer Magnetstäbe (er gebrauchte deren 25) magnetisch zu machen, und behauptet, dass der Erfolg höchst befriedigend gewesen sei; jedoch wird die Sache immerhin bedenklich erscheinen, denn da der inducirte Magnetismus nothwendig schwächer ist als die inducirende Kraft, so müsste die directe Wirkung der 25 Magnete jedenfalls beträchtlicher sein, als jene des durch Induction magnetisirten Eisenstabes.

12. Magnetnadeln bis 5 oder 6 Zoll Länge werden am besten aus Uhrfedern verfertigt; Compassnadeln von 8 bis 10 Zoll Länge und Inclinationsnadeln, deren Länge bis 12 Zoll betragen kann, feilt man aus flachem Stahl und lässt sie nach dem Härten blau anlaufen.

Zum Behufe der Schifffahrt ist viel Gewicht darauf gelegt worden, den Compassnadeln einen starken und constanten Magnetismus zu ertheilen; einiges Aufsehen in dieser Beziehung erregte vor mehreren Jahren ein, angeblich in der Zubereitung des Stahles sowohl, als in der Magnetisirung bestehendes Arcanum, welches von einem reisenden Magnetkünstler an die Niederländische Regierung verkauft worden ist, sich aber später nicht bewährt zu haben scheint.

Was die Dimensionen der Magnetstäbe betrifft, so haben jene, die von Knight zu seinem grossen magnetischen Magazin gebraucht wurden, eine Länge von 5 Fuss erreicht, später jedoch ging man in der Regel nicht über 1 Fuss, bis Gauss sein Magnetometer einführte und zur Erzielung genauer Resultate bei Messungen des Erdmagnetismus die Anwendung grosser Stäbe (4 bis 40 Pfund im Gewichte) für nothwendig erklärte. Eine sehr beträchtliche Anzahl solcher Stäbe, von Meyerstein in Göttingen verfertigt, kamen um das Jahr 1840 in Gebrauch, wurden jedoch nach und nach wieder beseitigt und im Allgemeinen ist man jetzt zu den früheren Dimensionen zurückgekehrt.

Frei beweglichen Nadeln gibt man eine Länge von 3 bis 6 Zoll; ganz kleine von 3 bis 9 Linien werden nur für specielle Zwecke benützt, z. B. bei Bestimmung der absoluten Intensität des Erdmagnetismus, oder zur Erzeugung einer sehr schwachen Directionskraft, wie sie insbesondere für Elektrometer erforderlich ist.

Runde Scheiben sind von Musschenbroek, elliptische von Vassali [26] angewendet worden; Letzterer magnetisirte die Scheiben so, dass, wenn sie an einem Faden aufgehängt wurden, die grosse Axe in den astronomischen Meridian sich einstellte.

Es ist gewöhnlich, die Grösse der Magnetstäbe wie der Hufeisenmagnete durch ihr Gewicht und zwar nach Pfunden zu bezeichnen. So findet man in den Verzeichnissen physikalischer Instrumente 4pfündige, 10pfündige, 40pfündige Magnete aufgeführt. Dass diese Bezeichnung ausserordentlich unbestimmt ist, braucht kaum erwähnt zu werden.

13. Ueber die wichtige Frage, welche Form für Magnete die vortheilhafteste sei, liegen viele Untersuchungen vor, indessen sind die erlangten Resultate in den meisten Fällen von geringer Bedeutung. GILBERT hielt die Kugelform (Terrellen) für die zweckmässigste. MICHELL schreibt ohne nähere Begründung ein bestimmtes Verhältniss zwischen der Länge und dem Gewichte vor, wofür er eine in §. 40 vorkommende Tabelle angefertigt hat. Nach EULER [27] sollen Hufeisenmagnete flach sein und die Dicke den fünfzehnten Theil der Breite betragen, auch die Breite gegen die Pole etwas abnehmen. CAVALLO [28] nimmt die Breite gleich $1/10$ und die Dicke gleich $1/20$ der Länge. COULOMB [29] empfiehlt für freie Nadeln die Form eines Parallelogramms, d. h. eine Form, welche von der Mitte gegen beide Enden spitzig zuläuft; auf dieses Resultat war er durch seine Versuche geführt worden.

Für eigentliche Magnetstäbe bestimmt FUSS die Breite zu $1/6$, MUSSCHENBROEK zu $1/24$ der Länge, und letzteres Verhältniss ist den Versuchen von COULOMB zufolge das vortheilhaftere. Zur Festsetzung der Dimensionen, insbesondere des Querschnittes, führte BARLOW eine neue Grundlage ein, nämlich das Gesetz, wornach der Magnetismus in das Innere des Eisens und Stahles eindringt. Aus seinen Versuchen mit hohlen und massiven Kugeln schloss er nämlich, dass der Magnetismus beim Eisen nur bis $1/30$ eines englischen Zolles eindringe, und KATER [30] bestimmte durch spätere Versuche mit hohlen und massiven Cylindern diese Grösse zu 0,18 eines englischen Zolles oder 2 pariser Linien. Hieraus schliesst MUNCKE [31], dass man einem Magnetstabe nie über 5 Linien Dicke geben solle. Damit würden auch die Versuche im Allgemeinen übereinstimmen, welche v. FEILITZSCH [32] in neuerer Zeit mit mehreren in einander eingeschobenen eisernen Röhren ausgeführt hat, in so ferne man die von ihm gegebene (von BARLOW's Ansicht nicht wesentlich abweichende) Auslegung als richtig annimmt; es unterliegt übrigens keinem Zweifel, dass hier eine unrichtige Auffassung (man vergl. §. 37) zu Grunde liegt, und demnach auch die Dicke der Stäbe nicht nach dem obigen Princip bestimmt werden kann.

KATER [33] hat directe Versuche über die beste Form von Compassnadeln angestellt, wobei er flache Prismen, volle Rhomben und durchbrochene Rhomben, volle Ellipsen und durchbrochene Ellipsen gebraucht hat. Dabei fand er, dass durchbrochene Nadeln verhältnissmässig grössere Directionskraft haben, ferner, dass die durchbrochene Ellipse *Fig. 85* gegen das durchbrochene Parallelogramm *Fig. 86* be-

Fig. 85.

Fig. 86.

trächtlich zurücksteht. Ein durchbrochenes Parallelogramm von 5 Zoll Länge und 2 Zoll Breite erklärt er für die vortheilhafteste Form und Grösse einer Compassnadel. Seine Versuche sind übrigens nicht in solcher Weise eingerichtet, dass sie vergleichbare Resultate hätten liefern können.

Ueber den Einfluss der Dicke prismatischer Stäbe auf die Magnetisirung hat SCORESBY [34], der ältere, Versuche angestellt, wobei er fünf auf gleiche Weise gehärtete und magnetisirte Stäbe A, B, C, D, E angewendet hat, die alle gleiche Länge (12 Zoll) und gleiche Breite (1 Zoll) hatten, und deren Dicke und magnetisches Moment in folgender Tabelle zusammengestellt sind:

	Dicke Zoll	Ablenkung	magnet. Moment (Tang. der Ablenkung.)
A	0,55	33°	0,65
B	0,28	33 1/2	0,66
C	0,20	29	0,65
D	0,14	29	0,55
E	0,08	27 1/2	0,52

Hiernach würde der prismatische Stab B, dessen Dicke nahe $1/4$ der Breite betrug, das grösste Moment erlangt haben; es ist jedoch, wenn man meine, weiter unten folgenden Versuche vergleicht, nicht wohl möglich, dieses Resultat als begründet anzunehmen, und man muss auf die Vermuthung gerathen, dass die Stäbe nicht bis zur Sättigung magnetisirt waren. Nobili [35] hat auf die Wirksamkeit hohler Magnete aufmerksam gemacht; seinen Versuchen zu Folge betrug die Ablenkung, welche ein hohler Cylinder von gehärtetem Stahle, 16 Grammen im Gewichte, hervorbrachte, $19°$, während ein massiver Cylinder von gleichen Dimensionen, 28 Grammen wiegend, nur eine Ablenkung von $9°,5$ hervorzubringen vermochte. Auch Weber [36] betrachtete hohle Cylinder als eine sehr vortheilhafte Form und wandte sie bei seinem kleinen Magnetometer an. Gauss gab, nachdem er dessfalls Versuche angestellt hatte, seinen Stäben folgende Dimensionen (in Millimetern)

	Länge	Breite	Dicke.
4 pfündige Stäbe	630	37,6	9,4
10	911	48,8	13,0
25	1223	78,5	15,7

14. Durch alle diese Bestimmungen wird jedoch die Frage nicht blos nicht gelöst, sondern es ist damit nicht einmal die eigentliche Grundlage der Untersuchung bezeichnet. Die hierher gehörigen Verhältnisse habe ich näher entwickelt [37] und bin zu dem Resultate gelangt, dass bei Beurtheilung der Zweckmässigkeit verschiedener Formen 1) das magnetische Moment, 2) das Gewicht, 3) das Trägheitsmoment in Betracht zu ziehen seien. Diejenige Form ist die vortheilhafteste, welche ein möglichst grosses magnetisches Moment bei möglichst geringem Gewichte und möglichst geringem Trägheitsmomente gewährt. Da übrigens das Trägheitsmoment nur bei den Schwingungen von Einfluss ist, also nur untergeordnete Bedeutung hat, so habe ich zuerst das Verhältniss des magnetischen Moments zum Gewichte durch folgende Versuchsreihen festgesetzt, wobei nicht Stahlmagnete, sondern Eisenkerne in langen Spiralen gebraucht wurden, da hier die Vertheilung des Magnetismus identisch ist mit der Vertheilung in Stahlstäben, wenn letztere bis zur Sättigung magnetisirt sind.

I. Versuchsreihe. Vier Eisenkerne (*Fig. 87*) von gleicher Länge $= 43''',2$ (pariser Maass) und gleichem Gewichte, aber ungleichem Querschnitte, nämlich

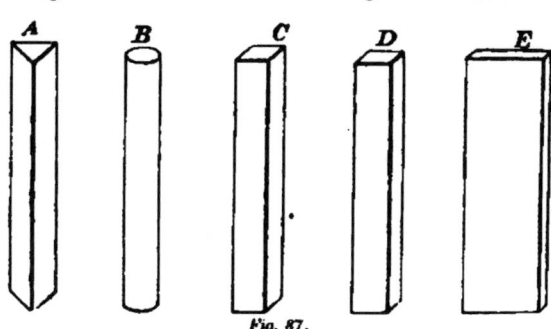

Fig. 87.

A Querschnitt ein gleichseitiges Dreieck; Länge einer Seite $= 7''',5$,
B   ein Kreis; Durchmesser $= 5''',7$,
C   ein Quadrat; Länge einer Seite $= 5''',3$,
D   ein Parallelogramm; Seiten $= 6''',0$ und $4''',1$,
E   ein Parallelogramm; Seiten $= 12''',4$ und $2''',1$

wurden in eine lange Spirale von 212 Windungen gebracht und gaben folg
Resultate:

	magn. Moment	Masse	Verhältniss.
A	7,255	1,00	7,255
B	6,806	0,99	6,875
C	7,300	1,14	6,404
D	6,952	1,05	6,621
E	8,248	1,13	7,299

Die Masse ist hier, wie bei den folgenden Versuchsreihen mittelst der W
bestimmt, nicht aus den obigen nur approximativ angegebenen Dimensionen
geleitet worden.

Die unvortheilhaftesten Formen sind das Prisma mit quadratischem Du
schnitte und der Cylinder, bei welchen die Masse um die Axe der Figur mögl
zusammengezogen wird, wogegen die grössere Ausbreitung der Masse bei
übrigen Formen von wesentlichem Vortheile sich erweist.

II. Versuchsreihe: Zwölf gleiche Lamellen aus Eisenblech, Länge 4:
Breite 5''',3, Dicke 0''',4 wurden so untersucht, dass zuerst ein einzelnes,
zwei, drei u. s. w. aneinander gelegt oder vielmehr zusammengebunden in die
erwähnte Spirale gebracht wurden. Wenn die zwölf Lamellen aneinander g
waren, so bildeten sie ein Prisma sehr nahe von gleicher Grösse wie C in
I. Versuchsreihe, und hatten ein Gewicht von 94,8 Grm. Die Resultate waren

		magn. Moment	Verhältniss zur Masse.
1	Lamelle	3,53	3,53
2		4,11	2,05
3		4,36	1,45
4		4,65	1,16
5		4,94	0,99
6		5,15	0,86
7		5,39	0,77
8		5,61	0,70
9		5,83	0,65
10		6,05	0,60
11		6,27	0,57
12	,,	6,44	0,54

hier zeigt sich auffallend, wie nachtheilig es ist, die Dicke zu vermehren.

Den obigen Angaben zufolge würden 14,4 Parallelogramme, dem Gewichte
dem Prisma C (Versuchsreihe I) gleich sein, und der ganze Magnetismus derselben
6,874 betragen; eine zweifache Vergleichung gab aber 7,194, ohne Zweifel eine F
davon, dass die Parallelogramme beim Ausglühen mit Zunder sich bedeckt hatt

III. Versuchsreihe. Sechs Parallelogramme (*Fig.* 88) von 45''',6 Lä
0''',3 Dicke und 2''',3, 4''',6, 6''',8, 9''',1. 11''',4, 13''',7 Breite wurden aus einer Ei

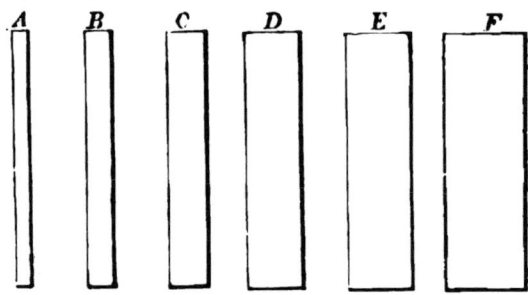

Fig. 88.

blechtafel herausgeschnitten und, nachdem sie sorgfältig ausgeglüht worden waren, in die oben erwähnte Spirale gebracht; das Ergebniss war, wie folgt:

	magn. Moment	Masse	Verhältniss zur Masse.
A	2,69	2,8	0,961
B	4,05	5,8	0,699
C	5,04	9,0	0,560
D	5,77	11,7	0,493
E	6,52	14,3	0,454
F	7,12	16,7	0,425

Hieraus ergibt sich, dass auch die Vergrösserung der Breite als nachtheilig zu betrachten ist, jedoch in geringerem Verhältnisse, als es in der II. Versuchsreihe bei der Dicke gefunden wurde.

IV. Versuchsreihe. Vier Nadeln (*Fig. 89*), von der Mitte aus spitzig zulaufend gegen beide Enden (verschobene Quadrate), wurden aus einer Eisenblechtafel herausgeschnitten. Sie hatten alle die gleiche Länge = $59'''{,}6$; die Breite in der Mitte verhielt sich sehr nahe wie 1, 2, 3, 4 und betrug bei der breitesten Nadel $19'''{,}5$. Die Beobachtung ergab folgende Zahlen:

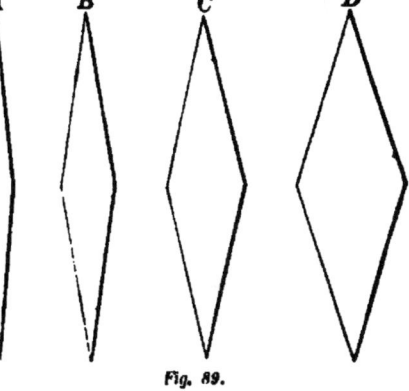

	magn. Moment	Masse	Verhältniss zur Masse.
A	4,304	4,95	0,870
B	5,313	9,84	0,539
C	5,944	14,45	0,412
D	6,595	19,45	0,339

Man sieht hieraus, dass das Verhältniss des Magnetismus zum Gewichte um so vortheilhafter ist, je spitziger die Nadeln zulaufen, d. h. je geringer die Breite in der Mitte ist.

Fig. 89.

V. Versuchsreihe. Drei gleiche Nadeln (*Fig. 90*), der Form nach denen der IV. Versuchsreihe ähnlich, Länge $46'''{,}0$, Breite in der Mitte $13'''{,}3$ wurden angefertigt; von zweien wurde ein Theil aus der Mitte herausgenommen, so dass sie durchbrochen verschobene Quadrate darstellten und der herausgeschnittene Theil der ganzen Figur ähnlich war. Was die Grösse des herausgeschnittenen Theiles betrifft, so betrug er bei B ein Drittel, bei C zwei Drittel der ganzen Figur. Die Beobachtung gab:

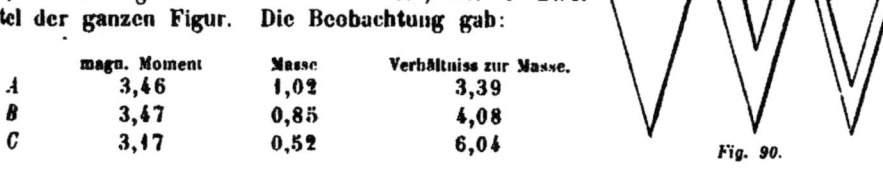

	magn. Moment	Masse	Verhältniss zur Masse.
A	3,46	1,02	3,39
B	3,47	0,85	4,08
C	3,17	0,52	6,04

Fig. 90.

Es ist also sehr vortheilhaft, in der Mitte einen Theil der Masse herauszunehmen.

VI. Versuchsreihe. Bei der IV. und V. Versuchsreihe liefen die Nadeln von der Mitte aus nach beiden Enden spitzig zu; bei der gegenwärtigen Versuchsreihe sollte ermittelt werden, welchen Unterschied es mache, ob die Breite gleich von der Mitte aus oder näher an den Enden abzunehmen beginnt. Hierzu wurden flache Stahlstücke von 43''',1 Länge, 1''',0 Dicke und 10''',0 Breite (in der Mitte) verwendet, deren Gestalt in (*Fig. 91*) dargestellt ist; der Theil ab betrug

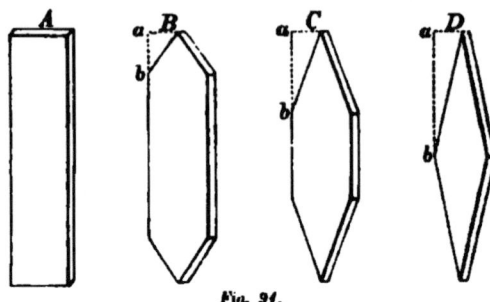

Fig. 91.

bei B ein Sechstel, bei C ein Drittel, bei D die Hälfte von der Länge. Die Resultate waren:

	magn. Moment	Masse	Verhältniss zur Masse.
A	44,6	37,2	1,20
B	34,3	28,8	1,19
C	27,7	23,6	1,17
D	23,6	18,0	1,32

Obwohl diese Beobachtungsreihe wenig zuverlässig ist, lässt sich doch mit Sicherheit so viel daraus abnehmen, dass das Zuspitzen der Enden der Magnete unvortheilhaft ist, ausser wenn die Abnahme der Breite von der Mitte beginnt. Eine von der Mitte aus spitzig zulaufende flache Nadel ist, den obigen Messungen zufolge, um $1/10$ vortheilhafter als eine parallelogrammförmige; aus anderen, weit zuverlässigeren Versuchsreihen habe ich ein etwas grösseres Verhältniss, nämlich $1/8$ gefunden.

VII. Versuchsreihe. Bekanntlich zeigt sich der Magnetismus am stärksten in den Kanten und Spitzen, und es schien zweckmässig zu untersuchen, welchen Erfolg man erhalte, wenn ein Magnet mehrere Spitzen hat. Zu diesem Zwecke wurden drei Parallelogramme von 47''',0 Länge, 9''',0 Breite, 0''',4 Dicke aus einer Tafel von Eisenblech herausgeschnitten und durch dreieckige Einschnitte bewirkt, dass das eine Stück zwei, das andere drei Spitzen an jedem Ende erhielt, während bei dem dritten Stücke kein Einschnitt gemacht wurde. Die Gestalt der Stücke ersieht man aus *Fig. 92*, die Tiefe der Einschnitte np betrug ein Viertel der Länge. Die Beobachtung ergab:

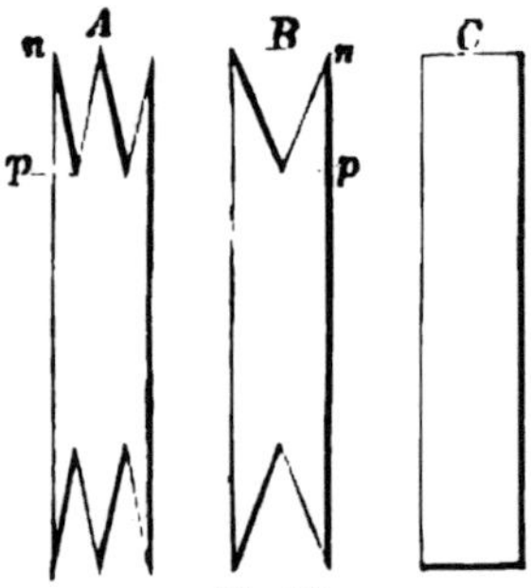

	magn. Moment	Masse	Verhältniss zur Masse.
A	5,075	1,00	4,659
B	4,908	1,10	4,462
C	6,005	1,41	4,259

Fig. 92.

Hiernach ist es vortheilhaft, an den Enden flacher Magnete Einschnitte zu machen, und zwar steigt das Verhältniss mit der Anzahl der Einschnitte.

Der in der VI. Versuchsreihe gegebenen Bestimmung zufolge, würde die Verhältnisszahl für eine von der Mitte aus spitzig zulaufende Nadel 4,79 sein; es ist nicht unwahrscheinlich, dass durch Vermehrung der Anzahl der Einschnitte dieses Verhältniss übertroffen werden könnte, jedoch empfiehlt sich die Form, um die sich hier handelt, in sonstigen Beziehungen so wenig, dass es zweifelhaft scheint, sie viele praktische Anwendung finden werde.

Aus den vorhergehenden Bestimmungen folgt:
1) dass schmälere Magnete vortheilhafter sind, als breitere;
2) dass dünnere Magnete vortheilhafter sind, als dickere;
3) dass mithin die vortheilhafteste Form diejenige ist, wo Breite und Dicke verschwinden, und der Magnet in eine mathematische Linie, d. h. in einen sogenannten Linearmagnet sich verwandelt.

Die vortheilhafteste Form eines Magnets, in so fern man das Verhältniss des Magnetismus zum Gewichte betrachtet, ist also eine imaginäre; praktisch übrigens gibt es zwei Formen, die als vortheilhaft erscheinen, nämlich die flache, von der Mitte aus spitzig zulaufende, und die flache prismatische, und zwar ist bei ersterer Form das Verhältniss des Magnetismus zum Gewichte um ein Achtel vortheilhafter als bei letzterer; dabei muss immer als Regel gelten, dass die Dicke und Breite so weit vermindert werden müssen, als es die sonst zu erfüllenden Bedingungen nur immer gestatten.

Es wäre noch zu untersuchen, in welchem Verhältnisse bei den oben angeführten Formen der Magnetismus zum Trägheitsmomente stehe; allein ich halte es für überflüssig, die darauf bezüglichen tabellarischen Zusammenstellungen hier beizufügen, da ohne solche leicht einzusehen ist, dass die Formen, welche wir in Rücksicht auf das Gewicht als unvortheilhaft erkannt haben, auch hinsichtlich des Trägheitsmoments als unvortheilhaft sich darstellen müssen. Was aber die flache, in der Mitte aus spitzig zulaufende und die flach prismatische Form betrifft, welche oben als die einzig zweckmässigen bezeichnet worden sind, so verhalten sich bei gleicher Länge und gleicher Breite in der Mitte die Gewichte wie $1 : 2$ und die Trägheitsmomente wie 1 : $3,75$, so dass der spitzig zulaufenden Form bei Weitem der Vorzug zuerkannt werden muss.

Eine praktische Folgerung ergibt sich aus der vorhergehenden Untersuchung, die, wie ich glaube, von Seite derjenigen, welche mit der Verfertigung magnetischer Instrumente sich befassen, sorgfältig beachtet zu werden verdient. Ein frei beweglicher Magnet ist nur in so fern mit Vortheil zu gebrauchen, als das magnetische Moment im Verhältnisse zum Gewichte möglichst gross ist. Je mehr man aber den Querschnitt vergrössert, desto weiter entfernt man sich von der Erfüllung dieser Bedingung, und hiernach muss der Gebrauch massiver Magnetstäbe als unzulässig erklärt werden. Nur ein Mittel gibt es, grosse magnetische Stärke bei geringem Gewichte zu erlangen, darin bestehend, dass man mehrere lange und flache Magnete neben- oder übereinander zu einem Systeme fest verbindet, ohne dass sie sich berühren. Schon vor vielen Jahren habe ich angegeben, bei magnetischen Variationsinstrumenten, später auch bei magnetischen Theodoliten mehrere Magnete zu verbinden, und gegenwärtig gebrauche ich durchgängig Systeme von drei Lamellen, die über einander gelegt und in der Mitte durch kleine Messingstücke von ungefähr $^3/_4$ Linien Dicke von einander getrennt gehalten werden. Auch bei Schiffscompassen werden gegenwärtig stets mehrere Nadeln und zwar neben einander mit dem besten Erfolge gebraucht. Hohle cylindrische Magnete, denen einige Künstler in Beziehung auf Stärke und Leichtigkeit einen grossen Vorzug zugeschrieben haben, bleiben, wie schon aus theoretischen Betrachtungen leicht nachgewiesen werden kann, sehr weit sogar gegen die einzige flache Nadel zurück, und hiermit stimmen auch die Versuche, die ich angestellt habe, überein. Unter diesen Versuchen wird es genügen, folgenden anzuführen. Eine Lamelle von Eisenblech, $19,0$ Lin. Breite und $56,0$ Lin. Länge wurde zu einem Rohre zusammengebogen und gab als relatives magnetisches Moment

$$16,4.$$

Als das Blech wieder aufgebogen und eben gerichtet wurde, fand sich das magnetische Moment

$$19,2,$$

also nahe um $^2/_{10}$ grösser.

Bei der vorhergehenden Untersuchung handelte es sich darum, zu ermitteln, welche Form am meisten Magnetismus aufnimmt; ob die verschiedenen Formen in demselben Maasse geeignet seien, den Magnetismus zu behalten, wie ihn aufzunehmen, ist eine Frage, die bisher Niemand erörtert hat, obgleich die Sache ungezweifelt von grosser Wichtigkeit wäre.

BERZELIUS. Pogg. Ann. XXIII. 346. — v. KOBELL Pogg. Ann. XXIII. 347. — BROUN hat seine Untersuchung magnetischer Berge in Ostindien erst kürzlich veröffentlicht, Rep. Brit. Assoc. 1860 (2) 24.

[2] GREISS. Pogg. Ann. XCVIII. 474.
[3] MUSSCHENBROEK. Dissertatio de Magnete p. 139.
[4] WOLF. Nützliche Versuche. Th. III. Cap. 4. §. 35.
[5] DU FAY. Mémoires de l'Acad. de Paris. 1734. p. 426. — CAVALLO. Theor. u. prakt. Abhdlg. der Lehre vom Magnet 1788. S. 32. (Uebersetzung.)
Encyclop. Brit. P. p. 47 (zweite Ausgabe).
PARROT. Physik Th. II. S. 602.
Memorias das Sciencias da Lisboa. Th. I, p. 88. — Wegen natürlicher Magnete von grosser Kraft nachzusehen Pogg. Ann. XXIV. 639.
GILBERT. De Magnete. Lib. II. Cap. 19.
[10] V. MOLL. Bibl. univers. 1830.
[11] GILBERT. De Magnete.
[12] SERVINGTON SAVERY. Phil. Trans. N. 414 und Abridgem. Vol. VI. 260.
[13] CLAIRAULT. Mém. de l'Acad. de Paris 1725. p. 84.
[14] GILBERT. De Magnete. Lib. I. Cap. VII.
[15] HEARDER. Dingler's polyt. Journ. CXX. 233. — CRAHAY et FLORIMOND. Bull. de Bruxelles. Classe des sciences. 1853. p. 406. FLORIMOND. Bull. de Brux. Cl. des sciences. 1859. 392.
MICHELL. A Treatise of artificial Magnets. 78.
POISSON. Nouv. Mém. de l'Acad. de Paris. T. V.
POISSON. Conn. de tems. 1828. — HALDAT. Compt. Rend. XXII. 267. — FOTHERGILL. Account of Knight's magnetical machine. Phil. Trans. 1776. — CAVALLO. Lehre vom Magnet. p. 465.
[18] POGGENDORFF. Pogg. Ann. LXXX. 175. — BREWSTER. L'Inst. N. 882. p. 384.
[19] WILLWARD. Mech. Mag. LV. 498.
[20] STEINHÄUSER. Gilb. Ann. LXV. 27.
[21] HEARDER. Mech. Mag. LVII. 243.
[22] SINSTEDEN. Pogg. Ann. LXXVI. 44. 195.
[23] STÖHRER. Pogg. Ann. LXXVII. 467.
[24] WILLWARD. Mech. Mag. LV. 498.
[25] BABINET. Compt. Rend. XXII. 191. — Pogg. Ann. LXIX. 428.
[26] TREMERY. Gilb. Ann. III. 446.
[27] EULER. Acta Acad. Sc. Petrop. 1778. II. p. 35.
[28] CAVALLO. Lehre vom Magnet. p. 88.
[29] COULOMB. Mém. présentés à l'Académie. T. IX. 1780.
[30] KATER. Phil. Trans. 1821. p. 426.
[31] MUNCKE. Gehler's phys. Wörterb. VI. 933.
[32] v. FEILITZSCH. Pogg. Ann. LXXX. 324.
[33] KATER. Phil. Trans. 1821. p. 404.
[34] SCORESBY. New Edinb. phil. Journ. Apr. 1832.
[35] NOBILI. Pogg. Ann. XXXIV. Ant. di Firenze. — Man vergleiche ferner Pogg. Ann. XVII. 412.
[36] WEBER. Result. aus den Beobb. des magnet. Vereins 1838. S. 75.
[37] LAMONT. Pogg. Ann. CXIII. 239.

§. 21. Aufbewahrung von Magneten; Anker.

Magnete sind so aufzubewahren, dass sie an Stärke gewinnen oder wenigstens nicht verlieren; ferner muss beim Gebrauche alles vermieden werden, was einen unnöthigen Kraftverlust herbeiführen würde. Hat man einen einzelnen Magnet aufzubewahren, so gibt es (abgesehen von dem unvermeidlichen Kraftverlust §. 85) nur zwei Umstände, die eine Verminderung der Kraft bewirken können: Wärme und eine ungünstige Lage gegen die Richtung des Erdmagnetismus. Die Wärme fördert unter allen Umständen den Kraftverlust, am meisten aber, wenn sie mit Kälte in kürzeren Intervallen abwechselt. Der Sommer wirkt immer nachtheilig; noch nachtheiliger im Winter wirkt die Aufbewahrung in Localen, wo zeitweise geheizt wird. Einzelne Magnete würden am zweckmässigsten in einem Keller, gehörig vor Rost geschützt, aufbewahrt werden. Der Erdmagnetismus übt eine Induction aus, deren Grösse von der Lage des Stabes abhängt, und die um so stärker wirkt, je näher man den Stab an die Richtung der Inclinationsnadel bringt; nur in der auf den magnetischen Meridian senkrechten Richtung verschwindet die Induction gänzlich. Es ist entschieden unvortheilhaft, einen Stab so zu legen, dass die Induction seinem Magnetismus entgegenwirkt.

Hat man zwei gleiche Magnetstäbe M und M' (Fig. 93), so verbindet man ihre Enden mit flachen, genau anliegenden Stäben oder Ankern von weichem Eisen ab, cd. Die Lage gegen die Richtung des Erdmagnetismus ist in diesem Falle völlig gleichgültig; auch dürfte Wärme oder Abwechselung von Wärme und Kälte eher vortheilhaft, als nachtheilig sein. Ein Hufeisenmagnet muss, um Kraftverlust zu verhindern, stets mit seinem Anker versehen sein; soll eine Zunahme der Kraft erzielt werden, so hat es bisher als Erforderniss gegolten, dem Anker so viel Gewicht anzuhängen, als der Magnet zu tragen vermag, und das Gewicht von Zeit zu Zeit vorsichtig zu vermehren in der Weise, dass ein Abreissen des Ankers nicht stattfinde (vergl. §. 85).

Zwei oder mehrere Magnete, mit ihren ungleichnamigen Polen aneinander angelegt, verstärken sich gegenseitig, jedoch so, dass die äussersten, nicht in Berührung stehenden Pole weniger stark werden, als die in Berührung stehenden, also die symmetrische Vertheilung des Magnetismus gestört wird. Zwei gleiche Hufeisenmagnete, mit den ungleichnamigen Polen aneinander anstossend, vermehren ihre Kraft wechselseitig, und zwar dürfte der Erfolg günstiger sein, als wenn ein Anker angelegt wird.

Es ist erwartet worden, dass galvanische Vergoldung oder Platinirung bei Aufbewahrung von Magneten in mehrfacher Hinsicht von Nutzen sein würde, jedoch hat der bisherige Erfolg diese Erwartung keineswegs bestätigt.

Die Vorsichtsmassregeln, welche beim Gebrauche von Magneten zu beachten sind, lassen sich mit wenigen Worten zusammenfassen und beziehen sich hauptsächlich auf das Abnehmen der Anker. Ein gewaltsames Losreissen der Anker schwächt die Magnete sehr beträchtlich. Das beste Verfahren besteht darin, den Anker gegen den Pol S zu verschieben, bis auf dem Pole N blos mehr zwei Kanten sich berühren wie in *Fig. 94*, und hierauf durch weiteres Verschieben die völlige Trennung zu bewirken, dann den Anker auf dem Pole S zurückzuschieben, bis er die Lage *Fig. 95* erreicht, wornach wieder, wie oben, die Trennung vollzogen wird.

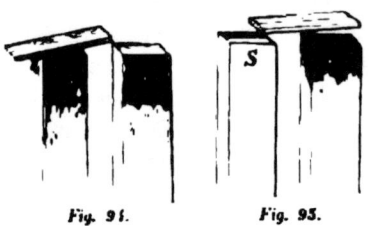

Fig. 94.   *Fig. 95.*

Hat man mit einem Magnet Manipulationen irgend einer Art vorzunehmen, so muss jede heftige Erschütterung vermieden werden; durch Stossen, Fallenlassen, Biegen entsteht immer ein plötzlicher Kraftverlust; auch zu grosse Annäherung an Magnete oder an Eisenstücke ist nachtheilig.

1. Am wirksamsten schützt man die Magnete vor Rost dadurch, dass man sie von Zeit zu Zeit mit Oel oder Fett einreibt, und zwar ziehen die Mechaniker Fett vor; sogar stellen Einige die schützende Kraft des Oels ganz in Abrede. Ich habe selbst den gewöhnlichen Messingfirniss, bisweilen auch einen Ueberzug von Siegellack (in Weingeist aufgelöst) angewendet. MICHELL [1] empfiehlt für Nadeln, die zur See gebraucht werden, einen Ueberzug von Leinöl oder Firniss und scheint anzunehmen, dass dadurch auch der Kraftverlust verhindert werden könne, was mit dem Umstande übereinstimme, dass die mit Oelfarbe angestrichenen eisernen Bänder von Möbeln gewöhnlich sehr stark magnetisch befunden werden. Zugleich fügt er bei, dass, da angestrichenes Eisen den Erfahrungen der Handwerker gemäss härter und brüchiger wird, darin vielleicht auch der Grund liegen könne, warum sie permanenten Magnetismus annehmen.

Schon von CAVALLO [2] ist das Poliren der Magnete als ein vorzügliches Mittel zur Verhinderung des Rostes anempfohlen worden, und jetzt noch gilt es, besonders unter den Mechanikern, als Grundsatz, dass ein Magnet fein polirt sein solle, nicht blos weil dadurch die Oxydation verhindert werde, sondern auch, weil eine feine Politur dazu beitrage, die Magnetisirung zu verstärken und den Magnetismus haltbarer zu machen. Nach eigener Erfahrung glaube ich indessen, dass wenig Gewicht hierauf zu legen sei.

2. Das Versehen der Magnetstäbe mit Ankern wird bisweilen Armirung genannt, was jedoch nicht als eine entsprechende Bezeichnung zu betrachten ist. In welchem Maasse Magnete, wenn sie mit Ankern versehen sind, an Kraft gewinnen, ist bisher nicht genau ermittelt worden. AIRY [3] führt ein Beispiel an, wo von zwei nach *Fig. 95* mit Ankern versehenen Stäben der eine nach einigen Monaten um mehr als das Doppelte der ursprünglichen Kraft erlangt hatte; er bemerkt ferner, dass, wenn zwei auf obige Weise verbundene Stäbe auseinander genommen und einzeln hingelegt werden, der eine viel schneller an Kraft verliere, als der andere. Nach MUNCKE's [4] Erfahrungen ist das Anlegen eines gewöhnlichen Ankers bei einem geschwächten Hufeisenmagnet von geringem Erfolge, wogegen das Anlegen einer so grossen Anzahl von Eisenstücken, als der Magnet nur immer an sich zu ziehen im Stande ist, in kurzer Zeit die Kraft vollständig wiederherstellt.

3. Bei der galvanischen Vergoldung von Magnetstäben bleibt unter der dünnen Goldschichte immer Säure zurück, und es geht in Folge dessen eine allmählige Oxydirung an einzelnen Punkten des Stahles vor sich, wodurch eine Ablösung der Goldschichte veranlasst wird. So kommt es, dass man schon in den

ersten Wochen nach der Vergoldung kleine schwarze Punkte bemerkt, deren Anzahl sich immerfort vermehrt.

[1] MICHELL. *Treatise of artific. magn.* p. 38.
[2] CAVALLO. Lehre vom Magnet. p. 88.
[3] AIRY. *Philos. Trans.* 1839. S. 196.
[4] MUNCKE. Pogg. Ann. L. 224.

§. 22. Freie Nadeln; ihre Aufstellung und Richtungsangabe.

In der Lehre vom Magnetismus unterscheidet man Magnete, denen jede beliebige Lage gegeben werden kann, dann frei bewegliche Nadeln, welche in diejenige Lage sich stellen, die durch die einwirkenden magnetischen Kräfte bedingt wird. Rücksichtlich auf die erstere Kategorie sind besondere Vorschriften nicht zu geben; was aber die freien Nadeln betrifft, so bilden sie den wesentlichsten Theil aller magnetischen Instrumente und die Bestimmungen, die sich darauf beziehen, sind um so umfassender, je feiner die Messungen ausgeführt werden sollen. Die feinsten und complicirtesten Messungen kommen in der Untersuchung des Erdmagnetismus vor, während in dem Fache, welches wir jetzt zu behandeln haben, man sich bisher mit einfacheren Vorrichtungen begnügt oder die in magnetischen Observatorien gebräuchlichen Instrumente zu Hülfe genommen hat. Indem wir hiernach für den Band, in welchem der Erdmagnetismus speciell behandelt werden soll, die vollständigen Entwickelungen vorbehalten und den Leser hier darauf verweisen, begnügen wir uns in diesem Bande dasjenige zusammenzustellen, was zum Verständnisse der folgenden Kapitel unentbehrlich ist. Dabei soll hauptsächlich darauf gesehen werden, die wesentlichen Theile magnetischer Instrumente zu erklären, da die Zusammensetzung fast bei jedem Experimente verschieden und zu mannigfaltig ist, als dass eine vollständige Darstellung versucht werden könnte.

Man kann eine Nadel in der verticalen oder horizontalen Ebene beweglich machen; für unsern gegenwärtigen Zweck sind blos horizontale Nadeln mit Vortheil anzuwenden.

Eine horizontale freie Nadel wird entweder auf einer Spitze aufgestellt, oder an einen Coconfaden aufgehängt; die Aufhängung an Metallfäden ist nur bei den schweren Stäben der GAUSS'schen Magnetometer zulässig. Die Bewegung auf einer Spitze — sei es, dass man ein Metall-, Glas- oder Agathütchen gebraucht — erzeugt eine Reibung, welche zur Folge hat, dass die Nadel stehen bleibt, ehe sie die Gleichgewichtslage erreicht. Die Fadensuspension ist von diesem Fehler frei, dagegen hat jeder Faden eine Torsionskraft, welche bewirkt, dass die Nadel mehr oder weniger seitwärts von der Richtung gehalten wird, die sie, vermöge der wirkenden Kräfte, hätte einnehmen sollen.

Die Aufstellung einer Nadel auf einer Spitze ist nur da zulässig, wo ein geringerer Grad von Genauigkeit ausreicht; für feinere Messungen muss immer Fadensuspension angewendet werden. Eine Nadel kann auch auf Wasser oder in Wasser beweglich gemacht werden, jedoch ist von diesem Mittel in neuerer Zeit keine erhebliche Anwendung gemacht worden.

Wenn man die zu blosser Ermittelung der Polarität und ähnlichen Zwecken brauchbaren, ganz kleinen Probirnadeln, die man auf eine in der Hand gehaltene Spitze aufsetzt, ausnimmt, so muss jede frei bewegliche Nadel sorgfältig vor Luftwellen und Luftströmung geschützt werden, und ist daher mit einem Gehäuse von Holz und Glas zu umgeben; auch Kupfer und Messing können unter bestimmten Beschränkungen angewendet werden.

Um die Richtung der Nadel zu bestimmen, bringt man als einfachstes Mittel unter den zugespitzten Enden eine Kreistheilung, für kleinere Abweichungen auch bisweilen eine geradlinige Theilung an. Die Nadelspitzen dienen als Zeiger behufs der Ablesung, und zwar ist es in der Regel nothwendig, die beiden Nadelspitzen abzulesen, um die Excentricität zu eliminiren. Wenn die Nadel schwingt, so liegt die wahre Richtung in der Mitte des Schwingungsbogens.

Die Grösse, Form und Härte der Nadeln richtet sich nach dem Zwecke, welcher erfüllt werden soll, und in den meisten Fällen lässt sich der Zweck auf verschiedene Weise gleich gut erfüllen, jedoch möchten folgende Normen zu berücksichtigen sein:
1) eine freie Nadel soll nicht über 6 Zoll Länge haben;
2) sie soll bei möglichst geringer Schwere und möglichst geringem Trägheitsmoment ein möglichst grosses magnetisches Moment haben;
3) die Form eines flachen Prisma ist die gewöhnlichste und bequemste, in den meisten Fällen jedoch ist die zugespitzte Form die vortheilhafteste; die allerunvortheilhaftesten Nadeln sind die cylindrischen;
4) mehrere Nadeln miteinander verbunden sind einer einzigen Nadel von gleicher Schwere weit vorzuziehen;
5) wo es blos auf Directionskraft ankommt, sollen die Nadeln blau angelassen, wo die Aenderung des magnetischen Moments durch die Temperatur zu berücksichtigen ist, vollkommen hart sein; dem Nord- und Südpole verschiedene Härte zu geben, ist unzweckmässig.

Die Verfertiger magnetischer Instrumente haben sehr häufig, wenn es nothwendig war, durch die Mitte eines Magnets ein Loch zu bohren, die Befürchtung gehabt, es möchte in Folge dessen ein geringeres magnetisches Moment ertheilt werden können, und desshalb wurde gewöhnlich, da wo das Loch zu bohren war, die Breite vergrössert, wie *Figg. 96* oder *97*. Ich habe

Fig. 96.   *Fig. 97.*

mich indessen durch eine Reihe von Versuchen überzeugt, dass eine solche Befürchtung völlig grundlos ist, und ein Loch die Hälfte der Breite eines Magnets einnehmen kann, ohne dass dadurch der Stärke des magnetischen Moments wesentlich Eintrag geschähe.

Fig. 98.

1. Die Spitzen, worauf Magnetnadeln gestellt werden, haben gewöhnlich die Form *Fig. 98*, und werden aus dem besten Stahle gemacht. Die Spitze muss vollkommen gehärtet, dann auf der Drehbank fein geschliffen und polirt sein. Das Hütchen ist conisch

vertieft und muss ebenfalls auf der Drehbank fein ausgeschliffen und polirt sein. Das Hütchen kann einen Theil der Nadel selbst bilden, oder kann aus Stahl, Glas oder Agat verfertigt und mit Siegellack oder Schrauben an der Nadel befestiget sein. MICHELL [1] schlägt vor, für Schiffscompasse die Spitzen und Hütchen zur Vermeidung des Rostes aus einer harten Legirung von Silber oder Gold zu verfertigen, jedoch scheint es nicht, dass die Praktiker hierauf Rücksicht genommen haben. Auch wenn die Spitze neu ist, bringt die Reibung gegen das Hütchen einen nicht unbeträchtlichen Widerstand hervor und macht die Einstellung in einem gewissen Grade unsicher; ist aber durch den Gebrauch die Spitze etwas abgestumpft, so tritt dieser Uebelstand viel stärker auf. Gewöhnlich nimmt man auf Grund der von COULOMB ausgeführten Versuche an, dass am Anfange die Wirkung der Reibung bei Nadeln von verschiedenem Gewichte der $3/2$ Potenz der Gewichte, nach längerm Gebrauche aber einfach dem Gewichte proportional sei. Um die Wirkung der Reibung zu messen, bringt man in die Nähe der Nadel einen kleinen Magnet, wodurch sie ein paar Grade nach einer Seite, z. B. westlich, abgelenkt wird, und wenn sie ruhig geworden ist, entfernt man langsam den ablenkenden Magnet, wobei dafür Sorge zu tragen ist, dass die Nadel ihrem Ruhepunkte sich nähere, ohne in Schwingungen zu kommen. Nachdem man den Stand abgelesen hat, lenkt man die Nadel in gleicher Weise östlich ab, entfernt langsam den ablenkenden Magnet und liest wieder den Stand ab. Da in Folge des Reibungswiderstandes die Nadel das erste Mal westlich, das zweite Mal östlich von der wahren Richtung stehen geblieben sein wird, so ist der Unterschied der beiden Ablesungen der doppelten Wirkung der Reibung gleich. Die richtige Einstellung der Nadel wird sehr gefördert, wenn man durch leises Klopfen auf die Unterlage eine geringe Erschütterung hervorbringt.

2. Fiele der Bewegungspunkt einer Nadel mit dem Schwerpunkte zusammen, so würde bei uns das Nordende sich senken; soll demnach eine Nadel horizontal bleiben, so muss der Unterstützungspunkt dem Nordende um einen kleinen Betrag (wofür GAUSS [2] einige numerische Bestimmungen geliefert hat) näher stehen, als der Schwerpunkt. Ferner soll der Unterstützungs- oder Bewegungspunkt höher stehen, als der Schwerpunkt, weil sonst die leichteste Veranlassung hinreichend sein würde, Abweichungen von der horizontalen Lage herbeizuführen.

Wird eine Nadel an einen Coconfaden aufgehängt, so muss ebenfalls der Suspensionspunkt höher als der Schwerpunkt sein (weshalb die Nadel gewöhnlich mit einem Haken, *Fig.* 99, versehen wird), und der Faden muss so fein als möglich gewählt werden, d. h. er soll blos die nöthige Stärke zum Tragen der Nadel besitzen. In so ferne eine Nadel die Richtung absolut anzeigen soll, hat man vor Allem die Torsion des Fadens aufzuheben dadurch, dass man ein rundes Gewicht *Fig. 100*, so schwer wie die Nadel, einhängt und die Drehung sich vollständig ausgleichen lässt, wozu ein Zeitraum von mehreren Stunden erfordert wird; wo blosse Differenzen des Standes der Nadel gesucht werden, braucht man auf die vollkommene Aufhebung der Torsion weniger Rücksicht zu nehmen.

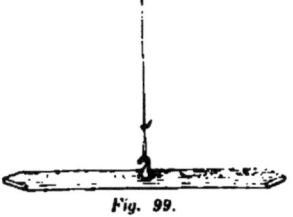

Fig. 99.

Fig. 100.

3. Die Aufhängung an Coconfäden erfordert einige Vorsicht und soll in solcher Weise geschehen, dass sie auf die Torsion und auf die Neigung der Nadel keinen Einfluss ausübe. Zu letzterm Behufe ist es nothwendig, dass der Haken nicht rund, sondern eckig gebogen sei, so dass der Faden in das Eck zu liegen komme. Es ist unzweckmässig, den Faden an den Haken des

Magnets fest zu binden; vielmehr sollte der Faden eine Schleife (*Fig. 101*) oder eine ganz leichte messingne Oehre *Fig. 102* haben, in welche der Haken eingehängt wird. Bei letzterer Einrichtung muss der Faden bei *f* eine Schleife bilden, wie eben angegeben.

Wie die Schleife gebildet wird, zeigt *Fig. 103*. Das obere Ende des Fadens bindet man am besten in der gewöhnlichen Weise an einen runden Haken, und lässt ihm vom Anfange eine etwas zu grosse Länge, worauf die Verkürzung durch wiederholte Schleifen von der Form *Fig. 104*, die fest zusammengezogen werden, bewerkstelliget wird. Handelt es sich darum, einen Faden an einen Cylinder fest zu machen, so wählt man am zweckmässigsten die *Fig. 105* dargestellte Schleife.

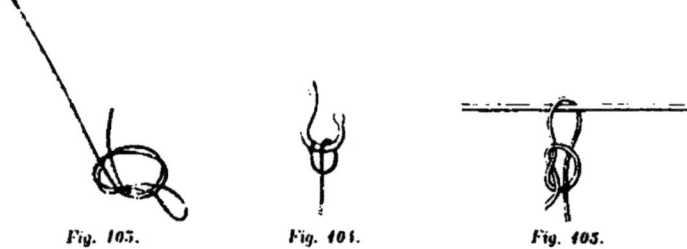

Fig. 103. Fig. 104. Fig. 105.

4. Die Aufstellung auf Spitzen wird einem Neapolitaner, Flavio Gioja aus Pasitano bei Amalfi, zugeschrieben; derselbe ist auch häufig als Erfinder des Compasses bezeichnet worden, aber wohl ganz mit Unrecht [3]. Die Fadensuspension scheint Gilbert eingeführt zu haben, in allgemeinern Gebrauch kam übrigens diese Aufhängungsweise viel später, und zu erdmagnetischen Beobachtungen wurde sie zuerst von Coulomb [4] angewendet, nachdem früher schon Lous [5] hierzu den Vorschlag gemacht hatte.

5. Es ist eine sehr gewöhnliche, aber völlig unrichtige Vorstellung, dass die Torsion eines feinen Coconfadens zu unbedeutend sei, als dass darauf Rücksicht genommen zu werden brauche. Die Vernachlässigung der Torsion könnte, selbst wenn man dem Faden eine Länge von 1 Fuss geben würde, den Mittelstand um 1° und die Grösse einer Ablenkung um $1/2000$ fehlerhaft machen. Was letztern Umstand betrifft, so wird folgende Entwickelung zeigen, wie die desshalb erforderliche Verbesserung zu bestimmen ist. Es sei $a'b'$ (*Fig. 106*) die Richtung, welche die Nadel einnehmen würde, wenn blos die Torsion des Fadens wirksam wäre; $a''b''$ die Richtung, welche sie vermöge der Parallelkraft X allein einnehmen würde, und ab die beobachtete Richtung, welche sie unter gleichzeitiger Einwirkung der Parallelkraft X und der Torsionskraft des Fadens einnimmt, endlich ns die Richtung, welche die Nadel erhält, wenn ausser den genannten beiden Kräften ein zu messendes Drehungsmoment K hinzukommt. Das magnetische Moment der Nadel sei $= m$, die Torsionskraft des Fadens $= kmX$, der beobachtete Winkel $nca = q$, der Winkel $a'ca = u$, $aca'' = u'$,

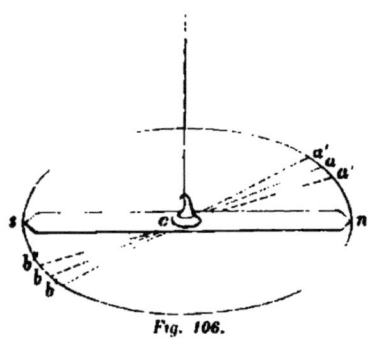

Fig. 106.

so hat man für das Gleichgewicht der Nadel in der Richtung ab

$$mX \sin u' - kmXu = 0 \qquad 1)$$

und in der Richtung ns

$$mX\sin(\varphi - u') + kmX(\varphi + u) - K = 0 \qquad 2).$$

Wird diese Gleichung entwickelt unter der immer stattfindenden Voraussetzung, dass u' ein kleiner Winkel, also $\cos u' = 1$ sei, so ergibt sich nach Elimination von $mX\sin u'$ mittelst der Gleichung 1)

$$mX[\sin\varphi - \sin u'(1-\cos\varphi) + k\varphi] - K = 0. \qquad 3).$$

Da $k\varphi$ als eine kleine Grösse der ersten und $\sin u'(1-\cos\varphi) = 2\sin u' \sin^2\tfrac{1}{2}\varphi$ als eine kleine Grösse der zweiten Ordnung betrachtet werden müssen, so kann man obiger Gleichung die Form geben

$$mX\sin\left[\varphi + \frac{k}{\cos\varphi}\varphi - 2\frac{\sin^2\tfrac{1}{2}\varphi}{\cos\varphi}\sin u'\right] - K = 0.$$

Ist also der Winkel φ durch Messung bestimmt worden, so hat man noch die Correction

$$+ \frac{k\varphi}{\cos\varphi} - 2\frac{\sin^2\tfrac{1}{2}\varphi}{\cos\varphi}\sin u' \qquad 4)$$

hinzuzufügen, um den Winkel zu erhalten, welcher sich ohne die Torsion des Fadens ergeben hätte; dabei lässt sich u' beim Einrichten des Instrumentes immer so klein machen, dass das letzte Glied vernachlässiget werden darf.

Der Torsionscoefficient k wird auf folgende Weise bestimmt: nachdem die Richtung ab abgelesen worden, dreht man das obere Ende des Fadens um 360^0, so zwar, dass der Torsionswinkel u um 360^0 zunimmt, und wenn dadurch der Winkel u' um ψ vermehrt wird, so hat man nur in der Gleichung 1) $u + 360^0 - \psi$ anstatt u, und $u' + \psi$ anstatt u' zu substituiren und erhält

$$mX\sin(u' + \psi) - kmX(u + 360^0 - \psi) = 0.$$

Wird hievon die Gleichung 1) abgezogen und dabei berücksichtiget, dass u' und ψ kleine Grössen sind, so erhält man

$$k = \frac{\sin\psi}{360^0 - \psi} \quad \text{oder auch} \quad k = \frac{\psi}{360^0 - \psi}.$$

Es darf übrigens nicht unbeachtet gelassen werden, dass Coconfäden nur eine unvollkommene Elasticität haben und desshalb nachlassen, wenn sie längere Zeit einer bestimmten Drehung ausgesetzt sind. Daher kommt es, dass eine Nadel, die durch die Drehung des Fadens vom Meridian seitwärts gehalten wird, beständig dem Meridian näher kommt. Hinsichtlich der Dehnung und Drehung der Coconfäden und des Einflusses auf die Schwingungen hat WEBER [6] nähere Bestimmungen gegeben; über letztern Umstand entscheiden KUHN's [7] Beobachtungen im luftleeren und lufterfüllten Raume (vergl. §. 61).

Bei schweren Magnetstäben hat man einen Bündel von Coconfäden, auch Stahl-, Eisen-, Messing- oder versilberte Kupferdrähte zur Suspension angewendet. Solche Einrichtungen gehören jedoch in das Fach des Erdmagnetismus und Näheres darüber muss in dem betreffenden Bande nachgesehen werden.

6. Der Gebrauch des Wassers und anderer Flüssigkeiten, um Magnete beweglich zu machen, ist nach §. 4 schon sehr alt, aber wenig zur Anwendung gekommen, seitdem die Aufstellung auf Spitzen und die Fadensuspension bekannt wurden. Doch hat GILBERT [8] den Vorschlag gemacht, eine Nadel, mit einem Korke in der Mitte versehen, unter Wasser schwimmen zu lassen, um die wahre Richtung des Erdmagnetismus, d. h. die Declination und Inclination gleichzeitig nachzuweisen. Für specielle Versuche dürfte Wasser oder eine Mischung von Wasser und Weingeist in der Weise mit Vortheil angewendet werden können, dass man eine hydrostatische Waage *Fig. 107* hineinbringt und auf diese den Magnet *ns* legt.

Fig. 107.

Der Widerstand, den das Wasser der Bewegung entgegensetzt, ist sehr gering; nur ein sehr wesentlicher Uebelstand tritt hier auf, dass nämlich der Mittelpunkt der Bewegung beständig sich ändert und gewöhnlich nach längerer oder kürzerer Zeit die Waage an der Seite des Gefässes anliegt. Quecksilber ist nicht geeignet, das Wasser zu ersetzen, da der Widerstand zu gross ist und auch durch die Oxydhaut, welche in ganz kurzer Zeit die Oberfläche bedeckt, die Bewegung gehindert wird [9]. Das Auflegen einer ganz leichten Nadel auf einen Quecksilbertropfen gibt übrigens eine feine Bewegung, so lange die Oberfläche des Tropfens von Oxyd frei bleibt.

Eine Nadel *ns Fig. 108* gleichzeitig theils durch eine Flüssigkeit, in welche ein mit der Nadel fest verbundener Körper eintaucht, theils durch einen feinen

Fig. 108.

Faden *f* tragen zu lassen, ist nicht zweckmässig, da durch die Bewegung der Flüssigkeit (welche schon wegen der vorkommenden Temperaturänderungen nie in absoluter Ruhe sich befindet) der Schwerpunkt des Systems seitwärts von der Verticalen verschoben wird, und dann die Schwere auf die Lage der Nadel, bei welcher eine vollkommene Symmetrie nicht hergestellt werden kann, Einfluss hat. Ebenso ist es unzulässig, von einem Magnet eine feine Spitze, welche mit einer Quecksilberfläche in Berührung steht, herabgehen zu lassen, wie diess öfters versucht worden ist, wenn es darauf ankam, einem isolirt aufgehängten Magnet Elektricität mitzutheilen. Ich habe mich durch eigene Versuche von der Unbrauchbarkeit solcher Einrichtungen überzeugt.

Eine ganz eigenthümliche Suspension hat CAVALLO [10] angewendet, bestehend aus runden Rosshaarringen von $^3/_4$ Zoll im Durchmesser, die eine Kette bildeten und eine feine Nadel trugen. Seiner Versicherung zufolge wird auf solche Weise die Torsionskraft vermieden und eine vollkommene Beweglichkeit erzielt.

7. Bei Verbindung mehrerer Nadeln kann man sie entweder neben einander *Fig. 109*, oder über einander *Fig. 110* stellen; erstere Einrichtung wird bei Seecompassen gewöhnlich angewendet, weil der bewegliche Papierkreis, der die Theilung trägt, eine bequeme Befestigung gestattet; letztere Einrichtung ist vor-

Fig. 109.

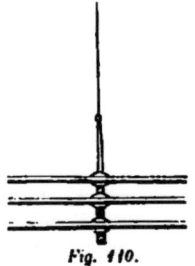

Fig. 110.

§. 22. FREIE NADELN; IHRE AUFSTELLUNG; IHRE RICHTUNG. 135

zugsweise da zweckmässig, wo Spiegelablesung angewendet werden soll. Die Befürchtung, dass eine beträchtliche Verminderung der Kraft durch die Annäherung gleichnamiger Pole eintreten könnte, wird durch die S. 109 angeführten Versuche beseitigt, welche zeigen, dass selbst, wenn man Nadeln über einander mit einer Entfernung von $1/2$ Par. Lin. festmacht, unter den gewöhnlich vorkommenden Bedingungen der Kraftverlust nicht über $1/{12}$ betragen wird.

8. Die Suspension einer Nadel macht es oft nöthig, ein Loch durch die Mitte derselben zu bohren, und es ist in Zweifel gezogen worden, ob eine durchlöcherte Nadel ebenso viel Magnetismus aufnehme, wie eine nicht durchlöcherte. Cavallo[11] gibt an, dass ein Loch in der Mitte nicht schädlich sei, wie diess schon Coulomb[12] durch Versuche gefunden hatte. Um zu einem entscheidenden Resultate zu gelangen, habe ich folgenden Versuch angestellt: ein prismatisches und ein gegen die Enden zugespitztes Eisenblech von folgenden Dimensionen:

Dicke	1''',00 Par. Maass
Länge	43,2
Breite in der Mitte	10,0

wurden durch den galvanischen Strom verschieden stark magnetisirt, und zwar zuerst ohne Loch, dann mit einem Loche in der Mitte, dessen Durchmesser stufenweise vergrössert wurde. Dabei ergaben sich folgende Resultate:

		Durchmesser des Loches	Magnetisches Moment prismatisch	zugespitzt
Stromstärke	6,0	0''',0	14,8	8,9
		2,6	15,0	8,7
		5,3	14,1	8,6
		8,1	15,1	8,3
Stromstärke	15,6	0,0	44,6	24,9
		2,6	46,1	25,1
		5,3	45,1	21,9
		8,1	41,6	21,1
Stromstärke	32,0	0,0	94,6	52,8
		2,6	94,4	52,2
		5,3	90,0	51,8
		8,1	65,7	43,7

Man ersieht hieraus, dass ein Loch den Magnetismus vermindert, und zwar der Einfluss um so bedeutender wird, je grösser der Durchmesser des Loches; man ersieht ferner, dass der Einfluss nachtheiliger ist bei prismatischen, als bei zugespitzten Nadeln: die Grösse des Einflusses hängt aber wesentlich von der Stärke der Magnetisirung ab und ist bei schwacher Magnetisirung ganz verschwindend. Für die Verfertigung magnetischer Instrumente dürfte aus obigen Versuchen der Schluss zu ziehen sein, dass ein Loch, welches die Hälfte der Breite eines Magnets einnimmt, noch keinen in der Praxis zu beachtenden Nachtheil hervorbringe.

9. Was die Excentricität betrifft, so sind folgende Bedingungen zu berücksichtigen. Ist $oado'b$ Fig. 111 ein getheilter Kreis, c der Mittelpunkt und o der Nullpunkt der Kreistheilung, c' der Punkt, um welchen sich die Nadel bewegt, ab die Richtung derselben und zieht man $a'b'$ parallel mit ab, so sind oa und ob die Ablesungen der Nadelspitzen, während ohne die Excentricität die wahren Ablesungen $= oa' = oa - aa'$ und $ob' = ob + bb' = ob + aa'$ erhalten worden wären, d. h. die Correction der Ablesungen der Nadelspitzen be-

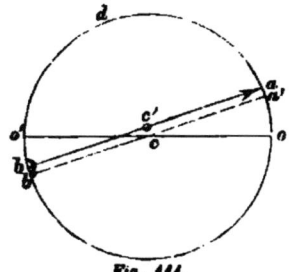

Fig. 111.

steht darin, dass die eine um aa' vermindert, die andere aber um ebenso viel vermehrt werden muss.

Nimmt man also das Mittel der Ablesungen beider Nadelspitzen, so ist das Resultat ganz gleich, ob man die unmittelbar erhaltenen oder die corrigirten Werthe gebraucht, d. h. das Mittel der Ablesungen beider Nadelspitzen drückt die wahre Richtung der Nadel aus, ganz unabhängig davon, ob eine Excentricität vorhanden sei oder nicht.

*Wollte man an die Ablesung einer Nadelspitze die Correction wegen der Excentricität anbringen, so hätte man, wenn $cc' = t$, $ocq' = u$, $occ' = \psi$ gesetzt wird

$$aa' = bb' - t\sin(\psi - u).$$

Hierbei wird vorausgesetzt, dass die Excentricität klein sei.

10. Gebraucht man eine geradlinige Scala Fig. 112, und ist die Entfernung der Nadelspitze von dem Drehungspunkte (in Scalatheilen ausgedrückt) $= e$, so wird der Winkel φ, welcher dem Theilstriche x entspricht, durch die Gleichung

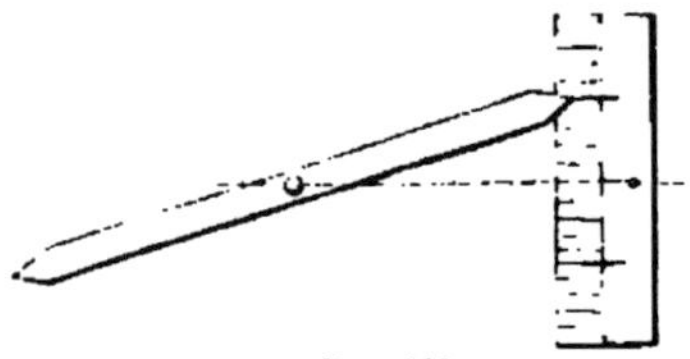

$$\sin\varphi = \frac{x}{e}$$

gefunden, vorausgesetzt dass die Nadel, wenn sie auf o der Scala steht, senkrecht gegen die Scala sei. Geradlinige Scalen gewähren also

Fig. 112.

den Vortheil, dass die Ablesungen von der Excentricität unabhängig sind. Dagegen kann hier, wie bei allen Ablesungen, mit freiem Auge oder mit einer Loupe die Parallaxe, wenn nicht die nöthige Vorsicht angewendet wird, von grossem Einflusse sein. Befindet sich das Auge des Beobachters (Fig. 113) in a senkrecht auf der Fläche AB der Scala, so projicirt sich die Nadelspitze n auf den Punkt c, und diess ist die wahre Ablesung der Scala; ist aber das Auge seitwärts in b, so fällt die Projection der Nadelspitze nach d, und cd ist der Betrag der Parallaxe. Bezeichnet man nun cd mit f, ab mit F, nc mit d und na mit D, so hat man $f : F = d : D$, mithin

$$f = \frac{d}{D} F.$$

Fig. 113.

Der von der Parallaxe herrührende Ablesungsfehler wird demnach um so beträchtlicher ausfallen, je näher man das Auge bringt und je grösser die Entfernung der Nadelspitze von der Scala ist. Es muss also die Nadelspitze der Scala so nahe stehen, als es nur immer die sonst zu erfüllenden Bedingungen zulassen, und zwar reicht es aus, wenn der Abstand der Nadelspitze von der Scala ein paar Zehntellinien beträgt, in so ferne es um die Ruhelage der Nadel sich handelt; soll dagegen die Schwingungsdauer bestimmt werden, so muss, um eine zu schnelle Verminderung der Schwingungsweite durch Lufttreibung zu vermeiden (§. 57), der Abstand wenigstens $1\frac{1}{2}$ Linie betragen.

Es gibt ein einfaches Mittel [13], die Parallaxe zu beseitigen und dem Auge die richtige Stellung zu geben, bestehend darin, dass man zunächst an der Nadelspitze einen kleinen Spiegel horizontal (oder überhaupt parallel mit der Theilungsfläche) hinlegt. Sieht man im Spiegel das Bild des Auges vor der Nadelspitze, d. h. in der verlängerten Richtung der Nadel, so weiss man, dass das Auge in durch die Nadel gehenden und auf der Theilung senkrechten Ebene sich [f]indet.

11. Aus dem oben Gesagten folgt, dass durch eine grössere Entfernung des [Au]ges von der Nadelspitze ebenfalls die Parallaxe vermindert wird, und diesen [Um]stand habe ich in zweierlei Weise benützt, indem ich mittelst einer Linse von [län]gerer Brennweite entweder von oben oder von unten die Ablesung vornahm. [Di]e erstere Einrichtung ist in *Fig. 114* dargestellt. O ist die Linse, die in einer [En]tfernung von 3 Fuss von der Nadel ns sich befand; ab ist ein [fei]ner Kupferdraht in a und b befestiget, an dessen Mitte c die Nadel [mit]telst eines Coconfadens aufgehängt war. Durch die Linse wurden [die] Nadelspitzen und die darunter liegende Theilung deutlich gesehen; [vo]n dem näher befindlichen Drahte ab konnte das Auge kein Bild er[ha]lten, und es wurde dadurch weder die Ablesung gestört, noch die [De]utlichkeit vermindert.

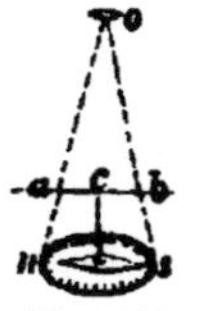

Fig. 114.

Die zweite Einrichtung [14] zeigt *Fig. 115*. Die Nadel ns ist über einer mit [Th]eilung versehenen Platte von Spiegelglas aufgehängt, und unter der Mitte der [Na]del steht ein unter 45° geneigter Spiegel cd, durch welchen das [übe]r der Linse o befindliche Auge ein Bild der Nadelspitzen und der [Th]eilung erhält, ohne dass eine merkliche Parallaxe entstehen könnte. [Zu] bemerken wäre noch, dass ich bei den obigen (allerdings nur in [ein]zelnen Fällen anzuwendenden) Einrichtungen nicht einfache Linsen, [so]ndern kleine Fernrohrobjective gebraucht habe.

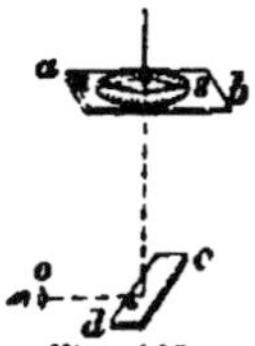

Fig. 115.

12. Kreistheilungen zum Ablesen der Richtung einer Nadel werden [au]f Messing gravirt; man hat auch den Versuch gemacht, Theilungen [au]f der Vorderfläche eines belegten Glasspiegels mit Diamanten einzureissen [15]. [Be]i Ablesung der letztern lässt sich, wie oben bereits bemerkt worden ist, die [Pa]rallaxe leicht vermeiden, weil von der Nadelspitze gleichzeitig ein directes und [ein] reflectirtes Bild gesehen wird und beide Bilder zusammenfallen, sobald [ma]n dem Auge die richtige Stellung gibt.

Geradlinige Scalen werden auf Papier, Bein, Glas, wohl auch auf Messing [ge]zeichnet. Will man sie bei Schwingungsbeobachtungen gebrauchen, so ist [Me]ssing wegen des dämpfenden Einflusses, den es auf die Nadel hat (§. 19), nicht [wo]hl anzuwenden. Papierscalen müssen weiss lakirt sein, da sie sonst durch die [Fe]uchtigkeit sich verziehen.

13. Holz und Glas sind die einzigen unter allen Umständen brauchbaren [Ma]terialien zu Magnetgehäusen. Wenn SEEBECK [16] eine Legirung von 2 Theilen [Ku]pfer und 1 Theil Nickel als vollkommen unmagnetisch empfiehlt, so wird natür[lic]h dabei vorausgesetzt, dass das Kupfer sowohl als der Nickel eisenfrei seien, [ein]e Bedingung, die nicht leicht zu erfüllen sein dürfte.

Aus Messing und Kupfer kann man ohne Bedenken den mittlern Theil eines [Ma]gnetgehäuses verfertigen, den Polen dürfen aber diese Metalle nicht gar nahe [ge]bracht werden, da sie eine Anziehung ausüben und nicht blos die Richtung, [so]ndern auch die Grösse der Bewegung ändern [17]. Um einen Magnet vor [Lu]ftwellen zu schützen, reicht es aus, das Gehäuse nahezu luftdicht zu machen; [um] eine Luftströmung im Innern des Gehäuses zu verhindern, muss man den [Ma]gnet so eng einschliessen, dass ihm blos der erforderliche Raum für seine Be[we]gung übrig bleibt. Luftwellen beunruhigen den Stand des Magnets und er[sch]weren die Ablesung, weshalb auf ihre Abhaltung immer Rücksicht genommen [we]rden muss; was dagegen die Luftströmungen (die durch langsame Temperatur[än]derungen entstehen) betrifft, so sind sie hauptsächlich in der Beobachtung des [Er]dmagnetismus von schädlichem Einflusse [18]; bei gewöhnlichen magnetischen Versuchen aber, wo in der Regel nur schnell nach einander eintretende Aenderungen des Standes zu beobachten sind, können sie unbeachtet bleiben, da ihre Wirkung blos darin besteht, den Magnet constant etwas seitwärts von seiner eigentlichen Richtung zu halten. Der Erfolg einer Luftströmung wird um so stärker hervortreten, je geringer die Directionskraft einer Nadel ist im Verhältnisse zu der Fläche, welche sie dem Luftstrome darbietet, wesshalb man darauf hauptsächlich bei Galvanometern, die mit astatischen Nadeln versehen sind, aufmerksam geworden ist, meistens jedoch ohne den wahren Zusammenhang zu erkennen [19].

14. Je grösser der Raum ist, in welchem eine Nadel sich befindet und je schwächer die Directionskraft der Nadel, desto genauer muss der Verschluss sein, wenn eine Störung durch Luftwellen nicht eintreten soll. Ich habe zu Versuchen sehr häufig Nadeln unter Glasglocken aufgehängt, entweder so, dass der Aufhängungshaken in dem obern Theile der Glocke *Fig. 116* oder an einem in der

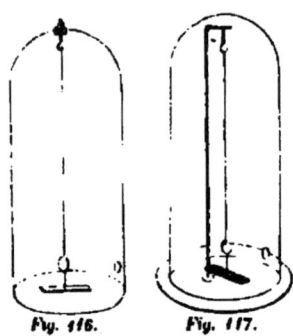

Fig. 116.   *Fig. 117.*

Bodenplatte eingeschraubten und oben gekrümmten Drahte *Fig. 117* festgemacht war, und gefunden, dass eine gewöhnliche gut magnetisirte Nadel durch Luftwellen nicht beunruhigt wird, wenn nur die Glasglocke an die Bodenplatte sich anschliesst, astatische Nadeln aber oder überhaupt Galvanometernadeln mit geschwächter Directionskraft durch die Luftbewegung in beständiger Schwingung erhalten werden, selbst wenn man mittelst Klebwachs einen vollkommen luftdichten Verschluss zu Stande bringt. Das Verschliessen durch Quecksilber habe ich unzweckmässig gefunden, da die äusseren Luftwellen durch das Quecksilber auf die eingeschlossene Luft fortgepflanzt werden.

Man hat behauptet, dass auch der elektrische Zustand des Gehäuses, besonders der Glastheile einen Einfluss auf den Stand der Nadel haben könne. Eine ähnliche Wirkung ist von BAILY [20] bei der grossen Torsionswaage, womit er die Dichtigkeit der Erde bestimmt hat, vermuthet worden, und er glaubte dieselbe dadurch beseitigt zu haben, dass er das Innere des Kastens mit Goldpapier überzog. Bei Seecompassen soll es nicht selten vorkommen, dass in dem Glasdeckel durch das Reinigen, besonders wenn man dazu wollene Lumpen gebraucht, eine hinreichende Menge Elektricität erzeugt wird, um die Nadel seitwärts abzulenken. Jedenfalls liegen hierfür mehrfache Zeugnisse vor [21], wenn gleich sehr gewichtige theoretische Bedenken dagegen geltend gemacht werden könnten. Meine eigenen, mehrmals wiederholten Versuche mit Nadeln, wie sie zur Beobachtung der erdmagnetischen Variationen angewendet werden, haben keine constante Ablenkung, wenn die Glastheile des Gehäuses mit wollenen Lumpen gerieben, oder wenn mit wollenen Lumpen geriebene Siegellackstangen genähert wurden, zu erkennen gegeben, und in den wenigen Fällen, wo eine Aenderung in der Lage der Nadel beobachtet wurde, schien sie eher von der durch Erwärmung erzeugten Circulation der Luft als von elektrischer Einwirkung herzurühren.

15. Um Nadeln, die durch Luftwellen oder durch die verschiedenen Veranlassungen, welche bei Versuchen vorkommen, in Schwingungen versetzt werden, zu beruhigen, gebraucht man Dämpfer, wovon die Einrichtung und Theorie in §. 19 erklärt worden ist. Ein anderes Mittel, welches bei Versuchen stets in Anwendung kommt, ist die allmählige Verminderung des Schwingungsbogens durch einen Beruhigungsmagnet. In §. 55 wird gezeigt werden, dass ein horizontaler Magnet NS (*Fig. 118*, S. 139) ein Drehungsmoment auf eine Nadel ns hervorbringt, wodurch sie aus ihrer Mittelrichtung ab gegen cd hinausgetrieben wird. Wenn demnach, während

§. 22.   FREIE NADELN; IHRE AUFSTELLUNG; IHRE RICHTUNG.   139

die Nadel schwingt und von cd gegen ab sich bewegt, der Magnet NS in die durch die Zeichnung angezeigte Stellung (Stellung 1) gebracht wird, so wirkt er

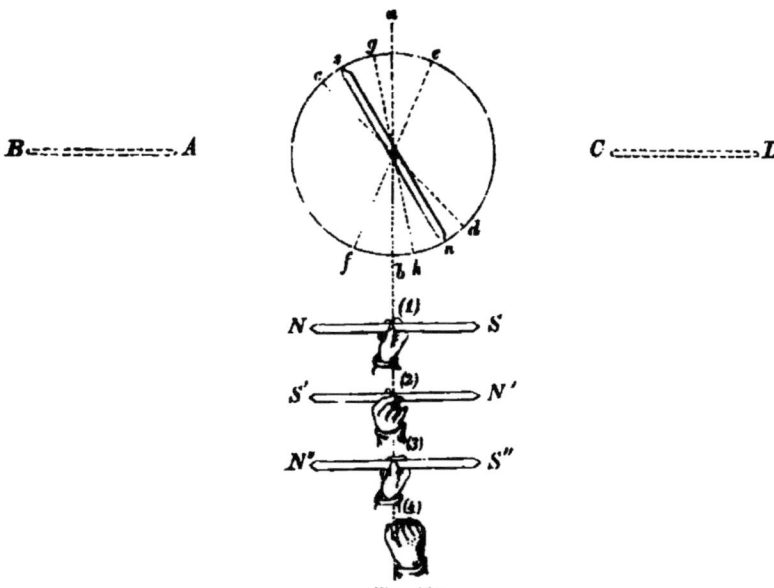

Fig. 118.

der Bewegung entgegen und vermindert die Schwingungsweite, so dass die Nadel bei ef umkehrt. Kehrt man nun den Magnet um (Stellung 2) in dem Augenblicke, wo die Nadel von ef gegen die Mittelrichtung sich zu bewegen anfängt, so erfolgt eine nochmalige Verminderung des Schwingungsbogens, so dass die Nadel nur bis gh kommt und in gleicher Weise kann man dem Magnet ferner die Stellung 3 u. s. w. geben, bis man den Schwingungsbogen beliebig klein gemacht hat. Es ist zweckmässig, den Magnet immer weiter von der Nadel zu entfernen, je mehr die Schwingungsweite abnimmt; auf solche Weise wird die Wirkung immer schwächer und es wird um so leichter, die Operation zu beendigen, welche stets damit schliessen muss, dass man den Magnet in die senkrechte Lage (4) bringt, wo er auf die Nadel keine Wirkung mehr hat. Minder geübte Beobachter begnügen sich damit, die Beruhigung nur bei jeder zweiten Schwingung, etwa bei jeder Schwingung von rechts nach links vorzunehmen und während der dazwischenfallenden Schwingungen den Magnet senkrecht zu halten oder hinreichend weit zu entfernen. Nach dieser Methode wird der Anfang gemacht wie oben, indem man den Magnet zuerst in die Stellung 1 bringt; sobald dann die Nadel bis ef gekommen ist, wird der Magnet vertical gestellt und hat während des Rückweges auf die Nadel keinen Einfluss. Erst wenn die Bewegung wieder in der Richtung von rechts nach links beginnt, neigt man den Magnet nochmals in die Stellung 1 und vermindert so durch fortwährende Wiederholung derselben Operation, allerdings langsamer als nach der ersten Methode, den Schwingungsbogen. Den Vortheil hat man übrigens dabei, dass man die Grösse der Bewegung bei der Schwingung, wo nicht beruhigt wird, sieht und die Stärke des beruhigenden Magnets danach vermindern kann, was dadurch geschieht, dass man den Magnet weiter entfernt, oder dadurch, dass man ihn weniger neigt, denn von der verticalen Lage an bis zur horizontalen wird das von demselben ausgeübte Drehungsmoment immer stärker.

Die eben beschriebene Beruhigungsmethode kann in grösserer wie in kleinerer Entfernung angewendet werden und ist die gewöhnlichste, weil der Beobachter meistens in der verlängerten Richtung der Nadel sich befindet. Steht der Beobachter sehr nahe, so kann er den Beruhigungsmagnet auch seitwärts in der Stellung AB oder CD halten und die Umkehrungen vornehmen wie oben; letztere Methode ist allein anwendbar, wenn der Beobachter seitwärts von der Nadel und in grösserer Entfernung sich befindet. Aus §. 55 ergibt sich, dass in der Lage AB oder CD der Beruhigungsmagnet doppelt so grosse Wirkung hat, als in der Lage NS, wenn die Entfernung in beiden Fällen gleich ist.

[1] MICHELL. *Treatise of artific. magn.* S. 40.
[2] GAUSS. Intensitas vis magneticae. p. 15.
[3] KLAPROTH. *Lettre à Monsieur de Humboldt sur l'invention de la boussole.* Paris 1834.
[4] COULOMB. *Mém. de l'Acad. de Paris.* T. IX. 1780.
[5] LOUS. Tentamina experimentorum ad compassum perficiendum.
[6] WEBER. Götting. gel. Anz 1835. St. 8. — Pogg. Ann. XXXIV. 247.
[7] LAMONT. Pogg. Ann. LXXI. 124.
[8] GILBERT. De Magnete. Lib. V. Cap. IX.
[9] CAVALLO. Lehre vom Magnet. 171.
[10] CAVALLO. Ibid. 469.
[11] CAVALLO. Ibid. 93.
[12] COULOMB. *Mém. de Math. et Phys. présenté à l'Acad. de Paris.* T. IX. 1780.
[13] Resultate des magnet. Ver. 1836. S. 65. Note.
[14] LAMONT. Beschreibung der an der Münchener Sternwarte verwendeten neuen Instrumente u. App. S. 56.
[15] MEYERSTEIN. Pogg. Ann. LXXI. 119.
[16] SEEBECK. Ann. de Chim. et de Phys. 1826.
[17] LAMONT. Beschreibung der an der Münchener Sternwarte verwendeten neuen Instr. u. App. S. 24.
[18] LAMONT. Ueber das magnetische Observatorium in München. p. 23.
[19] DESPRETZ und POUILLET. Compt. Rend. XXIX. 225, 273 (Bemerkungen u. Gegenbemerkungen).
BAILY. *On the density of the earth. Mem. of the Roy. Astr. Soc.* Vol. XIV. p. 35; ferner Gilb. Ann. II. 4. — MUNCKE hat ebenfalls Versuche über die bei Temperaturänderungen eintretenden Bewegungen einer Galvanometernadel bekannt gemacht.
BAILY. *On the density of the earth. Mem. of the Roy. Astr. Soc.* Vol. XIV.
Phil. Trans. 1746. p. 242. — *Johnson quarterly Journ. of science.* Vol. 21. p. 274.
Library of useful knowledge, Magnetism. p. 56.

§. 23. Einfache und mikroskopische Ablesung.

Die einfache Ablesung der Nadelspitzen gibt nur in wenigen Fällen (z. B. bei dem Schiffscompass, bei Galvanometern u. s. w.) die Richtung der Nadel mit der erforderlichen Genauigkeit und man ist fast immer genöthiget, entweder optische oder mechanische Vergrösserung (mittelst Verminderung der Directionskraft) zu Hülfe zu nehmen.

Das gewöhnlichste Hülfsmittel optischer Vergrösserung ist das Mikroskop.

Man gebraucht einfache Loupen, um die Schwingungen eines Magnets genauer zu beobachten, und um bei einer Boussole die Stellung, welche die Spitze der Nadel auf der Theilung einnimmt, abzulesen. Zu letzterm Zwecke benützt man auch Mikroskope mit unbeweglichem Kreuzfaden im Focus, und befestiget sie auf der Alhidade eines Kreises, welche gedreht wird, bis der Faden mit der Magnetspitze zusammentrifft.

Mikrometrische Mikroskope sind ebenfalls, insbesondere zur Messung kleiner Bewegungen einer Magnetspitze, angewendet worden.

3. EINFACHE UND MIKROSKOPISCHE ABLESUNG.

Mikroskope haben ein kleines Feld und finden desshalb nur beschränkten [Ge]brauch; sie können ferner, streng genommen, nur zur Vergrösserung und [Mes]sung von Längendimensionen angewendet werden, während im Magne[tis]mus es gewöhnlich darauf ankommt, die Grösse einer Drehung, d. h. einen [W]inkel oder Bogen, zu messen. Dieser Umstand macht eine eigene Reduction [no]thwendig.

1. Wenn o Fig. 119 das Mikroskop-Objectiv, O das Ocular, Og die optische [Ax]e, AB (im Durchschnitte) die Ebene des Focus und CD die Ebene des Objectes [is]t, so werden sich die Punkte h' und g' in h [un]d g abbilden, und das Bild wird demnach umkehrt. Bezeichnet man die Entfernungen von [de]r optischen Axe gh und $g'h'$ mit x und x', [un]d das Verhältniss $\frac{go}{g'o}$ (d. h. die Vergrösserung [de]s Objectives) mit p, so hat man

$$x = p x'.$$

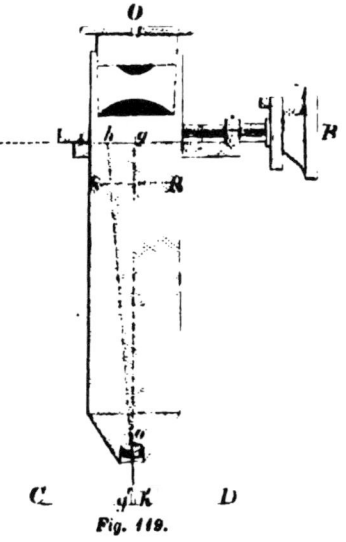

Gewöhnlich bildet x' die dem Radius r zu[ge]hörige Tangente eines Bogens φ, dessen Grösse [ge]sucht wird; alsdann hat man $x = pr\, \mathrm{tg.}\, \varphi$ oder
$\mathrm{tg.}\,\varphi = \frac{x}{pr}$, und

$$\varphi = \frac{x}{pr} - \frac{1}{3}\frac{x^3}{p^3 r^3} + \ldots$$

Wenn der Bogen φ einen ganzen Grad be[trä]gt, so ist das zweite Glied nur der $1/_{10000}$ste [Th]eil dieses Bogens, und kann wohl in den ge[wö]hnlichen Fällen vernachlässiget werden.

Fig. 119.

Anstatt der eben beschriebenen Construction des Mikroskops ziehen die [pra]ktischen Optiker vor, zwischen dem Focus und dem Objectiv eine sogenannte [Col]lectivlinse in RS anzubringen, wodurch die übrig bleibende Kugelabweichung [de]s Objectes beseitigt wird und im Focus ein besseres Bild entsteht. Indem [ab]er die Collectivlinse die äussern Strahlen mehr als [die] mittlern ändert, hört die vollkommene Pro[po]rtionalität zwischen den verschiedenen Theilen des [Bil]des und des Gegenstandes auf; in so ferne übrigens [die] Messungen auf einen kleinen Theil des Feldes be[sch]ränkt werden, bleibt dieser Umstand ohne erheb[lich]en Einfluss.

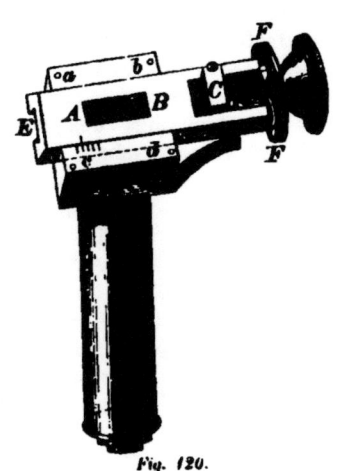

Die perspectivische Ansicht Fig. 120 zeigt die [mit] der Trommel FF versehene Mikroskopschraube, [we]lche in der feststehenden Mutter C sich bewegt [un]d mit der kugelförmig abgerundeten Spitze den [Sch]litten AB vorwärts schiebt und mittelst eines [Fed]ers zurückzieht. Das Vorwärtsschieben ist eine [siche]re, das Zurückziehen eine unsichere Bewegung, [un]d desshalb muss bei allen Messungen die Einstellung [vo]rwärts geschehen. Wenn man den Schlitten [zu]rwärts bewegt hat und anfängt die Mikrometer-

Fig. 120.

schraube rückwärts zu drehen, so folgt der Schlitten nicht im ersten Augenblicke, und man muss um einen bestimmten Betrag drehen, bis der Schlitten in Bewegung kommt. Diess nennt man den **todten Gang**, den man nie beseitigen kann, ohne die Schraube fest einzuzwängen. Letzteres hat den doppelten Nachtheil, dass die Drehung der Schraube zu viel Kraft erfordert, und dass der Schraubengang und die Spitze sich abnützen.

Der Spinnenfaden wird auf der untern Fläche des Schlittens aufgespannt. Das Ocular des Mikroskops kann auf dem Schlitten oder auf der festen Unterlage, welche den Schlitten trägt, angebracht werden. Im letztern Falle wird eine Platte auf die Theile ab, cd aufgelegt und in diese schraubt man das Ocularrohr fest, so dass es concentrisch ist mit dem unten befindlichen Rohr des Mikroskops.

Am Mikroskop liest man, von einem bestimmten Nullpunkt ausgehend, die Schraubenumgänge und Unterabtheilungen ab. Um die Schraubenumgänge abzulesen, bringt man am Schlitten einen Indexstrich und auf der festen Unterlage eine Theilung, Schraubenumgänge darstellend, an, wie es in *Fig. 120* bei c verzeichnet ist, oder man befestigt im Focus des Mikroskops einen Rechen *Fig. 121* (auch Recher oder Kamm genannt), von welchem jeder Zahn einem Schraubenumgange entspricht und auf welchem der Schlitten aufliegt. Der Schlitten trägt einen Zahn oder Index, nach welchem die Schraubenumgänge abgelesen werden.

Fig. 121.

Diese Einrichtung ist jetzt allgemein in Gebrauch gekommen, weil sie den Vortheil gewährt, dass man bei der Einstellung zugleich die Zahl der Umgänge erkennt, während nach der ersten oben erwähnten Einrichtung immer eine Loupe gebraucht werden muss, um die Umgänge an der Scala abzulesen.

Die Unterabtheilungen gibt die Trommel FF *Fig. 120* an, welche nach Umständen verschieden getheilt wird. Handelt es sich um Längen, so ist es am zweckmässigsten, die Trommel in 100 Theile einzutheilen; handelt es sich um Winkelablesungen, so wird die Trommel so eingetheilt, dass ein Theilstrich einem bestimmten Winkel entspricht, z. B. wenn ein Schraubenumgang 10 Minuten ausmacht, theilt man die Trommel in 10 Theile ein und erhält so die Minuten durch Ablesung und die Zehntelminuten durch Schätzung; wenn ein Schraubenumgang 1 Minute beträgt, so theilt man die Trommel in 60 Theile und erhält so die Secunden durch Ablesung und die Zehntelsecunden durch Schätzung u. s. w.

Es ist nothwendig, dass die Trommel mit dem Rechen oder der Scala, und der Rechen oder die Scala mit der abzulesenden Haupttheilung correspondire. Ersteres erreicht man mittelst Drehung der Trommel, die nur durch den Druck einer Kreisfeder auf einem conischen Zapfen festgehalten wird. Um zu bewirken, dass der Nullpunkt des Rechens oder der Scala mit der Haupttheilung (Kreistheilung) correspondire, muss man das Mikroskop selbst durch Schrauben verstellbar machen, wenn der Rechen oder die Scala — übereinstimmend mit der obigen Beschreibung — fest mit dem Mikroskop verbunden ist; zweckmässiger ist es aber, die eben erwähnten Theile so anzubringen, dass ihre Lage geändert werden kann; man theilt nämlich die Scala auf einem kleinen Messingstreifen, der aufgeschraubt wird, oder zieht den Indexstrich auf einen solchen Streifen, und wenn ein Rechen gebraucht wird, so gibt man ihm die Form *Fig. 122*, und schraubt ihn auf die Unterlage, feilt aber zugleich eine Vertiefung E *Fig. 120* in den Schlitten, damit er, ohne anzustreifen, über den Rechen hinweggehe.

Fig. 122.

§. 24. Spiegelablesung.

Zu magnetischen Messungen eignet sich unter allen bisher angewendeten Mitteln am meisten die sogenannte Spiegelablesung, und desshalb hat die Spiegelablesung den früher häufigern Gebrauch der Mikroskope fast gänzlich verdrängt.

Die Spiegelablesung wird dadurch zu Stande gebracht, dass man auf den Magnet einen kleinen Spiegel K Fig. 123 befestiget, dann in einiger Entfernung ein Fernrohr F und darüber eine Scala ab anbringt, und zwar, dass mittelst des Fernrohres das Bild der Scala ab im Spiegel gesehen wird. Mitten im Felde des Fernrohres befindet sich ein vertikaler Faden, nach welchem die Ablesung der Scala geschieht.

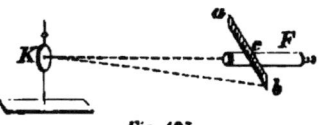

Fig. 123.

Jede Bewegung des Magnets bringt einen andern Punkt der Scala auf den Faden und aus den Aenderungen, welche an dem Bilde der Scala vor sich gehen, kann man die Bewegung des Magnets ableiten. Rechnet man von dem Nullpunkte c an, der gerade über der Mitte des Fernrohres sich befindet, so gibt die Ablesung der Scala die Tangente des doppelten Winkels, um welchen sich der Magnet bewegt hat, wobei als Radius die Entfernung der Scala von der reflectirenden Fläche des Spiegels zu nehmen ist.

Bezüglich auf die Befestigung des Spiegels in der Mitte, an der Seite oder am Ende des Magnets; bezüglich auf die Beschaffenheit und Beleuchtung der Scala; bezüglich auf die Anbringung des Fernrohres kann man verschiedenartige Einrichtungen treffen, die theilweise auch die Berechnung modificiren.

Die Spiegelablesung eignet sich nur für die Beobachtung kleinerer Aenderungen, und die Scala kann sich bei stärkerer Vergrösserung des Fernrohres nur bis 3^0 links und rechts von der Mitte, bei schwacher Vergrösserung bis auf 5^0 links und rechts von der Mitte erstrecken; wollte man noch grössere Winkel ablesen, so wäre es nöthig, kreisförmig gebogene Scalen anzuwenden, was bisher nur in seltenen Fällen versucht worden ist.

Hat man eine magnetische Kraft zu messen, welche eine über die Scala hinausgehende Ablenkung hervorbringt, so gibt es kein besseres und leichter anwendbares Mittel, als gleichzeitig eine zweite Kraft von bekannter Grösse — wozu gewöhnlich ein zweiter Magnet, Hülfsmagnet genannt, benützt wird — auf die Nadel in entgegengesetztem Sinne wirken zu lassen. In diesem Falle gibt die Ablesung der Scala an, um wie viel die zu messende Kraft grösser oder kleiner ist als die bekannte Kraft des Hülfsmagnets. Es können auch mehrere Hülfsmagnete gleichzeitig angewendet werden.

1. Wird die oben in Fig. 123 dargestellte Einrichtung auf eine Horizontalebene projicirt, so erhält man das nebenstehende Schema Fig. 124: oc ist die optische Axe des Fernrohrs, d ist der Punkt der Scala, der auf den Faden f reflectirt wird. Der Punkt a der Scala, der in der optischen Axe liegt, wird die Mitte der Scala, die auf dem Spiegel senkrechte Linie bc die Axe des Spiegels und ac die Entfernung der Scala genannt. Denkt man

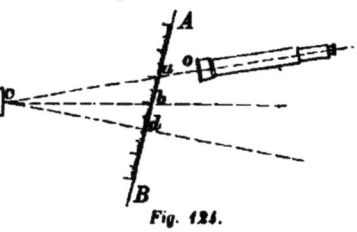

Fig. 124.

sich die Spiegelaxe bc fest mit dem Spiegel verbunden, so wird die Bewegung dieser Linie zugleich die Bewegung des Magnets darstellen, und es kommt nur darauf an, den Winkel, den die Spiegelaxe mit der Axe des Fernrohrs macht, d. h. $acb = u$ durch die Ablesung $ad = x$ zu bestimmen. Vermöge der Reflexionsgesetze sind aber Einfallswinkel bcd und Reflexionswinkel acb einander gleich, und wenn man die Entfernung der Scala $ac = e$, und den Winkel der Scala mit der optischen Axe $cad = 90° - h$ setzt, wo h eine sehr kleine Grösse sein wird, so gibt das Dreieck acd

$$\sin 2u = \frac{x}{e} \sin(90° - 2u + h)$$

oder wenn $\cos h = 1$ und $\sin h = h$ gesetzt wird

$$\operatorname{tg.} 2u = \frac{x}{e}(1 + h \operatorname{tg.} 2u)$$

oder

$$\operatorname{tg.} 2u = \frac{x}{e} \frac{1}{1 - h\frac{x}{e}} = \frac{x}{e}\left(1 + h\frac{x}{e} + \ldots\right) \qquad 1).$$

Die Scala wird fortlaufend nummerirt von A bis B; bei dieser Nummerirung wollen wir annehmen, dass a der Ablesung N und d der Ablesung n entspreche. Alsdann ist $x = n - N$ und man hat, wenn $h = 0$ ist, für kleine Werthe von u, wo die Tangente mit dem Bogen verwechselt werden darf,

$$u = \frac{n - N}{2e}. \qquad 2)$$

und wenn u einen grössern Werth hat, so gibt die Darstellung des Bogens durch die Tangente folgenden Ausdruck

$$u = \frac{n - N}{2e}\left[1 - \frac{1}{3}\frac{(n - N)^2}{e^2}\right] \qquad 3).$$

wo nur für grössere Werthe von $n - N$ das letzte Glied einen erheblichen Betrag erreichen kann.

Der Werth von e muss in Scalatheilen ausgedrückt werden. Den Factor $\frac{1}{2e}$, womit die Anzahl des Scalatheile zu multipliciren ist, um u zu finden, nennt man den Werth eines Scalatheils. Hierbei wird übrigens, wie bei allen vorhergehenden Rechnungen angenommen, dass u in Bogen (vom Radius 1) auszudrücken sei; gewöhnlich aber will man u in Minuten oder Secunden erhalten, was dadurch zu bewerkstelligen ist, dass man das Resultat mit $\sin 1'$ oder $\sin 1''$ dividirt. Der Angulärwerth eines Theilstriches ist also

$$\frac{1}{2e \sin 1'} \quad \text{oder} \quad \frac{1}{2e \sin 1''}$$

und damit hätte man jede Beobachtung zu multipliciren, wenn man sie in Winkelmaass verwandeln will. Zweckmässiger ist es aber, insbesondere bei Instrumenten, die in häufigem Gebrauche sind, die Scalen so zu theilen, dass jeder Theilstrich eine Minute oder sonst einen bequemen Werth darstellt.

2. Hat der Strahl, um von der Scala zu der spiegelnden Fläche und von da das Fernrohr zu gelangen, durch Plangläser zu gehen, wie es meistens der [Fall] sein wird, so ist hierauf in der Berechnung Rücksicht zu nehmen.

Wenn ein Lichtstrahl ab Fig. 125 auf ein Plan- und Parallelglas $ABCD$ unter [ei]n Einfallswinkel $abf = \varepsilon$ fällt, so wird er gegen fg gebrochen, und zwar ist für gewöhnliches Glas (dessen Brechungsexponent $= \frac{3}{2}$ genommen werden kann) $\sin cbg = \frac{2}{3} \sin \varepsilon$.

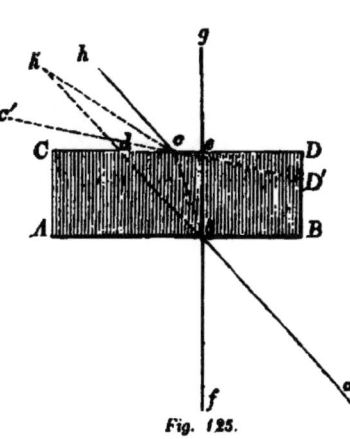

Fig. 125.

[Na]ch dem Durchgange durch die zweite Fläche CD [w]ird der Strahl mit seiner vorigen Richtung [pa]rallel, aber um die Grösse $cd = de - ce = be$ tg. $dbe - be$ tg. cbe seitwärts verlegt. Da [di]e Strahlen in allen Fällen, welche hier in Be[tr]acht kommen, sehr nahe senkrecht auffallen, so [kön]nen die Bögen anstatt der Tangenten, d. h. ε [an]statt tg. dbe und $\frac{2}{3} \varepsilon$ anstatt tg. cbe substituirt [w]erden, und wir erhalten, wenn δ die Dicke des [Glas]es bedeutet, $cd = \frac{1}{3} \delta \varepsilon$.

Wir haben hier CD als parallel mit AB vorausgesetzt; nehmen wir aber als [zwei]te Fläche $c'D'$, unter dem Winkel ψ gegen CD geneigt, so trifft der Strahl bc [die]se Fläche unter dem Winkel $c'cb - 90^0 = cbe + \psi$ und setzt seinen Weg [in] der Richtung ch' fort, so dass $\sin(90^0 - c'ch') = \frac{3}{2} \sin(cbe + \psi)$ ist. Nun [ist] man $90^0 - c'ch' = 90^0 - (Cch - c'cC - hch') = 90^0 - (90^0 - \varepsilon - \psi - h'ch) = \varepsilon + \psi + h'ch$ und mithin

$$\sin(\varepsilon + \psi + h'ch) = \frac{3}{2} \sin(cbe + \psi).$$

Für kleine Einfallswinkel findet sich hieraus, wenn anstatt cbe der oben gefundene Werth $\frac{2}{3} \varepsilon$ gesetzt wird, $h'ch = \frac{1}{2} \psi$; um so viel ist der neue Strahl [vo]n der ursprünglichen Richtung seitwärts abgelenkt.

Geht demnach ein Lichtstrahl unter dem kleinen Einfallswinkel ε durch ein [Gla]s von der Dicke δ, dessen beide Flächen um den kleinen Winkel ψ vom Paral[le]lismus abweichen, so besteht der Erfolg darin:

1) dass der Lichtstrahl von der senkrechten Linie auswärts um die Grösse $\frac{1}{3} \delta \varepsilon$ verlegt,

2) dass der Lichtstrahl nach der Seite, auf welcher die Flächen divergiren, um den Winkel $\frac{1}{2} \psi$ abgelenkt wird.

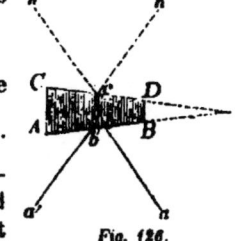

Fig. 126.

Wenden wir diess zunächst auf einen belegten Glas[s]piegel $ABCD$ Fig. 126 an, dessen beide Flächen AB und [C]D den kleinen Winkel ψ miteinander machen, so ergibt [s]ich, dass, wenn die Rückseite CD nicht belegt wäre, zwei [S]trahlen hc und $h'c$ unter gleichem Winkel auffallend nach ba und $b'a'$ sich fort[pfl]anzen und dabei gleiche Modifikationen erleiden würden. Die Lage der

Strahlen ab und $a'b'$ ist aber hier dieselbe, als wenn eine Reflexion bei c stattfände, weil in solchem Falle bc und $b'c$, also auch ch und ch' gleiche Einfallswinkel hätten; hieraus folgt, dass bei einem reflectirten Strahle die Aenderungen doppelt so gross sind, wie bei einem durchgehenden Strahle. Wenn demnach a der einfallende und $b'a'$ der reflectirte Strahl ist, so wird $b'a'$

1) seitwärts gegen B verlegt um $\frac{2}{3}\delta\varepsilon$,

2) gegen A abgelenkt um den Winkel ψ.

Diese Wirkungen, auf *Fig. 124* übergetragen, hätten zur Folge, dass ein Strahl ab, von c reflectirt, nicht auf d, sondern zwischen b und d träfe, somit die Ablesung vermindert würde um den Betrag

$$= \frac{2}{3}\delta\varepsilon \pm e\psi \qquad 4),$$

wenn die Entfernung cd mit e bezeichnet wird. Um also die Ablesung zu corrigiren, muss dieser Betrag zu der Ablesung n addirt werden, und die Gleichung 2) erhält, wenn anstatt ε in obiger Correction u gesetzt wird, die Form

$$u = \frac{n + \frac{2}{3}\delta u \pm e\psi - N}{2e}$$

oder

$$u = \frac{n - (N \mp e\psi)}{2\left(e - \frac{1}{3}\delta\right)}.$$

Befindet sich unmittelbar vor dem Spiegel ein Planglas, so wird der Lichtstrahl beim Hineingehen und wieder beim Herauskommen in gleicher Weise, also im Ganzen um das Doppelte des oben bezeichneten Betrags modificirt, d. h. es wird die Ablesung vermindert um

$$\frac{2}{3}\delta'u \pm e\psi',$$

wenn δ' die Dicke und ψ' die Convergenz der Flächen des Planglases bedeuten. Wird diese Correction wie die obige beigefügt, so ergibt sich

$$u = \frac{n - (N \mp e\psi \mp e\psi')}{2\left(e - \frac{1}{3}\delta - \frac{1}{3}\delta'\right)}.$$

Hiernach hat man bei Berechnung des Werthes der Theilstriche die Entfernung der spiegelnden Fläche von der Scala um ein Drittheil der Dicke des Spiegels und Planglases zu vermindern.

3. Dass man mittelst der Spiegeablesung grössere Winkel nicht messen kann, hat darin seinen Grund, dass die Entfernung der Theilstriche vom Spiegel um so grösser wird, je weiter man von der Mitte hinausgeht, mithin ohne Aenderung des Oculars kein deutliches Bild erhalten werden könnte. Ist das Objectiv des Fernrohrs unmittelbar unter der Scala, so nimmt die Entfernung der Theilstriche vom **Objective** zu

bei 3^0 um $\frac{1}{364}$

$\frac{1}{130}$

7 $\frac{1}{66}$

9 $\frac{1}{39}$.

: mich durch Versuche, die mit einem FRAUENHOFER'schen Fernrohre
s Focaldistanz und 60 maliger Vergrösserung angestellt wurden, über-
wenn die Entfernung um $\frac{1}{66}$ vermehrt wird, das Bild noch hin-
itlich ist; bei kleinen Fernröhren, wie man sie zu Galvanometern
ann eine noch beträchtlich höhere Grenze angenommen werden. Kreis-
gene Scalen, bei welchen die Ablesung von diesem Uebelstande frei
ian in England für magnetische Instrumente angefertigt [1]; von dem Er-
wendung derselben ist jedoch nichts bekannt geworden.

Ablesungsfernröhren muss man eine horizontale und verticale Be-
:n, was am bequemsten in der durch *Figg.* *127* und *128* dargestellten
eht. Das Messingstück AB *Fig.* *127* wird mit der Schraube C an die
r steinerne Unterlage festgeschraubt, jedoch so,
rizontale Bewegung um den Befestigungspunkt
ist; dieses Messingstück trägt die beiden Zapfen-
E, in welchen sich die Zapfen des Fernrohrs a
en müssen. Die Zapfenlager sind abwärts ge-
lie Axe wird in dieselben hinaufgedrückt durch
der F. Die Bewegung des Fernrohres in verti-
wird erzielt mittelst der Schraube S, worauf
bt. Wie Fernohr, Scala und Beleuchtungs-
ieinander zu stehen kommen, zeigt *Fig.* *128*.

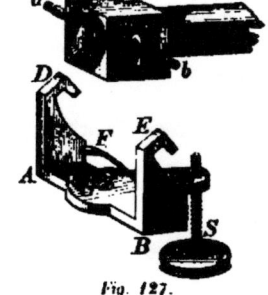

Fig. 127.

la wird gewöhnlich gehalten durch zwei
Winkelstücke A und B, die mit schwachen
und cd versehen sind.
die Enden der Scala
Federn und den Winkel-
nschiebt, kann man der-
Bedürfniss eine höhere
Stellung geben.
:uchtungsspiegel, der in
chen der Scala und dem
u sehen ist und den
1 der Rückseite zeigt, wird zunächst mittelst
aube C mit dem Rohre ab verbunden und lässt
Schraube in verticalem Sinne drehen. Das Rohr ab
en feststehenden Zapfen gesteckt, kann höher
estellt und auch horizontal gedreht werden.

Fig. 128.

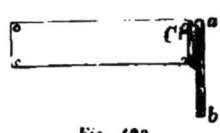

Fig. 129.

Spiegelablesung hat POGGENDORFF [2] im Jahre 1826
Einen messingnen Bügel, in welchem sich ein horizontaler, um seine
r, Magnet befindet, hängt er an einem Coconfaden auf; am Magnet
el — zur Hälfte auf der einen, zur Hälfte auf der andern Seite be-
gemacht, so zwar, dass die Spiegelfläche mit der **Magnetaxe** nahe

parallel steht und durch Drehung des Magnets im Bügel vertical gestellt werden kann. Seitwärts vom Spiegel, dessen horizontaler Durchschnitt bei c Fig. 130 zu sehen ist, stellt man einen Theodoliten in T auf und beobachtet das entfernte Object O einmal im Spiegel (Richtung Tc), dann direct (Richtung TO); hieraus erhält man den Winkel $OTc = T$, welcher dem Unterschiede der beiden Richtungen gleich ist. Setzt man ferner $Oca = pcT = \delta$, $OT = c$, $pT = a$, $Oc = b$, $cp = d$, so hat man den Winkel $O = 2\delta - T$, und aus den zwei Dreiecken cOp, cTp folgt

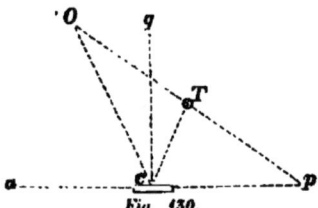

Fig. 130.

$$\sin(2\delta - T) = \frac{d \sin \delta}{a + c} \quad \text{und} \quad d \sin \delta = a \sin T,$$

mithin

$$\sin(2\delta - T) = \frac{a \sin T}{a + c}$$

dann aus dem Dreiecke OTc

$$\sin 2\delta = \frac{c \sin T}{b}.$$

Die eine oder andere Gleichung gibt den Winkel δ, den die Fläche des Spiegels mit der Richtung des Objects O macht. Will man den Winkel bestimmen, den die Magnetaxe mit der Richtung des Objects macht, so ist es nöthig, nach §. 59 den Magnet im Bügel um 180^0 zu drehen und eine zweite Messung wie oben vorzunehmen, wobei die Reflexion des Bildes durch die zweite Spiegelhälfte geschieht.

Die letztere Gleichung differentirt, gibt

$$d\delta = dT \frac{1}{2} \frac{c \cos T}{b \cos 2\delta};$$

mittelst dieser Formel oder auch mittelst des logarithmischen Differentials

$$d\delta = \frac{1}{2} dT \frac{\operatorname{tg.} 2\delta}{\operatorname{tg.} T}$$

lassen sich sehr einfach die Aenderungen, die in der Richtung des Magnets vorgehen, aus den Aenderungen des mit dem Theodoliten gemessenen Winkels T berechnen.

POGGENDORFF deutet ferner an, wie man das Azimuth des Objectes O von c aus bestimmen, mithin die absolute Declination erhalten könne. Endlich bemerkt er, dass, um Aenderungen zu beobachten, man blos ein feststehendes Fernrohr und eine Scala braucht, die im Spiegel des Magnets sich abbildet. Damit sind alle Verhältnisse der Spiegelablesung in ihren Grundzügen entwickelt.

Im Jahre 1827 trat v. RIESE[3], dem POGGENDORFF's Arbeit zufälligerweise ganz unbekannt geblieben war, mit demselben Vorschlage auf. Praktisch eingeführt und vollständig ausgebildet wurde die Spiegelablesung erst durch GAUSS[4] im Jahre 1833 bei der Construction seines Magnetometers; er gab dem Spiegel eine auf die Länge des Magnets senkrechte Stellung und entwickelte genaue Vorschriften über die Berechnung der Beobachtungen.

6. GAUSS hat weiss lakirte Papierscalen (in Millimeter getheilt und auf Holz aufgezogen) gebraucht; auch Scalen, auf Bein getheilt, sind angewendet worden. Beide erfordern eine starke Beleuchtung und ein Fernrohr von 12 — 15 Linien

Oeffnung. Weit vortheilhafter sind in dieser Beziehung die von rückwärts beleuchteten Glasscalen, welche ich im Jahre 1841 eingeführt habe. Bringt man einen Spiegel hinter der Scala an, der mässig helles Tageslicht durch die Scala gegen den Magnetspiegel reflectirt, so kann auch bei feiner Eintheilung die Ablesung sehr wohl mit einem Fernrohre von 8 — 10 Linien vorgenommen werden. Die Theilung kann auf dem Glase mit Diamant eingerissen oder geätzt oder mit schwarzer Porzellanfarbe aufgetragen und eingebrannt sein.

Bei weitem die beste Methode ist übrigens die letztere, denn bei den geätzten und noch mehr bei den mit Diamant eingerissenen Strichen findet man, dass je nach der Beleuchtung eine scheinbare Aenderung in ihrer Lage eintritt, veranlasst ohne Zweifel dadurch, dass bald die Mitte, bald der eine und bald der andere Rand der Striche als dunkel erscheint.

7. Bei magnetischen Messungen bildet die Anwendung von Hülfsmagneten einen Gegenstand von hoher Wichtigkeit, da selten eine grössere Untersuchung vorkommt, wo die Scala vollkommen ausreicht. Als erste Regel hat man die Bedingung zu beobachten, dass der Hülfsmagnet entweder seitwärts von der Nadel in der auf die natürliche Richtung derselben senkrechten und durch ihre Mitte gezogenen Linie, oder in der Verlängerung der natürlichen Richtung der Nadel und senkrecht gegen diese Richtung hingelegt werden kann, denn nur unter dieser Voraussetzung ist das Drehungsmoment einfach der Tangente der Ablenkung, also der Scalenablesung proportional (§§. 55, 60.). Bringt der Hülfsmagnet für sich allein eine Ablenkung — N (Theilstriche) hervor, und ist die Ablenkung bei gleichzeitiger Einwirkung des Hülfsmagnets und der zu messenden Kraft $+ n$, so wird die Grösse der zu messenden Kraft durch

$$n + N$$

dargestellt. Zweckmässig ist es, einen Hülfsmagnet von grösseren Dimensionen zu wählen, damit man ihn, um die nöthige Ablenkung hervorzubringen, der Nadel nicht zu sehr zu nähern braucht, da nur für grössere Entfernungen eine genaue Proportionalität zwischen dem magnetischen Moment und der Tangente der Ablenkung stattfindet.

Das hier angegebene Verfahren ist im Grunde gleichbedeutend mit einer Aenderung des Ausgangs- oder Anfangspunktes der Ablesung, so zwar, dass, während man sonst von der Mitte der Scala ausgeht, bei Anwendung eines Hülfsmagnets vom Ende der Scala oder von einem nahe am Ende befindlichen Punkte ausgegangen wird. Im äussersten Falle kann man also die Messung bis auf das Doppelte ausdehnen; zu besonderen Zwecken aber kann es nöthig sein, eine grössere oder auch sogar (wie z. B. zur Bestimmung des Temperaturcoefficienten) eine sehr grosse Ablenkung zu messen, und hierzu benützt man entweder mehrere Ablenkungsmagnete zu gleicher Zeit und setzt oben die Summe ihrer Ablenkungen anstatt N, oder man bringt den Hülfsmagnet so nahe, dass er die Nadel weit über die Scala ablenkt, und bestimmt durch eine eigenthümliche Operation, die gleich näher erklärt werden soll, den entsprechenden Werth von N. Werden mehrere Hülfsmagnete gleichzeitig aufgelegt, so ist dafür Sorge zu tragen, dass nicht in Folge zu grosser Annäherung eine gegenseitige Induction und eine temporäre Aenderung der Kraft der einzelnen Magnete entstehe.

Was die eigenthümliche Operation betrifft, durch welche ein sehr grosser Werth von N zu bestimmen wäre, so besteht sie in Folgendem. Gesetzt, die Nadel werde links abgelenkt, so legt man dem ersten Hülfsmagnet gegenüber, d. h. auf der entgegengesetzten Seite der freien Nadel, einen zweiten Hülfsmagnet in solcher Entfernung hin, dass der Faden nahe an das Ende der Scala links auf einen beliebigen Theilstrich n_0 zu stehen komme, alsdann schiebt man den ersten Hülfsmagnet um einen angemessenen Betrag hinaus, d. h. man vergrössert seine Entfernung von der freien Nadel. In Folge dessen bewegt sich die Nadel nach der rechten Seite und der Faden trifft auf den Theilstrich n_1, nahe am Ende der Scala rechts; durch diese erste Operation wird also die Ablenkung des ersten Hülfsmagnets um $n_1 - n_0$ vermindert. Hierauf wird dasselbe Verfahren wiederholt, d. h. man entfernt den zweiten Hülfsmagnet, bis man die Ablesung n_2 links, dann den ersten, bis man die Ablesung n_3 rechts erhält, und vermindert dadurch neuerdings die Ablenkung des ersten Hülfsmagnets um $n_3 - n_2$. So wird mit beiden Magneten fortgefahren, bis der zweite Hülfsmagnet abgehoben werden kann, ohne dass der Faden über die Scala hinausgeht und nur mehr eine Ablenkung N' übrig bleibt, welche in der gewöhnlichen Weise gemessen wird. Es ist nun einleuchtend, dass die Summe der partialen Messungen

$$n_1 - n_0 + n_3 - n_2 + \quad + N'$$

den ganzen Werth von N geben muss; zugleich aber lässt sich leicht einsehen, dass da, wo viele Ablesungen erforderlich sind, die zufälligen Fehler sich nicht unbeträchtlich anhäufen können und das Resultat jedenfalls minder sicher sein wird.

Wenn eine Reihe von Messungen vorzunehmen ist, wo man häufig Hülfsmagnete anzuwenden hat, so ist es zweckmässig, Widerlager anzubringen, so dass man im Stande ist, den Magneten jedesmal genau dieselbe Lage wieder zu geben, und nicht nöthig hat, bei jeder Beobachtung den Werth von N auf's Neue zu bestimmen.

Hülfsmagnete sind in der hier dargestellten Weise zuerst von GAUSS im Göttinger Observatorium angewendet worden; insbesondere ist die Benützung derselben unerlässlich, wenn es darauf ankommt, die Temperaturcoefficienten grosser Magnetstäbe mittelst des Magnetometers genau zu bestimmen [5].

8. Zu Magnetspiegeln gebraucht man am zweckmässigsten Glasspiegel, auf die gewöhnliche Weise belegt. Eine sehr wesentliche Bedingung ist die Befestigung der Spiegel. GAUSS [6] hat Spiegelhalter gebraucht, wobei der Spiegel rückwärts feine Messingfedern hat, die ihn gegen drei vorne angebrachte Correctionsschrauben drücken; durch letztere ist man im Stande, den Spiegel in die richtige Lage zu bringen. Bei kleinen Nadeln ist es wegen des zu bedeutenden Trägheitsmoments nicht zulässig, eine solche Einrichtung anzuwenden, sondern man gibt dem Spiegel, der immer etwas kleiner als das Objectiv des Ablesungsfernrohres sein kann, eine Fassung, worin er unveränderlich fest gemacht wird, und ändert die Lage durch Biegung der Theile, an denen der Magnet oder der Faden befestigt ist. Die gewöhnliche Form der Spiegel ist rund und die gewöhnliche Fassung ein Messingring. *Fig. 131* stellt den Durchschnitt des Spiegels und der Fassung vor; der Vorsprung bei a und b verhindert, dass der Spiegel rückwärts nicht durchfalle; und vorne lässt man bei c und d anfangs eine ganz dünne Metallwand stehen, die dann durch eine den Mechanikern und Optikern wohl bekannte Operation (bei runden Spiegeln auf der Drehbank) über den Rand des Spiegels hereinpolirt wird und das Glas vollkommen fest hält. Sehr sorgfältig muss darauf Rücksicht genommen werden, dass das Spiegelbelege mit der Fassung nicht in Berührung stehe, weil sonst das Quecksilber in das Messing übergeht und das Belege trocken wird, mithin die Reflexion aufhört. Den Spiegel verbindet man mit der Nadel so, dass er über oder unter der Mitte der Nadel sich befindet. *Fig. 132* (S. 151) stellt eine dreifache Nadel mit einem darüber angebrachten

Fig. 131.

Spiegel vor. Was die Aenderung der Lage des Spiegels gegen die Nadel betrifft, so lässt sich die Nadel in horizontalem Sinne drehen, und wenn eine verticale Correction erforderlich ist, so kann sie durch eine geringe Biegung der Theile a und b ausgeführt werden.

Handelt es sich darum, eine möglichst leichte Spiegelfassung zu erhalten, so gebraucht man dazu einen feinen versilberten Kupferdraht, der zusammengedreht wird, wie *Fig. 133* zeigt, und um den Rand des Spiegels herumgeht. Dass der Draht von dem Rande des Spiegels und von der Nadel nicht abgleite, verhindert man leicht durch ein wenig aufgelöstes Siegellack oder Firniss.

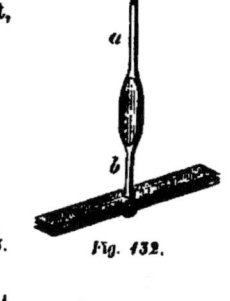

Fig. 133.   *Fig. 132.*

9. Da jeder, der mit magnetischen Versuchen sich beschäftigt, in den Fall kommen kann, einen Magnetspiegel belegen zu müssen, so wird es nicht unzweckmässig sein, das Verfahren hier in Kürze anzugeben. Man nimmt ein Stück dickes Spiegelglas AB *Fig. 134* von beliebiger Form und legt einen kleinen Papierstreifen ab darauf, welcher mit Kreide abgerieben wird. Auf das Papier kommt ein Staniolabschnitt cd von der erforderlichen Grösse, und wird mittelst eines Glasrohres fein abgeglättet. Nachdem man dann einen Tropfen Quecksilber darauf gebracht hat, reibt man den Staniol vorsichtig mit dem Finger, bis die ganze Staniolfläche angequickt ist, und giesst durch einen feinen Trichter so viel Quecksilber darauf, dass die Tiefe desselben ungefähr eine Pariser Linie beträgt. Ist die Oberfläche des Quecksilbers nicht rein, so kann man sie dadurch, dass man mit einem Glasrohre leicht darüber fährt, vollkommen rein machen. Das weitere Verfahren wird in *Fig. 135* dargestellt; man legt nämlich auf das Quecksilber einen mit Kreide abgeriebenen und dann abgestaubten Streifen ef von Seidenpapier oder von irgend einer feinen und weichen Papiersorte und darauf kommt das zu belegende Glas hk, sorgfältig gereinigt. Während man nun mit der einen Hand mittelst eines leichten Fingerdruckes den Spiegel niederhält, ergreift man mit der andern Hand bei g den Papierstreifen ef und zieht ihn zwischen dem Glase und dem Quecksilber heraus. Darnach wird, während man das zu belegende Glas gegen den Staniol drückt, durch Neigen der Glasplatte AB das überflüssige Quecksilber abgegossen. Der letzte Theil der Operation, welcher durch *Fig. 136* verdeutlicht wird, besteht darin, dass man die Glasplatte AB mit allem, was darauf liegt, in eine kleine Zwinge bringt und das zu belegende Glas, über welches vorher zum Schutze gegen Beschädigung der Politur ein kleines Glasstück gelegt wird, fest auf das Belege drückt. Nach ungefähr fünf Minuten räumt man um das Glas hk herum das Quecksilber und den Staniol weg, macht dann die Zwinge auf und nimmt den belegten Spiegel heraus.

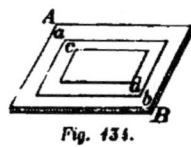

Fig. 134.

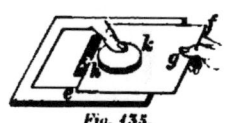

Fig. 135.

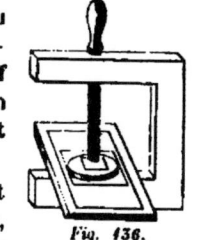

Fig. 136.

Sehr wesentlich ist es bei Belegung eines Spiegels, dass nicht zu viel und nicht zu wenig Quecksilber im Staniol zurückbleibe, was von der Stärke des durch die Zwinge ausgeübten Druckes abhängt; im ersten Falle adhärirt das Belege nicht fest genug, und im zweiten Falle steht es in kurzer Zeit vom Glase auf. Am sichersten verfährt man in der Weise, dass man mittelst der Zwinge einen starken Druck hervorbringt und, wenn der Spiegel fertig ist, ein ganz kleines Quecksilberkügelchen auf das Belege bringt.

Man hat die Spiegelbelege bisweilen mit Firniss, häufiger noch mit aufgelöstem Siegellack überzogen, theils um atmosphärische Einflüsse abzuhalten, theils um zufällige Beschädigungen, wie sie bei Construction von Instrumenten oder bei Versuchen leicht vorkommen, zu verhindern. Letzteres Mittel habe ich selbst angewendet, jedoch nicht zweckmässig befunden, da der Ueberzug mit der Zeit Risse bekommt und dabei das Belege Schaden leidet.

10. Man hat versucht, bei den Spiegeln magnetischer Instrumente die Staniolbelegung durch Silberniederschlag nach der Methode von Drayton[7] zu ersetzen, aber nicht mit Erfolg. Durch die Versuche, die ich selbst ausgeführt habe, gelangte ich zu der Ueberzeugung, dass, wenn solche Spiegel nicht vor der Luftfeuchtigkeit verwahrt werden (was in magnetischen Observatorien und physikalischen Kabineten nicht geschehen kann), das Belege bald einzelne ganz kleine Flecken bekommt und nach und nach völlig oxydirt. Die Erfahrung hat auch gezeigt, dass durch die verschiedenen neueren Modificationen von Drayton's Methode dieser Uebelstand nicht beseitiget wird.

Man kann den Magnet selbst als Spiegel benützen, indem man eine Endfläche oder einen kleinen Theil von einer Seitenfläche polirt, was jedoch einen beträchtlichen Querschnitt voraussetzt, und bei Magneten von vortheilhafter Form (§. 20, 11) nicht ausführbar ist. Noch weniger entspricht in letzterer Beziehung die von Wiedemann und Franz[8] getroffene Einrichtung, welche einer runden Stahlplatte Spiegelpolitur gaben und sie dann magnetisirten, so dass der Spiegel zugleich den Magnet bildete.

[1] *Royal Society.* Report of the Committee of Physics including meteorology. London 1840. p. 15 Note.
[2] Poggendorff. Pogg. Ann. Neue Folge. VII. 122. Man vergleiche ferner Muncke Gehler's phys. Wörterb. VI. 966.
[3] v. Riese. Pogg. Ann. IX. 67.
[4] Gauss und Weber. Result. aus den Beobb. des magnet. Ver. 1836. S. 6, 13.
[5] Gauss und Weber. Result. des magnet. Ver. 1837. S. 53.
[6] Gauss. Ibid. 1836. S. 20.
[7] Drayton. Phil. Mag. Vol. XXV. 516; Pogg. Ann. LXVI. 154.
[8] Wiedemann und Franz. Pogg. Ann. LXXXIX. S. 504.

§. 25. Collimatorablesung.

Die Collimatorablesung, wie die Spiegelablesung, erfordert als wesentlichste Theile ein Fernrohr und eine mittelst desselben abzulesende Scala; ein Hauptunterschied aber besteht darin, dass bei der Collimatorablesung die Scala durch ein Objectiv beobachtet wird, in dessen Focus sie sich befindet. Die Einrichtungen sind verschieden. Zunächst stellt *Fig. 137* die Einrichtung dar, welche der Spiegelablesung am nächsten kommt, und wobei das Objectiv des Ablesungsfernrohres zugleich das Objectiv bildet, in dessen Focus die Scala sich befindet. Das Licht fällt vertical von h auf den Beleuchtungsspiegel Ae herab und wird durch die Scala sa hindurch gegen das Objectiv bb' reflectirt. Indem dann die Lichtstrahlen durch das Objectiv gehen, werden sie parallel gemacht und ge-

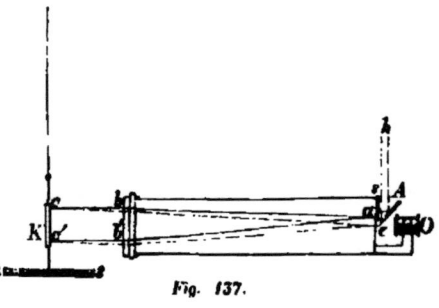

Fig. 137.

langen so bis zum Magnetspiegel cc', von wo aus sie ohne Aenderung ihres Parallelismus direct zurückgeworfen werden. Sie fallen demnach wieder auf das Objectiv, als kämen sie von unendlicher Entfernung, und wenn sie durchgegangen sind, so vereinigen sie sich im Focus e zu einem Bilde, welches mittelst des Oculars O beobachtet werden kann. So entsteht im Focus ein Bild der Scala, und zwar, wenn das Fernrohr gehörig gerichtet ist, unmittelbar unter der Scala. Die Lage des Bildes ist verschieden nach der Stellung des Spiegels, d. h. nach der Richtung des mit dem Spiegel verbundenen Magnets ns, und wenn man einen verticalen Faden im Focus aufspannt, so kann man die Bewegung des Magnets in ähnlicher Weise bestimmen, wie wenn die Scala nach dem vorigen §. über dem Fernrohre befestiget wäre.

Diese Einrichtung hat den grossen Vortheil, dass die Entfernung des Spiegels vom Fernrohre keinen Einfluss auf den Werth der Theilstriche oder die Deutlichkeit des Bildes hat; dagegen wird eine sehr feine Scalatheilung erfordert.

Die gewöhnlichste und die der Zeit nach am frühesten angewendete Collimatorablesung stellt *Fig. 138* dar. Man befestigt auf der Mitte des Stabes NS ein Objectiv A (bei kleinen Nadeln eine einfache Linse) und im Focus desselben eine Scala ss. Sieht man mit dem in beliebiger Distanz aufgestellten Fernrohre F durch das Objectiv A, so zeigt sich ein vollkommen präcises Bild der Scala ss, und

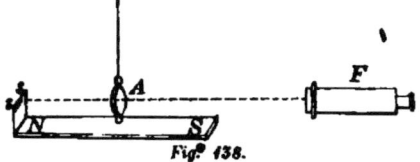

Fig. 138.

die Drehung des Magnets bewirkt, dass andere Theile der Scala ss an den Faden des Fernrohrs F kommen. Aus diesen Aenderungen der Scala kann die Grösse der Drehung des Stabes berechnet werden.

1. Die erstere oben beschriebene Einrichtung, auf die horizontale Ebene projicirt, ist in *Fig. 139* dargestellt. Oo ist die optische Axe des Fernrohrs, welche in c den Spiegel trifft, cd ist die Axe des Spiegels, welche mit der Axe des Fernrohrs den Winkel $dce = u$ macht. Stellt man sich vor, dass ein Lichtstrahl vom Auge O ausgehe, so

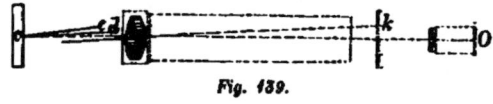

Fig. 139.

trifft er in c auf den Spiegel und wird nach e reflectirt, so dass man hat $oce = 2\,ocd = 2u$. Um den Ort des Bildes der nach ce reflectirten Strahlen im Focus zu finden, müssen wir durch die Mitte des Objectives die Linie ok parallel mit ce führen; sie trifft den Focus und die Scala AB in k, so dass $kOo = 2u$ sein wird. Werden hier bezüglich auf die Scala ganz dieselben Bezeichnungen eingeführt, wie im vorigen §., und die Focaldistanz des Fernrohrs $ok = e$ gesetzt, so haben wir unter der Voraussetzung, dass die Scala auf der optischen Axe senkrecht stehe,

$$\operatorname{tg.} 2u = \frac{n-N}{e}$$

und mit einer wohl für alle Fälle genügenden Approximation

$$u = \frac{n-N}{2e}.$$

Hier ist u als Bogen vom Radius 1 zu verstehen, und es muss nach S. 144 der Werth desselben mit $\sin 1'$ oder $\sin 1''$ dividirt werden, wenn man die Ablesungen in Minuten oder Secunden erhalten will.

Der Werth der Scalatheile hängt also in diesem Falle blos von der Focaldistanz des Fernrohrs ab, und da es kein Mittel gibt, die Focaldistanz eines Fernrohres mit der hier erforderlichen Schärfe zu messen, so muss man Winkelinstrumente benützen oder je nach den Umständen zu besonderen Mitteln seine Zuflucht nehmen.

Diese Einrichtung habe ich zuerst in Vorschlag gebracht und zur Untersuchung des Erdmagnetismus benützt [1].

2. Die höchst einfachen Grundsätze der gewöhnlichen Collimatorablesung können leicht mittelst *Fig. 138* erläutert und entwickelt werden. In der normalen Stellung wird die punktirte Linie, welche vom Objectiv des Ablesungsfernrohrs F durch das Objectiv A bis an die Scala ss gezogen ist, mit der optischen Axe des Fernrohrs und des Objectives A zusammenfallen und senkrecht auf die Mitte der Scala, wir wollen sagen auf den Theilstrich N, treffen, so dass, durch das Fernrohr gesehen, der im Focus aufgespannte Spinnenfaden mit dem Theilstriche N coincidirt. Dreht sich der Magnet NS horizontal um den Winkel u, so trifft die eben erwähnte punktirte Linie nicht mehr auf den Theilstrich N, sondern auf einen seitwärts gelegenen Theilstrich n, und wenn die Focaldistanz des Objectives A, d. h. die Entfernung des Objectives von der Scala ss, mit f bezeichnet wird, so haben wir

$$\operatorname{tg.} u = \frac{n-N}{f}.$$

oder für kleine Werthe von u

$$u = \frac{n-N}{f}.$$

wo wieder wie oben u als Bogen zu verstehen ist und die Verwandlung in Minuten oder Secunden durch Division mit $\sin 1'$ oder $\sin 1''$ geschieht. In *Fig. 138* steht das Objectiv auf der Mitte und die Scala am Ende des Magnets; jedoch ist diese Einrichtung eine rein willkürliche, denn es kann diesen beiden wesentlichen Bestandtheilen der Collimatorablesung jede beliebige Stellung oberhalb oder unterhalb des Magnets gegeben werden, vorausgesetzt, dass die Entfernung dazwischen der Focaldistanz des Objectivs gleich sei. Uebrigens bleibt eine vor zufälligen Aenderungen gesicherte Befestigung eines Objectivs und einer Scala auf einem flachen Magnete immer eine umständliche Sache und nur bei hohlen cylindrischen Magneten fällt jede Schwierigkeit weg, da sich das Objectiv (wofür in den gewöhnlichsten Fällen eine einfache Linse substituirt werden kann) am einen und die Scala am andern Ende leicht anbringen lässt.

Die Collimatorablesung ist zuerst von LLOYD [2] bei flachen Stäben, später von WEBER [3] bei hohlen cylindrischen Magneten angewendet und zur Untersuchung des Erdmagnetismus benützt worden. Letzterer gibt an, dass der Vorschlag ursprünglich von AIRY ausgegangen sei.

3. Analog in gewisser Beziehung mit den obigen Einrichtungen ist die *lunette aimantée* von PRONY [4], bestehend in einem nach der gewöhnlichen Weise frei aufgehängten Magnetstabe, an welchen unter beliebigem Winkel ein horizontales Fernrohr befestigt wird. In der verlängerten Richtung des Fernrohres und senkrecht gegen diese Richtung macht man eine Scala fest, die mit dem Fernrohr abgelesen werden kann. Dass die horizontalen Aenderungen eines Magnets auf solche Weise sehr genau bestimmt werden können, unterliegt keinem Zweifel, jedoch hat die Einrichtung bisher in der Praxis keine Anwendung gefunden, ohne Zweifel desshalb, weil einmal der Beobachter dem Magnet zu sehr sich nähern muss, dann

über auch durch das Gewicht des Fernrohres das Trägheitsmoment des Magnets zu bedeutend vermehrt wird.

[1] LAMONT. Ann. für Meteorol. u. Erdmagnet. Heft 1, S. 164.
[2] LLOYD. *Account of the Magnetical Observatory of Dublin and of the instruments and methods of observation employed there.* Dublin 1847. — *Report of the Committee of Physics including meteorology on the objects of scientific enquiry in those sciences.* — *Revised instructions for the use of magnetic and meteorological Observatories.*
[3] WEBER. Das transportable Magnetometer. Result. des magnet. Vereins 1838. p. 74.
[4] PRONY. Gilb. Ann. XXVI. 275.

§. 26. Verminderung der Directionskraft.

Was die (S. 140 erwähnte) Modification der wirkenden Kräfte betrifft, so wird die Bedeutung derselben sogleich klar, wenn man bedenkt, dass bei jeder magnetischen Messung eine freie Nadel von bestimmter Directionskraft gegeben ist und die Messung darin besteht, zu beobachten, wie weit die freie Nadel durch die zu messende Kraft aus ihrer natürlichen Lage entfernt wird. Es folgt daraus, dass, wie man der freien Nadel durch irgend eine Modification eine geringere Directionskraft gibt, die Wirkung in vergrössertem Maassstabe hervortreten muss.

Ein allgemein anwendbares Mittel, die Directionskraft einer Nadel ns zu vermindern, besteht darin, einen Magnetstab NS oder zwei Magnetstäbe NS und $N'S'$ in der Verlängerung der Nadel (*Fig. 140*) oder einen Magnetstab NS parallel darunter (*Fig. 141*) zu legen, so dass den Polen der Nadel die gleichnamigen Pole der Magnete zunächst liegen. So kann man insbesondere durch einen Magnetstab, der unter eine Boussole gelegt wird, bewirken, dass die tägliche Variation der Declination mehrere Grade be-

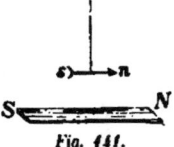

Fig. 140. *Fig. 141.*

trage und mit freiem Auge beobachtet werden könne.

Wird der Nadel die Direction durch eine magnetische Parallelkraft, z. B. durch den Erdmagnetismus, ertheilt, so lässt sich die Wirkung einer neu hinzukommenden Kraft vergrössern dadurch, dass man zwei Nadeln ns, $n's'$ Fig. 142 parallel und bei umgekehrter Richtung der Pole fest miteinander verbindet und nur auf eine von diesen Nadeln die zu messende Kraft wirken lässt. Eine solche Verbindung nennt man, wenn die Nadeln gleich stark oder nahe gleich stark sind, ein **astatisches System**. Ganz denselben Erfolg kann man dadurch erreichen, dass man eine Nadel durch einen seitwärts befindlichen Magnet aus dem magnetischen Meridian so weit ablenkt, bis die Directionskraft des Erdmagnetismus einen geringen Betrag erhält. Endlich gibt das Bifilar, wenn die Torsionskraft etwas grösser ist als die magnetische Kraft der Erde, und wenn durch die Torsionskraft die Nadel aus ihrer natürlichen Richtung um 180° abgelenkt wird, ein Mittel an die Hand, die Wirkung einer zu messenden Kraft zu vergrössern.

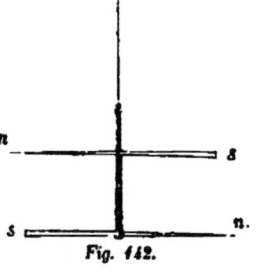

Fig. 142.

1. Da es sich hier um kleine Bewegungen der freien Nadel handelt, die freie Nadel gegen den fixen Magnet ihre Lage sehr wenig ändert, s[o] man (nach §. 52) den ganzen Magnetismus in den Polen vereinigt sich vo[r] und auf solche Weise die Entwickelung sehr vereinfach. Es sei ns Fig. [143]
horizontale Projection [der] freien Nadel, auf welch[e]

1) die Parallelkraft X [in] der Richtung AB,
2) der in der Richtu[ng] gelegene Magnet [$S_1 N_1$]
3) eine zu messende Kraft, welche e[in Dre-] hungsmoment K [ausübt,]

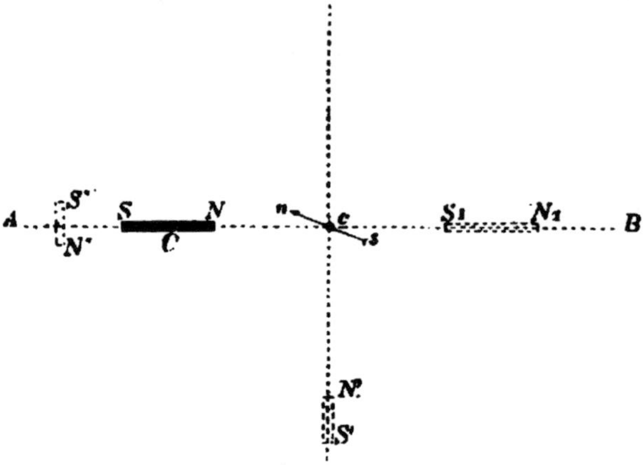

Fig. 143.

gleichzeitig einwirken, [so dass] sie unter dem Winkel Λc[n] zur Ruhe kommt. Bez[eichnet] man die Entfernung der [Mittel]punkte Cc mit e, die Längen NC, nc mit r, [r',] Magnetismus der Pole m[it μ, μ']

so erhält man folgende Drehungsmomente, bei welchen $+$ die Tendenz [hat] den Winkel φ zu vermehren.

$$+ r' \frac{\mu \mu'}{(Nn)^2} \sin(\varphi + cNn)$$

$$- r' \frac{\mu \mu'}{(Sn)^2} \sin(\varphi + cSn)$$

$$+ r' \frac{\mu \mu'}{(Ns)^2} \sin(\varphi - cNs)$$

$$- r' \frac{\mu \mu'}{(Ss)^2} \sin(\varphi - cSs).$$

Das Moment der Parallelkraft X ist

$$- 2r'\mu' X \sin \varphi$$

und nehmen wir an, dass, wenn der Magnet NS nicht vorhanden wäre, die Na[del] durch die zu messende Kraft um den Winkel ψ aus der natürlichen Richtu[ng] abgelenkt würde, so ist das Drehungsmoment K dieser Kraft

$$= + 2r'\mu X \sin \psi.$$

Für den Stand des Gleichgewichtes muss die Summe aller dieser Dre[h-] momente $= 0$ sein, und diess gibt eine weitläufige Gleichung, welche j[edoch,] wenn man φ und ψ als kleine Grössen der ersten Ordnung betrachtet u[nd] kleinen Grössen der zweiten Ordnung vernachlässigt, folgende einfachere [Gestalt] annimmt:

$$\mu \varphi \left[\frac{e-r}{(e-r-r')^3} - \frac{e+r}{(e+r-r')^3} + \frac{e-r}{(e-r-r')^3} - \frac{e+r}{(e+r+r')^3} \right] - 2X\varphi + 2X\psi$$

§. 26. VERMINDERUNG DER DIRECTIONSKRAFT.

Bezeichnet man den aus Constanten zusammengesetzten Coefficienten von φ im ersten Gliede mit C, so dass das Drehungsmoment, welches NS auf ns ausübt, durch $C\varphi$ dargestellt wird, so hat man

$$\psi = \frac{2X - C}{2X} \varphi. \qquad 1)$$

und da gewöhnlich auch X als constant zu betrachten sein wird, so kann man dieser Gleichung die Form

$$\psi = C'\varphi \qquad 2)$$

geben. Praktisch gibt es kein anderes Mittel, den Werth der Constante C' zu finden, als dadurch, dass man irgend eine zur Erzeugung eines Drehmoments geeignete magnetische Kraft anwendet und die Ablenkung ψ_0, welche sie ohne den Magnet NS, dann die Ablenkung φ_0, welche sie mit dem Magnet NS hervorbringt, durch Beobachtung bestimmt. Alsdann hat man

$$\psi_0 = C'\varphi_0 \quad \text{und} \quad C' = \frac{\psi_0}{\varphi_0}.$$

Am einfachsten ist es, zu diesem Behufe einen kleinen Magnet $N'S'$, senkrecht auf AB und gegen die Mitte c der Nadel gerichtet hinzulegen, und zwar in solcher Entfernung, dass er eine nicht zu grosse Ablenkung φ_0 mit dem Magnet NS und eine nicht zu kleine Ablenkung ψ_0 ohne denselben hervorbringt, jedoch kann nach Umständen auch irgend eine andere normale Ablenkungsweise (§. 55) mit gleich gutem Erfolge gewählt werden.

Sehr zweckmässig ist es, um die Directionskraft zu schwächen, nicht einen einzigen Magnet, sondern zwei symmetrisch beiderseits von der Nadel angebrachte Magnete NS und $N_,S_,$ zu gebrauchen, insbesondere desshalb, weil bei gleicher Wirkung die Entfernung grösser sein wird. Die Gleichungen 1) und 2) sowohl als die Bestimmungsweise der Constanten bleiben in diesem Falle dieselben.

2. Bringt man unter der Nadel in der Verticalebene, welche durch die Mittelrichtung geht, nach *Fig. 141* einen fixen Magnet NS an, und macht die Nadel in Folge der Einwirkung einer zu messenden magnetischen Kraft mit der Mittelrichtung den Winkel φ, während sie ohne den Magnet NS einen kleinern Winkel ψ machen würde, so führt eine mit der obigen ganz analoge Rechnung und unter denselben Beschränkungen bezüglich auf die Grösse von φ und ψ auf die Gleichung

$$C\varphi - 2X(\varphi - \psi) = 0,$$

wo C eine von der Stärke und Lage des Magnets NS abhängige Constante bedeutet. Daraus ergeben sich unmittelbar für das Verhältniss zwischen dem zu bestimmenden Kraftmaasse und der Vergrösserung von ψ Gleichungen, die der Form nach mit 1) und 2) identisch sind, und wobei die Constante nach gleicher Methode bestimmt wird.

Je stärker die Pole des fixen Magnets sind, desto beträchtlicher ist die Vergrösserung von ψ; je weiter die Pole des fixen Magnets von jenen der Nadel abstehen, desto geringer ist der Einfluss der bei obiger Entwickelung vernachlässigten Glieder.

Biot[1] und Barlow[2] haben die Schwächung der Directionskraft in Vorschlag gebracht und Anwendungen davon gemacht, um die täglichen Declinationsvariationen zu beobachten; auch von Cumming[3] ist dasselbe Mittel zu elektrischen Versuchen benützt worden. Vorzüglich brauchbar ist diese Methode um den Galvanometernadeln, wenn sie nicht astatisch sind, einen beliebigen Grad von Empfindlichkeit zu geben, oder überhaupt freie Nadeln, an denen man schwache magnetische Kräfte messen will, empfindlich zu machen [4].

3. Wenn bei dem astatischen System (*Fig. 142*) das magnetische Moment de untern Nadel mit m, der obern mit m' bezeichnet wird, und eine zu messende Kraft K, auf die untere Nadel wirkend, die Ablenkung φ hervorbringt, während eine Parallelkraft X (der Erdmagnetismus) mit einem Drehungsmoment $(m - m') X \sin \varphi$ das System in die ursprüngliche Lage zurückzuführen sucht, so hat man

$$m q K = (m - m') X \sin \varphi \quad \text{oder} \quad K = \frac{m - m'}{q m} X \sin \varphi,$$

wo q eine von der Richtung und Entfernung der Kraft K abhängige Constante und $m q K$ das Drehungsmoment dieser Kraft bedeuten.

Hieraus ersieht man, dass bei unverändertem Werthe von K die Ablenkung φ um so grösser sein wird, je kleiner der Unterschied des magnetischen Moment der beiden Nadeln ist.

Nobili [5] führte die astatischen Nadeln ein im Jahre 1825, und seither hat diese Einrichtung in den mannigfaltigsten physikalischen Untersuchungen ausgezeichnete Dienste geleistet. Lebaillif [6] suchte dadurch, dass er jede Nadel aus zwei Lamellen zusammensetzte, grössere Empfindlichkeit zu erzielen, was jedoch (insbesondere wegen des grössern Trägheitsmoments) nur beschränkte Anwendung finden kann.

Da es fast in allen vorkommenden Fällen ganz wesentlich ist, dass eine astatische Nadel leicht sei, so ist die in *Fig. 142* dargestellte Verbindung die zweckmässigste. Den Nadeln kann man die erforderliche Festigkeit geben durch das Zusammendrehen des Drahtes, oder auch durch Anwendung einer kleinen Quantität geschmolzenen oder in Weingeist aufgelösten Siegellacks. Steckt man die Nadeln durch Hülsen (*Fig. 144*), so erhält das System nothwendig grössere Schwere. In §. 20 ist bereits bemerkt worden, dass es vortheilhafter ist, flache Nadeln (*Fig. 145*), als Nähnadeln zu gebrauchen, und aus den daselbst angeführten Messungen geht diess unzweideutig hervor. Was die Befestigungsweise betrifft, so habe ich es am bequemsten gefunden, in der Mitte der Nadel ein grösseres Loch zu machen und ein Stückchen Messing einzunieten; in das Messing macht man dann ein

Fig. 144.   *Fig. 145.*

kleines Loch mit einem Gewinde, wo der Draht, der die Nadeln verbindet, eingeschraubt wird.

Ein sehr bequemes Mittel, die Directionskraft einer Nadel zu vermindern, wenn nur der Erdmagnetismus darauf wirkt, besteht darin, durch einen (nach §. 55) rechtwinkelig gestellten fixen Magnet die Nadel um einen Winkel ψ vom magnetischen Meridian abgelenkt zu halten; unter solcher Voraussetzung verhält sich die Directionskraft zur Directionskraft im magnetischen Meridian wie $\cos \psi : 1$.

Fig. 146.

Gibt man der Nadel eine Axe wie die Inclinationsnadeln haben, und lässt man die Zapfen in Löchern sich bewegen, so kann man die Axe in die Richtung des Erdmagnetismus bringen und alsdann hört die Directionskraft gänzlich auf. Diess ist es, was man ursprünglich unter dem Namen „astatische Nadeln" verstanden hat. Schmidt [7] hat dieses Mittel angewendet, um die Wirkung galvanischer Ströme zu messen, und MINDING [8] hat darauf bezügliche theoretische Bestimmungen geliefert; jedoch lässt sich leicht begreifen, dass eine feine Bewegung auf solche Weise nicht zu erzielen ist.

Um den Erfolg der Bifilarsuspension, wovon die nähere Erklärung in §. 70 zu finden ist, bei umgekehrter Richtung der Pole mathematisch zu bestimmen, sei ab die Richtung des Erdmagnetismus X, also $n's'$ die natürliche Lage der Nadel, $n''s''$ die Lage, welche sie vermöge der Bifilarsuspension allein annehmen würde, und ns die Lage, welche sie unter gleichzeitiger Einwirkung des Erdmagnetismus, der Bifilarsuspension und einer zu messenden Kraft K annimmt; ferner wollen wir, von der Richtung des Erdmagnetismus ab ausgehend, die Winkel $bcn'' = h$, $bcn = u$, setzen, dann das magnetische Moment der freien Nadel mit m, und die Torsionskraft der Bifilarsuspension mit T bezeichnen. Zunächst ergibt sich hieraus für die Lage ns:

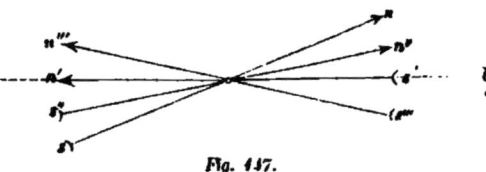

Fig. 117.

Drehungsmoment des Erdmagnetismus $= mX \sin u$,
Drehungsmoment der Bifilarsuspension $= T(u - h)$.

Bezeichnet man das Drehungsmoment der Kraft K mit Kqm, so hat man

$$mX \sin u - T(u-h) + Kqm = 0.$$

Nimmt man ferner an, dass, wenn blos der Erdmagnetismus und die Kraft K wirksam wären, die Nadel in der Lage $n'''s'''$ sich stellen und einen Winkel $n'cn''' = x$ mit der natürlichen Richtung machen würde, so hat man

$$Kqm = mX \sin x.$$

Wird dieser Werth von K in der vorhergehenden Gleichung substituirt, so ergibt sich

$$u = \frac{Tq + mX \sin x}{T - mX}.$$

Je kleiner der Divisor $T - mX$, d. h. je kleiner der Unterschied zwischen der Directionskraft der Nadel und der Directionskraft der Bifilarsuspension ist, desto grösser wird der Werth von u und somit erscheint u als Vergrösserung von x. Diese Anwendung der Bifilarsuspension hat schon GAUSS [9] bei der ersten Entwickelung des Princips angedeutet; es scheint übrigens nicht, dass davon bisher praktische Anwendung wäre gemacht worden.

[1] BIOT. Pogg. Ann. I. 344.
[2] BARLOW. Phil. Trans. 1823. — Pogg. Ann. I. 329, 344.
[3] CUMMING. Trans. of the Cambr. phil. Soc. V. I. S. 279.
[4] MELLONI. Archives de l'électricité. No. 3. p. 656. — PÉCLET, Ann. de Chim. et de Phys. 3. Sér. T. II. 130.
[5] NOBILI. Bibl. Univ. XXIX. 149. Schweigg. Journ. XLV. 249.
[6] LEBAILLIF. Library of useful knowledge. II. Electro-Magnetism. 43.
[7] SCHMIDT. Gilb. Ann. LXX. 243.
[8] MINDING. Pogg. Ann. XL. 454.
[9] GAUSS. Result. aus den Beobb. des magnet. Ver. 1837. S. 1.

Kapitel III.
Versuche einer mathematischen Theorie des Magnetismus.
§. 27. Theorie von Biot.

Den ersten Versuch, eine mathematische Theorie des Magnetismus zu geben, machte Biot, indem er einen Magnetstab NS durch Querschnitte senkrecht auf der Länge in unendlich viele Theile oder Elemente $ab\, a'b'$, $cd\, c'd'$, $bc\, b'c'$ (*Fig. 148*) sich getheilt dachte und mit einer isolirten galvanischen Säule, in welcher zwei entgegengesetzte Stoffe (Fluida) von den Enden aus sich wechselseitig binden, verglich. Bezeichnet man den nördlichen Magnetismus in N mit 1, und ist diese magnetische Einheit stark genug, um in dem anstossenden Element $1/10$ südlichen Magnetismus zu binden, so wird im zweiten Elemente $1/100$, im dritten $1/1000$ u. s. w. gebunden werden, d. h. die Quantität Magnetismus, welche in den aufeinander folgenden Elementen gebunden wird, bildet eine **geometrische Reihe**. So viel aber von dem südlichen Magnetismus gebunden wird, ebenso viel wird von dem nördlichen Magnetismus frei gemacht. Der freie nördliche Magnetismus schreitet also von N anfangend fort nach der Reihe 1, $1/10$, $1/100$, $1/1000$ u. s. w. Wird nach diesem Gesetze für irgend einen Punkt des Magnets der freie nördliche und der freie südliche Magnetismus berechnet und letzterer von ersterem abgezogen, so bleibt derjenige Magnetismus übrig, dessen Wirkung in der Ferne wahrgenommen werden kann.

Obwohl man auf solchem Wege zu einem richtigen Resultate in diesem einzelnen Falle gelangt, so dürfte es schwer sein, dieselbe Methode und dieselbe Vorstellung allgemein anzuwenden; jedenfalls ist ein Versuch in dieser Richtung hin bisher nicht gemacht worden.

1. Die von Biot [1] gegebene Entwickelung stützt sich auf folgende Betrachtungen:

Es sei in N der nördliche Magnetismus A, und durch diesen werde in den Elementen ab, bc, cd ... der südliche Magnetismus Ac, Ac^2, Ac^3 ... gebunden, so wird dadurch der gleiche nördliche Magnetismus Ac, Ac^2, Ac^3 ... frei, und man kann sich vorstellen, dass der Magnetismus Ac an die Linie bb' sich hinzieht, ebenso der Magnetismus Ac^2 an die Linie cc' sich hinzieht u. s. w. Wenn demnach der Magnet NS in n Theile getheilt wird, so erhält man für den nördlichen Magnetismus an den Theilungslinien aa', bb', cc' folgende Reihe:

$$Ac^0,\quad Ac^1,\quad Ac^2,\quad Ac^3 \quad\ldots\quad Ac^{n-2},\quad Ac^{n-1},\quad Ac^n.$$

Bei gleichmässiger Magnetisirung wird in S der südliche Magnetismus A sich befinden, und von S aus nimmt der südliche Magnetismus gegen N hin nach ganz gleicher Progression ab, so zwar, dass, von N angefangen, die Reihe für den südlichen Magnetismus sich gestaltet, wie folgt:

$$Ac^n,\quad Ac^{n-1},\quad Ac^{n-2} \quad\ldots\quad Ac^3,\quad Ac^2,\quad Ac^1,\quad Ac^0.$$

Die Differenz der beiden Reihen drückt den Magnetismus aus, welcher in der Ferne wirksam ist, und dieser beträgt

$$\begin{array}{ll}
\text{in } aa' & A(c^0 - c^n) \\
bb' & A(c^1 - c^{n-1}) \\
cc' & A(c^2 - c^{n-2}).
\end{array}$$

er m^{ten} Theilungslinie
$$A(c^m - c^{n-m}).$$

l die Länge eines Theils $= \varepsilon$ angenommen, und setzt man die ganze
$n\varepsilon = 2l$, dann die Länge von m Theilen d. h. $m\varepsilon = x$, so geht der
sdruck über in
$$A\left(c^{\frac{x}{\varepsilon}} - c^{\frac{2l-x}{\varepsilon}}\right)$$

n $c^{\frac{1}{\varepsilon}} = \mu$ gesetzt wird
$$A(\mu^x - \mu^{2l-x})$$

ruck, der bekanntlich die Ordinaten der Kettenlinie darstellt.
mit wird der Magnetismus für die Entfernung x vom Ende ausgedrückt.
n $l - x = y$ oder $x = l - y$, so bedeutet y die Entfernung von der
(positiv nach dem Nordende, negativ nach dem Südende) und der obige
nimmt folgende Gestalt an:
$$A(\mu^{l-y} - \mu^{l+y}),$$

ch die Formen
$$B(\mu^{-y} - \mu^y)$$
$$B(c^y - c^{-y})$$
$$B(e^{ky} - e^{-ky})$$

t werden können, wenn man $B = A\mu^l$, $c = \dfrac{1}{\mu} = e^k$ setzt und e die Basis
lichen Logarithmen bedeutet.

:² zeigt, dass seine Formel mit den Versuchen von COULOMB³, der die
es Magnetismus für verschiedene Punkte eines magnetisirten Stahldrahtes
hat, übereinstimme. Eine spätere Bestätigung lieferten die Versuche von
ɪʟ⁴; ferner hat VAN REES⁵ theils nach den Versuchen von LENZ und
it Inductionsspiralen, theils nach eigenen Versuchen, die auf demselben
eruhten, die Zulässigkeit der Formel, wenn man die Endpunkte ausnimmt,
Die Bestimmungen, welche ich durch Abreissen eines kleinen Eisencylinders
erhalten habe, schliessen sich ebenfalls im Ganzen sehr befriedigend an
BIOT aufgestellte Gesetz an, zeigen aber, dass an den Endpunkten nach
setze die Intensität um $1/6$ zu klein ausfällt⁶. LENZ und JACOBI⁷ selbst
cht die Kettenlinie, sondern die Parabel als Vertheilungscurve an; auch
zeichnet eine Art parabolischer Linie als Vertheilungscurve, und glaubt,
e allerdings wenig umfassenden Beobachtungsresultate nicht hinreichend
rch die Kettenlinie dargestellt werden.
Zur näheren Erläuterung mögen folgende numerische Angaben dienen. Die
reihe von COULOMB stellt BIOT dar durch die Formel:
$$173{,}76\,(0{,}51795^x - 0{,}51795^{2l-x})$$

Grad der Uebereinstimmung zeigt folgende Tabelle, wo δX den Unter-
zeichnet, welcher übrig bleibt, wenn man die berechnete Intensität von
achteten abzieht.

Abstand vom Ende	Intensität X beobachtet	δX
0 Zoll	165	— 8,76
1	90	0,00
2	48	+ 1,38
3	23	— 1,14
4½ ,,	9	0,00
6 ,,	6	+ 2,65

Der Magnetismus der drei von mir untersuchten cylindrischen Magnete wird dargestellt durch die Formeln:

Nr. 1 $\quad 12{,}55\,(1{,}195)^n - 12{,}29\,(1{,}207)^{-n}$
Nr. 2 $\quad 1{,}92\,(1{,}499)^n - 1{,}92\,(1{,}499)^{-n}$
Nr. 3 $\quad 34{,}04\,(1{,}088)^n - 29{,}40\,(1{,}139)^{-n}$,

wo n den Abstand von der Mitte in Theilstrichen (ein Theilstrich betrug $\frac{1}{12}$ der ganzen Länge) bedeutet.

Folgende Tabelle enthält wie oben die beobachteten Intensitäten X und die Abweichung von der Berechnung δX:

Abstand von der Mitte	Magnet Nr. 1		Magnet Nr. 2		Magnet Nr. 3	
	X	δX	X	δX	X	δX
+ 6	+ 39,0	+ 6,5	+ 24,1	+ 2,5	+ 49,0	+ 11,0
+ 5	+ 25,8	0,0	+ 13,5	— 0,8	+ 33,7	+ 1,8
+ 4	+ 20,1	+ 0,2	+ 8,7	— 0,6	+ 25,9	— 0,1
+ 3	+ 14,7	+ 0,3	+ 5,3	— 0,5	+ 19,2	— 0,8
+ 2	+ 10,8	+ 1,3	+ 3,8	+ 0,3	+ 13,2	— 0,8
+ 1	+ 5,3	+ 0,5	+ 2,2	+ 0,6	+ 8,0	+ 0,1
0	+ 0,7	+ 0,4	+ 0,7	+ 0,7	+ 2,6	+ 1,0
— 1	— 4,8	— 0,5	— 2,0	— 0,4	— 3,0	+ 2,0
— 2	— 10,3	— 1,2	— 4,0	— 0,5	— 11,9	0,0
— 3	— 14,1	+ 0,2	— 6,0	— 0,2	— 20,9	— 1,7
— 4	— 19,3	— 0,6	— 9,1	+ 0,2	— 29,2	— 1,9
— 5	— 25,8	+ 1,3	— 13,8	+ 0,5	— 35,8	+ 0,2
— 6	— 38,3	— 4,6	— 24,8	— 3,2	— 52,5	— 7,0

Coulomb [9] hat gefunden, dass drei dünne cylindrische Magnete von 2 Linien Durchmesser und 27 Zoll, 10 Zoll und 5 Zoll Länge an den Enden gleiche Intensität zeigten, was andeuten würde, dass in der Formel

$$A\,(\mu^x - \mu^{2l-x})$$

μ^{2l} sehr klein sein muss. Hiermit stimmen die obigen Zahlenwerthe nicht ganz überein.

[1] Biot. *Traité de Physique.* III. 70.
[2] Biot. Ebendaselbst.
[3] Coulomb. *Mém. de l'Acad. de Paris pour 1789.* p. 468.
[4] Becquerel. *Ann. de phys. et de chim.* XXII. 113.
[5] van Rees. Over de Verdeeling van het Magnetismus. N. Verh. van het k. Ned. Inst. XII. 94 und XIII. 163; übersetzt in Pogg. Ann. LXX. 1 und LXXIV. 243.
[6] Lamont. Ueber die Vertheilung des Magnetismus in Stahlstäben. Pogg. Ann. LXXXII. 354. 364.
[7] Lenz und Jacobi. Pogg. Ann. LXI. 274. 448.
[8] Dub. Elektromagnetismus. p. 270. 276.
[9] Gehler. Phys. Wört. Bd. VI. 794.

§. 28. Theorie von Poisson, Grundbestimmungen.

Einen sehr merkwürdigen Versuch einer Theorie des Magnetismus hat Poisson unternommen, aber nur theilweise durchgeführt, denn die Vertheilung des Magnetismus in permanenten Magneten hat er nicht anders als in ganz allgemeiner Weise berührt, und wenn er auch Differentialgleichungen entwickelt hat, welche die Magnetisirung vollkommen inductionsfähiger Körper darstellen, vermochte er doch nur in ganz wenigen für den Calcul zugänglichen Fällen mit der Beobachtung vergleichbares Endresultat zu erlangen. Seine Entwickelungsweise ist so wichtig und zugleich so eigenthümlich, dass es nöthig ist wird, die einzelnen Momente speciell zu betrachten und näher zu erklären.

Eine Masse von weichem Eisen muss man sich vorstellen als bestehend aus unendlich vielen Moleculen von gleicher oder ungefähr gleicher Form; in jedem Falle wird im Mittel eine gleiche Form angenommen werden können.

Jede inducirende Kraft zieht an die entgegengesetzten Hälften der Oberfläche eines solchen Moleculs positiven und negativen Magnetismus heraus und verwandelt das Molecul in einen Magnet, dessen Moment der inducirenden Kraft proportional ist, und dessen Axe in der Richtung der Kraft liegt; für die Rechnung jedoch ist es zweckmässig, übereinstimmend mit den in §. 50 gegebenen Andeutungen anstatt des Moments und der Richtung drei aufeinander rechtwinklige Momente einzuführen, parallel mit den drei Hauptebenen, worauf die Punkte des Körpers bezogen werden.

Denkt man sich den Körper in eine unendliche Anzahl kleiner Parallelepipeda zerlegt, durch Schnitte parallel mit den erwähnten Hauptebenen, so enthält jedes Parallelepipedum eine unendlich grosse Anzahl von Moleculen, deren magnetische Momente im Mittel als gleich anzunehmen sind, weil in der unendlich kleinen Ausdehnung eines Parallelepipedums die inducirende Kraft und die Richtung derselben sich nicht merklich ändern werden.

Hiernach wird jedes Parallepipedum drei magnetische Momente haben, die man erhält, wenn man die Summe der Momente der dazu gehörigen Molecule nimmt.

Handelt es sich darum, die Anziehung einer durch Induction magnetisirten weichen Eisenmasse auf einen ausserhalb derselben gelegenen Punkt zu bestimmen, so berechnet man die Wirkung der einzelnen Parallelepipeda und nimmt die Summe der sämmtlichen Wirkungen. Soll dagegen die Anziehung auf einen im Innern der Eisenmasse befindlichen Punkt bestimmt werden, so muss man unterscheiden zwischen den **entferntern Moleculen**, den **zunächst gelegenen Moleculen** und dem **Molecul, in welchem der angezogene Punkt liegt**.

Die Wirkung der entferntern Molecule wird ebenso bestimmt, wie wenn der angezogene Punkt ausserhalb der Masse sich befände. Die zunächst im Kreise herumliegenden Molecule haben gar keine Wirkung, da sich ihre Anziehung und Abstossung gegenseitig aufheben. Die Wirkung des Elements selbst, wozu der Punkt gehört, kann durch die magnetischen Momente dieses Moleculs ausgedrückt werden.

1. Es sei eine magnetisirte Eisenmasse A gegeben; in dieser befinde sich das kugelförmige Molecul M; x', y', z' seien die Coordinaten des Mittelpunktes von M und man bezeichne das Volumen dieses Moleculs mit h^3, die Coordinaten eines Punktes m der Oberfläche bezüglich auf den Mittelpunkt mit $h\xi$, $h\nu$, $h\zeta$, das Element der Oberfläche mit $h^2 ds$. Die eine Hälfte des Moleculs sei mit einer Schichte positiven, die andere mit einer Schichte negativen Magnetismus überzogen; die Dicke dieser Schichte im Punkte m sei $= \varepsilon$, so dass ε die Intensität des Magne-

tismus für die Einheit der Fläche darstellt. Da ein Molecul ebenso viel pos als negativen Magnetismus hat, so ist

$$\int \varepsilon \, ds = 0$$

In dem Punkte P ausserhalb der Eisenmasse A, dessen Coordinaten x, sind, übt der Magnetismus $h^2 \varepsilon \, ds$ die Anziehung

$$\frac{h^2 \varepsilon \, ds}{\varrho'^2}$$

aus, wenn $\varrho'^2 = (x - x' - h\xi)^2 + (y - y' - hv)^2 + (z - z' - h\zeta)^2$ g wird. Diese Anziehung, nach der Richtung der x, y, z zerlegt, wird beka dargestellt durch:

$$\left. \begin{array}{l} \dfrac{x - x' - h\xi}{\varrho'^3} h^2 \varepsilon \, ds = \dfrac{d \frac{1}{\varrho'}}{dx} h^2 \varepsilon \, ds \\[1em] \dfrac{y - y' - hv}{\varrho'^3} h^2 \varepsilon \, ds = \dfrac{d \frac{1}{\varrho'}}{dy} h^2 \varepsilon \, ds \\[1em] \dfrac{z - z' - h\zeta}{\varrho'^3} h^2 \varepsilon \, ds = \dfrac{d \frac{1}{\varrho'}}{dz} h^2 \varepsilon \, ds \end{array} \right\}$$

Entwickelt man $\dfrac{1}{\varrho'}$ nach den Potenzen der kleinen Grösse h, so ergibt mit Hinweglassung der höheren Potenzen

$$\frac{1}{\varrho'} = \frac{1}{\varrho} + \frac{d\frac{1}{\varrho}}{dx'} h\xi + \frac{d\frac{1}{\varrho}}{dy'} hv + \frac{d\frac{1}{\varrho}}{dz'} h\zeta,$$

wo $\varrho^2 = (x - x')^2 + (y - y')^2 + (z - z')^2$ gesetzt ist. Um die Anziehung ganzen Moleculs auf den Punkt P zu erhalten, müssen die Gleichungen 2) grirt werden. Setzt man hierbei

$$\left. \begin{array}{l} \int \varepsilon \xi \, ds = \alpha' \\ \int \varepsilon v \, ds = \beta' \\ \int \varepsilon \zeta \, ds = \gamma' \end{array} \right\}$$

wobei die Integration auf die ganze Oberfläche des Moleculs M auszudehnen und wird ferner

$$\frac{d\frac{1}{\varrho}}{dx'} \alpha' + \frac{d\frac{1}{\varrho}}{dy'} \beta' + \frac{d\frac{1}{\varrho}}{dz'} \gamma' = q$$

gesetzt, so nehmen die Ausdrücke 2) folgende Form an:

$$h^3 \frac{dq}{dx}, \quad h^3 \frac{dq}{dy}, \quad h^3 \frac{dq}{dz};$$

und diese Grössen stellen die Anziehung, welche das ganze Molecul M auf Punkt P ausübt, dar.

§. 28.   THEORIE VON POISSON; GRUNDBESTIMMUNGEN.   165

2. Zu einem körperlichen Elemente $dx'\,dy'\,dz'$ gehören eine grosse Anzahl Molecule, wir wollen sagen n Molecule, die alle sehr nahe dieselbe Anziehung auf den Punkt P ausüben. Die Anziehung eines körperlichen Elements nach der Richtung der Coordinaten x, y, z wäre hiernach

$$n h^3 \frac{dq}{dx}, \quad n h^3 \frac{dq}{dy}, \quad n h^3 \frac{dq}{dz}.$$

Da nun h^3 das Volumen eines Moleculs bezeichnet, so würde $n h^3 = dx'\,dy'\,dz'$ sein, wenn die Molecule den ganzen Raum ausfüllen würden; sind aber Zwischenräume vorhanden, so dass auf die Einheit des Raumes nur k Molecule kommen, so hat man $n h^3 = k\,dx'\,dy'\,dz'$, und die Anziehung der ganzen magnetischen Eisenmasse A auf den ausserhalb gelegenen Punkt P, zerlegt nach der Richtung der Coordinaten x, y, z, wird sein

$$\left.\begin{array}{l} X = k\iiint \dfrac{dq}{dx}\,dx'\,dy'\,dz' \\[4pt] Y = k\iiint \dfrac{dq}{dy}\,dx'\,dy'\,dz' \\[4pt] Z = k\iiint \dfrac{dq}{dz}\,dx'\,dy'\,dz' \end{array}\right\} \quad 5).$$

Ist der angezogene Punkt P *Fig. 149* innerhalb der Masse, so muss man zunächst um denselben einen, im Verhältnisse zu der ganzen Eisenmasse unendlich kleinen, im Verhältnisse zu den einzelnen Moleculen sehr grossen kugelförmigen Raum $acbd$ ausscheiden und die Anziehung der in diesem Raume enthaltenen Masse eigens berechnen.

Es befinde sich der Punkt P innerhalb eines Moleculs, und man ziehe durch diesen Punkt die Linie ab, so fallen in diese Linie eine grosse Anzahl Molecule in der Richtung von P nach a und eine ebenso grosse in der Richtung von P nach b, deren Wirkungen, weil sie sämmtlich nach gleicher Richtung magnetisirt sind und bezüglich auf P entgegengesetzte Lagen haben, sich aufheben müssen. Da diess von jeder Linie gilt, welche durch P gezogen werden mag, so bleibt in dem ganzen kugelförmigen Raum nur die Anziehung desjenigen Moleculs, in welchem der Punkt P sich befindet, zu berücksichtigen übrig. Diese Anziehung wollen wir durch die Grössen α', β', γ' ausdrücken.

Fig. 149.

Um hiernach die Anziehung eines Moleculs auf einen im Innern befindlichen Punkt zu berechnen, ist es vor allen nöthig, die Vertheilung des Magnetismus auf der Oberfläche des Moleculs zu bestimmen. Bezeichnet man mit ξ, v, ζ die Coordinaten des angezogenen Punktes, mit ξ', v', ζ' die Coordinaten eines Punktes der Oberfläche des Moleculs, wo der Magnetismus $\varepsilon\,ds$ sich befindet, und stellt U die Summe aller Kräfte, dividirt durch ihre Entfernungen vom angezogenen Punkte, vor, so hat man für die Componenten nach der Richtung der ξ, v, ζ die Ausdrücke

$$\left.\begin{array}{l} \dfrac{dU}{d\xi} = \alpha_{,} \\[4pt] \dfrac{dU}{dv} = \beta_{,} \\[4pt] \dfrac{dU}{d\zeta} = \gamma_{,} \end{array}\right\} \quad 6).$$

Multiplicirt man diese Gleichungen der Reihe nach mit $d\xi$, dv, $d\zeta$, so giebt ihre Summe

$$\frac{dU}{d\xi}d\xi + \frac{dU}{dv}dv + \frac{dU}{d\zeta}d\zeta = dU = a_,d\xi + \beta_,dv + \gamma_,d\zeta,$$

woraus durch Integration erhalten wird:

$$U = a_,\xi + \beta_,v + \gamma_,\zeta,$$

oder wenn man für U seinen Werth, d. h. die Summe der anziehenden Kräfte εds dividirt durch die Entfernung ϱ des angezogenen Punktes, substituirt

$$\int \frac{\varepsilon ds}{\varrho} = a_,\xi + \beta_,v + \gamma_,\zeta \qquad 7).$$

Für die weitere Rechnung ist es zweckmässig, Polarcoordinaten einzuführen. Setzen wir demnach

$$\xi = r\cos\vartheta, \quad v = r\sin\vartheta\sin\psi, \quad \zeta = r\sin\vartheta\cos\psi,$$

und werden die analogen Coordinaten des Elements ds der Oberfläche mit einem Accent bezeichnet, so erhält man:

$$ds = r'^2 \sin\vartheta' d\vartheta' d\psi'$$

$$\varrho^2 = r^2 - 2rr'[\cos\vartheta\cos\vartheta' + \sin\vartheta\sin\vartheta'\cos(\psi'-\psi)] + r'^2$$

mithin

$$\iint \frac{\varepsilon r'^2 \sin\vartheta' d\vartheta' d\psi'}{\varrho} = c + a_,\xi + \beta_,v + \gamma_,\zeta \qquad 8),$$

wo das Integral von $\vartheta = 0$ bis $\vartheta = \pi$ und $\psi = 0$ bis $\psi = 2\pi$ zu nehmen ist, und c eine durch die Integration eingeführte Constante bedeutet.

Führt man die bekannten LAPLACE'schen Functionen ein und wird

$$\frac{1}{\varrho} = \frac{1}{r'}Y_0 + \frac{r}{r'^2}Y_1 + \frac{r^2}{r'^3}Y_2 + \frac{r^3}{r'^4}Y_3 + \qquad 9)$$

$$\varepsilon = Z'_0 + Z'_1 + Z'_2 + Z'_3 + Z'_4 + \qquad 10)$$

gesetzt, so hat man

$$\iint Z'_m Y_n \sin\vartheta' d\vartheta' d\psi' = 0 \qquad 11),$$

wenn m und n verschieden sind, und für $n = m$

$$\iint Z'_m Y_m \sin\vartheta' d\vartheta' d\psi' = \frac{4\pi Z_m}{2m+1} \qquad 12),$$

wo Z_m aus Z'_m dadurch abgeleitet wird, dass man ϑ und ψ anstatt ϑ' und ψ' substituirt. Man hat demnach

$$4\pi r' Z_0 + \frac{4}{3}r\pi Z_1 + \frac{4}{5}\frac{r^2}{r'}Z_2 + \quad = c + a_,r\cos\vartheta + \beta_,r\sin\vartheta\cos\psi$$
$$+ \gamma_,r\sin\vartheta\sin\psi.$$

Da $Z_0 = 0$ ist und Z_1 die Form

$$A\cos\vartheta + B\sin\vartheta\cos\psi + C\sin\vartheta\sin\psi$$

hat, so ist leicht einzusehen, dass die Werthe von Z_2, Z_3 u. s. w. $= 0$ sein werden, und

$$\varepsilon = Z_1 = \frac{3}{4}\frac{r}{\pi}c + \frac{3}{4\pi}a_{\prime}\cos\vartheta' + \frac{3}{4\pi}\beta_{\prime}\sin\vartheta'\cos\psi'$$
$$+ \frac{3}{4\pi}\gamma_{\prime}\sin\vartheta'\sin\psi' \qquad 13)$$

genommen werden muss, wo ebenfalls $c = 0$ zu setzen ist.

Substituirt man den Werth von ε in den Gleichungen 3) und wird zugleich $h\xi = r'\cos\vartheta$, $h\nu = r'\sin\vartheta\sin\psi$, $h\zeta = r'\sin\vartheta\cos\psi$, $h^2 ds = r'^2\sin\vartheta\, d\vartheta\, d\psi$ gesetzt, so erhält man

$$\left. \begin{array}{l} a' = \dfrac{3}{4\pi}a_{\prime} \\[4pt] \beta' = \dfrac{3}{4\pi}\beta_{\prime} \\[4pt] \gamma' = \dfrac{3}{4\pi}\gamma_{\prime} \end{array} \right\}. \qquad 14).$$

§. 29. Theorie von Poisson, Entwickelung.

In dem vorhergehenden §. sind die Grundsätze im Allgemeinen erklärt worden, nach welchen die Wirkung einer inducirenden Kraft auf eine weiche Eisenmasse zu bestimmen ist. Wir haben nun zu zeigen, wie diese Grundsätze angewendet werden müssen, um die Vertheilung des Magnetismus in einer Eisenmasse zu ermitteln.

Wenn eine inducirende Kraft auf eine weiche Eisenmasse zu wirken beginnt, so scheidet sich in jedem Molecul positiver und negativer Magnetismus aus, und der so ausgeschiedene Magnetismus eines Moleculs inducirt wieder in allen übrigen Moleculen. Ist das magnetische Gleichgewicht hergestellt, so müssen sämmtliche innern und äussern Anziehungen für jeden Punkt des Körpers sich aufheben, denn wenn noch für irgend einen Punkt eine Anziehung übrig bliebe, so würde sie natürlich neuen Magnetismus induciren, und es wäre also das magnetische Gleichgewicht noch nicht hergestellt.

Die Vertheilung des Magnetismus im weichen Eisen muss demnach so beschaffen sein, dass in jedem Molecule die wirkenden Kräfte, d. h. die Wirkung der inducirenden Kraft und die Wirkung aller übrigen Molecule der Eisenmasse sich gegenseitig aufheben.

Diesen Grundsatz auszuführen ist Sache des Calculs. Bei Anwendung des Calculs aber erlangt man einen wesentlichen Vortheil durch Beachtung eines Umstandes, den wir oben (§. 14) bereits erwähnt haben. In der Wirklichkeit ist der Magnetismus durch die ganze Eisenmasse verbreitet, allein für den Zweck der Rechnung ist es bequemer, eine der Wirkung nach gleichbedeutende Vertheilung auf der Oberfläche der Eisenmasse anzunehmen. Diess hat um so weniger Anstand, als allgemein nachgewiesen werden kann, dass für jede im Innern verbreitete magnetische Kraft eine auf der Oberfläche verbreitete Kraft angegeben werden kann, die gleiche Wirkung ausüben würde.

1. Mit Benützung der im vorigen §. erhaltenen Ausdrücke lässt sich Schwierigkeit die Gleichung für das magnetische Gleichgewicht einer Eisen herstellen. Bezeichnen wir mit X, Y, Z die Anziehungen, welche die g Eisenmasse auf einen im Innern befindlichen Punkt P parallel mit x, y, z au und mit X', Y', Z' die correspondirenden Anziehungen der Kugel $adbc$ Fig. so haben wir im Ganzen folgende Anziehungen:

$$\left.\begin{array}{ll}\text{nach } x & X - X' + \alpha,\\ \text{nach } y & Y - Y' + \beta,\\ \text{nach } z & Z - Z' + \gamma,\end{array}\right\}$$

Die Werthe von X', Y', Z' sind nach den Gleichungen 5) zu berechnen. Rechnung selbst kann sehr vereinfacht werden, wenn man bemerkt, dass Integral

$$\iiint \frac{dW}{dx}\,dx\,dy\,dz$$

auf die Masse einer Kugel ausgedehnt, gleich ist dem Integral

$$\iint W \cos l\,ds$$

auf die ganze Oberfläche der Kugel ausgedehnt, unter der Voraussetzung, das das Element der Oberfläche und l den Winkel bezeichnet, welchen die k Fläche ds mit der Ebene yz macht, und dass ferner $\cos l$ für positive x po für negative x negativ genommen werde. Bezeichnet man nämlich den post Grenzwerth von x in der Gleichung 16) mit x_0 und den negativen mit x_1 dass das Integral zwischen den Grenzen x_0 und x_1 zu nehmen ist, und we die Zeiger 0 und 1 den correspondirenden Werthen der Grössen W, y, z h gefügt, so hat man

$$\iiint \frac{dW}{dx}\,dx\,dy\,dz = \iint W_0\,dy_0\,dz_0 - \iint W_1\,dy_1\,dz_1;$$

nun ist $dy_0\,dz_0 = +\,ds \cos l$ und $dy_1\,dz_1 = -\,ds \cos l$; wenn demnach Integral über die ganze Kugelfläche ausgedehnt wird, so hat man

$$\iiint \frac{dW}{dx}\,dx\,dy\,dz = \int W \cos l\,ds.$$

Wenden wir diesen Satz auf das erste Integral 5) an, und werden dabei w der kleinen Ausdehnung des Raumes $adbc$ für α', β', γ' die Werthe, welche a Punkte x, y, z haben und die wir mit α, β, γ bezeichnen wollen, substituir ergibt sich

$$X' = \iiint \frac{dq}{dx} k\,dx'\,dy'\,dz'$$

$$= -k\alpha \iiint \frac{d\frac{x-x'}{\varrho^3}}{dx'}\,dx'\,dy'\,dz' - k\beta \iiint \frac{d\frac{x-x'}{\varrho^3}}{dy'}\,dx'\,dy$$

$$- k\gamma \iiint \frac{d\frac{x-x'}{\varrho^3}}{dz'}\,dx'\,dy'\,dz'$$

und wenn l die oben angegebene Bedeutung hat und m und n die correspondirenden Werthe bezüglich auf die Ebene der xz und xy bezeichnen, so geht die Gleichung in folgende über

$$X = k\alpha \int \frac{x-x'}{\varrho^3} \cos l\, ds + k\beta \int \frac{x-x'}{\varrho^3} \cos m\, ds + k\gamma \int \frac{x-x'}{\varrho^3} \cos n\, ds.$$

Nun hat man, wenn x, y, z die Coordinaten des Mittelpunktes der Kugel sind, und ϱ mit der Axe der x den Winkel ϑ, die durch ϱ und $x'-x$ gelegte Ebene aber mit der Ebene der xy den Winkel ψ macht,

$$x'-x = \varrho \cos\vartheta, \quad y'-y = \varrho \sin\vartheta \sin\psi, \quad z'-z = \varrho \sin\vartheta \cos\psi,$$

$$ds = \varrho^2 \sin\vartheta\, d\vartheta\, d\psi$$

$$\cos l = \cos\vartheta, \quad \cos m = \sin\vartheta \sin\psi, \quad \cos n = \sin\vartheta \cos\psi,$$

mithin

$$X = k\alpha \int \cos^2\vartheta \sin\vartheta\, d\vartheta\, d\psi + k\beta \int \sin^2\vartheta \cos\vartheta \sin\psi\, d\vartheta\, d\psi$$
$$+ k\gamma \int \sin^2\vartheta \cos\vartheta \cos\psi\, d\vartheta\, d\psi \qquad 19).$$

Integrirt man für die ganze Kugelfläche, d. h. von $\vartheta = 0$ bis $\vartheta = \pi$ und $\psi = 0$ bis $\psi = 2\pi$, so fallen die beiden letzten Glieder weg und es bleibt

$$X' = \frac{4}{3}\pi k\alpha. \qquad 20).$$

Ein analoges Verfahren gibt

$$Y' = \frac{4}{3}\pi k\beta \qquad Z' = \frac{4}{3}\pi k\gamma$$

und die Ausdrücke 15) gehen mit Rücksicht auf 14) in folgende über

$$\left. \begin{array}{l} X + \dfrac{4}{3}\pi(1-k)\alpha \\[4pt] Y + \dfrac{4}{3}\pi(1-k)\beta \\[4pt] Z + \dfrac{4}{3}\pi(1-k)\gamma \end{array} \right\} \qquad 21).$$

Hierbei gelten für X, Y, Z die Werthe 5). Der Werth von q [Gleichung 4)] kann folgendermassen transformirt werden:

$$q = \frac{d\frac{\alpha'}{\varrho}}{dx'} + \frac{d\frac{\beta'}{\varrho}}{dy'} + \frac{d\frac{\gamma'}{\varrho}}{dz'} - \frac{1}{\varrho}\left(\frac{d\alpha'}{dx'} + \frac{d\beta'}{dy'} + \frac{d\gamma'}{dz'}\right).$$

Man setze nun

$$Q = k\iiint q\, dx'\, dy'\, dz' \qquad 22),$$

$$P = k\iiint \frac{1}{\varrho}\left(\frac{d\alpha'}{dx'} + \frac{d\beta'}{dy'} + \frac{d\gamma'}{dz'}\right) dx'\, dy'\, dz' \qquad 23)$$

und substituire alsdann in 22) anstatt q den eben gefundenen Werth, so können die ersten drei Glieder durch Einführung der oben schon gebrauchten Winkel l, m, n, in Integrale bezüglich auf die ganze Oberfläche verwandelt, die letzten drei Glieder durch P, womit sie identisch sind, ersetzt werden. Auf solche Weise erhält man

$$Q = k\int \frac{1}{\varrho}(\alpha' \cos l + \beta' \cos m + \gamma' \cos n)\, ds - P\,. \qquad 24).$$

2. Ist V das Potential der inducirenden Kraft, so hat man für den Fall des magnetischen Gleichgewichtes

$$\left.\begin{aligned}\frac{dV}{dx} + \frac{dQ}{dx} + \frac{4}{3}\pi(1-k)\alpha &= 0 \\ \frac{dV}{dy} + \frac{dQ}{dy} + \frac{4}{3}\pi(1-k)\beta &= 0 \\ \frac{dV}{dz} + \frac{dQ}{dz} + \frac{4}{3}\pi(1-k)\gamma &= 0\end{aligned}\right\} \qquad 25).$$

Nun ist bekanntlich

$$\left.\begin{aligned}\frac{d^2 V}{dx^2} + \frac{d^2 V}{dy^2} + \frac{d^2 V}{dz^2} &= 0 \\ \frac{d^2\frac{1}{\varrho}}{dx^2} + \frac{d^2\frac{1}{\varrho}}{dy^2} + \frac{d^2\frac{1}{\varrho}}{dz^2} &= 0\end{aligned}\right\} \qquad 26)$$

und wenn man letztere Gleichung mit dx', dy', dz' multiplicirt und dann integrirt, so sind die Integrale wieder $= 0$, den Fall ausgenommen, wenn $x' = x$, $y' = y$, $z' = z$ wird [1].

Ferner hat man nach 24) und 23)

$$\frac{d^2 Q}{dx^2} + \frac{d^2 Q}{dy^2} + \frac{d^2 Q}{dz^2}$$

$$= k\iint \left(\alpha' \cos l + \beta' \cos m + \gamma' \cos n\right)\left(\frac{d^2\frac{1}{\varrho}}{dx^2} + \frac{d^2\frac{1}{\varrho}}{dy^2} + \frac{d^2\frac{1}{\varrho}}{dz^2}\right) ds$$

$$- k\iiint \left(\frac{d\alpha'}{dx'} + \frac{d\beta'}{dy'} + \frac{d\gamma'}{dz'}\right)\left(\frac{d^2\frac{1}{\varrho}}{dx^2} + \frac{d^2\frac{1}{\varrho}}{dy^2} + \frac{d^2\frac{1}{\varrho}}{dz^2}\right) dx'\, dy'\, dz'.$$

Setzen wir voraus, dass der angezogene Punkt der Oberfläche der Eisenmasse nicht angehöre, so wird im ersten Gliede ϱ nirgends $= 0$, mithin fällt das erste Glied weg. Was das zweite Glied betrifft, so kann $\varrho = 0$ werden nur für die Molecule, welche den angezogenen Punkt zunächst umgeben, und es reicht hin, den Werth dieses Gliedes zu bestimmen für den kleinen kugelförmigen Raum $adbc$, dessen nähere Betrachtung uns oben zu der Gleichung 6) geführt hat. Für diesen Raum kann man aber α', β', γ' als unveränderlich annehmen und ihnen den Werth beilegen, den sie für den angezogenen Punkt haben. Für die Kugel aber, welche den angezogenen Punkt als Mittelpunkt umgibt, wird nach dem Verfahren, welches zur Gleichung 21) geführt hat, das Integral $\iiint \frac{d^2\frac{1}{\varrho}}{dx^2} dx'\, dy'\, dz'$, indem man

$$\frac{d\frac{x-x'}{\varrho^3}}{dx'} \quad \text{anstatt} \quad \frac{d\frac{1}{\varrho}}{dx'^2} \quad \text{substituirt, den Werth} \quad \frac{4}{3}\pi \quad \text{erhalten; denselben Werth findet}$$
man für

$$\iiint \frac{d^2 \frac{1}{\varrho}}{dy'^2} dx'\, dy'\, dz'$$

$$\iiint \frac{d^2 \frac{1}{\varrho}}{dz'^2} dx'\, dy'\, dz'.$$

Werden nun die Gleichungen 25) differenzirt, und zwar die erste bezüglich auf x, die zweite bezüglich auf y, die dritte bezüglich auf z, dann addirt, so bleibt nach Substitution der eben angegebenen Werthe nichts weiter übrig, als

$$4\pi k \left(\frac{d\alpha}{dx} + \frac{d\beta}{dx} + \frac{d\gamma}{dx} \right) - 4\pi(1-k)\left(\frac{d\alpha}{dx} + \frac{d\beta}{dy} + \frac{d\gamma}{dz} \right) = 0,$$

woraus folgt

$$\frac{d\alpha}{dx} + \frac{d\beta}{dy} + \frac{d\gamma}{dz} = 0 \qquad 27).$$

Wird die erste der Gleichungen 25) nach y, die zweite nach x differenzirt, so gibt ihre Differenz

$$\frac{d\alpha}{dy} - \frac{d\beta}{dx} = 0 \quad \text{oder} \quad \frac{d\alpha}{dy} = \frac{d\beta}{dx} \qquad 28),$$

auf gleiche Weise erhält man

$$\frac{d\alpha}{dz} = \frac{d\gamma}{dx}$$

$$\frac{d\beta}{dz} = \frac{d\gamma}{dy},$$

woraus folgt, dass α, β, γ die Differentialquotienten einer und derselben Function bezüglich auf x, y, z sein müssen. Nennt man diese unbekannte Function φ, so hat man

$$\left.\begin{array}{l} \alpha = \dfrac{d\varphi}{dx} \\[4pt] \beta = \dfrac{d\varphi}{dy} \\[4pt] \gamma = \dfrac{d\varphi}{dz} \end{array}\right\} \qquad 29),$$

Mittelst dieser Werthe transformirt sich die Gleichung 27) in

$$\frac{d^2\varphi}{dx^2} + \frac{d^2\varphi}{dy^2} + \frac{d^2\varphi}{dz^2} = 0. \qquad 30)$$

und die Gleichungen 25) sind die Differentialquotienten von

$$V + Q + \frac{4\pi}{3}(1-k)\varphi = 0. \qquad 31)$$

bezüglich auf x, y, z. Was den Werth von Q betrifft, so hat man, den obigen Entwickelungen zufolge, $P = 0$, und durch Substitution von $\frac{d\varphi'}{dx'}$, $\frac{d\varphi'}{dy'}$, $\frac{d\varphi'}{dz'}$ statt α', β', γ'

$$Q = k\int\frac{1}{\varrho}\left(\frac{d\varphi'}{dx'}\cos l + \frac{d\varphi'}{dy'}\cos m + \frac{d\varphi'}{dz'}\cos n\right) ds = \int\frac{1}{\varrho} E\, ds \ldots 32),$$

wo φ' den Werth bezeichnet, welchen φ erhält, wenn man x, y, z durch x', y', z' ersetzt. Die Grösse

$$k\left(\frac{d\varphi'}{dx'}\cos l + \frac{d\varphi'}{dy'}\cos m + \frac{d\varphi'}{dz'}\cos n\right) = E \qquad 33)$$

kann betrachtet werden als eine auf dem Flächenelemente ds befindliche Kraft, d. h. man kann sich den Magnetismus als eine dünne Schichte vorstellen, welche die Oberfläche der Eisenmasse bedeckt, und E stellt die der Flächeneinheit entsprechende Intensität oder die auf der Oberfläche senkrechte Dicke dieser Schichte an dem Punkte x', y', z' vor.

Unter dieser Voraussetzung geht die Gleichung 31), wenn man

$$x' = r'\cos\vartheta', \quad y' = r'\sin\vartheta'\sin\psi', \quad z' = r'\sin\vartheta'\cos\psi' \qquad 34)$$

annimmt und hiernach ds durch $r'^2\sin\vartheta'\,d\vartheta'\,d\psi'$ ersetzt, in folgende über

$$V + \iint\frac{Er'^2}{\varrho}\sin\vartheta'\,d\vartheta'\,d\psi' + \frac{4\pi}{3}(1-k)\varphi = 0 \qquad 35).$$

Es kommt nur darauf an φ zu bestimmen, was durch Anwendung der LAPLACE'schen Function sehr einfach in folgender Weise geschehen kann. Die Gleichung 30) geht durch Einführung der Polarcoordinaten r, ϑ, ψ in folgende über

$$r\frac{d^2 r\varphi}{dr^2} + \frac{d\left(\sin\vartheta\frac{d\varphi}{d\vartheta}\right)}{\sin\vartheta\,d\vartheta} + \frac{1}{\sin^2\vartheta}\frac{d^2\varphi}{d\psi^2} = 0 \qquad 36)$$

und wenn man φ durch eine Reihe von LAPLACE'schen Functionen

$$R_0 + R_1 + R_2 \quad + R_i + \qquad 37)$$

darstellt, so dass R_i der Gleichung

$$\frac{d\left(\sin\vartheta\frac{dR_i}{d\vartheta}\right)}{\sin\vartheta\,d\vartheta} + \frac{1}{\sin^2\vartheta}\frac{d^2 R_i}{d\psi^2} + i(i+1)R_i = 0 \qquad 38)$$

genügt, so gibt diese Gleichung, verbunden mit derjenigen, welche durch Substitution des Gliedes R_i der Function φ in 36) erhalten wird,

$$r\frac{d^2 rR_i}{dr^2} - i(i+1)R_i = 0 \qquad 39).$$

Das vollständige Integral ist

$$R_i = r^i H_i + \frac{1}{r^{i+1}} G_i \qquad 40),$$

wo H_i und G_i Functionen der Grössen $\cos\vartheta$, $\sin\vartheta\sin\psi$, $\sin\vartheta\cos\psi$ von der Ordnung i sind.

Ist auf solche Weise R_0, R_1, R_2 ... und mithin nach 36) φ gefunden, so hat man nur diesen Werth, dann den Werth von V und den Werth des im zweiten Gliede vorkommenden Factors $\frac{1}{\varrho}$, nach Laplace'schen Functionen entwickelt, in 35) zu substituiren. Man erhält auf solche Weise eine Reihe, welche nach Potenzen von r geordnet werden kann, und worin jedes Glied für sich $= 0$ sein muss.

[1] *Bulletin de la société philomathique; Dec. 1813.*

§. 30. Theorie von Poisson, Anwendung.

Soll die Theorie von Poisson auf prismatische Eisenstäbe oder überhaupt auf die Formen angewendet werden, welche bei magnetischen Versuchen gebraucht zu werden pflegen, so treten unübersteigliche analytische Schwierigkeiten entgegen, und so kommt es, dass man bisher nicht im Stande gewesen ist, die Richtigkeit der Theorie durch entscheidende Versuche zu bestätigen. Nur für eine Inductionskraft, die parallel und überall gleich stark wirkt, lässt sich die Vertheilung des inducirten Magnetismus in einer Eisenmasse durch die Theorie bestimmen, und auch da blos in zwei Fällen, nämlich wenn die Eisenmasse eine massive oder hohle Kugel, und wenn sie ein massives Ellipsoid ist. Bei einer massiven Kugel oder einem massiven Ellipsoid gibt die Rechnung das merkwürdige Resultat, dass alle Molecule der Masse gleich starken Magnetismus haben und die magnetischen Axen sämmtlicher Molecule parallel sind; bei einer Hohlkugel findet weder ein Parallelismus der Axen, noch eine überall gleiche Stärke des Magnetismus statt, dagegen sind die dünnen Kugelschaalen, in welche man sich die Hohlkugel zerlegt denken kann, sämmtlich nach gleichem Gesetze magnetisirt.

Verschiedene Mathematiker haben nach Poisson versucht, unter Voraussetzung derselben Principien die Theorie des Magnetismus weiter auszuführen, jedoch ohne die vorhandenen Schwierigkeiten in erheblichem Maasse beseitigen zu können.

1. Zunächst wollen wir den Magnetismus bestimmen, welchen die magnetische Kraft der Erde in einer massiven eisernen Kugel vom Halbmesser a inducirt. Hier haben wir

$$\cos l = \frac{x'}{r'} = \cos\vartheta', \quad \cos m = \frac{y'}{r'} = \sin\vartheta'\cos\psi, \quad \cos n = \frac{z'}{r'}$$
$$= \sin\vartheta'\sin\psi;$$

nun geben die Gleichungen 34)

$$\frac{dx'}{dr'} = \cos\vartheta', \quad \frac{dy'}{dx'} = \sin\vartheta'\cos\psi', \quad \frac{dz'}{dr'} = \sin\vartheta'\sin\psi';$$

durch Substitution dieser Werthe in der Gleichung 33) erhält man

$$E = k\frac{d\varphi'}{dr'}. \qquad 41),$$

wo nach der Differentiation r' durch a zu ersetzen ist.

Bezeichnet man die Totalintensität des Erdmagnetismus mit I, und wird die Axe der x parallel mit der Richtung des Erdmagnetismus angenommen, so hat man

$$V = -Ix = -rI\cos\vartheta \qquad 42).$$

Entwickelt man $\dfrac{1}{\varrho}$ nach der Form

$$\frac{1}{\varrho} = \frac{1}{a} + \frac{r}{a^2}Y_1 + \frac{r^2}{a^3}Y_2 + \frac{r^3}{a^4}Y_3 \qquad 43),$$

so hat jedes Glied die Eigenschaften einer LAPLACE'schen Function, und da negative Potenzen von r nicht vorkommen, mithin in der Gleichung 40) $G_i = 0$ wird, so erhält man nach 41) und 42)

$$a^2k\!\iint\!\frac{1}{\varrho}\frac{d\varphi'}{dr'}\sin\vartheta'\,d\vartheta'\,d\psi = 4\pi k\Big(\frac{1}{3}rH_1 + \frac{2}{5}r^2H_2$$
$$+ \frac{3}{7}r^3H_3 + \ldots\Big) \qquad 44).$$

Die Gleichung 35) nimmt hiernach folgende Form an

$$-r\,I\cos\vartheta + 4\pi k\Big(\frac{1}{3}rH_1 + \frac{2}{5}r^2H_2 + \frac{3}{7}r^3H_3 + \ldots\Big)$$
$$+ \frac{4}{3}\pi(1-k)(H_0 + rH_1 + r^2H_2 + r^3H_3 + \ldots) \qquad 45).$$

Da der Coefficient einer jeden Potenz von r gleich 0 sein muss, so hat man

$$H_0 = 0 \quad -I\cos\vartheta + \frac{4}{3}\pi kH_1 + \frac{4}{3}\pi(1-k)H_1 = 0.$$

Die höheren Glieder H_2, H_3 werden sämmtlich $= 0$, so dass am Ende nur übrig bleibt

$$\varphi = rH_1 = \frac{3}{4\pi}rI\cos\vartheta \qquad 46).$$

Ist die Kugel hohl und der innere Halbmesser $= b$, so erhält man durch ein ganz analoges Verfahren

$$\varphi = rH_1 + \frac{1}{r^2}G_1 = \frac{3Ia^3 r\cos\vartheta}{4\pi[(1+k)a^3 - 2kb^3]}\Big(1 + k + \frac{kb^3}{r^3}\Big) \qquad 47).$$

Das magnetische Moment der Moleküle parallel mit den Coordinatenaxen wird nach 29) durch $\dfrac{d\varphi}{dx}$, $\dfrac{d\varphi}{dy}$, $\dfrac{d\varphi}{dz}$ ausgedrückt.

Vollkugel ist $\dfrac{d\varphi}{dy} = \dfrac{d\varphi}{dz} = 0$ und

$$\frac{d\varphi}{dx} = \frac{3}{4\pi} I \qquad 48),$$

cule sind gleich stark magnetisirt und ihre Axen liegen in der Richtung etismus. Bei einer Hohlkugel ist die Stärke wie die Richtung des der Molecule an verschiedenen Punkten verschieden, und zwar (wenn der x als Axe der Kugel betrachtet) an den Polen wie am Aequator rallel mit dem Erdmagnetismus, aber stärker am Aequator.

Vertheilung des inducirten Magnetismus bei ellipsoidenförmigen Eisen- oisson blos auf indirectem Wege bestimmt. Für die Oberfläche eines ssen Axen a, b, c sind, hat man folgende Gleichung:

$$\frac{x'^2}{a^2} + \frac{y'^2}{b^2} + \frac{z'^2}{c^2} = 1 \qquad 49),$$

$' = Nb^2c^2x'$, $\cos m = Na^2c^2y'$, $\cos n = Na^2b^2z'$

$$N = \frac{1}{(b^4c^4x'^2 + a^4c^4y'^2 + a^4b^4z'^2)^{\frac{1}{2}}}.$$

ie inducirende Kraft constant und parallel an allen Punkten der Eisen- t man

$$V = fx + gy + hz \qquad 50),$$

lie Cosinusse der Winkel sind, welche die Kraft mit den Axen der aacht.

chung 30) genügt der Werth

$$\varphi = f'x + g'y + h'z \qquad 51),$$

, Constanten sind. Versuchen wir nun, ob diese Constanten sich timmen lassen, dass derselbe Werth von φ auch der Gleichung 35) E erhält man den Werth

$$E = kN(f'b^2c^2x' + g'a^2c^2y' + h'a^2b^2z') \qquad 52).$$

definirt werden als die auf der Oberfläche des Ellipsoids senkrechte agnetischen Fluidums. Macht der Radius Vector mit der Normalen e des Ellipsoids den Winkel w, und wird die Dicke des magnetischen der Richtung des Radius Vector gemessen, mit E' bezeichnet, so hat

$$= \frac{E}{\cos w} = k(f'b^2c^2x' + g'a^2c^2y' + h'a^2b^2z')\frac{r'}{a^2b^2c^2} \qquad 53),$$

$$\cos w = N\frac{a^2b^2c^2}{r'}. \qquad 54).$$

irt man E' mit einer sehr kleinen Grösse δ, und wird dann

$$kf'\delta = f'', \quad kg'\delta = g'', \quad kh'\delta = h'' \qquad 55)$$

gesetzt, so hat man

$$E'\delta = (f''b^2c^2x' + g''a^2c^2y' + h''a^2b^2z')\frac{r'}{a^2b^2c^2}$$

Dieser Werth von $E'\delta$ ist aber nichts anderes als die Differenz r'' — Radien zweier Ellipsoide von gleichen Axen, deren Mittelpunkte in der Ri der x', y', z' um die sehr kleinen Grössen f'', g'', h'' von einander abe Zieht man nämlich von dem Mittelpunkte des zweiten Ellipsoids einen Radius $\backslash$ und durchschneidet er die Oberfläche des ersten Ellipsoids in dem Punkte x', des zweiten Ellipsoids in dem Punkte x'', y'', z'', so hat man nach 49)

$$\frac{(x''-f'')^2}{a^2} + \frac{(y''-g'')^2}{b^2} + \frac{(z''-h'')^2}{c^2} = 1$$

Diese Gleichung, mit 49) vereinigt, gibt, wenn man nur die erste Poten f'', g'', h'' beibehält, für $r'' - r'$ den obigen Ausdruck.

Hiernach ist die Anziehung der Schichte $E'\delta$ gleichbedeutend mit der Dif der Anziehungen zweier homogener Ellipsoide; nun hat man bekanntlich fi Anziehung eines Ellipsoids auf den innern Punkt x, y, z folgende Ausdrücke

$$\left.\begin{array}{ll}\text{nach } x & Cx \\ \text{nach } y & C'y \\ \text{nach } z & C''z\end{array}\right\}$$

wo

$$\left.\begin{array}{l}C = -\dfrac{4\pi bc}{a^2}F \\ C' = -\dfrac{4\pi bc}{a^2}\dfrac{d\lambda F}{d\lambda} \\ C'' = -\dfrac{4\pi bc}{a^2}\dfrac{d\lambda'F}{d\lambda'}\end{array}\right\}$$

und

$$\frac{b^2-a^2}{a^2} = \lambda^2 \quad \frac{c^2-a^2}{a^2} = \lambda'^2,$$

$$F = \int\frac{u^2 du}{\sqrt{(1+\lambda^2u^2)(1+\lambda'^2u^2)}}$$

Auf gleiche Weise erhält man für das zweite Ellipsoid die correspondi Anziehungen

$$\left.\begin{array}{l}C(x-f'') \\ C'(y-g'') \\ C''(z-h'')\end{array}\right\}$$

und hiernach die Differenz der Anziehungen:

$$-Cf'', \quad -C'g'', \quad -C''h'',$$

wofür man, wenn aus 55) die Werthe von f'', g'', h'' substituirt werder Weglassung des constanten Factors δ die Ausdrücke

$$-kCf', \quad -kC'g', \quad -kC''h'$$

erhält. Diess sind die partialen Differenziale von $\int \frac{1}{\varrho} E ds$ bezüglich auf x, y, z; mithin hat man nach 32)

$$\int \frac{1}{\varrho} E ds = - k(Cf'x + C'g'y + C''h'z).$$

Substituirt man nun für V, $\int \frac{1}{\varrho} E ds$ oder Q und φ die gefundenen Werthe in 31), und werden die Coefficienten von $x, y, z = 0$ gesetzt, so ergibt sich:

$$\left. \begin{array}{l} f + \left(\frac{(1-k)\pi}{3} - kC\right)f' = f + 4\pi f'\left(\frac{1-k}{3} + \frac{kbc}{a^2} F\right) = 0 \\ g + \left(\frac{(1-k)\pi}{3} - kC'\right)g' = g + 4\pi g'\left(\frac{1-k}{3} + \frac{kbc}{a^2} \frac{d\lambda F}{d\lambda}\right) = 0 \\ h + \left(\frac{(1-k)\pi}{3} - kC''\right)h' = h + 4\pi h'\left(\frac{1-k}{3} + \frac{kbc}{a^2} \frac{d\lambda' F}{d\lambda'}\right) = 0 \end{array} \right\} \quad . 64).$$

Man braucht nur hiernach f', g', h' zu bestimmen, so ist der Werth von φ und damit die Vertheilung des Magnetismus im Ellipsoid gegeben. Da f', g', h' constante Grössen sind, so folgt aus obiger Entwickelung, dass, wenn eine ellipsenförmige massive Eisenmasse durch Induction magnetisirt wird und an allen Punkten der Masse die magnetisirende Kraft gleich ist, auch der Magnetismus aller einzelnen Molecule gleich sein wird.

3. Für die von Poisson gegebenen Grundgleichungen 35) hat Kirchhoff[1] eine Auflösung gesucht unter der Voraussetzung, dass die Eisenmasse ein unbegrenzter Cylinder sei. Plana[2] machte es sich zur Aufgabe, die Gleichungen von Poisson so umzugestalten, dass die Auflösung erleichtert würde; bei Anwendung seiner Formeln wählte er übrigens das Beispiel einer Hohlkugel, wofür die Auflösung bereits bekannt war. Auch Neumann[3] hat versucht die analytischen Schwierigkeiten zu vermindern und speciell mit dem Falle sich beschäftigt, wenn die magnetisirte Eisenmasse die Form eines Rotationsellipsoid hat. Von denselben Principien wie Poisson ausgehend, hat Green[4] allgemeine Gleichungen für die Vertheilung des Magnetismus hergestellt und dieselben auf eine Hohlkugel, dann auf einen Cylinder von grosser Länge und geringem Durchmesser angewendet, für welchen letzteren Fall die Biot'sche Gleichung als Resultat sich ergibt. Als neueste Erscheinung haben wir eine ganz analoge, aber jetzt noch, wie es scheint, unvollendete Arbeit von Thomson[5], worin insbesondere die Definitionen mit äusserster Sorgfalt und Genauigkeit festgesetzt, aber neue praktische Ergebnisse vorläufig nicht erlangt werden, zu erwähnen.

[1] Kirchhoff. Crelle's Journ. XLVIII. 348.
[2] Plana. Astr. Nachr. XXXIX. S. 225 u. 305; XLII. S. 1 u. 204.
[3] Neumann. Crelle's Journ. XXVI.
[4] Green. An essay on the application of mathematical analysis to the theories of electricity and magnetism (abgedruckt in Crelle's Journ. Bd. 47. p. 195).
[5] Thomson. Phil. Trans. 1854. Pt. I. p. 243, fortges. 269.

§. 31. Hypothese einer Molecularinduction.

Ich habe ebenfalls versucht, eine mathematische Theorie des Magnetismus zu geben, und bin dabei von einer Hypothese ausgegangen, welche sehr wesentlich von Poisson's Hypothese sich unterscheidet. Wenn man eine Reihe von Moleculen hat, auf welche eine inducirende Kraft wirkt, so entsteht nach

Poisson in dem Molecul O Fig. 130 ein magnetisches Moment, welches bedingt wird, einmal durch die inducirende Kraft, dann durch den Magnetismus der Molecule $1, 2, 3, 4 \quad 1', 2', 3', 4' \ldots$, und zwar ist die Wirkung dieser Molecule dem Quadrate ihrer Distanz umgekehrt proportional. Ich meinestheils lasse eine Wirkung umgekehrt wie das Quadrat der Distanz nur für die entfernteren Molecule gelten; was die anstossenden Molecule betrifft, so nehme ich ihre Wirkung aufeinander unverhältnissmässig grösser an, als sie vermöge der Distanz der Mittelpunkte sein sollte. Ich setze hier eine Analogie mit der Cohäsionskraft fester Körper voraus, welche zwischen den anstossenden Moleculen stattfindet und weit grösser ist, als die durch das Gravitationsgesetz bedingte Anziehung; und so wie bei Berechnung der Cohäsionserscheinungen die Gravitation der entfernteren Molecule ganz vernachlässigt werden darf, so nehme ich an, dass, wenn das magnetische Moment des Moleculs O zu bestimmen ist, es hinreicht, die Wirkung der Molecule 1 und $1'$ in Rechnung zu nehmen, während auf die Wirkung der entfernteren Molecule $2, 3, 4 \quad 2', 3', 4'$ keine Rücksicht genommen zu werden braucht.

Die Wirkung der anstossenden Molecule aufeinander nenne ich **Molecularinduction** zum Unterschiede von der Induction, welche durch Fernwirkung hervorgebracht wird.

Meine Hypothese kann demnach durch folgende Sätze ausgedrückt werden:

1) Ein Magnet muss als zusammengesetzt aus einer grossen Anzahl von Theilchen oder Moleculen angenommen werden.
2) Jedes Molecul hat seinen Nordpol und seinen Südpol und bildet für sich einen kleinen Magnet von bestimmter Stärke, der weder von den übrigen Magnetismus erhält, noch an die übrigen Magnetismus abgibt.
3) Stellt man sich die Entstehung eines Magnets in der Weise vor, dass eine grosse Anzahl magnetischer Molecule zu einem Körper vereinigt wird, so kommt zu dem ursprünglichen oder selbstständigen Magnetismus (§. 8) eines jeden Moleculs bei der Vereinigung die Wirkung der Molecularinduction, d. h. derjenige Magnetismus, der durch die gegenseitige Anziehung der anstossenden Molecule erzeugt wird, noch hinzu: beide zusammengenommen bilden den effectiven Magnetismus des Moleculs.
4) Berechnet man die Fernwirkung des effectiven Magnetismus der einzelnen Molecule, so ist die Summe aller dieser Wirkungen der Fernwirkung des Magnets gleich.

Zuvörderst wird man hier die scharfe Trennung des ursprünglichen oder selbstständigen und durch die anstossenden Molecule inducirten Magnetismus bemerken. Während man gewöhnlich sich die Bestimmung des Magnetismus eines Körpers als eine einzige Operation gedacht hat, wird nach der oben entwickelten Hypothese die Kenntniss des selbstständigen Magnetismus als erste Bedingung gefordert; weiter bildet der Erfolg der Molecularinduction eine ganz getrennte Untersuchung, und erst wenn beides ermittelt ist, kann die Gesammtwirkung bestimmt werden. Der selbstständige Magnetismus hängt von der Magnetisirungsmethode oder von der Fernwirkung einer magnetischen Kraft ab;

Molecularinduction von der Stelle, die das Molecul unter den übrigen Molekülen einnimmt.

1. Das Eigenthümliche der magnetischen Kraft wird klarer, wenn man einen Vergleich mit anderen Kräften anstellt:

Die Kraft, welche den Lebensäusserungen zu Grunde liegt, kommt nur einem Individuum als Ganzen zu; wenn man das Individuum theilt, hört in jedem einzelnen Theile die Lebenskraft auf.

Die allgemeine Gravitation ist eine Kraft, welche den einzelnen Moleculen der kleinsten Theilchen zukommt. Die Molecule wirken in gleicher Weise, sie mögen isolirt oder zu Körpern vereinigt vorkommen, und die Theile, wieder zusammengesetzt, bringen dieselbe Wirkung hervor, wie das ungetheilte Ganze.

Die magnetische Kraft, welche wir an Eisen und Stahl wahrnehmen, liegt gewissermassen mitten zwischen den eben genannten Kategorien. Die Kraft wird in den einzelnen Theilen, nicht im Ganzen erregt, und die Erregung ist gleich gross, es mögen die Theilchen getrennt oder zu Körpern vereinigt sein. Bei Vereinigung oder Trennung tritt aber eine Eigenthümlichkeit der magnetischen Kraft hervor, nämlich die Molecularinduction, die darin besteht, dass jedes magnetische Molecul eine gewisse Quantität Magnetismus in den anstossenden Moleculen hervorruft. Durch diese gegenseitige Einwirkung kommt nach Umständen eine Schwächung oder Verstärkung der Kraft jedes einzelnen Moleculs zu Stande, und die Folge davon ist, dass ein Körper ganz andere Wirkung ausübt, als seine einzelnen Theile für sich ausüben würden.

Die eben dargelegten Verhältnisse könnten möglicherweise auch bei anderen Kräften, namentlich bei der Gravitation Anwendung finden, da man die Gravitation ebenso wie den Magnetismus als ein an die Molecule gebundenes und in diesen bewegliches Fluidum sich vorstellen kann.

Betrachten wir zwei kugelförmige Molecule A und B, Gravitationsfluidum enthaltend, und in einiger Entfernung von einander gestellt, so wird das Gravitationsfluidum gleichmässig im Innern eines jeden Moleculs sich vertheilen, und die Anziehung geschieht, als wenn die ganze Kraft im Mittelpunkte der Kugel enthalten wäre; die Anziehung ist dem Producte der Fluida direct und umgekehrt dem Quadrate der Entfernung proportional. Bringt man nun die beiden Molecule in Berührung, so wird das Gravitationsfluidum gegen die Berührungsstelle hingezogen werden — in verschiedenem Maasse je nach der Innigkeit der Berührung — und die Anziehung ist nicht mehr dem Quadrate der Entfernung der Mittelpunkte umgekehrt proportional, sondern weit intensiver. Mit einem Worte, die Molecularphänomene: Cohäsion, Adhäsion, Capillarität, Zusammenziehung von Lösungen u. s. w. hängen von der Vertheilung des Fluidums in den Moleculen ab und kommen zu Stande durch eine Anhäufung desselben zunächst unter der Oberfläche der Molecule, während die Anziehung der Massen in der Ferne blos durch die Quantität des in den Moleculen enthaltenen Fluidums bedingt ist und gleichen Betrag haben wird, wie auch immer die Vertheilung in den Moleculen beschaffen sein mag.

2. Dass für die magnetische Anziehung ein ganz anderes Gesetz bei unmittelbarer Berührung oder ganz kleinen Entfernungen als bei grösseren Entfernungen gilt, habe ich aus Versuchen gefolgert [1]; früher schon waren Lenz und Jacobi [2] auf den Unterschied aufmerksam geworden, und in neuerer Zeit hat Tyndall [3] bei Anziehung einer weichen Eisenkugel durch einen Magnet Aehnliches nachgewiesen.

Lamont. Pogg. Ann. LXXXIII. 364.
Lenz und Jacobi. Pogg. Ann. XLVII. 409.
Tyndall. Phil. Mag. (4.) I. 265; Pogg. Ann. LXXXIII. 4.

§. 32. Verhältnisse der Molecule.

Wenn man den Calcul auf die oben entwickelte Hypothese anwenden will, so ist es erforderlich, die in Betracht kommenden Verhältnisse der Molecule genau zu bestimmen; dabei mag jedoch die Frage, ob das magnetische Fluidum im Innern der Molecule oder blos auf der Oberfläche verbreitet ist, unerörtert bleiben, weil die Entscheidung für die Rechnung wie für die physikalische Begründung der Hypothese völlig gleichgültig ist.

Den Moleculen könnten wir verschiedene Formen beilegen; es ist sogar wahrscheinlich, dass verschiedene Formen in der Natur vorkommen und dass dadurch die magnetischen Eigenthümlichkeiten der einzelnen Stoffe bedingt werden: in so ferne wir aber auf die Erleichterung und Vereinfachung der mathematischen Deduction Rücksicht zu nehmen haben, erscheint es am zweckmässigsten, den Moleculen die Kugelform beizulegen, eine Voraussetzung, die zugleich sehr wohl mit dem Umstande übereinstimmt, dass im Eisen und Stahl nach allen Richtungen mit gleicher Leichtigkeit der Magnetismus sich entwickelt.

Betrachten wir ein solches kugelförmiges Molecul, ehe es magnetisirt wird, so liegt darin nördlicher sowohl, als südlicher Magnetismus in unbestimmtem Maasse, aber vorläufig in gebundenem Zustande. Sobald jedoch das Molecul dem Nordpole N eines Magnets Fig. 151 nahe kommt, so wird der südliche Magnetismus angezogen und sammelt sich an bei s, der nördliche Magnetismus wird abgestossen und geht nach der entgegengesetzten Seite n.

Fig. 151.

Von den Polen n und s Fig. 152 anfangend, nimmt der Magnetismus bis zu dem Aequator ab des Moleculs ab. Nach welchem Gesetze diese Abnahme stattfindet, lässt sich durch Versuche nicht wohl ermitteln; jedoch würde die Analogie mit den Verhältnissen, welche anderwärts angetroffen werden, zu der Vermuthung führen, dass der Magnetismus in einem Punkte d sich verhält wie der Cosinus der Poldistanz ncd. Diese Hypothese habe ich in der Rechnung eingeführt, und die Uebereinstimmung der daraus gefolgerten Sätze mit der Erfahrung scheint meine Annahme hinreichend zu rechtfertigen.

Fig. 152.

Dem eben ausgesprochenen Gesetze zufolge wird die Vertheilung des Magnetismus in einem Molecul von der Stärke oder Quantität desselben unabhängig sein, so dass, wenn eine Aenderung vor sich geht, alle Punkte von den Polen bis zum Aequator in demselben Verhältnisse an Magnetismus gewinnen oder verlieren werden.

1. Es ist sehr lehrreich, der obigen Darstellung das Verhalten der Elektricität gegenüber zu betrachten. Ein positiv elektrischer Conductor A, Fig. 153, bewirkt an dem isolirten Körper B eine Trennung der Elektricitäten und es wird die negative Elektricität angezogen gegen das nähere Ende, die positive abgestossen gegen das entfernte Ende, wobei sich ebenso viel negative Elektricität am einen, als positive am andern Ende ansammelt. Aehnliches findet bei dem Magnetismus statt. Die beiden Hälften eines Moleculs sind vollkommen symmetrisch, und die

Fig. 153.

eine Hälfte enthält unter allen Umständen ebenso viel positiven, als die andere negativen Magnetismus. Die positive und negative Electricität stellt man sich als Fluida vor, denen besondere Eigenschaften zukommen. Eine ähnliche Vorstellung lässt sich auch auf den Magnetismus anwenden; jedoch unterscheidet sich das magnetische Fluidum von dem elektrischen dadurch, dass ersteres nie das Molecul verlässt, letzteres von einem Körper auf den andern übergehen kann. Kommt der Körper B mit dem Conductor A in Berührung, so fällt die Trennung der Electricitäten weg und es findet eine Mittheilung der Electricität von Seite des Conductors A statt. Bei dem Magnetismus dagegen kann nie eine Mittheilung eintreten; dasselbe Verhältniss der Trennung wie in *Fig. 151* — natürlich mit verschiedenem Grade der Stärke — besteht, es mag das Molecul den Magnet berühren oder nicht.

Zwischen der elektrischen und magnetischen Induction tritt noch ein Unterschied hervor. Entfernt man den Körper B, so vermischen sich die elektrischen Fluida augenblicklich wieder und eine Electricität ist an den Körpern nicht wahrnehmbar. Wird dagegen das Molecul ns *Fig. 151* entfernt, so vermischt sich zwar ein Theil der magnetischen Fluida wieder und tritt in den gebundenen Zustand zurück, aber es verbleibt — wenn das Molecul Retentionsfähigkeit besitzt — ein Theil an der einmal eingenommenen Stelle, und das Molecul bildet einen permanenten Magnet mit einem Südpol in s und einem Nordpol in n.

Die Unterschiede zwischen Electricität und Magnetismus hat Poisson[1] näher erörtert; die Bemühungen älterer Physiker, eine durchgängige Analogie beider Kräfte nachzuweisen, sind bereits in §. 7 erwähnt worden.

[1] Poisson. *Nouv. Mém. de l'Académie de Paris.* T. V. 249.

§. 33. Mathematische Entwickelung der Molecular-Induction.

Wir wollen nun den Erfolg näher untersuchen, der zu Stande kommt, wenn eine Anzahl magnetischer Molecule so aneinander gereiht ist, dass die ungleichnamigen Pole sich berühren. Betrachten wir zuerst der Einfachheit wegen zwei Molecule A und B *Fig. 154*; in A befinde sich der selbstständige Magnetismus μ und in B der selbstständige Magnetismus μ', so wird durch A in B Magnetismus inducirt. Die nähere Untersuchung zeigt, dass der inducirte Magnetismus etwas weniger als die Hälfte des inducirenden beträgt, d. h. der Inductionscoefficient etwas kleiner als $\frac{1}{2}$ ist; wir wollen aber der einfachern Darstellung

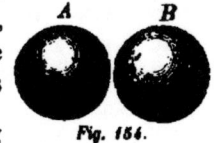

Fig. 154.

wegen den Inductionscoefficienten $= \frac{1}{2}$ annehmen. Hiernach wird A in B den Magnetismus

$$\frac{1}{2}\mu$$

und in gleicher Weise B in A den Magnetismus

$$\frac{1}{2}\mu'$$

hervorrufen. Damit ist jedoch der Inductionsprocess nicht beendigt, denn da jetzt A eine Vermehrung $\frac{1}{2}\mu'$ erhalten hat, so wird diese Vermehrung in A eine entsprechende Induction, nämlich

$$\frac{1}{4}\mu',$$

diese Vermehrung von B wiederum in A eine Induction von

$$\frac{1}{8}\mu'$$

u. s. w. veranlassen. Kurz, jede neue Vermehrung des Magnetismus von A wird in B, und jede neue Vermehrung des Magnetismus von B wird in A die Hälfte des eigenen Betrages induciren.

Der ganze Magnetismus eines jeden Moleculs besteht demnach aus einer unendlichen Reihe von Gliedern, die immer kleiner werden, und die man zu summiren hat, wenn man den ganzen Magnetismus erhalten will. Dasselbe Verfahren kann (wenngleich die Entwickelung immer weitläufiger wird) auf drei und mehrere Molecule ausgedehnt werden, und indem man die Induction verfolgt, wie sie in der ganzen Reihe vorwärts und rückwärts wirkt, gelangt man auf genetischem Wege zur Kenntniss des zuletzt in jedem Molecul sich anhäufenden Magnetismus. Es gibt aber noch eine andere Auffassung[1], die zu nähern Bestimmung des Magnetismus der einzelnen Molecule sehr zweckmässig angewendet werden kann und die nicht auf die Entstehungsweise eingeht, sondern auf den endlichen Stand, der erreicht wird, d. h. auf den ganzen Magnetismus, der in den Molecülen vorhanden ist, sich bezieht. Stellen wir uns vor, es habe in einer Reihe von Moleculen die Induction sich ausgebreitet und es sei ein definitiver Stand eingetreten, so wird jedes Molecul in der Reihe ausser seinem selbstständigen Magnetismus die Induction enthalten, die durch den ganzen Magnetismus der beiden anstossenden Molecule hervorgerufen worden ist. Nur bei dem ersten und letzten Molecul geschieht die Induction nicht durch zwei, sondern blos durch ein Molecul, bei dem ersten durch das zweite und bei dem letzten durch das vorletzte. So besteht, wenn wir die Moleculenreihe *Fig. 150* betrachten, der ganze Magnetismus von (4) aus dem selbstständigen Magnetismus dieses Moleculs und der Molecularinduction, welche durch den ganzen Magnetismus von (3) entstanden ist; der ganze Magnetismus von (3) besteht aus seinem selbstständigen Magnetismus und der durch den ganzen Magnetismus von (4) und (2) erzeugten Molecularinduction u. s. w.

Aus der zu Anfang dieses §. gegebenen Darstellung geht hervor, dass, wenn man in einer Reihe von neutralen Eisen- oder Stahlmoleculen ein einzelnes z. B. (1) *Fig. 150* plötzlich magnetisirt, durch dieses in den anstossenden Moleculen (2) und (0), durch letztere in (3) und (1') u. s. w. Magnetismus inducirt wird. Hiernach kann man sagen, dass die von einem einzelnen Molecul ausgehende Molecularinduction sich über die ganze Reihe ausbreiten wird nach einem bestimmten Gesetze — und zwar, wie der Calcul zeigt, in geometrischer Progression — abnehmend nach der einen wie nach der andern Seite hinaus. Um den Magnetismus der Molecule einer Reihe zu bestimmen, dürfte diese Betrachtungsweise für mathematische Behandlung die vortheilhafteste sein.

1. Es seien zwei Molecule A und B Fig. 154, ersteres mit dem Magnetismus μ, letzteres mit dem Magnetismus μ' gegeben, so wird ihre Induction, wenn wir den Inductionscoefficienten mit a bezeichnen, den obigen Grundsätzen zufolge in folgender Weise vor sich gehen:

Der Magnetismus μ_1 wird in B den Magnetismus

$$a\mu_1$$

induciren; auf gleiche Weise entsteht in A der Magnetismus

$$a\mu_2.$$

Der Zuwachs $a\mu_1$, der in B eingetreten ist, bringt wieder in A eine Vermehrung

$$a^2\mu_1$$

und ebenso der Zuwachs $a\mu_1$ in A eine entsprechende Vermehrung

$$a^2\mu_2$$

in B hervor.

Fährt man in dieser Weise fort, so erhält man als Resultat für den Magnetismus von A und B zwei unendliche Reihen, nämlich

$$A \quad \mu_1 + a\mu_2 + a^2\mu_1 + a^3\mu_2 + a^4\mu_1 + \quad = m_1$$
$$B \ldots \mu_2 + a\mu_1 + a^2\mu_2 + a^3\mu_1 + a^4\mu_2 + \quad = m_2.$$

Die Summation gibt

$$m_1 = \frac{\mu_1 + a\mu_2}{1 - a^2} \qquad 1)$$

und

$$m_2 = \frac{\mu_2 + a\mu_1}{1 - a^2} \qquad 2).$$

Hat man $\mu_1 = \mu_2 = \mu$, so wird in beiden Moleculen der Magnetismus gleich, und

$$= \frac{\mu}{1 - a}. \qquad 3)$$

sein.

Für drei Molecule A, B, C mit den Magnetismen μ_1, μ_2, μ_3 hat man folgendes Schema:

$$A \ldots \mu_1 + a\mu_2 + a^2(\mu_1 + \mu_3) + 2a^3\mu_2 + 2a^4(\mu_1 + \mu_3) + \quad = m_1$$
$$B \ldots \mu_2 + a(\mu_1 + \mu_3) + 2a^2\mu_2 + 2a^3(\mu_1 + \mu_3) + 4a^4\mu_2 + \quad = m_2$$
$$C \ldots \mu_3 + a\mu_2 + a^2(\mu_1 + \mu_3) + 2a^3\mu_2 + 2a^4(\mu_1 + \mu_3) + \quad = m_3.$$

Durch Summation erhält man

$$m_1 = \frac{(1-a^2)\mu_1 + a\mu_2 + a^2\mu_3}{1 - 2a^2} \qquad 4),$$

$$m_2 = \frac{a\mu_1 + \mu_2 + a\mu_3}{1 - 2a^2} \qquad 5),$$

$$m_3 = \frac{a^2\mu_1 + a\mu_2 + (1-a^2)\mu_3}{1 - 2a^2} \qquad 6).$$

Hat man $\mu_3 = \mu_2 = \mu_1 = \mu$, so ergibt sich

$$m_1 = \mu \frac{1+a}{1-2a^2} \qquad 7)$$

$$m_2 = \mu \frac{1+a}{1-2a^2} \qquad 8)$$

$$m_3 = \mu \frac{1+a}{1-2a^2} \qquad 9)$$

2. Wird die Zahl der Molecule sehr gross, so muss ein anderer Weg eingeschlagen und zunächst die Induction, die ein einziges magnetisches Molecul in einer Reihe von nicht magnetisirten Moleculen hervorbringt, betrachtet werden.

Man habe eine Reihe von n Moleculen, unter denen nur das r^{te} magnetisirt sei und den Magnetismus μ enthalte. Untersuchen wir die Wirkung dieses Moleculs auf die übrigen Molecule.

Die beiden anstossenden Molecule $r-1$ und $r+1$ werden durch Induction den Magnetismus

$$a\mu$$

erhalten.

Die zwei Molecule $r-1$ und $r+1$ induciren jedes für sich wiederum in dem Molecule r den Magnetismus $a^2\mu$, also zusammen

$$2a^2\mu.$$

Ausserdem wird das Molecul $r-1$ in dem Molecul $r-2$ und das Molecul $r+1$ in dem Molecul $r+2$ den Magnetismus

$$a^2\mu$$

hervorrufen. Auf solche Weise breitet sich die Induction hinauf und herunter immer weiter aus, und man erhält folgendes Schema:

Schema I.

$r-7$	—	—	—	—	—	—
$r-6$	—	—	—	—	—	$+ a^6\mu$
$r-5$	—	—	—	—	$+ a^5\mu$	—
$r-4$	—	—	—	$+ a^4\mu$	—	$+ 6a^6\mu$
$r-3$	—	—	$+ a^3\mu$	—	$+ 5a^5\mu$	—
$r-2$	—	$+ a^2\mu$	—	$+ 4a^4\mu$	—	$+ 15a^6\mu$
$r-1$	$+ a\mu$	—	$+ 3a^3\mu$	—	$+ 10a^5\mu$	—
r	μ	$+ 2a^2\mu$	—	$+ 6a^4\mu$	—	$+ 20a^6\mu$
$r+1$	$+ a\mu$	—	$+ 3a^3\mu$	—	$+ 10a^5\mu$	.
$r+2$	—	$+ a^2\mu$	—	$+ 4a^4\mu$	—	$+ 15a^6\mu$
$r+3$	—	—	$+ a^3\mu$	—	$+ 5a^5\mu$	—
$r+4$	—	—	—	$+ a^4\mu$	—	$+ 6a^6\mu \ldots$
$r+5$	—	—	—	—	$+ a^5\mu$	—
$r+6$	—	—	—	—	—	$a^6\mu$
$r+7$	—	—	—	—	—	—

Es ist leicht, das Schema fortzusetzen, da das Gesetz sehr einfach ist und nur darin besteht, dass in jeder folgenden verticalen Reihe der Exponent von a um eine Einheit zunimmt und jeder Coefficient der Summe der zwei zunächst stehenden Coefficienten der vorangehenden Reihe gleich ist.

§. 33. ENTWICKELUNG DER MOLECULARINDUCTION.

Wenn man in horizontaler Richtung die einzelnen Reihen verfolgt, so wird man leicht das Gesetz derselben erkennen und sich überzeugen, dass dem Elemente $r-s$ oder $r+s$ der Magnetismus

$$\mu a^s \left(1 + \frac{s+2}{1}a^2 + \frac{s+3}{1}\frac{s+4}{2}a^4 + \frac{s+4 \cdot s+5 \cdot s+6}{1 \quad 2 \quad 3}a^6 + \ldots\right) = \mu A_s \qquad 10)$$

entspricht.

Sucht man hieraus den Werth von $\frac{A_s}{a^s}$ und zieht ihn von dem auf gleiche Weise sich ergebenden Werthe von $\frac{A_{s+1}}{a^{s+1}}$ ab, so findet man

$$\frac{A_{s+1}}{a^{s+1}} - \frac{A_s}{a^s} = a^2 + \frac{s+4}{1}a^4 + \frac{s+5}{1}\frac{s+6}{2}a^6$$
$$+ \frac{s+6 \cdot s+7 \cdot s+8}{1 \quad 2 \quad 3}a^8 + \quad = a^2 \frac{A_{s+2}}{a^{s+2}}$$

oder

$$a A_{s+2} = A_{s+1} - a A_s \qquad 11).$$

Nun hat man

$$A_0 = 1 + \frac{2}{1}a^2 + \frac{3 \cdot 4}{1 \cdot 2}a^4 + \frac{4 \cdot 5 \cdot 6}{1 \cdot 2 \cdot 3}a^6 + \quad = \frac{1}{\sqrt{1-4a^2}} \qquad 12),$$

ferner kann man dieser Gleichung die Form geben

$$A_0 = 1 + \frac{2}{1}a^2 \left(1 + \frac{3}{1}a^2 + \frac{4 \cdot 5}{1 \cdot 2}a^4 + \ldots\right).$$

Es ist aber

$$\frac{A_1}{a} + 1 + \frac{3}{1}a^2 + \frac{4 \cdot 5}{1 \cdot 2}a^4 + \frac{5 \cdot 6 \cdot 7}{1 \cdot 2 \cdot 3}a^6 +$$

mithin

$$A_0 = 1 + 2a^2\frac{A_1}{a} \quad \text{und} \quad A_1 = \frac{1}{\sqrt{1-4a^2}}\frac{2a}{1+\sqrt{1-4a^2}} \qquad 13).$$

Setzt man

$$\frac{1}{\sqrt{1-4a^2}} = K, \quad \frac{2a}{1+\sqrt{1-4a^2}} = q$$

$$\text{also} \quad K = \frac{1+q^2}{1-q^2} \quad \text{und} \quad a = \frac{q}{1+q^2} \qquad 14).$$

so ist

$$A_0 = K q^0$$
$$A_1 = K q$$

und ebenso findet man weiter

$$A_2 = K q^2$$

KAP. III. MATHEMATISCHE THEORIE DES MAGNETISMUS.

3. Da wo die Moleculenreihe ein Ende hat, ändert sich das Verhältniss. dieses näher untersuchen zu können, wollen wir die untere Hälfte des vorherge[h] Schema, von $a^6\mu$ anfangend, weiter fortsetzen und dabei der Raumersparniss [wegen] die Grössen $a^6\mu$, $a^7\mu$ ... über die dazu gehörigen Coefficienten nur einma[l] schreiben; die unter der Zeile $r+8$ befindlichen Coefficienten sind in retrog[rader] Ordnung oberhalb dieser Zeile den andern Coefficienten in Klammern beig[efügt] wovon der Zweck sogleich erklärt werden soll.

Schema II.

	$a^6\mu$	$a^7\mu$	$a^8\mu$	$a^9\mu$	$a^{10}\mu$	$a^{11}\mu$	$a^{12}\mu$	$a^{13}\mu$	$a^{14}\mu$	$a^{15}\mu$	
r	...+20		+70		+252		+924		+3432		+[
$r+1$	...		+35		+126		+462		+1716		+6435	
										(1)	
$r+2$	...+15		+56		+210		+792		+3003		+[
									(1)		
$r+3$	...		+21		+ 84		+330		+1287		+5005	
								(1)		(15)	
$r+4$	...+ 6		+28		+120		+495		+2002		+[
							(1)		(14)		
$r+5$	...		+ 7		+ 36		+165		+ 715		+3003	
						(1)		(13)		(105)	
$r+6$	...+ 1		+ 8		+ 45		+220		+1001		+
					(1)		(12)		(91)		
$r+7$			+ 1		+ 9		+ 55		+ 286		+1365
				(1)		(11)		(78)		(455)	
$r+8$				1		+ 10	...	+ 66	...	+ 364	... + [
$r+9$					1		+ 11	...	+ 78	...	+ 455
$r+10$						1		+ 12	.	+ 91	... +
$r+11$							1		+ 13		+ 105
$r+12$								1		+ 14	... +
$r+13$									1		+ 15
$r+14$										1	+
$r+15$											1
$r+16$											

Nehmen wir nun an, dass die Moleculenreihe nach dem $r+7^{\text{ten}}$ Elemente wo in dem obigen Schema die engeren Intervallen anfangen) sein Ende habe, so [lässt man] die unter der Zeile $r+7$ befindlichen Zahlen weg, und setzt man ohne diese Schema fort, so werden auch die oberhalb befindlichen Zahlen kleiner ausf[allen] wie aus folgendem Schema III zu entnehmen ist.

Schema III.

	$a^6\mu$	$a^7\mu$	$a^8\mu$	$a^9\mu$	$a^{10}\mu$	$a^{11}\mu$	$a^{12}\mu$	$a^{13}\mu$	$a^{14}\mu$	$a^{15}\mu$	a^{1}
r	...+20	...	+70	...	+252	...	+924	...	+3432	...	+[
$r+1$	...	...	+35	...	+126	...	+462	...	+1716	...	+6434	.
$r+2$	...+15	...	+56	...	+210	...	+792	...	+3002	...	+[
$r+3$	...	...	+21	...	+ 84	...	+330	...	+1286	...	+4990	.
$r+4$	...+ 6	...	+28	...	+120	...	+494	...	+1988	...	+[
$r+5$	...	...	+ 7	...	+ 36	...	+164	...	+ 702	...	+2898	.
$r+6$	...+ 1	...	+ 8	...	+ 44	...	+208	...	+ 910	...	+[
$r+7$	...		+ 1		+ 8		+ 44		+ 208		+ 910

Vergleicht man dieses Schema mit Schema II, so sieht man, dass di[e im] Schema III vorkommenden Zahlen erhalten werden, wenn man die in Klam[mern] eingeschlossenen Zahlen des Schema II von den über denselben befindlichen Coefficienten abzieht, was bei etwas genauerer Betrachtung als nothwendige Folge des Gesetzes, wornach das Schema gebaut ist, sich darstellen wird. Wenn demnach die Moleculenreihe unserer obigen Voraussetzung gemäss nach dem n^{ten} Elemente ein Ende hat, so ergibt sich der Magnetismus der unmittelbar vorausgehenden Elemente wie folgt:

n^{tes} Element $\quad K\mu(q^{n-r} - q^{n-r+2})$
$(n-1^{tes})$ Element $\quad K\mu(q^{n-r-1} - q^{n-r+3})$
$(n-2^{tes})$ Element $\quad K\mu(q^{n-r-2} - q^{n-r+4})$.

Die abzuziehenden Zahlen kommen in dem Schema, wie man sieht, immer höher hinauf und fallen zuletzt über das erste Element hinaus; setzt man nun das Schema ohne die über das erste Element hinausfallenden Zahlen fort, so stellt sich wieder ein analoges Verhältniss heraus wie oben: die abzuziehenden Zahlen werden kleiner um den Betrag der Reihen, welche über das erste Element hinausfallen. Man muss also zu den nach der obigen Weise erhaltenen Ausdrücken diese Reihen addiren.

Im Ganzen ist demnach der Erfolg dieser: man setzt die Reihe ins Unendliche nach demselben Gesetze fort, geht aber nicht über den Raum, der zwischen dem 1ten und n^{ten} Element liegt, hinaus, sondern kehrt um, wenn man zum n^{ten} Gliede kommt, und schreibt die weitern Glieder rückwärts hinauf mit negativem Zeichen ($-$) bis man zum 1ten Elemente kommt, dann kehrt man wieder um und schreibt die weiteren Glieder abwärts mit positivem Zeichen ($+$) und so ins Unendliche fort.

Wir haben bisher nur den Theil des Schema in Betracht gezogen, der über das n^{te} Element hinausfällt; ganz dasselbe gilt nun auch für den Theil, der über das 1ste Element hinausfällt.

Stellt man hiernach die Glieder der Reihe zusammen, so erhält man für den Magnetismus, welchen das r^{te} Element in dem m^{ten} Elemente inducirt, folgenden Ausdruck:

$$K\mu \left\{ \begin{array}{l} q^{m-r} - q^{2n-m-r+2} + q^{2n+m-r+2} - q^{4n-m-r+4} + \ldots \\ - q^{m+r} \quad\quad + q^{2n-m+r+2} - q^{2n+r+m+2} + \ldots \end{array} \right\}$$

$$= \frac{K\mu}{1-q^{2n+2}} (q^{m-r} + q^{2n-m-r+2} - q^{2n-m-r+2} - q^{m+r})$$

$$= \frac{K\mu}{1-q^{2n+2}} (q^{-r} - q^r)(q^m - q^{2n-m+2}) \quad\quad 15).$$

Dieser Ausdruck gilt für den Fall, dass m grösser ist als r; ist m kleiner als r, so hat man

$$\frac{K\mu}{1-q^{2n+2}} (q^{r-m} + q^{2n+m-r+2} - q^{2n-m-r+2} - q^{m+r})$$

$$= \frac{K\mu}{1-q^{2n+2}} (q^{-m} - q^m)(q^r - q^{2n-r+2}) \ldots 16).$$

[1] Lamont. Jahresbericht d. Münchner Sternw. 1854. S. 35.

§. 34. Magnetismus einer geradlinigen Reihe von Moleculen.

Ist eine Reihe von Moleculen, wovon jedes ursprünglich eine gewisse Quantität Magnetismus erhalten hat, gegeben, so kann nach den Lehren des vorigen §. für jedes einzelne Molecul ermittelt werden, wie viel Magnetismus ihm durch Molecularinduction von jedem der übrigen zukommt; die Summe des selbstständigen und des zugekommenen Magnetismus ist der ganze effecti[ve] Magnetismus des Moleculs.

Der durch Induction in einem Molecul erzeugte Magnetismus wird [bei] Voraussetzung vollkommener Inductionsfähigkeit dem selbstständigen Magnetism[us] des erzeugenden Moleculs proportional sein; es folgt hieraus, dass, wenn a[lle] Molecule einer Reihe gleichen selbstständigen Magnetismus besitzen, der gan[ze] effective Magnetismus eines beliebigen Moleculs dem selbstständigen Magnetism[us] der Reihe proportional sein und in dem Verhältnisse zu- und abnehmen wi[rd,] wie man den selbstständigen Magnetismus vermehrt oder vermindert. Es fol[gt] ferner daraus, dass bei gleichem selbstständigen Magnetismus einer Reihe v[on] Moleculen das Gesetz, nach welchem der effective Magnetismus von ein[em] Ende zum andern zu- und abnimmt, von dem selbstständigen Magnetism[us] unabhängig sein wird.

Man nimmt an, dass bei Magneten, welche bis zur Sättigung magnetisi[rt] sind, jedes Molecul gleichen selbstständigen Magnetismus besitzt. Wird nach de[n] oben angedeuteten Grundsätzen der ganze effective Magnetismus der einzelne[n] Molecule berechnet, so gelangt man zu einem Ausdrucke, welcher für ein[e] Reihe von Moleculen ns Fig. 155 durch die Ordinaten der Curve aeb dargestel[lt]

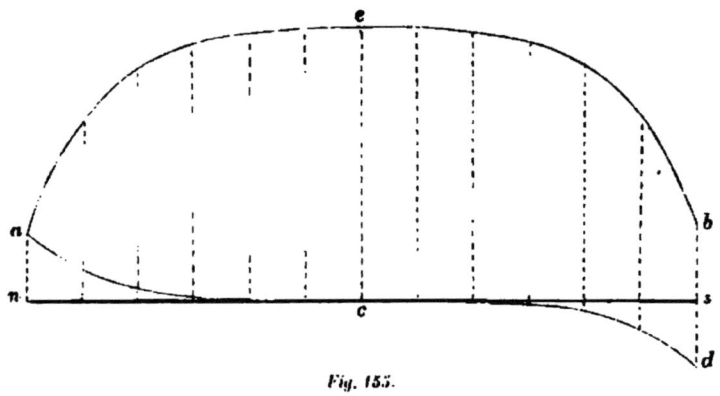

Fig. 155.

wird und wobei der gewaltige Einfluss der Induction durch die Erhebung d[er] Curve in der Mitte hervortritt.

In der Lehre des Magnetismus beschäftigt man sich fast ausschliessli[ch] mit dem Falle, wo alle Molecule gleichen oder nahe gleichen selbstständige[n] Magnetismus erhalten haben, und die in solchem Falle entstehende Vertheilu[ng] des Magnetismus ist als die normale Vertheilung zu bezeichnen. Man ka[nn] aber auch sowohl durch Streichen mit Magneten als auch durch den ga[l]vanischen Strom einer Reihe von Moleculen theilweise einen stärkern od[er] schwächern, theilweise sogar einen entgegengesetzten selbstständigen Magne[ne]tismus ertheilen. Hieraus entsteht eine abnorme Vertheilung, wovon späte[r] (§. 16) Beispiele aufgeführt werden sollen.

In einer Reihe von magnetisirten Moleculen stösst immer der Nordpol de[s] vorausgehenden Moleculs an den Südpol des nachfolgenden an. Es muss als[o,] wenn man die Anziehung oder Abstossung der Pole in der Ferne betrachte[t,] ein Pol die Wirkung des anstossenden theilweise aufheben, so dass nur die Differenz des Magnetismus der anstossenden Pole als wirksam hervortritt. Diese Differenz nennt man den **freien Magnetismus**, während die Menge des in einem Molecul ausgeschiedenen positiven und negativen Magnetismus, was oben effectiver Magnetismus genannt wurde, als **magnetische Spannung** bezeichnet wird. In der obigen Figur stellen die Ordinaten der Curve acd den freien Magnetismus dar (oberhalb der Abscissenlinie positiv, unterhalb negativ), und die Vergleichung mit der Spannungscurve aeb zeigt, wie wenig von dem entwickelten Magnetismus nach Aussen wirksam ist.

1. Den Durchmesser eines Moleculs wollen wir mit ε, den Magnetismus (die magnetische Spannung) des m^{ten} Moleculs mit M_m, den freien Magnetismus in der Entfernung $m\varepsilon$ vom Ende mit U_m bezeichnen, wobei zu erinnern ist, dass die Werthe von M_m von M_1 bis M_n, die Werthe U_m dagegen von U_0 bis U_n sich erstrecken. Fängt man die Zählung an vom Ende, wo der Nordpol liegt, und wird der nördliche Magnetismus als positiv betrachtet, so hat man für die Enden $U_0 = M_1$ und $U_n = -M_n$, zwischen den Enden aber

$$U_m = M_{m+1} - M_m \qquad 1)$$

und das magnetische Moment

$$\int_0^n m\varepsilon\, U_m = \int_1^n \varepsilon\, M_m \qquad 2).$$

Bei der weitern Anwendung dieser Formeln werden wir stets den Durchmesser eines Moleculs ε als Einheit annehmen.

Ist das erste Molecul allein magnetisirt, so hat man

$$M_m = \frac{K\mu(1-q^2)}{1-q^{2n+2}}\left[q^{m-1} - q^{2n-m+1}\right] \qquad 3).$$

$$U_0 = K\mu(1-q^2)\frac{1-q^{2n}}{1-q^{2n+2}}, \quad U_n = -K\mu(1-q^2)^2\frac{q^{n-1}}{1-q^{2n+2}},$$

$$U_m = -K\mu(1+q)(1-q^2)\frac{q^{m-1}+q^{2n-m}}{1-q^{2n+2}}.$$

woraus hervorgeht, dass positiver freier Magnetismus nur am äussern Ende des ersten Moleculs, sonst in der ganzen Länge der Reihe durchaus negativer Magnetismus sich zeigt. Das magnetische Moment ist

$$= \frac{K\mu(1-q^2)}{1-q^{2n+2}}\left(\frac{1-q^n}{1-q}\right)(1-q^{n+1}) = \frac{K\mu(1+q)}{1+q^{n+1}}(1-q^n) \qquad 4).$$

Ist (bei ungerader Anzahl der Molecule) das mittlere Molecul allein magnetisirt, so erhält man für das m^{te} Molecul in der ersten Hälfte den Magnetismus

$$\frac{K\mu}{1-q^{2n+2}}\left(q^{\frac{n-1}{2}+1-m} + q^{2n+m-\frac{n-1}{2}+2} - q^{2n-m-\frac{n-1}{2}-1+2} - q^{m+\frac{n-1}{2}+1}\right)$$

$$= \frac{K\mu}{1+q^{n+1}}q^{\frac{n+1}{2}}(q^{-m} - q^m) \qquad 5)$$

und nach ähnlicher Entwickelung in der zweiten Hälfte den Magnetismus

$$\frac{K\mu}{1+q^{n+1}} q^{-\frac{n+1}{2}} (q^m - q^{2n+2-m})$$

Für das mittlere Molecul selbst hat man

$$K\mu \frac{1-q^{n+1}}{1+q^{n+1}}$$

Das magnetische Moment ist

$$\frac{K\mu}{1+q^{n+1}} \frac{\left(1-q^{\frac{n+1}{2}}\right)(1+q)}{1-q}$$

Haben sämmtliche Molecule der Reihe gleichen selbstständigen Magnetismus μ, so findet man für das m^{te} Molecul

$$M_m = \frac{K\mu}{1-q^{2n+2}} (q^{m-1} + q^{m-2} + q^{m-3} + $$
$$+ q^1 + q^0 + q^1 + q^2 \quad + q^{n-m})$$
$$+ \frac{K\mu}{1-q^{2n+2}} (q^{2n-m+3} + q^{2n-m+4} $$
$$+ q^{2n+1} + q^{2n+2} + q^{2n+1} + q^{2n} \ldots q^{n+m})$$
$$- \frac{K\mu}{1-q^{2n+2}} (q^{2n-m+1} + q^{2n-m} + q^{2n-m-1} + \quad q^{n-m+}$$
$$- \frac{K\mu}{1-q^{2n+2}} (q^{m+1} + q^{m+2} \quad q^{n+m})$$

oder wenn man die Reihen summirt

$$M_m = \frac{K\mu(1+q)}{1-q} \left\{ 1 - \frac{q^m + q^{n-m+1}}{1+q^{n+1}} \right\}.$$

Daraus ergibt sich ferner

$$U_m = \frac{K\mu(1+q)}{1+q^{n+1}} (q^m - q^{n-m})$$

Das magnetische Moment ist

$$= \frac{2K\mu(1+q)}{1-q} \left(n - 2q \frac{1-q^n}{(1-q)(1+q^{n+1})} \right)$$
$$= \frac{2\mu}{1-2a} \left(n - \frac{2q}{1-q} \frac{1-q^n}{1+q^{n+1}} \right)$$

Da in diesen Ausdrücken μ blos als Factor vorkommt, so ist das Gesetz nach welchem der effective Magnetismus der Molecule von den Enden bis zur Mitte zunimmt, von dem selbstständigen Magnetismus unabhängig.

2. Die Bedingung, dass alle Molecule einer Reihe gleichen selbstständigen Magnetismus erhalten, kann man mittelst des galvanischen Stromes leicht erfüllen, da nur eine lange Spirale (§. 18, 4) dazu erfordert wird. Beim Streichen mit dem Pole eines Magnets wird die Wirkung des Poles durch die Induction an verschiedenen Stellen verschieden verstärkt, und da der zurückbleibende selbstständige Magnetismus eines Moleculs ein bestimmter aliquoter Theil des durch

Pol erregten Magnetismus sein wird, so lässt sich bei vollkommener Inductionsfähigkeit der selbstständige Magnetismus der Molecule nicht gleich stark machen.

Handelt es sich dagegen um Molecule, die eine Magnetisirungsgrenze haben, wie sie in der Natur vorkommen, und gebraucht man einen Magnetpol, welcher das Maximum des Magnetismus hervorzurufen, d. h. bis zur Sättigung zu magnetisiren im Stande ist, so wird der zurückbleibende selbstständige Magnetismus bei allen Molecülen gleich sein. Da der zurückbleibende Magnetismus von der Magnetisirungsgrenze noch sehr weit entfernt ist, so kann die Molecularinduction berechnet werden wie oben, und die gefundenen Ausdrücke werden die Vertheilung des Magnetismus darstellen.

3. Wie sich bei unvollkommener Inductionsfähigkeit der Molecule der Magnetismus einer Reihe gestalten wird, lässt sich nach den obigen Grundsätzen, besonders wenn die inducirende Kraft beträchtlich ist, wegen endloser Verwickelung der Rechnungen nicht darstellen. Nur so viel lässt sich folgern, dass, je näher man, etwa unter Anwendung des galvanischen Stromes, der Magnetisirungsgrenze kommt, um so mehr die mittlern Molecule der Gleichheit sich nähern werden, und da der freie Magnetismus dem Unterschiede der anstossenden Pole gleich ist, so wird der freie Magnetismus, von der Mitte anfangend, immer weiter hinaus verschwinden, so dass zuletzt, wenn die Magnetisirungsgrenze erreicht ist, blos mehr an den Endpunkten freier Magnetismus vorkommt.

Aus dem Obigen ist auch ersichtlich, dass, da nicht die Stärke, sondern die Ungleichheit der anstossenden Pole den freien Magnetismus bedingt, von zwei Reihen von Molecülen, wovon die eine mehr, die andere weniger wirklichen Magnetismus besitzt, möglicherweise die erstere weniger und die letztere mehr freien Magnetismus haben kann. Um den freien Magnetismus möglichst stark zu machen, muss bewirkt werden, dass gegen die Enden eine schnelle Abnahme des Magnetismus der Molecule stattfinde.

§. 35. **Magnetismus einer krummlinigen Reihe von Moleculen.**

Wenn die Berührung der Molecule nicht an den Polen, wie wir bisher vorausgesetzt haben, sondern seitwärts von den Polen stattfindet, d. h. wenn die Reihe der Molecule nicht eine gerade, sondern eine kreisförmige oder sonst gekrümmte Linie bildet, so wird die Molecularinduction (§. 32) etwas geringer ausfallen; so lange indessen der Krümmungsradius nicht sehr klein ist im Verhältniss zu der Grösse der Molecule, so wird der Unterschied kaum wahrnehmbar sein. Da nun alle Krümmungen, die in Eisen- oder Stahlstäben vorkommen können, doch noch im Verhältniss zu den Molecülen einen sehr grossen Radius haben werden, so können wir bei kreisförmigen Reihen dieselben Lehrsätze wie bei geradlinigen anwenden.

Bilden die Molecule einen geschlossenen Kreis, und war der selbstständige Magnetismus bei allen Molecülen gleich, so wird auch die Molecularinduction bei allen Molecülen gleich sein. Bei gleicher ursprünglicher Magnetisirung der Molecule wird die Induction in einem geschlossenen Kreise viel stärker sein, als in einer geradlinigen Reihe, dagegen ist in einem solchen Kreise gar kein freier Magnetismus vorhanden und eine Fernwirkung findet nicht statt.

1. Bei der bisherigen Rechnung war vorausgesetzt, dass der Pol des inducirenden Moleculs das nächste Molecul berühre; findet die Berührung nicht an dem Pole, sondern an einem andern Punkte der Oberfläche, dessen Winkelabstand vom

Pole wir $=q$ setzen wollen, statt, so ist nach S. 180 die inducirende Kraft nicht μ, sondern $\mu \cos q$. Die ganze, durch Induction hervorgerufene Kraft wird demnach im Verhältnisse von $\cos \varphi$ vermindert.

Hat man eine Reihe von Moleculen (*Fig. 156*), welche einen Kreisbogen bilden und deren Pole senkrecht auf dem Halbmesser stehen, so wird der Berührungspunkt d der Molecule A und B von dem Pole a um den Winkel $abd = bcd$ entfernt sein, und in diesem Falle hat man, wenn der Halbmesser des Kreises bc mit r und der Durchmesser des Molecüls mit ε bezeichnet wird, den Inductionscoefficienten nicht $= a$, sondern

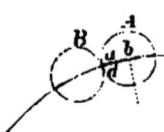

$$= a \cos bcd = a \frac{r}{\sqrt{r^2 + \frac{1}{4}\varepsilon^2}} = a\left(1 - \frac{1}{8}\frac{\varepsilon^2}{r^2}\right) \qquad 1)$$

Fig. 156.

zu setzen. Man sieht, dass jede Abweichung von der geraden Linie eine Verminderung des Magnetismus zur Folge haben muss; gleichwohl ist es bei dem ausserordentlich geringen Betrage der Grösse ε nicht wohl zu erwarten, dass in der Wirklichkeit ein Fall vorkommen könne, wo die Verminderung wahrnehmbar wäre.

Demnach wollen wir im Folgenden für Reihen von Moleculen, die eine Curve bilden, die Induction ganz auf gleiche Weise berechnen, wie es im vorigen §. für geradlinige Reihen geschehen ist. Zunächst betrachten wir einen Kreis $APQB$ *Fig. 157*, in welchem n Molecule enthalten sind und das Molecul P den selbstständigen Magnetismus μ, alle übrigen Molecule aber keinen selbstständigen Magnetismus haben. Soll die Induction bestimmt werden, welche durch P in einem Molecul Q erzeugt wird, und geht die Zählung der Molecule von A an, so dass P das r^{te} und Q das m^{te} Molecul sei, so entsteht zunächst in Q der Magnetismus

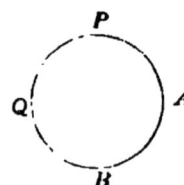

$$K \mu q^{m-r}.$$

Fig. 157.

Dieser Magnetismus inducirt weiter hin gegen B, und die Induction kommt, nachdem sie über BAP sich verbreitet hat, zum zweiten Male nach Q, wo sie den Magnetismus

$$K \mu q^{n+m-r}$$

erzeugen wird; dann setzt sich die Induction in gleicher Weise fort und kommt zum dritten Male nach Q, und so wiederholt sich derselbe Vorgang ins Unendliche. Von P aus geht die Wirkung der Induction aber auch über A, B und gelangt nach Q, so dass eine zweite unendliche Reihe von Gliedern entsteht, ganz der ersten Reihe analog. Werden die Bezeichnungen des vorigen §. beibehalten, so hat man demnach

$$M_m = K\mu q^{m-r} + K\mu q^{n+m-r} + K\mu q^{2n+m-r} + \\ + K\mu q^{n-m+r} + K\mu q^{2n-m+r} + K\mu q^{3n-m+r}$$

oder durch Summation der Reihen

$$M_m = \frac{K\mu}{1-q^n}\left(q^{m-r} + q^{n-m+r}\right) \qquad 2)$$

und wenn r grösser ist als m, so nimmt diese Gleichung die Form an

$$M_m = \frac{K\mu}{1-q^n}\left(q^{r-m} + q^{n-r+m}\right) \qquad 3)$$

Haben die Molecule von 1 bis s selbstständigen Magnetismus, und zwar das erste Molecul den Magnetismus $= \mu_1$, das zweite $= \mu_2$ u. s. w., so hat man für das Molecul m den Magnetismus

$$M_m = \frac{K}{1-q^n}[\mu_1(q^{m-1}+q^{n-m+1}) + \mu_2(q^{m-2}+q^{n-m+2}) + \mu_3(q^{m-3}+q^{n-m+3})] \quad 4).$$

Nehmen wir an, es sei der selbstständige Magnetismus der Molecule von 1 bis s gleich gross und $= \mu$, so erhält diese Gleichung die Form

$$M_m = \frac{K\mu(1-q^s)}{(1-q)(1-q^n)}(q^{m-s}+q^{n-m+1}) \quad 5),$$

so ferne m grösser ist als s; ist aber m kleiner als s, so ergibt sich

$$M_m = K\mu\frac{1+q}{1-q} - \frac{K\mu(1-q^{n-s})}{(1-q)(1-q^n)}(q^{s-m+1}+q^m) \quad 6).$$

Für den freien Magnetismus hat man im ersten Falle

$$U_m = \frac{K\mu(1-q^s)}{(1-q^n)}(q^{n-m}-q^{m-s}) \quad 7)$$

und im zweiten Falle

$$U_m = \frac{K\mu(1-q^{n-s})}{(1-q^n)}(q^m - q^{s-m}) \quad 8).$$

Aus 5) und 6) folgt, dass die magnetische Spannung am kleinsten ist und

$$= \frac{K\mu(1+q)(1-q^s)}{(1-q)(1-q^n)} q^{\frac{n-s}{2}}$$

für das mittlere der nicht magnetisirten Molecule und am grössten und

$$= K\mu\frac{1+q}{1-q} - \frac{2K\mu(1-q^{n-s})}{(1-q)(1-q^n)} q^{\frac{s+1}{2}}$$

für das mittlere der magnetisirten Molecule; zugleich geht aus 7) und 8) hervor, dass für diese Molecule der freie Magnetismus verschwindet. Wenn demnach ein Theil von einem Ringe magnetisirt wird, so entstehen zwei Indifferenzpunkte, die um den halben Umfang von einander abstehen, und die eine Ringhälfte zeigt freien nördlichen, die andere freien südlichen Magnetismus.

Haben alle Molecule gleichen selbstständigen Magnetismus, so ergibt sich aus 7) und 8)

$$M_m = K\mu \cdot \frac{1+q}{1-q}, \quad \text{und} \quad U_m = 0.$$

d. h. der freie Magnetismus verschwindet ganz und die magnetische Spannung aller Molecule ist gleich und unabhängig von ihrer Anzahl, was leicht *a priori* als nothwendig erkannt wird. In diesem Falle äussert die Induction ihre stärkste Wirkung, und zwar ist die Wirkung ebenso gross, wie in der Mitte einer unendlich langen geradlinigen Reihe von Molecülen, wie sich sogleich aus der Gleichung 9) des vorigen §. ergibt, wenn man m und $n = \infty$ setzt. Da nämlich q kleiner ist als die Einheit, so wird q in der Potenz ∞ gleich Null sein.

Die bisher entwickelten Ausdrücke beziehen sich zwar zunächst auf eine kreisförmige Reihe von Moleculen, da sie aber von der Kreisform unabhängig sind, so gelten sie für jede geschlossene Reihe.

§. 36. Magnetismus zweier Reihen von Moleculen.

Besonderes Interesse hat die Untersuchung des magnetischen Zustandes, der eintritt, wenn zwei Reihen von Moleculen einander genähert werden oder sich berühren, hauptsächlich desshalb, weil darauf die Theorie der Anker zu begründen ist.

Wenn zwei geradlinige Reihen von Moleculen *Fig. 158* einander genähert werden, so tritt eine gegenseitige Induction ein, deren Erfolg darin besteht, dass das Molecul B in A' und das Molecul A' in B neuen Magnetismus hervorruft, und dieser Magnetismus in den anstossenden Moleculen von A' bis B' und von B bis A in der §. 33 erklärten Weise seine Wirkung ausbreitet. Es ist oben der Fall behandelt worden, wo in einer Reihe von Moleculen das erste allein als selbstständigen Magnetismus enthaltend angenommen wurde, und die Rechnung hat gezeigt, dass hier vom ersten Molecül bis zum Ende der Reihe die magnetische Spannung allmählig abnimmt, der freie Magnetismus aber seinen Indifferenzpunkt in der Mitte des ersten Moleculs hat, also die ganze Reihe gleiche Polarität und nur das Ende des ersten Moleculs die entgegengesetzte Polarität zeigen muss. Dieser Fall findet vollkommene Anwendung, wenn die zwei geradlinigen Reihen von Moleculen AB und $A'B'$ einander genähert werden. Der Erfolg ist nämlich gleichbedeutend mit einer neuen Magnetisirung der Molecule B und A', und der nach dem eben bezeichneten Gesetze neu in beiden Reihen hervorgerufene Magnetismus addirt sich zu dem bereits darin vorhandenen.

Werden die beiden Reihen zur Berührung gebracht, so findet eine gegenseitige Anziehung der anstossenden Molecule B und A' statt, und um sie wieder zu trennen, muss eine Kraft angewendet werden, welche dem Producte der Magnetismen dieser beiden Molecule proportional ist. Hat die Reihe $A'B'$ vor der Vereinigung keinen Magnetismus gehabt, so wird die Kraft dem Quadrate des Magnetismus von B proportional sein.

Handelt es sich um zwei halbkreisförmige Reihen von Moleculen, AB und $A'B'$. *Fig. 159*, so hat man die Bestimmung des Magnetismus nach denselben Regeln vorzunehmen, und es tritt nur der Unterschied ein, dass die an beiden Enden einer jeden Reihe befindlichen Molecule neuen Magnetismus erhalten, der sich dann über die ganze Reihe ausbreitet. Den obigen Angaben zufolge wird der auf solche Weise neu hinzukommende Magnetismus von A' bis B' und von B' bis A', dann von B bis A und von A bis B abnehmen, also in der Mitte zwischen A' und B', dann zwischen A und B ein Minimum entstehen. In den Punkten, wo das Minimum eintritt, muss der freie Magnetismus gänzlich verschwinden, und von diesen Indifferenzpunkten ausgehend, wird man in der einen Hälfte einer jeden Reihe positiven freien

Magnetismus, in der andern negativen freien Magnetismus antreffen mit Ausnahme der Endpunkte, wo plötzlich ein Uebergang in den entgegengesetzten Magnetismus stattfindet. Diess alles bezieht sich auf die durch die Annäherung entstehende Induction, welche zu dem ursprünglich vorhandenen Magnetismus hinzuzufügen ist, wenn der ganze Magnetismus bestimmt werden soll.

In den gewöhnlich vorkommenden Fällen werden die Endmolecule A und B, dann A' und B' gleich starken Magnetismus haben, und wenn es demnach um die Anziehung der beiden Reihen sich handelt, so wird diese dem Producte der Magnetismen von A und B' oder B und A' proportional sein. Ist nur die eine Reihe magnetisirt, so wird sie auf die andere eine dem Quadrat des Magnetismus der Endmolecule proportionale Anziehung ausüben.

1. Wenn zwei geradlinige Reihen von Moleculen AB und $A'B'$ Fig. 158 einander so nahe stehen, dass nur mehr ein kleiner Zwischenraum sie trennt, so wird die Bestimmung des Magnetismus in folgender Weise ausgeführt.

Durch den Magnetismus M' des Moleculs A' wird unmittelbar in B der Magnetismus

$$c M'$$

hervorgerufen. Dieser Magnetismus erzeugt in dem m^{ten} Molecul der Reihe AB, die aus n Moleculen bestehen soll, nach Gleichung 3) §. 34, wenn man den Werth von K aus Gleichung 4) §. 33 substituirt, den Magnetismus

$$c M' (1 + q^2) \frac{q^{m-1} - q^{2n-m+1}}{1 - q^{2n+2}} = M'P \qquad 1)$$

und in dem ersten Molecul A den Magnetismus

$$c M' (1 + q^2) \frac{1 - q^{2n}}{1 - q^{2n+2}} = M'Q \qquad 2),$$

wofür in den gewöhnlichsten Fällen

$$c M' (1 + q^2) = M'Q \qquad 3)$$

substituirt werden kann, da der Zähler und Nenner des Bruches einander sehr nahe gleich sein müssen.

Bezeichnet man mit P' und Q' die Werthe, welche P und Q für die aus s Molecülen bestehende Reihe $A'B'$, d. h. durch Substitution von s, q', c' anstatt n, q, c erhalten, so wird der Magnetismus $M'Q$ in dem m^{ten} Molecul der Reihe $A'B'$ den Magnetismus

$$M'Q P'$$

und in dem Endpunkte A' den Magnetismus

$$M'Q Q'$$

hervorrufen. Verfährt man demnach hier wie §. 33, 1 geschehen ist, so erhält man für das Molecul m der Reihe AB eine Vermehrung von

$$M'P + MQ'P + MQQ'P + MQQ'^2 P + \ldots = \frac{M' + MQ'}{1 - QQ'} P \qquad 4)$$

für das Molecul m der Reihe $A'B'$ eine Vermehrung von

$$MP' + M'Q P' + MQQ'P' + M'Q^2 Q'P' + \ldots = \frac{M + M'Q}{1 - QQ'} P' \qquad 5).$$

Ein gleiches Verfahren, ergibt für die Endmolecule B und A' den Magneti

$$\frac{M + M'Q}{1 - QQ'}, \quad \frac{M' + MQ'}{1 - QQ'}$$

Bezeichnet man die magnetischen Momente, welche AB und $A'B'$ für sich haben, mit (M) und (M'), so erhält man nach der Annäherung die Momente

$$(M) + cM' \frac{1+q^2}{1-q} \frac{1-q^n}{1-q^{n+1}} \frac{M' + MQ}{1 - QQ'}$$

$$(M') + c'M \frac{1+q'^2}{1-q'} \frac{1-q'^s}{1+q'^{s+1}} \frac{M + M'Q'}{1 - QQ'}$$

Nähert man zwei gleiche Reihen von Moleculen, während sie durch die Kraft magnetisirt sind (z. B. in einer sehr langen Magnetisirungsspirale sich finden), so übertrifft das Moment der combinirten Reihen (wenn man $Q =$ setzt und die Exponentialgrössen durch M nach 9) §. 34 ausdrückt) die Su der einzelnen Momente um

$$2 \frac{1-q^2}{1+q^2} \frac{M^2}{\mu^2} \frac{c}{1+cN}$$

ein Ausdruck, der benützt werden kann, um die Abhängigkeit der Grösse c der Entfernung zu bestimmen.

Aus 5) erhält man die Kraft, womit die beiden Reihen sich anziehen

$$= \frac{(M + M'Q)(M' + MQ')}{(1 - QQ')^2}$$

Ist nur die erste Reihe magnetisirt, also $M' = 0$, so hat man die Anzie

$$= \frac{M^2 Q'}{1 - QQ'}.$$

Zwei gleiche Reihen von Moleculen, in derselben Magnetisirungsspirale ein genähert, ziehen sich an mit der Kraft

$$M^2 \frac{1+Q}{1-Q}$$

Die Ausdrücke 9) 10) 11) zeigen, dass, in so ferne für Q der aus 3) he gebende Werth substituirt werden kann, die Anziehung von der Länge der zogenen Reihe unabhängig ist, also kürzere und längere Reihen mit derselben angezogen werden.

Hinsichtlich der kreisförmigen Reihen wollen wir uns auf die Anziehung beschränken und dabei voraussetzen, dass in *Fig. 159.* die Reihe AB aus n Reihe $A'B'$ aus s Moleculen bestehe und für erstere Reihe die Inductionsconstanten I für letztere K', c', q', gelten; ferner nehmen wir an, dass der Magnetismus in Endmoleculen A und B gleich stark und $= M$, dann in A' und B' ebenfalls gleich und $= M'$ sei. Hiernach können wir die obigen Ausdrücke 1) 2) und 3) mittelbar benützen, und der Magnetismus von A' wird in A die Vermehrung und in B nach 1) die Vermehrung

$$cM'(1+q^2)\frac{q^{n-1} - q^{n+1}}{1 - q^{2n+2}} = cM'(1-q^4)\frac{q^{n-1}}{1 - q^{2n+2}} = M'R$$

hervorrufen, welche Grösse jedoch innerhalb der Grenzen, welche man für q und n annehmen muss, nothwendig klein ausfallen wird, und desshalb gewöhnlich vernachlässigt werden kann. Da der Magnetismus von B' gleiche Wirkung erzeugt, so wird im Ganzen durch den Magnetismus der Reihe $A'B'$ in beiden Enden der Reihe AB der Magnetismus um

$$M'(Q+R)$$

vermehrt werden. Man sieht leicht ein, dass die weitere Entwickelung gerade so sich gestalten wird, wie oben bei zwei geradlinigen Reihen, mit dem einzigen Unterschiede, dass $Q+R$ für Q und $Q'+R'$ für Q' in 5) substituirt werden muss, so dass der durch gegenseitige Induction vermehrte Magnetismus bei den Endmoleculen A und B

$$\frac{M + M'(Q+R)}{1 - (Q+R)(Q'+R')} \qquad 13)$$

und bei den Endmoleculen A' und B'

$$\frac{M' + M(Q'+R')}{1 - (Q+R)(Q'+R')} \qquad 14)$$

betragen wird, wo man den oben angegebenen Werthen zufolge

$$Q+R = c(1+q^2)\frac{1+q^{n-1}}{1+q^{n+1}} \quad \text{und} \quad Q'+R' = c'(1+q'^2)\frac{1+q'^{s-1}}{1+q'^{s+1}} \ldots 15)$$

zu setzen hat. Die Anziehung der beiden Reihen wird durch das doppelte Product der Ausdrücke 13) und 14) dargestellt, und wenn, wie oben bei der Gleichung 12) bemerkt wurde, R und R' vernachlässigt werden können, so ergibt sich, dass die Pole kreisförmiger Reihen sich mit derselben Kraft anziehen, wie wenn die Reihen geradlinig wären.

Die Hauptaufgabe, die hier vorkommt, besteht darin, die Anziehung zu bestimmen, welche durch eine Reihe A Fig. 160 von n magnetisirten Moleculen auf eine Reihe B von s nicht magnetisirten Moleculen ausgeübt wird, wenn die Inductionsfähigkeit verschieden ist. Werden die obigen Bezeichnungen beibehalten und sind die Reihen in Berührung, so hat nach §. 33 Gleichung 14)

$$c = a = \frac{q}{1+q^2}, \quad c' = a' = \frac{q'}{1+q'^2},$$

Fig. 160.

mithin die Anziehung

$$= AM^2 q' \frac{(1+q^{n+1})^2 (1+q'^{s-1})(1+q'^{s+1})}{[(1-qq')(1-q^n q'^s) - (q'-q)(q^n - q'^s)]^2},$$

wo A eine Constante bedeutet. Da die einzelnen Factoren, aus welchen der Nenner besteht, klein sein werden, so kann die Anziehung je nach der Inductionsfähigkeit und der Anzahl der Molecule sehr verschieden ausfallen. Haben beide Reihen gleiche Inductionsfähigkeit, so ist die Anziehung

$$= AM^2 q \frac{(1+q^{n+1})^2 (1+q^{s-1})(1+q^{s+1})}{(1-q^2)^2 (1-q^{n+s})^2}$$

ein Ausdruck, zu welchem man unmittelbar durch Benützung der Gleichungen 5) und 6) des vorigen §. gelangen kann.

Soll die Anziehung bei verschiedener Entfernung der Endmolecule von einander bestimmt werden, so erhält man eine Gleichung von der Form

$$\frac{C M^2 c'}{(1 - N c c')^2},$$

wo C und N Constanten sind und N wenig von der Einheit abweicht. Hieraus ersieht man, dass die Anziehung bei zunehmender Entfernung in einem **stärkern Verhältnisse als die Induction** abnimmt.

§. 37. Uebergang auf den Magnetismus eines Körpers von beliebiger Form.

Die Betrachtungen, welche in dem vorhergehenden §. bezüglich auf Reihen magnetischer Molecule angestellt worden sind, haben den Zweck, die Gesetze des Magnetismus in ihrer einfachsten Gestalt darzustellen, und wir müssen nun wo möglich suchen, die Magnetisirung der Körper auf diese Gesetze zurückzuführen.

Im Innern eines Körpers steht jedes Molecul mit mehreren andern in Berührung, und bei allen sich berührenden Moleculen geht eine Induction vor sich; da aber eine vollkommen regelmässige Schichtung nicht vorausgesetzt werden darf, so werden die Molecule bald etwas mehr, bald etwas weniger Magnetismus erhalten, als sie eigentlich haben sollten, je nach den Zufälligkeiten, die hinsichtlich der Umgebung eintreten.

Wir müssen demnach auf die Betrachtung der einzelnen Molecule gänzlich verzichten und mit **mittleren Wirkungen**, d. h. mit Wirkungen, die im Mittel bei einer grösseren Anzahl von Moleculen zu Stande kommen, uns befassen.

Denken wir uns daher einen Körper in eine unendliche Anzahl kleiner Elemente zerlegt, wovon jedes eine grosse Menge von Moleculen umfasst, so können wir auf diese Elemente, in so ferne für die Constanten diejenigen Werthe, welche **im Mittel** den Moleculen eines Elements entsprechen, angenommen werden, die Sätze anwenden, welche oben für Molecule nachgewiesen worden sind. Es ist hierbei nur der Unterschied hervorzuheben, dass die Molecule wenige Berührungspunkte haben, wo die Induction sich fortpflanzt, die Elemente aber an allen Punkten sich berühren, also auch die Induction nach allen Richtungen sich verbreitet.

Die Sätze, welche bei dem Magnetismus der Körper in Anwendung kommen, können folgendermaassen ausgedrückt werden:

1) Jedes Element eines Körpers erhält durch eine darauf einwirkende magnetische Kraft eine Axe in der Richtung der Kraft und eine Intensität des Magnetismus, proportional mit der wirkenden Kraft und der Anzahl von Moleculen, welche das Element umfasst.

2) Die Induction verbreitet sich im Innern eines Körpers nach allen Richtungen proportional mit dem Cosinus des Winkels, den jede Richtung mit der magnetischen Axe macht.

In Folge dieses letztern Umstandes wird im Allgemeinen in einem magnetischen Körper nach allen Richtungen ein magnetisches Moment entstehen; will man demnach den magnetischen Zustand eines Körpers vollständig bestimmen, so ist es am zweckmässigsten, drei rechtwinklige Coordinatenaxen anzunehmen und nach den drei Axen das magnetische Moment zu berechnen.

Eine allgemeine mathematische Behandlung dieses Problems bietet jedoch unübersteigliche Hindernisse dar und nur für dünne prismatische Stäbe kann die Vertheilung des Magnetismus bestimmt werden, wobei man zu Ausdrücken gelangt, die blos der Form nach von denen, die wir oben schon für eine Reihe von Moleculen erhalten haben, sich unterscheiden.

Zur Bestimmung der Vertheilung des Magnetismus an den verschiedenen Querschnitten eines Magnets giebt die vorhergehende Theorie keine sichern Anhaltspunkte, jedoch kann man über einzelne Verhältnisse dadurch sich Auskunft verschaffen, dass man einen Magnetstab als zusammengesetzt aus Linearmagneten sich denkt. Betrachten wir die Seitenfläche AB Fig. 161, so verliert nach §. 20, 6 jeder von den Linearmagneten 1, 2, 3, 4 einen Theil seiner Kraft durch das Zusammenbringen des gleichnamigen Magnetismus; der Verlust wird aber bei 2 und 3 grösser sein, als bei 1 und 4, weil erstere auf beiden Seiten, letztere nur auf einer Seite eine Verminderung erleiden. Hieraus folgt, dass auf jeder Fläche eines Magnetstabes der Magnetismus an den Kanten am stärksten ist und gegen die Mitte abnimmt. Betrachtet man die Endfläche $abcd$, so tritt eine Verminderung ein von a und b gegen C, dann von c und d gegen C, so dass von der Mitte C aus der Magnetismus nach allen Richtungen zunimmt.

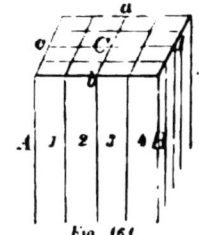

Fig. 161.

Fände beim Zusammenlegen von Linearmagneten keine gegenseitige Schwächung statt, so würde das magnetische Moment eines Bündels von solchen Magneten ihrer Anzahl proportional sein; in welchem Maasse durch das Zusammenlegen die Kraft vermindert wird, lässt sich durch den Calcul nur in den einfachsten Fällen ermitteln, jedoch zeigt die Erfahrung, dass das magnetische Moment eines Bündels ziemlich nahe wie die Quadratwurzel aus der Zahl der Linearmagnete, oder das magnetische Moment eines Stabes wie die Quadratwurzel aus dem Querschnitte sich verhält.

Was die Anziehung eines prismatischen Stückes von weichem Eisen durch einen Magnetstab oder eines Ankers durch einen Hufeisenmagnet betrifft, so führen die bisher entwickelten Grundsätze zu folgenden Bestimmungen:

1) die Anziehung ist gleich gross, ob das Eisen länger oder kürzer ist; nur ganz kurze Eisenstücke machen eine Ausnahme;

2) die Anziehung nimmt zu wie das Quadrat der Stärke der magnetischen Pole, welche das Eisen berührt,

3) die Anziehung ist um so grösser, je grösser die Inductionsfähigkeit des Magnets und des Eisens ist,

4) die Anziehung hängt mehr von der vollkommenen Berührung, als von der Grösse der berührenden Flächen ab; indessen kann als Regel angenommen werden, dass ein normaler Anker denselben Querschnitt haben soll, wie der Magnet, und dass, wenn man den Querschnitt des Ankers

kleiner macht, sich die Anziehung vermindert, wenn man ihn aber grösser macht, die Anziehung nicht vermehrt wird.

Die vorhergehenden Grundsätze stimmen mit der Erfahrung im Allgemeinen sehr gut überein und erklären insbesondere, wie es kommt, dass ein Elektromagnet, der mehr Inductionsfähigkeit hat als ein Stahlmagnet, auch grössere Tragkraft besitzt. Eine sichere Prüfung durch die Erfahrung ist jedoch hier nicht auszuführen, da der Erfolg zu sehr von der Feinheit der berührenden Flächen und der mehr oder weniger vollkommenen Berührung abhängt.

1. Betrachten wir zuerst einen Linearmagnet, d. h. einen prismatischen Körper von so geringem Querschnitte, dass blos nach der Längenrichtung ein magnetisches Moment von erheblichem Betrage entstehen kann, und theilen wir ihn der Länge nach in eine grosse Anzahl von Elementen, so können diese Elemente mit einer Reihe von Molecülen verglichen werden, so dass die in §. 33 gefundenen Ausdrücke hier volle Anwendung finden, unter der Voraussetzung, dass die Zahl der Molecüle und der Durchmesser ε eines Molecüls durch Längenmaass ausgedrückt werden.

Will man eine beliebige Längeneinheit einführen, und wird $m\varepsilon = x$ gesetzt, so muss man anstatt q^m, schreiben $q^{\frac{1}{\varepsilon} m \varepsilon} = \left(q^{\frac{1}{\varepsilon}}\right)^x$. Nun ist aber $q^{\frac{1}{\varepsilon}}$ als eine neue Constante zu betrachten, von welcher wir blos wissen, dass sie kleiner ist, als die Einheit. Wir können demnach setzen

$$q^{\frac{1}{\varepsilon}} = c^{-k} \qquad 1).$$

wo c die Basis der natürlichen Logarithmen bezeichnet, und erhalten alsdann

$$q^m = c^{-kx} \qquad 2).$$

Die Constante K behalten wir bei: was aber die Gleichung $K = \dfrac{1+q^2}{1-q^2}$ betrifft, so ist sie hier von keiner Bedeutung, da ε zu eliminiren wäre und q durch c^{-k} nicht ausgedrückt werden kann, ohne den Werth von ε anzuwenden. Im Grunde geschieht auf solche Weise nichts anderes, als dass die Constanten q und ε beseitiget und dafür zwei neue und unabhängige Constanten k und K eingeführt werden.

Was die Grösse μ betrifft, so drückt sie den selbstständigen Magnetismus des Elements aus, welches in der Entfernung $r\varepsilon$ vom Ende des Magnets sich befindet, und kann, wenn $r\varepsilon = y$ gesetzt wird, durch Mdy ausgedrückt werden, wo M die Intensität des Magnetismus an dem Punkte y bedeutet und im Allgemeinen als eine Function von y betrachtet werden muss. Setzt man ferner $n\varepsilon = l$, so wird, nach §. 33 Gleichungen 14) und 15), der Magnetismus Mdy in dem Punkte x den Magnetismus

$$\frac{KMdy}{1-q^2 c^{-2kl}} (c^{ky} - c^{-ky})(c^{-kx} - q^2 c^{-k(2l-x)}) \qquad 3)$$

oder

$$\frac{KMdy}{1-q^2 c^{-2kl}} (c^{kx} - c^{-kx})(c^{-ky} - q^2 c^{-k(2l-y)}) \qquad 4)$$

erzeugen, und zwar gilt der erste Ausdruck, so lange x grösser ist als y, der letztere, so lange y grösser ist als x. Was die Grösse $q^2 = c^{-2k\varepsilon}$ betrifft, so wird sie, da ε unendlich klein ist, unendlich wenig von der Einheit sich unterscheiden, und es kann dafür die Einheit substituirt werden. Soll der Magnetismus bestimmt werden, den sämmtliche Elemente des Magnets in dem Punkte x erzeugen, so hat man den ersten Ausdruck von $y = 0$ bis $y = x$, und den zweiten von $y = x$ bis $y = l$ zu integriren und die beiden Integrale zu addiren. Da hiernach y im Resultate verschwindet, so kann man dafür irgend eine andere Variable, z. B. x substituiren. Zu integriren sind nun (nachdem x in der Function M, anstatt y gesetzt worden ist) die Ausdrücke

$$\int M c^{kx}\, dx \quad \text{und} \quad \int M c^{-kx}\, dx \qquad 5)$$

und bezeichnet man diese Integrale, von $x = 0$ bis $x = x$ genommen, mit Y und Y', dann von $x = 0$ bis $x = l$ genommen mit A und B, so wird $A - Y$ und $B - Y'$ den Werth derselben Ausdrücke zwischen den Grenzen $x = x$ und $x = l$ darstellen.

Diesem zufolge hat man für die magnetische Spannung V in der Entfernung x vom Ende folgende Gleichung:

$$V = K\left[c^{-kx} Y - c^{kx} Y' + (c^{-kx} - c^{kx})\frac{Ac^{-2kl} - B}{1 - c^{-2kl}}\right] \qquad 6).$$

Diese Gleichung gilt auch für den Fall, dass M eine discontinuirliche Function von x ist. Einfacher gelangt man zum Ziele, wenn M eine continuirliche Function ist, auf folgendem Wege.

Man setze

$$c^{-kx}\int_0^x M c^{kx}\, dx - c^{kx}\int_0^x M c^{-kx}\, dx = f(x) . \qquad 7).$$

bestimme dann $f(l)$, indem man l anstatt x substituirt, so hat man die magnetische Spannung

$$V = K\left[f(x) - \frac{c^{kx} - c^{-kx}}{c^{kl} - c^{-kl}} f(l)\right] \qquad 8).$$

Denkt man sich den Linearmagnet in Elemente von der Länge dx abgetheilt, so wird das Element, welches bis zum Punkte x reicht, die magnetische Spannung V, und das nächstfolgende Element die Spannung $V + \dfrac{dV}{dx} dx$ haben. Der Unterschied dazwischen $\dfrac{dV}{dx} dx$ ist der freie Magnetismus, welcher der Länge dx entspricht; da man aber gewohnt ist, den freien Magnetismus für die Einheit der Länge anzugeben, so muss das Resultat noch mit dx dividirt werden, d. h. man hat den freien Magnetismus U

$$= \frac{dV}{dx}$$

oder

$$U = -Kk\left[c^{-kx} Y + c^{kx} Y' + (c^{-kx} + c^{kx})\frac{Ac^{-kl} - Bc^{kl}}{c^{kl} - c^{-kl}}\right] \qquad 9).$$

2. Bei Anwendung dieser Formeln darf man nicht vergessen, dass sie nur eine Transformation der Formeln des §. 33 sind und gewissen Beschränkungen unterliegen. Für's Erste hat man zu beachten, dass im strengen Sinne x die Ordnungszahl der Molecule ausdrückt, und nicht von 0 bis l, sondern vom ersten bis zum letzten Molecul zu rechnen ist. Für's Zweite ist es eine Fiction, als sei

der Magnetismus an den beiden Endflächen des Elements dx angehäuft. Zwar entspricht die Fiction vollkommen, so lange man den freien Magnetismus betrachtet, in so ferne nur die Constanten richtig bestimmt werden, und desshalb ist die Formel 9) für U immer gültig; die Formeln 6) und 8) für V dagegen erfordern nicht blos eine entsprechende Bestimmung der Constanten, sondern sie geben einen völlig unrichtigen Werth der magnetischen Spannung für die Endpunkte, wenn man $x = 0$ und $x = l$ substituirt; es wird nämlich, wie eine einfache Betrachtung lehrt, in beiden Fällen $V = 0$. Um den richtigen Werth zu erhalten, muss man der obigen Bemerkung zufolge x als Anzahl der Moleküle betrachten und die Formel so transformiren, dass $k\varepsilon$ statt k, dagegen $\dfrac{x}{\varepsilon}$ anstatt x angesetzt werde. Für das eine Ende nimmt man dann $\dfrac{x}{\varepsilon} = 1$ und für das andere $\dfrac{x}{\varepsilon} = \dfrac{l}{\varepsilon} - 1$ und setzt (da ε unendlich klein ist) $e^{-k\varepsilon} = 1 - k\varepsilon$ und $e^{k\varepsilon} = 1 + k\varepsilon$.

3. Wenn es sich um die Wirkung eines Magnets in der Ferne handelt, so kann man entweder die magnetische Spannung oder den freien Magnetismus betrachten. Im ersten Falle ist das Drehungsmoment, welches der Magnet in der Entfernung e von seinem Endpunkte ausübt,

$$= \int \frac{2}{(e+x)^3} V\,dx. \qquad 10),$$

im zweiten Falle

$$= \int \frac{1}{(e+x)^2} U\,dx \qquad 11).$$

Die Identität der beiden Ausdrücke lässt sich leicht constatiren. Die partielle Integration des ersten Ausdruckes gibt zwischen den Grenzen $x = \tfrac{1}{2}\varepsilon$ und $x = l - \tfrac{1}{2}\varepsilon$

$$\frac{V'}{(e+\tfrac{1}{2}\varepsilon)^2} - \frac{V''}{(e+l-\tfrac{1}{2}\varepsilon)^2} + \int \frac{1}{(e+x)^2}\frac{dV}{dx}dx$$

$$= \frac{V'}{e^2} - \frac{V''}{(e+l)^2} + \int \frac{1}{(e+x)^2}\frac{dV}{dx}dx. \qquad 12)$$

wo V' und V'' die Werthe von V für die Endpunkte darstellen.

Die hier noch vorkommende Integration ist nur von $x = \tfrac{1}{2}\varepsilon$ bis $x = l - \tfrac{1}{2}\varepsilon$ auszudehnen. Nun ist aber das erste Glied der Werth des unter dem Integralzeichen stehenden Ausdruckes für $x = 0$, und das zweite Glied der Werth desselben Ausdruckes für $x = l$. Dehnt man also das Integral von $x = 0$ bis $x = l$ aus, so fallen die beiden ausserhalb des Integrals stehenden Glieder weg und die Gleichung wird identisch mit 11).

Die Betrachtung der obigen Ausdrücke lehrt, dass die magnetische Spannung von den Endpunkten anfangend, zunimmt, der freie Magnetismus dagegen abnimmt. Zwischen den Enden gibt es einen Punkt, wo der freie Magnetismus $= 0$ wird und den man den Indifferenzpunkt nennt. Man erhält ihn durch die Gleichung $U = 0$ oder $\dfrac{dV}{dx} = 0$, woraus zugleich zu ersehen ist, dass im Indifferenzpunkte die magnetische Spannung ein Maximum sein wird.

4. Hat der selbstständige Magnetismus M für die ganze Länge des Stabes einen constanten Werth, so erhält man

$$V = \frac{2KM}{k}\left(1 - \frac{e^{-kx}+e^{-k(l-x)}}{1+e^{-kl}}\right) \qquad 13),$$

$$U = \frac{2KM}{1+e^{-kl}}\left(e^{-kx} - e^{-k(l-x)}\right) \qquad 14),$$

also ganz mit der Biot'schen Formel §. 27 übereinstimmend.
Das magnetische Moment ist für diesen Fall

$$\int V dx = \frac{2KM}{k}\left(l - \frac{2}{k}\frac{1-e^{-kl}}{1+e^{-kl}}\right) \qquad 15).$$

Nimmt der selbstständige Magnetismus von dem einen Ende zum andern gleichmässig zu, so lässt sich diess so ausdrücken, dass man $M(1+\alpha x)$ anstatt M in den obigen Gleichungen substituirt. Man hat alsdann

$$V = \frac{2KM}{k}\left(1 - \frac{e^{-kx}+e^{-k(l-x)}}{1+e^{-kl}} + \alpha x - \alpha l\frac{e^{-kx}-e^{kx}}{e^{-kl}-e^{kl}}\right) \qquad 16)$$

und das magnetische Moment ergibt sich nach einigen Reductionen:

$$= \frac{2KM}{k}\left[l\left(1+\frac{1}{2}\alpha l\right) - \frac{2+\alpha l}{k}\frac{1-e^{-kl}}{1+e^{-kl}}\right]$$

$$= \frac{2KM}{k}\left(1+\frac{1}{2}\alpha l\right)\left(l - \frac{2}{k}\frac{1-e^{-kl}}{1+e^{-kl}}\right). \qquad 17).$$

Nimmt der selbstständige Magnetismus zu bis zur Mitte, und von da an in gleicher Weise wieder ab, so dass man für die eine Hälfte $M(1+\alpha x)$ und für die andere $M[1+\alpha(l-x)]$ hat, so ergibt sich für die erste Hälfte, wenn $\lambda = \frac{1}{2}l$ gesetzt wird:

$$= \frac{2KM}{k}\left(1 - \frac{e^{-kx}+e^{-k(2\lambda-x)}}{1+e^{-kl}} + \alpha x + \frac{\alpha}{k}(e^{-kx}-e^{kx})\frac{e^{-k\lambda}}{1+e^{-2k\lambda}}\right)..18).$$

Derselbe Ausdruck gilt in der zweiten Hälfte für die Entfernung $l-x$ vom Ende. Das magnetische Moment ist

$$= \frac{2KM}{k}\left(l - \frac{2}{k}\frac{1-e^{-2k\lambda}}{1+e^{-2k\lambda}} + \frac{1}{4}l^2 - \frac{2\alpha}{k^2}\frac{(1-e^{-k\lambda})^2}{1+e^{-k\lambda}}\right) \qquad 19).$$

Haben die Molecule von $x = 0$ bis $x = f$ gleichen selbstständigen Magnetismus M, während bei den übrigen Moleculen $M = 0$ ist, so hat man für x kleiner als f

$$A = \frac{M}{k}(e^{kf}-1) \qquad B = \frac{M}{k}(e^{-kf}-1)$$

$$Y = \frac{M}{k}(e^{kx}-1) \qquad Y' = \frac{M}{k}(e^{-kx}-1)$$

und für r grösser als f

$$Y = \frac{M}{k}(c^{kf} - 1) \qquad Y' = -\frac{M}{k}(c^{-kf} - 1),$$

woraus der Werth von V leicht zusammengesetzt werden kann; ferner ergibt sich das magnetische Moment

$$= \frac{2KM}{k}\left(f + \frac{1}{k}\frac{2c^{-kl} + c^{-kf} + c^{-k(2l-f)} - c^{-k(l+f)} - c^{-k(l-f)} - c^{-2kl} - 1}{1 - c^{-2kl}}\right) \ldots 20).$$

Wird $f = \frac{1}{2}l$, so verwandelt sich dieser Ausdruck in folgenden

$$\frac{2KM}{k}\left(\frac{1}{2}l - \frac{1}{k}\frac{1 - c^{-kl}}{1 + c^{-kl}}\right) \qquad 21).$$

Wenn demnach in der einen Hälfte eines Linearprisma die Molecule den selbstständigen Magnetismus M erhalten, so ist das Moment genau halb so gross, als wenn alle Molecule magnetisirt wären.

Da der Ausdruck 14) mit dem von Biot gefundenen identisch ist, so können die in §. 27 angeführten Beobachtungen als Vergleichung mit der Erfahrung und als Bestätigung der Theorie betrachtet werden; eine weitere Bestätigung gewähren die von van Rees ausgeführten Versuche und Berechnungen, wovon man einiges in §. 66 angeführt finden wird.

5. Durch Zusammenlegen einer grossen Anzahl von Linearmagneten kann man einen Magnetstab von beliebigem Durchschnitte herstellen, wobei jeder Linearmagnet einen Theil seiner Kraft verliert (§. 8 und §. 20). Da die Theorie hier keinen Anhaltspunkt darbietet, so bleibt nichts anderes übrig, als die Grösse des Verlustes aus Versuchen abzuleiten; jedoch ist in dieser Beziehung bisher wenig geschehen.

Fig. 162.

Vom Kolke[1] hat an dem Pole $abcd$ Fig. 162 eines Elektromagnets von kreisförmigem Querschnitte Messungen vorgenommen, sowohl nach der Richtung ab als auch nach der Richtung cd; erstere wollen wir, da der andere Pol beträchtlichen Einfluss hatte, hier übergehen, die letzteren lieferten unter den weiter unten bezeichneten Umständen folgende Zahlenreihen:

Entfernung von der Mitte	Stärke des Magnetismus			
	I	II	III	IV.
8	54,2	30,8	45,2	22,5
7	45,5	27,0	40,0	18,5
6	40,4	22,9	34,0	16,6
5	38,0	21,5	32,0	15,4
4	37,0	19,0	30,2	13,8
3	35,5	17,9	29,2	13,2
2	35,0	17,4	28,1	12,6
1	35,0	17,0	28,1	12,5
0	35,0	16,6	28,0	12,5

Beide Schenkel des Elektromagnets waren mit Draht umwunden, und bei der Versuchsreihe I ging der Strom durch beide Windungen in gleichem Sinne, bei Versuchsreihe II in entgegengesetztem Sinne; bei Versuchsreihe III ging der Strom blos durch die Windungen des nähern Schenkels und bei Versuchsreihe IV blos durch die Windungen des entferntern Schenkels. Man sieht, dass der Magnetismus vom Rande gegen die Mitte abnimmt, wo er fast um die Hälfte geringer ist, als am Rande.

6. Man hat schon öfters Stahlstücke von verschiedener Form und Grösse magnetisirt und ein Verhältniss der Dimensionen zum Magnetismus zu ermitteln versucht; indessen lässt diese Methode nicht die zur Herstellung oder Prüfung einer Theorie erforderliche Schärfe zu, weil es immer zweifelhaft bleibt, ob die Stücke homogen (insbesondere von vollkommen gleicher Härte) und ob sie bis zur Sättigung magnetisirt sind. Einige Arbeiten dieser Art wird man weiter unten (§. 71) erwähnt finden, und die Verschiedenheit der Resultate möge für das eben Gesagte als Bestätigung dienen. Nur wenn man verschieden geformte Eisenstücke mittelst des galvanischen Stromes magnetisirt, kann man die durch die Theorie geforderten Bedingungen erfüllen, und nur solche Versuche können zur Herstellung oder Prüfung der Theorie benützt werden. Versuchsreihen dieser Art liegen auch in sehr beträchtlicher Anzahl vor, wenn gleich nicht immer die streng erforderlichen Bedingungen dabei berücksichtigt worden sind, und namentlich der Umstand, dass die Magnetisirungsspiralen weit über die Enden der Eisenstücke hinausgehen sollten, nicht gehörig beobachtet wurde.

Ueber das Verhältniss des magnetischen Moments bei Lamellen von verschiedener Breite ist bereits §. 20 eine von mir ausgeführte Beobachtungsreihe angeführt worden; mit viereckigen Prismen (von quadratischem Durchschnitte) und mit Cylindern von verschiedenem Durchmesser habe ich ebenfalls Versuche angestellt, wovon ich hier einige folgen lasse:

Querschnitt	Prismen magnet. Moment	Diff.	Cylinder magnet. Moment	Diff.
1	27,6	18,5	21,3	16,2
4	46,1	18,8	37,5	16,4
9	64,9		53,9	18,5
16	—		72,4	

Man sieht, dass, wenn die Querschnitte in quadratischem Verhältnisse zunehmen, also die Durchmesser eine arithmetische Reihe bilden, auch die magnetischen Momente sehr nahe eine arithmetische Reihe darstellen. Hiernach würde das magnetische Moment durch eine Function von der Form

$$A + Bd \qquad 22),$$

wo d den Durchmesser bedeutet, auszudrücken sein; in dieser Beziehung sind jedoch die verschiedenen Experimentatoren zu sehr verschiedenen Resultaten gelangt [2], was zum Theile der Verschiedenheit der Beobachtungsmethoden, vielleicht auch der verschiedenen Länge der Spiralen zuzuschreiben sein möchte. Am Allgemeinsten ist bisher das elektromagnetische Gesetz von Müller [3] angenommen worden, wornach der Magnetismus bei Cylindern von gleicher Länge wie die Quadratwurzeln der Durchmesser sich verhalten soll (S. 46).

v. Feilitzsch [4] hat mit hohlen Cylindern von verschiedenem Durchmesser und 0,53 Millim. Wanddicke (aus zusammengelöthetem Eisenblech verfertigt) Versuche angestellt, aus denen sich ergab, dass, wenn man mehrere solche Cylinder ineinander steckt, die innern weniger Magnetismus annehmen als die äussern, eine Thatsache, welche er so ausgelegt hat, als wenn die magnetisirende Kraft des Stromes an Intensität verlöre, je tiefer sie in das Eisen eindringe, und zwar ergibt sich, dass der Verlust an Intensität der Tiefe direct proportional wäre. Bei dieser Untersuchung wird jedoch stillschweigend vorausgesetzt, dass der erste hohle Cylinder bei gleicher magnetisirender Kraft seinen Magnetismus unverändert beibehält, wenn ein zweiter

Cylinder hineingesteckt wird, oder vielmehr, allgemein ausgedrückt, dass ein neu hinzukommender innerer Cylinder auf den Magnetismus der äussern Cylinder keinen Einfluss ausübe.

7. Zu einem wesentlichen Fortschritte bezüglich auf das Verhältniss des Magnetismus zum Querschnitte haben in neuester Zeit die §. 20 erwähnten Versuche, welche zunächst den Zweck hatten, die gegenseitige Schwächung beim Zusammenlegen mehrer Lamellen zu bestimmen, geführt. Aus diesen geht hervor, dass der Magnetismus m einer Lamelle in einer andern Lamelle den entgegengesetzten Magnetismus

$$\frac{m}{a + bx} \qquad 23)$$

inducirt, d. h. den Magnetismus der andern Lamelle um so viel vermindert, wobei a und b Constanten und x die Entfernung bedeuten. Dass hier im Nenner die erste und nicht die zweite Potenz der Entfernung vorkommt, hat seinen Grund darin, dass Flächen aufeinander wirken und durch die Integration der Exponent um eine Einheit vermindert wird.

Zunächst schien es nöthig zu untersuchen, ob, wenn man den Querschnitt auf ein Minimum reducirt, also die Linearform so nahe als möglich herstellt, die Schwächung noch durch eine ähnliche Function ausgedrückt wird. Um darüber zu einer Entscheidung zu gelangen, wurden zwei gleiche Drahtabschnitte (Länge 187, Durchmesser 2,5 Millim.) in eine Magnetisirungsspirale von sehr grosser Länge gebracht und die Entfernung dazwischen vergrössert, wobei folgende Resultate sich ergaben:

	Magnetismus.
erster Drahtabschnitt für sich	21,08
zweiter ,, ,, ,,	20,10
Drähte an einander anliegend	32,67
Entfernung dazwischen 6,7 Mill.	34,84
11,4	37,24
16,2	37,77
20,5	38,87

Setzt man die Schwächung

$$= \frac{1}{3{,}70 + 0{,}44 x},$$

also den beobachteten Magnetismus der vereinigten Drahtabschnitte

$$= 41{,}18 \frac{3{,}70 + 0{,}44 x}{4{,}70 + 0{,}44 x},$$

so ergeben sich zwischen Rechnung und Beobachtung folgende Unterschiede

— 0,25,   + 0,96,   — 0,30,   — 0,07,   — 0,69.

Die nicht unbedeutenden Unterschiede, die man hier bemerkt, haben ihren Grund darin, dass Eisenstücke von ganz geringem Querschnitte gegen die magnetisirende Kraft des Stromes sich wie eine weiche Masse gegen den Druck verhalten; ein bestimmtes Maass der Inductions- oder Retentionskraft ist nicht vorhanden, und bei Wiederholung des Versuches erhält man immer wieder andere Resultate. Uebrigens reichen die obigen Versuche hin, um zu beweisen, dass auch für Linearprismen dasselbe Gesetz der Schwächung giltig ist und weitere Versuche, die mit Drähten von etwas stärkerm Durchmesser angestellt wurden, stimmten sehr genau damit überein.

Dieses Resultat setzt uns sogleich in den Stand, den Magnetismus eines hohlen Cylinders AB Fig. 163 von sehr geringer Wanddicke zu berechnen. Man denke sich die ganze Wand getheilt in Elementarstreifen parallel mit der Axe, und gehe von einem bestimmten Streifen a aus, so werden alle übrigen Streifen dazu beitragen, den Magnetismus von a zu vermindern; jeder andere Streifen erleidet aber eine gleich grosse Verminderung, und in Folge dessen wird der Magnetismus aller Elementarstreifen gleich sein, ein Umstand, der die Lösung des Problems in hohem Grade vereinfacht. Bezeichnet man den Halbmesser ac mit r, den Winkel acb, den der Radius des Streifens a mit dem Radius eines zweiten Streifens b macht, mit φ, so hat man die Entfernung der Streifen a, b

Fig. 163.

$$= 2r \sin \frac{1}{2} \varphi,$$

und die Verminderung des Magnetismus von a durch b

$$= \frac{\mu r d\varphi}{a + 2br \sin \frac{1}{2} \varphi} \qquad 24),$$

wo μ die Stärke des Magnetismus (eigentlich des magnetischen Moments), welche einem Streifen des Cylinders von der Breite $= 1$ entspricht, und $\mu r d\varphi$ den Magnetismus des Streifens b bedeuten. Das Integral dieses Ausdruckes von $\varphi = 0$ bis $\varphi = 2\pi$ ist die Verminderung, welche A durch alle übrigen Elementarstreifen erleidet; um aber die Integration ausführen zu können, muss man

$$\sin \frac{1}{2} \varphi = \frac{z^2 - 1}{z^2 + 1}$$

setzen, dann von $z = 1$ bis $z = \infty$ integriren und das Resultat mit 2 multipliciren. Zuerst wollen wir annehmen, dass $2br$ beträchtlich grösser sei als a, alsdann ergibt sich, wenn

$$\frac{2br - a}{2br + a} = h^2$$

gesetzt wird, das Integral zwischen den oben bezeichneten Grenzen

$$= -\frac{4\mu r}{\sqrt{4b^2 r^2 - a^2}} \log \frac{1 - h}{1 + h} \qquad 25).$$

Bei hohlen Eisencylindern von grösserm Halbmesser wird der Bruch

$$\frac{a}{2br}$$

so klein sein, dass die höheren Potenzen davon vernachlässiget werden können, und in dieser Voraussetzung nimmt das eben gefundene Integral durch Reihenentwickelung eine sehr einfache Form an. Dem Obigen zufolge bezeichnet μ die Stärke des wirklichen Magnetismus in a, und wenn wir analog hiermit den Magnetismus, der ohne die vermindernde Wirkung der Induction vorhanden wäre, durch M bezeichnen, so erhalten wir nach vorgenommener Reihenentwickelung die Gleichung

$$\mu = M - \frac{2\mu}{b} \log \frac{4br}{a} + \frac{\mu a^2}{8b^2 r^2}.$$

Wird diese Gleichung mit $2r\pi$ multiplicirt und $2\mu r\pi$, d. h. der wirkliche Magnetismus des hohlen Cylinders $= m$ gesetzt, so haben wir

$$m = 2Mr\pi - \frac{2m}{b} \log \frac{4br}{a} + \frac{a^2 m}{8b^2 r^2} \qquad 26)$$

oder, wenn neue Constanten eingeführt werden,

$$m = \frac{r}{p + q \log r - \frac{c}{r^2}} \qquad 27).$$

Um zu untersuchen, in wie weit dieser Ausdruck mit der Erfahrung übereinstimmt, liess ich aus Eisenblech von 1,5 Millim. Dicke Röhren verfertigen, welche ineinander geschoben werden konnten und sämmtlich gleiche Länge (125,5 Millim.) hatten. Die Durchmesser wurden so gross genommen, dass das letzte Glied der Formel vernachlässiget werden durfte, und da die Röhren nicht so regelmässig, als zu wünschen gewesen wäre, gearbeitet werden konnten, so wurden zwei Systeme gemacht und mit beiden Systemen eine unabhängige Reihe von Messungen ausgeführt. Die Resultate der Beobachtung, so wie der Berechnung nach den (mit den obigen im Grunde gleichbedeutenden) Formeln

$$\text{System I} \quad m = \frac{2r}{-0{,}0296 + 0{,}3810 \log 2r}$$

$$\text{System II} \quad m = \frac{2r}{-0{,}0210 + 0{,}3870 \log 2r}$$

findet man in folgender Tafel zusammengestellt.

System I				System II			
Durchmesser Millim.	Magnetismus beobachtet	berechnet	Diff.	Durchmesser Millim.	Magnetismus beobachtet	berechnet	Diff.
38,8	67,41	67,39	+ 0,02	38,6	64,92	65,09	− 0,17
34,5	63,86	62,02	+ 1,84	34,1	59,90	59,97	− 0,07
29,7	56,87	55,88	+ 0,99	29,0	53,70	53,22	+ 0,48
25,5	52,55	50,37	+ 2,18	52,2	47,87	48,34	− 0,47
21,2	39,53	44,56	− 5,03	21,1	43,26	42,93	+ 0,33
17,2	37,87	38,99	− 1,12	17,3	35,65	37,76	− 2,11
13,1	33,51	23,52	− 0,01	13,6	32,42	32,56	− 0,14

Wenn man berücksichtigt, dass die Röhren nicht ganz regelmässig gearbeitet waren, so darf man die Ergebnisse dieser Tabelle als eine ganz genügende Bestätigung der Theorie betrachten.

Die Grössen a, b, M lassen sich aus den obigen Beobachtungen nicht einzeln ableiten. Um einen genäherten Werth davon zu erhalten, habe ich eine von den Röhren aufschneiden und daraus Streifen von verschiedener Breite herstellen lassen, womit Versuche in der S. 110 beschriebenen Weise ausgeführt wurden. Dabei wurde dieselbe Spirale und dieselbe Stromstärke gebraucht, wie oben bei den Röhren, und die Resultate waren wie folgt:

1) Zwei Streifen von 16,7 Millim. Breite gaben einzeln im Mittel den Magnetismus

$$18,64;$$

wenn sie neben einander sich befanden, so erfolgte eine Verminderung des Magnetismus von

$$\frac{1}{1,537 + 0,129x},$$

wo x die Entfernung, in Millimeter ausgedrückt, bedeutet.

2) Zwei Streifen von 8,25 Millim. Breite gaben einzeln den Magnetismus

$$14,79;$$

wenn sie zusammengelegt wurden, erfolgte eine Verminderung von

$$\frac{1}{1,946 + 0,158x}.$$

3) Zwei Streifen von 4,2 Millim. Breite gaben einzeln den Magnetismus

$$6,92;$$

wenn sie zusammengelegt wurden, erfolgte eine Verminderung von

$$\frac{1}{3,033 + 0,474x}.$$

Man sieht hieraus, dass die Grössen M, a und b stets zunehmen, je dünner Streifen werden; welche Werthe sie haben werden für Streifen von 1 Millim. dte kann man zwar aus den gefundenen Zahlen nicht mit Sicherheit ableiten, loch dürften folgende Werthe

$$M = 2,6$$
$$a = 8,0$$
$$b = 2,0$$

nt gar zu weit von der Wahrheit sich entfernen. Sie entsprechen der Gleichung 26) se das letzte Glied und zeigen zugleich, dass es kaum nöthig sein wird, das ste Glied bei Röhren, deren Durchmesser über 12 Millim. beträgt, in Rechnung bringen.

Die oben gegebene Integration setzt voraus, dass $2br$ beträchtlich grösser als a, was bei Eisenröhren von stärkerm Durchmesser immer der Fall sein rd; bei Stahl dagegen ist a viel grösser als bei Eisen, und es kann sich leicht ignen, dass a grösser als $2br$ sei. In diesem Falle ist das Integral des Ausickes 24):

$$\frac{4\mu r}{\sqrt{a^2 - 4b^2r^2}} \text{ arc. } \left(\text{tg.} = z\sqrt{\frac{a + 2br}{a - 2br}}\right)$$

d zwischen den Grenzen $z = 1$ und $z = \infty$ erhält man

$$\frac{4\mu r}{\sqrt{a^2 - 4b^2r^2}} \left[\frac{1}{2}\pi - \text{arc.} \left(\text{tg.} = \sqrt{\frac{a + 2br}{a - 2br}}\right)\right]$$

er

$$\frac{2\mu r}{\sqrt{a^2 - 4b^2r^2}} \text{ arc.} \left(\cos = \frac{2br}{a}\right) \qquad 28).$$

Ist a sehr nahe $= 2br$, mithin die Differenz $a - 2br$, welche wir mit α bezeichnen wollen, eine sehr kleine Grösse, so hat man

$$\text{arc.}\left(\cos = \frac{2br}{a}\right) = \text{arc.}\left(\cos = 1 - \frac{\alpha}{a}\right)$$

$$= \sqrt{\frac{2\alpha}{a}}\left(1 + \frac{1}{12}\frac{\alpha}{a} + \frac{3}{160}\frac{\alpha^2}{a^2} + \ldots\right).$$

Hiernach nimmt das obige Integral die Form

$$\frac{2\mu r \sqrt{2}}{\sqrt{a(a+2br)}}\left(1 + \frac{1}{2}\frac{a-2br}{a} + \frac{3}{160}\frac{(a-2br)^2}{a^2}\right) \qquad 29)$$

an und geht, wenn $a = 2br$ ist, in

$$\frac{2\mu r}{a} \qquad 30)$$

über, was sehr einfach aus dem Ausdrucke 24) sich ergibt.

8. Von den obigen Entwickelungen können wir nun übergehen auf den Fall, wenn ein hohler Cylinder B in einen grössern A von gleicher Länge eingeschoben ist und sie so mit einander in eine Magnetisirungsspirale gebracht werden. Bezeichnet man den Radius des äussern Cylinders mit r, den Radius des innern Cylinders mit r' und den in einem Streifen von der Breite $= 1$ enthaltenen Magnetismus mit μ und μ', so drückt das Integral

$$2r\pi \int \frac{\mu' r' d\varphi}{a + b\sqrt{r^2 - 2rr'\cos\varphi + r'^2}} = \mu' V \qquad 31)$$

wo $\varphi = 0$ bis $\varphi = 2\pi$ genommen, die Verminderung aus, welche der Magnetismus von A durch den Magnetismus von B erleidet. Diesem Integral kann man die Form geben

$$V = 4rr'\pi \int \frac{d\varphi}{a + b(r-r')\sqrt{1 + \frac{4rr'}{(r-r')^2}\sin^2\frac{1}{2}\varphi}} \qquad 32)$$

wo die Grenzen $\varphi = 0$ und $\varphi = \pi$ sind.

Man setze dann

$$b(r-r') = k, \qquad \frac{4rr'}{(r-r')^2} = h^2, \qquad h^2 \sin^2\frac{1}{2}\varphi = \text{tg.}^2\psi,$$

so transformirt sich die Gleichung in

$$V = 8rr'\pi \int \frac{d\psi}{\cos\psi(a\cos\psi + k)\sqrt{h^2 - \text{tg.}^2\psi}}$$

$$= 8rr'\pi \int \frac{d\psi}{h(a\cos\psi + k)\sqrt{1 - \frac{1+h^2}{h^2}\sin^2\psi}}.$$

Die Grenzen des Integrals sind $\psi = 0$ und $\psi = \text{arc.}\left(\text{tg.} = \frac{2\sqrt{rr'}}{r-r'}\right)$, also kleiner als $\frac{1}{2}\pi$. Nun hat man

$$\frac{1+h^2}{h^2} = \frac{(r+r')^2}{4rr'},$$

und der Werth dieser Grösse beträgt

für	$r' = 0{,}9r$	1,0028
	$r' = 0{,}8r$	1,0125
	$r' = 0{,}7r$	1,0321
	$r' = 0{,}6r$	1,0667
	$r' = 0{,}5r$	1,1250.

Wenn wir demnach obigen Bruch

$$\frac{(r+r')^2}{4rr'} = 1 + a$$

setzen, so wird a, so lange $r - r'$ klein ist, eine sehr kleine Grösse sein, und wir können den unter dem Wurzelzeichen befindlichen Theil von V nach Potenzen von a entwickeln. Dabei ist es zweckmässig der obigen Gleichung die Form

$$V = \frac{8rr'\pi}{h\sqrt{1+a}} \int \frac{d\psi}{\cos\psi\,(a\cos\psi + k)\sqrt{1 - \frac{a}{1+a}\frac{1}{\cos^2\psi}}},$$

zu geben, und wenn nach der Entwickelung für a und h ihre Werthe substituirt werden, so hat man

$$V = \frac{8rr'\pi(r-r')}{(r+r')}\int \frac{d\psi}{\cos\psi[a\cos\psi + b(r-r')]} \Big(1 + \frac{1}{2}\frac{(r-r')^2}{(r+r')^2}\frac{1}{\cos^2\psi} + \frac{3}{8}\frac{(r-r')^4}{(r+r')^4}\frac{1}{\cos^4\psi} + \ldots\Big).$$

Behufs der Integrirung müssen die einzelnen Glieder in Partialbrüche zerlegt werden, wodurch man zu folgendem Ausdrucke gelangt

$$V = \frac{8rr'\pi}{\sqrt{b^2(r+r')^2 - a^2}} \int \Big(\frac{d\psi}{\cos\psi} - \frac{a\,d\psi}{a\cos\psi + b(r-r')}\Big)$$

$$- \frac{4rr'\pi a(r-r')}{b^3(r+r')^3}\Big(1 + \frac{3}{4}\frac{a^2}{b^2(r+r')^2} + \frac{5}{8}\frac{a^4}{b^4(r+r')^4} + \ldots\Big)\int \frac{d\psi}{\cos^2\psi}$$

$$+ \frac{4rr'\pi(r-r')^2}{b(r+r')^3}\Big(1 + \frac{3}{8}\frac{a^2}{b^2(r+r')^2} + \ldots\Big)\int \frac{d\psi}{\cos^3\psi}$$

$$- 3\frac{rr'\pi(r-r')^3}{b(r+r')^4}\Big(1 + \frac{5}{6}\frac{a^2}{b^2(r+r')^2} + \ldots\Big)\int \frac{d\psi}{\cos^4\psi},$$

wo jedes Glied ohne Schwierigkeit integrirt werden kann.

Ist r' kleiner als $\frac{1}{2}r$, so kann man die in 31) vorkommende Wurzelgrösse

$$b\sqrt{r^2 - 2rr'\cos\varphi + r'^2} = br\sqrt{1 - 2\frac{r'}{r}\cos\varphi + \frac{r'^2}{r^2}}$$

in eine Reihe auflösen von der Form

$$br(A_0 - A_1\cos\varphi - A_2\cos 2\varphi - A_3\cos 3\varphi \ldots) \qquad 33).$$

Man hat nämlich, wenn $\frac{r'}{r} = q$ gesetzt und anstatt $\cos\varphi$ sein Exponentialwerth

$$\frac{1}{2}e^{\varphi\sqrt{-1}} + \frac{1}{2}e^{-\varphi\sqrt{-1}}$$

gesetzt wird

$$\sqrt{1 - 2q\cos\varphi + q^2} = \sqrt{1 - qe^{\varphi\sqrt{-1}}}\sqrt{1 - qe^{-\varphi\sqrt{-1}}},$$

und braucht nur die beiden Wurzelgrössen in Reihen zu verwandeln, dann mit einander zu multipliciren und statt der vorkommenden Exponentialgrössen die entsprechenden Cosinusse zu substituiren, so erhält man die oben angeführte Reihe, wobei

$$A_0 = 1 + \frac{1}{4}q^2 + \frac{1}{64}q^4 + \frac{1}{256}q^6 + $$

$$A_1 = q\left(1 - \frac{1}{8}q^2 - \frac{1}{64}q^4 - \frac{5}{1024}q^6 - \ldots\right)$$

$$A_2 = \frac{1}{4}q^2\left(1 - \frac{1}{4}q^2 - \frac{5}{128}q^4 - \ldots\right)$$

$$A_3 = \frac{1}{8}q^3\left(1 - \frac{5}{16}q^2 - \ldots\right)$$

gefunden wird.

Ist q so klein, dass A_2 vernachlässiget werden kann, so hat man

$$V = 2rr'\pi \int \frac{d\varphi}{a + brA_0 - brA_1\cos\varphi} \qquad 34)$$

und soll A_2 noch berücksichtiget werden, so erhält man unter dem Integralzeichen den Bruch

$$\frac{1}{a + brA_0 - brA_1\cos\varphi - brA_2\cos 2\varphi}$$

$$= \frac{1}{a + br(A_0 - A_2) - brA_1\cos\varphi - 2brA_2\cos^2\varphi}$$

$$= -\frac{1}{2q}\left(\frac{1}{p - q + f\cos\varphi} - \frac{1}{p + q + f\cos\varphi}\right) \qquad 35).$$

wo

$$f^2 = 2brA_2$$

$$p^2 = \frac{b^2r^2A_1^2}{4f^2}$$

$$q^2 = p^2 + a + 2pf - \frac{1}{2}f^2$$

Vermittelst der gefundenen Ausdrücke ist man im Stande, den Magnetismus mehrerer concentrischer Röhren zu berechnen, wenn gleich die Formeln zu complicirt sind, um praktische Anwendung zu finden.

9. Das Vorhergehende enthält die elementaren Grundlagen, von welchen ausgegangen werden muss, wenn man die Abhängigkeit des Magnetismus vom Querschnitte bestimmen will. Legt man Linearstreifen neben einander, so bildet man eine Fläche, deren Magnetismus aus den Streifen berechnet werden kann, und legt man solche Flächen aufeinander, so bildet man prismatische Körper, deren Magnetismus sich aus den Flächen bestimmen lässt. Dünne cylindrische Röhren sind als zusammengesetzt aus Linearstreifen, und massive Cylinder als zusammengesetzt aus concentrischen Röhren zu betrachten, und die Berechnungsweise haben wir oben angedeutet. Will man aber die Anwendung versuchen, so findet man bald, dass auch die einfachsten Fälle dem Calcul grosse Hindernisse entgegenstellen. Es sei z. B. AB Fig. 164 das Ende einer dünnen Lamelle, die man aus Linearstreifen bestehend sich vorstellt, kl, gh, cb die Stärke des Magnetismus der in k, g, c sich endigenden Linearstreifen der Lamelle, so dass die Ordinate der Curve abd die Stärke des Magnetismus am Ende AB darstellt. Man bezeichne $Ac = cB$ mit λ, cg mit x' und gh mit $y' = f(x')$, so erleidet y' eine Verminderung durch alle übrigen Ordinaten, und wenn man $ck = x$, $kl = y = f(x)$ setzt, so ist die durch y hervorgebrachte Verminderung

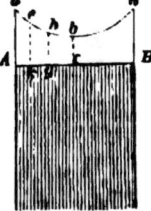

Fig. 164.

$$\frac{f(x)\,dx}{a + b(x - x')}.$$

Dieser Ausdruck, von $x = x'$ bis $x = \lambda$ integrirt, gibt den Einfluss der Fläche $Agha$. Handelt es sich um eine Ordinate y und eine Abscisse x, die auf die Seite gB fallen, so ist die Verminderung

$$= \frac{f(x)\,dx}{a + b(x' - x)},$$

wo die Integration von $x = -\lambda$ bis $x = x'$ ausgedehnt werden muss, um den Einfluss des Theiles $gbdh$ zu erhalten. Wir haben demnach, wenn M den Magnetismus bedeutet, der in g ohne den vermindernden Einfluss der übrigen Linearstreifen vorhanden sein würde,

$$y' + \int_{x'}^{\lambda} \frac{f(x)\,dx}{a + b(x - x')} + \int_{-\lambda}^{x'} \frac{f(x)\,dx}{a + b(x' - x)} = M \qquad 36).$$

10. Eine Lösung dieser Gleichung (wenn man nicht zu unendlichen Reihen seine Zuflucht nehmen will) kann wohl nur auf indirectem Wege gelingen, und wenn gleich vorauszusehen ist, dass (sobald die Nenner durch Exponentialgrössen ausgedrückt werden) eine Exponentialfunction der Gleichung Genüge leisten wird, so ist es doch keine leichte Sache, die Form derselben zu ermitteln; für eine gegebene Anzahl von Linearstreifen aber kann man Gleichungen, wie bereits S. 117 erwähnt ist, bilden, durch deren Auflösung der Magnetismus eines jeden Streifens bestimmt wird. Um diess durch ein Beispiel zu zeigen, wollen wir uns vorstellen, dass 12 Lamellen von weichem Eisen von der S. 110 angegebenen Grösse, bei welchen die Verminderung

$$= \frac{1}{1{,}394 + 0{,}366\,x}$$

ist, zusammengelegt und in eine Magnetisirungsspirale gebracht werden. Den Magnetismus M, der vorhanden sein würde, wenn keine vermindernde Einwirkung der Induction stattfände, wollen wir der Einheit gleich setzen, ferner wollen wir als Einheit der Entfernung die Dicke der Lamellen (welche $5/12$ Linien betrug) annehmen, so dass

$$a_n = 1{,}394 + 0{,}1525\,n$$

wird. Bei Bildung der Gleichungen für den Magnetismus m_1, m_2, m_3 .. der einzelnen Lamellen ist zu berücksichtigen, dass beiderseits von der Mitte der Magnetismus symmetrisch vertheilt sein wird, mithin $m_{12} = m_1$, $m_{11} = m_2$ u. s. w. zu setzen ist. Auf solche Weise reducirt sich die Anzahl der unbekannten Grössen auf die Hälfte und man erhält

$$1{,}342\,m_1 + 1{,}079\,m_2 + 1{,}029\,m_3 + 0{,}995\,m_4 + 0{,}973\,m_5 + 0{,}963\,m_6 = 1$$
$$1{,}079\,m_1 + 1{,}382\,m_2 + 1{,}124\,m_3 + 1{,}080\,m_4 + 1{,}052\,m_5 + 1{,}039\,m_6 = 1$$
$$1{,}029\,m_1 + 1{,}124\,m_2 + 1{,}433\,m_3 + 1{,}181\,m_4 + 1{,}146\,m_5 + 1{,}129\,m_6 = 1$$
$$0{,}995\,m_1 + 1{,}080\,m_2 + 1{,}181\,m_3 + 1{,}499\,m_4 + 1{,}258\,m_5 + 1{,}235\,m_6 = 1$$
$$0{,}973\,m_1 + 1{,}052\,m_2 + 1{,}146\,m_3 + 1{,}258\,m_4 + 1{,}589\,m_5 + 1{,}364\,m_6 = 1$$
$$0{,}963\,m_1 + 1{,}039\,m_2 + 1{,}129\,m_3 + 1{,}235\,m_4 + 1{,}364\,m_5 + 1{,}747\,m_6 = 1.$$

Werden diese Gleichungen in der gewöhnlichen Weise gelöst, so ergeben sich folgende Werthe:

$$m_1 = 0{,}323$$
$$m_2 = 0{,}172$$
$$m_3 = 0{,}116$$
$$m_4 = 0{,}095$$
$$m_5 = 0{,}087$$
$$m_6 = 0{,}082.$$

Der oben schon ausgesprochenen Andeutung zufolge war zu erwarten, dass diese Werthe durch eine Exponentialfunction darzustellen sein müssten, und diess ist auch der Fall, denn wenn man

$$m_n = 0{,}0821 + 0{,}241\,(0{,}574^{n-1} + 0{,}574^{12-n}) \,. \qquad 37)$$

setzt, so gibt die Rechnung für m_1, m_2 u. s. w. genau dieselben Werthe wie oben bis auf m_6, wovon nach der Formel der Werth um 0,002 grösser herauskommt.

Die Summe der Grössen m_1 bis m_{12} ist 1,754, und da hierbei der Magnetismus, den eine einzelne Lamelle für sich gehabt haben würde, als Einheit angenommen ist, so kann man sagen, dass der Magnetismus einer einzigen Lamelle zu dem Magnetismus eines Bündels von 12 Lamellen sich verhält wie 1 : 1,754. Dieses Resultat des Calculs können wir mit dem Versuche S. 122 vergleichen. Der Versuch ergab

Magnetismus einer Lamelle	3,54
Magnetismus von 12 Lamellen	6,44

und das Verhältniss dazwischen ist 1,819, so genau, als es die Natur der Versuche erwarten liess, mit der durch den Calcul gefundenen Verhältnisszahl übereinstimmend.

Für 10 Lamellen erhält man

$$m_n = 0{,}0890 + 0{,}2447 \, (0{,}369^{n-1} + 0{,}369^{10-n}) \qquad 38)$$

	beobachtet	berechnet	Diff.
$m_1 =$	0,333	0,334	— 0,001
$m_2 =$	0,181	0,179	+ 0,002
$m_3 =$	0,123	0,122	+ 0,001
$m_4 =$	0,101	0,102	— 0,001
$m_5 =$	0,093	0,095	— 0,002

Für 8 Lamellen ergibt sich

$$m_n = 0{,}1004 + 0{,}2463 \, (0{,}361^{n-1} + 0{,}361^{8-n}) \qquad 39)$$

	beobachtet	berechnet	Diff.
$m_1 =$	0,347	0,347	0,000
$m_2 =$	0,190	0,190	+ 0,000
$m_3 =$	0,132	0,134	— 0,002
$m_4 =$	0,113	0,116	— 0,003

Für 6 Lamellen hat man

$$m_n = 0{,}1118 + 0{,}2532 \, (0{,}356^{n-1} + 0{,}356^{6-n}) \qquad 40)$$

	beobachtet	berechnet	Diff.
$m_1 =$	0,366	0,366	0,000
$m_2 =$	0,207	0,206	+ 0,001
$m_3 =$	0,155	0,155	0,000

Auch bei cylindrischen Magneten lässt sich der Magnetismus durch einen Exponentialausdruck darstellen. Nimmt man die erste Beobachtungsreihe, welche von KOLKE geliefert hat (S. 204), und setzt man den Magnetismus in der Entfernung x von der Mitte

$$= 35{,}0 + 0{,}1144 \, (1{,}897^x + 1{,}897^{-x}) \qquad 41),$$

so erhält man

Beobachtung	Rechnung	Diff.
54,2	54,2	0,0
45,5	45,1	+ 0,4
40,4	40,3	+ 0,1
38,0	37,8	+ 0,2
37,0	36,5	+ 0,5
35,5	35,8	— 0,3
35,0	35,4	— 0,4
35,0	35,2	— 0,2
35,0	35,1	— 0,1

11. Einen weitern Beweis für die allgemeine Anwendbarkeit der obigen Exponentialfunction erlangt man durch Messungen des magnetischen Moments bei dünnen Lamellen von verschiedener Breite. Bezeichnet man die Breite mit n und den Magnetismus (eigentlich das magnetische Moment) eines unendlich schmalen Longitudinalstreifens von der Breite dx in der Entfernung x von der Kante mit

$$[a + b(e^{-kx} + e^{-k(n-x)})] \, dx \qquad 42),$$

so wird das ganze magnetische Moment dem Integral dieses Ausdruckes gleich sein. Die Integration zwischen den Grenzen $x = 0$ und $x = n$ gibt aber

$$an + \frac{2b}{k}(1 - e^{-kn}),$$

oder wenn andere Constanten eingeführt werden

$$an + h\left(1 - \frac{1}{c^n}\right) \qquad 43).$$

Ich habe diese Formel auf die oben S. 122 erwähnten und aufgeführten Beobachtungen mit Lamellen von verschiedener Breite angewendet und dabei

$$a = 0,6933, \quad h = 3,02, \quad c = 3,00$$

gesetzt, dann für n die Zahlen 1, 2, 3, 4, 5, 6 substituirt (denn die Breiten stehen sehr nahe in diesem Verhältnisse), und dabei ergaben sich folgende Zahlen

Breite der Lamellen	magnetisches Moment berechnet	beobachtet	Diff.
1	2,70	2,69	+ 0,01
2	4,07	4,05	+ 0,02
3	4,99	5,04	− 0,05
4	5,75	5,77	− 0,02
5	6,48	6,52	− 0,04
6	7,18	7,12	+ 0,06

12. Nach diesen Resultaten ist es mir wahrscheinlich, dass es mit der Zeit gelingen wird, bei prismatischen Körpern den Magnetismus in der Entfernung x von der Axe durch Exponentialfunctionen von der Form

$$a + b(e^{kx} + e^{-kx}) \qquad 44)$$

auszudrücken.

Vorläufig mag es nicht unzweckmässig sein, einen Weg anzudeuten, auf welchem der Gleichung 36) eine für die Integrirung geeignetere Form gegeben und die Richtigkeit des eben Gesagten für eine dünne Lamelle nachgewiesen werden kann. Man denke sich eine sehr grosse Anzahl von Linearprismen nach *Fig. 164* zusammengelegt, bilde nach S. 243 die Gleichungen für das $(n-1)^{te}$, das n^{te} und $(n+1)^{te}$ Prisma; alsdann ziehe man die mittlere Gleichung mit 2 multiplicirt von der Summe der zwei anderen Gleichungen ab, so erhält man ein Resultat von der Form

$$A_1 m_{n-1} + A_3 m_{n-3} + A_2 m_{n-2}$$
$$\left(1 - \frac{2}{a_1} + \frac{1}{a_2}\right) m_{n-1} - 2\left(1 - \frac{1}{a^1}\right) m_n + \left(1 - \frac{2}{a} + \frac{1}{a_2}\right) m_{n+1}$$
$$+ A_2 m_{n+2} + A_3 m_{n+3} + \quad = 0 \qquad 45),$$

wo die Glieder rückwärts bis zum ersten und vorwärts bis zum letzten Linearprisma leicht nach der gegebenen Analogie hinzugefügt werden können. Hierbei hat man

$$A_p = \frac{1}{a_{p-1}} - \frac{2}{a_p} + \frac{1}{a_{p+1}},$$

der wenn man die unendlich kleine Breite eines Linearprismas $= \varepsilon$ setzt

$$A_p = \frac{1}{a_p - b\varepsilon} - \frac{2}{a_p} + \frac{1}{a_p + b\varepsilon} = \frac{2b^2\varepsilon^2}{a^3_p} + \ldots$$

Nun sind a und b in dem Ausdrucke 45), wie die Versuche S. 209 zeigen, Functionen der Breite der neben einander befindlichen Prismen, und zwar nehmen diese Grössen assymptotisch zu in dem Maasse, als die Breitendimension vermindert wird, so dass, wenn a und b für Prismen von messbarer Breite gelten, bei Prismen von der unendlich kleinen Breite ε

$$\frac{a}{\varepsilon} \quad \text{und} \quad \frac{b}{\varepsilon}$$

in dem Ausdrucke 45) anstatt a und b substituirt werden müssen. Setzt man demnach

$$X = \frac{2b^2\varepsilon}{a_2^3}(m_{n-2} + m_{n+2}) + \frac{2b^2\varepsilon}{a_3^3}(m_{n-3} + m_{n+3}) + \ldots \qquad 46)$$

So ist zwar jedes Glied für sich unendlich klein, wenn ε als unendlich klein betrachtet wird, allein ihre Summe kann einen endlichen Werth erlangen, und die Gleichung 45) nimmt folgende Form an:

$$\left(1 - \frac{2}{a_1} + \frac{1}{a_2}\right)(m_{n-1} + m_{n+1}) - 2\left(1 - \frac{1}{a_1}\right)m_n + X\varepsilon^2 = 0 \qquad 47).$$

Substituirt man dem Gesagten zufolge $\frac{a}{\varepsilon}$ anstatt a_1, dann $\frac{a}{\varepsilon} + \frac{b}{\varepsilon} \cdot \varepsilon$ anstatt a_2, und lässt man in der Entwickelung von $\frac{1}{a_2}$ die Glieder der dritten und höheren Ordnungen weg, so ergibt sich

$$(m_{n-1} - 2m_n + m_{n+1}) - \frac{b\varepsilon^2}{a^2}(m_{n-1} + m_{n+1}) + X\varepsilon^2 = 0 \qquad 48).$$

Bezeichnet man die Entfernung des n^{ten} Linearprisma vom ersten mit x, die der Breite 1 entsprechende Intensität des Magnetismus an diesem Punkte mit V, wo V eine Function von x sein wird, so hat man

$$m_n = V\varepsilon$$
$$m_{n-1} = V\varepsilon + \frac{dV}{dx}\varepsilon^2 + \frac{1}{2}\frac{d^2V}{dx^2}\varepsilon^3$$
$$m_{n+1} = V\varepsilon + \frac{dV}{dx}\varepsilon^2 + \frac{1}{2}\frac{d^2V}{dx^2}\varepsilon^3 + \ldots$$

so dass die obige Gleichung zuletzt die einfache Form

$$\frac{d^2V}{dx^2} - \frac{2b}{a^2}V + X = 0 \qquad 49)$$

erhält.

Zunächst käme es darauf an, den Werth von X zu bestimmen. Es ist denkbar, dass, wenn es um eine Lamelle Fig. 164 sich handelt, X in der Mitte bei c seinen kleinsten Werth, den wir mit f bezeichnen wollen, erhalten und von der Mitte bis zu den Kanten A und B allmählig und zwar nur um einen mässigen

Betrag zunehmen muss; ferner lässt sich leicht schliessen, dass, wenn man anstatt m_n, m_{n+1}.... auch nur genäherte Werthe substituirt, der Werth von X hinreichend genau ausfallen wird. Wenn gleich diese Umstände die Bestimmung der Function X erleichtern, so hat es noch immer grosse Schwierigkeit, einen entsprechenden Ausdruck dafür zu finden. Nicht unwahrscheinlich ist es, dass bei dem weichen Eisen in Folge der speciellen Werthe, welche die Constanten a und b haben, die Function X auf den constanten Theil f reducirt wird, und in diesem Falle würde die Gleichung 49), wenn man $\frac{2b}{a^2} = k^2$ setzt, als Integral

$$V = \frac{f}{k^2} + A(e^{kx} + e^{-kx})$$

geben, ganz übereinstimmend mit 44).

Bei der ersten Bekanntmachung der obigen Resultate gelangte ich zu dem irrthümlichen Schlusse, dass $X = 0$ sein müsse, und leitete Folgerungen daraus ab, die nach den hier gefundenen Bestimmungen zu berichtigen sind.

13. NOBILI hat Versuche mit einem Bündel von Nadeln angestellt, woraus er schliessen zu können glaubte, dass man einen Stab nicht als einen Bündel von Linearmagneten betrachten dürfe. Wenn er nämlich eine Anzahl von Nadeln zusammengebunden magnetisirte, so hatten sie alle ihre Pole nach derselben Richtung; wenn er dagegen jede Nadel für sich magnetisirte, sie dann sämmtlich mit gleichgerichteten Polen zusammenband und nach kurzer Zeit wieder trennte, um sie einzeln zu untersuchen, so zeigte sich (was ganz mit den früheren Erfahrungen von COULOMB [6] übereinstimmt), dass ein Theil der Nadeln in Folge der Vereinigung entgegengesetzten Magnetismus angenommen hatte. Diess legte NOBILI so aus, als sei die Vertheilung des Magnetismus in einem magnetischen Bündel von ganz eigenthümlicher Art und so beschaffen, dass derselbe Erfolg durch das Zusammenlegen von magnetisirten Nadeln nicht erlangt werden könnte. Der Schluss ist jedoch unbegründet, indem die Umkehrung der Pole nur als eine Folge der verhältnissmässig zu starken Magnetisirung der einzelnen Nadeln zu betrachten ist und nicht stattgehabt haben würde, wenn der Magnetismus der einzelnen Nadeln schwächer gewesen wäre. In ähnlicher Weise sind die Beobachtungen von DERHAM [7] zu erklären, der natürliche Magnete der Länge nach auseinander gesägt und gefunden hat, dass die beiden Theile bisweilen den gleichen, bisweilen entgegengesetzten Magnetismus hatten; insbesondere zeigte sich, wenn vom ganzen Magnet ein Theil abgesägt wurde, der weniger als die Hälfte betrug, dass dieser Theil immer entgegengesetzte Polarität hatte (vergl. §§. 8, 20).

14. Nach §. 36 hat man, wenn die von der Inductionsfähigkeit abhängigen Grössen $c(1 + q^2)$ und $c'(1 + q'^2)$ mit g und g' bezeichnet werden, für die Anziehung eines weichen Eisenstabes durch einen Stahlmagnet oder Elektromagnet, wie für die Anziehung eines Ankers durch einen Hufeisenmagnet von Stahl oder einen Elektromagnet den Ausdruck

$$\frac{C \cdot M^2 g'}{(1 - gg')^2},$$

wo C eine von Form, Grösse und Inductionsfähigkeit des anziehenden Magnets abhängige Constante ist. Die Anziehung ist hier mit Tragkraft gleichbedeutend und wird durch das Gewicht, welches zum Abreissen erforderlich ist, bestimmt.

Hieraus gehen unmittelbar die oben S. 199 angegebenen Sätze hervor; zugleich erkennt man, dass die Tragkraft bei Elektromagneten dem Quadrate der magnetisirenden Kraft (Stromstärke), und bei Stahlmagneten dem Quadrate des magnetischen Moments (der Stärke) proportional ist.

[1] von Kolbe. Pogg. Ann. LXXXI. 324.
[2] Man vergleiche Dr. Jul. Dub, der Elektromagnetismus S. 195, wo die Arbeiten von Lenz u. Jacobi, Müller, Hankel, v. Feilitzsch erwähnt sind.
[3] I. Müller. Bericht über die neuesten Fortschritte der Physik, S. 498.
[4] v. Feilitzsch. Pogg. Ann. LXXX. 324.
[5] Lamont. Sitzungsberichte der k. b. Ak. d. Wiss. zu München 1862. II. Heft II. S. 118.
[6] Biot. Traité de Physique expérim. et mathém. T. III. p. 101.
[7] Derham. Philos. Trans. 1705. p. 2138.

Kapitel IV.
Normale Magnetisirung des Stahles durch Stahlmagnete, durch Elektromagnete und durch den galvanischen Strom, abnorme Magnetisirung.

§. 38. Principien der Magnetisirung.

Den Magneten eine grosse Kraft zu geben, ist seit drei Jahrhunderten als eine Aufgabe von hoher Wichtigkeit betrachtet worden, und Künstler und Gelehrte haben dessfalls die mannigfaltigsten Versuche angestellt und verschiedene Magnetisirungsmethoden erfunden; indessen ist auf diesem Gebiete die Zahl wohl constatirter Resultate ausserordentlich klein.

Gibt man sich die Mühe, mehr in das Detail einzugehen, so findet man, dass bei keinem der angestellten Versuche die absolute Kraft der zur Magnetisirung gebrauchten oder der magnetisirten Stäbe bestimmt worden ist; zugleich hat man Ursache, über den völligen Mangel rationeller Grundlagen bei den Experimenten sich zu wundern, denn in der Regel haben die Experimentatoren gar nicht versucht, den beobachteten Erfolg auf Principien zurückzuführen oder die Umstände zu ermitteln, welche bewirkt haben, dass der Erfolg in einem Falle grösser, in einem andern geringer ausgefallen ist. Im weiteren Verlaufe dieses Kapitels wird man verschiedene Versuchsreihen finden, welche ich ausgeführt habe in der Absicht, der Lehre von der Magnetisirung des Stahles eine entsprechende Grundlage zu geben, und wobei sich insbesondere herausgestellt hat, dass dieselbe Methode einmal ein günstiges, ein anderesmal ein ungünstiges Resultat liefern kann, je nach der Grösse des magnetisirten Stabes und der Stärke der zum Streichen angewendeten Magnete. Um dieses Ergebniss gehörig zu begründen, werde ich zunächst die bekannten Methoden auseinandersetzen und dabei auch zugleich den Erfolg theoretisch zu erklären suchen.

Um den Stahl zu magnetisiren, muss man zuerst durch irgend eine äussere Kraft Magnetismus darin erregen; wird dann die äussere Kraft entfernt, so verschwindet auch ein Theil des erregten Magnetismus, ein Theil bleibt aber als permanenter Magnetismus übrig.

Die Erregung des Magnetismus in einem Stabe geschieht auf die einfachste Weise dadurch, dass man ihn der Einwirkung des Erdmagnetismus aussetzt, und zwar soll der Stab in die Richtung der Inclinationsnadel gebracht werden. Die Magnetisirung wird sehr gefördert durch das Reiben, Klopfen oder Hämmern des Stabes, während er in der angegebenen Lage sich befindet. Noch stärker als der Erdmagnetismus wirkt die Annäherung eines Magnets. Wenn man einen Magnet NS Fig. 165 dem Ende eines Stahlstabes ab nahe bringt, so wird in den zunächst liegenden Moleculen bei a Magnetismus inducirt; diese erste Schichte inducirt in der zweiten, diese in der dritten u. s. f. bis zum Ende hinaus. Aber auch in der zweiten, in der dritten und in den folgenden Schichten ruft der Magnet NS unmittelbar Magnetismus hervor, und diese induciren wieder nach beiden Seiten hin.

Fig. 165.

Das Endresultat ist, dass von a bis c zwischen je zwei angrenzenden Moleculen ein Ueberschuss von südlichem Magnetismus, von c dagegen bis b ein Ueberschuss von nördlichem Magnetismus übrig bleibt und zwar zunehmend gegen die Enden, wie in der Figur durch Schattirung angedeutet ist. Der freie südliche Magnetismus ist auf einen kleinern Raum, der nördliche auf einen grössern Raum ausgedehnt, die Quantitäten sind übrigens gleich gross. Entfernt man den Magnet NS, so verschwindet, wie oben bereits bemerkt wurde, ein Theil des in den Molecülen von ab erregten Magnetismus, die Quantität ist aber nicht für alle Molecüle gleich, vielmehr werden diejenigen, die am stärksten magnetisirt waren, verhältnissmässig am meisten verlieren, so dass der Verlust am Ende a grösser als am Ende b ausfallen und der Indifferenzpunkt jetzt weiter gegen die Mitte nach c' vorrücken wird.

Der erregte Magnetismus wird am stärksten, wenn man den Magnet NS dem Stab ab nicht blos nähert, sondern bis zur Berührung bringt.

1. Eine vollständige Darstellung der verschiedenen Magnetisirungsverfahren zu geben, ist eine schwierige und weitläufige Aufgabe, theils weil eine präcise und systematische Bezeichnung und Eintheilung fehlt, theils auch wegen der zahlreichen Modificationen, welche von einzelnen Experimentatoren versucht worden sind [1].

Um sich zu überzeugen, wie wenig es bisher gelungen ist, in diesem Fache ein System herzustellen, darf man nur verschiedene Compendien vergleichen. Biot [2] begnügt sich mit einer geschichtlichen Aufzählung und Kritik der Methoden von Knight, Duhamel, Canton, Aepinus und Coulomb; seinem Beispiele ist auch Rogers [3] gefolgt. Müller [4] unterscheidet den einfachen Strich, den getrennten Strich und den Doppelstrich; Eisenlohr [5] führt ebenfalls drei Magnetisirungsmethoden an, denen er die Benennungen einfacher Strich, Doppelstrich und Kreisstrich beilegt. Man bemerkt hier zwei verschiedene Eintheilungsprincipe, das historische und das rationelle. Ich habe im Folgenden mich an das letztere gehalten und im Wesentlichen die Eintheilung von Müller angenommen, dabei aber die Magnetisirungsmethoden — welche von der Stellung und Bewegung der zum Streichen angewendeten Magnete abhängen — von den Einrichtungen, welche getroffen werden können, um bei gleicher Stellung und Bewegung der Magnetpole den Erfolg zu verstärken, unterschieden.

Das eben Gesagte bezieht sich auf die Magnetisirung durch Magnetpole; was die unmittelbare Induction des Erdmagnetismus und des galvanischen Stromes betrifft, so wird die Anwendung derselben zur Erzeugung von Magneten immerhin von untergeordneter Bedeutung bleiben.

2. Am Ende des 16. Jahrhunderts wusste schon Gilbert, dass die Induction der Erde im Eisen permanenten Magnetismus hervorrufe. Grimaldi [6] hat eben-

falls dieses Mittel angewendet. DUFAY und TRULLARD brachten nach dieser Methode kräftige Magnete zu Stande, indem sie, während der Stab der Induction des Erdmagnetismus ausgesetzt war, ihn fortwährend hämmerten. MICHELL[7] legte den zu magnetisirenden Stab zwischen zwei Eisenstäbe, so dass sämmtliche Stäbe sich mit den Enden berührten und eine gerade Linie bildeten; während dann der Erdmagnetismus darauf wirkte, bestrich er den zu magnetisirenden Stab mit einem glatten Eisenstücke. BARLOW hat gezeigt, dass, wenn man einen rothglühenden Stab in der Richtung der Inclinationsnadel abkühlen lässt, er beträchtliche Stärke erhält, was durch v. YELIN's[8] Versuche bestätigt wird. Auch SCORESBY[9] hat Magnetnadeln von grosser Kraft durch die Induction des Erdmagnetismus erzeugt. Sehr merkwürdig sind die Versuche von HALDAT[10], welche die Wirksamkeit des Reibens nachweisen. Er legte zwischen die ungleichnamigen Pole zweier Magnete Stücke von Stahldraht, so dass eine Induction stattfand, die jedoch so schwach war, dass eine permanente Kraft nicht zurückblieb; wurden dagegen die Drahtstücke, während sie zwischen den Magnetpolen lagen, ihrer ganzen Länge nach mit Messing, Kupfer, Zink, Glas, Holz oder überhaupt einem harten unmagnetischen Körper gerieben, so nahmen sie permanenten Magnetismus an.

ANTHEAULME[11] hat mittelbar den Erdmagnetismus zur Magnetisirung benützt, indem er zwei mit den Stahlplatten a und b Fig. 166 am Ende versehene und durch ein Holzklötzchen getrennte Eisenstangen A und B (Länge 15 Fuss, Querschnitt 2 Zoll Quadrat) in der Richtung der Inclinationsnadel auf einem Brette festmachte und die zu magnetisirende Nadel an den Stahlplatten abrieb, wie es bei dem einfachen Striche geschieht.

Fig. 166.

3. Wenn oben gesagt worden ist, dass bei Anwendung einer inducirenden Kraft ein Theil des erregten Magnetismus permanent zurückbleibt, so bedarf dieser Satz einer nähern Erklärung, die am einfachsten durch ein Beispiel gegeben werden kann. Bekanntlich ist bei geringerer Stromstärke der Magnetismus, welchen eine Spirale in einem Eisenkerne hervorruft, der Stromstärke proportional. Mittelst eines ganz schwachen Stromes bestimmte ich nun für eine dünne Stahlstange von 8 Zoll Länge das Verhältniss zwischen den eben erwähnten Grössen, und fand, dass einem Theilstriche des Galvanometers ein Magnetismus von 1,75 (Scalatheile des Ablenkungsapparats) entsprach. Ich liess nun einen Strom von 30 Theilstrichen des Galvanometers durch die Magnetisirungsspirale gehen, und nach den Vorstellungen, die gewöhnlich in Lehrbüchern vorgetragen werden, würde man erwarten, dass der Magnetismus des Stahles auf $30 \cdot 1,75 = 52,5$ hätte hinaufgehen müssen. Die Beobachtung gab dagegen 63,0, wovon 10,5 bei Aufhebung des Stromes permanent zurückblieben. Der Strom brachte also eine permanente Wirkung hervor und inducirte nebenbei ebenso viel Magnetismus, als wenn er gar keine permanente Wirkung gehabt hätte. In so ferne ist der S. 40 gebrauchte Vergleich mit der Biegung einer unvollkommen elastischen Messingfeder ganz passend, denn ein bestimmtes Gewicht bringt eine permanente und gleichzeitig eine vorübergehende Biegung hervor, welche beide zwar dem Gewichte proportional, aber nicht von einander direct abhängig sind.

4. Es wäre von Interesse, durch den Versuch zu ermitteln, in welchem Verhältnisse der inducirte und der permanent zurückbleibende Magnetismus zur inducirenden Kraft stehen; in dieser Beziehung jedoch haben bisher die verschiedenen Untersuchungen zu keinem bestimmten Gesetze geführt, und diess war auch zu erwarten. Einmal gibt es kein Eisen und keinen Stahl von homogener Beschaffenheit; dann haben die Experimentatoren häufig zu kurze Spiralen gebraucht, also den Magnetismus in den einzelnen Moleculen ungleichmässig erregt; ferner wird

als Maass des zurückbleibenden Magnetismus das magnetische Moment gebraucht, welches von der Vertheilung der Kraft abhängt, und endlich wird das magnetische Moment durch die Ablenkung gemessen, welche erst einige Zeit nach Unterbrechung des Stromes beobachtet wird ohne Rücksicht auf den Verlust, der inzwischen eingetreten ist.

Zunächst lasse ich hier einige von WIEDEMANN [12] ausgeführte Versuchsreihen folgen. Ein weicher cylindrischer Stahlstab von $8\frac{1}{2}$ Zoll Länge und $\frac{1}{2}$ Zoll Durchmesser wurde in eine Spirale gebracht und zeigte, während ein Strom von der Stärke i durch die Spirale ging, den Magnetismus $m+r$, wovon der Theil r permanent zurückblieb, während die eigentliche Induction m bei Unterbrechung des Stromes verschwand. Zu bemerken ist noch, dass nach jeder Einwirkung des Stromes der permanent zurückgebliebene Magnetismus durch einen Gegenstrom wieder aufgehoben wurde. Den erhaltenen Zahlen habe ich die Verhältnisse $\frac{m}{i}$ und $\frac{r}{m+r}$ beigefügt.

i	13	20,2	26,5	3,4	51	79	98	120	142,7	154,5
m	30	46,5	63,3	84	131,2	211,1	254,2	295,2	334,3	346,9
r	6	9,3	12	15,1	19,9	25,9	28	29,8	30	30,6
$\frac{m}{i}$	2,31	2,30	2,39	2,47	2,57	2,67	2,59	2,46	2,34	2,25
$\frac{r}{m+r}$	0,17	0,17	0,16	0,15	0,13	0,11	0,10	0,09	0,08	0,08

Die Unregelmässigkeit in der Progression der Verhältnisszahlen hat ohne Zweifel ihren Grund darin, dass die Unterbrechung des Stromes in dem Stabe eine Erschütterung erzeugt und ein Theil des permanent zurückbleibenden Magnetismus verschwindet, eine Thatsache, von deren Richtigkeit man sich leicht überzeugen kann. Bei folgender Versuchsreihe wurde derselbe Stab gebraucht und auch dieselbe Methode angewendet mit dem einzigen Unterschiede, dass der permanent zurückbleibende Magnetismus r nicht aufgehoben wurde.

i	14	20,4	28,8	36,4	45,6	70,4	94,5	115	159
m	30,3	46,1	67	80,3	117,4	188,3	240,4	288,9	354
r	11,2	15,2	19	22,4	25,6	28,2	29,1	30,1	31
$\frac{m}{i}$	2,16	2,26	2,33	2,21	2,57	2,67	2,63	2,51	2,23
$\frac{r}{m+r}$	0,27	0,25	0,22	0,22	0,17	0,13	0,11	0,09	0,08

Folgende Versuchsreihe wurde mit einem harten Stahlstabe ausgeführt:

i	14	26,8	37	51,8	62,7	77,5	92,1
m	14,6	31,2	41,4	60,6	74,5	97,9	120,4
r	13,9	22	28,5	38,6	47,5	57,1	65,7
$\frac{m}{i}$	1,04	1,16	1,12	1,17	1,19	1,26	1,31
$\frac{r}{m+r}$	0,49	0,41	0,41	0,39	0,39	0,37	0,35

§. 38. PRINCIPIEN DER MAGNETISIRUNG.

Hier tritt besonders stark die oben erwähnte Unrichtigkeit der Werthe von r hervor, und es wird dadurch bewirkt, dass die Werthe von $\frac{m}{i}$, welche die Inductionsfähigkeit ausdrücken, eine zunehmende Reihe bilden, während sie eine abnehmende Reihe bilden sollten.

So lange man schwache inducirende Kräfte anwendet, so hängt der Erfolg in beträchtlichem Maasse davon ab, welchen magnetisirenden Einwirkungen die Stäbe vorher ausgesetzt worden waren; mittelst starker Induction gelangt man aber fast immer zu demselben permanenten Magnetismus und zwar darf man nach obigen Versuchen rechnen, dass von dem während der Induction vorhandenen Magnetismus bei dem weichen Stahle $1/12$, bei dem harten $1/3$ zurückbleibt.

MÜLLER [13] fand bei Anwendung einer sehr starken inducirenden Kraft, dass ein runder gehärteter Stahlstab von 10 Zoll Länge und $1/3$ Zoll Durchmesser eine Ablenkung von $14^0,5$ (mittelst einer Boussole gemessen) hervorbrachte und nach Aufhebung der inducirenden Kraft die Ablenkung $8^0,75$ betrug, also 0,55 des vorhandenen Magnetismus zurückblieb. Letzterer Magnetismus kann zugleich als Maximum oder als Sättigungsgrad betrachtet werden, denn durch Bestreichung mit einem sehr starken Elektromagnet konnte nur eine Vermehrung der Ablenkung von $0^0,25$ zu Stande gebracht werden. Dieselbe inducirende Kraft, welche bei dem gehärteten Stahle eine permanente Ablenkung von $8^0,75$ zurückliess, brachte bei minder harten Stahlstäben von gleicher Grösse eine geringere constante Kraft hervor, nämlich bei angelassenem Stahl 7^0, bei ausgeglühtem Stahle $3^0,5$ (was übrigens mit den Versuchen §. 47,6 nicht ganz übereinstimmt). Ich habe ebenfalls viele Versuche angestellt, ohne irgend ein allgemeines Gesetz zu erkennen; zugleich fand ich, dass nicht blos die Beschaffenheit, sondern auch die Dimensionen des Stahles von grossem Einflusse sind, wie folgendes Beispiel zeigt. Zwei Stahlstäbe A und B von gleicher Länge (= 6 Zoll), aber ungleichem Querschnitte (A Breite = $5'''$,0, Dicke = $2'''$,0 und B Breite = $2'''$,6, Dicke = $1'''$,4) wurden in eine Magnetisirungsspirale gebracht und nach und nach durch Vermehrung der inducirenden Kraft allmählig stärker, zuletzt aber mittelst 25 pfündiger Stäbe bis zur Sättigung magnetisirt. Als Resultat erhielt ich folgende Zahlen, bei welchen der Magnetismus, den die 25 pfündigen Stäbe ertheilten, als Einheit angenommen ist.

	Magnetismus, während die Induction der Spirale wirkte	Magnetismus, permanent zurückgeblieben
A	0,44	0,06
	0,84	0,18
	1,59	0,37
B	0,44	0,12
	0,95	0,52
	1,28	0,53

Bei dem stärkern Querschnitte blieb also vom Anfange $1/7$, später $1/4$, bei dem schwächern Querschnitte vom Anfange $1/4$, später fast $1/2$ des erregten Magnetismus permanent zurück.

[1] Ueber die Verfertigung von Magneten ist in neuerer Zeit ein selbstständiges Werk von FISCHER erschienen („Praktische Anleitung zur Verfertigung künstlicher Magnete 1838"); fast alles, was sonst über den Gegenstand geschrieben worden ist, findet sich in akademischen Publicationen, dann in Zeitschriften und Lehrbüchern der Physik. Letztere habe ich grösstentheils unberücksichtiget gelassen; die übrige Literatur wird man in den folgenden §§. erwähnt finden, jedoch mit Weglassung der minder wesentlichen Notizen, wovon eine sehr grosse Anzahl aufzuführen wäre, z. B. Gilb. Ann. III. 446. —

Daselbst V. 383.. — Daselbst XVII. 325. — Daselbst LXVIII. 102; daselbst LXXI. 167 u. s. w.
2 BIOT. *Physique expérimentale* II. 38.
3 ROGERS. *Library of useful knowledge. Magnetism.*
4 MÜLLER. Lehrbuch der Physik.
5 EISENLOHR. Lehrbuch der Physik.
6 GRIMALDI. Physico-Mathesis. Optic. prop. 31.
7 MICHELL. *A treatise on artificial magnets.*
8 v. YELIN. Pogg. Ann. LXXIII. 415.
9 SCORESBY. *On the northern whalefishery.*
10 HALDAT. Ann. de Chim. et de Phys. XLII. p. 42.
11 ANTHEAULME. Gehler's phys. Wörterb. neu bearbeitet. Lalande's Bericht. *Mém. de l'Acad. de Paris.* 1761. 213.
12 WIEDEMANN. Pogg. Ann. C 235.
13 MÜLLER. Pogg. Ann. LXXXV. 157.

§. 39. Einfacher Strich.

Setzt man den Südpol S des Magnets NS Fig. 167 auf irgend einen Punkt k zwischen den beiden Enden des Stahlstabes ab, so werden die Molecule magnetisirt, wie in der Figur angezeigt ist, und es entstehen Nordpole an beiden Enden des Stabes.

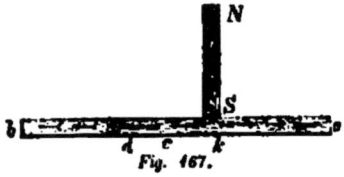
Fig. 167.

Wird der Magnet NS auf dem Stabe von k nach b fortgezogen, so werden die Molecule von k bis b ummagnetisirt, so zwar, dass in a ein Nordpol, in b aber ein Südpol entsteht, also der Stab eine normale Magnetisirung erhält. Diese Operation nennt man den einfachen Strich.

Der Punkt k, wo man den Magnetstab zuerst aufsetzt, kann beliebig gewählt werden, und zwar haben Einige den Strich von dem einen Ende a bis zum andern Ende b, Andere von der Mitte c bis zum Ende b, und wieder Andere von einem Punkte d bis zum Ende b geführt. Der Erfolg ist übrigens nicht gleichgültig, denn bei der Ummagnetisirung eines Moleculs wird der zuletzt hergestellte Magnetismus um so stärker sein, je geringer der Magnetismus war, der aufgehoben werden musste.

Der aufzuhebende Magnetismus ist derjenige, der durch Induction entsteht, wenn man den Magnetstab NS aufsetzt; die Wirkung der Induction ist aber um so stärker, je grösser die Länge, auf welche sie sich ausdehnt (§. 34). Setzt man also den Pol S in a auf, um ihn nach b fortzuführen, so ist der aufzuhebende Magnetismus stärker, als wenn man ihn in der Mitte c oder in d aufsetzt. Es ist demnach nicht vortheilhaft, den Strich von einem Ende des zu magnetisirenden Stabes bis zum andern fortzuführen, und es dürfte am zweckmässigsten sein, den Magnetpol in der Mitte aufzusetzen. Diess ist das allgemein gebräuchliche Verfahren, und zwar wird die Operation gewöhnlich so vollzogen, dass man den Südpol S von c nach b, dann den Nordpol N von c nach a führt, und diess so oft wiederholt, bis der Stab keinen Magnetismus mehr aufnimmt.

Der Hauptnachtheil des einfachen Striches ist, dass, so oft man den Pol N oder S aufsetzt, der Magnetismus des Stabes ab in der einen oder andern Hälfte gestört wird, d. h. eine wenigstens temporäre Verminderung er-

Es gibt übrigens ein Mittel, diesen Uebelstand, wenn nicht gänzlich zu heben, doch sehr zu vermindern. Man macht nämlich den zum Magnetisiren angewendeten Stab NS Fig. 168 auf einer Unterlage fest, legt den Stab ab auf, wie in der Figur angegeben ist, und

Fig. 168.

schiebt ihn fort, bis b nach S kommt, alsdann setzt man den Stab in der Lage $a'b'$ auf und zieht ihn heraus, bis a' nach N kommt. Hierbei muss ein Druck in c und c', d. h. über den Polen N und S ausgeübt werden, damit die Pole S und N fest aufliegen. Indem man die Operation öfters wiederholt, erlangt man bald den stärksten Magnetismus, der mittelst des Magnets NS ertheilt werden kann, und es ist einleuchtend, dass, wenn der zu magnetisirende Stab in der angegebenen Weise aufgelegt wird, die sich berührenden Theile des Stabes und des Magnets gleichnamigen freien Magnetismus enthalten, also eine Schwächung, wie bei der Methode Fig. 167, nur in geringem Maasse eintreten kann.

4. Auf den einfachen Strich pflegt man in Lehrbüchern kein Gewicht mehr zu legen; in der Praxis ist er jedoch nicht blos bequem, sondern gibt, wenn man starke Magnete zum Bestreichen anwendet, alle erforderliche Kraft. Jeder Mechaniker, der mit Verfertigung magnetischer Instrumente sich befasst, sollte in seiner Werkstätte ein paar grosse vertical stehende Magnetstäbe an der Wand befestigen, unten auf einem fixen Anker ruhend, oben mit einem Anker, der abgehoben werden kann, versehen. Handelt es sich darum, kleinere Nadeln zu magnetisiren, so braucht man blos den obern Anker zu entfernen und die Nadeln an den Enden der Stäbe zu streichen. AEPINUS wendet gegen den einfachen Strich ein, dass dabei eine symmetrische Vertheilung des Magnetismus nicht zu Stande komme, vielmehr der Indifferenzpunkt immer demjenigen Pole zunächst liege, der zuletzt bestrichen worden sei. Wenn der Vorwurf überhaupt begründet ist, so wird die Wirkung wohl nur bei Anwendung schwacher Magnete hervortreten; dass sie bei Anwendung starker Stäbe unmerklich ist, kann ich nach eigener Erfahrung bestätigen.

§. 40. Doppelstrich.

Da es bei der Magnetisirung hauptsächlich darauf ankommt, in den Molekülen eine möglichst grosse Menge Magnetismus zu induciren, so leuchtet von selbst ein, dass es von wesentlichem Vortheile sein muss, zwei ungleichnamige Magnetpole dabei zu gebrauchen. Die Anwendung zweier Pole wird mit dem Namen „Doppelstrich" bezeichnet; es gibt aber zwei wesentlich verschiedene Arten des Doppelstriches, nämlich

a. einen Doppelstrich mit getrennten Magneten,
b. einen Doppelstrich mit fest verbundenen Magneten.

Der Doppelstrich mit getrennten Magneten ist nichts anderes als der einfache Strich gleichzeitig an beiden Hälften des zu magnetisirenden Stabes ausgeführt.

Soll der Stab ab Fig. 169 magnetisirt werden, so hält man den Magnet NS mit der einen, den gleich

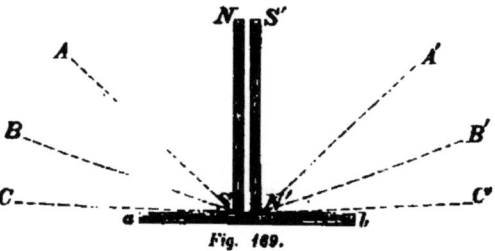

Fig. 169.

grossen Magnet $N'S'$ mit der andern Hand, legt die Pole zunächst an der Mitte des Stabes auf und führt gleichzeitig den Pol S nach a und N nach b. so zwar, dass die Magnete beständig senkrecht bleiben. Wenn man hierauf die Magnete abhebt, so ist es, um Kraftverlust zu vermeiden (§. 24), zweckmässig, sie vorher so zu drehen, dass sie nur mit einer Kante den Stab berühren. Dieselbe Operation wird dann so oft wiederholt, bis der Stab keinen weiteren Magnetismus aufnimmt.

Bei der Ausführung des Doppelstriches mit getrennten Magneten sind verschiedene Modificationen angewendet worden, welche sich auf die Neigung der Magnete und die Entfernung der Pole am Anfange der Operation beziehen. Einige setzen die Pole so auf, dass sie sich berühren, Andere lassen einen kleinen Raum dazwischen, ohne dass es bisher zur Entscheidung gebracht worden wäre, ob diess im Erfolge einen Unterschied mache; da übrigens eine starke gegenseitige Induction der Pole gewöhnlich im Magnetismus der Stäbe eine permanente Störung verursacht, so ist es zweckmässig, die Berührung zu vermeiden. Was die Neigung der Magnete betrifft, so haben Einige eine Neigung von 45° für vortheilhaft erklärt, also die Magnete in die Richtungen SA und $N'A'$ gebracht. Andere haben die Neigung vermindert auf 20° (Richtungen SB und $N'B'$), wieder Andere haben die Stäbe noch weiter geneigt, bis nur ein Winkel von 2 bis 3 Grade übrig blieb, und endlich haben Einige die Magnetpole flach aufliegen lassen, wie *Fig. 170*. Aus denselben Gründen, welche im vorigen §. entwickelt worden sind, kann es keinem Zweifel unterliegen, dass die letztere Methode die zweckmässigste ist, weil dabei die

Fig. 170.

schädliche Gegenwirkung verschwindet oder wenigstens sehr vermindert wird. Diess ist jedoch nur dann der Fall, wenn die Magnete länger sind, als der zu magnetisirende Stab, eine Bedingung, die überhaupt wohl unerlässlich ist, wenn einem Stabe ein höherer Grad von Magnetismus ertheilt werden soll.

Der Doppelstrich mit fest verbundenen Magneten wird in folgender Weise ausgeführt: Man lege zwischen zwei Magnetstäbe NS und $N'S'$, deren Pole entgegengesetzte Richtung haben, kleine Holzklötze k, k', klemme die Stäbe etwa mit hölzernen oder messingenen Zwingen zusammen und setze sie, wie in *Fig. 171* dargestellt wird, auf die Mitte des Stahlstabes ab, so erhalten die

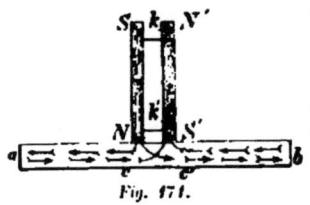
Fig. 171.

Molecule in dem Raume cc' durch die übereinstimmende Induction beider Pole einen starken Magnetismus, während in den Räumen ac, bc' die Differenz der Induction der Pole S und N' wirksam ist, und zwar so, dass in ac der südliche, in bc' der nördliche Magnetismus das Uebergewicht hat. Demnach wird die secundäre Wirkung in den Theilen ac und bc' der Hauptwirkung im Theile cc' entgegengesetzt sein. Führt man das System NS, $N'S'$, von der Mitte ausgehend, über die ganze Länge des Stabes wiederholt hin und her, so kommt jedes Molecul wiederholt zwischen N' und S zu stehen und wird einer starken Induction ausgesetzt, deren Wirkung allerdings bei der Fortbewegung durch die eben bemerkte Gegenwirkung etwas geschwächt wird.

Was diese Gegenwirkung betrifft, so hängt ihre Grösse, wie es bei jeder Induction der Fall ist, von der Länge ab, über welche sie sich erstreckt; führt man demnach die combinirten Pole SN' von der Mitte aus gegen das Ende b, so vermindert sich zwar nach dieser Seite hin die Gegenwirkung, wächst aber gegen das Ende a in stärkerm Verhältnisse. So kommt es, dass im Ganzen die Gegenwirkung am wenigsten schädlich ist, wenn die combinirten Pole in der Mitte sich befinden; desshalb muss die Abhebung in dieser Stellung geschehen und dadurch wird zugleich eine symmetrische Vertheilung des Magnetismus erzielt.

In dem eben beschriebenen Magnetisirungsverfahren sind vielerlei Modificationen eingeführt worden. Einige haben den beiden Magneten die schiefe Stellung *Fig. 172* gegeben und dazwischen ein Holzklötzchen gelegt, welches bei Hin- und Herbewegen der Magnete mitgeführt wird und die Berührung der Pole verhindert. Durch die schiefe Lage der Magnete wäre möglicherweise der Vortheil zu erreichen, dass die eigentlichen Pole, d. h. die magnetischen Schwerpunkte dem Stabe näher kämen, also grössere Wirkung hervorbringen könnten; bei näherer Betrachtung wird man jedoch leicht einsehen, dass dieser Vortheil jedenfalls unerheblich sein wird.

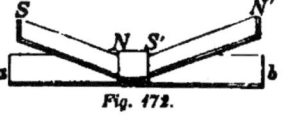

Fig. 172.

Andere haben die beiden Magnete *Fig. 173* so gehalten, dass die obern Pole sich berührten, die untern aber in einiger Entfernung sich befanden, und gewöhnlich wurde ein Holzklötzchen k hineingeschoben, um zu bewirken, dass die unteren Pole in immer gleicher Distanz blieben. Die Verbindung der Pole ist als ein wesentlicher Vortheil zu betrachten, weil in Folge dessen die beiden Magnete und das Stück cc' des Stabes einen geschlossenen Kreis bilden, und in jedem Schliessungskreise die Induction sehr beträchtlich vermehrt wird (§. 35). Auch hinsichtlich der Entfernung der Pole von einander sind Modificationen versucht worden, ohne dass man zu einem bestimmten Resultate gelangt wäre, obwohl nicht gezweifelt werden kann, dass der Erfolg von der Entfernung abhängt und die Entfernung von der Stärke der Magnete bedingt sein wird. Bei allen Modificationen übrigens hat man immer die Bedingung zu beobachten, dass man die Pole in der Mitte des zu magnetisirenden Stabes aufsetze und in der Mitte abhebe.

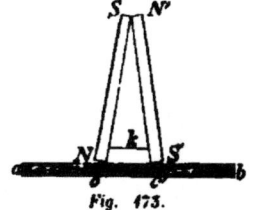

Fig. 173.

1. Der Doppelstrich ist wahrscheinlich von Dr. Godwin Knight um das Jahr 1740 zuerst in Anwendung gebracht worden; wenigstens wird berichtet, dass die von ihm während seines Lebens geheim gehaltene Methode darin bestand, den zu magnetisirenden Stab ab (*Fig. 174*) auf die zwei Magnete NS, $N'S'$ hinzulegen und die Magnete unter dem Stabe herauszuziehen [1]; veröffentlicht wurde übrigens die Methode des Doppelstriches von Michell [2] im Jahre 1750, zugleich mit Angabe vieler Vortheile, welche den Erfolg wesentlich fördern. Canton [3], Duhamel [4], le Maire, Aepinus, Coulomb, Antheaulme [5], Euler und Fuss [6], Mohr [7], Hoffer [8] haben die Methode des Doppelstriches mit verschiedenen Modificationen angewendet.

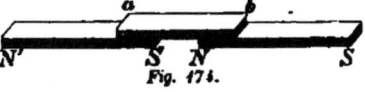

Fig. 174.

2. MICHELL [9] empfiehlt die Enden des zu magnetisirenden Stabes während der Operation auf Magnetpole zu legen und hebt es als einen wesentlichen Umstand hervor, dass nicht blos diese Magnetpole, sondern auch die zum Streichen angewendeten Magnete eine der Grösse des Stabes angemessene Kraft haben müssen. Folgende von ihm mitgetheilte Tabelle enthält nicht blos das Verhältniss der Magnetisirungskraft zum Stabe (ausgedrückt durch die Anzahl der beim Magnetisiren anzuwendenden 6 zölligen Magnete), sondern auch das Verhältniss, in welchem die Länge zu seinem Gewichte stehen sollte.

Länge des Stabes		Gewicht des Stabes	Zahl der zum Streichen erforderlichen 6 zölligen Magnete	Zahl der zu Unterlagen erforderlichen 6 zölligen Magnete.
Fuss	Zoll	Pfund		
	1	$0, 1/64$		
	2	$0, 1/10$		
	3	$0, 2/7$	2	1
	4	$0, 3/5$	4	2
	5	$1, 1/13$	6	2
	6	$1, 3/4$	6	2
	8	4	10	4
	10	7	14	5
1	0	14	18	6
1	6	2,0	36	12
2	0	4,3	56	19
2	6	7,8	74	24
3	0	12,0	96	32
4	0	25,0	170	57
5	0	45,8	246	82
6	0	73,0	330	110

MICHELL bemerkt, dass, wenn die magnetisirende Kraft zu gross gewählt wird, die Gegenwirkung zu bedeutend ausfällt; ferner gibt er an, dass eine schwächere magnetische Kraft, nach einer stärkern angewendet, den Magnetismus vermindere.

In Beziehung auf letztern Punkt sagt BIOT [10], dass, wenn nach einem stärkern Magnet ein schwächerer zur Bestreichung angewendet wird, man den Magnetismus erhalte, den der schwächere ertheilt haben würde, wenn er vom Anfange zur Magnetisirung gebraucht worden wäre. Die Erklärung, die hierfür gegeben wird, schien mir keinesweges befriedigend, und ich habe desshalb durch folgende Versuchsreihe zu einer Entscheidung zu gelangen gesucht. Ein Abschnitt von einer Uhrfeder A (Länge $56''',0$, Breite $8''',8$, Dicke $0''',17$) und ein (ungehärteter und unausgeglühter) Stahlstab B (Länge $56''',0$, Breite $5''',2$, Dicke $1''',8$) wurde mit 1 pfündigen, 4 pfündigen und 25 pfündigen Magneten nach der Methode des einfachen Strichs magnetisirt und gaben (durch Ablenkung) folgende relative Momente:

		relatives Moment	
		A	B
magnetisirt mit	1 pfündigen Stäben	36,3	10,0
mit	4 pfündigen	57,5	34,1
mit	25 pfündigen	63,9	62,7
mit	1 pfündigen	54,1	39,9

	relatives Moment	
	A	B
magnetisirt mit 25 pfündigen Stäben	64,6	60,2
mit 4 pfündigen	59,6	48,7
mit 25 pfündigen	64,2	61,0
mit 4 pfündigen	59,1	58,2

eraus erhellt übereinstimmend mit den Angaben von MICHELL, dass schwächere lsirungsmittel verhältnissmässig weit grössern Erfolg haben bei schwächern, stärkern Nadeln; ferner zeigen die angeführten Zahlen, dass eine schwächere nach einer stärkern angewendet, zwar den Magnetismus vermindert, aber /egs in dem von BIOT angegebenen Maasse. Durch Bestreichung mit den igen Stäben nach den 25 pfündigen verlor die Uhrfeder $1/_5$, der Stahlstab nehr als $1/_3$ seiner Kraft, während die Uhrfeder nahe die Hälfte und der b $5/_6$ hätte verlieren müssen, um auf den Magnetismus zu kommen, den die igen Stäbe ertheilt hatten. Ein analoges Resultat erhält man, wenn die isirung durch die 25 pfündigen und 4 pfündigen Stäbe verglichen wird. Da eoretischen Gründen zu vermuthen war, dass, wenn die Bestreichung n schwächern Magnete nicht von der Mitte aus geführt, sondern auf die schränkt wird, die Verminderung des Magnetismus geringer sein würde, te ich in dieser Weise den letzten oben angegebenen Versuch an, welcher r Erwartung entsprochen hat, denn der Verlust betrug bei der Uhrfeder , anstatt $1/_5$, und bei dem Stahlstabe $1/_{20}$ anstatt $1/_3$.

ss [11] erwähnt Fälle, wo stärkere Magnete, zum Streichen angewendet, ge- Erfolg hervorbrachten, als schwächere. Welche eigenthümlichen Umstände ierbei wirksam gewesen sein müssen, lässt sich nicht mit Sicherheit er-

ɔt [12] schreibt grossen Stäben weniger Wirksamkeit zu, als einem Bündel inen Stäben.

Vergleichungen der relativen Wirksamkeit der einzelnen Methoden COULOMB [13], FUSS und EULER, KATER [14], MOSER [15], MARIANINI [16] an- Ein eigentliches Resultat ist bei der Verschiedenheit der bedingen- sachen nicht erlangt worden, indessen mögen hier einige Einzelnheiten werden.

TER benützte zu seinen Versuchen zwei Abschnitte A und B von Stahl- eln, nicht gehärtet, in Form von rechtwinkeligen flachen Prismen, und tten beide Prismen gleiche Länge (5 Zoll) und gleiche Dicke (0,2 Zoll), da- etrug die Breite bei B 0,7 Zoll und bei A nur die Hälfte dieser Grösse. gnetisirung geschah nach der Methode des Doppelstriches mittelst zweier , und das den Prismen ertheilte magnetische Moment wurde mittelst der ige gemessen.

Versuch. Die Magnetisirungsstäbe wurden verbunden wie *Fig. 173*, be- sich also oben und waren unten $1/_4$ Zoll auseinander. Die Messung des schen Moments gab

| A | 655 |
| B | 674 |

Versuch. Die obern Enden der Magnetisirungsstäbe wurden ebenso weit ander entfernt, wie die untern (*Fig. 171*). Das magnetische Moment war

| A | 595 |
| B | 580 |

III. Versuch. Die Magnetisirungsstäbe wurden aufgesetzt, wie in Versuch I, jedoch war die Entfernung der untern Enden gleich der halben Länge der zu magnetisirenden Prismen. Die Messung mit der Drehwaage gab

$$A \quad 760$$
$$B \quad 780.$$

IV. Versuch. Die Magnetisirungsstäbe wurden neben einander und senkrecht in der Mitte aufgesetzt, und der eine rechts, der andere links bis zum Ende hinausgezogen. Nachdem diese Operation mehrmals wiederholt worden war, betrug das magnetische Moment

$$\text{bei } A \quad 993$$
$$B \quad 1155.$$

Hierauf wurden die beiden Prismen an den breiten Flächen glatt gefeilt und die Versuche fortgesetzt.

V. Versuch. Nachdem die Magnetisirung wie bei Versuch I vorgenommen worden war, ergab die Messung

$$A \quad 1025$$
$$B \quad 1150.$$

VI. Versuch. Die Magnetisirungsstäbe wurden in der Mitte aufgesetzt, die oberen Enden 45° auswärts geneigt (nach *Fig. 172*) und dann öfters über die zu magnetisirenden Prismen hin- und hergeführt. Das Ergebniss war

$$A \quad 1070$$
$$B \quad 1170.$$

VII. Versuch. Die Magnetisirung wurde vorgenommen wie im vorhergehenden Versuche, die Neigung gegen die zu magnetisirenden Prismen betrug aber 20°. Das magnetische Moment war

$$A \quad 1085$$
$$B \quad 1195.$$

VIII. Versuch. Die Magnetisirungsmethode war dieselbe, nur die Neigung wurde geändert und betrug 1 bis 2 Grade. Das Ergebniss war

$$A \quad 1160$$
$$B \quad 1275.$$

IX. Versuch. Die Magnetisirungsstäbe wurden auf der Mitte aufgesetzt, dann aber so weit geneigt, dass sie auf der Fläche der Prismen lagen, *Fig. 170*. Nachdem der eine Stab rechts, der andere links hinausgezogen worden war, ergab die Messung

$$A \quad 1158$$
$$B \quad 1261.$$

X. Versuch. Die Magnetisirungsstäbe wurden aufgesetzt wie in Versuch VIII; die Neigung betrug 2 bis 3 Grade und die entfernteren Enden wurden durch einen sehr weichen Eisendraht (der wahrscheinlich auch sehr dünn und bogenförmig gekrümmt war, weil sonst die Magnete nicht hätten von der Mitte der Prismen bis zu den Enden hinausgezogen werden können) verbunden. Das Ergebniss war

$$A \quad 1145$$
$$B \quad 1261.$$

XI. Versuch. Die Magnetisirung wurde vorgenommen wie bei dem vorhergehenden Versuche, nur dass der zur Verbindung angelegte Eisendraht wegblieb. Die Messung gab

$$A \quad 1160$$
$$B \quad 1273.$$

Die Prismen wurden hierauf hellrothglühend gemacht und gehärtet, dann von der Mitte aus angelassen, so dass nur $3/4$ Zoll von beiden Enden ganz hart blieb.

XII. Versuch. Die Prismen wurden magnetisirt wie im Versuche XI, und zeigten folgende magnetische Momente

$$A \quad 1815$$
$$B \quad 1660.$$

Kater liess hierauf zwei andere prismatische Abschnitte von gleichem Gewichte aus einer Stahlblechtafel, und zwar ein längeres und schmäleres Prisma C (Länge 8 Zoll), und ein kürzeres und breiteres Prisma D (Länge 5 Zoll) anfertigen. Sie wurden zuerst im weichen Zustande magnetisirt, dann, nachdem sie auf die vorhin angegebene Weise gehärtet und bis auf 1 Zoll von beiden Enden nachgelassen waren, wieder magnetisirt und gaben

vor dem Härten	C	2275
	D	1193
nach dem Härten	C	2277
	D	1865.

Die ersten drei Versuche zeigen, dass die Magnetisirung mit fest verbundenen Magneten kräftiger ausfällt,
1) wenn die oberen Enden der Magnetisirungsstäbe verbunden,
2) wenn die unteren Enden weiter von einander entfernt werden.

Aus dem IV. Versuche, mit den vorausgehenden verglichen, geht hervor, dass die Magnetisirung mit getrennten Magneten vortheilhafter ist, als mit fest verbundenen.

Dass, vom V. Versuche anfangend, der Magnetismus stärker wurde, obwohl die Prismen an Masse verloren hatten, kommt ohne Zweifel daher, weil der Stahl durch das Feilen einen gewissen Grad von Härte erlangt hatte.

Die Versuche V bis VIII zeigen, dass durch das Neigen der Magnete nur ein ganz unerheblicher Vortheil erlangt wird. Aus dem IX. Versuche, verglichen mit den vorhergehenden, ergibt sich, dass das Auflegen der Magnete weit weniger wirksam ist, als man nach theoretischen Gründen erwartet haben würde.

Dass die Verbindung der Pole durch einen Eisendraht im X. Versuche keinen Vortheil gewährte, kann nicht befremden, da die Länge desselben so gross und die Masse so klein war.

Aus dem XII. Versuche geht hervor, dass die Retentionsfähigkeit des Stahles durch das Härten vermehrt wird. Man vergleiche hiermit §. 8, S. 25 und §. 47, wo gezeigt wird, dass ein Stahlstäbchen magnetisirt in dem Zustande, in welchem es von der Fabrik bezogen wurde, um 1,3 mal stärkern Magnetismus zeigte, als wenn es vollkommen gehärtet war, und dass ein Stäbchen blau angelassen um $7/20$ und ausgeglüht um $1/10$ mehr Magnetismus annahm, als im vollkommen harten Zustande.

---

[1] Wilson. *Philos. Trans.* 1779. p. 51.
[2] Michell. *A treatise on artificial Magnets.*
[3] Canton. *Phil. Trans. for 1751.* Vol. 47. p. 34.

[1] Duhamel. *Mém. de l'Acad. de Paris pour 1750.* p. 154; frühere Untersuchungen: *Mém. de l'Acad. de Paris.* 1745. p. 181.
[5] Lalande. *Mém. de l'Acad. de Paris.* 1761, p. 213.
[6] Euler und Fuss. Acta Acad. Scient. Imp. Petrop. pro 1778, II, p. 35.
[7] Mohr. Pogg. Ann. XXXVI. p. 542.
[8] Hoffer. Baumgartner's Zeitschr. für Phys. und verwandte Wissensch. Bd. II. 197. 360. III. 198.
[9] Michell. *A treatise on artificial Magnets.* p. 56.
[10] Biot. *Traité de Phys. expérimentale.* II. 49.
[11] Fuss. Acta Acad. Petropol. 1778. II. 35.
[12] Biot. *Traité général de Physique.*
[13] Coulomb. *Mém. de l'Institut.* VI (1806).
[14] Kater. *Philos. Trans.* 1821. p. 120.
[15] Moser. Dove's Repert. d. Phys. II. 111.
[16] Marianini. *Sopra alcune fogge di calamite artificiali.* Cimento IV. 231.

§. 41. Anwendung von Hufeisenmagneten, primitive Erzeugung von Magneten.

Bei Darstellung der Grundsätze, worauf die Magnetisirung beruht, ist bisher nur von Magnetstäben die Rede gewesen; es ist aber einleuchtend, dass, da blos die Pole in Anwendung kommen, ebenso gut ein Hufeisenmagnet als ein gerader Stab benützt werden kann. So lässt sich der einfache Strich ausführen, indem man nach §. 39 die eine Hälfte des Stahlstabes mit dem Nordpol und die andere Hälfte mit dem Südpol eines Hufeisenmagnets abwechselnd bestreicht. Ebenso kann man zu dem Doppelstriche mit getrennten Magneten zwei Hufeisenmagnete und zu dem Doppelstriche mit fest verbundenen Magneten einen Hufeisenmagnet, dessen beide Pole nach *Fig. 175* gleichzeitig aufgelegt werden, gebrauchen.

Es ist aber nicht blos zulässig, sondern auch zweckmässig, Hufeisenmagnete zur Magnetisirung anzuwenden, weil ihnen leicht grössere Stärke gegeben werden kann, als geraden Stäben.

Fig. 175.

Will man nach den bisherigen Erklärungen einen kräftigen Magnet herstellen, so muss schon ein noch stärkerer Magnet vorhanden sein, womit er magnetisirt wird. Sind aber die Magnetisirungsmittel selbst erst herzustellen, oder handelt es sich überhaupt darum, mit schwachen Magneten starke zu erzeugen, so lässt sich diess bewerkstelligen mittelst einer grössern Anzahl von Stäben auf folgende Weise. Sämmtlichen Stäben theilt man zuerst einen schwachen Magnetismus, etwa durch Einwirkung der Erdinduction, wenn sonst kein Mittel vorhanden ist, mit, verbindet dann alle Stäbe mit Ausnahme des ersten zu einem Magazin und magnetisirt damit den ersten; hierauf werden sämmtliche Stäbe, mit Ausnahme des zweiten, zu einem Magazin verbunden und damit der zweite Stab magnetisirt, und so geht man die ganze Reihe durch. Hierauf fängt man bei dem ersten Stabe nochmals an und geht die ganze Reihe wieder durch. Die Operation muss so oft wiederholt werden, bis eine Zunahme der Kraft sich nicht mehr zeigt.

1. Bezüglich auf die Magnetisirung von Hufeisen mittelst eines Hufeisenmagneten verdient das Verfahren von Hoffer [1] besonders erwähnt zu werden, theils wegen der bedeutenden Wirkung, die damit erreicht wird, theils wegen des

Umstandes, dass im ersten Augenblick über die Zweckmässigkeit desselben Zweifel gehegt werden könnten. Hoffer bezeichnet zuerst den Nord- und Südpol des zu magnetisirenden Hufeisens, legt den Anker an und stellt darauf zunächst am Anker den zum Magnetisiren anzuwendenden Hufeisenmagneten, so dass die gleichnamigen Pole zusammenkommen, alsdann fährt er langsam und mit paralleler Bewegung rückwärts gegen die Biegung des Hufeisens und darüber hinaus. Dass hier scheinbar ein Nordpol einen Nordpol erzeugt, kommt daher, weil in Beziehung auf den Anker die Schenkel des Hufeisens nur als eine Fortsetzung der Schenkel des Hufeisenmagnets erscheinen. Durch eine vier- oder fünfmalige Wiederholung der Bestreichung in der oben bezeichneten Weise und auf beiden Seiten wird eine sehr kräftige Magnetisirung zu Stande gebracht.

Gewöhnlich wird die Magnetisirung eines Hufeisens in der Weise vollzogen, dass man zunächst an der Biegung den Hufeisenmagnet aufsetzt und ihn dann bis zu den Enden der Schenkel fortführt. Hierbei wird durch einen Nordpol ein Südpol erzeugt. Wenn Einige vorschreiben, den Anker bei dieser Bestreichungsmethode anzulegen, so muss diess unbedingt als unzweckmässig anerkannt werden, weil dadurch eine Gegenwirkung entstehen müsste.

2. Die oben vorgetragene Aufgabe, mit schwachen Magneten starke zu erzeugen, haben alle diejenigen, welche in älterer Zeit mit Magnetisiren sich beschäftigten, zu lösen gehabt und auch in neuerer Zeit ist sie hier und da gelöst worden. Um den ersten Magnetismus zu ertheilen, braucht man keinen Magnet zu besitzen, da die Induction des Erdmagnetismus ausreicht. Canton hat diesen Weg befolgt. Michell hat 12 Stäbe angewendet und sehr starke Magnete hergestellt; zu einem noch günstigeren Resultate war vor ihm G. Knight gelangt. Hoffer [2] hat sehr starke Hufeisenmagnete erzeugt, und Marianini [3] hat mit 15 gleichen Hufeisenmagneten (zusammen $16\frac{3}{4}$ Kilogr. wiegend) die Operation des gegenseitigen Magnetismus 7 mal vorgenommen und eine Tragkraft von 62 Kilogr. zu Stande gebracht.

[1] Hoffer. Baumgartner's Zeitschr. für Phys. und verwandte Wissensch. Bd. II. 197. 360.
[2] Hoffer. Ebendaselbst.
[3] Marianini. Sopra alcune fogge di calamite artificiali. Cimento IV. 234.

§. 42. Verstärkungsmittel bei der Magnetisirung.

Nachdem wir die verschiedenen Mittel angegeben haben, wodurch Magnetismus in den Molecülen erregt wird, so wollen wir auch die Vorkehrungen näher betrachten, welche geeignet sind, die Wirkung der Magnetisirung zu verstärken.

Ein wichtiges Hülfsmittel, um zu bewirken, dass von dem im Stahle inducirten Magnetismus eine grössere Menge permanent zurückbleibt, ist das Reiben und Hämmern. Man bedient sich dieses Mittels, wenn man durch blosse Induction ohne Berührung magnetisirt, wie in §. 38 bereits erklärt worden ist.

Eine sehr beträchtliche Verstärkung erhält man bei allen Magnetisirungsmethoden, wo eine Bestreichung stattfindet, dadurch, dass man nicht blos eine Seite eines Magnets, sondern alle Seitenflächen bestreicht. Ferner ist die öftere Wiederholung der Operation von grossem Vortheile, besonders wenn schwache Magnetisirungskräfte angewendet werden. Gewöhnlich nimmt man an, dass vom Anfange jede Wiederholung eine Vermehrung des permanenten Magnetismus zur Folge hat, die Vermehrungen aber immer kleiner werden und man zuletzt zu einer Grenze gelangt, über welche nicht mehr hinausgegangen werden kann. Ist diese Grenze erreicht, so sagt man, dass der Stab bis zur Sättigung magnetisirt sei.

Auch der Zeit hat man einen Einfluss zugeschrieben. Wenn ein Magnet längere Zeit irgend einer magnetisirenden Kraft ausgesetzt wird, soll dadurch eine Vermehrung des permanenten Magnetismus zu Stande kommen, und die Thatsache, dass durch Anlegen eines Ankers Hufeisenmagnete und auch gerade Stäbe allmählig an Stärke gewinnen, spricht für die Richtigkeit dieser Ansicht.

Es ist §. 11 erwähnt worden und wird später (§. 82) noch näher nachgewiesen werden, dass dieselbe erregende Kraft in einem Stabe mehr Magnetismus hervorruft, wenn man seine Temperatur erhöht. Diesem zufolge ist es allgemein gebräuchlich, Stäbe, die man magnetisiren will, unmittelbar vorher zu erwärmen. Ueber den Grad der Erwärmung besitzen wir keine näheren Bestimmungen; so viel ist aber einleuchtend, dass die Erwärmung immerhin unter derjenigen Grenze bleiben muss, wo die Härte des Stabes nachzulassen beginnt. Aus theoretischen Gründen würde ich glauben, dass es zweckmässig sei, der eben bezeichneten Grenze nahe zu kommen. Hiernach hätte man blau angelassene Magnete mehr, ganz harte weniger warm zu machen, um die grösste Wirkung hervorzubringen. Gewöhnlich wird in Lehrbüchern vorgeschrieben, die zu magnetisirenden Stäbe handwarm zu machen.

Es ist von Einigen versucht worden, Stahlstäbe in der Rothglühhitze einer starken magnetisirenden Kraft auszusetzen und, während die Induction andauert, sie durch Eintauchen in kaltes Wasser zu härten. Das einfachste Verfahren besteht darin, den glühenden Stab aus dem Feuer mittelst eines Magnets, der mit dem einen Ende des Stabes in Berührung gebracht wird, herauszuheben und plötzlich in Wasser zu tauchen. Der Erfolg soll ausserordentlich günstig sein.

Das öftere Umkehren der Pole ist als ein Verstärkungsmittel der Magnetisirung bezeichnet worden, jedoch liegen in dieser Beziehung entgegengesetzte Resultate vor.

Wirksamer als alle bisher angeführten Mittel erweisen sich diejenigen Einrichtungen, wodurch die Molecularinduction vermehrt wird, und zwar sind diese von zweierlei Art. Aus dem, was in Kap. III, namentlich in §. 34 gesagt worden ist, lässt sich leicht entnehmen, dass bei gleicher magnetisirender Kraft in Folge der Molecularinduction jedes einzelne Molecul einen um so stärkern Magnetismus erhält, je grösser die Anzahl der aneinander gereihten Molecule ist; legt man demnach zwei Stäbe mit ihren Enden so aneinander, dass eine vollkommene Berührung stattfindet, und magnetisirt man sie nach irgend einer der obigen Methoden, als wenn sie einen einzigen Stab bildeten, so wird nach der Trennung jeder Stab einen stärkeren Magnetismus zeigen, als wenn er für sich allein nach derselben Methode wäre magnetisirt worden.

Noch beträchtlicher wird die Wirkung sein, wenn man drei Stäbe aneinander legt, und zwar wird der mittlere Stab den stärksten Magnetismus erhalten.

Man würde auch vier und fünf Stäbe zusammenbringen können, jedoch stellen sich bald praktische Hindernisse entgegen.

Nach §. 35 gibt es kein Verhältniss, unter welchem die Molecularinduction stärker sich entwickelt, als wenn der magnetisirte Körper eine geschlossene Figur bildet. Hat man demnach vier Stäbe zu magnetisiren, so legt man sie in Form eines Vierecks auf einen hölzernen Rahmen Fig. 176, und bewirkt durch die festen Widerlager A, B, C, D und die Keile K', K'', dass die Berührung möglichst vollkommen wird, oder man legt die Enden nach Fig. 177 zusammen und keilt das System auf ähnliche Weise fest. Setzt man nun einen Magnetpol in e auf und führt ihn über $abcd$ auf dem Vierecke mehrmals — stets nach derselben Richtung — herum, so dass er zuletzt nach e wieder zurückkommt und da abgehoben wird, so erhält jeder einzelne Stab einen höhern Grad von Magnetismus. Diess ist es, was gewöhnlich der Kreisstrich genannt wird.

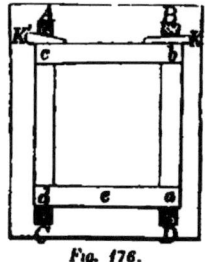

Fig. 176.

Fig. 177.

Noch vortheilhafter als der einfache Strich wirkt hier der Doppelstrich. Gewöhnlich wird der Doppelstrich ebenso ausgeführt wie der einfache, d. h. man setzt die combinirten Pole bei e auf und hebt sie, nachdem sie mehrmals um das Viereck herumgeführt worden, in e wieder ab. Unterdessen ist dieses Verfahren keineswegs wesentlich und der Erfolg wird derselbe sein, wenn man jede Seite des Vierecks für sich magnetisirt, indem man wiederholt darüber hin- und herfährt.

Wenn man zwei Stäbe zu magnetisiren hat, so verbindet man die Enden durch zwei Eisenstücke ab, cd Fig. 178 und bildet so eine geschlossene Figur; im Uebrigen wendet man dasselbe Verfahren an, welches eben erklärt worden ist.

Bei einem Hufeisenmagnet wird die Schliessung der Figur bewerkstelliget durch das Anlegen des Ankers; die Magnetisirung geschieht dann in der Weise, dass man den einen Pol des zum Magnetisiren verwendeten Hufeisenmagnets nach der Methode des Kreisstriches herumführt Fig. 179, oder die beiden Pole in a, b anlegt und bis c, d fortbewegt Fig. 180.

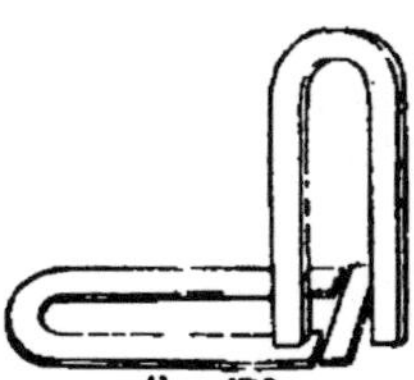

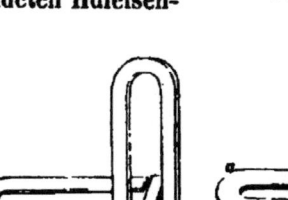

Fig. 178.

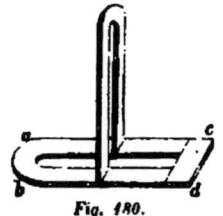

Fig. 179.   Fig. 180.

1. Die Wirkung des Reibens und Hämmerns ist bereits in §. 38 erwähnt worden; nachträglich wäre noch beizufügen, dass verschiedene Ansichten darüber ausgesprochen worden sind, ob der Erfolg von der Beschaffenheit des Körpers, womit gerieben wird, abhänge oder nicht. MUSSCHENBROEK[1] behauptet, es müsse Eisen zum Reiben angewendet werden, während BRUGMANS[2] die Beschaffenheit des zum Reiben angewendeten Körpers für gleichgültig erklärt. Letztere Ansicht ist die richtige, da wohl nur die Erschütterung es ist, welche die Wirkung erzeugt, und blos in dem Falle wird das Eisen eine von andern Körpern verschiedene Wirkung hervorbringen, wenn es eine solche Lage gegen die Richtung des Erdmagnetismus hat, dass darin eine Induction stattfindet. MUNCKE[3] deutet an, dass möglicherweise die Wärmeerzeugung und eine damit verbundene Zersetzung eines atmosphärischen Stoffes oder eine Aenderung der Molecule an der Oberfläche des Metalls die Wirkung bedinge, was wohl nur als eine theoretische Speculation betrachtet werden darf; dass die Erschütterung, wie oben angedeutet wurde, den Erfolg

bedinge, wird durch die Wahrnehmungen von ROBISON[4] und FUSS[5] unterstützt, welche angeben, dass das Bestreichen mit Oel, indem es die Friction vermindert, nachtheilig sich zeigt. Wie die Erschütterung hier wirksam sein kann, begreift man leicht, wenn man bedenkt, dass die Induction beim Stahl mit der Biegung eines nicht vollkommen elastischen Körpers zu vergleichen ist, der bei starker Erschütterung weit leichter, als ohne diese eine permanente Krümmung annimmt. Nach diesen Grundsätzen erklärt sich auch leicht ein schon oben §. 38 erwähnter Versuch, den HALDAT[6] angestellt hat, und welcher darin bestand, dass Abschnitte von Eisendraht, 1 Decimeter lang und 1 Millim. dick, zwischen die ungleichnamigen Pole von zwei Magneten gebracht wurden, ohne die Pole zu berühren oder denselben sehr nahe zu kommen. Wurden die Drahtabschnitte einfach hingelegt und nach einiger Zeit wieder herausgehoben, so blieb kein permanenter Magnetismus darin zurück; wurden sie aber, während sie zwischen den Magnetpolen lagen, mit Messing, Kupfer, Zink, Glas, hartem Holze oder irgend einem andern harten Körper gerieben, so zeigten sie sich permanent magnetisch. Das Gelingen des Versuches hängt natürlich davon wesentlich ab, dass ein angemessener Zwischenraum zwischen dem Eisen und den Magnetpolen vorhanden sei. Bei Abschnitten von Stahldraht konnte derselbe Erfolg nicht zu Stande gebracht werden, ohne Zweifel weil die Inductionsfähigkeit geringer ist.

Die meisten Physiker haben die Ansicht, dass beim Bestreichen der Erfolg grösser ist, wenn ein starker Druck ausgeübt wird, und diese Ansicht halte ich nach eigener Erfahrung für vollkommen begründet; dagegen behauptet KATER[7], dass ein stärkerer Druck nachtheilig wirke.

ROBISON[8] empfiehlt die zu magnetisirenden Stäbe an den Enden mit Wasser zu befeuchten; ferner zeigen seine Versuche, dass Stäbe mit rauher Oberfläche mehr Magnetismus annehmen, als polirte Stäbe; ausserdem verglich er den Erfolg der Magnetisirung bei Stäben von ganz glatter und Stäben von minder glatter Oberfläche, und fand, dass, wenngleich letztere etwas schneller den Magnetismus annehmen, beide zuletzt gleiche Kraft erlangen.

2. Wie sehr der Erfolg der Magnetisirung von dem Bestreichen aller Seitenflächen abhängt, beweist folgende Versuchsreihe von MOSER[9]. Ein prismatischer Stab von 11″ 5‴,5 Länge, 5‴,75 Breite, 2‴,4 Dicke wurde magnetisirt nach der Methode des Doppelstriches und brauchte zu 10 Schwingungen:

nach 20 Strichen auf der einen flachen Seite (I)   221″,3
nach 20 Strichen auf der andern flachen Seite (II)   183,8
nach 80 Strichen auf derselben Seite (II)   167,5.

Das weitere Streichen auf Seite II brachte keine Vermehrung der Kraft hervor, dagegen fand sich:

nach abermaligen 80 Strichen auf der Seite I   161″,3
nach 40 Strichen auf der einen schmalen Seite   154,0
nach 40 Strichen auf der andern schmalen Seite   148,7.

Ueber den Einfluss der Wiederholungen beim Streichen hat QUETELET[10] Versuche angestellt. Zwischen der Kraft i und der Anzahl der Striche x nimmt er das Verhältniss an

$$i = I(1 - \mu^{x^\alpha}),$$

wo I das Maximum der Magnetisirung (den Sättigungsgrad), μ und α Constanten bedeuten.

Ist die Nadel c mal gestrichen worden, so hat man für die folgenden Striche

$$i = I(1 - \mu^{(x+c)^\alpha}),$$

wenn sie in gleichem Sinne, und

$$i = I(1 - \mu^{(x-c)^2}),$$

wenn sie in entgegengesetztem Sinne geschehen. Zu den Beobachtungen wurde eine cylindrische Nadel gewählt, 64,5^{mm} lang und 5445 Milligrammen wiegend. Die streichenden Stäbe waren parallelepipedisch 153^{mm} lang,

der eine wog 86175 Milligr. und brauchte zu 10 Oscillationen 90″
der andere wog 85300 Milligr. und brauchte zu 10 Oscillationen 86,56.

Zahl der Striche x	Intensität beobachtet	berechnet	Dauer von 100 Oscillationen beobachtet	berechnet	Differenz.
1	2,665	2,477	61″,25	63,54	+2″,29
2	3,639	3,630	52,42	52,59	+ 0,17
3	4,430	4,457	47,51	47,37	— 0,14
4	5,086	5,105	44,34	44,26	— 0,08
5	5,472	5,632	42,75	42,14	— 0,61
6	5,745	6,074	41,72	40,58	— 1,14
8	6,504	6,775	39,21	38,42	— 0,79
10	7,433	7,308	36,68	36,99	+ 0,31
12	7,720	7,726	36,00	35,98	— 0,02
16	8,656	8,335	34,00	34,68	+ 0,68
20	8,895	8,748	33,53	33,81	+ 0,28
30	9,675	9,342	32,15	32,72	+ 0,57

Die Stäbe wurden in der Mitte aufgesetzt und um 10° geneigt jeder nach einem Ende geführt; Eisen wurde dabei als Armatur nicht angewandt. Die Berechnung von i ist nach der ersten der obigen Formeln geschehen. I ist = 10 angenommen, weil i nach dem 30. Striche 9,675 betrug; μ findet sich aus mehreren Beobachtungen = 0,7523 und a = 0,663743; einen angenäherten Werth von m = 0,7335 erhält man, wenn x = 1 gesetzt wird, wodurch $i = I(1 - m)$. Ueberhaupt, gibt Quetelet an, wird $a = \dfrac{2}{3}$ und I die Intensität nach dem 30. Striche sein, wenn man Nadeln von der Dimension der seinigen wählt.

3. Die Erwärmung der Stäbe vor dem Magnetisiren wird von vielen Physikern unbeachtet gelassen, aber wohl nicht mit Recht. Fischer [11], Weber und Andere empfehlen sie auf den Grund praktischer Erfahrungen. Was die Magnetisirung des Stahls in glühendem Zustande und die gleichzeitige Härtung betrifft, so ist diese Methode zuerst von Robison, später von Aimé [12] angewendet worden; auch von Haman [13], dem die früheren Arbeiten unbekannt geblieben zu sein scheinen, werden derselben eminente Vortheile zugeschrieben. Die zu magnetisirende Nadel kann entweder mit einem Magnet, an dessen einem Pole sie mit einem Ende sich anhängt, oder noch besser mit einem Hufeisenmagnet, von dem sie gleichsam als Anker angezogen und festgehalten wird, aus dem Feuer gehoben und in kaltes Wasser getaucht werden.

4. Während mehrere Physiker, namentlich Duhamel und Fuss [5], die wiederholte Umkehrung der Pole als ein vorzügliches Verstärkungsmittel bezeichnen, findet Quetelet [10], dass vielmehr eine Schwächung erfolgt, wie folgender Versuch

zeigt, wobei nach jeder Intensitätsbestimmung die Pole mittelst 24 Striche umgekehrt wurden:

ursprüngliche Intensität	6,139
nach der 1. Umkehrung	4,724
2.	5,463
3.	—
4.	4,973
5.	4,547
6.	4,995
7.	4,234;

nach der 15. Umkehrung, welche dem ursprünglichen Magnetismus entgegengesetzt war, betrug die Intensität 4,146, und nach der 16. Umkehrung, welche mit dem ursprünglichen Magnetismus übereinstimmte, 4,272. Man sieht, dass die Intensität beständig abnahm, aber noch immer etwas grösser ausfiel, wenn dem Magnet die ursprüngliche Polarität wiedergegeben wurde.

Ich habe mittelst einer langen Magnetisirungsspirale Versuche angestellt, welche mit den eben angeführten theilweise übereinstimmen, theilweise aber nicht. Dabei wurden 4 flache nicht ausgeglühte Stahllamellen, alle von gleicher Länge ($45'''$,8) und Dicke ($0'''$,3), aber ungleicher Breite, nämlich $9''',3 .. 7''',0 .. 4''',6 .. 2''',3$ angewendet, und es ergab sich der permanente Magnetismus, welcher zurückblieb, wenn die Lamellen einer absoluten magnetisirenden Kraft 136,21 ausgesetzt wurden, wie folgt

$$+ 15,4 \quad + 11,9 \quad + 9,7 \quad + 5,6;$$

dieselbe magnetisirende Kraft, in entgegengesetztem Sinne wirkend, gab

$$- 11,1 \quad - 9,1 \quad - 7,0 \ldots - 3,9.$$

Diese letzteren Zahlen sind nahe um $1/4$ (genauer $5/18$) kleiner als die ersteren, und zwar zeigt sich das Verhältniss bei den verschiedenen Lamellen sehr genau übereinstimmend. Als aber die Ummagnetisirung öfters wiederholt worden war, so fiel der eben angegebene Unterschied weg, und jede Anwendung derselben magnetisirenden Kraft gab denselben permanenten Magnetismus.

5. Die Verstärkung durch Induction kann auf die verschiedenartigste Weise bewerkstelliget werden.

MICHELL [14] legte mehrere Stäbe *Fig. 181* in eine Reihe, die Enden fest aneinander gedrückt und bestrich sie, als wenn sie einen einzigen Stab gebildet hätten.

Fig. 181.

LE MAIRE [15] band den zu magnetisirenden Stab an das Ende eines längern Stabes, so zwar, dass der erstere um einige Zolle über dass Ende des letztern hinausragte. CANTON [16] legte zwei zu magnetisirende Stäbe parallel, verband ihre Enden durch eiserne Anker und bestrich sie zuerst nach *Fig. 182*, von der Mitte ausgehend und dahin zurückkehrend, dann nach *Fig. 183*, von der Mitte ausgehend und an den Enden

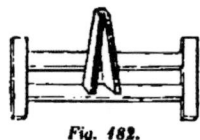

Fig. 182.

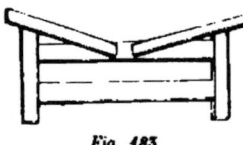

Fig. 183.

Fig. 184.

abgleitend. DUHAMEL [17] nahm, wenn ein Stab *ab Fig. 184* zu magnetisiren war, noch drei Stäbe zu Hülfe, wovon zwei, *ac* und *bd*, von Eisen waren, der dritte *cd* er von Stahl oder Eisen sein konnte, und bildete ein Viereck $acdb$ wie CANTON; ausserdem legte er noch zwei Magnete NS und $N'S'$ an in der Verlängerung des magnetisirenden Stabes. AEPINUS bildete ein Viereck aus vier Stahlstäben und strich jeden Stab eigens nach der Methode des Doppelstriches mit festverbundenen ⟨Po⟩len, wobei die Magnetisirungsstäbe in der *Fig. 183* angegebenen Lage mit einer ⟨ha⟩belartigen Vorrichtung von Holz zusammengehalten werden. COULOMB liess die ⟨En⟩den des zu magnetisirenden Stabes durch die entgegengesetzten Pole zweier ⟨gr⟩osser Magnete tragen und wandte zum Magnetisiren den Doppelstrich an.

[1] MUSSCHENBROEK. Introd. ad philosoph. natur. p. 343.
[2] BRUGMANS. Ueber die magnet. Materie von Eschenbach. p. 9.
[3] MUNCKE. Gehler's phys. Wörterb. Bd. 6. p. 924.
[4] ROBISON. *Encyclop. Britann.* 4th Ed. XII. p. 375.
[5] FUSS. Acta Acad. Scient. Petrop. pro 1778 II. p. 35.
[6] HALDAT. *Ann. de Chim. et de Phys.* XLII. 42.
[7] KATER. *Library of useful knowledge.* II. Magnetism. 50.
[8] ROBISON. *Library of useful knowledge.* II. Magnetism. 50. Encyclop. Brit. Art. *Magnetism.*
[9] MOSER. Dove's Repert. der Phys. 2. S. 442.
[10] QUETELET. *Ann. de Chim. et de Phys.* Bd. 53. p. 248.
[11] FR. FISCHER. Prakt. Anleitung zur Verfertigung künstlicher Magnete 1838. 8.
[12] AIMÉ. Pogg. Ann. XXXV. 206. — Ann. *de Chim. et de Phys.* LVII. 442.
[13] HAMAN. Pogg. Ann. LXXXV. 464.
[14] MICHELL. *Treatise on artificial Magnets.*
[15] DUHAMEL. *Mém. de l'Acad. de Paris.* 1745. p. 184.
[16] CANTON. *Phil. Trans.* Vol. 46 for 1751. p. 31.
[17] DUHAMEL. *Mém. de l'Acad. de Paris.* 1750, p. 154.

§. 43. Magnetisirung durch den galvanischen Strom.

Als man erkannt hatte, dass ein Eisenkern durch eine Spirale einen weit stärkern Magnetismus erhalte, als sonst herzustellen möglich ist, so hegte man die Erwartung, auf diesem Wege Stahlmagnete von grosser Stärke erzeugen zu können. Die Versuche nahmen zweierlei Richtungen: die Einen brachten die zu magnetisirenden Stahlstäbe in Spiralen, wie man sonst Eisenstäbe hineinzulegen pflegt, die Andern magnetisirten durch den galvanischen Strom Eisenkerne, die dann als Streichmittel benützt wurden.

Die einfache Anwendung von Spiralen wurde häufig versucht, aber nur in seltenen Fällen scheint sich ein befriedigendes Resultat herausgestellt zu haben. Unter den Wenigen, die entschiedenen Erfolg erlangten, verdient vor allem ELIAS genannt zu werden, dessen Magnetisirungsspirale *Fig. 185* von eigenthümlicher Beschaffenheit war. Die wesentlichen Bestimmungen dabei sind wie folgt:

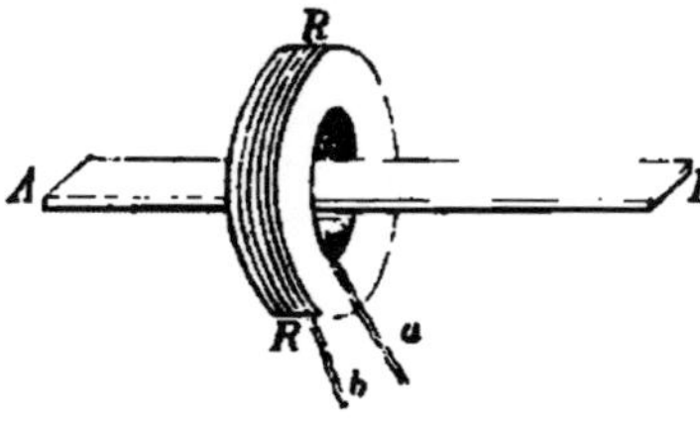

Ungefähr 25 Fuss Kupferdraht, $1/8$ Zoll im Durchmesser und gehörig umwickelt, wird zu einer Spirale zusammengewunden, die 1 Zoll in der Länge und $1\frac{1}{2}$ Zoll innern Durchmesser hat. Man steckt den zu magnetisirenden Stab durch die Spirale, während der Strom den Draht durchläuft, und fährt einigemale von einem Ende zum andern; zuletzt kommt man auf die Mitte des Stabes zurück und in dieser Lage wird der Strom unterbrochen.

Fig 185.

Grössern Erfolg haben andere Physiker erlangt, indem sie, wie oben angedeutet, den galvanischen Strom mittelbar zur Magnetisirung von Stahlstäben verwendeten. Es wurde nämlich ein hufeisenförmiger Eisenkern mit Draht umwickelt und durch einen entsprechenden Strom in einen Elektromagneten verwandelt; mit diesem führte man alsdann den einfachen oder Doppelstrich in der §. 41 beschriebenen Weise aus.

1. Wie stark die Ströme waren, die ELIAS[1] bei der Magnetisirung angewendet hat, wird nicht angegeben, doch müssen sie von sehr grosser Intensität gewesen sein. Er schreibt vor, die Spirale wiederholt von einem Ende des Magnets zum andern hin und her zu bewegen, zuletzt aber in der Mitte stehen zu bleiben und den Strom zu unterbrechen. BÖTTGER[2] glaubt diese Magnetisirungsmethode, die er für sehr vortheilhaft erkannt hat, wesentlich verbessert zu haben, indem er anstatt einer einzigen Drahtspirale zwei Bandspiralen anwendet; indessen hat ELIAS[3] die von BÖTTGER eingeführten Modificationen als unnöthig und unwirksam erklärt. Zu bemerken wäre noch, dass es kaum vortheilhaft sein kann, den Strom zu unterbrechen, während der Stab in der Spirale sich befindet, da nach meinen Versuchen die Unterbrechung des Stromes eine Wirkung hervorbringt, welche mit einem Stosse oder einer Erschütterung gleichbedeutend ist.

2. Die Anwendung der Elektromagnete zum Streichen ist so alt, wie die Elektromagnete selbst, scheint aber mehr von Seite der Künstler, als der Physiker Beachtung gefunden zu haben. Denn dass alle grossen Magnetstäbe, welche seit dreissig Jahren aus den verschiedenen Werkstätten hervorgegangen sind, mittelst Elektromagnete hergestellt wurden, ist kaum zu bezweifeln, während theoretische Untersuchungen nirgends stattgefunden haben. Auch jetzt noch besitzen wir keine Bestimmung über die Grösse der Kerne, die Stärke des Stromes und die Zahl der Windungen, welche erfordert werden, um Magnete von gegebener Grösse zu magnetisiren; so viel ist jedoch durch die Versuche von FRICK[4] festgestellt worden, dass es vortheilhafter ist, einen galvanischen Strom zur Herstellung eines Elektromagneten, mit dem man dann einen Stahlstab bestreicht, zu benützen, als ihn unmittelbar auf den Stahlstab wirken zu lassen. Seine Spirale bestand aus 9 Meter Kupferdraht von 3 Millim. Dicke, und eine gleiche Drahtlänge wickelte er um die beiden Schenkel eines runden Hufeisens von 0,62 Meter Länge und 27 Millim. Dicke. Folgende Zusammenstellung enthält die Ergebnisse, welche erlangt wurden mit zwei gleichen Magnetstäben, wovon der erste A glashart, der zweite B bis zum verschwindenden Blau angelassen war; die Stärke des Magnetismus wurde bestimmt durch die Ablenkung einer Boussole:

Stromstärke 98. Stab A.

Ursprünglicher Magnetismus	+ 13°
Zur Untersuchung in der Spirale hin- und hergeführt, konnte keine Umkehrung erreicht werden, die Stärke des Magnetismus wurde nur heruntergebracht auf	+ 1,5
Die Spirale, zur Wiederherstellung des ursprünglichen Magnetismus angewandt, brachte ihn wieder auf	+ 9
Der Elektromagnet kehrt ihn um bis auf	— 11

Stromstärke 98. Stab B.

Ursprünglicher Magnetismus	+ 15
Durch die Spirale umgekehrt . .	— 1
Abermals durch die Spirale umgekehrt	+ 10,5
Durch den Elektromagneten umgekehrt	17,5

Stromstärke 160. Stab A.

Ursprünglicher Magnetismus	$+10°,5$
Durch die Spirale umgekehrt	$-5,5$
Abermals durch die Spirale umgekehrt	$+10$
Durch den Elektromagneten umgekehrt.	-13

Stromstärke 160. Stab B.

Ursprünglicher Magnetismus	$+11,5$
Durch die Spirale umgekehrt	$-13,5$
Durch den Elektromagneten umgekehrt	$+15$

Stromstärke 340. Stab A.

Magnetisirung durch den Elektromagneten	$+19$
Durch die Spirale umgekehrt	-10
Abermals durch die Spirale umgekehrt	$+15$

Stromstärke 340. Stab B.

Magnetisirung durch den Elektromagneten	$+20$
Umkehrung durch die Spirale	-18
Abermalige Umkehrung durch die Spirale.	$+20$

Stromstärke 430. Stab A.

Magnetisirung durch den Elektromagneten	$+19$
Umkehrung durch die Spirale	-19
Abermalige Umkehrung durch die Spirale	$+19$

Stromstärke 430. Stab B.

Magnetisirung durch den Elektromagneten	$+20$
Umkehrung durch die Spirale	-20
Abermalige Umkehrung durch die Spirale	$+20$

Bei der letztern Stromstärke wurde der Draht so heiss, dass der Schellack, womit die Umwickelung überzogen, zu schmelzen anfing. Aus diesen und anderen übereinstimmenden Versuchen folgt:

1) dass man, wo nicht sehr starke Ströme angewendet werden, bei gleicher Stromstärke durch den Elektromagneten mehr erreicht, als durch die Spirale, und dass dieser Unterschied bei harten Stäben grösser ist, als bei angelassenen;

2) das es bei geringeren Stromstärken nicht möglich ist, den vorhandenen Magnetismus harter Stäbe durch die Spirale umzukehren, und dass sogar bei stärkeren Strömen oder angelassenen Stäben, wo die Umkehrung mittelst der Spirale möglich ist, die umgekehrten Pole sehr schwach bleiben und selbst beim Wiederumkehren nicht mehr die vorige Stärke erreichen, während das Streichen mit dem Elektromagneten viel leichter den Pol umzukehren vermag;

3) dass aber der Unterschied zwischen beiden Verfahrungsarten mit der Zunahme der Stromstärke allmälig verschwindet, durch den Elektromagneten aber schon bei geringerer Stromstärke erreichbarer ist, als durch die Spirale.

Es ist nicht unwahrscheinlich, dass bei zweckmässiger Wahl der Dimensionen des Eisenkerns der Vortheil des Magnetisirens durch den Elektromagnet noch grösser ausfallen würde.

---

[1] Elias. Pogg. Ann. LXII. 249.
[2] Böttger. Einfaches Verfahren, Stahlmagnete bis zum Maximum ihrer Tragkraft zu magnetisiren. Pogg. Ann. LXVII. 1, 2.

ELIAS. Bemerkungen über die von R. BÖTTGER angegebene Abänderung meines Verfahrens, Stahllamellen zu magnetisiren.
FRICK. Pogg. Ann. LXXVII. 537; später erschien eine weitere Rechtfertigung in denselben Ann. LXXXII. 160.

§. 44. Kritik der verschiedenen Magnetisirungsmethoden.

Im Vorhergehenden ist gesucht worden, nicht blos das Magnetisirungsverfahren anzugeben, sondern auch darzustellen, wie der Erfolg zu Stande kommt. Aus dieser Darstellung ist aber zu entnehmen, dass (wenn man die Magnetisirung mit der galvanischen Spirale ausnimmt) entweder am Anfange der Operation oder am Ende, oder am Anfange und Ende zugleich eine Gegenwirkung eintritt, welche den Betrag des zuletzt übrigbleibenden Magnetismus vermindern muss. Findet diese Gegenwirkung am Anfange statt und ist die magnetisirende Kraft gering, so wird der nachtheilige Einfluss nicht vollständig aufgehoben; findet sie am Ende statt und ist die magnetisirende Kraft gross, so bleibt eine nachtheilige Wirkung übrig. Es ergibt sich hieraus, dass ein richtiges Verhältniss zwischen der Grösse der zu magnetisirenden Stäbe und der angewendeten Magnetisirungskraft gewählt werden müsse und das Verhältniss je nach der Magnetisirungsmethode sehr verschieden sein werde.

Auf dieses Verhältniss pflegten bisher die Physiker keine Rücksicht zu nehmen, und daher erklärt es sich, wie so oft widersprechende Resultate erlangt wurden.

Bei den eben angedeuteten Verhältnissen ist übrigens nicht gemeint, dass gerade eine präcise Grösse der magnetisirenden Kraft jedesmal nothwendig sei, vielmehr ist die Sache so zu verstehen, dass die magnetisirende Kraft innerhalb bestimmter Grenzen eingeschlossen sein müsse, also etwas grösser oder kleiner genommen werden könne. Nimmt man die Kraft innerhalb der bestimmten Grenzen kleiner, so erfolgt eine Vermehrung des Erfolgs durch Wiederholung der Operation; nimmt man sie grösser, so ist die Wiederholung von wenig oder gar keinem Nutzen.

Als weiteres Resultat ergibt sich aus der vorhergehenden Darstellung, dass bei der einen oder andern Magnetisirungsmethode ein specifischer Vortheil, wie sich Einige vorgestellt haben, gar nicht vorhanden ist.

Wenn es darum sich handelt, die zweckmässigste Magnetisirungsmethode zu bezeichnen, so sind auch noch folgende Umstände im Auge zu behalten:
1) verlieren alle Nadeln nach und nach über ein Viertel ihrer Kraft, gleichviel auf welche Weise sie magnetisirt worden sind;
2) ist es für den Erfolg der magnetischen Messungen ziemlich gleichgültig, ob eine Nadel etwas mehr oder weniger Magnetismus besitze.

Da es hiernach nicht der Zweck sein kann, gerade das Maximum des Magnetismus zu erreichen, so werden die Künstler wie die Experimentatoren am besten daran thun, in gewöhnlichen Fällen sich des einfachen Striches zu bedienen und dabei einen Hufeisenmagnet oder einen Elektromagnet zu gebrauchen.

1.° Dass beim einfachen Striche eine Gegenwirkung vom Anfange, bei dem Doppelstriche mittelst zweier verbundenen Magnete eine Gegenwirkung am Ende

§. 44.   KRITIK DER MAGNETISIRUNGSMETHODEN.   243

eintritt, ist bereits aus den in §§. 39 und 40 gegebenen Erklärungen zu entnehmen.

Um zu ermitteln, wie gross die am Ende bei dem Doppelstriche eintretende Gegenwirkung sein kann, habe ich die *Fig. 186* dargestellte Vorrichtung, welche aus zwei wie die Schenkel eines Cirkels beweglichen, bei *a* zusammengefügten Elektromagneten besteht, herstellen lassen. Die folgenden damit ausgeführten Versuche geben über das Verhältniss zwischen der Distanz der Pole *n* und *s* und dem Erfolge der Magnetisirung nähere Auskunft.

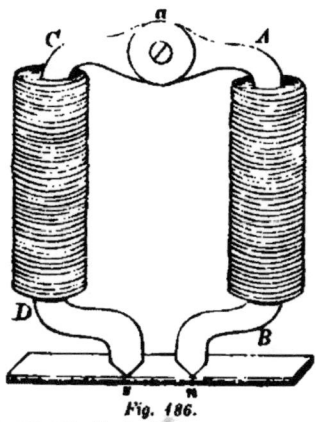

Fig. 186.

1) Stahllamelle *A* (Länge 230,1, Breite 6,8, Dicke 1,1 Millim.) ungehärtet und unausgeglüht:

Distanz der Pole 10'''   magnetisches Moment 15,95 Scalatheile.
                 20   28,70
                 30   44,80
                 40   58,0

Mit den 25pfündigen Stäben magnetisirt, gab die Lamelle ein magnetisches Moment = 129,0.

2) Stahllamelle *B* von gleicher Grösse und Beschaffenheit:

Distanz der Pole 10'''   magnetisches Moment 13,25 Scalatheile.
                 20   27,4
                 30   37,5
                 40   47,7
                 50   63,3

Mit den Polen *n* und *s* bestrichen nach Art des einfachen Striches gab die Lamelle 98,3, und mit den 25 pfündigen Stäben bestrichen 103,65.

3) Stahllamelle *C* von gleicher Grösse und Beschaffenheit:

Distanz der Pole 10'''   magnetisches Moment 61,55 Scalatheile.
                 20   55,2
                 30   58,7
                  7   ,,   63,7
               (entmagnetisirt)
                 50   46,0

Mit den Polen *n* und *s* bestrichen nach Art des einfachen Striches gab die Lamelle 70,9.

Bei allen vorhergehenden Bestimmungen betrug ein Scalatheil 0,119 Mill. (absolutes Maass).

Nach der Versuchsreihe mit *B* wurden die Schenkel auseinander gezogen, dass sie, so weit es möglich war, eine gerade Linie bildeten, und das magnetische Moment = 97,49 Mill. (absolutes Maass) gefunden. Bei der Versuchsreihe mit *A* war die Kraft um $\frac{1}{10}$ grösser, bei der Versuchsreihe mit *C* wurde sie auf $\frac{1}{3,18}$ vermindert.

Die vorhergehenden Resultate geben für die Wirksamkeit des Doppelstriches mit fest verbundenen Polen kein günstiges Zeugniss. Geht ein starker Strom durch, so wird die Magnetisirung immer geringer, je kleiner die Entfernung der Pole, und nur bei ganz schwachen Strömen bringt eine kleinere Distanz eine vortheilhafte Wirkung hervor; in jedem Falle aber ist die Wirkung geringer, als wenn man abwechselnd mit den Polen *n* und *s* nach Art des einfachen Striches die Magnetisirung vornimmt.

Dass Einflüsse, wie sie im Vorhergehenden bezeichnet sind, beim Magnetisiren stattfinden, hat schon MICHELL[1] bemerkt, obwohl er den Erfolg derselben viel geringer geschätzt hat, als er in der Wirklichkeit ist.

2. Man hat bisher immer sich zum Zwecke gemacht, die Magnete bis zur Sättigung zu magnetisiren, ohne jedoch Rücksicht darauf zu nehmen, dass es eine absolute und eine relative Sättigung gibt. Unter ersterer Bezeichnung versteht man die grösste Kraft, welche möglicherweise einem Magnet gegeben werden kann; unter letzterer Bezeichnung dagegen die grösste Kraft, die mit bestimmten Magnetisirungsmitteln zu erreichen ist. Absolute Sättigung setzt eine Induction voraus, welche so gross ist, dass jedes Molecul die Magnetisirungsgrenze erreiche, was um so grössere Kraft erfordert, je mehr Molecule neben einander liegen, d. h. je grösser der Querschnitt des Stabes ist. Mit Anwendung eines galvanischen Stromes hat noch Niemand diese Grenze erreicht, und mit Magneten ist es wahrscheinlich gar nicht möglich, sie, wenigstens bei dicken Stäben, zu erreichen wegen der Entfernung, in welcher der Magnetpol von den innern Moleculen bleibt.

MICHELL. *Treatise of artificial magnets.* p. 34.

§. 45. Das vortheilhafteste Magnetisirungsverfahren.

Kommt es darauf an, gerade die grösstmögliche Kraft einem Magnetstabe zu geben, so hat man folgende Bedingungen zu erfüllen:

1) muss eine starke erregende Kraft angewendet werden;
2) hat man die am Anfange oder Ende eintretende Gegenwirkung, die im vorigen §. bezeichnet worden ist, aufzuheben.

Letzterer Bedingung wird nur dadurch vollständig genügt, dass der zu magnetisirende Stab einen Theil eines geschlossenen Kreises bilde, in welchem eine starke — am besten durch einen galvanischen Strom hervorzurufende — magnetische Spannung besteht.

Nach diesen Grundsätzen habe ich einen Magnetisirungstisch construirt, wovon *Fig. 187* eine Vorstellung geben wird. An einem halbrunden Tische, der an der Wand festgemacht ist, befinden sich zwei hölzerne Arme, um die Mittelpunkte *C* und *C'* beweglich. In den hölzernen Armen sind die Enden der mit den Drahtrollen *A* und *B* umgebenen Elektromagnete *ns* und *n's'* festgekeilt und stehen oben etwa einen Zoll vor. Ein dritter Elektromagnet *NS*, von der Drahtrolle *E* umgeben, kann mit der Hand frei herumgeführt

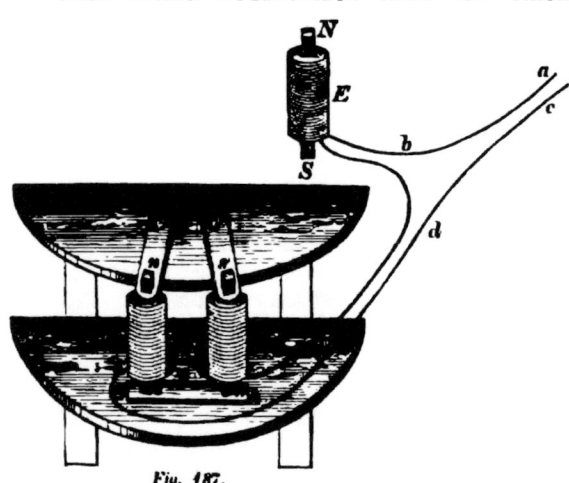

Fig. 187.

werden. Der Strom kommt durch den Zuleitungsdraht ab herein, durchläuft die Drahtrolle E, geht, wie in der Zeichnung angezeigt ist, von da nach A, dann nach B und kommt durch die Leitung dc wieder zurück.

Soll ein Stahlstab magnetisirt werden, so stellt man die beiden Elektromagnete ns, $n's'$ so weit auseinander, dass die Enden des Stabes darauf ruhen können; man lässt dann den galvanischen Strom durch die miteinander verbundenen Spiralen A, B, E gehen, versieht die festen Elektromagnete unten mit dem eisernen Anker gh, und bestreicht mit dem beweglichen Elektromagnet NS den Stab von der Mitte aus nach beiden Enden und zwar so, dass der Pol S über die Hälfte, welche auf dem Pole s, und der Pol N über die Hälfte, welche auf n liegt, geführt wird. Man kann auch in den meisten Fällen ohne merklichen Nachtheil den Elektromagnet E ausschalten und anstatt desselben einen gewöhnlichen Magnet gebrauchen.

1. Hufeisenförmige Elektromagnete sind ungefähr in der oben beschriebenen Weise häufig zum Magnetisiren angewendet worden; einen sehr günstigen Erfolg hat namentlich Moser[1] erlangt, der auf die Pole des Elektromagneten zuerst Eisenstücke und auf diese die zu magnetisirende Nadel legte und sie von der Mitte aus nach beiden Enden mittelst zweier Magnetstäbe (Doppelstrich mit getrennten Polen) bestrich. Seine Ansicht geht dahin, dass bei dem Bestreichen weniger die Kraft der angewendeten Magnetstäbe als die hervorgebrachte Erschütterung oder Bewegung der Molecule den Erfolg bedingt habe, wofür er zur Bestätigung insbesondere den Umstand anführt, dass die bestrichenen Nadeln ungefähr dieselbe Intensität erlangten, wenn die Bestreichung mit den umgekehrten Polen geschah.

Bei meinem oben beschriebenen Apparate sind die umwickelten Eisenstäbe ns, $n's'$, NS in der Mitte rund, an den Enden viereckig geschmiedet und haben eine Länge von 10 Zoll und einen Querschnitt von etwas mehr als 50 Quadratlinien; die Umwickelung eines jeden Stabes besteht aus 560 Windungen eines Kupferdrahtes von $0'''{,}7$ Durchmesser. Die Zahl der Elemente, welche man nöthig hat, um einen Stab zu magnetisiren, hängt zu sehr von der Beschaffenheit derselben ab, als dass eine Bestimmung festgesetzt werden könnte.

Ich habe gezeigt[2], dass mittelst dieses Apparats kleine Magnete weit stärker magnetisirt werden können, als durch zwei 25 pfündige Stäbe. Die Dimensionen der zum Versuche angewendeten kleinen Magnete waren, wie folgt:

Magnet A Länge $56''',0$ Breite $6''',8$ Dicke $1''',5$
B $56,6$ $4,9$ $1,0$.

Mit den 25 pfündigen Stäben magnetisirt, gaben sie folgende relative Momente (durch Ablenkung gemessen)

A $116,3$
B $84,7$;

mit dem obigen Apparat magnetisirt

A $177,8$
B $112,4$.

Später habe ich weitere Versuche mit fünf neuen vollkommen harten Magneten vorgenommen, wovon die Dimensionen bestimmt wurden, wie folgt:

	Länge	Breite	Dicke
C	88''',9	4''',8	1''',9
D	88,9	4,2	1,9
E	88,9	3,9	1,6
F	66,5	4,6	2,0
G	66,6	3,8	1,6

Das Ergebniss der Magnetisirung war:

	Magnetisirung mittelst der 25 pf. Stäbe	des Magnetisirungsapparates
C	64,0	89,2
D	57,8	74,8
E	44,9	54,6
F	43,8	63,3
G	33,4	44,1

Nehmen wir an, dass der durch den Magnetisirungsapparat ertheilte Magnetismus als Sättigungsgrad betrachtet werden könne, so ergibt sich, dass die Magnetisirung mittelst der 25 pfündigen Stäbe gegen den Sättigungsgrad um $\frac{1}{4}$ zurückblieb; bei den Versuchen mit den Magneten A und B dagegen war das Verhältniss noch unvortheilhafter, denn durch die 25 pfündigen Stäbe war die Kraft nur auf $\frac{2}{3}$ der Sättigung gebracht worden.

In wie ferne die hier erwähnte Verschiedenheit des Erfolges von der Grösse der Magnete bedingt war, habe ich nicht ermittelt, wohl aber konnte ich durch andere Versuche mich überzeugen, dass die Dimensionen einen eigenthümlichen Einfluss haben, der den Experimentatoren bisher entgangen zu sein scheint. Das grössere Stäbe, durch dieselben Magnete gestrichen, verhältnissmässig weniger Kraft erlangten, als kleinere, wurde bisher allgemein so ausgelegt, als wenn in den Moleculen der ersteren während des Streichens weniger Magnetismus erregt worden wäre. Meine Versuche haben aber gezeigt, dass, wenn auch gleich viel Magnetismus in einem grössern und einem kleinern Stabe erregt wird, im erstern weniger Magnetismus permanent zurückbleibt. (Man vergl. oben S. 223.) Um sicher zu sein, dass nicht die Beschaffenheit des Stahles verschieden sei, liess ich 4 Lamellen aus einer Stahlblechtafel herausschneiden, alle von gleicher Länge und Dicke (45''',8 und 0''',3) und den Breiten 9''',3 ... 7''',0   4''',6 ... 2''',3, und brachte sie unausgeglüht in eine lange Spirale, wobei unter Einwirkung einer magnetisirenden Kraft von 136,21 die einzelnen Lamellen, nach ihrer Breite geordnet, so lange der Strom andauerte, den Magnetismus

$$94,47 \quad 71,74 \quad 50,02 \quad 26,10,$$

permanent aber den Magnetismus

$$25,10 \quad 22,02 \quad 16,62 \quad 9,62$$

zeigten. Das Verhältniss des permanent zurückgebliebenen zum erregten Magnetismus ist

$$0,266 \quad 0,307 \quad 0,332 \quad 0,369.$$

Es lässt sich leicht voraussehen, dass bei Stäben von grösserer Dicke die Abnahme des Verhältnisses noch beträchtlicher ausfallen würde.

---

[1] Moser. Dove's Repert. II. p. 141.
[2] Lamont. Pogg. Ann. CXIII. S. 241.

§. 46. Abnorme Magnetisirung.

Die Abnormität der magnetischen Vertheilung ist von zweierlei Art: sie besteht entweder darin, dass die Molecule ungleichen selbstständigen Magnetismus erhalten haben, oder dass den Axen der Molecule bei Erregung des Magnetismus eine verschiedene Richtung ertheilt wurde.

Was die ungleiche Stärke des Magnetismus betrifft, so kann sie auf verschiedene Weise zu Stande gebracht werden: durch Berührung einzelner Theile (etwa der Endpunkte), durch theilweises Bestreichen, durch Bestreichen mit schwachen Magneten, durch den galvanischen Strom. Auch kann sie eine Folge der ungleichen Härte des Stahls sein. Eine weitere Untersuchung in dieser Richtung bietet übrigens für jetzt sehr wenig Interesse dar, da die Hülfsmittel, welche uns zu Gebote stehen, um die magnetische Vertheilung zu messen, zu unvollkommen sind. Hinsichtlich der ungleichen Richtung der magnetischen Axe der Molecule treffen wir zweierlei Verhältnisse an, indem die Axen entweder eine direct entgegengesetzte Richtung haben oder einen Winkel mit einander bilden; ersteres kommt bei Stäben, letzteres bei Platten vor.

Wenn man *Fig. 188* zwei Magnete NS und $N'S'$ von ungleicher Stärke so anlegt, dass die Südpole sich berühren, so wird eine sehr bedeutende Schwächung entstehen, aber dennoch sowohl in S als in S' südlicher Magnetismus zurückbleiben; durch die Schwächung der Südpole entsteht eine entsprechende Schwächung der Nordpole, aber sie ändern ihre Natur nicht. Hiernach wird die Vertheilung des Magnetismus in der ganzen Länge ungefähr so sich gestalten, wie in der Figur durch Schattirung dargestellt ist, und man erhält einen Magnet mit zwei Nordpolen und einem Südpol in der Mitte.

Fig. 188.

Man kann drei und mehrere Magnete unter ähnlichen Bedingungen aneinander reihen, und erhält immer um einen Pol mehr, als die Zahl der Magnete beträgt.

Damit ist erklärt, wie in einem Stabe mehrere Pole vorhanden sein können.

Will man einen Stab so magnetisiren, dass er mehrere Pole erhalte, so gelangt man am einfachsten zum Ziele dadurch, dass man ihn *Fig. 189* auf den Nordpolen N, N', N'' u. s. w. aufliegen lässt und dann die dazwischenliegenden Theile von b bis a, von c bis d, von e bis f u. s. w. mit einem Südpol bestreicht. Auf solche Weise können die Pole in beliebiger Anzahl und in beliebiger Entfernung von einander erzeugt werden.

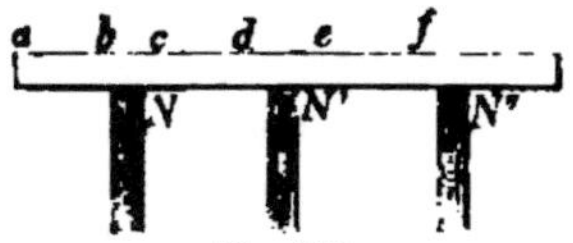

Fig. 189.

Es ist jedoch sowohl aus der Zusammensetzung mehrerer Magnete, als aus der eben beschriebenen Magnetisirungsweise klar, dass, wenn mehrere Pole vorhanden sind, sie nothwendig sehr schwach sein müssen.

Bei Platten kann die Magnetisirung so vorgenommen werden, dass die magnetischen Axen der Molecule einen Winkel mit einander machen. Man nehme z. B. eine quadratische Platte *Fig. 190*, und magnetisire sie nach der Diagonale ab, so dass in a ein Nordpol, in b ein Südpol entsteht, so wird die Diagonale cd neutral bleiben. Diese zweite Diagonale kann nun auf gleiche Weise magnetisirt werden, so dass c ein Nordpol und d ein Südpol wird. Die Platte erhält durch diese Behandlung

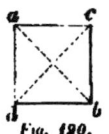

Fig. 190.

vier Pole. So kann man einer sechseckigen Platte *Fig. 191* sechs Pole, die abwechselnd auf einander folgen, und einer runden Platte eine beliebige Anzahl von Polen geben.

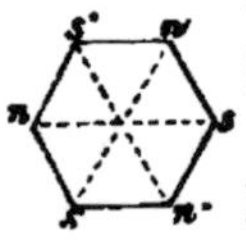

Fig. 191.

Dieser Vertheilung des Magnetismus in Platten hat man den Namen Transversalmagnetismus gegeben und kurze Zeit hindurch einige Wichtigkeit beigelegt, weil man daraus eine Erklärung der magnetischen Eigenthümlichkeiten des galvanischen Stroms zu schöpfen hoffte. Bald sah man sich jedoch genöthigt, diese Hoffnung aufzugeben, und seither ist der Transversalmagnetismus in Vergessenheit gerathen.

1. In so ferne den Moleculen ein gleicher selbstständiger Magnetismus ertheilt wird, sollte immer eine normale Vertheilung der Kraft eintreten. Dass in der Praxis diese Bedingung schon wegen der stets ungleichen Beschaffenheit des Stahles nicht erfüllt werden kann, ist leicht begreiflich. Wenn aber von einzelnen Beobachtern Abweichungen als in der Natur der magnetischen Kraft selbst liegend angegeben werden, so ist man wohl berechtigt, vorläufig an der Richtigkeit dieser Ansicht zu zweifeln. So betrachtet es RITTER als eine Eigenthümlichkeit des Erdmagnetismus, dass in einem verticalen Eisenstabe der Indifferenzpunkt unter der Mitte steht. Dessgleichen gibt KUPFFER [1] an, dass bei einem schwach magnetisirten Stahlstabe der Südpol mehr Kraft hat als der Nordpol, wenn letzterer oben ist, und dass der Indifferenzpunkt dem Südpole näher steht, aber gegen die Mitte vorgerückt wird, sobald man den Stab umkehrt.

Magnete mit mehreren Folgepunkten oder überhaupt abnorm magnetisirte Stäbe scheinen erst im vorigen Jahrhunderte in der Physik bekannt geworden zu sein, und einzelne Fälle wurden dazu benützt, um die Natur der magnetischen Kraft näher zu ergründen [2]; heutzutage findet die abnorme Magnetisirung in der Lehre des Magnetismus keine Anwendung, daher es unnöthig erscheint, hier eine nähere Darlegung zu versuchen. Die ersten Untersuchungen über den Transversalmagnetismus rühren von PRECHTL [3] her, der auch die Bezeichnung eingeführt hat. Später haben sich G. G. SCHMIDT [4], die Utrechter naturforschende Gesellschaft [5], ERMAN [6], MUNCKE damit beschäftigt, und man ist nach und nach zu dem Resultate gelangt, dass der Transversalmagnetismus gar nichts Eigenthümliches habe.

In neuester Zeit hat HÄCKER [7] Stäbe transversal magnetisirt und die angewendete Methode beschrieben. Als Bedingung des Gelingens gibt er an, dass die Stäbe glashart sein müssen, wofür theoretische Gründe kaum beizubringen sein dürften.

---

[1] KUPFFER. Ann. de chim. et de phys. XXXVI. 50.
[2] HAMBERGER. De partialitate acus magneticae und desselben Elementa physices p. 307; MUSSCHENBROEK Dissertatio de Magnete p. 146. BRUGMANS über die magnetische Materie, übersetzt von Eschenbach, S. 58.
[3] PRECHTL. Gilb. Ann. LXVII. 259, ferner zu vergleichen LXVIII. 200.
[4] SCHMIDT. Gilb. Ann. LXXI. 394; auch LXX. 229.
[5] Gilb. Ann. LXXII. 22.
[6] ERMAN. Umrisse. Berlin 1821; auch in Gilb. Ann. LXVII. 393, ferner Gilb. Ann. LXVIII. 202 und LXXI. 440.
[7] HÄCKER. Fortgesetzte magnetische Versuche. Pogg. Ann. LXXIV. 394.

Kapitel V.
Eigenschaften des Stahls und Eisens, die auf den Magnetismus Einfluss haben.

§. 47. Härte, Homogeneität, Feinkörnigkeit des Stahles.

Eine ganz oberflächliche Untersuchung zeigt schon, dass Stahlstäbe von verschiedener Beschaffenheit nicht in gleichem Maasse den Magnetismus aufnehmen und den aufgenommenen Magnetismus behalten. Aehnliches gilt vom Eisen. Von den hierher gehörigen Einflüssen sind viele genau ermittelt, manche noch problematisch, und zwar besteht das Haupthinderniss, dem man hier begegnet, darin, dass für die meisten Eigenschaften, die bei Stahl- und Eisenstäben in Betracht kommen, eine Maassbestimmung unmöglich ist.

Die innere Beschaffenheit des Stahles ist ausserordentlich verschieden, so dass insbesondere an gleichmässiger Structur, Feinkörnigkeit und Compactheit sich ein Stahlstück vom andern wesentlich unterscheidet. Zunächst ist Mangel an gleichmässiger Structur entschieden nachtheilig für die Aufnahme des Magnetismus, und darauf lassen sich verschiedene Erscheinungen zurückführen. Wenn man einen Stahlstab beim Härten ungleich erwärmt oder zu stark erwärmt, so bemerkt man an der Oberfläche Stellen, die schon durch ihr Ansehen sich unterscheiden, und die bei näherer Untersuchung als minder hart erkannt werden. Magnetisirt man einen solchen Stab und einen gleichmässig harten auf dieselbe Weise, so nimmt der gleichmässig harte fast den doppelten Magnetismus auf.

Werden dagegen beide Stäbe blau angelassen und dann magnetisirt, so zeigt sich nur ein geringer Unterschied dazwischen, ohne Zweifel aus dem Grunde, weil die härtern und weichern Stellen des ersteren Stabes sich durch das Anlassen mehr ausgeglichen haben.

Die Feinkörnigkeit und Compactheit des Stahls wird als ein wesentliches Erforderniss für einen guten Magnetstab betrachtet; indessen beruht diese Ansicht blos auf theoretischen Gründen. Entscheidende Versuche darüber besitzen wir nicht, und es lässt sich in dieser Hinsicht kein Erfolg erwarten, bis Mittel gegeben sind, um die Feinkörnigkeit und Compactheit zu messen oder wenigstens nach verschiedenen Graden zu unterscheiden. Ich habe vielerlei Stahlarten, deren Bruch ein sehr verschiedenes Aussehen darbot, schon zu Magneten gebraucht, ohne einen Zusammenhang dieses Aussehens mit dem Erfolge der Magnetisirung zu erkennen; übrigens pflegt man ziemlich allgemein dem englischen Gussstahl den Vorzug zu geben.

Mehr lässt sich über die Härte des Stahls und die Abhängigkeit des Magnetismus von der Härte sagen. Bei der Härte unterscheiden die Mechaniker gewöhnlich vier Grade; ganz hart, strohgelb angelassen, blau angelassen, ganz weich. Den höchsten Grad von Härte erlangt man dadurch, dass man den Stahl im Kohlenfeuer glühend macht (bei englischem Stahl rothglühend, bei den meisten übrigen Stahlarten weissglühend) und ihn dann plötzlich in Wasser eintaucht. Eine vollkommene Härte gelingt nur dem erfahrenen Mechaniker, wie überhaupt zur richtigen Bearbeitung des Stahles viele Erfahrung gefordert wird. Die geringern Grade von Härte erreicht man gewöhnlich durch langsames Erwärmen des vollkommen gehärteten Stahles; indessen ist es nicht gerade nothwendig, dass ein Stahlstab zuerst **vollkommen** gehärtet sei, wenn man einen geringern Grad von Härte braucht; vielmehr gibt es verschiedene Mittel, gleich vom Anfange geringere Härtegrade hervorzubringen, wozu insbesondere das Erhitzen in geschmolzenem Blei, anstatt in einem Kohlenfeuer, das Eintauchen in Oel anstatt in Wasser u. s. w. gehört; jedoch wird die Anwendung dieser Mittel als minder zweckmässig betrachtet.

Zu Magneten braucht man in der Regel entweder **ganz harte oder blau angelassene Stäbe.**

Der Einfluss der Härte bei Magneten ist sehr entschieden und lange bekannt, die gewöhnlich in Lehrbüchern vorgetragenen Sätze aber theilweise völlig unrichtig. Man sagt, dass ein harter Stab weniger Magnetismus **aufnehme**, als ein blau angelassener, aber mehr von dem aufgenommenen Magnetismus **behalte**. Meine sehr ausgedehnten Erfahrungen haben ein ganz anderes Resultat geliefert. Den Kraftverlust habe ich bei ganz harten Magneten nicht blos ebenso gross, sondern auch ebenso lange andauernd gefunden wie bei blau angelassenen. Ein wesentlicher Unterschied besteht nur hinsichtlich der Quantität des aufgenommenen Magnetismus, die unter allen Umständen bei ganz **harten Magneten geringer** ausfällt.

1. Als die wesentlichsten Eigenschaften des Stahles, welche zu einem guten Magneten erfordert werden, bezeichnet v. ARNIM [1] ein gewisses Verhältniss der Bestandtheile Eisen, Kohle und Sauerstoff, ausserdem Cohärenz; es ist diess jedoch nur eine philosophische Auffassung ohne Erfahrungsgrundlage.

Gleichmässigkeit der Structur und Härte müssen als wesentliche Eigenschaften erkannt werden. Es ist einleuchtend, dass, wenn in irgend einer Weise die Continuität unterbrochen ist, die Induction sich nicht, wie in §. 37 gefordert wird, ausbreiten kann, mithin der zuletzt erlangte effective Magnetismus geringer ausfallen muss. Kleinere und grössere Brüche, wie sie im Innern des Stahls häufig angetroffen werden, wirken entschieden ungünstig. Unterdessen darf hier die merkwürdige Thatsache nicht unerwähnt bleiben, die ich durch Versuche erkannt habe, dass zwei kleine Eisencylinder mit geschliffenen Endflächen, aneinander gelegt, einen ebenso starken Elektromagnet geben, als wenn der Cylinder aus einem Stücke bestünde, obwohl gewiss ist, dass die anstossenden Flächen sich nicht vollkommen anschliessen.

Enthält ein Magnet härtere und weichere Stellen, so ist es nicht möglich, demselben ein grosses magnetisches Moment zu geben; hiermit stimmt auch der Umstand überein, dass der Bulatstahl, der aus Lagen oder Schichten von Stahl und Eisen gefertigt ist, verhältnissmässig wenig Magnetismus annimmt [2]. MICHELL [3] warnt ausdrücklich vor dem Stahle, der Eisenadern enthält. BAUMGARTNER [4] hat über den Einfluss der Ungleichförmigkeit der Masse und insbesondere über die Eisenadern in Stahlstäben eine eigene Untersuchung angestellt, wobei er den nachtheiligen Einfluss, den die Beobachtung zeigt, dahin auslegt, als würde bei dem Uebergange von einem Körper auf einen andern von verschiedener Beschaffenheit eine theilweise Reflexion des Magnetismus (etwa wie diess bei dem Lichte der Fall ist) stattfinden (S. 54). Der wahre Grund liegt aber ohne Zweifel darin, dass der Magnetismus der härteren Theile in den weicheren Theilen entgegengesetzten Magnetismus inducirt, was durch die Versuchsreihe III (S. 111) klar nachgewiesen wird, und sonst mit der Theorie im Einklange steht. Ganz mit der Theorie übereinstimmend ist es ferner, dass, wenn die beiden Hälften einer Nadel ungleich hart sind, sie zwar starken Magnetismus annimmt, jedoch mit unsymmetrischer Vertheilung, indem der Indifferenzpunkt dem weichern Ende näher liegt.

2. **Feinkörnigkeit** erkennt man am Bruche, **Compactheit** an dem specifischen Gewichte. Je feiner und compacter der Stahl, desto näher sollten einander die Molecule stehen. Jedoch ist zu bemerken, dass die Stahlkörner, die sich am Bruche zeigen, eine grosse Menge Molecule enthalten, und durch die Feinheit des Korns nicht angezeigt ist, wie nahe die Molecule aneinander anliegen.

Was die Bestimmung der Compactheit durch das specifische Gewicht betrifft, so sind viele Messungen vorhanden, woraus man ersehen kann, dass das specifische Gewicht der verschiedenen Stahlarten ziemlich verschieden ist und zwischen 7,79 und 7,92 liegt.

3. Die Wirkung der **Härte** ist sehr entschieden und sehr leicht nachweisbar; schon durch Winden oder Drehen erhält ein Stahldraht eine geringere Inductionsfähigkeit und eine grössere Retentionsfähigkeit [5]. Weit stärker tritt aber der Erfolg hervor, wenn der Stahl durch Erhitzen und Ablöschen in Wasser gehärtet wird. Wie übrigens durch die Veränderungen, welche im Stahle beim Härten eintreten, ein solcher Erfolg herbeigeführt wird, hat bisher nicht ermittelt oder mit sonstigen Thatsachen in Zusammenhang gebracht werden können: denn die Veränderungen bestehen zahlreichen Versuchen zufolge in nichts Anderem, als dass der gehärtete Stahl an seinem specifischen Gewichte zwischen $^{36}/_{10000}$stel und $^{24}/_{10000}$stel verliert, und anstatt des körnigen Bruches ein ebener oder flachmuschliger entsteht.

Das Bearbeiten, wie das Härten des Stahls ist eine Sache, worüber theoretische Bestimmungen fehlen, und die Handwerker, welche in dieser Beziehung auf praktischem Wege sich Uebung und Kenntniss erworben haben, pflegen keine Mittheilung davon zu machen.

4. Was die Brauchbarkeit der verschiedenen Stahlsorten betrifft, so sind die Ansichten sehr getheilt. COULOMB glaubt, dass ein wesentlicher Unterschied der Stahlsorten nicht bestehe; KATER [6] verwirft den gegossenen englischen Stahl als ungeeignet zur Anfertigung von Magneten und erklärt den Shearstahl für die beste Stahlsorte; nach späteren Versuchen zog er den schwedischen Stahl allen andern vor. BAUMGARTNER [7] hält jeden Stahl für brauchbar, wenn er in der rechten Weise bearbeitet wird, was im Wesentlichen mit MICHELL's Ansichten übereinstimmt [8]. Nach HOFFER's [9] Versuchen soll der steyerische Stahl besondere Vorzüge haben, wenigstens wird er als der geeignetste für Hufeisenmagnete angegeben. GAUSS hat Versuche mit verschiedenen Stahlarten vorgenommen, worüber nichts weiter veröffentlicht wurde, als dass er den Uslarstahl als den besten erkannt hat. Ich habe ebenfalls aus vielen Sorten von Stahl Magnete herstellen lassen, ohne irgend einen besonderen Vorzug der einen Sorte vor der andern wahrzunehmen. Gewöhnlich wende ich englischen Gussstahl an und kann in Bezug auf denselben den oben angeführten Ausspruch von KATER nicht als begründet anerkennen.

5. Dass beim Härten dickerer Stahlstücke die Härte im Innern geringer ist als an der Oberfläche, lässt sich durch Wegschleifung der äussern Rinde unwiderlegbar nachweisen; bei Stahlstücken von sehr grossem Durchmesser, z. B. bei den Cylindern von Walzmahlmühlen, bleibt der Kern weich, auch wenn die Rinde vollkommen hart ist.

WALKER's [10] Verfahren, welches darin besteht, die Magnete in geschmolzenes Blei, dann, wenn sie die Temperatur desselben angenommen haben, rasch in kochendes Wasser zu tauchen, kann den Magneten eine sehr gleichförmige, aber keine hinreichend grosse Härte geben.

6. COULOMB hat nach BIOT den Magnetismus, welchen ein Stahlstab zuerst in weichem Zustande, und dann, nachdem er unter Anwendung verschiedener Temperaturen gehärtet worden war, annahm, durch Schwingungen bestimmt und folgende Resultate gefunden:

	Magnetismus.
weicher Stab	1,0000
gehärtet bei 780° R.	1,4216
860	2,1057
950	2,1791

Höhere Grade der Hitze steigerten den Magnetismus nicht mehr. Das Ablöschen geschah in Wasser von $+12°$ R. NOBILI [11] betrachtet ebenfalls die Härte, welche übrigens nur bis auf eine gewisse Tiefe eindringe, als Hauptbedingung der Retentionsfähigkeit, und führt zur Begründung seiner Ansicht an, dass, wie er sich durch den Versuch überzeugt habe, ein massiver Stahlcylinder weniger Magnetismus aufnehme, als ein Stahlcylinder, der mehrfach parallel mit der Axe durchbohrt ist, wenn beide auf gleiche Weise gehärtet werden. Nur die an der Oberfläche befindlichen Molecule werden vollkommen gehärtet, und in letzterm Falle sei ihre Zahl grösser.

Die eben angeführten Bestimmungen stehen mit allen anderen Versuchen in directem Widerspruche, und der beobachtete Erfolg kann wohl nur irgend einem abnormen Umstande in der Magnetisirung zugeschrieben werden. Uebrigens gibt COULOMB selbst an, dass bei Stäben, deren Länge mehr als das 30fache der Dicke beträgt, die grösste Empfänglichkeit für Magnetismus eintritt, wenn sie nach dem Härten einer Hitze von 500° ausgesetzt werden, d. h. wenn die Härte ganz aufgehoben wird, denn der geringste Grad von Härte (wasserblau) tritt schon bei 410° ein.

Unter denjenigen, deren Versuche mit den oben erwähnten von COULOMB und NOBILI im Widerspruche stehen, ist vorzugsweise HANSTEEN [12] anzuführen. Er magnetisirte zwei gleiche Cylinder (43 Lin. Länge, 1,1 Dicke), wovon der eine vollkommen hart, der andere strohgelb angelassen war, und fand die Intensitäten wie 1 : 1,43. In ähnlicher Weise wurde bei vier neuen Cylindern der Magnetismus bestimmt, welchen sie zuerst in ganz hartem Zustande und dann, nachdem sie durch mehr oder weniger lang fortgesetztes Kochen in Oel angelassen worden waren, aufzunehmen vermochten, und es ergab sich:

	Dauer des Kochens	Verhältniss der Kraft vor und nach dem Kochen.
Cylinder 1	10 Minuten	1 : 1,5137
2	5	1 : 1,4449
3	20	1 : 1,6407
4	15	1 : 1,4854

Ich habe in dieser Beziehung zu einer Entscheidung zu gelangen gesucht durch folgende Experimente. Ein viereckiges Stahlstäbchen (Länge 84,2, Breite und Dicke 1,5 Pariser Lin.) wurde in dem Zustande, wie es aus der Fabrik kam, mittelst zweier 25 pfündigen Stäbe magnetisirt und gab

magnetisches Moment 186,1,

vollkommen hart gemacht und magnetisirt

magnetisches Moment 142,9 (9,43 Mill. absolutes Maass).

angelassen und magnetisirt
    magnetisches Moment   192,15 (12,68 Mill. absolutes Maass),
glüht und magnetisirt
    magnetisches Moment   159,0   (10,49 Mill. absolutes Maass).

folgt hieraus, dass ein blau angelassener Magnet um $7/20$, ein ausgeglühter um $1/10$ mehr Magnetismus annimmt, als ein ganz harter; zugleich ersieht ... die Stahlstangen, wie sie aus Fabriken bezogen werden, nahe ebenso ..., als wenn sie blau angelassen wären. Nach den obigen Experimenten ... ich das ausgeglühte Stäbchen durch Hämmern härter zu machen, kam ... nicht zu Stande, denn nachdem ich so lange gehämmert hatte, bis die ... 0,6 Pariser Linien grösser wurde, und nachdem diese Zunahme abge... war, ergab sich das magnetische Moment
    151,6.
... das magnetische Moment dem Querschnitte nahe proportional ist, so würde ... heren Querschnitte das magnetische Moment
    152,9
...hen, und man sieht, dass das Stäbchen durch das Hämmern an Härte nicht ... hat.

Die Mechaniker, welche sich mit Anfertigung von Seecompassen beschäftigen, ... en es gewöhnlich als eine wesentliche Bedingung, dass der Nordpol der ... anz hart, der Südpol blau angelassen sei. Aus dem eben Gesagten geht ... dass auf eine solche Weise eine ungleichmässige Vertheilung des Magne... zu Stande kommen muss; welchen Vortheil aber diess gewähren soll, ist ... Wissens niemals nachgewiesen worden.

CHELL [13] bemerkt, dass, wenn einige Physiker behauptet haben, der feder... tahl sei zum Magnetisiren der geeignetste, diess nur hinsichtlich der Auf... des Magnetismus richtig sei; was das Behalten der Kraft betreffe, so ... dem ganz harten Stahle der Vorzug. Hiergegen muss ich indessen be... dass bei den von mir angewendeten compensirten Magneten (§. 83) der ... rte Magnet stets schneller an Kraft nachgelassen hat, als der blau an...
...e.

CKER [14] hat ungehärtete Stahlstäbe magnetisirt und nach 13 Monaten ihre ... st unverändert gefunden, woraus er, übereinstimmend mit obiger Angabe, ... luss zieht, dass ungehärtete Magnete ihre Kraft besser behalten, als ge...
Hierauf ist übrigens nur wenig Gewicht zu legen, da das von HÄCKER ... sung der Kraft angewendete Verfahren nicht geeignet war, genaue Resul... liefern.

TER [15] behauptet, dass, wenn Nadeln vollkommen hart gemacht werden, ... glich sei, ihnen durch Magnetisiren eine grosse Kraft zu ertheilen; diess ... ur dann geschehen, wenn man den mittlern Theil bis unter das Blau nach... ...ährend die Enden vollkommen hart bleiben. Aus dieser, wie aus mehreren ... Angaben KATER's dürfte zu folgern sein, dass er nicht hinreichend starke ... sirungshülfsmittel angewendet hat.

Wenn man Magnete härtet, so werden sie gewöhnlich krumm, und diess ... so mehr zu befürchten, je dünner sie sind. Die Mittel, welche von ... uern, unter denen STUBBS sich vorzüglich ausgezeichnet hat, angewendet ... sind, um die Feilen beim Härten gerade zu erhalten, werden als Gewerbs... isse bewahrt, und die Mechaniker im Allgemeinen glauben am besten da... en Zweck erreichen zu können, dass sie die zu härtenden Stücke, nachdem ... chmässig und flach aufliegend bis zur Rothglühhitze erwärmt sind, senkrecht ... Wasser tauchen.

Es ist versucht worden, Magnete beim Härten gerade zu erhalten dadurch, dass man sie auf eine flache Eisenschiene mit Draht aufgebunden oder zwischen zwei Eisenschienen eingeklemmt hat. Ich habe mich jedoch durch mannigfaltige Versuche überzeugt, dass die Flächen, welche an dem Eisen anliegen, nie die vollkommene Härte erhalten.

Ein im Härten krumm gewordenes Stahlstück kann gerade gerichtet werden, indem man es nach Fig. 192 auf den Ambos auflegt, und auf die hohle Seite mit dem schmalen Ende des Hammers so lange schlägt, bis eine Ausdehnung dieser Seite zu Stande kommt, wobei die Schläge an der Kante als die wirksamsten sich erweisen. Ich habe selbst die Operation häufig vorgenommen und gefunden, dass sie bei ganz harten Stahlstücken sehr grosse Vorsicht erfordert und nur in so ferne zu gelingen pflegt, als die Krümmung nicht bedeutend ist; ist aber ein Stück blau angelassen, so bietet sich keine besondere Schwierigkeit dar.

Fig. 192.

Cavallo räth die Nadeln etwas dicker und breiter zu lassen, als erforderlich wäre, und nach dem Härten sie so weit abzuschleifen, bis sie gerade werden. Dieses Verfahren hat jedoch den Nachtheil, dass die vollkommene Härte, welche nur auf der Oberfläche vorhanden ist, verloren geht.

Nicht selten trifft man praktische Mechaniker an, welche die Politur als eine wesentliche Bedingung beim Magnetisiren ansehen. Barlow [16]. hat diese Ansicht für unbegründet erklärt, und damit stimmen auch die §. 42 erwähnten Versuche von Robison und Fuss überein.

[1] v. Arnim. Gilb. Ann. III. 55.
[2] Sabine. *Contributions to terrestrial magnetism.* N. IV. Phil. Trans. 1843. Pt. II. 113.
[3] Michell. *A Treatise of artificial magnets.* p. 23.
[4] Baumgartner. Baumgart. Zeitschr. III. 60.
[5] Gilb. Ann. VIII. 99.
[6] Kater. Phil. Trans. 1821. p. 106.
[7] Baumgartner. Baumgart. Zeitschr. III. 66.
[8] Michell. *Treatise of artificial magnets.* p. 23.
[9] Muncke in Gehl. phys. Wörterb. VI. 943.
[10] Walker. Mech. Mag. XLVII. 398.
[11] Nobili. Eisenlohr, Lehrbuch der Phys. 8. Aufl. S. 481; Gehl. phys. Wörterb. VI. 948.
[12] Hansteen. Pogg. Ann. III. 236.
[13] Michell. *Treatise of artificial magnets.* p. 5.
[14] Häcker. Fortgesetzte magnetische Versuche. Pogg. Ann. LXXIV. 394.
[15] Kater. Phil. Trans. 1821. p. 104.
[16] Barlow. Phil. Trans. 1821. p. 107.

§. 48. Reinheit und Homogeneität des Eisens.

Wie die verschiedene Beschaffenheit des Stahles auf den Magnetismus Einfluss ausübt, so treffen wir beim Eisen ähnliche Verhältnisse an. Dasjenige Eisen, welches am meisten von allen fremden Bestandtheilen befreit ist und am meisten einer vollkommen gleichförmigen Zusammenfügung der Molecule sich nähert, ist für magnetische Anwendung am geeignetsten. Für die eben angeführten Eigenschaften besitzen wir übrigens weder entscheidende und leicht anwendbare Prüfungsmittel, noch eine Maassbestimmung.

Der permanente Magnetismus des Stahls und der inducirte des Eisens haben mit einander mehrfache Analogie, und mehrere der im vorigen §. erwähnten Eigenthümlichkeiten treten in analoger Weise beim Eisen hervor.

Wenn man einen Eisenstab einer sehr starken magnetisirenden Kraft aussetzt, so nimmt er augenblicklich einen entsprechenden Grad von Magnetis-

und eine länger dauernde Einwirkung vermehrt die Kraft nicht mehr.
gegen auf einen Eisenstab eine magnetisirende Kraft von geringem Be-
nimmt die Wirkung allmählig zu nach demselben Verhältnisse, wie
verlust bei Stahlmagneten stattfindet. Wenn demnach der Magnetismus,
zt erreicht werden soll, das Doppelte beträgt von dem Magnetismus,
rsten Augenblicke erregt wird, und wenn nach Verlauf einer Stunde
netismus um die Hälfte dieses Betrages zunimmt, folglich die Hälfte
t, so wird nach 2 Stunden $\frac{1}{4}$, nach 3 Stunden $\frac{1}{8}$, nach 4 Stunden $\frac{1}{16}$
s. w.

las Verhalten des weichen Eisens dem Magnetismus gegenüber kann
verändert werden durch die Bearbeitung. Stark gehämmertes Eisen
er Inductionsfähigkeit und behält mehr von dem inducirten Magnetismus
leiche Bewandtniss hat es mit dem gewalzten Eisen, nur dass bei diesem.
suchungen von AIRY [1] zufolge, die eben angedeuteten Eigenschaften in
Grade nach der Länge der Platten (d. h. nach der Richtung des Walzens),
der Breite der Platten hervortreten. Es ist zweckmässig, jedes Eisen,
rössere Inductionsfähigkeit erhalten soll, zuerst rothglühend zu hämmern
an, wenn die gehörige Form durch Feilen oder Drehen hergestellt ist, in
(nicht in Kohlenfeuer) auszuglühen. Das Ausglühen ist noch wirksamer,
das Eisen mit einem Lehmüberzuge von etwa einem halben Zoll in der
gibt.

Jeber die schnelle Erreichung eines constanten Standes bei starker und
ame Erreichung bei schwacher inducirender Kraft geben folgende Experi-
here Auskunft.

wei senkrechte Eisenstäbe (wie sie zu Inclinationsmessungen gebraucht
seitwärts von einer freien Nadel und in der durch die Mitte der Nadel
Verticalebene aufgestellt und der inducirenden Kraft der Erde ausgesetzt.
le Nadel ab wie in der Columne A, und nachdem sie umgekehrt worden
ie in der Columne B angegeben wird.

Verflossene Zeit (Minuten)	Ablenkung A	B
0'	(Stäbe aufgestellt)	
1	21° 27',20	18° 12',63
3	29,12	14,96
5	30,45	16,37
7	31,27	16,95
9	31,78	17,52
11	32,05	17,76
13	32,47	18,32
15	32,72	18,65
17	33,13	18,82
19	33,24	19,1?
21	33,48	19,45
23	33,60	19,59
36	34,09	20,94
47	—	21,30
56	34,21	—
79	34,59	—

Ablenkungen sind wegen der Aenderungen der Temperatur und der
hen Declination corrigirt.

II. Ein Eisenstab, in einer Spirale, durch welche der Strom von 6 Daniell'schen Elementen ging, horizontal liegend und senkrecht gegen die Mitte einer freien Nadel gerichtet, lenkte die Nadel ab, wie in der Columne A, dann nach dem Umkehren, wie in der Columne B angegeben ist.

Verflossene Zeit (Minuten)	Ablenkung A	B
0'	(Stab eingelegt)	
1	39° 0',0	39° 0',0
2	0,0	0,6
3	0,6	1,2
4	1,2	1,7
5	1,7	1,7

Diese letzteren Reihen habe ich nur so weit fortgesetzt, als der Strom sich vollkommen gleich blieb, da die Correctionen, welche erforderlich wären, die Ablenkungen auf eine bestimmte Stromstärke zu reduciren, sich nicht mit Sicherheit ermitteln lassen. Man sieht übrigens, dass die Zunahme des Magnetismus (welcher dem Sinus der obigen Winkel proportional ist) nicht über den vierten Theil jenes Betrages erreicht, welcher da beobachtet wurde, wo der Erdmagnetismus die inducirende Kraft war.

Nimmt man (analog mit §. 10 und §. 85) an, dass die Zunahme des Magnetismus um so langsamer fortschreitet, je näher dieser dem endlich zu erreichenden constanten Stande kommt, so hat man

$$\frac{dm}{dt} = k(M - m),$$

wo m den Magnetismus für die Zeit t, und M den Werth von m für $t = \infty$ bedeutet. Wird diese Gleichung nach S. 41 integrirt, und m und M durch die Ablenkung ausgedrückt, d. h. $m = a \sin \varphi$ und $M = a \sin \psi$ gesetzt, so hat man

$$2 \sin \frac{1}{2}(\psi - \varphi) \cos \frac{1}{2}(\psi + \varphi) = \sin \psi \, e^{-kt},$$

oder mit hinreichender Annäherung

$$\varphi = \psi - C e^{-kt}.$$

Werden die Constanten ψ, C, k aus drei Beobachtungen (S. 255), z. B. aus den Beobachtungen, welche den Zeiten $t = 1'$, $t = 11'$, $t = 21'$ entsprechen, abgeleitet, so erhält man einen Ausdruck, welcher weder den Anfang, noch den späteren Verlauf mit der erforderlichen Genauigkeit darstellt. In der Wirklichkeit ist die Zunahme am Anfange viel rascher, als die Rechnung sie gibt, und wenn nach der Rechnung die Zunahme schon gänzlich aufhören sollte, geht sie noch lange und fast gleichmässig fort. Ich habe mich durch Versuche überzeugt, dass unter den oben angeführten Umständen noch nach 24 Stunden ein constanter Stand nicht erreicht ist, vielmehr eine merkliche Zunahme fortdauert.

Wenn man die Aufzeichnungen nur auf kurze Zeiträume, etwa auf 10 bis 15 Minuten, ausdehnt, so lassen sich die Constanten allerdings so bestimmen, dass die Unterschiede zwischen Beobachtung und Rechnung minder beträchtlich ausfallen, wie aus den früher von mir bekannt gemachten Versuchen[3] zu entnehmen ist; jedoch deutet der Umstand, dass bei den Differenzen die Zeichen nicht wechseln, sondern positive und negative Gruppen sich zeigen, darauf hin, dass das angenommene Gesetz nicht genau entspricht.

3. Noch wäre die Frage zu erörtern, was man als **Grund** der allmähligen ... des Magnetismus im Eisen anzunehmen habe. Die Vorstellung, welche er allgemein verbreitet gewesen zu sein scheint, und worauf sich unter Anderen ...ER [3] bezogen hat, war, dass das Eisen der Bewegung des Magnetismus en Widerstand entgegensetze, und gegen die Richtigkeit dieser Vorstellung ... sich wohl nichts einwenden, jedoch bedarf sie einer genaueren Bestimmung. ... vollkommen flüssiges Medium, z. B. Luft oder Wasser, bewirkt, dass die Bewegung samer zu Stande kommt, macht aber eine constant andauernde Kraft niemals irksam, d. h. jede constant andauernde Kraft bringt die ihr zugehörige volle ...kung hervor und braucht nur längere Zeit dazu; ein zähflüssiges Medium da...n, z. B. ein dickes Oel, macht die Bewegung nicht blos langsamer, sondern ... kleine Kräfte vollkommen auf, indem eine Bewegung erst anfängt, wenn die ...egende Kraft stark genug ist, um die Zähigkeit des Mediums zu überwinden. ...e letztere Kategorie gehört auch der Widerstand einer Spitze, von welcher ... Magnetnadel getragen wird (oben S. 131).

Der Widerstand, den das Eisen der Bewegung des Magnetismus entgegen..., kann weder ausschliesslich zu der einen noch ausschliesslich zu der anderen ...gorie gerechnet werden, denn während die Kraft des Erdmagnetismus eine ... einer Eisenplatte aufgehängte Nadel der natürlichen Richtung nicht näher bringt, ... lange auch immer die Einwirkung dauern mag (man vergl. oben S. 54), und ...rend der Magnetismus von einem Punkte einer langen Eisenstange aus nur bis ...eine gewisse Entfernung sich ausbreitet (S. 41), geben auf der andern Seite ... oben angeführten Versuche keinen Grund, anzunehmen, dass schwache magnetische ...te nicht eine ihrer Grösse proportionale Induction zu Stande bringen, wenn die ...rkung lange genug andauert. Es scheint demnach, als wenn der Widerstand ... Eisens in einigen Fällen die Bewegung des Magnetismus blos verzögerte, in ...ren vollkommen aufhielte.

AIRY, *Experiments on iron built ships*. *Philos. Trans.* 1839, p. 213.
LAMONT, Handbuch des Erdmagnetismus, S. 144.
WEBER, Resultate des magnet. Vereins für 1841, S. 90. — Man vergl. ferner FUSINIERI, *Annali delle sc. del Regno Lomb.-Ven.* V.; THALÉN, *Recherches sur les propriétés magnétiques du fer*. Upsala 1861 (auch als Abhandlung in Nov. Act. Soc. Upsal. T. IV gedruckt).

§. 49. Aenderung der Inductionsfähigkeit mit der Zeit.

Beim Eisen zeigt sich eine Eigenthümlichkeit, welche man am Stahl noch ... hat nachweisen können, und die darin besteht, dass die innere Beschaffen... des Eisens und damit auch das Verhalten gegen den Magnetismus mit der ... sich ändert. Eine sehr hervortretende und leicht nachweisbare Wirkung ...es Verhaltens habe ich bei Anwendung weicher Eisenstäbe zu Inclinations...sungen erkannt. Wenn man einen Eisenstab ausglüht, so nimmt er, der ...wirkung einer bestimmten Kraft, z. B. des verticalen Erdmagnetismus, aus...etzt, einen gewissen Grad von Magnetismus an. Bleibt er nun ein Jahr lang ...ig in einem Zimmer liegen, wo er weder einem bedeutenden Temperatur...sel noch sonst irgend einem besonderen Einflusse ausgesetzt ist, und lässt ... dann dieselbe Kraft wieder auf ihn einwirken, so nimmt er weniger ...gnetismus an: seine Inductionsfähigkeit hat abgenommen.

Die nähere Untersuchung hat gezeigt, dass die Abnahme der Inductions...igkeit allmählig vor sich geht, und zwar ganz nach einer ähnlichen Pro...sion, wie der Kraftverlust bei magnetisirten Stahlstäben (§. 85). Nähert sich demnach die Inductionsfähigkeit in einem Monate ihrem Finalzustande bis auf die Hälfte, so wird sie in zwei Monaten bis auf $1/_4$, in drei Monaten bis auf $1/_8$, in vier Monaten bis auf $1/_{16}$ u. s. w. sich genähert haben.

Wie oben schon angedeutet wurde, schreibe ich die Abnahme der Inductionsfähigkeit einer Aenderung der Molecule zu, welche mit der Zeit sich der Beschaffenheit des Stahles zu nähern scheinen. Ich stelle mir vor, dass die Luft und die Feuchtigkeit in die Poren des Eisens eindringen (die Richtigkeit dieser Annahme lässt sich durch Versuche beweisen) und Kohlenstoff und Sauerstoff von den Moleculen aufgenommen werden.

Diese Hypothese erklärt zugleich die oben angeführte Thatsache, dass Eisenstangen, wenn sie, der freien Luft ausgesetzt, viele Jahre in unveränderter Lage gelassen werden, permanenten Magnetismus bis zu sehr bedeutendem Betrage annehmen.

1. An der Münchener Sternwarte ist die magnetische Inclination mittelst der Ablenkung gemessen worden, welche an einer freien Nadel durch zwei weiche Eisenstäbe hervorgebracht wird. Die Ablenkungen in verschiedenen aufeinander folgenden Jahren sollten, wenn die Inductionsfähigkeit des weichen Eisens unverändert geblieben wäre, bis auf ein paar Minuten miteinander übereingestimmt haben; in der Wirklichkeit aber zeigte sich eine Abnahme, die im Verlaufe der Zeit mehrere Grade betrug. Ein Beispiel liefert folgende Tabelle, wo man nicht die beobachteten Winkel, sondern die daraus abgeleitete relative Inductionsfähigkeit (die anfänglich $= 1$ gesetzt) angegeben findet und wo jede Angabe das Resultat einer grössern Anzahl von Messungen ist

		Induction	Zeitintervall in Tagen.
1849	Sept. 4.	1,000	342
1850	Aug. 2.	0,873	793
1852	Oct. 3.	0,792	337
1853	Sept. 4.	0,774	379
1854	Sept. 18.	0,757	324
1855	Aug. 9.	0,731	368
1856	Aug. 10.	0,721	361
1857	Aug. 5.	0,711	

Hierauf wurden die Stäbe ausgeglüht, und wenn gleich unmittelbar darnach keine Messungen vorgenommen wurden, so lässt sich doch aus einer Messung vom 24. Juli 1858, wo die Induction $= 0,969$ gefunden wurde, mit ziemlicher Sicherheit zurückschliessen, dass sie unmittelbar nach dem Ausglühen die ursprüngliche Inductionsfähigkeit wieder erlangt hatten. Eine regelmässige Abnahme, wie es die Theorie (§. 85) fordert, stand hier nicht zu erwarten, da die Stäbe auf Reisen gebraucht und dabei häufigen Erschütterungen und häufigen Abwechselungen von Wärme und Kälte ausgesetzt waren.

Zwei andere Stäbe wurden im Winter 1855—1856 angefertigt und gaben folgende Resultate

		Induction	Zeitintervalle in Tagen.
1856	Sept. 12.	1,000	327
1857	Aug. 5.	0,960	370
1858	Aug. 10.	0,932	

2. Es unterliegt wohl keinem Zweifel, dass die Abnahme der Inductionsfähigkeit mit den Aenderungen des Molecularzustandes, welche nach HAUSMANN's [1] Unter-

chungen bei verschiedenen Substanzen und namentlich beim Eisen nach längerm
?gen in Luft oder Wasser eintreten, in engem Zusammenhange steht. Worin
ie Aenderungen eigentlich bestehen, ist noch nicht ermittelt worden, jedoch
scheint es, dass dabei die sämmtlichen Eigenschaften des Eisens in bestimmtem
Sinne modificirt werden. Einen Nachweis hiefür, bezüglich auf den Wärme-Aus-
dehnungs-Coefficienten liefern die Versuche, welche an den von Bessel zu seiner
Basismessung benutzten Eisenstangen vorgenommen wurden, und wobei folgende
Zahlen sich ergaben [2]

	Nr. I.	Nr. II.	Nr. III.	Nr. IV.
13⁴	0,0000144	0,0000148	0,0000150	0,0000152
14⁶	0,0000139	0,0000137	0,0000146	0,0000144
15⁴	0,0000127	0,0000123	0,0000128	0,0000129

Wahrscheinlich tritt bei der Härte, Elasticität, Dichtigkeit u. s. w. eine ähnliche
Modification ein. Ob die Abnahme der Inductionsfähigkeit wie die Modification der
übrigen Eigenschaften unmittelbar durch den veränderten Molecularzustand bedingt
wird, oder ob sie blos eine Folge der Modification einer andern Eigenschaft, z. B.
der Dichtigkeit, ist, muss die künftige Untersuchung lehren. Aus der künftigen
Untersuchung muss sich ferner ergeben, ob, wie oben angedeutet, die Einwirkung
der Luft oder des Wassers zum Erfolge nothwendig ist; vorläufig glaube ich
indessen, die Frage bejahend beantworten zu müssen, und ich habe Grund, anzunehmen, dass durch einen Ueberzug von irgend einer Substanz, welche den Zutritt
der Luft und Feuchtigkeit abhält, die Abnahme der Inductionsfähigkeit, wenn nicht
verhindert, doch langsamer gemacht wird. Desshalb habe ich in neuerer Zeit die
Eisenstäbe, welche zu erdmagnetischen Messungen gebraucht werden, entweder
verzinnt und in Messingröhren eingelöthet, oder mit Schmiedpech überzogen.

[1] Hausmann, Joh. Fr. Ludw. Ueber die durch Molecularbewegungen in starren leblosen
Körpern bewirkten Formänderungen. (Abhdl. der Gesellsch. der Wissensch. zu Göttingen,
VI. 1853—1855, VII. 1856—1857.)
[2] Baeyer. Verbindungen der preussischen und russischen Dreiecksketten bei Thorn und
Tarnowitz. Berlin 1857, p. 243.

Kapitel VI.
Gleichgewicht und Bewegung bei einfachen Magneten, dann bei Magnetnadeln und Stäben.

§. 50. Anziehung und Abstossung magnetischer Molecule.

Kräfte von sehr verschiedener Natur können zugleich auf einen Punkt einwirken und mit einander im Gleichgewicht stehen, oder mit einander eine
Bewegung hervorbringen. So kommt es, dass die Lehre vom Gleichgewicht und
der Bewegung der Magnete Probleme enthält, wo blos magnetische Kräfte, und
andere, wo die Schwere und die Elasticität (als Torsionskraft) gleichzeitig mit
magnetischen Kräften wirken. Die ersteren habe ich alle, in so weit sie von
Belang schienen, in diesem Kapitel behandelt, unter den letzteren dagegen erfordern einige eine so specielle Entwickelung, dass ich es vorgezogen habe,
das darauf Bezügliche eigens zusammenzustellen und in Kap. IX nachzu-
tragen.

Für die Untersuchung des Magnetismus ist es ein sehr hinderlicher Umstand, dass alle Wirkungen, die in der Beobachtung sich darstellen, alle Versuche, die vorgenommen werden können, so höchst complicirt sind. Die Complication rührt von zwei Umständen her: einmal gibt es keinen Körper, in welchem gleiche Stärke des Magnetismus an allen Punkten vorhanden wäre, dann gibt es keinen Körper, dessen sämmtliche Punkte gleichnamigen Magnetismus hätten, sondern es ist in jedem körperlichen Elemente nördlicher und südlicher Magnetismus in gleicher Menge enthalten.

Um auf klare Vorstellungen zu kommen, müssen wir von den durch die Natur gegebenen complicirten Bedingungen gänzlich abstrahiren; wir müssen uns **isolirte Punkte** denken, die **nördlichen**, und **isolirte Punkte**, die **südlichen Magnetismus** enthalten. Es seien demnach a und b, Fig. 193 zwei Punkte, wovon der erstere den Magnetismus μ, der letztere den Magnetismus μ' in sich trägt, so gelten den in Kap. I gegebenen Erklärungen gemäss folgende zwei Gesetze:

1. Die Kraft, womit zwei magnetische Punkte auf einander wirken, ist direct dem Producte ihrer Magnetismen und umgekehrt dem Quadrate der Entfernung proportional.
2. Die Kraft ist eine Anziehung, wenn die Punkte ungleichnamigen, eine Abstossung, wenn sie gleichnamigen Magnetismus besitzen.

Bei mathematischer Behandlung der auf Magnetismus bezüglichen Probleme werden auf die magnetische Kraft alle Lehrsätze angewendet, welche die theoretische Mechanik für Kräfte dieser Art aufstellt. Insbesondere mag hier erwähnt werden, dass man zwei oder mehrere Kräfte, die auf einen Punkt wirken, zu einer einzigen Resultante vereinigen, oder eine einzige Kraft, welche auf einen Punkt wirkt, in zwei oder mehrere Kräfte zerlegen kann, in ganz ähnlicher Weise, wie es mit der Gravitationskraft zu geschehen pflegt.

Ist der Punkt a frei, so wird in Folge der Kraft eine progressive Bewegung zu Stande kommen, die um so grösser ist, je grösser die Beschleunigung, welche a durch b erhält. Die Beschleunigung ist aber der wirkenden Kraft direct und der zu bewegenden Masse umgekehrt proportional.

Eine Bewegung in gerader Linie kommt übrigens in der Lehre vom Magnetismus, wenigstens da, wo feinere Messungen angestellt werden, wohl gar nicht vor: es handelt sich immer um eine Drehung.

Es sei a, Fig. 194, ein feststehender Magnetpol, b ein Magnetpol durch die unbiegsame Linie cb mit dem festen Punkte c verbunden und beweglich um diesen Punkt, d. h. im Kreise bd, so erfolgt direct die Anziehung in der Linie ab; die weitere Betrachtung dieser Anziehung selbst ist indessen von keinem Nutzen, sondern man muss sie in einen wirksamen und nicht wirksamen Theil, nämlich nach den Richtungen be und bf zerlegen: der letztere Theil bringt eine Drehung

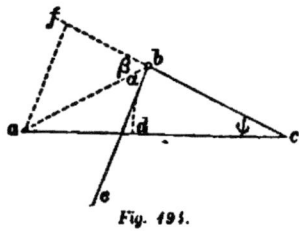

Fig. 194.

um den Punkt c hervor, der erstere übt blos einen wirkungslosen Druck auf diesen als fest angenommenen Punkt aus.

Je schiefer nun die Richtung, desto kleiner ist die wirksame Kraft, und zwar ist sie gleich der directen Anziehung multiplicirt mit dem Sinus des Winkels β, den die directe Anziehung mit dem Hebelarm bc macht.

Betrachten wir etwas näher die Kraft, die nach der Richtung be wirkt, so ergibt sich, dass sie die Tendenz hat, die Linie bc herüber zu drehen gegen ac, und diese Tendenz wird um so stärker sich äussern, je länger der Hebelarm bc, d. h. je grösser die Entfernung des Magnetpols von dem Drehungspunkte ist. Die Kraft multiplicirt mit der Länge des Hebelarmes nennt man aber das **Drehungsmoment**. Die erste Wirkung der durch den Magnetpol a ausgeübten Anziehung besteht demnach darin, dass er den Pol b im Kreise bd gegen die Linie ac zu bewegen sucht mit einem Drehungsmomente, welches gleich ist der directen Anziehung multiplicirt mit dem Sinus des Winkels β, und multiplicirt ferner mit dem Hebelarm bc.

Was die Kraft betrifft, die nach der Richtung bf zieht, so ist sie zwar in so ferne es sich um die Erzeugung einer Bewegung handelt, unwirksam, hat aber die Tendenz, den Hebelarm bc (wenn noch eine Kraft oder mehrere Kräfte mitwirken, so dass bc in der Gleichgewichtslage sich befindet) in seiner Lage zu erhalten, denn es ist offenbar, dass es um so schwerer sein wird, den Hebelarm bc seitwärts zu bewegen, und dass, wenn eine Verschiebung seitwärts erfolgt ist, der Hebelarm mit um so grösserer Kraft in die frühere Lage zurückzukehren sucht, je stärker er nach der Richtung bf gezogen wird, und je länger der Hebelarm bc. Diese Kraft nennt man **Directionskraft**: sie ist gleich der directen Anziehung multiplicirt mit dem Cosinus des Winkels β und mit dem Hebelarm bc.

Wir haben im Vorhergehenden vorausgesetzt, dass zwischen den Punkten a und b eine Anziehung stattfindet: ist eine Abstossung vorhanden, so gelten die obigen Regeln nur mit dem Unterschiede, dass die Drehung nach der entgegengesetzten Richtung geht und die Directionskraft eine negative wird, d. h. der Hebelarm bc um so leichter seitwärts geschoben werden kann, je grösser die Kraft.

Ist es nicht ein Magnetpol, sondern eine magnetische Parallelkraft X (§. 15), welche auf den Pol b, Fig. 195, nach der Richtung $A'b$ parallel mit Ac wirkt, so ist die Anziehung gleich dem Producte der Kraft X multiplicirt mit dem Magnetismus des Pols b. Die Zerlegung dieser Kraft nach den Richtungen bg und bf geschieht nach den oben ausgesprochenen Grundsätzen.

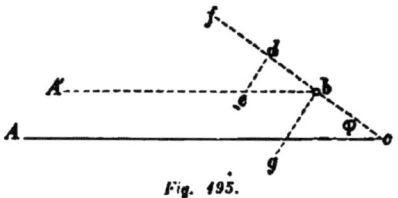

Fig. 195.

1. Wenn man den Magnetismus der Punkte a und b, Fig. 196 (S. 262), mit μ und μ' bezeichnet, so wird dem entwickelten Gesetze zufolge ihre Anziehung ausgedrückt durch

$$\frac{\mu\mu'}{(ab)^2} \quad \text{oder} \quad \frac{\mu\mu'}{\varrho^2} \qquad\qquad 1),$$

wo ϱ die Distanz ab bedeutet.

Fig. 196.

Die Grössen μ und μ' haben das Zeichen +, wenn sie auf nördlichen, und —, wenn sie auf südlichen Magnetismus sich beziehen. Fällt das Product $\mu\mu'$ negativ aus, so bedeutet diess eine Anziehung, d. h. eine Tendenz, die Entfernung ϱ zu vermindern; fällt es positiv aus, so bedeutet diess eine Abstossung, d. h. eine Tendenz, die Entfernung zu vergrössern.

Die Beschleunigung, welche der Punkt a erhält, ist

$$= \frac{\mu\mu'}{p\varrho^2} \qquad 2),$$

wo p die Masse oder das Gewicht dieses Punktes bedeutet; in gleicher Weise erhält man für den Punkt b, wenn die Masse dieses Punktes mit p' bezeichnet wird, die Beschleunigung

$$= \frac{\mu\mu'}{p'\varrho^2} \qquad 3).$$

Die Richtung der Anziehung oder Abstossung fällt zusammen mit der geraden Linie, welche die beiden Punkte verbindet: kann sich aber der Punkt a nicht in dieser Richtung, sondern nur in einer seitlichen Richtung ac bewegen, und wird die nach ab wirkende Kraft durch die Linie ab repräsentirt, so braucht man bles die Linie bc senkrecht auf ac zu ziehen, alsdann stellt nach den bekannten Regeln der Kraftzerlegung die Linie ac die nach dieser Richtung wirkende und bc die darauf senkrechte Kraft dar. Nun ist $ac = ab \sin \varphi$ und $ac = ab \cos \varphi$; demnach hat man

$$\text{Kraft nach der Richtung } ac = \frac{\mu\mu'}{\varrho^2} \sin \varphi \qquad 4)$$

$$\text{Kraft senkrecht hierauf} = \frac{\mu\mu'}{\varrho^2} \qquad 5).$$

Die Gleichungen der Mechanik, welche die freie Bewegung im Raume ausdrücken, werden kaum in der Lehre des Magnetismus eine Anwendung finden, etwa den einfachsten Fall ausgenommen, wo der Punkt b als fest angenommen wird und der Punkt a in Folge der Anziehung sich in der geraden Linie ab demselben nähert. Bezeichnet man wie oben ab mit ϱ, so ist die Geschwindigkeit $= \frac{d\varrho}{dt}$, die Beschleunigung $= \frac{d^2\varrho}{dt^2}$, und man hat

$$\frac{d^2\varrho}{dt^2} = -\frac{\mu\mu'}{p\varrho^2} \qquad 6).$$

Ist bei der Bewegung ein dem Quadrate der Geschwindigkeit proportionaler Widerstand zu überwinden, so wird die Gleichung

$$\frac{d^2\varrho}{dt^2} = -\frac{\mu\mu'}{p\varrho^2} + f\frac{d\varrho^2}{dt^2} \qquad 7),$$

wenn f den Widerstandscoefficienten bedeutet. Eine Anwendung dieser Gleichung kommt in §. 53 vor.

Bei Berechnung der Wirkungen, welche erfolgen, wenn der angezogene magnetische Pol am Ende eines beweglichen Hebelarmes bc, Fig. 194, sich befindet, ist es von grosser Wichtigkeit, der mathematischen Entwickelung eine zweckmässige um zu geben und diejenigen Grössen einzuführen, deren Beziehungen am Ende mitgetheilt werden sollen. Im gegenwärtigen Falle handelt es sich immer um die Entfernung des Drehungspunktes c vom anziehenden Punkte a, d. h. um die Verbindungslinie ac, dann um die Länge des Hebelarmes bc und um den Winkel ψ, den der Hebelarm bc mit der Verbindungslinie ac macht. Diese Grössen allein sollen in der Rechnung vorkommen. Die Zerlegung der directen Anziehung $\frac{\mu\mu'}{(ab)^2}$ gibt

$$\text{eine Kraft nach } be = \frac{\mu\mu'}{(ab)^2} \cos \alpha$$

$$\text{eine Kraft nach } bf = \frac{\mu\mu'}{(ab)^2} \cos \beta.$$

Nun haben wir aber, wenn $ac = c$ und $bc = k$ gesetzt wird,

$$(ab)^2 = c^2 - 2kc \cos\psi + k^2$$

$$\cos\alpha = \sin\beta = \frac{af}{ab} = \frac{c \sin\psi}{ab}$$

$$\cos\beta = \frac{bf}{ab} = \frac{c\cos\psi - k}{ab};$$

darnach ergibt sich die Wirkung:

$$\text{nach } be = \frac{\mu\mu' c \sin\psi}{(c^2 - 2ck\cos\psi + k^2)^{\frac{3}{2}}} \qquad 8)$$

$$\text{nach } bf = \frac{\mu\mu'(c\cos\psi - k)}{(c^2 - 2ck\cos\psi + k^2)^{\frac{3}{2}}} \qquad 9).$$

Um das Drehungsmoment und die Directionskraft zu finden, haben wir die Wirkung nach be und nach bf mit dem Hebelarm k zu multipliciren, und erhalten

$$\text{Drehungsmoment} \quad \frac{\mu\mu' kc \sin\psi}{(c^2 - 2ck\cos\psi + k^2)^{\frac{3}{2}}} \qquad 10)$$

$$\text{Directionskraft} \quad \frac{\mu\mu' k (c\cos\psi - k)}{(c^2 - 2ck\cos\psi + k^2)^{\frac{3}{2}}} \qquad 11).$$

Gewöhnlich ist man genöthiget, den Nenner in eine Reihe aufzulösen, und zu diesem Zwecke ist es nun sehr nützlich den Ausdrücken die Form von Differentialcoefficienten zu geben. Setzt man zu diesem Behufe

$$\frac{\mu\mu'}{\sqrt{c^2 - 2ck\cos\psi + k^2}} = V \qquad 12),$$

so hat man das Drehungsmoment

$$= -\frac{dV}{d\psi} \qquad 13),$$

und die Directionskraft

$$= +\frac{k\, dV}{dk} \qquad 14),$$

was einfach dadurch nachzuweisen ist, dass die Gleichung 12) in der angezeigten Weise differenzirt Ausdrücke gibt, die mit 10) und 11) identisch sind.

Weitere Anwendung dieses Verfahrens wird man in §. 52 finden.

Wird der Punkt b (*Fig. 195*) durch eine Parallelkraft von der Intensität X nach der Richtung $A'b$ angezogen, so hat man die Wirkung nach dieser Richtung
$$= \mu X.$$

Wird diese Kraft durch bc repräsentirt, so ergeben sich durch Zerlegung die Componenten $bd = \mu X \cos ebd = \mu X \cos \varphi$, und $de = \mu X \sin ebd = \mu X \sin \varphi$: erstere Kraft wirkt parallel mit dem Hebelarm bc, letztere senkrecht darauf, so dass man sie nur mit dem Hebelarme selbst $bc = k$ zu multipliciren hat, um die Directionskraft und das Drehungsmoment zu erhalten. Demnach ergibt sich als Resultat:

Directionskraft $\quad = k \mu X \cos \varphi$
Drehungsmoment $\quad = k \mu X \sin \varphi$.

§. 51. Absolutes Maass des Magnetismus.

Die absolute Grösse einer magnetischen Kraft gibt man in „magnetischen Einheiten" an, und zwar wird diejenige Kraft als magnetische Einheit betrachtet, welche in der Einheit der Zeit einer Gewichtseinheit eine Geschwindigkeit mittheilt, welche der Längeneinheit gleich ist. Hiernach werden die magnetischen Einheiten grösser oder kleiner sein, je nach den Zeit-, Maass- und Gewichtseinheiten, welche bei Bestimmung der Dauer, der Entfernungen und Massen gebraucht werden. Als Zeiteinheit gebraucht man überall die Secunde (mittlere Zeit); was aber die übrigen Einheiten betrifft, so sind verschiedene Systeme angewendet worden. In Deutschland werden bei magnetischen Messungen die Entfernungen in Millimetern und die Massen in Milligrammen ausgedrückt, und unter dieser Voraussetzung ist eine magnetische Einheit ausserordentlich klein. Um sich eine Vorstellung davon zu machen, denke man sich in einer Entfernung von 1 Meter von einander zwei körperliche Elemente, ein festes und ein frei bewegliches, wovon jedes ein Milligramm im Gewichte und einen Magnetismus von 1000 Einheiten hat, so wird das freie Element durch die Anziehung des festen in Bewegung gebracht, aber nur $1/2$ Millimeter in der ersten Secunde zurücklegen.

1. Wenn gleich die Schwere zuletzt als Maass der magnetischen Kraft dient, so ist die Beziehung, wie aus Obigem hervorgeht, nichts weniger als einfach, und es liegt in der Natur der Sache, dass sie nicht einfach gemacht werden kann. Gerade solche Probleme aber greifen diejenigen gerne auf, die nicht zu einer tieferen Einsicht in die wahren Verhältnisse haben gelangen können, und so darf man sich nicht wundern, wenn misslungene Versuche zur Einführung einer einfacheren Maassbestimmung gemacht worden sind: so glaubte HÄCKER[1] nach vielfachen Versuchen das Resultat erlangt zu haben, dass die Grösse des Magnetismus lediglich von der Anzahl der Massentheile eines Magnets abhänge.

Während bisher die Menge des magnetischen Fluidums $\mu \ldots$ als Maass betrachtet wurde, werden wir fernerhin die Wirkung, welche μ in der Einheit der Entfernung hervorbringt, d. h. die Intensität der magnetischen Anziehung in der Distanzeinheit als Maass annehmen, und diese Intensität mit X bezeichnen. Bedeutet nun a die Einheit der Entfernung, so ist die Intensität der magnetischen Anziehung in dieser Entfernung $= \frac{\mu}{a^2}$, und wir haben demnach

$$X = \frac{\mu}{a^2}.$$

Nach §. 50 hat man für die Bewegung eines Punktes von der Masse p und m Magnetismus μ, wenn er in der Entfernung a von dem Magnetismus μ angezogen wird, die Gleichung

$$-\frac{d^2x}{dt^2} = \frac{\mu\mu}{a^2 p} = \frac{\mu}{a^2}\frac{\mu}{a^2}\frac{a^2}{p} = X^2 \frac{a^2}{p}.$$

Dieser Ausdruck gilt für jedes Maass-, Zeit- und Gewichts-System und in Folge dessen wird, wenn man, um von einem System auf ein anderes überzugehen, die einzelnen Grössen mit den entsprechenden Factoren multiplicirt hat, der daraus hervorgehende Gesammtfactor der Einheit gleich sein.

Ist demnach eine Längeneinheit des ersten Systemes $= m$ Längeneinheiten des zweiten, eine Gewichtseinheit des ersten Systems $= g$ Gewichtseinheiten des zweiten, eine Zeiteinheit des ersten Systems $= \tau$ Zeiteinheiten des zweiten, eine Krafteinheit des ersten Systems $= k$ Krafteinheiten des zweiten, so hat man d^2x und a mit m, p mit g, dt mit τ und X mit k zu multipliciren und erhält

$$-\frac{d^2x}{dt^2} = X^2 \frac{a^2}{p} \cdot \frac{m \tau^2 k^2}{g}.$$

Setzt man hier den Gesammtfactor der Einheit gleich, so erhält man

$$k = \frac{1}{\tau}\sqrt{\frac{g}{m}}.$$

Zu gleichem Resultate gelangt man, wenn man die Gleichung der absoluten Densität (§. 73) benutzt.

2. Die Maass- und Gewichtseinheiten sind vollkommen willkührlich, und Jeder, der magnetische Messungen auszuführen hat, kann seine Wahl nach Belieben treffen; indessen haben sich in allen Ländern bestimmte Einheiten eine vorherrschende Geltung verschafft, und zwar:

in Deutschland und Frankreich	1 Secunde mittlere Zeit
	1 Millimeter
	1 Milligramm
in England	1 Secunde mittlere Zeit
	1 englischer Fuss
	1 Grain
in Russland	1 Secunde mittlere Zeit
	1 russischer Zoll
	1 russisches Pfund.

Der Gebrauch der russischen Einheiten beschränkt sich auf Russland allein, englischen Einheiten sind auf Nordamerika und die englischen Colonien übergangen, während von Deutschland aus zugleich mit den Beobachtungsmethoden auch die Maasseinheit überall sonst eingeführt wurde, und da bisher bei weitem die meisten absoluten magnetischen Bestimmungen nach dem metrischen Systeme ausgedrückt worden sind, so ist es nicht unwahrscheinlich, dass dieses System die übrigen mit der Zeit verdrängen wird.

Kommt es darauf an, die in Brittischen oder Russischen Einheiten angegebene absoluten Maassbestimmungen durch metrische Einheiten auszudrücken, so hat man

1 engl. Fuss = 304,8012 Millim.
1 engl. Grain = 64,7991 Milligr.,

dann

1 russischer Zoll = 25,4001 Millim.
1 russisches Pfund = 409271,3 Milligr.

Hieraus folgt, dass die in englischen Einheiten ausgedrückten magnetische Maassbestimmungen mit 0,46108 (log 9,6637762) und die in russischen Einheiten ausgedrückten Maassbestimmungen mit 126,937 (log 2,1035887) multiplicirt werden müssen, um sie in metrische zu verwandeln. Es scheint übrigens, dass die obigen aus GEHLER's physikalischem Wörterbuche, Bd. VI, S. 1346 und 134 entnommenen russischen Maassvergleichungen nicht genau sind, da KUPFFER[2] die Verhältnisszahl = 126,9766 (log 2,1037237) angibt.

3. Der erste Physiker, der die Idee gehabt hat, den Magnetismus nach absolutem Maasse zu bestimmen, war POISSON[3]: er begründete seine Idee vollständig durch den Calcul und schlug beispielsweise als Einheiten 1 Gramm, 1 Meter, 1 Secunde vor, ohne praktisch die Ausführung zu versuchen. GAUSS[4] wählte kleinere Gewichts- und Längeneinheiten (Millimeter und Milligramm); da aber dabei $\frac{g}{m} = 1$ ist, so blieb POISSON's magnetische Einheit unverändert.

Für die Darstellung des Erdmagnetismus ist diese Einheit ganz geeignet, für Bestimmung der Kraft der Magnete aber keineswegs passend, denn da ein Stäbchen von blos 6 Zoll Länge, bis zur Sättigung magnetisirt, schon viele Millionen solcher Einheiten hat, so fallen die Zahlenangaben viel zu gross aus und man ist genöthigt eine Anzahl bedeutungsloser Ziffern anzuschreiben, indem die eigentliche Messung wohl nie mehr als fünf Zifferstellen umfasst. (Man vergl. §. 73, 3.) Es wird desshalb zweckmässig, die Millionen durch ein eigenes Zeichen, etwa durch ein als Exponent angebrachtes m, kenntlich zu machen, so dass 1 eine magnetische Einheit, und 1^m eine Million solcher Einheiten bedeuten würde. Vorläufig habe ich wo grössere magnetische Kräfte angegeben werden, eine Million als Einheit betrachtet und „Million" oder „Mill." hinzugefügt.

4. In Fällen, wo die Schwerkraft und die magnetische Kraft gleichzeitig auf einen Punkt einwirken, muss man die Schwerkraft in magnetischen Krafteinheiten ausdrücken. Bezeichnet man die Schwerkraft mit g und die Masse eines Körpers mit p, so ist die Kraft, womit der Körper von der Erde angezogen wird $= gp$ und dem Obigen zufolge die in der Zeiteinheit, d. h. in einer Secunde erlangte Geschwindigkeit $= g$ (in Millimetern). Bekanntlich aber erlangt ein Körper eine Geschwindigkeit von 9779,4 Millimeter am Aequator und von 9779,4 $(1 + 0,00519 \sin^2 \vartheta)$ in der geographischen Breite ϑ und diess ist also die Grösse, die für g zu substituiren ist. Die einzige in der Praxis vorkommende Anwendung dieser Bestimmung besteht darin, dass, wenn ein Gewicht p mit oder gegen den Magnetismus wirkt, man die Wirkung nicht einfach $= p$, sondern $= gp$ setzen muss. (Man vergl. §. 53 und 69.)

---

[1] HÜCKER. Abhandl. der naturw. Gesellsch. zu Nürnberg. 1, S. 1—80, 135—142.
[2] KUPFFER. *Annuaire magnet. et météorol.* Année 1844, p. 35.
[3] POISSON. *Solution d'un problème relatif au magnétisme terrestre.* Connaiss. des Tem 1828, p. 322.
[4] GAUSS. *Intensitas vis magneticae terrestris ad mensuram absolutam revocata*, p. 2 ebendaselbst, p. 24 findet man Erläuterungen über das Verhältniss der magnetischen Krafteinheit zur Schwere.

§. 52. Einfache Magnete, ihre Anziehung und Abstossung.

So wie wir, um das Gesetz magnetischer Anziehung und Abstossung zu erklären, uns genöthigt sahen, zu einer Abstraction unsere Zuflucht zu nehmen, so erscheint es aus gleichem Grunde zweckmässig, die Wirkungen dieses Gesetzes mittelst einer Abstraction darzustellen und zu erläutern.

Wir haben im I. Kap. gesehen, dass in der einen Hälfte eines Magnets der negative, in der andern Hälfte der positive freie Magnetismus sich aufhält. Die einfachste Abstraction, wodurch diese wesentliche Bedingung eines magnetischen Körpers ausgedrückt werden kann, besteht darin, zwei Punkte oder Pole a und b (*Fig. 197*) anzunehmen, die gleich viel, aber entgegengesetzten Magnetismus haben, und die durch eine unbiegsame Linie verbunden sind.

Fig. 197.

Um die Gesetze der Pendelbewegung zu entwickeln, haben die Physiker den Begriff eines **einfachen Pendels** — eines schweren Punktes durch eine Linie ohne Schwere mit dem Oscillationspunkt verbunden — eingeführt; der eben erklärte Begriff eines Magnets hat, was Zweck und Zusammensetzung betrifft, mit dem einfachen Pendel eine vollständige Analogie, und wir wollen demnach einen solchen Magnet einen **einfachen** nennen.

Ein **einfacher Magnet** kommt in der Natur nicht vor, und man wird vielleicht glauben, dass aus diesem Grunde die Lehrsätze, die sich darauf beziehen, keinen praktischen Nutzen haben dürften. Die Sache verhält sich aber ganz anders. Bei jedem Magnet kann man sich die ganze Kraft als in zwei Punkten concentrirt denken, und somit werden die Verhältnisse, die bei einfachen Magneten stattfinden würden, überall wenigstens als erste Approximation Geltung haben: man kann sogar sagen, dass die Mehrzahl der vorkommenden Fälle nach den hier gegebenen Regeln behandelt werden könne. Durch Einführung des Begriffes von einfachen Magneten erlangt man demnach den Vortheil, auf einem höchst einfachen Wege und mit Umgehung des höhern Calculs die Hauptresultate, die in der Praxis vorkommen, darstellen zu können.

Betrachtet man zunächst die Wirkung einer magnetischen Parallelkraft, so ist es offenbar, dass, wenn der Pol n (*Fig. 198*) in der Richtung na angezogen wird, eine gleich grosse Anziehung auf den Pol s, aber in entgegengesetztem Sinne, d. h. nach der Richtung sb erfolgen muss. Bei jedem Probleme, wo es sich um die Wirkung einer Parallelkraft auf eine einfache Nadel handelt, ist also die Summe der gleich grossen, aber entgegengesetzten Wirkungen auf die beiden Pole zu nehmen.

Wenn zwei einfache Magnete ns und $n's'$ (*Fig. 199*) einander genähert werden, so findet immer eine vierfache Wirkung statt:

1. eine Anziehung der Pole n und s',
2. eine Anziehung der Pole n' und s,
3. eine Abstossung der Pole n und n',
4. eine Abstossung der Pole s und s',

wobei die Grösse der Anziehung und Abstossung überall von der Entfernung abhängig ist.

Fig. 198.

Fig. 199.

Die Summe dieser vier Kräfte ist es, wodurch der Erfolg bedingt wird. Der Erfolg ist von zweierlei Art und besteht in einer Tendenz,

1. eine progressive Bewegung, worauf jedoch nur bei sehr grosser Näherung Rücksicht zu nehmen ist,
2. eine Drehung

hervorzubringen. Handelt es sich um die Anziehung, welche ein Magnet an eine im Gleichgewichte befindliche freie Nadel ausübt, so kommt ausserdem in Betracht, dass der Theil der Anziehung, welcher bei der Zerlegung nach der Richtung der Nadel wirkt, diese in ihrer Lage zu erhalten, oder, wenn sie ein wenig seitwärts bewegt wird, wieder zurückzuführen sucht; diese Kraft ist es, die wir oben schon (§. 50) als Directionskraft bezeichnet haben.

Die sämmtlichen hier angeführten Verhältnisse wollen wir aber nicht etwa durch allgemeine Entwickelungen, sondern durch Aufführung der vorzüglichsten in der Praxis vorkommenden Fälle zu erklären suchen und diess soll den Inhalt der nächstfolgenden Paragraphen bilden.

1. Den Begriff eines einfachen Magnets habe ich zur leichtern Entwickelung der sonst ziemlich complicirten Verhältnisse der Ablenkungen einzuführen gesucht[1]; die in den nächstfolgenden Paragraphen gegebenen Ableitungen werden, wie ich glaube, nachweisen, dass dieser Zweck vollkommen erreicht werden kann, und dass durch eine ganz einfache Anwendung des Elementar-Calculs die vorzüglichsten in der Praxis vorkommenden Ausdrücke sich darstellen lassen.

Soll zur Lösung der hieher bezüglichen Probleme der höhere Calcul gebraucht werden, so lassen sich die vorkommenden Ausdrücke (wenigstens der Form nach) durch Einführung des Potentials sehr vereinfachen, wie aus folgender Entwickelung zu entnehmen ist. Wenn die rechtwinkligen Coordinaten eines angezogenen Punktes mit a, b, c, und die correspondirenden Coordinaten eines umgekehrt wie die Quadrate der Distanzen anziehenden Punktes mit x, y, z, die in letzterm Punkte befindliche Kraft mit p, dann die Entfernung beider Punkte mit ϱ bezeichnet werden, so ist die Anziehung in gerader Linie

$$= \frac{p}{\varrho^2}.$$

Um diese Anziehung nach den drei Richtungen der Coordinatenaxen zu zerlegen, hat man sie mit den Cosinussen der Winkel, welche ϱ mit diesen Richtungen macht, nämlich $\dfrac{x-a}{\varrho}, \dfrac{y-b}{\varrho}, \dfrac{z-c}{\varrho}$ zu multipliciren, und man erhält

nach der Richtung der a $\qquad \dfrac{p(x-a)}{\varrho^3} = X$

b $\qquad \dfrac{p(y-b)}{\varrho^3} = Y$

c $\qquad \dfrac{p(z-c)}{\varrho^3} = Z.$

Da aber $\varrho^2 = (x-a)^2 + (y-b)^2 + (z-c)^2$, so hat man

$$\frac{x-a}{\varrho^3} = \frac{d\frac{1}{\varrho}}{da}, \qquad \frac{y-b}{\varrho^3} = \frac{d\frac{1}{\varrho}}{db}, \qquad \frac{z-c}{\varrho^3} = \frac{d\frac{1}{\varrho}}{dc}.$$

net man demnach $\frac{p}{\varrho}$ mit V, so ergibt sich

$$X = \frac{dV}{da}, \quad Y = \frac{dV}{db}, \quad Z = \frac{dV}{dc}.$$

ielben Formeln gelten auch für eine beliebige Anzahl von Kräften p, welche in den Entfernungen $\varrho, \varrho', \varrho''$ den Punkt a, b, c anziehen,

$$V = \frac{p}{\varrho} + \frac{p'}{\varrho'} + \frac{p''}{\varrho''} + $$

Grösse V, d. h. die Summe der anziehenden Kräfte dividirt durch ihre Entfernungen vom angezogenen Punkte hat GREEN[2] und nach ihm „Potential" genannt. Den obigen Gleichungen zufolge stellt der otient des Potentials einer gegebenen Anzahl von Kräften, bezüglich ordinate des anziehenden Punktes genommen, die Anziehung dieser derselben Coordinate dar. Der Lehrsatz selbst rührt von LAPLACE[4] t sich so ausdrücken „wenn von dem angezogenen Punkte nach irgend g eine gerade Linie r gezogen wird, so drückt der Differentialquotient ls der anziehenden Kräfte bezüglich auf r, d. h. $\frac{dV}{dr}$ die Anziehung htung der Linie r aus".

llen diesen Lehrsatz auf die Anziehung eines einfachen Magnets an- zu diesem Behufe die Coordinaten des angezogenen Punktes mit Coordinaten der Mitte des Magnets mit x, y, z, die Coordinaten des t $x + \frac{1}{2}\xi, y + \frac{1}{2}v, z + \frac{1}{2}\zeta$, die Coordinaten des Südpoles $\xi, y - \frac{1}{2}v, z - \frac{1}{2}\zeta$ bezeichnen. Ist μ der Magnetismus eines Entfernung des Nordpoles, ϱ'' die Entfernung des Südpoles von dem Punkte, so erhält man für das Potential V den Ausdruck

$$V = \mu\left(\frac{1}{\varrho''} - \frac{1}{\varrho'}\right),$$

ich in dem Punkte a, b, c nördlichen Magnetismus zu denken hat und ziehung als positiv betrachtet wird, welche eine Vergrösserung der des angezogenen Punktes hervorbringen würde.
lehungen

$$\frac{dV}{da}, \quad \frac{dV}{db}, \quad \frac{dV}{dc}$$

ordinatenaxen gerichtet, werden je nach den Verhältnissen verschiedene iervorbringen, wovon weiter unten einige Beispiele gegeben werden die Grössen ξ, v, ζ, welche die Projectionen des einfachen Magnets ungen der Coordinatenaxen vorstellen, im Verhältnisse zu ϱ so klein, eren Potenzen vernachlässiget werden dürfen, so hat man

$$V = \mu\left(\frac{d\frac{1}{\varrho}}{da}\xi + \frac{d\frac{1}{\varrho}}{db}v + \frac{d\frac{1}{\varrho}}{dc}\zeta\right).$$

3. Die vorhergehenden Transformationen beruhen nicht etwa auf einem innern Zusammenhang zwischen den Differentialquotienten und der Zerlegung der Kräfte, sondern auf dem zufälligen Umstande, dass die Differentiation auf dieselbe Form führt, und nach gleichem Grundsatze kann auch jede Differentiation, gleichviel ob sie unter die obigen Bestimmungen inbegriffen ist oder nicht, benutzt werden, in so ferne dadurch die gewünschte Form erlangt wird. So kann man z. B. die Ausdrücke §. 55 folgendermassen darstellen, man setze:

$$\frac{1}{Nn} + \frac{1}{Ns} - \frac{1}{Sn} - \frac{1}{Ss} = W$$

$$\frac{1}{Nn} - \frac{1}{Ns} - \frac{1}{Sn} + \frac{1}{Ss} = W',$$

so hat man

$$U = \frac{dW}{dr'}, \qquad V = \frac{dW'}{d\varphi}.$$

Der Nutzen solcher Transformationen besteht vorzugsweise darin, die Formeln beim Anschreiben abzukürzen; einen wesentlichen Vortheil, wenn es darauf ankommt, die Resultate der Rechnung für praktische Anwendung darzustellen, gewähren sie nicht.

[1] Lamont. Denkschr. der Akad. d. Wissensch. in München, Bd. XVI, S. 621.
[2] Green. *An essay on the application of mathematical analysis to the theories of electricity and magnetism.* Nottingham 1828.
[3] Gauss. Result. d. magnet. Vereins 1839, S. 1.
[4] Laplace. *Mécanique céleste,* T. I, p. 7.

§. 53. Messbare Wirkungen magnetischer Pole; einfache Fälle und Erklärungen.

Ehe wir auf specielle Probleme des Gleichgewichts und der Bewegung übergehen, scheint es zweckmässig, vorerst anzugeben, worauf sich diese Probleme beziehen, denn die Fälle, wo es möglich ist, die Aeusserungen der magnetischen Kraft durch die Rechnung und Beobachtung genau zu verfolgen, sind wenig zahlreich.

Die einfachste Wirkung einer Kraft besteht in der Erzeugung einer freien progressiven Bewegung im Raume, wovon uns der Fall schwerer Körper und die Bewegung der Planeten Beispiele darbieten. Eine ähnliche Bewegung kann durch magnetische Anziehung und Abstossung nicht zu Stande kommen, weil man überall dem überwiegenden Einflusse der Schwere und der Reibung begegnet. Näherungsweise erhält man eine freie Bewegung, wenn man eine auf einer Wasser- oder Quecksilberfläche schwimmende Nadel ns, *Fig. 200*, durch einen Magnet NS anziehen lässt.

Fig. 200.

Um die Wirkung einer magnetischen Kraft in messbarer Weise darzustellen, muss eine freie Axenbewegung eingeführt werden, und zwar kann die Bewegung um horizontale oder um verticale Axen stattfinden.

Die Bewegung um horizontale Axen wird angewendet, um die magnetische Kraft mit der Schwere zu vergleichen, was auf zweierlei Weise geschehen kann.

indem man entweder das Gewicht p bestimmt, welches auf die Waagschale A (Fig. 201) gelegt werden muss, um der Anziehung der Magnete ns und NS wovon letzterer festgemacht, ersterer aber unten in der Waagschale oder an der Stelle der Waagschale angehängt ist) das Gleichgewicht zu halten, oder indem man die Grösse cS' misst, um welche ein an parallelen Fäden hängender Magnet $N'S'$ (Fig. 202) durch den festen Magnet NS aus der Gleichgewichtslage seitwärts gezogen wird.

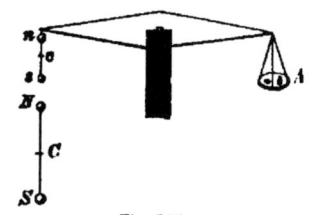

Fig. 201.

Die mannigfaltigste Anwendung findet bei Magneten die Bewegung um eine verticale Axe, d. h. die Bewegung in der Horizontalebene, wo die Schwere keinen Einfluss ausübt. Mittelst dieser Bewegung werden wir in den Stand gesetzt, magnetische Kräfte unter sich und mit der Schwere, so wie mit Torsionskräften aller Art zu vergleichen, und auf solche Probleme beziehen sich die folgenden Paragraphen dieses Kapitels so wie das ganze VIII. Kapitel.

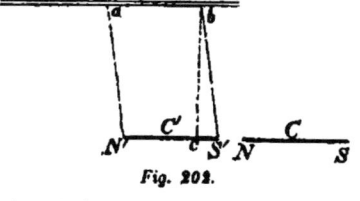

Fig. 202.

Hieraus ist zu entnehmen, dass in der Lehre des Magnetismus die Entwickelung von Gleichgewicht und Bewegung bei weitem nicht jene Ausdehnung und Mannigfaltigkeit hat, wie bei anderen Kräften, namentlich bei der Gravitation; ausserdem ist noch die Beschränkung zu erwähnen, dass es in den wenigsten Fällen möglich ist, den Magnetismus von den sonst vorkommenden Factoren zu trennen, und zwar erscheint der Magnetismus am häufigsten multiplicirt mit einer Entfernung vom Mittelpunkte des Magnets. Die Summe aller magnetischen Elemente multiplicirt mit ihren Entfernungen von der Mitte des Magnets wird daher das magnetische Moment genannt, und diese Grösse ist es, mit deren Bestimmung man sich gewöhnlich zu begnügen hat.

1. In Fig. 200, 201, 202 liegen die beiden Magnete in einer geraden Linie, und die Berechnung wird bei allen auf gleiche Weise ausgeführt. Bezeichnet man die halbe Länge des festen Magnets mit r, des beweglichen mit r', den Magnetismus des erstern mit μ, des letztern mit μ' und die Entfernung der Mittelpunkte mit e, so wird die Anziehung V für alle oben angegebenen Fälle ausgedrückt durch die Gleichung

$$V = \mu\mu' \left(\frac{1}{(e-r-r')^2} + \frac{1}{(e+r+r')^2} - \frac{1}{(e-r+r')^2} - \frac{1}{(e+r-r')^2} \right)$$

oder wenn man die magnetischen Momente $2\mu r$ und $2\mu'r'$ mit m und m' bezeichnet

$$V = 2mm' \frac{3e^4 - 2e^2(r^2+r'^2) - (r^2-r'^2)^2}{(e^4 - 2e^2(r^2+r'^2) + (r^2-r'^2)^2)^2} . \qquad 1).$$

Hängt der eine Magnet an einer Waagschale (Fig. 201), während der andere darunter festgemacht ist, so wird, um den Waagbalken horizontal zu halten, ein Gewicht p erfordert, dessen Grösse durch diesen Werth von V ausgedrückt wird, jedoch hat man sich in der Praxis meistens damit begnügt, bloss die Anziehung der beiden einander genäherten Pole zu berücksichtigen (§. 15).

Liegt der freie Magnet auf einer Wasser- oder Quecksilberfläche (*Fig.* 200) so dass er dem anziehenden Magnet sich nähern kann, so hat man für die Bewegung folgende Gleichung

$$\frac{d^2 e}{dt^2} = -V,$$

und hieraus, wenn anstatt V der erste oben angegebene Werth substituirt wird

$$\frac{1}{2}\frac{de^2}{dt^2} = \mu\mu'\left(\frac{1}{e-r-r'} + \frac{1}{e+r+r'} - \frac{1}{e-r+r'} - \frac{1}{e+r-r'}\right) + \text{Const.}$$

$$= \frac{2\,e\,m\,m'}{(e^2-(r+r')^2)(e^2-(r-r')^2)} + \text{Const.}$$

und da $\dfrac{de}{dt}$ die Geschwindigkeit ausdrückt, so ist durch diese Gleichung ein Verhältniss zwischen der Entfernung, der Geschwindigkeit und der Anziehungskraft hergestellt.

Hängt der freie Magnet $N'S'$ wie in *Fig.* 202 an zwei parallelen Fäden und setzt man $cS' = x$, $aN' = bS' = f$, dann die Masse oder das Gewicht des beweglichen Magnets $= 2p$ (also die Kraft nach S. 266 $= 2gp$), so wird $N'S'$ in die senkrechte Lage zurückgezogen durch die Kraft

$$2gp\,\frac{x}{f},$$

und diese Kraft ist $= V$ zu setzen.

Bezeichnet man mit e die Entfernung, welche die Mittelpunkte der beiden Magnete haben würden, wenn die Fäden aN' und bS' senkrecht herabgingen, also $N'S'$ nicht seitwärts gezogen wäre, so ist die wirkliche Entfernung der Mittelpunkte $= e-x$, und diese Grösse muss in der Gleichung 1) anstatt e substituirt werden. Da aber x im Verhältniss zu e sehr klein ist, so wird man den Werth von V nach den Potenzen von x entwickeln können, und man erhält, wenn der Factor von $2mm'$ in Gleichung 1) mit Q bezeichnet und die Entwickelung nach dem Taylor'schen Lehrsatze vorgenommen wird

$$\frac{2gpx}{f} = 2mm'\left(Q - \frac{dQ}{de}x + \frac{1}{2}\frac{d^2Q}{de^2}x^2 - \ldots\right)$$

oder

$$mm' = \frac{gpx}{f\left(Q - \frac{dQ}{de}x + \frac{1}{2}\frac{d^2Q}{de^2}x^2 - \ldots\right)}.$$

Es wäre möglich, die Grösse x mit einem Mikroskop sehr genau zu messen und demnach auf obigem Wege das Verhältniss zwischen Magnetismus und Schwere zu bestimmen. Sind die Magnete von beträchtlicher Länge, so kann man sich darauf beschränken, die Wirkung der zunächst gelegenen Pole zu berücksichtigen, und erhält dann den ganz einfachen Ausdruck

$$\frac{2gpx}{f} = \frac{\mu\mu'}{(\varepsilon - x)^2},$$

wo ε die Entfernung bezeichnet, welche die Pole haben würden, wenn keine Anziehung stattfände. Die im Vorhergehenden beschriebene Vorrichtung ist meines

MAGNETPOLE, MESSBARE WIRKUNGEN.

…isher weder angewendet noch auch in Vorschlag gebracht worden, dürfte geeignet sein, brauchbare praktische Resultate zu liefern. Die Oscillation obige Weise aufgehängten Stabes, welche PLANA[1] (ohne Bezug auf us) einer mathematischen Erörterung unterzogen hat, könnte ebenfalls specielle Zwecke in magnetischen Untersuchungen zur Anwendung kommen. ersuche über die progressive Bewegung einer Nadel, welche auf eine he hingelegt und von einem Magnetsteine angezogen wurde, hat angestellt. Dabei betrug die ursprüngliche Entfernung der Nadel vom Zoll, und die Beobachtung ergab, dass die Nadel den

ersten Zoll in	120 Secunden,
zweiten	110
dritten	78
vierten	72
fünften	56
sechsten	44
siebenten „	28
achten	16
neunten	12
zehnten	6
elften	3
zwölften	1

ganzen Zwischenraum von 13 Zoll in 9′ 6″ durchlief.

ie Bezeichnung „magnetisches Moment" hat GAUSS[3] eingeführt, um e auszudrücken, welche Analogie hat mit dem „statischen Momente". nd ein Punkt eines der Schwere unterworfenen Körpers unterstützt, so die Summe aller Massentheile, mit ihrer Entfernung von dem unter-'unkte multiplicirt, das „statische Moment"; in dieser Summe haben die fle, welche auf entgegengesetzten Seiten des unterstützten Punktes tgegengesetzte Wirkung und heben sich theilweise auf. Bei einem Magnet :h die Sache anders. Wird der einfache Magnet ns (*Fig. 203*) in dem ınterstützt, während eine magnetische Parallel-lalog mit der Schwere in der Richtung nX, sX 'kt, so wird der Pol n abgestossen, der Pol s und beiderseits geht der Erfolg dahin, dem ine Drehung nach derselben Richtung zu geben, Wirkungen summiren sich, so dass man das noment

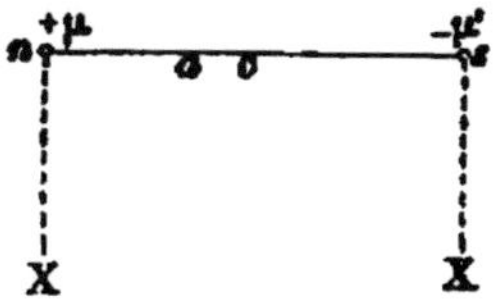

Fig. 203.

$$\cdot cn + \mu' X \quad cs = X(\mu \quad cn + \mu' \cdot cs)$$

er Factor $\mu \ cn + \mu' \ cs$ ist das magnetische Moment, und zwar ist sse unabhängig davon, ob der Punkt c in der Mitte des Magnets liegt , denn wenn man den Unterstützungs- oder Drehungspunkt nach a ver-at man

$$\mu an + \mu' as = \mu(cs - ac) + \mu'(cs + ac)$$
$$= \mu cn + \mu' cs + ac(\mu' - \mu) = \mu cn + \mu cs,$$

' ist.

blos bei einfachen Magneten, sondern überhaupt bei allen magnetischen Kör-uptet dieser Satz seine Gültigkeit, was wegen der praktischen Wichtig-Sache hier durch einen ganz einfachen Fall erläutert werden soll. Es sei in einem Magnet ns (*Fig.* 204) von ganz geringem Querschnitte der positive Magnetismus in der Hälfte nc, der negative in der andern Hälfte cs nach irgend einem Gesetze vertheilt. Der Bewegungspunkt befinde sich in der Mitte c und in einem beliebigen Punkte k, in der Entfernung x von der Mitte sei der unendlich kleine Magnetismus dm enthalten, so gibt dieser das unendlich kleine magnetische Moment $x \cdot dm$, und die Summe aller solchen Momente von c bis n und von c bis s, d. h. das ganze magnetische Moment des Stabes wird ausgedrückt durch das Integral

$$\int_{-\lambda}^{+\lambda} x\, dm,$$

wenn $cn = +\lambda$ und $cs = -\lambda$ gesetzt wird. Wäre der Drehungspunkt in d, d. h. um die Distanz $cd = a$ von der Mitte entfernt, so hätte man das magnetische Moment

$$= \int_{-\lambda}^{+\lambda}(x+a)\,dm = \int_{-\lambda}^{+\lambda} x\,dm$$

weil ein jeder magnetischer Körper eben so viel positiven als negativen Magnetismus enthält (§. 12), also $\int a\,dm$ oder $a\int dm = 0$ ist.

Eine weitere Ausdehnung des Begriffes „magnetisches Moment" auf Fälle, wo es sich um magnetische Körper oder Magnete von drei Dimensionen handelt, wird später vorkommen (§. 59).

Was aus der Beobachtung zunächst bestimmt werden kann, ist das magnetische Moment. Um weiter daraus den Magnetismus selbst abzuleiten, müsste das Gesetz bekannt sein, nach welchem die Kraft in Magneten vertheilt ist, und da wir dieses Gesetz nicht kennen, so sind wir in allen praktischen Fällen genöthigt, bei dem magnetischen Momente stehen zu bleiben und dieses als einziges praktisch anwendbares Maass für die Kraft der Magnete zu betrachten. (Man vergl. §. 70.)

[1] PLANA. *Mém. de Turin.* Tom. VI, Série II.
[2] DUTOUR. *Recueil des pièces de prix.* 1744. Vol. V, p. 72.
[3] GAUSS. Intensitas vis magneticae terrestris ad mensuram absolutam revocata. p. 43.

§. 54. Wirkung eines feststehenden einfachen Magnets auf einen frei um seinen Mittelpunkt beweglichen Magnet.

Die wichtigste Aufgabe, welche bei der Anziehung und Abstossung einfacher Magnete sich darbietet, besteht darin, die Wirkungen zu bestimmen, welche ein feststehender Magnet NS (*Fig.* 205) auf einen um seine Mitte frei beweglichen Magnet ns hervorbringt. Der Einfachheit wegen wollen wir voraussetzen, dass beide Magnete in derselben Horizontalebene sich befinden und der freie Magnet nur in dieser Ebene sich drehen könne.

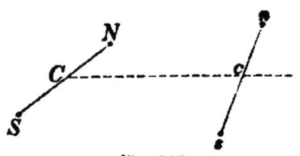

Fig. 205.

Nach §. 52 wird die Summe der Anziehung und Abstossung zu berechnen sein, welche die Pole N und S auf n und s ausüben, und der Erfolg wird darin bestehen, dass ns

1. ein Drehungsmoment,
2. eine Directionskraft

durch NS erhält. Die Ausdrücke für beide Grössen sind sehr complicirt und nur in dem Falle, dass die Entfernung der Magnete im Verhältnisse zu ihrer Länge sehr gross ist, lässt sich eine Vereinfachung einführen, wobei sich als Resultat herausstellt, dass das Drehungsmoment und die Directionskraft dem Producte der magnetischen Momente direct und der dritten Potenz der Entfernung umgekehrt proportional sind.

Drehungsmoment und Directionskraft hängen zugleich von den Winkeln ab, welche die beiden Magnete mit der Verbindungslinie der Mittelpunkte Cc machen. Einfache Verhältnisse kann man in dieser Beziehung blos dadurch erlangen, dass man anstatt der Magnete ihre Projectionen auf die Verbindungslinie und senkrecht hierauf substituirt. So wie man nämlich anstatt einer gegebenen Kraft ihre Projectionen in der Rechnung gebraucht, so kann man auch nach demselben Grundsatze an die Stelle des Magnets NS (Fig. 206) die beiden Magnete $N'S'$ und $N''S''$ setzen, deren Pole dieselbe Stärke wie jene von NS haben und deren Länge erhalten wird, wenn man NS (nach Analogie der Zerlegung der Kräfte) senkrecht auf die Verbindungslinie und parallel damit zerlegt, d. h. mit dem Cosinus und Sinus des Winkels, den der Magnet mit der Verbindungslinie macht, multiplicirt. Werden in gleicher Weise statt ns die Magnete $n's'$ und $n''s''$, die man als fest mit einander verbunden zu

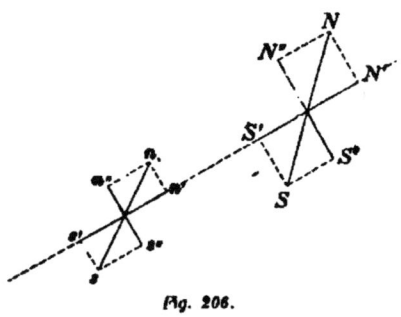

Fig. 206.

betrachten hat, substituirt, so ergibt sich, wenn auf die oben schon angegebene Abhängigkeit von der Entfernung keine Rücksicht genommen wird, Folgendes:

1. Das Drehungsmoment von $N'S'$ auf $n''s''$ ist dem **doppelten**, das Drehungsmoment von $N''S''$ auf $n's'$ dem **einfachen** Producte der magnetischen Momente gleich;

2. die Directionskraft, welche $n's'$ von $N'S'$ erhält, ist dem **doppelten**, die Directionskraft, welche $n's'$ von $N''S''$ erhält, ist dem **einfachen** Producte der magnetischen Momente gleich.

1. Auf die freie Nadel ns (Fig. 207) wirke der ablenkende Magnet NS, in derselben Horizontalebene befindlich, und zugleich eine Parallelkraft X (der Erdmagnetismus) nach der Richtung AB. Man bezeichne die Winkel, welche der Magnet und die Nadel mit der Verbindungslinie machen, nämlich NCc und ncf mit ψ und φ, die halben Längen NC und nc mit r und r', den Magnetismus der Pole für NS mit μ, für ns mit μ', so hat man

1. die Abstossung der Pole N, n

nach der Richtung von $ns = -\dfrac{\mu\mu'}{(Nn)^3} ng$

senkrecht auf ns. $= -\dfrac{\mu\mu'}{(Nn)^3} Ng$

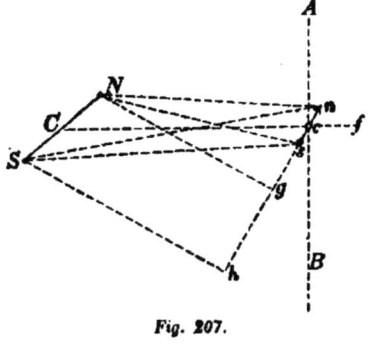

Fig. 207.

2. die Anziehung der Pole S, n

nach der Richtung von $ns = +\dfrac{\mu\mu'}{(Sn)^3} nh$

senkrecht auf ns $\quad = +\dfrac{\mu\mu'}{(Sn)^3} Sh,$

3. die Anziehung der Pole N, s

nach der Richtung von $ns = +\dfrac{\mu\mu'}{(Ns)^3} sg$

senkrecht auf ns $\quad = +\dfrac{\mu\mu'}{(Ns)^3} Ng.$

4. die Abstossung der Pole S, s

nach der Richtung von $ns = -\dfrac{\mu\mu'}{(Ss)^3} sh$

senkrecht auf ns $\quad = -\dfrac{\mu\mu'}{(Ss)^3} Sh.$

Die Summe der Anziehungen nach der Richtung von ns wollen wir mit U bezeichnen, so dass man hat

$$U = \mu\mu'\left(\frac{nh}{(Sn)^3} + \frac{sg}{(Ns)^3} - \frac{ng}{(Nn)^3} - \frac{sh}{(Ss)^3}\right). \quad 1).$$

die Summe der senkrecht auf ns wirkenden Kräfte, multiplicirt mit der Entfernung der angezogenen Punkte n und s vom Drehungspunkte c, d. h. das vom Magnet NS auf die Nadel ns ausgeübte Drehungsmoment soll mit V bezeichnet werden, und hiernach erhalten wir mit Berücksichtigung der Drehungsrichtung

$$V = \mu\mu'r'\left[Ng\left(\frac{1}{(Ns)^3} + \frac{1}{(Nn)^3}\right) - Sh\left(\frac{1}{(Sn)^3} + \frac{1}{(Ss)^3}\right)\right] \ldots 2).$$

Nun findet man folgende Werthe:

$$\begin{aligned}
(Nn)^2 &= (e - r\cos\psi + r'\cos\varphi)^2 + (r\sin\psi - r'\sin\varphi)^2 \\
&= e^2 - 2e(r\cos\psi - r'\cos\varphi) + r^2 + r'^2 - 2rr'\cos(\varphi-\psi) \\
(Ns)^2 &= (e - r\cos\psi - r'\cos\varphi)^2 + (r\sin\psi + r'\sin\varphi)^2 \\
&= e^2 - 2e(r\cos\psi + r'\cos\varphi) + r^2 + r'^2 + 2rr'\cos(\varphi-\psi) \\
(Sn)^2 &= (e + r\cos\psi + r'\cos\varphi)^2 + (r\sin\psi + r'\sin\varphi)^2 \\
&= e^2 + 2e(r\cos\psi + r'\cos\varphi) + r^2 + r'^2 + 2rr'\cos(\varphi-\psi) \\
(Ss)^2 &= (e + r\cos\psi - r'\cos\varphi)^2 + (r\sin\psi - r'\sin\varphi)^2 \\
&= e^2 + 2e(r\cos\psi - r'\cos\varphi) + r^2 + r'^2 - 2rr'\cos(\varphi-\psi) \\
ng &= e\cos\varphi - r\cos(\varphi - \psi) + r' \\
Ng &= e\sin\varphi - r\sin(\varphi - \psi) \\
Sh &= e\sin\varphi + r\sin(\varphi - \psi) \\
nh &= e\cos\varphi + r\cos(\varphi - \psi) + r' \\
sg &= e\cos\varphi - r\cos(\varphi - \psi) - r' \\
sh &= e\cos\varphi + r\cos(\varphi - \psi) - r'.
\end{aligned}$$

Durch Substitution der letzteren 6 Grössen erhalten die Werthe von U und V folgende Form

$$U = - \mu\mu' e \cos \varphi \left(\frac{1}{Nn^3} - \frac{1}{Ns^3} - \frac{1}{Sn^3} + \frac{1}{Ss^3}\right)$$
$$+ \mu\mu' r \cos (\varphi - \psi) \left(\frac{1}{Nn^3} - \frac{1}{Ns^3} + \frac{1}{Sn^3} - \frac{1}{Ss^3}\right)$$
$$- \mu\mu' r' \left(\frac{1}{Nn^3} + \frac{1}{Ns^3} - \frac{1}{Sn^3} - \frac{1}{Ss^3}\right) \qquad 3)$$

$$V = \mu\mu' e r' \sin \varphi \left(\frac{1}{Nn^3} + \frac{1}{Ns^3} - \frac{1}{Sn^3} - \frac{1}{Ss^3}\right)$$
$$- \mu\mu' r r' (\varphi - \psi) \left(\frac{1}{Nn^3} + \frac{1}{Ns^3} + \frac{1}{Sn^3} + \frac{1}{Ss^3}\right) \qquad 4).$$

In der Praxis kann es gar nicht zweckmässig sein, auf Untersuchungen einzugehen, wo eine strenge und vollständige Berechnung dieser Formeln erforderlich wäre, und es wird stets eine Reihenentwickelung nach den negativen Potenzen von e ausreichen, wobei man wohl nie über die sechste, gewöhnlich aber nicht über die vierte Potenz hinausgeht. Im letztern Falle ergibt sich, wenn man die magnetischen Momente m und m' einführt und m für $2\mu r$ und m' für $2\mu' r'$ setzt

$$U = \frac{3 m m'}{e^4} (2 \cos \varphi \cos (\varphi + \psi) - \sin^2 \varphi \cos \psi) \qquad 5)$$

$$V = \frac{m m'}{e^3} (3 \sin \varphi \cos \psi - \sin (\varphi - \psi)) \qquad 6).$$

2. Die Kraft U hat die Tendenz, die freie Nadel nach ihrer Länge zu verschieben, mithin dem Mittel- oder Schwerpunkte derselben eine progressive Bewegung zu ertheilen. Eine solche progressive Bewegung ist aber unmöglich, wenn die Nadel eine Axe hat oder von einer Spitze getragen wird: in diesem Falle also bleibt die Kraft U wirkungslos. Ist die Nadel an einem Faden aufgehängt, so kann sie nach ihrer Länge verschoben werden, und dabei entfernt sich der Faden von der verticalen Linie, mit welcher er einen Winkel bilden wird. Bezeichnen wir diesen Winkel mit v und die Masse der Nadel (d. h. die Masse der Pole) mit $2p$, so ist die Kraft, womit der Mittelpunkt in seine ursprüngliche Lage zurückzukehren sucht, $= 2p \sin v$, so dass sich für die Gleichgewichtslage die Gleichung $U = 2pg \sin v$ (S. 266) oder

$$\sin v = \frac{3 m m'}{2 p g e^4} (2 \cos \varphi \cos (\varphi + \psi) - \sin^2 \varphi \cos \psi)$$

ergibt. Da das magnetische Moment der Nadel im Verhältnisse zu ihrer Masse immer sehr klein bleibt, überdiess fast in allen praktisch vorkommenden Fällen $\frac{m}{e^4}$ ebenfalls eine sehr kleine Grösse ist, so wird in der Regel eine wahrnehmbare Verschiebung der Nadel nach ihrer Länge nicht zu Stande kommen. Nur bei sehr grosser Annäherung (wovon die Coulomb'sche Methode, die Vertheilung des Magnetismus zu bestimmen, §. 64 ein Beispiel darbietet), kann es erforderlich sein, auf die Wirkung der Kraft U Rücksicht zu nehmen.

3. Es sei die freie Nadel ns vermöge der darauf einwirkenden Kräfte im Gleichgewicht, und man bringe sie aus ihrer Lage um den kleinen Winkel $\delta \varphi$, so erhält man das entsprechende Drehungsmoment V', wenn man in 6) $\varphi + \delta\varphi$ anstatt φ substituirt. Um die Aenderung $= V' - V$ zu erhalten, kann man entweder nach den Elementarvorschriften $\sin(\varphi + \delta\varphi)$ und $\sin(\varphi + \delta\varphi - \psi)$ auflösen und $\cos\delta\varphi = 1$ dann $\sin\delta\varphi = \delta\varphi$ setzen, wobei

$$V' - V = \frac{mm'}{e^3}(3\cos\varphi\cos\psi - \cos(\varphi-\psi))\delta\varphi \qquad 7)$$

gefunden wird, oder man kann V' nach dem TAYLOR'schen Lehrsatze in eine Reihe entwickeln, wodurch man, wenn die höheren Potenzen von $\delta\varphi$ vernachlässiget werden, zu dem Ausdrucke

$$V' - V = \frac{dV}{d\varphi}\delta\varphi \qquad 8)$$

gelangt. Diess ist das Drehungsmoment, womit die Nadel in ihre frühere Lage zurückzukehren sucht. Bezeichnet man nach der Definition des §. 50 die Directionskraft der Nadel ns mit K, so wird das eben bezeichnete Drehungsmoment durch $Kd\varphi$ dargestellt werden und die Vergleichung dieses Ausdruckes mit 7) und 8) gibt für die Directionskraft K den Ausdruck

$$K = \frac{mm'}{e^3}(3\cos\varphi\cos\psi - \cos(\varphi-\psi)) = \frac{dV}{d\varphi} \qquad 9);$$

zu demselben Resultate würde man auch auf dem in §. 52 angedeuteten Wege gelangt sein.

4. Die Substitution der Projectionen eines Magnets nach *Fig. 206* ist ein sehr zweckmässiges Mittel, um die Rechnungen zu vereinfachen. Im gegenwärtigen Falle hat man das magnetische Moment von

$$\begin{aligned}n's' &= m'\cos\varphi \\ n''s'' &= m'\sin\varphi \\ N'S' &= m\cos\psi \\ N''S'' &= m\sin\psi.\end{aligned}$$

Ein Drehungsmoment übt $N'S'$ auf $''ns''$, $N''S''$ auf $n's'$ aus; die Summe dieser Momente beträgt nach den S. 275 gegebenen Regeln

$$\frac{mm'}{e^3}(2\cos\psi\sin\varphi + \sin\psi\cos\varphi) \qquad 10);$$

eine Directionskraft entsteht durch die Anziehung von $N'S'$ auf $n's'$ und $N''S''$ auf $n''s''$, wovon der Betrag durch

$$\frac{mm'}{e^3}(2\cos\psi\cos\varphi - \sin\psi\sin\varphi) \qquad 11)$$

ausgedrückt wird. Diese Ausdrücke sind, wie man sich leicht überzeugen kann, mit 6) und 9) identisch.

5. Aus dem Obigen ergibt sich, dass durch Drehung der Magnete das Drehungsmoment sowohl als die Directionskraft beliebig modificirt werden können, und dass sich eine Stellung angeben lässt, wo die eine oder die andere dieser Grössen

zlich verschwindet. Die Bedingungen des Verschwindens werden für 10) und 11) ausgedrückt durch

$$2\cos\psi \sin\varphi + \sin\psi \cos\varphi = 0$$
$$2\cos\varphi \cos\psi - \sin\varphi \sin\psi = 0,$$

woraus folgt, dass das Drehungsmoment $= 0$ wird, wenn man

$$\operatorname{tg}\psi = -\frac{1}{2}\operatorname{tg}\varphi \qquad (12)$$

und die Directionskraft $= 0$, wenn man

$$\operatorname{tg}\psi = 2\cot\varphi \qquad (13)$$

setzt.

Ist der Magnet gegen den Horizont geneigt, so muss sein Moment nach drei Richtungen zerlegt werden, wovon zwei wie oben in der Horizontalebene liegen, die dritte aber senkrecht auf dem Horizonte steht; die weitere Rechnung geschieht nach den bereits erklärten Grundsätzen. Nur den einen hieher gehörigen Fall wollen wir erwähnen, wo der Magnet die senkrechte Lage hat und seine Mitte in der durch die Nadel gehenden Horizontalebene sich befindet. Hier sind die einander entgegenwirkenden Pole N und S sowohl von n als von s gleichweit entfernt, und somit heben sich ihre Wirkungen vollständig auf; will man demnach Magnete in einer Localität, wo eine horizontale freie Nadel sich befindet, so aufbewahren, dass sie keinerlei Störung hervorbringen, so hat man sie vertical zu stellen in beliebiger Entfernung, jedoch so, dass ihre Mitte gleiche Höhe mit der Nadel habe.

Die bisher entwickelten Formeln finden ihre Anwendung in magnetischen Observatorien oder sonstigen Localitäten, wo mehrere freie Nadeln aufgestellt sind. Gauss [1] hat mit specieller Beziehung auf diesen Zweck das Problem zuerst behandelt und eine höchst elegante und erschöpfende Entwickelung, begründet auf den Begriff des Potentials (§. 52), gegeben.

[1] Gauss. Resultate des magnet. Vereins für 1840, p. 26; man vergleiche ferner Resultate für 1837, p. 23.

§. 55. Normale Ablenkungen einfacher Magnete

Im vorigen Paragraphen ist ausgesprochen worden, dass für kleinere Entfernungen die Ausdrücke, welche die Wirkungen eines feststehenden Magnets auf eine frei bewegliche Nadel darstellen, viel zu verwickelt sind, als dass man sie zu Messungen mit Vortheil benützen könnte. Nur dann findet eine Ausnahme hievon statt, wenn dem Magnet NS bezüglich auf die Nadel ns eine besonders günstige Stellung gegeben wird. Vorzüglich sind es folgende Fälle, welche in Betracht kommen:

I. wenn der Magnet NS senkrecht gegen die Mitte der Nadel ns gerichtet (Fig. 208, S. 280, Stellung I); diesen Fall bezeichnen wir mit Bezug auf den magnetischen Meridian AB als „Sinus-Ablenkung Ost und West";

II. wenn die Nadel ns senkrecht gegen die Mitte des Magnets NS gerichtet (Fig. 208, Stellung II); diesen Fall bezeichnen wir als „Sinus-Ablenkung Nord und Süd";

III. wenn der Magnet NS östlich oder westlich von der Mitte der Nadel ns auf der natürlichen Richtung derselben (d. h. auf den Meridian AB) senkrecht

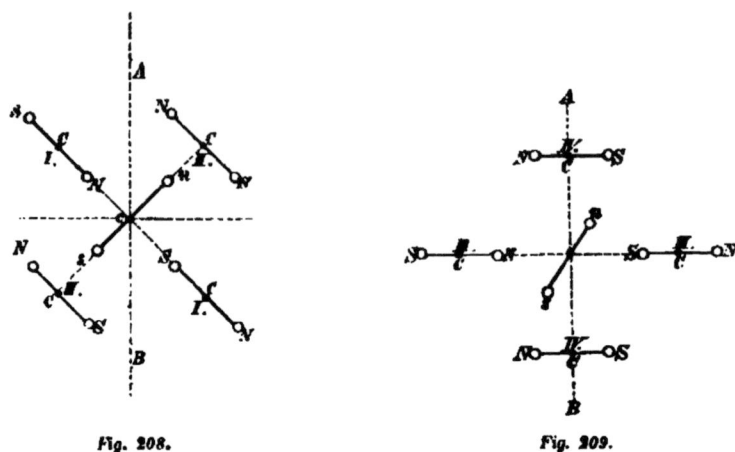

Fig. 208. Fig. 209.

steht (*Fig. 209*, Stellung III); diesen Fall bezeichnen wir als „Tangenten-Ablenkung Ost und West";

IV. wenn die Mitte des Magnets NS in der natürlichen Richtung der Nadel ns und nördlich oder südlich davon sich befindet (*Fig. 209*, Stellung IV); diesen Fall bezeichnen wir als „Tangenten-Ablenkung Nord und Süd".

Gewöhnlich gibt man dem Magnet NS die oben angedeuteten Stellungen, welche als normale Ablenkungsarten bezeichnet werden, um einen unter dem Einflusse des Erdmagnetismus X stehenden frei beweglichen Magnet ns aus dem magnetischen Meridian AB abzulenken, und benützt die Ablenkung als Maass der Kraft. Was man dabei zu bestimmen sucht, ist das Verhältniss zwischen dem magnetischen Moment des ablenkenden Magnets und dem Magnetismus der Erde, d. h. der Quotient, welchen man erhält, wenn man erstere Grösse durch letztere dividirt, und die Regeln, welche als Ergebniss des Calculs hervorgehen, sind wie folgt:

1. Der erwähnte Quotient ist in den zwei ersten Fällen dem Sinus, in den zwei letzten Fällen der Tangente der Ablenkung, in allen Fällen aber der dritten Potenz der Entfernung der Mittelpunkte proportional;
2. bei gleicher Entfernung der Mittelpunkte ist eine Ablenkung Ost und West doppelt so gross als eine Ablenkung Nord und Süd;
3. die Grösse der Ablenkung ist von dem magnetischen Moment der freien Nadel, welches aus der Rechnung hinausfällt, unabhängig.

Es ist übrigens zu bemerken, dass, wenn die Entfernung klein wird, noch ein Factor hinzukommt, der von den Dimensionen der beiden Magnete und von der Entfernung abhängt.

1. Die Bezeichnungen „Sinus-Ablenkung" und „Tangenten-Ablenkung" sind bisher wenig benützt worden, dürften aber analog mit den gewissermaassen verwandten Bezeichnungen „Sinus-Boussole" und „Tangenten-Boussole" als zweckmässig sich erweisen.

Für die oben bezeichneten Fälle können wir das Drehungsmoment V ohne neue Entwickelung aus den im vorigen Paragraphen gegebenen Ausdrücken durch

§. 55.   EINFACHE MAGNETE, NORMALE ABLENKUNGEN.   281

Einsetzung der entsprechenden Werthe von φ und ψ unmittelbar ableiten; und zwar ergibt sich:

für I... $V = \mu\mu' \dfrac{2r'(e-r)}{((e-r)^2 + r'^2)^{\frac{3}{2}}} - \mu\mu' \dfrac{2r'(e+r)}{((e+r)^2 + r'^2)^{\frac{3}{2}}}$

für II... $V = \mu\mu' \dfrac{2r'r}{((e-r')^2 + r^2)^{\frac{3}{2}}} - \mu\mu' \dfrac{2r'r}{((e+r')^2 + r^2)^{\frac{3}{2}}}$

für III... $V = \mu\mu' \dfrac{r'(e-r+r'\cos\varphi)}{((e-r+r'\cos\varphi)^2 + r'^2\sin^2\varphi)^{\frac{3}{2}}}$

$+ \mu\mu' \dfrac{r'(e-r-r'\cos\varphi)}{((e-r-r'\cos\varphi)^2 + r'^2\sin^2\varphi)^{\frac{3}{2}}}$

$- \mu\mu' \dfrac{r'(e+r+r'\cos\varphi)}{((e+r+r'\cos\varphi)^2 + r'^2\sin^2\varphi)^{\frac{3}{2}}}$

$- \mu\mu' \dfrac{r'(e+r-r'\cos\varphi)}{((e+r-r'\cos\varphi)^2 + r'^2\sin^2\varphi)^{\frac{3}{2}}}$

für IV... $V = \mu\mu' \dfrac{r'(r+r'\sin\varphi)}{((e-r'\cos\varphi)^2 + (r+r'\sin\varphi)^2)^{\frac{3}{2}}}$

$+ \mu\mu' \dfrac{r'(r-r'\sin\varphi)}{((e-r'\cos\varphi)^2 + (r-r'\sin\varphi)^2)^{\frac{3}{2}}}$

$- \mu\mu' \dfrac{r'(r+r'\sin\varphi)}{((e+r'\cos\varphi) + (r+r'\sin\varphi)^2)^{\frac{3}{2}}}$

$- \mu\mu' \dfrac{r'(r-r'\sin\varphi)}{((e+r'\cos\varphi)^2 + (r-r'\sin\varphi)^2)^{\frac{3}{2}}}$

Es sei AB der magnetische Meridian und $u = 90^\circ - \varphi$ der Ablenkungswinkel der Nadel ns, so hat man das Drehungsmoment, welches der Erdmagnetismus X auf ns ausübt nach S. 264 $= m'X\sin\varphi$, und hiernach für den Stand des Gleichgewichtes

$$m' X \sin\varphi = V.$$

Entwickelt man die obigen Werthe von V nach den negativen Potenzen von e, so erhält man

für I $\quad X\sin u = \dfrac{2m}{e^3}\left(1 + \dfrac{2r^2 - 3r'^2}{e^2} + \dfrac{3}{8}\dfrac{8r^4 - 40r^2r'^2 + 15r'^4}{e^4} + ..\right)$ 1)

für II $\quad X\sin u = \dfrac{m}{e^3}\left(1 - \dfrac{3}{2}\dfrac{r^2 - 4r'^2}{e^2} + \dfrac{15}{8}\dfrac{r^4 - 12r^2r'^2 + 8r'^4}{e^4} + ..\right)$ 2)

für III $\quad X\,tg\,u = \dfrac{2m}{e^3}\Big(1 + \dfrac{2r^2 - (3 - 15\sin^2 u)r'^2}{e^2} +$

$+ 3\dfrac{r^4 - 5r^2r'^2(1 - 5\sin^2 u) + \dfrac{15}{8}(1 - 14\sin^2 u + 21\sin^4 u)r'^4}{e^4}\quad ..\Big)$ 3) für IV $\quad X \operatorname{tg} u = \dfrac{m}{e^3}\left(1 - \dfrac{3}{2}\dfrac{r^2 - (4-15\sin^2 u)\,r'^2}{e^2} + \right.$

$\left.+\dfrac{15}{8}\dfrac{r^4 - 2r^2 r'^2 (6-25\sin^2 u) + 8 r'^4 (1 - 42\sin^2 u - 21\sin^4 u)}{e^4} + ..\right)$ 4).

2. Der Umstand, dass bei Ablenkungen obiger Art m' ausfällt, mithin der Erfolg, in so ferne man die höheren Glieder vernachlässiget, ganz von dem abgelenkten Magnet unabhängig bleibt, ist zuerst von LAMBERT[1] hervorgehoben worden. Ich habe ferner gezeigt[2], dass man bei Sinus-Ablenkungen auch den Einfluss des zweiten Gliedes durch ein geeignetes Verhältniss der Längen beider Magnete beseitigen könne. Hiezu hat man blos für Ost- und West-Stellung

$$2r^2 - 3r'^2 = 0 \quad \text{oder} \quad r' = r\sqrt{\dfrac{2}{3}}$$

und für Nord- und Süd-Stellung

$$r^2 - 4r'^2 = 0 \quad \text{oder} \quad r' = \dfrac{1}{2}r$$

zu setzen.

3. Die Directionskraft der freien Nadel kommt in der Regel bei Ablenkungen obiger Art nicht in Betracht; es ist übrigens leicht, durch Anwendung der Regeln des vorigen Paragraphen nachzuweisen, dass bei Sinus-Ablenkungen durch den Ablenkungsmagnet der Nadel keine Directionskraft ertheilt wird; bei Tangenten-Ablenkungen aber die ertheilte Directionskraft für Ost-West und Nord-Süd-Stellung

$$\dfrac{2mm'}{e^3}\sin u \quad \text{und} \quad \dfrac{mm'}{e^3}\sin u$$

beträgt.

[1] LAMBERT. *Histoire de l'Acad. de Berlin 1765*, p. 46.
[2] LAMONT. *Denkschr. d. bayr. Acad. der Wissenschaften in München* Bd. XVI. S. 624.

§. 56. Schwingungen einfacher Magnete.

Wenn man eine frei um ihren Mittelpunkt bewegliche Nadel aus der Lage des Gleichgewichts entfernen will, so wirkt die Directionskraft entgegen, und wenn mit Ueberwindung der Directionskraft die Nadel auf die Seite, etwa nach $n_1 s_1$ (Fig. 210) gebracht wurde und dann sich selbst überlassen wird, so eilt sie der Richtung des Gleichgewichtes wieder zu, gewinnt aber dabei eine Geschwindigkeit, wodurch sie nach $n_2 s_2$, d. h. um den gleich grossen Betrag auf die entgegengesetzte Seite der Gleichgewichtslage hinüberkommt. So wie auf diese Weise die erste Schwingung vollbracht ist, so fängt unter ganz gleichen Umständen eine zweite Schwingung an, und die Nadel würde sich ohne Aufhören zwischen den Linien $n_1 s_1$ und $n_2 s_2$ hin und her bewegen, wenn nicht die Luft und die Suspension einen Widerstand entgegensetzten, wodurch eine allmählige Verminderung des Schwingungsbogens bewirkt wird.

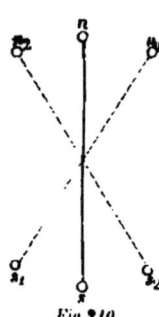
Fig. 210.

Von den verschiedenen Bestimmungen, die bei dem Schwingen eines Magnets berücksichtigt werden können, ist bisher zum Behufe magnetischer Messungen nur eine einzige, nehmlich die Dauer einer

Schwingung angewendet worden; ausserdem kann auch die Grösse und die Abnahme des Schwingungsbogens in Betracht kommen.

Die Dauer einer Schwingung hängt nicht blos von der wirkenden Kraft, sondern auch von der Masse, die bewegt werden muss, d. h. von der Schwere der beiden Pole ab, wobei jedoch zu bemerken ist, dass nicht die Schwere oder Masse der Pole, sondern das Product, welches man erhält, wenn man die Schwere mit dem Quadrate der Entfernung vom Bewegungspunkte multiplicirt, als Rechnungsdatum benutzt zu werden pflegt. Bei einem schwingenden System wird die Summe sämmtlicher Massen, multiplicirt mit dem Quadrate ihrer Entfernungen von dem Mittelpunkte der Bewegung, das Trägheits-Moment des Systems genannt. Vermöge der Bedingungen der Gleichheit und Symmetrie, die wir bisher immer angenommen haben, wird das Trägheits-Moment dem Gewichte der beiden Pole multiplicirt mit der Hälfte des Quadrats der Länge gleich sein.

Die Schwingungsdauer wird in der Regel zur Bestimmung der Directionskraft gebraucht und desshalb das Verhältniss so ausgedrückt: die Directionskraft eines schwingenden Magnets ist dem Trägheitsmomente desselben direct und dem Quadrate der Schwingungsdauer umgekehrt proportional. Hinsichtlich der Schwingungsdauer wird vorausgesetzt, dass sie bei ganz kleinen Bögen beobachtet sei, in welchem Falle die Schwingungen isochron, d. h. alle von gleicher Dauer und unabhängig von dem Betrage des Ausschlages sind. Hat der Magnet beiderseits weit von der Mittelrichtung sich entfernt, so braucht er längere Zeit, um eine Schwingung zu vollenden, und es muss die beobachtete Schwingungsdauer um einen Betrag, welcher dem Quadrate der Ausweichung proportional ist, vermindert werden.

1. Betrachten wir einen einfachen Magnet ns (*Fig. 211*), auf welchen eine magnetische Parallelkraft X wirkt, so wird der Nordpol mit der Intensität μX gegen a, der Südpol mit einer gleichen Intensität μX gegen b gezogen. So wie beide Kräfte gleich sind, so haben sie auch gleiche Tendenz, in so fern als sie den Magnet der Richtung AB zu nähern suchen; wir können uns demnach die Gesammtkraft 2μ und die Gesammtmasse $2p$ in n vereinigt denken und die andere Hälfte des Magnets ganz weglassen. Es fragt sich nun, wie die Bewegung des Punktes n um den Mittelpunkt c vor sich gehen wird. Wir haben hier ganz denselben Fall, wie bei dem einfachen Pendel, welches von der Schwere sollicitirt wird, und könnten die Gleichungen des Pendels aus der Bewegungslehre einfach entlehnen; doch wird es vielleicht angemessen sein, folgende Erläuterungen zu geben. Ein Pendel cn wird beiderseits von der Richtung der Kraft ce oscilliren und der Schwerpunkt n wird im Kreisbogen neh sich bewegen. Die Bewegung wollen wir nun in einem beliebigen Punkte n', während das Pendel von der Mittelrichtung sich entfernt, näher betrachten und den von der Mittelrichtung aus am Ende der Zeit t zurückgelegten Weg $n'e$ mit x, den Winkel $n'ce$ mit u und die Länge des Pendels cn, d. h. die halbe Länge des Magnets mit r bezeichnen. Da in der Masse $2p$ der Magnetismus 2μ sich befindet, so ist die Grösse der Anziehung $2\mu X$, die Richtung der Anziehung ist aber $n'k$. Zerlegt

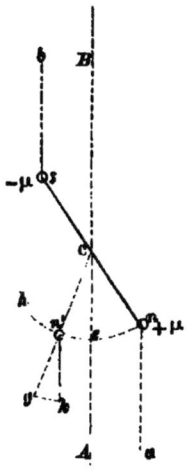

Fig. 211.

man diese Anziehung nach cy und senkrecht darauf, so wird die erstere K ny oder $2\mu X \cos u$ durch den Widerstand des Mittelpunktes c aufgehoben, während die letztere gk oder $2\mu X \sin u$ der Bewegung entgegenwirkt. Um die Beschleunigung zu erhalten, müssen wir die Kraft durch die Masse $2p$ dividiren, wir haben demnach

$$\frac{d^2 x}{dt^2} = - \frac{2\mu X}{2p} \sin u$$

oder da $x = ru$

$$\frac{d^2 u}{dt^2} = - \frac{2r\mu}{2r^2 p} X \sin u. \qquad 1).$$

Nun ist $2r\mu$ das magnetische Moment, und was das Product $2r^2 p$ (d. h. die Summe der Massentheile multiplicirt mit dem Quadrate ihrer Entfernung vom Drehungspunkte) betrifft, so hat sie ebenfalls in der Bewegungslehre einen eigenen Namen erhalten und wird das **Trägheitsmoment** genannt; bezeichnen wir erstere Grösse mit M, letztere mit K, so ergibt sich

$$\frac{d^2 u}{dt^2} = - \frac{MX}{K} \sin u \qquad 2).$$

2. Bewegt sich der Magnet in einem sehr kleinen Bogen, so darf man den Sinus mit dem Bogen verwechseln, und wird diese Modification eingeführt, und die Grösse $\frac{MX}{K}$ mit f^2 bezeichnet, so haben wir

$$\frac{d^2 u}{dt^2} = - f^2 u. \qquad 3).$$

Multiplicirt man mit $2 du$, so gibt die Integration

$$\frac{du^2}{dt^2} = \text{Const.} - f^2 u^2. \qquad 4).$$

Der Werth der Constante ist aus dem Umstande abzuleiten, dass, wenn der Magnet die äusserste Elongation, d. h. wenn der Schwingungsbogen u seinen grössten Werth, den wir mit h bezeichnen wollen, erreicht hat und wieder umkehrt, die Geschwindigkeit $\frac{du}{dt} = 0$ wird: wir haben demnach

$$0 = \text{Const.} - f^2 h^2;$$

mithin geht die vorige Gleichung in folgende über

$$f dt = \frac{du}{\sqrt{h^2 - u^2}} \qquad 5).$$

Das Integral dieser Gleichung ist

$$ft + \text{Const.} = arc \left(\sin = \frac{u}{h} \right)$$

oder

$$u = h \sin (ft + \text{Const.}).$$

Wir wollen die Zeit t von dem Augenblicke zu zählen anfangen, wo der Magnet von c ausging und $u = 0$ war. Daraus folgt Const $= 0$ und

$$u = h \sin ft \qquad 6).$$

Von $t = 0$ angefangen, wächst die Elongation u, bis ft den Werth $\frac{1}{2}\pi$ er-
; für diesen Fall erhält u seinen grössten Werth und wird $= h$. Wie ft
er als $\frac{1}{2}\pi$ wird, nimmt die Elongation u wieder allmählig ab, bis sie $= 0$
und n in e wieder eintrifft; diess geschieht, wenn ft den Werth π erreicht,
hierauf geht n auf die entgegengesetzte Seite, wo u negative Werthe an-
; übrigens gestaltet sich die Bewegung in dem Bogen en ganz in derselben
wie in dem Bogen eh, und zwar erreicht der Magnet die äusserste Elongation n,
$ft = \frac{3}{2}\pi$, und trifft in e wieder ein, wenn $ft = 2\pi$ wird.

Der Weg, den der Magnet zurücklegt von e nach h, von da nach n und
rückwärts nach e, wird von Einigen eine Oscillation und die dazu ver-
te Zeit die Oscillationsdauer genannt; Andere dagegen bezeichnen die
e dieses Weges, d. h. den Weg von e nach h und von da wieder zurück
als eine Oscillation. In unseren weiteren Untersuchungen werden wir durch-
g dem Worte Oscillation den letztern Sinn beilegen, so dass man unter
tionsdauer die Zeit, welche vergeht zwischen je zwei auf einander folgenden
gängen über die Richtung des Gleichgewichts, zu verstehen hat. Setzt man
Zeit $= T$, so ist dem Obigen zufolge

$$fT = \pi \quad \text{oder} \quad MX = \frac{\pi^2 K}{T^2} \qquad 7).$$

. Bemerkenswerth ist es, dass in dieser Gleichung die Grösse des Schwingungs-
s nicht vorkommt, also die Schwingungsdauer von der Grösse der Elongation h
abhängt. Kleinere und grössere Bögen werden mithin (so lange man den
u für sin u substituiren darf) in gleicher Zeit durchlaufen, und von solchen
ngungen sagt man, dass sie isochron sind. Dieses höchst einfache Ver-
s betrachten wir als das normale Verhältniss.

Sobald die Schwingungsweite einen grössern Betrag erlangt, so tritt eine
cation der Schwingungsdauer ein, und es ist nöthig, eine Correction anzu-
n, um die Schwingungsdauer auf den Betrag zurückzuführen, den sie gehabt
würde, wenn das obige normale Verhältniss stattgefunden hätte.

Man findet die Correction auf folgende Weise. Wird die ursprüngliche
ung

$$\frac{d^2 u}{dt^2} = - f \sin u$$

u multiplicirt und integrirt, so erhält man

$$\frac{1}{2} \frac{du^2}{dt^2} = \text{Const.} + f \cos u.$$

Die Constante wird nach denselben Bedingungen wie oben bestimmt und
sich $= -f \cos h$, daher hat man

$$fdt = \frac{du}{\sqrt{2}\sqrt{\cos u - \cos h}} \qquad 8).$$

Setzt man $\cos h = 1 - a^2$, $\cos u = 1 - a^2 \sin^2 x$, so nimmt die Gleichung
de Form an:

$$fdt = \frac{dx}{\sqrt{1 - \frac{1}{2}a^2 \sin^2 x}} \qquad 9).$$

Entwickelt man die Wurzelgrösse nach den Potenzen von u und verwa[ndelt]
die Potenzen des Sinus in Cosinusse der vielfachen Bögen, so hat man

$$\int dt = dx \left(1 + \frac{1}{8} a^2 (1 - \cos 2x) + \right.$$
$$\left. + \frac{3}{256} a^4 (3 - 4 \cos 2x + \cos 4x) + \ldots \right) \ldots$$

Um die Dauer einer Schwingung, die wir T' nennen wollen, zu erhalten, mü[ssen]
wir integriren zwischen den Grenzen $u = 0$ und $u = h$, dann von $u = h$
$u = 0$, d. h. zwischen $x = 0$ und $x = \pi$. Auf solche Weise erhält man

$$T' \sqrt{\frac{MX}{K}} = \pi \left(1 + \frac{1}{8} a^2 + \frac{9}{256} a^4 + \ldots \right)$$

Setzen wir die Dauer einer Schwingung bei unendlich kleinen Bögen =
so haben wir $fT = \pi$. Diese Gleichung mit der eben angeführten combinirt,

$$T = \frac{T'}{1 + \frac{1}{8} a^2 + \frac{9}{256} a^4} = \frac{T'}{1 + \frac{1}{4} \sin^2 \frac{1}{2} h + \frac{9}{64} \sin^4 \frac{1}{2} h}$$

oder wenn der Sinus von h durch den Bogen ausgedrückt wird

$$T = \frac{T'}{1 + \frac{1}{16} h^2 + \frac{11}{3972} h^4}.$$

Durch die vorhergehenden Entwickelungen ist ein Verhältniss herges[tellt]
zwischen der magnetischen Kraft und der dadurch erzeugten Oscillationsbeweg[ung]
so dass man die Zeit als Maass der Kraft benützen kann.

4. Bei der bisherigen Untersuchung wurde vorausgesetzt, dass die anzieh[ende]
Kraft eine Parallelkraft sei, und es wäre noch zu erörtern, in wie ferne die
fundenen Formeln eine Modification erleiden, wenn die Anziehung von einem
gelegenen Punkte ausgeht, wie es der Fall ist bei den Versuchen (§. 64), w[o es]
darauf ankommt, den Magnetismus verschiedener Querschnitte eines Stabes d[urch]
die Schwingungsdauer einer kleinen Nadel zu bestimmen.

Es sei ns (*Fig. 212*) eine frei um den fixen Punkt c be[weg]-
liche Nadel und im Punkte a befinde sich eine magnetische (F[lüssigkeit]
Kraft $= U$, so wird der Pol n mit der Kraft $\frac{U\mu}{(an)^2}$ angezogen
der Pol s mit der Kraft $\frac{U\mu}{(as)^2}$ abgestossen, so dass ein Erfolg
steht, der mit der Wirkung einer Parallelkraft im Allgemei[nen]
übereinstimmt. Diesem zufolge braucht man blos die angegebe[nen]
Kräfte senkrecht auf die Länge des Magnets zu zerlegen, d[iese]
mit $\frac{ab}{an}$ und $\frac{ab}{as}$ zu multipliciren und ihre Summe

$$\frac{U\mu}{p(an)^2} \cdot \frac{ab}{an} + \frac{U\mu}{p(as)^2} \cdot \frac{ab}{as}$$

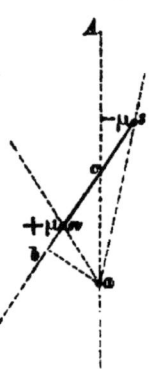

Fig. 212.

in die Gleichung 1) an die Stelle von

$$\frac{2\mu X}{2p} \sin u$$

zu substituiren. Die auf solche Weise sich ergebende Gleichung erhält, wenn man

$$ac = e, \quad cn = cs = r, \quad nca = u, \quad an = \varrho$$
$$as = \varrho', \quad 2\mu r = M, \quad 2pr^2 = K$$

setzt, folgende Form:

$$\frac{d^2 u}{dt^2} = -\frac{UM}{K} e \sin u \left(\frac{1}{\varrho^3} + \frac{1}{\varrho'^3}\right) \qquad 13).$$

Wird mit $2\,du$ multiplicirt und berücksichtiget, dass

$$\varrho^2 = e^2 + r^2 - 2er\cos u, \quad \varrho'^2 = e^2 + r^2 + 2er\cos u$$

ist, also für $er \sin u\,du$ sowohl $\varrho\,d\varrho$ als $-\varrho'd\varrho'$ substituirt werden kann, so erhält man durch Integration der obigen Gleichung

$$\frac{du^2}{dt^2} = \text{Const.} + \frac{2}{r}\frac{UM}{K}\left(\frac{1}{\varrho} - \frac{1}{\varrho'}\right) \qquad 14).$$

Die weitere Integration kann nur durch Reihenentwickelung bewerkstelliget werden. Wird demnach

$$\frac{2}{r}\left(\frac{1}{\varrho} - \frac{1}{\varrho'}\right) = A\cos u + B\cos^3 u +$$

gesetzt, dann die äusserste Elongation mit h bezeichnet und die Constante, wie oben, bestimmt, so erhält man eine Gleichung, die ganz der Gleichung 10) analog ist und durch dieselbe Substitution am leichtesten integrirt wird.

Da das Integral

$$\int \sin^{2n} x\,dx$$

zwischen den Grenzen $x = 0$ und $x = \pi$ genommen

$$= \frac{1}{4^n} \frac{n+1 \cdot n+2 \cdots 2n}{1 \quad 2 \quad n} \pi$$

ist, so ergibt sich als Resultat der Integration

$$T'\,F\sqrt{\frac{UM}{K}} = \pi\left(1 + \frac{1}{8}a^2\left(1 + \frac{21}{4}\frac{B}{F^2}\right) + \qquad\right). \qquad 15),$$

wo die Dauer einer Schwingung $= T'$ und

$$F^2 = \frac{1}{2}A + \frac{3}{2}B$$

gesetzt worden ist. Es folgt hieraus, dass die auf unendlich kleine Bögen reducirte Schwingungsdauer durch

$$\frac{T'}{1 + \frac{1}{16}a^2 h^2} \qquad 16)$$

dargestellt werden könne, wo a^2 eine Function von e und r ist, die man zwar aus dem Vorhergehenden durch Rechnung bestimmen könnte, die aber in der Praxis immer aus der Beobachtung und zwar aus der Vergleichung der bei grösseren und kleineren Bogen erhaltenen Schwingungszeiten abgeleitet werden muss.

Ganz dieselbe Form der Reduction erhält man, wenn zugleich mit der magnetischen Kraft U der Erdmagnetismus nach der Richtung AB wirkt.

Ausser dem Falle, wo der Magnetismus verschiedener Querschnitte eines Magnetstabes bestimmt werden soll, findet die obige Entwickelung auch bei der Bestimmung der absoluten Intensität des Erdmagnetismus nach Poisson's Methode Anwendung, was zuerst von mir [1] nachgewiesen, später von Kämtz [2] erörtert worden ist. Geschichtliche Nachweisungen über die Anwendung der Schwingungen zur Messung der magnetischen Kraft findet man weiter unten in §. 61.

[1] Lamont. Abhandl. d. II. Cl. der Münchener Acad. d. W. V. 74, und Handbuch des Erdmagnetismus, 84.
[2] Kämtz. Bull. de Bruxelles. XXII. 1, pag. 223.

§. 57. Schwingungen einfacher Magnete mit Widerstand.

Wie im vorigen Paragraphen bemerkt worden ist, würde ein schwingender Magnet, wenn alle fremden Einflüsse ferne gehalten werden könnten, immerfort dieselben Elongationen beiderseits der Mittelrichtung erreichen. Dieser Fall kommt jedoch in der Natur nicht vor, indem durch den Widerstand der Luft und der Suspension, sowie durch andere unvermeidliche Hindernisse der Magnet immerfort in seiner Bewegung etwas aufgehalten wird, und die Folge hiervon ist, dass nach und nach die Schwingungsweite unter allen Umständen abnimmt. Besondere Umstände aber gibt es, welche eine schnellere Abnahme des Schwingungsbogens bedingen; namentlich hätten wir hieher die Fälle zu rechnen, wo zwischen dem schwingenden Magnet und einer darunter oder darüber befindlichen Fläche nur eine dünne Luftschichte vorhanden ist, oder wo in der Nähe Metallplatten oder Massen angebracht sind, in welchen Flächen-Ströme entstehen (§. 19). Unter den hier bezeichneten Umständen kann es darum sich handeln, die Grösse des Widerstandes oder den Einfluss auf die Schwingungsdauer zu bestimmen.

Die Grösse des Widerstandes wird aus der Abnahme der Schwingungsweite abgeleitet; jedoch muss die Berechnung für verschiedene Fälle sehr verschieden eingerichtet werden.

Was den Einfluss auf die Schwingungsdauer betrifft, so gelangt man zwar in einzelnen ganz einfachen Fällen zu einem präcisen Resultate, eine allgemeine Lösung des Problems bietet aber wegen der grossen Complication des Calculs Schwierigkeiten dar, die bis jetzt nicht haben beseitiget werden können.

1. Der Widerstand ist jedenfalls eine Function der Geschwindigkeit, und zwar werden ohne Zweifel nach Umständen verschiedene Functionen zu nehmen sein. Wir wollen uns jedoch auf die Functionen, für welche aus der Theorie, wie aus der Erfahrung Gründe aufgeführt werden können, beschränken und zuerst den Widerstand einfach der Geschwindigkeit, dann dem Quadrate der Geschwindigkeit proportional setzen. Was die Form der Gleichungen betrifft, so müssen wir hier auf einen Umstand Rücksicht nehmen, der bei den bisherigen Entwickelungen unberücksichtigt bleiben konnte. Der Widerstand ist nämlich immer der Richtung

Bewegung entgegengesetzt: er wirkt mit dem Magnetismus, wenn der Magnet von der Mittellinie entfernt, und wirkt gegen den Magnetismus, wenn der net der Mittellinie sich nähert. Hiernach müssen wir im Allgemeinen für die en Fälle zwei Gleichungen haben, die sich übrigens nur darin unterscheiden, der Widerstands-Coefficient in beiden entgegengesetzte Zeichen erhält.

Da die Geschwindigkeit $= \frac{du}{dt}$ ist, so haben wir zuerst den Widerstand $= q \frac{du}{dt}$ setzen und erhalten dann für den Fall, dass der Magnet von der Mittellinie entfernt, die Gleichung

$$\frac{d^2u}{dt^2} - q\frac{du}{dt} + f^2 \sin u = 0 \qquad 1).$$

Für den Fall, dass der Magnet der Mittellinie sich nähert, wäre q negativ zu men, allein hier wird zugleich du negativ, so dass auch für diesen Fall dieselbe chung gilt.

Sind die Schwingungen so klein, dass man den Sinus mit dem Bogen ver-hseln darf, so geht unsere Gleichung in eine einfache Lineargleichung des äten Grades über, deren Integral, so lange f^2 grösser ist als $\frac{1}{4}q^2$, die Form hat

$$u = A e^{-\frac{1}{2}qt} \sin\left(t\sqrt{f^2 - \frac{1}{4}q^2} + \text{Const.}\right) \qquad 2).$$

Hieraus können, da die Constante $= 0$ ist, folgende Schlüsse gezogen werden:
1. Die Schwingungen sind isochron, denn es wird $u = 0$ und der Magnet kehrt in die Mittellinie zurück, so oft $t\sqrt{f^2 - \frac{1}{4}q^2}$ einem Vielfachen von π gleich wird; weiter ergibt sich analog mit Gleichung 7) des vorigen Paragraphen, wenn T'' die Dauer einer Schwingung bedeutet,

$$T'' = \frac{\pi}{\sqrt{f^2 - \frac{1}{4}q^2}} \qquad 3),$$

und bezeichnet man mit T den Werth von T'' in dem Falle, dass $q = 0$ sei, also der Widerstand verschwinde, so wird das Verhältniss zwischen der Schwingungsdauer mit und ohne Widerstand hinreichend genau dargestellt durch die Gleichung

$$T = \frac{T''}{1 + \frac{1}{8}q^2 \frac{T''^2}{\pi^2}} \qquad 4).$$

2. Den Zeiten $t = \frac{1}{2}T''$, $\frac{3}{2}T''$, $\frac{5}{2}T''$ ... entsprechen die Winkel $t\sqrt{f^2 - \frac{1}{4}q^2}$ $= \frac{1}{2}\pi, \frac{3}{2}\pi, \frac{5}{2}\pi$ ... und die Elongationen $Ae^{-\frac{1}{4}qT''}$, $Ae^{-\frac{3}{4}qT''}$, $Ae^{-\frac{5}{4}qT''}$ und da diese eine geometrische Reihe bilden, so gelangen wir zu dem Resultate, dass die Schwingungsbögen in Folge des Widerstandes in geometrischem Verhältnisse abnehmen mit dem Quotienten $e^{-\frac{1}{2}qT''}$

Bezeichnet man die grösste Elongation bei der ersten, zweiten ... n^{ten} Schwingung mit $h_1 h_2 \ldots h_n$, so hat man dem eben Gesagten zufolge

$$h_1 = A e^{-\frac{1}{2} q T'} \qquad h_n = A e^{-\frac{1}{2} \left(n - \frac{1}{2}\right) q T'} \qquad 5)$$

oder durch Elimination von A

$$h_n = h_1 e^{-\frac{1}{2}(n-1)q T'} \qquad 6).$$

Bei Ableitung dieser Gleichung haben wir vorausgesetzt, dass q im Verhältnisse zu f eine sehr kleine Grösse sei; aber auch ohne diese Beschränkung ist die Gleichung richtig, wie aus folgender Entwickelung hervorgeht. Wird die Gleichung 2) so angeschrieben

$$u = A e^{-\frac{1}{2} q t} \sin f' t \qquad 7),$$

so hat man $u =$ der grössten Elongation, wenn t durch die Bedingung des Maximums $\frac{du}{dt} = 0$ bestimmt wird.

Mit Berücksichtigung dieser Bedingung gibt aber die Gleichung 7)

$$\operatorname{tg} f' t = \frac{2 f'}{q} \qquad 8).$$

Dieser Gleichung genügt der Werth

$$f' t = \frac{2n-1}{2} \pi - c f'$$

oder, wenn wie oben $f' T'' = \pi$ gesetzt wird,

$$t = \frac{2n-1}{2} T'' - c$$

und die Substitution dieses Werthes in 6) gibt für die grössten Elongationen wieder die obigen Gleichungen 5) mit dem einzigen Unterschiede, dass A mit dem constanten Factor

$$e^{\frac{1}{2} q c} \cos c f'$$

multiplicirt werden muss, der in 6) ausfällt. Will man den Werth von c bestimmen, so gibt die Gleichung 8)

$$\operatorname{tg} c f' = \frac{q}{2 f'}.$$

Um aus der beobachteten Schwingungsdauer T'' die vom Widerstande unabhängige Dauer T zu berechnen, muss man den Werth von $\frac{1}{2} q T''$ kennen. Diesen Werth leitet man am zweckmässigsten aus zwei Elongationen, etwa h_1 und h_n ab; man erhält nämlich durch Logarithmisirung die Gleichung

$$\frac{1}{2} q T'' = \frac{\log h_1 - \log h_n}{(n-1) \log e} \qquad 9).$$

Lässt man einen Magnet an einem möglichst feinen Coconfaden in der Luft schwingen, so dass ausser dem Widerstande der Luft und des Fadens keine hemmende Kraft seine Bewegung aufhält, so gibt die Beobachtung den Werth von $\frac{\log h_1 - \log h_n}{n-1}$, was Gauss[1] das „logarithmische Decrement" genannt hat, ungefähr $= 0{,}00130$, mithin hätte man

$$\frac{1}{8} q^2 \frac{T'^2}{n^2} = \frac{1}{2203000}.$$

Die Schwingungsdauer wird demnach durch die Luft und die Suspension nicht wirklich modificirt.

2. Hinsichtlich der Reduction auf unendlich kleine Bögen, wofür es nicht wohl möglich ist, einen allgemeinen Ausdruck zu geben, begnügen wir uns, den speciellen Fall zu betrachten, wo q einen sehr kleinen Werth hat, und wo es ausreicht, für $\frac{du}{dt}$ einen genäherten Werth zu substituiren. Die obige Gleichung 1), mit du multiplicirt und dann integrirt, gibt

$$\frac{1}{2} \frac{du^2}{dt^2} + q \int \frac{du}{dt} du - f^2 \cos u = \text{Const.} \qquad 10).$$

Die Constante ist ganz so zu bestimmen wie oben und wenn man mit C den Werth bezeichnet, den das im zweiten Gliede enthaltene Integral für $u = h$ erhält, so ist man Const. $= qC - f^2 \cos h$. Setzt man dann wie oben $\cos h = 1 - a^2$, $\cos u = 1 - a^2 \cos^2 x$ und

$$\int \frac{du}{dt} du - C = V \qquad 11),$$

hat man

$$\frac{1}{2} \frac{du^2}{dt^2} = f^2 a^2 \cos^2 x - qV$$

$$= f^2 a^2 \cos^2 x \left(1 - \frac{qV}{f^2 a^2 \cos^2 x}\right)$$

oder

$$f dt = \frac{dx}{\sqrt{1 - \frac{1}{2} a^2 \sin^2 x} \sqrt{1 - \frac{qV}{f^2 a^2 \cos^2 x}}} \qquad 12).$$

Nun hat man als Näherungswerth aus 10), d. h. für $q = 0$

$$\frac{du}{dt} = \pm f \sqrt{2(\cos u - \cos h)} = f \sqrt{2}\, a \cos x \qquad 13),$$

wo bei dem letzten Ausdrucke das doppelte Zeichen weggelassen werden kann, da derselbe ohnehin den Bedingungen des Problems gemäss für x grösser als $\frac{1}{2}\pi$ negativ wird. Substituirt man diesen Näherungswerth in 11), dann den Werth von V in 12), so ergibt sich nach vorgängiger Reihenentwickelung und mit Ausschluss der Glieder, die mit a^4 und q^2 multiplicirt sind,

$$ft + \text{Const.} = x + \frac{1}{8}a^2 x - \frac{1}{16}a^2 \sin 2x +$$

$$+ \frac{1}{2}\frac{q}{f}\left[\left(1 + \frac{5}{16}a\right)\left(x - \frac{1}{2}\pi\right)\operatorname{tg} x - \frac{1}{16}a^2 \sin^2 x -\right.$$

$$\left. - \frac{1}{8}a^2(x^2 - \pi x) + \frac{1}{16}a^2 \cos 2x\right] \qquad 15)$$

Um die Dauer einer Schwingung zu erhalten, hat man dieses Integral zwischen den Grenzen $x = 0$ und $x = \pi$ zu nehmen; dabei fallen die mit q multiplicirten Glieder aus und es kommt die schon oben gefundene Gleichung (14) S. 286 zum Vorscheine, d. h. die Reduction auf unendlich kleine Bögen ist innerhalb der oben bezeichneten Näherungsgrenzen vom Widerstande unabhängig.

3. Ist der Widerstand im Verhältnisse des Quadrats der Geschwindigkeit, so hat man dem Obigen zufolge

$$\frac{d^2 u}{dt^2} \pm q \frac{du^2}{dt^2} + f^2 \sin u = 0 \qquad 15),$$

wo das obere oder untere Zeichen zu nehmen ist, je nachdem der Magnet von der Mittellinie sich entfernt, oder derselben sich nähert; will man aber die Bewegung in Betracht ziehen von der äussersten Elongation h auf der einen bis zur äussersten Elongation auf der andern Seite, so braucht man nur $h - u = x$ zu setzen und dann hat man

$$\frac{d^2 x}{dt^2} + q \frac{dx^2}{dt^2} - f^2 \sin(h - x) = 0. \qquad 16),$$

wo beim zweiten Gliede ein Wechsel des Zeichens nicht eintritt, weil der Widerstand während der ganzen Schwingung der Bewegung entgegenwirkt. Diese letztere Form ist die bequemere, sobald es darum sich handelt, das Gesetz der Abnahme des Schwingungsbogens zu bestimmen, und wenn man

$$\int \frac{dx^2}{dt^2} dx = y \qquad 17)$$

setzt, so nimmt 16) die Form einer Lineargleichung an, deren Integral unmittelbar zu der Gleichung

$$\frac{dx^2}{dt^2} = A e^{2q(h-x)} + \frac{2f^2}{1 + 4q^2}(\cos(h-x) + 2q \sin(h-x))\ldots 18)$$

führt. Wenn der Magnet von der äussersten Elongation h ausgeht und $x = 0$ ist, so ist die Geschwindigkeit $= 0$, und wenn der Magnet auf der entgegengesetzten Seite die äusserste Elongation $h' = h - \alpha$ erreicht, also den Weg $x = h + h' = 2h - \alpha$ zurückgelegt hat, so wird wieder die Geschwindigkeit $= 0$. Aus diesen beiden Bedingungen gehen zwei Gleichungen hervor, welche nach Elimination der Constanten A das Verhältniss zwischen α und h geben; man erhält nämlich

$$(\cos h + 2q \sin h) e^{-2qh} = (\cos(h - \alpha) - 2q \sin(h - \alpha)) e^{2q(h-\alpha)} \ldots 19).$$

Ein einfaches Verhältniss lässt sich nur für den Fall, dass der Bogen h als eine kleine Grösse erster Ordnung, q und α als kleine Grössen zweiter Ordnung betrachtet werden dürfen, herstellen, und zwar geht, wenn die Reihenentwickelung bis zur dritten Ordnung einschlüssig fortgesetzt wird, als Resultat hervor

$$u = \frac{4}{3} qh^2 \quad \text{oder} \quad h' = h - \frac{4}{3} qh^2.$$

Da dasselbe Gesetz auch für die folgenden Elongationen gilt, so hat man mit Weglassung der vierten und der höheren Potenzen von h für die $n$te Schwingung die Elongation

$$h_n = h - \frac{4}{3} nqh^2 + \frac{16}{9} n(n-1) q^2 h^3 \qquad 20),$$

woraus, wenn die Schwingungsbögen aus der Beobachtung bekannt sind, der Widerstands-Coefficient q berechnet werden kann.

Handelt es sich darum, die Schwingungsdauer zu bestimmen, so gelangt man am einfachsten zum Ziele, wenn man analog mit 11) in 15) einen genäherten Werth von $\frac{du^2}{dt^2}$ substituirt und die weitere Entwickelung gerade so vornimmt wie oben, wo der Widerstand der ersten Potenz der Geschwindigkeit proportional angenommen wurde. Im gegenwärtigen Falle hat man als genäherten Werth

$$\frac{du^2}{dt^2} = 2a^2 f^2 \cos^2 x$$

mithin

$$V = 2a^2 f^2 \sqrt{2} \Big[\sin x - 1 - \frac{1}{3}(\sin^3 x - 1) +$$
$$+ \frac{1}{12} a^2 (\sin^3 x - 1) - \frac{1}{20} a^2 (\sin^5 x - 1) + \ldots \Big]$$

und da alle von q abhängigen Glieder in dem Ausdrucke für ft die Form

$$\int \frac{\sin^{2m} x \, dx}{\cos^2 x} (\sin^{2n+1} x - 1)$$

$$= \frac{1 - \sin x}{\cos x} + Ax + B \sin 2x + C \sin 4x + \ldots + A' \cos x + B' \cos^3 x + \ldots$$

haben werden und diese Integrale von $x = 0$ bis $x = \frac{1}{2} \pi$, dann mit entgegengesetztem Zeichen von $x = \frac{1}{2} \pi$ bis $x = \pi$ genommen $= 0$ sind, so folgt, dass auch hier für die Schwingungsdauer die Formel 11) S. 286 gilt und der Widerstand auf die Schwingungsdauer keinen Einfluss hat.

4. Was bisher über die Oscillationsbewegung unter dem Einflusse eines der Geschwindigkeit oder dem Quadrate derselben proportionalen Widerstandes vorgetragen worden ist, kann nur als eine erste Approximation betrachtet werden, und wo es auf eine genaue Bestimmung der einzelnen Grössen ankommt, wird man es nothwendig finden, die Reihenentwickelung viel weiter fortzusetzen.

Einige nähere Bestimmungen wird man in dem Bande finden, welcher dem Erdmagnetismus gewidmet ist; daselbst wird auch die Gleichung angegeben, durch welche Gauss[2] die Bewegung eines Magnets unter der beruhigenden Einwirkung eines kupfernen Dämpfers dargestellt hat.

Durch Versuche, welche ich vorgenommen habe, bin ich zu dem praktischen Ergebnisse gelangt, dass die am gewöhnlichsten vorkommenden Widerstände (Reibung bei Bewegung auf Spitzen, Reibung bei Axenbewegung, Widerstand von Flüssigkeiten u. s. w.) nicht blos die Schwingungsdauer ändern, sondern auch das Gesetz der Abnahme der Schwingungsbögen in solcher Weise modificiren, dass man zur Reduction der Schwingungsdauer auf unendlich kleine Bögen die bereits bei einer früheren Gelegenheit (S. 287) erläuterte Formel

$$\frac{T}{1 + \frac{1}{16} a^2 h^2} \qquad 21)$$

anwenden muss, wo a eine aus der Beobachtung abzuleitende Constante bedeutet.

[1] Gauss. Result. des magn. Vereins, 1837, S. 68.
[2] Gauss. Ebendaselbst, S. 74.

§. 58. Magnetstäbe, ihr Verhältniss zu einfachen Magneten, Pole.

Die vorhergehenden Bestimmungen über Ablenkung und Schwingung einfacher Magnete würden auch auf Nadeln und Stäbe sich anwenden lassen, wenn man für jede Nadel oder für jeden Stab die Pole, d. h. zwei Punkte, in welchen der ganze positive und negative Magnetismus vereinigt gedacht werden könnte, anzugeben im Stande wäre. Das Problem, um welches es hier sich handelt, hat vollständige Analogie mit der Bestimmung des Schwerpunktes, und die Lösung ist in allen Fällen möglich, sobald die Vertheilung des Magnetismus gegeben ist. Dabei ist jedoch zu bemerken, dass die Pole im Innern der Nadeln und Stäbe nur dann eine constante durch die Dimensionen und den Magnetismus bestimmbare Lage haben, wenn die anziehende Kraft eine magnetische Parallelkraft ist; in allen andern Fällen hängt die Lage der Pole von der Entfernung und Richtung der anziehenden Punkte ab und ändert sich, sobald eine Bewegung eintritt. Daher kommt es, dass die strenge Lösung der Probleme, welche im Magnetismus behandelt werden, durch Einführung der Pole weder vereinfacht, noch erleichtert wird und mithin auch die Bestimmung der Pole von keiner Wichtigkeit ist. Was oben §. 52 von den Vortheilen, welche durch Substitution einfacher Magnete anstatt der Magnetnadeln und Stäbe gesagt wurde, behält dessen ungeachtet immerhin seine Gültigkeit in so ferne, als in den meisten praktisch vorkommenden Fällen eine mehr oder weniger genaue Approximation ausreicht.

1. Die Physiker haben in früherer Zeit für nothwendig gehalten, alle wahrgenommenen Wirkungen auf die Pole zu beziehen, und zwar wurden zuerst die Enden der Magnete als Pole betrachtet. Lambert[1] ging gründlicher auf die Untersuchung ein und leitete aus einer Formel, wodurch er die Anziehung eines Magnets auf eine freie Nadel darzustellen gesucht hat, die Folgerung ab, dass den Polen noch ausserhalb der Endpunkte ihre Stelle angewiesen werden müsse. Zu demselben Resultate gelangte Kupffer[2], indem er einen Magnet in den Meridian

gte und in der verlängerten Richtung desselben eine kleine Nadel in zwei Entfernungen b und b' schwingen liess, dann aus der Schwingungszeit (§. 56) die Anziehungen k und k' bestimmte und die Entfernung a des Poles vom Ende des Magnets nach der Formel

$$a = \frac{b'\sqrt{k'} - b\sqrt{k}}{\sqrt{k} - \sqrt{k'}} \qquad 1)$$

berechnete; nur bei schwach magnetisirten Stäben fiel der Pol innerhalb des Magnets. Damit stimmen im Wesentlichen auch die Beobachtungen von COULOMB überein. Dagegen fand DALLA BELLA[3], der ebenfalls bei seinen Versuchen (§. 45) eine Bestimmung des Abstandes der Pole von den Endpunkten vorgenommen hat, dass die Pole innerhalb des Magnets fielen.

2. Ohne vorläufig auf eine nähere Untersuchung der Umstände, welche zu so entgegengesetzten Resultaten geführt haben mögen, einzugehen, wollen wir durch folgende Analyse die verschiedenen Bedeutungen, die den „Magnetpolen" beigelegt werden können, und die Bestimmung ihrer Lage zu erläutern suchen, wobei wir der Einfachheit wegen einen kleineren Magnet ns (*Fig. 213*), der von einem Punkte a angezogen wird, betrachten wollen. Wenn man ac mit R, acn mit ψ, den Magnetismus eines Elements in der Entfernung r von der Mitte c mit dm, die Entfernung des Punktes a von dm mit ϱ bezeichnet, so beträgt die Anziehung der Nordhälfte cn nach der Richtung cn:

$$R\cos\psi \int \frac{dm}{\varrho^3} - \int \frac{r\,dm}{\varrho^3} \qquad 2),$$

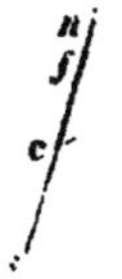

senkrecht auf diese Richtung

$$R\sin\psi \int \frac{dm}{\varrho^3} \qquad 3)$$

Fig. 213.

Ferner hat man für das Drehungsmoment, welches a auf die Hälfte cn der Nadel ausübt,

$$R\sin\psi \int \frac{r\,dm}{\varrho^3}. \qquad 4).$$

Versteht man unter der Bezeichnung „Pol" den Punkt f, wo der ganze Magnetismus $\int dm = m$ der Magnethälfte cn vereinigt werden müsste, damit derselbe Erfolg zu Stande käme, so hat man, wenn $af = x$ gesetzt wird, für die Anziehung in der Richtung cn:

$$\frac{R\cos\psi - x}{(R^2 - 2Rx\cos\psi - x^2)^{\frac{3}{2}}} = \frac{R\cos\psi}{m}\int \frac{dm}{\varrho^3} - \frac{1}{m}\int \frac{r\,dm}{\varrho^3}. \qquad 5),$$

die Anziehung senkrecht auf diese Richtung

$$\frac{1}{(R^2 - 2Rx\cos\psi - x^2)^{\frac{3}{2}}} = \frac{1}{m}\int \frac{dm}{\varrho^3} \qquad 6),$$

das Drehungsmoment um den Mittelpunkt c

$$\frac{x}{(R^2 - 2Rx\cos\psi - x^2)^{\frac{3}{2}}} = \frac{1}{m}\int \frac{r\,dm}{\varrho^3} \qquad 7)$$

Es ist leicht hieraus zu erkennen, dass keine naturgemässe Vertheilung des Magnetismus, d. h. keine naturgemässe Function für dm angenommen werden kann, welche so beschaffen wäre, dass der Werth von x unabhängig bliebe von R.

Die Lage des Poles in einem Linearmagnet hängt demnach nicht blos von der Länge des Magnets und der Vertheilung des Magnetismus, sondern auch von der Lage des anziehenden Punktes ab. Nur wenn λ unendlich gross ist und es also um, die Anziehung einer magnetischen Parallelkraft sich handelt, hängt die Lage des Poles blos von dem Magnetismus und den Dimensionen des Magnets ab und ist in den zwei ersten oben angeführten Fällen unbestimmt, so dass man sich in einem beliebigen Punkte der Linie cn den Magnetismus vereinigt denken kann; im letzten Falle dagegen, wo das magnetische Moment betrachtet wird, erhält man

$$x = \frac{1}{m} \int r\, dm.$$

Um die vorhergehenden Verhältnisse näher zu erläutern, wollen wir $dm = Ar c$ (§. 6) annehmen, dann $\psi = 0$ setzen, d. h. den anziehenden Punkt nach a' verlegen, so gibt die Gleichung 5)

$$x^2 = \frac{\lambda^2}{2\frac{\lambda}{R-\lambda} - 2\log.\text{nat.}\frac{R}{R-\lambda}}.$$

Wird hieraus die Grösse $z = R - x$, d. h. die Entfernung des Poles von der Mitte des Magnets abgeleitet, so erhält man:

für $R - \lambda = \lambda \quad z = 0{,}7235\,\lambda$

$ = \frac{1}{2}\lambda \quad z = 0{,}7552\,\lambda$

$ = \frac{1}{3}\lambda \quad z = 0{,}7767\,\lambda$

$ = \frac{1}{5}\lambda \quad z = 0{,}8052\,\lambda$

$ = \frac{1}{10}\lambda \quad z = 0{,}8435\,\lambda$.

Es erhellt hieraus, dass je mehr man den anziehenden Punkt dem Ende des Magnets nähert, um so kleiner die Entfernung des Poles vom Ende wird.

Wird durch eine magnetische Parallelkraft auf einen Linearmagnet ein Drehungsmoment ausgeübt, so erhält man unter Annahme des obigen Vertheilungsgesetzes mittelst der Gleichung 8) die Entfernung des Poles vom Ende $= \frac{1}{3}\lambda$.

3. Als „Pol" eines Magnets hat man auch die Stelle bezeichnet, wo unter bestimmten Bedingungen die Anziehung am grössten ist. Wenn man z. B. ein magnetisches Element in der Linie AB (Fig. 214, S. 297) parallel mit der Richtung des Linearmagnets ns fortbewegt und den Punkt a gefunden hat, wo die grösste Anziehung stattfindet, so kann der gegenüberliegende Punkt f des Magnets als Pol bezeichnet werden. Wird das obige Vertheilungsgesetz beibehalten und $cf = q$ gesetzt, so hat man die gesuchte Anziehung

$$= \int \frac{Ae r\, dr}{(e^2 + (q-r)^2)^{\frac{3}{2}}} = \frac{A}{e} \cdot \frac{q(q-r) + e^2}{\sqrt{e^2 + (q-r)^2}}. \qquad 10).$$

Nimmt man dieses Integral zwischen den Grenzen $r = 0$ und $r = \lambda$, und wird dann das Maximum gesucht, so ergibt sich zur Bestimmung von q die Gleichung

$$\frac{e^2 q - (\lambda - q)^2}{(e^2 + (\lambda - q)^2)^{\frac{3}{2}}} = \frac{q}{\sqrt{e^2 + q^2}} \qquad (11).$$

Aus dieser Gleichung lässt sich folgern, dass $\lambda - q$ um so kleiner wird, also der Punkt f dem Ende des Magnets um so näher rückt, je kleiner man e annimmt.

4. Den Pol eines Magnets hat man endlich durch die Bedingung bestimmt, dass die Anziehung der herumliegenden Punkte dem Quadrate ihrer Entfernung umgekehrt proportional sei oder überhaupt für grössere und kleinere Distanzen dasselbe Gesetz der Anziehung gelte. So hat man z. B. für $dm = A r dr$ die Anziehung des Punktes a' durch den Magnet ns (*Fig. 213*)

Fig. 214.

$$= \int \frac{A r dr}{(e + \lambda - r)^2}$$

$$= A \frac{\lambda}{e} - A \log.\left(1 + \frac{\lambda}{e}\right). \qquad (12),$$

wo e die Entfernung $a' n$ vom Ende des Magnets bezeichnet, und wenn man nun die Bedingung setzt, dass für eine grosse Entfernung E und für eine kleine Entfernung e die Anziehungen umgekehrt sich verhalten sollen wie die Quadrate der Entfernungen von einem Punkte (Pole) des Magnets, der um die Grösse x von dem Ende absteht, so erhält man die Gleichung

$$\frac{\lambda - e \log.\left(1 + \frac{\lambda}{e}\right)}{\lambda - E \log.\left(1 + \frac{\lambda}{E}\right)} = \frac{e}{E}\left(\frac{E+x}{e+x}\right)^2 = \frac{e}{E}(E-e)^2\left[\frac{1}{e+x} + \frac{1}{E-e}\right]^2$$

Woraus sehr einfach der Werth von $\frac{1}{e+x}$, mithin auch der Werth von x abgeleitet werden kann.

Nimmt man hier die halbe Länge des Magnets λ als Einheit an und substituirt man für e nacheinander die Werthe

$$0{,}1 \qquad 0{,}2 \qquad 0{,}3,$$

dann für E die Werthe

$$0{,}2 \qquad 0{,}4 \qquad 0{,}6,$$

so erhält man für x die correspondirenden Werthe

$$0{,}185 \qquad 0{,}331 \qquad 0{,}461.$$

Es erhellt hieraus, dass der Pol dem Ende um so näher rückt, je kleiner die Entfernung des angezogenen Punktes wird. Dass der Pol über das Ende des Magnets hinausfallen könne, ist, wie eine nähere Betrachtung der Verhältnisse zeigt, nicht möglich, man mag die obige oder sonst irgend eine zulässige Hypothese über die Vertheilung des Magnetismus annehmen, und wenn dessenungeachtet Kupffer, wie oben erwähnt worden ist, durch Schwingungen einer kleinen Nadel zu diesem Resultate gelangt ist, so liegt ohne Zweifel der Grund darin, dass bei der Rechnung die Anziehung einfach dem Quadrate der Schwingungsdauer umgekehrt proportional gesetzt und auf die Dimensionen der Nadel, sowie auf den in derselben inducirten Magnetismus dann auf eine scharfe Reduction der Schwingungsdauer keine Rücksicht

genommen wurde. Auch die mit KUPFFER übereinstimmende Angabe LAMBER'
hinsichtlich der Lage der Pole beruht nur auf der ungerechtfertigten Voraussetzu
dass ein Gesetz, welches er für grössere Entfernungen richtig befunden hat
ebenso gut für ganz kleine Entfernungen gelten müsse.

[1] LAMBERT. *Hist. de l'Acad. de Berlin*, 1766, p. 22.
[2] KUPFFER. *Ann. de Chim. et de Phys.* XXXVI, p. 50.
[3] DALLA BELLA. *Mem. da Acad. das sc. de Lisboa.* T. I.

§. 59. Magnetstäbe als Systeme von Magnetpolen betrachtet; darnach al Verhältnisse zu berechnen.

Nachdem erkannt worden war, dass die Vereinigung der Kraft eines Magne
in zwei Pole zu keinem Resultate führe, schlug man den entgegengesetzten W
ein und betrachtete einen Magnet als ein System von unendlich vielen Pole
oder, was gleichbedeutend ist, als ein System von unendlich vielen einfach
Magneten. Diess ist auch der einzige Weg, der vollkommenen Erfolg siche
Wenn es darum sich handelt, diese Auffassung durch den Calcul darzustelle
so denkt man sich den Magnet in unendlich viele körperliche Elemente gethei
wovon jedes eine gewisse Quantität Magnetismus besitzt, und berechnet d
Gesammtwirkung nach den Grundsätzen, welche in Paragraph 50—52 darg
legt worden sind.

Dabei kommt vor allem das magnetische Moment in Betracht, und es mu
hiefür eine genaue Definition festgesetzt werden. So lange die Axe und d
Pole in einer Linie lagen, nannten wir das Product aus den Magnetpolen, mu
tiplicirt mit ihrer Entfernung von der Bewegungsaxe, das magnetische Mome
(§. 53). Lassen wir in gleicher Weise eine Axe durch einen Magnetst
gehen, so ist bezüglich auf diese der Magnetismus nach zwei Dimensione
nach der Länge und nach der Breite ausgetheilt, und wir müssen demna
zwei magnetische Momente hier einführen: ein longitudinales nach d
Länge und ein transversales nach der Breite.

Betrachten wir nun zuerst die Wirkung einer magnetischen Parallelkra
Es sei ein ganz dünner Magnet NS (*Fig. 215*) an dem Punkte c aufgehän
also um die Axe ab frei beweglich, und die Richtu
der Parallelkraft sei AB. Ein beliebiges Molecul
wird nach der Richtung df angezogen, und die
Anziehung hat die Tendenz, den Magnet so we
zu drehen, dass der Punkt d in die Linie AB käm
Wenn man dieselbe Betrachtung auf die sämmtliche
Molecule ausdehnt, so ist klar, dass so viele Drehung
momente entstehen werden, als der Magnet Elemen
oder Pole hat, und der Magnet wird in derjenige
Lage zur Ruhe kommen, wo die Drehungsmoment
sich aufheben. Zieht man alsdann auf dem Magne
die Linie pq, welche durch die Drehungsaxe c geht und mit der Richtung de
Parallelkraft übereinstimmt, so ist diese die magnetische Axe. Da man eine
Stabe unendlich viele Drehungsaxen geben kann, so wird er auch unendlich viel

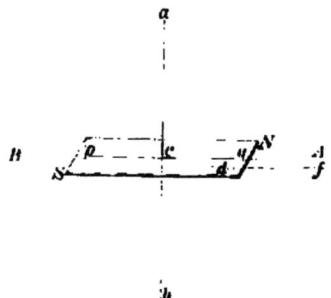

Fig. 215.

magnetische Axen haben, die alle mit einander parallel sind. Bei der magnetischen Axe kommt es also nicht auf die Lage, sondern auf die Richtung an; in der Regel stellt man sich jedoch die magnetische Axe als durch die Mitte der Figur gehend vor.

Es gibt keine äusseren Kriterien an dem Stabe selbst, wodurch man die Lage der magnetischen Axe erkennen könnte; selbst bei einer symmetrisch zugespitzen Compassnadel, wo man glauben sollte, dass die magnetische Axe in der Richtung der Spitzen liegen werde, ist diess nicht nothwendig der Fall, und es bleibt kein anderes Mittel übrig, als die Lage der magnetischen Axe durch Experimente zu bestimmen.

Diese Experimente gehen darauf hinaus, die Richtung zu beobachten, welche ein frei um einen fixen Punkt beweglicher Magnet unter dem Einflusse einer Parallelkraft (des Erdmagnetismus) annimmt, und ihn dann so umzulegen, dass er in derselben Ebene und um denselben fixen Punkt sich zu bewegen hat.

Wie die Vergleichung der Richtung des Magnets vor und nach der Umlegung die Lage der magnetischen Axe zu erkennen giebt, geht aus *Fig. 216* hervor. Es sei $npsq$ ein flacher unendlich dünner Magnet, welcher von der Kegelspitze Cc getragen wird, und AB die Richtung der Parallelkraft, so ist die Linie ns, welche mit letzterer Richtung zusammenfällt, die magnetische Axe. Legt man nun

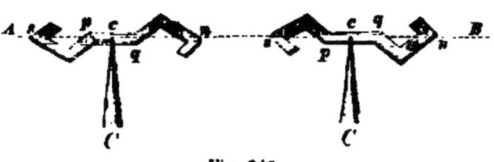

Fig. 216.

den Magnet um, so dass die Fläche, welche vorher oben war, nunmehr abwärts zu stehen kommt, so nimmt er unter Einwirkung derselben Parallelkraft eine ganz analoge Stellung an wie zuvor und die Linie ns, d. h. die magnetische Axe fällt wieder mit der Richtung der Parallelkraft zusammen. Diejenige durch den Bewegungspunkt c auf der Magnetfläche gezogene Linie, welche nach dem Umlegen dieselbe Richtung beibehält, ist demnach die magnetische Axe; zugleich ergiebt sich hieraus, dass jeder Punkt a, welcher in einer bestimmten Entfernung von der magnetischen Axe vor dem Umlegen sich befindet, nach dem Umlegen wieder in dieselbe Entfernung, aber auf die entgegengesetzte Seite zu stehen kommen muss. Diess ist das Kriterium, wonach man die Lage der magnetischen Axe praktisch zu bestimmen hat.

Es ist einleuchtend, dass wenn man anstatt der Bewegung auf einer Spitze irgend eine andere freie Bewegung (Bewegung um eine Axe wie bei Inclinationsnadeln oder Aufhängung an einem Faden wie bei horizontalen Nadeln) substituirt, die Bestimmung der magnetischen Axe auf dieselbe Weise geschehen kann, vorausgesetzt, dass die wesentlichen Bedingungen des Umlegens erfüllt werden, d. h. nach dem Umlegen die Bewegungsaxe durch denselben Punkt c der Magnetfläche geht und die Bewegung in derselben Ebene geschieht.

Im Vorhergehenden haben wir angenommen, dass eine Parallelkraft allein auf einen freien Magnet wirkt und der Magnet die Richtung annimmt, welche ihm die Parallelkraft giebt; wird aber der Magnet durch irgend eine zweite

Kraft, etwa durch die Torsionskraft eines Drahtes, an dem er aufgehängt ist, seitwärts gehalten, so übt die Parallelkraft ein Drehungsmoment aus, indem sie, wie in §. 50 erklärt wurde, alle Molecule der einen Hälfte anzieht und alle Molecule der andern Hälfte abstösst. Dieses Drehungsmoment wird um so grösser, je weiter man den Magnet von der Richtung der Parallelkraft entfernt, und erreicht den grössten Werth, wenn der Magnet senkrecht auf der Richtung der Parallelkraft zu stehen kommt.

Will man einen Magnet, der durch die Drehung eines Fadens seitwärts von seiner natürlichen Richtung gehalten wird, um einen bestimmten Betrag etwa um 1° aus seiner Richtung bringen, so gehört weniger Kraft dazu, als wenn der Magnet in seiner natürlichen Richtung sich befände; und gebt die Ablenkung so weit, dass der Magnet senkrecht auf seiner natürlichen Richtung steht, so ist die allerkleinste Kraft hinreichend, um ihn weiter zu drehen.

Der Widerstand, den ein frei beweglicher Magnet der Drehung entgegensetzt, wird Directionskraft genannt; die darauf bezüglichen Verhältnisse sind bereits in §. 50 erklärt worden. Dem Gesagten zufolge kann man also durch Ablenkung eines Magnets die Directionskraft beliebig vermindern und ihn zur Messung schwacher Einwirkungen geeignet machen. Diesen Umstand benutzt man zu verschiedenen Zwecken, namentlich kann man einem Galvanometer durch Ablenkung der Nadel einen beliebigen Grad von Empfindlichkeit geben.

1. Führt man ein rechtwinkliges Coordinatensystem ein und lässt man die Axe der z, die wir zugleich als Drehungsaxe betrachten wollen, senkrecht auf der Fläche des Magnets stehen, ist ferner die Axe der x nach der Länge und die Axe der y nach der Breite des Stabes gerichtet, so wird übereinstimmend mit der Definition §. 53 das longitudinale magnetische Moment

$$= \int x\,dm . \qquad 1)$$

und das transversale

$$= \int y\,dm . \qquad 2)$$

sein; ersteres soll mit M, letzteres mit N bezeichnet werden.

Wir wollen nun den flachen Stab $ABCD$ (Fig. 217) betrachten, dessen Drehungsaxe senkrecht auf der Seitenfläche durch den Punkt E geht und dessen sämmtliche Elemente durch eine nach der Richtung FG wirkende Parallelkraft X sollicitirt werden.

Es sei a ein beliebiges Element des Stabes; der Magnetismus dieses Elements sei $= dm$ und die Entfernung Ea bezeichne man mit r, so hat man das Drehungsmoment des Stabes

$$= \int r X \sin FEa\,dm.$$

Man ziehe ferner durch die Mitte des Stabes eine Axe ef, welche mit der Kraftrichtung FG den Winkel $Fgf = \varphi$ macht, so hat man $FEa = \varphi - ahf$ und das Drehungsmoment

$$= \int r X \sin (\varphi - ahf)\,dm =$$
$$= X \sin \varphi \int r \cos ahf\,dm - X \cos \varphi \int r \sin ahf\,dm . \ldots 3).$$

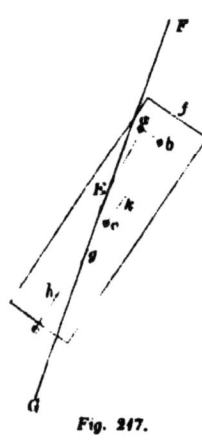

Fig. 217.

Wird c als Anfangspunkt der rechtwinkligen Coordinaten genommen und cb mit x, ba mit y, dann die Coordinaten des Drehungspunktes E nämlich ck und kE mit α und β bezeichnet, so hat man $x-\alpha = r\cos ahf$, $y-\beta = r\sin ahf$, und wenn diese Werthe in der vorhergehenden Gleichung substituirt und $\int dm = 0$ (S. 60) gesetzt, dann die oben schon angegebenen Bezeichnungen $\int x\, dm = M$, $\int y\, dm = N$ eingeführt werden, so verwandelt sich 3) in

$$M \sin \varphi - N \cos \varphi = 0,$$

und hieraus folgt:

$$\operatorname{tg} \varphi = \frac{N}{M}.$$

Wählt man die Axe ef so, dass $N = 0$ wird, so gibt diese Gleichung $\varphi = 0$, und es trifft jene Axe mit der magnetischen Axe zusammen. Wenn aber $N = 0$ ist, so ist M ein Maximum; man kann demnach die magnetische Axe so definiren, dass man sagt, sie sei diejenige Linie, für welche das longitudinale Moment ein Maximum, oder für welche das transversale Moment $= 0$ wird.

Da in der obigen Rechnung die Coordinaten der Drehungsaxe α und β ausgefallen sind, so ist die magnetische Axe von der Drehungsaxe ganz unabhängig. Diess gilt jedoch nur in der Voraussetzung, dass $\int dm = 0$ sei, oder der Magnet eben soviel positiven als negativen Magnetismus enthalte, und wäre letztere Voraussetzung nicht begründet, so müsste diess bei excentrischer Suspension durch eine Aenderung der magnetischen Axe sich offenbaren. Die obigen Verhältnisse hat Gauss [1] zuerst in grösster Allgemeinheit entwickelt und auf klare Vorstellungen zurückgeführt.

2. Das einzige Mittel, welches man besitzt, um die Lage der magnetischen Axe in einem Magnete $abcd$ (Fig. 218) gegen eine darauf verzeichnete oder fest damit verbundene Linie Cf zu bestimmen, besteht darin, dass man ihm eine senkrechte Bewegungsaxe PQ gibt, eine magnetische Parallelkraft in der Richtung AB darauf einwirken lässt, und ihn dann umlegt

Fig. 218.

unter den in der Figur dargestellten Bedingungen. Da die magnetische Axe mit der Richtung der Kraft AB zusammenfällt, so macht die Linie Cf mit der magnetischen Axe den Winkel BCf; legt man aber den Magnet um, so dass die obere Seite zur untern wird, d. h. P nach P', Q nach Q' kommt und PQ parallel sei mit $Q'P'$, so fällt die Linie Cf nach Cf' auf die entgegengesetzte Seite von AB, und da nach dem Umlegen die magnetische Axe wieder mit der Richtung der Kraft zusammenfallen muss, so ist $BCf' = BCf$, daher die Collimation $BCf = \frac{1}{2}(BCf + BCf')$. Nun ist aber $BCf + BCf'$ nichts anderes als der Unterschied zwischen der Richtung der Ablesungslinie vor und nach dem Umlegen; man kann demnach sagen, die Collimation ist die Hälfte des Unterschiedes der Ablesungen vor und nach dem Umlegen.

Wir haben im Vorhergehenden die Axe PQ als fest mit dem Magnet verbunden angenommen; ist eine feste Verbindung nicht vorhanden (wie z. B. bei Fadensuspension), so ist beim Umlegen dafür zu sorgen, dass die durch obige Erklärung dargelegten Bedingungen erfüllt werden. War die Fläche $abcd$ vor dem Umlegen senkrecht gegen PC, so muss sie nach dem Umlegen senkrecht sein gegen $Q'C$

und jede Abweichung von dieser Bedingung hat eine mehr oder weniger feh
Bestimmung der Collimation zur Folge. Es scheint übrigens nicht zweck
hier specielle Vorschriften (welche wir für einen andern Band vorbehalten) z
da die Collimation in der Lehre des Magnetismus von geringerer Bedeutung

3. Die magnetische Axe lässt sich nur vermittelst einer Parallelkraf
des Erdmagnetismus) bestimmen. Wollte man einen fixen Magnetstab in d
eines frei aufgehängten Magnets bringen und durch die Umkehrung des
die magnetische Axe bestimmen, so würde diese Bestimmung von der Ent
des Magnetstabes abhängen; ein ganz analoges Verhältniss ist oben (§. 58
sichtlich der Lage der Pole nachgewiesen worden.

[1] Gauss. Intensitas vis magneticae. S. 43.

§. 60. Magnetstäbe bei Ablenkungen.

Eine unter dem Einflusse des Erdmagnetismus oder einer Parallelkra
haupt stehende frei bewegliche Nadel wird von ihrer natürlichen Richt
gelenkt, sobald man einen Magnetstab in ihre Nähe hinlegt; hiebei hä
Grösse des Drehungsmoments und mithin auch der Ablenkung von der $
ab, welche man dem Magnetstabe giebt, und wird in der Weise be
dass man die Wirkung aller Elemente des Stabes auf alle Elemente de
nach §. 54 bestimmt und davon die Summe nimmt.

Um eine Ablenkung hervorzubringen, kann man dem ablenkenden
die verschiedenartigsten Stellungen gegen die Nadel geben; besondere Wic
für die Praxis haben übrigens nur die normalen Stellungen, welche obe
erklärt worden sind, und zwar unterscheiden wir hier wie bei einfachen M

1. eine Sinus-Ablenkung Ost und West,
2. eine Sinus-Ablenkung Nord und Süd,
3. eine Tangenten-Ablenkung Ost und West,
4. eine Tangenten-Ablenkung Nord und Süd.

Da hier dieselben Bedingungen obwalten wie in §. 54—55, mit d
zigen Modification, dass viele Pole anstatt zwei zu berücksichtigen s
erhält man zwischen dem Ablenkungswinkel, dem magnetischen Mome
Ablenkungsmagnets, der Intensität der wirkenden Parallelkraft und d
fernung, in welcher die Mitte des Magnets von der Mitte der Nade
ganz dieselben Verhältnisse, welche bereits in den angeführten Para
auseinandergesetzt worden sind.

Die wirkliche Durchführung der Rechnung setzt voraus, dass ma
blos die Entfernung zwischen den Mittelpunkten des Magnetstabes u
Nadel zu messen im Stande sei, sondern auch die Vertheilung des Magn
von der Mitte aus gegen die Enden des Stabes und der Nadel oder v
die zufälligen Abweichungen von dem bekannten oder aus sonstigen Bestim
zu ermittelnden Vertheilungsgesetze genau kenne. Hier stehen jedoch be
Schwierigkeiten im Wege, welche nicht zu beseitigen, wohl aber im \
lichen zu umgehen sind. Die Umgehung geschieht durch Umlegu
Magnets und zwar gibt es zweierlei Umlegungen, eine Umlegung vor
Seite der Nadel auf die entgegengesetzte (NS und $N'S'$ Fig. 219,
NS und NS' Fig. 220, S. 303), wobei die Ablenkung in gleichem Si

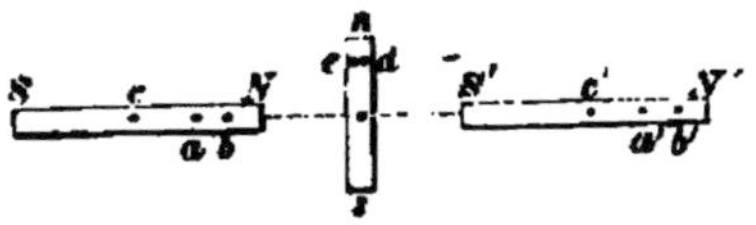

Fig. 219. 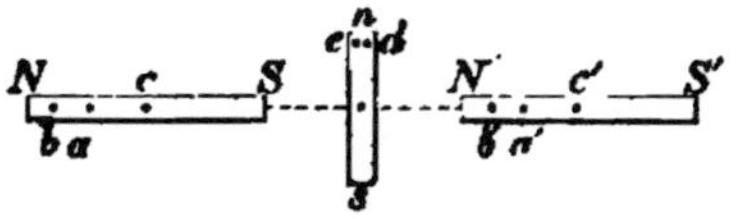 *Fig. 220.*

schiebt; dann eine Umlegung, wodurch die Pole verwechselt werden und die Ablenkung auf die entgegengesetzte Seite des Meridians geht (NS *Fig.* 219 und 220, ebenso $N'S'$ in denselben Figuren). Durch eine Umlegung der ersten Art entgeht man der Nothwendigkeit, die Mittelpunkte zu bestimmen: ist nämlich c und c' der Mittelpunkt des Stabes (*Fig.* 219) und befindet sich die Nadel vor und nach der Umlegung genau in der Mitte zwischen c und c', so hat man die Entfernung $= \frac{1}{2} cc'$ und die Ablenkung bleibt sich für beide Lagen des Magnets gleich. Ist aber die Nadel nicht in der Mitte, so wird die Ablenkung in der einen Lage um ebenso viel zu gross, als in der andern zu klein sein, so dass das Mittel beider Ablenkungen genau der Entfernung $\frac{1}{2} cc'$ entspricht. Nun ist aber $cc' = NN' = SS'$, und um die Entfernung des Magnets und der Nadel zu erhalten, braucht man nur die Entfernung der Pole oder Enden oder auch irgend einer auf dem Magnet angebrachten Marke vor und nach der Umlegung zu messen. Gleiches gilt von den in *Fig.* 220 verzeichneten Stellungen.

Durch das Umlegen des ablenkenden Magnetstabes in der angegebenen Weise erlangt man zugleich den wesentlichen Vortheil, dass der Einfluss, den die oben erwähnten zufälligen Abweichungen von der regelmässigen Vertheilung auf die Ablenkung ausüben, von selbst sich aufhebt. Jede Unregelmässigkeit des Vertheilungsgesetzes entsteht dadurch, dass ein magnetisches Element mehr oder weniger aus seiner eigentlichen Stellung verschoben ist, und eine solche Verschiebung übt auf die Ablenkung nur insofern einen Einfluss aus, als die Distanz dadurch vermehrt oder vermindert wird. Wenden wir diess auf die freie Nadel (*Fig.* 219) an, so ist es einleuchtend, dass wenn ein magnetisches Element, welches in e stehen sollte, in d sich befindet, die Entfernung desselben von allen Elementen des ablenkenden Magnets in der Stellung NS vermehrt, nach vorgenommener Umlegung aber in der Stellung $N'S'$ um denselben Betrag vermindert wird. Aehnliches gilt von den Unregelmässigkeiten des ablenkenden Magnets, denn wenn ein Element desselben um die Grösse ab auf der einen Seite der freien Nadel näher gerückt wird, so kommt es durch die Umlegung um die gleiche Grösse $a'b'$ weiter davon weg. Dieselben Betrachtungen finden auf *Fig.* 220 Anwendung und es ist klar, dass von den vier dargestellten Umlegungen je zwei vorkommen, bei denen eine vorhandene Unregelmässigkeit der magnetischen Vertheilung entgegengesetzten Erfolg hat, mithin bei Vereinigung der vier Ablenkungen der Einfluss der Unregelmässigkeiten wegfallen muss.

Im Vorhergehenden haben wir gezeigt, dass überall einer Vermehrung der Entfernung auf der einen Seite eine gleich grosse Verminderung auf der andern Seite entspricht; wenn aber daraus geschlossen wurde, dass bei Vereinigung der in entgegengesetzten Lagen beobachteten Ablenkungen die Wirkungen solcher Vermehrung und Verminderung sich gegenseitig aufheben, so geschah diess in der stillschweigend gemachten Voraussetzung, dass die Wirkungen genau den Distanzänderungen proportional seien. Diess ist jedoch nur bei ganz kleinen Aenderungen der Distanz der Fall und nur unter dieser Beschränkung kann das Resultat, zu welchem wir gelangt sind, als richtig angenommen werden. Grössere Unregelmässigkeiten der magnetischen Vertheilung zu eliminiren gibt es gar kein Mittel, und Magnete, wo solche Unregelmässigkeiten vorkommen, sind zu Ablenkungsmessungen unbrauchbar. Handelt es sich dagegen um Ablenkungen, wo die Entfernung des ablenkenden Magnets auf beiden Seiten der Nadel beträchtlich verschieden sind, so erhält man auf dem oben angegebenen Wege ein Resultat, welches durch Anbringung einer Correction brauchbar gemacht werden kann.

Das bisher Gesagte gilt streng genommen nur für Linearmagnete oder für Magnete, die im Verhältnisse zu ihrer Länge einen geringen Querschnitt haben und in beträchtlicher Entfernung von der Nadel hingelegt werden. Bei breiten Magneten und kleinen Entfernungen treten Modificationen ein, die von der Vertheilung des Magnetismus in dem Ablenkungsmagnete und in der Nadel abhängen. Werden diese Modificationen durch Beobachtung bestimmt, so kann man daraus auf die Vertheilung des Magnetismus im Ablenkungsmagnete schliessen, besonders wenn eine sehr kleine freie Nadel dabei gebraucht wird.

Handelt es sich um kleine Ablenkungen, welche durch sehr entfernte Magnete hervorgebracht werden, so lässt sich der Erfolg hinreichend genau nach den Grundsätzen, welche in §. 54 auseinandergesetzt worden sind, bestimmen.

1. Es sei ns (*Fig. 221*) ein frei beweglicher Magnet, auf den der Magnet NS ein Drehungsmoment ausübt. Die Axe des beweglichen Magnets gehe durch c, die Mitte des ablenkenden Magnets sei in C. Betrachten wir zwei Elemente a und b, deren Magnetismus durch dm und dm' bezeichnet werden soll, so ist das von a auf b ausgeübte Drehungsmoment, wenn ae senkrecht auf bc gezogen wird

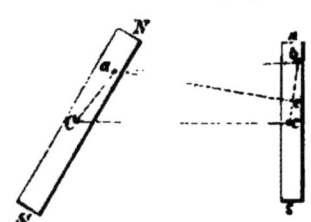

Fig. 221.

$$\frac{dm\,dm'}{(ab)^2}\frac{ae}{ab}bc.$$

Um das ganze Drehungsmoment zu erhalten, haben wir diesen Ausdruck für die ganze Ausdehnung beider Magnete zu integriren, und hiernach ergibt sich das Drehungsmoment

$$= \iint \frac{ae\,bc}{(ab)^3} dm\,dm' \ldots 1).$$

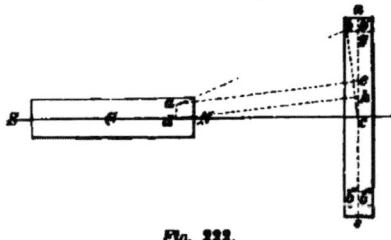

Fig. 222.

2. Diess wollen wir zuerst auf die Sinusablenkung Ost und West (*Fig. 222*) anwenden, wobei die magnetischen Axen NS und ns als Coordinatenaxen angenommen werden sollen. Bezeichnet man die Coordination des anziehen-

den Punktes a mit x, y und des angezogenen Punktes b mit x', y', so hat man

$$(ab)^2 = \varrho^2 = (e-x-y')^2 + (x'-y)^2 \qquad (bc)^2 = x'^2 + y'^2,$$

und wenn ferner ae senkrecht auf bc, dann dh parallel mit ae gezogen wird, so gibt die Aehnlichkeit der Dreiecke dhc und cbg

$$dh = \frac{(e-x)x' - yy'}{\sqrt{x'^2 + y'^2}} = ae,$$

so dass der oben für das Drehungsmoment gegebene Ausdruck die Form

$$\iint \frac{(e-x)x}{\varrho^3} \, dm \, dm' - \iint \frac{yy'}{\varrho^3} \, dm \, dm' \qquad 2)$$

annimmt.

Dieser Ausdruck ist für die Anwendung viel zu complicirt und muss vereinfacht werden theils durch Weglassung der Glieder, die auf das Resultat keinen wahrnehmbaren Einfluss haben, theils durch Ausschliessung der Fälle, die eine Vereinfachung nicht zulassen.

Vor allem sollen als ausgeschlossen betrachtet werden

1. Magnete von beträchtlicher Breite
2. Magnete mit sehr unsymmetrischer Vertheilung des Magnetismus; auch muss die Entfernung e beträchtlich grösser, als alle sonst vorkommenden Dimensionen sein. Unter dieser Voraussetzung wollen wir zuerst den Werth des zweiten Gliedes des Ausdruckes 2) näher untersuchen und demselben durch Entwickelung nach den Potenzen der kleinen Grösse $\frac{y'}{e}$ die Form geben:

$$\frac{1}{e^3} \int A y' \, dm' + \frac{1}{e^4} \int B y'^2 \, dm' + \frac{1}{e^5} \int C y'^3 \, dm' +$$
$$+ \quad + \frac{1}{e^{n+2}} \int P y'^n \, dm' + \qquad 3).$$

Hier fällt das erste Glied aus, weil die magnetische Axe als Coordinatenaxe angenommen wurde, also $\int y' \, dm' = 0$ ist, und auch hinsichtlich der übrigen Glieder ist es leicht, zu einem ganz entscheidenden Resultate zu gelangen, in dem Falle, wenn der Magnetismus symmetrisch vertheilt ist. Betrachtet man nämlich die Werthe des allgemeinen Gliedes für die vier Punkte b, b', b'', b''', welche dieselben Coordinaten (abgesehen von dem Zeichen) haben, so ergibt sich, dass für diese vier Punkte die beiden Factoren dm' und y'^n (abgesehen vom Zeichen) sich nicht ändern, der Factor P aber, wo nur gerade Potenzen von x' enthalten sind, absolut sich gleich bleibt, und da die Zeichen der vier Werthe von $y'^n \, dm'$ sich so gestalten, dass stets zwei positiv und zwei negativ sind, so wird jedes einzelne Glied der obigen Reihe $= 0$ werden. Ist dagegen der Magnetismus unsymmetrisch vertheilt, so haben die Glieder, vom zweiten angefangen, zwar einen Werth, der jedoch schon desshalb klein ausfallen muss, weil $\frac{y}{e}$ klein ist und ausserdem noch in dem Verhältnisse vermindert wird, als die magnetische Vertheilung der Symmetrie sich nähert, und da Magnete mit sehr unsymmetrischer Vertheilung der Kraft für Ablenkungsbeobachtungen überhaupt sich nicht eignen, so kann man in allen praktisch vorkommenden Fällen den zweiten Theil des Ausdruckes 2) weglassen. Wird dann der erste Theil nach den Potenzen von $\frac{y}{e}$ und $\frac{y'}{e}$ entwickelt, so erhält man mit Weglassung der Glieder, die $\int y\,dm$ und $\int y'\,dm'$ enthalten, eine Reihe von der Form

$$\frac{1}{e^3}\int\int A\,dm\,dm' + \frac{1}{e^5}\int\int(By^2 + Cy'^2)\,dm\,dm' +$$
$$+ \frac{1}{e^5}\int\int(Dy^2 + Ey'^2)\,dm\,dm' + \frac{1}{e^7}\int\int(Fy^4 + Gy^2y'^2 + Hy'^4)\,dm\,dm'\ldots\ 4),$$

wo die Glieder, welche ungerade Potenzen von y und y' enthalten, bei symmetrischer Vertheilung des Magnetismus $= 0$ werden, aber auch die Glieder mit geraden Potenzen in Anbetracht ihres geringen Betrages füglich vernachlässigt werden können. Dieselben Sätze könnten auch hinsichtlich der Dicke der Magnete geltend gemacht werden und wir gelangen auf solchem Wege zu dem zuerst von GAUSS[1] durch Betrachtungen obiger Art begründeten Resultate, dass bei dem gewöhnlichen Verhältnisse der Länge zur Breite und Dicke man auf die letzteren beiden Dimensionen keine Rücksicht zu nehmen brauche, sondern die Berechnung so zu führen sei, als wenn es sich um einen Linearmagneten handelte, d. h. als wenn der Magnetismus eines jeden Querschnittes in der Axe des Stabes vereinigt wäre.

3. Diesem zufolge erhält man das Drehungsmoment, welches der Stab NS auf die Nadel ns ausübt, wenn man in dem Ausdrucke 2) sowohl y als $y' = 0$ setzt und dm, dm' als Functionen von $x\,x'$ betrachtet.

Das Drehungsmoment wird demnach dargestellt durch

$$\int\int\frac{(e-x)x'\,dm\,m'}{((e-x)^2 + x'^2)^{\frac{3}{2}}} = \int\int P\,dm\,dm'.\qquad 5)$$

Nun gibt die Entwickelung nach den negativen Potenzen von e

$$P = \frac{1}{e^2}x' + \frac{2}{e^3}xx' + \frac{3}{2e^4}\left(2x^2x' - x'^3\right) +$$
$$+ \frac{2}{e^5}\left(2x^3x' - 3xx'^3\right) + \frac{5}{e^6}\left(x^4x' - 3x^2x'^3 + \frac{3}{8}x'^5\right) +$$
$$+ \frac{6}{e^7}\left(x^5x' - 5x^3x'^3 + \frac{15}{8}xx'^5\right) + \ldots$$

Dieser Ausdruck muss mit $dm\,dm'$ multiplicirt und dann für die ganze Länge des ablenkenden Magnets und der Nadel integrirt werden, wobei zu bemerken ist, dass, da die beiden Integrationen von einander unabhängig sind,

$$\int\int x^p x'^q\,dm\,dm' = \int x^p\,dm \int x'^q\,dm'$$

sein wird. Bei der Integrirung fällt das erste Glied der obigen Reihe aus, weil es kein x enthält und (nach S. 60) $\int dm = 0$ ist. Das zweite Glied enthält den Factor $\int\int x x'\,dm\,dm' = \int x\,dm \int x'\,dm'$, d. h. das Product der magnetischen Momente des ablenkenden Magnets und der Nadel, und ist $= MM'$, wenn wir analog mit S. 277 die magnetischen Momente mit M und M' bezeichnen. Was die übrigen Glieder betrifft, so wollen wir eine doppelte Bezeichnung einführen und die auf die ganze Länge der Magnete ausgedehnten Integrale $\int x^n\,dm$, $\int x'^n\,dm'$ bald mit den Symbolen M_n, M'_n, bald mit den Symbolen ML_n, $M'L'_n$, bezeichnen, je nachdem die eine oder andere Form sich bequemer erweist. Dabei ist jedoch zu bemerken, dass die Glieder, in welchen gerade Potenzen von $x\,x'$ vorkommen, nämlich

$$\int x^2\,dm,\qquad \int x'^2\,dm',\qquad \int x^4\,dm$$

vollkommen verschwinden, wenn der Magnetismus in beiden Hälften der Magnete symmetrisch vertheilt ist, und nur eine kleine Differenz übrig bleibt, wenn die Vertheilung wenig von der Symmetrie abweicht. Da wir weiter unten, wie bereits bemerkt worden, die Mittel angeben werden, um solche geringe Abweichungen unschädlich zu machen, so lassen wir vorläufig die in Rede stehenden Glieder weg. Stellen wir uns dann analog mit §. 55, S. 284 vor, dass auf ns eine magnetische Parallelkraft von der Intensität X unter dem Winkel φ wirkt, mithin das Drehungsmoment $MX \sin \varphi$ ausübt, so erhalten wir für den Fall des Gleichgewichts

$$\frac{1}{2} e^3 \frac{X}{M} \sin \varphi = 1 + \frac{1}{e^2}\left(2 L_2 - 3 L'_2\right) +$$
$$\frac{1}{e^4}\left(3 L_4 - 15 L_2 L'_2 + \frac{45}{8} L'_2\right) + . \qquad 6).$$

Man wird bemerken, dass der Werth von P in 5) identisch ist mit der (§. 55) für die correspondirende Ablenkung einfacher Magnete gefundenen Gleichung 1), wenn man x anstatt r substituirt.

Diess liegt auch in der Natur der Sache, denn da der Ablenkungsmagnet, wie wir ihn hier betrachten, in seiner einen Hälfte eine unendliche Anzahl positiver und in der anderen Hälfte eine unendliche Anzahl negativer Pole enthält, die in einer Linie liegen, also im Grunde gleichbedeutend ist mit einer unendlichen Anzahl von einfachen Magneten, und ähnliches von der abgelenkten Nadel gilt, so folgt, dass man nur nach §. 55 den Ausdruck für die Wirkung zweier Pole auf einander zu suchen und davon die Summe, d. h. das Integral zu nehmen habe.

Gleiche Bewandtniss hat es mit allen übrigen in §. 55 vorkommenden normalen Ablenkungen und somit erhalten wir für die Sinus-Ablenkung Nord und Süd das Drehungsmoment

$$= \iint \frac{x x'}{[(e-x')^2 + x^2]^{\frac{5}{2}}} \, dm \, dm' \qquad 7),$$

und die Integration nach den obigen Regeln und mit Beibehaltung derselben Bezeichnungen gibt

$$e^3 \frac{X}{M} \sin \varphi = 1 - \frac{1}{e^2}\left(\frac{3}{2} L_2 - 6 L'_2\right) +$$
$$+ \frac{1}{e^4}\left(\frac{15}{8} L_4 - \frac{45}{2} L_2 L'_2 + 15 L'_2\right) + . \qquad 8).$$

Ferner erhält man für die Tangentenablenkung Ost und West das Drehungsmoment

$$= \iint \frac{(e+x) \cos \varphi \, x' \, dm \, dm'}{[(e+x)^2 - 2(e+x) x' \sin \varphi + x'^2]^{\frac{5}{2}}}. \qquad 9).$$

Daraus folgt:

$$\frac{1}{2} e^3 \frac{X}{M} \operatorname{tg} \varphi = 1 + \frac{1}{e^2}\left[2 L_2 - L'_2 (3 - 15 \sin^2 \varphi)\right] + \frac{1}{e^4}\left[(5 L_4 - \right.$$
$$\left. - 15 L_2 L'_2 (1 - 5 \sin^2 \varphi) + \frac{45}{8} L'_2 (1 - 14 \sin^2 \varphi + 21 \sin^4 \varphi)\right] + \ldots 10).$$

Endlich ergibt sich bei der Tangentenablenkung Nord und Süd das Drehungsmoment

$$= \iint \frac{x'(e \sin\varphi + x \cos\varphi)\, dm\, dm'}{(e^2 + x^2 + x'^2 - 2x'(e\cos\varphi - x\sin\varphi))^{\frac{3}{2}}}. \qquad 11$$

und nach vollzogener Integration

$$e^3 \frac{X}{M} \operatorname{tg}\varphi = 1 - \frac{1}{e^2}\left(\frac{3}{2} L_3 - L'_3 (6 - \frac{45}{2}\sin^2\varphi)\right) + \frac{1}{e^4}\left(\frac{15}{8} L_5 - \right.$$
$$\left. - \frac{15}{4} L_3 L'_3 (6 - 23\sin^2\varphi) + L'_5 (15 - \frac{315}{4}\sin^2\varphi - \frac{315}{8}\sin^4\varphi)\right) + \ldots 12).$$

4. Aus dem Vorhergehenden ersieht man, dass alle normalen Ablenkungen zu Ausdrücken von derselben Form führen und dargestellt werden können, wie folgt:
normale Ablenkungen Ost und West

$$\frac{1}{2} e^3 \frac{X}{M} \sin\varphi = 1 + k \quad \text{und} \quad \frac{1}{2} e^3 \frac{X}{M} \operatorname{tang}\varphi = 1 + k \ldots 13),$$

normale Ablenkungen Nord und Süd

$$e^3 \frac{X}{M} \sin\varphi = 1 + k \quad \text{und} \quad e^3 \frac{X}{M} \operatorname{tang}\varphi = 1 + k. \qquad 14).$$

wo k für die verschiedenen Fälle einen verschiedenen, aber stets kleinen Werth hat und bei grösserer Entfernung des ablenkenden Magnets gänzlich verschwindet. Die Vergleichung dieser Ausdrücke zeigt ferner, dass in derselben Distanz ein Magnet bei Ost-West-Stellung eine doppelt so grosse Ablenkung oder richtiger gesagt ein doppelt so grosses Drehungsmoment hervorbringt, wie bei Nord-Süd-Stellung, dieser Satz jedoch um so beträchtlicher modificirt werden muss, je mehr man den ablenkenden Magnet der Nadel nähert.

Aus den obigen Ausdrücken ist endlich noch zu ersehen, dass, wenn man bei Sinusablenkungen den Ablenkungsmagnet allmählig der Nadel näher bringt, der Ablenkungswinkel immer grösser wird, bis man die äusserste Grenze, d. h. 90° erreicht. Ueber diese Grenze hinaus kann die Ablenkung nicht mehr als Maass des Drehungsmoments benützt werden, oder, mit andern Worten, eine Kraft, die grösser ist, als der Erdmagnetismus lässt sich in obiger Weise durch den Erdmagnetismus nicht messen. Bei Tangentenablenkungen ist ein Grenzwerth für den Winkel nicht vorhanden; praktisch aber erweisen sich grosse Ablenkungen als unbrauchbar, weil der Werth von k einen grossen und schwer zu bestimmenden Betrag erlangt.

5. Auf eine einzige freie Nadel können mehrere Drehungsmomente zugleich einwirken, so dass bei Vorhandensein des Gleichgewichts ihre Summe dem Drehungsmomente des Erdmagnetismus … $X \sin\varphi$ … gleich sein wird. In solchem Falle muss jedes einzelne Drehungsmoment nach den obigen Regeln bestimmt werden, und um die Gesammtwirkung zu erhalten, hat man nur die einzelnen Momente zusammenzusetzen. So geben zwei Magnete mit den magnetischen Momenten M_1 und M_2 auf beiden Seiten der Nadel in den Entfernungen e und e' senkrecht gegen die Länge derselben gestellt eine Ablenkung φ, welche durch die Gleichung

$$\frac{2 M_1}{e^3}(1+k) \pm \frac{2 M_2}{e'^3}(1+k') = X \sin\varphi \qquad 15)$$

angedrückt wird, und wenn der zweite Magnet für sich die Ablenkung ψ gibt, so hat man für den ersten

$$\frac{2M_1}{e^3}(1+k) = X(\sin\varphi \mp \sin\psi). \qquad 16);$$

hieraus geht hervor, dass ein Magnet, mit einem andern in gleichem Sinne wirkend, einen grösseren Ausschlag hervorbringt, als für sich allein (man vergl. §§. 26, 40, 59), und dass das Drehungsmoment eines Magnets in einer Entfernung, wo er die Nadel über 90^0 ablenken würde, noch gemessen werden kann, wenn man auf der anderen Seite der Nadel einen in entgegengesetztem Sinne wirkenden Ablenkungsmagnet anbringt.

6. Die Anwendbarkeit der Sinusablenkungen und die Vorzüge, welche sie gewähren, habe ich im Jahre 1844 erkannt [1] und später vollständiger entwickelt [2]. Tangentenablenkungen sind von GAUSS [3], der zuerst die allgemeinen Gleichungen für Ablenkungen überhaupt mit erschöpfender Vollständigkeit aufgestellt hat, speciell behandelt worden. Ablenkungsversuche mit Magneten nördlich oder südlich von der einen Nadel scheinen vor GAUSS nie angestellt worden zu sein, dagegen haben mehrere Beobachter sich bemüht die Gesetze zu ermitteln, nach welchen die Ablenkungen östlich oder westlich sich richten; insbesondere sind hier zu erwähnen BOOK TAYLOR, WHISTON, NEWTON und später seine Commentatoren, endlich LAMBERT, HANSTEEN (vergl. §. 50, wo auch die Litteratur zu finden ist). HANSTEEN [4] war schon der richtigen Auflösung sehr nahe gekommen und seine Entwickelungen sind nur insofern unvollständig geblieben, als er es für nöthig hielt, das Gesetz der Vertheilung des Magnetismus in den Magneten zu bestimmen, während GAUSS unbestimmte Coefficienten einführte, die durch Messungen in mehreren Distanzen eliminirt werden, eine Methode, die auch schon vorher von POISSON [5] bei einem analogen Falle angegeben worden war. Auch hat das Verfahren HANSTEEN's den Nachtheil, dass die Abweichungen von der symmetrischen Vertheilung des Magnetismus einen Einfluss haben, welchen GAUSS durch Umlegungen des Ablenkungsstabes gänzlich beseitigt hat.

GAUSS hat seine Einrichtungen so zu treffen gesucht, dass er nur zwei von e^3 und e^5 abhängige Glieder der Gleichungen zu berücksichtigen brauchte; ich habe indessen gezeigt, dass es in den meisten praktisch vorkommenden Fällen nöthig ist, noch das von e^7 abhängige Glied beizufügen [6].

7. Gewöhnlich sucht man nach dem Vorgange von GAUSS die Grössen L_3, L_5 aus der Rechnung zu eliminiren. Lässt sich aber eine Elimination nicht ausführen, so ist man genöthigt, sich mit einer approximativen Bestimmung zu begnügen, wobei verschiedene Hypothesen benützt werden können. Nimmt man an, dass der gesammte Magnetismus in den Enden enthalten sei, und setzt man die Länge des Magnets $= l$, so hat man

$$L_3 = \frac{1}{4}l^2$$

$$L_5 = \frac{1}{16}l^4. \qquad 17).$$

$$L_7 = \frac{1}{64}l^6$$

Diese Werthe sind offenbar zu gross; der Wahrheit wird man näher kommen, wenn man voraussetzt, dass der ganze Magnetismus in zwei Punkten oder

Polen enthalten sei, die von den Enden um die Grösse lq abstehen; alsdann erhält man

$$L_3 = \frac{1}{4} l^2 (1-q)^2$$

$$L_5 = \frac{1}{16} l^4 (1-q)^4 \qquad (18).$$

$$L_7 = \frac{1}{64} l^6 (1-q)^6$$

Insbesondere ist diese Bestimmungsweise von grossem Werthe, wenn man L_3 durch Beobachtung ermittelt hat und für die höheren Glieder approximative Werthe finden will; es ist nämlich

$$L_5 = L_3^2, \qquad L_7 = L_3^3$$

Eine sehr häufig angewendete und zuerst, wie bereits S. 10 bemerkt worden ist, von LAMBERT [7] als streng richtig eingeführte Hypothese besteht darin, anzunehmen, dass der Magnetismus von der Mitte gegen die beiden Enden gleichmässig zunehme; alsdann hat man $dm = A x dx$ und

$$M = \frac{1}{12} A l^2$$

$$L_3 = \frac{3}{20} l^2$$

$$L_5 = \frac{3}{112} l^4 \qquad (19).$$

$$L_6 = \frac{1}{192} l^6$$

Werden genauere Werthe gesucht, so muss man für die Vertheilung des Magnetismus eine Interpolationsformel

$$A x + B x^3 + C x^5 +$$

oder die in §. 27 und 37 theoretisch gefundene Exponentialfunction annehmen; wie die Berechnung auszuführen ist, wird in §. 65 dargestellt werden.

8. Alle im Vorhergehenden für die Vertheilung des Magnetismus gegebenen Ausdrücke setzen eine symmetrische Vertheilung in beiden Hälften des Magnets voraus; die wirkliche Vertheilung weicht aber stets mehr oder weniger von der Symmetrie ab, selbst wenn man beim Magnetisiren alle Bedingungen erfüllt, wodurch eine regelmässige Vertheilung herbeigeführt werden sollte. Geht man aber darauf aus, eine unregelmässige Vertheilung zu Stande zu bringen, so können die verschiedenartigsten Abnormitäten erzeugt werden, wie bereits in §. 41 näher angegeben worden ist. Diese Verhältnisse haben wir jetzt bei den Ablenkungen zu berücksichtigen, müssen aber dabei unsere Untersuchungen auf die geringeren in der Praxis unvermeidlichen Anomalien der Magnete beschränken, und diese bestehen darin, dass der Indifferenzpunkt nicht in der Mitte des Magnets sich befindet und das Gesetz der Zunahme vom Indifferenzpunkte aus gegen die beiden Enden hin ungleich ist, ohne jedoch, dass der in der Natur der magnetischen Kraft begründeten Bedingung, wornach jedes einzelne Molecul gleich viel positiven und negativen Magnetismus enthält, also die ganze Summe des positiven freien Magnetismus

sich sein muss der ganzen Summe des negativen freien Magnetismus, Eintrag schähe. Wie der Einfluss einer solchen ungleichen Vertheilung durch Umlegungen, h. durch symmetrische Ablenkungen auf beiden Seiten der Nadel sich aufhebe, t zwar schon im Texte gezeigt worden, soll aber hier noch durch den Calcul iter erläutert werden.

In der neueren Beobachtungskunst überhaupt sind die Umlegungen von grosser deutung und es wird darauf bei der Einrichtung der Messungen, wie bei der instruction der Instrumente in immer ausgedehnterem Maasse Rücksicht genommen. Auss war der erste, der im Fache des Magnetismus davon Gebrauch gemacht it, zum Theil in Fällen, welche besonders geeignet sind, das Princip selbst zu lutern [8].

Im Allgemeinen besteht das Princip darin, mit einer Beobachtung, welche einen kleinen Fehler von unbekanntem Betrage enthält, eine zweite Beobachtung, welcher derselbe Fehler, aber in entgegengesetztem Sinne vorkommt, verbinden, wobei nicht blos die Elimination des Fehlers, sondern auch der Urtheil erzielt wird, dass die wiederholte Beobachtung die Sicherheit des Resultates vermehrt. Welchen Erfolg im gegenwärtigen Falle die Anwendung dieses Princips it, geht aus folgender auf Sinusablenkung Ost und West sich beziehenden Entickelung hervor. Setzt man (Fig. 223) $Cc = e'$, $C'c = e''$, so haben wir für die Stellung NS, wenn wir die Ablenkung $= u$ setzen

$$MX \sin u = \iint \frac{(e'-x) x' dm\, dm'}{((e'-x)^2 + x'^2)^{\frac{3}{2}}} \quad 20)$$

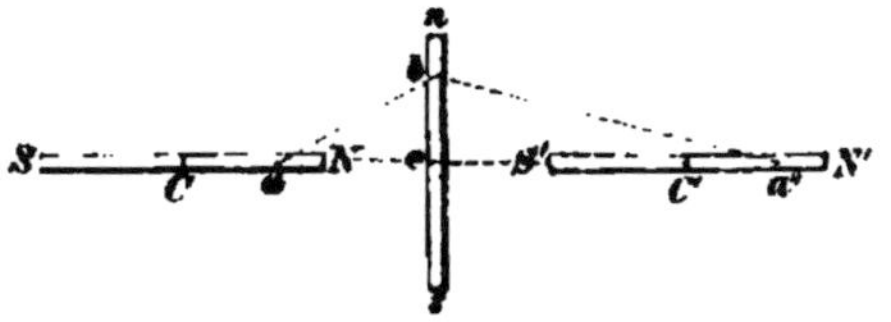

und für die Stellung $N'S'$, wenn hier die Ablenkung mit u' bezeichnet wird:

Fig. 223.

$$M'X \sin u' = -\iint \frac{(e''+x) x' dm\, dm'}{((e''+x)^2 + x'^2)^{\frac{3}{2}}} \quad 21).$$

Die Factoren von $dm\, dm'$ wollen wir analog der Gleichung 5) mit P', P'' bezeichnen, dann $e' = e(1+\delta)$ und $e'' = e(1-\delta)$, mithin $e = \frac{1}{2}(e'+e'')$ setzen. Da δ sehr klein ist, so wird es gestattet sein, diese Grösse bei der Reihenentwickelung in den höheren Gliedern zu vernachlässigen, und wir erhalten, wenn das erste Glied, weil es durch die Integration ausfällt, weggelassen, im dritten aber δ berücksichtigt wird:

$$P' = \frac{2xx'}{e^3(1+\delta)^3} + \frac{3}{2}\frac{2x^3x' - xx'^3}{e^5} + \frac{4x^3x' - 6xx'^3}{e^5} + $$

$$P'' = \frac{2xx'}{e^3(1-\delta)^3} - \frac{3}{2}\frac{2x^3x' - xx'^3}{e^5} + \frac{4x^3x' - 6xx'^3}{e^5} - \quad 22).$$

Nimmt man nach Substitution dieser Werthe das arithmetische Mittel der Gleichungen 20) und 21), so fällt das zweite Glied aus; desgleichen würde auch das vierte Glied ausfallen, woraus zu ersehen ist, dass wir oben S. 307 mit Recht diese Glieder weggelassen haben. Das arithmetische Mittel gibt, wenn

$$1 + \frac{1}{e^2}(2L_2 - 3L'_2) + \quad = k$$

gesetzt wird, hinreichend genau

$$\sin u + \sin u' = \frac{2M}{e^3 X}\left(\frac{1}{(1+\delta)^3} + \frac{1}{(1-\delta)^3}\right)k \qquad 23)$$

Bezeichnet man nun das Mittel der beobachteten Ablenkungen $\frac{1}{2}(u+u')$ mit φ, und die Differenz dieser Ablenkungen $u-u'$ mit $\Delta\varphi$, und löst man diese Ausdrücke, die δ enthalten, in Reihen auf, so dass δ^3 und die höheren Potenzen weggelassen werden, so ergibt sich

$$\sin\varphi \cos\frac{1}{2}\Delta\varphi\,(1-6\delta^2) = \frac{2Mk}{e^3 X}.$$

Für alle vorkommenden Anwendungen wird man es am bequemsten finden, der linken Seite der Gleichung die Form $\sin(\varphi+\varepsilon)$ zu geben, wo ε die Correction bezeichnet, welche an das arithmetische Mittel der beobachteten Ablenkungswinkel wegen Ungleichheit der Distanzen e' und e'' anzubringen ist. Aus dieser Annahme folgt mit Vernachlässigung der kleinen Grössen höherer Ordnung

$$\varepsilon = -\left(2\sin^2\frac{1}{4}\Delta\varphi + 6\delta^2\right)\mathrm{tg}\,\varphi.$$

Um den Werth von δ zu finden, muss man die Differenz der zwei Gleichungen 20) und 21) nehmen und erhält

$$\frac{1}{2}X(\sin u - \sin u') = \frac{M}{e^3}\left(\frac{1}{(1+\delta)^3} - \frac{1}{(1-\delta)^3}\right)k$$

oder mit Einführung der obigen Bezeichnungen und Hinweglassung der höheren Glieder

$$6\delta \cdot Mk = Xe^3 \sin\frac{1}{2}\Delta\varphi \cos\varphi \qquad 24)$$

Beschränkt man sich auf den bisher berücksichtigten Grad der Näherung, so genügt es, in dieser Gleichung den Werth von Mk zu substituiren, den man aus 23) erhält, wenn δ und $\Delta\varphi = 0$ gesetzt werden; nach solcher Substitution gibt die Gleichung für δ den Werth

$$\delta = -\frac{\sin\frac{1}{2}\Delta\varphi}{3\,\mathrm{tg}\,\varphi}.$$

Man braucht nur diesen Werth in 24) zu substituiren, dann $\Delta\varphi$ für $\sin\Delta\varphi$ zu setzen, so ergibt sich für die Correction des Mittels der beobachteten Ablenkungen der ganz einfache Ausdruck

$$\varepsilon = -\left(\frac{1}{8}\mathrm{tg}\,\varphi + \frac{1}{6}\cot\varphi\right)\Delta\varphi^2 \qquad 25)$$

wo ε und $\Delta\varphi$ als Bögen zu betrachten sind, und die rechte Seite der Gleichung mit $60\sin 1°$ oder $1,0472$ multiplicirt werden muss, wenn $\Delta\varphi$ in Graden gegeben ist und ε in Minuten gesucht wird [9].

9. Oben (§. 55, S. 282) ist gezeigt worden, dass bei Ablenkungen mit einfachen Magneten das zweite Glied der für den Sinus des Ablenkungswinkels er-

haltenen Reihe ausfällt, wenn die Längen der Magnete in einem bestimmten Verhältnisse stehen. Zu einem ganz gleichen Resultate ist Lloyd [10] bezüglich auf Magnetstäbe gelangt in der Voraussetzung, dass der freie Magnetismus der Entfernung von der Mitte proportional sei. Die Coefficienten des zweiten Gliedes in 6) und 8) geben für diesen Fall mit Rücksicht auf 19)

$$2L_3 + L'_3 = \frac{6}{20} l^2 - \frac{9}{20} l'^2$$

und

$$\frac{3}{2} L_3 - 6 L'_3 = \frac{9}{40} l^2 - \frac{18}{20} l'^2,$$

woraus zu ersehen ist, dass der erstere Coefficient für $l = l' \sqrt{\frac{3}{2}}$ und der letztere für $l = 2 l'$ verschwindet.

10. Durch die im Vorhergehenden zu Grunde gelegte Voraussetzung, dass der ablenkende Magnet und die freie Nadel in derselben Horizontalebene sich befinden, werden die Entwickelungen sehr vereinfacht; als eine wesentliche Bedingung normaler Ablenkungen hat man übrigens diese Voraussetzung nicht zu betrachten. Die einzige wesentliche Bedingung bei normalen Ablenkungen besteht darin, dass der ablenkende Magnet in einer Ebene sich befinde, die entweder auf der Richtung der freien Nadel oder auf der Richtung des magnetischen Meridians senkrecht sei; ob der Magnet höher oder tiefer, horizontal, vertical oder unter beliebigem Winkel geneigt, ob er seitwärts oder über oder unter der Nadel sich befinde, mag als gleichgültig angesehen werden, da immer ähnliche Formen und Vortheile bei der Reihenentwickelung zum Vorschein kommen. Mehrere hieher gehörige Fälle habe ich speciell entwickelt [11], halte es aber nicht für nöthig, sie hier näher zu erwähnen, da sie bisher in magnetischen Untersuchungen nicht gebraucht worden sind; es liesse sich übrigens leicht nachweisen, dass unter besonderen Umständen nützliche Anwendung davon gemacht werden könnte.

[1] Lamont. Ueber das magnetische Observatorium in München, S. 37.
[2] Lamont. Abhandl. d. II. Cl. der Münch. Acad. III. 638, Handbuch des Erdmagnetismus, S. 24.
[3] Gauss. Intensitas vis magneticae.
[4] Hansteen. Untersuchungen über den Magnetismus der Erde, S. 119 und 127.
[5] Poisson. *Solution d'un problème relatif au magnétisme.* Conn. d. Tems 1828, p. 325.
[6] Lamont. Ueber die tägliche Variation der magn. Elemente in München. Pogg. Ann. LXXX. 449.
[7] Lambert. *Mem. de Berlin*, XXII, 72.
[8] Man vergl. Weber's Aufsatz über die Reduction der Magnetometer-Beobachtungen. Result. des magn. Vereins, 1837, S. 104.
[9] Man vergl. Lamont, Handbuch des Erdmagnetismus, S. 34.
[10] Lloyd. *Trans. R. Ir. Acad.* XXXI.
[11] Lamont. Handbuch des Erdmagnetismus, S. 36.

§. 61. Magnetstäbe bei Schwingungen.

Um die Schwingungen eines Magnets zu bestimmen, hat man die Betrachtungen, welche in §. 56 auf zwei Pole angewendet wurden, auf die sämmtlichen Elemente des Magnets auszudehnen. Führt man den Begriff des Trägheitsmoments analog mit §. 56 ein, so dass das Trägheitsmoment die Summe aller Molecule, multiplicirt mit dem Quadrate ihrer Entfernung von der Schwingungsaxe, bezeichnet, so gilt auch für einen schwingenden Magnet das in jenem

Paragraph dargestellte Verhältniss, und es ist die Directionskraft (d. h. das magnetische Moment, multiplicirt mit der darauf wirkenden Parallelkraft) dem Trägheitsmomente direct und dem Quadrate der Schwingungsdauer umgekehrt proportional.

1. Wenn man ein System von materiellen Punkten dp', dp'', dp''', hat, deren Coordinaten beziehungsweise x', y', z'; x'', y'', z''; x''', y''', z''' ... sind, und auf welche parallel mit diesen Coordinaten die Kräfte $\xi' v' \zeta'$; $\xi'' v'' \zeta''$ wirken, so gilt für die Bewegung dieses Systems die Gleichung

$$\left. \begin{array}{l} dp'\left(\dfrac{d^2x'}{dt^2}+\xi'\right)\delta x' + dp''\left(\dfrac{d^2x''}{dt^2}+\xi''\right)\delta x'' + \\[6pt] dp'\left(\dfrac{d^2y'}{dt^2}+v'\right)\delta y' + dp''\left(\dfrac{d^2y''}{dt^2}+v''\right)\delta y'' + \ldots \\[6pt] dp'\left(\dfrac{d^2z'}{dt^2}+\zeta'\right)\delta z' + dp''\left(\dfrac{d^2z''}{dt^2}+\zeta''\right)\delta z'' + \end{array} \right\} = 0 \ldots 1).$$

Dabei wird vorausgesetzt, dass die Kräfte der Vergrösserung der Coordinaten entgegenwirken. Wenden wir diese Gleichung auf einen schwingenden Magnet an, so können wir für's Erste den Anfangspunkt der Coordinaten in die Mitte des Magnets setzen und die Axe der z mit dem Suspensionsfaden zusammenfallen lassen, alsdann hat man $\delta z' = \delta z'' \ldots = 0$; ferner behalten die sämmtlichen Elemente des Magnets während des Schwingens ihre Entfernung von der Axe der z (der Schwingungaxe) unverändert so, dass, wenn man die Entfernung mit r bezeichnet, $\delta r = 0$ sein wird; nun ist aber $r^2 = x^2 + y^2$, und die Differentation gibt $x\delta x + y\delta y = r\delta r = 0$, mithin $\delta y = -\dfrac{x\delta x}{y}$. Substituirt man diesen Werth in der obigen Gleichung, so nimmt sie folgende Form an:

$$\Sigma dp\left(\frac{yd^2x - xd^2y}{dt^2} + y\xi - xv\right) = 0 \qquad 2).$$

wo das Summationszeichen sich auf die Massenelemente ... δp ... bezieht. Die Axe der x wollen wir in den magnetischen Meridian legen: alsdann ist $v = 0$, und wenn die Einheit der Masse den Magnetismus V enthält, so haben wir $\xi = XV$. Beziehen wir nun die verschiedenen Punkte eines Magnets auf eine mit dem Magnet selbst verbundene Axe, nämlich die magnetische Axe, und setzen wir, dass, wenn der Magnet im Meridian ist (folglich die fixe magnetische Axe mit der Axe der x zusammenfällt), die Coordinaten eines Punktes

$$x' = r \cos \eta, \qquad y' = r \sin \eta$$

seien, so wird man, wenn der Magnet um den Winkel u aus dem Meridiane sich entfernt, als Coordinaten desselben Punktes haben:

$$x = r \cos(\eta + u), \qquad y = r \sin(\eta + u),$$

wobei r und η von der Zeit unabhängig sind und blos u mit der Zeit sich ändert. Die Substitution der hier angezeigten Werthe verwandelt unsere obige Gleichung in folgende:

$$\Sigma dp\left(r^2 \frac{d^2u}{dt^2} + XVr \sin(\eta + u)\right) = 0$$

oder auch

$$\frac{d^2 u}{dt^2} \Sigma r^2 dp + X \sin u \, \Sigma x' V dp + X \cos u \, \Sigma y' V dp = 0 \quad . \quad . \quad . \quad 3)$$

und es handelt sich nur mehr darum, dieser Gleichung eine einfachere Form zu geben.

2. Der Ausdruck $\Sigma r^2 dp$, oder die Summe der Elemente, mit den Quadraten ihrer Entfernung von der Schwingungsaxe multiplicirt, ist das Trägheitsmoment und wird mit K bezeichnet. Was den Ausdruck $V dp$ betrifft, so wird damit der Magnetismus dargestellt, den das Massenelement dp enthält, also dieselbe Grösse, die im Vorhergehenden immer mit dm bezeichnet worden ist, und die Grössen $\Sigma x' V dp$, $\Sigma y' V dp$ sind demnach gleichbedeutend mit $\int x' dm$ und $\int y' dm$, d. h. mit dem longitudinalen und transversalen magnetische Momente (S. 300). Ersteres wollen wir wie früher mit M bezeichnen; hinsichtlich des letztern dagegen ist klar, dass es den angegebenen Bedingungen zufolge $= 0$ sein wird, und die obige Gleichung geht in folgende über:

$$\frac{d^2 u}{dt^2} + \frac{MX}{K} \sin u = 0 \qquad 4).$$

Wir gelangen demnach hier zu einer Gleichung, welche mit der Gleichung 2) (§. 56) identisch ist, woraus hervorgeht, dass ein Magnetstab gerade so schwingt wie ein einfacher Magnet von demselben magnetischen Momente und demselben Trägheitsmomente.

Die Integration der Gleichung 4), nach den oben S. 285 und 286 entwickelten Grundsätzen durchgeführt, gibt, wenn T' die bei dem Ausschlage h beobachtete, T die auf unendlich kleine Bögen reducirte Schwingungsdauer bezeichnet,

$$MX = \frac{\pi^2 K}{T^2} \qquad T = \frac{T'}{1 + \frac{1}{16} h^2 + \frac{11}{4972} h^4} \qquad 5)$$

ganz mit den Gleichungen 7) und 12) S. 285 und 286 übereinstimmend.

3. Was das Trägheitsmoment $K = \int r^2 dp$ betrifft, so kann dasselbe zunächst aus dem Gewichte und den Dimensionen des Magnets berechnet werden, und diess ist die einfachste Bestimmungsmethode. Wird zu diesem Zwecke das oben schon angewendete Coordinatensystem x', y', z' beibehalten, so haben wir $r^2 = x'^2 + y'^2$ und $dp = g dx' dy' dz'$, wenn g das specifische Gewicht bedeutet, mithin

$$K = g \iiint (x'^2 + y'^2) \, dx' dy' dz'.$$

Da nicht das specifische Gewicht des Stabes, sondern das absolute Gewicht p in der Regel gegeben ist, so eliminirt man den Factor g mittelst der Gleichung

$$p = g \iiint dx' dy' dz'.$$

So bildet z. B. der Suspensionsfaden, an welchem ein Magnetstab hängt, eine durch die Mitte der Figur gehende verticale Schwingungsaxe, und wenn der Magnetstab, wie in *Fig. 224*, ein genaues Parallelepipedum ist, von der Dicke c und dem specifischen Gewichte g, so hat man

$$K = \int r^2 dp = \int (x'^2 + y'^2) g c \, dx' dy'.$$

Dieser Ausdruck, integrirt von $x' = -\frac{1}{2} l$ bis $x' = +\frac{1}{2} l$

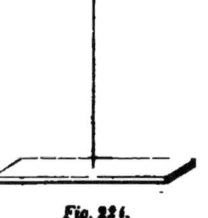

Fig. 224.

und $y' = -\frac{1}{2}b$ bis $y' = +\frac{1}{2}b$ (wo l die Länge und b die Breite bedeuten), gibt:

$$K = \frac{1}{12}(l^2 b + b^3 l)\, gc,$$

oder da das Gewicht $p = glbc$ ist,

$$K = \frac{1}{12}(l^2 + b^2)p. \qquad 6).$$

Bei Stäben, deren Breite im Verhältnisse zur Länge sehr gering ist, kann man b weglassen und erhält ein hinreichend genähertes Resultat durch die ganz einfache Gleichung

$$K = \frac{1}{12} l^2 p \qquad 7).$$

Für einen Cylinder (*Fig. 225*) von der Länge l und dem Halbmesser r, dessen Endflächen eben und auf der Länge senkrecht sind, erhält man nach demselben Verfahren

$$K = \frac{1}{4}\left(\frac{1}{3} l^2 + r^2\right) p \qquad 8).$$

Ist der Halbmesser so klein, dass er gegen die Länge vernachlässiget werden kann, so erhält man identisch mit 7)

$$K = \frac{1}{12} l^2 p \qquad 9);$$

Fig. 225.

und es ist überhaupt einleuchtend, dass dieselbe Gleichung das Trägheitsmoment jedes prismatischen Körpers, dessen Querdimensionen gegen die Länge als verschwindend zu betrachten sind, ausdrücken wird.

Für einen nach beiden Enden zugespitzten Magnet von gleicher Dicke c (*Fig. 226*) haben wir, wenn die Länge $= l$ und die Breite in der Mitte $= a$ gesetzt wird,

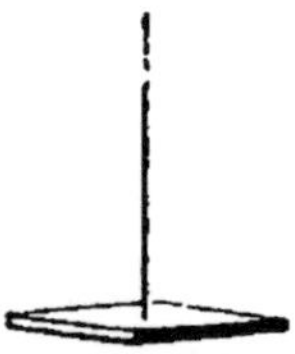

$$K = \frac{1}{48}(l^2 + a^2) p \qquad 10).$$

Die Vergleichung dieses Ausdruckes mit 6) zeigt, dass durch das Zuspitzen eines parallelepipedischen Magnets das Trägheitsmoment auf $\frac{1}{4}$ vermindert wird.

Fig. 226.

4. Die Bestimmung des Trägheitsmoments nach den vorhergehenden Regeln setzt eine mathematisch genaue Form und Homogeneität des Stabes voraus, zwei Bedingungen, denen in der Praxis nie vollständig genügt wird. Will man das Trägheitsmoment unabhängig von solchen Bedingungen genau bestimmen, so muss man seine Zuflucht zu einer viel umständlicheren Methode nehmen, welche darin besteht, dass man den Stab zuerst für sich allein, dann mit einer vollkommen unmagnetischen Belastung vom bekannten Trägheitsmomente schwingen lässt.

Wenn T die Schwingungszeit ohne Belastung, T' die Schwingungszeit mit Belastung und R das Trägheitsmoment der Belastung bedeuten, so hat man dem Obigen zufolge

$$MX = \frac{n^2 K}{T^2} \qquad MX = \frac{n^2(K+R)}{T'^2}. \qquad 11),$$

$$K = \frac{RT^2}{T'^2 - T^2}.$$

Diese Methode hat Gauss [1] zuerst eingeführt und als Belastung einen unmagnetischen (hölzernen) Querstab mit zwei verstellbaren cylindrischen Gewichten angewendet (*Fig. 227*). Weber [2] hat bei kleinen Magneten den Querstab entbehrlich gemacht, indem er die beiden Gewichte, durch einen Coconfaden verbunden, über die Enden des Magnets herabhängen liess (*Fig. 228*); von demselben ist noch eine weitere Modification versucht worden, welche in *Fig. 229* dargestellt wird

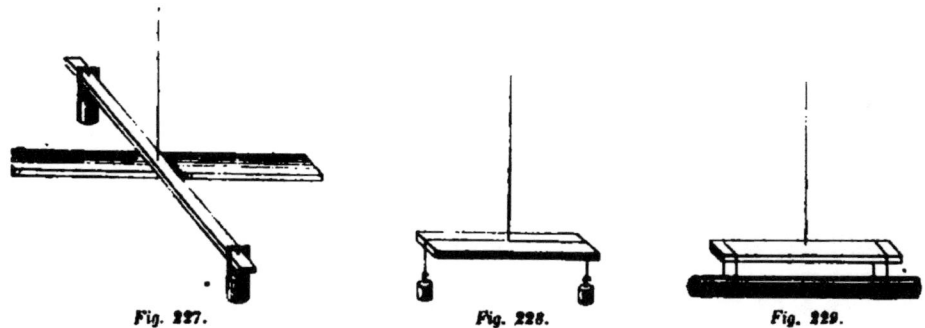

Fig. 227.   *Fig. 228.*   *Fig. 229.*

und darin besteht, einen genau gearbeiteten messingenen Cylinder, durch Coconfaden getragen, unter dem Magnet anzubringen.

Ich habe den gleichen Zweck zu erreichen gesucht durch genau gearbeitete messingene Ringe (*Fig. 230*), welche auf den Magnet gelegt werden [3]; auch Ringe von Glas sind in Vorschlag gebracht worden [4]. Absolute Genauigkeit, besonders bei grossen Stäben, gewährt nur die von Gauss angewendete Methode; praktisch ist übrigens durch Auflegen von Ringen, wenigstens bei kleineren Magneten, leicht und vollständig zu erreichen, was die Theorie fordert; die übrigen Methoden sind bisher nur als Näherung betrachtet worden. Die Anwendung von Ringen hat noch den besonderen Vortheil, dass das schwingende System fest zusammenhängt und die Störungen fern gehalten werden, welche bei den locker zusammenhängenden Systemen eintreten und welche dadurch sich kund geben, dass die Schwingungen schnell und unregelmässig abnehmen [5].

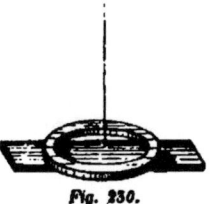

Fig. 230.

5. Bei Untersuchungen, welche auf den Magnetismus der Erde sich beziehen, lässt man, abgesehen von der Fadensuspension, Magnete in verschiedenen Ebenen auf Spitzen, runden Axen, Messerschneiden schwingen lassen; will man aber Schwingungen dazu benützen, um die magnetische Kraft selbst, wie sie im Stahl und Eisen sich darstellt, näher zu erforschen, so ist es immer zweckmässig, die schwingende Nadel in horizontaler Lage an einem Faden aufzuhängen.

Da es aber keinen Faden gibt, der nicht in bestimmtem Maasse Torsionskraft (§. 67—69) besässe, so ist es nöthig, den Einfluss der letztern wenigstens bei den absoluten Messungen in Rechnung zu bringen.

Die Torsion, die wir γ nennen wollen, vermehrt die Directionskraft einer Nadel und beschleunigt die Schwingungen, so dass die obige Gleichung 5) in

$$MX + \gamma = \frac{\pi^2 K}{T^2}.$$ (12)

sich verwandelt. Um γ zu eliminiren, räth HANSTEEN [6], an denselben Faden eine messingene Nadel von gleicher Form und gleichem Gewichte aufzuhängen, wobei man sogleich

$$\gamma = \frac{\pi^2 K}{T'^2}$$ (13)

erhält; da übrigens γ immer eine kleine Grösse ist, so wird jeder Körper, dessen Trägheitsmoment aus den Dimensionen und dem Gewichte leicht berechnet werden kann, ein hinreichend angenähertes Resultat liefern. Auch die Messung der durch die Drehung des Fadens hervorgebrachten Ablenkung gibt nach S. 133 den Werth von γ, wobei nur zu erinnern wäre, dass man praktisch am leichtesten zum Ziele gelangt, wenn man nicht dem oberen Ende des Fadens, sondern der daran hängenden Nadel eine Drehung von einem oder mehreren Umgängen gibt.

Bekanntlich adhärirt die Luft an die Körper so fest, dass jeder schwingende Körper eine Luftumhüllung mit sich führt, wodurch das Trägheitsmoment vermehrt wird [7]. KUHN [8] hat bei schwingenden Magneten die adhärirende Luftmenge bestimmt, indem er die Schwingungen zuerst in der Luft und dann in einem luftleeren oder wenigstens luftverdünnten Raume beobachtete; dabei stellte sich durch Rechnung heraus, dass die adhärirende Luftschicht eine Dicke von drei Pariser Linien hat.

6. Oben §. 57 ist gelehrt worden, welchen Einfluss ein der Geschwindigkeit oder dem Quadrate derselben proportionaler Widerstand auf die Schwingung habe; indessen ist es wahrscheinlich, dass die dort aufgestellten theoretischen Bedingungen in der Wirklichkeit gewöhnlich nicht erfüllt werden. So findet bei Bewegung in der Luft eine Reibung statt, die ganz anders wirkt, als bei dem Widerstande theoretisch vorausgesetzt wurde; gleiches gilt von der Induction, die wenigstens beim Eisen von der Zeit abhängt, und um so kleiner ist, je schneller die Bewegung. Auch unter solchen Umständen erhält man übrigens immerhin richtige relative Werthe, wenn man die Reduction auf unendlich kleine Bögen in der gehörigen Weise nach der Gleichung 21), S. 294, ausführt, wobei die Constante a aus der beobachteten Schwingungszeit T bei einem grossen Schwingungsbogen h und der beobachteten Schwingungszeit T' bei dem kleinen Schwingungsbogen h' mittelst der Gleichung

$$a^2 = 16 \frac{T - T'}{h^2 T' - h'^2 T}.$$ (15)

zu berechnen ist.

Wenn man das Mittel aus einer Reihe von Schwingungen zu reduciren hat, so reicht es gewöhnlich aus, als Schwingungsbogen das Mittel aus dem am Anfange und am Ende beobachteten Ausschlage zu nehmen; wo die äusserste Genauigkeit erlangt werden soll, müssen die in der Lehre des Erdmagnetismus gebräuchlichen Reductionsformeln angewendet werden.

7. Dass durch die Schwingungen einer Nadel die anziehende Kraft gemessen werden könne, haben schon WHISTON und GRAHAM [9] erkannt; bei den Versuchen wurden aber bloss Inclinationsnadeln benützt. MUSCHENBROECK [10] hat ausser der Inclinationsnadel auch eine horizontale Nadel gebraucht, und MALLET [11] stellte ähnliche Beobachtungen an. Die eben genannten Physiker wussten auch, dass die Schwingungsdauer von der Grösse der Nadel abhängt und um so kleiner wird,

e kleiner der Schwingungsbogen. ROSSEL, D'ENTRECASTEAUX und A. v. HUMBOLDT beobachteten die Schwingungen einer Inclinationsnadel, um die Intensität des Erdmagnetismus zu bestimmen, begnügten sich aber mit relativen Werthen und einer approximativen Reduction.

HANSTEEN [12] gebrauchte zu gleichem Zwecke die Schwingungen einer horizontalen, an einem Coconfaden aufgehängten Nadel und führte, ausgehend von den mathematischen Schwingungsverhältnissen (welche schon COULOMB [13] entwickelt hatte), eine scharfe Reduction auf unendlich kleine Schwingungsbögen ein; auch berücksichtigte er den Einfluss der Temperatur. Eine vollendete Lösung des Problems lieferte erst GAUSS [14], indem er das Trägheitsmoment bestimmen lehrte und zur Ermittelung der Schwingungsdauer den Durchgang über die Mittellinie nach der astronomische Methode der Appulse beobachtete, während noch HANSTEEN den viel weniger präcisen Moment der grössten Elongation anzugeben gesucht hatte.

Da übrigens alles, was auf die Schwingungsdauer eines Magnets Bezug hat, eigentlich nur bei dem Erdmagnetismus strenge Anwendung findet, so begnügen wir uns hier mit einer allgemeinen Andeutung und verweisen wegen näherer Angaben auf den betreffenden Band dieses Werkes.

[1] GAUSS. Intensitas vis magneticae terrestr. und Result. des magn. Vereins, 1836, S. 27.
[2] WEBER. Resultate des magnet. Vereins, 1838, S. 82.
[3] LAMONT. Ueber das magnet. Observatorium in München, S. 38; ferner Abhandl. der II. Classe d. Münch. Acad., III. 624.
[4] YOUNGHUSBAND. Instructions for the use of portable instruments.
[5] GAUSS. Result. d. magn. Ver., 1837, 70. Note. Wegen der hier einwirkenden Ursachen vergleiche man LAMONT Jahresbericht d. Münchner Sternwarte, 1852, S. 36.
[6] HANSTEEN. Astron. Nachr. IX. 304.
[7] BESSEL hat diesen Gegenstand am vollständigsten behandelt. Astr. Nachr. IX. 224.
[8] Pogg. Ann. LXXI. 424.
[9] GRAHAM. Observations on the dipping needle. Phil. Trans. 1735, p. 332.
[10] Philos. Trans. Nr. 389 und MUSSCHENBROECK Diss. de Magnete p. 207 und 239. Man vergl. LAMBERT, Hist. de l'Acad. de Berlin 1776, p. 26, wo über MUSSCHENBROECK's Versuche eine scharfe Kritik ausgesprochen wird.
[11] MALLET. Nov. Comment. Petrop. Tom. XIV. Pars II. Ann. 1769, p. 33. Vergl. HANSTEEN Untersuchungen über die Magn. der Erde, p. 66.
[12] HANSTEEN. Magazin for Naturvidenskaberne. IV und V, 1824 und 1825.
[13] COULOMB. Gren's neues Journ. d. Physik, II. 299.
[14] GAUSS. Intensitas vis magnet., p. 22, und Result. d. magnet. Vereins, 1837, p. 58; auch die Entwickelung von PLANA (Mém. de Turin, Tom. VI, Série II) mag hier erwähnt werden.

Kapitel VII.

Messung der Kraft an verschiedenen Punkten eines Magnets und Methoden, wonach das Vertheilungsgesetz des Magnetismus durch Beobachtung sich bestimmen lässt.

§. 62. Die Tragkraft als Maass des Magnetismus.

Da in jedem magnetischen Körper nicht blos zweierlei Magnetismus — positiver und negativer — hervortritt, sondern auch die Vertheilung auf einem keineswegs einfachen Verhältnisse beruht, so begreift sich leicht, welche Schwierigkeiten die Untersuchung der Kraft eines Magnets im Allgemeinen darbieten muss.

Die ersten Versuche zur Bestimmung der Kraft eines Magnets zielten dahin, die Anziehung der Enden oder Pole zu messen, und wurden in der Weise gemacht, dass man ein Stückchen weiches Eisen (*Fig. 231*), mit einer Wagschale versehen, anlegte, in welche als Gewicht anfangs grössere, zuletzt kleine Bleistücke oder Schrotkörner gebracht wurden, bis das Abreissen erfolgte. Diese Messungsweise unterliegt jedoch sehr grosser Unsicherheit; Nichts zu sagen von der Erschütterung, die beim Einlegen auch ganz kleiner Gewichtstücke erfolgt und die ein zu frühes Abreissen bewirken kann, wird derselbe Magnet je nach der Form und Grösse des angelegten Eisenstückes und nach der mehr oder weniger vollkommenen Berührung der anliegenden Flächen ein sehr verschiedenes Gewicht tragen.

Fig. 231.

Gleichwohl wird diese Methode jetzt noch allgemein angewendet, um die Kraft von Hufeisenmagneten zu bezeichnen. Den Hufeisenmagnet (*Fig. 232*) hängt man an seiner Mitte auf, so dass die Schenkel senkrecht herabgehen, legt den Anker an und gibt ihm soviel Gewicht, bis das Abreissen erfolgt. Die Grösse des Gewichts (wozu immer auch das Gewicht des Ankers gerechnet werden muss) bezeichnet man nach dem Gewichte des Hufeisenmagnets selbst; so sagt man z. B. der Hufeisenmagnet trägt das zwanzigfache, das dreissigfache u. s. w. seines eigenen Gewichtes. Ich besitze zwei kleine Hufeisenmagnete von HÄCKER, wovon der eine das 95fache, der andere das 105fache seines Gewichtes trägt; diess möchte wohl schon die äusserste Grenze sein, die man bisher erreicht hat.

Es darf übrigens nicht vergessen werden, dass durch das Abreissen des Ankers der Magnet jedesmal einen Kraftverlust erleidet, der beim erstmaligen Abreissen sehr beträchtlich ausfällt, bei jedem folgenden Experimente kleiner wird, bis zuletzt ein Verlust nicht mehr wahrzunehmen ist.

Fig. 232.

1. Untersuchungen über die Tragkraft der Magnete besitzen wir in sehr grosser Anzahl [2], ohne dass daraus allgemeine Lehrsätze von Bedeutung wären abgeleitet worden. Der Grund liegt darin, dass die Tragkraft von vielen Umständen abhängt, deren Einfluss nicht in Rechnung gebracht werden kann, entweder weil die Umstände selbst einer Maassbestimmung nicht fähig sind, oder weil ein gesetzmässiger Zusammenhang zwischen Ursache und Wirkung nicht hat ergründet werden können.

Als Umstände dieser Art sind vorzugsweise zu erwähnen:
1. Die Beschaffenheit des Eisens, aus welchem die Anker verfertigt werden,
2. die Form und Grösse der Anker,
3. die Feinheit der sich berührenden Anker und Magnetflächen.

2. Nach §§. 48 und 49 hängt der Magnetismus des Eisens von der Reinheit und Homogeneität desselben, dann aber auch von der Zeit ab; dessgleichen ist die innere Structur von Einfluss.

Ein ausgeglühter und ein nicht ausgeglühter Anker, ein Anker, der eben erst angelegt wird, und ein Anker, der schon lange angelegen ist, werden mit sehr verschiedener Kraft angezogen, ohne dass der Unterschied in Rechnung gebracht werden könnte. Rücksichtlich der Form und Grösse der Anker sind einige theoretische Bestimmungen bereits §. 37 S. 199 gegeben worden und die praktisch angewendeten Formen findet man §. 20, S. 105 dargestellt; jedoch bedürfen alle bisherigen Resultate der Bestätigung oder Berichtigung.

3. Sehr allgemein ist die Ansicht verbreitet, dass die Stärke der Anziehung mit dem **Gewichte des Ankers** zunehme, namentlich ist diess von DAL NEGRO[2] bezüglich auf Elektromagnete behauptet worden, und BARRAL[3] gibt an, dass die Anziehung ein Maximum wird, wenn Anker und Magnet **gleiches Gewicht haben.** Hiemit stehen meine eigenen sehr zahlreichen, ebenfalls mit Elektromagneten angestellten Experimente im Widerspruche. Beispielsweise sollen hier zwei Versuchsreihen angeführt werden, wobei vier breite und vier schmale Anker von der in *Fig. 233* dargestellten Form angewendet wurden. Hinsichtlich der Grössen wird es hinreichend sein, folgende Bestimmungen zu erwähnen. Die vier breiten Anker hatten alle gleiche Breite (10,5 Lin.), gleiche Länge (30 Lin.) und Höhen, welche sehr nahe wie 1, 2, 3, 4, sich verhielten. Dessgleichen hatten die vier schmalen Anker alle gleiche Breite (5,8 Lin.), gleiche Länge (30 Lin.) und Höhen, die sich ebenfalls nahe wie 1, 2, 3, 4, verhielten. Der Elektromagnet hatte 1,44 Bayr. Pfund und einen Durchmesser von 9,6 Linien und jeder Schenkel war mit 138 Windungen umwickelt. Die Pole (in *Fig. 234* dargestellt) waren auf der Drehbank abgedreht, so dass in der Mitte eine kleine runde Vertiefung von 6,9 Lin. Durchmesser herausgenommen wurde. Die anliegenden Flächen der Anker und die Pole des Elektromagnets wurden auf einer ebenen Platte geschliffen und zum Behufe der Messung liess ich das Gewicht mittelst eines Bügels (*Fig. 71*, S. 105) wirken. Die Versuche, wobei nur ein Daniell'sches Element angewendet wurde, gaben folgende Resultate:

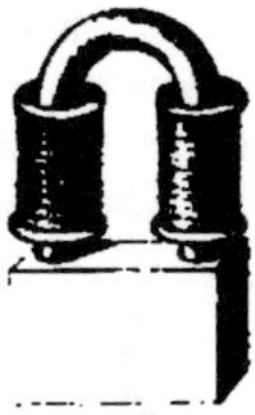

Fig. 233.

Fig. 234.

A. Breite Anker.

	Anziehung	Gewicht
I.	54,0 Pfund	9 Loth
II.	56,2	19,5
III.	49,6	32
IV.	49,9	43

B. Schmale Anker

I.	33,0 Pfund	4,75 Loth
II.	37,1	10
III.	33,6	17
IV.	36,3	22,75

Von einer Zunahme der Anziehung bei zunehmendem Gewichte des Ankers ist hier keine Spur zu bemerken, im Gegentheile zeigt sich in beiden Reihen eher bei den schwersten Ankern eine Abnahme der Anziehung, übereinstimmend mit SVANBERG's[4] Versuchen, bei denen ebenfalls eine Zunahme der Tragkraft eintrat, wenn die Anker abgefeilt wurden.

4. Bezüglich der Berührung der Anker- und Polflächen halten es Einige für nothwendig, dass der Anker die **ganze Polfläche** bedecke, während Andere die **Ankerfläche** abrunden und dadurch die Zahl der Berührungspunkte vermindern. Theoretisch lässt sich nur soviel sagen, dass, da die Kanten stets **stärkeren Magnetismus** haben, als das Innere einer Fläche, die Anziehung **verhältnissmässig** grösser sein wird, wenn die Flächen sich nur theilweise bedecken.

Ein Beispiel hievon geben die obigen Messungen, wo die breiteren Anker die ganze Polfläche, die schmäleren Anker nur die Hälfte davon bedeckten, die Anziehungen aber wie 1:0,87 sich verhielten. Dazu kommt noch der Umstand, dass es praktisch immer schwerer wird, eine vollkommene Berührung herzustellen, je grösser die Flächen sind, so dass hier wiederum der Vortheil auf die Seite der kleineren Berührungsflächen fällt. Sehr zahlreiche Versuche mit Ankern von verschiedener Länge und verschieden grossem Querschnitte sind von Dub[5] angestellt worden, um den Einfluss der Dimensionen zu bestimmen, wobei er zu dem Resultate gelangt, dass, wenn die Pole sich berühren, nicht dieselben Gesetze gelten, wie wenn sie durch einen kleinen Zwischenraum getrennt sind.

5. Wenn man Versuche anstellt, um die Tragkraft starker Magnete zu bestimmen, so bedient man sich einer Hebelvorrichtung, die in sehr verschiedener Weise modificirt werden kann. Eine Vorstellung von diesen Modificationen geben *Fig.* 235 und 236. In *Fig.* 235 ist der Magnet bei d fest aufgehängt und der Anker wird abgerissen durch den Hebel ab, der seinen festen Drehungspunkt bei a hat und am Ende b eine Wagschaale W mit Gewichten trägt, die allmählig, zuletzt durch Aufschütten von Schrotkörnern, soweit vermehrt werden, bis das Abreissen erfolgt. Eine Unterlage ef wird angebracht, um das Herabfallen des Ankers zu verhindern; desgleichen stellt man unter den Hebel eine Stütze g, auf welche er unmittelbar nach dem Abreissen zu ruhen kommt. Eine zweckmässig construirte Vorrichtung dieser Art ist von Henry[6] angewendet und beschrieben worden.

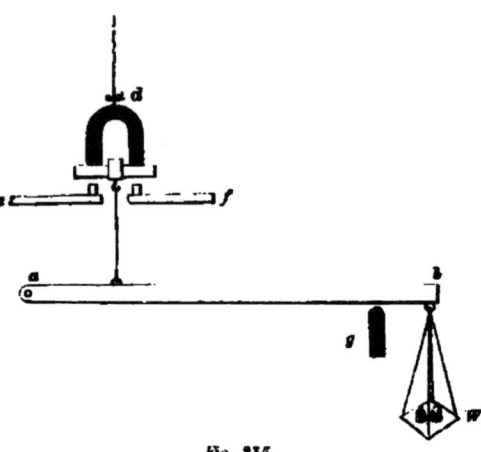

Fig. 235.

In *Fig.* 236 gelten für den Magnet und die Suspension d, für die Unterlage ef, den Hebel ab, die Stütze g dieselben Bestimmungen, wie in der vorhergehenden Figur, und der wesentliche Unterschied besteht darin, dass das Gewicht, wodurch der Anker abgerissen werden soll, allmählig weiter von dem Bewegungspunkte a entfernt und somit dessen Wirkung allmählig vergrössert wird; zu diesem Behufe wird die Waagschale durch die Rolle c getragen, welche auf dem Waagbalken ab läuft und mittelst der Schnur ss und der mit einer Kurbel versehenen

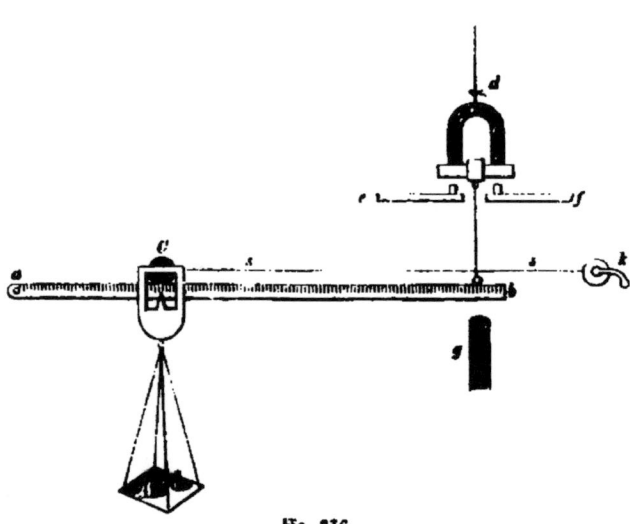

Fig. 236.

Welle k gezogen wird. Es ist zweckmässig, den Waagbalken ab so zu stellen, dass das Ende b etwas höher stehe, als das Ende a. Eine unter Umständen zu empfehlende Modification dieser Vorrichtungen hat Ritchie[7] eingeführt, indem er sie umstürzte, d. h. den Magnet unten festmachte und den Anker durch einen mit Gewichten beschwerten Hebel aufwärts ziehen liess. Zu solchem Behufe war es nöthig, die Bewegungsaxe des Hebels nicht wie oben am Ende desselben, sondern zwischen dem Befestigungspunkte des Ankers und dem Angriffspunkte des Gewichts anzubringen.

6. Sehr weitläufige Untersuchungen hat Häcker[8] angestellt, mit dem Zwecke ein mathematisches Verhältniss zwischen der Kraft und den Dimensionen der Magnete festzusetzen, wie es scheint, in der nach §. 11 unzulässigen Voraussetzung, dass der Magnetismus von der Masse abhänge. Ohne alle theoretische Begründung stellt er für Hufeisenmagnete die Formel auf

$$a = n\sqrt[3]{P},$$

wo a die Tragkraft eines Magnets von der Gewichtseinheit (Einheit der constanten Kraft), P das Gewicht, n das Tragverhältniss, d. h. das Verhältniss der Tragkraft z zum Gewicht ... $\frac{z}{P}$ ... bezeichnet. Aus der Formel ergibt sich, dass die Tragkraft zweier Magnete, die sich auf dieselbe Einheit a beziehen, sich verhalten wie die Kubikwurzeln aus den Quadraten ihrer Gewichte.

Damit bringt er ferner die Schwingungsdauer gerader Magnete in Zusammenhang und findet für gleich dicke Stäbe von den Längen L und l, den Gewichten P und p und den Schwingungszeiten T und t das Verhältniss

$$T = t\sqrt[3]{\frac{P}{p}}\sqrt[6]{\frac{L}{l}},$$

woraus er als Folgerung ableitet, dass wenn c die Schwingungsdauer eines Stabes von der Gewichts- und Längeneinheit bedeutet, man

$$c = \frac{t}{\sqrt[3]{p}\sqrt[6]{L}}$$

erhalten werde. Durch Verbindung der obigen Formeln findet er für zwei Magnetisirungsstufen

$$ac^2 = \frac{zt^2}{\sqrt[3]{p^4}\sqrt[3]{l^2}} \qquad a'c'^2 = \frac{z't'^2}{\sqrt[3]{p^4}\sqrt[3]{l'^2}}$$

und da seine Versuche $ac^2 = a'c'^2$ geben, so hat man

$$z \;:\; z' = t^2 \;:\; t'^2.$$

Auch den Querschnitt der Magnete führt er in die Formeln ein. Indessen dürfen wir uns wohl mit einer blossen Erwähnung seiner Arbeiten hier begnügen, da offenbar Missverständnisse zu Grunde liegen. (Man vergl. §. 74.)

Eine mit der Tragkraft verwandte Wirkung des Magnetismus hat Weber[9] als Gegenstand der Messung eingeführt, nehmlich die magnetische Friction. Wenn man beim Magnetisiren den Pol eines Magnets über einen Stahlstab fortführt, so muss hiezu eine gewisse Kraft aufgewendet werden, und wenn man anstatt des Stahlstabes einen weichen Eisenstab substituirt, so tritt ein ähnlicher Erfolg ein. Die Kraft hängt theils von der Feinheit der berührenden Flächen, theils von der

Stärke der Anziehung ab, und zur Messung müssen Vorrichtungen von ähnlicher Art wie bei Bestimmung der Tragkraft angewendet werden. Eine brauchbare Vorrichtung hat WEBER angegeben und auch praktisch versucht; dabei benützte er übrigens einen Elektromagnet mit einer Vorlage von weichem Eisen und hatte einen speciellen Zweck (Bremsen der Locomotive oder Verhinderung des Fortgleitens auf den Schienen) im Auge. Dass eine Anwendung der magnetischen Friction in der Untersuchung des Magnetismus gemacht worden wäre, ist mir nicht bekannt.

[1] Die meisten Versuche sind mit Elektromagneten angestellt worden und die Resultate lassen sich nur mit gewissen Beschränkungen auf permanente Stahlmagnete anwenden; von den mit Stahlmagneten ausgeführten Versuchen sind insbesondere jene von CRAMER. Pogg. Ann. LII, 298, zu erwähnen, auch die Versuche von HÄCKER geben über verschiedene Verhältnisse Auskunft.
[2] DAL NEGRO. *Annali delle scienze del Regno Lomb. Veneto.* XXIX. 472.
[3] BARRAL. *Comptes rendus.* XXV. 757.
[4] SVANBERG. Overs. af Vet. Ac. Förh. 1846.
[5] DUB. Elektromagnetismus, p. 337.
[6] HENRY und TEN EYCK. *Sillimans Journ.* Vol. XIX. 400.
[7] RITCHIE. *Philos. Trans.* 1833, P. II, Pogg. Ann. XXXII. 529.
[8] HÄCKER. Versuche über das Tragvermögen hufeisenförmiger Magnete. Pogg. Ann. LVIII. 324. LXII. 373. LXX. 63. — Fortgesetzte magnet. Versuche, daselbst. LXXIV. 394. — Ueber das Gesetz der Tragkraft hufeisenförmiger Magnete, Abhandl. der naturwiss. Gesellsch. zu Nürnberg I. 1 und 135.
[9] WEBER. Ueber magnetische Friction. Result. d. magn. Vereins, 1840 p. 46.

§. 63. Messung der magnetischen Kraft durch Abreissen eines Eisenstückchens.

Die eben erklärte Messungsweise dient nicht blos dazu, die Anziehung der Endpunkte zu bestimmen, sondern sie lässt sich auch bei gehöriger Modification zur Untersuchung der Kraft der Magnete überhaupt benützen, und zwar darf in Frage gestellt werden, ob nicht diese einfache Methode unter allen bisher angewendeten den Vorzug verdiene. Die Aufgabe, die hier sich darbietet, wird darin bestehen, genau die Kraft anzugeben, welche erforderlich ist, um ein Stückchen weiches Eisen von den verschiedenen Punkten eines Magnets loszureissen. Man könnte zu diesem Behufe mehrere Wege einschlagen, wovon der einfachste darin bestehen würde, wie oben S. 320 (*Fig. 231*) gezeigt worden ist, unmittelbar dem Eisenstücke eine Waagschale zu geben und kleine Gewichte und Schrotkörner hineinzulegen, bis das Abreissen erfolgt; indessen ist praktisch in solcher Weise kein erheblicher Erfolg zu hoffen. Grosse Genauigkeit dagegen lässt sich durch Anwendung einer feinen Waage erzielen, wenn man nach S. 69 und 71 (*Fig. 35* und *37*) auf der einen Seite das Eisenstückchen anhängt und auf der anderen Seite die Waagschale nach und nach mit kleinen Gewichten und Schrotkörnern bis zum Abreissen beschwert, wobei allerdings der wesentliche Uebelstand vorkommt, dass jede Gewichtsvermehrung eine mehr oder weniger beträchtliche Erschütterung erzeugt.

Eine andere Einrichtung gibt es noch, wobei auch dieser Uebelstand umgangen wird und wovon die wesentlichen Bedingungen aus *Fig. 237* (S. 325) zu entnehmen sind. Man hängt das horizontale Eisenstückchen *ab*, welches losgerissen werden soll, an dem verticalen Faden *de* auf und befestiget unmittelbar unter *e* und in derselben Verticalen einen anderen Faden, der das Gewicht *P* trägt. Das Ende a des Eisenstückchens liegt an dem Magnet M (hier als Durchschnitt dargestellt) an. Bewegt man nun den Aufhängungspunkt d langsam in einem um den Mittelpunkt c beschriebenen Kreisbogen hinaus gegen d', so erhält das Eisenstückchen ab einen Zug auswärts und das Gewicht P tritt immer mehr in Wirkung, bis zuletzt das Losreissen erfolgt.

Befindet sich beim Losreissen der Aufhängungspunkt in d', so ist das eigentlich wirkende, d. h. das losreissende Gewicht gleich dem Gewichte P, multiplicirt mit dem Sinus des Neigungswinkels dcd'.

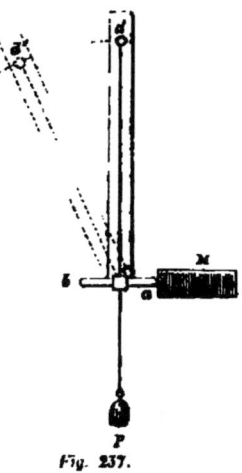

Fig. 237.

Man würde vielleicht von vornherein geneigt sein zu glauben, dass die abreissenden Gewichte unmittelbar die magnetische Kraft des Punktes, an welchem das Eisenstückchen anlag, bezeichnen müssten; diess ist jedoch nicht der Fall. Für's erste wirkt auf das Eisenstückchen nicht blos der berührende Theil des Magnetstabes, sondern auch die in der unmittelbaren Nähe befindlichen Theile; für's zweite ist aber die Anziehung des Eisens nicht etwa eine einfache Kraftäusserung des Magnets, sondern ein sehr complicirtes Ergebniss, denn zuerst inducirt der Magnetstab eine gewisse Quantität Magnetismus in dem Eisenstückchen, und zwar um so mehr, je stärker der Berührungspunkt ist; alsdann inducirt aber auch der im Eisen hervorgerufene Magnetismus neue Kraft an dem Berührungspunkte. Ferner wird die Induction nicht in directem Verhältnisse zur inducirenden Kraft stehen, sondern um so mehr hinter dem directen Verhältnisse zurückbleiben, je stärker die inducirende Kraft ist. Man sieht hieraus, dass, um richtige Resultate auf diesem Wege zu erlangen, grosse Umständlichkeit in dem Experimente, wie in der Rechnung erfordert wird.

1. Die Messung der magnetischen Anziehung mittelst einer Waage gehört zu den ältesten Methoden; sie ist zuerst von HOOKE, dann in viel umfassenderem Maasse von MUSSCHENBROECK und DALLA BELLA und auch von HANSTEEN, der die oben S. 71 beschriebene Vorrichtung zu diesem Zwecke ersonnen hat, gebraucht worden. (Man vergl. oben §. 15, wo auch die Litteratur zu finden ist.) In jüngster Zeit wurde sie von PLÜCKER [1] und H. vom KOLKE [2] mit Benützung feiner Waagen wiederholt angewendet und als vorzüglich brauchbar empfohlen; von Ersterem findet man S. 16 und 48, von Letzterem S. 204 einige auf solche Weise angestellte Messungen angegeben. Die Anziehung kann entweder so gemessen werden, dass das abzureissende Eisenstück mit dem Magnet unmittelbar in Berührung steht, oder in einer bestimmten (immer sehr kleinen) Entfernung sich befindet. Die Entfernung hat man gewöhnlich durch Papierblättchen gemessen, wovon eine grössere oder geringere Anzahl zwischen den Magnet und das Eisen gelegt wurde (§. 15, S. 73, 74).

2. Die oben in *Fig.* 237 angedeutete Einrichtung, die ich zu meinen Untersuchungen gebraucht und unter dem Namen „magnetische Waage" vollständig beschrieben habe [3], gestattet eine sehr genaue Messung und hat einen wesentlichen Vorzug vor der gewöhnlichen Waage insofern, als die Bewegung des Aufhängungspunktes von d nach d' mittelst einer Schraube geschieht und die Vermehrung des

Gewichtes continuirlich und ohne Erschütterung bewerkstelliget wird, was bei der Waage nicht möglich ist.

3. In früherer Zeit war man gewohnt, den Magnetismus dem Gewichte, welches zum Abreissen erfordert wird, direct proportional zu setzen; bei meinen Versuchen mit der magnetischen Waage habe ich jedoch bald erkannt[4], dass in Folge des Einflusses der Induction ein wesentlich verschiedenes Verhältniss hier vorhanden ist. Wenn man das Ende eines Eisenstäbchens mit einem Punkte der Oberfläche eines Magnets in Berührung bringt, so wird durch den Magnetismus des Berührungspunktes im Stäbchen eine verhältnissmässige Quantität Magnetismus inducirt: nennt man demnach den Magnetismus des Berührungspunktes X, so kann man den Magnetismus der am Ende des Stäbchens durch Induction entsteht, $= A^2 X$ setzen, wo A^2 einen constanten Factor bezeichnet.

Da nun die Anziehung (welche durch das zum Losreissen erforderliche Gewicht P gemessen wird) gleich ist dem Producte der anziehenden Kräfte X und $A^2 X$, so hat man

$$P = A^2 X \quad X = A^2 X^2 \quad \text{oder} \quad X = \frac{\sqrt{P}}{A}. \qquad 1),$$

d. h. die Stärke des Magnetismus an verschiedenen Punkten verhält sich wie die Quadratwurzeln der zum Abreissen erforderlichen Gewichte. Will man aber das Problem vollständig entwickeln, so hat man noch zu berücksichtigen:

1. dass die beiden Enden des Stäbchens entgegengesetzten Magnetismus haben und die beobachtete Kraft den Unterschied zwischen der Anziehung und Abstossung darstellt;
2. dass in dem Stäbchen der Magnetismus unsymmetrisch vertheilt ist und der Indifferenzpunkt dem anliegenden Ende um so näher kommt, je stärker die Anziehung ist;
3. dass durch das berührende Ende des Stäbchens in dem Punkte des Magnets, wo es anliegt, eine beträchtliche Induction erzeugt wird.

Wie wichtig der letztere Umstand ist, und wie wesentlich er zum Erfolge beiträgt, wird klar, wenn man auf eine nähere Erörterung der Anziehung eingeht; denn zuletzt stellt sich heraus, dass ohne die hier bezeichnete Inductionswirkung von einer grösseren Magnetfläche, die Vertheilung des Magnetismus als gleichmässig vorausgesetzt, auf einen anliegenden magnetisirten Körper von ganz kleinen Dimensionen gar keine Anziehung ausgeübt werden könnte.

Es ist leicht, dieses Resultat aus §. 15 abzuleiten, wo S. 75 gezeigt wird, dass ein unmittelbar über einer sehr ausgedehnten magnetischen Fläche befindlicher, den Magnetismus $= 1$ enthaltender Punkt von der Fläche mit der Kraft $2M\pi$ angezogen wird, wenn M den Magnetismus der Flächeneinheit bezeichnet. Stellt man sich nun vor, dass h (Fig. 39) ein Element von einem ganz kleinen verticalen Magnet sei und dieses Element den Magnetismus dm enthalte, so beträgt die Anziehung der Fläche $2M\pi \, dm$; für den ganzen Magnet hat man demnach die Anziehung

$$= 2M\pi \int dm$$

und da jeder Magnet ebensoviel positiven, als negativen Magnetismus enthält, so ist dieser Ausdruck $= 0$. (Man vergl. oben S. 60 und 61.)

Die Erfahrung beweist aber, dass ganz kleine Eisenstückchen sehr fest von einer magnetischen Fläche angezogen werden; und zur Erklärung dieser Thatsache erscheint es nothwendig, eine Induction der oben bezeichneten Art anzunehmen, wenn man nicht, was für den Erfolg gleichbedeutend wäre, lieber eine bei der rührung eintretende und gegen die Fernwirkung unverhältnissmässig starke Induction (analog mit der Molecularinduction des §. 31) voraussetzen will.

4. Werden die verschiedenen bisher erklärten Umstände berücksichtiget, so hält man anstatt der Gleichung $P = A^2 X^2$ für P eine Reihe von der Form

$$P = A^2 X^2 (1 + \alpha X + \beta X^2 + \ldots). \qquad 2)$$

und daraus ergibt sich für X, wenn man das Gewicht selbst als Maass des Magnetismus nimmt und die höheren Glieder weglässt, eine Gleichung der Form

$$X = \sqrt{P} + bP + \ldots \qquad 3).$$

Es kommt nun darauf an, b zu bestimmen.

Dazu ist es nöthig, mit demselben Stabe zwei Reihen von Versuchen anzustellen, wobei der Stab einmal schwächer, das anderemal stärker magnetisirt sein muss; am Ende einer jeden Reihe hat man ausserdem das relative magnetische Moment des Stabes durch Ablenkung einer kleinen Nadel nach §. 60 zu bestimmen.

5. Die Versuche und die Berechnung werden in folgender Weise eingerichtet. Man theile den Magnet in $2n$ gleiche Theile und bestimme die zum Losreissen des Eisenstäbchens erforderlichen Gewichte $P_1, P_2, \ldots P_n$ (von der Mitte gegen den Nordpol), und $P_{-1}, P_{-2}, \ldots P_{-n}$ (von der Mitte gegen den Südpol), so hat man $2n$ Gleichungen

$$X_1 = \sqrt{P_1} + bP_1 + \ldots \quad X_2 = \sqrt{P_2} + bP_2 + \text{u. s. w.}$$

von dem Index 1 bis n und von dem Index -1 bis $-n$. Nun erhält man durch die einfache mechanische Quadratur für das magnetische Moment die Gleichung

$$M = X_1 + 2X_2 + 3X_3 + 4X_4 + \quad (n-1) X_{n-1}$$
$$+ \frac{3n-1}{6} X_n + X_{-1} + 2X_{-2} + 3X_{-3} + 4X_{-4} \ldots$$
$$(n-1) X_{-n+1} + \frac{3n-1}{6} X_{-n}$$
$$= \Sigma n (X_n + X_{-n}) + \frac{3n-1}{6} (X_n + X_{-n}),$$

wenn die Reihe $X_1 + 2X_2 + 3X_3 + \ldots + nX_n$ mit $\Sigma n X_n$ bezeichnet wird.

Setzt man demnach

$$\Sigma n (\sqrt{P_n} + \sqrt{P_{-n}}) - \frac{3n-1}{6} (\sqrt{P_n} + \sqrt{P_{-n}}) = U$$

$$\Sigma n (P_n + P_{-n}) - \frac{3n-1}{6} (P_n + P_{-n}) = V,$$

so hat man

$$M = U + bV$$

und wenn die correspondirenden Werthe für die zweite Versuchsreihe mit Accenten bezeichnet werden,

$$M' = U' + bV'.$$

Setzt man das durch die Ablenkungen gegebene Verhältniss $\frac{M}{M'} = p$, so ergibt sich

$$b = \frac{pU' - U}{V - pV'} \qquad 5).$$

Meine Versuche [4] liefern den Beweis, dass die Berücksichtigung der Grösse b von wesentlicher Bedeutung ist und man durch Vernachlässigung dieser Grösse zu ganz unrichtigen Resultaten gelangen würde.

6. Aus dem Obigen geht hervor, dass der Einfluss der Induction um so geringer sein wird, je geringer die Inductionsfähigkeit des Stückes ist, welches abgerissen wird. Es ist also vortheilhafter, gehärteten Stahl als Eisen zu gebrauchen, auch verdient ein kleineres Stück den Vorzug vor einem grösseren.

Auf letzteren Umstand hat vom KOLKE seine Aufmerksamkeit gewendet und er scheint die Ansicht gehabt zu haben, dass, wenn das abzureissende Stück sehr klein gewählt wird, die Induction ganz vernachlässiget werden dürfe, wofür er jedoch genügende Nachweisung nicht geliefert hat. Diese Lücke in der Untersuchung hat TYNDALL [5] ausgefüllt. Seine Experimente zeigen, dass bei grösseren Entfernungen die Anziehung einer Kugel von weichem Eisen durch einen Magnet dem Quadrate des Magnetismus proportional ist, dieses Gesetz jedoch eine Modification erleidet, sobald die Entfernung sehr klein wird, und bei unmittelbarer Berührung das Anziehungsgesetz, welches vom KOLKE angenommen hat, richtig ist. Da TYNDALL an den Polen eines sehr starken Elektromagneten seine Versuche ausgeführt und dazu ganz kleine Kugeln benützt hat, deren Kraft constant blieb, weil die Magnetisirungsgrenze erreicht war (oben S. 45), so wird durch dieses Ergebniss die Gültigkeit der im Vorhergehenden aufgestellten Grundsätze nicht beeinträchtiget.

DUB [6] hat mehrere Versuchsreihen angestellt und mit Vernachlässigung von b nach der obigen Gleichung 1) berechnet; seine Grundsätze wie seine Resultate weichen übrigens von den im Vorhergehenden aufgestellten Normen wesentlich ab.

[1] PLÜCKER. Pogg. Ann. LXXIV. 321.
[2] VOM KOLKE. Ueber eine neue Methode, die Intensität des Magnetismus zu bestimmen. Pogg. Ann. LXXXI. 321.
[3] LAMONT. Beschreibung neuer Instrumente und Apparate. Abhandl. d. II. Cl. der Münchener Akad. VI. 479.
[4] LAMONT. Ueber die Vertheilung des Magnetismus in Stahlstäben. Pogg. Ann. LXXXIII. 354. 364.
[5] TYNDALL. Philos. Mag. (4) I. 265. — Pogg. Ann. LXXIV.
[6] DUB. Elektro-Magnetismus, S. 270.

§. 64. Messung der magnetischen Kraft durch die Schwingungen einer kleinen Nadel.

Fig. 238.

Grossen Erfolg hat man sich von der Methode der Schwingungen versprochen, und diesen würde man auch erlangt haben, wenn die Bedingungen des Problems bei Anstellung der Versuche wie bei der Berechnung derselben strenge wären berücksichtiget worden.

Grösstentheils sind die Einrichtungen so getroffen worden, dass eine kleine an einem Coconfaden aufgehängte Nadel ns von 5 bis 6 Linien (Fig. 238), deren Schwingungsdauer unter dem Einflusse des Erdmagnetismus vorher schon bestimmt worden war, nördlich oder südlich von dem vertical gestellten Magnetstabe NS hingebracht und von Neuem die Schwingungsdauer unter dem gleichzeitigen Einflusse des Magnetstabes und des Erdmagnetismus beobachtet wurde. Da die Kräfte sich umgekehrt wie die Quadrate der Schwingungsdauer (oben S. 285) verhalten, so lässt sich auf solche Weise der Magnetismus des der Nadel gegenüberliegenden Querschnittes A im Verhältnisse zum Erdmagnetismus bestimmen. Dabei aber treten mehrere Uebelstände ein. Bringt man den Stab ganz in die Nähe der Nadel, so wird in dieser Magnetismus inducirt und die obige Rechnung, bei welcher vorausgesetzt wird, dass die Stärke der Nadel während der Operationen unverändert geblieben sei, erweist sich als ungenau. Stellt man den Stab in grösserer Entfernung auf, so dass die Induction nur mehr einen geringen Betrag haben kann, so wirkt auf die Nadel nicht bloss der Querschnitt A, sondern auch die darüber und darunter befindlichen Theile, und man erhält ein sehr complicirtes Resultat, woraus die Anziehung einzelner Querschnitte, besonders gegen die Enden hin, nicht leicht abgeleitet werden kann. Ausserdem erfolgt bei naher Stellung des Stabes eine Anziehung, welche bewirkt, dass der Suspensionsfaden aus der Verticallinie kommt, was wiederum eine Störung in der Messung der Schwingungsdauer zur Folge hat. Letzteren Uebelstand kann man beseitigen, wenn man die Nadel auf eine feine Spitze stellt, wie oben *Fig. 13*, S. 29; indessen ist auch auf diese Weise wegen der Reibung kaum eine genaue Bestimmung der Schwingungsdauer zu erzielen.

1. Die oben entwickelte Schwingungsmethode hat COULOMB [1] angewendet; er war der Erste, der die Vertheilung des freien Magnetismus in prismatischen Stäben zu bestimmen gesucht hat, und bediente sich dabei einer an einem Coconfaden aufgehängten Nadel von 6 Linien Länge und 3 Linien Dicke, die nur 8 Linien vom Magnet entfernt stand. Die Einwirkung der Induction, die er als sehr beträchtlich erkannte, hat er nicht in Rechnung gebracht, sondern möglichst zu vermindern gesucht, ebensowenig hat er den Umstand, dass mehrere Punkte des Magnets gleichzeitig die Nadel anziehen, durch einen scharfen Calcul berücksichtiget, nur bemerkt er, dass von der Mitte anfangend bis gegen das Ende die oberhalb und unterhalb der Nadel stehenden Punkte des Magnets eine Anziehung ausüben, während am Ende selbst anziehende Punkte nur auf der einen Seite vorhanden sind, und um diesen Umstand auszugleichen, begnügt er sich damit, die am Ende des Magnets beobachtete Kraft doppelt zu nehmen.

Was die Resultate der von ihm mit einem magnetisirten Stahldrahte von 27 Zoll Länge und 2 Linien Dicke vorgenommenen Versuche betrifft, so findet man sie in §. 27, S. 161 zusammengestellt und mit der von BIOT daraus abgeleiteten Formel verglichen.

Aehnliche Beobachtungen, von KUPFFER angestellt, um die Aenderung, welche durch die Schwächung eines Magnets in der Vertheilung des Magnetismus herbeigeführt wird, zu erkennen, findet man §. 82 erwähnt. Auch KUPFFER [2], der übrigens eine für Induction weniger empfängliche Nadel von Schwefeleison benützte, hat die Induction nicht berücksichtiget, und HANSTEEN [3], der eine Kritik der Untersuchung COULOMB's gegeben hat, lässt die Frage unberührt, wie die Resultate zu verbessern seien.

2. Folgende Entwicklung, wobei wir die jedenfalls sehr geringe Induction, welche durch die Nadel im Magnet erzeugt wird, vernachlässigen wollen, wird zeigen, welche Schwierigkeiten die richtige Durchführung der hier angedeuteten Methode hat und wie beträchtlich durch die genauere Berechnung die Resultate modificirt werden. Es sei p (*Fig. 239*, S. 330) ein Punkt des Magnets, wo der Magnetismus P sich befinde, c die Mitte der Nadel, $cn = cs = \lambda$, $ac = e$, $ap = y$; man bezeichne ferner (nach der in §. 60 S. 310 angewendeten Hypothese) mit $A r d r$ den Magnetismus in der Entfernung r von der Mitte der Nadel und mit M das

magnetische Moment $\int A r^2 dr = \frac{2}{3} A \lambda^3$, so hat man die Directionskraft, welche durch die Kraft P der Nadel ertheilt wird

Fig. 239.

$$= AP \int \frac{(e-r)r^2 dr}{((e-r)^2 + y^2)^{\frac{5}{2}}} \qquad 1)$$

und die Stärke der Anziehung, welche nach der Richtung der Nadel, d. h. nach ac stattfindet,

$$= AP \int \frac{(e-r)r\,dr}{((e-r)^2 + y^2)^{\frac{5}{2}}} \qquad 2).$$

Beide Ausdrücke lassen sich in geschlossener Form integriren; wir wollen sie übrigens vorläufig durch Symbole darstellen, und zwar die Directionskraft durch das Symbol

$$MPY$$

und die Anziehung durch das Symbol

$$AMPY',$$

wo Y und Y' Functionen von y sind.

Das magnetische Moment der Nadel M erhält durch die Induction des Magnets eine der eben angegebenen Anziehung proportionale Vermehrung, so dass man das wahre magnetische Moment

$$= M + \alpha AMPY' \qquad 3)$$

setzen kann, wo α den Inductionscoefficienten bedeutet. Auch die oben angegebene Directionskraft erhält eine Modification, weil es der Einfachheit wegen nothwendig ist, den Magnet in den magnetischen Meridian der Nadel zu bringen, und dann der Erdmagnetismus X gleichzeitig einwirkt. Die ganze Directionskraft wird hiernach

$$= MPY \pm MX \qquad 4),$$

wobei das eine oder andere Zeichen zu nehmen ist, je nachdem der Magnet nördlich oder südlich von der Nadel steht. Hat man nun in den beiden entgegengesetzten Lagen des Magnets die Schwingungsdauer t und τ beobachtet, so erhält man zwischen der Schwingungsdauer, der Directionskraft und dem Trägheitsmomente K der Nadel nach §. 56 und 61 die Gleichungen

$$M(1 + \alpha APY')(PY + X) = \frac{\pi^2 K}{t^2}. \qquad 5)$$

$$M(1 + \alpha APY')(PY - X) = \frac{\pi^2 K}{\tau^2}. \qquad 6),$$

wovon die Summe eine von X unabhängige Gleichung

$$PY(1 + \alpha APY') = \frac{\pi^2 K}{2M}\left(\frac{1}{t^2} + \frac{1}{\tau^2}\right). \qquad 7)$$

gibt.

3. Diese Gleichung gilt für den einzigen Punkt p; es ist aber nöthig, die Wirkung aller Punkte des Magnets, insofern sie auf den Erfolg Einfluss haben, in

Rechnung zu nehmen, und diess geschieht am zweckmässigsten durch eine mechanische Quadratur, so zwar, dass man von a anfangend mehrere Punkte in den Entfernungen $y = 0$, $y = f$, $y = 2f$, $y = 3f$, ... $y = -f$, $y = -2f$, $y = -3f$ annimmt und die correspondirenden Intensitäten des Magnetismus mit P_n, P_{n+1}, P_{n+2}, P_{n+3} .... P_{n-1}, P_{n-2}, P_{n-3} ...., dann die correspondirenden Werthe von Y und Y' mit Y_0, Y_1, Y_2, Y_3 ... Y_{-1}, Y_{-2}, Y_{-3} .... und Y'_0, Y'_1, Y'_2, Y'_3, ... Y'_{-1}, Y'_{-2}, Y'_{-3} ... bezeichnet. Setzt man endlich

$$\frac{\pi^2 K}{2M}\left(\frac{1}{t^2} + \frac{1}{\tau^2}\right) = Z_n \qquad 8),$$

wobei bemerkt wird, dass, da es sich nur um relative Bestimmungen handelt, für $\frac{\pi^2 K}{2M}$ ein beliebiger Werth substituirt werden kann, so nimmt die Gleichung 7) folgende Form an

$$P_n Y_0 + (P_{n-1} + P_{n+1}) + (P_{n+2} + P_{n-2}) Y_2 + \ldots = \frac{Z_n}{1 + cQ_n} \ldots 9),$$

wo c der Kürze wegen anstatt αA gesetzt worden ist und der Werth von Q_n durch die Gleichung

$$Q_n = P_n Y_0 + (P_{n+1} + P_{n-1}) Y'_1 + (P_{n+2} + P_{n-2}) Y'_2 + \ldots \quad 10)$$

gegeben wird. Ferner erhält man durch Integrirung der Ausdrücke 1) und 2) für Y_m und Y'_m die Werthe

$$Y_m = \frac{e}{(e^2 + m^2 f^2)^{\frac{3}{2}}}\left(1 - \frac{9}{10}\frac{\lambda^2}{e^2 + m^2 f^2} + \frac{9}{2}\frac{e^2 \lambda^2}{(e^2 + m^2 f^2)^2} - \ldots\right) \ldots 11)$$

$$Y'_m = \frac{2e^2 - m^2 f^2}{(e^2 + m^2 f^2)^{\frac{5}{2}}}\left(1 - \frac{9}{5}\frac{4e^2 - m^2 f^2}{2e^2 - m^2 f^2}\cdot\frac{\lambda^2}{e^2 + m^2 f^2} + \ldots\right) \ldots 12).$$

Da man so viele Gleichungen von der Form 9) erhält, als man Abtheilungen ei dem Magnet angenommen hat, so können daraus die Werthe von P_0, P_1, P_2 ... estimmt werden, wobei der Umstand, dass in jeder Gleichung alle Glieder der nken Seite mit Ausnahme des ersten kleine Coefficienten erhalten und für rössere Werthe von f die Coefficienten $= 0$ gesetzt werden können, die Auflösung er Gleichungen sehr erleichtert. Zu erinnern wäre übrigens noch, dass da Q_n unekannt ist, die Auflösung auf indirectem Wege geschehen muss, indem man zuerst le Q weglässt und Näherungswerthe für die P bestimmt, mittelst dieser Werthe ann die Q berechnet und verbesserte Werthe der P ableitet. Ferner kann bemerkt werden, dass die Gleichungen für die Nordhälfte und Südhälfte des Magnets getrennt behandelt werden können. Was den Werth von c betrifft, so wird er entweder durch Versuchsreihen bei starkem und schwachem Magnetismus des tabes, oder durch directe Messung mit bekannten Inductionskräften bestimmt.

Als Beispiel wollen wir einen Magnetstab in 8 gleiche Theile abtheilen und le Numerirung von der Mitte anfangen, so dass P_4 den Magnetismus des Endes nd $P_0 = 0$ den Magnetismus der Mitte bedeutet. Es sei dann $\lambda = 1$, $e = f = 4$, o gestalten sich für die eine Hälfte des Magnets die Gleichungen, wie folgt:

$$P_4 + P_3\,0{,}0894 + P_2\,0{,}0316 + P_1\,0{,}0143 = \frac{Z_4}{1 + cQ_4}$$

$$P_3 + (P_2 + P_4)\,0{,}0894 + P_1\,0{,}0316 = \frac{Z_3}{1 + cQ_3}$$

$$P_2 + (P_1 + P_3)\,0{,}0894 + P_4\,0{,}0316 = \frac{Z_2}{1 + cQ_2}$$

$$P_1 + P_2\,0{,}0894 + P_3\,0{,}0316 + P_4\,0{,}0143 = \frac{Z_1}{1 + cQ_1}.$$

Hat man ohne Rücksicht auf die Q hieraus die Näherungswerthe der P abgeleitet, so findet man

$$Q_1 = P_1\,0{,}5 + P_2\,0{,}125 - P_3\,0{,}100 - P_4\,0{,}175$$
$$Q_2 = P_2\,0{,}5 + (P_1 + P_3)\,0{,}125 - P_4\,0{,}100$$
$$Q_3 = P_3\,0{,}5 + (P_2 + P_4)\,0{,}125 - P_1\,0{,}100$$
$$Q_4 = P_4\,0{,}5 + P_3\,0{,}125 - P_2\,0{,}100 - P_1\,0{,}175.$$

Nach Substitution dieser Werthe in den vorhergehenden Gleichungen würde man verbesserte Werthe der P erhalten.

[1] COULOMB. *Mém. de l'Acad. de Paris pour 1789.* p. 468.
[2] KUPFFER. *Ann. de Chim. et de Phys.* XXXVII. 68.
   HANSTEEN. *Magnetismus der Erde,* p. 308.

§. 65. Messung der magnetischen Kraft durch Ablenkungen.

Hauptsächlich der Umstand, dass in der schwingenden Nadel Magnetismus inducirt wird, also die Nadel verschiedenen Theilen des Magnets gegenüber verschiedene Stärke hat, macht die im vorigen Paragraphen erklärte Methode verwickelt und die Resultate unsicher. Von diesem Uebelstande kann man sich im Wesentlichen frei machen, wenn man zur Untersuchung des Magnetismus Ablenkungen, anstatt der Schwingungen anwendet, weil bei den Ablenkungen der Erfolg von der Stärke der Nadel unabhängig ist (§. 55).

Bei den Ablenkungen kann man sehr verschiedene Einrichtungen treffen, worunter folgende eine der einfachsten ist. Der zu untersuchende Stab NS (*Fig. 240*) wird horizontal auf einem Tische und senkrecht gegen den magnetischen Meridian befestigt; das hölzerne oder messingene Rechteck AB lässt sich an dem Stabe hin und herschieben und trägt eine kleine Boussole mit einer Nadel von 5—6 Linien.

Fig. 240.

Wird das Rechteck AB von N nach S vorgeschoben und in gleichen Intervallen die Richtung der kleinen Nadel beobachtet, so erhält man eine Reihe von Ablenkungen, etwa wie in *Fig. 241* dargestellt wird. Das Resultat gewinnt wesentlich an Genauigkeit, wenn man zwei Reihen von Ablenkungen, die eine an der südlichen, die andere an der nördlichen

Fig. 241.

§. 65. MESSUNG MITTELST ABLENKUNGEN. 333

...eite des Stabes ausführt. Es ist ferner zweckmässig, nach Vollendung einer ...rsten Beobachtungsreihe die Boussole auf dem Rechtecke entweder näher an ...en Stab zu bringen, oder weiter davon zu entfernen und mit verschiedener ...istanz die Beobachtungsreihe zu wiederholen.

In jedem Punkte wirken auf die Nadel viele Elemente des Stabes und zu-...leich des Magnetismus der Erde; die Nadel nimmt jedesmal die Mittelrichtung ...wischen den verschiedenen darauf wirkenden Kräften an.

Das Geschäft des Calculs ist es, diese gleichzeitigen Einflüsse zu sondern ...nd den Magnetismus der einzelnen Theile des Stabes darzustellen, was immer-...n eine sehr verwickelte Aufgabe bildet.

Eine andere Ablenkungsmethode besteht darin, dass man nach *Fig. 242* ...m Pole n einer an einem feinen Faden aufge-...ängten Nadel ns einen beliebigen Punkt b eines ...rtical gestellten Magnets NS nähert, so dass ...e von der Richtung des Erdmagnetismus AB um ...n Winkel nca seitwärts gezogen wird. In diesem ...lle ist die Anziehung des Punktes b in der Ent-...rnung bn dem Drehungsmoment, welches der ...rdmagnetismus auf die Nadel unter dem Winkel ...a ausübt, gleich und man erhält auf solche ...eise ein relatives Maass für die Anziehung des ...nktes b, wenn man den Umstand, dass auch

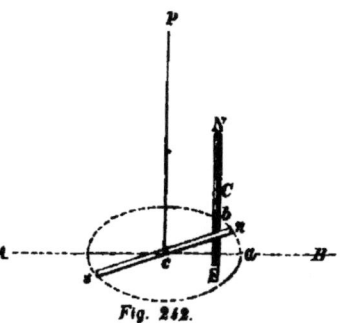

Fig. 242.

...e über und unter b befindlichen Punkte gleichzeitig zum Erfolge beitragen, ...hörig berücksichtiget.

Verwandt mit der vorhergehenden Methode ist die Bestimmung der Ver-...eilung des Magnetismus durch Sinusablenkungen in verschiedenen Entfernungen. ...an vergl. oben §. 60.) Da bei solchen Ablenkungen der Erfolg nicht blos ...n der Entfernung und Lage des Stabes, sondern auch von der Vertheilung ...s Magnetismus abhängt, so kann die Vertheilung durch Combination von Ab-...nkungen, welche unter verschiedenen Umständen gemacht sind, ermittelt werden. ...e Einrichtungen können sehr verschieden sein; wie man aber auch immer ...e Beobachtungen einrichten mag, so tritt in den Resultaten der Uebelstand ...rvor, dass nur aus den höheren Gliedern und nicht aus dem Hauptgliede ...e Vertheilung des Magnetismus abzuleiten ist.

1. Auf dem Magnet NS (*Fig. 243*) bezeichne man in gleichen Zwischenräumen ...e Punkte $0, 1, 2, 3 \,-\, 1, -2, -3$ und ...esen gegenüber stelle man die Nadel ns auf, ..., dass dem Punkte 0 die Stellung der Nadel ... C entspreche. Die Kraft des Magnets in ..., $1, 2$ ... bezeichne man mit $P_n, P_{n+1}, \ldots$ ...$_{n+2}$ ... und rückwärts in $-1, -2, -3$ ...t $P_{n-1}\,P_{n-2}\,P_{n-3}$ die Entfernung CO

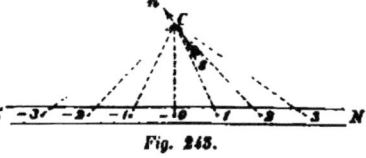

Fig. 243.

...t e, die Distanz der Punkte von einander mit f, dann $(e^2 + n^2 f^2)^{-\frac{1}{2}}$ mit A_n, ...) hat man nach der Richtung CO die Anziehung des Magnets

$$= P_n + eA_1(P_{n+1} + P_{n-1}) + eA_2(P_{n+2} + P_{n-2}) \ldots$$

und senkrecht auf die Richtung co die Anziehung

$$= fA_1 (P_{n+1} - P_{n-1}) + 2fA_2 (P_{n+2} - P_{n-2}) + \ldots$$

Bezeichnet man mit φ den Winkel sco, welchen die Nadel mit co macht, so ist die Tangente von φ gleich der letzteren Anziehung dividirt durch die erstere und man hat

$$0 = \cdot P_n \operatorname{tg} \varphi + P_{n+1} A_1 (e \operatorname{tg} \varphi - f) + P_{n+2} A_2 (e \operatorname{tg} \varphi - 2f) + \ldots$$
$$+ P_{n-1} A_1 (e \operatorname{tg} \varphi + f) + P_{n-2} A_2 (e \operatorname{tg} \varphi + 2f) \qquad 1).$$

Für jeden einzelnen Punkt $0, 1, 2 \ldots$ erhält man eine solche Gleichung, und es lassen sich daraus um so leichter die Werthe der einzelnen unbekannten Grössen, $P_n, P_{n+1} \ldots$ ableiten, da die Coefficienten (wie bei den analogen Gleichungen S. 331) ziemlich schnell abnehmen, je weiter man vom ersten Gliede sich entfernt. Die Induction, welche der Magnet NS in der Nadel ns hervorruft, bleibt, wie oben schon bemerkt wurde, hier ohne Einfluss; dagegen ist es nothwendig, die Nadel sehr kurz zu machen, weil sonst die Anziehung beider Pole ungleich sein würde und die Tangente von φ sich auf die obige einfache Weise nicht mehr ausdrücken liesse.

2. Hinsichtlich der bei der Beobachtung zu treffenden Einrichtungen verdient hier eine eigenthümliche Suspensionsweise der Nadel erwähnt zu werden, welche ich in der Praxis als vorzüglich brauchbar erkannt habe, und welche darin besteht, dass der Nadel zwei gespannte Coconfäden, ein aufwärts gehender und ein abwärts gehender, als Drehungsaxe dienen.

Fig. 244 stellt diese Suspensionsweise dar: die Nadel ns hat oben einen Haken p, von welchem ein Coconfaden nach a, und unten einen Haken q, von welchem ein Coconfaden nach f geht, und zwar wird das Ende a durch einen sehr feinen Querdraht ed gehalten, das Ende f dagegen durch die in f befestigte Messingfeder gf gespannt. Ueber dem Querdrahte ed befindet sich ein drehbarer Kreis KK und in dessen Mitte ein schwaches Fernrohr, bestehend aus einem Objective bei a und einem mit Spinnenfaden versehenen Oculare o, womit man sehr deutlich die Spitzen n und s der Nadel sehen kann, während der Querdraht ed unsichtbar bleibt; und wird der Kreis KK mit dem Fernrohre gedreht, bis der Spinnenfaden die Nadelspitzen deckt, so hat man die Richtung der Nadel, die mit einer unerwarteten Genauigkeit eingestellt werden kann. Die Gestalt der Nadel zeigt *Fig. 245* ungefähr in der natürlichen Grösse.

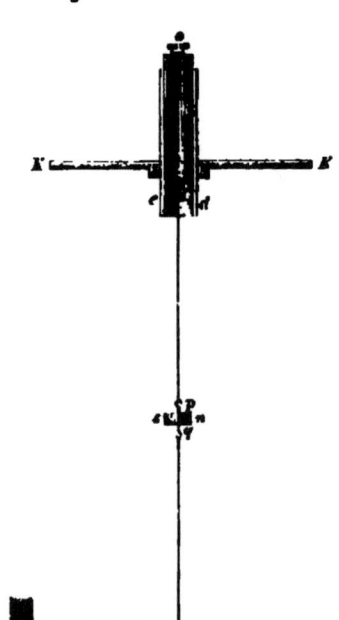

Fig. 244.

Fig. 245.

3. Die zweite oben durch *Fig. 242* dargestellte Messungsmethode setzt, wenn sie mit Vortheil angewendet werden soll, voraus, dass der zu untersuchende Magnet NS nur geringe Stärke besitze, die Nadel ns aber von ungewöhnlicher Länge sei: zwei magnetisirte Stücke Stahldraht etwa von $\frac{1}{2}$ Linie Dicke und 12—15 Zoll Länge würden den Bedingungen des Problems entsprechen. Man setze $cb = r$, $acb = \psi$, $acn = \varphi$, $Cb = p$, so wird ein Element dm des Magnets NS

in der Entfernung x von der Mitte C und ein Element dm' der Nadel ns in der Entfernung x' von der Mitte c sich gegenseitig mit der Kraft

$$\frac{dm\,dm'}{r^2 - 2rx'\cos(\psi - \varphi) + x'^2 + (p - x)^2}$$

anziehen und wenn der Kürze wegen der Nenner dieses Bruches mit ϱ^2 bezeichnet wird, so erhält man das Drehungsmoment

$$= \int \frac{rx'}{\varrho^2} \sin(\psi - \varphi)\,dm\,dm' \qquad 2).$$

Bei hergestelltem Gleichgewicht wird dieses Drehungsmoment dem durch den Erdmagnetismus X ausgeübten Drehungsmoment

$$M' X \sin \varphi,$$

wo M' das magnetische Moment der Nadel ns bezeichnet, gleich sein. Will man praktische Resultate erlangen, so ist es am zweckmässigsten, den Magnet NS so zu stellen, dass bei den verschiedenen Messungen der Winkel $\psi - \varphi$ unverändert bleibe, alsdann gibt die Integration der Function 2) bezüglich auf x' und dm' einen constanten Werth und man gelangt zu einem Ausdrucke von der Form

$$\sin \varphi = A \int (p - x)^2 \, dm + B \int (p - x)^4 \, dm + \ldots \qquad 3),$$

wo es ausreichen kann, die Integration auf kleine Werthe von $p - x$ auszudehnen, wenn nicht vorgezogen wird, was allerdings auch zweckmässiger ist, eine mechanische Quadratur anzuwenden. Eine weitere Entwickelung scheint übrigens unnöthig, da in der Regel bei der hier bezeichneten Untersuchungsmethode die Drehwaage §. 68 benützt werden muss.

4. Wenn man die letzte oben erwähnte Ablenkungsmethode mit Erfolg anwenden will, so ist es nothwendig, die vortheilhaftesten Bedingungen zu wählen, insbesondere muss der Magnet Ost und West von der freien Nadel gestellt und die freie Nadel selbst sehr klein sein; wesentlich ist es ferner, Ablenkungen in grösseren und sehr kleinen Distanzen zu combiniren, so dass man in der Regel veranlasst sein wird, einen Hülfsmagnet zu benützen, der nach S. 308 auf die andere Seite der Nadel gelegt wird. In der Voraussetzung, dass die freie Nadel sehr klein sei, kann man das Drehungsmoment S. 306 nach den Potenzen von x' entwickeln, und wenn die Bezeichnungen des §. 60 beibehalten werden, so ergibt sich

$$X \sin \varphi = \int \frac{dm}{(e - x)^2} - \frac{3}{2} L_2 \int \frac{dm}{(e - x)^4} + \qquad 4).$$

Nimmt man nun ein bestimmtes Vertheilungsgesetz für den Magnetismus an, z. B.

$$dm = (ax + bx^2 + cx^3 +) \, dx,$$

so lässt sich die Gleichung vollständig darstellen, so dass nach Substitution der Beobachtungsdata nur die Grössen a, b, c .. als Unbekannte erscheinen und von diesen so viele bestimmt werden können, als man Ablenkungen in verschiedenen Distanzen vorgenommen hat. Die Berechnung wird sehr vereinfacht, wenn man die halbe Länge des Magnets als Einheit annimmt und

$$\int \frac{x^n \, dx}{(e - x)^2} = C_n$$

setzt, dann je nach Umständen die höheren C aus den niedrigern oder umgekehrt berechnet nach den Formeln

$$C_n = \frac{ne^2}{n-2} C_{n-2} - \frac{4}{n-2} \frac{e}{e^2-1}$$

$$C_n = \frac{ne^2}{n-2} C_{n-2} - \frac{2}{n-1} \frac{1}{e^2-1} \left(\frac{ne^2}{n-2} - 1\right),$$

wovon die erste für gerade, die zweite für ungerade n anzuwenden ist.

Nimmt man das in §. 27 und 37 dargestellte Biot'sche Vertheilungsgesetz an, so hat man

$$dm = K\mu c^{-k} \frac{c^{kx} - c^{-kx}}{1 + c^{-2k}} dx.$$

Die Integration der Gleichung 4) wird nach Substitution dieses Werthes nur dadurch möglich, dass man die Exponentialgrössen in Reihen auflöst, und alsdann ergibt sich, wenn das zweite mit der kleinen Grösse L_4 multiplicirte Glied weggelassen wird

$$X \sin \varphi = \frac{2K\mu c^{-k}}{1+c^{-2k}} \left(kl + \frac{k^3}{1 \cdot 2 \cdot 3} C_3 + \frac{k^5}{1 \cdot 2 \cdot 3 \cdot 4 \cdot 5} C_5 + \ldots\right) \quad 5),$$

wo $C_1, C_3, C_5, \ldots$ die obige Bedeutung haben. Zwei Ablenkungen in zwei verschiedenen Distanzen reichen aus, um k zu bestimmen.

5. Anstatt, wie eben gezeigt worden ist, Ablenkungen mit demselben Stabe in verschiedenen Distanzen zu messen, kann man in einer Distanz mit Stäben von verschiedener Länge eine Nadel ablenken und auf ähnliche Weise aus den beobachteten Ablenkungswinkeln das Vertheilungsgesetz ableiten. Mit Erfolg lässt sich übrigens die Methode nur da anwenden, wo die Magnetisirung durch den galvanischen Strom geschieht und den Moleculen ein bestimmter Grad von Magnetismus ertheilt werden kann.

Da das Biot'sche Vertheilungsgesetz, wofür oben §. 31 — 37 eine neue Begründung gegeben worden ist, mit allen vorhandenen Resultaten so weit übereinstimmt, dass man es als das richtige betrachten darf, so wird es bei Experimenten der oben bezeichneten Art immer darauf ankommen, zu entscheiden, in wie weit sie durch jenes Gesetz sich darstellen lassen.

Zu diesem Behufe ist es zweckmässig, dem Ausdrucke für das magnetische Moment (Gleichung 15) S. 203) die Form

$$\frac{2KMl}{k} \left(1 - \frac{2}{Kl} \frac{1 - e^{-kl}}{1 + e^{-kl}}\right)$$

zu geben, wofür man, wenn die in Klammern eingeschlossene Function von kl mit $f(kl)$ bezeichnet wird, die einfachere Form

$$\frac{2KMl}{k} f(kl)$$

substituiren kann.

Die Hauptschwierigkeit bei Vergleichung der Theorie mit dem Experiment liegt in der Bestimmung der Grösse k. Zwar gewährt in dieser Beziehung die weiter unten §. 70 vorkommende Tabelle, woraus die Werthe der Function $f(kl)$ entnommen werden können, eine wesentliche Erleichterung; dessenungeachtet bleiben die Rechnungen noch immer ziemlich weitläufig, und um solche Weitläufigkeit zu

iden, gibt es nur ein Mittel, nämlich die Stäbe so anfertigen zu lassen, dass
rei ein bestimmtes Verhältniss zu einander haben, dann für dieses Ver-
ss eine Specialtabelle zu berechnen.

Am zweckmässigsten ist es, die Experimente so einzurichten, dass man stets
  mit einander vergleicht, wovon der längere doppelt so lang ist, als der
re. Werden die Momente nach der S. 98 angegebenen Weise gemessen
ezeichnet man die vom kürzern Stabe hervorgebrachte Ablenkung mit n_1, die
längern Stabe hervorgebrachte Ablenkung mit n_2, so ergibt sich

$$\frac{1}{2}\frac{n_2}{n_1} = \frac{f(2kl)}{f(kl)} \qquad 6).$$

Für diese Function habe ich aus der oben erwähnten Tabelle die in folgender
umenstellung enthaltenen Werthe abgeleitet, so dass man, wenn $\frac{1}{2}\frac{n_2}{n_1}$ gegeben
hne Schwierigkeit den Werth von kl finden kann.

kl	$\frac{1}{2}\frac{n_2}{n_1}$	kl	$\frac{1}{2}\frac{n_2}{n_1}$
0,1	3,986	3,0	1,685
0,2	3,951	3,5	1,547
0,3	3,902	4,0	1,448
0,4	3,811	4,5	1,376
0,5	3,716	5,0	1,321
0,6	3,621	5,5	1,280
0,7	3,503	6,0	1,247
0,8	3,400	6,5	1,221
0,9	3,262	7,0	1,199
1,0	3,145	7,5	1,181
1,2	2,907	8,0	1,166
1,4	2,691	8,5	1,154
1,5	2,589	9,0	1,143
1,6	2,494	9,5	1,133
1,8	2,321	10,0	1,125
2,0	2,173	11,0	1,111
2,4	1,934	12,0	1,100
2,5	1,901	13,0	1,091
2,8	1,756	14,0	1,083

Aus dieser Tabelle ersieht man, dass die Function $\frac{f(2kl)}{f(kl)}$ immer kleiner wird,
kl zunimmt; ferner ist aus den weiter unten (§. 70) gegebenen Entwicke-
1 zu entnehmen, dass für ganz kleine Werthe von kl

$$f(kl) = \frac{1}{12} k^2 l^2 \left(1 - \frac{1}{10} k^2 l^2\right) \qquad 7)$$

ür grosse Werthe von kl

$$f(kl) = \frac{kl - 2}{kl} \qquad 8)$$

st werden kann, mithin alle Werthe von $\frac{f(2kl)}{f(kl)}$ zwischen 4 und 1 liegen die erstere Grösse entspricht einem unendlich kleinen, letztere einem unendlich grossen Werthe von kl.

Noch verdienen folgende Umstände berücksichtiget zu werden. So lange der Werth von kl so klein ist, dass man in Gleichung 7) nur das erste Glied in Rechnung zu nehmen braucht, so ergibt sich das magnetische Moment

$$= \frac{1}{6} K M k l^3,$$

d. h. das magnetische Moment ist der dritten Potenz der Länge proportional und k lässt sich gar nicht bestimmen. Geht kl über 10 so erhält man für das magnetische Moment den Ausdruck

$$\frac{2KM}{k^2}(kl-2),$$

woraus hervorgeht, dass das magnetische Moment proportional der Länge zunimmt; und wenn für die Längen l und l' die Ablenkungen n und n' gefunden worden sind, so hat man

$$k = 2\frac{n-n'}{nl'-n'l}.$$

Zwischen den Grenzen, wo die Zunahme nach der dritten Potenz der Länge aufhört und die Zunahme nach der ersten Potenz anfängt, gibt es ein Intervall, wo mit einem ziemlichen Grade von Approximation die magnetischen Momente dem Quadrate der Längen proportional gesetzt werden können, so z. B. habe ich für Stäbchen von 10, 20, 30, 40, 50 Millimeter die magnetischen Momente (Mittel aus zwei Versuchsreihen) gefunden [1].

| 4,0 | 14,2 | 32,3 | 57,7 | 94,3 |

und wenn man die Quadrate der Längen mit den Constanten 0,0376 multiplicirt, so erhält man

| 3,8 | 15,0 | 33,8 | 60,2 | 94,0 |

ziemlich nahe mit der Beobachtung übereinstimmend.

Dieser Umstand ist übrigens für die Untersuchung, um die es sich jetzt handelt, von wenig Bedeutung, da nur durch die Bestimmung von k mittelst der obigen Tabelle und durch Anwendung des Ausdruckes 15) S. 203 ein für die Theorie brauchbares Resultat zu erlangen ist. Hinsichtlich der Ablenkungen wäre zu bemerken, dass, da die Längen verschieden sind und die Entfernung von der freien Nadel gewöhnlich klein genommen werden muss, eine Correction (§. 60 S. 307) an die unmittelbar gemessenen Ablenkungen anzubringen ist. In den meisten Fällen wird es genügen, die beobachtete Ablenkung n nach §. 60 durch

$$1 + \frac{2}{e^2}L_3$$

zu dividiren, und dabei für L_3 den Näherungswerth 19) desselben Paragraphen zu substituiren.

---

[1] Lamont, Jahresbericht der Münchener Sternwarte für 1854, S. 34.

§. 66. Messung der magnetischen Kraft durch Inductionsströme.

Ein sehr bequemes Mittel zur Untersuchung der Kraft an verschiedenen Punkten eines Magnets bieten die galvanischen Ströme dar, welche in geschlossenen Drahtleitungen durch Bewegung erzeugt werden (§. 18). Wird z. B. ein Magnetstab NS, Fig. 246, durch eine Spirale A gesteckt und der Magnet, oder die Spirale nach der Richtung der Länge schnell bewegt, so entsteht in den Drahtwindungen ein momentaner galvanischer Strom, r, durch die Leitungsdrähte p, q zu einem Galvanometer fortgepflanzt, eine vorübergehende Ablenkung und Oscillationsbewegung der Galvanometernadel hervorbringt.

Fig. 246.

Dabei übt, streng genommen, jedes Element des Magnets eine Wirkung aus; in überwiegendem Maasse aber hängt der Erfolg von denjenigen Elementen ab, welche durch die einzelnen Ringe der Spirale hindurchgehen, so zwar, dass, wenn die Spirale von a nach b verschoben wird, der dadurch entstehende Strom, wenn nicht besondere Genauigkeit gefordert wird, dem freien Magnetismus des Theiles ab proportional gesetzt werden kann. Wird demnach ein Magnet in eine gewisse Anzahl gleicher Theile abgetheilt, so kann die Quantität des in jedem Theile enthaltenen freien Magnetismus auf diese Weise gemessen werden. Um die Stromstärke zu bestimmen, benützt man den Ausschlag (die Schwingungsweite) der Galvanometernadel und setzt nach den im §. 77 entwickelten Grundsätzen die Stromstärke dem Sinus des halben Ausschlages proportional.

Ob die Schnelligkeit der Bewegung etwas grösser oder kleiner sei, ist gleichgültig, insofern die Dauer derselben nicht über ein Paar Zehntel von der Schwingungsdauer der Galvanometernadel geht; wo dieser Bedingung nicht Genüge geleistet wird, muss die Berechnungsweise modificirt werden. (§. 77.) Handelt es sich darum, den inducirten Magnetismus eines Eisenstabes zu messen, so kann zwar die obige Methode ebenfalls angewendet werden; weit zweckmässiger ist es aber in diesem Falle, den Inductionsstrom zu benützen, welcher in einer Drahtrolle durch das Entstehen oder Verschwinden des Magnetismus (§. 18) erzeugt wird, und dessen Stärke ebenfalls durch den Ausschlag der Galvanometernadel gemessen werden kann. Lässt man z. B. den Magnetismus durch plötzliche Beseitigung der inducirenden Kraft verschwinden, so gibt der Ausschlag der Galvanometernadel die Quantität des unter der Rolle verschwundenen Magnetismus an, denn auch hier ist es fast ausschliesslich der unter der Rolle befindliche Magnetismus, der den Inductionsstrom hervorruft.

Die Abnahme des Schwingungsbogens, welche nach §. 19 stattfindet, wenn man einen Stab, eine Platte oder einen Ring von Kupfer in der Nähe eines Magnets oder einen Magnet über einer Kupfermasse oscilliren lässt, würde ebenfalls zur Intensitätsbestimmung benützt werden können, die Methode ist jedoch viel zu umständlich, als dass ein praktischer Nutzen davon zu erwarten sein dürfte.

1. Diejenigen, welche den Inductionsstrom in der obigen Weise zur Untersuchung des Magnetismus gebrauchten, haben sich mit einer approximativen Lösung

des Problems begnügt, und erst in neuester Zeit ist eine strengere Lösung von ROTHLAUF [1] versucht worden, wovon die wesentlichsten Resultate zugleich mit einigen weiteren Entwickelungen hier zusammengestellt werden sollen. Die Bedingungen des Problems, insofern es sich um einen Linearmagnet handelt, haben wir bereits S. 92 durch *Fig. 52* erläutert; daselbst ist auch die Grundgleichung aufgestellt worden, die hier nur darin modificirt werden soll, dass wir den Magnetismus μ als eine Function der Entfernung von der Mitte des Magnets ausdrücken werden. Es sei demnach, von der Mitte des Magnets an gerechnet, x die Entfernung der Mitte der Drahtrolle, $x+z$ und $x+y$ die Entfernungen eines beliebigen Elements der Drahtrolle und eines beliebigen Elements des Magnets, so erhält man für den Inductionsstrom I die Gleichung

$$ I = \iiint \frac{2R^2 \pi \mu (1 + \alpha y + \beta y^2 + \ldots) \, dx \, dy \, dz}{(R^2 + (y-z)^2)^{\frac{3}{2}}} . \qquad 1),$$

wo R den Halbmesser der Drahtrolle, μ den freien Magnetismus in der Entfernung x und $\mu (1 + \alpha y + \beta y^2 + \ldots)$ den freien Magnetismus in der Entfernung $x+y$ von der Mitte des Magnets bedeutet. Wird der Kürze wegen der Nenner des obigen Ausdruckes $= \varrho^3$ gesetzt, so gibt die Integration bezüglich auf z

$$ I = -\iint \frac{2\pi\mu}{\varrho} (1 + \alpha y + \beta y^2 + \ldots)(y-z) \, dx \, dy \qquad 2).$$

Integrirt man ferner bezüglich auf y, so erhält man

$$ I = -2\pi \int \varrho \mu \, dx \Big[1 + \frac{1}{2}\alpha(y+z) + \frac{1}{3}\beta^2(y^2 + yz + z^2) - $$
$$ - \frac{2}{3}\beta R^2 - \frac{1}{2} \frac{\alpha + 2\beta z}{\varrho} R^2 \log \frac{y-z+\varrho}{R} \Big] \qquad 3).$$

Bezeichnet man die Länge der Drahtrolle mit 2λ, so ist dieses Integral zwischen den Grenzen $z = +\lambda$ und $z = -\lambda$ zu nehmen. Was die Grenzen von y betrifft, so kann man sie, so lange die Rolle den Enden des Magnets nicht nahe kommt, $= +\infty$ und $-\infty$ setzen; befindet sich aber die Mitte der Rolle in einer kleinen Entfernung p vom Ende des Magnets, so müssen die Grenzwerthe $+p$ und $-\infty$ genommen werden. Für die ersteren Grenzen findet man

$$ I = 8\pi \int \lambda \mu \, dx \left(1 + \frac{1}{3}\beta(\lambda^2 - 3R^2)\right) \qquad 4);$$

für die letzteren Grenzen wollen wir den Ausdruck wegen seiner grösseren Ausdehnung hier nicht anschreiben, sondern begnügen uns, zu bemerken, dass in jedem Falle für den Inductionsstrom eine Gleichung von der Form

$$ I = 8\pi \int \mu P \, dx \qquad 5)$$

gefunden wird, wo P eine nach Gleichung 3) zu bestimmende Function von $\lambda, R, p, \alpha, \beta$ ist.

2. Verschiebt man die Rolle, so dass ihre Mitte von $x = -\frac{1}{2}c$ nach $x = +\frac{1}{2}c$ kommt, so erhält man den Werth des Inductionsstromes, wenn man den obigen Bestimmungen zufolge $\mu (1 + \alpha y + \beta y^2) \, dy$ anstatt $\mu \, dx$ substituirt und von $y = -\frac{1}{2}c$ bis $y = +\frac{1}{2}c$ integrirt. Die Gleichung 5), durch solche Substitution

uf die Form

$$I = 8\pi\mu \int P(1 + \alpha y + \beta y^2)\, dy \qquad 6)$$

gebracht, lässt sich, wenn die Rolle in grösserer Entfernung von den Enden des Stabes sich befindet, ohne Schwierigkeit integriren und gibt

$$I = 8\pi\lambda\mu c\left(1 + \frac{1}{12}\beta c^2\right)\left(1 + \frac{1}{3}\beta(\lambda^2 - 3R^2)\right). \qquad 7).$$

so dass, wenn der Inductionsstrom durch Beobachtung bestimmt ist, der freie Magnetismus μ in der Entfernung x von der Mitte des Stabes daraus sich ableiten lässt mittelst der Gleichung

$$\mu = \frac{I}{8\pi\lambda c}\left(1 - \frac{1}{3}\beta(\lambda^2 - 3R^2 + \frac{1}{4}c^2)\right) \qquad 8).$$

In der Nähe der Endpunkte ist P veränderlich und man muss in dieser Function $p - y$ anstatt p substituiren. Alsdann bietet aber die Integration der Gleichung 6) grosse Schwierigkeiten dar und man ist genöthigt, P entweder nach dem TAYLOR'schen Lehrsatze zu entwickeln, oder, was noch vorzuziehen ist, durch mechanische Quadratur zu bestimmen. Näheres hierüber so wie bezüglich der Modificationen, welche eintreten wenn man den Querschnitt der Magnete berücksichtigen will, findet man in der oben erwähnten Schrift von ROTHLAUF.

3. Auch den Inductionsstrom, welcher durch eine plötzliche Vermehrung oder Verminderung des Magnetismus der Molecule erzeugt wird, kann man zur Messung des Magnetismus (d. h. der magnetischen Spannung) benützen und in diesem Falle hat man nach S. 92 in der Gleichung 1) $\mu' \varepsilon$ anstatt $\mu\, dx$ zu substituiren: die Integration bezüglich auf y und z, in der obigen Weise ausgeführt, gibt dann analog mit 5)

$$I = 8\pi P \mu' \varepsilon \qquad 9),$$

wo P die vorige Bedeutung hat; daraus folgt für die magnetische Spannung oder die vorhandene Menge des magnetischen Fluidums μ' die Gleichung

$$\mu' = \frac{I}{8\pi P \varepsilon} \qquad 10).$$

4. Die bisherigen Formeln dienen dazu, den freien Magnetismus μ und die Menge des magnetischen Fluidums μ' zu bestimmen, wenn der Inductionsstrom I aus der Beobachtung bekannt ist; soll dagegen ermittelt werden, in wie weit das in §. 31—37 näher begründete BIOT'sche Vertheilungsgesetz des Magnetismus in prismatischen Stäben mit der Erfahrung übereinstimmt, so hat man blos in den oben gefundenen Ausdrücken

$$\mu' = a + b(e^{kx} + e^{-kx}) = a + b f'(kx)$$
$$\mu = bk(e^{kx} - e^{-kx}) = bk f(kx)$$

zu substituiren und α und β dadurch zu bestimmen, dass man in diesen Formeln $x + y$ anstatt x setzt und dann nach den Potenzen von y entwickelt. Auf solche Weise findet man

$$\mu'\alpha = bk f(kx) \qquad \mu'\beta = \frac{1}{2} bk^2 f'(kx)$$
$$\mu\alpha = bk^2 f'(kx) \qquad \mu\beta = \frac{1}{2} bk^3 f(kx).$$

Durch die Substitution dieser Werthe in den obigen Gleichungen gelangt man zu dem Resultate, dass, wenn das Biot'sche Vertheilungsgesetz richtig ist, der Inductionsstrom, falls er durch Entstehen oder Verschwinden des Magnetismus erzeugt wird, der Gleichung

$$I = A + Bf'(kx) + Cf(kx) \qquad 11)$$

und falls er durch eine kleine Bewegung des Magnets in der Rolle erzeugt wird, der Gleichung

$$I = B'f(kx) + C'f'(kx) \qquad 12)$$

genügen muss, wobei noch zu bemerken wäre, dass in der einen wie in der andern Gleichung das letzte Glied nur als eine Correction zu betrachten ist, welche man blos an den Endpunkten des Magnets zu berücksichtigen hat.

5. Lenz und Jacobi [2] haben Eisenstäbe durch den galvanischen Strom magnetisirt und eine kleine Drahtrolle, die mit einem Galvanometer verbunden war, in verschiedene Entfernungen von der Mitte gebracht. Sie beobachteten dann die Ablenkungen der Galvanometernadel, wenn durch Unterbrechung des Stromes der Magnetismus des Eisens verschwand, und betrachteten den Sinus des halben Ablenkungswinkels als dem Magnetismus des Querschnittes, der durch die Mitte der Rolle ging, proportional. Eine erschöpfende theoretische Entwickelung des Problems gaben sie nicht, und auch die theoretische Folgerung, welche sie aus ihren Beobachtungen zogen, und wonach die Vertheilung des Magnetismus durch eine parabolische Linie dargestellt würde, ist von van Rees [3] bestritten worden. Mehrere vorzügliche Beobachtungsreihen hat van Rees selbst ausgeführt, wobei theils die Menge des magnetischen Fluidums μ', theils der freie Magnetismus μ gemessen wurden. Von den Messungen ersterer Art haben wir einige Resultate oben S. 42 angeführt und noch weitere Resultate sollen später §. 74 erwähnt werden. Bei den Experimenten, wo er die Intensität des freien Magnetismus zu ermitteln suchte, traf er eine eigenthümliche Einrichtung, bestehend darin, dass er die Drahtrolle in einer Entfernung x von der Mitte des Stabes hinstellte und den Ausschlag des Galvanometers beobachtete, wenn die Rolle schnell über das nächste Ende hinausgeschoben wurde. Die theoretische Entwickelung vereinfachte er dadurch, dass er anstatt der Drahtrolle eine einzige Windung substituirte und nur den Magnetismus derjenigen Elemente, welche in der Fläche dieser Windung sich befanden, als wirksam betrachtete. Den Inductionsstrom setzte er hiernach proportional der Grösse $\int \mu \, dx$ oder nach der oben gebrauchten Bezeichnung $\int b k f(kx) \, dx$ integrirt von $x = x$ bis $x = l$ (der halben Länge des Magnets).

Die Integration gibt hiefür

$$bf'(kl) - bf'(kx).$$

Da als Maass des Inductionsstromes der Sinus des halben Galvanometerausschlages (§. 17 und 77) $\sin \frac{1}{2} u$ dient, so hat man, wenn das erste Glied des eben gefundenen Ausdrucks mit a und die Exponentialgrösse e^k mit m bezeichnet wird,

$$\sin \frac{1}{2} u = a - b(m^x + m^{-x}).$$

Folgende Tabellen enthalten zwei Versuchsreihen, welche van Rees [4] nach der eben erklärten Methode angestellt hat; jeder Versuchsreihe sind die Werthe der Constanten a, b, m, womit die Berechnung ausgeführt wurde, vorangesetzt, und mit Δu ist der Unterschied zwischen dem beobachteten und berechneten Werthe des Ausschlages u (d. h. Beobachtung — Rechnung) bezeichnet.

§. 66. MESSUNG MITTELST INDUCTIONSSTRÖME. 343

I. **Quadratischer Magnet**, Länge 500, Breite und Dicke 20 Millim. Länge der Inductionsspirale 20 Mill.

$a = 1{,}48648 \qquad \log. b = 9{,}69062 \qquad \log. m = 0{,}01590.$

Entfernung von der Mitte	Ausschlag der Nadel			$\varDelta\alpha.$
	N.-Pol	S.-Pol	Mittel.	
0 Ctm.	60° 14′	61° 8′	60° 41′	— 3′
2	60 26	60 46	60 36	+ 13
4	59 38	58 52	59 15	— 5
6	57 48	57 18	57 33	— 3
8	55 16	54 56	55 6	— 5
10	52 32	51 46	52 9	+ 4
12	48 26	47 58	48 12	— 8
14	44 0	43 50	43 55	+ 1
16	38 48	39 6	38 57	+ 8
18	32 52	33 50	33 21	+ 16
20	26 36	27 36	27 6	+ 26
22	18 54	20 0	19 27	— 6
23 ,,	15 6	15 20	15 13	— 10

II. **Cylindrischer Magnet**, Länge 802, Durchmesser 16,5 Millim. Länge der Inductionsspirale 10 Millim.

$a = 0{,}46658 \qquad \log. b = 8{,}14700 \qquad \log. m = 0{,}03695.$

Entfernung von der Mitte	Ausschlag der Nadel			$\varDelta\alpha.$
	N.-Pol	S.-Pol	Mittel.	
0 Ctm.	52° 2′	52° 28′	52° 15′	+ 14′
8	51 10	51 10	51 10	0
16	48 8	48 0	48 4	— 7
20	45 46	45 0	45 23	— 10
24	42 10	41 8	41 39	— 8
28	36 58	36 0	36 29	— 2
32	29 44	29 2	29 23	+ 10
38	19 30	19 10	19 20	+ 14
39,3 ,,	7 46	7 38	7 42	— 11

ROTHLAUF hat im Ganzen mit 6 cylindrischen Magneten von 1,74 Linien Durchmesser und dreierlei Längen (10 und 8 und 4 Zoll) Versuche angestellt und streng berechnet, dann mit dem BIOT'schen Vertheilungsgesetze verglichen. Wir lassen hier einen Theil seiner Resultate folgen, weil es von Interesse sein möchte zu zeigen, wie weit bei strenger Berücksichtigung aller Umstände gegen das Ende hin die beobachteten Intensitäten durch die BIOT'sche Formel dargestellt werden. Die Entfernungen vom Ende sind in Schraubenumgängen ($= 0{,}76$ Par. Lin.) angegeben; jede Intensität ist das arithmetische Mittel aus den für die Nord- und Südhälfte gefundenen Zahlen.

Entfernung vom Ende	Magnet 10 Zoll		Magnet 8 Zoll		Magnet 4 Zoll	
	Intensität beobachtet	Rechnung—Beobacht.	Intensität beobachtet	Rechnung—Beobacht.	Intensität beobachtet	Rechnung—Beobacht.
0	74,76	— 42,73	63,36	— 31,85	48,66	— 22,92
2	27,92	+ 0,62	24,16	+ 2,50	16,09	+ 2,28
4	26,19	— 0,80	21,73	+ 0,82	12,87	+ 0,23
6	22,70	— 0,10	18,50	+ 0,58	9,33	0,00
8	19,71	+ 0,37	16,13	+ 0,60	6,45	+ 0,17
10	17,89	— 0,01	13,52	+ 0,12	4,76	— 0,03
12	16,11	— 0,20	11,70	— 0,18	2,91	+ 0,35
14	14,30	— 0,16	10,55	— 0,83		

Aus dieser Zusammenstellung geht hervor, dass die BIOT'sche Formel die Intensität am Ende nahe um die Hälfte zu klein gibt: nach meinen Beobachtungen S. 162 würde die Abweichung der Formel ungefähr $^1/_6$ der beobachteten Intensität betragen; jedoch gelten meine Bestimmungen streng genommen nicht für das Ende selbst, sondern für einen zunächst daran befindlichen Punkt.

[1] ROTHLAUF. Ueber Vertheilung des Magnetismus in cylindrischen Stahlstäben. München 1861.
[2] LENZ und JACOBI. Pogg. Ann. LXI. 271 448.
[3] VAN REES. Over de verdeeling van het magnetismus. N. Verh. van het k. Ned. Inst. XII. 94.
[4] VAN REES. Over de verdeeling van het magnetismus in magneter. N. Verh. van het k. Ned. Inst. XIII. 163.

Kapitel VIII.
Anwendung der Drehwaage zur Messung des Magnetismus.

§. 67. Verhältniss der magnetischen Kraft zur Torsionskraft.

Fig. 247.

Hängt man irgend einen Körper, etwa einen horizontalen Stab ab (Fig. 247), an einem Stahldrathe auf, so kommt er mit der Zeit in einer bestimmten Richtung — in der Lage des Gleichgewichts — zur Ruhe, und findet eine Drehung um den Schwerpunkt c statt, so entsteht eine Tendenz, in die Gleichgewichtslage zurückzukehren, welche sich durch einen Druck äussert, so lange der Stab in der seitlichen Stellung gehalten wird, und durch Oscillationen links und rechts von der Gleichgewichtslage, wenn man ihn plötzlich loslässt.

Wir treffen hier ganz ähnliche Verhältnisse an wie bei einem um seinen Schwerpunkt frei beweglichen Magnet. Ein Stahldraht oder überhaupt jeder elastische Faden gibt demnach einem daran hängenden Körper eine Directionskraft, die vergleichbar ist mit der Kraft, wodurch ein Magnet unter den §. 50 bestimmten Umständen sich in seiner Richtung zu erhalten sucht, und so kommt es, dass die Elasticität eines Suspensionsfadens und der Magnetismus eines Stahlstabes sich gegenseitig als Maassbestimmung dienen können.

Die hier beschriebene Wirkung der Elasticität wird als Torsionskraft bezeichnet, und die Grösse derselben bestimmt man entweder durch den Drehungswinkel oder durch die Schwingungsdauer.

1. Zur Messung des Magnetismus würde die Torsionskraft elastischer Fäden in vorzüglichem Grade sich eignen, wenn in der Natur vollkommene Elasticität vorkäme; letzteres ist jedoch nicht der Fall, sondern es findet bei der Verschiebung der Molecule, welche durch die Drehung eines Fadens hervorgebracht wird, eine Reibung derselben statt, und diese bewirkt, dass die Bewegung aufhört, ehe die Lage des Gleichgewichts vollkommen erreicht wird (vergleichbar gewissermaassen mit der Bewegung auf einer Spitze S. 131). Nur da, wo auf die äusserste Genauigkeit verzichtet werden darf, erscheint die Anwendung der Torsionskraft zulässig und vortheilhaft.

Die Drehungskraft eines Fadens hängt zunächst von der eigenthümlichen Beschaffenheit des Stoffes, dann aber von den Dimensionen ab, und zwar hat COULOMB bei runden elastischen Fäden von gleicher Beschaffenheit gefunden, dass die Torsionskraft umgekehrt wie die Länge und direct wie die vierte Potenz des Durchmessers sich verhält. Auch die Wärme und die Stärke der Spannung (das Gewicht des angehängten Körpers) haben auf die Elasticität eines Fadens Einfluss; sogar die Zeit, wie lange die Spannung dauert, bringt eine Modification hervor, denn fast alle elastischen Fäden dehnen sich mit der Zeit aus und erhalten in Folge dessen einen kleinern Durchschnitt.

Da die Torsionskraft mit der Drehung direct proportional ist, so kann man sie, wenn die Drehung (ausgedrückt in Bogen vom Radius $= 1$) mit ψ bezeichnet wird,

$$= \gamma \psi$$

setzen, wo γ die Kraft bedeutet, welche der Faden der Drehung entgegensetzt, also mit der Directionskraft (§. 50) gleichbedeutend ist.

2. Wenn eine Drehung hervorgebracht wird, so geschieht diess fast immer durch einen Hebelarm, worauf eine Kraft senkrecht einwirkt, eine Einrichtung, welche zur Folge hat, dass der Faden aus der verticalen Lage gebracht wird um einen Betrag, der um so kleiner ist, je grösser das spannende Gewicht, wobei zugleich der Drehungswinkel ψ (von der verticalen Lage des Fadens gerechnet) um $\varDelta\psi$ vermindert wird, und zwar hat man, wenn die Länge des Hebelarms $= r$, das darauf wirkende Gewicht $= p$, das spannende Gewicht $= P$, die Länge des Fadens $= l$, die Abweichung von der Verticalen $= \alpha$ gesetzt wird,

$$\sin \alpha = \frac{p}{P} \qquad \varDelta\psi = \frac{l \sin \alpha}{r} = \frac{lp}{rP}.$$

3. Bisher ist die Torsion nur zu relativen Messungen benützt worden; wären absolute Messungen vorzunehmen, so würde man mit Anwendung der magnetischen Einheiten analog mit §. 56 und 61 γ durch die Gleichung

$$\gamma = \frac{n^2 K}{T^2}$$

bestimmen müssen, und zur Ermittelung des Trägheitsmoments K hätte man dieselben Methoden wie bei Magnetstäben (S. 316 und 317) zu befolgen.

§. 68. Benützung der Torsionskraft eines elastischen Fadens.

Um die Torsionskraft eines elastischen Fadens als Maass für die Kraft eines Magnets zu benützen, kann man verschiedene Einrichtungen treffen, worunter folgende wohl die einfachste ist. Am Ende b des durch den Faden cC getragenen Querstabes ab (Fig. 248) befestige man den verticalen Magnet ns, und am entgegengesetzten Ende a eine Bleimasse, welche das Gleichgewicht hält. Da die Bewegung des Poles n im Kreise KKK geschehen muss, so wird, sobald man den Pol S eines Magnets NS in diesen Kreis bringt, eine Annäherung erfolgen, wodurch ab nach $a'b'$ und ns nach $n's'$ kommt, und zwar wird die Bogenentfernung Sn' um so kleiner, mithin die Bogenentfernung nn' um so grösser werden, je grösser die Anziehung der Pole: diess berechtigt uns die Entfernungen als Maass für die Anziehung der Pole zu benützen. Eine vortheilhafte Modification dieser Methode besteht darin, dass man das obere Ende c des elastischen Fadens zurückdreht,

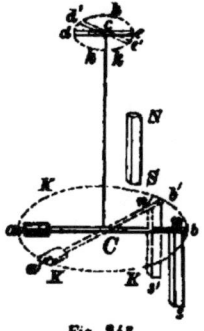

Fig. 248.

bis der Querstab $a'b'$ in die ursprüngliche Lage ab kommt, was einfach bewerkstelliget werden kann, wenn man den Faden an einem um den Mittelpunkt c drehbaren Arm de befestiget. Hat man den Arm de bis $d'e'$ zu drehen, damit der Querstab $a'b'$ nach ab zurückgeführt wird, so dient der Winkel ece' als Maass der Anziehung und es ist leicht einzusehen, dass diese Messungsweise, wenn mehrere Magnete von verschiedener Kraft zu vergleichen sind und sie zu diesem Behufe an die Stelle von ns oder NS gebracht werden, einen wesentlichen Vorzug gewährt, da die Distanz nS immer gleich bleibt, also die Kräfte sich einfach verhalten, wie die Drehungen.

Eine weitere Modification der angegebenen Messungsweise besteht darin, an die Stelle des unmagnetischen Stabes ab einen Magnetstab zu setzen, dessen Pol von dem genäherten Magnetpole S angezogen, oder abgestossen wird. Man kann, wie oben, entweder den Winkel, um welchen ab aus der ursprünglichen Lage entfernt wird, oder den Winkel, um welchen man das obere Ende des Fadens zu drehen hat, damit der Stab in die ursprüngliche Lage zurückkehre, als Maass anwenden; im erstern Falle übrigens hat man zugleich das Drehungsmoment, welches der Erdmagnetismus dem Stabe ertheilt, in Rechnung zu bringen, und es treten bezüglich auf den Erfolg der magnetischen Anziehung die Verhältnisse ein, die bereits oben §. 64 entwickelt worden sind; auch wäre zu bemerken, dass man das Resultat der Beobachtung als Maass für die Kraft des aufgehängten Magnetstabes oder des genäherten Magnets NS benützen könne.

Von den drei Kräften, die hier zusammenwirken, lässt sich die eine, nämlich der Magnet NS, gänzlich beseitigen, so dass dann nur die Torsionskraft des Fadens und das magnetische Moment des daran aufgehängten Magnetstabes ab (als bekannte und zu bestimmende Grösse) übrig bleiben. Das zweckmässigste Verfahren besteht dann darin, das obere Ende des Fadens so weit zu drehen, bis ab in eine gegen den Meridian senkrechte Lage gebracht wird, weil unter dieser Bedingung die Rechnung am einfachsten sich gestaltet und die Torsionskraft des Fadens dem Producte aus der Intensität des Erdmagnetismus und dem magnetischen Momente des Stabes das Gleichgewicht hält.

Da die Schwingungsdauer eben so gut wie die Ablenkung aus dem Meridian zur Bestimmung der Kraft zu benützen ist, so lässt sich in dem letzterwähnten Falle die Messung so einrichten, dass man die Schwingungen eines an einem elastischen Faden aufgehängten Magnets, sei es im Meridian, sei es unter irgend einem Ablenkungswinkel beobachtet.

Im Meridian wirkt ausser der Torsionskraft des Drathes der Erdmagnetismus und das magnetische Moment des Stabes, und das Product dieser beiden letzteren Grössen, d. h. die vom Erdmagnetismus ertheilte Directionskraft, hinzugefügt zur Torsionskraft des Drahtes, ist dem Quadrate der Schwingungsdauer umgekehrt proportional. Unter einem gegebenen Ablenkungswinkel wird nach §. 50 die Directionskraft im Verhältnisse des Cosinus der Ablenkung vermindert.

Geht die Ablenkung so weit, dass der Magnet senkrecht gegen den magnetischen Meridian zu stehen kommt, so wirkt bei den Schwingungen die Torsionskraft des Drahtes allein. Ist die Torsionskraft des Drahtes etwas grösser als die Directionskraft des Erdmagnetismus, so kehrt eine Drehung von 180°

n Magnet vollständig um, so dass der Nordpol nach Süden gerichtet wird, d der Unterschied zwischen der Torsionskraft des Drahtes und der vom Erdmagnetismus erhaltenen Directionskraft ist dem Quadrate der Schwingungsdauer umgekehrt proportional. Man sieht, dass die Combination von Schwingungen verschiedenen Lagen dazu benützt werden kann, um die Wirkung der einzelnen Kräfte zu sondern.

1. Wir wollen bei *Fig. 248* zuerst den Fall betrachten, wo durch die gegenseitige Anziehung der Magnete ns und NS der Querstab von der Lage ab nach $a'b'$ gebracht wird und dabei der Einfachheit wegen voraussetzen, dass nur von den zwei Polen n und S die Anziehung, die mit μ und μ' bezeichnet werden soll, ausgehe. Es sei $nCn' = \psi$, $nCS = \varphi$, $Cn = r$, so ist das Moment, welches S auf n' senkrecht auf Cn' ausübt,

$$= \frac{r\mu\mu'}{(nS)^3} \cos \frac{1}{2}(\varphi - \psi) = \frac{\mu\mu' \cos \frac{1}{2}(\varphi - \psi)}{4r \sin^2 \frac{1}{2}(\varphi - \psi)}$$

und dieses ist gleich der Torsionskraft $r\gamma\psi$.

Hieraus ergibt sich

$$\mu\mu' = 4r^2 \gamma\psi \sin \frac{1}{2}(\varphi - \psi) \, \text{tg} \, \frac{1}{2}(\varphi - \psi).$$

Wird nach der zweiten oben erklärten Messungsmethode das obere Ende des Fadens um den Winkel $ece' = \psi$ gedreht, damit der Querstab auf seine ursprüngliche Stellung zurückkomme, und setzt man den Winkel $nCS = \varphi$, so erhält man nach denselben Grundsätzen

$$\mu\mu' = 4r^2 \gamma\psi \sin \frac{1}{2}\varphi \, \text{tg} \, \frac{1}{2}\varphi.$$

Wird der Querstab ab beseitigt und an dessen Stelle ein Magnet (wie in §. 242 S. 333) an dem elastischen Faden cb im magnetischen Meridian aufgehängt und setzt man die Drehung des oberen Fadenendes $= \psi$, dann den Betrag, um welchen der Magnet in gleichem Sinne folgt, $= \varphi$, so bleibt als Drehungswinkel des Fadens der Unterschied $\psi - \varphi$ übrig; die hiedurch erzeugte Torsionskraft ist demnach dem Drehungsmoment, womit der Magnet gegen den Meridian gezogen wird, gleich und wir erhalten

$$\gamma(\psi - \varphi) = MX \sin\varphi.$$

Setzt man die Drehung des oberen Drahtendes so weit fort, bis der Magnet senkrecht steht gegen seine natürliche Richtung, d. h. bis $\varphi = 90°$ ist, so hat man

$$\gamma\left(\psi - \frac{1}{2}\pi\right) = MX.$$

2. Wird die Schwingungsdauer eines an einem Draht aufgehängten und unter dem Einflusse der Directionskraft MX schwingenden Magnets beobachtet und $= T$ gefunden, so erhält man

$$MX + \gamma = \frac{\pi^2 K}{T^2}$$

und ist der Magnet um den Winkel φ abgelenkt, so hat man

$$MX \cos\varphi + \gamma = \frac{\pi^2 K}{T^2};$$

diese Formel geht in

$$\gamma = \frac{\pi^2 K}{T^2}$$

über, wenn $\varphi = 90^0$ wird, d. h. der Magnet senkrecht auf den Meridian zu stehen kommt, und in

$$-MX + \gamma = \frac{\pi^2 K}{T^2},$$

wenn der Faden nach und nach so weit gedreht wird, dass der Nordpol des Magnets nach Süden zeigt, was voraussetzt, dass die Drehung des Fadens 180^0 betrage und γ etwas grösser sei als MX.

Die letzteren Gleichungen werden in der Praxis wenig Anwendung finden, theils weil die Messung der Schwingungsdauer eine umständliche Operation bildet, theils weil wenig Nutzen daraus zu ziehen ist, wenn man nicht das Trägheitsmoment vorher genau bestimmt hat; auch die oben erklärte Messung der Kraft durch den Drehungswinkel wird gegenwärtig wenig mehr im Fache des Magnetismus benützt; Coulomb [1] war wohl der einzige, der wichtige magnetische Resultate daraus abgeleitet hat.

[1] Coulomb. *Mém. de l'Acad. de Paris.* 1785. p. 606.

§. 69. Weitere Torsionsmittel, Bifilar-Suspension.

Die oben beschriebene Torsionskraft eines elastischen Fadens verspricht, theoretisch betrachtet, für magnetische Messungen ausgezeichnete Vortheile; in der Praxis lassen sich jedoch diese Vortheile, man mag Stahldraht, Eisendraht, Messingdraht oder Glasfäden gebrauchen, nicht erlangen, theils weil die Torsionskraft eines Drahtes im Verhältnisse zu den zu messenden magnetischen Kräften sehr stark ist, also für feine Messungen wenig sich eignet, theils weil die Elasticität der Drähte unvollkommen ist, mithin die Kraft nicht streng in demselben Verhältnisse zunimmt, wie die Drehung. Man hat desshalb verschiedene andere Torsionskräfte einzuführen gesucht.

Eine gerade flache Uhrfeder bildet ein Torsionsmittel, wobei die Kraft bis auf mehrere Umgänge hinreichend regelmässig mit der Drehung zunimmt; zweifelhaft bleibt es jedoch, ob man einer solchen Uhrfeder die nöthige Länge und Feinheit geben könne. Praktisch anwendbar sind spiralförmig gewundene feine Uhrfedern oder Stahldrähte (*Fig. 249*). Die Torsionskraft der Spirale hängt von der Stärke des Drahtes, oder der Feder, woraus sie gemacht ist, dann von der Zahl und dem Durchmesser der Windungen ab, und zwar findet eine directe Proportionalität statt. Ein wesentlicher Uebelstand dabei ist, dass jede Erschütterung verticale Oscillationen erzeugt und mit jeder Verlängerung oder Verkürzung eine Aenderung des Drehungswinkels verbunden ist.

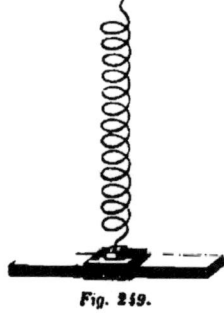

Fig. 249.

§. 69. FEDERN-SPIRALEN-BIFILARTORSION.

Am meisten Anwendung hat in neuerer Zeit die Torsionskraft, welche durch die Bifilarsuspension (*Fig. 250*), d. h. durch die Aufhängung an zwei Parallelfäden erzeugt wird, gefunden. Wenn ein an zwei vollkommen biegsamen parallelen Fäden eg, df aufgehängter Stab ab gedreht wird, dass er in die Stellung $a'b'$ kommt, so **verkürzt** sich durch schiefe Lage die Entfernung bc und der Stab **erhebt** sich über die ursprüngliche Ebene, während ihn die Schwere wieder in die frühere Lage zurückzuführen sucht.

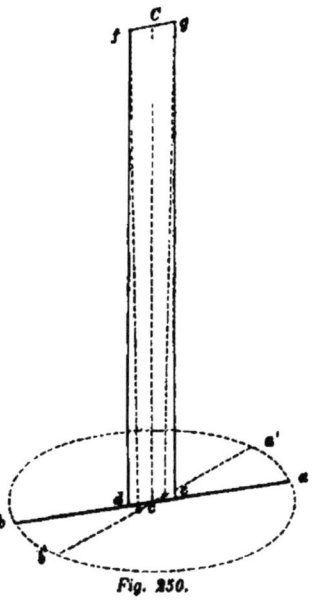

Fig. 250.

Es entsteht auf diese Weise eine Torsionskraft, welche dem Sinus des Drehungswinkels proportional ist; vergleicht man aber verschiedene Bifilarvorrichtungen miteinander, so wird die Torsionskraft um so grösser sein, je grösser das Gewicht des Stabes und je kleiner die Länge der Fäden ist; am meisten Einfluss hat die Distanz der Fäden, indem die Torsionskraft im Verhältnisse des Quadrats dieser Distanz zunimmt.

Die Ableitung der Directionskraft aus den Dimensionen und dem Gewichte des Apparates bietet übrigens viele Schwierigkeit; insbesondere lässt sich die Distanz der Fäden nie mit der für magnetische Messungen erforderlichen Schärfe bestimmen. Man nimmt desshalb seine Zuflucht zu Schwingungsbeobachtungen, wie bei einem einfachen elastischen Faden (voriger §.), und erhält zur Berechnung der Directionskraft dieselben mathematischen Ausdrücke. Durch Modification der Länge und Entfernung der Fäden kann man jeden beliebigen Grad von Feinheit in der Messung erlangen; zugleich ist hier nicht die Elasticität (welche zufälligen Einflüssen einigermassen unterliegt und nie vollkommen ist), sondern die Schwere, welche immer gleiche Stärke hat, die wirkende Kraft. Man hat desshalb von der Bifilarsuspension grossen Nutzen erwartet; die wirkliche Anwendung ist aber bisher insbesondere dadurch wesentlich beschränkt worden, dass keine hinreichend biegsamen Fäden zu finden sind.

Da die Bifilarsuspension von der Schwerkraft abhängt, so wird bei Anwendung derselben auf die durch die geographische Breite bedingte Modification dieser Kraft Rücksicht genommen werden müssen.

1. Der Anwendung von einfachen Metallfäden zu magnetischen Untersuchungen steht, wie wir oben auseinandergesetzt haben, die Schwierigkeit entgegen, dass die Torsionskraft derselben im Verhältnisse zur magnetischen Kraft sehr gross ist. In dieser Hinsicht empfehlen sich die Glasfäden insofern, als sie ausserordentlich fein gezogen werden können; dagegen lässt sich nicht wohl für die ganze Länge gleiche Form und Grösse des Durchschnittes erzielen. Was die Elasticität betrifft, so wird von Coulomb Messingdraht für vorzüglich brauchbar erklärt.

2. Für feine Messungen habe ich Spiralen von dünnem Eisendrahte (*Fig. 249*) sehr geeignet gefunden. Auf ganz einfache Weise verfertigt man sie mittelst einer Kurbel von rundem Eisen, indem man (*Fig. 251*, S. 350) das Ende des Drahtes

bei C festmacht (etwa durch ein Loch steckt), dann das Eisen zwischen zwei Holzklötzchen A und B in einem Schraubstocke stark klemmt und durch Umdrehen der Kurbel den Draht aufwindet. Umständlicher ist die An-

Fig. 251.

fertigung von gehärteten Spiralen von cylindrischer, conischer oder parabolischer Form aus dem feinsten englischen Stahldrahte, wie sie von WARTMANN [1] hergestellt worden sind. Die Eisen zum Aufwinden müssen eigens angefertigt werden: das Härten geschieht dadurch, dass man die Eisen, während der Draht aufgewunden ist, in Kohlenfeuer bis zum Rothglühen erhitzt und in Wasser taucht.

3. Um die Verhältnisse der Bifilarsuspension zu entwickeln, sei in *Fig. 252* (die eigentlich nur ein Theil von *Fig. 250* ist) Cc eine unbewegliche verticale Linie, auf welche zunächst die Drehung bezogen werden soll; es sei ferner eg ein Faden, der vom fixen Punkte e senkrecht herabgeht, am Ende g das Gewicht p trägt und mit C durch die unbiegsame, um den Mittelpunkt c drehbare Linie cg verbunden ist. Man drehe das Ende g dieser Linie seitwärts nach g', so wird sie in Folge des Zuges, den das Gewicht p ausübt, in die vorige Lage zurückzukommen suchen. An und für sich strebt der Punkt g' in der geraden Richtung $g'g$ nach g zu kommen, und zwar mit der Kraft $p \sin geg'$. Da aber die Bewegung wegen der Unbiegsamkeit der Linie cg im Kreise vor sich gehen muss, so haben wir diese Kraft in zwei andere, wovon eine nach der Linie cg', die andere senkrecht darauf gerichtet ist, zu zerlegen.

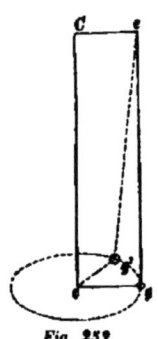

Fig. 252.

Die erstere drückt direct gegen den Mittelpunkt c, den wir als unbeweglich betrachten, und nur die letztere, deren Betrag

$$= p \sin geg' \sin cg'g \qquad 1)$$

ist, kann eine Bewegung erzeugen.

Bezeichnet man den Drehungswinkel gcg' mit ψ, die Entfernung cg mit $\frac{1}{2} a$ und die Länge des Fadens eg mit l, so hat man

$$g'g = l \sin geg' = a \sin \frac{1}{2} \psi \qquad cg'g = 90^\circ - \frac{1}{2} \psi.$$

Diese Werthe sind in dem eben gefundenen Ausdrucke 1), der die auf cg' senkrecht wirkende Kraft darstellt, zu substituiren, und wenn dann die Kraft mit dem Hebelarm $cg' = \frac{1}{2} a$ multiplicirt wird, so erhält man das Drehungsmoment, womit cg' in die ursprüngliche Lage zurückzukehren sucht,

$$= \frac{1}{4} \frac{a^2 p}{l} \sin \psi. \qquad 2).$$

Bringt man eine Kraft von dieser Grösse an den Hebelarm cg' in entgegengesetzter Richtung an, so verbleibt er in Ruhe, übt aber dem Obigen zufolge einen Druck in der Richtung $g'c$ aus. Wird nun die Figur durch Hinzufügung des zweiten Fadens mit einem angehängten Gewichte p unter Beibehaltung aller obigen Bedingungen ergänzt, so kommt das neue Gewicht und die neue unbiegsame Linie, welche dasselbe mit dem Mittelpunkt c verbindet, auf die andere Seite von c dem Punkte g' gegenüber und 180° davon entfernt zu stehen und wir erhalten zwei neue Kräfte, wovon die eine einen Druck direct gegen c ausübt, die andere eine Drehung zurück zu der ursprünglichen Gleichgewichtslage hervorzubringen sucht. Um eine Bewegung in letzterem Sinne zu hindern, hätte man wie oben eine entgegenwirkende Kraft

$$= \frac{1}{4} \frac{a^2 p}{e} \sin \psi$$

anzubringen. Das Ergebniss des Zusammenwirkens sämmtlicher Kräfte wäre, dass die zwei direct und von entgegengesetzter Seite nach dem Mittelpunkt c drückenden Kräfte sich aufheben, die beiden Drehungskräfte aber als in gleichem Sinne wirkend sich summiren müssten und das Bifilarsystem im Gleichgewichte bliebe, wenn der Torsionskraft desselben entgegenwirkend ein Drehungsmoment von

$$2 \cdot \frac{1}{4} \frac{a^2 p}{l} \sin \psi$$

angebracht würde.

Bezeichnet man demnach das Ganze an den Fäden angehängte Gewicht $2p$ mit P, so erhält das Drehungsmoment des Bifilarsystems die einfache Form

$$\frac{1}{4} \frac{P a^2}{l} \sin \psi. \qquad 3).$$

Soll die Bifilarsuspension zu magnetischen Messungen benützt werden, so hat man die Längen nach §. 51 in den entsprechenden Einheiten auszudrücken und anstatt P, wenn es in Milligrammen angegeben ist, gP oder $9779{,}4\,(1 + 0{,}00519 \sin^2 \vartheta)\,P$ zu substituiren; wenn demnach ein Magnet von dem magnetischen Moment M anstatt des Stabes ab (*Fig. 250*) aufgehängt wird, so dass er im magnetischen Meridian zur Ruhe kommt, also die Parallelfäden keine Drehung haben, dann aber den Parallelfäden eine Drehung $= \psi$ gegeben und dadurch der Magnet um den Winkel φ aus dem magnetischen Meridian abgelenkt wird, so bleibt eine Drehung der Fäden $= \psi - \varphi$ übrig und das Verhältniss der Kräfte wird dem Obigen zufolge ausgedrückt durch die Gleichung

$$MX \sin \varphi = \frac{1}{4} \frac{a^2 g P}{l} \sin (\varphi - \psi) = \gamma \sin (\varphi - \psi). \qquad 4).$$

Es kann die Directionskraft bei der Bifilarsuspension wie bei einem einfachen Faden (§. 68) dadurch bestimmt werden, dass man einen Körper von bekanntem Trägheitsmoment K daran hängt und die Schwingungsdauer T in der Horizontalebene beobachtet; man hat alsdann für die Directionskraft γ die Gleichung

$$\gamma = \frac{\pi^2 K}{T^2}. \qquad 5).$$

Ueberhaupt gelten für die Bifilarsuspension analoge Ablenkungs- und Schwingungsgleichungen, wie für einen einfachen elastischen Faden; wichtig insbesondere ist die von Gauss[2] angewendete Combination der Schwingungszeiten T und T', welche man erhält, wenn der Magnet einmal in seiner natürlichen Richtung sich befindet, dann durch Drehung der Bifilarsuspension in die verkehrte Richtung gebracht wird; man hat nämlich:

$$MX + \gamma = \frac{n^2 K}{T^2} \qquad 6)$$

$$- MX + \gamma = \frac{n^2 K}{T'^2} \qquad 7)$$

und daraus folgt

$$\gamma = \frac{1}{2} n^2 K \left(\frac{1}{T^2} + \frac{1}{T'^2} \right) \qquad 8)$$

$$MX = \gamma \frac{T'^2 - T^2}{T'^2 + T^2}. \qquad 9);$$

endlich gibt die letztere Gleichung in Verbindung mit 4) das Verhältniss des Torsionswinkels durch die Gleichung

$$\frac{\sin(\psi - \varphi)}{\sin \varphi} = \frac{T'^2 - T^2}{T'^2 + T^2}$$

4. Die Bifilarsuspension ist von SNOW HARRIS [3] als Torsionskraft in der Physik eingeführt worden. In einem Vortrage, den er bei der Versammlung der Brittischen Association im Jahre 1832 in Oxford hielt, erwähnt er, dass er kupferne Nadeln und kupferne Ringe, an zwei parallelen Fäden aufgehängt, über einem Magnet habe schwingen lassen, um die Abnahme der Schwingungsbögen, die in solchem Falle entsteht, zu beobachten. In der Versammlung derselben Association, die im Jahre 1835 in Dublin gehalten wurde, gab er eine Beschreibung einer Torsionswaage zu elektrischen Messungen, wobei die Bifilarsuspension angewendet war. Er bemerkt zugleich, er habe die Theorie dieser Suspensionsweise entwickelt und gefunden, dass die Torsionskraft dem Gewichte, dem Quadrate der Entfernung der Fäden und dem Sinus des Ablenkungswinkels proportional sei. Die weitere Erklärung zeigt, dass er das Princip der Bifilarsuspension richtig aufgefasst und die Anwendbarkeit in vielen physikalischen Untersuchungen erkannt hatte.

Die erste Anwendung zu magnetischen Messungen machte GAUSS [4] im Jahre 1837 mit gründlicher Erläuterung des Princips und der Bedingungen der Anwendung, wozu WEBER [5] weitere Entwickelungen geliefert hat; LLOYD [6] gibt übrigens an, dass von ihm ungefähr gleichzeitig und ehe die Kunde von den Einrichtungen, die GAUSS getroffen hatte, nach England gelangt war, eine ganz ähnliche Anwendung der Bifilarsuspension gemacht worden sei.

5. Wenn gleich die Bifilarsuspension unter den Torsionskräften als die beste anerkannt werden muss, so ist sie in der Praxis noch weit davon entfernt, der mathematischen Idee zu entsprechen; insbesondere hat die mehr oder minder beträchtliche Steifheit der Fäden zur Folge, dass dieselben bei der Drehung nicht, wie die Theorie fordert, in gerader Linie von den Befestigungspunkten ausgehen. Auch dadurch wird die Anwendung erschwert, dass eine Temperaturcorrection anzubringen ist, bestehend darin, dass man $a(1 + \beta t)$ anstatt a und $l(1 + \beta' t)$ anstatt l substituiren muss, wenn t die Temperatur, β den Ausdehnungscoefficienten für das Metall, woran die Enden der Fäden befestigt sind, und β' den Ausdehnungscoefficienten der Fäden selbst bedeuten. Näheres hierüber findet man in dem Bande, der den Erdmagnetismus behandelt.

[1] WARTMANN. *Mémoire sur deux balances à réflexion.* Mem. de la soc. de phys. et d'hist. nat. de Genève. 1847.

[2] GAUSS. Result. d. magnet. Vereins, 1837. S. 35.

[3] Snow Harris. *Rep. of the Brit. Association*, 1832, p. 563. 1835, p. 17 (Notices) und 1836, p. 19 (Notices). *Philos. Trans.* 1836, p. 417.
[4] Gauss. Result. des magn. Vereins, 1837. S. 1.
[5] Weber. Daselbst, S. 20.
[6] Lloyd. *Account of the magnetical Observatory of Dublin*, 1842, p. 28.

Kapitel IX.
Bestimmungen der relativen und absoluten Grösse des magnetischen Moments.

§. 70. Das magnetische Moment als Maass der magnetischen Kraft, Verhältniss zu den Dimensionen.

Es hilft gar nichts bei magnetischen Untersuchungen die Quantität des in einem Stabe enthaltenen positiven und negativen Magnetismus zu kennen, weil die Wirkungen nicht von der Quantität allein, sondern gleichzeitig von der Vertheilung abhängen. Die Quantität und die Vertheilung zugleich wird aber durch das magnetische Moment dargestellt, und zwar in derjenigen Weise wie es nöthig ist, um insbesondere die Fernwirkungen eines Magnets zu beurtheilen und zu berechnen. So kommt es, dass die Bestimmung des magnetischen Moments eine Hauptaufgabe der Lehre des Magnetismus bildet.

Jede beobachtete Fernwirkung eines Magnets kann benützt werden, um daraus eine mehr oder weniger vortheilhafte Bestimmung seines magnetischen Moments abzuleiten; und zwar sind die Bestimmungen von zweierlei Art, entweder handelt es sich darum, zwei magnetische Momente zu vergleichen und anzugeben, um wie viel das eine das andere übertrifft — relative Bestimmung —, oder es handelt sich darum, nach einer gegebenen Maasseinheit das magnetische Moment zu ermitteln, — absolute Bestimmung. Bei relativen, wie bei absoluten Bestimmungen ist es nothwendig, die Directionskraft des Erdmagnetismus zu benützen.

1. Da das magnetische Moment nichts anderes ist, als die Summe des Magnetismus aller Elemente, multiplicirt mit ihren Entfernungen von der Mitte (§. 53), so würde man direct zum Ziele gelangen durch Herstellung des Gesetzes, nach welchem der freie Magnetismus von der Mitte aus gegen die Enden zunimmt. Was auf diesem Wege bisher versucht wurde, ist aus Kap. III zu ersehen, und man überzeugt sich leicht, dass ein befriedigender Erfolg in keinem der praktisch vorkommenden Fälle zu erzielen ist.

Coulomb und Biot haben sich vorgestellt, dass die Kraft eines bis zur Sättigung magnetisirten Stabes in einem bestimmten Verhältnisse zu seinen Dimensionen stehen müsse, und durch Versuche dieses Verhältniss zu ermitteln sich bemüht. Ersterer fand [1], dass die magnetischen Momente zweier ähnlicher Magnete, welche Form sie auch haben mögen, sich verhalten wie die Cubusse der homologen Dimensionen, und suchte dieses Resultat durch theoretische Betrachtungen näher zu begründen; auch stellte er Versuche [2] an, wonach bei dünnen runden Magneten von gleichem Querschnitt und ungleicher Länge die Momente wie die Quadrate der Längen sich verhalten sollten: sind dagegen die Längen gleich und die Durchmesser ungleich, so würden sich seiner Angabe zufolge (wie schon

Cumming gefunden hatte) die Momente einfach wie die Durchmessei sich verhalten. Biot[3] verfolgte einen ganz anderen Weg und beschäftigt sich zunächst nicht mit dem magnetischen Momente, sondern mit der Schwingungszeit. Nennt man T die Schwingungszeit, B die Breite, D die Dicke, L die Länge, so findet er die Formel

$$T = mD\sqrt{B} + nL \qquad 1),$$

wo m und n Constanten sind, die für jede Stahlsorte bestimmt werden müssen. Aehnliche, aber noch weniger rationell begründete Bemühungen von Häcker haben wir oben §. 62 bereits erwähnt. Eine ganz eigenthümliche Methode, die Kraft eines Magnets zu messen, hat Arago[4] in Vorschlag gebracht, nämlich die Beobachtung des Einflusses, den eine darunter rotirende Kupferscheibe ausübt (§. 49); auch die Abnahme der Schwingungsweite, wenn der Magnet über einer Kupferscheibe horizontal aufgehängt wird, kann zu gleichem Zwecke benützt werden. Arago stellte sich vor, dass auf solchem Wege der Kraftverlust der zu erdmagnetischen Messungen verwendeten Nadeln controllirt werden könne; jedoch ist bisher nicht ausgewiesen worden, wie die Untersuchung einzurichten sei, damit sie ein hinreichend genaues Resultat liefere.

2. Bei prismatischen Stäben von geringem Querschnitte liesse sich das Verhältniss des magnetischen Moments zu der Länge nach der Formel (§. 37 und 65)

$$\frac{2KM}{k}\left(l - \frac{2}{k}\frac{1-e^{-kl}}{1+e^{-kl}}\right)$$

oder

$$\frac{2KMl}{k} f(kl) \qquad 2)$$

berechnen, wenn nicht die Anwendung dieser Formel so viele Schwierigkeit hätte. Uebrigens haben wir schon oben (§. 65) die Schwierigkeiten bedeutend vermindert und folgende Tabelle für die Function $f(kl)$ wird eine weitere Erleichterung des Calculs herbeiführen.

kl	$f(kl)$	kl	$f(kl)$
0,1	0,000833	3,2	0,4240
0,2	0,003320	3,5	0,4620
0,3	0,007432	3,6	0,4740
0,4	0,01312	4,0	0,5180
0,5	0,02034	4,5	0,5654
0,6	0,0290	4,8	0,5902
0,7	0,0390	5,0	0,6054
0,8	0,0500	5,5	0,6393
0,9	9,0626	6,0	0,6683
1,0	0,0758	6,5	0,6932
1,2	0,1050	7,0	0,7148
1,4	0,1366	7,5	0,7336
1,5	0,1532	8,0	0,7502
1,6	0,1700	8,5	0,7648
1,8	0,2042	9,0	0,7778
2,0	0,2384	9,5	0,7895
2,1	0,3052	10,0	0,8000
2,5	0,3214	11,0	0,8182
2,8	0,3676	12,0	0,8333
3,0	0,3966	13,0	0,8462
		14,0	0,8571.

Bei Berechnung der Tabelle findet man, dass für kleine Werthe von kl, etwa bis $kl = 0,5$, die Function $f(kl)$ in eine sehr convergente Reihe nach den Potenzen von kl sich entwickeln lässt; man erhält nämlich

$$f(kl) = \frac{1}{12} k^2 l^2 - \frac{1}{120} k^4 l^4 - \frac{17}{40320} k^6 l^6 \qquad 3).$$

Ferner findet man, dass, wenn kl über 10 hinausgeht, die Exponentialgrössen weggelassen werden können und die einfache Gleichung

$$f(kl) = \frac{kl - 2}{kl} \qquad 4)$$

schon die erforderliche Genauigkeit gewährt.

Ist kl so klein, dass in Gleichung 3) die höheren Potenzen vernachlässigt werden dürfen und nur das erste Glied zu berücksichtigen ist, so ergiebt sich das magnetische Moment

$$= \frac{1}{6} K M k l^2,$$

so dass in diesem Falle die magnetischen Momente sich wie die dritten Potenzen der Längen verhalten.

Aus den Gleichungen 2) und 4) erhält man für grosse Werthe von kl das magnetische Moment

$$= \frac{2KM}{k^2}(kl - 2)$$

und daraus ist ersichtlich, dass bei langen Stäben die magnetischen Momente einfach den Längen proportional zunehmen.

In §. 65 ist endlich nachgewiesen, dass zwischen den beiden angeführten Extremen ein Intervall vorkommt, wo die magnetischen Momente annähernd dem Quadrate der Längen proportional gesetzt werden können.

3. Hat man die magnetischen Momente kurzer Stäbchen, deren Längen sich wie 1. 2. 3. 4. ... verhalten, mit einander zu vergleichen, so kann man sie als aus 1, 2, 3, 4 ... Elementen zusammengesetzt betrachten und erhält dann durch Anwendung der S. 183 erklärten Methode, wenn das magnetische Moment eines Elements mit m und der Inductions-Coefficient mit a bezeichnet werden,

für 1 Element, magnetisches Moment $= m$

2 Elemente, $= m \dfrac{2}{1-a}$

3 $= m \dfrac{3+4a}{1-2a^2}$

4 $= m \dfrac{4+2a}{1-a-a^2}$

$= m \dfrac{5+8a-a^2}{1-3a^2}.$

Bei zwei Versuchsreihen[5], die ich mit Stäbchen von 10, 20, 30, 40, 50 Millimeter ausführte, ergab sich

$$m = 4{,}068 \qquad a = 0{,}4573$$

und die magnetischen Momente nach der Beobachtung und Rechnung sind:

Beobachtung	4,0	14,2	32,3	57,7	94,3
Rechnung	4,1	15,0	33,8	59,9	92,2

4. Was den Querschnitt betrifft, so kann man für Stäbe von grösserem Querschnitte nach §. 37 die magnetischen Momente den Quadratwurzeln aus den Querschnitten proportional setzen; diess ist jedoch nur eine Näherung, die um so mehr von der Beobachtung abweicht, je kleiner die Querschnitte sind, was sehr deutlich aus der II. Versuchsreihe S. 122 sich entnehmen lässt, denn da die aus gleichen Lamellen zusammengesetzten Prismen Querschnitte hatten, welche der Anzahl der Lamellen proportional waren, so sollten die magnetischen Momente, dividirt durch die Quadratwurzel aus der Anzahl der Lamellen, stets denselben Quotienten geben; in der Wirklichkeit hat man aber

Zahl der Lamellen	Quotient
1	3,53
2	2,91
4	2,33
8	1,98
9	1,94
10	1,91
11	1,89
12	1,86

Man ersieht aus diesen Zahlen übrigens, wie der Quotient immerfort einem constanten Werthe sich nähert, je grösser der Querschnitt wird, so dass für grosse Querschnitte der obige Lehrsatz als richtig betrachtet werden kann. Ich habe nachgewiesen [6], dass, wenn man bei dem eben erwähnten Versuche die Zahl der Lamellen mit n bezeichnet und die magnetischen Momente nach der Formel

$$\sqrt{\frac{12 \cdot 80 + 2 \cdot 46 n}{n + 0 \cdot 218}}\, n$$

berechnet, eine sehr genaue Uebereinstimmung zwischen der Rechnung und Beobachtung sich zeigt; es ist jedoch diess nichts weiter als ein Interpolationsausdruck, der sich theoretisch nicht begründen lässt. Eine richtige Grundlage zur Ermittelung des Verhältnisses zwischen dem Querschnitte und dem magnetischen Momente ist in §. 37 gegeben, bedarf aber noch weiterer Ausbildung. Vorläufig lässt sich nur so viel feststellen, dass bei prismatischen Magneten, deren Durchschnitt ein Parallelogramm bildet, das magnetische Moment durch einen Ausdruck von der Form

$$A\left(x + B\left(1 - \frac{1}{c^x}\right)\right)$$

dargestellt wird, wenn die eine Dimension x veränderlich ist und der Analogie zufolge wahrscheinlich ein Ausdruck von der Form

$$A\left(x + B\left(1 - \frac{1}{c^x}\right)\right)\left(y + B\left(1 - \frac{1}{c'^y}\right)\right)$$

substituirt werden muss für den Fall, dass beide Dimensionen x und y (Dicke und Breite) veränderlich sind.

[1] COULOMB. *Détermination des forces qui ramènent différentes aiguilles aimantées à leur méridien magnétique. Mém. de l'Inst. de France. Sciences math. et phys.* III, 176.

[1] HANSTEEN. Magnetismus der Erde. I, 307, 308. Man vergleiche hiemit CUMMING; Gilb. Ann. LXIX, 400.
[2] BECQUEREL. Traité d'électricité et de magnétisme. III, 125.
[3] ARAGO. Ann. de Chim. et de Phys. XXX, 263.
[4] LAMONT. Jahresbericht der Münchener Sternwarte für 1854. S. 34.
[5] LAMONT. Ueber die vortheilhafteste Form der Magnete. Pogg. Ann. CXIII, S. 239.

§. 71. Relative Bestimmung des magnetischen Moments durch Ablenkungen.

Unter den verschiedenen Wirkungen, aus welchen eine relative Bestimmung des magnetischen Moments abgeleitet werden kann, sind vor Allem die Ablenkungen zu erwähnen. Hat man zwei Magnete mit einander zu vergleichen, und reicht es aus, das Verhältniss ihres Moments etwa auf den dreihundertsten Theil genau zu erhalten, so braucht man ihnen nur in grösserer Entfernung von einer mit feiner Ablesung versehenen freien Nadel die gleiche Lage der Mittelpunkte und die gleiche Richtung der Axen zu geben und die Ablenkungen (die nur wenige Grade betragen dürfen) zu beobachten. Das Verhältniss der — in Bogen oder in Scalentheilen — abgelesenen Ablenkungen ist zugleich das Verhältniss der magnetischen Momente.

Die Stellung gegen die freie Nadel ist an und für sich gleichgiltig, jedoch sollte eine Stellung gewählt werden, wo die Ablenkung möglichst einfach mit der Kraft zusammenhängt und wo die Kraft einen möglichst grossen Ausschlag hervorbringt. Alle normalen Ablenkungen (§. 60) sind zulässig, vortheilhaft ist die Tangenten-Ablenkung Ost und West, noch vortheilhafter die Sinus-Ablenkung Ost und West.

Soll eine grosse Genauigkeit erlangt werden, oder wird eine kleinere Entfernung gewählt, so muss auf die Länge des Magnets und der freien Nadel und auf alle Umstände, welche einen untergeordneten Einfluss auf die Ablenkungen ausüben, Rücksicht genommen werden.

1. Bei grösserer Entfernung hat man für jede Lage des ablenkenden Magnets mit ziemlicher Approximation

$$X \sin \varphi = MF. \qquad 1),$$

wo F eine Function der Entfernung der gegenseitigen Richtung und der Grössen $L_3, L_3', L_5, L_5' \ldots$ ist (§. 60). Hat derselbe Magnet unter verschiedenen Verhältnissen eine verschiedene magnetische Stärke gehabt und wurde bei dem Moment M die Ablenkung φ, bei dem Moment M' die Ablenkung φ' gefunden, so erhält man aus der obigen Gleichung das Verhältniss

$$\frac{M}{M'} = \frac{\sin \varphi}{\sin \varphi'} \qquad 2),$$

d. h. die Momente verhalten sich einfach wie die Sinusse der Ablenkungen. Handelt es sich nicht um denselben Magnet bei verschiedener Stärke, sondern um zwei verschiedene Magnete, so hat man wiederum annäherungsweise ganz dieselbe Gleichung 1), also wieder die Momente den Ablenkungen proportional; unterdessen ist auf diese Weise nur ein mässiger Grad von Genauigkeit zu erlangen, weil F von den Dimensionen der Magnete und der Vertheilung des Magnetismus abhängt. Will man in dieser Beziehung eine weitere Approximation erzielen, so bleibt nichts anderes übrig als eine bestimmte Ablenkungsweise — am besten Sinus-Ablenkung — zu wählen und über die Vertheilung des Magnetismus eine entsprechende Hypothese einzuführen. Nimmt man die Hypothese einer gleichmässigen Zunahme gegen die Pole, so hat man, wenn die Längen der Magnete l und l' sind, bei Ablenkung Ost und West:

$$\frac{M}{M'} = \frac{\sin \varphi}{\sin \varphi'} \frac{1 + \frac{1}{e^2}\left(\frac{3}{10} l'^2 - 3 L'_3\right)}{1 + \frac{1}{e^2}\left(\frac{3}{10} l^2 - 3 L'_3\right)}$$

$$= \frac{\sin \varphi}{\sin \varphi'} \left(1 + \frac{3}{10} \frac{l'^2 - l^2}{e^2}\right) \quad 3),$$

wo, wie man sieht, die auf die freie Nadel sich beziehende Grösse L'_3 ausfällt.

Bei Ablenkung Süd und Nord erhält man

$$\frac{M}{M'} = \frac{\sin \varphi}{\sin \varphi'} \left(1 - \frac{9}{40} \frac{l'^2 - l^2}{e^2}\right) \quad 4).$$

Noch genauer wird das Resultat, wenn man zwei Ablenkungen in zwei verschiedenen Distanzen mit jedem Magnet vornehmen will.

Wird zur Bestimmung des magnetischen Moments eine mit Spiegelablesung versehene freie Nadel gebraucht und legt man den zu untersuchenden Magnet seitwärts senkrecht auf den magnetischen Meridian, so hat man

$$M = \frac{1}{2} e^3 X \operatorname{tg} \varphi = \frac{1}{2} e^3 X \frac{n}{2E}$$

$$M' = \frac{1}{2} e^3 X \operatorname{tg} \varphi' = \frac{1}{2} e^3 X \frac{n'}{2E},$$

wo n und n' die Ablenkungen in Scalatheilen ausdrücken und E die Entfernung der Scala vom Spiegel bedeutet. Die Division gibt

$$\frac{M}{M'} = \frac{n}{n'} \quad 5),$$

d. h. die magnetischen Momente sind den Ablenkungen proportional und die in Scalatheilen ausgedrückte Ablenkung kann als relatives Maass des Magnetismus gelten.

2. Was die Hülfsmittel betrifft, welche angewendet werden, um Ablenkungen bis auf einen beliebigen Grad von Genauigkeit zu messen, so trifft man solche nur in magnetischen Observatorien an. Vorzüglich sind es für kleine Magnete magnetische Theodoliten und für grössere Stäbe Magnetometer, deren man sich zu diesem Zwecke bedient und deren Beschreibung und Gebrauch in der Abtheilung Erdmagnetismus zu finden ist. Insofern ein mässiger Grad von Genauigkeit ausreicht, kann man einen Ablenkungsapparat, *Fig. 253* (S. 359), anwenden, der in jedem physikalischen Arbeitslocal sich aufstellen lässt und dessen Construction keine umständliche Erklärung erfordern wird, da bereits oben S. 98 ein galvanischer Apparat von ganz ähnlicher Art beschrieben worden ist.

Der Apparat besteht aus einem starken Brette AB von 6 bis 8 Fuss Länge, in dessen Mitte eine Magnetnadel, mit Spiegel versehen, in einem Gehäuse aufgehängt ist. Unter verschiedenen Verhältnissen kann man eine Nadel von grösseren oder kleineren Dimensionen wählen; im Allgemeinen aber ist es vortheilhaft, sehr kleine Nadeln anzuwenden, weil unter dieser Voraussetzung in der mathematischen Entwickelung der Ablenkung die höheren Potenzen der Länge der Nadel vernach-

ssigt werden dürfen. Aus diesem Grunde habe ich stets zu obigem Zwecke
ideln von 6 — 8 Linien gebraucht. An dem Brette AB ist senkrecht das zur Auf-

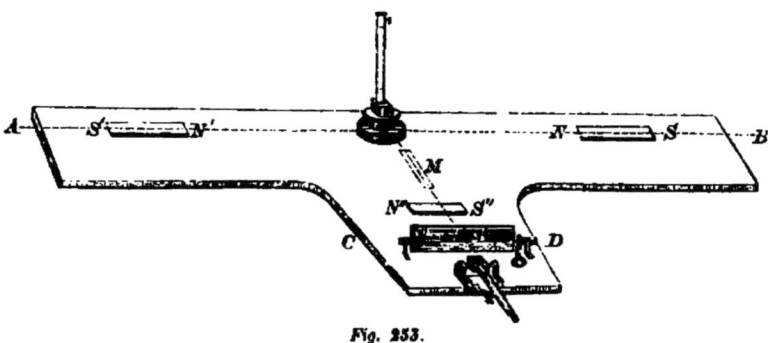

Fig. 253.

ellung von Fernrohr, Scala und Beleuchtungsspiegel bestimmte Seitenstück CD
stgeleimt und mit Leisten verbunden. Die in dieser Hinsicht weiter erforderlichen
:dingungen sind bereits S. 147 genau angegeben.

Den Magnet NS, dessen Moment zu bestimmen ist, legt man in die Linie AB
nkrecht auf den magnetischen Meridian und liest die Ablenkung n (in Scalatheilen)
, wodurch, wie oben angegeben worden ist, ein relatives Maass des Magnetis-
us erhalten wird.

Geht die Ablenkung über die Scala hinaus, so wendet man einen Hülfsmagnet $N'S'$
wie oben §. 24, S. 149, bereits erklärt worden ist.

Handelt es sich darum, eine schwache magnetische Kraft zu messen, so bringt
in einen Hülfsmagnet M in der Richtung der Nadel an, so dass die gleichnamigen
ile einander zugekehrt sind und die Directionskraft der Nadel nach §. 26, S. 155,
schwächt wird. Beim Hinlegen des Magnets M sollte demselben eine solche Lage
geben werden, dass er nur die Directionskraft, nicht aber die Richtung der
idel ändert. Diess gelingt in der Regel nicht gleich von vornherein, sondern
iss dadurch zu Stande gebracht werden, dass man den Magnet M nach und nach
 weit dreht, bis die Nadel ihre ursprüngliche Richtung wieder annimmt; man
nn übrigens das letztere auch mittelst eines kleinen gegen den magnetischen
:ridian senkrecht stehenden Magnets $N''S''$ bewerkstelligen.

72. Relative Bestimmung des magnetischen Moments durch Schwingungen.

Schwingungsbeobachtungen geben ebenfalls eine relative Bestimmung des
ignetischen Moments, und zwar durch eine einfache und leicht ausführbare
ieration, jedoch wird erfordert, dass, wenn es um verschiedene Magnete sich
ndelt, die Trägheitsmomente bekannt seien. Da diess sehr selten der Fall
, so beschränkt sich in der Regel die Anwendung der Schwingungsmethode
f eine Vergleichung der magnetischen Momente, die unter verschiedenen Um-
inden in derselben Nadel vorhanden sind. Unter solcher Voraussetzung
rhalten sich die magnetischen Momente umgekehrt wie die Quadrate der
:hwingungszeiten.

Noch einen ganz verschiedenen Weg gibt es, das magnetische Moment mit-
lst Oscillationsbeobachtung zu bestimmen, bestehend darin, dass man nicht den
 untersuchenden Magnet selbst schwingen lässt, sondern ihm in der Nähe

einer schwingenden Nadel eine Lage gibt, dass er einen leicht berechenbaren Einfluss auf die Schwingungsdauer ausübe. Da der Erdmagnetismus gleichzeitig mitwirkt und im Resultate ausgeschieden werden muss, so ist es zweckmässig, die Lage des Magnets so zu wählen, dass die Nadel ihre natürliche Richtung beibehalte, eine Bedingung, welche voraussetzt, dass der Magnet parallel mit der Richtung der Nadel zu liegen komme und die Mittelpunkte des Magnets und der Nadel entweder in derselben Verticalen, oder in demselben magnetischen Meridian oder in einer auf den Meridian senkrechten Linie sich befinden. Bei weitem am zweckmässigsten ist es, den Magnet unter die Nadel zu legen; die Stellungen nördlich und südlich sind ebenfalls mit Vortheil benützt worden.

1. Die Schwingungen dienen dazu, die magnetischen Momente desselben Magnets bei verschiedener Stärke des Magnetismus zu vergleichen, und gewähren den grossen Vortheil, dass das Resultat von der, gewöhnlich unbekannten, Vertheilung des Magnetismus unabhängig ist. Bezeichnet man die Momente mit M und M', die Schwingungszeiten mit T und T', so hat man nach §. 64, S. 345:

$$MX = \frac{n^2 K}{T^2} \qquad M'X = \frac{n^2 K}{T'^2},$$

woraus folgt

$$\frac{M}{M'} = \frac{T'^2}{T^2}.$$

Die Methode erfordert mehr Zeit als eine Ablenkung, gibt aber jeden beliebigen Grad von Genauigkeit.

Die Vergleichung zweier verschiedener Magnete würde die Bestimmung des Trägheitsmoments erfordern, was nach der in §. 61 gegebenen Auseinandersetzung eine weitläufige und mühsame Operation ist.

2. Poisson [1] ist wohl der erste gewesen, der den Vorschlag gemacht hat, einen Magnet in die verlängerte Richtung der Nadel nördlich oder südlich hinzulegen und das magnetische Moment desselben durch die Oscillationsdauer der Nadel verbunden mit der Oscillationsdauer, die ohne den Magnet stattfindet, zu bestimmen. Ich habe das Problem mit Bezug auf eine specielle Methode, den Erdmagnetismus zu messen, weiter entwickelt [2] und insbesondere gezeigt, dass in diesem Falle die Reduction der Schwingungen auf unendlich kleine Bögen einer Modification bedarf (§. 56). Am meisten Anwendung hat die hier bezeichnete Beobachtungsweise bei Untersuchung des Einflusses der Temperatur auf den Magnetismus gefunden, wobei der Magnet in der Regel unter die Nadel gelegt wurde. (Man vergl. §. 79.) Es hätte keine Schwierigkeit, die Functionen, wodurch die gegenseitige Anziehung des Magnets und der Nadel ausgedrückt wird, darzustellen, jedoch würde kaum ein praktischer Nutzen dadurch erzielt werden, da ein einfaches Verhältniss zwischen den vorkommenden Grössen (insbesondere zwischen der Anziehung und Entfernung) nicht besteht und im Grunde sich nichts weiter nachweisen lässt, als dass die Anziehung den magnetischen Momenten proportional ist. (Man vergl. §. 26.)

3. Die Anwendbarkeit der Schwingungen als Maass der magnetischen Kraft scheint zuerst Lambert erkannt zu haben. Nach ihm und bis vor wenigen Decennien betrachtete man die Schwingungen als das einfachste und genaueste Mittel, den Magnetismus zu messen, und überschätzte ihren Werth so, dass Moser [3] nicht mit Unrecht sich dahin ausspricht, „die Methode der Schwingungen scheine sich des ganzen Systems unserer magnetischen Versuche bemeistert zu haben". Bei grossen Magnetstäben wird man jetzt noch unter besonderen Verhältnissen die Schwingungs-

methode mit Vortheil benützen können. Im Allgemeinen zieht man aber gegenwärtig Ablenkungen vor, weil sie weniger Zeit und Mühe erfordern und von vielen Zufälligkeiten frei sind, die bei den Schwingungen einen ungünstigen Einfluss ausüben können.

[1] Poisson. *Connaissance des Tems.* 1828, p. 113.
[2] Lamont. Abhandl. d. II. Classe d. Münchener Akad. d. W. V, 74.
[3] Moser; Pogg. Ann. XXV, 237; über das Verhältniss von Schwingungs- und Ablenkungs-Versuchen findet man einige Bemerkungen von Weber in Result. d. magn. Ver. 1837, S. 40.

§. 73. Absolute Bestimmung des magnetischen Moments.

Die absolute Bestimmung des magnetischen Moments, d. h. die Angabe der in einem Magnet enthaltenen magnetischen Einheiten (§. 57) ist kein schwieriges Problem, wenn die absolute Intensität des Erdmagnetismus bekannt ist, und zwar kann man durch Ablenkungen wie durch Schwingungen dazu gelangen. Wird eine Sinus-Ablenkung nach §. 60 beobachtet, so ist das magnetische Moment des ablenkenden Magnets gleich der absoluten Horizontal-Intensität, multiplicirt mit dem Cubus der Entfernung und dem halben Sinus des Ablenkungswinkels; jedoch tritt eine Modification ein und das Verhältniss wird complicirter in dem Falle, dass die Entfernung kleiner ist als die dreifache Länge des Ablenkungsmagnets. Aus der Schwingungszeit das absolute magnetische Moment zu berechnen, hat in der Praxis grössere Schwierigkeiten, da eine Bestimmung des Trägheitsmoments vorausgehen müsste. Ist die absolute Horizontal-Intensität nicht bekannt, so müssen zwei Operationen ausgeführt werden, eine Schwingungsbeobachtung und eine Ablenkungsbeobachtung; letztere gibt das **Verhältniss** des magnetischen Moments des ablenkenden Magnets zu dem Erdmagnetismus, erstere gibt das **Product** beider Grössen und werden beide Bestimmungen vereinigt, so geht daraus durch Elimination des Erdmagnetismus das absolute Moment des Magnets hervor. Messungen dieser Art werden mit Erfolg wohl nur in magnetischen Observatorien vorgenommen werden können, und sind auch nur für die Untersuchung des Ermagnetismus von Interesse, wesshalb wir uns hier damit begnügen dürfen, auf den betreffenden Band dieses Werks zu verweisen.

1. Ist die absolute Intensität X des Erdmagnetismus bekannt, und werden mit l und l' die Längen des Magnets und der freien Nadel bezeichnet, so hat man bei der Hypothese einer gleichmässigen Vertheilung, aus der Sinus-Ablenkung Ost und West für das magnetische Moment M den Werth

$$M = \frac{1}{2}\frac{e^3 X \sin\varphi}{k}.\qquad 1),$$

dann

$$k = 1 + \frac{1}{e^2}\left(\frac{3}{10}l^2 - \frac{9}{20}l'^2\right)$$

und aus der Sinus-Ablenkung Nord und Süd

$$M = \frac{e'^3 X \sin\varphi'}{k}\qquad 2),$$

dann

$$k' = 1 - \frac{1}{e'^2}\left(\frac{9}{40}l^2 - \frac{18}{20}l'^2\right),$$

wobei q, q' und e, e' mit Berücksichtigung aller in §. 60 erwähnter Bedingungen zu bestimmen sind. Beide Formeln gewähren nur einen mässigen Grad von Genauigkeit: denn wenn die Entfernung klein ist, so haben $\frac{l^2}{e^2}$ und $\frac{l'^2}{e^2}$ grössere Werthe, so dass sie in Folge der Ungenauigkeit des angenommenen Vertheilungsgesetzes beträchtlich von der Wahrheit abweichen können, und wenn man die Entfernung gross nimmt, so hat zwar das Vertheilungsgesetz sehr wenig Einfluss, dagegen lässt sich die Ablenkung q nicht mit der nöthigen Schärfe bestimmen. Es gibt zwei Mittel, der Wahrheit sehr nahe zu kommen:

1) Man mache $l' = l\sqrt{\frac{2}{3}}$, wenn die erste, und $l' = \frac{1}{2}l$, wenn die zweite Gleichung gebraucht wird, so ergibt sich $k = k' = 1$, und der Einfluss des Vertheilungsgesetzes wird verhältnissmässig sehr gering ausfallen (§. 55).

2) Man verbinde die obigen Gleichungen 1) und 2), so dass l^2 eliminirt wird, und mache l' sehr klein, so hat man, wenn $e = e'$ ist:

$$M = 2e^5 \times \frac{3\sin\varphi + 8\sin\varphi'}{28e^2 + 9l'^2} \qquad 3),$$

wo wieder der Einfluss des Vertheilungsgesetzes fast verschwindet.

Ganz in gleicher Weise können Tangentenablenkungen benützt werden.

Wird die Schwingungszeit T beobachtet und das Trägheitsmoment K bestimmt, so erhält man

$$M = \frac{\pi^2 K}{X T^2} \qquad 4).$$

2. Ist X nicht bekannt, so muss man eine Ablenkung und eine Schwingung beobachten, und entweder aus 1) und 4) oder aus 2) und 4) X eliminiren, was ganz einfach durch Multiplication der Gleichungen geschieht; im ersten Falle erhält man

$$M^2 = \frac{1}{2}\frac{\pi^2 K e^3 \sin\varphi}{k T^2} \qquad 5)$$

und im zweiten Falle

$$M^2 = \frac{\pi^2 K e^3 \sin\varphi}{k' T^2} \qquad 6).$$

Man kann auch Ablenkungen senkrecht auf den magnetischen Meridian nehmen und erhält ganz dieselben Gleichungen mit dem Unterschiede, dass tg φ anstatt sin φ geschrieben werden muss.

Können die Ablenkungen mit der nöthigen Schärfe gemessen werden, so erhält man eine grössere Genauigkeit der Resultate dadurch, dass man in zwei verschiedenen Distanzen e und e' Ablenkungen vornimmt, und das zweite Glied von k eliminirt. Sind diese Ablenkungen q und q', so hat man für Sinus-Ablenkungen Ost und West:

$$\frac{1}{2}\frac{e^3 X \sin\varphi}{M} = 1 + \frac{1}{e^2}(2L_3 - 3L'_3)$$

$$\frac{1}{2}\frac{e'^3 X \sin\varphi'}{M} = 1 + \frac{1}{e'^2}(2L_3 - 3L'_3),$$

daraus folgt:
$$M = \frac{1}{2} X \frac{e'^5 \sin\varphi' - e^5 \sin\varphi}{e'^2 - e^2} \qquad 7)$$
und durch Combination mit 4)
$$M^2 = \frac{1}{2} \frac{n^2 K}{T^2} \frac{e'^5 \sin\varphi' - e^5 \sin\varphi}{e'^2 - e^2} \qquad 8).$$

In ähnlicher Weise erhält man durch Sinus-Ablenkungen Nord und Süd
$$M^2 = \frac{n^2 K}{T^2} \frac{e'^5 \sin\varphi' - e^5 \sin\varphi}{e'^2 - e^2} \qquad 9).$$

Für Ablenkungen senkrecht auf den magnetischen Meridian Ost und West, dann Nord und Süd erhält man zwei Gleichungen, die sich von den obigen nur dadurch unterscheiden, dass $\operatorname{tg}\varphi$, $\operatorname{tg}\varphi'$ an die Stelle von $\sin\varphi$, $\sin\varphi'$ kommt.

Bei dem Vorhergehenden ist vorausgesetzt worden, dass man zur Messung der Ablenkungen keine weiteren Hülfsmittel habe als eine Boussole, wie sie in jedem physikalischen Cabinet sich vorfindet; wer einen magnetischen Theodoliten oder ein Magnetometer besitzt, wird die Methoden anwenden, die zur Bestimmung der absoluten Intensität des Erdmagnetismus gebraucht werden.

3. Um von den Zahlen, wodurch die magnetischen Momente ausgedrückt werden, eine Vorstellung zu geben, will ich hier einige Bestimmungen anführen.

Für den 4pfündigen Stab, womit Gauss[1] zum ersten Male in Göttingen die Intensität des Erdmagnetismus bestimmt hat, ergab sich das magnetische Moment = 100876360; für einen kleinern zu einem Reiseapparat gehörigen Magnet (Länge 101 Millim., Gewicht 142 Grammen) fand Weber[2] das magnetische Moment = 15549110; Koller[3] benützte zur Bestimmung der absoluten Intensität des Erdmagnetismus 25pfündige Stäbe, deren magnetisches Moment zwischen 447950000 und 584230000 betrug. (Man vergl. oben S. 266.)

[1] Gauss. Intensitas vis magn. terrestr. p. 39.
[2] Weber. Result. des magn. Vereins 1836. p. 83.
[3] Koller in Lamont's Ann. f. Met. u. Erdmagn. 1842. II, S. 195. — Sehr viele ähnliche Bestimmungen kommen vor in den von Sabine, Kupffer, Kreil u. A. herausgegebenen erdmagnetischen Beobachtungen.

Kapitel X.
Ueber die Inductionswirkungen, welche durch starke und schwache magnetische Kräfte in Eisenstäben und Magneten entstehen.

§. 74. *Wirkungen der Induction überhaupt bei Eisenstäben und Magneten.*

Bringt man zwei Magnete in solche Lage gegeneinander, dass sie sich berühren, oder dass die Entfernung wenigstens sehr klein wird, so entsteht eine gegenseitige theils permanente, theils vorübergehende Schwächung oder Verstärkung, welche man nach allgemeinen Grundsätzen leicht erklären, aber nicht einer genauen Berechnung unterwerfen kann, weil die Verhältnisse zu complicirt sind. Diess wollen wir durch einige der einfachsten Beispiele näher erläutern. Zwei Magnete NS und $N'S'$, parallel neben einander gelegt, verstärken sich gegenseitig, wenn (wie *Fig. 254*) ihre ungleichnamigen, und schwächen sich, wenn (wie *Fig. 255*) ihre gleichnamigen Pole zusammenkommen, und zwar bei

Fig. 254. 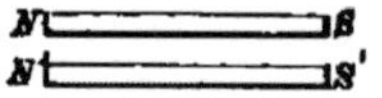   Fig. 255.

allmäliger Annäherung mit immer zunehmender Intensität bis zur Berührung: in beiden Fällen wird aber eine Verminderung der Fernwirkung erzeugt, die auch da, wo die Kräfte in gleichem Sinne wirken, hinter der Summe der einzelnen Fernwirkungen zurückbleibt. Zwei Magnete, in eine Linie gelegt, verstärken oder schwächen sich gegenseitig, je nachdem die ungleichnamigen (*Fig. 256*) oder die gleichnamigen Pole (*Fig. 257*) genähert werden: bei der

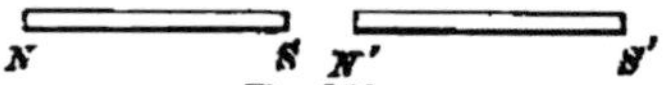

Fig. 256. 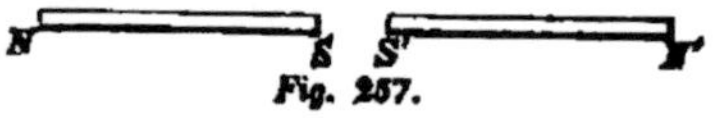   Fig. 257.

Berührung bilden sie ein System mit oder ohne Folgepunkte. Das Entstehen von Folgepunkten wird bedingt: 1) durch die Grösse der Magnete, 2) durch die Stärke des Magnetismus, 3) durch die Inductionsfähigkeit; die Verhältnisse sind übrigens fast in allen vorkommenden Fällen zu complicirt, als dass man den Erfolg nach den in §. 36 angedeuteten theoretischen Grundsätzen mit den wirkenden Ursachen in genauen Zusammenhang bringen könnte.

Wird ein Eisenstab an die Seite oder an das Ende eines Magnets hingestellt, so entsteht eine Induction, zuerst durch den Magnet im Eisen, dann aber auch durch das Eisen im Magnet: erstere Induction hat eine beträchtliche Verminderung, letztere eine kleine Vermehrung der Fernwirkung zur Folge.

Wenn man das Ende A eines Eisenstabes AB (*Fig. 258*) dem Pole N eines Magnets NS nähert, so entsteht im Eisen Magnetismus mit unsymmetrischer Vertheilung, so zwar, dass der Indifferenzpunkt nicht in c, sondern in d, näher an A, sich befindet; gleichzeitig nähert sich auch der Indifferenzpunkt des Magnets NS dem Pole N. Der Indifferenzpunkt des Eisenstabes rückt dem Ende A um so näher, je kleiner die Entfernung AN wird, und bei der Berührung (*Fig. 259*) entsteht ein System mit einem Südpol in S, einem Nordpol in B und einem Indifferenzpunkt in e.

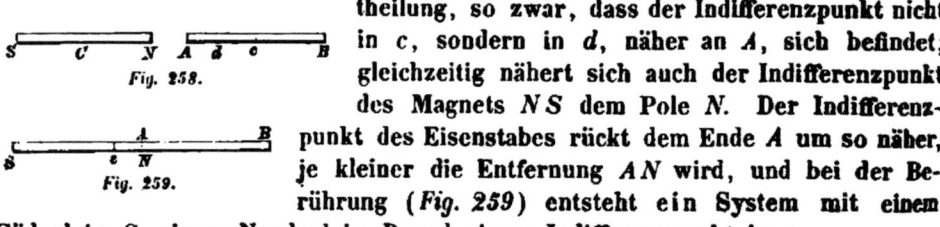

Fig. 258.

Fig. 259.

1. Da die Aenderungen, welche bei der Annäherung oder Berührung zweier Magnete eintreten, für eine quantitative Untersuchung zu complicirt sind, so begreift man leicht, warum sich die Physiker wenig damit beschäftigt haben. VAN REES[1] ist wohl der Einzige, der genauere Versuche angestellt hat. Er wandte dabei nach §. 66 eine Inductionsrolle R (*Fig. 260*) an und beobachtete den Ausschlag a' des Galvanometers, wenn der Magnet NS von dem Magnet $N'S'$ abgerissen wurde; der Sinus des halben Ausschlages stellte den (oben S. 189 als magnetische Spannung bezeichneten) Magnetismus dar, welchen NS in dem unter der Rolle befindlichen Theile von $N'S'$ inducirte. Um zu untersuchen, ob nicht ein Theil von dem inducirten

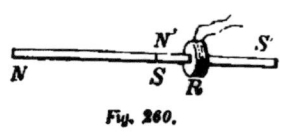

Fig. 260.

Magnetismus permanent zurückbleibe, wurde die Rolle vor und nach der Bestimmung von a' über das Ende des Magnets $N'S'$ abgeschoben und der Ausschlag a und a'' beobachtet. Van Rees betrachtet nun nach S. 342 den Sinus von $\frac{1}{4}(a + a'')$ als Ausdruck der dem Magnet $N'S'$ an der Stelle R permanent angehörenden magnetischen Spannung, so dass die ganze während der Berührung vorhandene Spannung durch $\sin \frac{1}{2} a' + \sin \frac{1}{4}(a + a'')$ dargestellt würde. Eine Controlle hiefür wurde durch Abschiebung der Rolle über das Ende des Magnets NS während der Berührung erlangt.

Die beiden zu dem Versuche verwendeten Magnete hatten eine Länge von 625 und eine Breite und Dicke von 20 Millimeter, und die Ergebnisse der Versuche ersieht man aus folgender Tabelle, wo durch M_i der inducirte und durch $M_p + M_i$ die Summe des permanenten und inducirten Magnetismus bezeichnet wird.

Entfernung von der Mitte	M_i	$M_p + M_i$
30 Ctm. nach N.'	0,3754	0,5137
28	0,3173	0,5414
24	0,2071	0.5663
20	0,1573	0,6216
16	0,1149	0,6588
12	0,0819	0,6851
8	0,0602	0,7040
4 „ „	0,0454	0,7129
0 Mitte „ „	0,0349	0,7060
4 Ctm. nach S.'	0,0262	0,6819
8	0,0209	0,6495
12	0,0148	0,6089
16	0,0122	0,5513
20	0,0122	0,4759
24	0,0070	0,3735
28	0,0044	0,2353
30	0,0026	0,1491.

Es ist hieraus ersichtlich, dass in dem Nordpole, der mit dem inducirenden Magnet in Berührung stand, die Induction am stärksten war und allmählig abnahm, bis zu dem Südpole jedoch keineswegs in stetiger Progression, sondern so, dass die Differenzen vom Nordpole bis zu einer Entfernung von ungefähr 60 Millimeter zunahmen und von da an bis zum Südpole wieder kleiner wurden. Eine ganz ähnliche Charakteristik zeigt den Versuchen von van Rees zufolge die Vertheilung des Magnetismus in einem an einen Magnetpol angelegten Eisenstabe, worüber oben S. 42 die näheren Bestimmungen gegeben sind.

2. Es würde von besonderem Interesse sein, in gleicher Weise die Vertheilung des Magnetismus und die Lage des Indifferenzpunktes bei einem Eisenstabe oder einem Magnete zu bestimmen, für den Fall, dass ein Magnetpol nicht damit in Berührung gebracht, sondern nur genähert würde; es ist mir jedoch nicht bekannt, dass bisher die Abhängigkeit der Vertheilung und des Indifferenzpunktes von der grösseren oder kleineren Entfernung des Magnetpoles den Gegenstand einer Untersuchung gebildet hätte.

Die Stelle zu bestimmen, wo in *Fig. 259* beim Anlegen eines Eisenstabes an einen Magnet der Indifferenzpunkt hintreffen wird, ist ein Problem, welches kaum theoretisch zu lösen sein möchte; so viel ist jedoch klar, dass, da der inducirte Magnetismus in A nothwendig kleiner sein wird, als der inducirende in N, der Indifferenzpunkt innerhalb des Magnets NS fallen muss.

Hinsichtlich des Umstandes, dass während das Ende eines Eisenstabes einem Magnetpol genähert wird, der Magnetismus des Stabes dem Magnetpol entgegengesetzt ist, bei der Berührung aber gleichnamig wird, haben wir oben §. 8, S. 29 bereits die nähere Erklärung gegeben.

Ueber den permanenten Verlust und die Induction in dem Falle, dass zwei Magnete mit ihren Seitenflächen aneinandergelegt, oder einander nahe gebracht werden, sind oben S. 108 und 109 mehrere Untersuchungsresultate angeführt.

[1] Van Rees. N. Verhandl. van het K. Ned. Inst. XII.

§. 75. Wirkung schwacher Induction bei weichen Eisenstäben.

Wenn ein Eisenstab in die Wirkungssphäre einer schwachen magnetischen Kraft kommt, so wird darin ein magnetisches Moment durch Induction erzeugt, welches als sehr nahe der Kraft proportional angenommen werden darf. Aber auch in einem Magnet, der einer schwachen magnetischen Kraft ausgesetzt ist, treten durch Induction besondere Modificationen ein. Die nähere Untersuchung beider Wirkungen ist für die Erforschung des Magnetismus so wesentlich, dass umständlichere Bestimmungen hier darüber gegeben werden müssen. Wenn wir dabei nur schwache Kräfte in Betracht ziehen, so geschieht es desshalb, weil durch starke Krafteindrücke nicht blos vorübergehende Inductionswirkungen, sondern zugleich auch permanente Aenderungen hervorgerufen werden und Verhältnisse eintreten, die für eine Theorie zu complicirt sind. Es sei AB (*Fig. 261*) ein weicher Eisenstab, und NS ein Magnet in derselben geraden Linie liegend. Betrachten wir die verschiedenen Molecule des Eisenstabes, von B angefangen bis A, so wirkt bei allen die Nordhälfte cN des Magnets in gleichem Sinne und scheidet die magnetischen Fluida so, dass in jedem Molecul der Nordpol gegen A, der Südpol gegen B gerichtet ist. Die Südhälfte cS des Magnets übt eine entgegengesetzte Wirkung aus, da aber die Entfernung grösser ist, so wird nur eine Verminderung des ersterwähnten Effects bewirkt werden. Die auf solche Weise magnetisirten Molecule bringen nun weiter eine gegenseitige Induction hervor, so dass der Erfolg zu Stande kommt, den wir bereits in §. 34 und 37 beschrieben haben. Nach den dort angedeuteten Regeln bestimmt sich die Vertheilung des freien Magnetismus in dem Eisenstabe sowohl, als die Grösse des magnetischen Moments.

Fig. 261.

Unter den eben angenommenen Verhältnissen wird der ursprüngliche Magnetismus der Molecule wegen zunehmender Entfernung von B gegen A hin immer geringer werden. Ist aber die Entfernung des Magnets sehr gross, oder handelt es sich, wie bei dem Erdmagnetismus, um eine magnetische Parallelkraft, so wird der ursprüngliche Magnetismus der Molecule gleich sein; diess ist das einfachste Verhältniss, welches vorkommen kann, und es entsteht hier eine

§. 75. WIRKUNG SCHWACHER INDUCTION BEI EISEN. 367

normale Wirkung, auf welche man die sonst vorkommenden Fälle zurückzuführen sucht.

Befindet sich eine geradlinige Reihe von Moleculen AB (*Fig. 262*) in einem Raume, wo eine magnetische Parallelkraft mit überall gleicher Intensität nach CD wirkt, so kommt der ursprüngliche Magnetismus der Molecule in der Richtung der Kraft zu Stande, die gegenseitige Induction kann aber nur in der Richtung der Reihe stattfinden. Es ist desshalb nothwendig, den ursprünglichen Magnetismus nach zwei Richtungen, nach der Richtung der Reihe AB — longitudinal — und senkrecht darauf — transversal — zu betrachten. Um den ersten Theil zu erhalten, ist der Magnetismus eines jeden Moleculs, also auch das daraus entstehende Moment mit dem Cosinus des Winkels, den die Richtung der Reihe mit der Richtung der Kraft macht, zu multipliciren; den zweiten — transversalen — Theil bildet das Product aus dem Magnetismus der Molecule und dem Sinus desselben Winkels, und da keine Induction weiter nach der transversalen Richtung stattfindet, so erhält man einfach die Summe des Magnetismus der Molecule, die im Verhältniss zum ersten Theile in der Regel vernachlässigt werden kann.

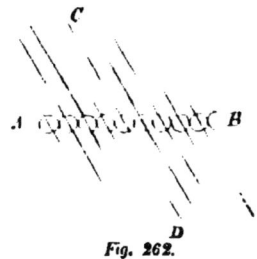

Fig. 262.

Wendet man dieselbe Schlussfolgerung auf Eisenstäbe an, so ergiebt sich, dass sowie ein Stab AB (*Fig. 261*) aus der Richtung der Kraft gegen CD gedreht wird, das longitudinale magnetische Moment im Verhältnisse des Cosinus des Drehungswinkels sich vermindert, das transversale Moment aber in den meisten Fällen unbeachtet bleiben darf, da es den bisher angestellten Versuchen zufolge weder auf die Fernwirkung des Stabes, noch auf die Lage der magnetischen Axe einen erheblichen Einfluss haben wird.

1. Wenn eine Reihe von Moleculen oder ein gerader Stab in der Richtung einer magnetischen Parallelkraft von der Intensität J sich befindet, so erhält jedes Molecul einen Magnetismus, den man nach den Regeln des §. 9 mit aJ bezeichnen kann, und das magnetische Moment ist nach Gleichung 15) S. 203

$$= \frac{2KaJ}{k}\left(l - \frac{2}{k}\frac{1-e^{-kl}}{1+e^{-kl}}\right) \qquad 1).$$

Wird der Magnetismus hervorgerufen durch einen Magnetstab NS (*Fig. 263*) und setzt man

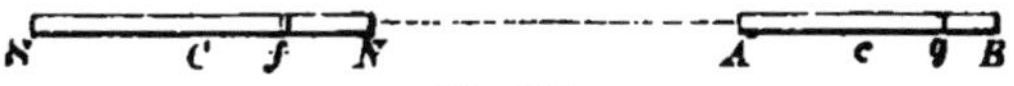

Fig. 263.

$$Cc = e \qquad cg = x' \qquad Cf = x,$$

so ist in g die Wirkung des im Elemente f enthaltenen Magnetismus dm

$$= \frac{a\,dm}{(e-x+x')^2},$$

woraus durch Reihenentwickelung und Integration nach S. 307 mit Beibehaltung der daselbst eingeführten Bezeichnungen der Ausdruck

$$\frac{2aM}{(e+x')^3}\left(1 + 2\frac{L_3}{(e+x')^2} + 3\frac{L_5}{(e+x')^4} + \ldots\right) \qquad 2)$$

hervorgeht.

Da bei Substitution dieses Werthes statt M in den Formeln 5) und 7) S. 204 die Integration nicht mehr ausführbar ist, so thut man am besten, als Näherung einen **Mittelwerth** zu wählen, der für die ganze Länge von AB als constant betrachtet werden kann, und zwar wird es am geeignetsten sein, als Mittelwerth denjenigen Werth zu nehmen, den die Anziehung des Magnets in c hat, nämlich

$$\frac{2aM}{e^3}\left(1 + 2\frac{L_3}{e^2} + 3\frac{L_5}{e^4} + \ldots\right). \qquad 3);$$

man kann aber auch die Summe der Anziehung, die auf sämmtliche Punkte von AB ausgeübt wird, nehmen und diese durch die Länge $AB = 2l'$ dividiren, alsdann erhält man

$$\frac{2aeM}{(e^2-l'^2)^2}\left(1 + 2L_3\frac{e^2+l'^2}{(e^2-l'^2)^2} + \ldots\right) \qquad 4).$$

2. Wirkt eine magnetische Parallelkraft auf eine Reihe von Moleculen wie in *Fig. 262* unter einem Winkel, den wir mit φ bezeichnen wollen, und ist die Stärke des in den Polen eines jeden Moleculs unmittelbar inducirten Magnetismus $= \mu$, so findet man nach §. 32 S. 180 die Intensität des Magnetismus an dem Berührungspunkte $= \mu \cos \varphi$; indem man nun diese Grösse anstatt μ in dem Ausdrucke für das magnetische Moment S. 190 substituirt, tritt keine weitere Aenderung ein, als dass der Factor $\cos \varphi$ hinzukommt, d. h. eine inducirende Kraft, unter dem Winkel φ wirkend, erzeugt in einer geradlinigen Reihe von Moleculen oder einem geraden Stabe ein magnetisches Moment

$$= M \cos \varphi \qquad 5),$$

wenn in der Richtung der inducirenden Kraft das magnetische Moment $= M$ ist.

Dieser Satz ist so wichtig, dass ich es für zweckmässig hielt, ihn durch Versuche streng zu begründen. Zu diesem Behufe liess ich eine flache Drahtrolle (*Fig. 264*) herstellen, welche über eine seitwärts von der Nadel (S. 98) festgemachte Eisenlamelle gesteckt wurde und so weit gedreht werden konnte, bis die Windungen einen Winkel von ungefähr 50° mit der Axe der Lamelle machten. Auf solche Weise erhielt ich die Grösse des longitudinalen Moments bei verschiedener Neigung der inducirenden Kraft und die Beobachtung stimmte sehr nahe mit dem obigen Gesetze überein. Später dehnte ich die Untersuchung auch auf das trans-

Fig. 264.

versale Moment aus, insbesondere in der Absicht zu ermitteln, ob die beiden Momente in der durch die Theorie angegebenen Weise gleichzeitig vorhanden sind und keine besondere Modification eintritt, wenn die Induction nach der Diagonale (d. h. nach der längsten Dimension) wirkt. Die Vorrichtung bestand aus einer runden Drahtrolle 157 Millimeter lang und so weit, dass eine Eisenlamelle von 62 Millimeter Länge und 25 Millimeter Breite darin gedreht werden konnte. Die Axe der Rolle stand (wie S. 98 *Fig. 56*) senkrecht gegen den magnetischen Meridian und wenn die Lamelle mit dieser Axe einen Winkel $= \varphi$ machte, so betrug das longitudinale Moment $M \cos \varphi$ und das transversale Moment $N \sin \varphi$ (wo N wie §. 59 das volle transversale Moment bedeutet). Nun fällt die Verbindungslinie, die von der gemeinschaftlichen Mitte der beiden Magnete (des longitudinalen und transversalen) zur Mitte der freien Nadel geht, mit der Axe der Rolle zusammen, und demnach macht der longitudinale Magnet einen Winkel $= \varphi$ und der transversale einen Winkel $= 90^0 - \varphi$ mit der Verbindungslinie. Da nach §. 54 die beiden Momente auf die Verbindungslinie projicirt, d. h. mit den Cosinussen dieser Winkel multiplicirt werden müssen, um das Drehungsmoment, welches auf die freie Nadel ausgeübt wird, zu erhalten, so ist das Drehungsmoment, mithin auch die Ablenkung proportional der Grösse

$$M \cos^2\varphi + N \sin^2\varphi \qquad 6)$$

oder vielmehr kann man, insoferne es nur auf relative Werthe ankommt, diese Grösse der Ablenkung gleich setzen. Bei den vorgenommenen Versuchen wurde die Eisenlamelle in 4 Stellungen gebracht, für welche der Reihe nach

$$\cos^2\varphi = \quad 1 \quad \frac{8}{9} \quad \frac{5}{9} \quad 0$$

$$\sin^2\varphi = \quad 0 \quad \frac{1}{9} \quad \frac{4}{9} \quad 1$$

waren, und als Mittel aus 3 Beobachtungsreihen ergaben sich die Ablenkungen

24,9   23,9   17,7   7,5.

Hier hat man also $M = 24,9$ $N = 7,55$ und die darnach berechneten Drehungsmomente sind

24,9   23,0   17,2   7,5.

Die Abweichungen, welche sich zwischen den berechneten und beobachteten Zahlen noch zeigen, haben ihren Grund vorzüglich darin, dass in 6) die höheren Glieder, welche theils von dem Neigungswinkel, theils von den Dimensionen abhängen, vernachlässiget worden sind, wovon ich mich dadurch überzeugt habe, dass ich der Eisenlamelle permanenten Magnetismus ertheilte und sie wieder in dieselben Stellungen bezüglich auf die freie Nadel brachte. Würde man auf diesem Wege, die den schiefen Stellungen entsprechenden Factoren bestimmen, so liesse sich, aller Wahrscheinlichkeit nach, eine **vollständige Uebereinstimmung** der Theorie und Beobachtung herstellen. Bildet die Lamelle ein Quadrat, so ist $M = N$ und für diesen Fall ergiebt sich aus 6), dass die Ablenkung in jeder Lage, d. h. für jeden Werth von φ, sich gleich bleiben sollte. Um hierüber durch den Versuch eine Entscheidung zu erhalten, habe ich ein Quadrat von 60 Millimeter Seite aus einer Eisenplatte herausschneiden lassen, und die Beobachtung ergab, wenn die Diagonale mit der Axe der Rolle einen Winkel von

0^0 30^0 45^0 60^0 90^0

machte, das magnetische Moment

43,70   43,53   43,40   43,47   43,69.

Man sieht, dass, wie oben schon angedeutet worden ist, das magnetische Moment etwas stärker ausfällt, wenn die Diagonale mit der Axe der Rolle coincidirt, also die inducirende Kraft nach der längsten Dimension wirkt; der Mehrbetrag geht aber nur wenig über $1/150$ des Ganzen hinaus. Jedenfalls darf man hiernach voraussetzen, dass da, wo die Breite im Verhältnisse zur Länge sehr klein ist, das magnetische Moment durch den Ausdruck 6) vollständig dargestellt wird.

3. Durch weiter fortgesetzte Untersuchung wird man ohne Zweifel dahin gelangen, M und N aus der Länge und Breite zu berechnen; vorläufig darf man übrigens nach meinen Versuchen als Näherung annehmen, dass M zu N wie die Länge zur Breite

sich verhält. Insofern also die Breite und der Neigungswinkel klein sind, kann das transversale Moment gänzlich vernachlässiget werden.

4. In manchen Fällen ist es von Wichtigkeit, den Winkel, den die magnetische Axe eines flachen prismatischen Eisenstabes bei schiefer Einwirkung der inducirenden Kraft mit der Axe der Figur macht, zu berechnen; und auch diess lässt sich durch die oben angegebenen Bestimmungen ausführen.

Setzt man nämlich den Winkel, den die Resultante der beiden auf einander senkrechten Kräfte $M \cos \varphi$ und $N \sin \varphi$ mit der Richtung der ersteren Kraft macht $= x$, so hat man

$$\operatorname{tg} x = \frac{N \sin \varphi}{M \cos \varphi} = \frac{N}{M} \operatorname{tg} \varphi$$

und da die Richtung der Kraft $M \cos \varphi$ mit der Axe der Figur zusammenfällt, so stellt x zugleich die Abweichung der magnetischen Axe von der Axe der Figur dar. Nach dem obigen Näherungswerthe würde man, wenn die Länge des Stabes mit l und die Breite mit b bezeichnet werden,

$$\operatorname{tg} x = \frac{b}{l} \operatorname{tg} \varphi$$

erhalten, ein Werth, der beträchtlich grösser ist, als man bisher annehmen zu dürfen glaubte.

5. Die hier entwickelten Verhältnisse kommen vorzugsweise in Betracht bei der Induction, welche von dem Erdmagnetismus hervorgebracht wird. Versuche über die Stärke des hervorgerufenen Moments sind von LECOUNT [1], EBEL und HELLER [2], BRUGMANS [3], SCORESBY [4], POWELL [5], BARLOW [6], LLOYD [7], WEBER [8] unter verschiedenen Umständen vorgenommen worden. SCORESBY erfand ein eigenes Instrument (Magnetimeter von ihm genannt), um die Wirkung der Induction zu messen; die Gesetze der Induction wurden zuerst von POWELL vollkommen richtig dargestellt.

WEBER's Untersuchungen zielten dahin, nach absolutem Maasse die Grösse des magnetischen Moments, welches durch den Erdmagnetismus in einem geraden Eisenstabe erzeugt wird, zu bestimmen, dann die Frage zu beantworten, ob dieselbe inducirende Kraft jedesmal in demselben Stabe unter übrigens gleichen Verhältnissen ein gleich grosses magnetisches Moment hervorrufe. Seine Untersuchungsmethode bestand darin, einen Stab AB (Fig. 265) seitwärts von der freien Nadel ns horizontal und parallel mit dem magnetischen Meridian NS hinzulegen, so dass die Verbindungslinie cc' einen Winkel $cc'N = 45°$ mit dem magnetischen Meridian machte; die Grösse des magnetischen Moments wurde durch die Ablenkung (die unter dem angegebenen Winkel ein Maximum wird) bestimmt. Die vorgenommenen Messungen liefern bezüglich des ersteren oben erwähnten Punktes kein allgemeines Resultat, geben aber hinsichtlich der zweiten Frage die Entscheidung dahin, dass bei dem Eisen eine strenge Proportionalität zwischen der inducirenden Kraft und dem inducirten Momente nicht bestehe. Ein gleiches Ergebniss stellte sich heraus, wenn nebst dem Erdmagnetismus ein genäherter Magnetstab als inducirende Kraft angewendet wurde.

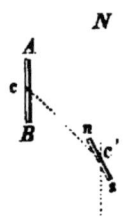

Fig. 265.

In neuester Zeit hat AIRY [9] Versuche über die Inductionsfähigkeit des Eisens angestellt, um den Unterschied zwischen dem warm und kalt gewalzten Eisen zu ermitteln, wobei sich ergab, dass das kalt gewalzte Eisen unter gleichen Umständen um $1/_6$ mehr Magnetismus aufnimmt oder verliert.

[1] LECOUNT. Gilb. Ann. LXXIII, 53.

[1] HELLER. Gilb. Ann. IV, 210.
[2] BRUGMANS. Tentamina philosophica.
[3] SCORESBY. Edinb. philos. Trans. IX, pt. I, 213. Gilb. Ann. LXVIII, 260.
[4] POWELL. Phillips Ann. of Phil. III. — Gilb. Ann. LXXIII, 245.
[5] BARLOW. Schweigger's Journ. XLII, 18. — Gilb. Ann. LXXIII, 1. — Edinb. philos. Journ. I, 344.
[6] LLOYD. On a new magnetical instrument. Proceed. of the R. J. Acad. Pogg. Ann. LVI, 441.
[7] WEBER. Result. aus den Beob. d. magnet. Vereins. 1841, 85. Man vergl. die eben erwähnte Abhandlung von LLOYD, S. 10, wo eine analoge Untersuchung vorkommt.
[8] AIRY. Proceed. of the Roy. Society. XII, 105. Transact. of the Roy. Society. 1862. p. 273.

§. 76. Wirkung schwacher Induction bei Magneten.

Um zu ermessen, welche Veränderungen eintreten werden, wenn ein Magnet einer magnetischen Parallelkraft ausgesetzt wird, müssen wir die früher entwickelten Grundsätze zur Anwendung bringen. Das Verhalten eines Stahlmoleculs dem Magnetismus gegenüber ist nach S. 43 zu vergleichen mit einer Metallfeder, welche durch ein Gewicht gebogen wird. Ist das Gewicht klein, so kehrt die Feder bei Entfernung desselben in die frühere Lage zurück; ist das Gewicht gross, so bewirkt es eine permanente Biegung der Feder. Nachdem die permanente Biegung eingetreten ist, wird durch ein kleines Gewicht noch eine fernere vorübergehende Biegung erfolgen, aber von verschiedenem Betrage, je nachdem das Gewicht im Sinne der permanenten Biegung oder dieser entgegen wirkt. Es ist leichter, eine Feder, die bereits eine permanente Biegung erhalten, rückwärts als vorwärts zu biegen, und so ist es auch bei dem Magnetismus. Jeder Magnet, auf den eine schwache Induction einwirkt, erhält eine Aenderung des magnetischen Moments; aber wenn dieselbe Kraft einmal so gerichtet wird, dass sie den Magnetismus zu vermehren, dann wieder dass sie den Magnetismus zu vermindern trachtet, so fällt immer die Vermehrung geringer aus, als die Verminderung. Bei den bisher vorgenommenen Versuchen hat es grösstentheils darum sich gehandelt, die inducirende Wirkung eines Magnets oder des galvanischen Stromes näher zu bestimmen; indessen lässt sich nachweisen, dass auch der Erdmagnetismus eine merkliche Induction in Magnetstäben erzeugt und in Folge dessen das magnetische Moment verschieden ist je nach der Stellung, in welcher ein Magnetstab sich befindet.

1. In §. 8 haben wir die Inductions-Coefficienten für gehärtete und ungehärtete Stahlstäbe gegeben und zugleich die Abhängigkeit der Induction von dem vorhandenen permanenten Magnetismus nachgewiesen. Ein magnetisirter Stahlstab hat zwei Inductionscoefficienten, den einen a für den Fall, dass die inducirende Kraft das magnetische Moment zu vermehren, den andern a' für den Fall, dass die inducirende Kraft das magnetische Moment zu vermindern sucht. Es unterliegt keinem Zweifel, dass der Unterschied zwischen beiden in einem bestimmten Abhängigkeitsverhältnisse zu der Stärke der Magnetisirung und zu der Stärke der Induction steht, obwohl bisher weder die Beobachtung, noch die Theorie dieses Verhältniss festgestellt hat; ziemlich allgemein übrigens scheint die Ansicht zu bestehen, dass der Unterschied der Inductionscoefficienten bei starker Induction verhältnissmässig stärker hervortrete, bei ganz schwacher Induction dagegen fast gänzlich verschwinde. Versuche, wo der galvanische Strom als inducirende Kraft angewendet wurde, liegen in beträchtlicher Anzahl vor; einige Versuche über die gegenseitige Induction von Magneten habe ich bekannt gemacht [1].

Besondere Rücksicht verdient die Induction, welche durch den Erdmagnetismus erzeugt wird und zur Folge hat, dass ein Magnetstab, je nach der Lage, in welcher er sich befindet, ein verschiedenes magnetisches Moment erhält. Da dieser Umstand nur bei der Messung des Erdmagnetismus berücksichtiget zu werden pflegt, so beschränken wir uns hier auf einige allgemeine Bemerkungen. Wenn ein horizontal liegender Magnetstab seinen Nordpol gegen Norden hat, so entsteht eine Vermehrung des magnetischen Moments, welche der Intensität X des Erdmagnetismus proportional sein wird und desshalb durch aX dargestellt werden kann; bezeichnet man demnach das eigentliche magnetische Moment mit M, so hat man das durch Induction vermehrte Moment

$$= M + aX \quad \text{oder} \quad = M(1 + \beta X),$$

wo β (gewöhnlich der Inductionscoefficient genannt) anstatt des Bruches $\dfrac{a}{M}$ substituirt worden ist. Wird der Südpol des Stabes nach Norden gewendet, so erhält man das verminderte magnetische Moment (insoferne die obige Voraussetzung bezüglich auf schwache Induction richtig ist)

$$= M(1 - \beta X)$$

und für die dazwischenliegenden Stellungen hat man

$$M(1 + \beta X \cos q),$$

wenn q den Winkel bezeichnet, den der Nordpol des Stabes mit der magnetischen Nordrichtung macht.

KUPFFER [2] war der erste, der eine Veränderung des magnetischen Moments durch den Erdmagnetismus in Betracht zog und zur Erklärung von Versuchen, welchen jedoch eine verschiedene Auslegung zu geben sein möchte, benützt hat; einen wirklichen Einfluss der magnetischen Induction der Erde habe ich im Jahre 1841 nachgewiesen und den Betrag bestimmt mittelst der Ablenkungen, welche ein verticaler Magnet hervorbrachte, wenn einmal der Nordpol, dann der Südpol abwärts gerichtet war [3]. Anstatt dessen schlug LLOYD [4] vor, den Magnet horizontal einmal mit dem Nordpol nach Norden, dann nach Süden zu legen und die Ablenkungen zu messen, welche unter solchen Umständen am Bifilar hervorgebracht werden, eine Methode, deren Anwendung praktische Schwierigkeit hat, weil am Bifilar hinreichend grosse Ablenkungen nicht beobachtet werden können. Das zweckmässigste Mittel ohne Zweifel ist der galvanische Strom, angewendet in der §. 8 angedeuteten Weise mit der Modification, dass der Magnet in einer kleinen Entfernung von der Nadel hingelegt werden muss, so dass er eine grosse Ablenkung hervorbringt, welche durch einen gegenüberliegenden Hülfsmagnet (S. 149) aufgehoben wird; auch ist es nothwendig, sowohl den Strom, als auch die magnetisirende Kraft der Spiralen absolut zu bestimmen. (Oben S. 88, 94, 98.) Die zahlreichen Messungen des Inductionscoefficienten β, die ich geliefert habe, geben Werthe, die zwischen 0,00205 (1pfündiger Stab von Göttingen) und 0,000534 (dünner und sehr harter Magnet von 5,7 Zoll Länge) liegen, und im Ganzen geht daraus hervor, dass je härter und dünner ein Magnet ist, um so kleiner der Inductionscoefficient ausfällt. Der Inductionscoefficient ist übrigens, da er der obigen Definition zufolge von der Stärke des Magnetismus abhängt, eine veränderliche Grösse und nimmt zu in dem Maasse, wie der Magnet an Kraft verliert.

---

[1] LAMONT. Handbuch des Erdmagnetismus. S. 147.
[2] KUPFFER. Ann. de chem. et de phys. XXXVI, 50 (die beobachteten Wirkungen sind jedoch viel zu gross, als dass sie der Induction des Erdmagnetismus zugeschrieben werden

könnten); man vergl. auch GEHLER neues phys. Wörterb. VI, 801; daselbst p. 803 sind Versuche von CHRISTIE erwähnt, die ebenfalls als Beweis für die Induction der Erde zu betrachten wären.
[3] LAMONT. Ann. f. Met. u. Erdm. 1842. I, 198.
[4] *Revised Instructions of the Royal Society*, p. 25.

Kapitel XI.
Momentane magnetische Kräfte und ihre Messung.

§. 77. **Messung momentaner magnetischer Kräfte durch Schwingungsweite und Ablenkung einer Nadel.**

Momentane Kräfte gibt es von zweierlei Art: 1) der magnetische Stoss, zu betrachten als ein plötzlicher Impuls, der sehr kurze Zeit andauert; 2) die magnetische Welle, die schnell vorübergeht, aber mit allmählicher Zunahme und darauf folgender Abnahme.

Im Allgemeinen versetzen beide Arten von momentaner Kraft eine Magnetnadel in Schwingungen, wobei die Grösse des Schwingungsbogens von dem Trägheitsmomente, dann von dem magnetischen Momente der Nadel, oder, wenn man will, von ihrer Schwingungsdauer abhängt, und zwar ist die Kraft dem Schwingungsbogen, der Schwingungsdauer und der Directionskraft, wodurch die Nadel in ihrer Richtung erhalten wird, direct proportional.

Ein zweites Mittel, momentane Kräfte zu messen, besteht darin, die fortwährende Wiederholung derselben in immer gleichen, aber so kurzen Intervallen eintreten zu lassen, dass die Nadel ohne Schwingungen fortgeführt wird, bis sie bei einer bestimmten Ablenkung stehen bleibt. Die Kraft ist dann der Ablenkung direct und der Schnelligkeit der Wiederholungen umgekehrt proportional.

1. Eine momentane Kraft umfasst eigentlich zwei Factoren, eine Kraft U und eine (stets sehr kurze) Zeit τ, während welcher sie wirkt. Der Zweck der Beobachtung geht dahin, nicht den einen oder andern Factor, sondern das Product derselben, hier speciell die Geschwindigkeit, die dadurch einer frei beweglichen Nadel ertheilt wird, zu bestimmen. Es sei c, *Fig. 266*, die Mitte der freien Nadel, welche durch die Parallelkraft X in der Richtung ac gehalten wird, und es trete eine neue Kraft U unter einem Winkel ψ wirkend hinzu, so erhält die Kraft X eine Vermehrung $= U \cos \psi$, während die senkrechte Componente $U \sin \psi = Q$ eine Bewegung erzeugt, die in folgender Weise leicht bestimmt werden kann. Werden die Kräfte $X + U \cos \psi$ und $U \sin \psi$ durch die Linien ac und $dc = ab$ dargestellt, so lassen sie sich zu einer einzigen Kraft vereinigen, deren Grösse und Richtung durch bc repräsentirt wird. Das Hinzutreten der momentanen Kraft hat also den Erfolg gehabt, dass die Mittelrichtung (oder Gleichgewichtslage) plötzlich von ac nach bc verlegt worden ist, und gegen diese Richtung hin beginnt eine Bewegung der Nadel ganz nach den §. 56 und 61 entwickelten Bedingungen, wobei man die Linie ac als die äusserste Elongation zu betrachten hat. Setzt man nun den Winkel $acb = \varphi$, den Winkel, um welchen sich die Nadel

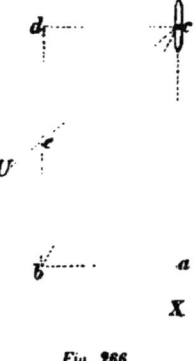

Fig. 266.

von ab gegen ac in der Zeit τ bewegt hat $= v$, die Mittelkraft $= P$, das Trägheitsmoment der Nadel $= K$ und das magnetische Moment derselben $= M$, so hat man

$$\frac{d^2v}{dt^2} - \frac{MP}{K} \sin(\varphi - v) = 0 \qquad 1).$$

Da während der Zeit τ der Winkel v nur einen ganz kleinen Betrag erlangen kann, so wird man im zweiten Gliede $\sin\varphi$ anstatt $\sin(\varphi - v)$ substituiren dürfen und ergibt sich dann durch Integration die am Ende der Zeit τ erlangte Geschwindigkeit

$$\frac{dv}{dt} = \frac{MP \sin\varphi}{K} \tau$$

oder da $P \sin\varphi = Q = U \sin\psi$ ist

$$\frac{dv}{dt} = \frac{MU \sin\psi}{K} \tau \qquad 2).$$

Diess ist die Geschwindigkeit, womit die Nadel nach dem Aufhören der momentanen Kraft und nachdem sie schon einen kleinen Weg, den wir mit ϵ bezeichnen wollen, zurückgelegt hat, sich fortbewegt; die weitere Bewegung geht unter alleiniger Einwirkung der nach der Richtung ac ziehenden Kraft X ganz in der §. 61 erklärten Weise vor, und wenn die Nadel nach der Zeit t die Elongation u erlangt hat, so gilt die Gleichung

$$\frac{d^2u}{dt^2} + \frac{MX}{K} \sin u = 0 \qquad 3).$$

Die Integration geschieht ganz nach S. 284 und nur die Bestimmung der Constante ist verschieden, welche man durch die Bedingung erhält, dass für $u = \epsilon$ die Geschwindigkeit den durch die Gleichung 2) ausgedrückten Werth habe. Darnach ergibt sich

$$\frac{du^2}{dt^2} - \frac{2MX}{K}(\cos u - \cos \epsilon) - \left(\frac{MU \sin\psi}{K}\tau\right)^2 = 0 \qquad 4).$$

Da die Geschwindigkeit $\frac{du}{dt} = 0$ wird, sobald die Nadel die äusserste Elongation, welche wir mit h bezeichnen wollen, erlangt, so gibt die obige Gleichung für diesen Fall

$$(U\tau \sin\psi)^2 = \frac{2KX}{M}(\cos\epsilon - \cos h) \qquad 5),$$

oder wenn $\cos\epsilon = 1$ gesetzt und K nach S. 284, Gleichung 5) durch die Schwingungszeit T ausgedrückt wird

$$U\tau \sin\psi = \frac{2TX}{\pi} \sin\tfrac{1}{2}h. \qquad 6).$$

Mittelst des Ausschlages h einer Nadel kann man demnach die Stärke einer senkrecht darauf wirkenden momentanen magnetischen Kraft messen und die Kraft ist dem Sinus des halben Ausschlages proportional. Auch für eine Kraft, welche eine messbare Zeit hindurch andauert, und mithin für eine magnetische Welle, welche mit einer Reihe von schnell auf einander folgenden Stössen gleichbedeutend ist, gilt dieselbe Gleichung, so lange die Kraft U noch als momentan betrachtet werden kann; wirkt aber die Kraft U längere Zeit hindurch, so dass sie erst auf-

§. 77. MESSUNG MOMENTANER KRÄFTE. 375

hört, wenn v einen grössern Werth ε erlangt hat, so muss man die Gleichung 4) ganz anders integriren: man erhält nämlich nach dem für Gleichung 3) befolgten Verfahren

$$\frac{1}{2}\frac{dv^2}{dt^2} = \frac{MP}{K}\cos(\varphi - v) + \text{Const.},$$

wo man die Constante durch die Bedingung zu bestimmen hat, dass für $v = 0$ die Geschwindigkeit $= 0$ sei. Aus der auf diese Weise erhaltenen Gleichung ergibt sich unmittelbar, dass, wenn die Nadel um den Winkel ε gegen bc sich bewegt hat, das halbe Quadrat der Geschwindigkeit

$$= \frac{MP}{K}(\cos(\varphi - \varepsilon) - \cos\varphi)$$

ist, und wenn diese Bedingung benützt wird, um in dem ersten Integral der Gleichung 3) die Constante zu bestimmen, so hat man

$$\frac{1}{2}\frac{du^2}{dt^2} = \frac{MX}{K}(\cos u - \cos\varepsilon) + \frac{MP}{K}(\cos(\varphi - \varepsilon) - \cos\varphi)$$

für die äusserste Elongation, wo $u = h$ und die Geschwindigkeit $= 0$ würde, gibt diese Gleichung nach vorgenommener Reduction

$$U\sin\frac{1}{2}\varepsilon\sin\left(\psi - \frac{1}{2}\varepsilon\right) = X\sin^2\frac{1}{2}h.$$

In dem am gewöhnlichsten vorkommenden Falle, dass die Kraft U senkrecht gegen die Richtung der Nadel wirkt, nimmt diese Gleichung folgende einfache Form an

$$U\sin\varepsilon = 2X\sin^2\frac{1}{2}h.$$

Will man ε durch die Zeit τ ausdrücken, so kann diess mittelst der in §. 56 und 61 entwickelten Ausdrücke geschehen, und wenn ε anstatt $\sin\varepsilon$ gesetzt werden darf, so hat man

$$U\sin\left(\tau\sqrt{\frac{MX}{K}}\right) = 2X\sin^2\frac{1}{2}h,$$

eine Gleichung, welche für ganz kleine Werthe von τ mit der obigen Gleichung 6) identisch ist.

Wird der Ausschlag, wie es gewöhnlich der Fall ist, mittelst einer Galvanometernadel gemessen, so muss auf die Dämpfung Rücksicht genommen werden, wozu die erforderlichen Gleichungen in §. 57 zu finden sind. Daselbst wird nachgewiesen, dass, wenn eine Nadel ohne Dämpfung und eine Nadel unter dem Einflusse einer dämpfenden Kraft mit derselben Geschwindigkeit vom Meridian ausgehen und die erstere die grösste Elongation h, die letztere die grösste Elongation h_0 erreichen, dazwischen das Verhältniss besteht

$$h_0 = he^{-\frac{1}{2}qT}.$$

Um den Factor von h zu bestimmen, muss man die nächstfolgende Schwingung beobachten und die grösste Elongation h_1 auf der andern Seite des Meridians notiren, wofür man die Gleichung

$$h_1 = he^{-\frac{3}{2}qT}$$

hat; die beiden letzten Gleichungen vereinigt geben dann für den wegen der Dämpfung corrigirten Ausschlag den Werth

$$h = h_0 \sqrt{\frac{h_0}{h_1}} \qquad 9),$$

wobei zu bemerken wäre, dass zwar die in §. 57 aufgestellten Gleichungen nur für kleine Bögen gelten, das hier daraus abgeleitete Resultat aber auch für den Fall, dass es um grössere Schwingungsbögen sich handelt, ihre Gültigkeit beibehält.

Ist die zu messende momentane Kraft sehr klein, so muss man nach 6), um einen grösseren Ausschlag zu erhalten, entweder eine Nadel von kurzer Schwingungsdauer nehmen, oder, was viel zweckmässiger ist, die wirkende Parallelkraft X nach §. 26 schwächer machen. Noch ein einfaches Mittel, um einen sonst zu kleinen Ausschlag zu vergrössern, hat WEBER [1] angegeben, bestehend darin, dass man die Kraft wiederholt in gleichem Sinne wirken und die Wirkung jedesmal in dem Augenblicke eintreten lasse, wenn die Nadel durch die Mittelrichtung geht.

2. Wenn eine momentane magnetische Kraft, wie oben auf eine freie Nadel wirkend, sich in regelmässigen und sehr kurzen Zeitintervallen wiederholt, so hat die Nadel nicht mehr Zeit, zum Meridian zurückzukehren, sondern wird durch jeden neuen Stoss — in abnehmender Progression — weiter fortgeführt, bis sie zuletzt bei einer bestimmten Ablenkung stehen bleibt und die Wirkung der auf einander folgenden Stösse dem Drehungsmomente des Erdmagnetismus das Gleichgewicht hält. Die wahre Auslegung des Verhältnisses ist aber diese, dass die Nadel durch jeden Stoss vorwärts und in dem Intervall zwischen je 2 Stössen rückwärts geht, und ein constanter Stand erreicht wird, wenn die Geschwindigkeit, welche der Nadel durch den Stoss ertheilt wird, und die entgegengesetzte Geschwindigkeit, welche sie vermöge der Einwirkung des Erdmagnetismus in der Zwischenzeit bis zum nächsten Stosse erlangt, einander gleich sind. Die erstere Geschwindigkeit ist durch die obige Gleichung 2) ausgedrückt, für die letztere findet man nach gleichen Grundsätzen aus 3)

$$\frac{du}{dt} = \frac{MX}{K} \vartheta \sin u,$$

wenn ϑ das Zeitintervall zwischen je zwei Stössen bedeutet.

Die Nadel gelangt demnach zu einer constanten Ablenkung u, wenn

$$U\tau \sin \psi = X\vartheta \sin u \qquad 10)$$

ist; gewöhnlich drückt man indessen die Zeit als Bruchtheil einer Secunde aus und setzt dafür $\frac{1}{n}$, wenn n die Zahl der Wiederholungen des Stosses in einer Secunde bedeutet, alsdann hat man

$$U\tau \sin \psi = \frac{X \sin u}{n} \qquad 11).$$

Hieraus geht hervor, dass die Ablenkung u eben so gut wie früher der Ausschlag h als Maass einer momentanen Kraft benützt werden kann.

Es gibt noch eine andere sehr einfache Ableitung der eben gefundenen Gleichung. So wie man, um die Sätze der Bewegungslehre zu beweisen, eine continuirliche Kraft als eine Reihe von Stössen, die in kleinen Zeitintervallen aufeinander folgen, zu betrachten pflegt, können wir umgekehrt hier eine Reihe von Stössen in eine continuirliche Kraft verwandeln, indem wir jeden Stoss auf das dazu gehörige Zeitintervall gleichmässig vertheilen. Ein Stoss $= U\tau \sin\psi$, auf das Zeitintervall ϑ gleichmässig vertheilt, ist aber

$$= \frac{U\tau \sin\psi}{\vartheta}.$$

Diese Grösse drückt also die Kraft aus, welche den Bedingungen des obigen Problems zufolge die Nadel vom Meridian zu entfernen sucht, während der Erdmagnetismus mit der Kraft $X \sin u$ entgegenwirkt. Soll die Nadel zur Ruhe kommen, so müssen beide Kräfte gleich sein, woraus unmittelbar die oben gefundene Gleichung 10) erhalten wird. Aus dieser Ableitung geht schon die Bedingung hervor, dass das Zeitintervall ϑ nicht gross sein darf.

Die Gleichung 10) oder 11) findet bei allen magnetischen und elektromagnetischen Rotationsvorrichtungen Anwendung; sie ist insbesondere mit Vortheil zu benützen, wenn mittelst eines genauen (z. B. des von Hansen [2] vorgeschlagenen) Triebwerks eine regelmässige Drehung erzeugt wird.

Entwickelungen (speciell auf galvanische Induction bezüglich), welche zur Erläuterung der oben in Betracht gezogenen Verhältnisse dienen können, findet man in Weber's [3] Theorie des Inductions-Inclinatoriums.

[1] Weber. Abhandl. der Gesellsch. d. Wiss. in Gött. Bd. V. Pogg. Ann. XC, 209 (zugleich die Theorie der Anwendung der elektromagn. Gesetze auf das Inductions-Magnetometer enthaltend).
[2] Hansen. Result. d. magn. Vereins. 1841, S. 99.
[3] Weber. Result. d. magn. Vereins. 1837, S. 84.

Kapitel XII.
Einfluss der Temperatur auf den Magnetismus; vorübergehende und bleibende Aenderungen, welche ein vorübergehender Temperaturwechsel hervorbringt.

§. 78. Untersuchung des Temperatureinflusses überhaupt.

Die Wirkungen der Wärme auf die magnetische Kraft sind theils vorübergehend, theils bleibend und zeigen sich anders bei dem permanenten als bei dem inducirten Magnetismus. Wir wollen zuerst die vorübergehenden Aenderungen bei Stahlmagneten untersuchen.

Nur bei Temperatur-Variationen, wie sie in der freien Luft vorkommen, treten vorübergehende Aenderungen des Magnetismus ein, während jede höhere oder tiefere Temperatur eine bleibende Aenderung hervorbringt.

Ein Stahlmagnet verliert an Kraft, wenn die Temperatur zunimmt, und gewinnt, wenn die Temperatur abnimmt, und zwar pflegt man im Allgemeinen die Aenderung des Magnetismus als der Temperaturänderung einfach proportional anzunehmen, wobei der Betrag, um welchen der Magnetismus sich ändert, wenn die Temperatur um $1°$ zu- oder abnimmt. Temperatur-Coefficient genannt wird.

Welcher innere Zusammenhang zwischen der Temperatur und dem Magnetismus besteht, wie weit die Ausdehnung der Moleküle, wie weit die Aenderung ihrer Beschaffenheit den Erfolg bedingt, darüber hat die bisherige Untersuchung keine näheren Bestimmungen festgestellt. Auch die Theorie (§. 31), wodurch das magnetische Moment als Resultat des selbstständigen Magnetismus der Molecule und ihrer gegenseitigen Induction dargestellt wird, liefert uns im Allgemeinen zur Bestimmung des Einflusses der Wärme keinen Anhaltspunkt; nur den einzigen Umstand können wir übereinstimmend mit der Erfahrung daraus ableiten, dass, wenn die Wärme bloss einen Theil, etwa die eine Hälfte eines Stabes afficirt, dadurch eine Aenderung des Indifferenzpunktes zu Stande kommt.

Zunächst treffen wir bei verschiedenen Magneten eine sehr grosse Verschiedenheit hinsichtlich ihres Verhaltens der Wärme gegenüber an. Es steht zu erwarten, dass diese Verschiedenheit hauptsächlich als Folge der Beschaffenheit des Metalls wird nachgewiesen werden können; vorläufig ist es aber in dieser Richtung blos gelungen, die Thatsache festzustellen, dass beim Stahle die Grösse des Temperatureinflusses vorzugsweise durch die Härte bedingt wird.

Wenn man zwei Magnete von gleicher Grösse und Form, aber von verschiedenem Grade der Härte hat, so bringt die Wärme bei dem härteren eine verhältnissmässig geringere Aenderung hervor. Diess scheint jedoch nur für höhere Grade von Härte zu gelten, denn wenn man einen vollkommen gehärteten Magnet nach und nach anlässt bis zum Dunkelblau, so hat die Wärme denselben Einfluss darauf, als wenn er gar nicht gehärtet wäre.

Vergleicht man Magnete von verschiedener Grösse (oder vielmehr von verschiedener Dicke) mit einander, so findet man, dass bei dickeren Magneten der Wärme-Einfluss beträchtlicher ist. Die Erklärung ist ohne Zweifel darin zu suchen, dass beim Härten des Stahles die äussere Rinde durch die plötzliche Abkühlung im Wasser eine grössere Härte erhält, als das Innere, wohin die Abkühlung langsamer vordringt: ein sehr dünner Magnet wird demnach in seiner ganzen Masse gleich hart gemacht werden können, während bei einem dickern Magnete die tieferen Schichten noch in demselben Zustande sich befinden, als wenn er gar nicht gehärtet wäre. Einen genügenden Beweis hiefür liefert die sehr bekannte Erfahrung, dass, wenn zwei gleiche ganz eben gefeilte Stahlstäbe an einander gebunden und dann gehärtet werden, die an einander anliegenden Flächen weich bleiben.

Es ist versucht worden, nachzuweisen, dass der Temperaturcoefficient von der Temperatur abhängt, bei welcher die Magnetisirung vorgenommen wurde, und kleiner sei, wenn die Magnetisirung bei einer hohen Temperatur stattgefunden hat; es scheint jedoch keinem Zweifel mehr zu unterliegen, dass den zur Begründung beigebrachten Experimenten eine ganz andere Auslegung zu geben ist.

Schwieriger ist es zu entscheiden, ob die Behauptung, dass der Temperaturcoefficient von der Stärke des Magnetismus abhänge, eine haltbare Grundlage habe, oder nicht. Jedenfalls muss die Aenderung des Temperaturcoefficienten, welche eintritt, wenn ein Magnet durch blosse Einwirkung der Zeit einen beträchtlichen Theil seiner Kraft verloren hat, sehr gering sein.

Viele Missverständnisse und unrichtige Schlussfolgerungen sind durch den

§. 78.   EINFLUSS DER TEMPERATUR ÜBERHAUPT.   379

Umstand veranlasst worden, dass die Temperatur längere Zeit braucht, um in das Innere eines Magnets vollständig einzudringen. Taucht man einen Magnet in warmes Wasser, so vermindert sich seine Kraft anfangs schnell, dann immer langsamer, und die vollständige Wirkung tritt erst ein, wenn die ganze Masse des Magnets die Temperatur des Wassers angenommen hat. Wer die Aenderung, welche im ersten Augenblicke zu Stande kommt, als totale Wirkung der Wärme betrachtet, gelangt zu Resultaten, die um so fehlerhafter sind, je dicker der Magnet. Ganz dünne Magnete durchdringt die Wärme in wenigen Minuten; bei grossen Stäben darf man immer rechnen, dass fast eine Viertelstunde zur Ausgleichung der Temperatur erforderlich sein wird. Auch muss bemerkt werwerden, dass geringe Temperaturänderungen sehr langsam sich fortpflanzen, und da im Freien wie in bewohnten Räumen die Temperatur immer langsamer Aenderung unterliegt, so darf im Allgemeinen nicht angenommen werden, dass die Temperatur eines Magnets durch ein daneben aufgehängtes Thermometer angezeigt werde; selbst wenn man die Thermometerkugel mit dem Magnet in Berührung bringt, oder in einen Messingstab von den Dimensionen des Magnets einlässt, oder in Quecksilber eintaucht, gelangt man noch keineswegs zu einem vollkommen sicheren Resultate.

Der Temperaturcoefficient muss dem Obigen zufolge für jeden Magnet eigens bestimmt werden; im Allgemeinen übrigens hat die Erfahrung folgende Bestimmungen geliefert:

Magnete, deren Dicke nicht über $^3/_4$ Pariser Linien beträgt, verlieren, wenn sie vollkommen gehärtet sind, für jeden Grad R. $^1/_{5000}$ ihrer Kraft; Magnete von grösserer Dicke, blau angelassen, verlieren für jeden Grad R. $^9/_{10000}$ ihrer Kraft; zwischen diesen Extremen liegen alle Temperaturcoefficienten und nähern sich dem einen oder andern Extrem, je nach der Dicke und Härte der Magnete.

Den Temperaturcoefficienten bestimmt man gewöhnlich für eine mittlere Temperatur und betrachtet ihn als constant; streng genommen, hängt er aber von dem höheren oder tieferen Stande der Temperatur ab und ist grösser für höhere und kleiner für niedrige Temperaturen. Auch in dieser Beziehung sind die Magnete sehr von einander verschieden und die Zunahme des Temperaturcoefficienten dürfte zwischen $^1/_{100}$ und $^1/_{200}$ für jeden Grad R. betragen, wobei der dünnere und ganz harte Magnet wieder den Vorzug geringerer Veränderlichkeit hat. Die Untersuchung der vorübergehenden Aenderungen der Magnete bei sehr hohen Temperaturen ist praktisch wohl von geringem Nutzen und bietet grosse Schwierigkeit dar, weil die vorübergehenden Aenderungen stets von permanenten Aenderungen begleitet sind und beide von einander nicht gesondert werden können. Einige zu diesem Paragraph gehörige Bestimmungen, welche erst in der neuesten Zeit festgestellt worden sind, wird man in §. 82 als Nachtrag eingeschaltet finden.

1. Wenn ein Magnet erwärmt wird, so dehnen sich die Molecule aus, was eine Verminderung der Kraft zur Folge hat, zugleich aber nimmt die Inductionsfähigkeit zu, wodurch eine Vermehrung des Magnetismus entstehen muss. Vielleicht wird es mit der Zeit möglich werden, die Abhängigkeit beider Wirkungen von der Wärme genau zu ermitteln und durch Einführung dieses Abhängigkeitsverhältnisses

in den theoretisch entwickelten Ausdruck des magnetischen Moments [S. 190 Gl<!--
-->chung 11) und S. 203 Gleichung 15)]

$$\frac{2KM}{k}\left(l - \frac{2}{k}\frac{1-e^{-kl}}{1+e^{-kl}}\right)$$

das Gesetz, nach welchem das magnetische Moment von der Wärme modificirt wi<!--
-->zu bestimmen; für jetzt lässt sich auf diesem Wege nichts erreichen.

2. Die theoretischen Untersuchungen, welche bisher ausgeführt worden si<!--
-->setzen alle voraus, dass in einem Magnet der freie Magnetismus eines jeden Mo<!--
-->cüls in gleichem Maasse durch die Temperatur vermindert wird; es ist al<!--
-->nicht bloss möglich, sondern auch wahrscheinlich, dass die schwächer magnetisirt<!--
-->Molecule nicht in gleichem Grade modificirt werden, wie die stärker magnetisirte<!--
-->mithin der Temperaturcoefficient als eine Function des Magnetismus der Molec<!--
-->zu betrachten sein wird. Um zu zeigen, in wie weit der Einfluss eines solch<!--
-->Verhältnisses den Erfolg modificiren würde, wollen wir einen Linearmagnet<!--
-->(*Fig. 267*) betrachten, in welchem der freie Magnetismus gleichmässig von <!--
-->Mitte c aus nach beiden Enden zunimmt, und <!--
-->den Punkt a anzieht.

Fig. 267.

Es sei in der Entfernung r von der Mitte <!--
-->Stärke des freien Magnetismus $= Ar$, und man <!--
-->zeichne die Temperatur mit t, die Distanz ac mit e, dann den Temperaturcoe<!--
-->cienten mit $\alpha \varphi(r)$, wo $\varphi(r)$ eine Function von r bedeutet, so hat man (we<!--
-->das von der Temperatur abhängige Glied getrennt angeschrieben wird) die A<!--
-->ziehung

$$= A\int\frac{r\,dr}{(e-r)^2} - A\alpha t\int\frac{\varphi(r)\,r\,dr}{(e-r)^2}$$

Setzt man nun das erste Integral $= P$, das zweite $= Q$, so kann man d<!--
-->Ausdrucke die Form

$$AP\left(1 - \frac{Q}{P}\alpha t\right)$$

geben, wo als Temperaturcoefficient $\frac{Q}{P}\alpha$ erscheint. Es ist klar, dass dieser Te<!--
-->peraturcoefficient, welchen Werth man auch immer für $\varphi(r)$ annehmen mag, <!--
-->Entfernung e enthalten muss, und hieraus lässt sich im Allgemeinen abnehm<!--
-->dass wenn die stärker und schwächer magnetisirten Molecule von der Temperat<!--
-->in verschiedenem Maasse modificirt werden, die Temperaturcorrection von der La<!--
-->des angezogenen Punktes abhängen wird. Nur da, wo auf den Magnet eine P<!--
-->allelkraft (der Erdmagnetismus) wirkt, bleibt der Einfluss der Temperatur von d<!--
-->eben erwähnten Umständen ganz unabhängig. Sollte demnach die Methode <!--
-->Schwingungen (§. 78) einen anderen Temperaturcoefficienten geben, als die M<!--
-->thode der Ablenkungen (§. 79), so würde diess ein Beweis sein, dass der Wärm<!--
-->Einfluss von der Stärke des Magnetismus abhängt. Wir werden im Folgend<!--
-->durchgängig voraussetzen, dass eine Abhängigkeit von der Stärke des Magnet<!--
-->mus nicht vorhanden sei; es verdient übrigens bemerkt zu werden, dass we<!--
-->man $\varphi(r)$ durch (gerade) Potenzen von r darstellt und die Anziehung na<!--
-->den negativen Potenzen von e entwickelt, die Abhängigkeit des Wärmecoefficient<!--
-->von der Stärke des Magnetismus erst bei dem Gliede, welches durch e^5 divid<!--
-->wird, sich zu offenbaren anfängt, also nicht leicht durch Beobachtung nachgewi<!--
-->sen werden kann.

§. 78.   EINFLUSS DER TEMPERATUR ÜBERHAUPT.   381

3. Sehr nahe verwandt mit der vorhergehenden Untersuchung ist die Frage, ob, wenn eine **permanente** Aenderung eintritt, jedes Element nach gleichem Verhältnisse gewinnt oder verliert. Ein Versuch, auf directem Wege diese Frage zu entscheiden, ist von KUPFFER [1] gemacht worden. Er brachte (nach *Fig. 238*, S. 328) eine kleine Nadel von 14 Millimeter Länge verschiedenen Punkten eines verticalen, 503 Millimeter langen, Magnetstabes gegenüber und beobachtete ihre Schwingungszeit; eine gleiche Beobachtungsreihe wurde angestellt, nachdem der Stab durch Eintauchen in siedendes Wasser einen Theil seines Magnetismus verloren hatte. Folgende Tabelle gibt die Entfernung des untersuchten Punktes vom Ende des Stabes und die aus der Schwingungszeit berechnete Intensität:

Entfernung vom Ende	Magnetismus vor der Schwächung	Magnetismus nach der Schwächung	Verhältniss.
156,5 Millim.	0,5369	0,4376	0,7858
136,5	0,7374	0,5765	0,7818
116,5	0,9455	0,7280	0,7700
96,5	1,1862	0,8897	0,7500
76,5	1,4311	1,0559	0,7378
56,5	1,6518	1,1929	0,7222

Nachdem derselbe Stab neu magnetisirt worden war, wurde er in die verlängerte Richtung der Nadel gelegt und bei den in folgender Tabelle angegebenen Entfernungen (gerechnet von der Mitte der Nadel bis zum Ende des Stabes) die Schwingungszeit beobachtet; alsdann wurde der Stab in siedendes Wasser getaucht und die Schwingungsbeobachtungen in denselben Distanzen wiederholt; die Resultate waren

Entfernung der Nadel	Magnetismus vor dem Eintauchen	Magnetismus nach dem Eintauchen	Verhältniss.
197 Millim.	0,1777	0,1298	0,7310
177	0,2213	0,1595	0,7210
157	0,2849	0,2040	0,7052
137	0,3773	0,2580	0,6887
117	0,5237	0,3490	0,6653
97	0,7773	0,4951	0,6357
77	1,2795	0,7556	0,5907

Die erste Beobachtungsreihe zeigt entschieden, dass an dem Pole der Verlust grösser war, während die zweite minder entscheidend ist und eher im entgegengesetzten Sinne ausgelegt werden müsste, was sich leicht durch Anwendung der vorhin bereits entwickelten Formeln nachweisen lässt. Die Anziehung auf einen in der Verlängerung des Magnets ns (*Fig. 267*) gelegenen Punkt a wird nämlich ausgedrückt durch das Integral AP und wenn man in dem Integral Q die Function $\alpha\varphi(r)$ beispielsweise durch γr ersetzt, so erhält man die Schwächung, welche entsteht, wenn der Kraftverlust eines jeden Theilchens proportional seiner Entfernung r von der Mitte angenommen wird. Die Anziehung nach der Schwächung $AP - A\gamma Q$, durch die Anziehung vor der Schwächung AP dividirt, gibt zwischen beiden das Verhältniss

$$1 - \gamma \frac{Q}{P} \qquad\qquad 3).$$

Nun hat man, wenn die Entfernung des angezogenen Punktes vom Ende des Magnets mit ε, also die Entfernung e von der Mitte mit $\lambda + \varepsilon$ bezeichnet und die Integration (was hier wohl zulässig ist) nur auf die nähere Hälfte des Stabes ausgedehnt wird,

$$P = \frac{\lambda}{\varepsilon} + \log \frac{\varepsilon}{\lambda + \varepsilon} \qquad 4)$$

$$Q = \frac{\lambda^2}{\varepsilon} + 2\lambda + 2(\lambda + \varepsilon) \log \frac{\varepsilon}{\lambda + \varepsilon} \qquad 5).$$

Nach Substitution dieser Grössen in dem Ausdrücke 3) ist es leicht, sich zu überzeugen, dass die Werthe desselben für zunehmende Werthe von ε abnehmen müssen; so findet man für $\varepsilon = 77 \qquad 137 \qquad 197$

$$1 - \gamma\, 0{,}00489 \qquad 1 - \gamma\, 0{,}00512 \qquad 1 - \gamma\, 0{,}00527.$$

4. Hat man für die Temperatur t_0 das magnetische Moment M_0 und für die Temperatur t_1 das magnetische Moment M_1 gefunden, so entspricht der Temperaturdifferenz $t_1 - t_0$ die Aenderung des magnetischen Moments $M_1 - M_0$ und die Aenderung für $1°$ Temperatur wird sein

$$\frac{M_1 - M_0}{t_1 - t_0}.$$

Nimmt man an, dass das magnetische Moment einfach der Temperatur proportional sich ändert, so erhält man für die Temperatur t das magnetische Moment

$$M_0 + \frac{M_1 - M_0}{t_1 - t_0}(t - t_0)$$

oder für die Rechnung bequemer

$$M_0 \left(1 + \frac{1}{M_0} \frac{M_1 - M_0}{t_1 - t_0}(t - t_0)\right).$$

Die Grösse

$$\frac{1}{M_0} \frac{M_1 - M_0}{t_1 - t_0}$$

nennt man den Temperaturcoefficienten; wir werden ihn mit α bezeichnen, und da alle Magnete bei steigender Temperatur an Kraft verlieren, so erhalten wir für die Temperatur t das magnetische Moment

$$M_0 (1 - \alpha (t - t_0)).$$

Ist die Aenderung des magnetischen Moments nicht streng der Aenderung der Temperatur proportional, so wird man aus Versuchen, die bei höherer und tieferer Temperatur angestellt werden, einen verschiedenen Werth von α erhalten. In diesem Falle gilt der Temperaturcoefficient, welcher aus dem Temperaturintervalle $t_1 - t_0$ abgeleitet wird, eigentlich blos für die mittlere dazwischenliegende Temperatur, nämlich

$$\frac{1}{2}(t_1 + t_0) = T_0.$$

Hat man nun für die niedere Temperatur T_0 den Temperaturcoefficienten α' und für die höhere Temperatur $\frac{1}{2}(t_3 + t_2) = T_1$ den Temperaturcoefficienten α'' gefunden, und nimmt man an, was wohl das einfachste und natürlichste ist, dass der Temperaturcoefficient proportional mit der Temperatur zunimmt, so entspricht einem Grade Temperaturzunahme eine Zunahme des Temperaturcoefficienten von

$$\frac{\alpha'' - \alpha'}{T_1 - T_0},$$

welchen Werth wir mit 2β bezeichnen wollen. Hieraus lässt sich der Temperaturcoefficient für $0°$ berechnen und ist

$$= \alpha' - 2\beta T_0 = \alpha'' - 2\beta T_1.$$

Bezeichnet man den Temperaturcoefficienten für $0°$ einfach mit α, so hat man für eine beliebige Temperatur t den Coefficienten

$$\alpha + 2\beta t.$$

Will man die Zunahme des magnetischen Moments von $0°$ bis t berechnen, so muss dabei der Temperaturcoefficient gebraucht werden, welcher mitten dazwischenliegt, also das arithmetische Mittel zwischen α und $\alpha + 2\beta t$ bildet. Das arithmetische Mittel dieser zwei Grössen ist aber $\alpha + \beta t$ und wir erhalten demnach, wenn M_0 der Temperatur $0°$ entspricht, für die Temperatur t das magnetische Moment

$$M_0 (1 + \alpha t + \beta t^2).$$

5. Zur Ausführung der hier entwickelten Bestimmungsmethode ist es nur nöthig, das magnetische Moment für verschiedene Temperaturen genau messen zu können, wobei Sorge zu tragen ist, dass durch die Aenderung der Temperatur nicht eine permanente Aenderung des Magnetismus hervorgerufen werde. Das gewöhnlichste Mittel, die Temperatur zu ändern, ist das Eintauchen in warmes und kaltes Wasser. Zwar lässt sich gegen den Gebrauch des Wassers einwenden, dass eine Oxydation eintreten könnte, wodurch der Magnetismus modificirt würde; indessen scheint die in dieser Beziehung gehegte Besorgniss nach den Versuchen von WEBER[2] ohne Grund zu sein, und auch RIESS und MOSER[3] haben schon früher da, wo die Oberfläche der Magnete mit dem Wasser in Berührung stand, und wo durch einen Firnissüberzug oder durch Einschliessen in Glasröhren die Berührung verhindert wurde, gleiche Resultate erhalten.

Die Untersuchung des Einflusses der Temperatur auf den Magnetismus fing damit an, dass man Stücke von Magneteisenstein theils in compactem, theils in pulverisirtem Zustande oder auch magnetisirtes Eisen in das Feuer brachte und der Glühhitze aussetzte; das Feuer bildete nämlich eines der vorzüglichsten chemischen Prüfungsmittel des 17. Jahrhunderts und sollte die Natur des Magnetismus offenbaren. In diesem Sinne sind wohl die Experimente von GILBERT[4], PORTA, BOYLE, SERVINGTON SAVERY[5], LEMERY[6], LIEUTAUD[7], BRUGMANS[8], CAVALLO[9]. MUSSCHENBROECK[10], REAUMUR[11] und Anderen[12] grösstentheils zu deuten; sie beziehen sich vorzugsweise auf Glühen der Magnete und Ablöschen im Wasser. Auch mehrere von den späteren Experimentatoren, namentlich BARLOW und BONNYCASTLE[13], dann SCORESBY[14] haben sich fast ausschliesslich mit der Wirkung excessiver Temperaturen beschäftiget, wobei insbesondere die früher schon erkannte grosse Empfänglichkeit des rothglühenden Eisens und Stahles für Induction bestätigt wurde.

6. Die erste erfolgreiche Untersuchung über die vorübergehenden Aenderungen des Magnetismus durch Temperaturwechsel unternahm CANTON[15] im Jahre 1759. Er legte einen Magnet seitwärts von einer Boussole in solcher Lage hin, dass eine Ablenkung von $45°$ hervorgebracht wurde, stellte auf den ablenkenden Magnet ein Messinggefäss und bemerkte, als letzteres mit warmem Wasser gefüllt wurde,

dass eine Verminderung des Ablenkungswinkels eintrat. Noch entschiedener könnte er sich von dem Einflusse der Wärme überzeugen, als er durch einen zweiten Magnet, auf dem ebenfalls ein Wassergefäss sich befand, die Nadel der Boussole in den Meridian zurückbrachte und abwechselnd das eine, dann das andere Gefäss mit warmem Wasser füllte.

SAUSSURE [16] erkannte gleichfalls an den Versuchen, welche er mit seinem Magnetometer vornahm, das Vorhandensein eines Temperatureinflusses; auf eine genauere quantitative Bestimmung ging er nicht ein.

Im Jahre 1803 wurden CANTON's Resultate von HÄLLSTRÖM [17] bestätigt, und zwar war die Untersuchungsmethode dieselbe, der Erfolg aber insofern vollständiger, als HÄLLSTRÖM die Abstossung ebensowohl als die Anziehung berücksichtigte und die Wirkung hinreichend nahe im umgekehrten Verhältnisse des Quadrats der Entfernung der Pole fand.

Noch früher hatte COULOMB den Einfluss der Wärme untersucht, seine Resultate sind jedoch erst im Jahre 1816 von BIOT [18] bekannt gemacht worden.

CHRISTIE [19] stellte im Jahre 1825 eine Reihe von Versuchen mit der Drehwaage bei Temperaturen von — 15°,5 bis + 42° an und erkannte, dass zwar immer durch Wärme eine Verminderung der Kraft erfolgt, jedoch diese Verminderung bei hohen Temperaturen grösser wird; constanten Verlust traf er schon bei 30° an. HANSTEEN [20] beschäftigte sich ebenfalls mit demselben Problem, in der Voraussetzung, dass es um eine vorher nicht genau erkannte Eigenthümlichkeit des Magnetismus sich handle, und KUPFFER [21] dehnte die Untersuchung in einer sehr ausführlichen Arbeit auf grössere Stäbe aus.

7. Durch die bisher erwähnten Arbeiten war die Abhängigkeit des Magnetismus von der Temperatur in der Hauptsache bestimmt; jedoch sind in späterer Zeit mehrere wesentliche Modificationen theils mit, theils ohne die erforderliche Begründung vorgebracht worden. Sehr bemerkenswerth ist die Abhandlung von RIES und MOSER [22] wegen ihrer Gründlichkeit, und insbesondere desshalb, weil darin zuerst die Nothwendigkeit hervorgehoben wird, die permanenten und vorübergehenden Aenderungen zu trennen; auch wird zum ersten Male der Versuch gemacht, ein Verhältniss zwischen dem Temperaturcoefficienten und den Dimensionen der Magnete zu ermitteln. Was die aus den Beobachtungen gefolgerte Verschiedenheit der Temperaturwirkung bei polirten und nicht polirten Magneten betrifft, so ist in neuerer Zeit nichts bekannt geworden, was als Bestätigung dafür dienen könnte.

Die grösste Genauigkeit der Ablesungen bei Bestimmung der Temperaturwirkung hat WEBER [23] erlangt, indem er sich eines GAUSS'schen Magnetometers unter Anwendung sehr zweckmässiger Vorrichtungen und unter Berücksichtigung der erdmagnetischen Variationen bediente; seine Resultate weichen übrigens von den gewöhnlich angenommenen Grundsätzen sehr wesentlich ab, denn er fand, dass die Aenderung des magnetischen Moments durch die Wärme nicht einfach der Temperaturänderung proportional sei und ein anderes Gesetz bei steigender, ein anderes bei fallender Temperatur stattfinde; ferner glaubte er nach seinen Versuchen eine Abhängigkeit des Temperatureinflusses von der Stärke der Magnetisirung annehmen zu müssen. Dabei scheint er jedoch nicht hinreichend berücksichtigt zu haben, dass die Wärme längere Zeit braucht, um in das Innere eines grossen Stabes einzudringen, also die Temperatur im Innern verschieden ist von der, welche durch ein neben dem Stab befindliches Thermometer angezeigt wird; auch hat er den permanenten Kraftverlust, der sicherlich stattgefunden haben wird, nicht in Rechnung genommen.

Im Jahre 1842 erschien über den Einfluss der Temperatur eine mit grosser

Umsicht ausgeführte Versuchsreihe von HANSTEEN [24], worin nachgewiesen wird, wie die verschiedenen Stäbe verschiedene Empfindlichkeit für die Wärme haben, in allen Fällen aber der Temperaturcoefficient grösser ist bei hohen, als bei tiefen Temperaturen; auch berichtigte er die oben angeführten Sätze von WEBER. Hiemit im wesentlichen übereinstimmende Resultate hatte ich schon früher [25] erlangt; ausserdem erkannte ich die Abhängigkeit von dem Grade der Härte, und zeigte ferner durch eine fortgesetzte Beobachtungsreihe, dass, wenn man die Kugel eines Thermometers (*Fig. 268*) in die Mitte eines eisernen Parallelipipedums P von 11 Linien Quadrat Querschnitt bringt, die Oeffnung neben dem Thermometerrohre mit Wachs verschliesst und seitwärts ein anderes Thermometer aufhängt, die Grösse der täglichen Periode in der Mitte des Parallelipipedums um $1/4$ kleiner ist, als in der umgebenden Luft, und die Wendepunkte um 2 Stunden später eintreten.

Fig. 268.

8. HOLMGREN [26] hat den permanenten Kraftverlust gehärteter Magnetstäbe, wenn sie einer Temperatur von 80° R. ausgesetzt werden, untersucht und die Abhängigkeit des Kraftverlustes von der Dauer der Erwärmung und des Erkaltens bestimmt. Auch über den Einfluss wiederholter Erwärmung hat er Versuche angestellt. Abweichend von RIESS und MOSER (welche jedoch ungehärtete Stahlstäbe angewendet haben) findet er, dass die Dauer der Erwärmung die Wirkung verstärke.

Was die Wiederholungen betrifft, so zeigten seine Beobachtungen eine schnelle Abnahme bis etwa zum 11. Male; vom 188. bis zum 213. Male trat keine Aenderung ein. (Vergl. §. 86.)

Noch wäre eine Arbeit von DUFOUR [27] zu erwähnen, die sehr umfassend, aber insoferne Einwürfen ausgesetzt ist, als darin die vorübergehenden und bleibenden Aenderungen nicht in gehöriger Weise getrennt sind. Unter Anderm hat DUFOUR Stäbe bei verschiedenen Temperaturen magnetisirt und sie dann höheren Temperaturen ausgesetzt, wobei eine Verminderung der Kraft eintrat. Nachdem die Stäbe bei diesen höheren Temperaturen neu magnetisirt und niedrigeren Temperaturen ausgesetzt worden waren, zeigte sich wiederum ein Kraftverlust, jedoch ein geringerer. Diess war ganz natürlich: bei der Erwärmung trat ein permanenter und ein vorübergehender Kraftverlust ein, und die Beobachtung gab die Summe derselben, bei der Erkältung trat wiederum ein permanenter Verlust, aber zugleich ein vorübergehender Gewinn ein, und die Beobachtung gab ihre Differenz. DUFOUR betrachtete nun die Summe, wie die Differenz der beiden Grössen als vorübergehende Aenderung und schloss daraus, dass die gewöhnlich angewendete Temperaturcorrection der Magnete unrichtig sei [28].

Es ist bei einer früheren Gelegenheit (S. 51) erwähnt worden, dass Seefahrer in Polargegenden einen schwächenden Einfluss der Kälte auf den Magnetismus beobachtet haben wollen; eine gewissermaassen entgegengesetzte, aber ebenso vereinzelte und unerklärte Beobachtung wird von MATTEUCCI [29] mitgetheilt, wonach ein Abschnitt von einem weichen Eisendrahte, in eine Glasröhre zugleich mit einer erkaltenden Mischung von — 12°,5 C. gebracht, beträchtliche Polarität zeigte, während bei gewöhnlicher Temperatur keine Spur von Magnetismus zu bemerken war.

---

[1] KUPFFER. *Ann. de chim. et de phys.* XXXVI, 65; Pogg. Ann. XII, 134.
[2] WEBER. Result. d. magn. Vereins. 1837, S. 50.
[3] RIESS und MOSER. Pogg. Ann. XVII, 403. (Dass durch Oxydation, wenn sie wirklich eintritt, eine Verminderung der magnetischen Kraft erfolgen müsse, kann keinem Zweifel unterliegen; Versuche darüber unter Anwendung von Säuren hat in neuester Zeit MAURITIUS angestellt und in seinem Schulprogramme, Coburg 1864, veröffentlicht.)
[4] GILBERT, de magnete. Lib. III, c. 3. (Fiat examen in ignibus immoderatis naturae tyrannis.)

⁵ Servington Savery. *Philos. Trans.* 1730. No. 414, p. 314.
⁶ Lemery. *Mém. de l'Acad. de Paris.* 1706
⁷ Lievtaudi. Magnetologia. Lugd. 1668.
⁸ Brugmans. Philos. Versuche über die magnetische Materie.
⁹ Cavallo. Abhandlung vom Magnet.
¹⁰ Muschenbroeck. Dissertatio de magnete, p. 84 (12 chemische Versuche, die er processus nennt).
¹¹ Réaumur. *Mém. de l'Acad. de Paris.* 1723.
¹² *Philos. Trans.* London 1694, No. 214, und Lowthorps, *Philos. Trans. abridged.* T. II, p. 603 (Abhandlung eines anonymen Physikers J. C.).
¹³ *Encyclopedia Britannica;* Art.: *Magnetism.* (Barlow) Pogg. Ann. 1827.
¹⁴ Scoresby. *Transact. of the R. Society of Edinb.* T. IX, p. 254.
¹⁵ Canton *Philos. Trans.* 1759. Vol. LI, P. I, p. 398.
¹⁶ Saussure. *Voy. dans les Alpes.* T. I, p. 378.
¹⁷ Hällström. Gilb. Ann. XIX, 282.
¹⁸ Biot. *Traité de physique.* Tom. IV.
¹⁹ Christie. *Philos. Trans.* London 1825, p. 1.
²⁰ Hansteen. Pogg. Ann. IX, 464.
²¹ Kupffer. Pogg. Ann. XVII, 404. — *Ann. de chimie et de phys.* XXXV, 323. — Pogg. Ann. X, 545.
²² Riess und Moser. Pogg. Ann. XVII, S. 403. — Zu erwähnen wäre noch eine fast gleichzeitige Arbeit von Matteucci, wovon der Titel weiter unten unter ²⁹ angeführt ist.
²³ Weber. Resultate aus den Beobachtungen des magnet. Vereins. 1837, S. 42.
²⁴ Hansteen. De mutationibus quas subit momentum virgae magneticae partim ob temporis, partim ob temperaturae mutationes. 1842.
²⁵ Lamont. Gelehrte Anzeigen der k. Bayr. Akad. der Wiss. 1841. Bd. XIII, S. 1005. — Handbuch des Erdmagn. S. 130.
²⁶ Holmgren. *Recherches relatives à l'influence de la température sur le magnétisme.* Acta Soc. scient. Upsal. (3) I, 309.
²⁷ Dufour. *Bull. de la Société Vaud. des sciences nat.* T. V, p. 352.
²⁸ Dufour. *De la correction de la température dans les observations du magnétisme terrestre.* Arch. d. sc. phys. XXXIII, 50 und XXXIV, 5.
²⁹ Matteucci. *Discorso sull' influenza del calore sul magnetismo,* in Auszug in Baumgartner's Zeitschrift für Phys. und Math. X, 465.

§. 79. Bestimmung des Temperaturcoefficienten durch Schwingungen.

Die nähere Untersuchung und Messung des Temperatureinflusses auf den permanenten Magnetismus kann nach verschiedenen Methoden geschehen, wovon die einfachste darin besteht, die Schwingungsdauer eines Magnets in verschiedenen Temperaturen zu beobachten. Bei Versuchen dieser Art wird zuerst der zu untersuchende Magnet in einem hölzernen Kasten aufgehängt, die Schwingungsdauer bestimmt und die Temperatur nach einem im Kasten befindlichen Thermometer notirt. Alsdann stellt man in den Kasten eine Weingeistlampe, welche man so lange brennen lässt, bis die Temperatur sich um einen beliebigen Betrag erhöht hat, und hierauf wird die Schwingungsdauer nochmals bestimmt und die Temperatur aufgezeichnet. Aus der Zunahme der Schwingungsdauer erkennt man die Abnahme der Kraft (§. 56) und kann die Grösse der Abnahme berechnen.

Sehr vortheilhaft haben einige Beobachter diese Methode dahin modificirt, dass sie nicht den Magnetstab selbst schwingen liessen, sondern ihm eine geeignete Stellung im magnetischen Meridian unter einer horizontal aufgehängten Nadel gaben, deren Schwingungsdauer bei höherer und tiefer Temperatur des Stabes bestimmt wurde. Um hierbei die Temperatur des Stabes bequem erhöhen oder herunterbringen zu können, ist es zweckmässig, denselben in ein längliches

§. 79. TEMPERATURCOEFFICIENT DURCH SCHWINGUNGEN.

Kupfer- oder noch besser in ein Glasgefäss zu legen, welches abwechselnd mit warmem und kaltem Wasser gefüllt wird.

1. Wenn man den Temperaturcoefficienten eines Magnets durch seine Schwingungsdauer bestimmen will, so hat man blos aus den beobachteten Schwingungszeiten T_0, T_1 ... die Werthe des magnetischen Moments M_0, M_1 abzuleiten und sie in den Formeln von §. 78 zu substituiren.

Nun ist aber (§. 56)

$$M_0 = \frac{n^2 K}{X} \frac{1}{T_0^2}, \qquad M_1 = \frac{n^2 K}{X} \frac{1}{T_1^2} \qquad 1),$$

demnach hat man

$$\alpha = -\frac{T_0^2 - T_1^2}{T_1^2 (t_1 - t_0)} = \frac{(T_0 + T_1)(T_1 - T_0)}{T_1^2 (t_1 - t_0)} \qquad 2).$$

Da es einleuchtend ist, dass bei diesen Rechnungen relative Werthe des magnetischen Moments genügen, so kann man

$$M_0 = 1 \qquad M_1 = \frac{T_0^2}{T_1^2} \qquad M_2 = \frac{T_0^2}{T_2^2} \quad \text{u. s. w.}$$

setzen, was besonders in dem Falle zweckmässig erscheint, wo es sich darum handelt, die Werthe von α und β (S. 383) aus einer grösseren Anzahl von Beobachtungen abzuleiten.

Da α so klein ist, dass man das Quadrat davon vernachlässigen kann, so lässt sich die Rechnung auch so einrichten, dass man in den Gleichungen 1)

$$M_0 = M(1 - \alpha t_0) \qquad M_1 = M(1 - \alpha t_1)$$

setzt und dann die Werthe von T_0, T_1 sucht. Es ist aber

$$T_0 = \sqrt{\frac{K}{MX}} \cdot \frac{1}{\sqrt{1 - \alpha t_0}} = \sqrt{\frac{K}{MX}} \left(1 + \frac{1}{2} \alpha t_0 + \ldots\right) \qquad 3)$$

und diese Gleichung, verbunden mit der analogen Gleichung für T_1, gibt

$$\alpha = 2 \frac{T_1 - T_0}{T_0 t_1 - T_1 t_0}. \qquad 4).$$

2. Legt man den zu untersuchenden Magnet unter die Nadel und wird das magnetische Moment der Nadel mit m, das magnetische Moment des zu untersuchenden Magnets mit M bezeichnet, so kommt zu dem Drehungsmoment des Erdmagnetismus $mX \sin u$ (§. 64) noch das Drehungsmoment des zu untersuchenden Magnets, welches nach §. 26 durch $MmP \sin u$ ausgedrückt werden kann.

Hiernach hat man zur Bestimmung der Schwingung die Gleichung

$$\frac{d^2 u}{dt^2} + \frac{m}{K}(X \pm MP) \sin u = 0 \qquad 5),$$

wobei das obere oder untere Zeichen gilt, je nachdem der zu untersuchende Magnet die Anziehung des Erdmagnetismus vermehrt oder vermindert. Nach §. 64 und 54 erhält man als Integral dieser Gleichung

$$m(X \pm MP) = \frac{n^2 K}{T^2} \qquad 6$$

Wenn die Nadel unter dem alleinigen Einflusse des Erdmagnetismus, d. h. ehe noch der zu untersuchende Magnet darunter gelegt wurde, die Schwingungszeit ϑ hatte, so findet man nach §. 56

$$m = \frac{\pi^2 K}{X} \frac{1}{\vartheta^2}. \qquad 7)$$

und wird dieser Werth von m in der vorhergehenden Gleichung substituirt, so ergibt sich

$$M \frac{p}{X} = \pm \left(1 - \frac{\vartheta^2}{T^2}\right) \qquad 8).$$

Da es auch hier ausreicht, relative Werthe von M_0, M_1, M_2 zu erhalten, so kann man

$$M_0 = \pm \left(1 - \frac{\vartheta^2}{T_0^2}\right) \quad M_1 = \pm \left(1 - \frac{\vartheta^2}{T_1^2}\right)$$

u. s. w. setzen und die weitere Bestimmung wie oben einrichten.

3. Die im Texte angegebene Einrichtung des Experiments, wonach die Erwärmung durch eine Weingeistlampe bewerkstelliget wird, ist wohl als die bequemste zu betrachten; indessen sind auch andere mehr oder minder complicirte Einrichtungen von verschiedenen Beobachtern benützt worden. KUPFFER[1] liess im Winter längere Zeit die Fenster offen, um eine niedere Temperatur im Zimmer herzustellen, und brachte dann durch Heizung eine höhere Temperatur hervor. Derselbe Physiker und nach ihm DUFOUR[2] wendeten die zweite oben im Texte angegebene Methode an, wonach der zu untersuchende Magnet unter eine schwingende Nadel gebracht und in ein Kupfer- oder Glasgefäss gelegt wird, in welches man abwechselnd warmes und kaltes Wasser giesst. HANSTEEN[3] construirte einen eigenen Apparat, bestehend in einem cylindrischen Glasgefässe von kleinerem Durchmesser, welches in ein grösseres cylindrisches Glas hineingestellt wurde, so dass zwischen den beiden Wänden ein beträchtlicher Raum übrig blieb und in dem inneren Glasgefässe die zu untersuchende Nadel aufgehängt werden konnte. Indem nun der Zwischenraum der beiden Gläser abwechselnd mit kaltem und warmem Wasser gefüllt wurde, konnte die Temperatur des innern Raumes, wo sich die Nadel befand, erhöht oder herabgebracht werden.

Die weiteren Modificationen der Beobachtungsweise mögen hier als minder wesentlich übergangen werden; auch scheint es nicht nöthig, die verschiedenen Werthe des Temperaturcoefficienten, die erhalten wurden, anzuführen, und wir begnügen uns, zu bemerken, dass ausser den bereits genannten Physikern RIESS und MOSER[4], SABINE[5], BRAVAIS[6], HORNER[7] mit der Bestimmung des Temperaturcoefficienten unter Anwendung der oben beschriebenen Methoden sich beschäftiget haben. Was speciell die auf den Temperatureinfluss bezüglichen Untersuchungen betrifft, welche in magnetischen Observatorien zum Behufe der Reduction der Beobachtungen unternommen worden sind, so wird man Näheres darüber in dem betreffenden Bande finden.

[1] KUPFFER. *Pogg. Ann.* X, 545.
[2] DUFOUR. *Bull. de la Société Vaudoise.* Tom. V. 352.
[3] HANSTEEN. *Ann. de chim. et de phys.* X, 4, 437.
[4] RIESS und MOSER. *Pogg. Ann.* XVII, 403.
[5] SABINE. *Quart. Journ. of sc.* New Ser. No. XI.
[6] BRAVAIS. *Ann. de chim. et de phys.* Ser. III, Tom. XVIII.
[7] HORNER. *Phys. Wörterbuch,* neu bearb. VI, 1013.

§. 80. Bestimmung des Temperaturcoefficienten durch Ablenkungen.

Die Methode der Schwingungen ist sehr umständlich, und da sie eine längere Zeit zu ihrer Ausführung erfordert, so wäre es nöthig, die immer vorkommenden Aenderungen der Temperatur und die Aenderungen des Erdmagnetismus in der Rechnung genau zu berücksichtigen. Desshalb zieht man gegenwärtig vor, den Einfluss der Temperatur durch Ablenkungen zu messen. An und für sich betrachtet, könnte man dem zu untersuchenden Magnet eine beliebige Stellung gegen die freie Nadel geben, wenn nur eine Ablenkung dadurch zu Stande käme, in der Regel aber bringt man ihn in dieselbe horizontale Ebene, in welcher die freie Nadel sich befindet, und stellt ihn nach §. 55 entweder senkrecht auf den magnetischen Meridian, dass er eine Tangenten- oder senkrecht auf die Richtung der Nadel, dass er eine Sinusablenkung hervorbringt; dabei muss er in einem Wassergefässe sich befinden, welches nach Belieben gefüllt und mittelst einer mit Wechsel versehenen Bodenöffnung oder mittelst eines Hebers geleert werden kann. Zuerst füllt man das Gefäss mit warmem Wasser an und beobachtet die Temperatur des Wassers und die Ablenkung der Nadel; alsdann lässt man das warme Wasser ablaufen, füllt das Gefäss mit kaltem Wasser und beobachtet wiederum die Temperatur des Wassers und die Ablenkung.

Noch bequemer ist es, bei kleinen Magneten zwei Gefässe (das eine mit warmem, das andere mit kaltem Wasser gefüllt) anzuwenden, welche abwechselnd unter den Magnet hineingebracht und soweit erhöht werden, bis der Magnet eingetaucht ist.

Da die Ablenkung in dem Verhältnisse zu- und abnimmt, wie das magnetische Moment des Magnets, so lässt sich aus den beobachteten Aenderungen des Winkels durch eine einfache Rechnung der Temperaturcoefficient ableiten.

Sollte die Anwendung von Wasser zum Erwärmen des Magnets unzweckmässig erscheinen, weil möglicherweise eine Oxydation der Stahloberfläche eintreten könnte, so findet man oben S. 383 die Mittel angegeben, wodurch ein solcher Erfolg verhindert werden kann. Eine der wesentlichsten Bedingungen bei Untersuchung des Einflusses der Temperatur auf Magnete besteht darin, dass man bei den Versuchen nicht blos die jedesmalige Temperatur des Wassers genau bestimme, sondern auch sich überzeuge, ob die Temperatur des Wassers sich dem Magnet mitgetheilt und die ganze Masse durchdrungen habe. Ferner muss der constante Verlust, der bei jedem Eintauchen in warmes Wasser eintritt, sorgfältig von der temporären Zu- oder Abnahme, welche der jedesmalige Wärmegrad herbeigeführt, geschieden werden. Durch Nichtbeachtung dieser Umstände ist man zu vielen irrigen Resultaten gelangt.

1. Steht der zu untersuchende Magnet nach §. 60 senkrecht gegen die Richtung der Nadel, so hat man

$$M = AX \sin \varphi,$$

und wird er senkrecht gegen den magnetischen Meridian gestellt, so hat man

$$M = BX \operatorname{tg} \varphi,$$

wo A und B nur von der Entfernung und den Dimensionen des Magnets und der Nadel abhängen.

Da es hier blos um relative Werthe zu thun ist, so erhält man den Temperaturcoefficienten, wenn man in den Formeln des §. 78 für den ersten Fall

$$M_0 = \sin \varphi_0 \qquad M_1 = \sin \varphi_1 \qquad M_2 = \sin \varphi_2 \quad \text{u. s. w.}$$

setzt und für den zweiten Fall die Tangente substituirt. Noch einfacher gelangt man zum Ziele durch folgende Transformation. Hat man bei den Temperaturen t_0 und t_1 die Sinusablenkungen φ und φ' beobachtet, so finden die zwei Gleichungen statt:

$$M(1 - at_0) = AX \sin \varphi$$
$$M(1 - at_1) = AX \sin \varphi'.$$

Durch Division ergibt sich hieraus

$$\frac{1 - at_0}{1 - at_1} = \frac{\sin \varphi}{\sin \varphi'}$$

oder mit hinreichender Genauigkeit

$$a = \frac{\sin(\varphi - \varphi')}{(t_1 - t_0) \operatorname{tg} \frac{1}{2}(\varphi + \varphi')}. \qquad 1).$$

Hat man den zu untersuchenden Magnet senkrecht gegen den Meridian gelegt und Tangentenablenkungen erhalten, so ergibt sich durch ein ganz ähnliches Verfahren

$$a = \frac{\sin(\varphi - \varphi')}{(t_1 - t_0) \cos \varphi \sin \varphi'} = 2 \frac{\sin(\varphi - \varphi')}{(t_1 - t_0) \sin(\varphi + \varphi')}. \qquad 2).$$

Da jedoch Ablenkungen letzterer Art gewöhnlich mit Magnetometern und Vorrichtungen von ähnlicher Construction beobachtet werden, wo die Scalenablesungen (die wir für die tiefere und höhere Temperatur mit n und n' bezeichnen wollen) unmittelbar als Tangenten der Ablenkung zu betrachten sind, so vereinfacht sich die Rechnung, indem man analog mit dem Obigen erhält

$$\frac{1 - at_0}{1 - at_1} = \frac{n}{n'} \quad \text{oder} \quad a = \frac{n - n'}{n' t_0 - n t_1},$$

wofür gewöhnlich mit Weglassung der kleinen Grössen zweiter Ordnung

$$a = \frac{n - n'}{\frac{1}{2}(n + n')(t_1 - t_0)}. \qquad 3)$$

substituirt wird.

2. Was die Beobachtungseinrichtungen betrifft, so mag es ausreichen, die wesentlichsten Punkte zu erwähnen. In *Fig. 269* (S. 391) stellt kk den runden Magnetometerkasten vor, in welchem der Stab ns frei beweglich aufgehängt ist, die Ablesung geschieht mit dem Fernrohr F und seitwärts befindet sich eine grosse Wanne W von Holz oder Kupfer, in welche der zu untersuchende Magnet hineingelegt wird, und zwar mit den nöthigen Vorkehrungen, damit seine Lage beim Ablassen und Nachgiessen des warmen und kalten Wassers vollkommen ungeändert

bleibe. Kleine Ablenkungen sind zu vermeiden, weil sonst die zu beobachtenden Differenzen zu klein ausfallen würden; man muss desshalb entweder den Magnet so weit ablenken, als es die Scala gestattet, oder, was noch weit zweckmässiger ist, eine Ablenkung hervorbringen, die über die Scala hinausgeht, und dann mittelst eines entgegenwirkenden Hilfsmagnets M den freien Stab wieder nahe in seine natürliche Lage zurückbringen. Wie unter solchen Verhältnissen die ganze Ablenkung zu bestimmen ist, haben wir bereits S. 159 näher erklärt.

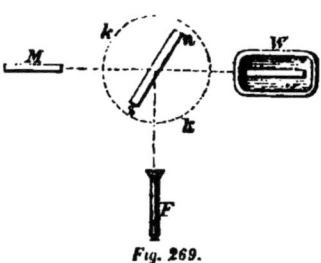

Fig. 269.

Ein weit umständlicheres Verfahren wurde bei den ersten mit dem Magnetometer vorgenommenen Messungen des Temperaturcoefficienten befolgt, indem der Magnetstab jedesmal in der Wanne umgelegt und so die Ablenkung beiderseits von der Mittelrichtung gemessen wurde; ausserdem hat man die Wanne nördlich vom Magnetkasten aufgestellt, während das Fernrohr südlich sich befand. Hier ein Beispiel aus Weber's [1] Untersuchung des Temperatureinflusses bei einem 4 pfündigen Stabe von Meyerstein:

hohe Temperatur	Ablesung	tiefe Temperatur	Ablesung.
32°,2	1143,84	0°	1150,59
30,3	526,58	0	517,36
28,5	1144,65	0	1150,50

Bei der mittleren Beobachtung war der Stab umgekehrt, so dass er die Nadel nach der entgegengesetzten Richtung ablenkte; auch ist zu bemerken, dass die angegebenen Scalenablesungen wegen der Aenderungen des Erdmagnetismus nach den gleichzeitigen Aufzeichnungen eines zweiten Magnetometers corrigirt sind.

Die Resultate sind:

Ablenkung	308,83	Temperatur	30°,32
„	316,59		0,00,

woraus man $\alpha = 0,000818$ erhält.

3. Am bequemsten geschieht die Bestimmung des Temperaturcoefficienten mittelst des magnetischen Theodoliten [2]. Wenn keine besondere Vorrichtung am Magnetgehäuse angebracht ist, so klemmt man eine hölzerne Schiene SS (Fig. 270) an das Rohr RR des Gehäuses, von der hölzernen Schiene geht ein Draht d senkrecht abwärts, an welchen der zu untersuchende Magnet und zwar in seiner Mitte (durch Anwendung einer Klemme oder Schraube) so festgemacht wird, dass er senkrecht gegen die freie Nadel ns zu stehen kommt.

Die Messung selbst geschieht auf folgende Weise: Zunächst bringt man ein Gefäss A mit warmem Wasser unter den Magnet hinein, hebt es so weit, bis der Magnet vollkommen eingetaucht ist, und unterstützt es in dieser Lage mit untergelegten Holzklötzchen. Sobald die Temperatur des Wassers sich dem Magnet hinreichend mitgetheilt hat, wird das im Wasser befindliche Thermometer aufgezeichnet und die Ablenkung abgelesen. Alsdann wird das Gefäss mit dem warmen Wasser entfernt und an dessen Stelle ein gleiches Gefäss mit kaltem Wasser gebracht und nach einem entsprechenden Zeitintervalle die Temperatur und Ab-

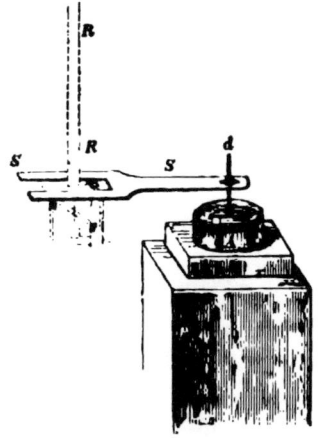

Fig. 270.

lenkung abgelesen. Wenn die erforderliche Anzahl von Bestimmungen auf solche Weise vorgenommen ist, entfernt man den zu untersuchenden Magnet und liest die Einstellung des Theodoliten, d. h. die Declinationsrichtung ab, die von den übrigen Winkeln abzuziehen ist, um die eigentlichen Ablenkungswinkel zu erhalten. Sind die Resultate wie folgt:

Temperatur	Ablenkung	
t_1	φ_1	warm
t_2	φ_2	kalt
t_3	φ_3	warm
t_4	φ_4	kalt
	u. s. w.	

so combinirt man behufs der Berechnung je drei davon zu einem Satze wie folgt:

Temperaturen	entsprechende Ablenkungen
$\frac{1}{2}(t_1 + t_3)$ und t_2	$\frac{1}{2}(\varphi_1 + \varphi_3)$ und φ_2
$\frac{1}{2}(t_2 + t_4)$ und t_3	$\frac{1}{2}(\varphi_2 + \varphi_4)$ und φ_3
u. s. w.	

Indem man auf diese Weise jede Beobachtung mit dem Mittel aus der vorangehenden und folgenden vereinigt, eliminirt man die in der Zwischenzeit vorgekommenen Variationen des Erdmagnetismus und vermindert wenigstens den Einfluss sonst vor sich gehender Aenderungen. Man kann auch, wo besondere Genauigkeit erfordert wird, die Variationen des Erdmagnetismus aufzeichnen und in Rechnung bringen. Zur Erläuterung gebe ich hier die Temperaturbestimmung bei einem sehr dünnen und ungewöhnlich harten Magnet von 90 Millimeter Länge 6,5 Breite und 0,6 Dicke

Temperatur	Ablesung des Kreises.
47°,4	202° 10′,1
10,05	201 45,0
41,8	202 6,3
10,1	201 45,4
33,5	202 1,1
10,05	201 45,2
26,6	201 55,5
10,0	201 44,4
19,95	201 51,6

Richtung des magnetischen Meridians am Anfange 247° 52°,7
am Ende 247 51,4.

Nach den oben angestellten Regeln erhält man folgende Combinationen:

Temperaturen		Ablenkungen		Temperaturcoefficienten
44°,60 und	10°,05	45° 44′,35 und	46° 7′,6	0,0001895
10,07	41,8	46 7,25	45 46,1	0,0001876
37,65	10,1	45 48,55	46 6,9	0,0001874
10,07	33,5	46 6,85	45 51,0	0,0001902
30,05	10,05	45 53,65	46 6,8	0,0001847
10,02	26,6	46 6,55	45 46,3	0,0001735
23,27	10,0	45 58,1	46 6,3	0,0001734

Das Mittel der beiden ersten und beiden letzten Bestimmungen gibt eine Zunahme des Temperaturcoefficienten von 0,00000165 für 1°, und man erhält demnach

$$u = 0,0001446 + 0,000000825\, t.$$

Die Anomalie, welche man in der Reihe der Temperaturcoefficienten bei der mittleren Bestimmung bemerkt, rührt, wie man leicht erkennen kann, von einer Ungenauigkeit der fünften Beobachtung her.

Es ist wahrscheinlich, dass bei grossen Magnetstäben die Aenderung des Temperaturcoefficienten in ungefähr gleichem Verhältnisse wie der Coefficient selbst zunehmen wird, und hiemit stimmen die bisherigen Untersuchungen im allgemeinen überein; so z. B. fand HANSTEEN bei einem 25pfündigen Stabe von MEYERSTEIN den Temperaturcoefficienten

$$\alpha = 0,00089626 + 0,000009077\, t.$$

Ich habe gefunden, dass, wenn man einen Magnet abwechselnd in kaltes und warmes Wasser eintaucht, permanenter Verlust in der Regel nur bei dem Uebergange vom kalten zum warmen Wasser eintritt; ich glaube demnach, dass, um ganz sichere Resultate zu erhalten, es zweckmässig sein würde, blos diejenigen Aenderungen, welche bei dem Uebergange von der höheren zur tieferen Temperatur stattfinden, in Rechnung zu nehmen, also jede Beobachtung bei tieferer Temperatur nur mit der vorausgehenden Beobachtung bei höherer Temperatur zu combiniren.

[1] WEBER. Result. des magn. Vereins. 1838, S. 39.
[2] LAMONT. Handbuch des Erdmagnetismus. S. 128. — Die weitere Literatur ist bereits oben am Ende von §. 78 beigefügt.

§. 84. Einfluss sehr hoher und tiefer Temperatur auf den Magnetismus des Stahles.

Bleibende Aenderungen des Magnetismus werden in Stahlmagneten, wenn sie frisch magnetisirt sind, durch jeden Temperaturwechsel herbeigeführt, und zwar grössere Aenderungen durch steigende als durch fallende Temperatur; hat aber der Magnetismus im Stahle einigermaassen einen constanten Stand erlangt, so ist es wahrscheinlich, dass nur bei sehr beträchtlicher Temperaturerhöhung ein permanenter Kraftverlust eintritt. Nach COULOMB's Versuchen vermindert sich die Kraft eines unter den gewöhnlichen Umständen magnetisirten Stahlstabes ungefähr bei 180° R. auf die Hälfte, und bei 510° R. bleibt nur mehr $^1/_{10}$ übrig. DUFOUR dagegen hat gefunden, dass bei 170° weniger als ein Drittheil und bei 250° nicht ein Zehntel mehr von der ursprünglichen Kraft vorhanden ist. Hinsichtlich der Grösse des Kraftverlustes bei verschiedenen Hitzegraden sind auch andere Beobachter zu sehr verschiedenen Resultaten gelangt; darin stimmen aber alle überein, dass ein Stahlstab Magnetismus nur bis zur Weissglühhitze besitzen kann; diese vernichtet nicht blos den Magnetismus vollständig, sondern macht den Stahl, so lange sie andauert, unfähig, Magnetismus anzunehmen. Der Einfluss sehr tiefer Temperaturen ist bisher nur unvollständig untersucht worden.

1. Bei den mit sehr hohen Temperaturen über den Kraftverlust der Magnete angestellten Versuchen ist gewöhnlich unterlassen worden, den permanenten von

dem vorübergehenden Kraftverlust zu trennen, und selbst da, wo die Trennung geschehen ist, hat das, was über den permanenten Kraftverlust ermittelt werden konnte, auf allgemeine für die Theorie des Magnetismus wichtige oder in der Praxis nützliche Sätze nicht geführt. Desshalb dürfen wir uns wohl begnügen, blos die Arbeiten zu erwähnen, wo Versuche obiger Art vorkommen.

Versuche über die Wirkung der Roth- und Weissglühhitze wurden in älterer Zeit von GILBERT [1], SERVINGTON SAVERY [2], BOYLE [3], und LEMERY [4], dann von einem anonymen Physiker I. C. [5], in neuerer Zeit von COULOMB [6], SCORESBY [7], RIESS und MOSER [8], SEEBECK [9], KUPFFER [10], HOLMGREN [11], DUFOUR [12] angestellt. COULOMB magnetisirte nach BIOT's Bericht einen ausgeglühten Stahlstab bis zur Sättigung und setzte ihn in steigender Progression immer höheren Temperaturen bis zu 680° aus; nach jeder höheren Temperaturstufe wurde der Stab in Wasser von $+12°$ getaucht und das magnetische Moment durch Schwingungen bestimmt; in gleicher Weise wurde mit einem gehärteten Stahlstab verfahren. Dabei stellten sich folgende Resultate heraus:

weicher Stab

Temperatur	Magnetismus
12° R.	1,0000
40	0,9098
80	0,7845
211	0,4002
340	0,1880
510	0,1028
680	—

harter Stab

12° R.	1,0000
80	0,9324
214	0,6202
410	0,1373

Diese Zahlen bezeichnen im Allgemeinen das Gesetz, wonach der Kraftverlust fortschreitet; zugleich ersieht man daraus, dass durch denselben Hitzegrad der harte Stahl weniger verliert als der weiche. KUPFFER hat Versuche angestellt über den Einfluss, welchen Temperaturen bis zur Rothglühhitze auf Stahl und Eisen ausüben, sei es, dass man die Stäbe ganz oder theilweise solchen Temperaturen aussetzt. Ausführliche Versuchsreihen bis zu $+80°$ R. sind von HOLMGREN und DUFOUR angestellt worden; die Resultate des ersteren haben wir oben (S. 385) schon angedeutet, letzterer hat Beobachtungen auch bei höheren Temperaturen bis $+260°$ C. vorgenommen und folgende Punkte berücksichtiget: 1) Einfluss der ersten Erwärmung; 2) Einfluss der darauffolgenden Erkältung; 3) Einfluss mehrer aufeinander folgender Erwärmungen; 4) Einfluss der Dauer der Temperaturänderungen; 5) Einfluss der Erkältung unmittelbar nach der bei höherer Temperatur vorgenommenen Magnetisirung; 6) Verhältniss des Verlustes bei steigender und fallender Temperatur unmittelbar nach der Magnetisirung; 7) Einfluss von Temperaturen, die über den Siedpunkt des Wassers gehen; 8) Einfluss der Magnetisirung während des Erkaltens.

[1] GILBERT. De magnete. London 1600. p. 66.
[2] SERVINGTON SAVERY. Phil. Trans. 1730. p. 314.
[3] DUFAY. Mém. de l'Acad. de Paris. 1728.
[4] LEMERY. Mém. de l'Acad. de Paris. 1706. p. 131.
[5] Philos. Transact. 1694.

⁶ Biot. *Traité de physique.*
⁷ Scoresby. *Transact. of the Royal Society of Edinburgh.* T. IX, p. 284.
⁸ Riess und Moser. Pogg. Ann. XVII, 403.
⁹ Seebeck. Abhandlungen der phys. Klasse der Akad. in Berlin. 1829, S. 129. — Pogg. Ann. X, 47.
¹⁰ Kupffer. *Ann. de chim. et de phys.* XXX, 113.
¹¹ Holmgren. Acta Soc. Upsal. (3) I, 309.
¹² Dufour. *Bull. de la Soc. Vaud.* V, 383.

§. 82. Einfluss der Temperatur auf die Inductionsfähigkeit und den Magnetismus des weichen Eisens; neueste Untersuchungen über den Temperatureinfluss überhaupt.

Der Einfluss der Temperatur auf die Inductionsfähigkeit des weichen Eisens und des Stahles scheint minder complicirt zu sein, als auf den permanenten Magnetismus des Stahles, jedoch ist die Untersuchung noch unvollständig. Mehrfachen Beobachtungen zufolge nimmt die Inductionsfähigkeit fortwährend zu bei zunehmender Temperatur bis gegen die Weissglühhitze hin; bei der Weissglühhitze verschwindet sie gänzlich. Barlow hat gefunden, dass bei der Rothglühhitze die Inductionsfähigkeit um drei bis viermal grösser ist, als bei gewöhnlicher Temperatur, und dass, wenn eine Nadel durch einen senkrecht aufgestellten rothglühenden Stab abgelenkt wird, die Ablenkung auch nach dem Erkalten des Stabes mehrere Tage sich gleich bleibt, vorausgesetzt, dass derselbe in unveränderter Stellung gelassen wird.

Nach meinen Untersuchungen nimmt bei gewöhnlicher Lufttemperatur die Inductionsfähigkeit des weichen Eisens für jeden Grad Wärmezunahme um $7/10000$ zu, und zwar ging dieses Resultat aus Versuchen hervor, wo der Erdmagnetismus als inducirende Kraft auf vertical stehende Eisenstäbe wirkte, die Stäbe aber, um höhere oder tiefere Temperatur anzunehmen, jedesmal in die horizontale Lage gebracht wurden. Diese Einrichtung der Versuche scheint nicht ohne Einfluss auf den Erfolg geblieben zu sein, denn früher hatte ich gefunden, dass, wenn ein vertical fest gemachter Stab ohne Aenderung der Lage abwechselnd in kaltes und warmes Wasser gebracht wurde, der Magnetismus vom Anfange bei jeder Erwärmung zunahm, bei der Erkältung aber sich gleich blieb, jedoch so, dass die Zunahme bei jeder folgenden Erwärmung geringer wurde, und zuletzt ein constanter Stand eintrat, ganz mit der Verminderung des permanenten Magnetismus im Stahle analog. Diess stimmt mit dem oben angeführten Resultate von Barlow überein.

Das Verhalten des permanenten Magnetismus, den das weiche Eisen in nicht unbedeutendem Grade annimmt, ist bisher überhaupt wenig beachtet worden, und so kommt es, dass man jetzt noch nicht weiss, welchen Einfluss die Wärme darauf ausübt; die wenigen vorliegenden Versuche lassen es sogar unentschieden, ob der permanente Magnetismus des weichen Eisens durch die Wärme vermehrt oder vermindert wird. Eine nähere Untersuchung wäre aber von Interesse, weil kaum bezweifelt werden kann, dass der Temperatureinfluss mit der Inductionsfähigkeit in Zusammenhang steht.

Ueber diesen Punkt so wie über mehrere in den vorhergehenden Paragra pben angeregte Fragen ist erst in neuester Zeit eine Entscheidung geliefert worden durch eine Versuchsreihe, welche UNVERDORBEN ausgeführt hat und wovon ich hier eine kurze Uebersicht als Nachtrag einschalten will. Aus den Versuchen geht hervor, dass durch Bestreichen permanente Eisenmagnete von grösserer Stärke und Retentionsfähigkeit, als man gewöhnlich sich vorstellt, erzeugt werden können, und diese gerade so wie Stahlmagnete der Wärme gegenüber sich verhalten und Temperaturcoefficienten haben, die je nach der Beschaffenheit und den Dimensionen des Eisens grösser oder kleiner ausfallen; im Allgemeinen wäre dabei zu bemerken, dass für Schmiedeisen die kleinsten Temperaturcoefficienten (etwas kleiner als für gehärteten Stahl) und für Gusseisen, nach Entfernung der harten Kruste, die grössten Temperaturcoefficienten (sogar bis $1/500$) erhalten werden. Was dagegen den inducirten Magnetismus betrifft, so scheint die Temperatur, wenigstens so lange sie unter $40°$ bleibt, gar keinen Einfluss darauf zu haben, und zwar gilt diess ebensowohl für Stahl wie für Eisen; auch ist es gleichgültig, ob die Induction durch den galvanischen Strom oder durch einen Magnet hervorgerufen wird.

Die von UNVERDORBEN ausgeführten Versuche lassen ferner über die Abhängigkeit des Temperaturcoefficienten von der Stärke des Magnetismus keinen Zweifel übrig; ohne dass ein Gesetz angegeben werden könnte, stellt sich wenigstens so viel heraus, dass, wenn man den Magnetismus stufenweise verstärkt, der Temperaturcoefficient bei hartem Stahle immer kleiner, bei weichem Stahle und Eisen immer grösser wird. Diess gilt übrigens nur für den Fall, dass man, vom unmagnetischen Stande anfangend, in gleichem Sinne die Magnetisirung wiederholt; sobald man aber, von einem starken Magnetismus ausgehend, durch entgegengesetztes Streichen eine geringere Kraft herbeiführen will, so tritt ein ganz anderes Verhältniss ein, welches wohl nur dadurch zu erklären sein möchte, wenn man annimmt, dass zwei magnetische Momente — das primitive und das secundäre — neben einander bestehen und jedes davon seinen eigenen Temperaturcoefficienten hat. Die allmählige Verstärkung des secundären Moments hat zunächst den Erfolg, dass der Temperaturcoefficient immer grösser wird; sowie dann das secundäre Moment das Uebergewicht erhält, so erscheint der Temperaturcoefficient mit einem negativen Werthe schnell dem Verschwinden sich nähernd; nach dem Verschwinden wird er positiv und nimmt allmählig zu, so dass mit der vollständigen Umkehrung der Pole der ursprüngliche Temperaturcoefficient wieder zum Vorscheine kommt. Durch entgegengesetztes Streichen kann man demnach einen Magnet herstellen, dessen Kraft bei Vermehrung der Temperatur geschwächt oder verstärkt oder gar nicht geändert wird.

1. Untersuchungen über den Einfluss, welchen sehr hohe Temperaturen auf die Inductionsfähigkeit des Eisens ausüben, sind in älterer Zeit von GILBERT [1], BRUGMANS [2], CAVALLO [3], in neuerer Zeit mit genaueren Hilfsmitteln von SCORESBY [4] und BARLOW [5] angestellt worden. Letztere bestimmten die Ablenkung, welche ein durch Induction des Erdmagnetismus magnetisirter Eisenstab hervorbrachte, und zwar so, dass der Stab einmal in glühendem, einmal in kaltem Zustande der Nadel genähert wurde. Dadurch wurde ermittelt, dass die Inductionsfähigkeit bei Eisen wie bei Stahl durch die Weissglühhitze gänzlich zerstört wird, in der Rothglühhitze

aber am grössten ist, und zwar ungefähr dreimal grösser, als in der gewöhnlichen Lufttemperatur. Zu gleichem Resultate gelangten später SEEBECK [6] und RITCHIE [7]; ersterer gab zugleich eine Erklärung der sonderbaren Anomalien, welche BARLOW bei dem Erkalten glühender Eisenstäbe an der Polarität derselben beobachtet hatte und welche den beträchtlichen Temperaturunterschieden einzelner Stellen zuzuschreiben sind. Ueber den Einfluss hoher Temperaturen auf den Magnetismus hat auch DUFOUR [8] in neuester Zeit verschiedene Bestimmungen geliefert.

Welchen Einfluss hohe Temperaturgrade auf andere Substanzen als Eisen haben, ist noch nicht hinreichend durch Versuche festgestellt worden, jedoch haben einige Physiker bereits hiemit sich beschäftiget [9].

2. Ueber die Aenderungen, welche in der Inductionsfähigkeit durch geringere in freier Luft vorkommende Temperaturdifferenzen erzeugt werden, sind keine Versuche angestellt worden, bis ich im Jahre 1843 eine Beobachtungsreihe unternahm, welche zunächst den Zweck hatte, den Einfluss der Wärme auf die mittelst weicher Eisenstäbe gemessenen Inclinationsvariationen zu bestimmen [10]. Ein verticaler Eisenstab AB (*Fig. 271*) von prismatischer Form, ungefähr 6 Linien breit, 1½ Linie dick und 12 Zoll lang lenkte die Nadel ns 15°— 20° vom Meridian ab, und wurde abwechselnd in warmes und kaltes Wasser eingetaucht, indem die cylindrischen Glasgefässe, welche das Wasser enthielten, unter den Stab in ähnlicher Weise hineingebracht wurden, wie es der oben (Seite 391) gegebenen Erklärung zufolge bei Messung des Temperatureinflusses auf Stahlmagnete bewerkstelliget wird. Die vorgenommenen Versuche lieferten zur Berechnung des Temperatureinflusses folgende Data:

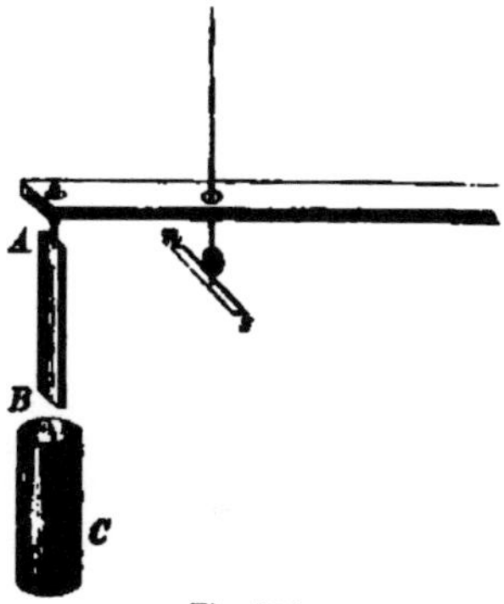

erster Stab Ablenkung 17° 17′, Abnahme der
    Ablenkung für 1° Temperaturerhöhung   0′,078;
zweiter Stab Ablenkung 20° 0′, Zunahme der
    Ablenkung für 1° Temperaturerhöhung   0′,050.

Fig. 271.

Bezeichnet man das magnetische Moment der Stäbe, wie es bei Magneten zu geschehen pflegt, mit $M(1-at)$, so ergibt sich für den ersten Stab

$$a = + 0,0000698,$$

für den zweiten Stab

$$a = - 0,0000385.$$

Hieraus folgt, dass der Einfluss der Wärme jedenfalls sehr gering ist; man dürfte sogar annehmen, dass in der Wirklichkeit $a = 0$ hätte gefunden werden sollen und die obigen Werthe blos als Beobachtungsfehler zu betrachten seien.

Während des Versuchs blieben die Stäbe unverändert an ihrer Stelle und diess scheint nicht ohne Bedeutung zu sein, denn als ich an Stäben, welche abgenommen und umgekehrt werden konnten, die Wirkung der Temperatur zu bestimmen suchte, ergab sich ein sehr verschiedenes Resultat. Die Einrichtung dieser letzteren Experimente war wie folgt [11]: an einem Messingringe DE (*Fig. 272*, S. 398) waren zwei mit Baumwolle vollständig umwickelte runde Eisenstäbe, AB, $A'B'$ von 5 Linien Durchmesser und 7 Zoll Länge festgemacht; der Ring wurde auf einem Theodolitengehäuse, in welchem die mit einem Spiegel S versehene Nadel ns sich befand, aufgesetzt und konnte auch umgelegt werden, so dass A nach A' kam. Die Beobachtungen wurden in freier Luft vorgenommen und zwar so, dass man zuerst die Stäbe, horizontal liegend, die Temperatur der freien Luft annehmen liess, worauf die Ablenkung der Nadel ns gemessen wurde, einmal bei

KAP. XII. TEMPERATUREINFLUSS. §. 82.

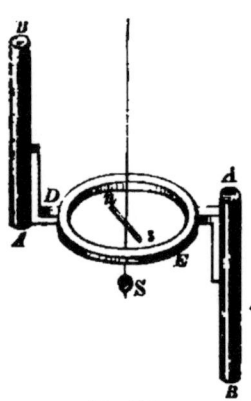

Fig. 272.

gewöhnlicher Lage des Ringes, dann nach Umlegung desselben. Alsdann wurde der Ring, horizontal liegend, in einen warmen Raum gebracht, wo die Stäbe eine Temperatur von $20°$ bis $30°$ erhielten, und die Ablenkungsversuche wiederholt. Das Zeitintervall zwischen dem Auflegen des Ringes und der Ablesung des Standes der Nadel war immer gleich und betrug 4 Minuten; bei jeder Ablesung wurde ein unter der Baumwollumwickelung befindliches Thermometer aufgezeichnet. Die aufgezeichneten Temperaturen und die correspondirenden Ablenkungen waren, wie folgt:

Temperatur	Ablenkung.	
$19°,3$	$23°$	$25',5$
$5,5$	23	$4,1$
$32,2$	23	$32,1$
$10,1$	23	$12,3$
$20,3$	23	$23,5$
$6,6$	23	$10,0$

Versuche mit anderen Stäben gaben ziemlich übereinstimmende Resultate und nach Berücksichtigung des Einflusses, den die Ausdehnung des messingenen Ringes hatte, kann als richtiger Werth im Mittel

$$a = + 0{,}0000693$$

angenommen werden.

*3. Es ist, wie ich glaube, ziemlich allgemein vorausgesetzt worden, dass Temperaturänderungen auf den permanenten Magnetismus des weichen Eisens ungefähr denselben Einfluss haben, wie auf den Magnetismus des hellblau angelassenen Stahles, obwohl hiefür ein haltbarer theoretischer Grund nicht angeführt werden kann. Kupffer[12] ist meines Wissens der einzige, der Versuche, jedoch nur gelegenheitlich und in nicht hinreichender Anzahl und Ausdehnung vorgenommen hat, wobei er sich darauf beschränkte, das magnetische Moment eiserner Stäbe bei verschiedenen Temperaturen einmal aufwärts steigend von $+13°$ bis zur Siedhitze, dann abwärts gehend von der Siedhitze bis $+13°$, zu bestimmen. Da er indessen den vorübergehenden und permanenten Theil der beobachteten Aenderungen des Magnetismus von einander auszuscheiden unterlassen hat, so kann aus seinen Beobachtungen, die zum Theile einen positiven, zum Theile einen negativen Temperaturcoefficienten geben würden, ein sicheres Resultat nicht abgeleitet werden.

4. In der oben erwähnten Abhandlung von Unverdorben[13] werden manigfaltige auf den Temperatureinfluss sich beziehende Verhältnisse erörtert. Die ersten Versuche haben den Zweck, die Frage zu entscheiden, ob die stärker wie die schwächer magnetisirten Molecule eines Magnets von der Wärme in gleichem Maasse afficirt werden, wäre diess nicht der Fall, so müsste, wie oben schon S. 380 gezeigt worden ist, der durch Ablenkung gefundene Temperaturcoefficient je nach der Entfernung grösser oder kleiner gefunden werden; die vorgenommenen Messungen haben eine Abhängigkeit von der Entfernung nicht zu erkennen gegeben.

Eine fernere Erörterung bezieht sich auf die Retentionsfähigkeit des weichen Eisens und das Ergebniss war, dass das weiche Eisen, wenn nicht schwächende Einflüsse eintreten, seinen Magnetismus viel länger behält, als man gewöhnlich annimmt: von den fünf aufgeführten Eisenstäben (ein flaches Prisma und vier Cylinder) hatte keines in einer Zeit von 65 Tagen $1/3$ von seinem ursprünglichen Magnetismus verloren und in der letzten Hälfte dieses Zeitraumes betrug der Verlust nicht über $1/100$, meistens viel weniger. (Ergänzend kann ich hinzufügen, dass nach meinen Versuchen das Eisen *caeteris paribus* im Vergleich zum Stahle an permanentem Magnetismus etwas mehr als die Hälfte aufnimmt.) Es folgen dann zahlreiche Versuche über die Grösse des Temperatureinflusses bei Eisenmagneten, woraus man ersieht, dass der Temperaturcoefficient für Schmiedeisen im Verhältnisse etwas kleiner als bei Stahl und zwischen 0,0002 und 0,0007 beträgt, für Gusseisen dagegen, wenn die harte Kruste entfernt wird, sehr gross ist und auf 0,0020 und darüber kommt. Zugleich stellte sich die merkwürdige Eigenthümlichkeit bei den zu den Versuchen angewendeten Eisenmagneten heraus, dass der Temperaturcoefficient um so grösser war, je grösser das magnetische Moment; so z. B. kommt ein Cylinder vor, der bei den absoluten (in Millionen von GAUSS'schen Einheiten ausgedrückten) magnetischen Momenten 1,2 und 1,8 die Temperaturcoefficienten 0,00038 und 0,00060 hatte, und bei einem zweiten Cylinder finden wir, dass den Momenten 1,6 und 1,7 die Temperaturcoefficienten 0,00044 und 0,00055 entsprachen.

Auch bei Stahlmagneten hängt der Temperaturcoefficient mit dem magnetischen Momente zusammen, jedoch ist das Verhältniss für gehärtete und ungehärtete Magnete ein ganz entgegengesetztes: ungehärteter Stahl verhält sich nämlich wie weiches Eisen, und der Temperaturcoefficient nimmt mit dem magnetischen Momente zu, wogegen gehärtete Stahlmagnete, sie mögen neu oder seit langer Zeit magnetisirt sein, einen um so kleineren Temperaturcoefficienten erhalten, je mehr das magnetische Moment zunimmt. Um von der Veränderlichkeit der Temperaturcoefficienten eine Vorstellung zu geben, wollen wir einige Zahlen aufführen:

	Moment	Temperaturcoefficient.
cylindrischer Magnet, gehärtet	5,0	0,00032
	8,2	0,00025
	9,3	0,00023
flacher Magnet ungehärtet	3,2	0,00064
	5,2	0,00084
cylindrischer Magnet ungehärtet	1,1	0,00026
	3,0	0,00052

5. UNVERDORBEN hat eine Zusammenstellung der verschiedenen von ihm bestimmten Temperaturcoefficienten gemacht, um die Abhängigkeit derselben von der Form und Grösse der Magnete nachzuweisen, gelangte aber nur zu dem Resultate, dass allgemeine Regeln nicht aufgestellt werden können. Es scheint übrigens, dass bei gehärteten Magneten die cylindrische, bei ungehärteten Stahl- wie bei Eisenmagneten die parallelipipedische Form einen kleinern Temperaturcoefficienten bedingt.

6. Von besonderem Interesse sind UNVERDORBEN's Versuche über den Einfluss der Wärme auf den durch Induction hervorgerufenen Magnetismus des Eisens und Stahles, wobei zwei Arten von Induction — galvanische Induction und magnetische Induction — unterschieden werden.

Um den Wärme-Einfluss bei der galvanischen Induction zu untersuchen, wurden zwei entgegengesetzt gewundene Drahtrollen, durch welche derselbe Strom geleitet werden konnte, auf einer hölzernen Schiene festgemacht und die Schiene auf einen magnetischen Theodoliten so aufgelegt, dass die Drahtrollen auf entgegengesetzten Seiten der freien Nadel zu stehen kamen und die Axen derselben auf der Richtung der Nadel senkrecht standen.

Wenn nun gleiche Eisen- oder Stahlkerne in die Drahtrollen hineingeschoben wurden, so war es leicht zu bewirken, dass die auf der Nadel ausgeübten Drehungsmomente auch bei inconstantem Strome sich aufhoben, und man brauchte dann nur die eine Drahtrolle (natürlich durch einen Siegellacküberzug gehörig verwahrt) abwechselnd in kaltes und warmes Wasser zu bringen, um den Einfluss der Wärme zu bestimmen. Bei den auf solche Weise vorgenommenen Versuchen stellte sich das Verhältniss des inducirten Magnetismus zur Wärme heraus, wie folgt:

a) auf den inducirten Magnetismus des weichen Eisens scheint eine Temperaturänderung von 20^0 bis 30^0 gar keinen Einfluss zu haben, die einzelnen Versuche ergaben übrigens bald einen positiven, bald einen negativen Temperaturcoefficienten, wobei als mittlere Grenzen $+ 0{,}00006$ und $- 0{,}00006$ angenommen werden können;

b) auf den inducirten Magnetismus des vorher nicht magnetisirten Stahles hat die Wärme ungefähr denselben Einfluss wie auf den permanenten Magnetismus;

c) wird durch galvanische Induction das magnetische Moment des bereits permanent magnetisirten Stahles vermehrt oder vermindert, so erhält man im ersten Falle einen kleineren, im zweiten Falle einen grösseren Temperaturcoefficienten.

Versuche mit magnetischer Induction wurden in der Weise gemacht, dass flache Prismen von weichem Eisen einem Magnete genähert, oder damit in Berührung gebracht wurden; dabei treten nun sehr verwickelte Verhältnisse, ein, wodurch die Darstellung der Resultate erschwert wird, jedoch scheint es, dass der Wärme-Einfluss bei magnetischer und bei galvanischer Induction denselben Gesetzen unterliegt.

7. Bei seinen Versuchen kam UNVERDORBEN öfters in den Fall, die Kraft der benützten Magnete entweder vermehren oder vermindern zu müssen, und bemerkte dabei Anomalien bezüglich des Temperaturcoefficienten, welche ihn veranlassten, eine eigene Untersuchung über den Einfluss der Vermehrung oder Verminderung des Magnetismus oder des „Vorwärts-" und „Rückwärtsmagnetisirens" auf den Temperaturcoefficienten anzustellen.

Die Untersuchung führte zu dem merkwürdigen Resultate, dass das „Rückwärtsmagnetisiren" nicht als Verminderung des Magnetismus der Molecule, sondern als die Erzeugung eines neuen — entgegengesetzten — Magnetismus zu betrachten ist. Jeder Magnet, der nach entgegengesetzten Richtungen gestrichen worden ist, enthält zwei magnetische Momente, ein primäres Moment von dem „Vorwärts-" und ein secundäres Moment von dem „Rückwärts-Magnetisiren" herrührend, deren Differenz in der Beobachtung sich darstellt und die nach ganz verschiedenen Gesetzen von der Temperatur afficirt werden, so zwar, dass das primäre Moment einen kleinern, das secundäre einen grössern Temperaturcoefficienten hat und der Temperaturcoefficient, wie ihn die Beobachtung gibt, je nach dem Verhältnisse der Momente grösser oder kleiner, positiv oder negativ ausfallen oder auch gänzlich verschwinden kann.

Folgendes Beispiel wird diess deutlich machen:

Magnet von Gusseisen, magnetisches Moment $= M(1 - \alpha t - \beta t^2)$

	M	α	β
primäre Momente überwiegend	7,4	0,000975	0,000024
	2,1	0,001541	0,000036
	0,4	0,003662	0,000049
secundäre Momente überwiegend	0,6	—0,000370	—0,000009
	1,14	0,000381	—0,000006
	2,2	0,000581	0,000037
	4,4	0,000951	0,000026
	7,7	0,001072	0,000024

Magnete von Schmiedeisen und Stahl lieferten ähnliche Resultate. Die beiden Coefficienten α und β werden annähernd dargestellt durch Ausdrücke von der Form:

$$\alpha = a \pm \frac{b}{M} \qquad \beta = a' \pm b'M,$$

wobei der Wechsel der Zeichen eintritt, wenn das secundäre Moment das Uebergewicht erhält; von da an ändert sich auch der Werth der Constanten.

UNVERDORBEN stellt seine an einem Stahlcylinder vorgenommenen Versuche durch die Zeichnung (Fig. 273) dar, die auch als allgemeiner Typus betrachtet werden kann.

Die Messungen fangen an bei bC, $= M$ und $ab = a$, die Curve acd zeigt, wie bei Verminderung des magnetischen Moments die Werthe von α immer grösser und bei $M = 0$ unendlich werden; rechts von der Linie AB, wo der secundäre Magnetismus überwiegend ist, erscheint der Temperaturcoefficient bei d' mit einem beträchtlichen negativen Werthe, wird $= 0$ für $M = Cc'$ und für das magnetische Moment $Ca' = Cb$ wird auch der Temperaturcoefficient $a'b' = ab$.

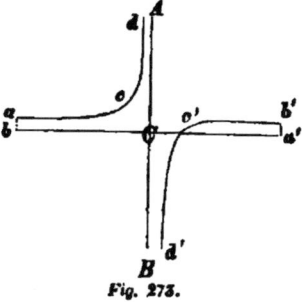

Fig. 273.

Es ist kaum nöthig, darauf aufmerksam zu machen, dass durch die von UNVERDORBEN ausgeführten Versuche mehrere in den vorhergehenden Paragraphen dieses Kapitels aufgestellte Sätze wesentlich modificirt werden; wie weit diese Modificationen gehen, wird sich übrigens erst genau angeben lassen, wenn einige noch unbestimmt gelassene Fragen durch weitere Versuche entschieden sein werden.

[1] GILBERT. De magnete.
[2] BRUGMANS. Tentamina philosophica de materia magnetica.
[3] CAVALLO. Treatise on magnetism.
[4] SCORESBY. Transact. of the Roy. Soc. of Edinburgh. T. IX, p. 54.
[5] BARLOW. Art.: Magnetismus in der Encyclop. Metropol. p. 757.
[6] SEEBECK. Abhandl. d. phys. Klasse der Akad. d. Wissenschaften in Berlin, 1827, p. 129. Pogg. Ann. X, 49. — Die von BARLOW beobachteten Anomalien beim Erkalten eiserner Stäbe sind dargestellt in Philos. Trans. 1822. Gilb. Ann. LXXIII, 229. — SEEBECK's Erklärung findet sich in Abhandl. d. phys. Klasse der Berl. Akademie. 1827, p. 129. Pogg. Ann. X, 47.
[7] RITCHIE. Pogg. Ann. XIV, 150.
[8] DUFOUR. Sur l'intensité magnétique des aimans au dessus de 100°. Arch. des sc. phys. XXXIV, p. 295; auch Bulletins de la Société Vaudoise. V, 383.
[9] Pogg. Ann. LXX, 24 (Eisen, Nickel und Kobalt verlieren in der Hitze nicht allen Magnetismus).
[10] LAMONT. Gelehrte Anz. d. Bayer. Akad. 1843, II. Kl., S. 148. — Handbuch d. Erdm. S. 222.
[11] LAMONT. Abhandl. d. math. phys. Kl. d. Münch. Akad. VII, S. 467.
[12] KUPFFER. Ann. de chim. et de phys. XXX, p. 123.
[13] UNVERDORBEN. Ueber das Verhalten des Magnetismus zur Wärme. München 1866.

§. 83. Compensation des Temperatureinflusses bei Magneten.

Die Nothwendigkeit, bei allen genauen Versuchen Temperaturcorrectionen anzuwenden, und die Unsicherheit, welche stets bei Bestimmung der Correctionen bis zu einem gewissen Grade obwaltet, müssen als ein grosser Uebelstand betrachtet werden. Es sind desshalb verschiedene Versuche gemacht worden, um zu ermitteln, ob es nicht möglich sei, Magnete zu erhalten, deren Kraft von der Temperatur unabhängig wäre. KUPFFER hat die Entdeckung gemacht, dass Magnete aus Bulatstahl dieser Bedingung entsprechen; jedoch ist es nothwendig, den Stahl in eigenthümlicher Weise zu bearbeifen, und selbst unter den vortheilhaftesten Umständen nimmt er nur wenig permanenten Magnetismus auf.

Denselben Zweck habe ich bei Ablenkungsmagneten zu erreichen gesucht, theils durch Anwendung einer Metallcompensation, wodurch in dem Maasse als der Magnetismus sich vermindert, die Entfernung ebenfalls vermindert wird, theils durch eine Verbindung zweier Magnete von sehr ungleichen Temperaturcoefficienten. Die letztere Einrichtung ist bei weitem die zweckmässigere; sie besteht darin, dass man zwei Magnete, einen stärkeren vollkommen harten NS (*Fig. 274*) und einen schwächeren blau angelassenen $N'S'$ einander entgegen-

Fig. 274.

wirken lässt und die Grössen so wählt, dass beide Magnete im Ganzen gleichviel durch die vorkommenden Temperaturänderungen verlieren oder gewinnen. Unter solchen Verhältnissen ist es offenbar, dass der Einfluss der Temperatur sich aufhebt, während die Differenz der Momente beider Magnete als ablenkende Kraft verwendet werden kann.

1. Der russische Bulatstahl (damascirte Stahl der Uralbergwerke) besteht aus dünnen Schichten oder Lamellen von Stahl und Eisen abwechselnd auf einander gelegt und zu einer Masse geschmiedet. Ueber die Magnete, welche daraus verfertiget werden, ist nichts Näheres bisher zur öffentlichen Kenntniss gelangt, mit Ausnahme einer kurzen Mittheilung von Sabine[1], wonach ihm Kupffer einen grösseren Magnetstab aus Bulatstahl übersendet hatte, dessen Temperaturcoefficient $+ 0{,}00025$ für $1^{\circ} R.$ betrug, während das magnetische Moment im Verhältnisse zur Grösse sehr schwach war. Weiter fügt er bei, dass, nachdem der Stab zu kleineren Magneten ausgeschmiedet worden war, ungefähr derselbe Temperaturcoefficient wie bei dem gewöhnlichen englischen Stahle gefunden wurde. Den Umstand, dass der Temperaturcoefficient bei dem Bulatstahl in seiner ursprünglichen Beschaffenheit positiv wird, legt Sabine dahin aus, dass der Stahl durch Wärme an Magnetismus verliert, das Eisen aber gewinnt und der Gewinn etwas grösser ausfällt als der Verlust, eine Erklärung, welche im Wesentlichen mit dem oben angeführten Versuche III, S. 111, übereinstimmt.

Dieses Verhältniss scheint beim Ausschmieden aufzuhören, indem der Parallelismus und die Continuität der Schichten gestört wird.

2. Metallcompensation kann auf zweierlei Weise eingerichtet werden[2]. Soll der Magnet ns (*Fig. 275*) in der Entfernung $cM = e$ ein gleiches Moment bei ver-

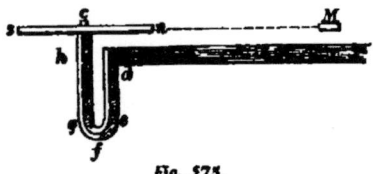

Fig. 275.

schiedenen Temperaturen ausüben, so lässt sich diess bewerkstelligen durch einen nach dem Princip der Chronometercompensationen zusammengelötheten Compensationsbogen $defgh$, aus einem Metallstreifen von geringerer und einem Metallstreifen von grösserer Temperaturexpansion bestehend. Zu der erstern Kategorie rechnet man vorzugsweise Platin und Eisen, zu der letztern Kupfer, Messing, Zinn, Zink. Je nachdem ein Metall von ersterer oder letzterer Kategorie den inwendigen Streifen bildet, wird der Bogen durch zunehmende Temperatur sich zusammenziehen oder erweitern und danach richtet sich die Befestigungsweise, welche so auszuführen ist, wie in der Figur, wenn der Bogen durch die Wärme sich zusammenzieht, und für einen durch Wärme sich ausdehnenden Bogen dahin abgeändert werden muss, dass das entferntere Ende befestiget wird, während das nähere Ende den Magnet ns trägt. Auf solche Weise wird in beiden Fällen die Entfernung bei zunehmender Temperatur sich vermindern und durch $e(1-\beta t)$ für die Temperatur t dargestellt werden können, während das magnetische Moment nach S. 382 durch $M_0(1-\alpha t)$ auszudrücken ist. Substituirt man diese Werthe in den Ablenkungsgleichungen des §. 60 und wird der jedenfalls sehr geringe Einfluss dieser Substitution in den höheren Gliedern unberücksichtigt gelassen, so ist die Ablenkung von der Temperatur unabhängig, wenn in dem Quotienten

$$\frac{M_0(1-\alpha t)}{e^3(1-\beta t)^3} \qquad 1)$$

die von t abhängigen Glieder ausfallen, d. h. wenn

$$1-\alpha t = (1-\beta t)^3 \qquad 2)$$

oder mit Weglassung der kleinen Grössen höherer Ordnung $\beta = \frac{1}{3}\alpha$ ist.

Die einer gegebenen Temperaturänderung entsprechende Erweiterung oder Zusammenziehung des Compensationsbogens wird um so grösser sein, je länger die Seitentheile de und kg und je kleiner der Krümmungshalbmesser der Biegung efg; durch Modification dieser Grössen muss der eben angegebenen Bedingung genügt werden.

Sicherer ist der Erfolg und leichter die Regulirung, wenn die Einrichtung *Fig.* 276 gewählt wird. AB ist eine hölzerne Schiene, deren Expansion $= 0$ angenommen wird, Cb ein um den Drehungspunkt c beweglicher Hebel, de ein Rohr von Zink mit der hölzernen Schiene fest verbunden und gegen den Hebelarm bC anstehend bei e. Bezeichnet man den Ausdehnungscoefficienten des Zinks mit γ und die Länge des Rohres de mit l, so nähert sich der Punkt C bei der Temperatur t dem Magnete M um die Grösse

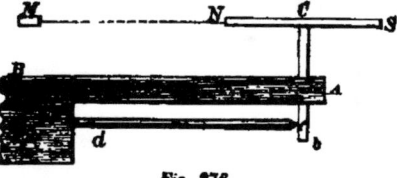

Fig. 276.

$$l\gamma t \frac{Cc}{ce}$$

und man findet nach der oben bereits angewendeten Methode, dass der Temperatureinfluss ausfällt, sobald

$$\alpha = 3\gamma \frac{l}{e} \frac{Cc}{ce} \qquad 3)$$

gemacht wird.

Indem man den Abstand des Berührungspunktes d von der Drehungsaxe c um etwas weniges vergrössert oder verkleinert, kann leicht dieser Bedingung genügt werden.

3. Wenn die Compensation der Wärme wie in *Fig.* 274 durch zwei einander entgegenwirkende Magnete von verschiedenen Temperaturcoefficienten bewerkstelligt wird, so hat man für das magnetische Moment des compensirten Systems den Ausdruck

$$M(1-\alpha t) - M'(1-\alpha' t) = M - M' - (\alpha M - \alpha' M')t \qquad 4),$$

wo M und M' die magnetischen Momente von NS und $N'S'$, dann α und α' die dazu gehörigen Temperaturcoefficienten bedeuten. Der Wärme-Einfluss in 4) wird gänzlich verschwinden, wenn man

$$\alpha M = \alpha' M' \qquad 5)$$

hat, und da α je nach dem Grade der Härte zwischen 0,0002 und 0,0008 variirt, so kann dieser Bedingung immerhin in der Weise genügt werden, dass durch die Vereinigung der beiden Magnete nur $^1/_4$ von der Kraft des Hauptmagnets NS unwirksam gemacht wird. Um die Compensation genau reguliren zu können, ist es zweckmässig, vom Anfange die Dimensionen so zu wählen, dass der compensirende Magnet $N'S'$ zu stark sei, und dann seine Wirkung dadurch, dass man ihm entweder in entgegengesetztem Sinne streicht, oder, was weit praktischer ist, ihm eine schiefe Stellung gegen NS gibt, so weit zu schwächen, bis der Gleichung 5) Genüge geleistet wird.

Streng genommen, hängt die Compensation von der Entfernung zwischen dem compensirten Magnet und der freien Nadel ab. So z. B. hätte man für eine Sinus-ablenkung Ost und West unter der Voraussetzung, dass der freie Magnetismus gleichmässig von der Mitte gegen die Enden der Magnete zunimmt,

$$\frac{1}{2} e^3 X \sin \varphi = M(1 - \alpha t) \left[1 + \frac{3}{20 e^2} (2 l^2 - 3\lambda^2) \right]$$
$$- M'(1 - \alpha' t) \left[1 + \frac{3}{20 e^2} (2 l'^2 - 3\lambda^2) \right] \qquad 6),$$

wo e die Entfernung und l, l', λ die Längen der Magnete NS, $N'S'$ und der freien Nadel bedeuten. Setzt man hier der Gleichung 5) gemäss $\alpha M - \alpha' M' = 0$, so hat man

$$\frac{1}{2} e^3 X \sin \varphi = M - M' - \frac{3}{10} \frac{l^2 - l'^2}{e^2} M \alpha t. \qquad 7)$$

und wenn beispielsweise $l = 2l'$ und $e = 2l$ gesetzt wird, so ergibt sich, dass ungefähr $^1/_{18}$ von dem Temperatureinflusse des Hauptmagnets uncompensirt bleibt. Hat man aber die Compensation für eine kleine Entfernung e regulirt, so dass in 6) der Factor von $t = 0$ wird, so lässt sich leicht aus der vorhergehenden Entwickelung entnehmen, dass eine mässige Vermehrung oder Verminderung von e die Compensation kaum merklich ändern wird.

Compensationsmethoden, welche jedoch nur unter ganz speciellen, bei Untersuchung des Erdmagnetismus vorkommenden Umständen angewendet werden können, sind von WEBER [3], BROUN [4] und BROOKE [5] angegeben worden.

---

[1] SABINE. *Contributions to terrestrial magnetism.* No. IV. *Philos. Trans. for 1843.* Pt. II, p. 113.
[2] LAMONT. Ann. für Meteorol. u. Magnetismus. I, S. 169. — Abhandl. der II. Kl. der Münchener Akad. d. Wiss. V. Bd., S. 5. — Handbuch des Erdmagn. S. 434.
[3] WEBER. Result. des magn. Vereins. 1840. S. 35.
[4] BROUN. Rep. of the Brit. Assoc. 1850. (2) p. 9.
[5] BROOKE. Philos. Mag. (4) II, p. 156.

Kapitel XIII.
Constanter und veränderlicher Magnetismus eines Stabes; Einfluss der Zeit und Erfolg kleiner Aenderungen in der Lage der Molecule.

§. 84. Zeitliche Aenderungen und definitiver Zustand in dem Magnetismus eines Stabes.

Im Magnetismus der Körper tritt streng genommen niemals ein **definitiver Zustand** — eine Ruhelage — ein, vielmehr geht immerwährend eine allmählige Aenderung im Sinne des Zu- oder Abnehmens vor sich. Hat man einem Stahlstabe Magnetismus mitgetheilt, so beginnt sogleich ein allmähliger Kraftverlust, der jeden folgenden Tag etwas geringer wird und den man als eine Annäherung an einen Finalzustand betrachten kann.

Setzt man einen Stahlstab einer magnetisirenden Kraft aus, welche nicht hinreichend gross ist, um augenblicklich den gewissermaassen mit der Reibung analogen Widerstand, welchen die Molecule der Scheidung der magnetischen Fluida entgegenstellen, zu beseitigen, so nimmt der Magnetismus von Tag zu Tag zu und scheint sich mit immer langsameren Fortschritten einem Finalzustande zu nähern.

Bei magnetischen Körpern kommt demnach ein **temporär vorhandener** und ein **definitiver** Magnetismus zu unterscheiden, dann der **Abstand** beider und das **Gesetz**, nach welchem dieser Abstand nach und nach sich vermindert, in Betracht.

Was übrigens den definitiven Magnetismus oder den Finalzustand betrifft, so ist er eigentlich nur eine Fiction: da nehmlich die Aenderungen mit der Zeit immer geringer werden, so schliesst man, dass eine Zeit kommen müsse, wo sie gänzlich aufhören; in der Wirklichkeit wird jedoch ein Finalzustand wohl nie erreicht. Ueberhaupt fehlt es zur Aufstellung theoretischer Lehrsätze wie zur praktischen Nachweisung derselben an den nöthigen Grundlagen, und was bisher die Physiker festzustellen versucht haben, beschränkt sich auf folgendes:

1) in so ferne ein Magnet ungestört gelassen wird, nähert er sich einem Finalzustande in der Weise, dass die Schnelligkeit der Annäherung dem Abstande von dem Finalzustande proportional ist;
2) jede Störung, wodurch die Lage der Molecule eine Aenderung oder Erschütterung erleidet, hat im Magnetismus einen Sprung zur Folge, wodurch er plötzlich dem definitiven Zustande näher kommt;
3) dabei findet aber die Beschränkung statt, dass, wenn eine Störung öfters unmittelbar nach einander sich wiederholt, sie das zweite Mal weniger Einfluss hat, als das erste Mal, das dritte Mal weniger als das zweite Mal u. s. f., so dass nach einer gewissen Anzahl von Wiederholungen der Einfluss gänzlich verschwindet.

Die hier im Allgemeinen angegebenen Bestimmungen werden wir in den nächstfolgenden Paragraphen näher nachzuweisen und zu erläutern suchen.

1. Ein Kraftgewinn erfolgt nur da, wo eine Induction wirksam ist, einen Kraftverlust dagegen führt die Zeit ohne Mitwirkung irgend einer Induction herbei, und wenn eine Induction zugleich vorhanden ist, so wird der Verlust beschleunigt, oder verzögert, jedoch hat dessfalls bisher keine nähere Untersuchung stattgefunden. Der allmählig mit der Zeit eintretende Erfolg der Induction scheint von der Stärke derselben in der Weise abzuhängen, dass im Allgemeinen der Erfolg verhältnissmässig grösser ist, je geringer die Induction; vielleicht wäre es indessen richtiger, zu sagen, dass die volle Wirkung einer inducirenden Kraft um so schneller zu Stande kommt, je stärker die Kraft ist.

Dass bei Einwirkung einer **starken** Induction der Magnetismus mit der Zeit nicht merklich zunimmt, habe ich dadurch nachgewiesen, dass ich eine Nadel von ungefähr 4 Zoll Länge auf zwei 25 pfündigen Stäben längere Zeit als Anker liegen liess und täglich das magnetische Moment derselben mittelst Ablenkung bestimmte.

2. Die Annäherung eines Magnets an einen Finalzustand lässt sich vergleichen mit dem allmähligen Erkalten eines Körpers, der mehr Wärme, als der umgebende Raum besitzt. Im letzteren Falle dauert die Verminderung der Wärme so lange fort, als ein Ueberschuss vorhanden ist, und es steht nach der Wärmetheorie die Schnelligkeit der Wärmeabgabe in geradem Verhältnisse zu dem vorhandenen Ueberschusse.

Wenden wir dieses Gesetz auf den permanenten Magnetismus an, dessen Grösse für die Zeit t wir mit M bezeichnen wollen, und nennen wir C den definitiven Stand, der zuletzt erreicht werden soll, so ist der vorhandene Ueberschuss $= M - C$ und die Schnelligkeit der Verminderung $= -\dfrac{dM}{dt}$, demnach haben wir die Gleichung

$$-\frac{dM}{dt} = q(M-C),$$

wo q eine Constante ist, welche die Schnelligkeit des Verlustes an Magnetismus bezeichnet.

Das Integral ist

$$\log(M-C) = -qt + \text{Const.},$$

und wenn dem Werthe $t = 0$ der Magnetismus M_0 entspricht, so hat man Const. $= \log(M_0 - C)$ und nach Substitution dieses Werthes

$$M = C + (M_0 - C)e^{-qt}.$$

3. Bei den unregelmässigen Aenderungen, welche durch Stoss, Temperaturwechsel, Dehnung u. s. w. eintreten können, lässt sich ebenfalls annehmen, dass der Erfolg um so grösser sein wird, je weiter der Magnetismus vom Finalzustande entfernt ist; die Abhängigkeit von der Grösse und den sonstigen Verhältnissen der Wirkung dürfte jedoch kaum zum Gegenstande theoretischer Untersuchung gemacht werden können. Wiederholt sich die Wirkung sehr oft nach einander in gleicher Weise, so lässt sich der Erfolg durch die obige Differenzialgleichung ausdrücken, welche gleichbedeutend ist mit einer Reihe von unendlich kleinen Verlusten, wovon jeder dem Unterschiede zwischen dem vorhandenen Magnetismus und der Entfernung desselben vom Finalzustande proportional ist. Anstatt t hat man in diesem Falle die Anzahl der Wiederholungen n zu substituiren und es ergibt sich

$$M = C + (M_0 - C)e^{-qn},$$

woraus zu folgern ist, dass die Ab- oder Zunahme des Magnetismus, welche durch

Wiederholungen derselben Einwirkung zu Stande kommen, eine geometrische Reihe bilden sollten.

4. Bei den Aenderungen, welche in diesem Kapitel in Betracht kommen, wird vorausgesetzt, dass es um regelmässig magnetisirte oder einer regelmässigen Induction unterworfene Stäbe sich handle. Wo diese Bedingung nicht erfüllt wird, können die verschiedenartigsten abnormen Erfolge sich ergeben. Insbesondere erhält man abnorme Erfolge, wenn ein Stab mit Anwendung mässiger Kräfte nach entgegengesetzten Richtungen magnetisirt wird, so, dass ein Theil der Molecule die zuerst vorhandene Polarität beibehält, ein Theil aber die zuletzt ertheilte Polarität annimmt. Diess ist es, was MARIANINI [1] „dissimulirten Magnetismus" nennt und was man vielleicht zweckmässiger als „neutralisirten Magnetismus" bezeichnen könnte. Die Regel, welche für einen solchen Zustand aus der Natur der Sache hervorgeht und durch die Erfahrung bestätiget wird, lautet dahin, dass Vorgänge, die sonst einen Kraftverlust erzeugen, hier eine Verminderung der schwächeren Polarität und somit eine Vermehrung des magnetischen Moments hervorrufen. So wird man finden, dass ein starker Magnet, dessen Kraft durch Bestreichen mit dem gleichnamigen Pole eines schwächeren vermindert worden ist, an Kraft zunimmt, sobald er durch Stossen oder Schlagen eine starke Erschütterung erhält, und insbesondere habe ich oft Gelegenheit gehabt, wahrzunehmen, dass Magnete, die man durch entgegengesetztes Bestreichen auf ein geringeres Moment gebracht hatte, durch Eintauchen in warmes Wasser sogleich an Kraft wieder gewannen. WIEDEMANN [2] hat Stahlstäbe, deren Magnetismus mittelst des galvanischen Stromes stufenweise und abwechselnd vermehrt oder vermindert worden war, schwächenden Einflüssen (Wärme, Torsion) ausgesetzt und sehr merkwürdige Resultate erhalten, die zwar zum Theile ziemlich complicirt sind, aber im Allgemeinen auf die hier angegebenen Grundsätze zurückgeführt werden können.

5. Wenn von Einigen die Ansicht aufgestellt worden ist, dass die erste Magnetisirung den Moleculen einen unvertilgbaren Charakter verleihe, der durch spätere Magnetisirung nur modificirt, aber nie vollkommen aufgehoben werde, so lässt sich hiefür wohl kein genügender Nachweis liefern, insbesondere steht damit die Thatsache im Widerspruche, dass man durch Anwendung einer entsprechenden Kraft auch die stärksten Magnete vollständig ummagnetisiren kann; richtig ist es übrigens, dass die erste Magnetisirung gewisse Aenderungen in den Moleculen bedingt, die leichter herbeizuführen, als aufzuheben sind.

---

[1] MARIANINI. *Sul magnetismo dissimulato. Mem. de la Soc. Ital.* XXIII. — *Annal. di fisica, chem. e mat.* XVI, 246 (Auszug).
[2] WIEDEMANN. Pogg. Ann. CIII, 563 und C, 235.

§. 85. Allmähliger Kraftverlust der Magnete.

Besondere Beachtung verdient die allmählige Verminderung des Magnetismus, welche durch die Zeit herbeigeführt wird und durch die sorgfältigste Behandlung oder Aufbewahrung nicht verhindert werden kann.

Da der effective Magnetismus nach §. 31, S. 178 aus zwei Theilen, aus dem selbständigen Magnetismus der Molecule und aus dem inducirten Magnetismus besteht, so kann ein Kraftverlust von einer Verminderung des einen oder anderen Theiles herrühren. Zunächst verdient in Bezug hierauf berücksichtiget zu werden, dass, wie oben (§. 49) nachgewiesen worden ist, bei dem weichen Eisen die Inductionsfähigkeit mit der Zeit sich ungefähr um $1/3$ vermindert und bei dem gehärteten Stahle ein analoges Verhalten vorausgesetzt werden darf, mithin hier ein Umstand gegeben ist, der nothwendig einen Kraftverlust zur Folge haben wird; es müsste übrigens erst durch Versuche nachgewiesen werden, wie weit der Einfluss der Induction in dieser Beziehung geht, und ob ein alter Magnet, der neu magnetisirt wird, langsamer nachlässt, als ein neu angefertigter Magnet. Bis hierüber die Erfahrung entschieden hat, wäre man jedenfalls kaum berechtiget, die Induction als eigentlichen Grund der oben bezeichneten Veränderlichkeit des Magnetismus zu betrachten. Nach allen Umständen halte ich es vielmehr für wahrscheinlich, dass der Kraftverlust der Magnete seinen Grund in der Abnahme des selbständigen Magnetismus der Molecule habe. Man kann sich vorstellen, dass ein Molecul nur ein bestimmtes Maass von Magnetismus dauernd zu behalten im Stande ist, so dass, wenn man ihm vom Anfang zu viel mittheilt, der Ueberschuss gleichsam nach und nach abfliesst, etwa unter ähnlichen Bedingungen, wie das Ausstrahlen der Wärme, welche um so langsamer vor sich geht, je mehr das Molecul dem Finalzustande sich nähert.

Hansteen war der erste, der in dem Kraftverluste der Magnete eine Gesetzmässigkeit nachzuweisen gesucht hat, und zwar findet er, dass die Magnete in geometrischer Progression einem definitiven Zustande sich nähern. Eine Annäherung in geometrischer Progression führt der mathematischen Auffassung zufolge erst nach unendlicher Zeit zum Ziele, praktisch betrachtet aber wird der Abstand vom Ziele bald so klein, dass er mit dem Verschwinden gleichbedeutend ist. Diesem Grundsatze gemäss betrachtet Hansteen die Magnete als constant, sobald der ursprüngliche Ueberschuss auf den hunderttausendsten Theil herabgekommen ist und unter solcher Voraussetzung lässt sich leicht, wenn die Geschwindigkeit der Abnahme bekannt ist, der Zeitpunkt berechnen, wann der constante Stand eintritt. Hansteen führt 9 Magnete an, bei denen er die Abnahme gemessen hat; der Magnet, der am wenigsten rasch den Ueberschuss verlor, brauchte dazu $14\frac{1}{2}$ Jahre; der kürzeste Zeitraum betrug 7 Monate.

Ich habe ebenfalls verschiedene Versuche über den allmähligen Kraftverlust der Magnete angestellt und dabei die früher nicht beachtete Thatsache erkannt, dass der Kraftverlust nicht in regelmässiger Progression vor sich geht, wie man gewöhnlich anzunehmen pflegt, sondern grösser wird, wenn die Temperatur hoch, und kleiner, wenn sie tief ist. Ein Magnet, der in einem Observatorium oder ungeheizten Zimmer sich befindet, verliert im Sommer viel, im Winter wenig oder gar nichts. Auch darin weichen meine Versuche von denen Hansteen's ab, dass von allen Magneten, die ich angewendet habe, keiner einen constanten Stand erreicht hat.

Man hat Mittel gesucht, um dem Uebelstande einer immerwährenden Kraftabnahme zu begegnen, ohne bisher zu einem befriedigenden Resultate zu gelangen. Wenn man die Magnete nach dem Magnetisiren beträchtlich schwächt, (§. 90), so ist der spätere Verlust geringer, ohne desshalb aufzuhören. Das Vergolden, wie das Ueberziehen mit Siegellack oder anderen harzigen Substanzen scheint keinen Einfluss auf den Kraftverlust zu haben.

1. Eine ausführliche Arbeit über den allmähligen Kraftverlust der Magnete hat

HANSTEEN [1] geliefert. Er geht von der naturgemässen Vorstellung aus, dass die Schnelligkeit $\frac{dM}{dt}$, womit der Magnetismus abnimmt, eine solche Function der Zeit sein müsse, welche verschwindet, sobald $t = \infty$ wird. Dieser Bedingung wird am einfachsten genügt, durch den Ausdruck

$$-\frac{dM}{dt} = ce^{-qt}. \qquad 1),$$

wovon das Integral die Gleichung

$$M = C + Be^{-qt} \qquad 2)$$

gibt, wenn C den Werth bedeutet, den M für $t = \infty$ erlangt und $B = \frac{c}{q}$ gesetzt wird. Wie weit diese Formel mit der Erfahrung übereinstimmt, zeigt HANSTEEN zunächst durch Beobachtungen an zwei Cylindern von 97,2 Millimeter Länge, 2,5 Millimeter Durchmesser und 3800 Milligramm Gewicht; die für M berechneten Werthe und die Abweichungen ΔM (d. h. Beobachtung — Rechnung) findet man in folgender Zusammenstellung

Cylinder Nr. 1

Datum		t	M	ΔM
1821,	Mai 1.	0 Tage	1,00000	+ 0,00171
	2.	1	0,99554	+ 0,00044
	5.	4	0,99403	— 0,00052
	13.	12	0,99038	— 0,00270
	Aug. 16.	107	0,96984	— 0,00733
	Sept. 27.	149	0,97154	+ 0,00060
	Oct. 30.	182	0,97006	+ 0,00371
1824,	Dec. 31.	1340	0,89925	— 0,00023
1825,	Juni 6.	1497	0,89673	— 0,00029

Cylinder Nr. 2

Datum		t	M	ΔM
1821,	Mai 1.	0 Tage	1,00000	+ 0,01795
	2.	1	0,98227	+ 0,00055
	5.	4	0,96948	— 0,01124
	13.	12	0,96590	— 0,01223
	Aug. 16.	107	0,96380	+ 0,01044
	Sept. 27.	149	0,96614	+ 0,02085
	Oct. 30.	182	0,97014	+ 0,03053
1822,	Juni 26.	422	0,94401	— 0,00337
	Nov. 21.	574	0,94094	— 0,00065

Bei der Berechnung von M sind folgende Constanten benützt:

für Nr. 1 $C = 0,8893844$, $B = 0,1059073$, $q = 0,0017537$
für Nr. 2 $C = 0,905224$, $B = 0,076830$, $q = 0,0043692$.

Einen constanten Werth für M gibt die Formel nur, wenn $t = \infty$ wird; praktisch jedoch wird nach HANSTEEN's Annahme ein Magnet als constant betrachtet werden können, sobald der Unterschied $M - C$ nur den hunderttausendsten Theil des Werthes von C beträgt; den entsprechenden Werth für die Zeit t gibt die Gleichung 2)

$$t = \frac{5 + \log B - \log C}{q \log e}.$$

Diese Zeit ist für Cylinder Nr. 1 14,65, für Cylinder Nr. 2 5,67 Jahre. HANSTEEN untersuchte auf gleiche Weise den allmähligen Kraftverlust bei vier anderen Cylindern von 78,9 Millimeter Länge, 2,5 Millimeter Dicke und 2905 Milligrammen Gewicht, wovon nach vollkommener Härtung der erste 5, der zweite 10, der dritte 15, der vierte 20 Minuten in siedendes Oel gelegt worden war. Ferner liess er noch eine cylindrische Nadel (76,8 Millimeter lang, 2,35 Millimeter dick, 2607,85 Milligrammen schwer) aus schweissbarem und eine andere (76,8 Millimeter lang, 2,35 Millimeter dick, 2618,4 Milligramm schwer) aus unschweissbarem Uslarstahl herstellen, und fügte endlich einen cylindrischen Stab von 99,05 Millimeter Länge 10,97 Millimeter Durchmesser 74014,8 Milligramm Gewicht hinzu. Werden diese Magnete der Reihe nach mit Nr. 3, 4, 5, 6, 7, 8, 9 bezeichnet, so ergibt sich der Kraftverlust in Theilen des übrig bleibenden constanten Magnetismus $\frac{B}{C}$ und der Kraftverlust in Theilen des anfänglichen Magnetismus $\frac{B}{B+C}$, sowie der Werth von q und die Dauer des Kraftverlustes für sämmtliche Magnete wie folgt:

Nr.	$\frac{B}{C}$	$\frac{B}{B+C}$	q	Dauer des Kraftverlustes.
1	0,11908	0,10644	0,0017537	14,66 Jahre.
2	0,08487	0,07823	0,0043692	5,67
3	0,08801	0,07905	0,0218580	1,14
4	0,10545	0,09539	0,0139587	1,27
5	0,16711	0,14318	0,0066547	4,00
6	0,11703	0,10477	0,0113174	2,27
7	0,06845	0,06406	0,0049018	12,72
8	0,05134	0,04884	0,0076144	3,08
9	0,02646	0,02578	0,0394190	0,55

HANSTEEN schliesst: „dass für aufeinanderfolgende gleiche Zeitabschnitte der Kraftverlust in geometrischer Reihe zunehme und einem definitiven von der Beschaffenheit und Härte des Stahles abhängigen Stande sich nähere, ohne diesen je zu erreichen". Ferner bemerkt er, dass bei Nr. 4 und 7, welche zu magnetischen Expeditionen gebraucht und dabei grösserer Luftwärme ausgesetzt wurden, eine schnellere Abnahme sich zeigt, wesshalb anzunehmen sei, dass die Wärme den Kraftverlust beschleunige. Nicht unwahrscheinlich indessen ist es, dass auch die Erschütterung des Transportes hier wesentlich mitgewirkt hat.

2. Die Gleichung für den allmähligen Kraftverlust der Magnete habe ich auf andere Weise (im Wesentlichen mit der oben S. 406 gegebenen Ableitung übereinstimmend) zu begründen gesucht[2] und auch neue Beobachtungsdata geliefert, wobei die Messungen in kürzeren Intervallen und mit weit grösserer Schärfe ausgeführt wurden, als es bei den vorausgegangenen Bestimmungen der Fall war. Die angewendeten Magnete hatten schon vor dem Gebrauche einen Theil ihrer Kraft durch wiederholtes Eintauchen in warmes und kaltes Wasser verloren, zeigten aber dessenungeachtet eine so andauernde Kraftabnahme, dass sich gar nicht beurtheilen liess, ob oder wann ein constanter Stand erreicht werden sollte. Der wichtigste Punkt war aber die klare Nachweisung des überwiegenden Einflusses, den die

Wärme auf den Kraftverlust ausübt und der so bedeutend ist, dass ein Magnet, welcher in der Wintertemperatur vollkommen constant bleibt, im Sommer sehr beträchtlich nachlässt. Folgende Zahlen werden beispielsweise angeführt um den Kraftverlust im Verlaufe des Jahres zu verdeutlichen; sie drücken den Verlust der bei den täglichen Intensitätsbeobachtungen gebrauchten Magnete in Theilen des ganzen Moments aus.

	1848	1849.
Januar	0,0000	0,0000
Februar	0,0003	0,0001
März	0,0003	0,0002
April	0,0008	0,0005
Mai	0,0014	0,0007
Juni	0,0022	0,0011
Juli	0,0028	0,0016
August	0,0032	0,0022
September	0,0028	0,0022
October	0,0017	0,0013
November	0,0009	0,0007
December	0,0005	0,0001

Der Kraftverlust in den einzelnen Jahren, ebenfalls in Theilen des ganzen Moments ausgedrückt, war, wie folgt:

Jahr	Verlust
1847	0,0174
1848	0,0169
1849	0,0103
1850	0,0091
1851	0,0113
1852	0,0079
1853	0,0099
1854	0,0103
1855	0,0081
1856	0,0099
1857	0,0071
1858	0,0063

Das magnetische Moment des Hauptmagnets, der zu den absoluten Intensitätsbestimmungen an der Münchener Sternwarte von 1846—1865 benützt und bei ziemlich gleicher Temperatur in einem Wohnzimmer aufbewahrt wurde, ergab sich aus den Messungen der einzelnen Jahre wie folgt [3]:

Zeit vom 1. Jan. 1846 an gerechnet	log. Moment
201 Tage	Const. + 0,03627
539	2891
896	2659
1262	1553
1697	1319
2035	1172
2399	0966
2703	0880
3107	0781
3471	0688
3848	0599
4202	0,00549

Zeit vom 1. Jan. 1846 an gerechnet	log. Moment
4548 Tage	Const. + 0,00422
4954	0385
5233	0341
5673	0303
5980	0272
6321	0203
6796	0065
7053	0,00003

Vom Anfange würde sich bei diesen Angaben der Kraftverlust allenfalls durch eine geometrische Reihe darstellen lassen, gegen das Ende aber wird die Abnahme zu gleichmässig, als dass eine geometrische Progression zu Grunde liegen könnte, und was die baldige Erreichung eines constanten Standes betrifft, so ist jetzt nach Verlauf von 21 Jahren geringe Hoffnung dazu vorhanden. Der ganze Verlust in 21 Jahren ist übrigens sehr klein und beträgt nur $1/_{50}$ der ursprünglichen Kraft; es muss jedoch bemerkt werden, dass dem Magnet, gleich nach der Magnetisirung durch Eintauchen in kaltes und warmes Wasser ein beträchtlicher Theil der anfänglichen Kraft genommen wurde. Bezüglich der Darstellung der allmähligen Abnahme des Magnetismus durch eine mathematische Formel darf überhaupt bezweifelt werden, ob der Kraftverlust am Anfange und in späterer Zeit nach gleichem Gesetze vor sich geht; wenigstens ergibt sich bei Magneten, die sehr lange im Gebrauche gewesen sind, der Kraftverlust weit grösser, als er nach den obigen Bestimmungen von HANSTEEN hätte ausfallen sollen. So hat GAUSS [4] im Jahre 1841 zwei Compassnadeln von den Jahren 1709 und 1603 neu magnetisirt und gefunden, dass die erstere nach der Magnetisirung die dreifache, die zweite die fünffache Kraft erlangte; der ganze Verlust wäre demnach $2/_3$ und $4/_5$, während nach den von HANSTEEN aufgeführten Beispielen zu urtheilen der ganze Verlust nicht über $1/_{10}$ betragen sollte.

3. Das allmählige Nachlassen der Magnete hat man theilweise der Luft und Feuchtigkeit zugeschrieben und glaubte sich um so mehr hiezu berechtigt, als diese sicherlich bei den Aenderungen, welche in der Beschaffenheit des Eisens und Stahles mit der Zeit eintreten, wirksam sind. Gestützt auf solche Grundlage, hoffte man, dass es möglich sein würde, durch Abhalten der Luft und Feuchtigkeit den Kraftverlust gänzlich zu beseitigen oder wenigstens zu vermindern. Einige haben in dieser Absicht die Magnete galvanisch vergoldet oder versilbert, andere haben sie mit aufgelöstem Siegellack und anderen harzigen Stoffen überzogen; der Erfolg hat jedoch nicht entsprochen. An den vergoldeten Magneten zeigte sich bald eine grosse Anzahl kleiner Punkte, die nach und nach an Ausdehnung gewannen, so dass ein Theil der Vergoldung bald wegfiel, und das Ueberziehen mit harzigen Materien hat auf den Kraftverlust keinen Einfluss geäussert.

Zur Verhinderung des Kraftverlustes räth MICHELL [5], die Stahlstäbe vor dem Magnetisiren lange Zeit in Leinöl liegen zu lassen. Auf diese Idee scheint ihn die Wahrnehmung geführt zu haben, dass die mit Oelfarbe angestrichenen eisernen Bänder an Thüren und Kästen nach längerer Zeit stark magnetisch befunden werden.

4. Gewöhnlich nimmt man an, dass wenn ein Kraftverlust eintritt, er an beiden Polen gleich gross ist; indessen finden sich Fälle aufgezeichnet, wo der eine Pol mehr, der andere weniger verloren hat [6], was ohne Zweifel dahin auszulegen ist, dass nicht die Quantität der verlorenen positiven und negativen Kraft ungleich, sondern durch den Verlust eine unsymmetrische Vertheilung des Magnetismus eingetreten war.

Nach den Beobachtungen von ROBINSON [7] zeigt der federharte Stahl ein eigenthümliches Verhältniss hinsichtlich des allmähligen Kraftverlustes, in so ferne nämlich als unmittelbar nach dem Magnetisiren die Kraft sehr gross ist, sich aber nach wenigen Minuten auf $2/3$ des ursprünglichen Betrages vermindert; eine rasche Abnahme dauert hierauf noch mehrere Tage fort, dann wird die Abnahme sehr langsam und zuletzt bleibt $1/3$ übrig. Durch Versuche, welche ich mit Abschnitten von Uhrfedern angestellt habe, werden übrigens diese Angaben keineswegs bestätiget; und überhaupt habe ich bei meinen sehr zahlreichen Versuchen mit Stahlstücken von den verschiedensten Härtegraden nie eine schnelle Abnahme in obiger Weise beobachtet.

Es wird behauptet [8], dass natürliche Magnete von ihrer Kraft mit der Zeit viel weniger verlieren, als künstliche; indessen scheint es nicht, dass desfalls genaue vergleichende Beobachtungen angestellt worden wären.

5. In §. 78 ist erwähnt worden, dass bei plötzlichem Kraftverluste die Abnahme des Magnetismus wahrscheinlich nicht an allen Punkten eines Magnets nach gleichem Verhältnisse stattfindet. Ob solches auch bei dem allmähligen Kraftverluste der Fall sei, hat die Beobachtung nicht entschieden. Wenn der Magnetismus in den verschiedenen Theilen einzelner Querschnitte nach verschiedenem Verhältnisse sich ändern würde, so könnte dadurch auch die magnetische Axe eine andere Lage erhalten, wie diess von PELTIER [9] an einer Nadel beobachtet worden ist, welche lange Zeit aus dem Meridian abgelenkt war.

Im Falle diese, übrigens ganz vereinzelte Thatsache als begründet angenommen wird, möchte es noch immer erlaubt sein, zu zweifeln, ob die schiefe Lage gegen die Richtung des Erdmagnetismus den Erfolg hervorgerufen habe, da die erdmagnetische Induction im Verhältnisse zu dem permanenten Magnetismus einer Nadel sehr schwach ist und bei regelmässig gearbeiteten Stäben eine mit der Axe der Figur zusammenfallende magnetische Axe entsteht (§. 75). Eher möchte der obige Fall so zu erklären sein, dass die magnetische Axe durch die ursprüngliche Magnetisirung eine abnorme Lage erhalten und im Verlaufe der Zeit sich der natürlichen Lage nach und nach genähert habe.

[1] HANSTEEN. De mutationibus virgae magneticae.
[2] LAMONT. Handbuch des Erdmagnetismus. 174.
[3] Die hier angegebenen Zahlen sind aus Annalen der Münchener Sternwarte, IV, Supplementband, S. 463, entnommen, jedoch so, dass mehrere Beobachtungen zu einem Mittelwerthe vereinigt wurden. Noch weitere Angaben finden sich im Handbuch des Erdmagnetismus, S. 47, und Pogg. Ann., LXXX, S. 440.
[4] GAUSS. Result. des magn. Vereins. 1840, S. 7.
[5] MICHELL. *A treatise of artificial magnets.* p. 76.
[6] Gilb. Ann. XXIII, 357.
[7] *Library of useful knowledge.* Vol. II, Magnetism, p. 44.
[8] *Library of useful knowledge.* Vol. II, Magnetism, p. 54.
[9] PELTIER. *Institut.* VI. 155.

§. 86. Allmählige Verstärkung des Magnetismus durch Induction.

Wie ein allmähliger Kraftverlust bei Magneten stattfindet, so kann auch ein allmähliger Kraftgewinn zu Stande kommen, jedoch nur da, wo eine inducirende Kraft und zwar, wie oben (§. 77) schon angedeutet wurde, eine schwache inducirende Kraft wirkt. Hier kommen sehr verschiedenartige Fälle in Betracht. Wenn man neben einen Magnet in geringer Entfernung einen nicht magnetisirten Stahlstab hinlegt und von Zeit zu Zeit den Magnetismus desselben untersucht, so wird man eine nach Umständen Wochen und Monate lang andauernde allmählige Zunahme finden: der Magnetismus nähert sich beständig einer gewissen

Grenze, und zwar um so langsamer, je näher die Grenze erreicht ist. Besonders merklich wird die allmählige Einwirkung, wenn man von zwei Magneten die ungleichnamigen Pole einander nahe bringt.

Wenn man einem Hufeisenmagnet einen Anker anlegt, so wird der Kreis geschlossen und es entsteht in jedem Theile eine stärkere Induction (§. 34, S. 193) welche allmählig den permanenten Magnetismus vermehrt. Allgemein nimmt man an, dass zur Erzeugung dieser Wirkung das Anhängen von Gewichten wesentlich sei; indessen halte ich die Sache für sehr zweifelhaft, da nicht blos die erfahrungsmässige Begründung fehlt, sondern auch die Theorie eine annehmbare Erklärung nicht darbietet.

Wenn ein Eisenstab mehrere Jahre hindurch in senkrechter Lage oder überhaupt in solcher Stellung, dass der Erdmagnetismus darauf wirken kann, festgemacht ist, so entsteht ein permanenter Magnetismus, dessen Betrag um so grösser ist, je länger die Einwirkung gedauert hat und je stärker sie war. Der Erfolg selbst ist ganz analog mit den vorher angeführten Vorgängen, nur kommt dabei noch der Umstand in Betracht, dass die Beschaffenheit des Eisens mit der Zeit geändert wird und sich mehr dem Stahle nähert, woraus dann das Festhalten des Magnetismus zu erklären ist. (Vergl. §. 49.)

1. Beobachtungen, wodurch das Gesetz der allmähligen Zunahme des Magnetismus erwiesen werden könnte, besitzen wir nicht; Thatsachen, welche das Vorhandensein einer Zunahme zeigen, liegen in grosser Anzahl vor und beziehen sich grösstentheils auf den Fall, wo der Erdmagnetismus als inducirende Kraft wirkte. Dass Blitzableiter oder überhaupt festgemachte Eisenstangen, wenn sie lange Zeit der magnetischen Induction der Erde ausgesetzt sind, starken Magnetismus annehmen, kannte GRIMALDI [1] um die Mitte des 16. Jahrhunderts, obwohl der gewöhnlichen Annahme zufolge die Wahrnehmung dieser Erscheinung später und zwar entweder von dem Chirurgen JULIUS CESAR [2] in Rimini im Jahre 1590 an einer im Mauerwerke der dortigen Augustinerkirche befindlichen Stange, oder vielleicht noch etwas früher von einem unbekannten Beobachter an dem eisernen Kreuze der Augustinerkirche in Mantua [3] zuerst gemacht worden sein soll. Starken Magnetismus beobachtete auch GASSENDI (1630) an dem Kreuze des Kirchthurms zu Aix in der Provence und von VALLEMONT [4] (1691) liegt eine ganz ähnliche Beobachtung vor.

Weitere hieher gehörige Beobachtungen wurden von LOEWENHOECK [5] 1722 (an einem Thurmkreuze) und SAVERY (an eisernen Fenstergittern) gemacht. Hieher gehört auch der Magnetismus eiserner Schiffe, welchen AIRY superpermanent nennt und der nur so lange sich erhält, bis er durch eine entgegengesetzt wirkende Induction aufgehoben wird.

2. Die Verstärkung der Hufeisenmagnete durch allmählige Belastung ist ein allgemein bekanntes und allgemein angewendetes Verfahren; ebenso die Verstärkung der Magnetstäbe durch Anlegen von Ankern, zu welchem Zwecke Magnetstäbe paarweise verfertigt zu werden pflegen. (Vergl. §. 21 S. 127.) Dass durch Anlegen einer grossen Anzahl von Eisenstücken ein grösserer Erfolg sich erzielen lasse, wird von MUNCKE [6] behauptet.

Gewöhnlich nehmen die Anker der Magnete und alles mit Magneten in Berührung stehende Eisen in ganz kurzer Zeit permanenten Magnetismus an; jedoch werden auch Beispiele angeführt, wo ein solcher Erfolg nicht zu Stande gekommen ist [7]. (Vergl. S. 36.)

[1] GRIMALDI. *Phisico-Mathesis prop.* 54.
[2] POUILLET. *Physique.* I, 486.

[3] GILBERT. De magnete.
[4] VALLEMONT. Mém. de Paris, 734, und auch in einem eigenen Werke.
[5] LOEWENHOECK. Phil. Trans. 33, p. 72.
[6] MUNCKE. Pogg. Ann. L, 221.
[7] Gilb. Ann. LXXIII, 40. — BARLOW. An essay on magnetic attractions.

§. 87. Plötzliche Aenderung des Magnetismus durch Erschütterungen aller Art.

Nach §. 84 tritt in der sonst allmähligen Zu- oder Abnahme der Kraft eines Magnets ein Sprung ein, wodurch der Magnet plötzlich dem definitiven Stande näher kommt, so oft eine gewaltsame Erschütterung oder Aenderung in der Lage der Molecule herbeigeführt wird. Das Losreissen des Ankers von einem Magnet, das Eintauchen eines stark magnetisirten Stabes in warmes Wasser, das Biegen, Winden, Drehen, Hämmern desselben erzeugt einen plötzlichen Kraftverlust. Auch sogar die Erschütterung, welche entsteht, wenn man einen Magnet auf den Boden fallen lässt, vermindert seine Kraft.

Während eine magnetisirte Stahlstange, in die Richtung des Erdmagnetismus gelegt oder der Einwirkung eines Magnetpoles oder einer schwachen galvanischen Induction ausgesetzt, langsam permanenten Magnetismus aufnimmt, reicht ein Hammerschlag aus, um eine plötzliche Vermehrung des Magnetismus herbeizuführen, und ähnlichen Erfolg erlangt man durch jede Erschütterung oder kleine Verschiebung der Molecule, sei es, dass sie durch Reibung, Drehung, Biegung u. s. w. hervorgebracht werde.

1. Es scheinen einige Physiker vorausgesetzt zu haben, als wenn die eben erwähnten gewaltsamen Einwirkungen an und für sich im Stande wären, magnetische Kraft zu ertheilen [1]. Diess ist jedoch ein Missverständniss, denn die gewaltsame Einwirkung gibt nur Gelegenheit, dass eine vorhandene Induction kräftigern Erfolg habe, und wenn ohne inducirende Kraft Magnetismus durch die bisher erwähnten Einwirkungen erzeugt worden ist, so darf wohl vorausgesetzt werden, dass die angewendeten Werkzeuge magnetisch gewesen sind. Wünschenswerth wäre es übrigens, dass in dieser Beziehung nähere Nachweisung gegeben und insbesondere gezeigt würde, wie die gewalzten Eisenplatten, die im Handel vorkommen, einen so hohen Grad von Magnetismus erlangen; so habe ich selbst zwei dünne Eisenplatten, die eben zum Dachdecken verwendet werden sollten (62 Pariser Zoll Länge, 3¼ Zoll Breite), untersucht und gefunden, dass die eine einem 4 pfündigen Magnetstabe von MEYERSTEIN gleich kam, die andere wenig dahinter zurückblieb. Die Platten wurden südlich von einer freien Nadel in 12 Fuss Entfernung hingelegt und bezüglich auf den transversalen und longitudinalen Magnetismus untersucht, die sich ungefähr wie 1 : 4 verhielten.

Will man zu Experimenten obiger Art galvanische Induction benützen, wie diess WIEDEMANN [2] gethan hat, so ist es wesentlich, die Stärke der Induction genau zu bestimmen; mathematische Gesetzmässigkeit dürfte wohl nur da noch zu erreichen sein, wo die inducirende Kraft im Verhältniss zu der Eisen- oder Stahlmasse, auf die sie wirkt, geringe Intensität hat.

2. Hinsichtlich der Magnetisirung, welche man an Blitzableitern und eisernen Kreuzen auf Kirchthürmen nach dem Einschlagen des Blitzes bemerkt hat, mag es als zweifelhaft betrachtet werden, ob der Blitz blos durch Erschütterung die inducirende Wirkung des Erdmagnetismus vermehrt, oder selbst eine magnetisirende Wirkung hervorgebracht habe [3]. Ich halte nur die erstere Ansicht für begründet.

Wenn WADDELL [4] von einem Blitzschlage berichtet, durch welchen der Magnetismus eines Schiffscompasses vernichtet wurde, so kann der Erfolg nur der durch den Blitz hervorgebrachten Erschütterung zugeschrieben werden. Findet der Blitz einen Leiter, der ihn nahe bei der Nadel vorbeiführt, so übt er eine sehr starke Magnetisirungskraft aus und bringt je nach der Lage der Nadel entweder eine Vermehrung oder eine Verminderung ihres Magnetismus oder eine Umkehrung der Pole hervor. Geht der Blitz an einer frei beweglichen Nadel vorbei, so wird sie augenblicklich eine Richtung annehmen, in welcher ihr Magnetismus verstärkt werden muss; gleichwohl habe ich einen Fall selbst gesehen, wo der Blitz, in einen Telegraphenkasten hereingeleitet, die darin befindliche Galvanometernadel vollständig ummagnetisirt hat.

3. Zu den Einwirkungen, welche den Erfolg der Induction in hohem Grade fördern, könnte man auch die Wärme zählen, insoferne als rothglühende Eisenstäbe, wenn sie in senkrechter Lage erkalten, stets beträchtlichen Magnetismus zeigen, wie die Versuche von BARLOW und SCORESBY erwiesen haben. Damit möchte die Angabe (S. 234), wonach für den Magnetisirungsprocess die Wärme als vortheilhaft bezeichnet wird, und ebenso der Erfolg von DUFOUR's [5] Versuchen, der Stäbe bei sehr hoher Temperatur magnetisirt hat, in Zusammenhang zu bringen sein, obwohl diese letzteren Versuche einer etwas verschiedenen Auslegung fähig wären.

4. Da der Verlust oder Gewinn, den die oben bezeichneten Operationen verursachen, bei jeder folgenden Wiederholung geringer wird, so gelangt man bald zu einem Stande, der nicht mehr durch Anwendung derselben Operation überschritten werden kann. Dieser Stand ist bisher gewöhnlich als der eigentlich constante Stand betrachtet worden, indessen habe ich mich durch sehr zahlreiche Versuche (im Wesentlichen mit RIESS und MOSER [6] übereinstimmend und im Widerspruche mit HANSTEEN) überzeugt, dass hier ein ganz eigenthümliches Verhältniss besteht, indem nach Verlauf eines gewissen Zeitraumes der bereits constant gewordene Magnet die Disposition erhält, durch dieselbe Operation aufs Neue an Kraft zu verlieren, und es scheint nach der bisherigen Untersuchung zweifelhaft, ob es überhaupt möglich sei, einen Magnet auf einen wahrhaft constanten Stand zu bringen. Diess gilt insbesondere von dem Eintauchen in kaltes und warmes Wasser, was bisher als gewöhnliches Mittel gebraucht worden ist, um Magnete constant zu machen.

5. Versuche über die Schwächung eines Hufeisenmagnets durch wiederholtes Losreissen des Ankers hat KOHN [7] angestellt, indem er das Losreissen anfangs mit der Hand vornahm, dann durch eine Dampfmaschine bewerkstelligen liess. Der dabei gebrauchte Hufeisenmagnet bestand aus einer Lamelle von 6 Zoll Höhe, 1 Zoll Breite, 3 Linien Dicke (Wiener Maass), trug ursprünglich 4 Pfund und lenkte (in einer bestimmten Entfernung gehalten) eine Nadel um 19^0 ab.

Viermaliges Abreissen brachte keine Aenderung hervor, durch zehnmaliges Abreissen dagegen fand eine Abnahme statt von

$$3 \text{ Loth Tragkraft} \qquad 0^0,5 \text{ Ablenkung,}$$

durch 30maliges Abreissen

$$1 \text{ Loth Tragkraft} \qquad 0^0,8 \text{ Ablenkung.}$$

100maliges Abreissen veranlasste keine weitere Verminderung der Kraft. Bei Anwendung der Dampfmaschine fand sich nach

16220 maligem Abreissen die Tragkraft	= 2 Pfund,	Ablenkung	8^0
86100 „	= 1		7^0
512000 „	= 1		7^0.

6. MUSSCHENBROECK[8] hat einen Draht magnetisirt und gefunden, dass durch Biegen desselben fast der ganze Magnetismus zerstört wurde. RÉAUMUR[9] lehrte den Einfluss des Schlagens, Feilens, Biegens, Windens; auch PÖNITZ[10] und SCORESBY[11] beschäftigten sich mit diesem Gegenstande; neuere Versuche hierüber sind von MATTEUCCI[12], WERTHEIM[13], KOHN[14], WIEDEMANN[15] angestellt worden. Es ist behauptet worden, dass durch das Verzinken eiserne Lamellen magnetisch werden, während bei Stäben ein gleicher Erfolg nicht zu Stande komme[16]; eine Bestätigung, der hierauf bezüglichen Beobachtungen ist bisher nicht erfolgt. Ebenso ist die Angabe von KOHN[17], wornach eine nach Art einer Magnetnadel an einem Faden aufgehängte Stahllamelle durch eine daneben vorbeigeschossene Flintenkugel magnetisch gemacht werden soll, unbestätigt geblieben.

7. Zahlreiche Bestimmungen über den Kraftverlust durch wiederholtes Erwärmen und Erkalten liegen vor, ohne dass versucht worden wäre, sie mit einer eigentlichen Theorie in Zusammenhang zu bringen. RIESS und MOSER[18] tauchten einen magnetisirten Stab von weichem Stahl in siedendes Wasser und fanden den Magnetismus, der ursprünglich $= 1$ war

nach dem ersten Eintauchen	$= 0{,}905$
zweiten	$0{,}890$
dritten	$0{,}883$
vierten	$0{,}878$
fünften	$0{,}874$
sechsten	$0{,}870.$

Zwei auf ganz gleiche Weise angestellte Beobachtungsreihen von KUPFFER[19] mit einer Nadel von Gussstahl (Länge 28 Zoll) gaben folgende Resultate:

	1. Reihe	2. Reihe
Ursprüngliche Kraft:	$1{,}0000$	$1{,}0000$
nach dem ersten Eintauchen	$0{,}8338$	$0{,}8221$
zweiten	$0{,}8080$	$0{,}8105$
dritten	$0{,}7919$	$0{,}8030$
vierten	$0{,}7859$	$0{,}7984$
fünften	$0{,}7859$	$0{,}7895$
sechsten	—	$0{,}7859$
siebenten	—	$0{,}7859.$

HOLMGREN[20] setzte einen Stab 213 mal abwechselnd der Temperatur des Siedpunktes und des Gefrierpunktes aus und bestimmte das Gesetz der Abnahme im Wesentlichen mit dem Obigen übereinstimmend; auch die Beobachtungen von DUFOUR haben zu keinem eigenthümlichen Ergebnisse geführt. Wenn man einen Magnet mit einem Anker versieht und ein Gewicht anhängt, so kann diess kaum ohne Einfluss auf den Magnetismus bleiben und BIDONE[21] hat dessfalls Näheres zu ermitteln versucht; es stellte sich jedoch heraus, dass die Aenderungen zu klein waren, um mittelst des angewendeten Apparats (oben S. 70) gemessen zu werden.

8. POWELL[22] hat Stücke von Eisendraht unter verschiedenen Winkeln gegen die Richtung des Erdmagnetismus festgemacht und sie dann um eine gewisse Anzahl von Umgängen gedreht. Der Erfolg war, dass sie Magnetismus annahmen, und zwar im Verhältnisse des Cosinus des Winkels, den sie mit der magnetischen Richtung machten, ein Resultat, welches um so mehr Beachtung verdient, da zu jener Zeit der Zusammenhang dieser Erscheinung mit den wirkenden Ursachen nicht genau ermittelt war.

Die Erfahrung, dass durch Hämmern, Feilen, Bohren Magnetismus erzeugt wird, ist schon sehr alt, alles aber, was ein anonymer Physiker in den Philos. Transactions 1694, dann Réaumur[23], Musschenbroeck und zahlreiche Experimentatoren neuerer Zeit mitgetheilt haben, beschränkt sich auf die blosse Angabe der Thatsache und umfasst keine messenden Bestimmungen, oder überhaupt etwas, wodurch die Theorie gefördert würde.

9. Den Einfluss des Biegens habe ich näher zu bestimmen gesucht und zu diesem Zwecke folgende Messungen mit einem Abschnitte von einer Uhrfeder (Länge 55 Par. Linien, Breite 8 Par. Linien) ausgeführt.

Ursprüngliche Kraft:		1,000
nach Biegung	a vorwärts	0,813
„	a rückwärts	0,717
	b vorwärts	0,669
	b rückwärts	0,624
	c vorwärts	0,602
	c rückwärts	0,575
	d vorwärts	0,542
	d rückwärts	0,502.

Die Biegungen bestanden darin, dass die Uhrfeder an hölzerne Cylinder von verschiedenen Durchmessern festgedrückt wurde, und zwar zuerst mit der einen Seite („vorwärts"), dann mit der andern Seite („rückwärts") anliegend. Die Durchmesser der verschiedenen auf solche Weise hervorgebrachten Kreisbiegungen waren

Biegung a	Cylinderdurchmesser	43,4 Par. Linien
b		34,5
c		33,0
d		20,3.

Die obige Beobachtungsreihe, nachdem die Feder vorher neu magnetisirt worden war, in umgekehrter Ordnung wiederholt, lieferte folgende Resultate:

Ursprüngliche Kraft:		1,000
nach Biegung	d vorwärts	0,726
	d rückwärts	0,591
	c vorwärts	0,552
	c rückwärts	0,548
	b vorwärts	0,539
	b rückwärts	0,526
	a vorwärts	0,514
	a rückwärts	0,492.

Hierauf wurde der Erfolg der wiederholten Biegungen um denselben Cylinder untersucht und die erhaltenen Zahlen waren wie folgt:

A. Cylinder von 43''',4 Durchmesser

ursprüngliche Kraft	1,000
nach Biegung vorwärts	0,856
„ rückwärts	0,759
vorwärts	0,723
rückwärts	0,689
vorwärts	0,673
rückwärts	0,654.

B. Cylinder von 20''',3 Durchmesser

ursprüngliche Kraft	1,000
nach Biegung vorwärts	0,742
rückwärts	0,609
vorwärts	0,560
rückwärts	0,524
vorwärts	0,505
rückwärts	0,483.

10. Dass, wenn man einen Magnet auf den Boden fallen lässt, der Magnetismus vermindert wird, ist eine durch vielfache Erfahrung bestätigte Thatsache; den Erfolg scheint man sich aber anders vorgestellt zu haben, als er wirklich ist. Ich habe mehrere Versuchsreihen veranstaltet, aus denen hervorgeht:
1) dass Magnete, die lange Zeit gelegen und zu einem nahe constanten Magnetismus gelangt sind, durch das Fallen nicht $^1/_{100}$ ihrer Kraft verlieren, gleichviel ob sie einen grossen oder einen ganz geringen Querschnitt haben;
2) dass frisch magnetisirte Stäbe und Nadeln 0,15 bis 0,35 ihres Magnetismus durch wiederholtes Fallen verlieren, und zwar Magnete von stärkerem Querschnitte mehr als ganz dünne Nadeln;
3) dass der Verlust, der durch wiederholtes Fallen herbeigeführt wird, immer in gleichem Verhältnisse zu dem anfänglichen Magnetismus steht, also ein Stab, der bei schwacher Magnetisirung 0,3 von seiner Kraft verliert, bei doppelt so starker Magnetisirung auch wieder einen Kraftverlust von 0,3 erleidet. Folgende Beispiele werden von der Grösse des Kraftverlustes und der Progression, nach welcher sie erfolgt, eine Vorstellung geben: Eine Stange von ungehärtetem Stahle wurde mit 1pfündigen Stäben magnetisirt und die Kraft, durch Ablenkung gemessen, war:

	Ablenkung	Verhältnisszahl
vom Anfange	57,95	1,00
nach einmaligem Fallen	47,80	0,82
zweimaligem	46,85	0,81
dreimaligem	42,95	0,74
viermaligem	42,45	0,73
fünfmaligem	38,85	0,67,

dieselbe Stange, mit 4 pfündigen Stäben magnetisirt, gab:

	Ablenkung	Verhältnisszahl
vom Anfange	97,8	1,00
nach einmaligem Fallen	78,0	0,80
zweimaligem	76,1	0,78
dreimaligem	74,5	0,76
viermaligem	70,1	0,72
fünfmaligem	69,3	0,71.

Dass keine regelmässige Progression eintreten könne, liess sich erwarten, da die Lage, in welcher die Stange auf den Boden traf, mithin auch die Stärke der Erschütterung jedesmal verschieden war.

[1] Als Beispiel unter vielen mag hier Kohn's Abhandlung in Dingler's polyt. Journal, CXXVII, 466 erwähnt werden.
[2] Wiedemann. Pogg. Ann. C, 235.
[3] Man vergl. de la Rive, Traité d'électricité. I, 167. Note. Ferner wäre zu erwähnen eine Notiz von Cookson. Philos. Trans. 1735.

⁴ Wegen Waddel's Beobachtung Näheres zu finden in dem darauf bezüglichen Aufsatze von Knight, *Philos. Trans.* 1749; damit zu vergleichen Tieenk's Bericht. Verhandl. van het Genootsch. te Vlissingen Deel 3. Bl. 615. Hinsichtlich der magnetisirenden Wirkung des Blitzes und elektrischer Entladungen überhaupt vergleiche man v. Feilitzsch, die Lehre von den Fernwirkungen des galvanischen Stromes, S. 2.
⁵ Dufour. *Bull. de la Soc. Vaud.* V, 351. Ferner *Arch. des sc. phys.* XXXIV, 295; auch vergl. man Wiedemann. Pogg. Ann. C, 235.
⁶ Riess und Moser. Pogg. Ann. XVII, 408. Gehler's phys. Wört., neu bearb. VI, 870.
⁷ Kohn. Dingler's polyt. Journ. CXX, 393. — Nach der Angabe von Brewster sollen die Hufeisenmagnete von Logemann von ihrer ausserordentlichen Kraft durch Abreissen des Ankers nichts verlieren. *Rep. of Brit. Assoc.* 1851. (2) 4.
⁸ Musschenbroeck. Dissertatio de magnete. p. 254.
⁹ Réaumur. *Mém. de l'Acad. de Paris.* 1723.
¹⁰ Pönitz. Gilb. Ann. LXVII, 320.
¹¹ Scoresby. *Philos. Trans.* 1822 und 1824.
¹² Matteucci. *Ann. de chim. et de phys.* LIII, 446.
¹³ Wertheim. *Comptes rend.* XL, 1234. — *Ann. de chim. et de phys.* L, 385. Neuere Versuche von Villari. Pogg. Ann. CXXV, 87.
¹⁴ Kohn, Dingler's polyt. Journ. CXXVII, 466.
¹⁵ Wiedemann. *Biblioth. univ.* LXIV, 304. Die vollständige Abhandlung in den Verhandlungen der naturforschenden Gesellschaft in Basel. II. Heft 2. 1859. Wegen der Wirkung eines hindurchgeleiteten galvanischen Stromes, welche mit einer Erschütterung gleichbedeutend ist, siehe Pogg. Ann. CXVII, 213.
¹⁶ Majocchi. *Annali di fisica chim. e mat.* VI, 302.
¹⁷ Kohn. Dingler's polyt. Journ. CXXVII, 467.
¹⁸ Riess und Moser. Pogg. Ann. XVII, 403.
¹⁹ Die hier angeführten Resultate von Kupffer's Versuchen sind aus den Schwingungszeiten berechnet, welche in Gehler's phys. Wörterbuch, neu bearb., VI, 862, vorkommen.
²⁰ Holmgren. Acta soc. Upsal. (3) I.
²¹ Bidone. *Mém. de Turin.* 1811. Gilb. Ann. LXIV, 374.
²² Powell. *Ann. of philos.* III. Gilb. Ann. LXXIII, 243
²³ Réaumur. *Mém. de l'Acad. de Paris.* 1723.

Kapitel XIV.
Praktische Anwendungen des Magnetismus, welche nicht Specialfächern angehören.

§. 88. Die wenigen Anwendungen des Magnetismus, welche nicht in Specialfächern behandelt werden, sind ohne wissenschaftliche Bedeutung.

Der Magnetismus findet sehr verschiedenartige praktische Anwendungen in der Telegraphie, in der Elektrodynamik u. s. w. Es würde aber ganz unzweckmässig sein, auf die nähere Darstellung derselben hier einzugehen, da sie in den betreffenden Abtheilungen der Encyclopädie ohnehin umständlich auseinandergesetzt werden müssen. Aehnliche Bewandtniss hat es mit der Anwendung in der Schifffahrt, im Bergwerkswesen und in der Feldmesskunst, welche mit der Lehre des Erdmagnetismus in so engem Zusammenhange stehen, dass sie nicht wohl davon getrennt werden können, also in dem betreffenden Bande vorkommen werden. Eben dahin gehört auch der Einfluss des Erdmagnetismus auf feine Waagen und den Gang der Chronometer. Wir beschränken uns desshalb hier auf eine kurze Erwähnung derjenigen allerdings meistens nutzlosen oder illusorischen Anwendungen, die ausserhalb des Kreises der physikalischen Disciplinen gemacht worden sind.

§. 88.　　　　　NÜTZLICHE UND NUTZLOSE ANWENDUNGEN.　　　　　421

1. Da der Magnetismus alle Substanzen durchdringt, so kann man sich desselben bedienen, um Bewegungen zu übertragen, wo mechanische Kraft nicht angewendet werden kann, oder wo es Zweck ist, die Uebertragung der Kraft den Augen der Zuschauer zu entziehen. Wenn man z. B. eine leichte Nadel *ns* (*Fig. 277*) an einer feinen Axe, die in den Glasplatten AB, $A'B'$ geht, drehbar macht und rückwärts in einiger Entfernung einen parallel damit drehbaren Magnet NS anbringt, dessen Mittelpunkt C in die verlängerte Axe der Nadel fällt, so wird die Nadel der Bewegung des Magnets folgen und stets parallel damit sich stellen; man braucht demnach nur auf der Platte AB die Stunden zu verzeichnen, dann den Magnet NS durch ein Uhrwerk bewegen zu lassen und Uhrwerk und Magnet durch einen Schirm unsichtbar zu machen, so hat man einen Zeiger, der scheinbar ohne alle bewegende Kraft die Zeit angibt.

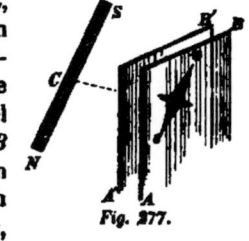
Fig. 277.

2. Von einer Nadel *ns* (*Fig. 278*), die als Hebel auf einem Tische AB angebracht und an einer Axe um ihren Mittelpunkt beweglich ist, wird der Pol *n* oder *s* gegen den Tisch herabgezogen, je nachdem man von dem unter dem Tische befindlichen und um seine Mitte drehbaren Magnet NS den Nord- oder Südpol aufwärts stellt. In einem verschlossenen Glasgefässe kann man mechanische Effecte (durch Anziehung und Direction) auf solche Weise hervorbringen.

Eine unter der Glasplatte AB (*Fig. 279*) befindliche Nadel *ns* kann gegen die Einwirkung der Schwere in dieser Lage durch einen oberhalb angebrachten Magnet NS erhalten werden. Bewegt man den Magnet parallel mit sich selbst und in gleicher Entfernung vom Glase vorwärts oder rückwärts, so folgt die Nadel nach. Das leichteste Mittel, Bewegung durch einen Magnet hervorzubringen, besteht darin, kleine Magnete auf einer Wasserfläche oder im Wasser mittelst Korkholz schwimmend zu erhalten und sie durch einen Magnetstab anzuziehen.

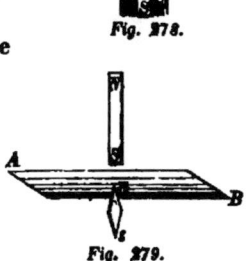
Fig. 278.

Fig. 279.

3. Da Magnetpole sich umgekehrt wie die Quadrate der Distanz anziehen, so kann man diesen Umstand benützen, um die Gesetze der freien Bewegung, namentlich die Bewegung der Planeten darzustellen. KINKELIN[1] hat eine von mir in dieser Beziehung gemachte Anwendung theoretisch entwickelt. Spätere Versuche haben mich übrigens überzeugt, dass mittelst folgender Einrichtung der Zweck vollständiger zu erreichen sein würde. An einem Mittelstücke CC (*Fig. 280*), welches von einer

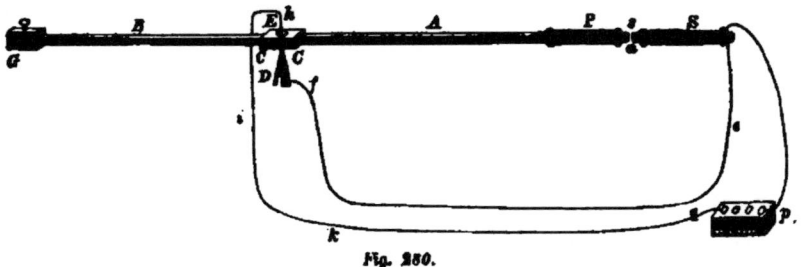
Fig. 280.

Spitze D nach Art einer Compassnadel getragen wird, sind zwei messingene Röhren A und B, jede zu ungefähr 6 Fuss Länge, festgemacht. Am Ende der Röhre A

befindet sich der als Elektromagnet mit isolirtem Kupferdrahte umwickelte Eisenkern P und am Ende der Röhre B das Gegengewicht G, dem Pole n des Elektromagneten P gegenüber steht der Pol s eines festgemachten Elektromagneten S, und es ist einleuchtend, dass wenn man den Pol n etwas seitwärts zieht und ihm einen geeigneten Impuls ertheilt, er um den Pol s annähernd einen Kegelschnitt beschreiben wird. Was die Verbindung mit der galvanischen Batterie B betrifft, so geht der Strom von p aus durch die Umwindung von S, gelangt alsdann durch ef, die Spitze D und das Rohr A zu der Umwindung von P, wird von P aus durch einen im Rohre A befindlichen Draht zu der isolirten Quecksilberschale E und von da durch den Draht hik, dessen fein zugespitztes Ende bei h in das Quecksilber eingetaucht ist, zum Pole p zurückgeleitet.

4. Die Abnahme der magnetischen Kraft in der Ferne kann dazu benützt werden, um Distanzen zu messen: so lässt sich die Dicke einer Wand oder der Abstand zwischen zwei Stollen in einem Bergwerke, dessgleichen auch die Richtung zweier Gegenörter aus der Ablenkung einer Compassnadel durch einen Magnetstab ableiten, wenn der Compass auf der einen, der Magnetstab auf der andern Seite des zu messenden Intervalls sich befindet [2].

5. Eine sehr alte Idee ist es, durch magnetische Kraft Gegenstände von Eisen frei schwebend in der Luft zu erhalten; die Idee ist aber unausführbar, weil hier ein sogenanntes **stabiles** Gleichgewicht nicht hergestellt werden kann. Eine kleine Eisenkugel p (*Fig. 281*) lässt sich so stellen, dass sie eben so stark von dem Magnetpole N **aufwärts**, als von der in der Richtung gp wirkenden Schwere **abwärts** gezogen wird; die mindeste Bewegung abwärts gibt aber der Schwere und die mindeste Bewegung aufwärts dem Magnete das Uebergewicht, und ist die kleine Eisenkugel einmal aus der Gleichgewichtslage gebracht, so kehrt sie nicht mehr dazu zurück. Einen Gegenstand durch Magnetkraft schwebend zu erhalten, ist gleichbedeutend mit dem Problem, eine Nadel auf die Spitze zu stellen, ohne dass sie umfällt: diess ist es, was man als **labiles** Gleichgewicht zu bezeichnen pflegt.

Fig. 281.

6. Magnete als bewegende Kraft gebrauchen zu wollen, konnte nur Dilettanten beifallen, die den Unterschied zwischen **constanter Anziehung** und **bewegender Kraft** nicht kannten; gleichwohl ist in dieser Richtung seit dem 16. Jahrhundert viel gearbeitet worden. Einige hierauf bezügliche Versuche so wie eine vollständige Darstellung aller vor dem 17. Jahrhundert gemachten Anwendungen des Magnetismus findet man in Kircher's Werken [3] angegeben.

Auch medicinische Kräfte und physiologische Einflüsse sind dem Magnetismus zugeschrieben worden [4]. Hieher ist insbesondere der sogenannte **animalische Magnetismus** zu rechnen, den Mesmer [5] im Jahre 1773 eingeführt und, so gross die unterlaufenden Täuschungen gewesen sind, dennoch zu solchem Ansehen erhoben hat, dass die Pariser Akademie wiederholt eine eigene Prüfungs-Commission ernennen musste. Der letzte Bericht dieser Commission erschien im Jahre 1812 und die darin angeführten Thatsachen sowohl als alle anderwärts vorgenommenen gründlichen Prüfungen haben erwiesen, dass die beobachteten Erscheinungen mit dem Magnetismus in keinem Zusammenhange stehen.

Wie auf das animalische Leben, so sollte auch nach der Ansicht verschiedener Gelehrten des vorigen Jahrhunderts der Magnetismus auf den Lebensprocess der Pflanzen Einfluss ausüben [6]. Sogar in unserem Jahrhunderte ist ein paar Mal versucht worden einen Zusammenhang dieser Art nachzuweisen; es sind indessen die hierauf bezüglichen Arbeiten, und zwar mit vollem Rechte, in Vergessenheit gerathen.

[1] Kinkelin. Grunert's Archiv. XXVIII, 456.
[2] Scoresby. *Edinb. Philos. Journ.* XXIV, 219; ferner Borcher, Anwendung eines kräftigen Magnets zur Ermittelung der Durchschlagsrichtung zweier Gegenörter.

³ Kircher's sämmtliche Werke findet man in dem (§. 89) beigefügten Verzeichnisse der Litteratur aufgezählt; einen Auszug lieferte Kestlerus unter dem Titel Physiologia Kircheriana. Amstelodami 1680.
⁴ Von den hierher gehörigen Schriften wollen wir nur beispielsweise folgende anführen: Goclenius, Tractatus de magnetica curatione vulnerum. Marburg 1608; und Mirabilium naturae liber seu defensio magneticae curationis vulnerum, Francofurti 1625. — Harsu, *Sur les effets médicinaux de l'aimant*, 8 Briefe im *Journ. encyclop.* 1776—1779. — Poli, *Saggio sulla calamita e sulle sue virtù medicinali.* Palermo 1811. — Becker, Der mineralische Magnetismus und seine Anwendung in der Heilkunst. Mühlhausen 1829. Zahlreiche Werke ähnlichen Inhalts von Helmont 1621, Teske 1765, Klärich 1765 und 1766, Canini 1785 u. s. w. könnten noch beigefügt werden.
⁵ Mesmer hat selbst von 1775 bis 1799 viele Schriften veröffentlicht; die Publicationen seiner Freunde und Gegner sind ebenfalls sehr zahlreich. Näheres nachzusehen in Wolfarth, Mesmerismus oder System des animalischen Magnetismus. Berlin 1815.
⁶ Hierher gehörige Arbeiten haben Renard, Dutrochet, Gr. Buquoy u. A. geliefert.

Kapitel XV.
Literatur des Magnetismus.

§. 89. Geschichtliche Uebersicht; Verzeichniss der zum Fache des Magnetismus gehörigen Schriften.

Gleich den meisten physikalischen Disciplinen hat sich die Lehre des Magnetismus erst in der Neuzeit zu einem wissenschaftlichen System herangebildet. Die Anziehung des Eisens durch den Magnetstein bildete das ganze magnetische Wissen des Alterthums und nach den wenigen Documenten, welche aus dem 12. Jahrhundert zu uns gelangt sind, kann man kaum sagen, dass die damaligen Gelehrten hinsichtlich der eigentlichen Natur des Magnets über den Standpunkt des Alterthums hinausgekommen waren. In den nächstfolgenden Jahrhunderten wurde jedoch immer grössere Aufmerksamkeit dem Magnetismus zugewendet, so dass bis zum Anfange des siebenzehnten Jahrhunderts schon eine nicht unbedeutende Anzahl wichtiger Thatsachen ermittelt worden war, welche Gilbert zugleich mit den Ergebnissen seiner eigenen Forschung zu einer Art Lehrgebäude zusammengestellt hat. Das Erscheinen von Gilbert's Werk im Jahre 1600 bildete eine Epoche in der Geschichte des Magnetismus; auch scheint dadurch die Thätigkeit der Gelehrten eine mächtige Anregung erhalten zu haben, denn dreissig Jahre später finden wir in Kircher's Schriften neben schätzbaren historischen Nachweisen einen grossen Theil von dem, was jetzt die Lehre des Magnetismus ausmacht, wenigstens in allgemeinen Umrissen dargestellt.

Nach Kircher's Zeit nahm allmälig die Forschung überhaupt eine etwas veränderte Richtung an, indem die Gelehrten mehr mit einzelnen Fragen als mit dem Lehrgebäude selbst sich zu beschäftigen anfingen.

Dass diess der richtige Weg ist, beweisen die wichtigen und bedeutsamen Fortschritte, welche im 18. Jahrhundert der Magnetismus durch die Specialuntersuchungen von Brugmans, Lambert, Coulomb, Musschenbroeck und Andern gemacht hat. Denselben Weg verfolgte man weiter im gegenwärtigen Jahrhunderte, näherte sich aber dem Ziele wesentlich dadurch, dass an die Stelle des bloss experimentellen Forschens das Bestreben trat, die Phänomene durch scharfe mathematische Deduction unter sich und mit allgemeinen Principien in Zusammenhang zu bringen. Den Anfang hierin machte HANSTEEN, der übrigens in dieser Beziehung an den Untersuchungsgang LAMBERT's sich gehalten hat. POISSON, dem alle Hilfsmittel des höheren Calculs in seltenem Maasse zu Gebote standen, lieferte eine mathematische Theorie, wie früher keine versucht worden war; GAUSS endlich führte im Experimente wie in der Rechnung astronomische Methoden und astronomische Genauigkeit ein.

Zwei bemerkenswerthe Versuche sind gemacht worden, den Magnetismus als selbstständige Kraft gänzlich zu beseitigen. Schon den älteren Forschern war die Aehnlichkeit der magnetischen und elektrischen Kraft nicht entgangen und unter Anderen haben sowohl GILBERT als KIRCHER mit mehreren hierauf bezüglichen Fragen sich beschäftigt, aber erst in der zweiten Hälfte des vorigen Jahrhunderts trat diese Untersuchung in den Vordergrund und die Analogie des Magnetismus und der Elektricität oder vielmehr die Zurückführung beider Kräfte auf eine gemeinschaftliche Grundlage bildete längere Zeit hindurch bei einzelnen Gelehrten wie bei gelehrten Körperschaften eine der vornehmsten Fragen des Tages. Die Zahl der in dieser Beziehung erschienenen Schriften ist sehr gross, und es zeigt sich darin ein ausserordentlicher Aufwand von Dialektik; allein in der Physik entscheidet doch zuletzt nur das Experiment und da Niemand im Stande war, Magnetismus aus Elektricität, oder umgekehrt, zu machen, so kam die Sache allmälig in Vergessenheit. Was aber im vorigen Jahrhunderte nicht gelungen ist, sollte in unserer Zeit allerdings in ganz anderer Weise realisirt werden. AMPÈRE, der Ergründer der Elektrodynamik, hat gezeigt, dass man elektrische Ströme durch Magnetismus und Magnetismus durch elektrische Ströme erzeugen könne, und dass durch die eine wie durch die andere Kraft gleiche Wirkungen sich hervorbringen lassen. Hiernach hielt er sich für berechtigt, den Magnetismus durch permanente elektrische Ströme zu ersetzen. Es unterliegt keinem Zweifel, dass der grösste Theil der Physiker und namentlich alle diejenigen, welche auf ein schulgerechtes System grösseren Werth legen, zu AMPÈRE's Theorie sich bekennen; gleichwohl stehen der Annahme derselben sehr gewichtige Bedenken entgegen, und ich habe theils aus diesem Grunde, theils auch weil in einem anderen Bande dieses Werkes v. FEILITZSCH in vollständiger Weise die Ideen AMPÈRE's auseinandergesetzt hat, nicht nöthig gefunden näher darauf einzugehen.

Wer gegenwärtig die Entwickelung der Lehre des Magnetismus vollständig darstellen will, hat ein massenhaftes Material — ungefähr siebenhundert und fünfzig Werke, Abhandlungen und Aufsätze — zu verarbeiten, wobei die mannigfaltige Divergenz der Ansichten und der allenthalben hervortretende Mangel gemeinschaftlicher Grundlagen als besonders hinderlich sich erweisen.

In einigen physikalischen Disciplinen sind die verschiedenen Kapitel in hervorragender Weise von einzelnen Gelehrten behandelt worden, so dass sorgfältige Auszüge aus den Specialarbeiten als die zweckmässigste encyclopädische Darstellung erscheinen; was aber den Magnetismus betrifft, so bin ich nach verschiedenen Versuchen zu der Ueberzeugung gekommen, dass man diesen Weg nicht mit Erfolg betreten könne, und habe mich desshalb entschlossen, den Inhalt der Lehre des Magnetismus, wie im Vorhergehenden geschehen ist, in Kapitel und Paragraphen eingetheilt zusammenzustellen und bei jedem Lehrsatze oder Untersuchungsresultate anzugeben, in welchen Schriften Bemerkenswerthes nachzusehen, wo Bestätigung oder Widerspruch zu finden ist.

Es wird ganz begreiflich sein, dass bei solcher Behandlung des Stoffes nur ein Theil der zum Fache des Magnetismus gehörigen Schriften hat berücksichtiget werden können, und diejenigen Arbeiten, welche nicht zu den aufgestellten Lehrsätzen in engerer Beziehung standen, unerwähnt bleiben mussten. Da aber gerade ein Hauptzweck eines encyclopädischen Werkes darin besteht, die Literatur in ihrem ganzen Umfange aufzuführen, so habe ich gesucht dieser Anforderung dadurch zu entsprechen, dass ich mich der mühsamen Aufgabe unterzog, ein möglichst vollständiges Verzeichniss der magnetischen Literatur herzustellen, welches ich hier folgen lasse. Lehrbücher sind darin nicht aufgenommen, auch alle Schriften, welche zu den nahe verwandten Fächern des Elektromagnetismus und Erdmagnetismus gehören, habe ich mit Ausnahme von wenigen, wo speciell magnetische Aufgaben behandelt werden, ausgeschieden. Die den Namen beigefügten ganz kurzen biographischen Notizen sind fast alle aus POGGENDORFF's „Biographisch-literarischen Handwörterbuch" entnommen.

Verzeichniss der Literatur des Magnetismus.

ABRAHAM. Ueber einige durch die Wirkung des Magnetismus erzeugte Erscheinungen. Pogg. Ann. I, 357. (Auszug aus einer am 27. Mai 1824 in der k. Societät der Wiss. in London gehaltenen Vorlesung.)

ADAMS, GEORGE, Optikus und Mechanikus in London, gab mehrere physikalische Schriften von 1784 bis 1794 heraus; starb 1759 im 45. Lebensjahre. — *On electricity with an essay on magnetism.* London 1783, 4. In deutscher Uebersetzung erschienen, Leipzig 1785.

ADSIGER, PETER, eine in Folge eines Missverständnisses fingirte Persönlichkeit; siehe weiter unten WENCKEBACH.

AEPINUS (gräcisirt ursprünglich HUCH, HUCK, HOECK), FRANZ ULRICH THEODOR, Professor in Berlin, später in Petersburg, schrieb mehrere Werke und Abhandlungen von 1747 bis 1784 und starb 1802, 78 Jahre alt. — Tentamen theoriae electricitatis et magnetismi. Rostock (Petersburg) 1759. — Dissertatio de experimento quodam magnetico a Dufay descripto. 1730. Nov. Comment. Petropol. IX, p. 326, 340. — Similitudinis effectuum vis magneticae et electricae novum specimen. Nov. Comment. Petropol. X, p. 435. — Akademische Rede von der elektrischen und magnetischen Kraft. (1785) Leipzig 1760. — Examen theoriae magnet. a Tob. Mayero propositae. Nov. Comment. Petrop. XII, 325. — Descriptio acuum magnetarum noviter inventarum. Act. Acad. Magunt. Tom. II, p. 255.

AFFAITATI (Affaydatus), FORTUNIO, Arzt in Rom, starb 1550, etwas über 50 Jahre alt. — Physicae et astronomicae considerationes. Venet. 1549 (darin unter anderen De causa cur magnes ad se ferrum attrahat).

AIMÉ, GEORGES, Professor in Algier, lieferte magnetische Arbeiten seit 1834 und starb 1846, erst 33 Jahre alt. — *Note sur un nouveau procédé d'aimanter.* Ann. de chim. et de phys. T. LVII, 442. Pogg. Ann. XXXV, 206.

AIRY, GEORGE BIDELL, Astronomer Royal (Director der Sternwarte) in Greenwich, geboren 1801, hat seit 1839 mehrere magnetische Arbeiten geliefert, wovon man das Verzeichniss in der Abtheilung Erdmagnetismus finden wird; als ausschliesslich zum Magnetismus gehörig wäre folgende Abhandlung zu erwähnen: *On the difference in the magnetic properties of hot-rolled and cold-rolled malleable iron, as regards the power of receiving and retaining induced magnetism of subpermanent character.* Proc. of the Roy. Society. XII, 405. Phil. Trans. 1862, 273

AMPÈRE, ANDRÉ MARIE, Professor in Paris, trat 1802 als Schriftsteller auf, beschäftigte sich mit magnetischen Untersuchungen seit 1820 und starb 1836 in einem Alter von 61 Jahren. Sein Auftreten bildet eine Epoche in der Geschichte des Magnetismus, insoferne als er den Magnetismus als selbständige Kraft gänzlich zu beseitigen und durch elektrische Ströme zu ersetzen gesucht hat; und wenn auch nicht gesagt werden kann, wie die

Entscheidung schliesslich ausfallen wird, so unterliegt es doch keinem Zweifel, dass jetzt noch seine Theorie mehr Anhänger als Gegner hat; da übrigens in diesem Bande seine Theorie nicht discutirt wird, so beschränken wir uns darauf, hier zwei von seinen Werken zu erwähnen: *Recueil d'observations électrodynamiques.* Paris 1822. — *Théorie des phénomènes électrodynamiques uniquement déduite de l'expérience.* Paris 1826.

ANTHÉAULME. *Dissertation sur les questions, quelles sont les prérogatives des aimans artificiels par rapport aux naturels, quelle est la meilleure méthode de les faire.* St. Petersbourg 1760. 4. — *Mémoire sur les aimans artificiels qui a remporté le prix de l'Académie de St. Pétersbourg.* Paris 1760. 4.

ARAGO, DOMINIQUE FRANÇOIS JEAN, trat 1806 als Schriftsteller auf, beschäftigte sich fortwährend mit der Untersuchung des Erdmagnetismus und zeitweise mit einzelnen auf die magnetische Kraft bezüglichen Fragen; insbesondere war er der erste, der die Inductions-Erscheinungen in Metallplatten (Rotations-Magnetismus von ihm genannt) genau untersucht und ihre wissenschaftliche Bedeutung hervorgehoben hat; als speciell zum Bereiche des Magnetismus gehörig sollen hier nur ein Paar kleine Arbeiten erwähnt werden: *Aimantation par l'action du fil conjonctif d'une pile et par l'action de l'électricité ordinaire.* Ann. de chim. et de phys. XV, 1820. — Note zu einer Abhandlung von POISSON, Ann. de chim. et de phys. XXX, 263. Pogg. Ann. V, 535. (Vorschlag, das magnetische Moment eines Magnets mittelst einer rotirenden Kupferscheibe zu messen.)

ARDERON. *On the giving magnetism and polarity to brass.* Philos. Trans. 1758, p. 774.

ARNIM, LUDWIG ACHIM VON, gab in den Jahren 1799 und 1800 mehrere Schriften heraus und starb 1831 in einem Alter von 50 Jahren. — Ideen zu einer Theorie des Magnets. Gilb. Ann. III, 48. 1799. VI, 382. — Uebersicht der magnetischen nicht metallischen Stoffe. Gilb. Ann. V, 384, VIII, 84.

BARLOCCI, SAVERIO, Professor in Rom, schrieb mehrere Abhandlungen über Licht und Elektricität u. starb 1845 in einem Alter von 61 Jahren. — *Sulla influenza della luce solare nella produzione dei fenomeni elettrici e magnetici.* Giorn. arcad. XLI. — *Espozione di alcune nuove esperienze sul magnetismo della luce.* Giorn. arcad. XLIII.

BARLOW (BARLOWE), WILLIAM, der höheren anglikanischen Geistlichkeit angehörend, beschäftigte sich mit der Navigationslehre und starb 1625. — *Magnetical advertisements.* London 1616.

BARLOW, PETER, Professor an der Militär-Akademie in Woolwich, veröffentlichte von 1811—1836 mehrere mathematisch-physikalische und mathematisch-technische Werke und zahlreiche Abhandlungen und beschäftigte sich eifrigst mit der Induction glühender Eisenstäbe und dem Magnetismus rotirender Metallmassen. Er starb 1862 in einem Alter von 86 Jahren. — *An essay on magnetic attractions.* London 1820. Zweite Ausgabe London 1823 (angezeigt in *Edinburgh philos. Journal*, Vol. V, 261, und Gilb. Ann. LXXIII, 1 und 2, wo zugleich eine Kritik von HORNER vorkommt; man vergl. ferner Gilb. Ann. LXXIV, 225, wo BARLOW's Versuche von SCHMIDT bestätigt werden. — *On the anomalous magnetic action of hot iron between the white and blood-red heat.* Philos. Trans. 1822, p. 117, angezeigt Gilb. Ann. LXXIII, 229. Berichtigung dazu Pogg. Ann. X, 54. Ann. de chim. et de phys. XX, 427. — *On the temporary magnetic effect induced in iron bodies by rotation.* Phil. Trans. 1825. Journ. of science XI (eine Kritik der Versuche BARLOW's in Gilb. Ann. LXXIII, 341). — *On the secondary deflection produced in a magnetized needle by an iron shell in consequence of an unequal distribution in its magnetism.* Philos. Trans. 1827, p. 276.

BARNES, DANIEL, Gelehrter (wie es scheint Geolog) und Baptisten-Prediger in New-York, starb 1848. — *On magnetic polarity.* Sillim. Journ. Vol. XIII.

BAUMGARTNER, ANDREAS VON, Professor und später Staatsminister in Wien, geboren 1793, schrieb verschiedene mathematisch-physikalische Werke und Abhandlungen von 1820 bis 1849 und beschäftigte sich speciell mit magnetischen Untersuchungen. — Ueber den Einfluss der Gleichförmigkeit der Masse auf ihre Empfänglichkeit für Magnetismus. Baumgartner's Zeitschr. für Phys. u. verw. Wissenschaft. III, 66. — Untersuchungen über die Magnetisirung des Eisens durch das Licht, nebst neuen Versuchen über denselben Gegenstand. Baumgart. Zeitschr. für Phys. und Math. I, 263. — Versuche über Rotationsmagnetismus daselbst. I, 446, II, 449. — Ueber die Schwingungen der Magnetnadel im Sonnenlichte und im Schatten; daselbst III, 157.

BAZIN, GILLES AUGUSTIN, Arzt in Strassburg, gestorben 1754, Geburtsjahr unbekannt, gab anonym heraus: *Description des courans magnétiques dessinés d'après nature par B*.* Strassbourg 1753.

BECKER, CHRISTIAN AUGUST, Arzt zu Mühlhausen, geboren 1792, scheint sich hauptsächlich mit der Anwendung des Magnetismus in der Medicin beschäftigt zu haben. — Der mineralische Magnetismus und seine Anwendung in der Heilkunst. Mühlhausen 1829. — Anweisung zur Verfertigung künstlicher Magnete. Hufeland's Journ. für Heilk. 1835.

LXXX.

BECQUEREL, ANTOINE CESAR, geboren 1788, hat sehr zahlreiche und sehr wichtige Arbeiten über den Magnetismus geliefert; sie gehören aber fast alle speciell in das Gebiet des Elektromagnetismus und Diamagnetismus, es sollen deshalb hier ausser seinem Hauptwerke nur wenige Arbeiten von ihm aufgeführt werden. — *Traité de l'électricité et du magnétisme.* Paris 1834—40. 7 Vol. — *Sur des fils très-fins de platine et d'acier et sur la distribution du magnétisme libre dans ces derniers.* Ann. de chim. et de phys. XXII, p. 113 (BECQUEREL magnetisirte einen Stahldraht von $^1/_{80}$ Millim. Durchmesser und 126 Millimeter Länge und bestimmte den freien Magnetismus in verschiedenen Entfernungen von der Mitte nach derselben Methode, die COULOMB angewendet hat). — *Des actions magnétiques ou actions analogues, produites dans tous les corps par l'influence de courans électriques.* Ann. de chim. et de phys. XXV. 1824. — *Sur les actions magnétiques excitées dans tous les corps par l'influence d'aimants très-énergiques.* Ann. de chim. et de phys. XXXVI, p. 337. 1827. Pogg. Ann. VIII, 367 und XII, 622 (enthält Beobachtungen, welche auf Magnetismus, wie auf Diamagnetismus Bezug haben).

BEETZ, Professor in Berlin, Bern und Erlangen, geboren 1822, lieferte zahlreiche Untersuchungen, die jedoch fast alle speciell in das Gebiet des Galvanismus und des Elektromagnetismus gehören. — Ueber das Entstehen und Verschwinden des Magnetismus in Elektromagneten. — Ueber die inneren Vorgänge, welche die Magnetisirung bedingen. Pogg. Ann. CXI. 1860.

BELLA, GIOVAN ANTONIO DALLA, Professor in Lissabon und Coimbra, starb 1823 im 93. Lebensjahre; er hatte schon vor COULOMB die Gesetze der magnetischen Anziehung und Abstossung entdeckt. — *Memoria 1 et 2 sobre a força magnetica. Mem. da Acad. Real de Sc. de Lisboa.* T. I. — Versuche über die magnetische Anziehung und Abstossung (1781), Pogg. Ann. 1828, XV, 83. Auszug aus dem *Bulletin des sciences mathem. et chim. Juin.* 1828, p. 368.

BENNET, ABRAHAM, englischer Geistlicher, beschäftigte sich besonders mit Elektricität, schrieb mehrere Abhandlungen in dem Zeitraume von 1787—1792 und starb 1799, 49 Jahre alt. — *A new suspension of the magnetic needle, intended for the discovery of minute quantities of magnetic attraction; also an air vane of great sensibility; with new experiments on the magnetism of iron filings and brass.* Philos. Trans. 1792. p. 81. Uebersetzt in Gren's Journ. d. Phys. VII, p. 372.

BERAUD, LAURENT, Astronom in Lyon, scheint sich nicht speciell mit Magnetismus beschäftigt zu haben. Er starb 1777 im 75. Lebensjahre. — *Sur le rapport qui se trouve entre la cause des effets de l'aimant et celles des phénomènes de l'électricité.* Prix de l'Acad. de Bordeaux 1748.

BERNOULLI, DANIEL I. und JOHANN II., Brüder, Professoren in Petersburg und Basel, starben 1782 u. 1790, ersterer 82, letzterer 80 Jahre alt. — *Nouveaux principes de physique et de mécanique tendant à expliquer la nature et les propriétés de l'aimant. Pièces de prix de l'Acad. de Paris.* Tom V (1746), (gekrönte Preisschrift, erhielt ein Drittel des dreifachen Preises, die andern zwei Drittel erhielten die Preisschriften von L. EULER und DUFOUR). — *Sur la cause physique de l'aimant. Mém. de l'Acad. de Paris.* 1746 (von DANIEL I. allein).

BIDONE, GIORGIO, Professor in Turin, starb 1839, in einem Alter von 58 Jahren. — *Description d'une nouvelle boussole et expériences faites avec cet instrument. Mem. di Torino.* XVIII, 1811. Gilb Ann. LXIV, 374.

BIESTER. De acu magnetica. London 1725. 4.

BIOT, JEAN BAPTISTE, Professor in Paris, starb 1862 in einem Alter von 88 Jahren. In seiner mathematischen Physik findet man einige ihm eigenthümliche magnetische Resultate, sonst kommt unter seinen sehr zahlreichen Arbeiten wenig speciell auf Magnetismus Bezügliches vor. — *Traité général de physique expérimentale et mathématique.* Paris 1816. 4 Vol., übersetzt von FECHNER (im III. Bde. S. 76 zeigt er, dass der freie Magnetismus eines Stabes durch die Gleichung der Kettenlinie dargestellt werden könne, und sucht diess auch mathematisch zu begründen). — *Sur les diverses amplitudes d'excursion, que les variations diurnes peuvent acquérir, quand on les observe dans un système de corps aimantés réagissant les uns sur les autres.* Ann. de chim. et de phys. XXIV, p. 440. (Methode, die Variationen der Magnetnadel zu vergrössern. Pogg. Ann. I, 344.)

BLESSON, preussischer Major, mit Ingenieur-Wissenschaft, Mineralogie u. s. w. sich beschäftigend. — Magnetismus und Polarität der Thoneisensteine. Gilb. Ann. LII, 272; auch als ein eigenes Werk herausgegeben unter dem Titel: Ueber Magnetismus und Polarität

der Thoneisensteine und über deren Lagerstätte in Oberschlesien und den baltischen Ländern. Berlin 1846.
BLONDEAU. *Mémoire sur l'effet de deux aiguilles aimantées, l'une sur l'autre, lorsque librement suspendues elles se trouvent dans leur sphère d'activité réciproque à peu près dans le même plan horizontal.* Mém. de Brest. T. I, p. 404.
BÖTTGER, Gelehrter in Frankfurt, geboren 1806, beschäftigte sich unter Anderm mit der Magnetisirung durch den galvanischen Strom. — Einfaches Verfahren Stahlmagnete bis zum Maximum ihrer Tragkraft zu magnetisiren. Pogg. Ann. LXVII, 112. — Passendste Form des Ankers eines Hufeisenmagnets. Beiträge zur Physik und Chemie. S. 10.
BORCHERS. Anwendung eines kräftigen Magnets zur Ermittelung der Durchschlagsrichtung zweier Gegenörter. Clausthal 1864.
BOYLE, ROBERT, reicher Privatmann in London und sehr thätiger Naturforscher, veröffentlichte zahlreiche Arbeiten von 1660—1685 und starb 1691 im 64. Lebensjahre. — *Works.* London 1744, 5 Vol. fol., herausgegeben von TH. BIRCH, abgekürzt von SHAW. 6 Vol. 4. — *A collection of tracts, containing suspicions about hidden qualities of the air, with an appendix touching celestial magnets.* 1647.
BRAVAIS, AUGUSTE, Professor in Paris, veröffentlichte viele Arbeiten, zum Theile mit Anderen gemeinschaftlich, und unternahm mehrere wissenschaftliche Reisen; er starb 1864 im 53. Lebensjahre. — *Sur l'action qu'exerce un courant circulaire formant la base d'un cône sur une aiguille aimantée etc.* (Ann. chim. phys. XXXVIII, 1853.)
BREDA, JACQUES GISBERT SAMUEL VAN, Professor in Gent und Leyden, Director des TEYLER'schen Museums in Harlem, geboren 1788. — Ueber die Erwärmung des Eisens beim Magnetisiren desselben. Pogg. Ann. LXVIII, 552, aus *Comptes rend.* XXI, 961.
BRÉMOND, FRANÇOIS DE, Gelehrter in Paris, gestorben 1742, erst 29 Jahre alt. — *Extract of a letter concerning a file rendered magnetical by lightning. Translated from the French by T... S***.* Philos. Trans. 1744, p. 644.
BREWSTER, Sir DAVID, Professor in Edinburg und St. Andrews, geboren 1781, fast ausschliesslich mit den mannigfaltigsten optischen Untersuchungen beschäftigt. — *A treatise on magnetism.* Edinburg 1837. — *Notice on the artificial magnets made by M.* LOGEMAN. Rep. of Brit. Assoc. 1854 (2) 4. Inst. Nr. 882, p. 384.
BRISSON, MATHURIN JACQUES, Professor in Paris, schrieb von 1781—1800 und starb 1806 im 83. Lebensjahre. — *Sur l'espèce d'acier la plus propre à recevoir la vertu magnétique,* Mém. de Paris 1788, p. 173.
BRUGMANS, ANTON, Professor in Gröningen, beschäftigte sich insbesondere mit Untersuchung der in verschiedenen Körpern vorkommenden geringeren Grade von Magnetismus und mit dem Magnetismus des weichen Eisens, welches er zur Bestimmung der magnetischen Inclination verwenden wollte. Er starb 1789 im 57. Lebensjahre. — *Tentamina philosophica de materia magnetica ejusque actione in ferrum et magnetem.* Franequerae 1765. Deutsch von ESCHENBACH. — *Nieuwe manier om de magnetische kragt der lichaamen te onderzoeken,* Vaterlandsche letteroefeningen. 1775—76. — *Magnetismus seu de affinitatibus magneticis observationes academicae.* Lugduni Bat., später Franequerae 1778. Deutsch von ESCHENBACH.
BRUNNER VON WATTENWYL, CARL, Professor und Telegraphendirector in Bern, geboren 1823. — Ueber den Einfluss des Magnetismus auf die Cohäsion der Flüssigkeiten. Pogg. Ann. LXXIX, 141.
BUFF, HEINRICH, Professor in Giessen, geboren 1805. Von seinen zahlreichen Untersuchungen bezieht sich nur sehr weniges speciell auf Magnetismus. — Ueber Magnetisirung von Eisenstäben durch den galvanischen Strom. Lieb. Ann. LXXV, 83. — Pogg. Ann. LXXXII, 181 (gemeinschaftlich mit Zamminer).
BUNSEN, Hofmaler, Münzmeister und Bürgermeister in Arolsen, besonders mit Electricität beschäftigt, starb 1752 im 64. Lebensjahre. — Erklärung der magnetischen und elektrischen Kräfte. Frankfurt und Leipzig 1752.
BUTTERFIELD, Mechanikus, in Paris gestorben 1724. — *On magnetical sand.* Phil. Trans. 1698, p. 336.
CABEO (CABAEUS), NICOLO, Professor in Parma, starb 1650 im 65. Lebensjahre. — *Philosophia magnetica in qua magnetis natura penitus explicatur, nova etiam pyxis construitur quae poli elevationem ubique demonstrat.* Ferrariae 1629. Fol.
CAILLETET. *Du fer et de ses alliages au point de vue du magnétisme; procédés industriels pour obtenir du fer exempt de force coërcitive.* Compt. rend. XLVIII, 1143—1146.
CAMERON. *On the making and magnetising of steel magnets.* Rep. of Brit. Assoc. 1855. (2) p. 10.
CANINI, GIUSEPPE, Abbate in Venedig, beschäftigte sich mit Anfertigung von Magneten, Declinations- und Inclinationsnadeln und starb 1796 im 76. Lebensjahre.

GESCHICHTLICHE ÜBERSICHT.

CANTON, JOHN, Lehrer in London, schrieb 1750—1769 Abhandlungen über verschiedene physikalische und astronomische Fragen und starb 1772 im 54. Lebensjahre. — *A method of making artificial magnets without the use of, yet far superior to, any natural ones. Philos. Trans.* London 1751. p. 31. (Auch 1752 beigefügt v. CAVALLO. p. 141.)

CARDELL, FRANZ PAULA, Geistlicher und Erzieher am k. Hofe in Neapel, starb im Jahre 1768 im 54. Jahre seines Lebens. — Opusculum philosophicum de attractione magnetis. Olomutiae 1750.

CARRÉ, LOUIS, Privatlehrer und Akademiker in Paris, gestorben 1711 im 48. Lebensjahre. — *Pierre d'aimant, pesant onze onces et levant 28 livres de fer. Mém. de Paris.* 1702. *Hist.* p. 18. *Ed. Oct.* 1702. *Hist.* p. 23. — *Expériences sur la force magnétique de trois lames d'acier. Mém. de Paris.* 1703.

CAVALLO, TIBERIO, ein Neapolitaner, als Gelehrter in London lebend, schrieb von 1777 bis 1798 Abhandlungen, hauptsächlich über Elektricität, und starb 1809 im 60. Lebensjahre. — *Treatise on magnetism etc. with original experiments.* London 1787. Deutsch: Theoretische und praktische Abhandlung der Lehre vom Magnet..... 1788. — *Magnetical experiments and observations to shew the properties of some metallic substances (principally brass) with respect to magnetism. Phil. Trans.* 1786. p. 62; 1787. p. 6. (Ein Auszug, von BARLOW verfasst, in *Encyclopedia metropolitana*, Artikel *Magnetism.*)

CHEVALIER, FRANÇOIS, Professor und Akademiker in Paris, gestorben 1748. — *Observation sur la rouille du fer convertie en aimant. Mém. de Paris.* 1731. *Hist.* p. 20. *Ed. Oct.* 1731. *Hist.* p. 27.

CHORON. *Sur le changement de pôle produit par la torsion dans un fil de fer convenablement disposé, Compt. rend.* XX, 1456.

CHRISTIE, SAMUEL HUNTER, seit 1826 Mitglied der kön. Societät in London. — *On magnetic attraction. Trans. of Cambr. philos. Society.* (Gilb. Ann. LXXIII, 42 ein Auszug, dessgleichen ein Auszug *Edinburgh philos. Journal.* Vol. V, 289, unter dem Titel *Observations on magnetic attraction*; nach ihm übt der inducirte Magnetismus des Eisens nur Anziehung, keine Abstossung aus.) — *On the effects of temperature on the intensity of magnetic forces. Phil. Trans.* London 1825. p. 1. Auch *Philos. Trans.* 1823 kommt ein Aufsatz vor. — *On the laws of the deviation of magnetized needles towards iron. Philos. Trans.* 1828. p. 325. (Rotations-Magnetismus.) — *On the magnetic influence of the solar rays. Philos. Trans.* 1826. p. 219. (Eine Anzeige in *Edinb. Journ. of science.* Nr. XI, 104; Auszüge mit Kritik in Pogg. Ann. IX, 505 und Baumgartner's Zeitschrift für Physik und Mathem. III, 96, 157.) — *Experimental determination of the laws of magneto-electric induction in different masses of the same metal and of its intensity in different metals.* 1833. 4. — Ueber die Beharrlichkeit der Vertheilung unsymmetrisch angeordneter magnetischer Kräfte in Stahlstäben. Baumgartner's Zeitschr. X, 158, aus *Journ. of the Roy. Inst.* Nr. II, 243.

CIGNA, GIOVANNI FRANCESCO, Anatom in Turin, auch mit physikalischen Fragen, besonders mit Elektricität beschäftigt, starb 1790 in einem Alter von 56 Jahren. — Dissertatio de analogia magnetismi et electricitatis. Miscell. Soc. Taurensis T. I, O. p. 43.

COLDING, LUDWIG AUGUST, Inspector der Wasserwerke in Kopenhagen, geboren 1815. — Om magnetens indwirkning paa det blöde jern (in Pogg. Biogr. lit. Handwörterbuch I, 462, angegeben ohne weitere Nachweisung).

COLEPRESS. *Account of some magnetical experiments. Philos. Trans.* 1667, p. 502.

CONFIGLIACHI, PIETRO, Professor in Pavia, beschäftigte sich hauptsächlich mit der Elektricitätslehre und starb 1844 im 67. Lebensjahre. — Prüfung über den Einfluss des Erdmagnetismus auf unmagnetische Eisen- und Stahlnadeln. Gilb. Ann. XLVI. 333. *Journ. de phys.* Sept. 1813. — *Intorno alla reciproca azione elettrica e magnetica. Giornale di fisica.* 2. Dec. III, 1820 u. IV, 1821.

COOKSON, JOHN, Arzt in Yorkshire, starb 1779 im 79. Lebensjahre. — *Of an extraordinary effect of lightning in communicating magnetism. Philos. Trans.* 1735.

COOPER. *Experimental magnetism.* 1761.

CORNELIUS, SEBASTIAN, Gelehrter in Halle, geboren 1820. — Die Lehre von der Elektricität und dem Magnetismus. Halle 1855.

COTTON. *Of a considerable load-stone digged out of the ground in Devonshire. Philos. Trans.* 1667, p. 423.

COULOMB, CHARLES AUGUSTIN, Akademiker in Paris, hat durch scharfsinnige Forschung wie durch genaue und zweckmässig angestellte Experimente wesentlich zur Ausbildung der Lehre des Magnetismus beigetragen. Er starb 1806 im 70. Lebensjahre. — *Sur la meilleure manière de fabriquer les aiguilles aimantées, de les suspendre, de s'assurer qu'elles sont dans le véritable méridien magnétique, enfin de rendre raison de leur variations diurnes* régulières. Mém. présentés à l'Acad. de Paris. Tom. IX, 1780. — Recherches théoriques et expérimentales sur la force de torsion et sur l'élasticité des fils de metal etc.; construction de différentes balances de torsion pour mésurer les plus petits degrés de force etc. Mém. Par. 1784. — Mémoire où l'on détermine suivant quelles loix le fluide magnétique ainsi que le fluide électrique agissent soit par répulsion, soit par attraction. Mém. de Paris. 1785, p. 569, 578 (erste und zweite Abhandlung). — Description d'une boussole, dont l'aiguille est suspendue par un fil de soie. Mém. Par. 1785, p. 560. (Coulomb zieht hier die Torsion des Fadens, den möglichen Widerstand der Luft, die Collimation, die Ablesung mittelst eines Mikroskops in Betracht und verweist auf zwei frühere Abhandlungen in den Mém. des sav. étrangers. XI, 215 und IX, 177.) — Sur les frottements de la pointe des pivots. Mém. Par. 1790. — Expériences qui prouvent que tous les corps obéissent à l'action magnétique, et que l'on peut mésurer l'influence de cette action sur les différentes espèces de corps. Journ. de phys. 54, p. 240, 367, 454; Gilb. Ann. XI, p. 254, 367; XII, p. 494; LXIV, 395. — Mémoire sur le magnétisme. Soc. philomath. Ann. 10, p. 404, 414. — Mémoire sur le magnétisme. De la Métherie observ. sur la physique. 43, p. 249. Gren's neues Journ. d. Ph. II, p. 298. — Détermination théorique et expérimentale des forces qui ramènent différentes aiguilles aimantées à saturation à leur méridien magnétique. Mém. de l'Institut. III, Ann. IX, p. 176. — Résultats des différentes méthodes employées pour donner aux lames et aux barreaux d'acier le plus haut degré de magnétisme. Mém. de l'Institut. VI, 1806, p. 399.

CRAHAY, JACQUES-GUILLEAUME, Professor in Löwen, gestorben 1855 im 66. Lebensjahre. — Sur l'emploi du fer de fonte dans la confection d'aimans artificiels. Bull. de Brux. Classe des sc. 1853. 406.

CRAMER. Versuche über die anziehende und abstossende Kraft in verschiedenen Entfernungen und über ihr Verhältniss zur unmittelbaren Tragkraft der Magnete. Pogg. Ann. LII, 298. (Anziehung d. Magnete u. Tragkraft, gemessen mittelst einer Brücken-Waage.)

CUMMING, JAMES, Professor in Cambridge, beschäftigte sich insbesondere mit Electricität und Elektromagnetismus und starb 1861 im 84. Lebensjahre. — On the connexion of galvanism and magnetism. Trans. of Cambr. Soc. I. 1822. — On the application of magnetism as a measure of electricity. Trans. of Cambr. Soc. I, p. 279, 1822.

DALENCÉ. Traité de l'aimant. Amsterdam 1687. (Acta Erudit. 1687, Aug., p. 424. Anonym erschienen, siehe BRUGMANS Ueber die magnetische Materie, S. 97, später gedruckt Liège 1694. 4.)

DALLA BELLA, siehe BELLA.

DANA, JAMES FREEMAN, Professor in Nordamerika, starb 1827, erst 34 Jahre alt. — On the connexion of heat, electricity and magnetism. Sillim. Journ. VI, 1823.

DE LA RIVE, Professor in Genf, geboren 1801, hat sich ganz der Auffassung AMPÈRE's angeschlossen und seine Arbeiten gehören fast alle in das Gebiet der Elektricität und des Elektromagnetismus. — Traité de l'électricité théorique et appliquée. 3 Vol. Paris 1854—58. — Théorie générale des phénomènes dus au pouvoir magnétique. (Arch. des sc. phys. XXV, 105—134.)

DELESSE, ACHILLE, Mineralog und Professor in Besançon, geboren 1817. — Sur le magnétisme polaire des minéraux et des roches. Ann. de ch. et de phys. XXV (3) 195. C. rend. XXVII, 548. — Sur le pouvoir magnétique du fer et de ses produits metallurgiques. Ann. des mines. 4. Sér. XIV, 81. Compt. rend. XXVIII, 35. — Sur le pouvoir magnétique des minéraux. Compt. rend. XXVIII, 227. — Sur le pouvoir magnétique des roches. Compt. rend. XXVIII, 498. — Ueber die magnetische Kraft der Mineralien und Gebirgsarten und den Einfluss derselben bei der Bildung gewisser Gesteine. Erdm. J. LIII, 439. — Note sur le pouvoir magnétique des verres provenant de la fusion des roches. Compt. rend. XXXV, 84.

DEMPSTER, Advocat und reicher Gutsbesitzer in Schottland. — An account of the magnetic mountains of Cannay an island of ten or twelve miles. Trans. of the Society of Antiquaries of Scotland. Vol. I.

DERHAM, Geistlicher, zuletzt Canonicus in Windsor, gestorben 1735 im 78. Lebensjahre. — Account of some magnetical experiments and observations. Phil. Trans. 1705.

DESAGULIERS, JEAN THEOPHILE, Professor in Oxford, zuletzt Kaplan des Prinzen von Wales, gestorben 1744 im 61. Lebensjahre. — An account of some magnetical experiments. Phil. Trans. 1738, p. 295.

DESCARTES, berühmter Philosoph, gestorben 1650 im 54. Lebenjahre, hat eine philosophische Theorie des Magnetismus gegeben, wonach schraubenförmige Ströme vom Nordpol zum Südpol gehen sollen. — Principia philosophiae. 4. §. 133.

DESPRETZ, CESAR MANSUÈTE, Professor in Paris, gestorben 1863 in einem Alter von 72

Jahren. — *Note sur la déviation de l'aiguille aimantée par l'action des corps chauds et froids.* Compt. rend. XXIX, 225. — *Réponse aux observations de Mr. Pouillet lues dans la dernière séance de l'Académie.* Compt. rend. XXIX, 273. (Beide Aufsätze beziehen sich auf die Bewegung, die durch die Circulation der Luft erzeugt wird.)

DIENGER, JOSEPH, Professor in Karlsruhe, geboren 1818. Ueber die Gleichgewichtslage einer Magnetnadel, die unter dem Einflusse eines Magneten steht, und über magnetische Curven. Grunert's Arch. XII, 307.

DOVE, HEINRICH WILHELM, Professor in Berlin, geboren 1803. — Magnetismus der sogenannten unmagnetischen Metalle. Pogg. Ann. LIV, 325 — Untersuchungen im Gebiete der Inductions-Elektricität. Berlin 1842. — Ueber das Verhältniss des weissen und grauen Gusseisens zu Schmiedeeisen, hartem und weichem Stahl in Beziehung auf die durch dieselben hervorgebrachten Inductionserscheinungen. Berichte der Berliner Akad. 1839. S. 72.

DRAPER, JOHN WILLIAM, Professor in Nord-Amerika, geboren 1811. — *Experiments to determine whether light exerts any magnetic action.* Journ. Franklin Institute. 1835.

DRURY. *Observations on the magnetic fluid.* Transact. of the R. Irish Acad. 1788. p. 119.

DUB, CHRISTOPH JULIUS, Gymnasiallehrer in Berlin, geboren 1817. — Das Gesetz der Vertheilung des freien Magnetismus auf der Längsrichtung des Magnets. Pogg. Ann. CVI, 83. Arch. des sc. phys. (2) VI, p. 372. — Der Elektromagnetismus. Berlin 1861.

DUFAY, CHARLES FRANÇOIS DE CISTERNAY, Officier, Chemiker der Akademie und Intendant des botanischen Gartens in Paris, gestorben 1739, erst 44 Jahre alt. — *Observations sur quelques expériences de l'aimant.* Mém. de l'Acad. de Paris. 1728, p. 355, 1730, p. 142, 1731, p. 417. (Uebersetzt unter dem Titel: Anmerkungen über verschiedene mit dem Magnet angestellte Versuche. Erfurt 1748.)

DUFOUR, LOUIS, Professor in Lausanne, geboren 1832. — *De la correction de la température dans les observations du magnétisme terrestre.* Arch. des sc. phys. XXXIII, 50; XXXIV, 5. — *Recherches sur les rapports entre l'intensité magnétique des barreaux d'acier et leur température.* Bull. des séances de la Soc. Vaudoise des scienc. nat. V, 352. — *Sur l'intensité magnétique des aimans au dessus de 100°.* Arch. des sc. phys. XXXIV, 295. Auch Bull. de la soc. Vaudoise V, 383. — *De l'influence de la température sur la force des aimants.* Bibl. univ. 1856. Pogg. Ann. XCIX, 476. — *De l'aimantation des barreaux d'acier par leur refroidissement.* Arch. des sc. phys. (2) I, 11.

DUHAMEL DU MONCEAU, HENRY LOUIS, Akademiker in Paris, starb 1781 im 81. Lebensjahre. — *Façon singulière d'aimanter un barreau d'acier au moyen duquel on lui a communiqué une force magnétique quelques fois triple de celle qu'il aurait si on l'eut aimanté à l'ordinaire.* Mém. de l'Acad. de Paris. 1745, p. 181. — *Observation sur une mine de fer attirable par l'aimant.* Mém. de l'Acad. de Paris. 1745, p. 47.

DUJARDIN. *Lettre sur les résultats obtenus en aimantant une grosse barre d'acier, dans le but de remplacer, dans les télégraphes électriques, les faisceaux en fer à cheval par des aimants d'une seule pièce.* Compt. rend. XXIV, 466.

DUROCHER, J., Professor in Rennes, geboren 1817. *Sur le pouvoir magnétique des roches.* Compt. rend. XXV, 209. Bull. de la soc. géologique. 2. Sér. IV, 408.

DUTEIL. Ueber die Kenntniss der alten Aegypter vom Magnetismus. Pogg. Ann. LXXVI. 302.

DUTOUR, ETIENNE FRANÇOIS, Gelehrter, lebte in Riom (Auvergne) und starb 1784 im 73. Lebensjahre. — *Explication de deux phénomènes de l'aimant.* Mém. des savans étrangers, Paris. Tom. I, 1750. — *Sur le tourbillon magnétique.* Mém. des savans étrangers. T. VII, 1760. — *Discours sur l'aimant.* Pièces de prix de l'Acad. de Paris. Tom. V, p. 49. — *Sur les différences qu'apportent les secousses données à un carton sur lequel on étend de la limaille de fer à l'arrangement de cette limaille présentée à la pierre d'aimant.* Mém. prés. 1, p. 375.

DUTROCHET, RÉNÉ JOAQUIM HENRI, Arzt in Paris, gestorben 1847 im 71. Lebensjahre. — *Le magnétisme peut-il exercer de l'influence sur la circulation du chara.* Comptes rend. T. XXII, p. 621 (Jahr 1846). Pogg. Ann. LXIX, 80.

EAMES, JOHN, Instituts-Vorstand in London, gestorben 1744. — *Extract from the journal books of the Roy. Soc. concerning magnets having more poles than two; with some observations by Desaguliers on the same subject.* Philos. Trans. 1738, p. 383.

EATON, AMOS, Professor in Nordamerika, gestorben 1842 im 66. Lebensjahre. — *Improvement in manufacturing magnetic needles.* Sillim. Journ. XII, 1827.

EBERHARD, CHRISTOPH, war in russischen und dänischen Diensten und starb, nachdem er sich in's Privatleben zurückgezogen hatte, in Halle 1730 im 55. Lebensjahre. — Versuch einer magnetischen Theorie. Leipzig 1720, 4.

ELIAS, P., Justizbeamter zu Harlem und Amsterdam, geboren 1804, beschäftigte sich eifrig mit Elektromagnetismus. — Einfaches Verfahren, Stahlstäbe zu magnetisiren. Pogg. Ann.

LXII, 249. — Bemerkungen über die von R. BÖTTGER angegebene Abänderung meines Verfahrens Stahlmagnete zu magnetisiren. Pogg. Ann. LXVII. — *Artificial magnet.* Mech. Mag. LVI, 16.
ERMAN, PAUL, Professor in Berlin, starb 1851 im 87. Lebensjahre. — Ueber elektrisch-geographische Polarität, permanente elektrische Ladung und magnetisch chemische Wirkungen. Gilb. Ann. XXVI, 139. — Umrisse zu den physischen Verhältnissen des von OERSTEDT entdekten elektro-chemischen Magnetismus. Berlin 1821. (Auszug in Gilb. Ann. LXVII.) — Magnetismus eiserner Massen und natürlicher Magnete. Pogg. Ann. XXIII, 487.
ESCHENMAYER. Versuch die Gesetze magnetischer Erscheinungen aus Sätzen der Naturmetaphysik, mithin a priori zu entwickeln. Tübingen 1798.
EULER, LEONHARD, Akademiker in Berlin und Petersburg, starb 1783 im 76. Lebensjahre. Unter seinen siebenhundert sechs und fünfzig Abhandlungen gehören vier zum Fache des Erdmagnetismus und eine zu dem Fache des Magnetismus. — *Théorie nouvelle de l'aimant, Pièces de prix de l'Acad. de Paris.* 1744.
EXLEY. *Principles of natural philosophy or a new theory founded on gravitation and applied in explaining the properties of matter and the phenomena of chemistry, electricity, galvanism, magnetism and electromagnetism.* London 1829.
EYDAM, IMMANUEL, Arzt zu Berka an der Ilm, gestorben 1847, erst 45 Jahre alt. — Die Erscheinungen der Electricität und des Magnetismus in ihrer Verbindung mit einander. Weimar 1843 mit 60 Abbild.
FALCONET. *Dissertation historique et critique sur ce que les anciens ont cru de l'aimant. Mém. de l'Acad. des Inscriptions.* Tom. IV, p. 643.
FARADAY, MICHAEL, Professor in London, geboren 1794. Von seinen sehr zahlreichen Untersuchungen gehören nur wenige streng genommen in das Gebiet des Magnetismus; bemerkenswerth dabei ist die Einführung der Magnetkraftlinien, denen er eine physische Bedeutung beilegte. — *On the general magnetic relations and characters of the metals.* Lond. and Edinb. Phil. Mag. XIV, p. 464. Pogg. Ann. XLVII, p. 218. (Im *Philos. Mag.* (3) VIII, p. 177, und IX, p. 65 kommen ebenfalls Untersuchungen von ihm über den Magnetismus der Metalle vor.) — *On the magnetic relations and characters of the metals.* Phil. Mag. XXVII, 1. Pogg. Ann. LXV, 643. — *Experimental researches on electricity, twenty second series*, §. 28, *on the crystalline polarity of bismuth and other bodies and its relation to the magnetic form of force.* Philos. Trans. 1849, 1; — *twenty eighth series* §. 34, *on lines of magnetic force, their definite character, and their distribution within a magnet and through space.* Phil. Trans. 1852, p. 25 (in Bezug auf diesen Gegenstand vergleiche man THOMSON und VAN REES); — *twenty ninth series* §. 35, *on the employment of the induced magneto-electric current as a test and measure of magnetic forces.* (Fast alle Arbeiten von FARADAY haben verschiedene wissenschaftliche Journale theils in extenso, theils im Auszug gebracht, namentlich wären zu erwähnen *Philos. Magaz.* — *Proceed. of the Roy. Institution* — Pogg. Ann.)
FEILITZSCH, FABIAN CARL OTTOKAR VON, geboren 1817, hat seit 1844 viele Untersuchungen veröffentlicht, die jedoch fast alle in das Gebiet des Elektromagnetismus und Diamagnetismus gehören, und wovon nur wenige, als auf die in diesem Bande behandelten Fragen Bezug habend, hier folgen. — Ueber den Magnetismus elektrischer Spiralen von verschiedenem Durchmesser. Pogg. Ann. LXXIX, 1850. — Ueber das Eindringen des Elektromagnetismus in weiches Eisen und über den Sättigungspunkt desselben. Pogg. Ann. LXXX, 321. — Erklärung der diamagnetischen Wirkungsweise durch die Ampère'sche Theorie. Pogg. Ann. LXXXVII, 206. — Ueber Hrn. DE LA RIVE's Theorie der von der Magnetkraft abhängigen Erscheinungen. Pogg. Ann. XCIII, 248.
FISCHER, FRIEDRICH, Praktische Anleitung zur Verfertigung künstlicher Magnete. Heilbronn 1833. — Ueber die Nachtheile magnetischer eiserner Ableitungsröhren. Kastner's Archiv für die gesammte Naturlehre. III, 421.
FLORIMOND, Professor in Löwen. — *Note sur les aimants de fer de fonte trempé. Bull. de Brux.* (2) VII, 332, 368. Cl. d. sc. 1859; p. 392, 428.
FLURL, MATHIAS, General-Bergwerks-Administrator in München, gestorben 1823 im 66. Lebensjahre. — Ueber magnetische Wirkungen auf einem Serpentinrücken bei Kretschenreuth (in dessen Schrift über Gebirgsformation in den dermaligen Churpfalzbayerischen Staaten. 1805.)
FÖRSTEMANN, FERDINAND CARL, Professor in Elberfeld, geboren 1798. — Ueber den Magnetismus der Gesteine. Auszug aus MELLONI's Arbeiten nebst einigen Bemerkungen und Beobachtungen. Pogg. Ann. CVI, 106.
FOTHERGILL, JOHN, Arzt in London, starb 1780 im 68. Lebensjahre und ist nur durch seine Beschreibung von KNIGHT's magnetischer Maschine bekannt geworden. — *Account of the*

magnetical machine contrived by the late Godwin Knight. Phil. Trans. 1776, p. 591. (Einfacher Strich mit zwei dem Stabe parallelen Magneten von der Mitte aus.)

FOURNET, Professor in Lyon. — *Aperçus sur le magnétisme des minérais et des roches.* Ann. de la société d'agriculture, histoire naturelle et arts utiles de Lyon. 1848.

FOX, ROBERT WERE, Kaufmann in Cornwall, geboren 1789, hat sich eifrig mit Elektricität und Magnetismus beschäftigt und sowohl theoretische Untersuchungen, als Beobachtungen vorgenommen. — *On magnetic attraction and repulsion und electrical action.* Phil. Magaz. V, 1834. — *On the magnetic forces.* Phil. Magaz. VII, 1835. — *On the laws of magnetic attraction.* Phil. Magaz. VII, 1835. — *On the absence of magnetism in cast iron in fusion.* Phil. Mag. VII, 1835. — *Bibl. univ.* Févr. 1836.

FRESNEL, AUGUSTIN JEAN, Ingenieur, zuletzt mit der obersten Leitung des Strassen- und Wasserbauwesens in Frankreich betraut und als Gelehrter hauptsächlich mit Optik beschäftigt, starb im Jahre 1827 erst 39 Jahre alt. — *Sur des essais ayant pour but de décomposer l'eau avec un aimant.* Ann. chim. phys. XV, 1820.

FRICK, JOSEPH, Arzt, später Professor der Mathematik in Freiburg im Breisgau, geboren 1806. — Versuche über das Magnetisiren des Stahls mit der Spirale von ELIAS und mit Elektromagneten. Pogg. Ann. LXXVII, S. 537, 1849, und LXXXII, S. 460, 1851.

FUSINIERI, AMBROGIO, Arzt in Vicenza, starb 1853 im 80. Lebensjahre, lieferte sehr viele Abhandlungen, wovon nur wenige speciell auf Magnetismus Bezug haben. — *Influenza reciproca di più calamite riguardo alla intensità dei loro magnetismi.* Annali delle scienze del Regno Lomb. Venet. V, 1835. — *Sul magnetismo temporario delle barre di ferro per influenza del magnetismo terrestre.* Annali delle sc. del Regno Lomb. Venet. V, 1835. — *Circa i principj generali del magnetismo transversale.* Annali delle sc. del Regno Lomb. Venet. IX und X.

FUSS, NICOLAUS VON, Akademiker, später wirklicher Staatsrath in Petersburg, hat nur eine grössere magnetische Arbeit und zwar in Gemeinschaft mit EULER ausgeführt. Er starb 1826 im 71. Lebensjahre. — *Observations et expériences sur les aimans artificiels principalement sur la meilleure manière de les faire.* Acta Acad. Petrop. 1778, p. 35.

GABLER, MATHIAS, Professor in Ingolstadt, später Pfarrer, gestorben 1805 im 69. Lebensjahre. — Theoria magnetis. Ingolst. 1781. (Magnetisiren ist Anordnen polarisirter Theilchen.)

GALBRAITH, WILLIAM, Privatlehrer der Mathematik und nautischen Astronomie in Edinburg, gestorben 1850 im 64. Lebensjahre. *On the magnetic properties of the rock on the summit of Arthur Seat.* JAMESON, Journ. XI, 1831, p. 287.

GAUSS, KARL FRIEDRICH, Professor und Director der Sternwarte in Göttingen, geboren 1777, wandte sich erst im Jahre 1828, nachdem er die reine Mathematik, die Astronomie, die Geodesie und andere Fächer mit neuen Resultaten bereichert hatte, dem Erdmagnetismus zu und stellte in dem darauf folgenden Zeitraume von 13 Jahren neue Instrumente und neue theoretische Grundlagen her; er starb 1855, im 78. Lebensjahre. — *Intensitas vis magneticae terrestris ad mensuram absolutam revocata.* Göttingen 1833. — Pogg. Ann. XXVIII, 241, 591. — Anleitung zur Bestimmung der Schwingungsdauer einer Magnetnadel. Result. aus d. Beobb. d. magnet. Vereins 1837. S. 58. — Ueber ein neues, zunächst zur unmittelbaren Beobachtung der Veränderungen in der Intensität des horizontalen Theiles des Erdmagnetismus bestimmtes Instrument. Result. aus d. Beobb. d. magnet. Vereins 1837, S. 1. — Allgemeine Lehrsätze in Beziehung auf die im verkehrten Verhältnisse des Quadrats der Entfernungen wirkenden Anziehungs- und Abstossungskräfte. Result. aus den Beobb. des magnet. Ver. 1839, S. 1. — Ueber ein Mittel, die Beobachtung von Ablenkungen zu erleichtern. Result. aus d. Beobb. d. magn. Ver. 1839, S. 52. — Vorschriften zur Berechnung der magnet. Wirkung, welche ein Magnetstab in der Ferne ausübt. Result. aus d. Beobb. des magnet. Vereins 1840, S. 26.

GAUTIER, JOSEPH, Geistlicher, Lehrer an der Militärschule zu Luneville, gestorben 1776 im 62. Lebensjahre. — *Mémoire sur l'aimant.* Mém. de la soc. de Nancy. 2, p. 1.

GERLING, CHRISTIAN, Professor in Marburg, geboren 1788. — Beschreibung eines neuen Hütchens zur Aufhängung der Magnetnadel in Compassen. Schr. d. Gesellsch. z. Beförderung d. gesammt. Naturwiss. in Marburg. I, 1823.

GHERARDUS, SILVESTER. De electricitate et magnetismo animadversiones variae. Bononiae 1844. (Enthält unter Anderm ein Kapitel über den Magnetismus eines Eisenstabes, der an das Ende eines Magnets angelegt wird.)

GIBBS, GEORGE, nordamerikanischer Oberst, starb 1833 im 57. Lebensjahre. — *Connexion between magnetism and light.* Sillim. Journ. 1818—19.

GILBERT, WILLIAM, Arzt in London, Begründer der Lehre des Erdmagnetismus, gestorben 1603 im 63. Lebensjahre. — De Magnete magneticisque corporibus et magno

Tellure, Physiologia nova. London 1600. 4. Später herausgegeben mit Zusätzen von WOLFGANG LOCHMANN. 4. Sedini (Stettin) 1628 u. 1633.

GILBERT, LUDWIG WILHELM, Professor in Halle und Leipzig, Herausgeber der Annalen der Physik von 1799—1824, starb 1824 im 55. Lebensjahre. — Versuche über magnetische Anziehung u. s. w. von BARLOW. Gilb. Ann. LXXIII, 11 (Auszug aus den Untersuchungen BARLOW's).

GILLET DE LAUMONT. General-Inspector des Bergwerkwesens in Frankreich. — *Description d'un Feldspath rougeâtre du Hartz, ayant les propriétés de l'aimant.* Soc. phil. An VI, p. 54.

GINTL, JULIUS WILHELM, Staatstelegraphendirector in Wien, geboren 1804. — Ueber das Magnetischwerden einer Taschenuhr und ihre Entmagnetisirung. Baumgartner's Zeitschrift f. Phys. u. Math. V, 1837. — Ueber die Wirkung des Magnetismus durch verschiedene Körper. Baumgartner's Zeitschrift für Phys. u. Math. I, 1840.

GREEN, GEORGE, Mathematiker in Nottingham, wandte die Analysis (mit Benutzung des Potentials) auf den Magnetismus an. Er starb 1841 im 48. Lebensjahre. — *An essay on the application of mathematical analysis to the theories of electricity and magnetism.* Nottingham 1828; abgedruckt in Crelle's Journ. Bd. XXXIX, p. 13. Bd. XLIV, p. 356. Bd. XLVII, p. 161 [sehr bemerkenswerth ist die Nachweisung im Bd. XLVII, S. 245, dass der BIOT'sche Ausdruck für die Vertheilung des freien Magnetismus (Gleichung der Kettenlinie) aus POISSON'S mathematischer Theorie abgeleitet werden könne].

GREISS, CARL BERNHARD, Professor in Wiesbaden, geboren 1809. — Ueber den Magnetismus der Eisenerze. Pogg. Ann. XCVIII, 478.

GRIMALDI, FRANCESCO MARIA, Professor in Bologna, gestorben 1663 im 45. Lebensjahre, hat nur gelegentlich mit Magnetismus sich befasst. — Physico-Mathesis de lumine coloribus et iride aliisque adnexis Libri II (opus posth.). Bononiae 1665. 4.

GRIMALDI, GREG. *Dissertazione sopra al primo inventore della bussola.* Dissertaz. dell' Acad. di Cortona. T. III, p. 195.

GROVE, WILLIAM ROBERT, Professor in London, geboren 1811, befasste sich ausschliesslich mit elektrischen Untersuchungen. — *On the direct production of heat by magnetism.* Phil. Mag. XXXV. Pogg. Ann. LXXVIII, 567. Hierauf Bezügliches findet man auch in dem Aufsatze desselben Verfassers: *On the heating effects of electricity and magnetism.* Phil. Mag. (4) III, 311. (MARRIAN soll etwas Aehnliches beobachtet haben.)

HÄCKER, Kaufmann in Nürnberg. — Ueber das Gesetz des Magnetismus, wie er sich bei der Tragkraft hufeisenförmiger Magnete und bei der Schwingungsdauer geradliniger Magnete zu erkennen gibt. — Abhandl. d. naturw. Gesellsch. zu Nürnberg, I, S. 1—80 und 135—142. Diese Abhandlung umfasst den Inhalt der beiden folgenden nebst neuen Zusätzen: Versuche über das Tragvermögen hufeisenförmiger Magnete und über die Schwingungsdauer geradliniger Magnetstäbe. Pogg. Ann. LVII, 321; LXII, 373; LXX, 63. Fortgesetzte magnetische Versuche. Pogg. Ann. XXIV, 394.

HÄLLSTRÖM, GUSTAF, Professor in Åbo und Helsingfors, starb 1844 im 69. Lebensjahre. — Dissertatio de variationibus declinationis magneticae diurnis et animadversiones circa hypotheses ad explicandas variationes diurnas excogitatas. Åbo 1803, ein Auszug davon in Gilb. Ann. XIX, 282 (enthält Versuche über den Einfluss der Wärme auf den Magnetismus).

HAIDINGER, Director der k. k. geologischen Reichsanstalt in Wien. Serpentin mit magnetischer Polarität. Jahrb. der geol. Reichsanst. 1857, S. 806.

HALDAT DU LYS, CHARLES NICOLAS ALEXANDRE DE, Arzt und Professor der physikalischen Wissenschaften in Nancy, beschäftigte sich vorzugsweise mit Untersuchungen über die Natur des Magnetismus, worüber er von 1838—52 mehrere Abhandlungen veröffentlicht hat. Er starb 1852 im 82. Lebensjahre. — *Mémoire destiné à compléter le travail relatif à la concentration de la force magnétique à la surface des aimants.* Compt. rend. XX, 20. — *Expériences sur une aiguille aimantée formée de la réunion confuse de petits aimans.* Compt. rend. XXII, 267. — *Sur l'appréciation de la force magnétique.* Compt. rend. XXII, 873. — *Sur l'universalité du magnétisme.* Compt. rend. XXII, 873. — *On the universality of magnetism.* Phil. Magaz. XXX, 319. — *Sur l'attraction magnétique à l'appui de la théorie de l'universalité du magnétisme.* Compt. rend. XXIV, 943. — *Recherche sur la force coërcitive des aimants et les figures magnétiques.* Ann. de ch. et de phys. XLII, 33. — *Exposition de la doctrine magnétique ou Traité philosophique, historique et critique du magnétisme.* 1852. — *Recherches sur la cause du magnétisme par rotation.* Nancy 1844. — *Histoire du magnétisme par mouvement.* 1845. — *Sur la force coërcitive de la polarité des aimants sans cohésion.* Mém. de l'Acad. de Nancy. 1845. Ann. chim. phys. LXV. — *Recherches sur l'incoërcibilité du fluide magnétique.* Mém. de l'Acad. de Nancy. 1830. — *Notice sur la vitesse à laquelle s'exerce l'influence magnétique.* Mém.

de l'Acad. de Nancy. 1838. — *Recherches sur quelques phénomènes du magnétisme.* 1840. — *Recherches sur la généralité du magnétisme, ou complément des expériences de Coulomb sur le même sujet. Mem. de l'Acad. de Nancy.* 1841. — *Essai historique sut le magnétisme.* 1850.

HAMAN. Eine neue Magnetisirungs-Methode. Pogg. Ann. LXXXV, 464 (den Stahl in glühendem Zustande mittelst eines Magnets aus dem Feuer herausheben und in Wasser ablöschen, früher schon bekannte Magnetisirungs-Methode.)

HAMBERGER, GEORG ERHARD, Professor in Jena, gestorben 1755 im 58. Lebensjahre. — *Elementa physices.* Jenae 1727. — *De partialitate acus magneticae.* Jenae 1727. 4.

HANKEL, WILHELM GOTTLIEB, Professor in Leipzig, geb. 1814, führte viele Untersuchungen aus, die sich zum grössten Theile auf Elektricität beziehen. — Ueber die Magnetisirung von Stahlnadeln durch den elektrischen Funken und dessen Nebenstrom. Pogg. Ann. LXV, 537, 1845 u. LXIX, 321, 1846.

HANSTEEN, CHRISTOPHER, Professor und Astronom in Christania, im Jahre 1784 geboren und seit 46 Jahren als Schriftsteller thätig, hat an Beobachtungen, Berechnungen und theoretischen Aufsätzen mehr als irgend ein anderer Gelehrter zur Ergründung des Erdmagnetismus geliefert. Da noch überdiess seine Arbeiten in norwegischen, deutschen, französischen und englischen Publicationen vorkommen, so ist es keine leichte Aufgabe, ein vollständiges Verzeichniss herzustellen; übrigens hat das Verhalten des Magnetismus in Stahl und Eisen selten speciell den Gegenstand der Untersuchung gebildet, so dass wir hier nur wenige Schriften zu erwähnen haben. — Untersuchungen über den Magnetismus der Erde. 1. Bd. 1. Nebst Atlas. Christiania 1819. — Ueber die Beobachtungen der magnetischen Intensität bei Berücksichtigung der Temperatur, sowie über den Einfluss der Nordlichter auf die Magnetnadel. Pogg. Ann. IX, 161, 1827 (die Temperatur-Correction als etwas neues erwähnt); ferner nachzusehen Pogg. Ann. XVII, 404, 432, 1829, desgleichen III, 236. — *De mutationibus quas patitur momentum virgae magneticae.* Christianiae 1842. (Akademische Gelegenheitsschrift, worin der allmälige Kraftverlust der Magnete und der Temperatur-Einfluss dargestellt werden.)

HARDT. Ueber den polarisirenden Serpentin von Haideberg bei Celle im Baireuth'schen. Gilb. Ann. XLIV, 89. Moll's Jahrb. II, 403.

HARRIS, SIR WILLIAM SNOW, in Plymouth wohnhaft, seit 1831 Mitglied der Royal Society, Erfinder der Bifilar Suspension. — *On induced and other magnetic forces.* Phil. Mag. (4) II, 493. — *On the influence of screens in arresting the progress of magnetic action.* Philos. Trans. London 1831; P. I, p. 67 und *Journ. of the Roy. Institution.* Nr. III, 550. — *On a new species of balance and its application to the measurement of electrical repulsion.* Rep. of Brit. Assoc. 1835. (2) 17; man vergl. ferner Philos. Trans. London 1836, p. 417.

HAUCH, ADAM WILHELM VON, bekleidete verschiedene Hofämter in Kopenhagen und starb 1838 im 83. Lebensjahre. — *Oversigt af Ligheden og Uligheden imellem Galvanismus og Electriciteten etc.* Bibl. for Physik, Medicin og Oekon. XIX, 1800.

HAUGHTON, SIR GRAVES CHAMNEY, Sanskrit-Gelehrter und Professor in Oxford, starb 1849 im 62. Lebensjahre. — *Experiments proving the common nature of magnetism, cohesion, adhesion, and viscosity.* Phil. Mag. XXX, 1847; p. 437.

HAUSMANN, JOH. FRIEDR. LUDWIG, Secretär der k. Societät der Wissenschaften in Göttingen, gestorben 1859 im 77. Lebensjahre, hat bei seinen mineralogischen und geognostischen Untersuchungen nur gelegentlich auf Magnetismus bezügliche Fragen berührt. — Ueber die Polarität der Haardter Granitfelsen. Crelle's Chem. Ann. 1803; II, 207. — Ueber die durch Molecularbewegungen in starren leblosen Körpern bewirkten Formveränderungen. Abhandl. der Gesell. d. Wiss. zu Göttingen. VI, 1853—55; VII, 1856—57 (ohne Beziehung auf Magnetismus geschrieben, aber wichtig für die Lehre des Magnetismus in so ferne, als die allmäligen Aenderungen in der Structur der Körper mit den magnetischen Aenderungen und Eigenschaften in Zusammenhang stehen).

HAUTEFEUILLE, JEAN DE, Abbé in Orléans, schrieb viele Abhandlungen physikalischen Inhalts und starb 1724 im 77. Lebensjahre. — *Balance magnétique, avec des réflexions sur une balance inventée par Mr. Perrault etc.* 4. Paris 1702.

HAÜY, RENÉ JUST, Abbé, Professor in Paris, berühmter Mineralog, gestorben 1822 im 79. Lebensjahre. — *Exposition raisonnée de la théorie de l'électricité et du magnétisme d'après les principes d'Aepinus.* Paris 1787. (Darstellung der Theorie der Elektricität und des Magnetismus. Aus dem Französischen mit Anmerkungen von K. MURHARD. Leipzig 1809 mit 7 Kupfertafeln.) — *Sur la vertu magnétique considérée comme moyen de reconnaître la présence du fer dans les minéraux. Mém. Mus. hist. nat.* III, 1817, p. 469; im Auszug in Gilb. Ann. LXIII, 104; daselbst p. 114 findet man ein Verzeichniss der Mineralien, welche nach magnetischer Einwirkung Eisengehalt zeigen. — *Observations sur les aimants naturels. Soc. philomath.* Ann. 5, p. 34. Gilb. Ann. III, 113.

HAWKSBEE, FRANCIS, Experimentator der Royal Society, stellte sehr viele Experimental-Untersuchungen an, wovon die Ergebnisse in den Transactions der Royal Society mitgetheilt sind. Eine Uebersetzung seiner sämmtlichen Aufsätze wurde von BRÉMOND veranstaltet unter dem Titel: *Expériences physico-mécaniques de* M. HAWKSBEE. Er starb 1713. — *On the power of the loadstone at different distances.* Phil. Trans. 1712, p. 506.

HEARDER. *On cast iron permanent magnets. Mech. Mag.* XLVII, 243. (Ueber die Anwendung des Gusseisens zur Construction sehr kräftiger permanenter Magnete. Dingl, polyt. Journ. CXX, 233.)

HEARN. *On the cause of the discrepancies observed by* M. *Baily with the Cavendish apparatus for determining the mean density of the earth.* Phil. Trans. 1847, p. 217.

HELL, MAXIMILIAN, Astronom in Wien, starb 1792 im 72. Lebensjahre. — Anleitung zum nützlichen Gebrauch der künstlichen Stahlmagnete. Wien 1762.

HELLER, THEODOR AEGIDIUS, Professor in Fulda, starb 1810 im 51. Lebensjahre. — Ueber den magnetischen Mittelpunkt des weichen Eisens und dessen Veränderungen. Gilb. Ann. IV, 210 (1800), weitere Nachrichten darüber IV, 477. — Entdeckte Veränderungen des von der Erde im Eisen durch Vertheilung hervorgerufenen Magnetismus in ihrem Zusammenhange mit den Ständen der Sonne und des Mondes. Ber. d. Münch. Akad. 1809. 4, S. 59. (Auszug in HANSTEEN's Untersuchungen über den Magnetismus der Erde. S. 477.)

HERAPATH, WILLIAM, Brauer, dann Professor der Chemie in Bristol, geboren 1796. — *On a new magnetic balance. Ann. of Phil.* II, 1821.

HERMELIN, SAMUEL GUSTAV, Schwedischer Bergrath, gestorben 1820 im 76. Lebensjahre. — Rön om magneters förhållende i grufvor. Vetersk. Acd. Handl. 1767. 329.

HIRST, THOMAS ARCHER, geboren 1830. Lehrer der Mathematik in England, hielt sich später in Paris auf. — *On the existence of a magnetic medium. Proc. of the Royal Society.* 1855.

HOFFER, JOH. Ueber das Magnetisiren hufeisenförmiger und gerader Stahlstangen. Baumgartner's Zeitschr. für Phys. u. verw. Wissensch. II, 197, 360 und III, 198.

HOLMGREN, HJALMAR, Docent der Mathematik in Upsala, geboren 1822. — *Recherches relatives à l'influence de la température sur le magnétisme.* Acta Soc. Upsaliensis. (3) I, p. 309.

D'HOMBRES-FIRMAS, LOUIS AUGUSTIN, Baron, beschäftigte sich vorzugsweise mit Meteorologie und starb 1857 im 72. Lebensjahre. — *Sur la vertu magnétisante qu'on a attribuée au rayon violet. Ann. de chim. et de phys.* X, 1819.

HORNER, Professor in Zürich, beschäftigte sich vorzugsweise mit meteorologischen Fragen, besass auch eine sehr ausgebreitete Kenntniss der magnetischen Literatur, wie man aus den von ihm für die neue Bearbeitung von Gehler's physik. Wörterbuch verfassten Artikeln: „Ablenkung der Magnetnadel", „Abweichung der Magnetnadel", „Magnetismus" (erste Hälfte) ersehen kann; er starb 1834 im 60. Lebensjahre. — Nachricht von MORICHINI's Magnetisirung von Nadeln durch violettes Licht. Gilb. Ann. XLIII, 202. — Versuche und Sätze über den Magnetismus des Eisens von BARLOW. Gilb. Ann. LXXIII, p. 1.

HÜBNER, LORENZ, geistlicher Rath und Akademiker in München, starb 1807 im 54. Lebensjahre. — Ueber die Analogie der elektrischen und magnetischen Kraft. Neue Abh. der Bayer. Akad. II, 1780.

HUMBOLDT, FRIEDRICH HEINRICH ALEXANDER, Freiherr von, benützte seine grossen wissenschaftlichen Reisen theilweise dazu, um magnetische Beobachtungen auszuführen, und nahm auch an den im Jahre 1840 organisirten magnetischen Beobachtungen lebhaften Antheil; er starb 1859 im 90. Lebensjahre. — Ueber die merkwürdige magnetische Polarität einer Gebirgskuppe von Serpentinstein. (Gren's Neu. Journ. IV, 1797.)

HUNT. *The influence of magnetism on molecular arrangement.* Phil. Mag. XXVIII, 1. — *On the supposed influence of magnetism on chemical action.* Philos. Mag. XXXII, 252.

INGEN-HOUSS (INGENHOUSZ), JEAN, Arzt, zeitweise in Holland, England und Deutschland sich aufhaltend, schrieb viele Abhandlungen über naturwissenschaftliche Fragen und starb 1799 im 69. Lebensjahre. — *On some new methods of suspending magnetical needles.* Phil. Trans. 1779, p. 537.

JOBLOT. *Expériences pour prouver que les longues lames d'acier aimantées ne portent un plus grand poids que parce qu'elles ont reçu une plus grande quantité de matière magnétique. Mém. de Paris* 1703. *Hist.* p. 20. *Ed. Oct.* 1703. *Hist.* p. 24.

JORDAN, JOHANN LUDWIG, Arzt, später Lehrer der Chemie und Hüttenkunde in Clausthal, starb 1853 im 82. Lebensjahre. — Erklärung der magnetischen Erscheinungen am Harzer Granit. Gilb. Ann. XXVI, (1807) S. 256.

JOULE, JAMES PRESCOTT, Brauer in Salcott bei Manchester, geboren 1818, lieferte zahlreiche

Abhandlungen besonders über Elektricität und Elektromagnetismus. — *On the effects of magnetism upon the dimensions of iron and steel bars.* Phil. Mag. XXX, 76, 225, 1847. — *Investigations in magnetism, electromagnetism etc.* Sturgeon's *Annals of electr.* IV, 1839. — *Account of experiments demonstrating a limit to the magnetizability of iron.* Phil. Mag. (4) II, 306; früher schon bekannt gemacht in *Annals of electr.* IV, 58, 131.

KATER, HENRY, brittischer Officier, gestorben 1835 im 58. Lebensjahre. — *On the best kind of steel and form for a compass needle.* Philos. Trans. 1821. p. 104.

KINKELIN, Lehrer der Mathematik in Bern, geboren 1832. — Ueber die Bewegung eines magnetischen Pendels. Grunert's Archiv. XXVIII, 456.

KIRCHER, ATHANASIUS, Professor in Würzburg und Rom, gestorben 1680 in seinem 79. Lebensjahre; der erste nach GILBERT, der speciell über Magnetismus geschrieben hat: einen Auszug seiner sämmtlichen Werke lieferte KESTLER unter dem Titel: Physiologia Kircheriana. Amstelodami 1860. — Ars magnesia seu conclusiones experimentales de effectibus magnetis. Herbipoli 1631. 4. — Magnes seu de arte magnetica opus tripartitum. Romae 1641. 4. (Eine Abtheilung davon führt den Titel: Magia naturalis magnetica.) — Praelusiones magneticae. Romae 1645. — Magneticum naturae regnum. Romae 1667. 4.

KIRCHHOFF, GUSTAV ROBERT, Professor in Heidelberg, geboren 1824. — Ueber den inducirten Magnetismus eines unbegränzten Cylinders von weichem Eisen. Crelle's Journ. XLVIII, 348.

KIRWAN, RICHARD, Advocat in London, später als wohlhabender Privatmann ganz der Physik sich widmend, starb 1812 in seinem 77. Lebensjahre. — *Thoughts on magnetism.* Trans. Roy. Irish Acad. VI, 1797, p. 177; Gilb. Ann. VI, 391, ein Auszug.

KLAPROTH, JULIUS, befasste sich als Gelehrter mit linguistischen Studien in Berlin und Paris und starb 1835 in seinem 52. Lebensjahre. — Beiträge zur chemischen Kenntniss der Mineralkörper. II, 442. — *Lettre à M. DE HUMBOLDT sur l'invention de la boussole.* Paris 1834.

KNIGHT, GODWIN, Arzt in London und Bibliothekar am Brittischen Museum, starb 1772. Er verfertigte weit stärkere Magnete, als vor ihm verfertigt worden waren, und vermachte den kräftigsten davon dem Dr. FOTHERGILL. (Siehe oben die von letzterem darüber verfasste Abhandlung.) — *Account of some magnetical experiments.* Phil. Trans. 1744, p. 161, et 1747, p. 656. — *Letter concerning the poles of magnets being variously placed.* Phil. Trans. 1745, p. 361. — *Remarks to J. WADDEL's Letter concerning the effects of lightning in destroying the polarity of a mariner's compass.* Phil. Trans. 1749. — *Collection of some papers formerly published in the Philos. Transact. relative to Dr. KNIGHT's magnetical bars.* Lond. 1758.

KNOCHENHAUER, Professor in Meiningen, geboren 1805, hat sich fast ausschliesslich mit Elektricität und Galvanismus beschäftigt. — Ueber die Gesetze des Magnetismus nach AMPÈRE's Theorie. Pogg. Ann. XXXIV, 481 (beweist die Unzulässigkeit der Theorie, jedoch berücksichtigt er blos die erste Hypothese von AMPÈRE).

KOHN. Eisenblech durch Löcher magnetisch; Magnetischwerden durch Luftwellen. Dingl. polyt. Journ. CXXVII, 466. — Ueber das Schwächerwerden künstlicher Magnete durch das öftere Abreissen der Anker von denselben. Not. und Intell. Bl. des Ing. Ver. 1854. Nr. 1, p. 1. Dingl. Polyt. Journ. CXX, 393. — Magnetströme auf Glas oder Papier zu fixiren. Dingl. Journ. CXXIV, 466.

KOLKE, HEINRICH VOM, Gymnasial-Lehrer in Aachen, geboren 1821. — De nova magnetismi intensitatem mediendi methodo. Bonnae 1848 (in Pogg. Ann. LXXXI, 321 übersetzt unter dem Titel: Ueber eine neue Methode, die Intensität des Magnetismus zu bestimmen, nebst einigen mit Hülfe derselben gefundenen Resultaten).

KRAFFT, WOLFGANG LUDWIG, Astronom in Petersburg, gestorben 1814 im 71. Lebensjahre. — De viribus attractionis magneticae experimenta. Comm. Acad. Petrop. XII, p. 276.

KRAMER, ANTON JOHANN VON, Professor in Mailand, starb 1853 im 47. Lebensjahre. — Ueber einen neuen durch Einfluss des Erdmagnetismus wirksamen elektromagnetischen Apparat. Pogg. Ann. XLIII, 304 (1838).

KUPFFER, ADOLPH THEODOR, Director des physikalischen Central-Observatoriums in Petersburg, hat seit 1827 zahlreiche und wichtige Beobachtungen und Abhandlungen, fast alle auf den Magnetismus der Erde bezüglich, veröffentlicht und starb 1865 im 66. Lebensjahre. — *Recherches relatives à l'influence de la température sur les forces magnétiques.* Ann. de chim. et de phys. XXX, p. 113. (Man vergleiche ferner Pogg. Ann. XVIII, wo die von ihm bezüglich des Temperatur-Einflusses erlangten Resultate angegeben und erörtert werden.) — Ueber die Vertheilung des Magnetismus in Magnetstäben. Pogg. Ann. XII, 421 (1828) und Ann. de chim. et de phys. XXXVI, 50. — *Note relative à l'influence de la température sur la force magnétique des barreaux.* Bull. phys. math. de l'Acad. de St. Pétersbourg. I, Nr. 11. 1843.

LACAM. *Thoughts on magnetism.*
LA HIRE, PHILIPPE DE, Professor und akademischer Astronom in Paris, gestorben 1718 im 78. Lebensjahre. — *Nouvelles remarques sur l'aiman et sur les aiguilles aimantées. Mém. de Paris.* 1705. *Hist.* p. 5. *Mém.* p. 97. *Ed. Oct.* 1705. *Hist.* p. 7. *Mém.* p. 128. — *Remarques sur un phénomène de l'aiman. Mém. de Paris.* 1717. *Hist.* p. 5. *Mém.* p. 275. *Ed. Oct.* 1717. *Hist.* p. 6. *Mém.* p. 355. — *Observation sur les phénomènes de l'aiman. Mém. de Paris.* T. II, p. 16. — *Description de l'aiman, qui s'est trouvé dans le Clocher neuf de notre Dame de Chartres et expériences à faire sur la formation de l'aimant. Mém. de Paris.* T. X, p. 734. — *Nouvelles expériences sur l'aimant. Anc. Mém. de l'Acad. de Paris.* Tom. X, 164.
LA LANDE, JOSEPH JEROME LE FRANÇOIS DE, berühmter Astronom in Paris, gestorben 1807 im 75. Lebensjahre. — *Observations sur les nouvelles méthodes d'aimanter et sur la déclinaison de l'aimant. Mém. de l'Acad. de Paris.* 1761, p. 214.
LAMBERT, JOHANN HEINRICH, Akademiker in Berlin, hat sich speciell mit der Erforschung der magnetischen Kraft befasst und sehr viel beigetragen, die mathematischen Bedingungen des Gleichgewichts und der Bewegung einer Magnetnadel festzustellen; er starb 1777 im 49. Lebensjahre. — *Analyse de quelques expériences faites sur l'aimant. Hist. de l'Acad. de Berlin.* 1766. Vol. XXII, p. 22. — *Sur la courbure du courrant magnétique. Hist. de l'Acad. de Berlin.* 1766. Vol. XXII, p. 49.
LAMONT, JOHANN, Professor und Astronom in München, geboren 1805, mit magnetischen Untersuchungen beschäftigt seit 1840. — Ueber das Verhalten des Nadelmagnetismus bei Temperaturänderungen. Gelehrte Anz. herausgegeben von Mitgl. der Bayer. Akad. d. Wissensch. 1841. Bd. XIII, S. 1005. — Reduction der Schwingungen eines Magnets auf den luftleeren Raum. — Anwendung des Kupfers zu Magnetgehäusen. Pogg. Ann. LXXI, 124. — Bericht über den Magnetismus der Erde. Dove's Repertor. der Phys. Bd. VII. — Ueber den allmäligen Kraftverlust der Magnete, mit besonderer Rücksicht auf die Bestimmung der Variationen der erdmagnetischen Intensität. Pogg. Ann. LXXXII, 440. — Ueber die Vertheilung des Magnetismus in Stahlstäben und die Maasbestimmung der magnetischen Intensität durch die Kraft, womit ein weiches Eisenstück angezogen wird. (Zwei Aufsätze.) Pogg. Ann. LXXXIII, 354, 364. — Handbuch des Erdmagnetismus. Berlin 1849. — Ueber die an der Münchner Sternwarte angewendeten neuen Instrumente und Apparate. Denkschr. d. Bay. Akad. Bd. XXV. — Ueber die vortheilhafteste Form der Magnete. Pogg. Ann. CXIII, 239. — Beitrag zu einer mathematischen Theorie des Magnetismus. Sitzungsberichte der Bayer. Akad. 1862. II, S. 103.
LANA (LANA TERZI), FRANCESCO DE, Professor in Brescia, gestorben 1687 im 56. Lebensjahre. — Nova methodus construendae pyxidis magneticae etc. Acta nova Acad. Phil. exoticorum Nr. XI (in Acta Erud. 1686, p. 560 findet sich eine Mittheilung von ihm in Betreff der Aufhängung von Magnetnadeln an Seidenfäden).
LANDRIANI, MARSIGLIA, Graf von, lieferte von 1775 an verschiedene physikalische Untersuchungen und starb vor 1820. — Ueber die magnetische Eigenschaft des Kobalt-Königs. Mayer's Samml. physik. Aufsätze der Gesellsch. Böhm. Naturf. B. 3, S. 388.
LANE, TIMOTHY, Apotheker in London, gestorben 1807 im 73. Lebensjahre, stellte eine Reihe chemisch magnetischer Versuche an. Siehe Gilb. Ann. XXV, 87. *Monthly Magaz.* Dec. 1805, wo eine Anzeige vorkommt, die Abhandlung selbst wurde der Royal Society übergeben.
LANZONI. De magnetis virtute non interrupta ab allii succo. Miscell. Acad. Nat. Curios. Dec. 2. A. I, 1694, p. 60.
LARDNER, DIONYSIUS, Professor, später Literat, starb nach mannigfaltigen Schicksalen 1859 im 66. Lebensjahre. — *Handbook of electricity and magnetism.* London 1855. Schrieb auch den Art *Magnetism* in der *Cabinet Cyclopedia.*
LEBAILLIF. *Répulsion de l'aiguille par le bismuth et l'antimoine. Biblioth. univers.* T. XL, p. 83 (1829). Sein Sideroskop findet man beschrieben im *Bulletin universel.* VIII, p. 87.
LECOUNT. *Description of the changeable magnetic properties possessed by all iron bodies etc.* London 1820, erwähnt von CHRISTIE, siehe Gilb. Ann. LXXIII, 53.
LEHMANN, JOHANN GOTTLIEB, Professor und Director des kais. Museums in Petersburg, gestorben 1767. — De cupro et orichalco magnetico. Nov. Comm. Petrop. XII, 368.
LÉMERY, LOUIS, Arzt und Chemiker am Jardin du Roi in Paris, gestorben 1743 im 66. Lebensjahre. — *Diverses expériences etc. sur le fer et sur l'aimant. Mémoires de l'Acad. de Paris.* 1706.
LE MONNIER, PIERRE, Professor in Paris, starb 1757 im 81. Lebensjahre. — *Sur les propriétés de l'aimant. Mém. de l'Acad. de Paris.* 1733.

LE MONNIER, PIERRE CHARLES, Professor in Paris, starb 1799 im 84. Lebensjahre, schrieb die Artikel: AIMANT und AIGUILLE AIMANTÉE in der französischen Encyclopädie.

LE NOBLE. *Aimans artificiels d'une très grande force. Mém. de Paris.* 1772. P. 1. *Hist.* p. 17.

LENZ, HEINRICH FRIEDRICH EMIL, Akademiker und Professor in Petersburg, geboren 1804; lieferte viele Untersuchungen über Elektromagnetismus. — Ueber die Bewegungen des Balkens einer Drehwaage, wenn ihm andere Körper von verschiedener Temperatur genähert werden. Pogg. Ann. XXV, p. 241. (1832.) (MUNCKE, Bemerkungen dagegen ebendaselbst. XXIX, 381.) — Gesetze der Elektromagnete. Pogg. Ann. LXI, 271, 448 (gemeinschaftlich mit JACOBI). — Ueber die Gesetze, nach welchen der Magnet auf eine Spirale einwirkt, wenn er ihr plötzlich genähert, oder von ihr entfernt wird, und über die vortheilhafteste Construction zu magnetoelektrischem Behufe. Pogg. Ann. XXXIV, 385.

LEEUWENHOEK (auch LOEWENHOEK). *Observations on the magnetic quality acquired by iron upon standing a long time in the same posture. Phil. Trans.* 33, p. 72.

LEVY, MARC, lehrte Mathematik an verschiedenen Collegien in Frankreich und starb 1853 im 62. Lebensjahre. — *Sur le magnétisme animal.* 1842. — *Observations sur la magnétologie.* 1844.

LIAIS. *Sur la détermination du centre de gravité d'un barreau aimanté.* (*Mém. de la Soc. de Cherbourg.* IV, 220.)

LICHTENBERG. Beobachtung der Magnetnadel am Harz. Bergbaukunde. II.

LIEUTAUDI. Magnetologia, s. nova de magneticis philosophia. 4. Lugduni Bat. 1668.

LLOYD, HUMPHREY, Professor und Vorstand des magnetischen Observatoriums in Dublin, geboren 1800, hat sich speciell mit dem Fache des Erdmagnetismus beschäftigt und seit 1838 viele Beobachtungen und Untersuchungen geliefert. — *On the mutual action of permanent magnets.* Dublin 1840. *Trans. R. Irish Acad.* XIX.

LOCKE, JOHN, Professor an der ärztlichen Schule in Cincinnati, gestorben 1856 im 64. Lebensjahre, hat viele magnetische Beobachtungen in den vereinigten Staaten ausgeführt; speciell zur Lehre des Magnetismus gehörige Probleme hat er nur gelegentlich berührt.

LOEWENHOEK. Siehe oben LEEUWENHOEK.

LOVERING, JOSEPH, Professor in Cambridge (Amerika), geboren 1813. — *Farrar's Electricity and magnetism.* Cambridge 1842. — *On the cause of the difference in the strength of magnets and electromagnets. Proceed. Americ. Acad.* Vol. II, 1848—1852.

LÜDICKE, AUGUST FRIEDRICH, Professor in Meissen, starb 1822 im 74. Lebensjahre. — Beschreibung einer wenig kostbaren galvanischen Batterie. — Versuche mit einer magnet. Batterie Gilb. Ann. IX, 375, XI, 117. — Einfluss des Magnetismus auf die Krystallisation der Salze. Gilb. Ann. LXVIII, 76. — Commentarius de attractionis magnetum naturalium quantitate. 4. Viteb. 1779.

MADISON, JAMES. *Experiments upon magnetism. Transact. of the American Soc.* Vol. IV, p. 323.

MAGNUS, HEINRICH GUSTAV, Professor in Berlin, geboren 1802. Unter seinen zahlreichen Arbeiten kommt wenig speciell auf magnetische Fragen Bezügliches vor. — De vi ancorae in electromagnetes et chalybomagnetes. Berlin 1836. — Ueber die Wirkung des Ankers auf Elektromagnete und Stahlmagnete. Pogg. Ann. XXXVIII, 1836. — Verbrennlichkeit des Eisenpulvers unter Einfluss eines Magneten. Dingl. Journ. CLI, 397. *Cosmos.* XIV, 539.

MAISTRE, XAVIER, COMTE DE, *Sur la cause qui fait surnager une aiguille d'acier sur la surface de l'eau. Mém. Turin.* Ser. II. 1841.

MALLEMANS (MALLEMENT) DE MESSANGES, CLAUDE, Professor in Paris, gestorben 1723 im 70. Lebensjahre. — *Machines pour faire toutes sortes de cadrans solaires. Nouveau système de l'aimant. Mém. Trévoux.* 1715.

MARCEL, ARNOULD, *An abstract of a letter concerning a way to communicate the magnetical virtue to iron and steel without the help of any loadstone whatsoever. Philos. Trans.* 1732, p. 294.

MARIANINI, STEFANO GIOVANNI, Professor an verschiedenen Lehranstalten in der Lombardei und Venetien, geboren 1790; seit 40 Jahren als Schriftsteller thätig. — *Sull' indebolimento che avviene nel magnetismo d'un ferro quando si fa scorrere sopra una calamita debole in modo da magnetizzarlo etc. Mem. Soc. Ital* XXIII, *pt. fisic.* 1844. — *Sul magnetismo dissimulato e sopra alcuni fenomeni da esso derivati. Mem. Soc. Ital.* XXIII, *pte. matemat.* 1846. *Ann. di fisica chim. e mat.* XVI, 246. — *Di alcune analogie e di alcune discrepanze osservate tra le azioni magnetizzanti della boccia di Leida, della coppia voltaica e della calamita. Atti della Soc. Ital. delle scienze.* Tomo XXIII; Auszug in *Ann. di fisica chim. e mat.* XIV, 1. — *Sopra alcune fogge di calamite artificiali armate e sopra alcuni metodi per magnetizzare.* (*Cimento* IV, 231—262.) (Prospectus seiner elektrischen und magnet. Abhandlungen: *Annali di fis. chim. et mat.* XV, 75.)

MARTINI. Antheil des Erdmagnetismus an der Beschaffenheit der Metall-Lagerstätten. Gilb. Ann. LXXII, 333.

MATTHIESSEN, AUGUSTIN, Chemiker in London, geboren 1831. — *On the coercitive power of pure iron. Philos. Mag.* Ser. IV, XV (1858).

MATTEUCCI, CARLO, Professor und General-Director der Telegraphen, dann Senator in Italien, geboren 1811; seine sehr zahlreichen Arbeiten beziehen sich grösstentheils auf Elektromagnetismus, doch kommen mehrere für den Magnetismus wichtige Experimente und Discussionen vor; wir beschränken uns darauf, folgende Abhandlungen zu erwähnen. — *Discorso sull' influenza del calore sul magnetismo;* ein Auszug in Baumgartner's Zeitschrift für Physik und Mathematik. X, 463. — *Sur l'influence du magnétisme sur le pouvoir rotatoire de quelques corps. Ann. de chim. et de phys.* XXIV (1848). — *Sur les phénomènes électromagnétiques developpés par la torsion. Ann. de chim. et de phys.* LIII, 416. 1858.

MAUROLYKUS, FRANZISCUS, Geistlicher und Gelehrter in Sicilien, starb 1575 im 81. Lebensjahre. — Problematica mechanica, cum appendice et ad magnetem et ad pixipem nauticam pertinentia. 4. Messanae 1613.

MAYER, JOHANN TOBIAS, Professor in Göttingen, gestorben 1762 im 39. Lebensjahre. — Theoria magnetica nicht veröffentlicht, aber erwähnt in Götting. Gel. Anz. 1760.

MAYER, JOSEPH, Professor in Prag und Wien, gestorben 1814 im 62. Lebensjahre. — Ueber die magnetische Kraft des krystallinischen Sumpferzes. Abh. d. Böhm. Gesellschaft d. Wiss. 1. Folge Bd. IV, S. 238, 1789.

MELLONI, MACEDONIO, Professor in Neapel, vorzugsweise wegen seiner erfolgreichen Untersuchungen in der Wärmelehre bekannt, hat auch ein magnetisches Observatorium auf dem Vesuv gegründet und mit dem Magnetismus der Gesteine sich befasst. Er starb 1854 im 56. Lebensjahre. *Sur le magnétisme des roches. Compt. rend.* XXXVII, 966 (1853). *Cosm.* III, 808. *Inst.* 1853, 439. Berl. Monatsber. 1854, p. 10. Chem. C. Bl. 1854, 172. Arch. de pharm. (2) LXXIX, 290. Münch. gelehr. Anz. XXXVII, 465. — *Sur l'aimantation des roches volcaniques. Compt. rend.* XXXVII, 229 (1853). *Cosm.* III, 275. — *Inst.* 1853, p. 377. v. Leonhard u. Bronn Journ. 1854, 645. — *Sulla polarità magnetica delle lave* (*Memor. dell' Acad. di Napoli.* I, 121. — *Sopra la calamitazione delle lave in virtù del calore e gli effetti dovuti alla forza coercitiva di qualunque roccia magnetica. Memor. dell' Acad. di Napoli.* I, 141.

MEYER, CORNELIUS, holländischer Wasserbaumeister, nach Rom berufen, lebte in dem Zeitraume 1640—1694. — *Diversi segreti per conoscere la bontà dei metalli e la virtù della calamita,* als zweiter Theil des Werkes: *L'arte di rendere i fiumi navigabili.* Roma 1696.

MIDDLETON, CHRISTOPHER, brittischer Seeofficier, gestorben 1770, bekannt durch seine wiederholten Versuche, eine Nordwest-Passage aufzufinden. — *An observation of the magnetic needle being so affected by great cold that it would not traverse. Philos. Trans.* 1738. p. 310.

MINDING, ERNST FERDINAND ADOLPH, Professor in Dorpat, geboren 1806. — Bemerkung über astatische Magnetnadeln. Pogg. Ann. XL, 151.

MITCHELL. *A treatise on artificial magnets in which is shewn an easy and expeditious method of making them superior to the best natural ones.* Cambridge 1750 (London 1750?).

MOHR, CARL FRIEDRICH, Apotheker und Medicinal-Assessor in Coblenz, geboren 1806. — Ueber ein Verfahren, kraftvolle Hufeisenmagnete durch Streichen zu bereiten. Pogg. Ann. XXXVI, 542.

MOLL, GERRIT, Professor und Astronom in Utrecht, gestorben 1838 im 53. Lebensjahre. — Ueber das Magnetisiren des Stahls durch Maschinen-Elektricität (mit VAN REES und VAN DEN BOS). Gilb. Ann. LXXII, 1822. *Bibl. univ.* 1830. — *Sur la formation d'aimants artificiels au moyen du galvanisme. Inst.* Nr. 13, 1833. Pogg. Ann. XXIX, 468.

MONCEL, T. DU, Gelehrter in Cherbourg, geboren 1821. — *Magnétisme statique et magnétisme dynamique. Mém. de la Société de Cherbourg.* I, 1. *Compt. rend.* XXXIV u. XXXV. — *Réactions des aimants sur les corps magnétiques non aimantés, ces réactions étant considérées comme des effets statiques. Compt. rend.* XXXVI, 385. — *Etude du magnétisme et de l'électro-magnétisme au point de vue de la construction des électro-aimants.* Paris 1858.

MONTESQUIEU, s. SECONDAT DE MONTESQUIEU.

MORICHINI, DOMENICO PINI, Professor in Rom, gestorben 1836. — *Sopra la forza magnetizzante del lembo estremo del raggio violetto.* Roma 1812. (Kompassnadeln im violetten Licht des Farbenspectrums magnetisirt. Schwelgg. Journ. Bd. XX, S. 16. *Journ. de phys.* Oct. 1813. Gilb. Ann. LXIII, 212, LXV, 338, XLVI, 357, 367.) — *Memoria seconda sopra la forza magnetizzante del lembo estremo del raggio violetto.* Roma 1813.

Moscati, Pietro, Graf, bekleidete verschiedene öffentliche Aemter, zuletzt Privatmann in Mailand, gestorben 1824 im 85. Lebensjahre. — Brief an Dr. Odier in Genf. *Bibl. brit.* (1813) 95. Schweigg. Journ. VIII, 352. (Gegen das Magnetisiren durch das Licht.)

Moser, Ludwig Ferdinand, Professor in Königsberg, geboren 1805. — Ueber die magnetisirende Eigenschaft des Sonnenlichtes. Pogg. Ann. XVI, 563. — Ueber den Einfluss der Wärme auf den Magnetismus. Pogg. Ann. XVII, 403 (gemeinschaftlich mit Riess). — Magnetismus. Dove. Rep. II, 134.

Müller, Johann Heinrich Jacob, Professor in Freiburg im Breisgau, geboren 1809. — Entwickelung der Gesetze des Elektro-Magnetismus. Braunschweig 1850. Pogg. Ann. LXXIX, 337 (1850). — Ueber den Sättigungspunkt der Elektromagnete. Pogg. Ann. LXXXII, 487. — Magnetisirung von Stahl und Eisen durch den galvanischen Strom. Pogg. Ann. LXXXV, 157. — Bericht über die neuesten Fortschritte der Physik. Braunschweig 1849.

Muncke, Georg Wilhelm, Professor in Heidelberg, gestorben 1847 im 75. Lebensjahre, vollendete den von Horner begonnenen Artikel: Magnetismus in der neuen Bearbeitung von Gehler's phys. Wörterbuch. — Neue magnetische Beobachtung am Messing. Pogg. Ann. VI, 361. — Bemerkungen gegen einen Aufsatz von Lenz. Pogg. Ann. XXIX, 381. (Wirkung der Luftcirculation.) — Thermoelektrische Beobachtungen, mitgetheilt in der Versammlung der Aerzte und Naturforscher zu Hamburg 1830. Pogg. Ann. XX, 447; ausserdem nachzusehen XVII, 159. XVIII, 239. — Notiz, die Wiederherstellung der Kraft geschwächter Magnete betreffend, Pogg. Ann. L, 221. (Wiederherstellung der Kraft der Magnete durch Anlegung vieler Anker neben und übereinander, bis keine Anziehung mehr erfolgt.)

Murray. *Om platina's magnetismus.* Vetensk. Acad. Handl. 1775, S. 349. Schwedische Akad. Abhandl. 1775, S. 350.

Musschenbroeck, Petrus (Pieter) van, Professor in Utrecht und Leyden, starb 1761 im 69. Lebensjahre. — De viribus magneticis. *Philos. Trans.* 1725, p. 370. — *Experiments made on the indian magnetic sand.* Philos. Trans. 1734, p. 297. — Dissertatio phys. experimentalis de magnete. Viennae Austr. 1754. — Introductio in philosophiam naturalem. Lugd. Bat. 1762 (von Lulof edirt, enthält auch Bestimmungen über Magnetismus).

Mynster, Ole Hyronimus, Arzt und Professor in Kopenhagen, gestorben 1818 im 46. Lebensjahre. — Grundträkken af Elektricitätslüren og Magnetismen. Skandinav. Literatur. Selsk. Schrifter Bd. II, 1806.

Nebel, Daniel Wilhelm, Professor in Heidelberg, gestorben 1805 im 70. Lebensjahre. — Dissertatio de magnete artificiali. Ultraj. 1756. 4.

Negro, Salvatore dal, Professor in Padua, lieferte viele Arbeiten über Elektromagnetismus und starb 1839 im 71. Lebensjahre. Mehreres speciell auf Magnetismus Bezügliche findet sich in seinen Aufsätzen in den *Ann. del regno Lombardo Veneto.* 1833. Bibliothèque univers. LIII und LXV. Baumgartner's Zeitschr. für Phys. u. Math. I und II. Pogg. Ann. XXIX und XXXI. — *Dinamo-magnetometro.* Mem. Soc. Ital. XXI. pt. II. 1837.

Nervander, Johann Jacob, Professor und Director des magnetischen Observatoriums in Helsingfors, starb 1848, erst 43 Jahre alt. In seinen auf Erdmagnetismus bezüglichen Arbeiten werden Fragen aus dem Gebiete des Magnetismus gelegentlich berührt.

Neumann, Franz Ernst, Professor in Königsberg, geboren 1798. — Entwickelung der in elliptischen Coordinaten ausgedrückten reciproken Entfernungen u. s. w. und Anwendung auf die Bestimmung des magnetischen Zustandes eines Rotations-Ellipsoids u. s. w. Crelle's Journal. XXVI. 1843. — Ueber eine neue Eigenschaft der Laplace'schen $Y^{(n)}$ und ihre Anwendung zur analytischen Darstellung derjenigen Phänomene, welche Functionen der geographischen Länge und Breite sind. Schuhmacher's Astron. Nachr. XV, S. 313.

Nicholson, William, mit verschiedenen Geschäften sich befassend, zugleich Gelehrter und Publicist in London, gestorben 1815 im 62. Lebensjahre. — Ueber einen zusammengesetzten hufeisenförmigen Magnet. Gilb. Ann. XXIII, 356.

Nicklès, François Joseph Jerome, Professor in Nancy, geboren 1820. — *Recherches sur l'aimantation.* Mém. de l'Acad. de Stanislas. 1855. p. 63. — *Emploi de l'attraction magnétique dans la locomotion sur chemins de fer etc.* Compt. rend. XXX, II. 1852. — *De l'allongement des barreaux aimantés etc.* Compt. rend. XXXV, 1. 1853. — *Sur les rapports qui existent entre le frottement et la pression.* Ann. de chim. et de phys. (3) XI, 55. Comptes rend. XXXVIII, 266. Arch. des sc. phys. XXVII, 324. — *Sur l'adhérence magnétique.* Compt. rend. XXXVIII. 1854. — *Nouvelles recherches sur l'aimantation.*

Compt. rend. XXXIX. 1854. — *Sur l'aimantation. Inst.* 1852. — *Nouveau procédé d'aimantation des roues de locomotives. Revue des Sociétés savantes.* Mai 1859. — *Sur la fixation des fantômes magnétiques. Compt. rend.* XLIX, 854.
NOBILI, LEOPOLDO, Professor in Florenz, gestorben 1835 im 51. Lebensjahre. — *Questioni sul magnetismo.* Modena 1824. — *Sur le magnétisme du cuivre et d'autres substances. Bibl. univ.* XXXI. 1826. — *Sur une nouvelle classe de phénomènes électrochimiques. Bibl. univ.* XXXIII, 1826, et XXXIV, 1827. Baumgartner's Zeitschr. für Phys. u. verw. Wissenschaften: III, 66. Pogg. Ann. IX, 183. — *Sur le magnétisme des fils du galvanomètre. Bibl. univ.* XXXVIII. 1828. — *Sur le magnétisme. Bibl. univ.* LVI. 1834. — Wirksamkeit hohler Magnetstäbe, aus *Ant. di Firenze* übersetzt in Pogg. Ann. XXXIV, 270. — *Sur un nouveau galvanomètre. Bibl. univ.* XXIX, 449 (1825). Pogg. Ann. VIII, 338. Schweigger's Journ. Th. XLV, 249 (astatische Nadel zuerst angewendet).
NOEGGERATH. Ueber die magnetische Polarität zweier Basaltfelsen in der Nähe von Nürburg in der Eifel. Schweigg. Journ. LII, 224.
NORMAN, ROBERT, englischer Seemann und Künstler, Erfinder des Inclinatoriums, womit er im Jahre 1576 in London Messungen angestellt hat. — *The new attractive, containing a short discourse of the magnet or loadstone and among other his virtues, of a new discovered secret and subtil property, concerning the declination of the needle touched therewith under the plaine of the horizon.* London 1596. 4.
OERSTED, HANS CHRISTIAN, Professor in Kopenhagen, Entdecker des Elektromagnetismus, hat sich speciell mit Magnetismus nicht beschäftigt. Er starb 1851 im 74. Lebensjahre. — *Electromagnetiske Forsög för at utfinde om galvaniske redskaber kunne bruges til at frembringe meget stärke magneter.* Overs. over Dansk. Vedensk. Selsk. Förhandl. 1828, 29.
OLDENBURG, HEINRICH, Secretär der Royal Society in London, gestorben 1678 im 52. Lebensjahre. — *Some observables about loadstones and sea compasses. Phil. Trans.* 1667. p. 413.
PELTIER, JEAN CHARLES ATHANASE, Uhrmacher in Paris, später Privatmann, gestorben 1845 im 60. Lebensjahre. — *Sur les courants qui ont lieu quelquefois dans les galvanomètres, alors même que le circuit est rompu. Compt. rend.* III, 1836. — *Sur le déplacement de l'axe magnétique d'une aiguille aimantée par une déviation long-temps prolongée. Inst.* VI, p. 155 (1838).
PENROSE. *An essay on magnetism.* London 1753.
PEREGRINUS. *De magnete, seu rota perpetui motus.* Augsb. 1558. 4.
PETIT, PIERRE, Geograph des Königs in Paris und Intendant der Häfen und Festungen, starb 1667 im 69. Lebensjahre. — *A letter about the loadstone where chiefly the suggestion of* GILBERT *touching the circumvolution of a globus magnet, call'd terella, and the variation of the variation, is examined. Philos. Transact.* 1667. p. 527.
PETRIE, W. *On the results of an extensive series of magnetic investigations, including most of the known varieties of steel. Rep. of Brit. Ass.* XVI. (2) 33. — *Inst.* 682, p. 32.
PEYTAVIN. *Essai sur la constitution physique des fluides élastiques et magnétiques.* Paris 1830.
PFAFF, CHRISTIAN HEINRICH, Professor in Kiel, gestorben 1852 im 79. Lebensjahre. — Ueber das verschiedene Verhalten verschiedener Stellen einer und derselben Hälfte einer Magnetnadel im elektromagnetischen Conflict. Gilb. Ann. LXXIV, S. 249. (1823.) — Notiz über hohle Elektromagnete, verglichen mit massiven. Pogg. Ann. L, 636 (hohle tragen weniger, bei Magneten nach BAUMGARTNER das Gegentheil).
PIANCINI, GIAMBATTISTA, Professor in Rom, gestorben 1862 im 78. Lebensjahre. — *Sperienze e congetture sulla forza magnetica. Mem. Soc. Ital.* XXII. (Magnetismus des Messings und Zinks.)
PLANA, GIOVANNI ANTONIO AMEDEO, Professor und Director der Sternwarte in Turin, gestorben 1863 im 82. Lebensjahre. — *Mémoire sur la découverte de la loi du choc direct des corps durs, publié en 1667 par A.* BORELLI, *et sur les formules générales du choc excentrique des corps durs ou élastiques etc. suivi d'un Appendice où l'on expose la théorie des oscillations et de l'équilibre des barreaux aimantés. Mem. Torino.* Ser. II. T. III. 1844. — *Mémoire sur l'application du principe de l'équilibre magnétique à la determination du mouvement qu'une plaque horizontale de cuivre, tournant uniformément sur elle même imprime par réaction à une aiguille aimantée etc. Mem. Torino.* Ser. II. T. XVII. 1858. — *Mémoire sur la théorie du magnétisme.* Crelle's Journ. XXXIX. 1854. Astr. Nachr. XXXIX, S. 225 u. 305. XLII, 1 u. 201.
PLATEAU, JOSEPH ANTOINE FERDINAND, Professor in Gent, geboren 1801. — *De l'action qu'exerce sur une aiguille aimantée un barreau aimanté tournant dans un plan et parallèlement au-dessous de l'aiguille.* QUETELET *Corresp. math.* VI. 1830.

PLAYFAIR, JOHN, Professor in Edinburg, starb 1819 im 71. Lebensjahre, verfasste den Artikel: *Magnetism* in der *Encyclopedia britannica*. — Bericht an BREWSTER über die Magnetisirung durch das Licht; erwähnt in Gehler's neuem phys. Wörterbuche, VI, 880.

PLÜCKER, JULIUS, Professor in Berlin, Halle und Bonn, geboren 1801, hat viele wichtige Abhandlungen geliefert, die jedoch mehr in das Gebiet des Elektromagnetismus gehören. — Ueber das Gesetz der Induction bei paramagnetischen und diamagnetischen Substanzen. Pogg. Ann. XC, 1, S. 1. — Ueber Intensitätsbestimmung der magnetischen und diamagnetischen Kräfte. Pogg. Ann. LXXIV, 321. — Ueber das Gesetz, nach welchem der Magnetismus und Diamagnetismus von der Temperatur abhängig ist. Pogg. Ann. LXXV, 177. — Ueber die neue Wirkung des Magnets auf einige Krystalle, die eine vorherrschende Spaltungsfläche besitzen, Einfluss des Magnetismus auf die Krystallbildung. Pogg. Ann. LXXVI, 576. — Ueber die magnetischen Beziehungen der positiven und negativen optischen Axen der Krystalle. Pogg. Ann. LXXVII, 447. — Ergebniss fortgesetzter Beobachtungen in Betreff des Verhaltens krystallisirter Substanzen gegen den Magnetismus. Pogg. Ann. LXXVIII, 421. — Ueber die magnetischen Axen der Krystalle und ihre Beziehung zur Krystallform und zu den optischen Axen. Pogg. Ann. LXXXI, 115; LXXXII, 42.

POHNITZ. Worauf beruht das Magnetischwerden des Eisens bei mechanischer Behandlung und beim Ablöschen desselben. Gilb. Ann. LXVII, 320. (Versuche mit Hämmern, Feilen u. s. w.)

POGGENDORFF, JOH. CHRISTIAN, Professor in Berlin, geboren 1796, gibt seit 1824 die Annalen der Physik und Chemie heraus, wozu er selbst viele Arbeiten geliefert hat. — Neues Instrument zum Messen der magnetischen Abweichung. Pogg. Ann. VII, 121. 1827. (Spiegel-Ablesung zuerst in Vorschlag gebracht.) — Bemerkung zu einer magnetischen Beobachtung von MUNCKE. Pogg. Ann. II, p. 367. (1826.) — Ueber einige neue Magnetisirungserscheinungen u. s. w. Pogg. Ann. XLV, 353, 380, 381 (1838). — Experimenteller Beweis, dass ein elektrodynamischer Schraubendraht noch kein Magnet ist. Pogg. Ann. LII, 386. — Temporärer Magnetismus des gehärteten Stahles. Pogg. Ann. LIV, 191. — Kräftige Stahlmagnete von W. A. LOGEMANN. Pogg. Ann. LXXX, 175.

POHL, GEORG FRIEDRICH, Professor in Breslau, gestorben 1849 im 61. Lebensjahre. — Ansichten und Ergebnisse über Magnetismus, Elektricität und Chemismus. Berlin 1829. — Ueber den Zusammenhang des Magnetismus mit der Elektricität und dem Chemismus. Gilb. Ann. LXIX, 171 und LXXI, 447. 1821.

POISSON, SIMÉON DENIS, Professor in Paris, gestorben 1840 im 59. Lebensjahre. — *Mémoire sur les déviations de la boussole produites par le fer des vaisseaux*. Ann. de ch. et de phys. LXIX. 1838. — *Extrait d'un mémoire sur la théorie du magnétisme*. Ann. de ch. et de ph. XXV, p. 113. *Connaissance des tems pour 1841*. p. 113. — 1er *Mémoire sur la théorie du magnétisme*. Nouv. Mém. de l'Acad. des sciences. Tom. V. 2nd *Mémoire*. Tom. V, 481.

POLI, GIUSEPPE SAVERIO, Professor in Neapel, gestorben 1825 im 79. Lebensjahre. — *Osservazioni fisiche concernenti l'elettricità, il magnetismo e la folgore*. Att. Acad. nap. 1787. — *Saggio sulla calamita e sulle sue virtù medicinali*. Palermo 1811.

POLINIÈRE, PIERRE, Professor in Paris, gestorben 1734 im 63. Lebensjahre. — *Expériences de physique*. 12. Paris 1709. 5me édition. 2 Vol. 12. Paris 1741.

PORTA, GIAMBATTISTA DELLA, neapolitanischer Edelmann, gestorben 1615 im 77. Lebensjahre. — *Magia naturalis sive de miraculis rerum naturalium*. Libr. IV. Neapel 1558.

POUILLET, CLAUDE SERVET MATTHIAS, Professor in Paris, geboren 1790, schrieb *Elemens de physique et de météorologie*. 2 Vol. Paris 1827 (wovon viele Auflagen, desgleichen eine deutsche Uebersetzung und Umarbeitung von MÜLLER erschienen sind) und lieferte ausserdem zahlreiche Abhandlungen, wovon nur wenige auf Magnetismus Bezug haben. — *Note historique sur divers phénomènes d'attraction, de répulsion et de déviation qui ont été attribués à des causes singulières et qui s'expliquent naturellement par l'action de certains courants d'air dont on n'avait pas soupçonné l'existence*. Compt. rend. XXIX, 245. — *Détermination des basses températures au moyen du pyromètre magnétique et du thermomètre à alcool*. Compt. rend. IV. 1837. Pogg. Ann. XLI, 144. — Beobachtungen über den Magnetismus der Metalle. Pogg. Ann. XXXVII, 429.

POWELL, BADEN, Professor in Oxford, gestorben 1860 im 64. Lebensjahre. — *On the communication of magnetism to iron in different positions*. Phillip's Ann. of philos. III. 1822, p. 92. Auszug in Gilb. Ann. LXXIII, 245 (das richtige Gesetz zuerst aufgestellt).

PRECHTL, JOHANN JOSEPH, Director der Navigationsschule in Triest, später des polytechnischen Instituts in Wien, gestorben 1854 im 76. Lebensjahre. — Ueber die wahre Beschaffenheit des magnetischen Zustandes des Schliessungsdrahtes in der Volta'schen Säule. Gilb. Ann. LXVII, 259. — Ueber den Magnetismus und dessen Ableitung aus der Elektricität,

Gilb. Ann. LXVII, 84 (1824). — Ueber die Seitenwirkung des Schliessdrahts auf frei bewegliche Magnetnadeln. Gilb. Ann. LXVIII, 204. 1824. — Neue Versuche über den Magnet u. s. w. Gilb. Ann. LXVIII, 104 (1824). — Zur Theorie des Magneten. Gilb. Ann. LXVIII, 187 (1824). — Ueber den Transversalmagnetismus u. s. w. Schweigg. Journ. XXXVI (1822).

Prévost, Pierre, Professor in Genf, gestorben 1839 im 88. Lebensjahre. — *Sur l'origine des forces magnétiques.* Genève 1788. Uebersetzt von Bouguet. Halle 1794. — *Sur l'influence magnétique du soleil.* Bibl. univ. 1826.

Pugettus. Magnetische Experimente (französisch), von Musschenbroeck erwähnt, Dissert. phys. exper. de magnete, 145.

Quet. *Sur le magnétisme des liquides.* Compt. rend. XXXVIII (1854).

Quetelet, Lambert Adolphe Jacques, Director der Sternwarte in Brüssel, geboren 1796, hat seit 25 Jahren theils durch Reisebeobachtungen, theils durch tägliche Aufzeichnungen an der Sternwarte sehr bedeutende Beiträge zur Ergründung des Erdmagnetismus geliefert. — *Recherches sur les degrés successifs de force magnétique qu'une aiguille d'acier reçoit pendant les frictions multiples qui servent à l'aimanter.* Ann. de chim. et de phys. LIII, p. 248. (1833.)

Quintine, de la. *Dissertation sur le magnétisme des corps. Prix de l'Acad. de Bordeaux.* T. 3.

Rankine, William John Macquorn, Civil-Ingenieur in Glasgow, geboren 1820. — *Sur le laiton magnétisé.* Inst. Nr. 839, p. 40.

Réaumur, René Antoine Ferchault de, Akademiker in Paris, gestorben 1757 im 74. Lebensjahre. — *Expériences qui montrent avec quelle facilité le fer et l'acier s'aimantent même sans toucher l'aimant.* Mém. de l'Acad. de Paris. 1723, p. 84. Hist. p. 1.

Rees, Richard van, Professor in Utrecht, geboren 1797. — Over de Verdeeling van het Magnetismus in Staalmagneten en Electromagneten. Neu. Verh. van het k. Nederl. Inst. XII, 94 (1846) und XIII, 163 (1848). Pogg. Ann. LXX, 1 und LXXIV, 213. — Over de Theorie der magnetische Krachtlinien van Faraday. Verh. v. k. Nederl. Acad. d. Wetensch. I (1854). Ueber die Faraday'sche Theorie der magnetischen Kraftlinien. Pogg. Ann. XC, 415.

Renard. Wirkungen der Electricität und des Magnetismus auf die *mimosa pudica*. Gilb. Ann. XXXIX, 111.

Rendu, Louis, Bischof, früher Professor in Annecy, geboren 1789. — *Influence du magnétisme sur les actions chimiques.* Ann. de chim. et de phys. XXXVIII, 196 (1828).

Richmann, Georg Wilhelm, Akademiker in Petersburg, bei seinen elektrischen Untersuchungen vom Blitze erschlagen 1753, erst 42 Jahre alt. — De virtute magnetica absque magnete communicata experimenta. Novi Commentar. Acad. Petropolitanae. T. 4. H. p. 25. M. p. 235.

Ridley. A short treatise of magnetical bodies and motions. London 1613. 4.

Ridolfi. *Nouvelles expériences tendant à démontrer qu'il existe une force magnétisante dans l'extremité violette du spectre solaire.* Ann. de ch. et de phys. III, p. 323.

Riess, Peter Theophil, Professor und Akademiker in Berlin, geboren 1805. — Ueber einige Wirkungen der Reibungs-Electricität. Pogg. Ann. XL, 348. (Ablenkung der Nadel.) — Aluminium ein Leiter der Electricität und magnetisch. Pogg. Ann. LXXIII. (1848.) — Einfluss der Wärme auf den Magnetismus (gemeinschaftlich mit Moser, siehe diesen).

Ritchie, William, Professor in London, gestorben 1837, seit 1825 als Schriftsteller thätig. — *Experiments and observations on conduction.* Phil. Trans. 1828, p. 373. — *On the power of an electromagnet to retain its magnetism after the battery has been removed.* Phil. Mag. Ser. III, Vol. III, p. 424. (1833.) Pogg. Ann. XXIX, 464. — Versuche mit glühendem Eisen in Bezug auf Magnetismus und Electricität. Pogg. Ann. XIV, 150. *Quart. Journ. of science.* N. S. Nr. 6, p. 288. — *On certain differences between the permanent and the electro-magnet.* Phil. Mag. Ser. III, Vol. IX. (1836.)

Rittenhouse, David, Mechanikus, später Staatsbeamter und Gelehrter in Pennsylvanien, gestorben 1796 im 64. Lebensjahre. — *Account of some experiments on magnetism. Transact. of the American Soc.* Vol. II, p. 158.

Ritter, Johann Wilhelm, Akademiker in München, gestorben 1810, erst 34 Jahre alt. — Ueber magnetische Gegenstände. Voigt's Magaz. f. Naturkunde. — Ueber den Magnetismus des Eisens, Nickels, Kobalts, Niccolans u. Chromiums u. s. w. Gehler's Journ. f. Chem. V, 1805. — Einige Bemerkungen über die Cohäsion und über den Zusammenhang derselben mit dem Magnetismus. Gilb. Ann. IV, 1. — Beiträge zur näheren Kenntniss des Galvanismus. 2 Bde. Jena 1800.

Rivoire, Antoine, Jesuit, Mitglied der Akademie in Lyon, gestorben 1789 im 80. Lebensjahre. — *Traité sur les aimants artificiels.* Paris 1752. 12.

ROBIDA, KARL, Lehrer am Gymnasium in Klagenfurt, geboren 1804. — Magnetismus als Fortsetzung und Schluss der Vibrationstheorie der Elektricität. Klagenfurt 1858.
ROBINS, BENJAMIN, General-Ingenieur der englisch-ostindischen Compagnie, gestorben 1754, erst 44 Jahre alt. — *A letter shewing that the electricity of glass disturbs the mariners compass and also nice balances.* Philos. Trans. 1746, p. 242.
ROBISON schrieb den Artikel Magnetismus in der *Encyclopedia britannica*.
ROCH. Ueber eine Umgestaltung der Ampère'schen Formel. Zeitschr. f. Math. 1859, p. 295. — Ueber magnetische Momente. Zeitschr. f. Math. 1859, p. 374. — Ueber Magnetismus. Zeitschr. f. Math. 1860, 445.
ROGET, PETER MARK, Arzt in Manchester und London, geboren 1779. — *On the geometric properties of the magnetic curve, with an account of an instrument for its mechanical description.* Journal of the Roy. Inst. Nr. 2, p. 311. (1831.) — *Treatise on magnetism.* (Eine Abtheilung des encyclopädischen Werkes: *Library of useful knowledge.*) *On Ampère's theory of magnetism.* Quarterly Review.
DU ROI, JOHANN PHILIPP, Arzt in Braunschweig, gestorben 1785, erst 44 Jahre alt. — Ueber die Wiener Stahlmagnete. Braunschw. Anzeig. 1775, St. 13.
ROSS, SIR JAMES CLARK, brittischer Seeofficier, geboren 1800, hat mehrere wissenschaftliche Expeditionen namentlich zur Erforschung des Erdmagnetismus ausgeführt. — *On the errors which may be occasioned by disregarding the influence of solar or artificial light on magnets.* Athen. 1854, p. 1238.
ROUCHER-DERATTE. *Traité sur l'électricité, le galvanisme, le magnétisme etc.* 1803.
SAUSSURE, HORACE BENEDICT DE, Professor in Genf, gestorben 1799 im 59. Lebensjahre. — *Vogayes dans les Alpes.* 4 Vol. 4. Genève 1779—1796. — *Metodo facile e semplice per conoscere colla calamita il ferro che ne' minerali etc.* Opusc. scelti di Milano. T. III.
SAVARY, FELIX, Professor und Astronom in Paris, gestorben 1841, erst 44 Jahre alt. — *Mémoire sur l'aimantation.* Ann. chim. phys. XXXIV, 1827. Pogg. Ann. VIII, 352.
SAVERY, SERVINGTON. *Magnetical observations and experiments.* Philos. Trans. 1730, p. 295.
SCARELLA, GIAMBATTISTA, Klostergeistlicher in Brescia, gestorben 1779 im 68. Lebensjahre. — *De magnete.* 2 Vol. 4. Brixiae 1759.
SCHLOTTHEIM. Ueber die Eigenschaft verschiedener Steinarten auf den Magnet zu wirken. Crelle's chem. Ann. 1797, 105.
SCHMID, NICOLAUS EHRENREICH ANTON, Goldschmid und Mechanikus in Hannover, gestorben 1785 im 68. Lebensjahre. — Vom Magnete. Hannöver. Magazin. 1765.
SCHMIDT, GEORG GOTTLIEB, Professor in Giessen, gestorben 1837 im 69. Lebensjahre. — Beschreibung einer einfach eingerichteten astatischen Magnetnadel und einiger damit angestellten Versuche das Gesetz der elektromagnetischen Anziehungen und Abstossungen betreffend. Gilb. Ann. LXX, 243. — Erscheinungen, welche die Prechtl'schen Transversalmagnete zeigen, und Entwickelung ihrer Gesetze. Gilb. Ann. LXXI, p. 399. — Einige neue elektrisch-magnetische Versuche gegen die AMPÈRE'sche Hypothese von den elektrischen Wirbelströmen und mit einer durch Maschinen-Elektricität erzeugten Terella. Gilb. Ann. LXXII, 260. — Prüfende Untersuchung über die von BARLOW aufgefundenen Gesetze, nach welchen weiches Eisen auf die Magnetnadel wirkt. Gilb. Ann. LXXIV, 225.
SCHMITT, A. Hrn. MARKUS' neue Methode, gerade Stahlstäbe durch den Strich zu magnetisiren. Pogg. Ann. CVI, 646—648. Polyt. Journ. CLII, 357.
SCHÖNBERGER, GEORG, Rector in Olmütz, gestorben 1645 im 49. Lebensjahre. — *Demonstratio et constructio horologiorum novorum, radio recto, refracto in aqua, reflexo in speculo, solo magnete horas astronomicas, italicas, babylonicas indicantium.* 4. Frib. 1622.
SCHOMBURGH. Der Magnetberg auf St. Domingo v. Leonhard u. Bronn. 1855, p. 89. Ann. des voyag. 1854. II, 360.
SCHOTT, KASPAR, Professor in Würzburg, schrieb mehrere grosse Werke physikalischen und mathematischen Inhaltes und starb 1666 im 58. Lebensjahre. — *Ars magnetica*.
SCHRÖDER, CHR. F. Ueber Höhenmessungen, zwei entdeckte grosse Magnetfelsen u. s. w. Hildesh. 1790. Hannov. 1796. (Sendschreiben an Hrn. LASIUS.)
SCHRÖTTER, ANTON, Professor in Wien, geboren 1802. — Ist die krystallinische Textur des Eisens von Einfluss auf seine Magnetisirbarkeit? Sitzungsber. Wien. Akad. XXIII, 1857.
SCHWEIGGER, JOHANN SALOMO CHRISTOPH, Professor in Halle, gestorben 1857 im 78. Lebensjahre. — Ueber Benützung der magnetischen Kraft bei. Messung der elektrischen. Gehlen's Journ. f. Phys. und Chem. VII, 1808.
SCHWIGHARD. *Ars magnetica.*
SCORESBY, WILLIAM, Wallfischfänger, später anglikanischer Geistlicher und Prediger in Liverpool und anderen Orten, starb 1857 im 68. Lebensjahre. — *Description of a magnetimeter being a new instrument for measuring magnetic attractions and finding the dip of the needle.*

Edinb. Philos. Trans. Vol. IX, pt. 1, p. 243. (Man vergl. Gilb. Ann. 1821. LXVIII, p. 260.) — *Magnetical experiments etc. Edinburgh phil. Journ.* XI. (1824.) — *Experiments on the magnetic properties in steel and iron by percussion. Phil. Trans.* 1822 und 1824. — *On the uniform permeability of all known substances to the magnetic influence etc. Edinb. New phil. Journ.* XII, 1831 und XIII, 1832. — *An exposition of some of the laws and phenomena of magnetic induction etc. Edinb. New phil. Journ.* XIII. (1832.) — *Zoistic magnetism.* London (HAMBURG) 18... — *On determining the thickness of solid substances. Phil. Trans.* 1831. — *On a new compass bar with illustrations by means of a recent instrument of the susceptibility of iron for the magnetic condition. Rep. Brit. Assoc.* V, (2) 28. 1836. — *On a new process of magnetic manipulation and its action on cast iron and steel bars. Rep. of the Brit. Assoc.* 1844 (2) p. 42. (SCORESBY legte auf eine Lamelle von ganz hartem Stahl eine Lamelle von weichem Eisen und bestrich diese mit einem starken Hufeisenmagnet nach S. 232, *Fig. 175.*) — *On a new process of magnetic manipulation with its effects on hard steel and cast iron Rep. of the Brit. Assoc.* 1844 (2) p. 100. (Zwei zu magnetisirende Hufeisenmagnete wurden mit ihren Polen an einander gelegt, so dass sie einen geschlossenen Kreis bildeten.) — *On a large magnetic machine. Rep. Brit. Assoc.* 1845 (2) p. 15. (504 Stäbe, im Ganzen einer Länge von 600 Fuss gleichkommend, wurden zu einem Magnet oder magnetischen Magazin vereinigt.) — *Sur les moyens propres à développer la condition ou l'état magnétique. Inst.* Nr. 682, p. 33. 1846. *Rep. of the Brit. Assoc.* XVI, 35. — *Magnetical investigations.* 3 Bände 1839—1852. (Siehe *Sillim. Journ.* (2) XVI, 448.)

SECONDAT DE MONTESQUIEU, JEAN BAPTISTE Baron DE, Rath im Parlament von Guienne, gestorben 1796 im 80. Lebensjahre. — *Observations de physique et d'histoire naturelle sur les eaux minérales des Pyrénées.* Paris 1750. (Darin im Artikel IX eine Darlegung der Eigenschaften des Magnets.)

SEEBECK, THOMAS JOHANN, Mitglied der Akademie in Berlin, gestorben 1831 im 61. Lebensjahre. — Ueber eine Magnetnadel aus Kobalt und den Magnetismus des Kobalts und Nickels. Gehlen's Journ. f. Chemie und Phys. VII. (1810.) — Von dem in allen Metallen durch Vertheilung zu erregenden Magnetismus. Abhandl. der Berliner Akad. 1825. Ein Auszug Pogg. Ann. VII, 203. — Ueber die magnetische Polarisation der Metalle durch Temperaturdifferenz. Abh. d. Berl. Akad. 1822. (Man vergl. Gilb. Ann LXXIII, 430. — Ueber eine von den Hrn. BARLOW und BONNYCASTLE wahrgenommene Anziehung der Magnetnadel durch glühendes Eisen. Abhandl. der Berl. Akad. 1827, S. 129. Pogg. Ann. X, 47. — Ueber die magnetische Polarisation verschiedener Metalle, Alliagen und Oxyde zwischen den Polen starker Magnete. Abhandl. d. phys. Cl. der Akad. d. Wissenschaften in Berlin. 1827, p. 147. Pogg. Ann. X, 203.

SERRES, PIERRE MARCEL TOUSSAINT DE, gestorben 1862 im 79. Lebensjahre. — *Sur l'intensité magnétique des laves.* Marseille 1831.

SEYFFERT, JOHANN HEINRICH, Inspector des mathematischen Salons in Dresden, gestorben 1818 im 67. Lebensjahre. — Gutachten über STEINHÄUSER's Magnete. Anzeig. Leipz. ökonom. Soc. 1809.

SHEPARD. *Experiments with HENRY's magnet. Sillim. Journ.* XX, 1831.

SIEBOLD. Ueber die Kenntniss der Polarität des Magnets und den Gebrauch der Magnetnadel bei den Chinesen in ältester Zeit. Verh. d. naturh. Ver. d. Rheinl. 1855, VII.

SINSTEDEN, WILHELM JOSEPH, Militär-Arzt in Pasewalk und Berlin, geboren 1803. — Beiträge zur weiteren Vervollkommnung des magnetoelektrischen Rotations-Apparates. Pogg. Ann. LXXVI, 41, 495.

SJOESTÉN, CARL GUSTAV, Lehrer der Physik, zuletzt in Stockholm, als Schriftsteller thätig von 1790 bis 1807. — Beskrifning på ett nytt sätt att magnetisera stålstänger kallad cirkelstrickning. Vetensk. Akad. Handl. 1802. Neue Methode Stahlstangen mittelst des Kreisstriches zu magnetisiren. Gilb. Ann. XVII, 325.

SOMERVILLE, MARY, Gemahlin des Dr. WILL. SOMERVILLE in London, beschäftigte sich gründlich mit Astronomie und Physik und gab mehrere mit Beifall aufgenommene Schriften heraus. — *On the magnetizing power of the more refragible solar rays. Phil. Trans.* 1826, p. 132.

SPILLER, PHILIPP, Oberlehrer in Posen, geboren 1800. — Gemeinschaftliche Principien für die Erscheinungen des Schalles, des Lichts, der Wärme, des Magnetismus und der Elektricität. Posen 1855. — Neue Theorie der Elektricität und des Magnetismus in ihren Beziehungen auf Schall, Licht und Wärme. Berlin 1861.

STADLER, DANIEL, Professor in Dillingen, gestorben 1764 im 59. Lebensjahre. — Magnes, experimentis, theoriis et problematis explanatus. Dilling 1740.

STEEGE VAN DER, Bericht van de proefneminingen met den door kunst gemaakten magnet.

Verhandl. van het Bataviaasch. Genootsch. Ed. Batav. Deel I. Bl. 440. Ed. Rotterdam Deel I. Bl. 440.
STEGMANN, FRIEDRICH LUDWIG, Professor in Marburg, geboren 1813. — Ueber die Bestimmung der Drehungswinkel an Messinstrumenten, die mit einem beweglichen Spiegel versehen sind, welcher das Bild einer feststehenden Scala in einem Fernrohr erscheinen lässt. Grunert's Arch. XV, 376—386.
STEIGLEHNER, CÖLESTIN, Professor in Ingolstadt, gestorben 1819 im 81. Lebensjahre. — Ueber die Analogie der magnetischen und elektrischen Kraft. Neue Abh. der Bayer. Akad. Bd. II, S. 227. (Eine französische Uebersetzung mit Zusätzen von VAN SWINDEN. La Haye 1685.) — Ueber Schaeffer's magnetische Pendelversuche. Gilb. Ann. XXVII, 83, 329.
STEINHÄUSER, JOHANN GOTTFRIED, Professor in Wittenberg und Halle, beschäftigte sich hauptsächlich mit Magnetismus und starb 1825 im 57. Lebensjahre. — Gegen die Wasserersetzung durch die magnetische Kraft u. s. w. Gilb. Ann. XIV, 1803. — Ueber magnetische und andere Gegenstände, besonders über die auf Quecksilber schwimmende Magnetkugel. Voigt's Magazin. VIII, 1804. — Ueber die Umdrehung der Magnetkugel um ihre Axe. Voigt's Magazin. X, 1805. — Ueber die Verfertigung von Stahlmagneten. Schweigg. Journ. XXXIII, 1821.
STÖHRER, EMIL, Mechanikus in Leipzig, später in Dresden, geboren 1813, construirte unter anderm magnetoelektrische Maschinen. — Beiträge zur Vervollkommnung magnetoelektrischer Rotations-Apparate. Pogg. Ann. LXXVII, 467. (Verfertigung von Stahlmagneten.)
STRATICO, SIMONE, Graf, Arzt und Professor, unter Napoleon's Herrschaft General-Inspector der Brücken und Wege des Königreichs Italien, gestorben 1824 im 91. Lebensjahre. — *Osservazioni sopra alcuni fenomeni magnetici.* Mem. Inst. Lombardo-Venet. III. 1824.
STURGEON, WILLIAM, Schuster, Soldat, Artillerie-Lehrer, fruchtbarer Schriftsteller, speciell im Fache der Electricität und des Elektromagnetismus, zuletzt herumreisend, um öffentliche Vorlesungen zu halten, gestorben 1850 im 67. Lebensjahre. — *On the direct action of caloric on magnetic poles.* Mem. Manchester Soc. VII. 1846. — *On the distribution and retention of magnetic polarity in metallic bodies.* Philos. Magaz. Ser. II, Vol. II. (1832.) — *On the distribution of magnetic polarity in metallic bodies.* Philos. Magaz. Ser. III, Vol. I. (1832.) Ph. Mag. XI, 270, 324. — *An experimental investigation of the magnetic characters of simple metals, metallic alloys and metallic salts.* Edinb. Journ. XLII, 69.
STURM, JOHANN CHRISTOPH, Professor in Altdorf, gestorben 1703 im 68. Lebensjahre. — Physica electiva seu hypothetica. Norimbergae 1697.
SVANBERG, ADOLPH FERDINAND, Professor in Upsala, gestorben 1857 im 51. Lebensjahre. — Om inflytandet af ankarets form på hästskomagneters bärningsförmåga. Ofvers. af Vetensk. Acad. förhandl. 1846. p. 12. — Om olika magnetiseringsmethoder. Ofvers. af Vet. Acad. Förhandl. 1847. IV, 60.
TAISNIER, JEAN, Rechtskundiger, Pagenlehrer Kaiser Karl's V., viel auf Reisen, zuletzt erzbischöfl. Musikdirector in Köln, gestorben 1562 im 53. Lebensjahre. — De natura magnetis et ejus effectibus etc. Coloniae 1562. (Soll genommen sein aus Petri Peregrini Epistola de magnete seu rota perpetui motus. Augustae 1558.)
TASCHE, H. Ueber den Magnetismus einfacher Gesteine und Felsarten, nebst eigenen Beobachtungen. Jahrb. d. geol. Reichsanst. 1857. S. 649.
TAYLOR, BROOK, Dr. juris und reicher Privatmann in London, starb 1731, erst 46 Jahre alt. — *Of an experiment made by B. TAYLOR assisted by HAWKSBEE in order to discover the law of magnetic attraction.* Philos. Trans. Nr. 368. 1715. p. 294. — *An account of some experiments relating to magnetism.* Philos. Trans. 1721. p. 204.
THALÉN, TOBIAS ROBERT, Adjunct an der Universität in Upsala, geboren 1827. — *Recherches sur les propriétés magnétiques du fer.* Upsal. 1861.
TIEENK, J. Bericht wegens de miswyzing van het compas door den donder. Verhandel. van het Genootsch te Vlissingen. Deel 3, Bl. 645.
THOMSON, WILLIAM, Professor in Glasgow, geboren 1826. — *Mathematical theory of magnetism.* Phil. Trans. 1851. Pt. 243; fortgesetzt p. 269. (*Sur la théorie mathématique du magnétisme.* Inst. Nr. 848, p. 140.) — *On the equilibrium of magnetic or diamagnetic bodies under the influence of the terrestrial magnetic force.* Rep. Brit. Assoc. 1848. p. 8. — *On certain magnetic curves, with applications to problems in the theories of heat, electricity and fluid motion.* Rep. of the Brit. Assoc. 1852. p. 18. — *On the equilibrium of elongated masses of ferromagnetic substances in uniform and varied fields of force.* Rep. Brit. Assoc. 1852. (2) p. 18.

TOWLER, G., *Magnetic causation.* Rep. Brit. Assoc. XVI, (2) 33. *Inst.* Nr. 668, p. 356. Mech. Mag. LXIII, 6.
TREMERY, JEAN LOUIS, Bergwerksbeamter in Paris, gestorben 1854 im 78. Lebensjahre. — *Observations sur les aimants elliptiques.* Journ. des mines. VI, 1797. — Soc. philomath. Bull. des sc. An V, p. 36. — Ueber VASSALI's Magnet ohne Abweichung und Inclination. Gilb. Ann. III, 416.
TROMBELLI, GIANGRISOSTOMO, Ordensgeistlicher in Bologna, gestorben 1784 im 84. Lebensjahre. — De acus nauticae inventore. Comm. Bonon. T. II, pt. III. 1748.
TRULLARD. *Dissertation sur une nouvelle manière de faire les aimans artificiels d'une très-grande force, sans le secours de l'aimant naturel.* Mém. de Dijon. T. I. Mém. p. 66.
TYNDALL, JOHN, Professor in London, geboren 1820. — *On the laws of magnetism.* Philos. Mag. (4) I, 265. Pogg. Ann. LXXXIII, 1. — *Remarks on the researches of* Dr. GOODMAN *on the identity of the existences or forces light, heat, electricity and magnetism.* Phil. Mag. Ser. IV, Vol. III. 1852. — *Further researches on the polarity of the diamagnetic force.* Phil. Trans. 1856. Phil. Mag. Ser. IV, Vol. XII.
UNVERDORBEN, FR. XAVER, Ueber das Verhalten des Magnetismus zur Wärme. München 1866.
VACCA-BERLINGHIERI, LEOPOLD, lieferte mehrere Abhandlungen von 1789—1807, in welchem Jahre er als französischer Bataillons-Chef genannt wird. — *Sur la manière d'aimanter sans aimant naturel ou artificiel.* Journ. de phys. LXV. (1807.)
VALLEMONT, PIERRE LE LORRAIN, Erzieher, zuletzt Professor in Paris, gestorben 1724 im 72. Lebensjahre. — *Description de l'aimant, qui s'est trouvé dans le clocher neuf de Notre Dame de Chartres et expériences à faire sur la formation de l'aimant.* Mém. de Paris 40. p. 734. — *Description de l'aimant qui s'est formé à la pointe du clocher neuf de Chartres avec plusieurs expériences curieuses sur l'aimant et sur d'autres matières de physique.* Paris 1692.
VAN SWINDEN, JAN HENDRIK, Professor in Franeker und Amsterdam, gestorben 1823 im 77. Lebensjahre. — Tentamen theoriae de phaenomenis magneticis. Lugduni Batav. 1772. — De paradoxo phaenomeno magnetico magnetem fortius ferrum purum quam alium magnetem attrahere. Neue Abhandl. der Bayerischen Akad. Philos. Bd. I, S. 354. — Dissertatio de analogia electricitatis et magnetismi. Neue Abhandl. der Bayerisch. Akad. Philos. Bd. II, S. 1. — *Recueil de mémoires sur analogie de l'électricité et du magnétisme.* La Haye. 1784. 3 Vol.
VASSALI-EANDI, ANTONIO MARIA, Professor und Sekretär der Akademie in Turin, starb 1825 im 64. Lebensjahre. — *Lettera all' abate Amoretti sopra la maniera di fare aghi calamitati che non offrano declinazione etc.* Opusc. scelti di Milano. XIX. 1796.
VERATTI, GIUSEPPE, Professor in Bologna, starb 1793 im 86. Lebensjahre. — Experimenta magnetica. Commentarii Bononienses T. VI. C. p. 87. O. p. 34.
VERDET. *Recherches sur les phénomènes d'induction produits par le mouvement des métaux magnétiques ou non magnétiques.* Ann. chim. phys. XXXI. 1854.
VIDAL, JACQUES, Director der Sternwarte in Toulouse, gestorben 1819 im 72. Lebensjahre. — *Mémoire sur l'aimant.* Rec. des ouvr. lus dans le Lycée de Toulouse. An 8, p. 42.
VILLARI. Ueber die Aenderungen des magnetischen Moments, welche der Zug und das Hindurchleiten des galvanischen Stromes in einem Stabe von Stahl oder Eisen hervorbringen. Pogg. Ann. CXXVI, 87.
VOITH, IGNAZ, EDLER VON, Director der Gewehrfabrik in Amberg, gestorben 1848 im 89. Lebensjahre. — Ueber den Einfluss elektrischer Siegellackstangen auf magnetisirte und unmagnetisirte Nadeln in einer Boussole u. s. w. Voigt's Mag. für Naturk. XI. 1806.
VOLPICELLI. *Estratto delle due memorie sul magnetismo delle rocce* di M. MELLONI. Roma 1854. 4.
WÄCHTER. Neue Beobachtungen über magnetische Granitfelsen auf dem Harze. Gilb. Ann. I, 376. — Ueber den Magnetismus des Schnarcher, des Ilsensteins und der hohen Klippe am Harze. Gilb. Ann. V, 376.
WALDSCHMIDT, JOHANN JAKOB, Arzt, später Professor in Marburg, gestorben 1689, erst 45 Jahre alt. — De magnete. Marb. 1682.
WALKER. *Treatise on magnetism.* London (?) 1794.
WALKER, W. *New mode of making artificial magnets.* Mech. Mag. XLVII, 408. Bull. de la Soc. d'enc. 1854, 584.
WARTMANN, ELIE FRANÇOIS, Professor in Lausanne, später in Genf, geboren 1817. — Neue Beziehungen zwischen Wärme, Electricität und Magnetismus. Pogg. Ann. LXXI, 573. *Bibl. univ.* Avril 1847. (Durchgang der Wärme durch diatherme Substanzen modificirt.)
WEBER, JOSEPH, Professor in Ingolstadt und Landshut, gestorben 1831 im 78. Lebensjahre. — Vom Verhältniss der Elektricität zum Magnetismus. Münch. 1821.

Eber, Wilhelm Eduard, Professor in Göttingen, geboren 1804, nahm seit 1836 an der Untersuchung des Erdmagnetismus sehr thätigen Antheil. — Ueber die Elasticität der Seidenfäden. Gött. gel. Anz. 1835. St. 8. Pogg. Ann. XXXIV, 247. — De fili bombycini vi elastica. Göttingen 1841. — De natura chalybis magnetica. Lipsiae 1843. — Elektrodynamische Maassbestimmungen insbesondere über Diamagnetismus. Abhandl. der Sächsischen Gesellsch. d. Wiss. I, 483 (darin kommen gelegentlich Bestimmungen über die Magnetisirungsgrenze vor). — Ueber den Einfluss der Temperatur auf den Stabmagnetismus. Result. aus d. Beobb. d. magnet. Vereins. 1837. S. 38. — Beweglichkeit des Magnetismus im weichen Eisen. Ebendaselbst. 1838. S. 118. — Der Rotationsinductor. Ebendaselbst. 1838. S. 102. — Unipolare Induction. Ebendaselbst. 1839. S. 63. — Messung starker galvanischer Ströme bei geringem Widerstande nach absolutem Maase Ebendaselbst. 1840. S. 83. — Ueber magnetische Friction. Ebendaselbst. 1840. S. 46. — Magnetisirung des Eisens durch die Erde. Ebendaselbst. 1841. S. 85. — Wirkung eines Magnets in der Ferne. Pogg. Ann. LV, 33.

Einhold, Karl August, Arzt, später Professor in Halle, gestorben 1829, erst 47 Jahre alt. — Physikalische Versuche über den Magnetismus als scheinbaren Gegensatz des elektrochemischen Processes der Natur. Meissen 1819.

Enckebach, W. *Sur Petrus Adsigerius et les plus anciennes observations de la déclinaison de l'aiguille aimantée, traduit de l'hollandais par* T. Hoolberg. Rome 1865. Diese Schrift enthält die Nachweisung, dass es keinen Peter Adsiger im 13. Jahrhunderte gegeben hat, und der Titel des aus dem 15. Jahrhunderte herrührenden Manuscripts in Leyden: Epistola Petri Adsigeri insuper rotationibus naturae magnetis, nur durch Verwechslungen von Seite der Abschreiber aus: Epistola Petri Peregrini de Maricourt ad Sygerium de Foncaucourt, militem, de magnete, entstanden ist. Diese letztere Schrift ist im 13. Jahrhunderte verfasst worden und enthält die im Leydner Manuscript beigefügte Note über die Abweichung der Magnetnadel nicht; vielmehr geht aus dem Texte hervor, dass dem Verfasser die Abweichung der Magnetnadel unbekannt war. (Darnach ist die S. 4 von Cavallo, *on Magnetism*, London 1800, p. 317, und Horner Gehl. phys. Wörterbuch, neue Bearb. I, 136 entlehnte Angabe zu berichtigen.)

Ertheim, Wilhelm, Professor in Montpellier, später Examinator an der polytechnischen Schule in Paris, starb 1861, erst 46 Jahre alt. — *Mémoire sur les effets magnétiques de la torsion.* Compt. rend. L, 385. Pogg. Ann. XCVI, 171. (Frühere Untersuchungen über die Wirkungen der Torsion *Compt. rend.* XXXV, 702. Pogg. Ann. LXXXVIII, 331.)

Iedemann, Gustav Heinrich, Professor in Basel, geboren 1826. — Ueber den Magnetismus der Stahlstäbe. Pogg. Ann. C, 225. *Ann. de chim. et de phys.* (3) L, 488. Arch. des sc. phys. XXXV, 39. Zeitschr. für Naturwissenschaft. X, 492. — Ueber die Beziehungen zwischen Magnetismus, Wärme und Torsion. Pogg. Ann. CIII, 563. — Ueber Drehung, Biegung und Magnetismus. Verhandl. der naturf. Gesellsch. in Basel. II. Heft. 2. 1852. Ein Auszug in *Bibl. univ.* LXIV, 304. Août 1859. Pogg. Ann. CVI, 161. — Die Lehre von den Wirkungen des galvanischen Stromes in die Ferne. Braunschweig 1861. (Enthält viel auf die Theorie des Magnetismus, dessen Vertheilung in Magnetstäben, Einfluss der Temperatur, Induction u. s. w. Bezügliches, nebst sorgfältig gesammelter Literatur.)

Vilcke, Johann Karl, Akademiker in Stockholm, gestorben 1796 im 64. Lebensjahre. — Tal om magneten. Stockholm 1764 u. Schwed. Abhandl. 1766, p. 326 (zwei magnetische Materien). — Afhandl. om magnetiska kraftens uppväkande genom electricitet. Vetensk. Acad. Handl. 1766.

Vilson, Benjamin, Maler (?) in London, gestorben 1788 im 80. Lebensjahre. — *Account of Dr.* Godwin Knight's *method of making artificial loadstones. Philos. Trans.* 1779, p. 51.

Villward, W., *Improvements in electromagnetic and magneto-electric apparatus. Mech. Mag.* LV, 198. Dingl. polyt. Journ. CXXII, 354.

Vleugel, Peter Johann, dänischer Seeofficier, gestorben 1845 im 69. Lebensjahre, — Försög om Magnetnaalen kan sikkres mot Jernets Paavirkning etc. Dansk. Vid. Selsk. Skrift. I. 1828.

Völer. Ueber ein magnetisches Chromoxyd. Götting. Nachr. 1859, p. 151—154.

Voestyn, Alphonse Cornell, Techniker in Russland, geboren 1824. — *Phénomènes présentés par un barreau aimanté. Comptes rendus.* XXVIII, 289, 420. — *Note sur les aimans.* Ann. de ch. et de phys. XXVI, 520.

Elin, Julius Konrad, Oberfinanzrath und Akademiker in München, gestorben 1826 im 55. Lebensjahre. — Fortgesetzte Versuche über den Zusammenhang der Elektricität und des Magnetismus. Gilb. Ann. LXVIII, 17. — Der Thermomagnetismus der Metalle. Gilb. Ann. LXXIII, 115. — Ueber Magnetismus und Elektricität als identische Urkräfte, öffent-

liche Vorlesung in der Sitzung der Bayer. Akad. d. Wiss. am 13. Oct. 1818 (eigentlich eine philosophische Dissertation).
ZADDACH. Beobachtungen über die magnetische Polarität des Basalts und der trachytischen Gesteine. Bonn 1851. — Ueber natürliche Magnete. Königsb. naturw. Unter. II, 3. S. 1.
ZAMMINER, FRIEDRICH GEORG KARL, Professor in Giessen, gestorben 1858, erst 44 Jahre alt. Seine Magnetisirungs-Versuche siehe oben BUFF.
ZANTEDESCHI, FRANCESCO ABATE, Professor in verschiedenen Städten der Lombardei, geboren 1797. — Den Inhalt seiner Untersuchungen über die magnetisirende Wirkung des Sonnenlichtes findet man *Bibl. univ.* XLI, 64. Pogg. Ann. XVI, 186. Baumgartner's Zeitschrift für Phys. u. Mathem. VI, 321. — *Della electricità e del magnetismo.* 2 Vol. Verona 1845. — *Documents à l'appui de sa reclamation de priorité concernant les variations de température produites par le magnétisme.* Compt. rend. XLI. 1855.
ZEUNE. Ueber Basaltpolarität 1809. Allg. Lit. Zeit. Inst. 1805. 169.
ZIMMERMANN. Ueber magnetischen Serpentin vom Frankensteiner Schloss bei Darmstadt. Gilb. Ann. XXVIII, 483.

Anhang. Anonyme Schriften.

— *Esperienze intorno alla calamita.* Saggi dell' Acad. del Cimento. 1667, p. 207 ed. MUSSCHENBROECK. II, p. 74.
— *Remarques sur les aimans artificiels de Basle (faites par* DIETRICH, *bourgeois et artiste à Basle).* Acta Helv. II, p. 264.
— Zusammenstellung der in den letzten Jahren in dem Gebiete des Magnetismus gemachten Erfahrungen. Erdm. Journ. XLIX, 1.
— *Several observations of the respect of the needle to a piece of iron held perpendicular, made by a Master of a ship crossing the equinoctial line year 1684.* Philos. Trans. 1685, p. 1213.
— *Examen de l'opinion adoptée par quelques marins qu' un grand froid détruit la vertu magnétique des aiguilles de boussole.* Ann. de chim. et de phys. Tom. XXI, 439.
— *A paper about magnetism or concerning the changing and fixing the polarity of a piece of iron by J. C***.* Philos. Trans. 1694, p. 257. Philos. Trans. abridged. Tom. II, 603.
— Betrachtungen über die Kraft des Magnets. Oekonom. Nachr. d. Gesellsch. in Schlesien. B. III, 220.
— *Answer to some magnetical inquiries proposed* p. 423, 424, *year 1667 of these Transactions* Phil. Trans. 1667, p. 478.
— *Magnetic Curves.* A. H. Mech. Mag. XLV, 206.

Namen- und Sach-Register.

(Die Ziffern bedeuten die Seitenzahlen.)

A.

Ablenkung einer Nadel 8, — älteste Versuche von HAWKSBEE 68, — spätere von HANSTEEN 70, — Ablenkung mit verminderter Directionskraft 158. 261. 300, — Ablenkung eines einfachen Magnets 274, — theoretische Entwickelung 275, — normale Ablenkungen 280, — Ablenkungen von Magnetstäben 302, — theoretische Entwickelungen 304, — combinirte Ablenkungen auf beiden Seiten der freien Nadel und Correctionen wegen Ungleichheit der Entfernungen 311, — Ablenkungen zur Untersuchung der magnetischen Kraft und der Vertheilung des Magnetismus brauchbar 332, — zum Messen des magnetischen Moments brauchbar 357, — zum Messen des Temperatur-Coefficienten brauchbar 389.

Ablenkungs-Apparat, magnetoelektrischer 98, — magnetischer 359.

Ablesung der Richtung eines Magnets bezogen auf die Nadelspitze 136, — dabei Excentricität und Parallaxe zu berücksichtigen 135. 136, — Beobachtung vertical von unten und oben 137. 334, — einfache und mikroskopische Ablesung 140, — Spiegelablesung 243, Collimator-Ablesung 152.

Abnorme Magnetisirung bei Stäben und Platten 216.

ABRAHAM, magnetisirte Körper leiten die Elektricität besser 55.

Abreissen des Ankers schwächt einen Magnet 127. 116, — Abreissen eines Ankers oder kleiner Eisenstücke als Maass der magnetischen Kraft 324, — das abreissende Gewicht dem Quadrate der Kraft proportional 326, — in einzelnen Fällen der Kraft selbst proportional 328.

Absolutes Maass des Magnetismus 264. 265.

Abstand der Nadelspitze von der Scala 136, — der spiegelnden Fläche von der Scala 143, — des ablenkenden Magnets von der freien Nadel 280. 302.

Abstossung gleichnamiger Pole 8, — geht in Anziehung über 20.

Adhäsion, siehe Molecularphänomene.

ADSIGER, PETER, eine fingirte Persönlichkeit, aus Versehen citirt 4, — dieses Versehen berichtiget nach WENCKEBACH 449.

Aequator einer Terrelle, eines Magnets 12.

AEPINUS, Indifferenzpunkt 11, — Analogie zwischen Magnetismus und Elektricität 15, — magnetisches Paradoxon 65, — Zweifel über das Gesetz der Fernwirkung des Magnetismus 70, — Doppelstrich 227. 239.

AIRY, Einfluss der Anker auf die Kraft der Magnete 128, — Inductionsfähigkeit des gewalzten Eisens 255. 270.

AMPÈRE, seine Theorie und Einwendungen dagegen 57. 58. 60. 69.

AMPLITUDE, siehe Schwingungsbogen.

Anker für Hufeisenmagnete, Form 105, — Vorsicht beim Abnehmen derselben 128, — vermehren die Kraft 128, — zur Kraftvermehrung mehrere Anker oder Eisenstücke anzuwenden 128, — Theorie der Anker und daraus abgeleitete Regeln 179. 199. 248. — Abhängigkeit der Tragkraft von der Grösse der Anker und der Form und Feinheit der anliegenden Ankerflächen 321, — Anker werden magnetisch mit der Zeit; Ausnahmen hiervon 414.

ANTHEAULME, Magnetisirung 221. 227.

Anwendungen des Magnetismus 420.

Anziehung ungleichnamiger Pole 8, — gleichnamiger Pole 20, — der Anker bei Elektromagneten nach dem Aufhören des Stromes 37, — magnetische Anziehung umgekehrt wie die Quadrate der Entfernungen 67. — Anziehung in kleinen Entfernungen, und Anziehung zweier an einander genäherter Magnetpole 72. 75. 179. — An-

ziehung eines Punktes durch eine magnetische Fläche 75, — Anziehung bei der Berührung nicht unendlich gross 77, — Anziehung magnetischer Molecule 178. 180.
Apparat zu Ablenkungsversuchen mit Elektromagneten 98, — zum Magnetisiren von Stahlmagneten durch Anwendung von Elektromagneten 244, — zur Messung der Tragkraft der Magnete 322, — zu Tangenten-Ablenkungen 359.
Arago, Messung des Magnetismus mittelst einer rotirenden Kupferscheibe 351.
Armiren der Magnetsteine 103, — magnetischer Magazine 106.
v. Arnim, leichtere Oxydation des Südpols 52.
Arsenik, Einfluss auf die Retentionsfähigkeit des Eisens 43.
Astatische Nadeln von Melloni 158, — ursprüngliche Bedeutung 158.

Aufbewahrung von Magneten, zweckmässige Lage der Pole, Temperatur des Locals, Versehen mit Ankern 127, Verwahrung vor Rost 128, siehe Rost.
Aufhängen von Magneten, siehe Suspension.
Ausdehnungs-Coefficient nimmt ab mit der Zeit 259.
Ausglühen des Eisens 43. 255.
Ausschlag einer Nadel als Maass des erhaltenen Impulses 81. 273.
Axe, magnetische, von der Richtung der inducirenden Kraft abhängig 75, — Axe eines Kreis-Stromes 85, Bewegungsaxe einer Nadel 129. 270, — Axe eines Magnetspiegels 143, — magnetische Axe, ihre Bedeutung 298. 301, — ihre Bestimmung durch Umlegen der Nadel 304, — nur mittelst einer Parallelkraft bestimmbar 302.

B.

Babbage, Rotationsmagnetismus 103.
Bacelli, Rotationsmagnetismus 103.
Baily, Störung bei der Torsionswaage 138.
Barlocci, Magnetisiren durch das Licht 52.
Barlow, Magnetismus hohler und massiver Kugeln 15. 19, — Induction der Erde 21, — Anker unmagnetisch 36, — specifischer Magnetismus 43, — Ansichten über Magnetismus 55, — Magnetismus der Oberfläche angehörend 67. 107. 108, — Dimensionen der Magnete 120, — Schwächung der Directionskraft 157, — Inductionskraft der Erde 220. 370, — Politur gewährt keinen Vortheil 254, — Temperatur-Einfluss 383. 396.
Batterie, magnetische 52.
Baumgartner, Schwingungen einer Nadel im Sonnenlichte 52, theoretische Ansichten 53. — Rotationsmagnetismus 103, — Gleichförmigkeit des Stahls 250, — Brauchbarkeit verschiedener Stahlsorten 254.
Bazin, Vertheilung des Magnetismus 10. — Anordnung der Feilspähne an Magnetpolen 63.
Becquerel, specifischer Magnetismus 44. Behandlung der Magnete 127.
Bella, dalla, Anziehung gleichnamiger Pole 20. — Gesetz der magnetischen Anziehung 69. — Bestimmung der Lage der Magnetpole 295. — Messung der magnetischen Anziehung 325.
Berard, Magnetisirung durch das Licht 52.
Beraud, Analogie der Elektricität und des Magnetismus 45.
Bernoulli, Magnetismus und Wirbeltheorie 65.
Beruhigung einer schwingenden Nadel mittelst Kupfer-Platten oder mittelst eines Multiplicators 101, — mittelst eines Beruhigungsstabes 139.
Beschleunigung durch magnetische Anziehung 260.

Beugung des Magnetismus (analog der Lichtbeugung) versucht 54.
Beweglichkeit des Magnetismus im weichen Eisen 256. 257. 370.
Bewegung, geradlinige eines Magnetpols kommt nicht vor 260, — Drehungsbewegung eines Magnetpols 260, — eines einfachen Magnets 270. 271. — Fälle, wo ein Magnet parallel mit sich selbst bewegt 270. 271. 273.
Bewegungspunkt einer Compass-Nadel muss über dem Schwerpunkte stehen 131.
Bidone, neue Drehwaage 70, — Aenderung der Kraft beim Aufhängen des Ankers 417.
Biegen vermindert die Kraft eines Magnets 417, — Versuche darüber 418.
Bifilar-Suspension 349. — Theorie 350, — geschichtliche Momente 352.
Biot, Magnetismus der Molecule 45, — Schwächung der Directionskraft 157, — Theorie des Magnetismus 160. 161, — Magnetisirung 228, — Berechnung von Coulomb's Beobachtungen 329, — Verhältniss der Kraft eines Magnets zu den Dimensionen 353.
Blitz macht magnetisch 50. 416, — zerstört den Magnetismus 416.
Blitzableiter, magnetische 55, — werden mit der Zeit magnetisch 415.
Böttger, Magnetisirung mittelst des galvanischen Stromes 240.
Bonnycastle, Temperatur-Einfluss 383.
De la Borne, Induction in einem Eisenringe zurückbleibend 37.
Boyle, chemische Verbindung des Magnetismus 52. — Wirkung der Roth- und Weissglühhitze 394.
Bravais, Temperatur-Coefficient 388.
Brechung des Magnetismus (analog mit der Lichtbrechung) versucht 54.

Van Breda, Wärme durch Magnetisiren 54.
Broun, magnetische Berge in Ostindien 106.
Brugmanns, Schwimmen einer freien Nadel auf Wasser 7, — Vertheilung der Kraft in einem Magnet 10, — magnetische Flüssigkeit 11. 58, — magnetische Substanzen 31. 71, — Magnetismus durchdringt alle Substanzen 54, — magnetische Atmosphäre 253, — Induction des Erdmagnetismus 370, — Temperatur-Einfluss 383. 396.
Brunner, Einfluss des Magnetismus auf Cohäsion 53.
Bündel, von Nadeln magnetisirt 218.
Buff (gemeinschaftlich, mit Zamminer) Magnetisirungsgrenze 46.
Bulat-Stahl, dessen Magnetismus von der Temperatur unabhängig 107, — nimmt wenig Magnetismus auf 250. 402, — erhält bei gewöhnlicher Bearbeitung den gewöhnlichen Temperatur-Coefficienten 402.

C.

Cailletet, Magnetismus von Legirungen 32, — Ausglühen des Eisens 43.
Canton, Magnetisirung 220. 227. 233. 238, — Temperatur-Einfluss 383.
Carpi, Magnetisirung durch das Licht 52.
Cavallo, Schwimmen einer Nadel auf Wasser 7, — magnetisches Paradoxon 65, — Dimensionen der Magnete 120. — Wirkung der Politur 128, — Suspension an Rosshaar-Ringen 134, — Loch in einer Nadel unschädlich 135, — Abschleifen der Magnete 254, — Temperatur-Einfluss 483. 496.
Chemische Wirkungen des Magnetismus 52. 53.
Chevenix, Legirung von Eisen mit Arsenik unmagnetisch 32.
Christie, Indifferenzpunkt 11, — Ansichten über Induction 19. 36, — Wirkung grosser Kälte 54, — Einfluss des Sonnenlichtes auf den Schwingungsbogen 52, — Temperatureinfluss 384.
Circulation der Luft in geschlossenen Räumen, Einfluss auf eine freie Nadel 138.
Coconfaden zum Aufhängen von Magnetnadeln 129. 131, — Torsion derselben 132, — nie vollkommen elastisch 133.
Coërcitivkraft 19, — siehe Retentionsfähigkeit.
Cohäsion, Zusammenhang mit dem Magnetismus vermuthet 55, — siehe Molecularphänomene.
Collimation 299. 301.
Collimator-Ablesung bei Magneten 152, — verschiedene Einrichtungen 153, — ganz zweckmässig nur bei hohlen Magneten 154.
Compassnadel, siehe Nadel (frei bewegliche).

Compensation, siehe Temperatur-Compensation.
Configliachi, Magnetisirung durch das Licht 52.
Constanter Stand bei dem inducirten Magnetismus eines Eisenstabes 255, — Gesetz der allmäligen Annäherung daran 255. 256, — Grund der allmäligen Annäherung 257, constanter Stand bei Magneten 405, — Gesetz der Annäherung daran 406.
Coulomb, Eisengehalt der Stoffe 15. 34, — Hypothese scheidbarer Flüssigkeiten 58, — Gesetz der magnetischen Anziehung in der Ferne 70, — Kraftverlust beim Zusammenlegen magnetischer Lamellen 106. 109, — Dimensionen der Magnete 120, — Reibung bei Compassnadeln 131, — Fadensuspension 132, — seine Versuche über Vertheilung des Magnetismus und das Biot'sche Gesetz 161, — Magnetisirung 227. 229. 239, — Erfolg des Härtens 252, — Schwingungsgesetze 319, — Vertheilung des Magnetismus durch Schwingungen bestimmt 329, — Verhältniss der Kraft zu den Dimensionen 353, — Einfluss hoher Temperaturen 394.
Crahay, Gusseisen zu Magneten 107.
Cramer, Anziehung von Magnet-Polen 72. 74.
Cumming, Schwächung der Directionskraft 157, — das magnetische Moment dem Durchmesser proportional 354.
Curve, magnetische 63. — Fixirung derselben 64.
Cylindrische Nadeln zu Schwingungsbeobachtungen auf Reisen anwendbar 106, — nicht vortheilhaft 122.

D.

Dämpfer 100, — dazu können benützt werden Kupferplatten 101, — Bügel von Kupfer 102, — Multiplicatoren 102, — Dämpfer dienen dazu, den nachtheiligen Einfluss der Luftwellen zu beseitigen 138.
Dalencé, Poren für die Bewegung der magnetischen Flüssigkeit 14.
Declination des Erdmagnetismus 7.
Decrement, logarithmisches 57.
Definitiver Stand eines Magnets, siehe Constanter Stand.

Deluc, Ansichten über Magnetismus 55.
Dianabaum, angeblicher Einfluss des Magnetismus darauf 53.
Dicke einer Wand durch magnetische Ablenkung zu messen 422.
Dienger, magnetische Curve 64.
Dimensionen ändern sich beim Magnetisiren nicht permanent 16, — ein Eisenstab dehnt sich während des Magnetisirens 54, — Verhältniss der Dimensionen zur magnetischen Kraft 46. 205. 213. 216. 353. 356.

Directionskraft, schwache durch ganz kleine Magnete zu ertheilen 119, — Vermehrung derselben durch mehrere Nadeln neben oder übereinander 125. 134. — Schwächung durch einen zweiten Magnet, durch astatische Combination und durch Ablenkung aus dem Meridian 155. 300, — mathematische Bestimmungen über Directionskraft 264. 275. 300.
Dissimulirter Magnetismus 407.
DÖBEREINER, Dianabaum 53.
Doppelstrich mit getrennten und festverbundenen Magneten 225, — letzterer nicht vortheilhaft 243, — Magnete von entsprechender Grösse anzuwenden 228.
DOVE, magnetische Metalle 32, — Induction permanent zurückbleibend 37, — Einwurf gegen die AMPÈRE'sche Theorie 58.
Drahtrollen, siehe Magnetisirungsspirale.
DRAYTON, Silberbeleg für Spiegel 152.

Drehung der Molecule beim Magnetisiren 57. 58, — Drehung vermindert die Kraft eines Magnets 415, — kann bei Eisenstäben die Magnetisirung fördern 417.
Drehungsmoment, magnetisches 264. 275, — bei einfachen Magneten 275, — bei Linear-Magneten und bei Magnetstäben 304.
Drehwaage 346, — mit einem elastischen Faden 346, — mit einer Spirale, mit einer flachen Feder, mit Bifilarsuspension 350.
DUB, Vertheilung des Magnetismus 464, — Messung der Tragkraft 322.
DUFAY, Wirbeltheorie 65. — Tragkraft 107. — Magnetisirung 221.
DUHAMEL, Magnetisirung 220. 227. 237.
DULK, Dianabaum 53.
DUTOUR, Wirbeltheorie 65, progressive Bewegung einer Nadel 273.
DUTROCHET, Saftbewegung unabhängig vom Magnetismus 53.

E.

EBEL, Induction durch den Erdmagnetismus 370.
Eindringen des Magnetismus in das Eisen 205.
Einfacher Magnet 267, — Ablenkungen durch einen einfachen Magnet 274, — normale Ablenkungen 279. — Schwingungen einfacher Magnete 282, — Schwingungen mit Widerstand 288, — Siehe Ablenkungen, Schwingungen.
Einfacher Strich 224, — bringt eine unsymmetrische Vertheilung hervor 225.
Einheit des Magnetismus und Unabhängigkeit vom Träger 5. 64.
Einheit der magnetischen Kraft (Maasseinheit) 264. 265.
Eisen, durch die Erde magnetisirt, ob unfähig Feilspähne anzuziehen 19, — dessen Inductionsfähigkeit 31, — durch Ausglühen zu vermehren 43. 255, — von dem vorhandenen permanenten Magnetismus abhängig 26, — Maass dafür 48, — Eisengehalt der Gesteine 35, — Eisen mit andern Metallen legirt verhält sich verschieden gegen den Magnetismus 32, — mit Zinn legirt, unmagnetisch 32, — Eisen erhält Retentionsfähigkeit durch Kohlenstoff, Phosphor, Schwefel 43, — Eisen modificirt angeblich die von einem Magnetpol ausgehende Kraft 54, — gewalzt oder gehämmert, dessen Inductionsfähigkeit 255. — Inductionsfähigkeit veränderlich mit der Zeit 257, — ebenso die Structur 259, — Retentionsfähigkeit des Eisens 398, — altes Eisenwerk wird durch Erdinduction stark magnetisch 444.
Eisendraht zum Aufhängen von Magnetstäben 129.
Eisenerz, pulverisirt und durch ein Bindemittel vereinigt als dauerhafter Magnet bezeichnet 36.

Eisenfeilspähne, Anziehung durch den Magnet bekannt im Alterthum 3, — Erklärung davon 31. 50, — Anordnung an den Polen eines Magnets 63, — zu Pastenmagneten vereinigt 108.
Eisenplatten isoliren angeblich den Magnetismus 54, — Magnetismus nach der Richtung des Walzens und senkrecht darauf 255, — kalt und warm gewalzte Eisenplatten verhalten sich verschieden gegen den Magnetismus 370, — stark magnetisch 445.
Eisenstab, einem Magnetpol genähert oder angelegt 18. 366, — Messungen des Magnetismus, wenn der Stab angelegt ist 42, siehe Inductionsfähigkeit.
Elasticität, siehe Torsionskraft.
Elektricität, dynamische, siehe Galvanischer Strom.
Elektricität (Spannungs-), Analogie mit dem Magnetismus 14. 15, — Zusammenhang mit dem Magnetismus 50. — Gegensätze beider Kräfte 180, — Elektricität des Glasdeckels lenkt eine Compassnadel ab 138.
Elektromagnet, ein Pol zieht wenig an 80, — Unterschied von einem Stahlmagnet 80, — Elektromagnete zum Magnetisiren angewendet 240. 244.
Elektromagnetismus, Beziehung zu der Lehre des Magnetismus 77.
Element, Unterschied von Molecul 463.
ELIAS, Magnetisirungs-Spirale 240.
Endflächen eines Magnets, Vertheilung des Magnetismus daran 199. 204. 243.
Entfernung, magnetische Anziehung und Abstossung davon abhängig 67, — ebenso die Grösse des Drehungsmomentes und der Directionskraft bei Ablenkungen 275. 304.
Erde, ein Magnet 7, — inducirt Magnetismus in Eisen und Stahl 19. 20, — zur Magnetisirung benützt 221.

Erdmagnetismus 6, — in der Lehre des Magnetismus unentbehrlich und fast bei allen magnetischen Messungen zu benützen oder zu berücksichtigen 8, — gewöhnlich als constant betrachtet, aber kleinen Aenderungen unterworfen 8, — als eine Parallelkraft zu betrachten 68.
ERDMANN, Dianabaum 53.
ERMAN, gegen elektrische Magnete 32. — Transversal-Magnetismus 248.
Erschütterungen aller Art ändern den Magnetismus 445, — bei Wiederholung derselben werden die Aenderungen immer kleiner 446, — dies gilt nur für Wiederholungen, die schnell aufeinander folgen 446.
EULER, Indifferenzpunkt 44. — Magnetismus und Wirbeltheorie 65. — Dimensionen von Magneten 420. — Magnetisirung 227. 229.
Excentricität bei Ablesung der Richtung einer Nadel 130, — zu eliminiren durch Ablesung beider Nadelspitzen 435, — Berechnung der Excentricitäts-Correction 436, — bei geradlinigen Scalen nicht zu berücksichtigen 436.

F.

Fallen eines Magnets schädlich 128, — Versuche darüber 419.
FARADAY, magnetische Substanzen, Legirungen 34. 32, — magnetische Beziehungen der Krystalle 53. 55, — Magnetkraftlinien 64, — Inductionsströme 82. 99. 100.
Farbenspectrum, angebliches Verhältniss zum Magnetismus 32.
FEILITZSCH, Magnetismus massiver und hohler Cylinder 45, — Magnetisirungsgrenze 46. — Dimensionen der Magnete 120, — Eindringen des Magnetismus in Stahl und Eisen 205.
Feinkörnigkeit des Stahles 47.
Fernrohr zum Ablesen einer Magnet-Scala 443. 447.
Fett verwahrt Magnete vor Rost 428.
FISCHER, Magnetisirung 237.
Flächenstrom, galvanischer 99, — zur Beruhigung einer Nadel oder Dämpfung anwendbar 404, — von Schliessungsströmen verschieden 402.
FLORIMOND, Gusseisen zu Magneten brauchbar 407.
Flüssigkeiten, Schwimmen eines Magnets darauf oder darin 6. 434, — geradlinige Bewegung einer darauf schwimmenden Nadel 273.
Fluidum, magnetisches 44.
Folgepunkte durch Annäherung gleichnamiger Pole entstehend 20, — absichtlich erzeugt 247.
Form der Magnete ändert sich nicht durch das Magnetisiren 3, — verschiedene Formen 404, — vortheilhafteste Form 420. 424. 422.
FRICK, Magnetisirungsversuche mit Elektromagneten und Spiralen 240. 244.
Friction, magnetische 323.
Fuss, Dimensionen der Magnete 420. — Magnetisirung 227. 228. 229. 236. 237.

G.

GALILEI, Magnete von Stahl 10. 407.
Galvanischer Strom, Anwendung desselben in der Lehre des Magnetismus 77, — magnetische Wirkung desselben 78, — gleichbedeutend mit einer inducirenden magnetischen Kraft 80, übt ein Drehungsmoment auf eine Nadel aus und inducirt Magnetismus in Eisen, nähere Bedingungen 84. — Siehe Inductions-Ströme.
Galvanometer für absolute Messungen 94.
GASSENDI, Magnetismus ändert nicht das Gewicht 6, — durchdringt alle Körper 53. — Magnetismus eines Thurmkreuzes 414.
GAUSS, Hypothese scheidbarer Flüssigkeiten 58, — Vertheilung im Innern und an der Oberfläche 67, — Dämpfer 102, — Dimensionen der Magnetstäbe 124, — Bewegungspunkt und Schwerpunkt eines Magnets 431. — Spiegelablesung, Scalen 448. 450, — absolutes Maass des Magnetismus 266. 363, — Potential 269, — magnetisches Moment 273, — Einfluss naher Magnete auf eine freie Nadel 279, — logarithmisches Decrement 294, — Schwingungen mit Widerstand 294, — Axe eines Magnets 304, — Tangenten-Ablenkungen 309, — Trägheitsmoment 317, — Schwingungsbeobachtungen von früher nie erreichter Genauigkeit 349. — Bifilar-Suspension 354. 352, — Kraftverlust alter Magnete 442.
Gehäuse für Magnetnadeln, siehe Magnetgehäuse.
Gestein, Magnetismus desselben 35.
Gewicht ändert sich nicht beim Magnetisiren 6, — Gewicht verschiedener Magnete 407. 408. 419. — Gewicht als Maass der magnetischen Kraft 67. 74. 264. 324. — Gewichts-Einheit bei absoluten magnetischen Messungen 264.
GILBERT, Kraft des Magnetsteins und des Eisenmagnets identisch 5, — Magnetisirung ändert nicht das Gewicht 6, — richtige Bezeichnung der magnetischen Nord- und Südpols 9, — Stahlmagnete 40. 407. — Natur der magnetischen Kraft 44. — Theilung eines Magnets 45, — die magnetische

Kraft durchdringt alle Substanzen 53, — magnetische Atmosphäre 65, — Form der Magnete 120, — Schwimmen eines Magnets im Wasser 134, — Magnetisirung durch die Induction der Erde 220, — Temperatur-Einfluss 383. 394. 396.
Gioja, Aufstellung der Compass-Nadeln auf Spitzen 132.
Glas, zu Magnethäusern brauchbar 137.
Glasfäden, Torsionskraft derselben 350.
Glasglocken, um freie Nadeln vor Luftwellen zu schützen 137, — Luftströmung oder Circulation unter denselben 138.
Glasscalen, ihre Vorzüge 148.
Gleichgewicht magnetischer Kräfte unter sich und mit anderen Kräften 259, — Gleichgewicht und Bewegung bei Magneten 259. 319.

Gleichmässigkeit der Structur des Stahles 250.
Glühhitze, siehe Rothglühen, Weissglühen.
Graham, Schwingungen als Maassbestimmung des Magnetismus 348.
Green, Vertheilung des Magnetismus 177, — Potential 269.
Grenze der Magnetisirung 45.
Grimaldi, Magnetisirung durch Erdinduction 220. 414.
Grösse der Magnetstäbe und der Magnetnadeln 119.
Grove, Wärme durch Magnetisiren 54.
Gusseisen zu Magneten brauchbar 107.
Guyot de Provins, frühzeitige Kenntniss der Magnetnadel 4. 7.

H.

Haken zum Aufhängen der Nadeln 131.
Häcker, Indifferenzpunkt bei der Anziehung gleichnamiger Pole 20, — kräftige Magnete 108. 320. — Transversalmagnetismus 248. — Kraftverlust bei ungehärteten Magneten geringer 253. — Magnetisirung angeblich der Masse proportional 264. — Verhältniss von Tragkraft und Gewicht 323.
Hällström, Temperatur-Einfluss 384.
Hämmern kann die Kraft eines Magnets nach Umständen vermehren oder vermindern 415.
Härte, davon die Retentionsfähigkeit abhängig 43, — dem Eisen durch Compression, Beimischung von Kohlenstoff, Schwefel, Phosphor, Arsenik, dem Stahl durch Erwärmen und schnelles Ablöschen zu ertheilen 43, — Härte bei beweglichen Nadeln 130, — Einfluss auf die Magnetisirung 249, — verschiedene Härte-Grade 250, — ungleiche Härte nachtheilig für die Magnetisirung 250, — Härte im Innern eines Magnets immer geringer 251, — härtere Magnete behalten die Kraft nach Einigen besser, nach Andern weniger gut 252, — Compassnadeln mit ganz hartem Nordende und blau angelassenem Südende 253, — Einfluss der Härte auf den Temperatur-Coefficienten 378.
Härten des Stahles vermindert das specifische Gewicht 251, — bewirkt eine Zusammenziehung 251, — beim Härten anzuwendender Hitzegrad 252, — Hitze des schmelzenden Bleies nicht ausreichend 252, macht die Magnete krumm 253. 254, — Mittel sie wieder gerade zu machen 254.
Haldat, ob der Magnetismus eine allgemeine Naturkraft sei 36, — Magnetismus durchdringt die Körper ohne Modification 54, — Figuren mit Eisenfeilspähnen auf magnetisirten Platten 64, — Magnetisirung 224. 236.
Hansteen, Zunahme des Magnetismus von der Mitte gegen die Pole 11, — Aequator eines Magnets 12, — ob der Magnetismus auf die Stoffe wirke 50, — Schwächung durch Kälte 51, — Dianabaum 53, — magnetische Curve 64, — Gesetz magnetischer Anziehung, Bestimmungsmethode 70. 71. 325, — Harte Magnete weniger stark 252, — Ablenkungsgesetz 309, — Schwingungen mit Erfolg angewendet 349, — Temperatur-Coefficient 384. 385. 388, — allmähliger Kraftverlust, constanter Stand 408. 409. 410. 416.
Hartmann, Bestimmung des Süd- und Nordpols 5, — Nähnadeln auf Wasser schwimmend 7, — Abstossung der gleichnamigen Pole 9.
Hatchett, Kohlenstoff, Schwefel, Phosphor geben dem Eisen Retentionsfähigkeit 32.
Hausmann, Veränderungen in der Structur des Eisens 258.
Haüy, Magnetismus der Gesteine 35.
Hawksbee, die ersten Ablenkungsversuche 68.
Hearder, Magazin von Gusseisenmagneten 118.
Heller, Induction durch den Erdmagnetismus 11. 370.
Henry, Apparat zur Messung der Tragkraft 322.
Hoffer, Magnetisirung 227. 232, — beste Stahlsorte zu Magneten 251.
Hohle Magnete 105, — nicht vortheilhaft 126, — theoretische Bestimmung ihres Magnetismus 207.
Holmgren, permanenter Kraftverlust durch hohe Temperatur 385. 394. 417.
Holzarten, magnetisch 35.
Hooke, magnetische Anziehung durch die Waage gemessen 69. 325.
Horner, Ansichten über Magnetismus 55, — Temperatur-Coefficient 388.
Hülfsmagnet 119.
Hütchen der Compassnadeln, Form 130, — aus Stahl, Glas oder Agat 131, — einen Theil der Nadel bildend oder darauf befestigt

131, — aus harten Legirungen, die nicht rosten 131.
Hufeisenmagnete, ihr Querschnitt, ihre Biegung, Form der Polflächen 104, — Form der Anker 105, — vorzüglich zur Erzeugung galvanischer Ströme gebraucht 108, — aus Lamellen zusammengesetzt 105, — Kraftverlust der einzelnen Lamellen, siehe Lamellen, — wer die stärksten Hufeisenmagnete verfertigt hat 108, 320, — Gewicht und Tragkraft 108. 118. 320.

I und J.

Jacobi, siehe Lenz.
Jahreszeiten, angeblicher Einfluss auf die Kraft einer Nadel 54.
Impuls, momentaner, siehe Stoss, Welle.
Inclination des Erdmagnetismus 7.
Indifferenzpunkt eines Magnets 10, — Ort desselben nicht genau zu bestimmen und desshalb ohne nützliche Anwendung 11, — Indifferenzpunkt bei der Anziehung gleichnamiger Pole 20, — Indifferenzpunkt bei einem Hufeisenmagnet mit hufeisenförmigem Anker 30, — bei einem Magnet mit anliegendem Eisenstabe 365.
Induction, magnetische, aufzuheben durch Zwischenräume zwischen den Theilchen 15, — Begriff davon 18, — Verhältniss zur inducirenden Kraft bei Stahl magnetisirt und nicht magnetisirt 22. 25, — bei Eisen 27. 28. 45, — lässt permanenten Magnetismus zurück 22. 24. 223. 246, — bei kleinen Stäben mehr als bei grossen 246, — dauert in einem geschlossenen Kreise fort, wenn die inducirende Kraft aufhört 37, — ein ähnliches Verhältniss bei den Ankern der Elektromagnete vorhanden 37, — Abhängigkeit desselben von der Länge der Elektromagnete 37. — Induction der inducirenden Kraft proportional 41, — hat aber eine Grenze 45. — Induction in einem Eisenstabe durch einen berührenden Magnet 42, durch eine schwache magnetische Parallelkraft in der Richtung der Axe und schief gegen diese Richtung 166, — Molecularinduction 477. — Induction braucht Zeit, Versuche darüber 255. 256, — Induction in einem Magnet durch einen berührenden Magnet 364, — mathematische Entwickelungen, Versuche 367. 369, — Induction kann eine Abweichung der magnetischen Axe von der Axe der Figur erzeugen 376. — Induction in absolutem Maasse zu bestimmen 370, — Abhängigkeit der Induction von der Temperatur näher untersucht 395. 397. 398. 400.
Induction, galvanische, erzeugt Magnetismus 77, — siehe Inductions-Ströme.
Inductions-Coefficient des Erdmagnetismus 20. — Bestimmung desselben 372.
Inductionsfähigkeit, welchen Substanzen sie eigen ist 31, — von den Zwischenräumen der Molecule abhängig 35, — durch Vermeidung dieser Zwischenräume alle Körper vielleicht inductionsfähig zu machen 35, — Inductionsfähigkeit hat verschiedene Grade, vollkommene, unvollkommene 39, — ob um so grösser, je kleiner die Retentionsfähigkeit 36, — bei Eisen veränderlich mit der Zeit 257, diese Veränderlichkeit von einer Aenderung des Molecularzustandes bedingt und vielleicht durch Verzinnen oder durch einen Ueberzug von Schmiedpech zu vermindern 258. 259.
Inductions-Ströme durch Bewegung des Trägers des Magnetismus oder durch Bewegung des Magnetismus im Träger erzeugt 81. 82. 91. 92, — zur Messung der Vertheilung des Magnetismus in einem Stabe anwendbar 344.
Intensität des Erdmagnetismus, totale, horizontale, verticale 7, — die horizontale bei vielen magnetischen Messungen zu benützen, namentlich bei Bestimmung der Collimation 301, — und des absoluten magnetischen Moments 364.
Joule, Beziehungen zwischen permanentem und inducirtem Magnetismus 22. — Magnetisirungsgrenze 47. — Verlängerung eines Eisenstabes während des Magnetisirens 54.
Isolirung des Magnetismus vorgeblich durch Eisen 54.

K.

Kamm bei mikrometrischen Mikroskopen, siehe Rechen.
Kanäle, durch welche die magnetischen Flüssigkeiten in den Körpern sich bewegen sollen 65.
Kälte schwächt angeblich den Magnetismus in den Polargegenden 54.
Kämtz, Reduction von Schwingungsbeobachtungen auf unendlich kleine Bögen 288.
Kastner, Dianabaum 53.
Kater, beste Form von Compassnadeln 120, — Magnetisirungsversuche 229. 230. 231. 236, — beste Stahlsorte zu Magneten 251. — Nadeln hart an den Enden und blau angelassen in der Mitte 253.
Kircher, Magnetismus durchdringt alle Substanzen 53, — Entwickelung der Lehre des Magnetismus 423.
Kirchhoff, Anwendung der Poisson'schen Theorie 177.
Kirwan, Magnetismus der Molecule 15, — Magnetismus und Krystallisation 55, — Hy-

pothese permanent magnetischer, drehbarer Molecule 58.
KNIGHT, starke Magnete 107, — magnetische Magazine 108, — Doppelstrich zuerst angewendet 227, — aus schwachen Magneten starke erzeugt 223.
KNOBLAUCH, Beziehung von Magnetismus und Krystallisation 55.
Kochen der Magnete, siehe Siedhitze.
KOHN, Fixirung der magnetischen Curven 64, — Schwächung durch wiederholtes Abreissen des Ankers 116, — Durchlöchern und Erschütterung durch Luftwellen erzeugt Magnetismus 117.
VOM KOLKE, Kraftmessung vermittelst einer feinen Waage 325.
Kork, angewendet um Magnetnadeln auf oder in Wasser zu tragen 6. 134.
Kraft eines Magnets zu messen 71, — Verhältniss der Kraft zu den Dimensionen, siehe Dimensionen. — Messung der Kraft durch Schwingungen, Ablenkungen, siehe Schwingungen, Ablenkungen.
Kraftgewinn, allmäliger durch andauernde Induction 113, — findet nicht immer statt 36. 111, — plötzlicher durch Erschütterungen jeder Art, jedoch unter Einwirkung einer inducirenden Kraft 106. 115.
Kraftverlust bei der Zusammensetzung eines magnetischen Magazins aus Lamellen 108, — genauere Versuche darüber 109, — Kraftverlust durch Wärme 393. 394. 117, — Einfluss der Wiederholungen 106. 116. 117, — allmählig fortschreitend mit der Zeit 107, — ob ungleich an beiden Polen 112, — findet nach geometrischer Progression statt 108, — experimentelle Bestimmungen über Dauer und Grösse desselben 109. 112. — Mittel dagegen 112, — ob an allen Punkten des Magnets nach gleichem Verhältnisse 113. — Kraftverlust, plötzlicher, durch Erschütterungen jeder Art, Stossen, Hämmern, Biegen u. s. w. 405. 415. 417. 418. 419.
Kreisstrich 220.
Kreisstrom, galvanischer, Wirkung überhaupt im Mittelpunkt und in der Axe 84. 85. 86.
Kreistheilung zur Ablesung der Richtung eines Magnets, auf Messing, auch auf einen Glasspiegel 137.
Krystallisation, Zusammenhang mit dem Magnetismus 53.
Krystallinische Structur des Eisens durch Ausglühen 43, durch langes Liegen in Luft oder Wasser 107. 259.
Kugel, Vertheilung des inducirten Magnetismus darin 117.
Kugelförmige Magnete, siehe Terrellen.
KUHN, Messung schwacher magnetischer Anziehung 34, — Schwingungsbeobachtungen im luftleeren und lufterfüllten Raume 133. 318.
Kupfer, magnetisch 32. 34, — als Dämpfer zu gebrauchen 101. 102, — zu Magnetgehäusen mit Vorsicht zu verwenden 137, — als Mittel angegeben, die Kraft eines Magnets zu messen 354.
Kupferdraht, versilbert, zum Aufhängen von Magnetstäben gebraucht 129.
KUPFFER, Indifferenzpunkt, Verrückung desselben 11. 12, — Einfluss der Erdinduction auf Magnete 20. 248. 372, — Bulatstahl 107. 401. 402, — Bestimmung der Pole eines Magnets 294, unrichtig 297, — Vertheilung des Magnetismus durch Schwingungen bestimmt 329, — ob bei Aenderungen des Magnetismus das Vertheilungsgesetz sich ändere 381, — Temperatur-Coefficient 381. 388, — Wirkung sehr hoher Temperaturen 394. 417, — Temperatur-Einfluss bei Eisenmagneten 398.

L.

Längenmaass bei absoluten magnetischen Bestimmungen 265.
LA HIRE, Anordnung von Eisenfeilspähnen an einem Magnetpole 63.
LAMBERT, Gesetz der Vertheilung des Magnetismus in einem Magnet 10, — magnetische Curve 64, — Schwingungen als Maass des Magnetismus 360, — Ablenkungsversuche, der Erfolg von dem magnetischen Moment der freien Nadel unabhängig 282. 309. — Lage der Magnet-Pole 294.
Lamellen, Zusammensetzung eines Hufeisenmagnets oder eines Magazins daraus 105. 106, — gegenseitige Schwächung 108, — neue Versuche darüber 119. 122, — theoretischer Ausdruck des Kraftverlustes 117, — Kraftverlust bei Lamellen, welche nicht ihrer ganzen Länge nach sich berühren 118, — gegenseitige Verstärkung der Lamellen angeblich beobachtet 118, — Lamellen bilden einen prismatischen Stab, daraus eine theoretische Bestimmung des Magnetismus abzuleiten 213.
LAMONT, Flächenströme 100, — Kraftverlust durch Zusammenlegen von Magneten 109, — vortheilhafteste Form von Magneten 121, — Theorie des Magnetismus 177, — Magnete aus Linear-Magneten zusammengesetzt 206, — Kritik der Magnetisirungsmethoden, vortheilhaftestes Verfahren 242. 244, — allmählige Zunahme des Magnetismus im Eisen 255, — Aenderung der Inductionsfähigkeit mit der Zeit 257, — Modification der Schwingungsdauer 287, — magnetische Waage 325, — Erfolg der Induction, wenn sie nach der Längen-Axe einer Eisen-Lamelle und schief dagegen wirkt 368. 369. 370, — Temperatur-Coefficient 391. 392, — all-

mähliger Kraftverlust der Magnete, Abhängigkeit von der Temperatur 411, — Kraftverlust durch Biegen und Fallenlassen eines Magnets 418. 419, — Vorrichtung zur Darstellung der Gesetze der Planetenbewegung 421.
LEBAILLIF, Sideroskop 35, — astatische Nadeln 158.
LECOUNT, Eisen durch Induction der Erde magnetisch 19. 36.
LEEUWENHOECK (LOEWENHOECK), Magnetismus durchdringt alle Substanzen 54. — Magnetismus eines Thurmkreuzes 414.
Legirungen, magnetisches Verhalten, unmagnetische Metalle werden durch Legirung magnetisch, und magnetische Metalle unmagnetisch gemacht 32, — unmagnetische Legirungen zu Magnetgehäusen empfohlen 137.
Leinöl, bei Bildung von Pastenmagneten anwendbar 20, — conservirt den Magnetismus 128.
Leiter des galvanischen Stromes, elementare 78, — zusammengesetzte 179.
Linear-Magnet 200. 304. — Pole eines Linear-Magnets von der Lage des angezogenen Punktes abhängig 296.
LLOYD, Dämpfer 102. — Collimator-Ablesung 154, — vortheilhaftes Längen-Verhältniss des Ablenkungs-Magnets zur freien Nadel 313. — Bifilar 354. — Eisenstücke magnetisch durch Erdinduction 370. — Vorschlag, den Inductions-Coefficienten der Magnete durch das Bifilar zu messen 372.
Loch in einem Magnet vermindert die Kraft nicht merklich 135. — Versuche hierüber 135. — Löcher in Eisen bohren macht magnetisch 417.

LOGEMAN, starke Magnete 108.
Loupe zum Ablesen der Richtung eines Magnets 140.
LOUS, Fadensuspension 132.
LE MAIRE, Magnetisirung 227. 238.
LÉMERY, Temperatur-Einfluss 383. 394.
LE MOUNIER, Ausströmung aus den Polen 65.
LENZ (gemeinschaftlich mit JACOBI), Beziehungen zwischen permanentem und inducirtem Magnetismus 22. — Ausbreitung des Magnetismus 41. — Verhältniss zur Stromstärke 45. — Vertheilungsgesetz 161. — Modification des Anziehungsgesetzes bei der Bewegung 169. — Inductionsströme zur Messung des Magnetismus benützt 344.
LE SAGE, theoretische Speculationen 61.
Licht, vorgeblicher Einfluss auf den Magnetismus 51.
LIEUTAUD, Einfluss der Wärme auf den Magnetismus 383.
LÜDICKE, magnetische Batterie 52. — Dianabaum 53.
Luft hängt sich einer schwingenden Nadel an und schwingt mit 318.
Luftcirculation, Einfluss auf freie Magnete 138.
Luftdichte Einschliessung freier Nadeln gewöhnlich nicht nothwendig 137, — zu erzielen durch Wachs oder Quecksilber 138.
Luftleerer Raum, Schwingung in demselben 318.
Luftwellen von einer freien Nadel abzuhalten 137, — ihr Einfluss unschädlich zu machen durch Dämpfer 138.

M.

Maasseinheit des Magnetismus 264.
Magnet, natürlicher, Ursprung des Namens 4, — kommt im Alterthum bei den Griechen, Chinesen, Aegyptern vor 4. — Form, Armirung, Tragkraft 3. 103, — chemische Zusammensetzung 4. 106, — künstlich nachzuahmen 4, — auseinander gesägt, senkrecht gegen die Axe 15, — parallel mit der Axe 218, — erhält Polarität erst nach dem Ausgraben 106.
Magnet, künstlicher, Pole und deren entgegengesetzte Natur 4. 5. (siehe Pol) — zieht nicht das Eisen, sondern den darin hervorgerufenen Magnetismus an 4. 50, — in zwei Theile gebrochen gibt 2 Magnete 13, — in unendlich viele Theile zerlegt gibt ebenso viele Elementarmagnete oder magnetische Molecule 13, — aus mehreren Theilen zusammenzusetzen 29, — ob aus Metallen von verschiedenen elektrischen Verhalten anzufertigen 32, — in Hufeisenform 104. — Anker dazu 105, siehe Hufeisen, Anker, — prismatische Formen, hohle Cylinder 105. 126, — zugespitzt an den Enden 106, — mit Biegungen 106. — Versuche über die zweckmässigste Form 100. 121. — Resultate 125, — frei bewegliche Magnete 129. — Magnete aufbewahren 127 (siehe Aufbewahrung), — runde aus concentrischen Röhren, prismatische aus Lamellen zusammengesetzt, theoretische Entwickelung 210. 214, — primitive Erzeugung von Magneten 232. 233. — Magnete aufzustellen in einem Locale, so dass sie keinen Einfluss aufeinander ausüben 255. — Siehe ferner Nadel, Magnetstab, Hufeisenmagnet.
Magnetgehäuse aus Holz, Glas, Metall zu verfertigen, eisenhaltige oder inductionsfähige Metalle, namentlich Kupfer und Messing mit Vorsicht anzuwenden 137. — Luftwellen und Luftströmung abzuhalten, Dämpfer 137. 138.
Magnetimeter von SCORESBY 370.
Magnetische Batterie, um Wasser zu zersetzen 52.

Magnetisirung bringt keine Aenderung des Gewichts hervor 6. — Magnetisirung von Nadeln durch elektrische Entladung und von Eisenstangen durch den Blitz 50. — Magnetisirung des Stahles durch das Licht behauptet 51, — aber als unbegründet nachgewiesen 52. — Magnetisirung als eine Scheidung magnetischer Flüssigkeiten, oder als eine Drehung der Axen magnetischer Molecule zu betrachten 58, — in den magnetischen Moleculen die Flüssigkeit durch eine Eigenthümlichkeit des Stahles oder durch permanente galvanische Ströme getrennt gehalten 57. — Principien der Magnetisirung 219. — Magnetisirung durch den Erdmagnetismus 220. — Magnetisirung des Stahles durch den einfachen Strich 224, — durch den Doppelstrich 225, — durch den galvanischen Strom 239, — erfordert eine Kraft im Verhältnisse zur Grösse des zu magnetisirenden Stabes 228. 242, — schwächere Magnetisirungsmittel nach stärkeren angewendet vermindern den Magnetismus 228. 229. — Verstärkungsmittel 233. — Magnetisirung aller Seitenflächen nothwendig 233. 236, — ob starker Druck vortheilhaft sei 236. — Einfluss der Wiederholung 236. — Einfluss der Erwärmung 237. — Einfluss der Umkehrung der Pole 237. — Versuche hierüber 238. — Induction das wirksamste Verstärkungsmittel 238, — in verschiedener Weise anzuwenden.

Magnetisirungsgrenze 45, — nicht mit der Sättigung zu verwechseln 47, — am leichtesten durch ursprünglich und permanent magnetische Molecule zu erklären 58.

Magnetisirungsmethoden 220. — Vergleichung derselben 229. — Kritik derselben 219. 242. — Wegen des Details siehe Magnetisirung.

Magnetisirungsspirale, galvanische, Berechnung ihrer Kraft 88, — bei sehr grosser Länge die Kraft vom Durchmesser der Windungen unabhängig 90. — Unterschied zwischen einer galvanischen Spirale und einem hohlen Magnet 59. 80, — flache Spirale 368.

Magnetismus, die Lehre davon noch unvollkommen ausgebildet, wie sie beschaffen sein soll 1. — Sitz des Magnetismus in den Polen 4, — in der Mitte der Erde und der Terrellen vermuthet 9, — ob es verschiedene Arten von Magnetismus gebe 5. 61, — ob Magnetismus in den Körpern Aenderungen hervorbringe 6. — Gesetze der magnetischen Anziehung und Abstossung 8. 67. — Vertheilung in beiden Hälften eines Magnets 9, — nördlicher, südlicher Magnetismus 8, — bestehend aus einem nördlichen (positiven) und südlichen (negativen) Fluidum 12, — an die Molecule gebunden 14, — relativer Magnetismus für verschiedene Stoffe gemessen 16. 17. 48, — selbstständiger 18, inducirter 18. 31, — permanenter 19. 31. — Magnetismus der Molecule, am stärksten in der Mitte eines Magnets 19. — Versuche darüber 29, — permanenter und inducirter neben einander 19. 20, — verschiedene Auslegung dieses Verhältnisses 21, — gegenseitige Beziehungen des inducirten und permanenten Magnetismus 22. 28. 221. 371, — subpermanenter Magnetismus 28. — Magnetismus möglicherweise in allen Körpern durch Induction hervorzurufen 35. 36. — Die Fähigkeit, Magnetismus aufzunehmen und zu behalten, bei verschiedenen Körpern verschieden 31. — Methoden, schwachen Magnetismus so wie den Eisengehalt unmagnetischer Metalle und Gesteine zu messen 33. 34. 35. 70, — ob der Magnetismus eine allgemeine Naturkraft sei wie die Schwere 36, — inducirter Magnetismus bleibt in einem Kreise zurück 37, — specifischer Magnetismus, Definition und Einwürfe dagegen 43. 44. — Magnetismus eine isolirte Kraft ohne Zusammenhang mit andern Kräften, namentlich mit Gravitation, Licht, Wärme 49. 50., — innige Beziehung zum Galvanismus 49, — durchdringt alle Substanzen und zwar ohne Kraft- oder Zeitverlust 49. 54, — ob gar keine Modification eintrete noch zu entscheiden 54, — wirkt nach allen Richtungen gleich stark 76, — ob Eisen den Durchgang des Magnetismus aufhalte oder schwächend darauf wirke 54. 76. — Magnetismus unterliegt nicht einer Brechung, Biegung oder Spiegelung 54, — ob blos auf der Oberfläche vorhanden 66, — erhöht die Temperatur bei häufiger Umkehrung der Pole 54. — Zusammenhang mit der Krystallisation 53, — chemische Verbindungen und chemische Wirkungen vermuthet, wohl ohne allen Grund 52. 53. — Einfluss auf Cohäsion und namentlich auf Capillarität nicht nachgewiesen 53, — als eine Strömung betrachtet 62, — in dieser Strömung entweder die Dichtigkeit oder die Geschwindigkeit nach der Entfernung verschieden 62, — im Allgemeinen die Hypothese einer Strömung ohne Vortheil und nur beim Erdmagnetismus und dem galvanischen Strome anwendbar 62, — freier Magnetismus die Differenz der entgegenwirkenden Pole 58. — Summe desselben in jedem Magnet $= 0$ 60, — wenn nicht $= 0$ durch excentrische Suspension nachzuweisen 304, — aus der Wirbeltheorie von DESCARTES abgeleitet 65. — Analogie mit der Electricität (siehe Electricität) braucht keine Zeit sich fortzupflanzen 68, — ob durch Wellenbewegung fortgepflanzt 65. — Gesetz der Abnahme mit der Entfernung 67. — Anziehung umgekehrt wie die Quadrate der Entfernung nur aus der

Gesammtheit der bisherigen Erfahrungen abzuleiten 68. — Gesetz der Abnahme durch Versuche bestimmt 68. 69. 70, — das Gesetz der Anziehung modificirt sich, wenn die Körper sich berühren 77. — Magnetismus durch den galvanischen Strom erzeugt 78, — erzeugt einen galvanischen Strom 81, — messbar durch die Schwere 264, — als Maass desselben das magnetische Moment zu betrachten 353. — Abhängigkeit von der Dimension, siehe Dimension — mittelst des Magnetismus zu entscheiden, ob Werkzeuge von Stahl, oder eingesetztem Eisen sind 107, — Vertheilung des Magnetismus, siehe Vertheilung. — Dissimulirter Magnetismus 407.
Magnetismus, animalischer 422.
Magnetkraftlinien von FARADAY eingeführt 64, — ohne wesentlichen Nutzen 64.
Magnetnadeln, siehe Nadeln.
Magnetometer, von SAUSSURE angewendet, um den Temperatur-Einfluss zu untersuchen 384.
Magnetpol, sehr starker, zu erhalten durch die Induction vieler Magnete auf ein Eisenstäbchen 119. — Siehe Pol.
Magnetstäbe 105. — Verwendung derselben und Vereinigung zu Magazinen 106, — erst im 18. Jahrhundert in Gebrauch gekommen 107. — Dimensionen 118. 119.
MAGNUS, geringe Anziehungskraft eines Elektromagnet-Poles 80.
MALLET-FAVRE, Schwingungsversuche 348.
MARIANINI, remanenter Magnetismus 22. — Wirksamkeit verschiedener Magnetisirungsmethoden 229. 233. — Dissimulirter Magnetismus 407.
MASCHMANN, Dianabaum 53.
Masse, Einheit derselben 264.
Maximum der Magnetisirung 45.
MAYER, Vertheilung des Magnetismus in Magneten 10. — Gesetz der magnetischen Anziehung in der Ferne 69.
MELLONI, Bestimmung des Eisengehaltes der Körper 35.
Meridian, magnetischer 7.
Messing unter Beschränkung zu Magnetgehäusen zu verwenden 137.
Messingdraht siehe Metallfäden.
Messung des Magnetismus bei schwach magnetischen Substanzen 33. — Messung der Stärke eines Magnets, siehe Kraft, Kraftmessung.
Metalle, magnetische 31. 32, — entschieden magnetisch Kupfer, sehr schwach Zinn, Quecksilber, Antimon, Wismuth, kaum merklich Zink, Blei 32, — weitere Messungen 34, — sämmtliche Metalle möglicherweise inductionsfähig bei tiefer Temperatur 35.
Metallfäden zur Suspension von Magnetstäben geeignet 129. — Torsionskraft derselben 347. 350. — Messingdraht besonders zu empfehlen 354.
MICHELL, die Kraft des Magnetsteins und des Stahlmagnets identisch 5. — Bezeichnung von Nord- und Südpol 9. — Anziehung gleichnamiger Pole 20. — Inductionsfähigkeit und Retentionsfähigkeit im umgekehrten Verhältnisse 36, — ob Eisenplatten die magnetische Kraft aufhalten 54, — gehärtete Stahl- und eingesetzte Eisenwerkzeuge verhalten sich verschieden dem Magnetismus gegenüber 107. — Leinöl und Firniss dienen dazu die magnetische Kraft zu erhalten 128. 112, — harte Legirungen zu Spitzen und Hütchen der Compassnadeln 131. — Magnetisirung durch die Erdinduction 221. 233. — Doppelstrich 227. — Verstärkungsmittel beim Magnetisiren 238. — Gegenwirkung beim Magnetisiren 244. — Stahl zu Magneten 250. 251. — Härtegrad für Magnete 253.
Mikroskop mit unbeweglichem Kreuzfaden 140. — mikrometrisches 140. 141. — Objectiv ohne und mit Collectiv-Linse 141, — kehrt das Bild um, Vergrösserung, misst nur gerade Distanzen, erfordert eine Correction bei Messung von Kreisbögen 141. — Ablesung der Schraubenumgänge auf dem Schlitten oder mittelst eines im Focus des Oculars befindlichen Rechens 141. 142. — Unterabtheilungen der Schraubenumgänge auf der Trommel abzulesen 142. — Nullpunkt der Scala muss correspondiren mit der Haupttheilung, desshalb der Rechen oder die Scala oder das Mikroskop selbst verstellbar zu machen 142. — Ocular beweglich oder fest 142.
Molecule, Entfernung von einander vielleicht verschieden 35, enthalten gleichviel positiven und negativen Magnetismus 57, — weitere Bestimmungen darüber 163. 178. 180. — Vertheilung des Magnetismus darin 164. 180. — Unterschied von Element 165.
Molecular-Induction 177.
Molecular-Phänomene, Adhäsion, Cohäsion, Capillarität u. s. w. neue Erklärung dafür 179.
Molecular-Zustand durch die Magnetisirung verändert 58.
Moment, magnetisches, soll im Verhältnisse der Masse möglichst gross sein 421. — Definition 271. 274. 275, — als eigentliches Maass des Magnetismus zu betrachten 271. 353, — von GAUSS eingeführt 273, — zerlegbar nach verschiedenen Richtungen 278, — longitudinales, transversales 300. 367, — beide nebeneinander bestehend 368, — ihr Verhältniss bedingt die Lage der magnetischen Axe 370, — relatives, absolutes magnetisches Moment 353, — aus Ablenkungen abzuleiten 357, — aus jeder Fernwirkung abzuleiten 353, — aus

Schwingungen abzuleiten 359, — absolute Bestimmung, wenn die Intensität des Erdmagnetismus bekannt ist 361, — und wenn die Intensität des Erdmagnetismus nicht bekannt ist 362. — Verhältniss des magnetischen Moments zu den Dimensionen 353. 354, — theoretische Bestimmung 354. 355. 356, — primäres, secundäres magnetisches Moment 400.
Moment der Trägheit, siehe Trägheitsmoment.
Momentan wirkende Kräfte von zweierlei Art 373, — zu bestimmen durch den Ausschlag einer Nadel 374. — Einfluss der Dämpfung 375, — zu bestimmen durch die Ablenkung einer Nadel 376.
DU MONCEL, Induction durch permanenten Magnetismus 22.
MORICHINI, Magnetisirung durch das Licht 52.
MOSCATI, Magnetisirung durch das Licht 52.
MOSER (gemeinschaftlich mit RIESS), gegen das Magnetisiren durch das Licht 52. — Magnetisirung 229. 236. — Oxydirung bei der Bestimmung des Temperatur-Coefficienten 383. — Temperatur-Coefficient 384. 388. — Kraftverlust der Magnete durch hohe Temperaturen 394, — durch Wiederholung schwächender Operationen 416. 417.
MÜLLER (Freiburg), Magnetisirungsgrenze 45. 46. 47. 97. — Verhältniss des Magnetismus zum Querschnitte 203. — Magnetisirungs-Methoden 220. 221.
MÜLLER, Dianabaum 53.
MUNCKE, magnetische Curve 64. — Eindringen des Magnetismus in den Stahl 420. — Verstärken eines Hufeisen-Magnets durch Anlegen mehrerer Anker 128. 414. — Magnetisirung 235. — Transversalmagnetismus 248.
MUSSCHENBROECK, Aenderung des Gewichts durch Magnetismus 6. — Schwimmen einer Nadel auf Wasser 7, — materia magnetica 14, — chemische Verbindungen des Magnetismus 52. — Magnetismus durchdringt alle Körper ohne Kraftverlust 53, — mit Zeitverlust 76. — Anordnung der Eisenfeilspähne an einem Magnet-Pol 63, — magnetische Anziehung 69. 70. 325. — Armirung 107. — Dimensionen der Magnete 120. — Magnetisirung 235. — Schwingungen einer Nadel als Maass der Kraft 348. — Einfluss der Temperatur 383. — Einfluss des Biegens und Hämmerns 417. 418.

N.

Nadeln (Nähnadeln), einzeln und in Bündeln magnetisirt 218.
Nadeln, Magnetnadeln, bis Ende des 16. Jahrhunderts von Eisen, später von Stahl 5, — prismatisch, an den Enden zugespitzt, gebogen, insbesondere aus Uhrfedern oder flachem Stahle zu verfertigen 105. 106. 119, — frei bewegliche, Eigenschaften, die sie besitzen sollen 130, — mehrere über oder nebeneinander 134. — Nadeln mit freier Bewegung in der verticalen oder horizontalen Ebene, letztere allein in der Lehre des Magnetismus anzuwenden 129, — auf Spitzen aufzustellen oder an Coconfäden aufzuhängen 130. 131, — blau anzulassen 130, — ob bei Seecompassen Südpol blau anzulassen 253, — astatische Nadeln 158.
Nadelspitze, Ablesung der Richtung darnach 136. — Entfernung von der Scala sehr klein zur Vermeidung der Parallaxe 136, — nicht zu klein bei Beobachtungen der Schwingungsdauer 136. 288.
DAL NEGRO, Gewicht des Ankers 321.
Neigung des Erdmagnetismus 7.
NEUMANN, POISSON'sche Theorie 177.
NEWTON, Vorstellung vom Magnetismus 14. — Gesetz der Fernwirkung 69, — starker Magnet 107. — Ablenkungsversuche 309.
Nickel, für sich magnetisch, durch Beigabe von Arsenik unmagnetisch 32.
NICKLÈS, magnetische Friction (hätte S. 233 erwähnt werden sollen).
Normale Ablenkungen 55, siehe Ablenkungen.
NORMAN, Magnetisirung ändert nicht das Gewicht 6.
NORTON, magnetische Hypothese 61.

O.

Oberfläche, Vertheilung einer Kraft auf derselben zu substituiren anstatt einer Vertheilung im Innern, missverstandene Anwendung dieses Satzes 66.
Objectiv auf einen Magnet befestigt, siehe Collimator-Ablesung.
OHM, Hypothese permanent magnetischer Molecule 58.
Oel vermindert die Wirkung der Magnetisirung 236, — verwahrt Magnete vor Rost 128, siehe Leinöl.
Oelfarbe, macht Eisenbänder magnetisch, zugleich hart und brüchig 128.
Oscillation, siehe Schwingung.
Oxydirung, vorgeblich bei dem Südpole leichter als beim Nordpole 49.

P.

Papierscalen 137. 148.
Paradoxon, magnetisches 62. 65.
Parallaxe bei Ablesung der Richtung einer Compassnadel 136, — zu vermindern durch

geringe Entfernung der Nadelspitze von der Scala, zu vermeiden bei Theilungen auf einer Spiegelfläche 136, — durch grössere Entfernung des Auges und Anwendung von Glaslinsen zu beseitigen 137.
Parallelkraft, magnetische 268.
Pastenmagnete auf verschiedene Weise zusammengesetzt 108.
PELTIER, Aenderung der magnetischen Axe 413.
PFAFF, Speculationen, Elektricität und Magnetismus betreffend 15.
PLANA, Anwendung der POISSON'schen Theorie 177. — Schwingung eines an zwei Fäden aufgehängten Stabes 273.
PLAYFAIR, Magnetisirung durch das Licht 52, — magnetische Curve 64.
Plötzliche Aenderung des Magnetismus, siehe Erschütterungen.
PLÜCKER, relativer Magnetismus pulverisirter Stoffe 16, — metallischer Massen 48. — Beziehung des Magnetismus zu den Krystallaxen 53. 55. — Stromerregung durch bewegte Magnetpole 82. — Messung magnetischer Anziehung mittelst der Waage 325.
PÖNITZ, Magnetisiren durch Hämmern 417.
POGGENDORFF, Anziehung gleichnamiger Pole 20. — ein Paradoxon magnetischer Anziehung 29. — Unterschied einer elektromagnetischen Spirale von einem Magnet 60. 80. — Spiegelablesung 147.
POHL, magnetische Speculationen 55.
POISSON, Magnetismus der Molecule 15, — alle Körper vielleicht durch Annäherung der Molecule inductionsfähig zu machen 35. — Magnetismus aus scheidbaren Flüssigkeiten bestehend 58. — Nadel aus Nickel 64. — Vertheilung einer Kraft an der Oberfläche anstatt im Innern 67. — Theorie des Magnetismus 162. 163. — Anwendung dieser Theorie 173. 177. — Maasseinheit der magnetischen Kraft 266. — Combination von Messungen in mehreren Distanzen 309. —

Schwingungsdauer einer Nadel unter dem Einflusse des Erdmagnetismus und einer zweiten Nadel 360.
Pole einer Nadel ursprünglich unrichtig bezeichnet 5, — magnetische Pole der Erde, oder Pole der Nadeln jetzt noch unrichtig bezeichnet 9, — gleichnamige, ungleichnamige, ihre Anziehung und Abstossung 8, — eines Magnets, nördlicher, südlicher 58, — eines einfachen Magnets 267, — eines Magnetstabes, verschiedene Bedeutung derselben 294, — ihre Bestimmung von keinem wesentlichen Vortheile 294. — Abhängig von der Entfernung des angezogenen Punktes 296, — fallen nicht über das Ende des Magnets hinaus 297.
Polarität einer Gesteinmasse 35.
Polarkälte, siehe Kälte.
Politur eines Magnets ein Mittel gegen Rost 128, — ob zur Verstärkung der magnetischen Kraft förderlich 128. 254. — Einfluss auf den Temperatur-Coefficienten sehr zweifelhaft 384.
Poren, durch welche die magnetischen Flüssigkeiten sich bewegen 65.
Potential 268, — nur eine abkürzende Transformation 269.
PORTA, Temperatur-Einfluss 383.
POWELL, Induction der Erde bei Eisenstücken 19. 370, — bei gewundenen Drahtabschnitten 417.
PRECHTL, Magnetismus und Elektricität 15. — Magnet aus mehreren Stücken zusammengesetzt 28. — Transversal-Magnetismus 248.
PREVOST, theoretische Speculationen 61.
Probirnadeln 130.
Progressive Bewegung eines Magnets 53, — bei Ablenkungen nicht zu beachten 54.
Projectionen eines Magnets anstatt des Magnets selbst zu substituiren 275. 278.
Pulverisiren der Stoffe hebt die Induction auf 15.

Q.

Quecksilber, Schwimmen eines Magnets darauf 7.
Querschnitt, Abhängigkeit des Magnetismus davon 199. 205. 215.

QUETELET, Einfluss wiederholter Magnetisirung 237.

R.

REAUMUR, Gebrauch des Stahles zu Magneten 107. — Temperatur-Einfluss 383. — Einfluss von Erschütterungen 417. 418.
Rechen, Recher, zur Ablesung der Schraubenumgänge bei Mikroskopen 142.
Reduction der Schwingungsdauer auf unendlich kleine Bögen, ohne Widerstand 56, — mit Widerstand 57.
VAN REES, ein Paradoxon magnetischer Anziehung 29. — Eisenstab an einen Magnetpol angelegt 4. 42. — Ansicht, als ob die wirkliche Vertheilung des Magnetismus nicht zu ermitteln sei 67.
Reflexion des Magnetismus (analog der Lichtreflexion) versucht 54.
Reibung, Einfluss auf die Magnetisirung 224. 235. 236.

Reibungs-Widerstand 131. 134.
Relativer Magnetismus 48.
Reinheit des Eisens 254.
Renou, Dianabaum 53.
Retentionsfähigkeit 19. 31, — nach dem unmittelbar zurückbleibenden Magnetismus zu messen 28, — ob von der Inductionsfähigkeit abhängig 36, — hat verschiedene Grade 40, — von der Härte abhängig 43, — ausserdem durch die Homogeneität und Feinkörnigkeit des Stahles bedingt 249. 250, — ob abhängig davon, dass Nadeln in der Mitte blau angelassen werden 253. — Eisenadern im Stahle so wie härtere und weichere Stellen vermindern die Retentionsfähigkeit 250.
Richtung des Erdmagnetismus 7, — auf einem grossen Umkreise parallel 8.
Richtung einer Nadel abzulesen an einer geraden Scala, oder an einem getheilten Kreisbogen 130. — Correction wegen der Excentricität 153. — Einfluss der Parallaxe und Mittel, diese zu vermeiden 136. 137.
Ridolfi, Magnetisirung durch das Licht 52.
v. Riese, Spiegelablesung 148.
Riess, siehe Moser.
Ritchie, Induction in einem geschlossenen Kreise zurückbleibend 37. — Vorrichtung zur Messung der Tragkraft 223. — Wirkung der Weiss- und Rothglühhitze 397.

Ritter, Magnetismus und Elektricität 15. — Magnete aus entgegengesetzt elektrischen Metallen 32, — leichtere Oxydation des Südpols 52. — Magnetismus und Cohäsion 55.
de la Rive, Magnetismus und Elasticität 58.
Robison, magnetische Curve 64. — Magnetisirung 236. 237. — Kraftverlust gleich nach dem Magnetisiren 412.
Roget, magnetische Curve 64.
Rolle, Drahtrolle, siehe Magnetisirungsspirale.
Rost, Verhinderung desselben, mittelst Oel, Fett, Firniss, Siegellack 128, — Poliren verhindert Rost 128, — galvanisches Vergolden, Versilbern, Verplatiniren verhindert den Rost nicht 128, — bei Bestimmung des Temperatur-Coefficienten das Rosten zu verhindern 383.
Rosshaar-Ringe zum Aufhängen von Magnetnadeln 134.
Rotation des galvanischen Stromes 78.
Rotationsmagnetismus 100. — Experiment von Faraday unrichtig ausgelegt 100, — keine geschlossenen Ströme in Kupferplatten 101.
Rothglühhitze macht das Eisen sehr inductionsfähig 367. 394.
Rothlauf, Vertheilung des Magnetismus durch Inductions-Ströme bestimmt 340. 343.

S.

Sabine, Temperatur-Coefficient 388, — des Bulatstahls 402.
Saftbewegung der Pflanzen, ob der Magnetismus darauf Einfluss habe 53. 422.
Sättigungsgrad, absoluter und relativer 244.
Saussure, Temperatur-Einfluss 384.
Savery, Servington, richtige Bezeichnung der Pole 9, — Magnete aus Stahl 10, — von ihm die Magnetisirungskunst eingeführt 407, — Einfluss hoher Temperaturen 383. 394, — Fenstergitter magnetisch 414.
Scala, gerade Scalen, kreisförmige Scalen 147, — Glas-, Papier-, Beinscalen 136. 148. 149. — Scalatheile, Verwandlung derselben in Bogen 144, — Scalen, nur für kleine Winkel anwendbar bis zu einer gewissen Grenze 147, — Einrichtung, um grössere Winkel zu messen 143.
Scheidung der magnetischen Fluida 7. 58. 480.
Schlagen vermindert die Kraft eines Magnets 415.
Schleifen zum Aufhängen einer Nadel 122.
Schleifen eines Magnets, ein Mittel, um einen im Härten krumm gewordenen Magnet wieder gerade zu machen 254.
Schmiedpech als schützender Ueberzug für Eisenstäbe 259.

Schmidt, Magnetisirung durch Erdinduction 49, — astatische Nadel 158, — Transversal-Magnetismus 248.
Schott, Magnetismus durchdringt alle Substanzen 53.
Schraubendraht als Torsionskraft 350.
Schwächung des Magnetismus durch Kälte 54. Siehe Kraftverlust.
Schweigger, Dianabaum 53.
Schwere bei freien Nadeln möglichst gering 130. — Vergleichung des Magnetismus damit 264. 266.
Schwerpunkt und Unterstützungspunkt einer freien Nadel verschieden 131.
Schwimmen eines Magnets auf Wasser 6, — im Wasser 134. — auf Quecksilber 134.
Schwingungen einer Nadel im Schatten und im Sonnenlichte 52, — nur in der horizontalen Ebene allgemein brauchbar 129, — selten verticale Schwingungen benützt 318. — Schwingungen einfacher Magnete ganz den Schwingungen eines Pendels analog 282, — von der Directionskraft bedingt 282. — Dauer einer Schwingung, Grösse und Abnahme des Schwingungsbogens zu betrachten 283, — theoretische Entwickelung der Schwingungsdauer 283, — kleine Schwingungen isochron bei grösseren eine Reduction erforderlich, theoretische Entwicke-

NAMEN- UND SACH-REGISTER.

lung der Reduction 285. — Reduction, wenn die Anziehung von einem nahen Punkte ausgeht 286. — Schwingungen mit Widerstand 288, — theoretische Entwickelung der Dauer und der Abnahme der Schwingungsbögen, wenn der Widerstand der Geschwindigkeit proportional ist 289, — wenn der Widerstand dem Quadrate der Geschwindigkeit proportional ist 292. — Erfahrungsresultat bezüglich der Reduction auf unendlich kleine Bögen 294. — Schwingungen von Magnetstäben, auf die Schwingungen einfacher Magnete zurückzuführen 313, — theoretische Entwickelung 314. — Einfluss des Trägheitsmoments, siehe Trägheitsmoment. — Einfluss der Torsion, der mitschwingenden Luft, des Widerstandes 318. — Schwingung einer kleinen Nadel, ein Mittel zur Bestimmung der Vertheilung des Magnetismus in einem Stabe 328. — Schwingungen zur Bestimmung des magnetischen Moments anzuwenden 359.

Schwingungsbogen, Schwingungsweite 285.

Schwingungsdauer 285. 289. 315, siehe Schwingungen.

SCORESBY, der ältere, Einfluss der Dicke der Magnete auf die Magnetisirung 120.

SCORESBY, der jüngere, Anziehung des Eisens durch den Magnet richtig ausgelegt 4. — Magnetismus durchdringt alle Substanzen 54, — magnetisches Anziehungsgesetz 72. — Magnetisirung durch Erdinduction bei Stahl 221, — und Eisen 370. — Einfluss hoher Temperaturen 383. 394. 396. — Aenderung des Magnetismus durch Erschütterungen 417.

Secunde als Zeiteinheit 264.

SEEBECK, eine unmagnetische Legirung 32. — Rotationsmagnetismus 103. — Einfluss hoher Temperaturen 394. 397.

Sideroskop 35.

Siedhitze des Wassers zur Schwächung eines Magnets benützt 381, — des Oels zu gleichem Zwecke benützt 410.

Silber, dessen Magnetismus 34.

Sinus-Ablenkung 280.

SNOW HARRIS, Magnetismus durchdringt alle Körper 54 — Rotationsmagnetismus 103. — Bifilar-Suspension 352.

Sonnenlicht, Einfluss auf die Schwingungen eines Magnets 280.

Sonnenspectrum, magnetische Kraft des violetten Endes 54.

Spannung, magnetische, bei Moleculen 189.

Specifischer Magnetismus 43. 44, — auf unrichtiger Auffassung beruhend 44.

Spectrum, siehe Sonnenspectrum.

Spiegel auf einem Magnet, Befestigungsweise 150. — Belegung von Magnetspiegeln mit Staniol und Quecksilber 151, — mit Silberniederschlag 152. — Stahlspiegel 152.

Spiegelablesung 143, — von wem eingeführt 147, — dazu erforderlich ein Spiegel auf dem Magnet, ein Fernrohr und eine Scala 143. — Form derselben 147, — abgelesen wird die Tangente des doppelten Winkels 143. — Grenze, bis zu welcher die Ablesung geht 146. — Erweiterung dieser Grenzen durch einen Hülfsmagnet 149. — Verwandlung der Scalatheile in Bogen 144. — Einfluss der Spiegeldicke 145. — Einfluss des Verschlussglases, wenn es parallele und wenn es nicht parallele Flächen hat 145, — verschiedene Arten von Scalen 148, siehe Scala.

Spiegelung des Magnetismus (analog der Lichtspiegelung) versucht 54.

Spirale, siehe Magnetisirungspirale.

Spirale, Spiralfeder, Torsionskraft derselben 350. — Verfertigungsweise 351.

Spitze, Aufstellung einer Nadel darauf 130, — gewöhnlich aus Stahl, bisweilen aus Silber oder Gold 130. 131. — Widerstand derselben 131. — Form der Spitzen 130. — Erfinder derselben 132.

Spitzen bei Magneten nicht schädlich, sondern nützlich 124. — Spitzen einer Nadel als Zeiger beim Ablesen zu gebrauchen 130. 136.

Stahl, wann in Gebrauch gekommen 107, — das beste Material zu Magneten 107, — verschiedene Sorten, als englischer, schwedischer Uslar-Stahl vorgezogen, aber wahrscheinlich alle gleich gut 251, — weich und gehärtet in verschiedenem Maasse inductionsfähig 22. 23, — weich nimmt mehr Magnetismus auf, bei gleicher inducirenden Kraft 252, — behält den Magnetismus länger 253.

Stahldraht, siehe Metallfäden.

Stahlfeder, flache, Torsionskraft 350.

Stahlsorten, siehe Stahl.

STEIGLEHNER, Analogie des Magnetismus und der Elektricität 15.

Steine, magnetisch 32. — Messung ihres Magnetismus 33.

STEINHÄUSER, magnetische Batterie 52, — magnetisches Anziehungsgesetz 72. — Magnetisirungsregeln 108.

Stoffe, magnetische fein pulverisirt, ohne gegenseitige Induction der Theilchen 15. — Bestimmung ihres Magnetismus 16. 33. — Stoffe zur Anfertigung von Magneten 107.

Stoss, magnetischer 373, — regelmässig sich wiederholend 376.

Stossen kann die Kraft eines Magnets vermindern oder vermehren 415.

Strich, Streichen der Magnete, siehe Einfacher Strich, Doppelstrich.

Strömung eines magnetischen Fluidums 62.

Strom, galvanischer, 50. 77, siehe Kreisstrom, Flächenstrom, Inductionsströme.

STURGEON, Magnetismus der Legirungen 32.

Suspension einer Nadel mit einem Cocon-

faden, von wem eingeführt 132. — Haken, Bügel, Schleifen welche anzuwenden sind 131. 132. — Torsion immer vorhanden, Bestimmung und Aufhebung derselben, Suspension eines Magnets mit einem Bündel von Coconfäden, mit einem Stahl-, Eisen,- Messing- oder versilbertem Kupferdraht 133. — mit Ringen von Rosshaaren 134. — Suspension an zwei Fäden mit longitudinaler Bewegung 271, — mit Torsionsbewegung, siehe Bifilar-Suspension.
Suspensionspunkt eines Magnets muss höher sein, als der Schwerpunkt 131.
VAN SWINDEN, Analogie des Magnetismus und der Electricität 15.

T.

Tangenten-Ablenkung 280.
TAYLOR, BROOKE, Ablenkungsversuche 68. 309.
Temperatur, Einfluss auf Schiffcompasse in Polargegenden 51. — Einfluss auf die magnetische Kraft, permanent oder vorübergehend 50. 377, — hohe Temperatur, Einfluss 393. — Einfluss auf die Inductionsfähigkeit des Eisens 395. 397. 400.
Temperatur-Coefficient, Zusammenhang mit dem Ausdehnungs-Coefficienten und mit dem Inductions-Coefficienten unbekannt 52. 378. 379. — Definition 377. 382, — ob von der Stärke des Magnetismus und der Zeit abhängig 51. 387, — von der Härte und der Dicke abhängig 378. 379, — durch Schwingungen zu messen 386, — durch Ablenkungen zu messen 389, — ob von der Politur abhängig 384, — von dem Vorwärts- oder Rückwärts-Magnetisiren abhängig 396. 400.
Temperatur-Compensation durch Verbindung zweier Magnete 402, — durch einen Bogen aus zwei zusammengelötheten Metallstreifen 402, — durch ein Zinkrohr 403. — Compensation bei Ablenkungen nie vollkommen 404.
Theilung eines Magnets in mehrere Stücke 13. 15. 29. 278.
Theilung, geradlinige, zur Ablesung der Richtung eines Magnets 136. — Kreistheilung 137.
Theorie des Magnetismus von BIOT 160. — Theorie von POISSON 162, — neue Theorie (Molecular-Induction) 177, siehe Vertheilungsgesetz.
THOMSON, Vertheilung einer Kraft auf der Oberfläche anstatt einer Vertheilung im Innern substituirt 67 — Theorie des Magnetismus 177.
Todter Gang bei Mikrometer-Schrauben 142.
Torsion des Suspensionsfadens, Aufhebung derselben 131. — Correction derselben 132. 133. — Bestimmung des Temperaturcoefficienten durch Drehung des Fadens 133, — durch Drehung des Magnets 318.
Torsionskraft, auch bei dem feinsten Coconfaden vorhanden 132, — bei Coconfäden unvollkommen und mit der Zeit veränderlich 133, — bei Bestimmung der Schwingungsdauer in Rechnung zu bringen 317. — Messung derselben 318. — Torsionskraft eines Stahldrahtes vergleichbar mit der Directionskraft eines Magnets 346. — Torsionskraft einer flachen Feder, eines Glasfadens, einer Spirale 350.
Torsionsgewicht 131.
Torsionswaage, siehe Drehwaage.
Trägheitsmoment soll möglichst klein sein 124. — Definition und mathematischer Ausdruck 283. 315. — Berechnung desselben aus Dimensionen und Gewicht 315. — Bestimmung durch eine Combination von Schwingungen mit und ohne Belastung 316, — durch adhärirende Luft vermehrt 318.
Tragkraft eines Poles, kleiner bei einem Elektromagnet als bei einem Stahlmagnet 80. — Tragkraft als Maass des Magnetismus 108. 349, — dem Quadrate der Stärke der Pole proportional 128. 499. — Abhängigkeit von verschiedenen zufälligen Umständen 320, — nicht zunehmend mit dem Gewichte des Ankers 321, — vortheilhafte Form der Pol- und Ankerflächen 321. — Vorrichtungen zum Messen der Tragkraft 322, — die bisher für Tragkraft aufgestellten Gesetze nicht entsprechend 323.
Transversalmagnetismus 248.
Trommel bei Mikrometerschrauben 142. — Eintheilung der Trommel 142, — muss correspondiren mit der Scala der Umgänge 142.
TRULLARD, Magnetisirung durch die Erdinduction 221.
TYNDALL, Magnetismus am Ende eines Eisenstabes und in dem inducirenden Magnetpol 29. — Beziehung des Magnetismus zu den Krystallaxen 55. — Anziehung einer Eisenkugel durch einen Magnetpol direct den Magnetismus dieses Poles und umgekehrt der Distanz proportional 72. 73. 74. 179, — in grössern Distanzen dem Quadrat des Magnetismus proportional 328.

U.

Umkehrung der Pole, ob vortheilhaft beim Magnetisiren 237, — nicht vollständig zu bewerkstelligen 238.
Umlegung des Ablenkungsmagnets bei Ablenkungen 311.
Unverdorben, Untersuchungen über den Temperatur-Einfluss 396. — Retentionsfähigkeit des Eisens 398. — **Temperatur-Coefficient**, Grösse und Abhängigkeit vom Magnetismus 399. — Einfluss der Temperatur auf den inducirten Magnetismus 399. 400. — Modification des Temperatur-Coefficienten durch das Vorwärts- und Rückwärts-Magnetisiren 400. 401.

V.

Vallemont, Magnetismus eines Thurmkreuzes 414.
Variationen, tägliche und jährliche des Erdmagnetismus 8.
Veränderlichkeit des Magnetismus bei Stahlmagneten 405.
Vergolden der Magnete 127.
Vergrösserung der Bewegung einer Nadel, optisch 140. 143. 152, — mechanisch 140. 155.
Verlust siehe Kraftverlust.
Verplatiniren eines Magnets 127.
Verschliessen eines Raumes, wo ein Magnet aufgehängt ist, durch gut anliegende Platten, durch Quecksilber, durch Wachs 138.
Versilbern eines Magnets 127.
Verstärkung der Wirkung der Magnetisirungsmethoden 233, — durch Reiben 235, durch Bestreichen aller Seitenflächen, durch Wiederholung, durch Erwärmen, durch Umkehrung der Pole 236, — durch Induction 237.
Vertheilung des freien Magnetismus direct wie die Entfernung von der Mitte des Magnets 10. 310, — direct wie das Quadrat der Entfernung von der Mitte 10, — direct wie andere Potenzen von der Mitte 11, — ob nur an der Oberfläche, Beweise dafür 15. 67, — eine Vertheilung an der Oberfläche, anstatt einer Vertheilung im Inneren zu substituiren 66, — Vertheilung in einem Eisenstab, auf welchen Magnete wirken 42. — Vertheilung nach dem Biot'schen Gesetze 160. 188, — durch Versuche bestimmt 161. 162. 342. 343, — auf den Endflächen eines Magnetstabes 199. 204, — abnorme Vertheilung des Magnetismus 247. — Vertheilung in einem Magnet, der an den Pol eines andern Magnets angelegt wird 365.
Vertheilungsgesetz nach Versuchen 42. 161. 162. 345, — theoretisch nach Biot 160. — Poisson's Theorie, Grundbestimmungen 162. — Entwickelung 167. — Anwendung auf eine Kugel 173. — Vertheilungsgesetz nach einer neuen Hypothese für eine geradlinige Reihe von Moleculen 191, — in einem geschlossenen Kreise 192, — in zwei Reihen von einander genäherten Moleculen 194, — für prismatische Magnete von kleinem Durchschnitte 198, — wenn der selbständige Magnetismus aller Molecule gleich ist, wenn er gleichmässig von der Mitte nach beiden Enden abnimmt, wenn nur ein Theil der Molecule selbständigen Magnetismus besitzt 203, — Vertheilungsgesetz abzuleiten aus dem Abreissen von kleinen Eisenstücken 324, — aus den Schwingungen einer kleinen Nadel 328. — aus den Ablenkungen einer kleinen Nadel 332, — aus Inductionsströmen 341.
Volta, gegen die Magnetisirung durch das Licht 52.

W.

Waage, Gebrauch zum Messen des Magnetismus 69. 71, — magnetische 325.
Wachs bewirkt luftdichten Verschluss 138, — mit Eisenfeilspähnen, Eisenmohr oder Hammerschlacke bildet einen Magnet, siehe Pastenmagnet.
Waddel, Magnetismus vernichtet durch Blitz 416.
Wärme ändert die Dimensionen und den Molecularzustand und dadurch den Magnetismus 50, — ändert die Beschaffenheit des Eisens 50. — Wärme erregt durch Magnetisirung 54. — Verhältniss zum Magnetismus, siehe Temperatur.
Walker, Härten der Magnete 252.
Wartmann, elastische Spiralen 350.
Wasser, siehe Siedhitze, Schwimmen.
Wasserzersetzung, angebliche, durch Magnetismus 394. 396.
Watkins, Paradoxon magnetischer Anziehung 29, — inducirter Magnetismus in einem geschlossenen Kreise zurückbleibend 37.
Weber, Magnetisirungsgrenze 46. 47. — Hypothese permanent magnetischer, drehbarer Molecule 58, — wahre Vertheilung des Magnetismus nicht bestimmbar 67. — Stromerregung durch bewegte Magnetpole 82. — Galvanometer 91. — Magnetgehäuse aus Kupfer 102. — Hohle cylindrische Magnete 121, — dabei Collimator-Ablesung ange-

wendet 154. — Widerstand, den das Eisen der Bewegung des Magnetismus entgegensetzt 257.
Weissglühhitze vernichtet den Magnetismus 394. 396.
Welle, magnetische 374. 375.
Wellen, Magnetismus bestehend aus Wellen 65.
WERTHEIM, Einfluss der Torsion auf den Magnetismus 117.
WETTEREN, starke Magnete 108.
WHISTON, Aenderung des Gewichts durch Magnetisirung 6. — Fernwirkung des Magnetismus bei Ablenkungen nicht richtig bestimmt 89. 309. — Kraftmessung durch Schwingungen 318.
Widerlager für Ablenkungsmagnete 150.
Widerstand bei Schwingungen 288. — Widerstand gegen die Bewegung des Magnetismus im Eisen von zweierlei Art 257. — Widerstand gegen die Bewegung einer Nadel 131. 134.

WIEDEMANN. Verhältniss zwischen Induction und permanentem Magnetismus 22. 224. — Hypothese permanent magnetischer drehbarer Molecule 58. — Wirkung schwächender Einflüsse bei Magneten, die nach entgegengesetzten Richtungen magnetisirt sind 407. — Drehung, Biegung und Magnetismus 417.
Wiederholungen, Verstärkung der Magnetisirung dadurch 236—237. — Einfluss bei Kraftverlust und Kraftgewinn 406. 446.
WILCKE, Hypothese scheidbarer Flüssigkeiten 58.
WILLWARD, starke Magnete 108.
WOESTYN, Indifferenzpunkt bei Annäherung gleichnamiger Pole 20.
WOLF, Magnetismus durchdringt alle Körper 54. — Vermehrung der Tragkraft durch Armirung 407.

Y.

v YELIN, Magnetsteine mit mehreren Axen 4. — Analogie von Elektricität und Magnetismus 15. — Magnetisirung durch Wärme und chemische Einwirkung 52. 53. — Magnetisirung rothglühender Stäbe durch Erdinduction 224.

Z.

ZAMMINER siehe BUFF.
ZANTEDESCHI, Magnetisirung durch das Licht 52.
Zeit, Einfluss auf die Inductionsfähigkeit des Eisens 257. — Einheit derselben 264. — Einfluss auf den Magnetismus des Stahles 405. 407.
Zerlegung der Anziehung eines Magnets 260. 262. - des magnetischen Moments 275.
Zersetzung des Wassers, siehe Wasserzersetzung.
Zertheilung, Feinheit derselben ändert die magnetische Beschaffenheit der Stoffe 17.

Zink magnetisch 9. — zu magnetischer Compensation brauchbar 403.
Zusammensetzung eines Magnets aus Stücken, die mit den Enden aneinander anliegen 29. 355. — aus Stücken, die mit den Seitenflächen aneinander anliegen 122. — Zusammensetzung eines Systems (Magazins) aus mehreren Magneten 105. 106. 125. 134.
Zusammenziehung des Stahles beim Härten 254.

Druckfehler, Berichtigungen, Ergänzungen.

a. Druckfehler.

Seite 32, Zeile 14 v. u., CAILLERET soll heissen CAILLETET
Seite 38, Zeile 49 v. u., LAUDRIANI soll heissen LANDRIANI
Seite 75 in der vierten Formel von unten muss der Nenner heissen $(a^2 + x^2 + y^2)^{\frac{3}{2}}$; der Exponent von y ist im Drucke ausgefallen
Seite 107, Zeile 23 v. u., CLAIRAULT soll heissen RÉAUMUR
Seite 233, Zeile 22 v. u., Magnetismus lese Magnetisirens
Seite 240, Zeile 29 v. u., zu haben. Denn ... lese zu haben; denn ...
Seite 309, Zeile 25 v. u., §. 50 lese §. 15.

b. Berichtigungen und Ergänzungen im Texte.

Seite 4. Das Missverständniss in Beziehung auf PETER ADSIGER, veranlasst durch CAVALLO, *on Magnetism*, London 1800, p. 317, findet man aufgeklärt S. 449 unter WENCKEBACH. Bezüglich der magnetischen Kenntnisse des Alterthums wäre zu der Literatur hinzuzufügen: FALCONER *Mém. de l'Acad. des Inscr.* IV., 613. — Was die Analysen des Magnetsteines betrifft, so wäre auf Seite 126 zu verweisen und zugleich zu bemerken, dass ausser den daselbst angeführten Analysen noch hinzuzufügen ist: BERZELIUS Gilb. Ann. XLVIII. — v. KOBELL Schweigg. Journ. LXIV (1832). — GLÄTKER, LEONH., Miner. Jahrb. IX.

Seite 6, §. 4, das Schwimmen einer Nadel auf Wasser betreffend, wäre in der Literatur zu erwähnen gewesen: MAISTRE, *Sur la cause qui fait surnager une aiguille d'acier sur la surface de l'eau*. Mém. de Turin. Ser. II. XXXV (1831).

Seite 10, Zeile 3 v. u., als streng begründet soll heissen: als eine durch die Erfahrung bestätigte Hypothese.

Seite 106, Zeile 28 v. u., wäre hinzuzufügen, dass elliptische Magnete von VASSALI, dann runde, zugleich als Spiegel dienend, von MEYERSTEIN gebraucht worden sind.

Seite 129 am Ende von §. 21 wäre hinzuzufügen, dass die Vergoldung der Magnetnadeln insbesondere von CHRISTIE auf Grund vorgenommener Versuche empfohlen worden ist. Rep. Brit. Assoc. XI. (2) 44.

Seite 413. Was hier im §. 85, Abs. 5 über PELTIER's Beobachtung gesagt ist, beruht auf einer Verwechselung und ist dahin zu berichtigen, dass, wenn, wie PELTIER beobachtet hat, eine seitwärts lange Zeit abgelenkte Galvanometernadel nach Beseitigung der ablenkenden Kraft nicht auf den ursprünglichen Nullpunkt zurückkehrt, darin kein Grund liegt, eine Veränderung der magnetischen Axe anzunehmen, vielmehr der Erfolg anderen Ursachen, z. B. einer Torsion des Fadens, einem schwachen Magnetismus des Umwickelungsdrahtes u. s. w. mit grösserer Wahrscheinlichkeit zuzuschreiben sein möchte.

c. Berichtigungen und Ergänzungen in der Literatur.

Seite 55, Note 25, zu der citirten Abhandlung von STEINHÄUSER noch hinzuzufügen; man vergl. FRESNEL, *Ann. de chim. et de phys.* XV. (1820.)

Seite 56, Note 55, hinzuzufügen: PACI *Ann. di Napoli*. LXVIII, 42, wo empfohlen wird, den Schiffscompass mit einem Ringe von Eisen, oder besser noch von feinem Eisenpulver zu umgeben, um ihn vor der Anziehung alles in der Nähe befindlichen Eisens zu schützen.

Seite 67, Note 6, hinzuzufügen: ferner zu vergleichen HALDAT *Compt. rend.* XX, 20.

Seite 77, Note 16, *Phil. Mag.* (4) soll heissen *Phil. Mag.* (4) I, 265.

Seite 140, Note 19, noch hinzuzufügen: HEARN, *Phil. Trans.* 1847, p. 217. — PELTIER, *Compt. rend.* III. — LENZ, Pogg. Ann. XXV, 241. — MUNCKE, Pogg. Ann. XXIX, 381.

Seite 140, Note 20, hinzuzufügen: VOIT (dessen Magaz. XI, 1806) erwähnt ebenfalls einen Einfluss der Elektricität.

Seite 140, Note 31, ist der Abhandlung *Phil. Trans.* 1746 der Verfasser ROBINS voranzusetzen.

Seite 152, Note 2, hinzuzufügen: eine theoretische Entwickelung hat STEGMANN gegeben Grunert's Arch. XV, 376.

Seite 152 in Note 5 ist Seite 53 angegeben, sollte aber heissen 43, 53.

Seite 159, Note 1—3, hinzuzufügen: *Ann. de chim. et de phys.* XXIV, 140 — ferner MOSER, Pogg. Ann. XX, 431.

Seite 229, Note 13—16, hinzuzufügen: SVANBERG, Ofvers. af Vet. Acad. Förh. 1847. IV, 60.

Seite 248, Note 6, noch hinzuzufügen: man vergl. ferner FUSINIERI, *Ann. delle Sc. del Regno Lomb.-Ven.* IX und X. dann FECHNER, Schweigg. Journ. LXVII.

Seite 324, Note 9, hinzuzufügen: man vergleiche ferner NICKLÈS, *Adhérence magnétique*, *Compt. rend.* XXXVIII (1854) und *Sur les rapports qui existent entre le frottement et la pression*, *Ann. de chim. et de phys.* (3) XI, 55.